Klima, Energie und die große Transformation

Klaus Lichtenegger

Klima, Energie und die große Transformation

Hintergründe, Zusammenhänge und Strategien für den Kurswechsel

Klaus Lichtenegger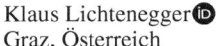
Graz, Österreich

ISBN 978-3-662-71186-6   ISBN 978-3-662-71187-3   (eBook)
https://doi.org/10.1007/978-3-662-71187-3

Die Deutsche Nationalbibliothek verzeichnet diese Publikation in der Deutschen Nationalbibliografie; detaillierte bibliografische Daten sind im Internet über https://portal.dnb.de abrufbar.

© Der/die Herausgeber bzw. der/die Autor(en), exklusiv lizenziert an Springer-Verlag GmbH, DE, ein Teil von Springer Nature 2025

Das Werk einschließlich aller seiner Teile ist urheberrechtlich geschützt. Jede Verwertung, die nicht ausdrücklich vom Urheberrechtsgesetz zugelassen ist, bedarf der vorherigen Zustimmung des Verlags. Das gilt insbesondere für Vervielfältigungen, Bearbeitungen, Übersetzungen, Mikroverfilmungen und die Einspeicherung und Verarbeitung in elektronischen Systemen.
Die Wiedergabe von allgemein beschreibenden Bezeichnungen, Marken, Unternehmensnamen etc. in diesem Werk bedeutet nicht, dass diese frei durch jede Person benutzt werden dürfen. Die Berechtigung zur Benutzung unterliegt, auch ohne gesonderten Hinweis hierzu, den Regeln des Markenrechts. Die Rechte des/der jeweiligen Zeicheninhaber*in sind zu beachten.
Der Verlag, die Autor*innen und die Herausgeber*innen gehen davon aus, dass die Angaben und Informationen in diesem Werk zum Zeitpunkt der Veröffentlichung vollständig und korrekt sind. Weder der Verlag noch die Autor*innen oder die Herausgeber*innen übernehmen, ausdrücklich oder implizit, Gewähr für den Inhalt des Werkes, etwaige Fehler oder Äußerungen. Der Verlag bleibt im Hinblick auf geografische Zuordnungen und Gebietsbezeichnungen in veröffentlichten Karten und Institutionsadressen neutral.

Einbandabbildung: https://stock.adobe.com/de/images/the-sun-sets-over-an-open-field-as-solar-panels-reflect-vibrant-golden-rays-highlighting-renewable-energy-use/1044061910

Planung/Lektorat: Andreas Rüdinger, Anna Sippel
Springer ist ein Imprint der eingetragenen Gesellschaft Springer-Verlag GmbH, DE und ist ein Teil von Springer Nature.
Die Anschrift der Gesellschaft ist: Heidelberger Platz 3, 14197 Berlin, Germany

Wenn Sie dieses Produkt entsorgen, geben Sie das Papier bitte zum Recycling.

Vorwort und Orientierung

Die Dramatik der Klimakrise ist inzwischen offensichtlich – und dennoch wird sie immer noch gerne heruntergespielt, tritt immer wieder gegenüber anderen, kurzfristig dringendenderen Problemen (von Migration über bewaffnete Konflikte bis hin zu Wirtschaftsflauten), in den Hintergrund. Doch dem Klimaschutz keine hohe Priorität zu geben, ist ausgesprochen kurzsichtig: Die Klimakrise bedroht nicht nur unseren Lebensstil oder unsere Werte, sondern direkt unsere Lebensgrundlage, etwa durch Überschwemmungen oder Dürren, die zu Hungersnöten führen können. Zudem hat sie das Potenzial, auch andere Krisen immer weiter zu verschärfen.

Um dem Klimawandel wirksam entgegenzutreten, ist vieles notwendig, fundiertes Wissen samt Verständnis für Zusammenhänge ebenso wie der Wille, ernsthaft etwas zu verändern. Selbst wenn der Wille vorhanden ist, fehlt das Verständnis für die schiere Größe dessen, was hier notwendig ist, fehlt das Wissen über die Zusammenhänge und die Art, wie verschiedene Technologien zusammenspielen sollten, damit ein vollständig erneuerbares System funktioniert.

Dieses Verständnis und Wissen zu erlangen, ist nicht leicht. Für mich selbst war, bereits auf Grundlage von abgeschlossenen Studien der technischen Physik und der Umweltsystemwissenschaften, noch etwa ein Jahrzehnt in Forschung, Lehre und Arbeit in teils internationalen Projekten erforderlich, bis ich das entsprechende Bild in aller Deutlichkeit sehen konnte. Mit diesem Bild ist es schockierend, wie sehr wir noch immer die Augen vor dem verschließen, was zu tun ist, mit welch absurden Maßstäben wir aktuell zu beurteilen versuchen, welche Maßnahmen die sinnvollsten sind.

Eine Quelle der Probleme sind dabei wirtschaftstheoretische Ansätze (bzw. Glaubensbekenntnisse), die zur Lösung globaler Probleme denkbar ungeeignet sind, die aber dennoch die Grundlage unseres aktuellen Wirtschaftssystems darstellen. Doch zu hoffen, dass die gleichen Wirtschafts- und Marktmechanismen, die die Krise verursacht haben, sie auch wieder lösen werden, wenn man nur an ein paar regulatorischen Schräubchen dreht und vielleicht ein bisschen Geld in die Forschung steckt, ist leider naiv.

Dazu, hier den Blick zu schärfen, möchte ich zumindest einen kleinen Beitrag leisten.[1] Dazu spannt dieses Buch einen weiten Bogen, von den grundlegenden naturwissenschaftlichen Konzepten über die Dynamik des Klimawandels und energietechnische Lösungen, über soziale, gesellschaftliche und wirtschaftliche Probleme und Verstrickungen bis hin zu einem tragfähigen Plan für unsere Zukunft.

---

[1] Mehr zur Motivation für Buch und seine Entstehungsgeschichte finden Sie auf der Website.

Zur Struktur des Buches

Dieses Buch ist in drei Teile gegliedert, die natürlich zusammenhängen, aber jeweils einen anderen Aspekt beleuchten:

In Teil I geht es vor allem um grundlegende naturwissenschaftliche Grundlagen zu Energie und Klima: In Kapitel 1 betrachten wir knapp das inzwischen weithin bekannte Thema des Klimawandels und den Zusammenhang mit einigen weiteren, etwas weniger prominenten Krisen. (Allerdings werden, als Vorgriff auf Teil III, auch schon einige gesellschaftspolitische Themen kurz angesprochen, weil diese untrennbar mit der dieser Problematik verknüpft sind.) In Kapitel 2 bespreche ich die Grundbegriffe von Energie und Wirkungsgrad. Kapitel 3 ist einigen Konzepten aus der Chemie gewidmet, die für Klima und Energietechnik gleichermaßen bedeutsam sind. In Kap. 4 beleuchte ich die Mechanismen von Klima und Klimawandel etwas genauer – auch unter Betrachtung der Erdgeschichte.

In Teil II bespreche ich unseren derzeitigen und zukünftigen Umgang mit Energie. Dabei geht es in Kapitel 5 vor allem um die „klassische" Versorgung mit elektrischer Energie, außerdem um einige damit eng zusammenhängende Bereiche. Zwei Sektoren sind allerdings so bedeutsam, dass sie jeweils eine eigene Diskussion verdienen, nämlich einerseits Heizen und Kühlen ($\Rightarrow$ Kap. 6), andererseits die Mobilität ($\Rightarrow$ Kap. 7). Nach diesen drei Kapiteln, die vor allem den Ist-Stand beleuchten, folgt in Kap. 8 eine Darstellung, wie unser Energiesystem in Zukunft aussehen könnte. Wir betrachten, welche Technologien bereits einsatzbereit sind, wo noch Forschungsbedarf besteht, wie das andere Wirtschaftsbereiche betrifft – und wie man alles sinnvoll kombiniert.

In Teil III blicken wir über die technisch-naturwissenschaftlichen Aspekte hinaus. Wären nur diese relevant, wären wir einer zukunftstauglichen Lösung wohl schon viel näher. Tatsächlich gibt es aber zahlreiche Hürden, die aus dem menschlichen Denken und Zusammenleben kommen. Dazu betrachten wir in Kap. 9 unser aktuelles Wirtschafts- und Finanzsystem, samt dem Kult des Wachstums und der Effizienz, der es antreibt. Damit gerüstet betrachten wir in Kap. 10 zunächst den Ist-Zustand unserer „schönen neuen Welt", um dann darzustellen, dass wir es – allen Schwierigkeiten zum Trotz – nach wie vor schaffen können, die Wende hinzubekommen, und zwar so, dass es uns damit besser gehen wird als jetzt – auch wenn vieles anders sein wird.

Diverse Zusatzinformationen (Entstehungsgeschichte, Disclaimer, zusätzliche Informationen und weitere Quellen, FAQs, ...) finden sich auf der Website `https://klima-energie-transformation-c9a4ca.gitlab.io/`.

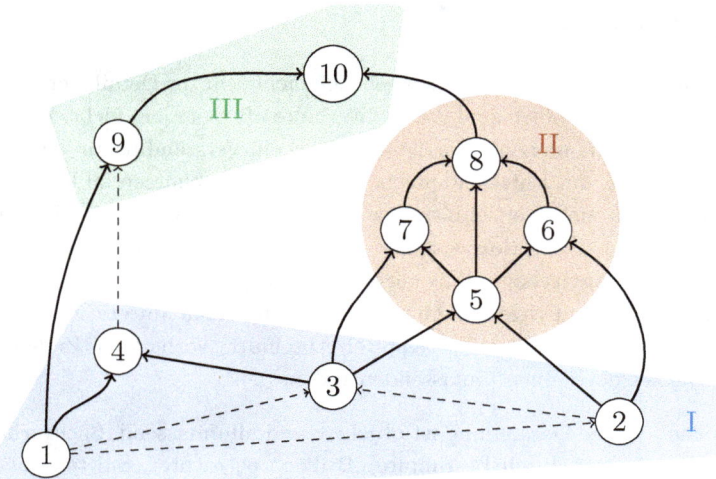

Abb. 1: ein grober Abhängigkeitsgraph der Kapitel, der zugleich mögliche Leserouten angibt, wobei auch die Zugehörigkeiten zu Teil I, Teil II bzw. Teil III

Was und wie lesen? Es kann sinnvoll sein, dieses Buch von vorne nach hinten durchzugehen, da etliche Themen aufeinander aufbauen. So ist es nützlich, die Eigenheiten diverser Akteure (Elemente, Verbindungen und Reaktionen), die in Kap. 3 (Die Chemie der Energie) eingeführt werden, zu kennen, um in Kap. 4 (Das Klima und das CO_2) die Vorgänge in der Atmosphäre und die Dynamik des Klimawandels zu verstehen, und auch in den späteren Ausführungen zum Energiesystem (Teil II) sind sie relevant.

Andererseits aber ist das Buch umfangreich und an einzelnen Stellen schon beinahe enzyklopädisch, bietet umfassende Übersichten über verschiedene Aspekte oder technologische Möglichkeiten. Entsprechend kann man manches ruhig überspringen.

Dabei sind die Kapitel so geschrieben, dass sie mit etwas Grundwissen auch jeweils separat gut lesbar sind. Entsprechend können Sie einfach mit dem Kapitel beginnen, das Sie am meisten interessiert. Wenn es Ihnen z.B. vorwiegend um die wirtschaftlich-sozialen Ansätze geht, kann es ausreichen, zunächst Kapitel 1 zu lesen und dann direkt zu Teil III zu springen. Eine Art grobe Landkarte, wie die Kapitel aufeinander aufbauen, finden Sie in Abb. 1. Zur besseren Einschätzung beginnen die meisten Kapitel mit einem kurzen Überblick darüber, was Sie darin jeweils erwartet. Im ganzen Buch sind zudem großzügig Querverweise gesetzt, so dass Sie bei Bedarf auch zu einer genaueren Erklärung blättern können.

Detailgrad und Sichtweisen

Bei nahezu allen behandelten Themen gehe ich nicht sehr ins Detail, vermeide Formeln, soweit es geht – aber einfach sind die Sachverhalte oft trotzdem nicht. Der Lohn dafür, sich mit ihnen auseinanderzusetzen, ist allerdings ein Verständnis für wichtige Themen, das tief genug geht, um Entscheidungen treffen und einschätzen zu können.

An einigen Stellen sind Vertiefungsboxen eingefügt, in denen wir ein Thema etwas genauer betrachten. Diese Boxen stellen Zusatzinformation bereit, können aber ohne Schaden für das Gesamtverständnis auch übersprungen werden.[2] Um die Orientierung in dieser komplexen, auf viele Weisen zusammenhängenden Materie zu erleichtern, sind auch diverse Querverweise (mit $\Rightarrow$ Kapitel/Abschnitt) vorhanden. Zudem gibt es am Ende des Buches noch einen umfassenden Index.

Einige Brillen Keine Darstellung ist objektiv und allumfassend. Sachverhalte werden von Menschen immer durch bestimmte „Brillen" betrachtet, die teils bewusst, teils unbewusst aufgesetzt werden. Bewusst sind mir vor allem die folgenden Sichtweisen, die meinen Blick prägen:

- **Naturwissenschaftliche Basis**: Der Themenbereich von Klima und Energie wird vor allem aus einer naturwissenschaftlichen Perspektive betrachtet – denn es sind die *natürlichen* Grundlagen unserer Existenz, die bedroht sind. Gesellschaftliche und soziale Veränderungen werden essenziell sein, um die gegenwärtigen Krisen ($\Rightarrow$ 1.1) zu bewältigen. Sie alle können jedoch ebenfalls nur auf dem Fundament dessen stehen, was aufgrund natürlicher Gegebenheiten überhaupt möglich ist ($\Rightarrow$ 10.1.4).

- **Technologieoffenheit**: Mein Zugang folgt stark der „Technologieoffenheit" und „Technologieneutralität". Ich glaube, dass es nicht die einzelne Lösung, die einzige „Wundertechnologie" gibt, um unser Energiesystem auf eine erneuerbare Basis zu stellen, sondern dass verschiedenste Technologien an der einen oder anderen Stelle eine Rolle spielen werden. Entsprechend gebe ich z.B. dem Wärmethema breiten Raum ($\Rightarrow$ Kap. 6), beziehe u.a. auch Bioenergie, Solarthermie, thermische Netze und Speicher sowie verschiedene Power2Gas-Technologien in meine Darstellung davon ein, wie ein Energiesystem der Zukunft aussehen kann ($\Rightarrow$ Kap. 8).

---

[2]Ebenso bieten Fußnoten (wie diese hier) gelegentlich Zusatzinformationen an, die hoffentlich interessant, aber für das weitere Verständnis nicht notwendig sind.

- **Wirtschaftskritik**: Bei der erforderlichen Umstellung unseres Energiesystems sind wirtschaftliche Betrachtungen enorm wichtig. Sie sind jedoch zumindest einer Ebene „höher" angesetzt als naturwissenschaftlich-technische Betrachtungen, sind der menschliche Versuch, den Umgang mit natürlichen (und anderen) Ressourcen einem systematischen Zugang zu unterwerfen. Doch aktuell sind die Resultat, die damit erzielt werden, in vielerlei Hinsicht unzureichernd. Entsprechend kritisch betrachte ich aktuelle ökonomische Ansätze und Zugänge ($\Rightarrow$ Kap. 9).

- **Politische Dimension**: Der Umgang mit Krisen von der Tragweite des Klimawandels (und ebenso der Biodiversitätskrise $\Rightarrow$ 1.1.2) kann nicht unpolitisch sein. Lange genug wurden von der Wissenschaft neutral die Fakten präsentiert, in der Erwartung, dass Entscheidungsträger:innen in Politik und Wirtschaft entsprechend handeln würden. Das ist bislang nur unzureichend geschehen, und es gibt einflussreiche politische Strömungen, die den Klimawandel noch immer leugnen und bagatellisieren. Entsprechend kann die eigene politische Haltung, wenn man diese Krise ernst nimmt, nicht neutral bleiben.

- **Fehlbarkeit**: Wir Menschen bilden uns gerne viel auf unsere Intelligenz ein. Tatsächlich können wir manchmal erstaunliche Erkenntnisse gewinnen – ebenso können wir aber auch manchmal furchtbar dumm sein, grauenhafte Fehler machen und offensichtliche Probleme absurd lange leugnen. Es gibt Argumente, warum wir für eine intelligente Spezies enorm dumm sind ($\Rightarrow$ Box auf S. 38).

  Tatsächlich ist es sinnvoll, zu akzeptieren, dass man regelmäßig daneben liegen kann, und gleich entsprechend zu handeln, etwa indem man von vornherein Puffer, Sicherheitsschranken und großzügige Redundanzen einplant, für den Fall, dass man sich irrt. Das ist weit besser, als sich einzureden, man sei ohnehin so schlau – und damit dann auf die Nase zu fallen ($\Rightarrow$ 10.3.4).

- **Entwicklungsfähigkeit**: So fehlbar wir manchmal auch sein mögen, so sehr wir auch manchmal in die Irre gehen, ist dieses Buch von einem Grundvertrauen geprägt, dass die Menschheit gut und klug genug ist, um sich weiter zu entwickeln, um Fehler im Lauf der Zeit einzusehen und neue Wege zu finden.[BC07; Pin14] Natürlich erfolgt vieles nur in kleinen Schritten, und manchmal ist es deprimierend zu sehen, wie wir bei manchen Themen auch immer wieder zurückfallen (oder jemand ganz bewusst den Rückwärtsgang einlegt).

  Dennoch zeigt unsere Entwicklung über die Jahrhunderte und Jahrtausende hinweg einen klaren Trend zu einem reflektierteren, rücksichtsvolleren, besser durchdachten und abgewogenen Handeln. Bei vielem, was früher bedenkenlos getan wurde, wissen wir inzwischen zumindest, dass es falsch ist, auch wenn wir es vielleicht noch nicht geschafft haben, einen besseren Weg zu finden.

Disclaimer Viele Inhalte dieses Buches, speziell in Kapiteln 2 bis 7, sind eine Zusammenstellung gut belegter wissenschaftlich-technischer Fakten. Bei anderen Themen aber stelle ich einen durchaus subjektiven Standpunkt dar. Dabei handelt es sich um *meine eigene* Sicht, die sich keineswegs mit der von jetzigen oder früheren Arbeitgebern, Hochschulen, an denen ich unterrichte, oder irgendwelchen anderen Organisationen, in der ich eine offizielle Rolle einnehme, decken muss. Weitere Ausführungen und Abgrenzungen finden sich auf der Website, ebenso wie Informationen dazu, wo und wie Sie ggf. am besten Anregungen einbringen oder Kritik anbringen können.

Anmerkungen zur Literatur

Links Bei vielen Literaturquellen und manchmal auch direkt im Text sind Links angegeben. Natürlich übernehme ich keine Garantie dafür, dass sie weiterhin funktionieren, dass sich die Inhalte dort nicht ändern, ich mache mir die Inhalte nicht zu eigen, ...
Ich habe die Links während des Schreibens (2021-25) sowie noch einmal gesammelt in der finalen Phase der Manuskripterstellung (Mär./Apr. '25) überprüft, dafür aber auf individuelle Angaben à la „letzter Zugriff am" verzichtet.
Da Links oft sehr lang sind, wurden sie oft umgebrochen, gelegentlich auch an Bindestrichen („-"). Bindestriche, die am Ende einer Zeile stehen, sind stets ein Teil des Links und wurden *nicht* zusätzlich durch den Umbruch erzeugt.

Sprache Manche englischen Begriffe und Zitat tauchen in übersetzter Form auf, andere im Original. Dabei gibt es keine tiefere Systematik, außer dass manchmal eine Übersetzung nicht die Eleganz des Originals einfangen kann. Englisch ist als globale Zweitsprache inzwischen so gängig, dass das Übersetzen solcher kurzen Abschnitte wohl weitgehend unnötig wäre. Gegebenenfalls gibt es inzwischen ausgezeichnete Übersetzer wie `www.deepl.com`, die zur Verfügung stehen, sowie für einzelne Begriffe Wörterbücher wie `www.leo.org/`.

Literaturtipps Die meisten Bücher, die ich zitiere, sind es wert, gelesen zu werden. (Ausnahmen sind einzelne Bücher, in denen die Probleme geleugnet oder zumindest – meist mit wackeligen ökonomischen Begründungen – kleingeredet werden, z.B. [Lom22]. Diese zitiere ich vor allem, um auf die massiven Schwächen ihrer Argumenten hinzuweisen.)

Sieben Werke möchte ich dabei besonders empfehlen:

- *Merchants of Doubt* von Naomi Oreskes und Erik M. Conway, [OC10], auch auf Deutsch erschienen unter dem m.E. weniger treffenden Titel *Die Machiavellis der Wissenschaft: Das Netzwerk des Leugnens*: Dieses Buch illustriert die nahezu unglaubliche Geschichte, wie eine kleine Gruppe von Wissenschaftlern über Jahrzehnte hinweg zu den verschiedensten Themen (von Tabakrauch über sauren Regen und Ozonloch bis hin zum Klimawandel) Zweifel gesät hat, um entschlossenes Handeln zu verhindern.

- *Männer, die die Welt verbrennen* von Christian Stöcker, [Stö24]: Eine umfassende Darstellung dessen, wie die Fossilindustrie gemeinsam mit konservativen Politikern und autokratischen Machthabern über Jahrzehnte hinweg Gewinne in Billionenhöhe gemacht,[3] Schäden wissentlich in Kauf genommen und politische Prozesse massiv zu ihren Gunsten beeinflusst hat.

- *Für Pessimismus ist es zu spät: Wir sind Teil der Lösung* von Helga Kromp-Kolb, [KK23]: Fundierte Darstellung der Klimaproblematik inklusive ihrer gesellschaftlich-sozialen Ursachen, der geschichtlichen Entwicklung der Umweltbewegung und möglicher Auswege.

- *Die Energielüge: Warum das Klimaziel eine Illusion ist und wie wir die Wende trotzdem meistern* von Bernd Spatzenegger, [Spa23]: Eine sehr schöne gestaltete, gut zugängliche Darstellung der aktuellen Lage unseres Energiesystems, der fehlenden Puzzlestücke und der Möglichkeiten, die wir haben.

- *Weltuntergang fällt aus!* von Jan Hegenberg, [Heg22]: Auf sehr humorvolle Weise werden in diesem Buch diverse Argumente zerpflückt, mit denen die Umsetzbarkeit der Energiewende in Frage gestellt wird.

- *The Deficit Myth: How to Build a Better Economy* von Stephanie Kelton, [Kel21]: Ein lesenswerter Beitrag dazu, wie Einschränkungen zur Finanzierbarkeit von wichtigen Maßnahmen oft nur vom einem veralteten Verständnis dazu stammen, wie Staatsfinanzen funktionieren.

- *Limitarismus: Warum Reichtum begrenzt werden muss* von Ingrid Robeyns, [Rob24][4]: Dieses durchdachtes Plädoyer für eine Gesellschaft, in der Besitz gerechter verteilt ist, in der die schädlichen Auswüchse von enormem Reichtum eingedämmt werden, ist als Denkanstoß sehr zu empfehlen.

---

[3]Ja, tatsächlich Billionen, ca. eine Billion (1 000 000 000 000) Dollar pro Jahr, also mehr als das Jahres-BIP vieler Länder – kein Übersetzungsfehler ($\Rightarrow$ 9.1.5).

[4]Als kleine fachliche Korrektur: In Kapitel 5 zumindest der ersten deutschen Ausgabe wird „Stickstoff" als Treibhausgas genannt. Zum Glück ist N_2, der Hauptbestandteil unserer Atmosphäre, nicht klimaaktiv; tatsächlich gemeint sind Stickoxide ($\Rightarrow$ 3.3.2).

Abbildungen und Schmuckzitate

An vielen Stellen werden zur Illustration von Sachverhalten Abbildungen verwendet, oft solche, die *public domain* sind bzw unter einer CC-BY-Lizenz stehen. Die großzügige Handhabung der Rechte für viele hochwertigen Abbildungen, etwa die berühmten Streifengrafiken von Ed Hawkins auf `https://showyourstripes.info/` oder viele Abbildungen aus den Wikimedia Commons auf `https://commons.wikimedia.org/`, erlaubt es, die Kommunikation zu wichtigen Themen wesentlich wirksamer zu gestalten.

In den allermeisten anderen Fällen konnte ich die Rechte für die Verwendung von Abbildungen einholen und bin allen sehr dankbar – Künstler:innen ebenso wie Unternehmen und Institutionen –, die dieser Verwendung zugestimmt haben. Selbiges gilt für die „Schmuckzitate", besonders kluge und prägnante Formulierungen, mit denen so mancher Abschnitt eingeleitet wird.

Um nicht nur zu nehmen, sondern auch zu geben, stelle ich viele der Abbildungen, die ich selbst für dieses Buch erstellt habe, ebenfalls unter eine CC-BY-Lizenz. Diese Abbildungen sind mit (KL_{BY}^{CC}) gekennzeichnet. Einige besonders simple Grafiken entlasse ich in die *Public Domain*; diese erhalten die Markierung (PD_{KL}).

Danksagungen

Zu diesem Buch haben viele Menschen direkt und vor allem indirekt beigetragen, insbesondere jene, mit denen ich im Lauf der Jahre im Bereich der Energieforschung zusammenarbeiten durfte und von denen ich vieles lernen konnte. Spezieller Dank gilt Martina Blank, Gerlinde Felber, Wolfgang Lukas, Manuela Maurer und Bernhard Schrausser für intensive Diskussionen sowie Marianne Kräuter und Bianca Kern für viele hilfreiche Rückmeldungen zu früheren Fassungen des Manuskripts.

Das Buch hat enorm von der Zusammenarbeit mit dem Springer-Verlag profitiert, speziell von vielen wertvollen Anregungen und Rückmeldungen von Andreas Rüdinger und Anna Sippel sowie eine kompetente Betreuung des Projekts durch Bianca Alton. Schließlich geht ganz besonderer Dank an Verena Kögler für Geduld und Unterstützung während der Jahre, die das Schreiben dieses Buches – neben allem, was sonst zu tun war – in Anspruch genommen hat.

Graz, im April 2025
Klaus Lichtenegger

Competing Interests

Der/die Autor*in hat keine für den Inhalt dieses Manuskripts relevanten Interessenkonflikte.

Inhaltsverzeichnis

Vorwort und Orientierung	v
Zur Struktur des Buches	vi
Detailgrad und Sichtweisen	viii
Anmerkungen zur Literatur	x
Abbildungen und Schmuckzitate	xii
Danksagungen	xii
Inhaltsverzeichnis	xiii
Einstimmung: fordernde Zeiten	1
Was wir hätten lernen können	2
... was wir aber nicht gelernt haben	3

I Eine Welt im Wandel — 7

1	**Die Klimakrise ist da**	9
1.1	Krisen vielerlei Art: Klima und mehr	9
	1.1.1 Einige Facetten der Klimakrise	10
	1.1.2 Eine zweite Krise: Biodiversitätsverlust	17
	1.1.3 ... und noch ein paar weitere Krisen	20
	1.1.4 Natürlich menschlich	24
	1.1.5 Ganz natürlich (und nicht in unserer Hand ...)	29
	1.1.6 Krisen im Grenzland	30
	1.1.7 Von uns geschaffen ...	32
	1.1.8 Kontrollierbarkeit und Zeithorizont	40
	1.1.9 Fazit: Interessante Zeiten	43
1.2	Klimahysterie und Klimaskepsis?	45
	1.2.1 Eine Klimahysterie-Industrie?	46
	1.2.2 Kommunikation – eine Gratwanderung	47
	1.2.3 Nach wie vor: ein erbärmliches Herauswinden	48
	1.2.4 Fazit: Eine wirklich große Herausforderung	54
2	**Energie, Wirkungsgrad und all das**	57
2.1	Energie und Energieeinheiten	58
	2.1.1 Energieformen und Energieerhaltung	59
	2.1.2 Energiemengen und -einheiten	61
	2.1.3 Wärme: nützlicher Abfall	61
2.2	Der Wirkungsgrad	65
	2.2.1 Verhältnis von Nutzen zu Aufwand	65

		2.2.2 Grenzen des Wirkungsgrades	71

		2.2.2	Grenzen des Wirkungsgrades	71
		2.2.3	Weitere Kenngrößen	71
		2.2.4	Die Crux mit den Wirkungsgraden	73
3	**Die Chemie der Energie**			75
3.1	Essenzielle Elemente (für Energie und Klima)			77
		3.1.1	Zentrale Elemente der Energie: H, O und C	77
		3.1.2	Weitere wichtige Elemente	80
3.2	Bedeutende Verbindungen			83
		3.2.1	Kohlendioxid – Freund und Feind	83
		3.2.2	Wasser – alltäglich und faszinierend	84
		3.2.3	Methan – brennbar und klimaaktiv	85
		3.2.4	Weitere Kohlenwasserstoffe	86
		3.2.5	Alkohole und Zucker	86
		3.2.6	Ammoniak – mehr als nur Basis für Dünger	88
		3.2.7	Kohlensäure, Kalkstein & Co.	88
3.3	Luftschadstoffe			89
		3.3.1	Kohlenmonoxid – ein vielseitiger Schurke	89
		3.3.2	Stickoxide	90
		3.3.3	Einige Schwefelverbindungen	91
		3.3.4	VOCs, Teere, Feinstaub & Co.	92
		3.3.5	Einige weitere heikle Gesellen	92
3.4	Zentrale Prozesse der Energieumwandlung			94
		3.4.1	Verbrennung	94
		3.4.2	Photosynthese und Zellatmung	96
		3.4.3	Thermochemische Konversion	97
		3.4.4	Elektrolyse des Wassers	98
		3.4.5	Sabatier-Reaktion (Water-Gas-Shift)	99
		3.4.6	Fischer-Tropsch-Synthese	100
		3.4.7	Das Haber-Bosch-Verfahren	101
		3.4.8	Natürlicher und technischer Kalkzyklus	102
4	**Das Klima und das CO_2**			105
4.1	Wetter vs. Klima			106
		4.1.1	Traue keiner Statistik, die du nicht selbst …	106
		4.1.2	Klimamodelle	108
		4.1.3	Prognosen und Unsicherheit	110
4.2	Die Atmosphäre			112
		4.2.1	Die Atmosphäre als Treibhaus	113
		4.2.2	Einige wichtige Klimaphänomene	115

	4.2.3 Klimawandel: Fingerprints	117
	4.2.4 Kipp-Elemente und Kipp-Punkte	119
4.3	Das Phänomen Wasserdampf	122
	4.3.1 Aufnahmekapazität und Luftfeuchtigkeit	122
	4.3.2 Verdunstung und Kühlgrenztemperatur	123
4.4	Eine kurze Geschichte der Atmosphäre	127
	4.4.1 Die frühen Jahrmillionen	127
	4.4.2 Die große Sauerstoff-Katastrophe	128
	4.4.3 Ein Auf und Ab (mit einigen Rieseninsekten)	129
	4.4.4 Die Entstehung der fossilen Energieträger	131
	4.4.5 Die Atmosphäre im Anthropozän	134
4.5	Selbst die Welt wandeln?	142
	4.5.1 Geo-Engineering: Die Erde formen?	142
	4.5.2 Synthetische Biologie: Das Leben formen?	144

II Das System der Energie   147

5	**Das Energiesystem – vernetzt und gespeichert**	149
5.1	Das Energiesystem der Erde	150
	5.1.1 Atmosphäre und Hydrosphäre	150
	5.1.2 Energieflüsse in der Biosphäre	151
	5.1.3 Das Energiesystem des Menschen im Überblick	153
5.2	Energieerzeugung	158
	5.2.1 Kalorische Kraftwerke	158
	5.2.2 Nuklearenergie	162
	5.2.3 Wind- und Wasserkraft	167
	5.2.4 Biomasse	171
	5.2.5 Solarenergie	174
	5.2.6 Geothermie	175
	5.2.7 Gezeitenenergie	176
	5.2.8 Weitere Arten der Energiegewinnung	176
	5.2.9 Die Hierarchie der Flexibilität	178
5.3	Einige Energienetze	180
	5.3.1 Das Stromnetz	180
	5.3.2 Pipelines und Gasnetz	182
5.4	Einige Energiespeicher	183
	5.4.1 Aspekte und Kenngrößen von Energiespeichern	183
	5.4.2 Mechanische Speicher	185
	5.4.3 Elektrische und magnetische Speicher	186

	5.4.4	Elektrochemische Speicher: Batterien und Akkus	187
	5.4.5	Chemische Energieträger	189
	5.4.6	Ein kleiner Vergleich von Speichern	193
5.5	Verbundene Felder	195
	5.5.1	Landwirtschaft und Nahrungsmittel	195
	5.5.2	Produktion und Industrie	201
	5.5.3	Bauen und Wohnen	203
	5.5.4	Der digitale Sektor	204
5.6	Energiewirtschaft und -preise	206
	5.6.1	Strompreise, Netzentgelte und mehr	206
	5.6.2	Strombörsen, Merit-Order und Regelenergie	208
	5.6.3	Raubritter, Energiesklaven und Finanzchemie	211
6	**Oft unterschätzt: Wärme und Kälte**	**215**
6.1	Wärme- und Kältebedarf	216
	6.1.1	Heizbedarf	216
	6.1.2	Prozesswärme in der Industrie	217
	6.1.3	Kühlen in Gegenwart und Zukunft	218
6.2	Klassisches Heizen und Kühlen	219
	6.2.1	Öfen, Kessel und Thermen	219
	6.2.2	Elektroheizungen	220
	6.2.3	Einfaches Kühlen	221
6.3	Wärmepumpen	223
	6.3.1	Heizen mit Wärmepumpen	224
	6.3.2	Hochtemperatur-Wärmepumpen	225
	6.3.3	Klimaanlagen	226
	6.3.4	Ökologische Probleme	227
6.4	Solares Heizen und Kühlen	228
	6.4.1	Solare Großanlagen	230
	6.4.2	Hochtemperatur-Solarthermie	230
	6.4.3	Solares Kühlen	231
6.5	Kraft-Wärme-Kopplung	232
6.6	Wärme- und Kältenetze	234
	6.6.1	Vier Generationen von Wärmenetzen	234
	6.6.2	Kühlnetze	236
6.7	Wärme- und Kältespeicher	236
	6.7.1	Sensible Wärmespeicher	236
	6.7.2	Latentwärmespeicher	238
	6.7.3	Sorptionsspeicher und thermochemische Speicher	241

	6.7.4	Spezialfall: Hochtemperatur-Stromspeicher	241
	6.7.5	Ein weiterer kleiner Vergleich von Speichern	242
7	**Mobilität: Elektroauto, e-Fuels oder was?**		**245**
7.1	Grundbedürfnis Mobilität		246
	7.1.1	Verkehr frisst Fläche	246
	7.1.2	Ein formbares Bedürfnis	247
7.2	Motorisierter Individualverkehr		248
	7.2.1	Wir bauen die falschen Autos (und sehr viele davon)	249
	7.2.2	Fahrstil	250
7.3	Jenseits des Individualverkehrs		251
	7.3.1	Flugverkehr	251
	7.3.2	Transport- und Nutzfahrzeuge	253
	7.3.3	Der Weltraum – unendliche Weiten?	255
7.4	Sanftere Mobilität		256
	7.4.1	Öffentlicher Verkehr	256
	7.4.2	Car Sharing, Fahrgemeinschaften, Sammeltaxis,	258
	7.4.3	Gehen und Fahrradfahren	258
	7.4.4	Eine echte Alternative?	259
7.5	Antriebstechnologien		261
	7.5.1	Muskelkraft, Wind und Wasser	261
	7.5.2	Dampfmaschinen	262
	7.5.3	Verbrennungsmotoren	263
	7.5.4	Elektromotoren in der Mobilität	264
	7.5.5	Brennstoffzellen	266
	7.5.6	Hybride Antriebe	267
7.6	Die Schlacht um Antrieb und Treibstoff		268
	7.6.1	Biotreibstoffe	268
	7.6.2	Elektrische Energie als „Treibstoff"	270
	7.6.3	Wasserstoff, SNG und e-Fuels & Co.	272
	7.6.4	Welcher Antrieb denn jetzt?	274
8	**Ein Energiesystem der Zukunft**		**277**
8.1	Erneuerbar möglich? (Spoiler: ja)		278
	8.1.1	Arten von Potenzialen	281
	8.1.2	Graue Energie und energetische Amortisation	281
8.2	Zukünftige Energieerzeugung		282
	8.2.1	Was wir schon können (viel)	282
	8.2.2	Solarenergie der Zukunft	282
	8.2.3	Windenergie der Zukunft	287

		8.2.4	Geothermie der Zukunft	288
		8.2.5	Verbrennung: Carbon Capture	289
		8.2.6	Nukleare Lösungen der Zukunft?	290
	8.3		Speicherung/Verteilung: Stimmt die Chemie?	291
		8.3.1	Stromnetze der Zukunft	292
		8.3.2	Power2Gas	294
		8.3.3	Thermische Netze und saisonale Speicher	298
	8.4		Zukünftige Energienutzung	299
		8.4.1	Zukünftiges Heizen und Kühlen	299
		8.4.2	Zukünftige Mobilität	300
		8.4.3	Verbundene Felder	302
	8.5		Das Puzzle zusammensetzen	303
		8.5.1	Ein großer Plan?	305
		8.5.2	Regelung, Optimierung und Datenanalyse	307
		8.5.3	Die Energiewirtschaft der Zukunft	310
		8.5.4	Und das geht sich aus?	312
		8.5.5	Die Schäden und Probleme in Relation setzen	315
		8.5.6	Zurück in die Erde!	316
		8.5.7	Wenn der Komet kommt	318
		8.5.8	So und nicht anders?	319

III Über Hindernisse hinweg 321

9			Wer soll das bezahlen?	323
9.1			Die Wirtschaft und das liebe Geld	324
	9.1.1		Die Wirtschaftswissenschaften	325
	9.1.2		Was Märkte können – und was nicht	327
	9.1.3		Die Finanzwirtschaft – auf der Jagd nach Rendite	334
	9.1.4		Zum Wachstum verdammt	337
	9.1.5		Sinn und Unsinn des BIP	339
	9.1.6		Extrapolation und „Hausverstand"	341
	9.1.7		Was wirklich Werte schafft	343
9.2			Wer hat so viel Geld?	345
	9.2.1		Nicht für alles Geld der Welt	345
	9.2.2		„Lassen Sie Ihr Geld arbeiten!"	348
	9.2.3		Was man mit Geld tun kann – und was nicht	349
	9.2.4		Klimaökonomie und der Preis der Schäden	352
	9.2.5		Das geplünderte Grab	355
9.3			Der Kult der Effizienz	357

	9.3.1 In der Effizienzfalle	357
	9.3.2 Effizienz, ihre Gefährten und Gegenspieler	358
	9.3.3 Der große Drache der Finsternis	362
	9.3.4 Die BWLisierung der Welt	368
	9.3.5 Walk the extra mile?	373
9.4	Und wer soll das nun wirklich bezahlen?	381
	9.4.1 Einen klaren Rahmen setzen – und akzeptieren	382
	9.4.2 CO_2-Preise und -Zölle	384
	9.4.3 Green Investments – moderner Ablasshandel?	388
	9.4.4 Finanztransaktionssteuer	391
	9.4.5 Den Reichtum begrenzen?	392
	9.4.6 Auch die Peitsche spüren	396
	9.4.7 Schnelles Handeln erforderlich!	399
9.5	Hintergrund: Optimierung	401
	9.5.1 Das Konzept der Optimierung	401
	9.5.2 Lösungsstrategien	403
	9.5.3 Mehrere Zielgrößen	405
	9.5.4 In ferner Zukunft: Abzinsung	405
	9.5.5 Kenngrößen – und ihr Missbrauch	406
	9.5.6 Die Grenzen der Optimierung	406
10	**Schöne neue Welt?**	**407**
10.1	Wo wir stehen	408
	10.1.1 Dem Konsumismus huldigen	409
	10.1.2 Bewusstsein und Greenwashing	412
	10.1.3 Die fehlende Mitte	414
	10.1.4 Die Grenzen der Physik sind die Grenzen meiner Welt	417
	10.1.5 Rise of the Machines	421
	10.1.6 Sich selbst ins Knie schießen	422
10.2	Patentrezept Forschung?	425
	10.2.1 Der Krampf mit den Anträgen	427
	10.2.2 Einige Illusionen	432
	10.2.3 Ziel: Marktfähigkeit?	433
	10.2.4 Forschung neu erfinden	436
10.3	Eine neue Grundhaltung	439
	10.3.1 Der Weg und das Ziel	440
	10.3.2 Keine Macht den Scheinargumenten	443
	10.3.3 Abschied von Knausrigkeit und Kontrollwahn	444
	10.3.4 Weiter denken und Unsicherheiten akzeptieren	447

	10.3.5 (Not) in my Backyard	450
	10.3.6 Anreize setzen	452
10.4	Eine Wirtschaft der Zukunft	453
	10.4.1 Das fehlende Fundament	453
	10.4.2 Die Macht der Konsument:innen?	457
	10.4.3 Neue Wege in Landwirtschaft und Ernährung	460
	10.4.4 Produktion: Mehr R's als nur Recycling	464
	10.4.5 Bauwirtschaft, Stadt- und Raumplanung	465
	10.4.6 Die Zukunft des Digitalsektors	469
	10.4.7 Eine neue Finanzwirtschaft	471
	10.4.8 Wirklich kein Wachstum mehr?	473
10.5	Eine neue Welt der Arbeit	474
	10.5.1 Potenziale nutzen	474
	10.5.2 Arbeit in Zeiten der KI	476
	10.5.3 Die Kompetenz erhöhen	477
	10.5.4 Manchmal einfach tun lassen ...	479
	10.5.5 Dem Hamsterrad entkommen	481
10.6	Wir schaffen das!	482
	10.6.1 An der Herausforderung wachsen	482
	10.6.2 Positive Zeichen	483
	10.6.3 Einfach anfangen – aber ernsthaft	487

Ausklang und Anhänge — 489

Ausklang: Eine Zeit für Held:innen ... 489

Literaturverzeichnis ... 491

Index ... 511

Einstimmung: fordernde Zeiten

Irgendwie schaffte es der Klimawandel – spät, aber doch – tatsächlich in die Schlagzeilen. In den Sommern speziell ab 2019 war das einige Male der Fall, im Zusammenhang mit Dürren, Waldbränden, heftigen Überschwemmungen – nicht irgendwo in fernen Ländern, sondern mitten in Europa, u.a. in Italien, Slowenien, Kroatien, Tschechien, Österreich und Deutschland.
Greta Thunberg und *Fridays for Future* haben viel dazu beigetragen, die Öffentlichkeit aufzurütteln. Das Erscheinen eines neuen Berichts des Weltklimarates IPCC[5], jeder mit noch klarerer Aussage als der vorherige, war manchmal eine Titelseite wert. Auch wenn wieder einmal eine Weltklimakonferenz mit weitgehend unverbindlichen Absichtserklärungen zu Ende ging, war die Klimakrise ein Thema.
An solchen Tagen wurden meist auf den ersten Seiten der Zeitung die unheilvollen Auswirkungen des Klimawandels ausgeführt, wurden die Bedrohungen dargestellt, die auf uns zukommen, wenn wir nicht endlich handeln. Doch selbst an solchen Tagen konnte man in den gleichen Zeitungen einige Seiten weiter, im Wirtschaftsteil, Berichte finden, welcher Ölkonzern nun wieder wie viele Milliarden Gewinn gemacht hatte, welches neue Öl- oder Erdgasfeld erschlossen oder welche Pipeline gebaut werden sollte. Es wurde beklagt, dass die Wirtschaft unter dem zu hohen Ölpreis leide oder bejubelt, dass OPEC, OPEC+, oder wer auch immer gerade über die Fördermengen bestimmte, beschlossen hatte, diese doch wieder zu erhöhen. Man konnte glauben, die beiden Teile der Zeitung würden aus zwei unterschiedlichen Welten stammen, die nichts miteinander zu tun hätten.
Mit dem 24. Februar 2022, dem Überfall Russlands auf die Ukraine und der folgenden Energiekrise in Europa, hat sich dieses Bild etwas verändert. Dass wir in der EU die Energiewende schon ganz gemütlich, ohne besonderen Aufwand, hinbekommen werden, während wir noch jahrzehntelang unbesorgt russisches Erdgas verheizen können, ist nicht nur sachlich falsch, sondern hat sich auch politisch als gefährliche Illusion erwiesen.
Im folgenden Schock wurde hektisch nach jedem Strohhalm gegriffen. Wir haben fossile Energieträger, die wir angesichts der Klimakrise ohnehin nicht mehr nutzen dürften und deren Import uns in verhängnisvolle Abhängigkeiten gebracht, teuer durch andere fossile Energieträger ersetzt, die wir ebenfalls gar nicht mehr nutzen dürften und bei denen Abhängigkeiten von neuen Akteuren drohen.

---

[5] *Intergovernmental Panel on Climate Change*, https://www.ipcc.ch/

Die Serie der Katastrophensommer hat nicht aufgehört, wie 2023 und 2024 deutlich gezeigt haben. Dass die Energie- und die Klimakrise zusammenhängen, ist zwar inzwischen wohl in etliche Köpfe angekommen, doch was wird getan? Einige Privatpersonen und Gemeinden entschließen sich, endlich etwas mehr auf Solarenergie zu setzen – nur um festzustellen, dass die Produktion nicht hinterherkommt, dass die Fachkräfte zum Installieren fehlen, dass die Stromnetze die möglichen Einspeisungen gar nicht verkraften würden – und das nach so vielen Jahren, in denen die Energiewende beschworen wurde!

Inzwischen verheizen wir, um den Erdgasverbrauch zu reduzieren, wieder mehr Erdöl und Kohle. Wir ließen auch einige deutsche Atomkraftwerke ein paar Monate länger laufen als geplant. Als kurzfristige Notfallmaßnahmen sind solche Dinge wohl zu akzeptieren. Doch wo sind die Maßnahmen, die zusätzlich dazu getroffen werden, um längerfristig die Abhängigkeit von fossilen Energieträgern zu beenden? Wo ist der große Plan, wo ist hier das „Whatever it takes"?

Der *Green Deal* der EU stellt zwar prinzipiell einen ambitionierten Schritt in die richtige Richtung dar,[Eur19] hat aber auch konzeptionelle Probleme[Gre19] und wurde inzwischen an vielen Stellen unterlaufen, hat längst wieder seine Priorität verloren. Zudem ist er stellenweise noch immer eher zurückhaltend – gemessen an dem, was wirklich notwendig wäre, auch verglichen etwa mit den Mitteln, die seit 2008 in Bankenrettungen und ab 2020 als Corona-Hilfe an Unternehmen geflossen sind, ebenso mit jenen Mitteln, die nun wohl in den nächsten Jahren in die Aufrüstung fließen werden. Von Politik und Unternehmen wird zwar gerne beschworen, wie wichtig Nachhaltigkeit und Klimaschutz seien, doch Worte kosten eben nicht viel.

Was wir hätten lernen können ...

Die Problematik der Klimakrise und allgemeiner des fahrlässigen Umgangs mit unserem Planeten, mit unserer Lebensgrundlage, ist seit langem bekannt. In den frühen 1970er Jahren wurde im Bericht an den Club of Rome gewarnt, wurden die Grenzen des Wachstums diskutiert.[MMRI72] Auch wenn manche Einschätzungen von damals (etwa der „peak oil" als limitierender Faktor) sich nicht als korrekt erwiesen haben, so wären entsprechende Maßnahmen schon damals sinnvoll gewesen. Doch sie wurden nicht getroffen. Stattdessen wurden die Untersuchungen von vielen als „apokalyptisches Szenario" abgetan.[Wes22]

In den 1980ern waren diverse Umweltprobleme durchaus präsent, darunter auch der Klimawandel, damals unter dem Schlagwort „Treibhauseffekt". Manche davon, die einfacher zu bewältigen waren, haben wir in der Tat in den Griff bekommen, etwa das

Ozonloch. Doch nachdem diese einfacheren Probleme gelöst waren, traten die schwierigen (wie Klimawandel und Artensterben), die sich nicht durch Einzelmaßnahmen in den Griff bekommen ließen, in den Hintergrund. Gelegentlich flackerte zwar das Bewusstsein auf, dass „da ja noch etwas war". Doch dann waren uns (den Regierungen, den Medien, letztlich wohl uns allen) immer wieder andere Dinge wichtiger, wirkten dringender, etwa der *Krieg gegen den Terror*, die Finanzkrise oder massiv ansteigende Migration. Für das Jahr 2020 hatte die EU einige – im Grunde recht zahme – Ziele für den Klimaschutz definiert, die 20-20-20-Ziele:

- 20 % Reduktion von Treibhausgasemissionen (bezogen auf das Niveau von 1990),
- 20 % der EU-Energieversorgung aus erneuerbaren Quellen,
- 20 % Reduktion des Energieverbrauchs (bzw. Verbesserung der Energieeffizienz).

Doch 2020 hatte Europa andere Sorgen, als sich darum zu kümmern, ob diese Ziele tatsächlich erreicht worden waren. Die schlimmste Pandemie seit hundert Jahren wütete, teils einschneidende Maßnahmen wurden beschlossen, um eine Überlastung des Gesundheitssystems zu verhindern.

Zumindest einige Dinge könnten wir aus der Corona-Krise durchaus für die Klimakrise lernen: Mit der Natur ist nicht zu spaßen, und naturwissenschaftliche Gesetzmäßigkeiten sind nicht verhandelbar. Manche Vorgänge entfalten, wenn sie erst einmal angelaufen sind, ihre eigene Dynamik. Das menschliche Verhalten kann dann nur in beschränktem Ausmaß beeinflussen, was passiert.

Wenn es hart auf hart kommt, dann ist es eine ausgesprochen schlechte Idee, die Erkenntnisse der Wissenschaft zu ignorieren. Selbst jene Populisten, die damals etwa in den USA, im Vereinigten Königreich oder in Brasilien an der Macht waren, mussten bei einer derart akuten Krise erkennen, dass sich eben doch nicht jedes Problem durch bloße Ignoranz lösen lässt.

Corona wurde vielfach als Katastrophe in Zeitraffer beschrieben, während der Klimawandel eine Katastrophe in Zeitlupe ist – aber deswegen für die Menschheit als Ganzes um nichts weniger bedrohlich. Dennoch wird sie nach wie vor verharmlost (und gelegentlich immer noch abgestritten), werden Maßnahmen auf die lange Bank geschoben oder man ergibt sich sogar der Resignation.

... was wir aber nicht gelernt haben

Im Lauf der letzten Jahrzehnte haben wir einige Lektionen dazu erhalten, wie man die Klimakrise *nicht* entschärft, wie man die Energiewende *nicht* erfolgreich durchführt:

- Der erste Anlauf der deutschen Energiewende (ab den 1990er Jahren) war ambitioniert, aber noch wenig erfolgreich. Spätestens dadurch hätte man erkennen können, dass hier ein ganzheitlicher Ansatz, bei dem räumliche und vor allem zeitliche Aspekte berücksichtigt werden, erforderlich ist. Dennoch wird nach wie vor vor allem über bilanzielle Ziele gesprochen, Netze und Speicher hingegen werden vernachlässigt.
- Der viele Jahre lang sehr niedrige Strompreis machte die Investition in jene Energiespeicher, die wir dringend brauchen würden, unrentabel, und entsprechend wurden sie aus kurzfristigen (und damit kurzsichtigen) betriebswirtschaftlichen Überlegungen heraus meist nicht gebaut. Dennoch wird eben jene kurzfristig-kurzsichtige betriebswirtschaftliche Sicht bis heute nicht ernsthaft in Frage gestellt. Selbst wenn es um eine lebenswerte Zukunft geht, wird im Zweifelsfall geknausert und jeder Cent dreimal umgedreht.
- Die Energiekrise 2022 hat offensichtlich gemacht, dass ein rascher Umstieg auf erneuerbare Energielösungen aktuell selbst dann nicht möglich wäre, wenn alle Akteure dazu bereit wären, ihn umzusetzen. Bereits ein recht moderater Anstieg der Nachfrage hat gezeigt, dass die Produktionskapazitäten für manche Bauelemente bei Weitem nicht ausreichen, dass die personellen Kapazitäten für die sachgemäße Installation fehlen. Wäre das Anliegen der Energiewende ernst gemeint gewesen, hätte man sie sorgfältig durchdacht and langfristig geplant, hätte bereits seit vielen Jahren in Rohstoffversorgung, Produktionsstätten und entsprechende Ausbildungen investiert werden müssen.
- Technologien wie Power2Gas ($\Rightarrow$ 8.3.2) werden viel zu oft nicht als ernsthafte Lösungen in Betracht gezogen, meistens mit dem Argument, sie seien zu wenig effizient, der Wirkungsgrad sei zu gering. Teilweise wurde unter dem Eindruck der Erdgaskrise eine drastische Abkehr von chemischen Energieträgern ($\Rightarrow$ 5.4.5) in die Wege geleitet, mit „grünem" Wasserstoff als Nischenlösung bei sonst weitgehender Elektrifizierung des Energiesystems. Das geschah, obwohl der Zustand des Stromnetzes jetzt schon oft kritisch ist ($\Rightarrow$ 5.3.1) und chemische Energieträger für die saisonale Speicherung ebenso wie für den Transport großer Energiemengen über weite Strecken wohl unverzichtbar sind.
- Es gäbe diverse weitere Technologien, die schon auf überschaubaren Zeithorizonten das Potenzial haben, massive Verbesserungen zu bringen, etwa thermische Saisonspeicher ($\Rightarrow$ 6.7.1). Solche Systeme existieren bereits, und es gibt dazu einiges an Expertise. Doch statt die Kapazitäten der Bauwirtschaft auf die Errichtung solcher Speicher zu fokussieren, werden auch jetzt noch lieber am echten Bedarf vorbei Immobilien gebaut, die als reine Geldanlage dienen – oder gar noch mehr Einkaufzentren mit riesigen Parkplätzen.

Abb. 2: Die 17 nachhaltigen Entwicklungsziele der Vereinten Nationen. Auch wenn die Ziele zum Teil in Konflikt zueinander stehen (über weite Strecken etwa Wachstum und Klimaschutz), so bieten sie doch zumeist eine nützliche Orientierung und sollten in Planungen bedacht werden.

Natürlich sind die Energiewende, die Transformation der Wirtschaft auf ein nachhaltig funktionierendes System, die erfolgreiche Bewältigung der Klimakrise komplexe Herausforderungen, die regelmäßig die üblichen Planungs- und Entscheidungsinstanzen und ihre Instrumente überfordern.

Wir sind als Menschen recht gut darin, klar definierte Detailprobleme zu lösen. Ein Fahrrad mit zusätzlichem Elektroantrieb konstruieren? Ein Solarmodul mit einem noch ein bisschen besseren Wirkungsgrad oder eine Batterie mit noch etwas besserer Speicherkapazität entwickeln? Eine Sonde auf den Mars schießen? Das alles schaffen wir.

Wir sind ebenfalls gut darin, verschwommen-vage Visionen wortreich zu beschwören, große Ziele zu definieren, etwa die Nachhaltigkeitsziele (*Sustainable Development Goals*, SDGs) der Vereinten Nationen, die in Abb. 2 gezeigt werden.[6] Auf sehr abstrakter Ebene („in großer Flughöhe") können wir durchaus gut benennen, was getan werden müsste, würden global bloß alle zusammenarbeiten.[DDGG+22]

Wo es hakt, das ist die Ebene dazwischen, nämlich einen konkreten, durchdachten Plan zu haben, wie diese Ziele durch aufeinander abgestimmte, gut ineinandergreifende Einzelmaßnahmen zu erreichen sind ($\Rightarrow$ 10.1.3). Phasen, in denen Entscheidungen aufgeschoben werden, wechseln sich mit solchen ab, wo unter dem Eindruck einer akuten Krise hastig Maßnahmen in die Wege geleitet werden, die schlecht durchdacht sind.

---

[6] siehe https://www.un.org/sustainabledevelopment/ und https://unric.org/de/17ziele/. (Note: The content of this publication has not been approved by the United Nations and does not reflect the views of the United Nations or its officials or Member States.)

Beides hat Folgen, die noch Jahrzehnte lang nachwirken. Wir konzentrieren uns auf jene Bereiche, wo schnelle Erfolge sichtbar sind und drücken uns vor jenen Aufgaben, die unangenehmer, aufwändiger und weniger prestigeträchtig sind.

Auf Hinweise, *was wirklich* alles gebraucht würde, um ein tragfähiges und belastbares nachhaltiges Energiesystem zu erhalten, kommt das Wehklagen „geht nicht", „zu ineffizient", „zu teuer". Hier hat sich eine unheilvolle Allianz gebildet, aus Manager:innen, die nur noch nach den Prinzipien kurzfristiger Gewinnmaximierung denken, und braven Ingenieur:innen, die zu nur im Rahmen althergebrachter Lösungen und Denkmustern arbeiten. Jede dieser Einschätzungen ist allerdings falsch ($\Rightarrow$ 10.3.2):

- ■ „geht nicht" ... In Kap. 5 bis 8 werden jene Technologien vorgestellt, mit denen schon heute ein vollständig erneuerbares und nachhaltiges Energiesystem möglich wäre. Manche davon sind noch nicht völlig ausgereift – und jeder Euro, der hier in Forschung investiert wird, ist für unsere Zukunft gut angelegt. In einigermaßen ausreichender Form ist aber schon alles vorhanden.

- ■ „zu ineffizient" ... Der Wirkungsgrad ($\Rightarrow$ 2.2) ist ein fundamental wichtiges Konzept, essentiell zur Beurteilung von Technologien. Wenn es irgendwo mehrere sonst gleichwertige Lösungen gibt, wird man natürlich jene bevorzugen, die effizienter ist, deren Wirkungsgrad also höher ist. Leider wird dieser prinzipiell vernünftige Effizienzgedanke – in Technik und Wirtschaft gleichermaßen – inzwischen oft zu weit getrieben ($\Rightarrow$ 9.3). Es bestehen extreme Hemmungen, als zu wenig effizient betrachtete Lösungen einzusetzen – selbst dann, wenn es dazu *keine* sinnvollen Alternativen gibt. Gibt man diese mentale Blockade auf, dann kann man auf Basis bestehender Technologien durchaus ein System konzipieren, das funktioniert – und gar nicht sooo ineffizient ist. ($\Rightarrow$ Kap. 8).

- ■ „zu teuer" ... Von allen drei Einwänden ist dieser, so gewichtig er auch klingen mag, der schwächste. Letztlich ist Geld ja „nur" eine soziale Konstruktion, um den Einsatz von Ressourcen zu regeln ($\Rightarrow$ Kap. 9). Sofern etwas technisch umsetzbar ist, sofern die erforderlichen Rohstoffe und Arbeitskräfte vorhanden sind, bedeutet „zu teuer" im Grunde nur „ist uns nicht wichtig genug". Zudem kostet uns die Klimakrise auch nach herkömmlichen Maßstäben viel Geld. Oft würde ein entschlossenes Vorgehen nur bedeuten, Mittel zu verlagern, von der Behebung von Schäden hin zu ihrer Verhinderung.

Teil I

Eine Welt im Wandel

1 Die Klimakrise ist da

Brände in Australien, in Kalifornien (bis hinein nach Hollywood), in der Türkei, in Italien, Kroatien und Griechenland. Überschwemmungen mit über hundert Toten, nicht irgendwo in der Ferne, sondern auch mitten in Deutschland. Die sechs wärmsten Jahre seit dem Beginn systematischer Wetteraufzeichnungen wurden alle nach 2010 beobachtet, und die 2020er Jahre brechen neue Rekorde. Die Gletscher schmelzen, Permafrostböden beginnen aufzutauen.

Der Klimawandel ist da – und doch ist alles Bisherige wohl nur ein Vorgeschmack auf das, was noch kommen wird. Jeder Bericht des Weltklimarates IPCC ist fundierter und dramatischer als der vorangegangene. Mit noch genaueren Daten, mit noch aussagekräftigeren Modellen wird belegt, wie wenig Zeit uns nur noch bleibt, um wirksam gegenzusteuern. Entsprechend ist „Klimakrise" wohl treffender als bloß „Klimawandel".

1.1 Krisen vielerlei Art: Klima und mehr

Seit über 150 Jahren ist prinzipiell bekannt, dass die Verbrennungsprodukte von Kohle, Erdöl und Erdgas Einfluss auf den Wärmehaushalt der Erde haben.[1] In den 1970er Jahren gab es bereits passable Klimamodelle ($\Rightarrow$ 4.1.2), die klar zeigten, welche negativen Auswirkungen das weitere Verbrennen von Kohle, Öl und Erdgas haben würde.[2] Getan wurde damals noch wenig, und das oft mit voller Absicht.[OC10]

In den 1980ern war der Klimawandel (damals „Treibhauseffekt") dann durchaus präsent, ebenso wie andere Umweltprobleme, etwa die Abholzung des Regenwaldes, das Ozonloch, der saure Regen und das Waldsterben. Das Problem des Ozonlochs wurde durch das Verbot von FCKW-haltigen Kühlmitteln weitgehend gelöst, auch wenn die vollständige Erholung der Ozonschicht noch Jahrzehnte brauchen wird.[Vos21]

---

[1] Die ersten entsprechenden experimentellen Resultate wurden 1856 von der amerikanischen Forscherin und Frauenrechtlerin Eunice Newton Foote veröffentlicht, [Hud19]. Ähnliche (etwas umfassendere) Ergebnisse publizierte unabhängig davon drei Jahre später der irische Physiker John Tyndall, der lange als erster Entdecker dieses Effekts galt. Dessen umfassende Quantifizierung erfolgte 1896 durch den schwedischen Physiker und Chemiker Svante Arrhenius, [Arr96]. Dieser sah – was man ihm allerdings schwerlich vorwerfen kann – das Phänomen damals noch vorwiegend positiv.

[2] So waren auch die internen Klimamodelle des Ölkonzerns Exxon schon in den 1970ern in der Lage, das Ausmaß der globalen Erwärmung gut vorherzusagen. Dennoch wurde der Effekt noch öffentlich jahrzehntelang geleugnet oder in Frage gestellt – während zugleich intern überlegt wurde, wie man eine eisfreie Arktis für weitere Ölförderungen nutzen könnte, [BCHS15; SRO23].

Die Problematik von saurem Regen und Waldsterben hat man durch einzelne Maßnahmen in den Griff bekommen, die im Nachhinein gar nicht so besonders schmerzhaft waren und die nebenbei auch die Luftqualität in den europäischen Städten wesentlich verbessert haben.[3] Leider sieht die Sache bei Klimawandel und Regenwald-Abholzung anders aus. Hierbei handelt es sich um sehr komplexe Probleme, die sich nicht mit wenigen Einzelmaßnahmen bekämpfen lassen. Lösungen würden einen grundlegenden Umbau unsere Wirtschaftssystems, ein von Grund auf anderes Herangehen an viele Aufgaben erfordern. Der Preis, den wir für die Bewältigung solcher Krisen zahlen werden müssen, wird wohl hoch sein. Doch der Preis dafür, sie nicht zu bewältigen, wäre noch unvergleichlich höher.

1.1.1 Einige Facetten der Klimakrise

Die Klimakrise hat sich inzwischen so umfassend manifestiert, dass ein vollständiger Bericht darüber dicke Bücher füllen würde. Hier beschränke ich mich auf einige besonders prägnante Entwicklungen. Ins Auge stechen dabei natürlich extreme Wetterereignisse, vor allem Überschwemmungen aufgrund von Starkregen, sowie Dürren, die zu Ernteausfällen führen und Waldbrände begünstigen.

Da *Klima* ein statistisches Konzept ist ($\Rightarrow$ 4.1), lässt sich natürlich kein einzelnes solches Ereignis eindeutig auf menschlichen Einfluss zurückführen. Dass es bereits früher immer wieder extreme Trockenperioden und Überschwemmungen gegeben hat, ist natürlich wahr, und tatsächlich war die Zahl der Todesopfer durch Akutereignisse früher tendenziell höher als heute.[RND23] Immerhin haben unsere Möglichkeiten zugenommen, solche Extremereignisse vorherzusehen, vor ihnen zu warnen und betroffene Personen zu evakuieren oder anderweitig zu schützen. Das Ausmaß der Sachschäden ist hingegen dramatisch größer geworden. Ein Teil davon ist sicherlich dem „Effekt der wachsenden Zielscheibe" zuzuschreiben, der etwa in [Lom22, Kap. 1] diskutiert wird ($\Rightarrow$ Abb. 1.1): Je mehr Menschen in exponierten Lagen siedeln und dabei immer mehr materielle Güter anhäufen, desto höher werden klarerweise die Schäden – selbst wenn es keine Änderung an Häufigkeit und Ausmaß der Naturereignisse gäbe.

Doch es wäre zu einfach, sich anhand solcher Erklärungen beruhigt zurückzulehnen. Einerseits ist der Umstand, dass wir nahezu bedenkenlos immer mehr und mehr Fläche beanspruchen, immer mehr Güter anhäufen, schon für sich ein massives Problem – eines, das wiederum nicht alleine steht, sondern mit anderen Problemen eng zusammenhängt ($\Rightarrow$ 1.1.3).

---

[3]Ironischerweise wird das Waldsterben heute oft als Beispiel für eine unfundiertere Unheilsprophezeiung zitiert – und dabei wird völlig ausgeblendet, dass ja wirksame Gegenmaßnahmen gesetzt wurden, um das Eintreten zu verhindern ($\Rightarrow$ 4.1.3).

1.1 Krisen vielerlei Art: Klima und mehr

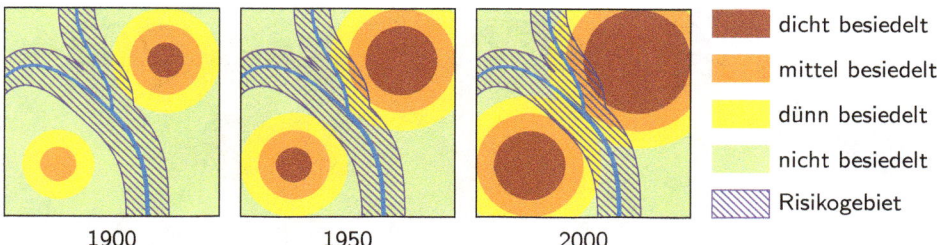

Abb. 1.1: Effekt der wachsenden Zielscheibe, angelehnt an [Lom22, Abb. 1.3]: Dadurch, dass auch Gebiete mit hohem Risiko für Überschwemmungen (etwa um einen Bach herum) dichter und dichter besiedelt werden, sind größere Schäden quasi vorprogrammiert.

Andererseits ist inzwischen klar nachgewiesen, dass der menschengemachte Klimawandel sowohl die Häufigkeit als auch die Schwere extremer Wetterereignisse durchaus beeinflusst (⇒ 4.4.5).[SZA+21] Bei manchen Arten von Wetterphänomenen, etwa Dürren und Überschwemmungen, ist der Zusammenhang inzwischen mit hoher Zuverlässigkeit nachgewiesen.[ZPP+23] Bei anderen, etwa tropischen Stürmen, ist die Datenlage noch nicht ganz so eindeutig – aber auch hier mehren sich die Indizien. Zudem legen schon grundlegende physikalischen Prinzipien nahe, dass höhere Temperaturen auch mehr Potenzial für extreme Stürme bedeuten (⇒ 4.3).

Inzwischen wird nahezu laufend ein Rekord hinsichtlich des wärmsten Tages, Monats oder überhaupt Jahres seit Beginn der Wetteraufzeichnungen gebrochen, und an der 1.5-Grad-Schwelle für die globale Erwärmung kratzen wir bereits.[Lin23; Roh25] Als Beispiel ist in Abb. 1.2 die räumliche Verteilung der *Temperaturanomalie*, also der Abweichung vom Durchschnitt der vorindustriellen Zeit, für das Jahr 2024 gezeigt.
Speziell im Sommer häufen sich die „Naturkatastrophen" – von Waldbränden, die auch auf Siedlungen übergreifen, bis zu massiven Überschwemmungen (⇒ Abb. 1.3). Die zunehmend zerstörerischen Sommer ab 2019 fügen sich nahtlos in die Entwicklung der Temperaturen auf der Erde ein, wie sie in Abb. 1.4 und in Abb. 1.5 dargestellt sind. Zwar hängt es von Phänomenen wie El Niño bzw. La Niña ab (⇒ 4.2.2), außerdem von zufälligen Einflüssen – bis hin zum sprichwörtlichen Flügelschlag eines Schmetterlings –, wie sich das Wetter in einem speziellen Jahr entwickelt. Der Trend zu immer höheren Temperaturen ist aber offensichtlich, und damit auch der Wandel des Klimas (⇒ 4.1).

Die Höhe der Schäden durch Extremwetterereignisse liegt, wie in Abb. 1.6 illustriert, allein in Europa bei hunderten Milliarden Euro. Dabei können monetäre Bewertungen stets nur unzureichend abbilden, wie gravierend solche Schicksalsschläge für die Betroffenen sind. Am allerschlimmsten ist das Leid, wenn solche Katastrophen Menschenleben kosten. Doch auch andere Schäden gehen über bloße Geldbeträge hinaus,

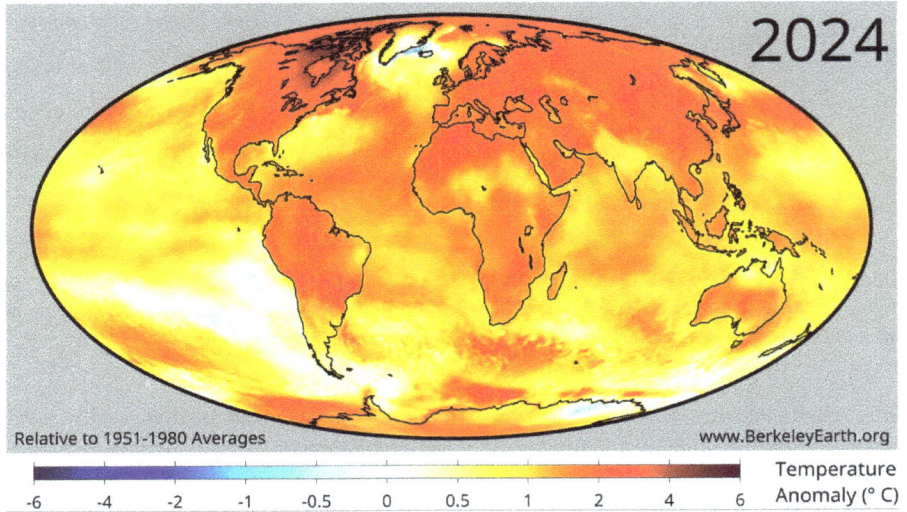

Abb. 1.2: Temperaturanomalie für das Jahr 2024, von [Roh25], Berkeley Earth, mit freundlicher Genehmigung. Auf https://berkeleyearth.org/ ist allgemein eine umfangreiche Sammlung von Berichten Daten und Visualisierungen zum Klimawandel verfügbar.

etwa wenn das Haus, in dem schon Eltern und Großeltern gewohnt haben, von einem Tag auf den anderen abbruchreif ist; wenn der Garten, um den man sich Jahrzehnte gekümmert hat, von einem Tag auf den anderen nur noch eine Schlammwüste ist.

Sicher wären manche dieser Extremereignisse auch ohne menschlichen Einfluss eingetreten – aber es wären, wie immer klarer wird, bei weitem nicht so viele gewesen. Dabei sind es nicht wir im reichen Westen, im Globalen Norden, die am meisten unter den Folgen des Klimawandels leiden. In vielen Ländern des Globalen Südens sind die Auswirkungen, insbesondere von Dürren, noch viel dramatischer.

Abb. 1.3: Waldbrand (wie in z.B. in Rhodos 2023 oder Kalifornien 2024; Foto von Jean Beaufort), Überschwemmungen in Deutschland und Österreich 2024, von Wikimedia-Commons (mailtosap) bzw. [BML24] (BML, Abteilung I/3 – Wasserhaushalt; Foto S. Winterer)

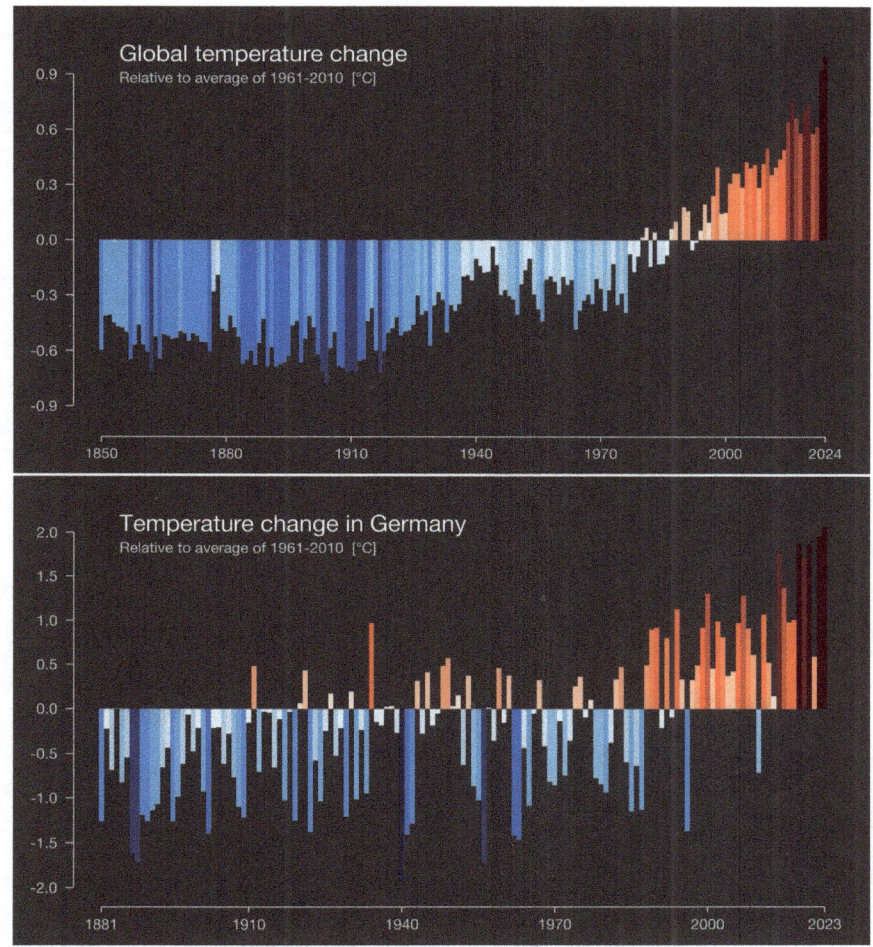

Abb. 1.4: Entwicklung der Temperaturen weltweit und in Deutschland (Kombination von Streifengrafik – *warming stripes* – mit Balkengrafik), Ed Hawkins, von der Seite https://showyourstripes.info/ des National Centre for Atmospheric Science (UK).

Ein oft genanntes Beispiel ist Syrien, wo mehrere extrem trockene Jahre in Folge zu einer Landflucht geführt haben, in weiterer Folge zu sozialen Unruhen und letztlich einem schrecklichen Bürgerkrieg, dessen Auswirkungen ab 2015 auch in Europa sehr deutlich zu spüren waren, mit über einer Million Flüchtlingen, die alleine nach Deutschland gekommen sind.[Hol21; HS20]

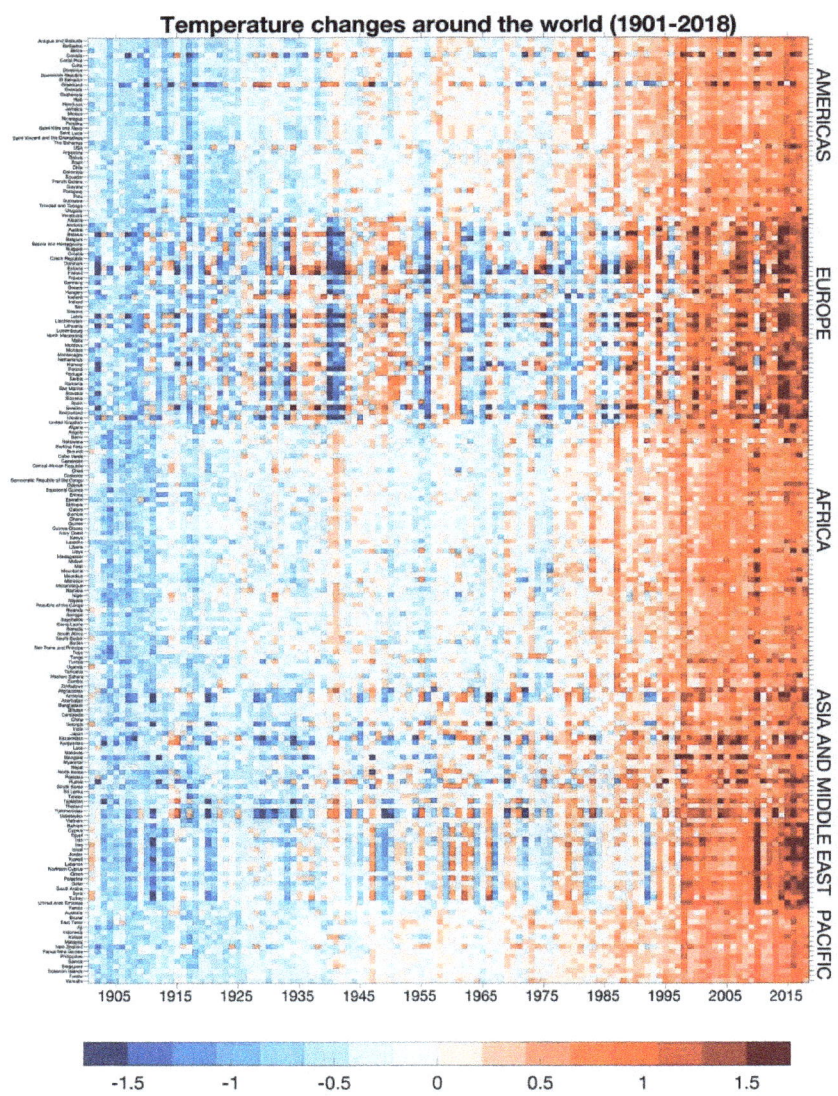

Abb. 1.5: Entwicklung der Temperaturen als Streifengrafik (*warming stripes*), Betrachtung nach Ländern aufgeschlüsselt, von Ed Hawkins (und verwendet u.a. in [MJ19]). Hier ist klar erkennbar, dass Europa und Asien besonders stark von den Temperaturerhöhungen betroffen sind.

1.1 Krisen vielerlei Art: Klima und mehr

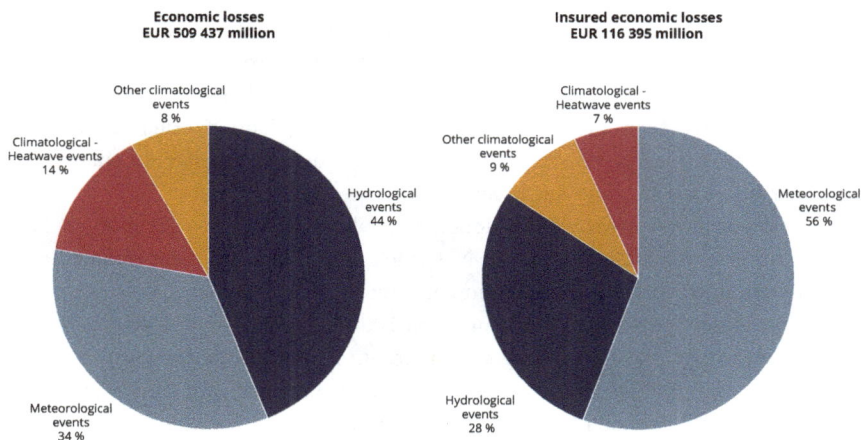

Abb. 1.6: Ökonomische Schäden (gesamt und versichert) durch wetter- und klimabedingte Extremereignisse im Europäischen Wirtschaftsraum (EWR) von 1980 bis 2020, von [EEA22]. Dabei sind Stürme als „meteorological events" und Überschwemmungen als „hydrological events" eingestuft. Bei „climatological events" wird noch zwischen Hitzewellen und anderen Ereignissen (Kältewellen, Dürren, Waldbränden) unterschieden.

Natürlich kann man nicht den Klimawandel alleine für die Syrien-Krise und die folgenden Flüchtlingsströme verantwortlich machen. Doch dort, wo die Strukturen ohnehin schon schwach sind, wo ein großer Teil der Bevölkerung gerade eben noch über die Runden kommt, extrem von der lokalen Landwirtschaft abhängig ist, da kann die Klimakrise jene Zusatzbelastungen mit sich bringen, durch die ganze Länder ins Kippen geraten, durch die Konflikte um Wasser und Land eskalieren.[Hei17]

Vor allem Dürren und Überschwemmungen sind hier drastisch, und so seltsam es aufs Erste auch klingen mag, diese beiden Bedrohungen gehen oft Hand in Hand. Sie sind in vielen Fällen nur zwei Seiten der gleichen Medaille.

Wenn sich die Niederschläge nicht mehr gleichmäßig über das Jahr verteilen, sondern es zunehmend lange Phasen ganz ohne Regen gibt ($\Rightarrow$ 4.2.2), dann sind neben Dürren auch Überflutungen vorprogrammiert: Der ausgetrocknete Boden kann den Niederschlag, wenn er dann kommt, nicht mehr aufnehmen. Diesen Effekt kann man im Kleinen selbst sehr gut an ausgetrockneter Blumenerde beobachten.

Höhere Temperaturen sorgen dafür, dass dieser Niederschlag auch heftiger ausfällt als früher ($\Rightarrow$ 4.3.1). Nicht nur richten die Wassermassen dann oft enorme Schäden an, sondern zusätzlich rinnt das Wasser zum größten Teil direkt über die Flüsse ins Meer, ohne dass das Grundwasser oder andere natürlich Trinkwasserreservoirs nennenswert aufgefüllt werden. Damit wird auch die nächste Trockenphase schnell wieder zu einer dramatischen Dürre. Neben Überschwemmungen durch extreme Niederschläge ist auch der steigende Meeresspiegel zunehmend ein Thema. Ein erheblicher Teil der Weltbevölkerung lebt in Küstenregionen (selbst nach den strengsten Kriterien über 10 %). Die Tendenz ist dabei steigend, da viele der Mega-Metropolen, die weiterhin einen Zustrom an Bevölkerung erleben, nahe am Meer liegen.

Alleine Bangladesh hat etwa 300 Millionen Einwohner und liegt zum größten Teil nur wenige Meter über dem Meeresspiegel. Natürlich wird das Land nicht einfach untergehen. Man kann und wird Schutzmaßnahmen setzen (sprichwörtlich: „Wer nicht deichen will, muss weichen!"), aber die Errichtung von Dämmen und Deichen erfordert viel Arbeit und verschlingt gewaltige Mengen an Ressourcen (bzw., in der eindimensionalen Sprache der Ökonomie, ist extrem teuer $\Rightarrow$ Kap. 9), und auch im ihre Wartung muss man sich kümmern. Dennoch bieten sie nur einen begrenzten Schutz. Zudem sind nicht überall, wo der steigende Meeresspiegel eine Bedrohung ist, effektive Schutzmaßnahmen überhaupt möglich. Manchmal erlauben es die geologischen Gegebenheiten gar nicht, wirksame Maßnahmen zu setzen, etwa im Fall von Koralleninseln.

Wenn zum ohnehin steigenden Meerespiegel noch tropische Stürme hinzukommen, bei denen ebenfalls zu erwarten ist, dass sie in Zukunft häufiger und heftiger werden, dann werden die Bedingungen in vielen Gegenden zunehmend so, dass ein gutes Leben dort nicht mehr möglich ist. Migration ist dann eine logische Folge.

Doch es sind nicht nur tropische und meeresnahe Gegenden, die bedroht sind. Massive Unwetter, wie sie der Klimawandel nahezu zwangsläufig mit sich bringt, können Hangrutschungen und Muren verursachen, wie es im alpinen Raum zunehmend häufiger geschieht. Noch wesentlich bedrohlicher ist aber eine andere Auswirkung des Klimawandels auf die Stabilität der Böden. In manchen Weltgegenden sind die Böden nur deswegen tragfähig, weil sie ab einer recht geringen Tiefe das ganze Jahr hindurch gefroren sind. Man spricht von *Permafrostböden*. In polaren und subpolaren Regionen, etwa den Ebenen Sibiriens ist dieses Phänomen besonders bedeutsam. Das Abtauen der dortigen Permafrostböden würde nicht nur weite Gebiete de facto unbewohnbar machen, sondern wäre (wegen des darin gebundenen Methans) auch eine enorme zusätzliche Bedrohung für das Klima ($\Rightarrow$ 4.2.4).

Weniger bekannt war bis vor kurzem, dass es Permafrostböden nicht nur im fernen Sibirien, sondern zum Beispiel auch in den Alpen gibt – und auch diese tauen langsam auf. Der gewaltige Bergsturz im Juni 2023 in der Silvretta-Gruppe (Tirol, Österreich) hat das wohl zum ersten Mal ins Bewusstsein einer größeren Öffentlichkeit gebracht.

1.1.2 Eine zweite Krise: Biodiversitätsverlust

In der Geschichte der Erde gab es mehrfach tiefgreifende, katastrophale Ereignisse, durch die sich das Gesicht der Welt grundlegend gewandelt hat, in denen der Großteil der jeweils existierenden Tier- und Pflanzenarten ausgestorben ist (⇒ Box auf S. 18). Die gute Nachricht ist, dass sich die Erde und ihre Ökosysteme jedesmal wieder davon erholt haben, dass neue Arten entstanden und es eine neue Blüte des Lebens gab. Die schlechte ist, dass das jedes Mal einige Millionen Jahre gedauert hat und die Welt sich dazwischen wohl in einer chaotischen, wenig lebensfreundlichen Phase des Umsturzes befunden hat. Entsprechend unklug, ja gerade verantwortungslos ist es, dass wir gerade dabei sind, ein weiteres solches Massenaussterben auszulösen.

Zwar kann man die Natur sehr nüchtern betrachten, jeder Art nur soweit Bedeutung zumessen, wie es ihrem Nutzen oder Schaden für die Menschheit entspricht. Manche Ökonom:innen vertreten in der Tat einen solchen Zugang, bewerten auch Naturzerstörung aufgrund menschlichen Handelns nur in Millionen Dollar oder in % des BIP (⇒ 9.1.5), nach keinem anderen Maßstab. Vertritt man ein dermaßen radikales anthropozentrisches Weltbild, ein „Der Mensch im Mittelpunkt", dann kann man zum Aussterben von Millionen Arten, deren Nutzen nicht belegt ist, die Achseln zucken.

Doch das ist nicht die einzige Sichtweise. Auch eine andere ist stark, hat viele Vertreter:innen und in den meisten Ländern auch eine zumindest rudimentäre gesetzliche Verankerung, nämlich, dass die Erde nicht exklusiv zu unserer alleinigen Verfügung und unserem alleinigen Nutzen da ist, dass andere Arten, dass Ökosysteme auch für sich eine Existenzberechtigung haben, unabhängig von dem, was sie uns gerade nützen. Ein solches Weltbild kann man wohl – paradoxerweise gerade, weil sich der Mensch nicht dermaßen aufdringlich in den Mittelpunkt stellt – als viel humaner bezeichnen als das anthropozentrische. In dieser Sicht ist das Aussterben jeder Art ein zutiefst trauriges Ereignis und der Zusammenbruch eines ganzen Ökosystems eine Tragödie.

Zudem beruht solch anthropozentrisches Denken auf einem geradezu beängstigenden Ausmaß an Überheblichkeit – nämlich, dass wir ganz genau wissen, welchen Nutzen welche Arten uns bringen. Die Ökologie ist aber eine hochkomplexe Angelegenheit, und oft erkennt man die Bedeutung von etwas erst, wenn es nicht mehr da ist.

So sehr wir auch weite Teile der Welt dominieren (⇒ 5.5.1), so sind wir doch immer noch in das globale Ökosystem eingebettet und davon abhängig. Es ist, als würden wir eine komplizierte Baukonstruktion bewohnen, mit vielen Stützpfeilern, Verstrebungen und dazwischen gespannten Seilen, von denen wir oft nicht verstehen, welchem Sinn sie dienen und wie das alles zusammenhält. Dennoch haben wir begonnen, Pfeiler umzustürzen und Seile durchzuschneiden, wenn sie uns im Weg sind. Eine Weile mag das gutgehen, aber wenn das Gebilde letztlich zusammenbricht, dann kann das recht plötzlich und ohne viel Vorwarnung passieren.

> **Vertiefung: Massenaussterben im Lauf der Erdgeschichte**
>
> Immer wieder gab es im Lauf der Erdgeschichte Phasen, in denen innerhalb von (geologisch) sehr kurzen Zeiträumen von maximal einer Million Jahren mehr als die Hälfte aller existierenden Arten ausgestorben ist, siehe z.B. `https://www.spektrum.de/pdf/spektrum-kompakt-massenaussterben/1908067`.
> Die Ursachen dafür sind teilweise spekulativ. Die Hauptverdächtigen sind einerseits extreme vulkanische Ereignisse, andererseits Einschläge von massiven Himmelskörpern. Auch andere astronomische Ereignisse (wie etwa Gammablitze oder Supernovae) werden erwogen.
> Zumindest teilweise waren die Ursachen aber wohl auch weniger spektakulär. Auch ohne externe Ursachen können Veränderungen im irdischen Sauerstoffhaushalt die Lebensbedingungen für viele Arten massiv verschlechtert und zu einer Freisetzung von Giftstoffen geführt haben. Eine zu schnelle Produktion von Treibhausgasen bzw. ihr zu rascher Abbau ist in der Lage, Heiß- bzw. Kaltzeiten auslösen, von denen viele Tiere- und Pflanzenarten überfordert sind.
> Zudem können mehrere Faktoren zusammenspielen. Sind die irdischen Ökosysteme bereits durch Giftstoffe oder Klimawandel angegriffen, dann kann ein Schlag von außen viel härter treffen, viel mehr Schaden anrichten als zu anderen Zeiten. Als die „offiziellen" fünf Massenaussterben (die „Big Five") gelten:
> 1. das Ordovizische Massenaussterben (vor 444 Mio. Jahren), für das wohl entweder eine globale Abkühlung durch zu rasche Bindung von CO_2 (durch neuartige Landvegetation) oder aber die Freisetzung giftiger Schwermetalle durch Probleme im ozeanischen Sauerstoffhaushalt verantwortlich war,
> 2. das Kellwasser-Ereignis im Oberdevon (vor 372 Mio. Jahren), ausgelöst wahrscheinlich durch Veränderungen im Sauerstoff-Kohlendioxid-Haushalt der Erde, wofür wiederum vulkanische oder astronomische Einflüsse verantwortlich gewesen sein könnten,
> 3. das Ereignis an der Perm-Trias-Grenze (vor 252 Mio. Jahren), sehr wahrscheinlich durch großflächigen Vulkanismus, dessen Folgen die Vegetation so dezimierten, dass der O_2-Gehalt der Atmosphäre etwa auf die Hälfte sank,
> 4. die Krisenzeit an der Trias-Jura-Grenze (vor 201 Mio. Jahren), für die ein durch Vulkanismus bedingter Anstieg der CO_2-Konzentration mitsamt folgende Erderwärmung die zentrale Ursache gewesen sein dürfte,
> 5. das Massenaussterben an der Kreide-Paläogen-Grenze (vor 66 Mio. Jahren), bei dem insbesondere auch die Dinosaurier verschwanden – wahrscheinlich durch den Einschlag eines ca. 14 km großen Asteroiden.
>
> Allerdings gab es auch dazwischen Ereignisse, die nicht viel weniger dramatisch waren als einige dieser fünf. Nicht gezählt werden zudem noch frühere Ereignisse, wie etwa das vermutete Aussterben des Großteils aller Arten im Zuge der „großen Sauerstoffkatastrophe" ($\Rightarrow$ 4.4.2). Ebenfalls noch nicht berücksichtigt ist jenes sechste Artensterben, das gerade stattfindet und für das alleine die Menschheit verantwortlich ist.

Dennoch wird die Biodiversitätskrise meistens noch stärker ausgeblendet oder kleingeredet als die Klimakrise. Die beiden hängen natürlich eng zusammen, und der Klimawandel ist eine der zentralen Ursachen für den Biodiversitätsverlust. Allerdings dürften der Verlust von Lebensraum, Veränderungen in der Landnutzung, Jagd und Wilderei aktuell sogar noch mehr Schaden anrichten. Zudem spielen auch Umweltgifte sowie eingeschleppte Arten (*Neobiota*) eine Rolle.[4]

Wenn über bedrohte Arten gesprochen wird, dann werden typischerweise solche hervorgehoben, die „werbewirksam" sind, wie etwa Pandas oder Eisbären, also große, flauschige Säugetiere. Doch diese sind für die Gesamtheit der bedrohten Arten nicht allzu repräsentativ. Während solche fotogenen und entsprechend beliebte Arten im Notfall auch durch Zuchtprogramme in Zoos überleben können, ist da bei vielen anderen Arten, die wir noch kaum erforscht, manchmal noch nicht einmal entdeckt haben, wohl nicht so (oder wenn, dann nur ein glücklicher Zufall).

Es sind meistens viel unscheinbarere Arten, die am meisten bedroht sind und deren Verschwinden wir – vorerst – oft nicht einmal bemerken. Doch auch mikroskopisch kleine Würmer, Pilze, Flechten, Krebse und Schmetterlinge haben ihren Platz in diesem Geflecht der Natur. Selbst Lebensformen mit notorisch schlechtem Ruf wie Parasiten spielen in Ökosystemen eine wichtige Rolle, und sie sind durch ihren oft komplexen Lebenszyklen und die Abhängigkeit von meist mehreren anderen Arten besonders bedroht.[5]

Manche Parasiten, nämlich jene, die den Menschen oder seine Nutztiere als Wirt haben, sind allerdings nicht bedroht, sondern profitieren ganz im Gegenteil oft vom Klimawandel ebenso wie vom Bevölkerungswachstum, der entsprechend zunehmenden Bevölkerungsdichte und und sich immer weiter ausbreitenden Landwirtschaft. Bestimmte Stechmücken, die Zika, Chikungunya oder Dengue-Fieber übertragen können und die bislang auf tropische und subtropische Gebiete beschränkt waren, dringen in die gemäßigten Zonen vor. Zecken, die Lyme-Borreliose verbreiten, finden durch mildere Winter günstigere Bedingungen. Zugleich wächst das Risiko von *Zoonosen*, von Krankheiten, die neu von Tieren auf den Menschen übertragen werden. Das geschieht wohl dadurch, dass Wildtiere zunehmend ihre Lebensräume verlieren und notgedrungen in menschliche Siedlungen eindringen. Als besonders gefährlich gilt hier der Verzehr von Wildtieren („*bush meat*"), und bei einigen der bedrohlichsten Krankheiten der letzten Jahrzehnte (HIV, Ebola, SARS, COVID-19) besteht zumindest ein starker Verdacht, dass es sich um solche Zoonosen handelt.[6]

---

[4]siehe insbesondere den IPBES-Bericht auf `https://www.ipbes.net/global-assessment`
[5]siehe z.B. `https://orf.at/stories/3300913/`, beruhend auf Ergebnissen aus [WWPE23]
[6]Allerdings ist auch die intensive Zuchttierhaltung mit dem dort verbreiteten massiven Einsatz von Antibiotika nicht unkritisch und begünstigt das Entstehen multiresistenter Keime, die für Menschen gefährlich werden können ($\Rightarrow$ 5.5.1).

1.1.3 ... und noch ein paar weitere Krisen

> Wenn zwei Krisen sich kreuzen, so frißt momentan die stärkere sich durch die schwächere hindurch.
>
> Jacob Burckhardt, *Weltgeschichtliche Betrachtungen*

Klimakrise ($\Rightarrow$ 1.1.1) und Biodiversitätskrise ($\Rightarrow$ 1.1.2) mögen die beiden extremsten Herausforderungen sein, denen sich die Menschheit in der Beziehung zu ihrer Umwelt gegenüber sieht, aber es sind keineswegs die einzigen. Tatsächlich gibt es einige mehr – die aber meistens mit diesen beiden und oft auch untereinander zusammenhängen.

Luftverschmutzung Allgemeine Luftverschmutzung speist sich teilweise aus ähnlichen Quellen wie der Klimawandel, nämlich zu einem guten Teil aus der Verbrennung problematischer Substanzen.[7] Prinzipiell sollte man klimaaktive und toxische Emissionen dennoch auseinanderhalten, denn viele Stoffe tragen nur zu einem der beiden Effekte bei ($\Rightarrow$ 3.3). Bei manchen Substanzen sind diese beiden Wirkungen sogar gegenläufig, insbesondere beim Schwefeldioxid ($\Rightarrow$ 3.3.3), das zwar eine gesundheitlich und ökologisch problematische Substanz ist (u.a. hauptverantwortlich für den „sauren Regen" der 1980er Jahre), aber zugleich auch die Aufheizung der Erde bremst ($\Rightarrow$ 4.5).

Rohstoffversorgung Eine Zeitlang waren, u.a aufgrund der Analysen in [MMRI72], viele Menschen ernsthaft in Sorge wegen des „peak oil", dem Zeitpunkt, ab dem die Erdölförderung aufgrund abnehmender Erträge der Felder zurückgehen wird. Inzwischen ist klar, dass wir uns deswegen keine Sorgen machen müssen – es gibt viel mehr fossile Energieträger als wir jemals verbrauchen dürfen. Der limitierende Faktor ist nicht, wie viel von diesen Stoffen vorhanden ist, sondern wie viele Emissionen die Erde verkraften kann ($\Rightarrow$ 4.2.1).

Während allerdings schon aus der Erdgeschichte heraus klar ist, dass es Unmengen fossiler Energieträger geben *muss* ($\Rightarrow$ 4.4.2), ist das bei vielen anderen Rohstoffen anders. Insbesondere bei den seltenen Erden und bei manchen anderen Metallen, die in der Energietechnik dringend benötigt werden ($\Rightarrow$ 3.1.2), ist ein Mangel in Sicht bzw. ist der Abbau nur mit erheblichen Umweltbelastungen möglich.[8]

Allerdings werden diese Stoffe typischerweise nicht verbraucht. Mit entsprechend guten Rückgewinnungs- und Recyclingstrategien ließe sich das Problem der Versorgung mittel- bis langfristig durchaus in den Griff bekommen ($\Rightarrow$ 10.4.4).

---

[7]Allerdings ist manchmal auch die schlecht gemachte Verbrennung prinzipiell „gutartiger" Substanzen, wie etwa biogener Reststoffe, ein Problem.

[8]Zusätzlich erfolgt der Abbau oft unter furchtbaren Arbeitsbedingungen – was bei entsprechendem Willen jedoch wesentlicher einfacher zu ändern wäre, als es natürliche Begrenzungen und technische Prozesse sind.

Zudem wird die sich abzeichnende Rohstoffkrise aktuell noch durch eine scheuklappenartige Fokussierung auf wenige Technologien verschärft, insbesondere durch die noch immer verbreitete, aber wohl irrige Meinung, man könne die kommenden Aufgabe der Energiespeicherung größtenteils mittels Batterien lösen ($\Rightarrow$ 5.4).

Überdüngung Neben Stoffen, die direkt für die Energieversorgung benötigt werden, sind noch andere dabei, zur Mangelware zu werden. Besonders bedeutsam ist dabei Phosphor ($\Rightarrow$ S. 80), das unverzichtbar für Pflanzenwachstum ist. In Form von *Phosphat* ist es daher ein zentraler Bestandteil von Kunstdünger. Zwar ist Phosphor prinzipiell kein sehr seltenes Element, doch große Phosphorvorkommen, deren Abbau sich aktuell lohnt, sind weltweit nur wenige bekannt. Angesichts dessen ist es erstaunlich, wie verschwenderisch wir mit diesem Element umgehen. Zu viel von dem Phosphat, das wir auf Äcker und Felder bringen, wird einfach weiter in die Gewässer gespült und führt dort zu einer Überdüngung, die vor allem das Algenwachstum fördert. Bilden sich jedoch zu viele Algen, verbraucht ihr späterer Abbau den gesamten im Wasser gelösten Sauerstoff: Nahezu alle Lebewesen darin sterben, das Gewässer *kippt*. Unseren globalen Phosphor- (und Stickstoff-)Haushalt in den Griff zu bekommen, ist tatsächlich eine der größten Herausforderungen, denen die Menschheit gegenübersteht.

Abfallproblematik Neben zu viel Dünger muten wir den Gewässern und damit letztlich den Ozeanen auch noch ganz anderes zu, insbesondere unseren Plastikmüll. Selbst wenn es inzwischen in vielen Staaten zum Glück nur noch ein kleiner Anteil ist, der nicht gesammelt und irgendwie verwertet wird, so genügt dieser kleine Anteil noch immer, um die Meere sukzessive in eine Müllkippe zu verwandeln, wo man inzwischen gigantische Müllstrudel von der Größe ganzer Länder findet.[9] Das meiste Plastik, das wir produzieren, kann von Organismen biochemisch nicht abgebaut werden. Es zerfällt nur durch mechanische Einwirkungen, Sonnenlicht etc. zu mikroskopisch kleinen Partikeln, die sich zu jenem Mikroplastik gesellen, das ohnehin schon aus diversen Quellen (von der Zahnpasta bis zum Waschmittel) in der Umwelt landet.
Dort sammelt es sich in Nahrungsketten (bzw. Nahrungsnetzen $\Rightarrow$ Abb. 5.2) an, hat fatale Auswirkungen auf maritime Lebewesen und Ökosysteme. Selbst wenn wir es auf der Stelle schaffen würden, zu verhindern, dass weiteres Plastik in die Meere gelangt, wären die Folgen unserer Plastik-Eskapaden noch Jahrhunderte lang weiter auf üble Weise wirksam. Ansätze, dem aktiv zu begegnen, Projekte, um Plastik aus den Ozeanen zu holen und wiederzuwerten, gibt es glücklicherweise schon. Besonders bekannt wurde *The Ocean Cleanup*, `https://theoceancleanup.com/`, das vom damals 18-jährigen Niederländer Boyan Slat gegründet wurde. So wichtig und aussichtsreich solche Vorhaben auch sind, bislang sind sie leider nur ein Tropfen auf dem heißen Stein.

---

[9]siehe z.B. `https://aktivbewusst.de/plastikmuell-statistiken-deutschland-weltweit/`

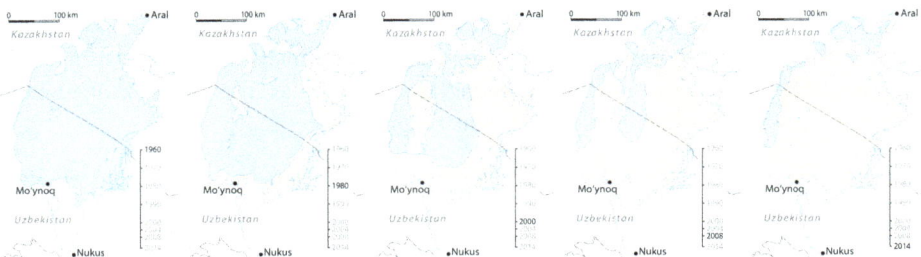

Abb. 1.7: Austrocknung des Aralsees, einige Einzelbilder der Animation in https://commons.wikimedia.org/wiki/File:Aral_Sea.gif

Wassermangel, Bodenversiegelung und Flächenverbrauch Auch, aber nicht nur durch den globalen Klimawandel verschärft sich in vielen Gegenden der Wassermangel oder wird auch dort ein Thema, wo es Wasser bislang (im wahrsten Sinne des Wortes) im Überfluss gab. Vielerorts trägt dazu eine intensive Landwirtschaft bei, die oft nicht an die lokalen klimatischen Gegebenheiten angepasst ist, die z.B. auf „durstige" Pflanzen wie Weizen und Mais statt auf die robustere und genügsamere Hirse setzt.

Es gibt dazu Extrembeispiele wie jenes des Aralsees, des einst viertgrößten Binnensees der Welt. Vor allem durch Baumwollanbau (schon in der ehemaligen Sowjetunion und auch in deren Nachfolgestaaten) ist er dramatisch geschrumpft und in mehrere Seen zerfallen, siehe Abb. 1.7. Anstelle eines einst vielfältigen aquatischen Ökosystems, wo auch Fischfang betrieben wurde, findet man eine Salz- und Staubwüste, die zusätzlich noch durch Herbizide und Pestizide belastet ist.

An den meisten Orten ist die Situation zwar nicht dermaßen dramatisch, aber sinkende Grundwasserspiegel und versalzene Böden findet man auch anderswo.

Bei manchen Gewässern wird die drohende Problematik besonders schnell offensichtlich, etwa dem sehr flachen Neusiedler See an der Grenze zwischen Österreich und Ungarn. Dieser war im Extremsommer 2023 bereits nahezu ausgetrocknet. Zwar ist für derartige Steppenseen auch ein gelegentliches vollständiges Austrocknen nichts völlig Unnatürliches, aber Ausmaß und Häufigkeit dieser Trockenphasen nehmen doch in beunruhigendem Ausmaß zu.

Neben Klimawandel und intensiver Landwirtschaft gibt es noch andere Triebkräfte hinter dem zunehmenden Wassermangel. Mit der Trockenlegung (und damit Zerstörung) natürlicher Feuchtgebiete haben wir hierzu in der Vergangenheit oft schon Vorarbeit geleistet. Dazu kommt aber noch die Versiegelung von Flächen, unser noch immer absurd großer Bodenverbrauch (der natürlich auch den Biodiversitätsverlust anheizt ⇒ 1.1.2). Auf bebauten, zubetonierten oder asphaltierten Flächen kann Regenwasser nicht versickern. Werden keine speziellen Maßnahmen getroffen (wie etwa im Ansatz

1.1 Krisen vielerlei Art: Klima und mehr

der „Schwammstadt" ($\Rightarrow$ 10.4.5), dann rinnt das Wasser über Kanäle, Bäche und Flüsse ab, ohne das Grundwasser zu speisen. Wie eine künstliche Dauerdürre verschlimmert unsere Betonier- und Asphaltierwut sowohl den Wassermangel als auch gelegentliche Überschwemmungen.

Wie schnell dieser Prozess der zunehmenden Versiegelung und allgemein des Flächenverbrauchs vor sich geht, der oft auch noch auf Kosten der lokalen Lebensmittelproduktion geht und so die Versorgungssicherheit verringert, hängt stark von den gesetzlichen Rahmenbedingungen ab und ist daher von Land zu Land unterschiedlich. Zu den unrühmlichen Spitzenreitern gehört hier Österreich, wo aktuell ca. 10 Hektar pro Tag verbaut (und dabei oft versiegelt) werden.[10]

Während bei den meisten natürlichen Ressourcen bestimmte Unsicherheiten bezüglich der noch vorhandenen Vorräte bestehen und gelegentlich neue Lagerstätten entdeckt werden, sind die Zahlen für die Bodenfläche sehr gut bekannt, und es wird global auch nichts hinzukommen (außer vielleicht Landfläche auf Kosten der Meere durch Aufschüttungen). Entsprechend ist offensichtlich, dass dieser Flächenverbrauch langfristig auf null sinken *muss*.

Insgesamt gehen wir also extrem fahrlässig mit der Luft, der Erde und dem Wasser um, mit natürlichen Ressourcen ebenso wie mit natürlichen Ökosystemen. Doch was landläufig als Umwelt- oder Naturschutz bezeichnet wird, sind in Wirklichkeit letztlich Maßnahmen, um die Menschheit zu schützen:

In den Jahrmilliarden der Erdgeschichte hat es massive Umbrüche gegeben. Die Zusammensetzung der Atmosphäre hat sich mehrfach drastisch geändert ($\Rightarrow$ 4.4). Meteoriteneinschläge und Vulkanismus haben das Gesicht der Erde verändert – und immer hat das Leben einen Weg gefunden, sich anzupassen und auch nach Rückschlägen wieder zu florieren. Immer wieder gab es massives Artensterben ($\Rightarrow$ Box auf S. 18), aber die Evolution war typischerweise in der Lage, binnen weniger Millionen Jahre die Lücken wieder mit neuen Arten zu füllen. Was wir retten wollen, ist nicht die Natur an sich, sondern jene Natur, die den Menschen hervorgebracht hat und an die wir – körperlich, aber auch seelisch – angepasst sind. Es ist die Art von Natur, mit der unser eigenes Überleben eng verknüpft ist.

---

[10] Ein Hektar (ha) sind 10 000 m^2; das entspricht etwa der Größe eines regulären Fußballfeldes. Somit ergeben sich über 30 km^2, die die pro Jahr verloren gehen, und das in einem kleinen Land, dessen als bewohnbar eingeschätzte Gesamtfläche (der *Dauersiedlungsraum*) nur 31 204 km^2 beträgt ($\Rightarrow$ 7.1.1), siehe auch https://www.umweltbundesamt.at/news221202. Das Problem wurde zwar erkannt, und das Regierungsprogramm 2019 enthielt das ambitionierte Ziel, den Flächenverbrauch auf 2.5 ha/Tag zu reduzieren. (Langfristig muss das Ziel klarerweise sein, den Netto-Flächenverbrauch auf null zu reduzieren.)

1.1.4 Natürlich menschlich

Neben allen Schwierigkeiten, die die Menschheit mit ihren Lebensgrundlagen, der Natur und ihren Mitgeschöpfen, ja mit dem Planeten Erde selbst hat, hat sie auch noch einiges mit sich selbst zu tun ($\Rightarrow$ 10.1.6).

Kriege und andere Konflikte Am schlimmsten ist wahrscheinlich, dass wir es noch immer nicht hinbekommen haben, einigermaßen friedlich und respektvoll zusammenzuleben. Es gab, wie in [Pin14] argumentiert, natürlich große Fortschritte in Richtung eines humaneren Umgangs miteinander. Ein Projekt wie die Europäische Union (EU) ist – trotz mancher Schwächen – eine Erfolgsgeschichte. Immerhin herrscht zwischen den Staaten West- und Mitteleuropas, die über Jahrhunderte hinweg aus verschiedensten Gründen immer wieder gegeneinander Krieg geführt haben, nun seit vielen Jahrzehnten Frieden.

Doch alleine, wie viele Kriege und politische Krisen in den 2020er Jahren aufgeflammt sind – zusätzlich zu diversen „eingefrorenen" Konflikten und teilweise seit vielen Jahren tobenden (Bürger-)Kriegen[11] – ist beängstigend.

Diese Konflikte spielen sich oft in einem komplexen Geflecht aus alten Bündnissen und noch älteren Feindschaften ab, mit Stellvertretern und mit Atommächten, die direkt oder indirekt beteiligt sind. Dabei wäre es wohl einer Mehrheit der Menschen, recht egal, wie der Staat genau heißt, in dem sie leben, solange dort alle ein gutes Leben in Freiheit und Sicherheit führen können. Die Machtgier und der Geltungsdrang einiger weniger Menschen machen das aber immer für die große Mehrheit unmöglich. Leider führen durchaus reale Missstände und Benachteiligungen allzu oft dazu, dass genau jene an die Macht kommen, die die Lage verschlimmern, statt sie zu verbessern.

Armut „Arm sein ist Mist." Dieser Aussage einer selbst von Armut betroffenen Teenagerin kann man wohl vorbehaltlos zustimmen.[Str13] Systematisch wenig Geld und damit wenig Zugriff auf Ressourcen, Infrastruktur und Dienstleistungen zu haben, ist auf viele Arten schädlich. Von der ganz extremen Armut, die in Hunger- oder Kältetod enden kann, spannt sich der Bogen über Mangelernährung mit bleibenden Folgen, schlechte medizinische Versorgung, geringere Bildungs- und Aufstiegschancen (was den Teufelskreis der Armut in Gang hält) bis einfach dorthin, nicht angemessen ein erfülltes Leben führen zu können, sozialen Standards nicht genügen zu können, keinen Urlaub machen zu können, seinen Kindern die Teilnahme an Schulveranstaltungen nicht ermöglichen zu können usw.

---

[11]Die meisten davon finden allerdings in Afrika statt und werden vom Globalen Norden weitgehend ignoriert, solange die eigene Rohstoffversorgung nicht betroffen ist.

Nicht immer lässt sich Armut so einfach quantifizieren, wie es uns die Ökonomen weismachen wollen ($\Rightarrow$ 9.1.5), und längst nicht alles, was ein gutes und erfülltes Leben ausmacht, lässt sich mit Geld bezahlen. Dennoch haben geringe ökonomische Möglichkeiten das Potenzial, einen schnell unglücklich zu machen. Allein schon die familiären Bedingungen, vor allem Wohlstands- und Bildungsniveau der Eltern, haben massiven Einfluss darauf, wie leicht es ein junger Mensch hat, seine Begabungen zu nutzen, seine Fähigkeiten zu entwickeln.

Ganz werden sich materielle Ungleichheiten wohl nie beseitigen lassen, und letztlich wäre das auch kein erstrebenswertes Ziel. Besondere Begabung, eine brillante Idee zur richtigen Zeit, besonderer Einsatz sollen immer noch etwas bedeuten und auch entsprechend honoriert werden. Momentan allerdings leben wir in einem Gesellschaftssystem, in dem wir von einer angemessenen Verteilung der Möglichkeiten unfassbar weit entfernt sind ($\Rightarrow$ Abb. 9.12).

Das gilt schon innerhalb von Staaten, noch mehr aber zwischen ihnen. Dass das ökonomische Ungleichgewicht zwischen armen Staaten, in denen Menschen hungern und keine angemessene medizinische Versorgung haben, und reichen, in denen man beruflich viele Möglichkeiten hat und die über ein gut ausgebautes Sozialsystem verfügen, schnell zu Migration führt, sollte einen nicht allzu sehr wundern. Diese *Wirtschaftsflüchtlinge* kommen zu jenen hinzu, die vor Kriegen flüchten oder aus politischen Gründen um Asyl ansuchen.

Das geschieht, obwohl sich die meisten reichen Staaten des Globalen Nordens zunehmend Mühe geben, für Flüchtlinge nicht allzu attraktiv zu wirken, Interessanterweise geben sie sich weit weniger Mühe, die *Ursachen* dieser Migrationsbewegung, insbesondere das ökonomische Ungleichgewicht, zu beseitigen. Sie mühen sich mit Symptomen ab, bauen Zäune, Mauern und Lager, propagieren Festungen – während immense Schulden und postkoloniale Strukturen wie Weltbank, IWF und WTO den Globalen Süden weiterhin im Klammergriff halten[Len23, Kap. 5] und die Entwicklung weit mehr hemmen, als die Entwicklungshilfe (neuerdings Entwicklungszusammenarbeit), die die reichen Länder leisten, ausgleichen kann. Manche Handlungen schaden sogar mehr als sie nutzen. Wird statt an echter Unterstützung der lokalen Entwicklung etwa mit Sachspenden gearbeitet, dann kann das den lokalen Produzent:innen schaden und damit die Fähigkeit der Gesellschaften, Probleme selbst zu bewältigen, sogar reduzieren. Generell ist die Gefahr einer Bevormundung, eines *Wir-wissen-alles-besser*-Zugangs groß ($\Rightarrow$ 10.3.5).

Unterdrückung und Diskriminierung Arm zu sein schränkt bereits in so vieler Hinsicht die Möglichkeiten ein, die ein Mensch hat. Das ist aber bei Weitem noch nicht alles. Aufgrund von ethnischer Zugehörigkeit, Geschlecht, sexueller Orientierung, kulturell-religiösem Hintergrund werden Menschen oft massiv benachteiligt.

In vielen Fällen sind es fundamentalistisch-religiöse Strömungen, die diese Benachteiligungen fördern, z.B. den Zugang zu Verhütungsmitteln und Abtreibungen behindern und so etwa die Hälfte der Bevölkerung enormen Nachteilen aussetzen. Diskriminierungen können vielfältigen Quellen entspringen, ganz besonders natürlich jener, dass die, die von einer real existierenden Rangordnung profitieren, diese meist auch erhalten wollen. Man sollte jedoch nicht unterschätzen, wie viel Diskriminierung tagtäglich gelebt wird, von der auch die Diskriminierenden keinen Nutzen oder sogar selbst Schaden haben („lose-lose-Situation").

Der Grund ist dann wohl sehr oft schlichte Faulheit: Diskriminierung beruht typischerweise auf Schubladendenken. Menschen mögen Schubladen, denn sie ersparen einem ganz viel Denkarbeit. Am bequemsten sind natürlich Schubladen, die gleich offensichtlich beschriftet sind: Hautfarbe, Geschlecht, spezifische kulturelle Kleidungsstücke wie die Kippa. Wehe aber, jemand lässt sich nicht in eine der vorgefertigten Schubladen einordnen, etwa Transpersonen oder nicht-binäre Menschen.

Die Art, wie wir vor allem mit Schwächeren umgehen, prägt wohl, wie wir überhaupt agieren oder spiegelt es zumindest gut wider. So wurden in Putins Russland schon viele Jahre lang systematisch Minderheiten unterdrückt, und ganz besonders groß war und ist der Hass gegen Menschen mit LGBTIQ-Identitäten. Inzwischen wissen wir, was folgte. Es war nicht das erste Mal, dass das, was mit der Verächtlichmachung und Unterdrückung einzelner Menschengruppen begann, in einem Angriffskrieg seine Fortsetzung fand.

Würden Faktoren wie Hautfarbe, Nationalität, Geschlecht, sexuelle Orientierung, religiöse Ansichten (solange sie auf dem Fundament einer grundlegenden Toleranz gegenüber anderen Glaubensrichtungen und Lebensweisen stehen), Alter etc. bei der Beurteilung einer Person, bei den Chancen, die man ihr gibt, einfach keine Rolle mehr spielen (abgesehen vom sinnvollen Grundzugang, Teams ausgewogen und divers zu besetzen, um unbewussten Diskriminierungen entgegen zu wirken und vielfältigere Sichtweisen einzubringen), würden wir uns so viel ersparen.

Informationsflut und fehlende Tiefe Totalitären Staaten war (und ist) es viel Aufwand wert, auf der einen Seite möglichst alle Tätigkeiten ihrer Bürger:innen zu überwachen und sie auf der anderen Seite mit Propaganda zu füttern. Im freien und aufgeklärten Westen hingegen erledigen wir das inzwischen zu einem guten Teil selbst – mit tatkräftiger Unterstützung von Meta (facebook), Alphabet (Google), Microsoft, Tiktok & Co., die auf zunehmend leistungsfähige Methoden des maschinellen Lernens zurückgreifen können ($\Rightarrow$ 10.1.5). Durch Profiling, ein genaues Erfassen von Vorlieben und Einstellungen, können zielgerichtet Werbungen zugespielt werden (Microtargeting), um etwa Wahlen zu beeinflussen. Je nach Profil kann man so ganz unterschiedliche Botschaften von den gleichen Politiker:innen oder Parteien erhalten.

Begleitet wird dieser unheilvolle Einfluss der sogenannten sozialen Medien von der Bildung von Blasen (*bubbles*) und Echokammern, in denen man so lange nur mehr Dinge sieht und hört, die zur eigenen Meinung passen, bis man glaubt, die ganze Welt denke wie man selbst. Dynamik dieser Art hat es natürlich in gewissen Ausmaß auch schon früher gegeben; sie wird durch Big-Data-Algorithmen aber deutlich wirksamer, vor allem, wenn man sich von klassischen Informationskanälen abkoppelt.

Solche Spiele werden nochmals erleichtert durch die graduelle Erosion des Bildungssystems durch angebliche Sparzwänge. Immer wieder gibt es zudem Vorstöße in Richung eines reinen Ausbildungssystems, das sich lediglich an dem orientiert, was „die Wirtschaft" gerade braucht, statt eine umfassende Basis für das Verständnis der Welt zu liefern.[12] Es ist ein System, in dem es Politiker:innen schnell für eine tolle Sache halten, ja für der Weisheit letzten Schluss, einfach Schulbücher durch Laptops oder Tablets zu ersetzen, und Kreidetafeln durch Touchscreens, statt dass fundiert überlegt wird, welche digitalen Kompetenzen tatsächlich essenziell sind – und welche Fähigkeiten, die auch in einer digital geprägten Welt braucht, sich vielleicht besser weiterhin mit analogen Medien vermitteln lassen.

Einige ganz spezielle Probleme Auch diverse andere Probleme geistern immer wieder durch die Schlagzeilen, wortreich wird vor ihnen gewarnt – manchmal sogar vor zwei gegenläufigen Problemen zugleich, wie dem drückenden Arbeitskräftemangel und dem drohenden Anstieg der Arbeitslosigkeit. In einem „Zwiedenken", das George Orwells 1984-Szenario würdig wäre, fürchten wir uns zugleich vor Überalterung (weil es zu wenige Kinder gibt) und Überbevölkerung (weil es zu viele gibt), sehen, wie der Verbrauch fossiler Energieträger die Welt zugrunde richtet, und zittern dennoch, wenn ein zu hoher Ölpreis droht, „den Motor der Weltwirtschaft ins Stottern zu bringen".

Wir können die notwendigen produktiven Arbeiten in Landwirtschaft und Industrie immer effizienter erledigen, immer weniger Menschen werden dafür gebraucht. Doch statt dass wir uns freuen, dass weniger Arbeit zu tun ist, sie entsprechend verteilen, so dass jede:r einzelne weniger zu schuften braucht, überarbeiten wir uns nach wie vor und haben furchtbare Angst, dass unser Sozial-, Gesundheits- und Pensionssystem kollabieren wird, wenn es jemals zu wenig Arbeit gibt und damit zu wenig Steuern und Sozialversicherungsbeiträge bezahlt werden.

---

[12] Anfang 2015 hat der Tweet von *Naina* „Ich bin fast 18 und hab keine Ahnung von Steuern, Miete oder Versicherungen. Aber ich kann 'ne Gedichtsanalyse schreiben. In 4 Sprachen" Diskussionen über Lehrpläne und Bildungsinhalte angestoßen. Solche Diskussionen sollten durchaus auch geführt werden – aber es ist ein Missverständnis, zu glauben, dass Fähigkeiten, deren praktische Anwendbarkeit nicht unmittelbar ersichtlich ist, deswegen keinen Wert haben. Wer sinnerfassend lesen, sowohl analytisch-logisch als auch vernetzt denken kann (drei Fähigkeiten, die gute Schulbildung vermitteln sollte), wird auch schnell lernen, was eine Versicherung abdeckt und wie sich eine Steuererklärung abgeben lässt.

Wohl und Wehe unserer Wirtschaft hängen inzwischen anscheinend entscheidend an (für sich alleine unproduktiven) Bereichen wie der Verwaltung (⇒ 9.3.3) – innerhalb von Unternehmen wohl mindestens ebenso viel wie im dafür oft gescholtenen öffentlichen Sektor. Dort gibt es ja keine natürliche Obergrenze dafür gibt, wie viele Menschen man dort (mehr oder weniger sinnvoll) beschäftigt halten kann. Ebenso wichtig scheint letztlich unnötiger (und damit optionaler) Konsum zu sein (⇒ 10.1.1).

Dass das Verhältnis von Beitragszahler:innen zu Pensionist:innen in den westlichen Gesellschaften immer schlechter wird, ist eine logische Folge der demographischen Entwicklung. Die entscheidende Frage ist aber letztlich nicht, ob sich die Pensionen mit den Beiträgen bezahlen lassen. Das ist ein Scheinproblem im Kontext eines von Menschen erfundenen und aufrecht erhaltenen Finanzsystems (⇒ Kap. 9.2). Die wirklich entscheidende Frage ist, ob alle Arbeiten, die notwendig sind, um die Gesellschaft am Laufen zu halten, erledigt werden. Solange das der Fall ist, ist es kein fundamentales Problem, wenn das immer weniger Arbeitsstunden erfordert, sondern „nur" ein Problem der Umverteilung.

Auch die gefürchtete galoppierende Inflation entspringt dem Umstand, dass Dinge wirtschaftlich aus der Balance gekommen sind, konkret, dass dass die bisherigen Preise den Wert von Waren und Dienstleistungen nicht mehr angemessen wiedergeben. Das Geld verliert – manchmal rapide – an Wert (⇒ Box auf S. 383). Damit erfolgt eine Umverteilung von jenen, die Geldvermögen besitzen oder Ansprüche auf Leistungen in fixer Höhe haben, hin zu jenen, die (fix verzinste) Schulden haben, Sachwerte besitzen, bzw. in einer ausreichend starken Position sind, bei Gehältern oder Transferleistungen eine angemessene Inflationsabgeltung durchzusetzen.

Manche Aspekte einer solche Umverteilung kann man durchaus positiv sehen: Staatsschulden etwa schmelzen dahin, sofern sie in der eigenen Währung notieren. Die sozialen Verwerfungen, die als Folgen entstehen, können aber gewaltig sein; das hat etwa die Hyperinflation in Deutschland 1923 deutlich gezeigt. Immer noch ist es aber vorerst eine Umverteilung innerhalb der Gesellschaft, die hier geschieht, kein Verlust realer Werte. Kluges staatliches und internationales Handeln könnte die Folgen durchaus abfangen – und erst, wenn das unterlassen wird, entfalten sich die dramatischen sozialen Konsequenzen.

Viele Probleme, vor denen wir uns so schrecklich fürchten, entspringen unserem eigenen Unvermögen als Gesellschaft (und manchmal als Menschheit), Potenziale zu nutzen und Güter fair zu verteilen. Das heißt nicht, dass diese Probleme nicht schlimm sind, viel Schaden anrichten und viel Unglück verursachen können. Wir hätten es aber selbst in der Hand, mit ihnen fertig zu werden.

1.1.5 Ganz natürlich (und nicht in unserer Hand ...)

Seit jeher war die Menschheit äußeren Ereignissen, natürlichen Phänomenen ausgeliefert: Krankheiten, Missernten, Naturkatastrophen. Mit manchen davon können wir inzwischen wesentlich besser umgehen, anderen hingegen stehen wir – allen Allmachtsphantasien zum Trotz, zu denen uns technischer Fortschritt verführen mag – immer noch weitgehend hilflos gegenüber.

Pandemien Welchen Schrecken Pandemien mit sich bringen können, haben wir in den Jahren 2020-22 durch Corona deutlich gesehen. CoV-SARS2 hatte vor allem in der Anfangsphase viele unangenehme Eigenschaften auf einmal. Schwere, nicht selten tödliche Verläufe waren möglich, ebenso konnte das gleiche Virus jedoch eine ganz oder nahezu symptomlosen Infektion verursachen, bei der man aber dennoch ansteckend war (was die Ausbreitung maßgeblich gefördert hat; zudem hat es viele Menschen dazu verführt, die Krankheit nicht wirklich ernstzunehmen). Langfristige Folgen traten häufig, aber weitgehend unabhängig von der Schwere des Verlaufs ein.

Bei allem, was wir in den Corona-Jahren gelitten haben, sollte uns aber auch bewusst sein, dass CoV-SARS2 noch bei weitem nicht das Schlimmste war, was uns hätte passieren können:

- Die Sterblichkeit war von Alter und Qualität der medizinischen Versorgung abhängig, lag aber auch für die gefährlichsten Varianten im Mittel wohl höchstens bei ca. 1 %. Auch Krankheiten mit Sterblichkeitsraten von 50 % oder mehr hat es aber schon gegeben, und sie sind auch in Zukunft nicht unmöglich.
- Kinder hatten meistens nur leichte Corona-Verläufe. Das ist für schwere Krankheiten eher ungewöhnlich. Meist sind es neben älteren Menschen auch Kinder, die besonders anfällig und damit verwundbar sind. Man möchte sich nicht vorstellen, wie viel Leid eine Krankheit gebracht hätte, die besonders gefährlich für Kinder ist.

Es hätte also noch weit schlimmer kommen können – und kann es natürlich noch immer, denn es gibt keine Garantie, dass nicht irgendwann eine neue Pandemie kommt. (Das kann ganz natürlich geschehen, aber auch – als Zoonose – selbst verschuldet sein $\Rightarrow$ 1.1.2.) Idealerweise sollten wir aus den Corona-Jahren gelernt haben, wie man mit einer derartigen Pandemie sinnvoll umgehen kann, wie man auch mit vergleichsweise einfachen und harmlosen Maßnahmen wie dem Tragen von Atemschutzmasken erhebliche Wirkung beim Bremsen von Infektionen erzielen kann. Stattdessen scheint aber vielerorts Verdrängung zu dominieren, und ein Blick in eine volle U-Bahn genügt völlig, um zu erkennen, wie gleichgültig wir auch dann agieren, wenn die Krankenhäuser bereits wieder nahe an der Belastungsgrenze angelangt sind.

Astronomische und geophysikalische Ereignisse Enormes Katastrophenpotenzial haben auch dramatische astronomische Ereignisse wie der Einschlag eines Meteoriten von mehreren Kilometern Durchmesser, ähnlich wie jener, der wohl das Aussterben der Dinosaurier verursacht hat ($\Rightarrow$ Box auf S. 18).[13] Auch die Geodynamik kann böse Überraschungen bereithalten, wie etwa gewaltige vulkanische Ereignisse (magmatische Provinzen), wie es sie im Lauf der Erdgeschichte mehrfach gegeben hat und wie sie das Erdklima massiv verändert haben.

Das sind durchaus reale Bedrohungen, aber zum Glück dennoch sehr unwahrscheinliche, zumindest für den Zeithorizont einiger Jahrzehnte. Entsprechend brauchen wir uns um sie nicht allzu viele Gedanken zu machen – denn momentan stehen wir akuteren Bedrohungen gegenüber, die, wenn wir nicht gegensteuern, nicht mit sehr geringer, sondern mit sehr hoher Wahrscheinlichkeit in die Katastrophe führen werden.

1.1.6 Krisen im Grenzland

Manche Krisen sind weder eindeutig natürlichen Ursprungs, noch rein menschengemacht, sondern in ihnen vermischen sich beide Aspekte.

Geologische Instabilitäten Natürlich können menschliche Aktivitäten das Auftreten von Naturkatastrophen begünstigen. Neben den bereits diskutierten Wirkungen des Klimawandels ($\Rightarrow$ 1.1.1) liegen insbesondere in der Geologie Gefahren. Besonders brutale Abbauverfahren fossiler Energieträger wie Fracking können den Untergrund destabilisieren und so das Auftreten von Erdbeben beeinflussen. Auch Geothermie als prinzipiell sanfte, erneuerbare Energiequelle ($\Rightarrow$ 5.2.6) erfordert Bohrungen, die die Stabilität des Untergrunds negativ beeinflussen können.

Am riskantesten mag der angedachte und bereits in Pilotversuchen erprobte Abbau von Methanhdrat am Meeresboden sein ($\Rightarrow$ 3.2.3). Diese Substanz, deren Stabilität durch die Erwärmung der Ozeane ohnehin abnimmt, wirkt an diversen Stellen im Ozeanboden nahezu wie Zement. Ihr Abbau im großen Stil könnte unterseeische Hangrutschungen verursachen, die wiederum gewaltige Tsunamis auslösen könnten. Tsunamis durch unterseeische Hangrutschungen hat es durchaus schon gegeben, etwa die Storegga-Rutschung vor Norwegen vor ca. 7000 Jahren.[14]

---

[13]Selbst auf ein solch alptraumhaftes Szenario können wir uns allerdings in gewissem Ausmaß vorbereiten. Einerseits ist es, wie mit der DART-Mission der NASA erstmals demonstriert, inzwischen möglich, die Bahnen von Asteroide zu beeinflussen, [Bar22]. Andererseits wären wir durchaus in der Lage, unser Energiesystem robust genug genug zu gestalten, um auch in einem solchen Katastrophenfall noch handlungsfähig zu bleiben ($\Rightarrow$ 8.5.7).

[14]siehe [Mar14, Kap. 3], http://www.schattenblick.de/infopool/umwelt/redakt/umre-144.html und https://science.orf.at/v2/stories/2845028/

Durch kluge Auswahl der Abbaugebiete und ggf. den Einsatz von Kohlendioxid, das das Methan verdrängt und dann selbst ein Hydrat bildet, lässt sich das Risiko von Hangrutschungen zwar deutlich reduzieren, ein Restrisiko bleibt aber selbst bei vergleichsweise verantwortungsvollem Vorgehen.

Blackout Das wohl einzige Problem, das direkt mit der Energieversorgung zusammenhängt und dem es schon vor dem Angriff auf die Ukraine gelang, es ab und zu in die öffentliche Wahrnehmung zu schaffen, ist der mögliche Blackout, der großflächige Zusammenbruch unserer Versorgung mit elektrischer Energie.
Ganz unbegründet ist diese Angst nicht, denn wir muten dem Stromnetz immer mehr zu, während Maßnahmen, um es leistungsfähiger und robuster zu machen, nur schleppend voranschreiten ($\Rightarrow$ 5.3.1). Ein großflächiger Blackout wäre zudem fatal, wenn man sich vor Augen führt, wie viele Geräte auf die dauernde Versorgung mit elektrischer Energie angewiesen sind. Manches ist offensichtlich, wie der Zusammenbruch unseres Telekommunikationssystems, aber auch Wasserpumpen, Kühlschränke, medizinische Geräte und die allermeisten Heizsysteme (auch jene, die mit Öl, Gas oder Biomasse funktionieren) sind auf Stromversorgung angewiesen.

Versorgungsengpässe Bei der Versorgung mit Rohstoffen ebenso wie mit fertigen Produkten kann es natürlich zu Engpässen kommen, die manchmal unangenehm, manchmal lebensbedrohlich sein können. Insbesondere bei der Versorgung mit Medikamenten hat erst die Corona-Krise offensichtlich gemacht, wie abhängig die ganze Welt auch bei enorm wichtigen Präparaten oft von ganz wenigen Werken (die wiederum oft in Asien stehen) ist. Hier wurde im Zuge der Globalisierung sehr oft die Robustheit der Versorgung bedenkenlos der (Kosten-)Effizienz geopfert ($\Rightarrow$ 9.3.2).
Bei diversen Rohstoffen, die vor allem für Informations- und Energietechnologie benötigt werden (etwa den *seltenen Erden* und vielen anderen Metallen, zudem auch weiteren Stoffe wie Phosphor $\Rightarrow$ 3.1.2) ist die Versorgungslage ungünstig. Dabei gibt es oft Konflikte zwischen Möglichkeiten, diese Rohstoffe abzubauen, und Umweltschutzbedenken ($\Rightarrow$ 10.3.5). Die entsprechende Abwägung ist oft sehr schwierig und die Länder, die solche Rohstoffe aktuell abbauen, sind oft gar nicht jene mit den größten Vorkommen, sondern jene mit den wenigsten Skrupeln.
Doch auch bei noch viel grundlegenderen Produkten klappt die Versorgung oft nicht, und es kann schneller, als man denkt, zu Engpässen kommen. Auch nur alle Menschen auf dem Planeten mit ausreichend Lebensmitteln zu versorgen, ist eine Aufgabe, die uns bis heute nicht gelungen ist ($\Rightarrow$ 5.5.1). Das ist schon unter „Normalbedingungen" so, und wenn dann auch noch Naturkatastrophen, Seuchen oder gar Kriege dazwischen kommen, verschärft sich die Lage noch weiter.

Generell ist bei der Betrachtung von Versorgungsengpässen hilfreich, drei Möglichkeiten auseinanderzuhalten:

1. echter Engpass, weil die verfügbaren natürlichen Ressourcen tatsächlich nicht reichen oder nur unter Inkaufnahme untragbarer Umwelt- und Gesundheitsschäden gewonnen werden können;
2. ein Engpass, der dadurch zustande kommt, dass es uns in der Vergangenheit nicht wert war, uns um eine nachhaltige und sichere Versorgung zu kümmern – und es nun einen Auslöser (eine Pandemie, ein durch einen Unfall blockierter Kanal, die politische Erpressung durch den nächstbesten Autokraten, einen Krieg) gibt, der uns die Fragilität der entsprechenden Lieferketten vor Augen führt;
3. vollkommen künstlicher Engpass, der nur durch psychologische Effekte (Horten, Spekulieren) bzw. durch unsere aktuelle Art, ökonomisches Potenzial (also Zugriff auf Ressourcen und Dienstleistungen) zu verteilen, zustande kommt.

Erstaunlich selten hat man es tatsächlich mit dem ersten Fall zu tun. Wenn eine Ressource tatsächlich extrem knapp und damit teuer ist, dann reicht der Erfindungsgeist der Menschen normalerweise aus, einen Ersatz zu finden ($\Rightarrow$ 9.1.2).[15] Den zweiten und den dritten Fall trifft man hingegen durchaus immer wieder an.

1.1.7 Von uns geschaffen ...

Der Drang, selbst schöpferisch tätig zu sein, gehört zu den stärksten und wichtigsten Triebkräften des Menschen. Dabei gehen die Möglichkeiten und Ambitionen längst über die klassischen künstlerischen Ausdrucksmöglichkeiten hinaus. Inzwischen sind wir in der Lage (oder stehen zumindest an der Schwelle dazu), neuartige Wesen zu schaffen – Dr. Victor Frankenstein lässt grüßen.

Wir greifen (wieder einmal) nach der Macht der Götter – und tun es (wieder einmal) ohne uns allzu viele Gedanken darum zu machen, was unsere Geschöpfe anrichten könnten und wie wenig Kontrolle wir über sie haben, wenn sie erst einmal auf die Welt losgelassen sind.

Gentechnik Zu den größten Errungenschaften der Wissenschaft des 20. Jahrhunderts gehört es, den genetischen Code des Lebens verstanden und zumindest teilweise entschlüsselt zu haben. Noch Jacques Monod, einer der Begründer der modernen Biochemie und Nobelpreisträger für Medizin, hielt es in seinem berühmten Werk *Zufall und Notwendigkeit* für ausgeschlossen, diesen Code jemals aktiv zu manipulieren.[Mon73]

---

[15]Speziell im Fall der fossilen Energieträger ist eben nicht deren Verfügbarkeit der limitierende Faktor, sondern das, was wir dem Planeten an Verbrennungsprodukten und anderen Abfällen zumuten können ($\Rightarrow$ 4.4.5).

1.1 Krisen vielerlei Art: Klima und mehr

Doch auch Koryphäen können gewaltig unterschätzen, was in nicht allzu ferner Zukunft möglich sein wird.[16] Inzwischen ist die Gentechnik eine ausgereifte Technologie, die in tausenden Labors weltweit routinemäßig eingesetzt wird, und Methoden wie die „Gen-Schere" CRISPR erlauben zielgerichtete Veränderungen des genetischen Codes.
Diese Macht kann auf viele Weisen eingesetzt werden, und sie hat in Teilen der Bevölkerung große Beunruhigung hervorgerufen. Zumindest in manchen Staaten (wie Österreich und Deutschland) hat die Gentechnik einen eher schlechten Ruf; „gentechnikfrei hergestellt" gilt als Qualitätssiegel, und die gesetzlichen Rahmenbedingungen sind streng.[Pfl22; Tra23a] Das führt zur eher kuriosen Situation, dass, wenn bestimmte Eigenschaften in Pflanzen gewünscht werden, diese auf viel langwierigere, unzuverlässigere und fehleranfälligere Weise erzielt werden müssen (radioaktive Bestrahlung oder andere mutagene Einflüsse, Hoffen auf genau die richtigen Mutationen und Selektion genau dieser), als es gentechnisch möglich wäre.
Dabei sind in vielen Bereichen (etwa zur Herstellung von Isulin) gentechnisch veränderte Organismen nicht mehr wegzudenken. Auch Züchtungen wie der *Goldene Reis*, der mehr β-Carotin enthält, könnten eine wichtige Maßnahme gegen Mangelernährung sein.[Ens08] Auch bei der Anpassung von Nutzpflanzen an die Folgen des Klimawandels wird die Gentechnik wahrscheinlich eine bedeutende Rolle spielen (und spielen müssen, denn traditionelle Züchtung ist wohl zu langsam, um hier Schritt zu halten).
Der vielerorts schlechte Ruf der Gentechnik kommt natürlich nicht ganz aus dem Nichts. Einerseits ist es bei einer Technologie, die so grundlegend in die Mechanismen des Lebens eingreift, sicherlich gut, ein gewisses Vorsichtsprinzip walten zu lassen. Andererseits haben Agrarkonzerne, allen voran Monsanto (inzwischen eine Bayer-Tochter), genug Übles damit angestellt – von extrem fragwürdigem Vorgehen bei Genpatenten („Biopiraterie", https://www.biopiraterie.de/) bis hin zu gentechnischen Veränderungen, deren Zweck es lediglich ist, die Pflanzen gegen ein ebenfalls vom gleichen Konzern hergestelltes Herbizid (also Pflanzengift) unempfindlich zu machen.
Gentechnik ist ein Werkzeug, das für viele Zwecke eingesetzt werden kann – natürlich auch für biologische Waffen, also neuartige Krankheitserreger.[17] Diese wären, wie uns nicht erst Corona gelehrt hat, enorm gefährlich – und es ist leider nicht auszuschließen, dass ein Machthaber irgendwann einmal verzweifelt genug sein wird, sie auch einzusetzen.

---

[16] Das ist ohnehin eine wichtige Lektion: Noch so große Leistungen in einem Gebiet schützen nicht vor gravierenden Fehleinschätzungen, [Ort07].
[17] Gemeinsam mit nuklearen („atomaren") und chemischen Waffen gehören diese zu den gefürchtesten ABC-Waffen. Von allen drei Arten sind die biologischen Waffen am schlechtesten zu kontrollieren, da sie sich – einmal freigesetzt – prinzipiell beliebig vermehren können. Das steht im Gegensatz zu A- und C-Waffen, die zwar auch enormen Schaden anrichten und Landstriche auf Jahrzehnte unbewohnbar machen können, wo die Menge der Schadsubstanz aufgrund eines einzelnen Einsatzes aber dennoch begrenzt ist.

In Utopien, in denen genetisch bedingte Krankheiten und Behinderungen allesamt verschwunden sein werden, und in Dystopien, in denen Menschen nur noch am Reißbrett entworfene Kinder mit genau definierten Eigenschaften bekommen,[18] spielt die Gentechnik naturgemäß eine Schlüsselrolle. All das ist wissenschaftlich-technisch und gesellschaftlich noch weitgehend Zukunftsmusik. Dabei ist der wissenschaftlich-technisch Aspekt der bei weitem wichtigere, denn was getan werden *kann*, *wird* typischerweise von irgendjemandem auch früher oder später getan – meistens eher früher. Sobald der Damm gebrochen wäre, sobald es einige solche perfektionierte Kinder gäbe, würde wohl bald die Mehrheit mitziehen, damit ihre Nachkommen nicht selbst ins Hintertreffen kommen.

Für den aktuellen Stand der Wissenschaft, für die aktuellen Anwendungen in Mikrobiologie, Tier- und Pflanzenzucht wird die Gefährlichkeit gentechnisch veränderter Organismen (GVOs) aber meist überschätzt. Ein GVO kann natürlich seine veränderten Gene weitergeben, so wie es auch bei natürlichen Mutationen der Fall ist, aber er wird keine neuen Genveränderungen auslösen. Die meisten Veränderungen, die mittels Gentechnik angebracht werden, reduzieren die Überlebensfähigkeit von Lebewesen außerhalb geschützter Umgebungen (wie Labors oder spezielle Bioreaktoren) deutlich. So wird beispielsweise ein Kolibakterium, das durch genetische Modifikationen den Aufwand betreibt, das für diesen Organismus völlig nutzlose Insulin zu produzieren, gegenüber den anderen Mikroben seiner Art stets das Nachsehen haben und in freier Wildbahn (bzw. im menschlichen Darm) schnell aussterben, seine veränderten Gene also an keine Nachkommenschaft mehr weitergeben. Weizen, der durch Gentechnik unempfindlich gegen Glyphosat gemacht wurde, hat abseits von Feldern, auf denen dieses Herbizid eingesetzt wird, keinerlei Vorteile gegenüber anderem Weizen, wird sich also bestenfalls mit diesem vermischen, ihn aber nicht verdrängen.

Nanotechnologie Speziell in den frühen 2000er Jahren wurden enorme Hoffnungen in die *Nanotechnologie* gesetzt, die Nutzung von Strukturen, die im Extremfall nur wenige Atome groß sind.[Dre92] Manche solche Nanostrukturen werden inzwischen routinemäßig eingesetzt, etwa zur Schaffung von Werkstoffen und Oberflächen mit speziellen Eigenschaften.[19] Die damals angedachten *Nanoroboter*, die z.B. Blutgefäße reinigen oder Reparaturen an Maschinen und Gebäuden im laufenden Betrieb durchführen, gibt es allerdings bislang noch nicht und sie scheinen auch immer noch sehr fern zu sein.

---

[18]Zumindest sind solche Vorstellungen in den Augen der meisten Menschen Dystopien, also erschreckende Zukunftsszenarien. Es wird hierbei wahrscheinlich Ausnahmen geben, Menschen, die eine solche Entwicklung als durchaus wünschenswert ansehen.

[19]Auch die Strukturbreite der modernsten Siliziumchips ist inzwischen in der Größe weniger Nanometer angekommen, also ebenfalls Nanotechnologie. Diverse Quanteneffekte müssen bei ihrem Entwurf selbstverständlich berücksichtigt werden.

Doch auch wenn der Enthusiasmus deutlich gedämpft wurde, wenn neue Hype-Themen die Nanotechnologie weitgehend abgelöst haben, ist das prinzipielle Potenzial von *molekularen Maschinen* weiterhin enorm. Auch biologische Zellen sind ja prinzipiell solche Maschinen, und sie erbringen vielfältige und erstaunliche Leistungen. Kein Naturgesetz verbietet es, das Gleiche – und vieles mehr – auch mit künstlich geschaffenen Strukturen zu tun.
Doch mit Nanorobotern, die auf anderen physikalisch-chemischen Prinzipien beruhen als bestehende biologische Systeme, könnte unser Immunsystem wahrscheinlich viel schlechter zurecht kommen als mit herkömmlichen Krankheitserregern. Wären derartige Roboter in der Lage sind, sich unter Nutzung von geeignetem Material selbst zu replizieren, wären sie eine enorme Bedrohung für alles Leben, wie wir es kennen.
Solche selbstreplizierenden Nanoroboter werden durchaus manchmal erwogen, etwa zur Nutzbarmachung des Weltalls. Natürlich würde man versuchen, Sicherheitsmechanismen einzubauen, die eine unkontrollierbare Vermehrung verhindern. Doch jedes selbstreplizierende System ist der Evolution, dem Prinzip von (möglicher) Mutation und Selektion unterworfen. Entsprechend könnte jeder Sicherheitsmechanismus, den man in ein solches System einbaut, durch evolutionäre Entwicklungen verschwinden. Zum Glück sind auch selbstreplizierende Nanoroboter (außer vielleicht durch das Wirken einer übermenschlichen Superintelligenz, s.u.) noch ferne Zukunftsmusik, und es gibt wesentlich akutere Bedrohungen, um die wir uns Gedanken machen sollten.

Synthetische Biologie Noch ein Stück weiter als die Gentechnik geht die *synthetische Biologie*, wo nicht nur einzelne Gene transferiert, sondern auf modulare Weise ganz neue Lebensformen geschaffen werden sollen. In gewisser Weise greifen hier Gentechnik und Nanotechnologie ineinander, um manche Aufgaben anders (besser?) zu lösen, als es in der Biologie bislang erfolgt.
Das Potenzial dieses Zugangs mag groß sein, und man könnte neuartige Organismen gezielt so konstruieren, dass sie kritische Probleme bearbeiten, also etwa besonders viel CO_2 aus der Luft holen oder Plastikmüll abbauen.[Shi23a]
Doch die Risiken sind wohl ebenso groß ($\Rightarrow$ 4.5.2). So grundlegende Eingriffe in Ökosysteme, wie es das Einbringen völlig neuartiger Organismen wären, hätten das Potenzial, diese Systeme gravierend zu erschüttern. Alle möglichen Effekte und Wechselwirkungen vorherzusehen und abzufangen, erscheint nahezu unmöglich. Auch im Bereich der synthetischen Biologie sollten wir uns also gut überlegen, was wir auf die Welt loslassen.

Superintelligenz Es sind nicht nur Biologie und Physik, wo wir an der Schwelle dazu stehen, künstliche Entitäten zu schaffen, die autonom handeln können. Tatsächlich wurden die beeindruckendsten Fortschritte in den letzten Jahren wohl im Bereich der Digitalisierung und der Künstlichen Intelligenz (KI) erzielt.

Allerdings ist kaum ein Begriff so schwer zu fassen, so flexibel und so leicht für Marketing zu missbrauchen wie KI. In der breiten öffentlichen Wahrnehmung ist KI erst Ende November 2022, mit der Veröffentlichung von ChatGPT, auf der Bildfläche erschienen. Tatsächlich gab es schon viele Jahre davor sehr leistungsfähige KI-Systeme, allerdings typischerweise zugeschnitten auf die Lösung spezifischer Einzelprobleme (*schwache* oder *enge* KI, das digitale Analogon zum Fachidioten). Zudem dominierten davor *analytische* KI-Systeme, die vor allem Vorhersagen treffen oder Zuordnungen zu Klassen vornehmen sollten, während es im aktuellen Hype vor allem um *generative* KI-Systeme geht, die neue Inhalte hervorbringen.[20]

KI stellt unsere Gesellschaft vor zahlreiche Herausforderungen,[O'N17] von unabsichtlich diskriminierenden KI-Systemen über das Potenzial für gezielte Manipulationen von Personen, das raffinierte Fälschen mittels Stimm- und Bildübertragung (*deep fakes*), die Frage nach der Sinnhaftigkeit schriftlicher akademischer Arbeiten bis hin zur Möglichkeit, dass ganze Berufsgruppen durch KI verschwinden könnten ($\Rightarrow$ 10.1.5). Zudem stellen sich diverse ethische Fragen, etwa im Kontext des autonomen Fahrens (sehr illustrativ: https://www.moralmachine.net/).

Alle diese Fragen sind hochaktuell und sollten angemessen behandelt werden. Sie alle verblassen aber gegen die Möglichkeit, dass eine KI tatsächliche Intelligenz auf zumindest menschlichem Niveau erlangt. Wie in [Bos16] durchaus schlüssig argumentiert wird, kann eine ausreichend intelligente KI leicht die Fähigkeit erlangen, sich selbst weiter zu verbessern (oder sich selbst durch ein noch weiter entwickeltes System zu ersetzen), und so das menschliche Niveau von Intelligenz schnell weit hinter sich lassen. Sollte eine solche *Superintelligenz* dann Ziele verfolgen, die nicht im Einklang mit denen der Menschheit stehen, dann wären die Aussichten für uns ausgesprochen düster.[21] Von Versklavung bis Auslöschung ist alles denkbar (und wahrscheinlich würden einer Superintelligenz noch andere, für uns ebenfalls unerfreuliche Varianten einfallen).

---

[20]In beiden Fällen werden die Systeme allerdings mit historischen Daten trainiert, und in sehr grundlegender Betrachtung sind die beiden Zugänge zwei Seiten einer Medaille, [Mur22, Sec. 9.4]. Die Kunst ist es, diese Systeme so entwerfen und zu trainieren, dass sie eine gewisse Generalisierungsfähigkeit haben, also nicht nur an den Trainingsdaten „kleben bleiben". Trotz beeindruckender Erfolge besitzen aktuelle KI-Systeme keine echte Intelligenz, mit der sie auf logisch schlüssige Weise Inhalte kombinieren und dadurch neue Erkenntnisse erlangen, sondern sie sind nur sehr gut darin, Muster in Daten zu finden und zu reproduzieren.

[21]Natürlich ist die Menschheit weit weg davon, einheitliche Ziele zu haben. Unser Überleben als Spezies sowie der Erhalt einer gewissen Zivilisation und einer gewissen Autonomie sind aber doch Dinge, auf die sich die meisten wohl einigen könnten.

Von vielen Menschen, auch solchen, die selbst in der KI-Forschung tätig sind, und erst recht manchen Fachleuten aus der Philosophie und anderen Geisteswissenschaften wird diese Perspektive oft abfällig als „science fiction" abgetan. Man solle sich doch lieber auf die aktuellen Probleme konzentrieren, statt sich mit hypothetischen Zukunftsfragen zu beschäftigen. Doch warum sollte man eine Bedrohung völlig ignorieren, nur weil es damit verwandte andere Probleme auch noch gibt?

Schon die Möglichkeit, echte Intelligenz auf künstlichem Wege zu erreichen, wird von vielen Menschen in Frage gestellt. Doch es gibt kein Naturgesetz, das verbietet, dass auch andere System jene Leistungsfähigkeit erreichen, die durch das Zusammenspiel einiger Milliarden Neuronen im Inneren unseres Schädels zustande kommt.

Vermutlich gibt es nicht einmal etwas, was dagegen spricht, dass andere denkende Entitäten weit klüger sein können als wir, dass sie die menschliche Intelligenz deutlich übertreffen können. Tatsächlich gibt es gute Argumente und zahlreiche Indizien, dass wir für eine intelligente Spezies sogar relativ dumm sind ($\Rightarrow$ Box auf S. 38), anfällig für zahlreiche Fehlschlüsse und Verzerrungen ($\Rightarrow$ Box auf S. 39). Unser Verstand ist wohl gegenüber dem, wie schnell, komplex und weitreichend man denken könnte, sehr begrenzt. Etwas anderes zu glauben wäre wohl wieder ein typisches Beispiel für die menschliche Hybris, für unsere unfundierte Selbstüberschätzung.

Unser einziger wirklicher Trumpf in diesem Spiel ist die organisierte Wissenschaft (eingebettet in einen kulturellen und ethischen Rahmen), die es uns erlaubt, Erkenntnisse und Fähigkeiten zu erlangen, die über die intellektuellen Möglichkeiten auch der klügsten Einzelpersonen weit hinausgehen. Leider werden, sobald es opportun ist, wissenschaftliche Erkenntnisse gerne abgetan und man beruft sich stattdessen auf einen fragwürdigen „Hausverstand".

Damit, dass wir – gemessen an dem, was möglich ist, – wahrscheinlich alle ziemlich dumm sind, müssen wir wohl leben. Wir sollten allerdings versuchen, nicht so dumm zu sein, eine KI zu schaffen, die das Potenzial hat, sich unserer Kontrolle zu entziehen und uns das Heft völlig aus der Hand zu nehmen. Eine Superintelligenz dauerhaft unter unserer Kontrolle zu halten, erscheint nahezu unmöglich.[22] Schon ihr Werte und Ziele mitzugeben, die sie dauerhaft zum Handeln im (groben) Sinne der Menschheit bewegen, ist eine enorme Herausforderung. Es gibt dazu zwar durchaus vielversprechende Ansätze,[Yud04] aber aktuell wird der Schwerpunkt auf die Fähigkeiten der KI-Systeme gelegt (und darauf, wie man mit ihnen Geld verdienen könnte), nicht darauf, wie man dafür sorgt, dass sie langfristig in unserem Sinne handeln.

---

[22]Eine naheliegende Fehleinschätzung ist, sich eine solche übermenschliche KI als „Super-Nerd" vorzustellen, mit gewaltigem Wissen und enormen analytisch-mathematischen Fähigkeiten, aber nahezu ohne Sozialkompetenz. Tatsächlich sind aber schon heutige Big-Data-Algorithmen nicht schlecht darin, uns zu manipulieren, und eine Superintelligenz könnte wahrscheinlich leicht sehr viele Menschen dazu bringen, in ihrem Sinne zu handeln, ohne dass sie es überhaupt bemerken.

Vertiefung: Homo sapiens sapiens?

> Zwei Dinge sind unendlich, das Universum und die menschliche Dummheit, aber beim Universum bin ich mir noch nicht ganz sicher.
>
> Albert Einstein zugeschrieben

Die Menschheit war die erste Spezies, die intelligent genug war, um Wissen effektiv zu konservieren und so im Lauf der Zeit eine technisierte Zivilisation hervorzubringen. Sobald jedoch auch nur ein kleiner Bruchteil der Menschheit in der Lage war, minimale kulturelle und technische Fortschritte zu erzielen, setzte eine zivilisatorische Evolution ein, deren Tempo jenes der biologischen weit hinter sich ließ.[Bos16] Dadurch ist unsere biologische, neuronale Ausstattung heute auch nicht merklich anders als in der Altsteinzeit.

Die intellektuelle und innovatorische Leistung, den PC oder das Mobiltelefon zu entwickeln, ist wohl nicht so unterschiedlich von jener, den Faustkeil oder die Höhlenmalereien zu erfinden. Dass neue Erkenntnisse heute mit so viel höherer Frequenz erlangt werden als früher, liegt nicht an unserer intellektuellen Überlegenheit, sondern an unserer schieren Zahl – und in gewissem Ausmaß an der Arbeitsteilung, die es manchen Menschen erlaubt, sich sehr intensiv mit offenen Fragen zu beschäftigen, statt dass sie das nur nebenbei tun können.

In einer extrem vereinfachten Skizze (PD_{KL}):

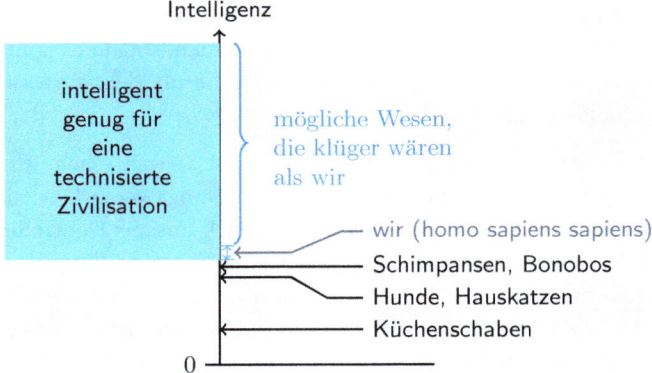

Die aus unserer Sicht so gewaltige intellektuelle Spannweite zwischen dem sprichwörtlichen „Dorftrottel" und Nobelpreisträger:innen ist auf einer umfassenden Skala der Intelligenz womöglich nahezu nicht wahrnehmbar (siehe etwa https://www.cser.ac.uk/news/nick-bostrom-ted-talk/). Allzu klug sind wir also wohl allesamt nicht, und weise (lat. *sapiens*) schon gar nicht.

Die gleiche Überlegung gilt zwar für alle Lebensformen, die im Zuge der natürlichen Evolution den Sprung zu einer technisierten Zivilisation geschafft haben, aber eben nicht für künstliche Formen von Intelligenz, die in der Lage sind, sich selbst strukturell zu verbessern.

> **Vertiefung: Kognitive Verzerrungen**
>
> Wir reden uns immer wieder gerne ein, wir würden Entscheidungen rational, ganz auf Grundlage von Fakten treffen. Abgesehen davon, dass aus Fakten alleine noch keine Entscheidungen folgen (weil es immer auch eine Grundhaltung, ein Wertesystem braucht, um zu entscheiden, wie man Fakten bewertet und auf sie reagiert), ist diese Objektivität zumeist weitgehend eine Illusion.
> Wie man zunehmend herausgefunden hat, sind wir sogar sehr anfällig für Fehlschlüsse und lassen uns von den unterschiedlichsten psychologischen und statistischen Verzerrungen (*biases*) in die Irre führen. Besonders häufig trifft man auf den *Confirmation Bias*, den Hang, nur das wahrzunehmen bzw. gezielt nach dem zu suchen, was die eigene Meinung bestätigt.
> Eine andere häufige Verzerrung ist etwa der *Availability Bias*, also der Hang, seinen Überlegungen oder Analysen leicht zugängliche Daten zugrunde zu legen, statt sich um eine wirklich repräsentative Stichprobe zu bemühen. (Dieser Effekt lässt an den Ergebnisse viele psychologischer Studien gewisse Zweifel zurück, da unter den Versuchspersonen oft Studierende deutlich überrepräsentiert sind – einfach, weil sie leichter dazu zu bewegen sind, an solchen Studien teilzunehmen.)
> Verwandt damit ist der *Survivorship Bias*, bei dem man nur die „Überlebenden", also die erfolgreichen Versuche betrachtet und die erfolglosen ausblendet. Doch weder wird jedes IT-Startup zu einem milliardenschweren Tech-Unternehmen, noch verdient jede:r, der oder die nach Hollywood geht, um Schauspieler:in zu werden, Millionen und lebt in einer Luxusvilla in Beverly Hills. Ganz im Gegenteil; die meisten scheitern oder schaffen es gerade so, sich über Wasser zu halten. Doch die paar erfolgreichen Beispiel sind weit sichtbarer als die vielen Fehlschläge.
>
> In [Kah16], einem (trotz einiger Längen) sehr lesenswerten Buch, werden zahlreiche Fehlschlüsse und andere Besonderheiten beleuchtet, zu denen unser Denken neigt. Problematisch in Bezug auf unseren Umgang mit dem Klimawandel ist dabei insbesondere, dass wir Verluste emotional stärker gewichten als Gewinne. Etwas bereits zu haben und es wieder zu verlieren fühlt sich wesentlich schlimmer an als es gar nicht erst zu bekommen. Wenn wir vor der Wahl stehen, einen kleineren Gewinn sicher oder einen größeren nur mit einer entsprechend geringeren Wahrscheinlichkeit zu erhalten, entscheiden sich die meisten Menschen für die sichere Option. Wenn es aber darum geht, einen kleinen Betrag sicher oder einen größeren nur vielleicht zu verlieren, dann neigen die meisten zum „Pokern" statt dazu, den Verlust zu begrenzen.
> Auch die Aspekte, die in [Dör03], einem weiteren Klassiker, diskutiert werden, machen nicht unbedingt Mut. Speziell wenn wir überfordert sind (und wen würde die Klimakrise nicht überfordern?), neigen wir dazu, das zu tun, was wir kennen und können, nicht das, was angebracht wäre.

1.1.8 Kontrollierbarkeit und Zeithorizont

Bislang haben wir unterschieden, ob Krisen in erster Linie den Umgang der Menschheit mit ihrer Umwelt betreffen ($\Rightarrow$ 1.1.1-1.1.3), im Wesentlichen eine „interne" Angelegenheit der Menschheit sind ($\Rightarrow$ 1.1.4), von natürliche Ereignissen herrühren, die sich ganz ohne unser Zutun ereignen ($\Rightarrow$ 1.1.5), irgendwo dazwischen liegen ($\Rightarrow$ 1.1.6) oder überhaupt unsere eigenen Schöpfungen wären ($\Rightarrow$ 1.1.7). Diese Einteilung nach dem Ursprung ist eine nützliche Unterscheidung, aber es gibt noch einen anderen Aspekte, nach denen man Krisen klassifizieren kann. Von diesen werden wir zwei besonders bedeutsame betrachten, nämlich Kontrollierbarkeit und Zeithorizont.

Kontrollierbarkeit Wie gut kontrollierbar eine Krise ist, hängt meist eng mit ihrem Ursprung zusammen, ist es aber dennoch ein so wichtiger Aspekt, dass wir ihn noch einmal separat diskutieren wollen. Grob kann man hier drei Bereiche unterscheiden:

- Einige Krisen unterliegen – im Prinzip – vollkommen unserer Kontrolle. Jede zwischenmenschliche Auseinandersetzung, jeder Krieg lässt sich durch die Einigung der beteiligten Parteien beenden. Jede Diskriminierung verschwindet sofort, wenn wir unseren Umgang miteinander entsprechend ändern (aber leider nicht einfach, indem wir bestimmte Begriffe und Formulierungen ächten).

  Auch extreme Inflation und anderen Verwerfungen des Finanzsystems wären, wenn sich die richtigen Personen einigen, sofort behoben. Das Finanzsystem ist immerhin eine Schöpfung des Menschen ($\Rightarrow$ 9.2), und mit entsprechendem globalen Konsens (der aktuell natürlich utopisch erscheint) oder ausreichender einseitiger Durchsetzungskraft (die kaum wünschenswert wäre) ließe es sich jederzeit durch ein anderes ersetzen.[23] Letztlich sind, auch wenn man es manchmal angesichts so vieler verfahrener Situationen rund um den Globus leicht vergisst, *alle* Krisen aus Abschnitt 1.1.4 vollständig kontrollierbar, und ebenso sind es auch die allermeisten Versorgungsengpässe ($\Rightarrow$ 1.1.6), die ja selten auf tatsächlichem Mangel und meistens auf fehlender Koordination beruhen.

- Manche Krisen liegen, wie bereits festgestellt, nicht in unserer Hand ($\Rightarrow$ 1.1.5). Sich wegen solcher Krisen allzu viele Gedanken zu machen, zahlt sich nicht aus, denn ihr Auftreten ist unwahrscheinlich, und wenn tatsächlich über uns hereinbrechen, entziehen sie sich ohnehin unserer Kontrolle. Vielleicht können wir (vor allem mit ausreichender Vorbereitung) die Folgen mildern, vielleicht die Dynamik ein wenig bremsen, aber allzu viel können wir hier nicht ausrichten.

---

[23] Ist man der Meinung, dass Inflation um jeden Preis vermieden werden muss, könnte man durchaus ein neues System etablieren, in dem merkliche Inflation gar nicht möglich ist (z.B. deswegen, weil die Geldmenge begrenzt ist und Preise wichtiger Produkte fixiert sind) – würde sich damit aber natürlich wieder andere Probleme einhandeln.

- Am heikelsten sind jene Krisen, die in der Mitte zwischen den beiden Extremen liegen. Die Klimakrise ($\Rightarrow$ 1.1.1), die Biodiversitätskrise ($\Rightarrow$ 1.1.2), biologische Waffen oder eine künstliche Superintelligenz haben alle eines gemeinsam: Wir haben es zwar in der Hand, sie zu entfesseln, aber wenn sie erst einmal auf die Welt losgelassen sind, haben wir nur mehr sehr eingeschränkte Möglichkeiten, ihnen Einhalt zu gebieten. Gemessen an dieser bedrohlichen Perspektive schenken wir Problem aus dieser Kategorie meistens zu wenig Aufmerksamkeit, verzweifeln stattdessen lieber an Dingen, die wir im Grunde leicht ändern könnten, oder zerbrechen uns den Kopf über solche, auf die wir ohnehin keinen Einfluss haben.

Zeitlicher Aspekt Eine zweite wichtige Dimension bei der Einordnung der Krisen ist der zugehörige Zeithorizont.

So schlimm die Folgen von Inflation für viele auch sein mögen, das Phänomen selbst wäre – entsprechender Wille und Koordinationsfähigkeit vorausgesetzt – binnen einer Stunde behebbar. Bei der Klimakrise hingegen hat es Jahrzehnte gedauert, bis sie sich manifestiert hat, und ihre Folgen werden noch in Jahrtausenden zu spüren sein.

Oft sind die Beendigung der eigentlichen Krise und die Behebung der Folgeschäden auf verschiedenen Zeitskalen angesiedelt. Einen Krieg kann man prinzipiell mit einem einzigen Treffen und einigen Unterschriften auf einem Stück Papier beenden, also binnen eines Tages.[24] Um mit den Folgen fertig zu werden, die von zerstörter Infrastruktur über auf Feldern verstreute Landminen bis hin zu schweren Traumata reichen, sind aber Jahre erforderlich, und manche Wunden heilen innerhalb eines Menschenlebens gar nicht mehr.

Einige Krisen und ihre Folgen sind unter Berücksichtigung beider Aspekte grob in Abb. 1.8 eingeordnet. Dabei zeigt sich ein klares Muster:

Immer wieder konzentrieren wir uns über lange Phasen hinweg auf jene Krisen, die wir erstens selbst in der Hand haben und die mit entsprechendem Willen, ausreichender Intelligenz auch vergleichsweise behebbar wären. Während wir also extrem viel Aufmerksamkeit auf Krisen richten, die sich in der linken oberen Ecke befinden, ignorieren wir jene, die weiter unten (schlechter kontrollierbar) oder weiter rechts (nur über lange Zeiträume behebbar) liegen, am liebsten. Wenn das (wie zunehmend im Fall der Klimakrise) beim besten Willen nicht mehr möglich ist, dann versuchen wir zumindest, mit einem „aber es darf keinen Cent zu viel kosten"-Minimalismus durchzukommen ($\Rightarrow$ Kap. 9).

---

[24] Dass viele blutige Kriege dennoch Jahre lang toben, liegt nicht daran, dass es nicht möglich wäre, sie schnell zu beenden, sondern dass sich einige (meistens wenige, aber einflussreiche) Menschen nicht darauf einigen können, auf welche Weise das geschehen soll.

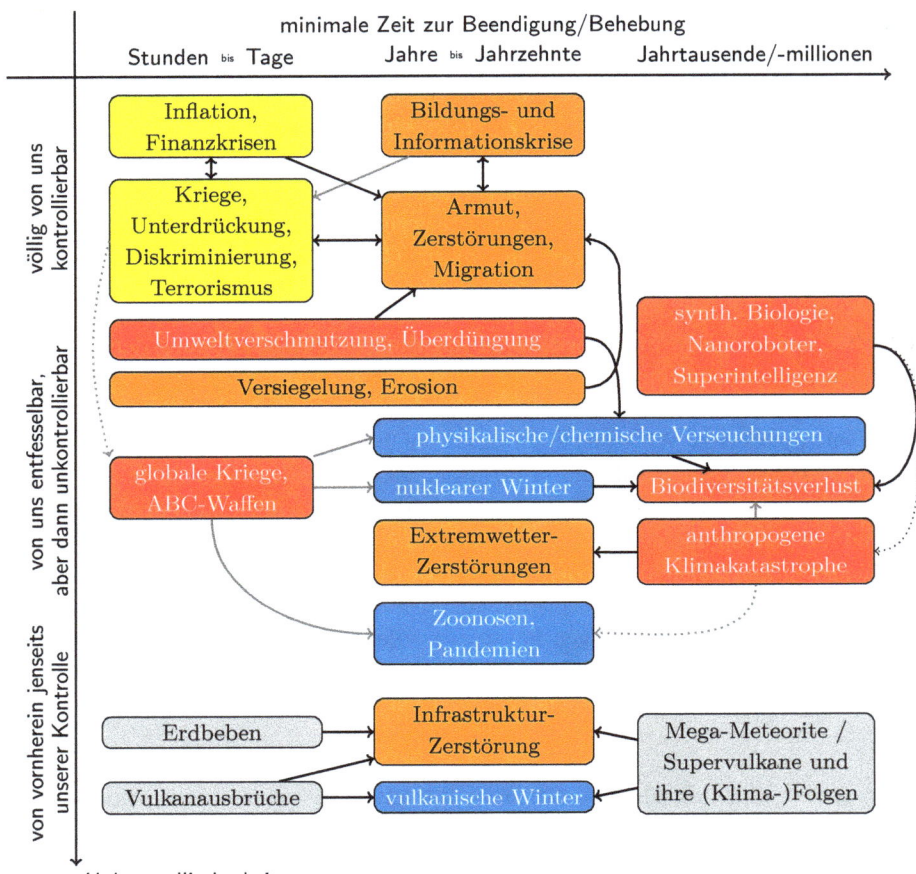

Abb. 1.8: Einige der Krisen aus Abschnitten 1.1.1 bis 1.1.6, grob eingeordnet nach Ausmaß der Kontrollierbarkeit und minimaler Zeit, die zur Behebung der Krise selbst bzw. ihrer Folgen notwendig wäre, mit einigen (aber längst nicht allen) Querverbindungen. Zusätzlich wurde ein grober Farbcode verwendet: Grau für von von uns unbeeinflussbare Primärphänomene, Blau für langwierige Probleme, die wir nur aussitzen bzw. ihre Folgen abmildern können, Orange für Probleme, die ggf. auch langwierig sind, bei denen wir aber die Ärmel hochkrempeln und aktiv an ihrer Behebung arbeiten können, Gelb für Probleme, die bei entsprechendem Willen und globaler Koordination in kürzester Zeit behebbar wären, und Rot für jene Krisen, die wir zwar entfesseln können, die aber jenseits eines kritischen (Kipp-)Punktes ($\Rightarrow$ 4.2.4) nicht mehr von uns beherrschbar sind. (KL$_{BY}^{CC}$)

1.1.9 Fazit: Interessante Zeiten

> „Mögest Du in interessanten Zeiten leben!"
> berühmter Fluch, angeblich chinesischen Ursprungs

Wir stehen also, wie in den vorherigen Abschnitten kurz umrissen, einer ganzen Reihe von Krisen gegenüber. Es sind Krisen mit ganz unterschiedlichen Eigenschaften ($\Rightarrow$ 1.1.8), und sie sind nicht unabhängig voneinander. Vor allem der Klimawandel steht im Zentrum der naturbezogenen Krisen und verschlimmert nahezu jede davon. Auch die zwischenmenschlichen Krisen hängen untereinander auf viele und komplexe Arten zusammen – was es so schwierig macht, sie zu lösen.

Darüber hinaus hängen aber auch noch beide Arten von Krisen miteinander zusammen, und es wird uns wohl kaum gelingen, die eine Art zu lösen, ohne auch bei der anderen zumindest große Fortschritte zu erzielen.[25] Eine Art, das darzustellen, ist das in Abb. 1.9 gezeigte Doughnut-Diagramm.

In dieser Darstellung müssen für ein gutes menschliches Zusammenleben einerseits gesellschaftlich-soziale Fundamente vorhanden sein (wie Bildung, Gesundheitsversorgung und politische Mitbestimmung), andererseits muss man sich unterhalb einer ökologischen Decke bewegen, die möglichst in keiner der neun Hauptkategorien durchbrochen werden sollte (und es aktuell in zumindest vier offensichtlich wird).

Kommt man aus dem naturwissenschaftlichen Bereich, dann wirkt diese Sicht zwar ein wenig „auf den Kopf gestellt", denn letztlich sind es die natürlichen Ressourcen und der Fortbestand der natürlichen Ökosysteme, die Grundlage für alles darstellen, was Menschen in allen anderen (gesellschaftlich-sozialen) Bereichen überhaupt tun und erreichen können. Dennoch ist die Sichtweise, die sich in Abb. 1.9 manifestiert, durchaus nützlich, denn sehr oft sind es tatsächlich soziale Strukturen und gesellschaftliche Abläufe, wo wir das Ruder herumreißen müssen, bevor es bei anderen, naturbezogenen Problemen zu nachhaltigen Verbesserungen kommen kann.

Allerdings sollte man sich bewusst sein, dass die sozialen Krisen und zwischenmenschlichen Konflikte – mit Ausnahme der beunruhigenden Möglichkeit eines globalen Kriegs, der (auch) mit atomaren, biologischen oder chemischen Waffen geführt wird – nicht per se den Fortbestand der Menschheit selbst bedrohen. Es keine schöne Vorstellung und wir sollten unser Bestes tun, damit sie nicht Wirklichkeit wird, aber die Menschheit könnte durchaus noch Jahrhunderte im Zustand von Unterdrückung, Ausbeutung, digitaler Gehirnwäsche, im Banne kleinlicher ethnischer oder religiöser Konflikte gefan-

---

[25] Die meisten dieser Krisen kann man allerdings zu einigen wenigen Grundursachen zurückverfolgen: den unachtsamen Umgang miteinander und mit der Natur, die Unfähigkeit, andere Standpunkte zu respektieren und das Ignorieren von Warnsignalen, bis es zu spät ist.

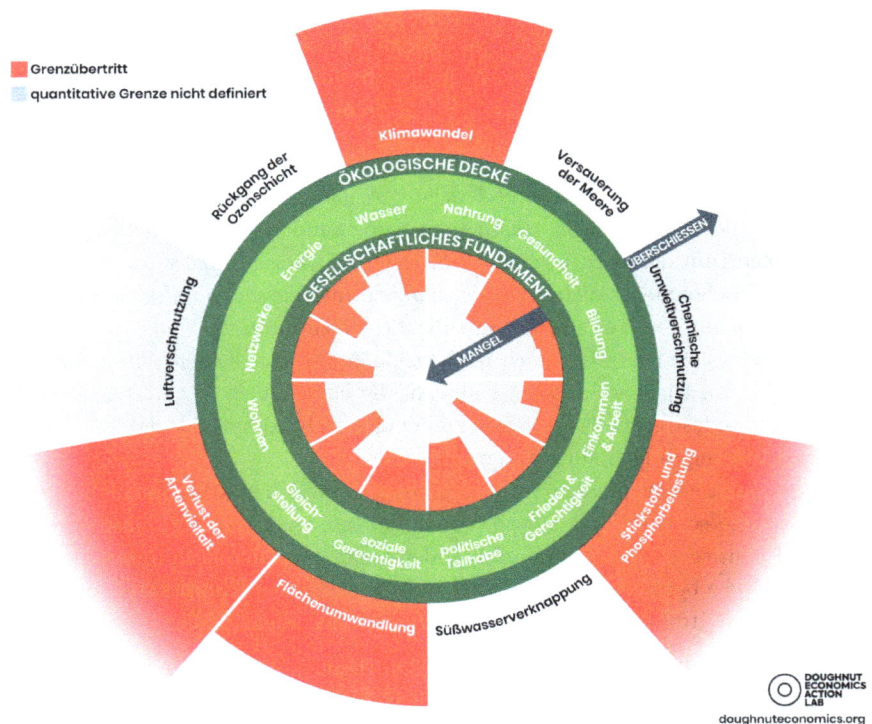

Abb. 1.9: Der Doughnut der sozialen und planetaren Grenzen, von Kate Raworth und Christian Guthier (CC-BY-SA 4.0), [Raw17], auf Grundlage von [RSNe09], siehe https://www.kateraworth.com/doughnut/ und https://doughnuteconomics.org/

gen sein, bevor ihr der Aufbruch in eine wahrhaft utopische Gesellschaft gelingt, in der alle Menschen frei und selbstbestimmt ein gutes und erfülltes Leben führen können. Doch wenn wir unsere Lebensgrundlage so irreparabel schädigen, wie es auf dem jetzigen Kurs wohl geschehen wird, dann wird es für die Menschheit gar keine Zukunft auf diesem Planeten geben, oder allenfalls für einen kleinen Rest entweder in kleinen hochtechnisierten Enklaven, abgeschottet von der Außenwelt, oder unter dauerhaft endzeitlich-schwierigen Bedingungen, in einem ständigen Kampf ums Überleben.

1.2 Klimahysterie und Klimaskepsis?

> So great is his certainty that mere facts cannot shake it.
>
> *Flavourtext der Magic-Karte* True Believer

Für wenige Phänomen gibt es so umfassende Daten, ein so klares Bild wie für den menschengemachten Klimawandel. Doch trotz einer inzwischen drückenden Beweislast, wird die Erkenntnis, wie dramatisch die Klimakrise ist, keineswegs umfassend akzeptiert. Zu unbequem sind die Folgerungen, die man ziehen müsste.

So gibt es – bis in die höchsten Ränge der Politik und der Wirtschaft hinein – immer noch Menschen, die den Klimawandel leugnen oder bagatellisieren. Beschönigend nennen sie sich oft *Klimawandelskeptiker* – und missverstehen oder missbrauchen damit den Begriff der Skepsis. Wenn sie nicht ohnehin mit offener Ignoranz auftreten, inszenieren sie sich gerne als unterdrückte Opfer der wissenschaftlichen Mehrheitsmeinung. Oftmals berufen sie sich auf eine missverstandene Meinungsfreiheit.[26]

Wissenschaft lebt zwar, im Gegensatz zu Religionen und anderen Glaubenslehren, davon, dass auch für sicher gehaltene Zusammenhänge in Frage gestellt werden dürfen. Doch das sollte mit Maß und Ziel geschehen – und vor allem dann, wenn es neue Beobachtungen gibt, die der bisherigen Lehrmeinung widersprechen. Bloß, dass einem wissenschaftliche Kenntnisse nicht in den Kram passen, dass man unbequeme Schlussfolgerungen ziehen und vielleicht sogar sein Verhalten ändern müsste, ist dafür *kein* guter Grund.

Inzwischen sind die Belege für den menschengemachten Klimawandel so umfassend, dass Zweifel an ihm nichts mehr mit guter Wissenschaft und kritischem Denken zu tun haben. Wer den Klimawandel nach wie vor in Frage stellt, tut das vielleicht aus dogmatischen Gründen, aufgrund einer Weltanschauung, die so starr ist, dass sie sich auch durch eine Vielzahl von Fakten nicht verändert. Um es mit den Worten von Christian Morgenstern in *Die unmögliche Tatsache* zu sagen:

> [...] weil, so schließt er messerscharf,
> nicht sein kann, was nicht sein darf.

---

[26] Es gibt Bereiche, in denen einander widersprechende Meinungen alle ihre Berechtigung haben, etwa ob Rot eine schönere Farbe ist als Grün, ob Sean Connery oder Roger Moore der bessere Bond-Darsteller war, ... Wenn es aber darum geht, aus Daten Gesetzmäßigkeiten herzuleiten und aus diesen Schlüsse zu ziehen, also *Wissenschaft zu betreiben*, dann ist der Spielraum für unterschiedliche Meinungen viel enger. Auch hier kann es zwar durchaus zwei, drei verschiedene Ansichten geben, wie ein Phänomen zu interpretieren ist – meist klärt sich aber im Lauf der Zeit, welche zutrifft. Sehr gut belegte und verstandene Zusammenhänge akzeptieren wir als *Tatsachen*. Unsere gesamte moderne Technik beruht auf diesem Prinzip. Die Meinung zu vertreten, dass elektrischer Strom nicht existiert, dass Flug- oder Rechenmaschinen unmöglich sind, dass die Erde eine Scheibe ist, ist kein legitimer Ausdruck von Individualität, sondern schlichte Dummheit. Genau auf dieses Niveau begibt man sich aber, wenn man z.B. die Evolution oder den menschengemachten Klimawandel abtut.

Eher „zweifelt" er oder sie es jedoch handfester wirtschaftlicher bzw. machtpolitischer Interessen wegen. Fossilkonzerne haben jahrzehntelang Propaganda gegen den Klimawandel (oder eigentlich gegen Maßnahmen, um ihm Einhalt zu gebieten) betrieben – meist wider besseres Wissen.[BCHS15][27] Dass immer wieder einige Staaten aus kurzfristigen Eigeninteressen heraus die Beschlüsse der Weltklimakonferenz bis an die Grenze der Banalität hin verwässern, ist ebenfalls gut bekannt. Als ein wesentliches Ergebnis der 26. Weltklimakonferenz 2021 in Glasgow wurde etwa die Absicht verkündet, „ineffiziente Subventionen für fossile Brennstoffe" abzuschaffen. Nicht ein koordinierter Ausstieg aus fossilen Energieträgern wurde angepeilt, nicht einmal ein Abschaffen *aller* Subventionen für diese – nur solcher, die „ineffizient" sind! Was das heißen soll, weiß eigentlich niemand so genau, und so braucht auch niemand ernsthaft zu handeln.

1.2.1 Eine Klimahysterie-Industrie?

Angriff, so heißt es, ist die beste Verteidigung. Das haben sich die Verteidiger des fossilen Systems, des *Status quo*, wohl zu Herzen genommen. So wurde und wird noch heute immer wieder einmal von einer Klimahysterie-Industrie phantasiert, die den Klimawandel hochspielt, um damit Profite zu machen. Quasi im Vorbeigehen wird dann auch gleich der erneuerbare Energiesektor als reine Geschäftemacherei hingestellt, als ein ineffizientes System, in dem riesige Mengen Fördergeld versickern, ohne dass ein nennenswerter Nutzen entsteht.

Natürlich taucht die Klimakrise in Tageszeitungen und Magazinen auf, vor allem, wenn es wieder einmal einen akuten Anlass gibt (S. 1). Vielleicht lassen sich mit Klimakatastrophenschlagzeilen inzwischen tatsächlich besonders hohe Stückzahlen verkaufen.

Natürlich gibt es Menschen, die sich ihr Brot damit verdienen, für Umweltschutz-NGOs wie Greenpeace oder Global 2000 zu arbeiten, und gelegentlich liefern solche Organisationen auch Aktionen, die wirklich verzichtbar gewesen wären.[DA14]

Natürlich gab und gibt es Situationen, wo Förderungen für erneuerbare Energie nicht zielgerichtet oder zu großzügig konzipiert waren. Jene Menschen, die seit jeher gut darin sind, Steuerschlupflöcher und überhöhte Förderungen zu erkennen, gut darin, generell jeden wirtschaftlichen Vorteil auszunutzen, ganz egal auf wessen Kosten ($\Rightarrow$ 9.3), haben sicher auch mit manchem Windpark oder mancher Photovoltaik-Anlage ein ordentliches Sümmchen verdient.

---

[27]Noch im 21. Jahrhundert erdreistete sich ein Kohle- und Nuklearkonzern wie RWE, zu behaupten (oder durch seine Anwaltskanzlei behaupten zu lassen): „Kausalzusammenhänge zwischen den einzelnen menschlichen Einflussnahmen auf die Umwelt und Klimaphänomene sind offen", [Stö23].

1.2 Klimahysterie und Klimaskepsis?

Natürlich wird auch Klima- und Energiepolitik gerne als Klientel- und Interessenspolitik betrieben.[28] Daraus aber einen ganzen Wirtschaftszweig zu konstruieren, der die Menschheit unnötig in Panik versetzt, um windige Geschäfte zu machen, ist zynisch und grenzt an noch absurdere Verschwörungstheorien.

Insbesondere stehen dieser angeblichen „Klimahysterie-Industrie" ja ganz reale milliardenschwere Industrien gegenüber, die an ihrem Beitrag zum Klimawandel prächtig verdienen, und die oft auch sonst massiver Umweltschäden in Kauf nehmen.[Stö24] Schon im Normalbetrieb verursacht die Fossilindustrie dramatische Verschmutzungen von Land und Meer, und noch viel schlimmer ist es bei Unfällen wie jenem des Tankers Exxon Valdez vor Alaska (1989) oder der Plattform Deepwater Horizon im Golf von Mexiko (2010).

Dennoch fließen – oft direkt, zumindest aber indirekt – noch immer gewaltige Subventionen in diesen Sektor. Die staatlichen Förderungen für klimaschädliches Verhalten übersteigen in vielen Ländern (auch innerhalb der EU) jene für erneuerbare Energie immer noch bei weitem.[Tim21] Es sollte also offensichtlich sein, wo die wahren Profis im Geschäftemachen zu finden sind.

1.2.2 Kommunikation – eine Gratwanderung

Es ist war bis in jüngste Vergangenheit nicht leicht, den Klimawandel wirksam zu thematisieren. Stellte man die Dinge nüchtern und wissenschaftlich dar, weckte das keine Emotionen, brachte kaum jemanden zum Handeln. Stellte man die Katastrophen, die auf uns zukommen werden, wenn wir nicht schleunigst gegensteuern, plakativ dar, dann hieß es, man betreibe Panikmache und versetze die Menschen unnötig in Angst und Schrecken.

Brachte man aktuelle Wetterkatastrophen mit dem Klimawandel in Verbindung, dann hieß es, ein solcher Zusammenhang sei Überinterpretation, und solche Extremwetterereignisse habe es früher auch schon gegeben. (Außerdem seien Waldbrände meistens ohnehin von der Mafia und Immobilienspekulanten gelegt – was natürlich nicht vollkommen falsch ist, aber monatelange Dürreperioden machen auch dieses schmutzige Geschäft einfacher.) Verwies man auf die seit Jahrzehnten im Gleichklang steigenden CO_2- und Temperaturniveaus, erntete man nur Gähnen. Jeder Einbruch der Börsenkurse um ein paar Prozent, jedes größere Fußballspiel war interessanter.

---

[28]Als Beispiel: Während konservative Parteien, die ja sonst bzgl. erneuerbarer Energie eher zurückhaltend sind, die Biomasse (vor allem zur Stärkung des ihnen eng verbundenen Agrarsektors) oft fördern, stehen manche linke Parteien, die der Energiewende gegenüber sonst aufgeschlossener sind, der Bioenergie schon aus Prinzip kritisch gegenüber und verkennen dabei ihren Wert als flexible, steuerbare Energiequelle ($\Rightarrow$ 5.2.4 & 5.2.9).

Das hat sich zum Glück etwas geändert – wenn auch leider vor allem deswegen, weil die Klimakrise noch schneller voranschreitet, als man vermutet hatte. Inzwischen erfordert es schon ein erhebliches Ausmaß an Ignoranz, um ihre Auswirkungen weiterhin auszublenden. Doch noch immer ist es eine Gratwanderung, den Klimawandel „passend" zu thematisieren.

Dass es den Klimawandel auch nur im geringsten beeinflussen wird, wenn man sich an irgendwelchen Straßen festklebt, ist zugegebenermaßen eher fraglich. Wahrhaft erstaunlich ist es aber, wie diverse Politiker:innen es geschafft haben, dass sich die Diskussion um die „Klimakleber" fast nur mehr um die hypothetische Behinderung von Einsatzfahrzeugen und um Verschärfungen der Strafen drehte, kaum mehr um den Anlass – die immer offensichtlicher werdende Klimakrise – und die durchaus sinnvollen Forderungen der entsprechenden Bewegungen.

1.2.3 Nach wie vor: ein erbärmliches Herauswinden

Der menschengemachte Klimawandel inzwischen umfassend belegt – und daraus ergibt sich, dass Konsequenzen gezogen werden müssen. Diese erscheinen oft mühsam und unbequem, sind auf jeden Fall aber ungewohnt und werden zudem wohl nicht billig sein. Wesentlich günstiger ist da, Argumente zu suchen, warum man ja eigentlich gar nichts tun muss. Das kann man auf mehreren Ebenen beobachten, die alle ein bisschen anders gestrickt sind:

1. **Ignorantes Leugnen:** In den 1980ern konnte man wohl noch mit einem gewissen Rest von Seriosität, Intelligenz und Integrität in Frage stellen, dass das Ausmaß des menschlichen Einflusses auf die Erde und das Klima tatsächlich so dramatisch sei. Inzwischen ist das nicht mehr möglich. Wenn man aber sowohl Seriosität als auch Intelligenz und erst recht Integrität einfach über Bord wirft, lassen sich durchaus einige – an den Haaren herbeigezogene – Argumente konstruieren, die immer noch gelegentlich gegen den vom Menschen verursachten Klimawandel ins Feld geführt werden.[OC10; Ent11] Typische „Argumente" sind:

    – „Die Belege für einen angeblichen Klimawandel sind nicht aussagekräftig. Heiße Sommer, Waldbrände und Überschwemmungen hat es früher auch schon gegeben, und im Mittelalter / in der Römerzeit / ... war es viel wärmer als heute."

    – „Das Klima hat sich immer verändert, auch ohne menschlichen Einfluss. Wenn es wirklich einen Klimawandel gibt, sind dafür die Sonnenaktivität oder andere natürliche Zyklen verantwortlich."

    – „Kohlendioxid ist ja nur ein Spurengas ($< 1\,‰$), und von den Emissionen stammen wieder nur 3 % vom Menschen. Das soll Auswirkungen haben?"

1.2 Klimahysterie und Klimaskepsis?

Alle diese „Argumente" sind zumindest fehlerhaft. Gelegentlich werden zwar korrekte Details genannt – diese aber in völlig falschen Kontext gesetzt. Manche Behauptungen sind auch blank falsch. Die Datenlage für eine dramatische Erwärmung, die weit schneller erfolgt als alle Klimaveränderungen seit mindestens 100 000 Jahren, ist inzwischen überwältigend gut ($\Rightarrow$ 1.1.1). Es gibt zwar diverse Erklärungsversuche, dass nicht der von Menschen verursachte massive Ausstoß klimaaktiver Gase für die beobachteten Änderungen verantwortlich ist ($\Rightarrow$ 4.2.1), sondern es irgendwelche natürlichen Phänomene sind, die zufällig genau zeitgleich auftreten. Doch sie alle sind umfassend widerlegt ($\Rightarrow$ 4.2.3, siehe z.B. auch [Bra11] und [CD24]).

So wenig wissenschaftlich haltbar die Position des Leugnens inzwischen auch ist, in jenen Kreisen, in denen die Prinzipien der Wissenschaft (wie logische Schlüsse und evidenzbasiertes Handeln) wenig gelten, können Klimawandelleugner:innen immer noch einflussreiche Positionen innehaben – bis hinauf zu höchsten (partei)politischen Ämtern.

2. **Notorisches Herunterspielen:** Auch wenn das Agieren offensichtlicher Klimawandelleugner:innen noch immer ein Problem ist, viel schlimmer sind inzwischen jene, die zwar nicht das Phänomen des Klimawandels an sich negieren, dafür aber u.a. argumentieren:

 – „Ja, es mag einen Klimawandel geben, aber ein paar Grad mehr schaden doch nicht. Kälte ist ohnehin viel gefährlicher als Hitze."
 – „Es gibt dringendere Probleme, um die wir uns zuerst kümmern sollten."
 – „Es ist viel vernünftiger, jetzt in möglichst großes Wirtschaftswachstum zu investieren, damit wir später reich genug sind, um mit den Folgen des Klimawandels umgehen zu können."[29]

Dieses Herunterspielen war – vor allem eingekleidet in ein „Ja, wir sehen ein, dass da Probleme auf uns zukommen, aber ..." oder „Ja, wir sollten eigentlich etwas tun, aber ..." – sehr lange salonfähig. Die jüngsten Häufungen von Extremwetterereignissen ($\Rightarrow$ 1.1.1) machen es aber zunehmend schwieriger, eine solche Position einigermaßen glaubhaft zu vertreten, ohne dass die kurzsichtig-egoistischen Motive dahinter allzu deutlich zu Tage treten.

---

[29] Derartige – von sehr naiven wirtschaftstheoretischen Zugängen geprägte – Ansätze finden sich etwa in diversen Büchern des Klimaökonomen Bjørn Lomborg, beginnend mit [Lom02], am aktuellsten [Lom22], sowie in Vorschlägen des Thinktanks *Copenhagen Consensus*, https://copenhagenconsensus.com/. Es sagt leider einiges über die Wirtschaftswissenschaften aus, dass hier selbst hochrangige Vertreter (inklusive einiger Wirtschaftsnobelpreisträger) eine erschreckend eindimensionale Sicht auf ein Konglomerat komplexer Probleme vertreten ($\Rightarrow$ Kap. 9).

3. **(Vorgetäuschte) Besorgnis um die sozial Benachteiligten:** Auch aus Kreisen, denen das Wohl der Allgemeinheit normalerweise kein allzu großes Anliegen ist, die eher die Interessen der Reichen und Superreichen vertreten, vernimmt man regelmäßig große Besorgnis über das, was Maßnahmen gegen den Klimawandel bedeuten würden:[30]

    – „Maßnahmen gegen den Klimawandel wären teuer und würden auf Kosten von Sozialbudgets, Bildung, Entwicklungshilfe etc. gehen. Daher würden die Ärmsten unter dem Kampf gegen den Klimawandel am meisten leiden."
    – „Man darf die Menschen mit den Maßnahmen auf keinen Fall überfordern."

Natürlich könnte man – unter der gängigen Prämisse, dass an bestehenden Macht- und Besitzverhältnissen auf keinen Fall gerüttelt werden darf bzw. dass etwaige Umverteilungen prinzipiell von unten nach oben zu erfolgen haben[31] – auch alle Maßnahmen gegen den Klimawandel so umsetzen, dass jene, die ohnehin schon am wenigsten haben, am meisten davon spüren.

Dann kann man natürlich Krokodilstränen vergießen, während man es zugleich über Jahrzehnte schulterzuckend in Kauf genommen hat, ganze Kontinente auszubeuten, ebenso in Kauf genommen hat, auch die meisten Menschen im Globalen Norden mit den Zuständen der modernen Arbeitswelt ständig zu überfordern ($\Rightarrow$ 9.3.5), während man sie zugleich zu immer mehr Konsum drängt, der sie auch nicht glücklicher macht ($\Rightarrow$ 9.1.4).

Man könnte die Katastrophe, auf die wir mit unserem jetzigen Wirtschaftssystem sehenden Auges zusteuern, jedoch durchaus zum Anlass nehmen, ein zugleich zukunftsfähigeres und gerechteres System zu schaffen, in dem nicht die Ärmsten die Zeche zahlen. Letztlich kann die Robustheit unseres Sozialsystems durchaus wachsen, wenn wir es schaffen, nachhaltig zu leben, so dass nicht die bloße Möglichkeit, dass Erdgaslieferungen ausbleiben könnten, schnell zu existenzbedrohenden Energierechnungen führen. Das sollten sich auch im linken politischen Spektrum jene zu Herzen nehmen, die zwar mit vermutlich mehr Anteilnahme, aber ebenso wenig Blick für das große Ganze die Befürchtung hochspielen, dass Klimaschutz zwangsläufig auf Kosten der Armen gehen muss.

---

[30]Man darf hier durchaus Parallelen zu manchen Parteien sehen, denen Frauenrechte erst dann ein großes Anliegen sind, wenn diese durch Zuwanderer aus anderen Kulturkreisen bedroht sind – während man wegen althergebracht-traditioneller Strukturen, die Frauen benachteiligen, keine Wimper zu zucken braucht.
[31]Deutlich gesagt: "There's class warfare, all right," Mr. Buffett said, "but it's my class, the rich class, that's making war, and we're winning.", [Ste06] ($\Rightarrow$ 9.4.5)

1.2 Klimahysterie und Klimaskepsis?

4. **(Zumeist vorgetäuschte) Besorgnis um die liberale Gesellschaft:** Dass der Kampf gegen den Klimawandel oft mit Verzicht in Verbindung gebracht wird ($\Rightarrow$ 10.4.2), dass manche Ziele wohl nur mittels gesetzlichen Maßnahmen erreicht werden können, gibt Anlass zu diversen Befürchtungen:
   - „Man will uns das Schnitzel verbieten."
   - „Wir steuern auf eine Öko-Diktatur zu, in der man uns vorschreiben wird, was wir essen und welche Autos wir fahren dürfen."

   Bevormundung durch den Staat ist natürlich stets eine heikle Angelegenheit, und es ist immer wieder verführerisch, sich als derjenige zu inszenieren, der sich gegen staatliche Zwangsmaßnahmen (oder solche der EU) stellt. Doch es ist vollkommen klar, dass es ein umfangreiches Regelwerk braucht, um ein friedliches Zusammenleben in einer Gesellschaft zu gewährleisten. Die wenigsten würden das Strafgesetzbuch oder die Straßenverkehrsordnung vollkommen abschaffen wollen, da diese ihre persönliche Freiheit einschränken.

   Die Begrenztheit der Ressourcen dieses Planeten ist eine Tatsache, mit der man irgendwie umgehen muss. Bislang waren die Regulierungen dazu einerseits löchrig, andererseits vor allem wirtschaftlicher Natur: Man darf ruhig einen Privatjet besitzen und beliebig viel damit durch die Gegend fliegen, wenn man es sich leisten kann. Hier einen Schritt in die Richtung zu machen, um die größten Verbrechen am Klima und an künftigen Generationen unter Strafe zu stellen, wäre wohl nicht verkehrt ($\Rightarrow$ 9.4.6). Dass damit gleich die liberale Gesellschaft dem Untergang geweiht ist, erscheint doch eher zweifelhaft.

   Tatsächlich ist es mit den vielgepriesenen Wahlmöglichkeiten aktuell oft nicht weit her. Unsere Freiheit ist momentan dadurch spürbar eingeschränkt, dass wir uns oft gar nicht (oder nur unter Inkaufnahme viel höherer Kosten oder großer Unannehmlichkeiten) für eine nachhaltige Variante entscheiden können ($\Rightarrow$ 10.4.2). Wäre zumindest hier einmal dieses Ungleichgewicht behoben, wären die unfairen Vorteile der nicht nachhaltigen Varianten eliminiert, wäre wahrscheinlich kein großer Zwang und erst recht keine „Öko-Diktatur" mehr nötig.

5. **(Vermutlich echte) Besorgnis um die Wirtschaft:** Nicht nur um die Armen kann man besorgt sein, wenn man an Maßnahmen gegen den Klimawandel denkt, sondern auch um wichtige Wirtschaftszweige:
   - „Vorreiter im Kampf gegen den Klimawandel zu sein, würde zu einer Deindustrialisierung Europas führen."
   - „Unsere Wirtschaft würde ihre Wettbewerbsfähigkeit einbüßen."
   - „Der Abschied vom Verbrenner wäre eine Katastrophe für unsere Industrie."

Natürlich bedeutet der Umstieg auf nachhaltige Energie- und Rohstoffversorgung einen Kraftakt – einmal. Einmal ist eine wahrhaft große Investition in die Zukunft notwendig. Ist der Umstieg jedoch erst geschafft, dann werden auch Industriebetriebe von dauerhaft günstiger Energie und größerer Versorgungssicherheit profitieren. Expertise und Kompetenz bei den hierfür notwendigen Technologien kann Industriesektoren zudem durchaus stärken oder es auch erlauben, neue Branchen aufzubauen. Das betrifft inbesondere Anlagen- und Produktionstechnik, böte aber z.B. auch die Chance, sich in der Digitalbranche (auch abseits von Bürosoftware) als ernstzunehmender Akteur zu positionieren.

Gerade für Deutschland mit seinem extremen Fokus auf der Automobilindustrie (und auch Österreich mit zahlreichen Zulieferern) wäre es in Wahrheit hoch an der Zeit für eine industrielle Diversifizierung. Die Zukunft der Mobilität kann man, was die möglichen Antriebe angeht, durchaus differenziert sehen (7.6). Dass der motorisierte Individualverkehr jedoch langfristig weiterhin die Grundlage für eine Industrie mit hunderten Milliarden Umsatz pro Jahr und hunderttausenden Beschäftigen darstellen kann, ist keineswegs sicher, sondern sogar ausgesprochen fraglich.

6. **Bequeme Resignation:** Man muss weder Klimawandelleugner oder -verharmloserin noch Kettenhund der Superreichen oder besorgter Industrievertreter sein, um Gründe zu finden, warum wir doch lieber nichts gegen den Klimawandel unternehmen sollten. Eine umfassende Resignation, die es bequemerweise völlig nutz- und sinnlos erscheinen lässt, selbst auch nur einen Finger zu rühren, ist hierfür bereits völlig ausreichend. Da hört man dann z.B.

    – „Wirksame Maßnahmen sind aufgrund wirtschaftlicher / rechtlicher Rahmenbedingungen gar nicht möglich."
    – „Es fehlt uns noch die Technologie, um etwas zu unternehmen."
    – „Wir hier in Österreich/Deutschland/... können ohnehin nichts bewirken; es müssten doch erst einmal die Amerikaner/Chinesen/... anfangen."

Besonders faszinierend war es, bei vielen Zeitgenossen den direkten Übergang

„Das ist kein dringendes Problem; jetzt
brauchen wir deswegen noch nichts zu tun."
⇓
„Es ist ohnehin längst zu spät; wir können
nichts mehr dagegen tun."

zu beobachten. Beides sind natürlich ausgesprochen bequeme Positionen.

1.2 Klimahysterie und Klimaskepsis?

Manche der oben angeführten Aussagen sind offensichtliche Scheinargumente. Wirtschaftliche und rechtliche Rahmenbedingungen sind keine unumstößlichen Naturgesetze, sondern menschliche Konventionen, die geändert werden können. Dass uns noch die Technologie fehlt, ist schlichtweg falsch. Auch mit jetzt vorhandenen Technologien ließe sich ein nachhaltiges Energiesystem notfalls bereits umsetzen (⇒ Kap. 8). Auf jeden Fall wird, wenn wir entschlossen vorgehen und der Forschung passende Rahmenbedingungen bieten (⇒ 10.2), jede Technologie, die wir brauchen, ausreichend früh auf ausreichend hoher Entwicklungsstufe verfügbar sein. Natürlich kann sich jeder Kontinent, jedes Land, jede Person auf jemanden zeigen, der oder die zuerst einmal etwas tun müsste – aber dann würde nie jemand beginnen. (Tatsächlich sind auch die USA oder China inzwischen keineswegs mehr untätig ⇒ 10.6.2.)

7. **Das ultimative Totschlagargument:** Wenn es nicht um große, umfassende Strategien, sondern um kleinere Entscheidungen oder gar konkrete Umsetzungen geht, dann gibt es eine Art von Argumenten, die man öfter hört als alle anderen:
   – „Maßnahme XY ist zu teuer."
   – „Dieser Ansatz ist nicht wirtschaftlich."
   – „Das wäre unbezahlbar."

Und klar: So brav, wie wir alle darauf konditioniert sind, das was unsere Buchhalter:innen, CFOs und Finanzminister:innen sagen, als unumstößliche Wahrheit hinzunehmen, nicken wir dann traurig und werfen die Pläne für Dinge, die nützlich, sinnvoll und manchmal sogar absolut notwendig wären, in den Papierkorb.

Natürlich leben wir in einer Welt mit begrenzten Ressourcen, und Geld ist das zentrale Mittel, das abzubilden (⇒ 9.1). Die gesamte Finanzwirtschaft, alle Finanzplanungen und alle Märkte wären letztlich dazu da, einen optimalen Einsatz dieser Ressourcen zu gewährleisten. Leider fördert unser Wirtschaftssystem nicht nur Ungleichheit und Ausbeutung, sondern versagt auch zunehmend in seiner zentralen Aufgabe, seiner einzigen echten Existenzberechtigung, nämlich der sinnvollen Allokierung der vorhandenen Ressourcen (⇒ 9.1).

Wenn etwas wirklich unbezahlbar wäre, dann wäre es mit dem, was uns an Rohstoffen, Infrastruktur und Arbeitszeit zur Verfügung steht, schlichtweg nicht machbar. Sehr oft steht „unbezahlbar" aber nur für „nicht wichtig genug" – während für Dinge von fragwürdigem Wert durchaus genug Geld vorhanden ist. Wenn das, was für das Bewältigen der vielfachen Krise, der wir uns gegenüber sehen, erforderlich ist, zwar technisch möglich, aber „nicht wirtschaftlich" ist, dann zeigt sich schon recht klar, wie fehlgeleitet das bestehende Wirtschaftssystem ist und wie wenig man dem, was seine Apologeten von sich geben, trauen darf (⇒ 9.3.3).

Insgesamt gibt es also viele Argumente dafür, nichts gegen den Klimawandel zu tun. Einige davon sind schlichtweg falsch oder verdrehen massiv die Tatsachen. Andere werden aufgebauscht oder als argumentative Fallen aufgebaut („Willst du wirklich Ernährungs- und Bildungsprogramme oder die medizinische Versorgung einschränken, um Geld für den Kampf gegen den Klimawandel freizumachen? Willst du die Deindustrialisierung und Massenarbeitslosigkeit? Willst du in Zukunft nur mehr Madenmüsli essen?").

Wieder andere sind durchaus korrekt – innerhalb des gedanklichen Rahmens eines Wirtschaftssystems, von dem immer offensichtlicher wird, dass es seine Versprechen nicht einhalten und die nun anstehenden Probleme nicht lösen kann, insbesondere nicht nachhaltig in allen erforderlichen Dimensionen ist (⇒ Box auf S. 56). In diesem Geiste werden sehr oft Maßnahmen gesetzt, die zahnlos bis an die Grenze der Wirkungslosigkeit sind. Manchmal bleibt es überhaupt bei folgenlosen Willensbekundungen. Dabei sind viele der Hindernisse, die hier gesehen werden, nur so lange groß, wirken nur so lange nahezu unüberwindlich, wie man in einem überholten Denk- und Werteschema feststeckt (⇒ 10.3).

Einige Argumente hingegen sollte man durchaus ernstnehmen – in dem Sinne, dass sie mögliche reale Probleme und Konflikte aufzeigen. Hier sollte man sich in der Tat Gedanken machen, wie man diese bestmöglich abfedern kann. Nicht alle unangenehmen Konsequenzen werden sich vollständig verhindern lassen – aber wenn wir uns erst auf den Weg gemacht haben, werden sich andererseits auch zunehmend die Vorteile zeigen und wohl ein angemessenes Gegengewicht bilden.

1.2.4 Fazit: Eine wirklich große Herausforderung

> It isn't that they can't see the solution.
> It is that they can't see the problem.
> Gilbert Keith Chesterton,
> *The Scandal of Father Brown*

Die Klimakrise, die wiederum mit anderen Krisen eng zusammenhängt (⇒ 1.1), ist vielleicht das komplexeste Problem, dem die Menschheit jemals gegenüber gestanden ist. In *Das Foucaultsche Pendel* stellte Umberto Eca ja bereits treffend fest: „Für jedes komplexe Problem gibt es eine einfache Lösung, und die ist die falsche."

Das trifft sicherlich auch hier zu: Um einer solch gewaltigen Herausforderung zu begegnen, gibt es nicht „the silver bullet". Hier reichen nicht ein oder zwei Einzelmaßnahmen aus, sondern wir müssen auf vielen Ebenen, in vielen Bereichen zugleich aktiv werden. Die mit Abstand dringendste Aufgabe ist es wohl, unsere Energieversorgung auf eine vollständig erneuerbare Basis zu stellen. Das ist, allen Unkenrufen zum Trotz, durchaus

1.2 Klimahysterie und Klimaskepsis?

möglich ($\Rightarrow$ Kap. 8), aber wird sicherlich einen Kraftakt darstellen und den Abschied von manchen Dogmen erfordern. Dabei muss dieser Umbau auf eine Weise erfolgen, die einerseits sozial verträglich ist, andererseits die verbliebenen Ökosysteme möglichst weniger belastet, also die Biodiversitätskrise ($\Rightarrow$ 1.1.2) nicht noch weiter verschärft. Eng verknüpft mit der Energieproblematik ist jene der Rohstoffversorgung. Während wir uns wegen ölbasierter Produkte keine großen Sorgen zu machen brauchen ($\Rightarrow$ 3.4.6), ist die Sache bei manchen Rohstoffen wie Phosphor und seltenen Erden ($\Rightarrow$ 3.1.2) eine andere. Hier werden wir eine kluge Kreislaufstrategien brauchen ($\Rightarrow$ 10.4.4) – und wohl dennoch mit einem erhöhten Energieverbrauch rechnen müssen.

Es wird auch schwierig werden, die Probleme mit unserer Umwelt, mit unseren Lebensgrundlagen in den Griff zu bekommen, solange wir es nicht schaffen, miteinander einigermaßen friedlich und einem System globaler und sozialer Gerechtigkeit zusammenzuleben ($\Rightarrow$ 1.1.4). Die internationalen Kooperationen, die für manche Lösungsstrategien nötig wären, lassen sich in einem Klima der Feindschaft, der Angst, des kurzsichtigen Pochens auf eigene Vorteile kaum realisieren. Ebenso lassen sich auch innerhalb von Staaten Maßnahmen zum Klimaschutz kaum wirksam umsetzen, wenn sie soziale Ungleichgewichte noch vergrößern und ohnehin schon Benachteiligte noch weiter belasten. Zugleich haben diejenigen, die vom aktuellen System profitieren, meist die Mittel und den Einfluss, den Status quo auch zu verteidigen.

So sind wir mit vielen Problemen konfrontiert, die nicht unabhängig nebeneinander stehen, sondern eng miteinander verknüpft sind, die wohl auch nur zusammen lösbar sind. Immer nur dort zu stopfen, wo das Loch gerade am offensichtlichsten ist, ohne sich um das Gesamtbild zu kümmern, hat bislang schon schlecht funktioniert und wird es in Zukunft nicht besser tun.

Die Größe und Komplexität dessen, dem wir hier gegenüber stehen, kann leicht einschüchternd wirken. Manche Zeitgenossen haben daher beschlossen, diese Problematik einfach zu ignorieren, weiterzumachen wie bisher – und das auch noch zu einem Dogma zu erheben. Wie sehr das schadet, ist deutlich erkennbar. Doch es bringt auch nichts, die Bedrohung vor Schreck gelähmt anzustarren, wie das sprichwörtliche Kaninchen die Schlange. Terry Pratchett hat in seinem Roman *Witches Abroad* schön geschrieben:

> *And the trouble with small furry animals in a corner is that,*
> *just occasionally, one of them's a mongoose.*

Noch haben wir die Wahl, ob wir, so wie wir gerade der Klimakrise gegenüberstehen, wirklich nur ein Kaninchen auf verlorenem Posten sein wollen – oder doch ein Mungo, der sich dem Kampf mit der Schlange stellt ($\Rightarrow$ 10.6).

Vertiefung: Dimensionen der Nachhaltigkeit

Das zentrale Konzept, das einen Ausweg aus zahlreichen Krisen weist, ist jenes der *Nachhaltigkeit*, das sich etwa auch in den *Sustainable Development Goals* der Vereinten Nationen wiederfindet (⇒ Abb. 2).

Aus heutiger Sicht erscheint der Grundsatz, nicht mehr zu verbrauchen, als wieder nachwachsen kann, keinen kurzfristigen Raubbau zu betreiben, der langfristig Schäden verursacht, extrem naheliegend. Schon viele (wenn auch nicht alle) Naturvölker hatten ihn direkt oder indirekt in ihre Verhaltensweise eingebaut.[Kim20]

Die „Zivilisation" hingegen hat etwas länger gebraucht, um dieses Konzept wiederzuentdecken. Die Phönizier gingen wohl unter, weil sie die Zedernwälder, die die Grundlage ihrer Schifffahrt und damit ihres Wohlstands waren, rodeten, ohne nachzupflanzen, und auch das römische Imperium hat an vielen Stellen der Karst anstelle von Wäldern hinterlassen. Erst im Hoch- und Spätmittelalter griff das Konzept einer bestandserhaltenden Forstwirtschaft um sich, die später z.B. in Österreich in der maria-theresianischen Waldordnung (1767) ihren Niederschlag fand, siehe `https://www.proholz.at/zuschnitt/51/zeittafel`.

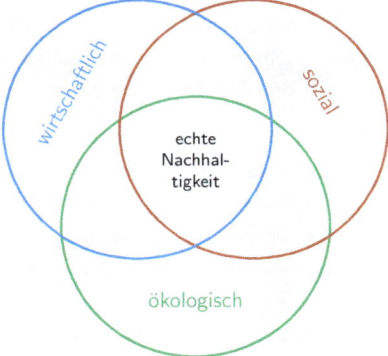

Im wegweisen und oft zitierten Brundtland-Bericht [Bru87] wurde definiert: „Dauerhafte Entwicklung ist eine Entwicklung, die die Bedürfnisse der Gegenwart befriedigt, ohne zu riskieren, dass künftige Generationen ihre eigenen Bedürfnisse nicht befriedigen können." Seit damals werden meist drei Dimensionen der Nachhaltigkeit betrachtet, die wirtschaftliche, soziale und ökologische.

Echte Nachhaltigkeit findet man nur im Überlapp aller drei Dimensionen. Eine Entwicklung, die nicht wirtschaftlich nachhaltig ist, ist auf Dauer nicht aufrecht zu erhalten. Eine, die nicht sozial nachhaltig ist, wird zu Leid und Not führen, längerfristig zu Unruhen, politischen Umwälzung und Aufständen.

Am allerwenigsten kann eine nicht ökologisch nachhaltige Entwicklung gut gehen, denn wenn unsere Lebensgrundlage zerstört wird, dann ist weder wirtschaftlich noch sozial irgendeine Entwicklung oder überhaupt ein Weiterbestehen möglich. Dennoch wird in den aktuellen Diskussionen oft die wirtschaftliche Dimension als zentral, den anderen übergeordnet betrachtet (⇒ 9.1).

2 Energie, Wirkungsgrad und all das

Energie ist ein zentraler Begriff unserer Welt. Dabei meinen wir hier nicht die Energie, die man hat, wenn man ausgeruht und voller Tatendrang – eben energiegeladen – ist, und auch nicht die Energie, die mystischen Orten innewohnen mag. Wir beschränken uns hier ausschließlich auf jenen Energiebegriff, der aus der Physik stammt, in allen Naturwissenschaften große Bedeutung hat und auch im Zentrum von Energietechnik und Energiewirtschaft steht.

In Abschnitt 2.1 führen wir den Begriff der Energie ein und diskutieren verschiedene Formen der Energie und das Prinzip der Energieerhaltung ($\Rightarrow$ 2.1.1). Im Anschluss daran veranschaulichen wir, was verschiedene Energiemengen bedeuten und stellen einige gängige Einheiten vor, in denen solche Energiemengen angegeben werden ($\Rightarrow$ 2.1.2). Eine spezielle Art von Energie, die thermische Energie (bzw. „Wärme") ist für unsere Betrachtungen so bedeutsam, dass sie eine gesonderte Diskussion verdient ($\Rightarrow$ 2.1.3). Dort klären wir auch, was der Unterschied zwischen *Wärme* und *Temperatur* ist und was *Kälte* bedeutet.

Insbesondere bei der Umwandlung von einer Energieform in eine andere wird das Konzept des *Wirkungsgrades* bedeutsam, das wir in Abschnitt 2.2 betrachten. Dabei wird zunächst erklärt, was ein solcher Wirkungsgrad genau ist ($\Rightarrow$ 2.2.1) und wo seine Grenzen liegen ($\Rightarrow$ 2.2.2), bevor ich einige weitere (mehr oder weniger eng verwandte) Kenngrößen vorstelle ($\Rightarrow$ 2.2.3). Besonders prominent und hilfreich ist dabei der ökologische Fußabdruck, für den unseren Ressourcenverbrauch auf Flächenbedarf umgerechnet wird.

So wichtig der Wirkungsgrad, die *Effizienz*, als Kenngröße auch ist, diese Sicht kann auch in die Irre führen, was wir schon hier kurz diskutieren ($\Rightarrow$ 2.2.4) und später in diesem Buch wieder aufgreifen werden ($\Rightarrow$ 9.3.2).

2.1 Energie und Energieeinheiten

Im Physikunterricht wird *Energie* meist auf eine sehr umständliche und schwer zu durchschauende Weise eingeführt, üblicherweise als „Fähigkeit, Arbeit zu verrichten, wobei Arbeit Kraft mal Weg ist". Da ist es kein Wunder, dass viele Schüler:innen die vielleicht wichtigste Größe der ganzen Physik nicht verstehen – und im Lauf der Zeit beginnen, gegen das ganze Fach eine Abneigung zu entwickeln.[1]

Besser verständlich wäre wahrscheinlich ein anderer Zugang: *Energie gibt die Fähigkeit an, in der materiellen Welt etwas zu verändern, etwa Fahrzeuge anzutreiben, Räume zu heizen, Objekte zu verformen, Smartphones oder Computer zu betreiben, ... Sie ist allgegenwärtig, kann auf viele Arten vorliegen, oft wird sie von einer Form in eine andere umgewandelt.* Die formale Definition ist dem gegenüber zweitrangig.

Energie ist nie das Ziel, immer nur ein Mittel zum Zweck. Mit Energie will man eine Wirkung erreichen, einen bestimmten Nutzen erzielen. Am Ende hat dieser Nutzen nicht mehr die Form von Energie: ein behaglich warmes oder angenehm kühles Zimmer, zwei Stunden gute Unterhaltung mit einem Film, oder von Wien nach Linz gekommen zu sein. Das sind allesamt keine Energiegrößen mehr.

Oft lässt sich die gleiche Wirkung mit viel oder wenig Energieeinsatz erzielen. Um einen Raum auf angenehmer Temperatur zu halten, kann man in einem schlecht isolierten Haus die Heizung auf Hochtouren laufen lassen oder in einem gut isolierten auf Sparflamme. Damit vier Personen von Wien nach Linz kommen, können sie getrennt mit vier Autos fahren, alle gemeinsam in einem Auto, oder sie können den Zug nehmen (womit sie auf dieser speziellen Strecke sogar schneller sind). Der Energieaufwand ist sehr unterschiedlich, das Ergebnis im Grunde immer das gleiche.

Energie weist manche Ähnlichkeiten zum Geld auf, aber auch deutliche Unterschiede ($\Rightarrow$ Kap. 9). Beides ist letztlich Mittel zum Zweck. Geld, das Sie anhäufen ohne es jemals auszugeben, bringt, wenn Sie nicht gerade Dagobert Duck sind, der darin baden kann, keinen Nutzen (außer vielleicht als Macht- und Druckmittel). Analog entfaltet auch Energie erst ihren Nutzen, wenn sie zu etwas verwendet wird.[2] Im Gegensatz zu Geld ist Energie aber eine physikalische Größe, die strengen Naturgesetzen unterworfen ist und deren Menge nicht einfach durch die Entscheidungen einiger distinguierter älterer Herren im Nadelstreif vergrößert werden kann ($\Rightarrow$ 9.2).

---

[1] Gerade der Begriff der „Kraft" in der Physik ist schwierig und leicht misszuverstehen. Ein so wichtiges Konzept wie die Energie darauf aufzubauen, ist didaktisch ungeschickt, und es gibt auch andere Ansätze wie den *Karlsruher Physikkurs*, https://www.karlsruher-physikkurs.de/, der Erhaltungsgrößen wie Energie und Impuls ins Zentrum der Betrachtungen stellt.

[2] Bei Geld ebenso wie bei Energie sollte man natürlich darauf achten, dass man einen ausreichenden Vorrat für Krisenzeiten hat. Auch für die Sicherstellung von Nachschub sollte man sorgen.

2.1.1 Energieformen und Energieerhaltung

Energie kann in vielen verschiedenen Formen auftreten. Einige der bedeutsamsten wollen wir im Folgenden kurz vorstellen:

- *Mechanische Energie* kann als Bewegungsenergie (kinetische Energie), Lageenergie (potentielle Energie) oder auch in Form von Druckenergie auftreten. Diese mechanischen Energieformen lassen sich oft gut ineinander umwandeln. Lässt man etwa einen Gummiball auf einem Steinboden springen, so werden immer wieder Lageenergie und Bewegungsenergie ineinander umgewandelt. Lageenergie gibt es in Bezug auf die Schwerkraft, aber auch auf elastische Kräfte, wie sie beim Dehnen eines Gummibandes oder einer Bogensehne auftreten.

- *Elektromagnetische Energie* liegt in Form elektrischer oder magnetischer Felder vor, die auf elektrische Ladungen und Ströme wirken. Im Alltag hat man es vor allem mit elektrischem Strom zu tun, sei es aus dem Netz („aus der Steckdose" $\Rightarrow$ 5.3.1) oder aus Batterien bzw. Akkus ($\Rightarrow$ 5.4.4). Bei genauer Betrachtung steckt die Energie aber nicht im fließenden Strom selbst, sondern in den unsichtbaren Feldern, die im Hintergrund wirken. Dennoch sprechen wir vereinfacht oft von elektrischer Energie, die durch elektrischen Strom transportiert wird.

- *Strahlungsenergie* erhalten wir etwa von der Sonne. Dabei kann es sich um Licht- und Wärmestrahlung handeln. Auch Mikrowellen, Radiowellen, Röntgen- und Gammastrahlung gehören zu dieser Familie. Alle diese Arten von Strahlung sind elektromagnetische Wellen, gehören also strenggenommen auch zur oben betrachteten elektromagnetischen Energie.

  Allerdings kann Strahlung auch aus (oft elektrisch geladenen) Teilchen bestehen, wie sie etwa bei manchen radioaktiven Zerfällen entstehen. Auch von der Sonne gelangt ständig ein Strom von Teilchen (der „Sonnenwind") zu uns, der im Magnetfeld der Erde die faszinierenden Nordlichter hervorbringen kann.

- *Chemische Energie* steckt in unserer Nahrung, in Treib- und Brennstoffen. Ein großer Teil unserer Energieversorgung beruht aktuell auf chemischen Energieträgern. Die Energie steckt dabei in chemischen Bindungen, in der Struktur von Molkülen, und sie kann durch chemische Reaktionen wieder freigesetzt werden. Bei sehr genauer Betrachtung ist auch chemische Energie eigentlich elektromagnetische, denn sie steckt in der Anordnung der Elektronen im elektrischen Feld der Atomkerne und anderer Elektronen ($\Rightarrow$ Box auf S. 76). In Brennstoffzellen ($\Rightarrow$ 3.4.4) wird dieser Umstand ausgenutzt, um chemische Energie direkt in elektrische Energie umzuwandeln.

- *Thermische Energie* („Wärme") ist aus dem Alltag gut bekannt, von Lagerfeuern, warmen Heizkörpern und Herdplatten. Auch den gelegentlichen Mangel an thermischer Energie („Kälte") kennen wir. Diese Energieform hat in vieler Hinsicht eine Sonderstellung, so dass wir sie in Abschnitt 2.1.3 separat betrachten.
- *Kern- und Ruheenergie*: Selbst in ganz „normaler" Materie steckt noch Energie – sogar sehr viel. Die wohl berühmteste Formel der ganzen Physik, $E = mc^2$, beschreibt diesen Zusammenhang.[3] Die Energie, die in einem Körper steckt, erhält man, indem man seine Masse m mit dem Quadrat der Lichtgeschwindigkeit c multipliziert – und Licht ist verdammt schnell.

  Mit $c \approx 3 \cdot 10^8 \, \frac{m}{s}$ erhält man als Energie, die einem Kilogramm entspricht, fast 90 PJ. Wenn man das mit Abb. 2.1 vergleicht, sieht man, dass man Österreich ein Jahr lang mit der Energie versorgen könnte, die in ca. 16 kg Materie steckt, Deutschland mit jener in 145 kg. Leider kennen wir keine praktikable Möglichkeit, diese Energie auch zu nutzen. Noch den größten Anteil, der aber immer noch unter einem Prozent liegt, können wir mit Kernreaktionen gewinnen – doch der Preis dafür ist bekanntermaßen hoch ($\Rightarrow$ 5.2.2).

Entscheidend ist, dass verschiedene Energieformen für verschiedene Zwecke verwendet werden können. Sehr oft passen die Form, in der die Energie ursprünglich vorliegt (*Primärenergie*) und die Form, in der man sie letztlich benötigt (*Nutzenergie*) nicht zusammen. Dann werden Energieumwandlungen notwendig.

Prinzipiell kann Energie weder erzeugt noch vernichtet werden. Das ist ein zentrales Prinzip der Physik, das als *Energieerhaltungssatz* oder auch als *Erster Hauptsatz der Thermodynamik* bekannt ist. Dennoch sprechen wir machmal vereinfachend davon, dass Energie erzeugt bzw. verbraucht wird. Gemeint ist damit, dass Energie in eine nutzbare Form gebracht (also bereitgestellt) wird bzw. dass sie im Zuge ihrer Nutzung in eine nicht mehr unmittelbar verwendbare Form umgewandelt wird.

So enthält Sonnenlicht viel Energie, die, wenn es einem nicht gerade um Licht oder Wärme geht, kaum direkt verwendbar ist. Eine PV-Zelle ($\Rightarrow$ 5.2.5) wandelt einen Teil dieser Lichtenergie in elektromagnetische Energie um, die mittels elektrischem Strom einfach zu transportieren ist. Benutzen wir diese elektrische Energie, um etwa einen Computer oder Fernseher zu betreiben, dann wird diese Energie wieder in andere Formen umgewandelt, etwa in Lichtenergie, die der Bildschirm abstrahlt. Letztlich wird die Energie aber in Wärme umgewandelt, die nicht mehr nutzbar ist – sie wurde, auch wenn sie noch immer vorhanden ist, effektiv verbraucht.[4]

---

[3]Tatsächlich ist dieser Zusammenhang sogar noch umfassender und besagt, dass jede Art von Energie auch Masse hat. Eine aufgeladener Akku ist (in winzigem Ausmaß) schwerer als ein leerer.

[4]In der Energietechnik spricht man manchmal von *Exergie* als nutzbarem Anteil der Energie und *Anergie* als nicht mehr nutzbarem. Das „Verbrauchen" von Energie ist in dieser Sprache die Umwandlung von Exergie in Anergie.

2.1.2 Energiemengen und -einheiten

Um Energiemengen anzugeben, werden die unterschiedlichsten Einheiten verwendet. In der Physik benutzt man meist das Joule (J) – eine für menschliche Maßstäbe sehr „kleine" Einheit. Ein einzelner Herzschlag braucht etwa ein Joule an Energie.

Da das Joule eben so klein ist, werden oft Einheiten wie kJ, MJ oder GJ, also tausend, eine Million oder eine Milliarde Joule verwendet. In der Energiewirtschaft noch gängiger ist allerdings die Kilowattstunde, kurz kWh. In dieser Einheit wird die Energie typischerweise auf Stromrechnungen angegeben, und sie ist auch recht gut greifbar. Wenn ein Gerät mit einer Leistung ($\Rightarrow$ Box auf S. 64) von einem Kilowatt (kW), z.B. eine kleine Kochplatte, eine Stunde lang läuft, wird dabei eine kWh verbraucht.

Eine kleine Auswahl von Dingen, die man mit einer kWh tun kann, betrachten wir in der Vertiefung auf S. 64. Dort sieht man, dass eine kWh gar nicht so wenig Energie ist. Dennoch haben wir es oft mit deutlich größeren Energiemengen zu tun, die eher in MWh oder gar GWh angegeben werden:

$$1\,\text{MWh} = 1\,000\,\text{kWh}, \qquad 1\,\text{GWh} = 1\,000\,\text{MWh} = 1\,000\,000\,\text{kWh}$$

Diese und viele weitere Energieeinheiten (wie etwa das Öläquivalent oe) sowie einige spezielle Energiemengen werden einander in Abb. 2.1 gegenübergestellt.

2.1.3 Wärme: nützlicher Abfall

Bis ins 19. Jahrhundert hinein glaubte man, Wärme sei ein besonderer Stoff, den man auch *Phlogiston* (geprochen: „Flogiston") nannte. Diese Vorstellung konnte vieles erklären – manches aber auch nicht, etwa, warum aus Bewegung (wie dem Reiben der Hände oder dem Bohren eines Lochs) ebenfalls Wärme entstehen kann. Im Lauf der Zeit wurde klar, dass Wärme ebenfalls eine Art von Energie ist ($\Rightarrow$ 2.1.1), allerdings eine ganz besondere.

In vieler Hinsicht unterscheidet sich diese *thermischen Energie* von allen anderen Energieformen. Insbesondere kann sie nur in begrenztem Ausmaß in andere Energieformen umgewandelt werden, während die Umwandlung beliebiger Energie in Wärme stets möglich ist. Das liegt daran, dass, wie in Abb. 2.2 skizziert, thermische Bewegung regellos und ungeordnet erfolgt, weswegen sie schwerer für einen spezifischen Zweck genutzt werden kann.[5]

In diesem Sinne kann man Wärme als „Abfall" betrachten, der zwangsläufig entsteht und von dem sich immer mehr ansammelt, wenn man nicht dafür sorgt, dass man ihn

---

[5] Man vergleiche etwa Schlittenhunde, die alle in die gleiche Richtung ziehen, mit ihren durcheinander tollenden Artgenossen auf einer Hundewiese.

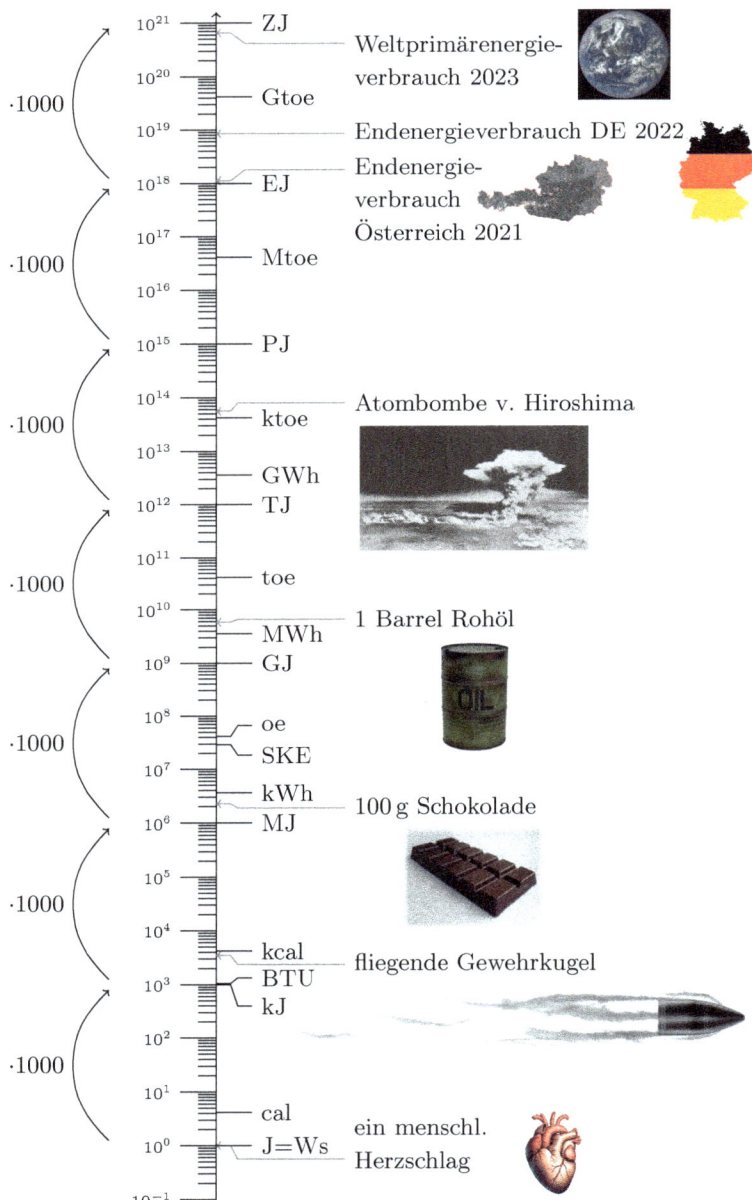

Abb. 2.1: Energieskala mit einigen üblichen Einheiten und einigen Beispielen für Energiemengen. Man beachte die logarithmische Darstellung, bei der jeder Skalenschritt einen zehnfach größeren Wert bedeutet. Ein Sprung über drei Skalenschritte entspricht einer Vertausendfachung. (KL$_{BY}^{CC}$)

2.1 Energie und Energieeinheiten

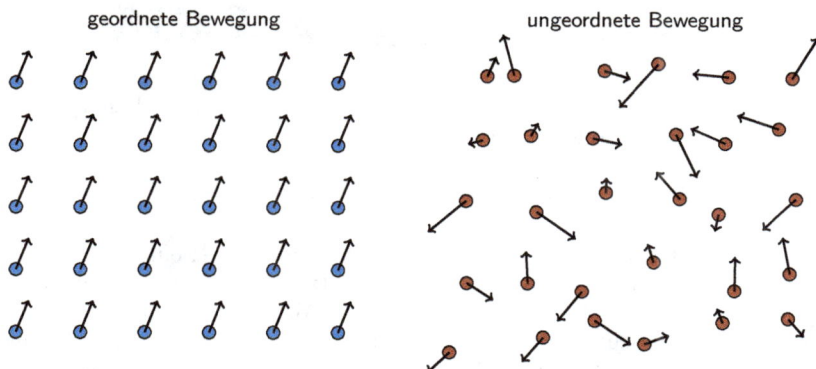

Abb. 2.2: Thermische Energie hat ihren Ursprung in ungeordneter Bewegung. (Neben Translation, also Vorwärtsbewegung, können auch Rotationen und Schwingungen auftreten.) (PD$_{KL}$)

wieder loswird. Eine gewisse Menge dieses „Abfalls" ist allerdings durchaus notwendig. Ganz ohne thermische Energie wäre es ausgesprochen ungemütlich, und selbst wenn nur etwas zu wenig vorhanden ist, spüren wir dieses Fehlen als Kälte.

Das Ausmaß, in dem thermische Energie vorhanden ist, beschreiben wir mit der *Temperatur*. Während die meisten Menschen Luft mit 30 °C als angenehm warm empfinden, herrscht bei −20 °C eindeutig klirrende Kälte.[6]

Im Alltagsgebrauch werden Begriffe wie *Wärme/Kälte* und *Temperatur* gerne gemischt. Für unsere Betrachtungen müssen wir allerdings etwas sorgfältiger unterscheiden: Füllen wir einen Eimer mit Wasser, das 50 °C hat, und beschließen dann, dass wir noch einen zweiten brauchen, dann sehen wir den Unterschied: Die beiden Eimer enthalten die doppelte Menge an thermischer Energie und können doppelt so viel Wärme abgeben wie einer. Sie haben aber noch immer die gleiche Temperatur.[7] Von der Temperatur, oder, wie man gerne sagt, dem *Temperaturniveau*, hängt es ab, wie viel von der thermischen Energie, welcher Anteil eines Wärmeflusses, sich wieder in andere Energieformen umwandeln lässt. Je höher dieses Temperaturniveau im Vergleich zur Umgebung ist, desto mehr kann man mit der Wärme meistens noch anfangen (⇒ 3.4.1).

---

[6]Betrachten wir allerdings die *absolute Temperatur*, die vom absoluten Nullpunkt weg gemessen wird, dann ist der Unterschied zwischen den beiden Werten gar nicht so groß (303.15 K vs. 253.15 K, also weniger als 20 %). Wir Menschen und die meisten anderen Lebewesen reagieren auf Temperaturabweichungen relativ empfindlich. Beim Wärme- und Kälteempfinden geht es allerdings nicht nur um die Temperatur, sondern auch um Eigenschaften wie die *Wärmeleitfähigkeit*, die bei Wasser deutlich größer ist als bei Luft. Daher ist Luft mit 30 °C angenehm warm, während man in Wasser, das 30 °C hat, mit der Zeit zu frieren beginnt, wenn man sich nicht bewegt.

[7]Die Fachbegriffe dafür lauten, dass thermische Energie eine *extensive Größe* ist, die also mit der Menge an Materie zunimmt, die Temperatur hingegen eine *intensive Größe*, die nicht einfach dadurch zunimmt, dass man mehr Materie hinzufügt.

Vertiefung: Eine Kilowattstunde

Die Kilowattstunde (kWh) ist eine sehr verbreitete Energieeinheit. Wir wollen uns nun ansehen, wie diese Einheit mit dem Joule (J) zusammenhängt und was man mit einer kWh so alles bewirken kann.

$$\text{In der Physik gilt:} \qquad \text{Leistung} = \frac{\text{Energie}}{\text{Zeit}}$$

Die Einheit der Leistung ist das Watt (W). Es gilt $W = \frac{J}{s}$, ein Watt Leistung liegt vor, wenn ein Joule pro Sekunde umgesetzt wird. Umgekehrt gilt damit $J = W\,s$, ein Joule ist also gleich einer Wattsekunde (Leistung von 1 W, die eine Sekunde lang erbracht wird). Damit können wir den Schritt zur Kilowattstunde machen. Die Vorsilbe kilo (k) bedeutet einen Faktor 1 000. Eine Stunde besteht aus $60 \cdot 60 = 3\,600$ Sekunden. Damit erhalten wir

$$1\,\text{kWh} = 1\,000\,\text{W} \cdot 3\,600\,\text{s} = 3\,600\,000\,\text{J} = 3.6 \cdot 10^6\,\text{J} = 3.6\,\text{MJ}.$$

Eine Kilowattstunde sind demnach 3.6 MJ, also 3.6 Millionen Joule. Das klingt nach viel, aber andererseits ist das Joule eben eine recht kleine Einheit. Daher veranschaulichen wir, was sich mit einer kWh machen lässt:

- Mit einer kWh man könnte eine Tonne (1 000 kg) Gestein 367 m anheben.
- Nehmen wir nun ein Fahrzeug, das eine Tonne auf die Waage bringt. Gäbe es weder Reibung noch Luftwiderstand, könnte es mit einer kWh immerhin eine Geschwindigkeit von ca. 305 $\frac{\text{km}}{\text{h}}$ erreichen.
- Werden wir realistischer: Mit einem einigermaßen sparsamen Elektroauto kann man mit einer kWh etwa sechs bis sieben Kilometer weit fahren.
- Ein normal ausgestatteter Desktop-PC hat samt allen Hilfsgeräten einen typischen Verbrauch von ca. 135 W; man kann mit einer 1 kWh etwa siebeneinhalb Stunden mit einem solchen Gerät arbeiten. (Für einen High-End-Gaming-PC kann der Verbrauch aber auch doppelt oder dreimal so groß sein, während Notebooks typischerweise deutlich sparsamer sind.)
- Eine kleine Herdplatte oder ein typischer Heizstrahler hat eine Leistung von ca. 1 kW, d.h. man kann ein solches Gerät mit einer kWh etwa eine Stunde lang betreiben.
- Man kann mit einer kWh etwa 10 Liter Wasser, das mit 14°C aus der Leitung kommt, zum Kochen bringen. Von bereits kochendem Wasser kann man mit einer kWh allerdings gerade einmal 1.6 Liter vollständig verdampfen ($\Rightarrow$ 4.3).

Schon hier sieht man, dass thermische Energiemengen oft groß gegenüber mechanischen sind ($\Rightarrow$ 6.7). Eine Kanne Tee zu kochen kostet, idealisiert betrachtet, etwa viermal soviel Energie, wie sie auf den Gipfel des Mt. Everest zu heben. Weitere Betrachtungen zur kWh stellen wir in Abschnitt 5.6 an.

2.2 Der Wirkungsgrad

Wenn wir etwas von Menschen wollen, wenn wir sie für uns arbeiten lassen (seien es nun Handwerker, Nachhilfelehrerinnen, Masseure oder Reinigungskräfte), dann sind wir durchaus interessiert daran, wie gut sie ihren Job machen. Dafür haben wir uns diverse Bewertungen ausgedacht, wie Schulnoten, Sternchen-Bewertungen, Arbeitszeugnisse und Gehaltsstufen. Auch bei technischen Geräten ist es von Interesse, wie gut sie ihren Job machen – und eine wesentliche Kenngröße dafür ist der Wirkungsgrad, den wir uns nun genauer ansehen wollen.

2.2.1 Verhältnis von Nutzen zu Aufwand

Energie kann, wie wir gesehen haben, in vielen Formen auftreten, und man kann sie von einer Form in andere umwandeln. Da ist insbesondere dann bedeutsam, wenn die Energie noch nicht in Form der *Nutzenergie* vorliegt (etwa Bewegungsenergie, Licht oder Wärme), sondern in einer anderen Form, die leichter zu transportieren oder zu speichern ist (etwa elektrischer Strom oder chemische Energie). Für solche Umwandlungsprozesse definiert man den *Wirkungsgrad*[8]

$$\eta = \text{Wirkungsgrad} = \frac{\text{Nutzen}}{\text{Aufwand}}. \tag{2.1}$$

Der Wirkungsgrad ist eine reine Zahl (hat also keine Einheit wie etwa kWh mehr). Dass sich in (2.1) eine solche reine Zahl ergibt, klappt aber nur dann, wenn Nutzen und Aufwand Größen von gleicher Art sind (die zudem auch noch in den gleichen Einheiten gemessen werden müssen).

Man könnte also z.B. den Wirkungsgrad für die Herstellung eines Schokomuffins berechnen, indem man einerseits ermittelt, wie viel chemische Energie in dem Muffin steckt, und andererseits herausfindet, wie viel Energie insgesamt zu seiner Herstellung gebraucht wurde (natürlich inklusive der Energie, die in Mehl, Zucker und Schokolade steckt).

Man kann die Formel aber nicht benutzen, um einen Wirkungsgrad für die Zufriedenheit zu ermitteln, die man durch das Essen des Muffins gewinnt. Der letztendliche Nutzen hat eben nie die Form von Energie ($\Rightarrow$ 2.1). Solange aber auf dem Weg, diesen Nutzen zu erzielen, Energie von einer Art in eine andere umgewandelt wird, kann man einen Wirkungsgrad definieren. Der *Nutzen* ist dabei die Energie in der neuen Form, mit der man dem Ziel einen Schritt näher kommt, der *Aufwand* entspricht der Energie in der alten Form.

---

[8]Bei dem „η", das üblicherweise als Symbol für den Wirkungsgrad verwendet wird, handelt es sich um ein kleines griechisches Eta.

Wirkungsgrade liegen stets im Bereich von null bis eins und fast immer irgendwo dazwischen. Ein Wirkungsgrad von exakt eins lässt sich nur in extremen Ausnahmefällen erzielen, und wenn eine Maschine einen Wirkungsgrad von null hat, gibt es normalerweise keinen Grund, sie zu betreiben.

Erfolgen mehrere Schritte hintereinander, so muss man die jeweiligen Wirkungsgrade multiplizieren. Da jeder einzelne Wirkungsgrad kleiner als eins ist, ist der Gesamtwirkungsgrad kleiner als jeder einzelne. (Die Hälfte der Hälfte ist z.B. nur noch ein Viertel.)

Meistens wird der Wirkungsgrad in Prozent angegeben, aber „75 %" ist ja nur ein anderer Name für die Zahl 0.75. Wirkungsgrade können also nie größer als 100% sein,

$$\eta \leq 1 = 100\,\%. \tag{2.2}$$

Sollten Sie irgendwo Angaben von Wirkungsgraden über 100 % finden, dann kann das verschiedene Ursachen haben:

- Man versucht, Ihnen eine Größe wie z.B. die Leistungszahl ε einer Wärmepumpe als Wirkungsgrad zu verkaufen ($\Rightarrow$ 6.3). Dabei handelt es sich zwar um eine verwandte Größe, aber eben nicht um einen Wirkungsgrad im strengen Sinn.

- Man verwendet in (2.1) als „Aufwand" eine zweifelhafte Bezugsgröße. So hat es sich in der Heizkesseltechnik eingebürgert, den Nutzen, also hier die erzeugte Wärme, nicht auf den *Brennwert* des Brennstoffs, also dessen gesamte chemische Energie, zu beziehen, sondern nur auf den *Heizwert*, den leicht nutzbaren Teil davon. Da es aber inzwischen Kessel gibt, die auch einen Teil der schwer nutzbaren Energie verwenden können („Brennwertkessel"), können sich in Bezug auf den Heizwert „Wirkungsgrade" von über 100 % ergeben. Das ist aber letztlich nur ein Marketing-Trick, keine saubere Energiephysik.[9]

- Es wird nicht der gesamte Aufwand berücksichtigt. So kann etwa in der Elektrolyse des Wassers ($\Rightarrow$ 3.4.4) auch eine gewisse Menge thermische Energie genutzt werden. Berücksichtigt man diese nicht explizit, sondern definiert den Wirkungsgrad nur als Verhältnis von erhaltener chemischer zu eingesetzter elektrischer Energie, dann kann dieser (bei extrem guter Prozessführung und ausreichend hohen Temperaturen) über eins liegen.

---

[9] Auch bei Vorrichtungen zum Energiesparen stößt man manchmal auf verwandte Tricks. Wenn es heißt, dass Sie mit einer Vorrichtungen 300 % Energie sparen, wurde vermutlich verkehrt herum gerechnet und die Einsparung auf den Endwert statt auf den Anfangswert bezogen. Im besten Fall sind es also 75 %, die Sie sparen.

2.2 Der Wirkungsgrad

Abb. 2.3: Pumpspeicherkraftwerk Wendefurt im Harz, von [Vat15], mit freundlicher Genehmigung der Vattenfall GmbH

- Natürlich kann es sich auch um blanken Betrug handeln, insbesondere wenn im gleichen Atemzug vielleicht auch noch von Tachyonen, Quantentechnologie oder belebtem Wasser die Rede ist.[10]

Betrachten wir als Beispiel eines der beliebten e-Bikes, also ein Fahrrad mit zusätzlichem elektrischen Antrieb. Wie sieht es mit dem Wirkungsgrad eines solchen Gefährts aus, wenn man keine Lust mehr hat zu treten und den Elektromotor die ganze Arbeit tun lässt?

Der Motor ist tatsächlich nur das letzte Glied in einer längeren Kette von Maschinen zur Energieumwandlung, und typischerweise auch nicht jenes, wo die meisten Verluste auftreten. Nehmen wir an, die Energie stammt ursprünglich aus Wasserkraft, und zwar in Form eines Pumpspeicherkraftwerks ($\Rightarrow$ Abb. 2.3).

---

[10]Zur Einordnung: Tachyonen sind hoch spekulative Teilchen, die sich mit Überlichtgeschwindigkeit bewegen und, sollten sie wirklich existieren, die Physik gründlich auf den Kopf stellen würden – also sicher nichts, was Sie im Esoterikladen um die Ecke kaufen können. Quanten sind zwar tatsächlich allgegenwärtig, und ohne Wissen über Quantenphysik gäbe es wohl keine moderne Elektronik. So gesehen sind Mobiltelefone und Laptops durchaus Quantentechnologie (wenn auch noch keine *Quantencomputer*). In Ruheräumen von Wellness-Oasen hingegen wird man kaum Vorrichtungen finden, die spezifisch auf Erkenntnissen der Quantenphysik beruht. Dass der ehemalige Tankwart Johann Grander für sein Verfahren zur „Belebung" von Wasser sogar das *Österreichische Ehrenkreuz für Wissenschaft und Kunst* erhalten hat, ist ein trauriges Kuriosum der (an Kuriositäten ohnehin nicht gerade armen) Alpenrepublik.

Die Lageenergie des Wassers wird dabei zunächst in Bewegungsenergie umgewandelt, zuerst jene des bergab strömenden Wassers, dann in jene der sich drehenden Turbine. Über einen Generator wird diese Bewegungsenergie in elektrische Energie umgewandelt. Dieser gesamte Prozess ist bewährt, und ein Wirkungsgrad von 80 % lässt sich meist gut erreichen. Aus einer kWh Lageenergie werden damit 0.8 kWh elektrische Energie.

Da sich das e-Bike vermutlich nicht am gleichen Ort wie das Kraftwerk befindet, sondern vielleicht hunderte Kilometer entfernt, muss die Energie transportiert werden, wofür sie auf eine höhere Spannung transformiert, mittels Überlandleitungen übertragen und dann wieder auf die übliche Haushaltsspannung heruntertransformiert wird (⇒ 5.3.1). Auch dabei treten natürlich Verluste auf, die durchaus 5 % betragen können. Von den 0.8 kWh gehen damit 0.04 kWh verloren, und 0.76 kWh kommen an der Steckdose an.

Das e-Bike wird aber nicht direkt mit dem Strom aus der Steckdose betrieben, sondern die Energie wird zunächst im Akkumulator gespeichert (⇒ 5.4.4). Bei dieser Umwandlung geht ebenfalls ein Teil der Energie verloren – das können durchaus gute 10 % sein. Noch größer sind meistens aber die Verluste bei der Entnahme. Der Elektromotor selbst hat hingegen typischerweise einen recht guten Wirkungsgrad von über 90 %.

Nimmt man alle Verluste zusammen, so wird etwa die Hälfte jener Energie, die das Wasser im oberen Becken des Pumpspeicherkraftwerks hatte, in Bewegungsenergie die e-Bikes umgewandelt, die andere Hälfte geht auf dem Weg verloren. Von jeder Kilowattstunde gehen also 0.5 kWh verloren. Diese Energie verschwindet natürlich nicht, wird aber letztlich zu Wärme, die nicht mehr genutzt werden kann.

Eine Art, Energieflüsse und Umwandlungen darzustellen, ist das *Sankey-Diagramm*. Es wird meistens von links nach rechts, manchmal auch von oben nach unten gezeichnet, und veranschaulicht, was mit der Energie in Umwandlungsprozessen geschieht. Für das mit Wasserkraft betriebene e-Bikes ist das entsprechende Sankey-Diagramm in Abb. 2.4 gezeigt. Natürlich sehen Sankey-Diagramme meistens wesentlich komplizierter aus, vor allem, wenn viele verschiedene Energieformen im Spiel sind.

Die 50 % Gesamtwirkungsgrad in diesem Beispiel sind übrigens sehr gut. Im gesamten Ablauf kamen nur Technologien zum Einsatz, die sehr gute Wirkungsgrade haben (Generator, Transformatoren, Elektromotor), oder zumindest recht passable (Turbine, Akkumulator). Wäre irgendwo ein kalorisches Kraftwerk (⇒ 5.2.1) oder ein Verbrennungsmotor (⇒ 7.5.3) im Spiel, wäre der Wert deutlich niedriger.

Bei den meisten Maschinen hängt der Wirkungsgrad auch vom Betriebszustand ab, vor allem von der aktuellen Leistung. Ist diese im Verhältnis zur möglichen Maximalleistung, gering („Schwachlastfall"), dann ist ist oft auch der Wirkungsgrad niedrig.

2.2 Der Wirkungsgrad

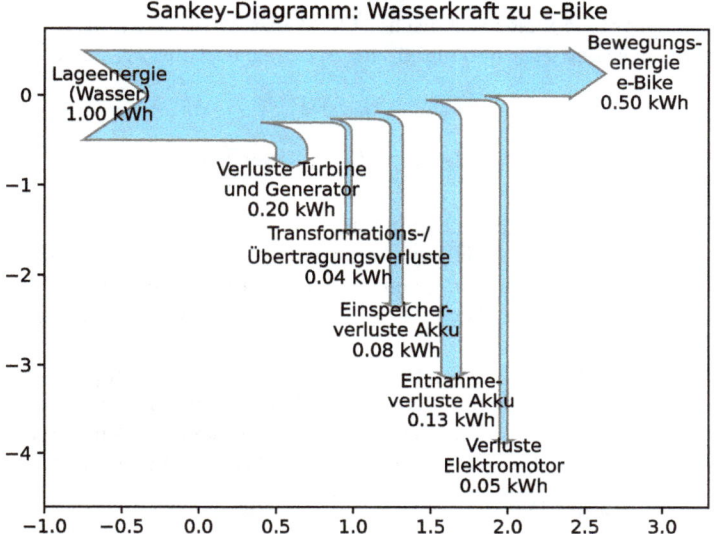

Abb. 2.4: Sankey-Diagramm für die Umwandlung von Wasserkraft in die Bewegungsenergie eines e-Bikes. Dabei sind nur die wichtigsten Verluste entlang des Weges eingezeichnet. (PD$_{KL}$)

Bei zunehmender Leistung wird der Wirkungsgrad normalerweise besser, kann aber bei zu großen Leistungsanforderungen auch wieder zu sinken beginnen, da die Verluste überproportional ansteigen ($\Rightarrow$ Box auf S. 70).[11]

Dass Wirkungsgrade und Sankey-Diagramme nützlich sind, um *technische* Energieumwandlungen zu beschreiben, dürfte klar sein. Doch auch in der Biologie gibt es viele Energieumwandlungen. In der Photosynthese ($\Rightarrow$ 3.4.2) wird Strahlungsenergie in chemische Energie umgewandelt, durch Muskeln chemische Energie in mechanische Arbeit. In beiden Fällen liegt der maximale Wirkungsgrad bei etwa 26 % und in Praxis oft darunter.

Auch auf die Landwirtschaft ist das Konzept des Wirkungsgrades anwendbar. Insbesondere bei der Produktion von Fleisch ist man schnell nicht nur mit ethischen Fragen konfrontiert, sondern auch noch mit relativ geringen Wirkungsgraden ($\Rightarrow$ 5.5.1).

---

[11] Solche Effekte sind auch von menschlicher Arbeit vertraut, wo man bei mittlerer Auslastung oft am effizientesten arbeitet ($\Rightarrow$ 9.3.5).

Vertiefung: Leistungsabhängigkeit des Wirkungsgrads

Der Wirkungsgrad η vieler technischer Geräte ist nicht konstant, sondern von der Eingangsleistung P_{ein} abhängig. Die Ausgangsleistung P_{aus} erhält man zu

$$P_{\text{aus}} = P_{\text{ein}} - P_{\text{verl}}$$

mit einer gewissen Verlustleistung P_{verl}. Diese setzt sich meist aus drei Beiträgen zusammen:

- Eine gewisse konstante Leistung $P_{\text{verl},0} = P_0$ wird oft benötigt, um das Geräte überhaupt betriebsbereit zu halten (etwa für die entsprechende Elektronik). Diese Leistung geht selbst dann verloren, wenn $P_{\text{ein}} = 0$ ist.
- Der zumeist größte Teil des Verlusts ist proportional zur Eingangsleistung, $P_{\text{verl},0} = c_1 \cdot P_{\text{ein}}$.
- Zusätzlich gibt es aber auch noch Verluste, die überproportional stark anwachsen, z.B. dadurch, dass sich Leitungen durch den Stromfluss erwärmen, wodurch der Widerstand steigt. Das lässt sich sehr oft gut durch eine quadratischen Funktion beschreiben, $P_{\text{verl},2} = c_2 \cdot P_{\text{ein}}^2$.

Damit ergibt sich der Wirkungsgrad zu

$$\eta\left(P_{\text{ein}}\right) = \frac{P_{\text{aus}}}{P_{\text{ein}}} = 1 - \frac{P_0}{P_{\text{ein}}} - c_1 - c_2 \cdot P_{\text{ein}}.$$

In graphischer Darstellung erhält man (PD_{KL}):

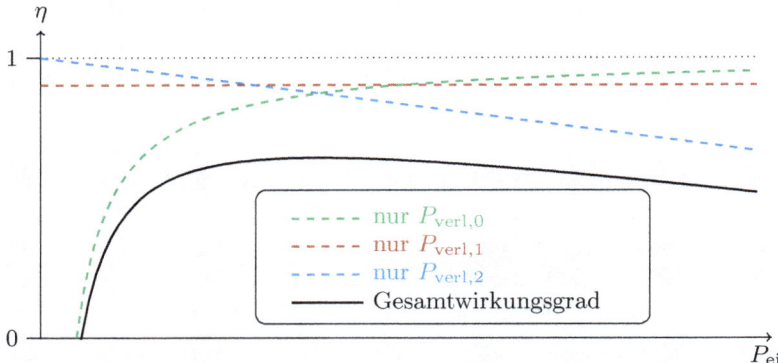

Ein System bei sehr geringen Leistungen zu betreiben, hat also meist wenig Sinn (zumindest, wenn es um die Effizienz geht), doch auch für große Leistungen sinkt die Effizienz wieder. Den maximalen Wirkungsgrad findet man typischerweise bei mittleren Leitungen.

2.2.2 Grenzen des Wirkungsgrades

Wie wir gesehen haben, kann man einen Wirkungsgrad als Nutzen durch Aufwand nur berechnen, wenn beide Größen die gleiche physikalische Dimension haben, also in den gleichen Einheiten gemessen werden können. Selbst dann kann es aber schwierig sein, sauber einen Wirkungsgrad zu definieren, wenn mehrere Arten von Energie eingesetzt werden. So benötigen etwa viele thermische Systeme, die eigentliche Wärme speichern oder verteilen, zusätzliche elektrische Hilfsenergie. Elektrische Energie ist aber höherwertig als Wärme, weswegen eine naive Wirkungsgradberechnung der Art

$$\eta = \frac{\text{thermische Ausgangsleistung}}{\text{thermische Eingangsleistung} + \text{elektrische Hilfsleistung}} \quad (2.3)$$

problematisch ist. Manche Energiespeicher brauchen permanent Hilfenergie, um in der Lage zu sein, bei Bedarf ihre Energie zur Verfügung zu stellen. Viele Wärmespeicher brauchen, wenn sie längere Zeit nicht zum Einsatz kommen, eine *Nachheizung*. Auch in solchen Situationen ist schwierig, sauber einen Wirkungsgrad zu definieren, und auf jeden Fall hängt er stark von zeitlichen Aspekten der Speichernutzung ab.

2.2.3 Weitere Kenngrößen

Neben dem Wirkungsgrad gibt es noch eine Vielzahl von anderen Kenngrößen mit teilweise komplizierten Namen und Berechnungsvorschriften. Der Vollständigkeit halber betrachten wir noch zwei weitere, die in diesem Bereich relevant sind:

Primärenergiefaktor Der *Primärenergiefaktor*, oft mit f_p abgekürzt, gibt das Verhältnis von eingesetzter Primärenergie zur Nutz- bzw. Endenergie an,

$$f_p = \text{Primärenergiefaktor} = \frac{\text{Primärenergie}}{\text{Endenergie}}. \quad (2.4)$$

Man kann diesen Faktor als eine Art Kehrwert des Wirkungsgrades für einen Gesamtprozess verstehen. Typischerweise ist f_p größer als eins, oft sogar deutlich, etwa wenn man die Erzeugung elektrischer Energie aus Erdöl oder Erdgas betrachtet. In Spezialfällen, etwa bei Wärmepumpen ($\Rightarrow$ 6.3) oder der Wärmenutzung mittels Kraft-Wärme-Kopplung ($\Rightarrow$ 6.5), kann dieser Faktor aber auch kleiner als eins sein.

Der ökologische Fußabdruck Lange Zeit lag der Fokus der Ressourcenbetrachtung auf den begrenzten mineralischen Rohstoffen, die meist im Bergbau gewonnen werden. Doch noch wichtiger für unsere Versorgung ist Fläche, und auch diese ist auf der Erde begrenzt. Ein Konzept, um den Flächenbedarf zu messen und anzugeben, ist der *ökologische Fußabdruck*.[WR97; WB16]

Dieser gibt an, wie groß der Bedarf ökologisch produktiver Fläche (gemessen in „globalen Hektar", gha) für unseren Lebensstil ist, umgerechnet auf eine einzelne Person. Das ist natürlich ein essenzieller Aspekt, denn die Fläche, die uns auf der Erde zur Verfügung steht, ist strikt begrenzt. Zudem ist nicht jede Fläche gleich „wirksam" – Wüsten, Hochgebirgsregionen und Hochsee tragen weniger zur ökologischen Produktion und damit auch zur Versorgung des Menschen bei als Wälder, Savannen, Äcker und küstennahe Meeresregionen.[12]

Der ökologische Fußabdruck kann für Betrachtungen sehr nützlich sein, manchmal aber auch etwas in die Irre führen. Eine Schwierigkeit besteht bei der Berücksichtigung der CO_2-Emissionen. Diese werden auf die Kohlenstoffaufnahme durch Wälder umgerechnet, wobei die (in Wahrheit begrenzte) CO_2-Aufnahme durch die Ozeane abgezogen wird. Allerdings werden die meisten Wälder forstwirtschaftlich genutzt, und auch in den naturbelassenen Wäldern wird nur ein winziger Bruchteil der produzierten Biomasse in langfristige Kohlenstoff-Speicher umgewandelt ($\Rightarrow$ 5.2.4).[13] Nur dort, wo Wälder aufgeforstet werden, wird wirklich Kohlenstoff gebunden. Der Flächenverbrauch ist, wie in Abb. 2.5 skizziert, also letztlich kumulativ (auch wenn ein neu gepflanzter Wald typischerweise einige Jahrzehnte lang netto CO_2 absorbiert, bis sich ein weitgehendes Gleichgewicht von Aufnahme und Abgabe einstellt).

Die Probleme bei der korrekten Erfassung der Ursache-Wirkung-Beziehungen in den Kohlenstoff-Flüssen führen dann dazu, dass nach der Standard-Fußabdruck-Rechnung eine Erdgasheizung einen besseren ökologischen Fußabdruck hat als eine (bei nachhaltiger Nutzung weitestgehend klimaneutrale) Holzheizung.[14]

Die Abbildung von CO_2-Emissionen auf Flächennutzung ist also problematisch und letztlich ein Zugeständnis an den Zugang, komplexe Verhältnisse in eine einzelne Kennzahl zu pressen ($\Rightarrow$ 9.5.5). So nützlich das auch – insbesondere in der Kommunikation mit Entscheidungsträger:innen und im Monitoring – sein mag, eine einzelne Kenngröße zu haben, so eng begrenzt ist doch zwangsläufig die Aussagekraft.

---

[12] Eine Schlüsselgröße ist hierbei die *Nettoprimärproduktion*. Diese beschreibt die Produktion organischer Substanzen durch Photosynthese, abzüglich der Verluste durch den eigenen Stoffwechsel der Pflanzen. Die Nettoprimärproduktion liegt bei Wiesen und Ackerland typischerweise im Bereich von 600 bis 700 g Trockenmasse /(m^2 Jahr), bei Wäldern im Bereich von 900 bis 1300 g, [Lex01].

[13] Gerade extrem vielfältige und ökologisch wertvolle Wälder wie der Amazonas-Regenwald halten Nährstoffe und auch den Kohlenstoff in einem ständigen Kreislauf von Wachstum und Zerfall; es wird nahezu kein Humus aufgebaut.

[14] Die etwas verquerte Logik dahinter beruht darauf, dass Holz einen geringeren Heizwert als Erdgas hat ($\Rightarrow$ 5.4.6), also mehr Waldzuwachs benötigt wird, um das entstandene CO_2 wieder zu binden. Dass im Falle einer nachhaltigen Holzheizung aber bereits ein etablierter geschlossener Kohlenstoff-Kreislauf vorliegt ($\Rightarrow$ 5.2.4), während die Verbrennung von fossilem Erdgas zusätzlichen Kohlenstoff in die Atmosphäre bringt, wird ausgeblendet.

2.2 Der Wirkungsgrad

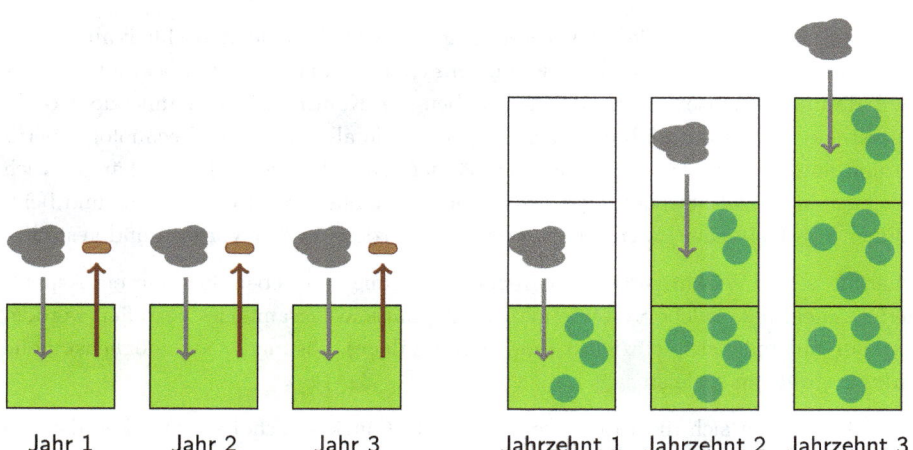

Abb. 2.5: Dauerhafte vs. kumulative Landnutzung: Während sich die Produktion von Nahrungsmitteln und anderen biologischen Produkten (bei nachhaltiger Nutzung) auf einer festen Fläche bewerkstelligen lässt, ist der Flächenbedarf für CO_2-Speicherung kumulativ. (PD_{KL})

Inzwischen wird neben dem „klassischen" ökologische Fußabdruck oft auch ein expliziter CO_2-Fußabdruck verwendet, siehe z.B. https://www.mein-fussabdruck.at/. Auch dieser kann zwar durchaus nützlich sein, ist aber dennoch mit Vorsicht zu genießen.[15]

2.2.4 Die Crux mit den Wirkungsgraden

Der Wirkungsgrad ist eine essentielle Kenngröße für Maschinen und technische Prozesse. Allerdings ist er eben nur *eine* Kenngröße, und es sind noch ganz andere Faktoren relevant, um zu entscheiden, ob eine Technologie eingesetzt werden soll. Die ersten brauchbaren Dampfmaschinen (mit der Verbesserung durch James Watt von 1769) hatten einen Wirkungsgrad von etwa 3 %, also sehr wenig.[TÜV19] Dennoch kamen sie zum Einsatz – weil sie trotzdem weit effektiver waren als alle anderen Lösungen.
Verbrennungsmotoren haben typische Wirkungsgrade von 30 bis 40 %, Elektromotoren von über 90 %. Fahrzeuge mit beiden Arten von Motoren kamen gegen Ende des 19. Jahrhunderts auf – doch trotz des viel geringeren Wirkungsgrades wurde die Automobilität im 20. Jahrhundert vom Verbrenner vollkommen dominiert ($\Rightarrow$ 7.2).

---

[15]Spannenderweise wurde der CO_2-Fußabdruck ausgerechnet von Ölkonzernen wie BP bekannt gemacht, [Pra22], wohl durchaus in der Absicht, Verantwortung von den Produzenten auf die Konsumenten abzuwälzen, die sich gefälligst selbst darum kümmern sollen, dass ihr Fußabdruck kleiner wird.

Die geringen Wirkungsgrade des Verbrennungsmotors haben die Menschheit auch nicht dazu angehalten, diese Technologie wenigstens sparsam und nur im unbedingt notwendigen Rahmen einzusetzen. Stattdessen haben wir Kontinente-umspannende Mobilitätssysteme und gewaltige Industrien aufgebaut, die alle auf dieser Technologie beruhen und an denen die Wirtschaft ganzer Länder (darunter Deutschland) hängt. Auch bei vielen anderen Entscheidungen (etwa bei der Planung von Infrastruktur und beim Isolieren von Gebäuden) wurde keineswegs die Effizienz in den Vordergrund gestellt.

Sicherlich ist der Wirkungsgrad von großer Bedeutung, aber eben doch nur ein Aspekt. Die Entscheidung, welche Systeme man wählt, muss in Gesamtsicht getroffen werden, statt nur auf möglichst effiziente (und damit billige) Lösungen, auf möglichst hohe Wirkungsgrade zu schielen.

Inzwischen haben sich die Prioritäten zwar zum Glück verschoben. Das Zeitalter, in dem wir billige Energie bedenkenlos verschwenden konnten, neigt sich rasant dem Ende zu. (In Wahrheit hat es ein solches Zeitalter wohl nie gegeben, außer in unseren Köpfen.) Wirkungsgrade sind wichtiger als früher; Energieeffizienz gewinnt rasant an Bedeutung. Zu Recht werden Ineffizienzen kritisiert – dort, wo es bessere Lösungen gibt. Doch immer noch ist Effizienz nicht das Maß aller Dinge.

Auch im „neuen" Energiesystem ($\Rightarrow$ Kap. 8) wird es wahrscheinlich Elemente geben, deren Wirkungsgrad vergleichsweise bescheiden ist – und die dennoch mit Blick auf das Gesamtsystem essenziell sein sein werden. Insbesondere die chemische Energiespeicherung (Power2Gas $\Rightarrow$ 8.3.2) ist ein solches Element. Auf derartige Technologien zu verzichten, nur weil ihre Wirkungsgrade zu niedrig erscheinen, ergäbe nur Sinn, wenn es prinzipiell gleichwertige, lediglich effizientere Alternativen gäbe – doch die sind nicht in Sicht. Biomasse ($\Rightarrow$ 5.2.4) nutzt man ja auch nicht wegen des Gesamtwirkungsgrad (der aufgrund der Abhängigkeit von der pflanzlichen Photosynthese relativ niedrig ist $\Rightarrow$ 3.4.2), sondern wegen ihre Systembedeutung in Gesamtsicht – von der ökologischen und gesellschaftlichen Bedeutung nachhaltig bewirtschafteter Wälder über die Einbindung agrarischer Reststoffe und über lokale Arbeitsplätze bis hin zur Rolle als aktive steuerbares Element der Energiesystems.

Leider werden immer wieder – auch von ansonsten recht vernünftigen Menschen – notwendige Maßnahmen und sinnvolle Technologien mit einem „zu ineffizient" abgetan. Der Fokus auf Effizienz als Maß aller Dinge, reicht zudem weit über die Energietechnik hinaus, ist auf beunruhigende Weise zu einer Dogma geworden, das in der modernen Wirtschaft, im Management nicht in Frage gestellt wird, völlig egal, wie viel Schaden es manchmal anrichtet ($\Rightarrow$ 9.3). Man kann hier durchaus von einem gewissen „Effizienz-Wahn" sprechen, der um sich gegriffen hat.

3 Die Chemie der Energie

Das Konzept der *Energie* stammt aus der Physik, ist aber auch in anderen Naturwissenschaften und den meisten Bereichen der Technik von immenser Bedeutung. In der Chemie und ihren Anwendungen sind Energie und mit ihr eng verwandte Größen (die oft seltsame Namen wie Enthalpie, Entropie oder Gibbs-Energie tragen) fundamental wichtig. Umgekehrt braucht man ein gewisses Gefühl für einige wichtige chemischer Vorgänge, um zu verstehen, was bei Energiegewinnung bzw. -umwandlung eigentlich vor sich geht.

Diese Vorgänge und die allerwichtigsten Akteure, chemische Elemente und Verbindungen, werden wir hier kurz vorstellen. Dabei werden wir die Substanzen und Reaktionen kennenlernen, die in der Energietechnik und der Energiewirtschaft zentrale Rollen spielen. Diese Substanzen sind zugleich auch bedeutsam für unsere Atmosphäre, Wetter und Klima. Das werden wir zwar erst in Kap. 4 besprechen, dabei aber auf vieles zurückgreifen, was auf den nun folgenden Seiten erklärt wird.

Wir beginnen in Abschnitt 3.1 mit ausgewählten chemischen Elementen. Einige für Energie und Klima besonders bedeutsame Verbindungen stellen wir in Abschnitt 3.2 vor. Einige weitere Verbindungen, die zwar auch eine gewisse Bedeutung haben, leider aber vor allem eine negative als Luftschadstoffe, folgen in Abschnitt 3.3. Das Kapitel schließt mit Abschnitt 3.4, in dem wir wichtige chemische Reaktionen diskutieren, die zentrale Prozesse der Energietechnik und des Leben darstellten.

Auch wenn die Ausführungen einfach gehalten sind, wird ein gewisses chemisches Grundwissen doch vorausgesetzt. Einige der allerwichtigsten Konzepte sind in der Box auf S. 76 knapp zusammengefasst.

> **Vertiefung: Ein kleines 1×1 der Chemie**
>
> Wir fassen hier einige der allerwichtigsten Grundlagen der Chemie kurz zusammen. Eine solche Kurzfassung ist eher als Auffrischung gedacht und kann natürlich kein Ersatz für eine ernsthafte Beschäftigung mit diesem wichtigen Fachgebiet sein.
>
> - **Atome** sind die zentralen Bausteine der Chemie. Entgegen dem, was ihr Name ursprünglich andeuten sollte ($άτομος$, *atomos*, unteilbar), haben sie durchaus verschiedene Bestandteile, nämlich einem Kern – der wiederum aus positiv geladenen *Protonen* und neutralen *Neutronen* besteht – und eine Hülle aus negativ geladenen *Elektronen*. Allerdings ist ein Atom das kleinste Objekt, das noch die Identität eines chemischen *Elements* hat. Diese Identität wird durch die Anzahl der Protonen im Kern, die *Ordnungszahl* des Atoms bestimmt. Die systematische Anordung der Elemente (deren Eigenschaften sich, abhängig von der Struktur der Elektronenhülle, grob periodisch wiederholen) erfolgt im *Periodensystem*.
> - **Isotope** eines Elements sind im Periodensystem an der gleichen Stelle zu finden (daher der Name, von altgr. $ίσος$, *isos*, gleich und $τόπος$, *topos*, Ort). Ihre Kerne haben die gleiche Anzahl von Protonen, aber eine unterschiedliche Anzahl an Neutronen. Chemisch verhalten sich verschiedene Isotope eines Elements (nahezu) gleich, aber ihre kernphysikalischen Eigenschaften können sich stark unterscheiden. Insbesondere haben auch normalerweise stabile Elemente diverse *radioaktive* Isotope, die spontan *zerfallen* und sich dabei in andere Elemente umwandeln.
> - **Moleküle** bestehen aus mehreren Atomen. Wenn es sich um Atome verschiedener Elemente handelt, dann spricht man von *Verbindungen*. Während es nur ca. hundert verschiedene Elemente gibt, ist die Zahl der möglichen Verbindungen praktisch unbegrenzt. Grob kann man Moleküle in *polare* und *unpolare* einteilen. In den polaren gibt es stärker positiv und stärker negativ geladene Bereiche, wodurch zwischen solchen Molekülen elektrische Anziehungskräfte wirken. In unpolaren Molekülen sind die Elektronen hingegen so gleichmäßig verteilt, dass sich keine geladenen Bereiche ausbilden. Wasser (H_2O) und Kohlendioxid (CO_2) sind Beispiele für polare Moleküle, während Kohlenwasserstoffe unpolar sind.
> - **Ionen** entstehen, wenn ein Atom oder ein Molekül ein oder mehrere Elektronen aufnimmt bzw. abgibt und dadurch nicht mehr elektrisch neutral ist. Salze bestehen aus positiven und negativen Ionen, und durch die starken elektrischen Anziehungskräfte sind deren Kristalle oft sehr hart. Das polare Wasser aber kann sich zwischen die Ionen drängen und sie einander abspenstig machen, wodurch sich das Salz auflöst. Wirft man Kochsalz (Natrumchlorid, $NaCl$) ins Wasser, so erhält man eine Lösung, in der (umgeben jeweils von einer „Fangemeinde" von Wassermolekülen, der *Hydrathülle*) Na^+- und Cl^--Ionen schwimmen.

3.1 Essenzielle Elemente (für Energie und Klima)

Chemische Elemente gibt es über hundert, wobei von einigen allerdings ausschließlich radioaktive (und damit instabile) Isotope existieren ($\Rightarrow$ Box auf S. 76).[1] Von diesen vielen Elementen spielen in unserem Energiesystem einige wenige eine besonders große Rolle, und sie wollen wir hier speziell betrachten.

3.1.1 Zentrale Elemente der Energie: H, O und C

Von den vielen Elementen sind drei in der Chemie der Energie die wichtigsten, nämlich Wasserstoff (H), Sauerstoff (O) und Kohlenstoff (C).

Ein einzelnes Wasserstoff- oder Sauerstoffatom ist – bildlich gesprochen – recht unglücklich und wird sich bei nächster Gelegenheit mit einem anderen Atom – oder auch gerne mit mehreren – verbinden.[2] Solche Zusammenschlüsse mehrerer Atome zu einem größeren Gebilde bezeichnet man als *Moleküle*, und viel in der Chemie (und noch mehr in verwandten Disziplinen wie der Verfahrenstechnik) dreht sich darum, die jeweils gewünschten Moleküle herzustellen.

Wenn man von reinem Wasserstoff oder reinem Sauerstoff spricht, dann meint man damit Moleküle, die, wie rechts skizziert, jeweils aus zwei der entsprechenden Atome bestehen, H_2 (mit Einfachbindung) und O_2 (mit Doppelbindung). Unter üblichen Bedingungen, also bei den Temperaturen und Drücken, wie man sie im Alltag vorfindet, sind beide Stoffe gasförmig.

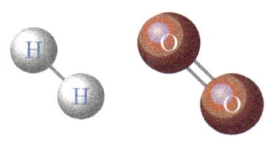

Wasserstoff Wasserstoff ist das leichteste aller Atome, und so ist auch das H_2-Molekül klein und leicht. Tatsächlich ist es so klein, dass es in der Lage ist, im Lauf der Zeit viele Materialien zu durchdringen, insbesondere die meisten Metalle. Diesen Effekt kann man prinzipiell für Wasserstoffspeicher nutzen, für die meisten Anwendungen ist er aber eher störend: Gasflaschen und Leitungen für Wasserstoff muss man aus speziellen Materialien fertigen, damit sie auf Dauer dicht bleiben. Daher kann man auch nicht einfach bestehende Erdgasleitungen und -speicher für Wasserstoff verwenden. Sie wären nicht völlig dicht und würden zudem mit der Zeit verspröden. (Die Beimischungen von wenigen Prozent H_2 zum Erdgas ist allerdings durchaus möglich)

---

[1] Eine wunderschöne Übersicht über die Elemente, ihre Eigenschaften, Anwendungen und ihre manchmal kuriose Geschichte findet man in [Gra13].

[2] Die meisten Elemente, mit Ausnahme der Edelgase wie Helium, Neon oder Argon, sind zwar keine geborenen Singles, aber ansonsten sind sie hinsichtlich möglicher Beziehungskonstellationen ausgesprochen liberal eingestellt.

Wasserstoff ist ein enorm wichtiger Stoff in der Industrie. Zudem ist zu erwarten, dass H_2 in Zukunft ein fundamental wichtiger Energieträger sein wird, vielleicht ganz direkt, zumindest aber als Zwischenstufe ($\Rightarrow$ 8.3.1). Entsprechend wäre es sinnvoll, neue (Erd)gasinfrastruktur so zu bauen, dass sie auch für reinen Wasserstoff geeignet ist, selbst wenn das ein bisschen teurer sein mag.[3]

Sauerstoff O_2 macht 21 % unserer Atmosphäre aus und ist absolut lebensnotwendig. Unser Körper braucht Sauerstoff ständig, um die *Zellatmung* durchzuführen, quasi eine sehr kontrollierte Verbrennung von Nährstoffen, aus der er laufend Energie gewinnt ($\Rightarrow$ 3.4.2). Schon wenige Minuten ohne Sauerstoff können schwere Gehirnschäden verursachen oder überhaupt tödlich sein.

Da Sauerstoff so allgegenwärtig und so wichtig ist, übersieht man dabei leicht, dass es sich um eine sehr reaktive, sehr aggressive Substanz handelt. Sauerstoff liebt es, mit anderen Stoffen Verbindungen einzugehen und dadurch bestehende Strukturen aufzubrechen. Das passiert bei Verbrennungen ($\Rightarrow$ 3.4.1), aber auch z.B. beim Verrosten von Eisen.[4]

Zusätzlich zu O_2 kann der Sauerstoff noch in einer weiteren reinen Form auftreten, nämlich als *Ozon* (O_3). Diese Form des Sauerstoffs ist zwar ein wirksames Desinfektionsmittel, aber in der Luft für Menschen gesundheitsschädlich.

Zusätzlich ist Ozon, wenn es in den unteren Schichten der Atmosphäre auftritt, stark klimaaktiv. In den oberen Schichten der Atmosphäre hingegen bildet die Ozonschicht einen Schutzschild gegen die ultraviolette Strahlung der Sonne, und entsprechend war das Ozonloch der 1980er Jahre eine ernstzunehmende Bedrohung.

Kohlenstoff Während Wasserstoff und Sauerstoff unter Alltagsbedingungen gasförmig sind, findet man reinen Kohlenstoff meist in fester Form vor. Durch seine besondere physikalisch-chemische Struktur ist C das vielleicht wandlungsfähigste Element überhaupt. Er ist die Grundlage eines Großteils der Chemie großer Moleküle (die meist als „organische Chemie" bezeichnet wird), ja des Lebens selbst.

Schon in Reinform kann er in sehr unterschiedlichen Varianten auftreten. Die beiden bekanntesten sind zwei Substanzen, wie sie unterschiedlicher kaum sein könnten und die auch in Abb. 3.1 dargestellt sind:

---

[3] Was einem übrigens in der Apotheke oft als „Wasserstoff" verkauft wird, ist *Wasserstoffperoxid* (H_2O_2), ein nützliches Bleich- und Desinfektionsmittel. Der unfreiwillige Witz an dieser pharmazeutischen Begriffsverwirrung ist, dass H_2O_2 prozentuell *weniger* Wasserstoff enthält als reines Wasser (H_2O).

[4] Oft wird die *Oxidation* von Stoffen einfach als Bildung von Verbindungen mit Sauerstoff beschrieben. Das ist chemisch nicht ganz korrekt; exakter handelt es sich bei jeder Oxidation um eine Elektronenübertragung, deren Gegenstück die *Reduktion* ist. Sehr oft ist es aber eben Sauerstoff, der die Elektronen anderer Stoffe an sich reißt und so als *Oxidationsmittel* wirkt.

3.1 Essenzielle Elemente (für Energie und Klima)

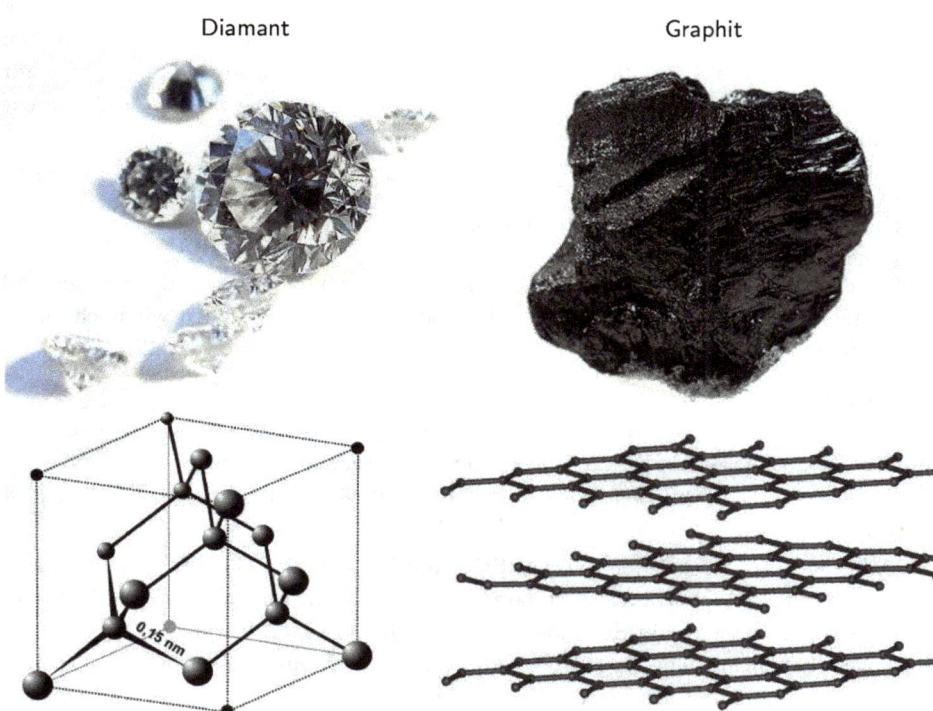

Abb. 3.1: Diamant und Graphit, jeweils ein Foto typischer Vertreter und Struktur; von https://commons.wikimedia.org/wiki/File:Diamond_and_graphite2.jpg

- *Diamant* ist extrem hart, sodass er gerne für Bohrköpfe verwendet wird. Manche schönen Exemplare (nicht jene auf den Bohrköpfen) sind bekanntlich sehr wertvoll. Außerdem ist Diamant ein elektrischer Isolator, blockiert also den Stromfluss. Im Gegensatz dazu ist der edle Stein ein extrem guter Wärmeleiter.

- *Graphit* ist weich genug, um teilweise als Schmiermittel eingesetzt zu werden und findet auch Verwendung in Bleistiftminen. (Für harte Bleistifte wird noch Ton zugesetzt.) Das Material ist relativ billig und zudem ein passabler elektrischer Leiter.

Daneben gibt es noch andere Formen wie Fullerene und Kohlenstoff-Nanoröhrchen. Diese haben in den frühen 2000er Jahren für großen Enthusiasmus gesorgt, der inzwischen allerdings etwas abgeflaut ist.

Auch Kohle besteht, wie es die Benennung des Elements vermuten lässt,[5] zum größten Teil aus Kohlenstoff, und die Qualität der Kohle gilt als umso höher, je höher ihr Kohlenstoffgehalt ist, von Braunkohle ab 65 % über Steinkohle bis hin zu Anthrazit mit über 90 %.

3.1.2 Weitere wichtige Elemente

Neben den drei „Hauptdarstellern" H, O und C gibt es in der Chemie der Energie und des Klimas noch zahlreiche wichtige Nebenrollen. Von diesen wollen wir noch einige der bedeutendsten betrachten.

Stickstoff Ein Element, das auf jeden Fall eine Erwähnung verdient, ist Stickstoff (N), als N_2 mit 78 % der reaktionsträge Hauptbestandteil unserer Atmosphäre. Als Bestandteil der *Proteine* (Eiweiße) ist Stickstoff ein lebenswichtiges Element, auf dessen regelmäßige Zufuhr wir angewiesen sind.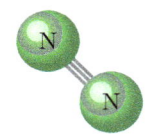

Obwohl die Luft zum größten Teil aus Stickstoff besteht, sind doch nur wenige Organismen in der Lage, ihn tatsächlich daraus zu entnehmen. Diese, vor allem die *Knöllchenbakterien*, die gerne in Symbiose mit Hülsenfrüchten leben, spielen entsprechend für unsere Ernährung eine große Rolle ($\Rightarrow$ 3.2.6). Ebenso tun das Verfahren, um künstlichen Stickstoffdünger herzustellen ($\Rightarrow$ 3.4.7).

Stickstoff wird bei ca. $-196\,°C$ flüssig, und wenn man sehr tiefen Temperaturen braucht, dann ist die Kühlung mit flüssigem Stickstoff eine sehr gute Option, diese zu erreichen. Universitäten haben oft irgendwo einen Tank mit flüssigem Stickstoff, der in verschiedenen Labors verwendet wird.[6] Auch Stickstoff hat aber eine dunkle Seite: Wenn er sich trotz seiner Reaktionsträgheit doch mit Sauerstoff verbindet, dann entstehen dabei äußerst unangenehme Verbindungen, die *Stickoxide* ($NO_x \Rightarrow$ 3.3.2). Zudem ist der globale Stickstoffhaushalt eine durchaus heikle Angelegenheit ($\Rightarrow$ 1.1.9 & 5.5.1).

Phosphor und Schwefel Bei Auftritten des Teufels und malerischen Schilderungen der Hölle haben Phosphor und Schwefel einen festen Platz. Auch für die Chemie der Energie und eine nachhaltige Zukunft sind die beiden Elemente von Bedeutung, wenn auch aus unterschiedlichen Gründen.

---

[5]Im Allgemeinen muss man mit solchen Schlüssen aber vorsichtig sein. Der Sauerstoff wurde zwar einst für den Ursprung des Phänomens „sauer" gehalten, tatsächlich sind es aber H^+-Ionen, also Wasserstoff-Atome, denen ihr Elektron abhanden gekommen ist, die eine wässrige Flüssigkeit erst zur Säure machen.

[6]Man kann mit flüssigem Stickstoff auch Bier kühlen, und meistens überstehen die Flaschen das sogar. Bei einer legendären Feier der Studienvertretung Technische Physik an der TU Graz, bei der das gekühlte Bier ausging, waren es immerhin fünf von sechs Flaschen, die heil blieben ...

3.1 Essenzielle Elemente (für Energie und Klima)

Phosphor (P) ist wie Stickstoff ein extrem wichtiger Pflanzennährstoff und oft ein limitierender Faktor für das Wachstum. Daher sind *Phosphate*, spezielle Phosphorverbindungen, ein wichtiger Bestandteil von Dünger. Im Übermaß können sie allerdings auch Phänomene wie die berüchtigte „Algenblüte" auslösen. Analog zum Fall von N ist auch die globale P-Bilanz der Menschheit besorgniserregend ($\Rightarrow$ 1.1.9 & 5.5.1). Während Stickstoff sich aber mit genug Energie einfach aus der Luft holen lässt, ist man bei Phosphor auf mineralische Lagerstätten angewiesen, von denen nur relativ wenige bekannt sind. Aufgrund der Begrenztheit der Phosphorvorkommen könnte sich der „peak phosphorus" noch als wesentlich bedrohlicher erweisen als der früher befürchtete „peak oil". Verschärft wird diese Problematik dadurch, dass Phosphor aktuell auch für wichtige Typen von Batterien benötigt wird.

Schwefel (S) ist u.a. in Kohle enthalten, und bei seiner Verbrennung entstehen problematische Luftschadstoffe ($\Rightarrow$ 3.3.3). Andererseits ist Schwefel auch wichtig für Akkumulatoren ($\Rightarrow$ 5.4.4), sei es als Schwefelsäure in altbewährten Typen wie der Blei-Säure-Batterie, sei es als vielversprechendes Material für neue Batterietechnologien.

Batteriemetalle Als Bestandteile von Batterien und Akkumulatoren ($\Rightarrow$ 5.4.4) sind diverse Metalle in der Energietechnik von großer Bedeutung. Sehr verbreitet ist die Blei-Säure-Batterie, die u.a. als Autobatterie zum Einsatz kommt. Sie ist extrem langlebig und unkompliziert in der Handhabung. Das darin (neben Schwefel) zentrale Element Blei (Pb) ist leider ein giftiges Schwermetall.[7] Andere Batterie- und Akkutechnologien setzen auf andere Metalle, manche davon eher harmlos, wie Zink (Zn), andere ebenfalls recht giftig, wie etwa Cadmium (Cd). Vor allem für Akkus, die in Smartphones und Laptops zum Einsatz kommen, haben sich inzwischen Technologien auf Basis von Lithium (Li) weitgehend durchgesetzt. Während Blei ein sehr schweres Metall ist, ist Lithium das drittleichteste Element überhaupt. Dadurch sind Li-Ionen gut beweglich, und man kann leichte Akkus bauen – für Mobilgeräte sehr vorteilhaft.
Lithium ist zum Glück relativ häufig, auch wenn der Abbau nicht immer unproblematisch ist.[8] Zusätzlich kommen in einem Li-Ionen-Akku auch andere Stoffe zum Einsatz, etwa Nickel (Ni), aber auch Kobalt (Co), das es durch die Arbeitsbedingungen in manchen Minen im Kongo zu trauriger Bekanntheit gebracht hat.[FT22] Allerdings wird in solchen Darstellungen gerne ausgeblendet, dass diese Elemente auch sonst in der Hochtechnologie zum Einsatz kommen, es sich also keineswegs um ein Spezifikum erneuerbarer Energielösungen handelt ($\Rightarrow$ 8.5.5).

---

[7]Dieser Umstand hat die Menschen allerdings nicht daran gehindert, viele Jahre lang dem Benzin Bleiverbindungen zuzusetzen, um das Verbrennungsverhalten zu verbessern ...
[8]Vor allem die Gewinnung von Lithium in den Salzwüsten von Argentinien und Chile steht unter Kritik, siehe dazu etwa https://www.volkswagenag.com/de/news/stories/2020/03/lithium-mining-what-you-should-know-about-the-contentious-issue.html

Seltene Erden Immer wieder diskutiert werden die *seltenen Erden*. Diese sind eigentlich sehr unpassend benannt, denn weder sind sie so besonders selten, noch haben sie viel mit der Erde aus dem Garten zu tun. Stattdessen handelt es sich um eine ganze Gruppe von chemisch eng miteinander verwandten Metallen, die in Reinform recht weich und unscheinbar silbrig sind. Allerdings haben sie eine steile Karriere als wichtige Zutat für diverse High-tech-Anwendungen gemacht, auch im Energiesektor. So werden spezielle seltene Erden wie z.B. Neodym (Nd) für besonders starke Magnete gebraucht, die in Generatoren und in Elektromotoren zum Einsatz kommen.

Auch wenn die seltenen Erden gar nicht so selten sind, so ist ihre Gewinnung doch mit einigem Aufwand verbunden, und so hat sich der Westen bislang darauf verlassen, diese Elemente zum größten Teil aus China importieren zu können. Diese Abhängigkeit des High-tech-Sektors von einem einzelnen Land (noch dazu einem mit sehr speziellen Interessen) wird inzwischen allerdings sehr kritisch gesehen.

Edelmetalle Die Edelmetalle Gold (Au) und Silber (Ag) sowie ihr „halbedler" Cousin Kupfer (Cu) sind sehr gute elektrische Leiter. Damit sind sie für den elektrischen Teil der erneuerbaren Energietechnik sehr wichtig. Ihre Verfügbarkeit könnte beim großflächigem Ausbau des elektrischen Systems durchaus einen Flaschenhals darstellten.

Die beiden Edelmetalle Platin (Pt) und Palladium (Pd) tauchen an verschiedenen anderen Stellen auf, wenn es um Energie geht. Das liegt vor allem an ihrer Eigenschaft als *Katalysatoren*, d.h. als Substanz, die chemische Reaktionen ermöglicht, die sonst nur schwer ablaufen würden. Das hat in der Reinigung von Autoabgasen ebenso Bedeutung wie in Brennstoffzellen. Wie populär bestimmte Technologien gerade sind, kann man auch an der Preisentwicklung dieser beiden Metalle ablesen.[9] Zudem ist insbesondere Palladium in der Lage, sehr große Mengen Wasserstoff zu speichern.

Eisen, Silizium, Kalzium & Co. Auch sehr häufige Elemente wie Eisen (Fe), *Kalzium* (Ca, oft auch Calcium geschrieben) und der Halbleiter Silizium (Si) spielen in unseren Betrachtungen eine große Rolle. In Erdgeschichte waren sie bedeutend, weil sie den Sauerstoff- und CO_2-Gehalt der Atmosphäre beeinflusst haben ($\Rightarrow$ 4.4), und noch heute tragen sie zu deren Regulierung bei ($\Rightarrow$ 3.4.8).

Die Herstellung von Stahl ($\Rightarrow$ 5.5.2) sowie Zement/Beton ($\Rightarrow$ 5.5.3) ist für einige Prozent der Treibhausgasemissionen der Menschheit verantwortlich. Zugleich werden diese Materialien und andere Metalle (wie Aluminimum oder Titan) für viele technische Einrichtungen gebraucht, auch für die Energiewende. Ebenso gilt das für Halbleiter, aus denen Computerchips ebenso wie PV-Zellen ($\Rightarrow$ 5.2.5) hauptsächlich bestehen.

---

[9]Im Zuge von „Dieselgate" ($\Rightarrow$ 7.5.3) etwa fiel der Kurs von Platin, das in Abgas-Katalysatoren für Dieselfahrzeuge eingesetzt wird, merklich, während der Kurs von Palladium, das dafür bei Benzinfahrzeugen zum Einsatz kommt, spürbar anstieg.

3.2 Bedeutende Verbindungen

Schon Elemente gibt es mehr als hundert, aber das ist immer noch eine überschaubare Zahl. *Verbindungen* von mehreren Atome hingegen gibt es unfassbare viele. Man kann sich das wie einen Baukasten vorstellen, wo aus relativ wenigen Grundbausteinen fast beliebig viele Dinge zusammensetzen lassen. Selbst die DNA, in der unsere Erbinformation gespeichert ist, ist ein riesiges, enorm komplexes Molekül, das noch dazu für jeden Menschen (außer eineiige Zwillinge) einzigartig ist.

Für Energie und Klima sind es allerdings zum Glück nur einige wenige Verbindungen, die eine überragende Rolle spielen und die wir kurz betrachten wollen.

3.2.1 Kohlendioxid – Freund und Feind

Kohlendioxid (eigentlich „Kohlenstoffdioxid", aber das ist halt ein wenig umständlich), kurz CO_2, ist neben Wasser(dampf) das zentrale Endprodukt der wichtigsten Verbrennungsprozesse und des Stoffwechsels von Mensch und Tier.

Auch wenn Kohlendioxid im Zusammenhang mit dem Klimawandel einen recht schlechten Ruf hat, so ist es doch für unser Leben eine sehr wichtige Substanz.

CO_2 ist zu einem geringen Teil (weniger als einem halben Promille) in der Atmosphäre enthalten, und ohne diesen Stoff wäre es recht ungemütlich auf unserer Erde. Die Temperaturen ohne CO_2 und seine Kollegen wäre ca. 33 Grad niedriger als jetzt, was eine extreme Eiszeit bedeuten würde ($\Rightarrow$ 4.2.1). Außerdem sind Pflanzen für ihr Wachstum darauf angewiesen, der Luft Kohlendioxid entnehmen zu können ($\Rightarrow$ 3.4.2).

CO_2 ist nicht per se giftig.[10] Eine unmittelbare Bedrohung ist es nur, wenn es in großen Mengen entsteht und nicht entweichen kann. Da es eine höhere Dichte hat („schwerer ist") als Luft, kann es diese nach oben weg verdrängen. Dieser Effekt ist schon so manchem Weinbauern zum Verhängnis geworden. Das bei der Gärung entstehende CO_2 sammelt sich im Weinkeller an, verdrängt die Luft und damit auch den enthaltenen Sauerstoff. Es bildet sich also lokal eine Atmosphäre, in der man nicht mehr atmen kann. Auch Verbrennung ist in reinem CO_2 nicht mehr möglich – daher ist es sinnvoll, eine brennende Kerze in den Weinkeller mitzunehmen. Erlischt sie, dann sollte man den Keller schleunigst verlassen.

---

[10]Im Fall spezieller Lungenkrankheiten wie COPD kann es trotzdem zu einer CO_2-Vergiftung kommen, wenn der Körper nicht mehr genug vom selbst produzierten Kohlendioxid an die Außenluft abgeben kann und es sich im Blut anreichert, siehe z.B. https://www.ogp.at/nicht-invasive-beatmung-kann-copd-patienten-das-leben-retten/.

3.2.2 Wasser – alltäglich und faszinierend

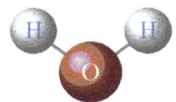

Wahrscheinlich keine andere chemische Verbindung ist uns so vertraut wie H_2O, das Wasser. Ein Molekül davon besteht aus zwei Wasserstoffatomen und einem Sauerstoffatom.

Das Leben ist einst im Wasser entstanden, und noch immer sind alle Lebensformen, selbst jene, die sich an extreme Bedingungen der trockensten Wüsten angepasst haben, auf Wasserzufuhr angewiesen. In gewisser Weise tragen wir mit den Körperflüssigkeiten noch immer Relikte des Ur-Ozeans, aus dem wir einst kamen, mit uns herum. Diese Reservoirs müssen regelmäßig wieder aufgefüllt werden, und auch Giftstoffe scheidet der Körper gerne in wässriger Lösung aus.

Gerade weil Wasser so alltäglich ist, kann man leicht übersehen, wie viele außergewöhnliche Eigenschaften es hat, z.B.:

- Es ist unter Alltagsbedingungen flüssig, obwohl das Molekül klein und leicht ist. Die meisten Substanzen in der gleichen „Gewichtsklasse" sind unter solchen Bedingungen gasförmig.

- Es dehnt sich beim Gefrieren aus. Das ist ein sehr ungewöhnliches Verhalten (die „Anomalie des Wassers"). Die meisten anderen Substanzen behalten, wenn sie fest werden, ihr Volumen oder schrumpfen leicht.

- Es kann (bezogen auf seine Masse) extrem viel Wärme speichern, vor allem im flüssigen Zustand.

Auch wenn wir es im Alltag vor allem mit flüssigem Wasser zu tun haben, sind uns doch der feste Zustand (Eis, Schnee) und der gasförmige (Dampf) ebenfalls gut vertraut.[11]

Auch diese beiden Formen und die Übergänge zwischen diesen verschiedenen *Aggregatzuständen* haben vielfältige Anwendungen in der Energietechnik und ebenso vielfältige Bedeutung für das Klima.

Kalorische Kraftwerke ($\Rightarrow$ 5.2.1) arbeiten typischerweise mit Wasserdampf, der durch Verbrennung erzeugt wird und der beim Durchströmen von Turbinen die Generatoren antreibt. Selbst Kernkraftwerke ($\Rightarrow$ 5.2.2), so beeindruckend und unheimlich sie auch wirken mögen, funktionieren letztlich, indem Wasser erhitzt und die Energie des heißen Wasser genutzt wird. Auch viele Eigenheiten des Klima kann man nur verstehen, wenn man mit den Eigenschaften von Wasserdampf vertraut ist ($\Rightarrow$ 4.3).

---

[11] Abbildung erstellt von Dr. Florian Dams und Edith Köber, https://www.taucherpedia.info/wiki/Datei:Wasser_Eis_Dampf.jpg

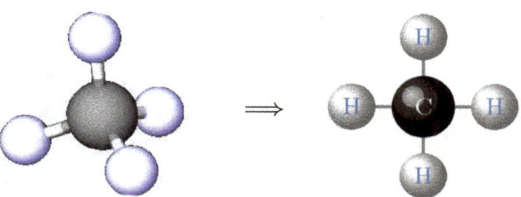

Abb. 3.2: Methan: dreidimensionale und vereinfachte zweidimensionale Darstellung; 3D-Modell gezeichnet mit https://molview.org/, leicht überarbeitet

3.2.3 Methan – brennbar und klimaaktiv

Eine für Energietechnik und Klimawandel gleichermaßen bedeutsame Substanz ist *Methan* (CH_4), siehe Abb. 3.2, der einfachste *Kohlenwasserstoff*.
Methan ist der Hauptbestandteil von Erdgas und hat ausgezeichnete Verbrennungseigenschaften. Verglichen mit nahezu allen anderen Brennstoffen verbrennt es sauberer, die Verbrennung ist leichter steuerbar und die erzielbaren Wirkungsgrade sind höher. Im Prinzip ist es also ein exzellenter Energieträger, hat aber leider zwei große Nachteile: Einerseits stammt nahezu alles genutzte Methan aus fossilen Quellen. (Die einzige nennenswerte Ausnahme ist aktuell Biogas.) Momentan handelt es sich dabei um Erdgas, wobei aber auch schon exotischere Quellen wie Methanhydrat-Lagern am Meeresboden angedacht werden ($\Rightarrow$ 1.1.6).[12] Die Verbrennung von fossilem Methan trägt direkt zum Klimawandel bei – zwar weniger als jene von Kohle oder Erdöl, aber immer noch schlimm genug.
Andererseits ist Methan ein sehr klimaaktives Gas und wirkt sogar noch wesentlich stärker erwärmend als CO_2 ($\Rightarrow$ 4.2). Es ist zwar nicht so langlebig wie dieses, sondern wird, wenn es sich frei in der Atmosphäre befindet, irgendwann mit dem Luftsauerstoff zu CO_2 und H_2O reagieren – aber das kann durchaus ein Jahrzehnt oder länger dauern. Noch viel schlimmer, als Methan zu verbrennen, ist es also, es direkt in die Atmosphäre entweichen zu lassen. Das geschieht bei der Öl- und Gasförderung direkt sowie beim Transport (etwa durch kleine Lecks in Gaspipelines) leider sehr leicht. Man spricht dabei von *Methanschlupf*. Vor allem die Gewinnung von Erdgas durch *Fracking*, eine besonders brutale Abbaumethode, ist dieser oft erheblich. Daneben entsteht Methan auch in großen Mengen in der Landwirtschaft, vor allem in der Rinderhaltung und im Reisanbau ($\Rightarrow$ 5.5.1).

---

[12]Dass diese Substanz in den Tiefen der Ozeane zu finden ist, wurde vor allem durch Frank Schätzings Roman *Der Schwarm* einer breiteren Öffentlichkeit bekannt. Dieses Buch enthält zwar diverse phantastische Elemente, aber auch etliche wissenschaftlich fundierte, darunter eben auch die Existenz von Methanhydrat.

3.2.4 Weitere Kohlenwasserstoffe

Kohlenstoff mit seinen bis zu vier „Bindungsarmen" ist in der Lage, lange Ketten und verzweigte Strukturen zu bilden. Wasserstoff mit nur einem Arm ist hingegen ein gutes Endstück. Besteht ein Molekül nur aus diesen beiden Elementen, so spricht man von einem *Kohlenwasserstoff*. Methan ($\Rightarrow$ 3.2.3) ist ein solcher, aber es gibt noch viele andere, mit teils recht komplizierter Struktur.

Kohlenwasserstoffe sind gut brennbar. Die kleineren und leichteren, wie Butan oder Propan, kommen oft in Gaskochern und Feuerzeugen zum Einsatz. Etwas größere und schwerere Kohlenwasserstoffe, die unter Normalbedingungen flüssig sind, bilden in unterschiedlichen Mischungsverhältnissen Treib- und Brennstoffe wie Benzin, Kerosin, Diesel oder Lampenöl.

Mischungen von gasförmigen Kohlenwasserstoffen (auch z.B. Benzindämpfen) mit Luft sind allerdings nicht nur brennbar, sondern sogar explosiv. Zudem sind viele dieser Substanzen giftig und manche, wie das berüchtigte Benzol, zusätzlich noch krebserregend. Entsprechend vorsichtig sollte man im Umgang mit ihnen sein.

3.2.5 Alkohole und Zucker

Wasser ($\Rightarrow$ 3.2.2) und Energieträger wie Kohlenwasserstoffe ($\Rightarrow$ 3.2.4) gehören chemisch gesehen ganz unterschiedlichen Welten an. Das liegt letztlich an der Art, wie sich die elektrischen Ladungen innerhalb der Moleküle verteilen, hat aber gut beobachtbare Konsequenzen. Insbesondere weigern sich Wasser und verwandte Substanzen, sich mit flüssigen Kohlenwasserstoffen wie etwa Lampenöl zu mischen.[13]

Es gibt aber Molküle, die quasi in beiden Welten leben. Sie kann man erhalten, indem man an einem Kohlenwasserstoff eine sogenannte OH-Gruppe anbringt. Diese kann man als Teil eines Wassermoleküls verstehen, der eine quasi eine Brücke zwischen den beiden so unterschiedlichen Welten bildet. Die so erhaltenen Moleküle nennt man *Alkohole*. Zwei der wichtigsten, *Methanol* und *Ethanol*, sind in Abb. 3.3 dargestellt.

Wenn im Alltag von „Alkohol" die Rede ist, dann ist üblicherweise Ethanol gemeint, jener Alkohol, der in Bier, Wein, Sekt etc. enthalten ist. Seine Beliebtheit als Genussmittel sollte nicht darüber hinwegtäuschen, dass es sich um ein wirksames Nervengift handelt.

---

[13] In leicht abgeschwächter Form kann man das noch bei Essig und Öl im Salatdressing oder bei Fettaugen in der Suppe beobachten. Essig und der Großteil der Suppe gehören zur Welt des Wassers; Öl und allgemein Fette haben viele Eigenschaften der Kohlenwasserstoffe geerbt und gehören eher zu deren Welt. Die Hauptaufgabe von Seife und Geschirrspülmittel ist es, fettartige Rückstände wasserlöslich zu machen, so dass man sie mit Wasser wegspülen kann. Auch diese Substanzen können also eine Brücke zwischen den beiden Welten bauen.

3.2 Bedeutende Verbindungen

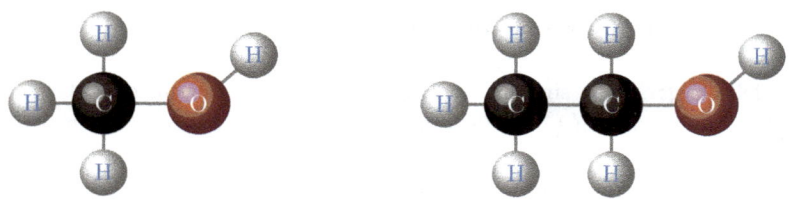

Abb. 3.3: Die einfachsten und wichtigsten Alkohole (PD$_{KL}$): Methanol (CH$_3$OH, links) und Ethanol (C$_2$H$_5$OH, rechts)

Noch viel giftiger ist allerdings Methanol. Schon in vergleichsweise geringen Mengen kann es Blindheit und Atemlähmung verursachen.[14] Beim Schnapsbrennen enthält der sogenannte Vorlauf viel Methanol; dieser darf daher keinesfalls getrunken werden. In der chemischen Industrie ist dieser Alkohol allerdings ein wichtiger Grundstoff, aus dem vielfältige weitere Verbindungen hergestellt werden. Auch als Energieträger ist Methanol eine durchaus interessante Option ($\Rightarrow$ 8.3.1).

Chemisch eng verwandt mit den Alkoholen sind die *Zucker*, die ebenfalls Kohlenstoff mit OH-Gruppen kombinieren. Von ihnen gibt es sehr viele; einige der bekanntesten sind Glukose, Fruktose, Saccharose und Laktose. Die Moleküle sind wesentlich größer als jene der oben genannten Alkohole und nicht giftig (wenn auch im Übermaß genossen noch immer gesundheitlich problematisch $\Rightarrow$ 5.5.1).

In der Photosynthese ($\Rightarrow$ 3.4.2) bilden die Pflanzen zunächst diverse Zucker und aus diesen oft noch größere, komplexere Molküle wie Stärke, den Hauptbestandteil von Mehl und damit auch von Brot, Nudeln etc., oder Zellulose, einen der Hauptbestandteile von Holz. Alle diese Stoffe werden unter dem Begriff *Kohlenhydrate* zusammengefasst. Manche dieser Stoffe (die meisten Zucker sowie Stärke) können wir direkt verdauen.[15] Andere sind zwar nicht direkt verwertbar, als *Ballaststoffe* aber dennoch wichtig für unsere Verdauung. In Nährwerttabellen muss angegeben werden, welchen Anteil an verwertbaren Kohlenhydraten Lebensmittel enthalten und wie viel davon Zucker ist. In der Ernährungslehre sind (nachdem viele Jahre Fette als Wurzel allen Übels gesehen wurden) die Kohlenhydrate in den letzten Jahren etwas in Ungnade gefallen und „Low-Carb-Diäten" boomen.

---

[14] Strenggenommen ist es nicht das Methanol selbst, das so giftig ist, sondern es sind die Abbauprodukte (vor allem Ameisensäure), die entstehen, wenn der Körper es abbaut. Kurioserweise ist ein mögliches Mittel gegen eine akute Methanolvergiftung das Verabreichen von *Ethanol* bis an die Grenze der Alkoholvergiftung. Ethanol wird bevorzugt abgebaut, wodurch die Methanol-Abbauprodukte langsamer entstehen und keine so gefährliche Konzentration erreichen.

[15] Allerdings vertragen manche Menschen eine oder mehrere Zuckerarten nicht und haben bei ihrem Verzehr diverse Beschwerden. Vor allem Fruktose- und Laktose-Intoleranz treten recht häufig auf.

3.2.6 Ammoniak – mehr als nur Basis für Dünger

Nur spezielle Organismen sind in der Lage, den lebensnotwendigen Stickstoff aus der Atmosphäre aufzunehmen ($\Rightarrow$ S. 80) und so die Grundbausteine für den Aufbau von Proteinen bereitzustellen. Pflanzen nehmen Stickstoff in Form von *Ammonium* (NH_4^+) auf. Dieses Ammonium entsteht leicht aus *Ammoniak* (NH_3), bei Lösung in Wasser in kleinem Ausmaß sogar „von selbst". Daher ist Ammoniak wesentlich in der Kunstdüngerproduktion ($\Rightarrow$ 3.4.7) geworden.[16] Daneben hat es auch Einsatz in anderen Bereichen gefunden, etwa bei der Herstellung von Sprengstoffen.

Ammoniak ist auch ein ganz passabler Energieträger. Man kann ihn verbrennen (wobei man allerdings Vorkehrungen gegen das Entstehen von Stickoxiden treffen muss, $\Rightarrow$ 3.3.2), ihn in Brennstoffzellen nutzen oder ihn auch so spalten, dass Wasserstoff entsteht, der dann weiter verwendet werden kann ($\Rightarrow$ 8.3.1). Da Ammoniak unter Normalbedingungen gasförmig ist, ist seine Handhabung ein wenig heikler als die von flüssigen Brennstoffen. Durch moderate Kühlung oder mittels Druck kann man NH_3 aber relativ leicht verflüssigen. Der Stoff ist zwar giftig, warnt aber durch stechenden Geruch vor seiner Anwesenheit, wodurch schwere Ammoniakvergiftungen ausgesprochen selten vorkommen.

3.2.7 Kohlensäure, Kalkstein & Co.

CO_2 kann sich in Wasser lösen und es entsteht dabei die bekannte *Kohlensäure* (H_2CO_3). Diese verleiht dem Mineralwasser seinen typisch sauren Geschmack und wird auch in vielen anderen Getränken zugesetzt. Die vielen Bläschen, die aus einem solchen sprudelnden Getränk aufsteigen, sind nichts anderes als CO_2, das frei wird.

Mit Kalzium bildet Kohlensäure Kalziumcarbonat ($CaCO_3$), den Hauptbestandteil von *Kalkstein*. Von diesem gibt es je nach anderen eingelagerten Stoffen viele Varianten, von denen Marmor besonders begehrt ist.

Kalkstein kann von Säuren auch wieder aufgelöst werden, selbst schon dadurch, dass sich in Regentropfen durch das CO_2 der Luft Kohlensäure bildet. Auch ohne zusätzliche Luftverschmutzung ist der Regen also stets leicht sauer. Auf diese Weise entstehen etwa die Tropfsteinhöhlen in Karstgebirgen.

Aus Kalkstein kann man im *technischen Kalkzyklus* ($\Rightarrow$ 3.4.8) gebrannten und gelöschten Kalk herstellen, ein Vorgang, der im Bauwesen von großer Bedeutung ist, aber auch Einfluss auf das Klima hat und zudem für Energiespeicherung genutzt werden kann ($\Rightarrow$ 6.7.3).

---

[16]Zu viel Ammonium belastet allerdings das Grundwasser und kann in Gewässern, ähnlich wie Phosphor ($\Rightarrow$ S. 80), zur „Algenblüte" beitragen.

3.3 Luftschadstoffe

Oft, besonders in der öffentlichen Diskussion, werden zwei unterschiedliche Aspekte vermischt: Emission von klimaaktiven Gasen wie CO_2 und Methan, und Emission von toxischen (also akut giftigen) Schadstoffen wie CO, NO_x, Feinstaub und anderen.
Das führte zu absurden Aufrufen, wie nach dem berüchtigten „Dieselgate", dem Klima zuliebe doch Benziner statt Dieselautos zu fahren ($\Rightarrow$ 7.5.3). Der Vollständigkeit halber (und weil manche dieser Sustanzen nicht nur giftig, sondern auch noch klimawirksam sind), betrachten wir noch kurz einige wichtige dieser Schadstoffe, die vor allem, aber nicht nur, bei Verbrennung entstehen ($\Rightarrow$ 3.4.1).

3.3.1 Kohlenmonoxid – ein vielseitiger Schurke

Während CO_2 prinzipiell nicht giftig ist ($\Rightarrow$ 3.2.1), sieht das bei seinem „bösen Zwilling", dem berüchtigten *Kohlenmonoxid* (CO), ganz anders aus. Dieses entsteht u.a. bei der unvollständigen Verbrennung von kohlenstoffhältigen Brennstoffen (also allen üblichen, wie Erdgas, Öl, Kohle und Biomasse). Zu einer unvollständigen Verbrennung kommt es, wenn nicht ausreichend Sauerstoff für eine vollständige Oxidation des Kohlenstoffs zur Verfügung steht.
CO ist ein ausgesprochen heimtückisches Gift: Es bindet sich weit stärker als Sauerstoff an die roten Blutkörperchen und blockiert sie so – man erstickt, obwohl man aus Leibeskräften atmet und obwohl in der Luft genug Sauerstoff vorhanden wäre. Alte Gasthermen sind an warmen Tagen, wenn der Kaminzug nicht gut funktioniert, diesbezüglich besonders gefährlich – speziell, wenn man (in bester Absicht) dichtere Fenster eingebaut hat. In Städten wie Wien, in denen sehr viele Gasthermen verbaut sind, kommt es typischerweise jedes Jahr zu schweren Kohlenmonoxid-Vergiftungen, ja sogar zu Todesfällen.

So gefährlich CO auch ist, so nützlich kann es an der richtigen Stelle sein. Als Produkt einer nur unvollständigen Verbrennung kann es bei der „Vervollständigung" der Verbrennung, also der Oxidation zu CO_2, noch Energie liefern. CO war ein wichtiger Bestandteil von *Stadtgas*, das aus Kohlever- und -entgasung erzeugt wurde und früher ähnlich wie Ergas für Beleuchtung und Gasherde verwendet wurde. (Entsprechend heikel und gefährlich war allerdings auch der Umgang mit diesem Stadtgas.)
Vor allem aber ist es essentiell in der chemischen Synthese. Aus dem sogenannten *Synthesegas*, das insbesondere erhebliche Anteile H_2 und CO enthält, lassen sich auf geeignete Weise nahezu beliebige Kohlenwasserstoffe herstellen ($\Rightarrow$ 3.4.6).

3.3.2 Stickoxide

Stickstoff (⇒ S. 80) ist ein lebenswichtiges Element, und nur durch Stickstoffdünger auf Basis von Ammoniak (⇒ 3.2.6) ist die moderne Landwirtschaft überhaupt möglich. Doch es gibt noch andere bedeutsame Stickstoffverbindungen, insbesondere die *Stickoxide*, Verbindungen von Stickstoff mit Sauerstoff. Diese entstehen bei diversen biologischen Prozessen (auch in der Landwirtschaft ⇒ 5.5.1), bei der Verbrennung stickstoffreicher Substanzen (wie etwa Proteinen) sowie auch allgemein bei sehr hohen Temperaturen (jenseits von etwa 1000 °C), wo der Luft-Stickstoff beginnt, sich mit Sauerstoff zu verbinden.

Da Stickstoff chemisch so flexibel ist, gibt es viele solche Verbindungen (N_4O, N_2O, NO, NO_2, N_2O, ...), die meist unter dem Sammelbegriff NO_x zusammengefasst werden. Manche dieser Verbindungen sind durchaus bedeutsam. Stickstoffmonoxid NO fungiert (in sehr geringen Konzentrationen) als körpereigener Botenstoff. Er wirkt erweiternd auf die Blutgefäße und ist damit wichtig für die Anpassung an Höhenlagen und für das Zustandekommen von Erektionen. Durch seine gefäßerweiternde Wirkung kann man NO für medizinische Akutbehandlungen einsetzen.

Ein besonders bekannter Vertreter der NO_x-Familie ist das Distickstoffmonoxid N_2O, das auch als *Lachgas* bekannt ist. In sehr geringen Konzentrationen wirkt es bewusstseinsverändernd (manchmal auf erheitende Weise, daher der Name). In etwas höheren Konzentrationen kann es als Betäubungsmittel eingesetzt werden und war in der Medizin vielfach im Einsatz (wurde inzwischen aber weitgehend von besser verträglichen Narkotika abgelöst).

Doch in den meisten Situationen sind NO_x eher giftige Substanzen, die insbesondere die Atemwege schädigen, und damit nichts, dem man dauerhaft ausgesetzt sein will. Leider sind Stickoxide aber vor allem in Städten in der Atemluft durchaus präsent, mit Dieselfahrzeugen als dem Hauptverursacher (⇒ 7.5.3). Zusammen mit Teer und Feinstaub (⇒ 3.3.4) gehört NO_x in vielen großen Städten aktuell zu den Hauptverantwortlichen für die Belastung durch schlechte Luft .

Viele Stickoxide sind jedoch nicht nur giftig, sondern auch klimaaktiv, weisen also sozusagen eine bösartige Doppelbegabung auf. Tatsächlich ist N_2O nach Wasserdampf, CO_2 und CH_4 das viertwichtigste Treibhausgas. Einmal erzeugt, bleibt es normalerweise gute hundert Jahre in der Atmosphäre und ist in dieser Zeit ca. 265-mal so klimawirksam wie CO_2. Auch schon kleine Mengen Lachgas können also erheblichen Schaden anrichten, weswegen es bedeutsam ist, die Stickstoffströme in der Landwirtschaft besser zu verstehen und zu überwachen (⇒ Abb. 5.19).

3.3.3 Einige Schwefelverbindungen

Schwefel ist in erheblichem Ausmaß (bis zu 3.5 %) in Kohle und Erdöl enthalten.[17] Daher produziert die Verbrennung dieser Energieträger oder mancher aus ihnen gewonnenen Treibstoffe (etwa Schweröl) auch diverse Schwefelverbindungen, insbesondere Schwefeldioxid (SO_2) und Schwefeltrioxid (SO_3).
Kommen diese Stoffe mit Wasser in Kontakt, entstehen Säuren, konkret schwefelige Säure (H_2SO_3) und Schwefelsäure (H_2SO_4). In der 1970er und 1980er Jahren waren diese Schadstoffe und der resultierende *saure Regen* ein gravierendes Problem, das durch bessere Filtertechnik aber in den Griff gebracht wurde. Selbst in der internationalen Frachtschifffahrt, in der relativ stark schwefelhaltiges Schweröl eingesetzt wird, hat sich der Ausstoß von Schwefelverbindungen deutlich reduziert.
Dass es gelang, die Emissionen von SO_2 und SO_3 so stark zu reduzieren, dass sie als Luftschadstoffe kaum mehr Bedeutung haben, ist ein großer Erfolg der Umweltschutztechnik. Allerdings hat sich dieser Erfolg als zweischneidiges Schwert erwiesen: Die Aerosole, die sich durch Schwefelverbindungen in der Luft bilden, reflektieren sehr wirksam das Sonnenlicht, das so die Erdoberfläche gar nicht trifft und nicht zur Aufheizung der Erde beiträgt ($\Rightarrow$ 4.2.1).
In gewissem Ausmaß bremste (oder, anders gesehen, maskierte) die Verschmutzung durch Schwefeldi- und -trioxid also den Klimawandel. Daher gibt es inzwischen konkrete Überlegungen, die Erderwärmung dadurch einzudämmen, dass absichtlich Schwefelsäure in die Atmosphäre gesprüht wird ($\Rightarrow$ 4.5).

Eine weitere bedeutsame Schwefelverbindung ist *Schwefelwasserstoff* (H_2S), ein sehr giftiger Stoff, der aber zum Glück schon in geringen Konzentrationen durch den Gestank nach faulen Eier auf sich aufmerksam macht.[18] Er ist in vielen Erdgasvorkommen enthalten und muss vor der Nutzung der Kohlenwasserstoffe entfernt werden. (Da Schwefelsäure in der chemischen Industrie eine wichtige Substanz ist, kann er aber durchaus noch sinnvoll genutzt werden.)
In grauer Vorzeit war H_2S ein bedeutsamer Bestandteil der Erdatmosphäre ($\Rightarrow$ 4.4.1), damit einen wichtige Energiequelle und es gibt noch immer diverse Mikroorganismen (Bakterien und Archaeen), die ihn nutzen oder produzieren können. In der Tiefsee existieren ganze Ökosysteme, die sich um heiße Schwefelquellen bilden und für die solche Mikroorganismen die Energie liefern.

---

[17] https://www.paligo.com/ratgeber/wichtige-kennwerte-von-steinkohle/, [Juh16]
[18] In Wirklichkeit ist es natürlich umgekehrt: Faule Eier riechen nach Schwefelwasserstoff, der sich in ihnen in sehr geringen Mengen bildet. Dass Eier relativ viel Schwefel enthalten, ist übrigens der Grund, warum man weiches Ei nicht mit Silberbesteck essen sollte. In diesem Fall würde sich schnell Silbersulfid (AgS_2) bilden, durch das das Silber schwarz anläuft.

3.3.4 VOCs, Teere, Feinstaub & Co.

Unter anderem bei der Verbrennung organischer Substanzen (Kunststoffe, Müll, aber auch Biomasse[19]) können sich über die bislang genannten Luftschadstoffe hinaus noch diverse andere Stoffe bilden, die in der Lage sind, gesundheitliche Probleme zu verursachen. Dazu gehören insbesondere diverse flüchtige organische Verbindungen (*volatile organic compounds*, VOC), unter anderem auch die aromatische Kohlenwasserstoffe wie das berüchtigte krebserregende Benzol.

Zwar weniger flüchtig, aber ebenfalls Produkt von Verbrennung unter ungünstigen Bedingungen (die oft schon einer Pyrolyse ähnlicher sind als einer sauberen Verbrennung ⇒ 3.4.3) sind *Teere*, die, wenn sie sich wieder niederschlagen sehr hartnäckige Beläge bilden können.[20]

Neben Produkten, deren *chemische* Eigenschaften problematisch sind, entstehen bei unvollständigen Verbrennungen auch solche, die vor allem durch ihre *physikalischen* Eigenschaften gefährlich sind. Hierbei ist insbesondere der *Feinstaub* zu nennen. Dabei handelt es sich um Staubpartikel, die so klein sind, dass die regulären Schutzmechanismen des Körpers gegen Staub nicht mehr wirksam sind.

Teilchen mit einem Durchmesser von maximal 10 Mikrometer (PM10 – von *particulate matter*) können der normalen Filterung durch Nasenhärchen entgehen und in die Nasenhöhle eindringen, Teilchen mit Durchmessern ≤ 2.5 μm (PM2.5) in die Bronchien und Lungenbläschen, extrem feine Partikel sogar ins Gewebe und ins Blut.[21]

Auch wenn Industrie und Heizungssysteme eine bedeutende Quelle von Feinstaub sind, entsteht er doch nicht nur dort, sondern zu einem erheblichen Teil im Verkehr, vor allem durch Reifenabrieb (weshalb Elektroautos in dieser Hinsicht leider gar nicht so viel besser sind als Verbrenner ⇒ 7.5.4).

3.3.5 Einige weitere heikle Gesellen

Wie wir schon mehrfach gesehen haben, gibt es in der Chemie oft keine klare Einteilung von Substanzen in „nützlich" und „schädlich". Viele Stoffe, die an einer Stelle ausgesprochen nützlich sind, können an einer anderen großen Schaden anrichten. Manchmal zeigt sich auch erst Jahre später, dass eine vielfach eingesetzte Substanz unerwünschte Nebenwirkungen hat.

---

[19]... und dazu gehört auch das Steak, das beim Grillen leider ins Feuer gefallen ist.

[20]Auch beim Rauchen von Zigaretten hat man es mit einer thermochemischen Konversion zu tun, die – absichtlich – nach üblichen Kriterien eher ungünstig abläuft, mit einer sehr unvollständigen Verbrennung, die an Pyrolyse grenzt. Dadurch enthält der Zigarettenrauch Aromastoffe, Nikotin, aber z.B. auch Teere, die sich in der Lunge ablagern.

[21]https://www.umweltbundesamt.de/themen/luft/luftschadstoffe-im-ueberblick/feinstaub

3.3 Luftschadstoffe

Das war etwa bei den berüchtigten FCKWs der Fall, den *Fluorchlorkohlenwasserstoffen*. Man erhält sie, indem man in leichten Kohlenwasserstoffen ($\Rightarrow$ 3.2.4) Wasserstoff-Atome durch Chlor (Cl) bzw. Fluor (F) ersetzt. Diese beiden Elemente sind sehr reaktiv und in Reinform daher giftig.[22] In FCKWs binden sie sich aber fest an die Kohlenstoffe, wodurch Substanzen entstehen, die chemisch weitgehend inert sind, insbesondere unbrennbar und weitgehend ungiftig.

Viele von ihnen sind ausgezeichnete Kältemittel, die früher in Kühlschränken und Klimaanlagen eingesetzt wurden ($\Rightarrow$ 6.3). Erst nach Jahren zeigte sich, dass FCKWs zwar unter den üblichen Bedingungen inert sind, in den oberen Schichten der Atmosphäre aber von der Strahlung der Sonne in sogenannte *Radikale* aufgespalten werden. Diese sind hochreaktive Substanzen, und insbesondere Chlorradikale können sich an Ozon (O_3) binden und es über einige Zwischenschritte in O_2 zerlegen. Die einst als harmlos betrachteten FCKWs waren also für das größer werdende Ozonloch verantwortlich. Zu Glück gelang es, sie durch andere Kältemittel zu ersetzen, die allerdings meistens sehr stark klimaaktiv sind und die man daher auch nicht in die Atmosphäre entweichen lassen sollte.

Weitläufig mit FCKWs verwandt sind die per- und polyfluorierte Alkylsubstanzen (PFAS), Kohlenwasserstoffe, bei denen die Wasserstoff-Atome ganz bzw. teilweise durch Fluor ersetzt wurden. Aufgrund ihrer chemischen Stabilität (selbst bei erhöhten Temperaturen) werden sie als „Ewigkeitschemikalien" bezeichnet.[Umw24a; BMUuf] Sie sind wasser-, fett- und schmutzabweisend und werden daher in diversen Produkten wie Kosmetika, Kochgeschirr, Papierbeschichtungen, Textilien oder Skiwachs eingesetzt, außerdem zur Oberflächenbehandlung, in Feuerlöschern, als Schmiermittel – und eben auch in der Kälte- und Klimatechnik („F-Gase"). Durch ihre Langlebigkeit reichern sich PFAS aber in der Umwelt immer weiter an, sie sind auch schon in entlegensten Regionen wie der Arktis und der Tiefsee nachweisbar. Daher gibt es Ambitionen, einen Großteil der PFAS zu verbieten, was aber ausgerechnet viele der weniger klimakritischen Kältemittel betreffen würde.

Ein Stoff, der in der Energietechnik (vor allem Mittel- und Hochspanungstechnik) eingesetzt wird, ist Schwefelhexafluorid (SF_6).[Nik20] Technisch hat SF_6 viele günstige Eigenschaften, etwa eine sehr hohe Festigkeit gegen elektrische Durchschläge, was es zu einem guten Isoliergas macht. Leider ist es auch ein extrem starkes Treibhausgase; es wirkt etwa 24 000-mal stärker als CO_2. Auch im Bereich der erneuerbaren Energie, wird es aktuell noch eingesetzt, vor allem in Schaltanlagen in Windkraftwerken. Allerdings laufen bereits Bestrebungen, es durch weniger klimakritische Stoffe zu ersetzen.

---

[22]Chlor wird oft als Desinfektionsmittel verwendet, kam im 1. Weltkrieg aber auch als Kampfstoff („Giftgas") zum Einsatz. Fluor ist in Reinform ebenfalls giftig – in Form von Fluorid hingegen wird es gerne Zahncremes zugesetzt und hilft, den Zahnschmelz hart zu halten.

Abb. 3.4: Einige Beispiele für Verbrennungen: Erdgas, Lampenöl,[23] Holz und Kohle

3.4 Zentrale Prozesse der Energieumwandlung

Nachdem wir Elemente und Verbindungen betrachtet haben, wenden wir uns nun den zentralen Prozessen der Energieumwandlung zu. Dabei geht es einerseits um Vorgänge, um Energie zur Verfügung zu stellen, andererseits um solche, mit denen man Energie speichern kann. Nicht zuletzt kann es sinnvoll sein, Energie von einem Energieträger auf einen anderen zu übertragen.

3.4.1 Verbrennung

Extrem wichtige Prozesse, um Energie zur Verfügung zu stellen, beruhen auf Verbrennung. Dabei wird chemische Energie, die in Brennstoffen wie Holz, Kohle, Öl oder Erdgas steckt, in thermische Energie („Wärme") umgewandelt. Einige Beispiel für Verbrennungen sind in Abb. 3.4 gezeigt, die zugrunde liegenden chemischen Reaktionen in Abb. 3.5. Darin erkennt man auch, dass je nach Art des Brennstoffs unterschiedliche Anteile von CO_2 und H_2O entstehen.

Wenn man die Energie direkt als Wärme benötigt – in einem Ofen, einer Gastherme oder einem Lagerfeuer, dann ist das offensichtlich sinnvoll. Braucht man hingegen eigentlich mechanische oder elektrische Energie, dann wirkt der Weg über die Wärme umständlich und – angesichts dessen, was wir über Wärme als „minderwertige" Energieform ($\Rightarrow$ 2.1.3) gesagt haben – vielleicht sogar ein wenig absurd.

Eine direkte Umwandlung von chemischer in elektrische Energie wäre in der Tat zu bevorzugen – und ist in in manchen Fällen auch tatsächlich möglich. Allerdings sind entsprechende Technologien, inbesondere *Brennstoffzellen* ($\Rightarrow$ 7.5.5), noch teuer, anspruchsvoll in der Handhabung und auf sehr reine Brennstoffe angewiesen. Daher bleibt meistens doch nur der Umweg über die Wärme, wie er in kalorischen Kraftwerken oder Verbrennungsmotoren zur Anwendung kommt ($\Rightarrow$ 5.2.1 & $\Rightarrow$ 7.5.3).

---

[23] Darstellung von https://www.holyart.de/blog/liturgische-gerate/wie-man-eine-ollampe-sicher-benutzt-5-tipps/, mit freundlicher Genehmigung von HolyArt

3.4 Zentrale Prozesse der Energieumwandlung

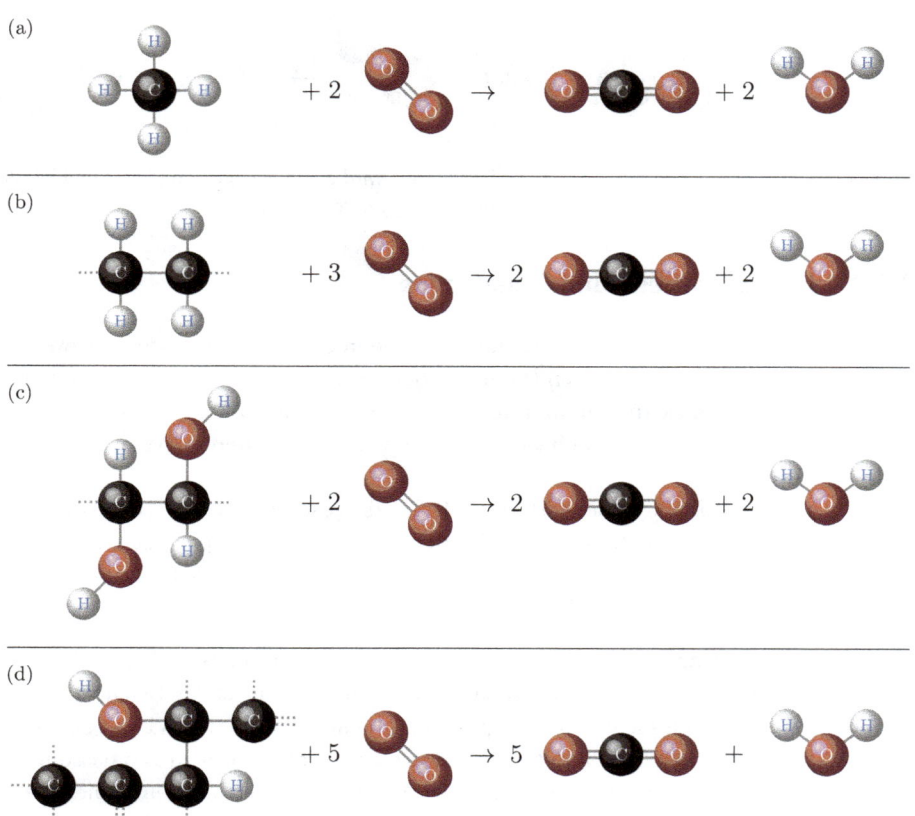

Abb. 3.5: Schematischer Verbrennungsprozess für typische Brennstoffe: (a) Methan, (b) ein Stück eines langkettigeren Kohlenwasserstoffs, wie er in Benzin, Diesel, Heiz- oder Lampenöl vorkommt, (c) ein Stückchen Biomasse, (d) ein Stückchen Braun- oder Holzkohle. Dabei wird jeweils noch Energie (nicht extra eingezeichnet) in Form von Wärme freigesetzt.
Kohle und Biomasse enthalten neben H, C und O meist noch weitere Elemente, die vor allem Asche bilden, von denen manche aber auch zu Luftschadstoffen oxidieren können (wie der in Kohle oft in merklichen Mengen enthaltene Schwefel $\Rightarrow$ 3.3.3). (KL$_{BY}^{CC}$)

Verbrennung kann aber ein durchaus heikler Prozess sein. Auch wenn sie perfekt abläuft, sind die Produkte CO_2 und H_2O immer noch klimaaktive Stoffe. Wenn die Bedingungen, unter denen die Verbrennung erfolgt, weniger günstig oder die Brennstoffe weniger rein sind, dann können zudem vielfältige Luftschadstoff entstehen ($\Rightarrow$ 3.3).

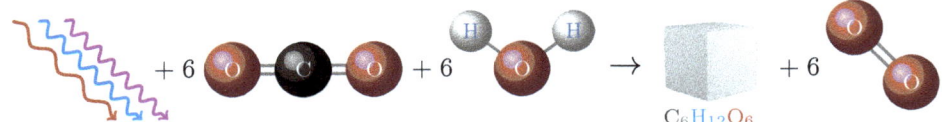

Abb. 3.6: Prinzip der Photosynthese: Mit Lichtenergie wird aus Kohlendioxid (CO_2) und Wasser (H_2O) letztlich Zucker ($C_6H_{12}O_6$) und Sauerstoff (O_2) erzeugt. (KL$_{BY}^{CC}$)

3.4.2 Photosynthese und Zellatmung

Der wichtigste Prozess, bei dem Strahlungsenergie in chemische Energie umgewandelt wird, ist die *Photosynthese*. Algen (inklusive der Cyanobakterien ⇒ 4.4) und alle grünen Pflanzen können sie durchführen und mit Hilfe von Sonnenlicht Zucker herstellen. Damit bilden sie zugleich die Lebengrundlage für fast alle anderen Arten, die auf der Erde existieren (⇒ 5.1.2).

Das Schema der Photosynthese ist in Abb. 3.6 dargestellt. Da CO_2 benötigt wird, ist ein höherer CO_2-Gehalt in der Luft oder im Wasser prinzipiell günstig für das Wachstum von Pflanzen – wenn sonst alle Bedingungen (Feuchtigkeit, Temperaturen, andere Nährstoffe) passen.

Der Wirkungsgrad der Photosynthese Der maximale Wirkungsgrad der Photosynthese liegt bei ca. 26 %. Diesen erreichen wir aber nur bei optimaler Beleuchtung mit genau passendem roten Licht.[24] Für reguläres Sonnenlicht sinkt der Wirkungsgrad auf etwa 12.5 %. Auch dieser Anteil der Sonnenenergie wird aber nicht in Biomasse umgesetzt. Den größten Teil der gewonnenen Energie benötigen die Pflanzen schließlich für ihre eigenen Lebensvorgänge. Nur etwa 1 % der Energie des Sonnenlichts ist letztlich in Zucker, Stärke, Zellulose, pflanzlichen Proteinen und Ölen enthalten.

Zellatmung Die Umkehrung der Photosynthese wird als *Zellatmung* oder auch kurz *Atmung* bezeichnet und ist die Grundlage dafür, wie sich der Körper mit Energie versorgt: Zucker wird mit Sauerstoff in Kohlendioxid und Wasser umgewandelt, wobei Energie gewonnen wird. Im Grunde handelt es sich um eine sehr gut kontrollierte, sehr langsame Verbrennung.

Allerdings kann der Körper diverse Kohlehydrate, Fette und Proteine zur Energiegewinnung nutzen. Es ist sogar eine ausnehmend schlechte Idee, sich in zu großem Ausmaß von Zucker in der Würfelzuckervariante zu ernähren (⇒ 5.5.1 & 9.1.4).

---

[24]Das Chlorophyll der Pflanzen kann nur rotes und blaues Licht verarbeiten. Daher erscheinen die meisten Pflanzen grün. (Der „unbrauchbare" Anteil des Lichts wird einfach reflektiert.) Dabei kann rotes Licht nochmals etwas effizienter verarbeitet werden als blaues. Die zusätzliche Energie, die blaues Licht wegen seiner höheren Frequenz hat, wird größtenteils „verschenkt".

3.4.3 Thermochemische Konversion

Die Photosynthese ($\Rightarrow$ 3.4.2) produziert Biomasse, also Substanzen wie Zucker, Stärke, Zellulose, Liginin, Fette und Eiweiße. Diese bestehen vor allem aus Kohlenstoff, Wasserstoff und Sauerstoff (und daneben, je nach Art, noch aus diversen andere Elemente, von Stickstoff bis Phosphor). In der Nahrungskette ($\Rightarrow$ 5.1.2) wird die Biomasse in andere Formen umgewandelt, an der grundlegenden chemischen Zusammensetzung ändert sich jedoch wenig.

Biomasse kann verbrannt werden ($\Rightarrow$ 3.4.1) oder in der Zellatmung als Nahrung dienen ($\Rightarrow$ 3.4.2). In beiden Fällen werden die organischen Substanzen zur Energiegewinnung wieder in Wasser und Kohlendioxid umgewandelt.

Es gibt jedoch auch noch diverse andere Umwandlungsprozesse, die zum Teil schon seit hunderten Millionen Jahren ablaufen. Gelegentlich wurde Biomasse von der Luft abgeschlossen, gelangte im Lauf der Zeit durch geologische Umwälzungen tiefer in die Erde hinein. Unter den meist hohen Drücken und bei teils hohen Temperaturen, die dort unten herrschen, begann sich die Biomasse zu verändern: Der Anteil an Sauerstoff und teilweise auch Wasserstoff reduzierte sich.

Aus den Ablagerungen vor allem von Algen im Meer bildeten sich vor allem Erdöl und Erdgas, also Kohlenwasserstoff-Gemische. An Land entstand, wiederum vor allem aus Pflanzen, vorwiegend Kohle. Von letzterer gibt es je nach Alter unterschiedliche Qualitäten, von der „jungen" Braunkohle,[25] die noch vergleichsweise viel Sauerstoff und Wasserstoff enthält und oft recht feucht ist, über Steinkohle bis hin zu Anthrazit mit einem Kohlenstoff-Anteil deutlich über 90 %.

So entstanden über Jahrmillionen hinweg die fossilen Energieträger ($\Rightarrow$ 4.4.4). Doch man kann ähnliche Prozesse auch viel schneller ablaufen lassen. Schon in Antike und Mittelalter hatten *Köhler* die Aufgabe, Holzkohle für die Hochöfen (und noch andere Stoffe, z.B. Teere für den Schiffsbau) herzustellen.

Der Vorgang, aus organischem Material bei erhöhten Temperaturen und unter (weitgehender) Abwesenheit von Sauerstoff neue Stoffe herzustellen, wird als *Pyrolyse* bezeichnet. Die Pyrolyse von Biomasse, um fossile Stoffe auf nachhaltige Weise zu ersetzen, gewinnt gerade wieder an Bedeutung und ist ein aktives Forschungsgebiet geworden. Auch andere Arten der thermochemischen Konversion werden erforscht und zunehmend eingesetzt, etwa die thermochemische Umwandlung von Biomasse in sogenanntes *Synthesegas*. Aus diesem lassen sich (z.B. mittels Fischer-Tropsch-Synthese $\Rightarrow$ 3.4.6) verschiedenste Brenn- und Kunststoffe herstellen.

---

[25] Die in Deutschland abgebaute Braunkohle entstand zum größten Teil im Tertiär, dem Zeitalter von vor etwa 65 bis 2 Millionen Jahren.

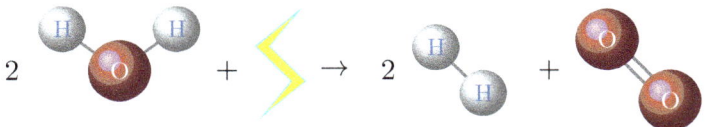

Abb. 3.7: Prinzip der Elektrolyse des Wassers (KL$_{BY}^{CC}$)

3.4.4 Elektrolyse des Wassers

Elektrolyse ist allgemein die Aufspaltung chemischer Verbindungen mittels elektrischer Energie. Besonders bedeutsam ist dabei (speziell für das zukünftige Energiesystem) die Elektrolyse von *Wasser*, deren grundlegendes Prinzip in Abb. 3.7 dargestellt ist. Praktisch ist die Sache allerdings etwas komplizierter als es die einfache Reaktionsgleichung vermuten lässt. Es beginnt schon damit, dass reines Wasser elektrischen Strom erstaunlich schlecht leitet.[26]

Um die Leitfähigkeit zu erhöhen und zugleich unerwünschte Nebenreaktionen (wie sie bei Zugabe von Salzen auftreten würden) zu verhindern, wird die Leitfähigkeit durch Zugabe von Säuren oder Basen erhöht. Mit Säure arbeitet der *Hoffmann'scher Apparat*, der gerne als Schulexperiment gezeigt wird. In größerem Maßstab wird allerdings vor allem die *alkalische Elektrolyse* verwendet, also jene in basischer Umgebung.

Eher mit der sauren Reaktion verwandt ist die Elektrolyse mittels *Proton Exchange Membrane* (PEM), im Grunde einer umgekehrten Brennstoffzelle ($\Rightarrow$ 7.5.5). Die PEM-Elektrolyse hat den Vorteil, dass sie schnell reagieren kann. Daher ist sie gut geeignet, um das Stromnetz zu stabilisieren und fluktuierende Energieformen wie Sonnen- und Windkraft zu nutzen.

Ein Teil der Energie für die Elektrolyse kann auch in Form von Wärme (bei ausreichend hoher Temperatur) eingebracht werden. Je höher die Temperatur ist, bei der die Reaktion abläuft, desto mehr elektrische Energie kann man durch Wärme ersetzen.[27] Zugleich entsteht bei der Elektrolyse auch Abwärme auf niedrigem Temperaturniveau, die durchaus noch anderweitig verwendet werden. Beide Wärmeströme sollten bei der Konzeption eines nachhaltigen Energiesystems berücksichtigt werden ($\Rightarrow$ 8.5).

---

[26] Dass ein Haarföhn, der in eine Badewanne fällt, dennoch oft tödlich ist, liegt u.a. daran, dass Badewasser alles andere als chemisch rein ist – und dass auch durch einen schlechten Leiter noch viel Strom fließen kann, wenn man vollständig davon umgeben ist.

[27] Ab ca. $T = 3\,300\,°C$ (und mit passenden Katalysatoren auch schon bei etwas niedrigeren Temperaturen) läuft die Zerlegung des Wassers in Wasserstoff und Sauerstoff sogar rein durch Wärmezufuhr ab, man spricht von *Thermolyse*. Allerdings ist es extrem schwierig, H_2 und O_2 unter solchen Bedingungen sauber voneinander zu trennen. Deswegen, und weil elektrischer Strom wesentlich einfacher handhabbar ist als Hochtemperatur-Wärme, hat die Thermolyse keine so große Bedeutung wie die Elektrolyse.

3.4 Zentrale Prozesse der Energieumwandlung

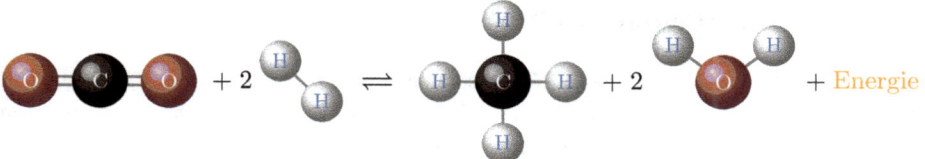

Abb. 3.8: Sabatier-Reaktion, die in beide Richtungen genutzt werden kann: Aus Methan und Wasser lässt sich Wasserstoff erzeugen, man kann aber auch Wasserstoff methanisieren (KL$_{BY}^{CC}$)

3.4.5 Sabatier-Reaktion (Water-Gas-Shift)

Diverse Reaktionen erlauben es, aus Verbindungen unserer drei zentralen Elemente (⇒ 3.1.1) andere zu erzeugen. Eine besonders wichtige ist die *Sabatier-Reaktion* (der *Water-Gas-Shift*). Diese ist in Abb. 3.8 dargestellt.
Als nüchterne Reaktionsgleichung angeschrieben hat sie die Form[28]

$$CO_2 + 4\,H_2 \rightleftharpoons CH_4 + 2\,H_2O + \text{Energie}$$

Wie die meisten chemische Reaktionen kann auch diese in beide Richtungen ablaufen:

- Von rechts kommend kann man aus Methan mit Hilfe von Wasser unter Energieeinsatz H_2 produzieren, wobei der Kohlenstoff zu CO_2 oxidiert wird. Diese Richtung, die *Dampfreformierung*, wird aktuell großtechnisch intensiv verwendet, um jenen Wasserstoff zur Verfügung zu stellen, der in der chemischen Industrie benötigt wird. Das Methan stammt dabei meistens aus fossilem Erdgas; man spricht von „grauem" Wasserstoff (⇒ Box auf S. 294). Es entsteht gleich viel klimaaktives CO_2, wie wenn das Erdgas einfach verbrannt würde.
- Von links kommend kann man aus Wasserstoff und Kohlendioxid Methan und damit, wenn man es so nennen will, synthetisches Erdgas erzeugen (synthetic natural gas, SNG). Diese *Methanisierung* hat aktuell noch kaum Bedeutung – das könnte sich in einem zukünftigen Energiesystem aber durchaus ändern (⇒ 8.3.2). Allerdings enthält das erzeugte Methan nur noch 86 % der Energie, die im verbrauchten Wasserstoff enthalten war. Diese 86 % sind damit auch der maximal mögliche Wirkungsgrad des Prozesses. In der Praxis wird dieser natürlich noch etwas geringer sein und liegt eher bei 75 %. (Allerdings spricht nichts dagegen, die entstehende Wärme noch irgendwie zu nutzen, sei es zur Rückspeisung in die Elektrolyse, sei es zu Heizwecken ⇒ 8.4.1.)

---

[28]Eigentlich besteht die Reaktion aus zwei Teilreaktionen, wobei in der ersten aus CO_2 und H_2 zunächst CO und H_2O gebildet wird, was ein bisschen Energie kostet. Man kann, wenn es zur Verfügung steht, aber auch direkt mit Kohlenmonoxid starten: $CO + 3\,H_2 \rightleftharpoons CH_4 + H_2O + \text{Energie}$.

3.4.6 Fischer-Tropsch-Synthese

Mit der Sabatier-Reaktion ($\Rightarrow$ 3.4.5) lässt sich aus H_2 und CO oder CO_2 Methan herstellen. Doch oft ist man auch an anderen (langkettigeren) Kohlenwasserstoffen interessiert. Hierfür eignet sich die *Fischer-Tropsch-Synthese* (kurz FT-Synthese).
Diese wurde ursprünglich (in den 1920er Jahren) entwickelt, um aus Kohle flüssige Brenn- und Kraftstoffe zu gewinnen. Während des 2. Weltkriegs wurde es in Deutschland, das zwar große Kohlevorräte besitzt, aber vom Nachschub an Erdöl abgeschnitten war, in größerem Ausmaß eingesetzt. Nach Kriegsende sank das Interesse rapide – Erdöl war damals einfach unverschämt billig. Erst seit der Ölkrise 1973 wird das Verfahren wieder intensiver untersucht. Inzwischen wird auch die Verwendung von Biomasse statt Kohle als Grundstoff intensiv erforscht und weiterentwickelt – ein Feld, in dem Deutschland und Österreich technologisch führend sind.

Wie läuft die FT-Synthese nun ab? Zunächst wird aus dem organischen Ausgangsmaterial ein *Synthesegas* (oder kurz *Syngas*) erzeugt, eine Mischung aus H_2 und CO. Aus diesem werden in der Fischer-Tropsch-Synthese mit Hilfe metallischer Katalysatoren[29] Kohlenwasserstoffe gebildet, wobei die Prozessparameter (Druck, Temperatur) und die Art des Katalysators großen Einfluss darauf haben, welche Produkte entstehen. Von kurzkettigen, unter Normalbedingungen gasförmigen Stoffen (Methan, Ethan, Propan, Buthan) über Benzin- und Dieselbestandteile bis hin zu Wachsen reicht die Bandbreite. Auch die Herstellung von Alkoholen ist möglich.

Inzwischen kann man so aus Biomasse Treib- und Brennstoffe von wesentlich höherer Qualität erzeugen als jene, die in den Raffinerien aus Erdöl produziert werden. Schon deswegen braucht man keine Angst zu haben, dass ohne fossile Rohstoffe die gesamte chemische Industrie zusammenbrechen würde. Alle von ihr benötigten Grundstoffe lassen sich auch aus erneuerbaren Quellen gewinnen.[30]

Bei der FT-Synthese wird viel Wärme frei, vor allem, wenn man es auf kurzkettige Produkte abgesehen hat (analog zu Sabatier-Reaktion $\Rightarrow$ 3.4.5, die man auch als Spezialfall der FT-Synthese sehen kann).

---

[29]zur Erinnerung: Katalysatoren sind Substanzen, die chemische Reaktionen begünstigen (oder manchmal überhaupt erst sinnvoll ermöglichen), aus diesem Prozess aber am Ende selbst unverändert hervorgehen. Während sonst oft die Edelmetalle Platin oder Palladium ($\Rightarrow$ S. 82) als Katalysatoren zum Einsatz kommen, werden für die FT-Synthese meist Katalysatoren auf Eisen-, Nickel- oder Kobalt-Basis eingesetzt.

[30]Daneben lässt sich (Wegwerf-)Plastik, das in unserer Gesellschaft ohnehin unnötig verschwenderisch eingesetzt wird, in den meisten Fällen durch biologisch abbaubare Biokunststoffe ersetzen, die aus pflanzlichem Öl oder Zellulose erzeugt werden können. Zudem gibt es ohnehin mehr fossile Reserven, als wir jemals auch nur annähernd als Brenn- und Kraftstoffe einsetzen dürfen (und können, selbst wenn wir bereit wären, allen Sauerstoff der Erdatmosphäre dafür zu opfern $\Rightarrow$ 4). Daher muss man sich um die Verfügbarkeit chemischer Produkte wohl keine allzu großen Sorgen machen.

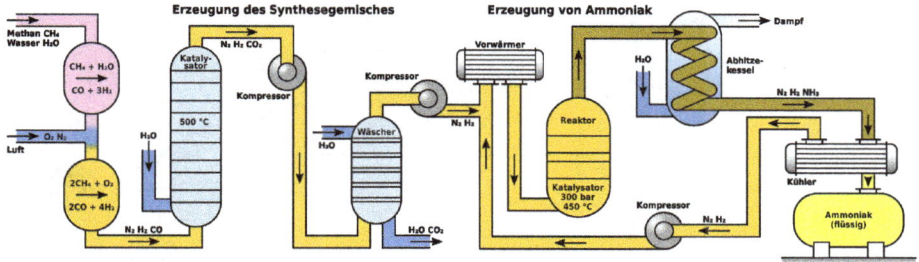

Abb. 3.9: Großtechnische Ammoniak-Synthese mit dem Haber-Bosch-Verfahren, von [Sve07]

3.4.7 Das Haber-Bosch-Verfahren

In der zweiten Hälfte des 19. Jahrhunderts wurde zunehmend klar, dass der Bedarf an Stickstoffdünger ($\Rightarrow$ 3.2.6) für die rasch zunehmende Weltbevölkerung bald nicht mehr aus natürlichen Quellen zu decken sein würde. Auf der Suche nach einer Möglichkeit, den Stickstoff aus der Luft in eine für Pflanzen verwertbare Form zu bringen, wurde Anfang des 20. Jahrhunderts das Haber-Bosch-Verfahren entwickelt.[31]

Dessen zentrale Reaktion ist

$$N_2 + 3\,H_2 \rightleftharpoons 2\,NH_3.$$

Diese Reaktion kann in beide Richtungen ablaufen, und unter Normalbedingungen wird die linke Seite stark bevorzugt. Bei hohen Temperaturen und vor allem hohen Drücken verschiebt sich das Gleichgewicht aber zum Ammoniak hin. In der heutigen Industrie sind Temperaturen bis zu 500 °C und Drücke bis zu 350 bar üblich. Eine entsprechende Anlage ist in Abb. 3.9 dargestellt.

Die Haber-Bosch-Synthese ist energieaufwändig; es wird geschätzt, dass ca. 1 % der Energie, die die Menschheit insgesamt verbraucht, in dieses Verfahren fließt. Dabei entstehen aktuell erhebliche CO_2-Emissionen, weil der Wasserstoff nicht direkt in Form von H_2 zugeführt wird, sondern innerhalb der Anlage durch Dampfreformierung aus Methan erzeugt wird ($\Rightarrow$ 3.4.5). Dieses stammt ganz überwiegend aus Erdgas, womit letztlich fossiler Kohlenstoff in Form von CO_2 in die Atmosphäre gelangt.

In Zukunft wird allerdings wohl vermehrt direkt H_2 eingesetzt werden, womit die erste Stufe des aktuellen industriellen Prozesses ($CH_4 + H_2O \rightarrow CO + 3\,H_2$ links oben in Abb. 3.9) entfallen kann.

---

[31] Später wurde es allerdings auch für die Herstellung von Sprengstoffen verwendet, für die Stickstoff (nitrogen) ja ebenfalls oft ein wesentlicher Bestandteil ist: Nitroglycerin, Trinitrotuluol, ...

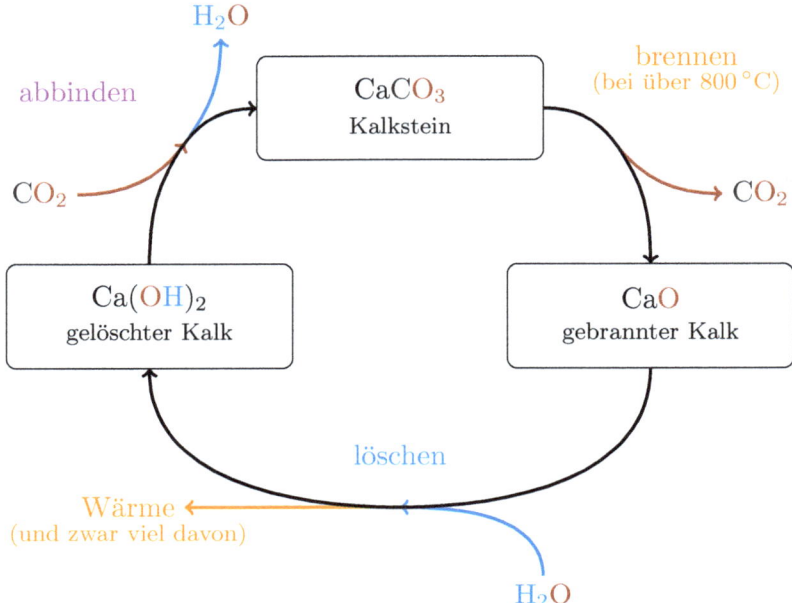

Abb. 3.10: Die zentralen Stufen und Übergänge des technischen Kalkzyklus (KL$_{BY}^{CC}$)

3.4.8 Natürlicher und technischer Kalkzyklus

Kalkstein (größtenteils Kalziumcarbonat ⇒ 3.2.7) ist ein sehr häufiger Stoff – ganze Bergmassive bestehen zu einem großen Teil aus ihm. Betrachtet man die chemische Formel $CaCO_3$ genauer, dann fällt auf, dass CO_2 als Teil darin enthalten ist. Entsprechend ist es nicht verwunderlich, dass es zwischen Kalkstein und Kohlendioxid eine enge Verbindung gibt, die sich in den *Kalkzyklen* zeigt.

Technischer Kalkzyklus Der technische Kalkzyklus, der in Abb. 3.10 dargestellt ist, besteht aus drei Phasen:

1. **Brennen:** Erhitzt man Kalziumcarbonat auf über 800 °C, dann entweicht gasförmiges Kohlendioxid und es bildet sich Kalziumoxid (CaO, gebrannter Kalk).
2. **Löschen:** Gibt man zum gebrannten Kalk Wasser hinzu, so erhält man Kalciumhydroxid ($Ca(OH)_2$, gelöschter Kalk). Beim Ablöschen werden erhebliche Mengen Wärme frei.
3. **Abbinden:** Durch Aufnahme von CO_2 bindet der gebrannte Kalk im Lauf der Zeit wieder zu Kalziumcarbonat ab.

Sowohl gebrannter als auch gelöschter Kalk sind ätzende Substanzen, deren Handhabung Vorsicht erfordert. Zugleich handelt es sich aber auch um sehr nützliche Stoffe mit vielfältigen Anwendungen, u.a. in der Rauchgasreinigung (vor allem zur Entschwefelung, wobei *Gips* entsteht, ein nützlicher Baustoff), in der Stahlindustrie, in der Lebensmittelindustrie und als Desinfektionsmittel.

In der Bauwirtschaft wird ganz oder teilweise gelöschter Kalk für die Herstellung von Mörtel und Putz verwendet. Noch wesentlicher ist beim Bauen aber, dass das Brennen von Kalk samt Freisetzung von CO_2 effektiv auch bei der Herstellung von *Zement* erfolgt, wo die Rohstoffe (vor allem $CaCO_3$ und SiO_2 mit einigen Zusatzstoffen) auf bis zu 1 450 °C erhitzt werden.

Einerseits wird Zement beim Bauen direkt eingesetzt, andererseits mischt man ihn mit Kies oder Sand, um *Beton* herzustellen, den weltweit meistverwendeten Baustoff überhaupt. Der Energieverbrauch und vor allem die (kaum zu vermeidende) CO_2-Freisetzung beim Brennen von Zement sind dafür verantwortlich, dass die Baubranche erheblich zum Klimawandel beiträgt ($\Rightarrow$ 5.5.3).

Beim Härten von Zement (und damit auch Beton) spielt das Löschen des enthaltenen CaO zu $Ca(OH)_2$ eine wesentliche Rolle, und auch eine Variante des Abbindeprozesses gibt es bei Zement und Beton: Im Lauf der Jahre nehmen diese Baustoffe CO_2 aus der Luft auf, verwandeln sich also quasi wieder ein Stück weit in Kalkstein zurück. Allerdings erfolgt dieser Prozess nur teilweise und zudem sehr langsam.

Der Silikat-Carbonat-Zyklus Neben dem technischen gibt es auch noch einen natürlichen Kalkzyklus, bei dem aber auch Siliziumverbindungen eine große Rolle spielen und der daher *Silikat-Carbonat-Zyklus* genannt wird.[32] Dabei löst die Kohlensäure, die sich aus dem CO_2 der Luft bildet, spezielle Gesteine, die Silikate, teilweise auf. Diese enthalten sowohl Silizium als auch Kalzium; letzteres wird in Form von Ionen herausgelöst und ins Meer gespült.

Dort werden die Ionen von Muscheln und anderen Meereslebewesen zusammen mit der im Meer vorhandenen Kohlensäure zum Aufbau von Schalen, Panzern, Knochen, allgemein Innen- und Außenskeletten aus $CaCO_3$ verwendet. Diese lösen sich nach dem Tod der Tiere zwar teilweise wieder auf, teilweise lagern sie sich aber auch am Meeresboden ab. Durch geologische Prozesse werden diese Ablagerungen im Lauf der Jahrmillionen ins Erdinnere geschoben. Dort bildet sich bei großem Druck und hohen Temperaturen aus ihnen und Siliziumdioxid (Quarz) wieder Silikatgestein, wobei CO_2 frei wird. Dieses entweicht über Vulkane wieder in die Atmosphäre. So schließt sich, wie in Abb. 3.11 gezeigt, der Kreis.

---

[32] Die Darstellung folgt eng der sehr übersichtlichen auf Wikipedia, https://de.wikipedia.org/wiki/Carbonat-Silicat-Zyklus, wo auch weitere Details sowie einige typische Reaktionen angegeben sind.

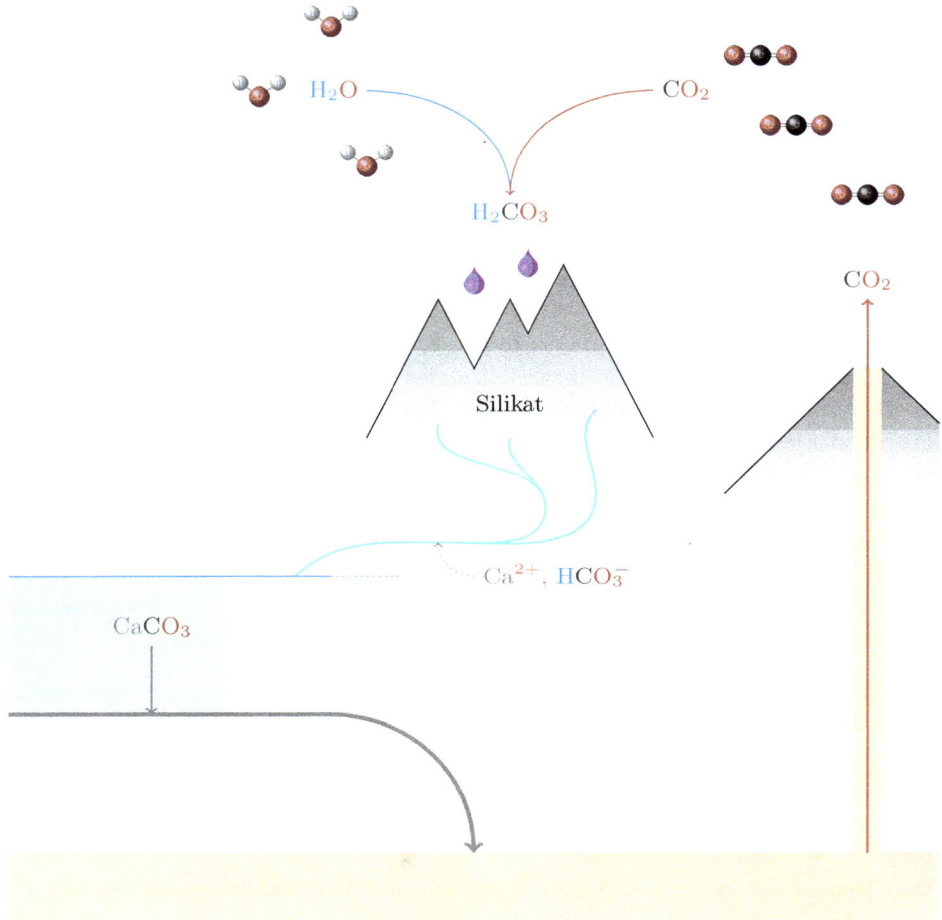

Abb. 3.11: Schema des Silikat-Carbonat-Zyklus (KL$_{BY}^{CC}$)

Da bei einer höheren CO_2-Gehalt der Atmosphäre die Verwitterung der Silikate schneller erfolgt (saurerer Regen, höhere Temperaturen durch den Treibhauseffekt ⇒ 4.2.1) wird durch diesen Prozess auch mehr CO_2 in Form von $CaCO_3$ gebunden und abgelagert. So reguliert der Silikat-Carbonat-Zyklus langfristig den CO_2-Gehalt der Atmosphäre. Leider tut er das viel zu langsam, um das, was wir Menschen aktuell anstellen, auch nur ansatzweise ausgleichen zu können.

4 Das Klima und das CO_2

Das Klima verändert sich. Natürlich hat es das immer getan (oder zumindest die letzten paar Milliarden Jahre lang). Das Tempo hat aber dramatisch zugenommen, und die wesentlichen Gründe dafür haben sich radikal verändert. Um diesen Themenbereich sinnvoll diskutieren zu können, klären wir zunächst, was Wetter und vor allem Klima sind, wo der wesentliche Unterschied zwischen den beiden eigentlich liegt und warum Prognosen zur Entwicklung des Klimas deutlich zuverlässiger als Wettervorhersagen sind ($\Rightarrow$ 4.1).

Danach betrachten wir die Atmosphäre, die Lufthülle unseres Planeten ($\Rightarrow$ 4.2). Insbesondere wird es dabei um den Treibhauseffekt gehen, die Wirkung klimaaktiver Gase, durch die die Temperaturen auf der Erde deutlich höher sind, als es sonst der Fall wäre. Dass dieser Effekt inzwischen deutlich stärker ist als in vorindustriellen Zeiten, ist gut belegt, und dass es unser Handeln ist, das dafür die Ursache ist, ebenfalls ($\Rightarrow$ 4.2.3).

Einen wesentlichen Beitrag zum Treibhauseffekt liefert Wasserdampf in der Atmosphäre, und allgemein beeinflusst er wesentlich die Lebensbedingungen auf der Erde. Daher betrachten wir ihn hier etwas ausführlicher ($\Rightarrow$ 4.3). Zu verstehen, wie Luft und Wasser zusammenspielen, welchen Einfluss die Temperatur hier hat, hilft dabei, zu überblicken, welche Auswirkungen der Klimawandel haben kann, ist aber nebenbei auch nützlich dafür, diverse Alltagsphänomene zu durchschauen.

Mit diesem Wissen ausgestattet, betrachten wir die Geschichte der Atmosphäre ($\Rightarrow$ 4.4), beginnend mit den sehr frühen Phasen, als die Erde noch ein ganz anderer Planet war als heute ($\Rightarrow$ 4.4.1). Im Lauf der Zeit haben geologische Vorgänge wie Vulkanismus, vor allem aber vielfältige Lebensformen die Zusammensetzung der Atmosphäre grundlegend verändert. Die fossilen Energieträger sind dabei quasi als Nebenprodukt entstanden ($\Rightarrow$ 4.4.4). Manche dieser Änderungen machen wir nun im Eiltempo rückgängig – mit dramatischen Folgen ($\Rightarrow$ 4.4.5).

Das geschieht aktuell unabsichtlich, als Nebeneffekt unseres Energie- und Ressourcenhungers. Immer wieder wird inzwischen aber die Möglichkeit diskutiert, absichtlich in die Abläufe auf unserem Planeten einzugreifen, um die Folgen unseres ursprünglichen Handelns abzumildern ($\Rightarrow$ 4.5). Doch wer weiß, ob wir damit nicht noch mehr Schaden anrichten ...

4.1 Wetter vs. Klima

Das *Wetter* ist eine alltägliche Angelegenheit und ein immer wieder beliebtes Gesprächsthema. Das Wetter ist schön oder schlecht, es ist zu heiß, zu kalt, zu trocken oder zu feucht. Es ist vielleicht perfekt für eine Bergwanderung oder so, dass man sich lieber mit einem guten Buch irgendwo im Warmen verkriecht. Das *Klima* als statistische Aussage über Wetterphänomene ist verglichen damit viel unzugänglicher. Schnell werden ein paar kalte Tage als Beleg gegen den Klimawandel herangezogen.

4.1.1 Traue keiner Statistik, die du nicht selbst ...

> There are three kinds of lies: Lies, Damned Lies, and Statistics
> Mark Twain bzw. Benjamin Disraeli zugeschrieben

> It's easy to lie with statistics, but it's easier to lie without them.
> Charles J. Wheelan

Statistik hat oft nicht den besten Ruf. Dass sie einerseits auf durchaus anspruchsvoller Mathematik beruht, andererseits aber notgedrungen weniger rigoros ist als „reine" Mathematik (und manche nun fest etablierten Regeln einst recht willkürlich festgelegt wurden), trägt sicher dazu bei.

Dass seriöse statistische Analysen immer Unsicherheiten beinhalten, macht es nicht besser. Statistik beruht meist auf *vielen* Daten, die typischerweise über längere Zeit gesammelt werden. Die Aussagen, die man mit ihr treffen kann, haben im Normalfall die Form von Wahrscheinlichkeiten. Jede Methode, aus einer solchen Wahrscheinlichkeit eine klare ja/nein-Aussage abzuleiten („Ist der Effekt signifikant?"), enthält zwangsläufig willkürliche Elemente.

Das Ergebnis eines einzelnen Würfelwurfs kann man, wenn der Würfel einigermaßen fair ist, nicht vorhersagen. Über die Ergebnisse von 600 Würfelwürfen lässt sich hingegen vorab schon einiges sagen, so etwa dass man für einen fairen Würfel mit ca. 100 Sechsen rechnen wird. Dass es exakt 100 sind, ist gar nicht so besonders wahrscheinlich. (Die Wahrscheinlichkeit dafür ist kleiner als 5 %.) Dass es aber mindestens 80 und höchstens 120 sein werden, dafür stehen die Chancen sehr gut. Davon, dass es mindestens 50 und höchstens 150 sein werden, kann man nahezu sicher ausgehen.

Wenn man nun bei 600 Würfelwürfen 202 Sechsen erhält, hat man guten Grund zu der Annahme, dass der Würfel manipuliert ist. Dennoch kann es auch bei einem solchen Würfel durchaus vorkommen, dass man einige Male hintereinander nur Einsen, Zweien und Dreien würfelt.

Ähnlich ist es mit Klima und Wetter: Der einzelne Würfelwurf entspricht dem Wetter eines Tages, und das kann, natürlich abhängig von der Jahreszeit, sonnig oder bedeckt sein, heiß, lau oder frostig, trocken oder feucht. Das Klima entspricht allgemeinen Aussagen über den Würfel, also mit wie vielen heißen und kalten Tagen und mit wie viel Niederschlag zu rechnen ist, welche Temperaturen mit welcher Wahrscheinlichkeit über- oder unterschritten werden.

Wahrscheinlichkeiten und Statistik können, wenn man in diesen Disziplinen nicht geschult ist, schnell zu Fehlschlüssen verleiten. Wenn dieses Jahr ein „100-jährliches Hochwasser" stattgefunden hat, bedeutet das keineswegs, dass man nun 99 Jahre lang vor Hochwassern dieses Ausmaßes geschützt wäre. Genauso ist ja, wenn wir den Spielwürfel zur Hand nehmen, das Würfeln einer Eins keine Garantie, dass der nächste Wurf nicht wieder eine Eins liefert.

Noch gefährlicher wird es aber, wenn sich Trends ändern. Wir sind ja gerade dabei, den „Würfel" des Wetters massiv zu manipulieren, so dass die Daten der letzten Jahrzehnte und Jahrhunderte weniger und weniger erlauben, Aussagen über die Zukunft zu machen. Charakterisierungen wie „100-jährlich" setzen ja voraus, dass die Bedingungen über lange Zeit – zumindest einige hundert Jahre lang – einigermaßen konstant bleiben, so dass man eine sinnvolle Statistik aufstellen kann. Davon sind wir aber aktuell weit entfernt. Entsprechend brauchen wir uns nicht zu wundern, wenn bald jedes Jahrzehnt ein solches „100-jährliches Hochwasser" auftritt.

Daher brauchen wir Klimamodelle ($\Rightarrow$ 4.1.2), doch auch diese machen naturgemäß nur statistische Aussagen. Leider stehen Emotionen und Statistik oft im Widerspruch. So ist etwa Autofahren, wie umfassend statistisch belegt, wesentlich gefährlicher als Fliegen, insbesondere wenn man nur Linienflüge berücksichtigt, keine Privatflüge. Doch wie viele Menschen mit Flugangst kennen Sie, und wie viele mit Autoangst? Wann haben Sie selbst das mulmigere Gefühl, beim Einsteigen in ein Verkehrsflugzeug oder dann, wenn Sie sich am Flughafen ins Taxi oder auch Ihr eigenes Auto setzen?

Wir neigen dazu, geringe Wahrscheinlichkeiten entweder maßlos zu überschätzen (etwa das Risiko, in Mitteleuropa Opfer einer Terroranschlags zu werden) oder weitgehend auszublenden (wie vor 2020 die Möglichkeit einer globalen Pandemie).

Diese Diskrepanz macht es so schwierig, aus statistischen Erkenntnissen auch Handlungen abzuleiten. Zur Nukleartechnologie ($\Rightarrow$ 5.2.2), in der mit recht geringer Wahrscheinlichkeit extrem schwere Unfälle auftreten können, gibt es je nach Land zu ganz unterschiedlichen Haltungen, von breiter Akzeptanz in der Bevölkerung bis zu nahezu flächendeckender Ablehnung.

4.1.2 Klimamodelle

„Was wollen uns diese Wissenschaftler denn vom Klimawandel in 10 oder 20 Jahren erzählen? Die Wetterprognosen stimmen doch nicht einmal für die nächsten drei Tage." Haben Sie Solches und Ähnliches auch schon gehört oder gelesen?
Zuverlässige Wettervorhersagen sind außerordentlich schwierig. Komplexe Computermodelle ($\Rightarrow$ Box auf S. 109), die mit leicht unterschiedlichen Anfangsbedingungen hunderte Male laufen, Dutzende dieser Modelle, deren Vorhersagen zu einer einzelnen kombiniert werden, erfordern immensen Rechenaufwand. Dabei wurden enorme Fortschritte gemacht: Grob nimmt die Länge des Zeitraumes, für den die Vorhersagen zuverlässig sind, jeweils innerhalb von ca. zehn Jahren um etwa einen Tag zu.[BTB15] Dennoch sollte man in die Prognose mehr als zwei Wochen in die Zukunft noch nicht allzu viel Vertrauen setzen.
Auf der anderen Seite gibt es Situationen, wo sich hochpräzise Prognosen erstellen lassen. Dazu gehört etwa die Bewegung der Planeten und Monde im Sonnensystem. Eine Sonnen- oder Mondfinsternis lässt sich problemlos (und ohne allzu großen Rechenaufwand) viele Jahrzehnte im Voraus vorhersagen. Eine sehr hübsche ringförmige Sonnenfinsternis wird, wenn das Wetter mitspielt, am 11. Juni 2048 zu sehen sein, allerdings eher im Norden Europas, in Teilen von Island, Skandinavien, dem Baltikum, Belarus, Russland und weiter in einem Streifen in Asien, der in Afghanistan endet.
Klimamodelle liegen irgendwo in der Mitte zwischen diesen beiden Extremen. Es gibt wesentlich mehr Unbekannte, mögliche Wechselwirkungen und andere Schwierigkeiten als bei der Bewegung der Planeten und Monde. Zugleich lässt sich das Klima als statistische Größe wesentlich besser vorhersagen als das Wetter.
Die ersten modernen Klimamodelle, die in den 1970ern entwickelt wurde, waren noch relativ grob – und dennoch haben sie sich bereits bei vielem als zutreffend erwiesen. Seit damals wurden die Modelle laufend verbessert, neue Effekte eingebaut und neue Daten benutzt; die Rechenleistung der Computer, die man für die Berechnungen benutzt, hat gewaltig zugenommen. Eher noch haben die früheren Klimamodelle die Geschwindigkeit des Wandels unterschätzt; dramatische Fehlalarme sind ausgeblieben. Noch immer gibt es gelegentliche Anomalien, wo die Prognosen von den beobachteten abweichen (aktuell etwa für den südlichen Pazifik[KCYK23]), aber das ist die Ausnahme, nicht die Regel. Das Klima in zwanzig Jahren können wir besser prognostizieren als das Wetter in zwanzig Tagen – und wir sollten sehr froh darüber sein, dass die Klimamodelle so gut sind. Da sich das Klima durch den menschlichen Einfluss dramatisch ändert und historische Daten daher nur mehr wenig Aussagekraft über die Zukunft haben, sind wir auf solche Modelle angewiesen, um überhaupt noch einigermaßen zuverlässige Vorhersagen darüber zu machen, was uns in den kommenden Jahrzehnten erwarten wird.

Vertiefung: Modellierung und Modelle

Nahezu alle unsere Überlegung und Entscheidungen beruhen letztlich auf *Modellen*, auf vereinfachten Darstellungen der Wirklichkeit. Das gilt in der Wissenschaft, wo sich viel Forschungsarbeit darum dreht, passende (mathematische) Modelle zu erstellen, es gilt aber auch im Alltag: Wir machen uns etwa Modelle von Menschen, wenn wir darüber nachdenken, wie wir einer Person unser eigenes Anliegen am besten schmackhaft machen oder mit welchem Geschenk wir ihr am ehesten eine Freude machen könnten.

Die Wirklichkeit mit all ihren Wechselwirkungen ist eben so komplex, dass wir sie nie vollständig begreifen können. Damit unser begrenzter Verstand überhaupt mit Zusammenhängen zurecht kommt, müssen diese meist radikal vereinfacht werden. Gelingt es einem, in diesem Prozess der *Modellierung*, in Abstraktion, Reduktionen und Aggregation (Zusammenfassung) die wesentlichen Eigenschaften des betrachteten Systems beizubehalten, dann können Modelle sehr nützlich sein.

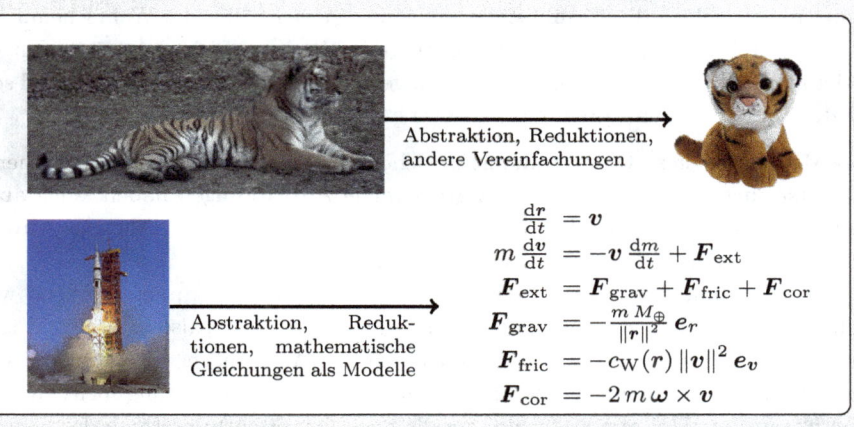

oben: Pfeil von einem echten Tiger zu einem niedlichen Plüschtiger; unten: Pfeil vom Bild eines Raketenstarts zu einem Satz von Gleichungen

Um die Bahn eines Planeten um die Sonne zu berechnen, reicht es völlig aus, ihn als Punktmasse zu betrachten. Die komplexe Geologie des Himmelskörpers, die Dynamik der Atmosphäre spielt dabei keine Rolle. Für ein Klimamodell hingegen kann man zwar noch die geologische Struktur vernachlässigen, muss aber natürlich die Effekte, die sich in der Atmosphäre abspielen, modellieren. Das zeigt auch, dass es kein perfektes Modell eines Systems gibt, das für alle Zwecke geeignet ist. Grad und Art der Abstraktion sollten sich am Ziel, das man jeweils hat, orientieren.

Ist das Modell, mit dem man arbeitet, zu einfach, werden darin wesentliche Effekte vernachlässigt, dann kann das es zu groben Fehlschlüssen führen. Während moderne Wetter- und Klimamodelle über diesen Zustand inzwischen wohl weit hinaus sind, kann man diesen Effekt bei unseren Wirtschaftsmodellen regelmäßig beobachten ($\Rightarrow$ 10.1.4).

Das Bild des Plüsch-Tigers stammt von *plüsch heunec*, https://www.heunec.de/, das des Saturn-V-Starts aus den Archiven der NASA. (Jenes des realen Tigers habe ich selbst im Bronx Zoo gemacht.)

4.1.3 Prognosen und Unsicherheit

Immer wieder hört man, dass Prognosen und Klimamodelle ja Unsicherheiten enthalten – also, so die Schlussfolgerung, seien sie nicht vertrauenswürdig. Doch kaum etwas könnte falscher sein als diese Sicht der Dinge! Oft sind es fundamentalistisch-religiös geprägte Menschen, die so argumentieren. Mit ähnlichen Argumenten werden u.a. auch das Prinzip der Evolution, die Wirksamkeit von Impfungen etc. angegriffen. Solche Argumente verkennen, wie Wissenschaft funktioniert, dass der wissenschaftliche Erkenntnisprozess immer auch Zweifel und Unsicherheiten beinhaltet.
Wird etwas als unumstößliches Dogma verkündet, dann ist es keine Wissenschaft mehr.[1] Macht jemand eine Prognose, die nicht völlig trivial ist, und behauptet, sie sei zu 100 % zuverlässig, so handelt es sich sehr wahrscheinlich um einen Scharlatan.
Eine Impfung, die in einem von einer Million Fällen zu schweren (womöglich tödlichen) Folgen führt, ist dieser Logik nach nicht sicher – und wird abgelehnt, ganz egal, welche dramatischen Folgen die Krankheit hat und um wieviel höher die Wahrscheinlichkeit ist, sich mit ihr zu infizieren. Wer sich nur mit absoluter Sicherheit zufrieden gibt, landet am Ende in den Händen von engstirnigen Dogmatikern, Scharlatanen und selbst selbsternannten Gurus – denn nur diese versprechen so etwas.

Dass Menschen sich so schwer tun, mit Unsicherheiten umzugehen, ja, dass es ihnen gar nicht erst zugetraut wird, kann ganz gravierende Auswirkungen haben, auch abseits des medizinischen Bereichs. Ein berühmtes Beispiel, das in [Sil12] diskutiert wird, war das Hochwasser im Jahr 1997 am Red River (North Dakota).
Dieser ist bekannt dafür, immer wieder über die Ufer zu treten; entsprechend waren auch Dämme angelegt worden – mit einer Höhe von 51 Fuß (ft), also ca. 15.5 m. Für das Hochwasser 1997 lieferten die Wettermodelle für den Wasserhöchststand eine Prognose von (49 ± 9) ft. Kommuniziert wurde allerdings „um die Bevölkerung nicht zu verunsichern" nur der Wert von 49 ft, also gerade noch (ca. 60 cm) unterhalb des Damms.[2] Entsprechend wurden keine speziellen Vorsorgemaßnahmen getroffen.
Tatsächlich stieg der Fluss aber deutlich höher. Der Höchststand war erst mit 54.35 ft erreicht – was durchaus im Einklang mit der Modellvorhersage steht, für die Bevölkerung aber eine sehr unliebsame Überraschung war.

---

[1] Spannenderweise werfen die Gegner der Wissenschaft ihr immer wieder ein solches dogmatische Vorgehen vor. Natürlich kann es vorkommen, dass manche etablierten Erkenntnisse zu wenig kritisch hinterfragt werden – Wissenschaftler:innen sind auch nur Menschen, und zwar solche, die unter oft sehr schwierigen Bedingungen arbeiten müssen ($\Rightarrow$ 10.2). Als Alternative zum „dogmatischen" Vorgehen der Wissenschaft werden aber dann meist völlig absurde ad-hoc-Thesen gebracht, die von einem einzelnen „Guru" oder aus irgendwelchen uralten, wörtlich genommenen Schriften stammen.
[2] Auch bei Angaben wie (49 ± 9) ft muss man natürlich wissen, wie sie zu lesen sind. Solch eine Angabe bedeutet nicht, dass ein Wert von weniger als 49 ft oder mehr als 58 ft völlig ausgeschlossen ist, er ist nur vergleichsweise unwahrscheinlich.

Gerade die Fähigkeit, auch mit Unsicherheiten, unvollständigen Daten, noch unerklärten Teilaspekten und anscheinenden Widersprüchen umzugehen, die Fähigkeit, ihre Ansichten evidenzbasiert auch zu revidieren, zeichnet die Wissenschaft aus.[3]

Auf der anderen Seite sind hingegen *Immunisierungsstrategien* extrem beliebt. *Es gibt keinerlei Belege dafür, dass Reptilienmenschen die Welt kontrollieren? Das beweist doch erst recht, wie gut sie darin sind, alles zu vertuschen.*

Prognosen, Szenarien und Prophezeiungen Auch fundierte Prognosen, die nach bestem Wissen und Gewissen erstellt werden, können sich als falsch erweisen. Dass die Erdölvorräte, wie in den 1970ern prognostiziert wurde, in naher Zukunft zu Ende gehen werden („peak oil"), hat sich nicht bestätigt. (Hierfür waren wir zu gut im Aufspüren neuer Ölvorkommen, die allerdings oft nur mit viel technischen Aufwand und unter großen ökologischen Risiken förderbar sind.) Diese Fehlprognose wird der Umweltschutzbewegung bis heute gerne vorgehalten.

Als begrenzender Faktor hat sich in den letzten Jahrzehnten allerdings nicht die verfügbare Menge fossiler Energieträger erwiesen, sondern das, was sich an schnell freigesetztem CO_2 dem (Öko-)System Erde zumuten lässt. Wir haben im Lauf der letzten Jahre in der Tat viel Aufwand darin investiert, Lagerstätten zu finden, die wir ohne gravierende Folgen für uns alle ohnehin nicht mehr nutzen dürfen. Den Umstieg auf ein Wirtschaftssystem, das ohne Erdöl und andere fossile Energieträger auskommt, hätten wir also trotzdem schneller in Angriff nehmen sollen.

Auch das vorhergesagte „Waldsterben" durch den sauren Regen (vor allem aufgrund der Luftverschmutzung durch SO_2 und SO_3 $\Rightarrow$ 3.3.3) gilt als prominente Fehlprognose. Allerdings wird dabei ausgeblendet, dass ja konkrete Maßnahmen ergriffen wurden (bessere Abgasreinigung in der Industrie, Weiterentwicklungen in der Heizungstechnik), um diese Entwicklung zu verhindern – und damit nebenbei die Luftqualität für uns alle maßgeblich zu verbessern.

In diesem Zusammenhang spricht man von einer *self-defying prophecy*, einer Vorhersage, die eben nicht eintritt, weil sie gemacht wurde und man dann gegengesteuert hat.[4] Generell hat man es gerade im Umweltbereich ja oft nicht mit Prognosen („... wird passieren") zu tun, sondern mit *Szenarien* („Wenn wir so weitermachen, wie bisher, wird mit hoher Wahrscheinlichkeit ... passieren; wenn wir geeignete Maßnahmen ergreifen, hingegen eher ...").

---

[3]Insbesondere wer ein sehr hohes Bedürfnis nach Sicherheit hat, denkt oft in sehr starren Strukturen, in harten Ja/Nein-Kategorien statt in Wahrscheinlichkeiten und situationsabhängigen Aussagen. In dieser Weltsicht ist etwas entweder als Ganzes wahr oder als Ganzes falsch. Von manchen dieser Menschen wird jede Gelegenheit, bei der die Wissenschaft aufgrund neuer Erkenntnisse ihre Sicht revidiert, als Angriffspunkt genommen, um sie als Ganzes zu verwerfen.

[4]Wesentlich bekannter ist das Gegenstück der *self-fulfilling prophecy*, einer Vorhersage, die nur eintritt, weil man sie gemacht hat – spätestens seit Ödipus ein Thema.

Abb. 4.1: Die Atmosphäre der Erde, von der International Space Station (ISS) aufgenommen, https://commons.wikimedia.org/wiki/File:Top_of_Atmosphere.jpg (NASA)

4.2 Die Atmosphäre

Verglichen mit den Ausmaßen des Planeten Erde ist seine Lufthülle extrem dünn. Sie hat zwar keine scharfe Grenze, aber ihre Dichte und damit auch der Luftdruck nimmt mit zunehmender Höhe exponentiell ab (Abb. 4.1). Schon in etwa 5.5 km Höhe ist die Dichte der Luft nur noch halb so groß wie auf Meereshöhe, und über etwa 100 km Höhe (weniger als 1 % des Erddurchmessers) herrschen Bedingungen, die man in einem irdischen Labor bereits als Hochvakuum bezeichnen würde.

Es ist also ein durchaus fragiles Gebilde, das wir so lange Zeit bedenkenlos als Müllkippe für Verbrennungsprodukte benutzt haben. Zugleich ist die Atmosphäre durchaus komplex, mit verschiedenen Schichten, in denen unterschiedliche physikalische und chemische Bedingungen herrschen. Das Wetter spielt sich im Wesentlichen in der *Troposphäre* ab, die bis etwa 10 km Höhe reicht. Doch auch andere Schichten haben für uns Bedeutung, von der Ozonschicht, die uns vor UV-Strahlung schützt, bis hin zur Ionosphäre, die vorwiegend aus geladenen Teilchen besteht, daher Radiowellen reflektiert und so Funkverkehr über weite Strecken hinweg ermöglicht.

4.2.1 Die Atmosphäre als Treibhaus

Wir sehen uns nun genauer an, wie der Wärmehaushalt der Erde genau funktioniert und welche Rolle die Atmosphäre darin spielt.

Treibhausgase in der Atmosphäre Trockene Luft besteht aus ca. 78 % Stickstoff (N_2), ca. 21 % Sauerstoff (O_2), knapp 1 % Edelgasen (vor allem Argon) und weniger als 1 ‰ CO_2 und anderen Spurengasen – doch schon dieser geringe Anteil hat massive Auswirkungen auf das Klima.
Die Atmosphäre ist aber natürlich nicht trocken, sondern enthält auch noch stark veränderliche Anteile Wasser. Diese sind auf jeden Fall als Wasserdampf vorhanden, oft auch in Form schwebender Wassertröpfchen (als Wolken oder Nebel) oder als winzige Eiskristalle. Dieses Wasser ist ebenfalls klimaaktiv, und seine Rolle ist so bedeutend, dass wir Wasser in der Atmosphäre in Abschnitt 4.3 gesondert betrachten.
Neben CO_2 und H_2O sind noch eine Vielzahl anderer, seltenerer Gase klimaaktiv, manche davon – pro Molekül – weit stärker als Kohlendioxid. Am extremsten ist dabei wohl SF_6, das für die Erderwärmung über 20 000-mal stärker wirkt als CO_2 ($\Rightarrow$ 3.3.5). Klimaaktiv sind aber auch viele Kältemittel, also jene Substanzen, die in Kühlschränken und den meisten Klimaanlagen zirkulieren, dort nach Möglichkeit bleiben sollten, manchmal aber eben doch entweichen ($\Rightarrow$ 6.3.4). Auch *Lachgas* (N_2O, ein Vertreter NO_x-Familie $\Rightarrow$ 3.3.2), das vor allem in der industrialisierten Landwirtschaft entsteht ($\Rightarrow$ Abb. 5.19), liefert einen nicht zu unterschätzenden Beitrag zum Treibhauseffekt. Doch auch weniger exotische Substanzen sind klimaaktiv, insbesondere Methan (CH_4 $\Rightarrow$ 3.2.3). Methan ist ja ein hochwertiger Energieträger, dessen Verbrennungsprodukte (CO_2 und H_2O) allerdings bereits klimaaktiv sind. Noch wesentlich schlimmer ist es aber, wenn das Methan direkt in die Atmosphäre gelangt. Dort wirkt es ebenfalls deutlich stärker als CO_2. Entsprechend wichtig sind dichte Pipelines und Gasspeicher. So wichtig nachhaltig erzeugtes Methan womöglich auch für ein Energiesystem der Zukunft ist ($\Rightarrow$ 8.3.2), so wichtig ist es auch, das Methan dort zu halten, wo es hingehört, und es nicht in die Atmosphäre entkommen zu lassen.
Wo Biomasse unter Luftabschluss abgebaut wird, entsteht typischerweise CO_2. Das ist in Mooren und Sumpfgebieten der Fall (die zugleich jedoch sehr effektive Kohlenstoff-Speicher sind), aber auch in der Landwirtschaft. Überflutete Reisfelder produzieren große Mengen CH_4, und die Mägen von Rindern ebenso. Damit gehören Reisanbau (außer im bislang wenig üblichen Trockenanbau) und Rinderzucht zu den größten Emittenten von Methan ($\Rightarrow$ 5.5.1). Allerdings ist der Vergleich von dauerhaft in der Atmosphäre verbleibenden Treibhausgasen wie CO_2 mit solchen, die im Lauf der Zeit abgebaut werden, wie es bei Methan der Fall ist, nicht einfach ($\Rightarrow$ Box auf S. 116).

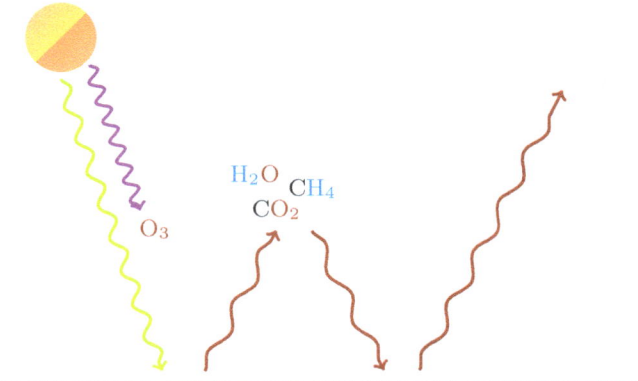

Abb. 4.2: Prinzipskizze des Strahlungshaushalts der Erde (PD$_{KL}$)

Zustandekommen des Treibhauseffekts Die Strahlung, die von der Sonne kommt, besteht größtenteils aus sichtbarem Licht.[5] Diverse für uns unsichtbare Anteile wie das ultraviolette Licht (UV) werden zum größten Teil von der Ozonschicht gefiltert. Etwas UV-Licht durchdringt allerdings die Atmosphäre, bewirkt die Bräunung der Haut in der Sonne und im Übermaß Sonnenbrände. (Manche Tiere, z.B. Bienen, können auch noch einige Farbtöne aus dem ultravioletten Teil des Spektrums wahrnehmen.)

Von der Erdoberfläche hingegen kommt Infrarotstrahlung (IR) – je wärmer die Oberfläche, desto mehr –, die von klimaaktiven Gasen wie CO_2, H_2O und CH_4 teilweise reflektiert wird. Die Atmosphäre wirkt wie eine Decke, die die Wärme nicht so schnell entweichen lässt. Das Prinzip ist Abb. 4.2 dargestellt.

Letztlich wird zwar stets nahezu die gesamte Energie, die die Erde von der Sonne empfängt, als Wärmestrahlung wieder an das Weltall abgegeben ($\Rightarrow$ 5.1). Wird von der Atmosphäre durch CO_2 und Co. für Infrarotstrahlung aber undurchlässiger, wird zunächst mehr Energie zurück zur Erde reflektiert. Dadurch erwärmt sich der Boden – so lange, bis durch die höheren Temperaturen so viel Wärmestrahlung produziert wird, dass auch der geringere Anteil, der noch durchkommt ausreicht, um die Energie abzutransportieren. Die Erdoberfläche muss, wie in Abb. 4.3 für drei Szenarien skizziert, entsprechend wärmer werden, damit sie mehr Infrarot in Richtung Himmel strahlt. Es stellt sich also immer wieder ein neues Gleichgewicht ein, bei dem die Erde insgesamt gleich viel Energie ins Weltall abstrahlt, wie sie von der Sonne empfängt.

---

[5] Diese Formulierung dreht allerdings Ursache und Wirkung um. Wir haben uns im Lauf der Evolution sinnvollerweise so entwickelt, dass wir den größten Teil der Strahlung, die von der Sonne ausgesandt und von den Dingen um uns reflektiert wird, mit unseren Augen wahrnehmen können. (Zusätzlich können wir Infrarot mit der Haut als Wärme fühlen.)

4.2 Die Atmosphäre

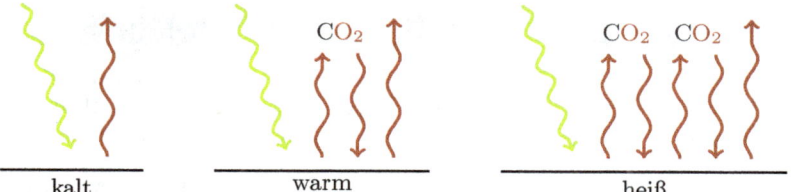

Abb. 4.3: Drei Szenarien für den Strahlungshaushalt der Erde: Wird keine Infrarotstrahlung reflektiert, bleibt der Boden kalt (links). Wird die Hälfte der IR-Strahlung reflektiert, erwärmt sich der Boden, bis doppelt so viel Wärmestrahlung entsteht (Mitte). Werden zwei Drittel reflektiert, wird der Boden so heiß, dass dreimal so viel IR entsteht (rechts). (PD$_{KL}$)

4.2.2 Einige wichtige Klimaphänomene

Wetter und Klima ($\Rightarrow$ 4.1) sind eine komplexe Angelegenheit, in der sich chaotisch-zufällige Effekte mit systematischen, oft periodisch auftretenden Phänomenen mischen. Besonders bekannt sind etwa die „Eisheiligen", ein nahezu jedes Jahr auftretender Kälteeinbruch in Mitteleuropa ca. Mitte Mai.

Neben solchen jedes Jahr auftretenden Phänomene gibt es auch solche, die mehrjährige Zyklen aufweisen oder nur unregelmäßig auftreten. Am bekanntesten und bedeutsamsten sind hierbei wohl *El Niño* und *La Niña*, die sich prinzipiell im südlichen Pazifik abspielen, aber auf das Wettergeschehen weltweit Einfluss nehmen. In Europa (und auch im Norden Nordamerikas) sind El-Niño-Jahre überdurchschnittlich heiß (zusätzlich zum allgemeinen Temperaturanstieg durch den Klimawandel), La-Niña-Jahre hingegen eher kühl. Auch auf die Hurrican-Häufigkeit im Golf von Mexiko haben sie Einfluss.

Ihre globale Wirkung entfalten diese Phänomene auf der anderen Seite der Welt, indem sie die *Jetstreams* beeinflussen, starke Höhenwinde, die wesentlich für den Luftaustausch zwischen heißen und kalten Regionen und für das wechselnde Wetter sind. Die schlechte Nachricht ist, dass nicht nur El Niño und La Niña auf diese Windströmungen wirken, sondern auch der Klimawandel – und er scheint sie zu schwächen.[BM23] Sollte sich das bestätigen, hätte das gravierende Auswirkungen auf den Wetterverlauf. Schwächere Jetstreams führen dazu, dass die Luft mitsamt der Wolken langsamer weiterzieht und dadurch das Wetter seltener wechselt: Heiße Perioden dauern länger an und können so stärkere Dürren verursachen; längere Niederschlagsphasen können eher zu Überschwemmungen führen – und das zusätzlich dazu, dass die Wetterereignissen durch steigende Temperaturen ohnehin schon extremer werden.

> **Vertiefung: Klimawirkung von Methan vs. Kohlendioxid**
>
> Methan (CH_4 ⇒ 3.2.3) ist etwa hundertmal so wirksam dabei, Infrarotstrahlung (IR) zu absorbieren wie CO_2. Die absorbierte Energie wird dann sogleich wieder in Form von IR in eine beliebige zufällige Richtung abgestrahlt. Effektiv wird also ein Teil der Strahlung reflektiert.
>
> Doch ein direkter Vergleich, wie viel stärker CH_4 zum Treibhauseffekt beiträgt, ist nicht ganz einfach, weil Methan zum Glück im Lauf der Jahre mit Luftsauerstoff und Strahlungsenergie der Sonne zu CO_2 und H_2O oxidiert wird (also im Grunde verbrennt). Die typische Lebensdauer eines CH_4-Moleküls in der Atmosphäre beträgt etwa zehn bis fünfzehn Jahre.
>
> Aussagen zum Vergleich kann man demnach nur für spezielle Bezugszeiträume machen. Den entsprechenden Faktor nennt das *Global Warming Potential* (GWP). Bezieht man sich auf einen Zeitraum von 100 Jahren nach Freisetzung wirkt nach den IPCC-Zahlen Methan 28-mal so stark wie CO_2, auf 20 Jahre bezogen 84-mal so stark, [MSB$^+$13, Ch. 8]. Auch leicht andere Zahlen (etwa eine 21-fache Wirkung, bezogen auf 20 Jahre, wie im Kyoto-Protokoll verwendet) sind zu finden. Doch diese Zahlen allein sagen noch nicht alles darüber aus, wie unterschiedlich Methan und interte Gase wie CO_2 wirken.
>
> Werden CO_2 und CH_4 mit konstanter Rate emittiert, dann reichert sich ersteres immer weiter in der Atmosphäre an, während sich bei zweiterem irgendwann ein Gleichgewicht zwischen Emission und Abbau einstellt:
>
>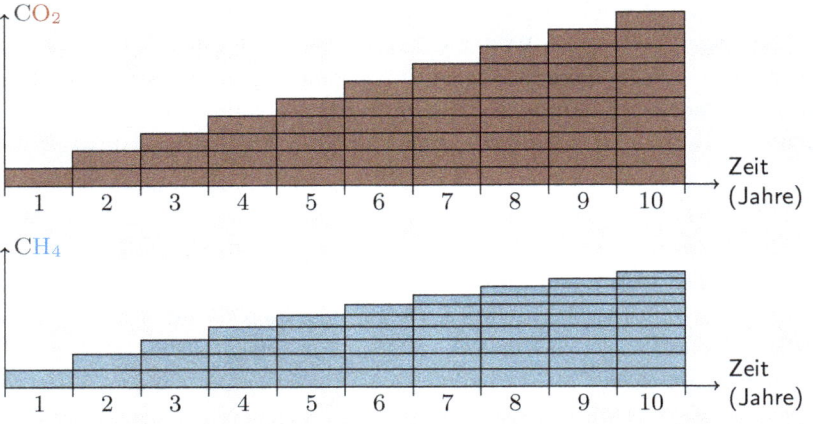
>
> Das bedeutet natürlich nicht, dass Methan harmlos ist, aber speziell biogenes Methan, bei dem der Kohlenstoff in einen globalen Kreislauf eingebunden ist, hat im Gegensatz zu Treibhausgasen fossilen Ursprungs nur eine begrenzte Wirkung. Das sollte in entsprechenden Bewertungen berücksichtigt werden, siehe z.B. https://www.oxfordmartin.ox.ac.uk/news/2018-news-climate-pollutants-gwp und [ASF$^+$18].

4.2.3 Klimawandel: Fingerprints

Im Gegensatz zur oft an Stammtischen, in Foren, auf sozialen Medien und von diversen populistischen Politiker:innen geäußerten Meinung sind Klimaforscher:innen nicht samt und sonders Idioten, die nicht einmal an die einfachsten Alternativen denken, bevor sie zu einer so schwerwiegenden Schlussfolgerung wie dem menschengemachten Klimawandel kommen.

Ganz im Gegenteil: Andere mögliche Erklärungen wurden sorgfältig geprüft, und es wurden wie in einem Kriminalfall zahlreiche Indizien gesammelt, quasi Fingerabdrücke (*fingerprints*).[STW+95; SPB+13] Keiner dieser Abdrücke für sich alleine wäre schon überzeugend, aber alle zusammen liefern ein klares Bild, das alle alternative Erklärungen willkürlich und unplausibel erscheinen lässt.

Die Erderwärmung könnte doch auch von einer höheren Aktivität der Sonne verursacht werden. Ja, im Prinzip könnte sie das – wenn die Sonnenaktivität zunähme. Tatsächlich lässt sich in den letzten Jahrzehnten aber sogar ein leichter Rückgang der Sonnenaktivität beobachten, weshalb *ein wenig* fossiles CO_2 in der Atmosphäre wohl gar nicht so schlecht ist, um das Abgleiten in die nächste Eiszeit zu verhindern. Doch die Schwelle dessen, was dafür sinnvoll ist, haben wir längst überschritten.

Wäre die Sonne für die Temperaturerhöhungen verantwortlich, dann müssten sich zudem die äußeren Schichten der Atmosphäre stärker erwärmen als die inneren – tatsächlich wird aber das genaue Gegenteil beobachtet. Analog gibt es diverse andere „Fingerabdrücke", wie sie in Abb. 4.4 dargestellt sind. Diese Spuren des menschlichen Handelns können dabei von ganz unterschiedlicher Art sein. Viele betreffen direkt den Wärmehaushalt der Erde. Doch man kann zum Beispiel auch ermitteln, woher der Kohlenstoff stammt, der sich in der Luft befindet, in Pflanzen und z.B. auch Korallen eingebaut wird – und dieser stammt zunehmend aus fossilen Quellen.[6]

Ein wenig erinnern die Argumente gegen den menschengemachten Klimawandel an jene der *Flat Earth Society*, deren Mitglieder behaupten, die Erde sei flach. Die einzelnen Argumente für sich können dabei sogar durchaus vernünftig klingen – sie widersprechen einander aber zum Teil, und keines kann alle Beobachtungen erklären, die wir als Beleg für eine annähernd kugelförmige Erde haben.

---

[6]Dass man das zurückverfolgen kann, liegt daran, dass es von Kohlenstoff mehrere Isotope gibt, darunter das radioaktive C-14. Der Kohlenstoff, der in der Atmosphäre zirkuliert, enthält einen kleinen Anteil C-14, der durch die Höhenstrahlung, die die Atmosphäre trifft, laufend erneuert wird. (Die zahlreichen Atombombentest in der zweiten Hälfte des 20. Jahrhunderts haben diesen Anteil nochmals deutlich erhöht.) Das C-14 von Pflanzen in der Biomasse, die sie produzieren, entspricht dem Anteil in der Luft eingebaut. Erst wenn ein Organismus stirbt, versiegt der Nachschub an C-14. Ab dann zerfällt das Isotop nur noch, und aus dem Anteil von C-14 am gesamten Kohlenstoff kann man das Alter bestimmen. Dieser Effekt wird in der Archäologie zur zur Datierung von Fundstücken organischen Ursprungs (Holz, Stoffe, Leder) verwendet. Fossile Energieträger sind schon so alt, dass das gesamte C-14 zerfallen ist. Daran kann man Kohlenstoff fossilen Ursprungs klar erkennen.

Abb. 4.4: Menschliche „Fingerabdrücke" beim Klimawandel, von https://skepticalscience.com/graphics/human_fingerprints-DE.jpg

Aber es sind doch nur drei Prozent! Ein manchmal gehörtes Argument gegen den Klimawandel stützt sich darauf, dass die anthropogenen CO_2-Emissionen ja nur einen kleinen Bruchteil (ca. 3 %) der natürlichen ausmachen. Doch das Problem ist, dass diese 3 % laufend *zusätzlich* hinzukommen.

Zum Vergleich: Stellen wir uns ein Becken vor (wie es etwa in einer Hotellobby stehen könnte), wo Wasser im Kreis gepumpt wird. In einem romantischen Wasserfall stürzt es in die Tiefe und wird aus dem Becken wieder nach oben gepumpt. Wahrscheinlich gibt es irgendwo ein Schild *Kein Trinkwasser*. Nun beginnen Sie, immer wieder ein Glas Wasser in das Becken zu leeren. Die Wassermenge ist, verglichen mit jener, die über den Wasserfall strömt, lächerlich gering. Aber sie kommt *zusätzlich* hinzu. Wenn Sie das Spiel fortsetzen, wird der Pegel im Becken langsam zunehmen – und irgendwann wird das Becken überlaufen. Ganz ähnlich ist des mit dem CO_2 aus der Verbrennung fossiler Energieträger. Es mag wenig sein, verglichen mit dem globalen Kohlenstoffstrom, aber es kommt *zusätzlich* hinzu und sammelt sich daher an. Irgendwann ist es zu viel.

4.2 Die Atmosphäre

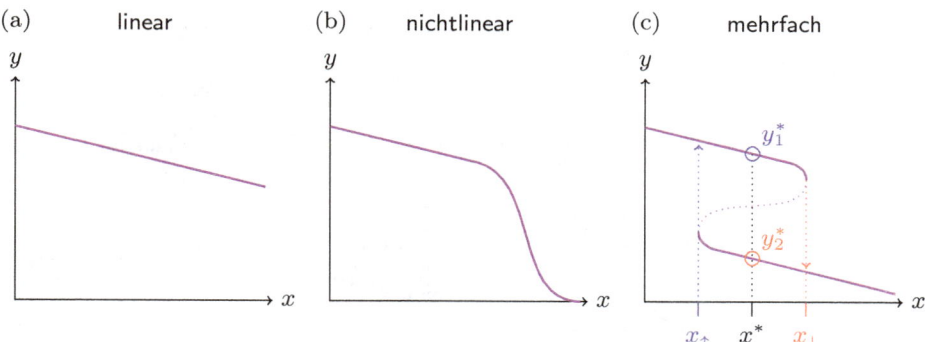

Abb. 4.5: Mögliche Zusammenhänge zwischen Eingang x und Systemzustand y: (a) linearer Zusammenhang, (b) nichtlinearer Zusammenhang, (c) mehrere Gleichgewichte: Zu einem Eingangswert kann es zwei mögliche Systemzustände geben, z.B. zu x^* entweder y_1^* oder y_2^*. Für kleine Werte von x (also geringe Eingriffe) befindet man sich im oberen Zweig. Vergrößert man x über den kritischen Wert $x_\downarrow$ hinaus, denn „springt" man in den unteren Zweig. Durch kleine Änderungen von x lässt sich das nicht mehr rückgängig machen, sondern man muss $x_\uparrow$ unterschreiten, um wieder in den oberen Zweig zurückzukehren. Man spricht hierbei manchmal auch von einer *Hysterese*. (PD_{KL})

4.2.4 Kipp-Elemente und Kipp-Punkte

Wir Menschen neigen dazu, in einfachen Zusammenhängen zu denken. Besonders beliebt sind dabei *lineare* Zusammenhänge: Steckt man irgendwo doppelt so viel hinein, erhält man auch doppelt so viel heraus. Ein Beispiel wäre ein Heizdraht, der doppelt so viel Wärme abgibt, wenn man doppelt so viel elektrische Energie aufwendet. Auch allgemeiner spricht man linearen Zusammenhängen, wenn Änderungen zwischen Eingangs- und Ausgangsgröße stets auf die gleiche einfache Weise zusammenhängen, siehe Abb. 4.5(a).

Doch die wenigsten Zusammenhänge in der Natur sind tatächlich linear. Bei manchen Eingriffen ändert sich zuerst nur wenig, doch wenn einmal eine kritische Schwelle überschritten ist, verändern sich die Dinge u.U. sehr schnell, siehe Abb. 4.5(b). Darüber hinaus gibt es Systeme, für die mehrere unterschiedliche Gleichgewichte möglich sind. Überschreitet man einen solchen Kipp-Punkt, dann wechselt das System in einen anderen Zustand – und es ist oft nicht leicht, in den ursprünglichen zurückzukehren. Das ist in Abb. 4.5(c) skizziert.

Hierfür gibt es zahlreiche Beispiele aus dem sozialen Bereich, etwa wenn in einer Menschenmenge Panik ausbricht oder wenn es in einem Land aufgrund widriger Lebensbedingungen zu Protesten oder gar Aufständen kommt. Dann genügt es in der Regel nicht, die Bedingungen ein klein wenig zu verbessern, um die Lage wieder zu beruhigen.

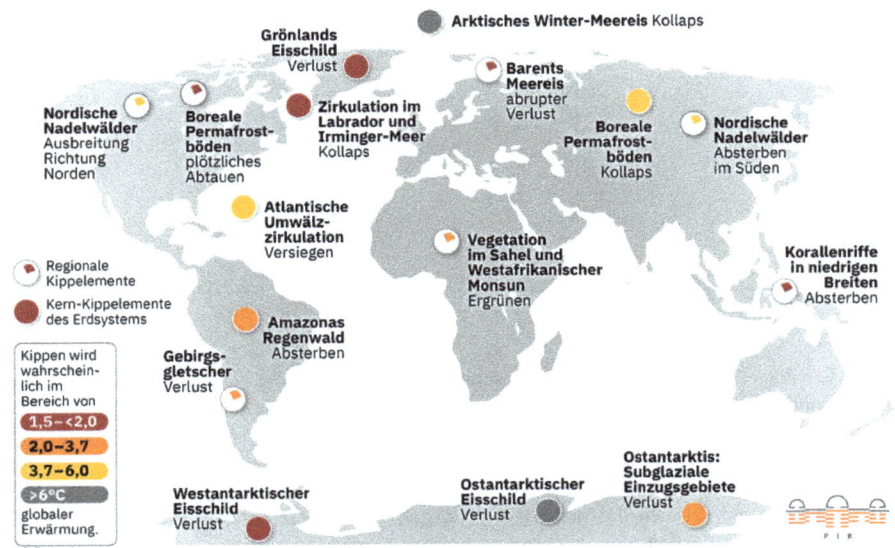

Abb. 4.6: Räumliche Verteilung der globalen und regionalen Kippelemente samt kritischer Temperaturen, Darstellung des Potsdam-Instituts für Klimafolgenforschung, [PIK23]

Auch von natürlichen Systemen sind solche Phänomene bekannt. Es gibt etwa starken Grund zur Annahme, dass die Sahara zwei Gleichgewichtszustände besitzt, den jetzt vorliegenden einer Wüste, aber auch einen feuchteren mit durchaus üppiger Vegetation, der sich in gewissem Ausmaß selbst stabilisiert: Pflanzen verdunsten erhebliche Mengen an Wasser, das meist nicht allzu weit entfernt wieder als Niederschlag fällt.

Vermutlich lag dieses „grüne" Gleichgewicht bis vor wenigen tausend Jahren noch vor. Doch eine schwere Dürre könnte schon ausgereicht haben, um die Vegetation so sehr zu schädigen, dass die Stabilisierung durch selbst erzeugten Niederschlag nicht mehr funktionierte und der Wald zur Wüste wurde. Ähnliches könnte durch Abholzungen und Klimawandel auch im Amazonas-Gebiet geschehen.[7]

Auch dass sich die thermohaline Zirkulation ($\Rightarrow$ 5.1.1) der Meeresströmungen abschwächt oder anderweitig gravierend verändert, ist eine sehr reale Möglichkeit – mit gravierenden Auswirkungen. Derartige *Kipp-Elemente* im Klima, wie sie in Abb. 4.6 illustriert sind, zeichnen sich meist dadurch aus, dass Rückkopplungseffekte einsetzen:

---

[7] Umgekehrt besteht durchaus die Möglichkeit, dass die Sahara durch den Klimawandel wieder ergrünt. Das wäre lokal sicher eine positive Entwicklung, kann aber anderswo auch wieder negative Konsequenzen haben, z.B. in Südamerika, das einen wichtigen Teil der Mineralstoffe für das Pflanzenwachstum über Staubstürme aus Afrika erhält.

4.2 Die Atmosphäre

Arktisches oder antarktisches Eis schmilzt und weicht dadurch einem dunkleren Untergrund (Meer oder Boden), der mehr Sonnenlicht absorbiert und so die Aufheizung vorantreibt. Ein besonders kritisches Kipp-Element sind die borealen *Permafrostböden*, in denen große Mengen Methan gebunden sind. Tauen diese Böden auf (was in kleinem Maßstab bereits geschieht), denn heizt das freiwerdende Methan den Klimawandel weiter an, was zu noch höheren Temperaturen führt, wodurch die Permafrostböden noch schneller auftauen. Zudem sind die Kipp-Elemente nicht unabhängig voneinander. Das Kippen eines Systems kann das Kippen eines anderen beschleunigen, und im schlimmsten Fall fallen sie wie die Dominosteine.[SRR+18; Pod19]

Aber ist das nicht (wieder) falscher Alarm? Mehrfach schon wurden in der Geschichte der Umweltschutzbewegung vor Katastrophen gewarnt, die in dieser Form nicht eingetroffen sind – und ihre Kritiker werden nicht müde, ihr das vorzuhalten. Zum Teil lag das in der Tat an Fehleinschätzungen, an unzureichenden Daten, zum Teil aber auch einfach daran, dass rechtzeitig wirksame Gegenmaßnahmen gesetzt wurden ($\Rightarrow$ 4.1.3).

Doch seit den 1970er Jahren hat sich die Welt verändert. Unsere Möglichkeiten, Daten zu erfassen und zu verarbeiten, haben sich massiv verbessert. Wir haben ausgefeiltere Modelle und können damit weit umfassendere und präzisere Berechnungen anstellen als damals. In vielen Fällen braucht man auch keine komplexen Modelle, keine Sumpercomputer. Eine simple Rechnung auf der Rückseite eines Briefumschlags reicht aus, um zu sehen, dass es so nicht weitergehen kann.

Natürlich ist es nicht völlig ausgeschlossen, dass es in Bezug auf den Klimawandel noch immer Fehleinschätzungen gibt. Doch mit jedem weiteren Jahr, das neue Temperaturrekorde bringt, mit jedem neuen Unwettersommer, mit weiteren Tierarten, die verschwinden, wird das Bild deutlicher und überzeugender. Viele verschiedene Beobachtungen und Entwicklungen greifen auf überzeugende Weise ineinander ($\Rightarrow$ 4.2.3), und es ergibt sich ein ebenso schlüssiges wie erschreckendes Gesamtbild von dem, was wir dem Planeten, seinen Ökosystemen und letztlich auch uns selbst antun.

Zusätzlich sollte hier auch ein gewisses Vorsichtsprinzip gelten: Sobald es eine ernstzunehmende Wahrscheinlichkeit dafür gibt, dass ein schreckliches, irreversibles Ereignis eintreten wird, sollte man Maßnahmen ergreifen, sich dagegen abzusichern, es nach Möglichkeit zu verhindern. Das ist erst recht wahr, wenn man dazu nur einfach früher und etwas entschlossener etwas tun muss, was ohnehin irgendwann notwendig ist – wie in diesem Fall, von fossilen Energieträgern unabhängig zu werden und zugleich mit der Fläche auszukommen, die wir zur Verfügung haben.

Mit extremem Alarmismus à la „Wir haben jetzt noch zwei Jahre Zeit zu handeln, dann ist alles zu spät!" sollte man zwar eher zurückhaltend sein. Auf jeden Fall aber ist es hoch an der Zeit ist, endlich entschlossen und überlegt zu handeln ($\Rightarrow$ 10.6).

4.3 Das Phänomen Wasserdampf

Wasser ($\Rightarrow$ 3.2.2) ist u.a. auch dadurch bemerkenswert, dass es auf der Erde ganz natürlich in festem, flüssigem und gasförmigem Zustand auftritt. In welcher Form es vorkommt, hat Einfluss auf den Strahlungshaushalt der Erde: Schnee reflektiert das Sonnenlicht sehr gut, flüssiges Wasser hingegen absorbiert es zum größten Teil.[8]

Den größten Einfluss auf das Klima hat Wasser aber auf eine andere Weise: Wasserdampf ist ein durchaus klimawirksames Gas, und ebenso haben feine Wassertröpfchen in der Atmosphäre Auswirkungen auf den Wärmehaushalt der Erde. Diesen Effekt kann man auch selbst beobachten: Sternenklare Winternächte sind meist wesentlich kälter als solche mit bedecktem Himmel, weil die Wärme des Bodens viel ungehinderter in den Weltraum abgestrahlt werden kann. Umgekehrt reflektieren Wolken am Tag einfallendes Sonnenlicht und reduzieren damit das Ausmaß, mit dem sich der Boden überhaupt aufheizt.

Diese zwiespältige Rolle des Wassers mag ein Grund sein, warum beim Treibhauseffekt viel über CO_2, manchmal über Methan und andere Spurengase gesprochen wird, aber kaum jemals über Wasser. Ein anderer Grund ist, dass der Wassergehalt der Atmosphäre wesentlich veränderlicher ist als jener aller anderen Stoffe dort.

4.3.1 Aufnahmekapazität und Luftfeuchtigkeit

Wie viel Wasserdampf in der Atmosphäre überhaupt enthalten sein kann, hängt vor allem von der Temperatur ab. Die von der Luft fassbare Menge an Wasserdampf nimmt tatsächlich überproportional mit der Temperatur zu, nämlich grob exponentiell.[9] Das kann man durchaus beunruhigend finden: Je höher durch den Treibhauseffekt die Temperatur auf der Erde ist, desto mehr Wasserdampf kann dazu beitragen, diesen Treibhauseffekt noch weiter zu verstärken.

Das Verhältnis von tatsächlich enthaltener Wassermenge zur prinzipiell fassbaren wird als *relative Luftfeuchtigkeit* bezeichnet. Bleibt die Menge an Wasser gleich und erhöht sich die Temperatur der Luft, dann sinkt die relative Luftfeuchtigkeit. Dieser Effekt ist dafür verantwortlich, dass im Winter die Raumluft oft so trocken ist. Draußen mag die relative Luftfeuchtigkeit hoch sein, doch durch das Erwärmen auf Raumtemperatur entspricht die gleiche Wassermenge nun einem wesentlich kleineren Anteil dessen, was möglich wäre.

---

[8] Das Reflexionsvermögen diffus reflektierender Materialien, wie sie die Eroberfläche hauptsächlich ausmachen, wird durch die *Albedo* (die „Weiße") beschrieben, eine Zahl, die angibt, welcher Anteil des Lichts wieder rückgestrahlt wird.

[9] Spätestens die Corona-Pandemie von 2020-22 sollte uns einen gesunden Respekt vor exponentiellem Wachstum verschafft haben.

4.3 Das Phänomen Wasserdampf

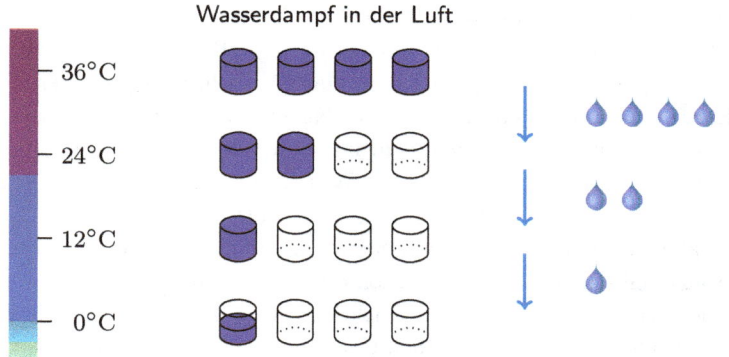

Abb. 4.7: Skizze der Wassermenge, die von Luft bei verschiedenen Temperaturen gefasst werden kann, und mögliche Regenmenge bei Abkühlung. (KL$_{BY}^{CC}$)

Eine Temperaturerhöhung um 12 Grad verdoppelt etwa das Fassungsvermögen der Luft. Umgekehrt: kühlt man Luft um 12 Grad ab, halbiert sich die Wassermenge, die sie fassen kann. Hatte sie vorher schon eine relative Luftfeuchtigkeit von 100%, dann muss die Hälfte des Wasserdampfs in Form von flüssigem Wasser in Erscheinung treten („kondensieren"): Es entstehen Nebel, Tau oder meistens Wolken, aus denen letztlich irgendwo Regen fällt. Das ist in Abb. 4.7 skizziert.

Dass die gleiche Temperaturänderung je nach Ausgangstemperatur ganz unterschiedliche Wassermengen freisetzen kann, erklärt, warum es extreme Wolkenbrüche normalerweise nur im Sommer gibt, nicht in Frühling oder Herbst. Es erklärt auch, warum schon ein Anstieg der mittleren Temperatur um ein, zwei Grad ausreicht, damit schwere Unwetter und katastrophale Überschwemmungen viel häufiger auftreten als früher.

4.3.2 Verdunstung und Kühlgrenztemperatur

Von der relativen Luftfeuchtigkeit und der Temperatur hängt eine Größe ab, die den etwas sperrigen Namen *Kühlgrenztemperatur* (oder, noch komplizierter, *Verdunstungskühlgrenztemperatur*, VKGT) trägt und die durchaus der Stoff für Albträume und Katastrophenfilme sein könnte.

Auf Englisch heißt sie *wet bulb temperature* (Feuchtkugeltemperatur), und dieser Begriff beschreibt auch gut, wie man sie misst: Dazu umwickelt man das Reservoir eines Thermometers (also die Kugel an dessen unteren Ende) mit einem nassen Tuch. Da das Wasser ständig verdunstet und das Reservoir kühlt, misst man nicht die herrschende Temperatur, sondern jene Temperatur, die durch *Verdunstungskühlung* erreicht werden kann.[Rei21]

Die Verdunstung von Wasser erfordert erhebliche Mengen Energie, nochmal wesentlich mehr, als das Wasser nur zum Kochen zu zu bringen ($\Rightarrow$ Box auf S. 64). Verdunstung bei niedrigeren Temperaturen erfolgt zwar langsamer, braucht aber pro Liter Wasser nicht weniger Energie. Dass die Verdunstung von Wasser dermaßen viel Energie „schluckt", spürt man z.B., wenn man nach dem Schwimmen wieder an Land geht. Auch wenn es draußen deutlich wärmer sein mag als im Wasser (das die Wärme noch dazu besser leitet), fröstelt man doch wegen der Verdunstungskälte.

Diesen Effekt machen sich zahlreiche Lebewesen zunutze, um sich zu kühlen: Hunde hecheln, Menschen schwitzen. Das funktioniert natürlich umso besser, je trockener die Luft (also je geringer die relative Luftfeuchtigkeit) ist. Daher lassen sich 40°C in der trockenen Luft Griechenlands wesentlich besser ertragen als 30°C in der Schwüle eines tropischen Dschungels.

Beim Aufguss in einer Sauna, geht es nicht darum, dass die Temperatur ansteigt, sondern um die höhere Luftfeuchtigkeit. Einerseits wird dadurch die Wärmeübertragung etwas besser, andererseit verliert das Schwitzen an Effektivität. Insgesamt fühlt sich die Luft viel heißer an als zuvor.

Abhängig von der herrschenden Temperatur und der Luftfeuchtigkeit gibt es eine niedrigste Temperatur, die durch Verdunstung erreicht werden kann – eben die angesprochene Kühlgrenztemperatur. Diese muss also so niedrig sein, dass der Körper seine selbst produzierte Wärme noch vollständig an die Umgebung abgeben kann.[10]

Ist das nicht mehr der Fall, kann sich der Körper durch Schwitzen nicht mehr auf seine Idealtemperatur kühlen und erhitzt sich über diese hinaus. Die Bandbreite, welche Körpertemperaturen noch ausgehalten werden können, ist aber eng, und selbst kleine Abweichungen nach oben werden schnell belastend.[11] Liegt die Kühlgrenztemperatur über einer kritischen Grenze, dann wird das also gefährlich. Lebensgefährlich. Tödlich. Gegen solche Hitzschocks hilft kein Training, keine Abhärtung, keine Fitness: Selbst junge, gesunde Menschen, die sich im Schatten aufhalten, nahezu nicht bewegen und beliebig viel Trinkwasser zu Verfügung hätten, würden unter diesen Umständen binnen weniger Stunden an Überhitzung sterben.

---

[10] Die Wärmeleistung des Körpers liegt bei Inaktivität typischerweise bei etwa 50 W, bei moderater körperlicher Tätigkeit bei etwa 100 W – einem Zehntel der Leistung einer kleinen Kochplatte. Bei größeren körperlichen Anstrengungen kann es auch noch deutlich mehr sein. Die mechanische Leistung, die man über längere Zeit erbringen kann, liegt bei etwa 150 bis 200 W ($\Rightarrow$ 5.6), und aufgrund des Wirkungsgrads der Muskeln von maximal 26% ist die zusätzliche Wärmeleistung etwa das Dreifache davon.

[11] Die Idealtemperatur für den menschlichen Körper liegt knapp unter 37°C. Ein, zwei Grad mehr können wir (wie bei Fieber) zwar verkraften, aber es handelt sich doch um eine massive Belastung, und die körperliche Leistungsfähigkeit geht gegen null. Über 40°C beginnen Proteine zu denaturieren (analog zum Stocken des Eiweiß beim Kochen von Eiern) und ihre Funktionen zu verlieren. Proteine sind aber die „Werkzeuge" des Körpers. Wenn sie nicht mehr funktionieren, bricht schnell alles zusammen.

Ohne die Möglichkeit, sich in gekühlte Räume zurückzuziehen – und hier hilft ein bloßer Ventilator gar nichts ($\Rightarrow$ 6.2.3) – wären Menschen solchen Bedingungen hilflos ausgeliefert.
Ursprünglich nahm man an, dass die kritische Kühlgrenztemperatur ca. 35 °C beträgt, also knapp unter der typischen Körpertemperatur liegt.[12] Neuere Untersuchen legen allerdings nahe, dass die kritische Grenze sogar noch tiefer liegt, bei moderater körperlicher Tätigkeit (wie etwa Hausarbeit) womöglich sogar unter 32 °C.[KVCW22]

Das sind beunruhigende Aussichten. Schon ein moderater Anstieg der Luftfeuchtigkeit oder der Temperaturen bei bereits heiß-feuchtem Wetter kann den Umschlag von „bloß unangenehm" zu „akut lebensgefährlich" bedeuten.[Bui22] Soviel also zu „ein paar Grad mehr schaden doch nicht". In manchen Situationen machen zwei, drei Grad mehr kaum einen Unterschied, sind allenfalls ein wenig beschwerlich. In anderen aber können sie leider den Unterschied zwischen Leben und Tod bedeuten.

Im Gegensatz zur Erwartung, dass solche Temperaturen erst gegen Mitte des 21. Jahrhunderts erreicht werden, haben Studien wie [RMH20] bereits in historischen Wetterdaten diverse Ereignisse gefunden, wo die kritische Kühlgrenztemperatur überschritten wurde. Bislang wurden diese zwar mit Hilfe technischer Einrichtungen (vor allem Klimaanlagen $\Rightarrow$ 6.3.3) bewältigt bzw. sind etwaige Opfer in den allgemein ansteigenden Zahlen von Hitztoten weitgehend untergegangen.

Doch je mehr die Temperaturen steigen, desto größer das Risiko, dass es auch zu wirklich dramatischen Ereignissen kommen wird, vor allem dort, wo die Bevölkerung solchen feuchten Hitzewellen viel hilfloser gegenübersteht als jene in hochtechnisierten Ländern, in denen eine zuverlässige Stromversorgung als selbstverständlich betrachtet wird. Wenn etwa irgendwo in den heißfeuchten Regionen von Südostasien die Bewohner:innen ärmerer Stadtviertel oder Dörfer kaum Zugang zu technisch gekühlten Räumen finden, dann ist die mögliche Katastrophe absehbar.

Natürlich werden wir im reichen (und gut klimatisierten) Westen dann angemessen betroffen sein, ein bisschen für die Hinterbliebenen spenden und uns wieder einmal gebührend wundern, dass ein Unglück, von dem seit Jahrzehnten klar war, dass es wohl kommen wird (nur nicht so genau, wann und wo) nun tatsächlich eingetroffen ist. Langfristig steht im Raum, dass erhebliche Teile der Erde durch die Kombination aus Hitze und Luftfeuchtigkeit unbewohnbar werden – zumindest ohne erheblichen technischen Aufwand (der wiederum mit erheblichem Energieverbrauch einher geht) und ohne strikte Regeln, an welchen Tagen man Gebäude nur noch für kurze Zeiten verlassen darf. Die Ergebnisse einer solchen Analyse sind in Abb. 4.8 dargestellt.

---

[12] Eine kleine Temperaturdifferenz zur Umgebung ist notwendig, damit Wärme überhaupt abfließen kann, und sie muss groß genug sein, damit *genug* Wärme abtransportiert wird.

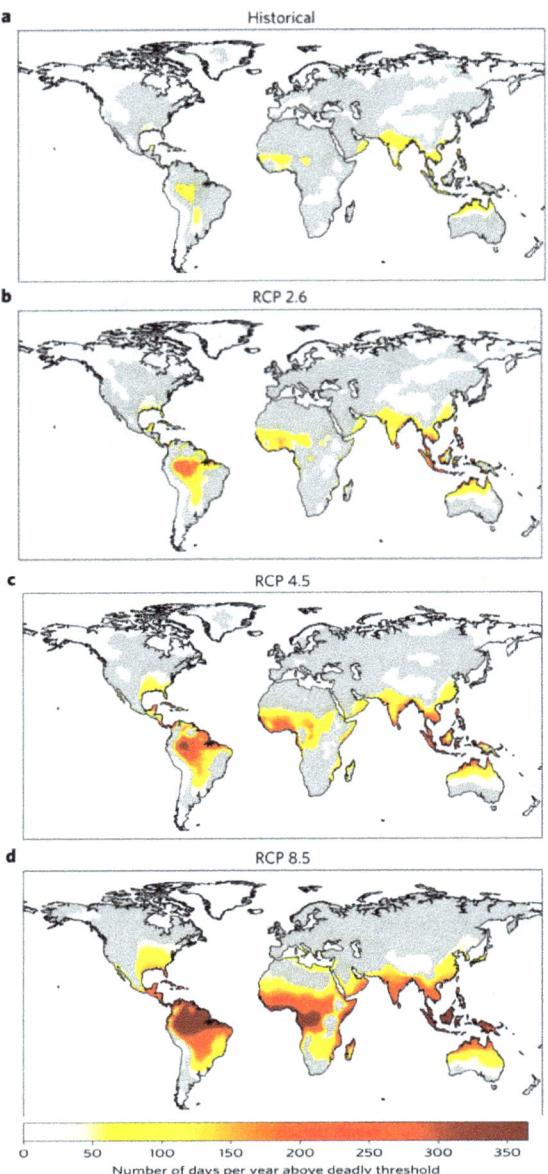

Abb. 4.8: Durch Hitze unbewohnbare Gebiete der Erde nach [MDC+17] nach aktuellem Stand und in drei Szenarien (Representative Concentration Pathways, RCPs). In grau eingezeichneten Gebieten ist die statistische Unsicherheit so groß, dass keine sinnvolle Aussage möglich ist – was natürlich nicht bedeutet, dass diese Gebiete bewohnbar bleiben.

4.4 Eine kurze Geschichte der Atmosphäre

Verteidiger:innen des fossilen Systems argumentieren manchmal mit dem biogenen Ursprung von Kohle, Erdöl und Erdgas: *Alles natürlich, alles nur fossile Biomasse ...* Das ist auch gar nicht falsch – aber die Erde, aus der diese fossile Biomasse stammt, war noch eine ganz andere Welt: Sie drehte sich schneller, die Sonne war noch schwächer, und die Kontinente hatten weder die gleiche Form noch die gleiche Position wie heute. Vor allem aber war die Atmosphäre ganz anders zusammengesetzt, wäre für die meisten heutigen Lebensformen (darunter auch uns Menschen) gar nicht atembar. Mit der inzwischen höheren Sonnenaktivität wäre zudem der Treibhauseffekt ($\Rightarrow$ 4.2.1) heute stärker als damals. Womöglich hätte unser Planet eher Ähnlichkeit mit der Venus als mit der Erde, wie wir sie heute kennen.

Wir wollen nun knapp nachzeichnen, wie sich die Zusammensetzung der Atmosphäre im Lauf der Jahrmilliarden verändert hat. Das hilft auch zu verstehen, wie schwach das Argumente des biogenen Ursprungs ist und wie wenig beruhigend alle Versicherungen sind, dass es noch für Jahrhunderte fossile Energieträger vorhanden sind.

4.4.1 Die frühen Jahrmillionen

Wir beginnen unsere Reise bei einer noch recht jungen Erde (wobei sie auch da schon etliche hundert Millionen Jahre auf dem Buckel hatte – „jung" ist eben relativ). Natürlich gab es noch frühere Phasen, und darin vermutlich eine *Uratmosphäre* aus Wasserstoff und Helium – doch diese beiden Gase sind so leicht, dass sie bei den damals herrschenden hohen Temperaturen mit der Zeit aus dem Einflussbereich der Erde entkamen bzw. vom Sonnenwind ins All davongeweht wurden.

Die Atmosphäre, die wir betrachten, die *Erste Atmosphäre*, wurde vor allem durch Vulkanismus gebildet. Sie bestand vermutlich zum größten Teil aus Wasserdampf (H_2O, etwa 80 %), Kohlendioxid (CO_2, etwa 10 %) und Schwefelwasserstoff (H_2S, 5-7 %), dazu kleine Mengen diverser anderer Gase (wieder etwas Wasserstoff und Helium, zudem aber auch Methan, Kohlenmonoxid, Ammoniak, ... die üblichen Verdächtigen eben ($\Rightarrow$ 3.2 & 3.3). Freien Sauerstoff gab es damals noch keinen. Auch N_2, das heute der Hauptbestandteil der Atmosphäre ist, war allenfalls in Spuren vorhanden.

Der extrem hohe Anteil von Wasserdampf erklärt sich dadurch, dass die Erde damals immer noch so heiß war, dass es kein flüssiges Wasser gab. Als sie endlich weit genug abgekühlt war, dass der Wasserdampf kondensieren konnte, begann ein durchgehender Regen, der etwa 40 000 Jahren andauerte.[13]

---

[13] Zum Glück gab es damals noch niemanden, der sich über das ständige schlechte Wetter hätte beschweren können.

Dadurch, dass das meiste Wasser in flüssiger Form vorlag, war der *relative* Anteil von Kohlendioxid und Schwefelwasserstoff gestiegen. Diese waren nun die neuen Hauptbestandteile der Atmosphäre. Allerdings lösten sich auch in den neu entstandenen Ozeanen erhebliche Mengen dieser Gase, und durch die aus CO_2 und H_2O entstandene Kohlensäure ($\Rightarrow$ 3.2.7) war das Meer sehr sauer.

Diverse Prozesse veränderten nun die Zusammensetzung sowohl der Luft als auch des Meerwasser. Einerseits spaltete das Sonnenlicht Moleküle auf, etwa Ammoniak in Stickstoff und Wasserstoff. Andererseits entwickelten sich in den Ozeanen die ersten einfachen Lebensformen (Bakterien und Archaeen[14]), die aus chemischen Reaktionen Energie gewannen. Diese Reaktionen waren noch alle *anaerob*, liefen also ohne Sauerstoff ab, der in Luft und Wasser ja noch gar nicht in freier Form vorhanden war.

Insgesamt reicherte sich bei Bildung dieser *Zweiten Atmosphäre* N_2 an, während andere Gase (außer CO_2, H_2O und Argon) in den Weltraum entwichen oder aufgespalten wurden. In den Meeren, die durch biologische Aktivitäten weniger sauer geworden waren, fielen große Mengen Kalziumcarbonat aus – der Ursprung der Kalkgebirge ($\Rightarrow$ 3.2.7).

4.4.2 Die große Sauerstoff-Katastrophe

Die Zweite Atmosphäre enthielt N_2, CO_2, Wasserdampf und Spuren anderer Gase – aber noch immer keinen freien Sauerstoff. Woher kam dieser?

Verantwortlich dafür war die Photosynthese ($\Rightarrow$ 3.4.2). Schon Jahrmilliarden vor unserer Zeit gab es in den Meeren blaugrüne Algen, auch *Cyanobakterien* genannt, die frühen Vorfahren jener ungebetenen Gäste, die sich noch heute gerne in Aquarien und Teichen ansiedeln. Während die allerersten Lebewesen noch recht genügsam vom Abbau diverser chemischer Substanzen gelebt hatten, konnten diese Algen eine neue und mächtige Energiequelle nutzen: das Sonnenlicht

Als Abfallprodukt entstand O_2 – ein hochgradig reaktives Gas, in höherer Konzentration für nahezu alle damaligen Lebensformen ein tödliches Gift. Lange Zeit war das allerdings kein allzu gravierendes Problem. Es gab immerhin gewaltige *Sauerstoffsenken*, in denen dieses O_2 wieder verschwand: So wurden in den Ozeanen sogleich diverse organische Moleküle oxidiert, zudem der Schwefelwasserstoff und vor allem das gelöste Eisen.[15]

---

[14] besonders urtümliche Einzeller

[15] Konkret geht es dabei um die Oxidation des wasserlöslichen zweiwertigen Eisens zu dreiwertigem, das sich dann in Form von Eisenoxid ablagert. An dieser Oxidaten des Eisens waren nach neueren Erkenntnissen auch anoxgen arbeitende Bakterien beteiligt, die sich quasi von diesem Eisen ernährten, es also als Energiequelle nutzten, `https://www.scinexx.de/news/geowissen/bakterien-liessen-urozeane-rosten/`, [KKP+13].

Verbindungen von Eisen und Sauerstoff sind landläufig als *Rost* bekannt, und solcher Rost bildete sich durch die Oxidation des im Meerwasser enthaltenen Eisens. Das so entstandene, schlecht wasserlösliche Eisenoxid sank auf den Meeresboden, und aus diesen Ablagerungen entstanden die späteren Erzlagerstätten (Bändererze).[16]

Durch solche Prozesse war der Sauerstoffgehalt der Erdatmosphäre über viele hundert Millionen Jahre sehr gering, lag wohl maximal bei 0.0002 %. Doch irgendwann waren die Sauerstoffsenken gefüllt: Die Meere waren weitgehend eisen- und schwefelfrei. In einer – für geologische Verhältnisse – kurzen Zeitspanne (nur etwa hundert Millionen Jahre) schoss der Sauerstoffgehalt der Atmosphäre in die Höhe, auf schwindelerregende 3%, ein Siebtel des heutigen Werts. Dieser Übergang zur Dritten Atmosphäre wird als *große Sauerstoffkatastrophe* bezeichnet, und damit einer ging das vielleicht größte Massenaussterben der Erdgeschichte (allerdings kein „offizielles" ⇒ Box auf S. 18).

Die ganze Sache ist schon eine Weile her (über zwei Milliarden Jahre), und daher sind die noch erhaltenen Dokumente spärlich, aber man kann annehmen, dass der Großteil aller damals existierenden Arten (wohl ausschließlich Einzeller) mit den höheren Sauerstoffkonzentrationen nicht umgehen konnte und ausstarb.

Erschwerend kam hinzu, dass sich auch das Klima änderte. Durch den freien Sauerstoff oxidierte Methan, ein sehr starkes Treibhausgas, zu CO_2 und H_2O, zwei deutlich schwächeren. Dadurch kühlte die Erde stark ab und machte eine ausgesprochen frostige Zeit durch (die Huronische Eiszeit). In dieser waren die Landmassen womöglich vollständig von Schnee und die Ozeane von Eis bedeckt („Schneeball Erde"). Einige Organismen waren aber in der Lage, sich sowohl an das Vorhandensein des freien Sauerstoffs als auch an die neuen klimatischen Bedingungen anzupassen.

4.4.3 Ein Auf und Ab (mit einigen Rieseninsekten)

Nach der großen Sauerstoffkatastrophe enthielt die Atmosphäre immerhin etwa 3 % O_2, also schon eine nennenswerte Menge. Damit war aber vorläufig ein Plateau erreicht, einerseits, weil sich nun auch an Land Oxide der dort vorhandenen Stoffe bildeten, andererseits, weil sich Organismen entwickelt hatten, die den freien Sauerstoff selbst nutzen konnten, um mittels Zellatmung Energie zu gewinnen – und das deutlich effizienter als durch anaerobe Prozesse wie die Gärung. Zudem sind Cyanobakterien (speziell, wenn als die Tage noch kürzer waren[Hei21]) weniger effektiv bei der Nettoproduktion von Sauerstoff als „echte" Pflanzen, die sich erst deutlich später entwickelten. So stellte sich ein Gleichgewicht ein.

---

[16]Dass wir dieses Erz heute nutzen, um Eisen und Stahl zu erzeugen, kehrt diesen Prozess um und verändert unsere Atmosphäre natürlich erneut (⇒ 5.5.2).

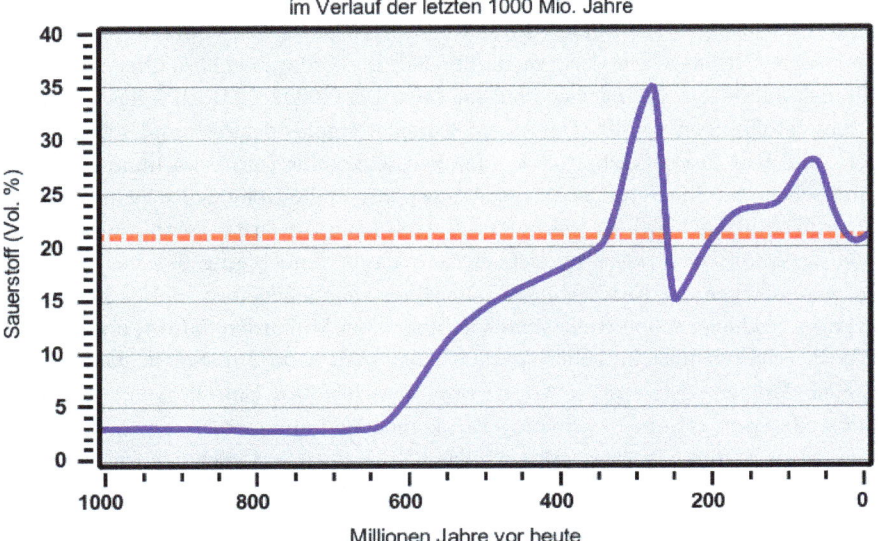

Abb. 4.9: Grobe Entwicklung des Sauerstoffgehalts der Atmosphäre in den letzten 1 000 Millionen Jahren, erstellt von LordToran, https://commons.wikimedia.org/wiki/File:
Sauerstoffgehalt-1000mj.svg. Dabei wird nur der jeweils wahrscheinlichste Wert angegeben; im Normalfall ist nur eine Bandbreite bekannt.

Etwa 650 Mio. Jahren vor unserer Zeit begann der Sauerstoffgehalt jedoch wieder anzusteigen, bis er das heutige Niveau erreichte und zeitweise übertraf. Erst als größere Mengen Sauerstoff in der Atmosphäre vorhanden waren, konnte sich daraus auch Ozon bilden, und erst die schützende Ozonschicht ermöglichte es dem Leben wohl, auch das Land zu besiedeln.

Diverse geologische und vor allem biologische Phänomene beeinflussten den Sauerstoffgehalt immer wieder erheblich, was umgekehrt auch Auswirkungen auf die Lebewesen der Erde hatte. Der Verlauf in der letzten Jahrmilliarde vor unserer Zeit ist in Abb. 4.9 dargestellt.

Als etwa vor ca. 400 Mio. Jahren die ersten Bäume auf der Bildfläche erschienen, da waren die damaligen Mikroben völlig davon überfordert, das Holz, diesen neuen und unbekannten Stoff, abzubauen. Ähnlich wie heutige Kunststoffe verrottete es einfach

nicht, sondern sammelte sich an. Früher oder später wurde es von Ablagerungen bedeckt, im Gestein eingeschlossen und im Lauf der Zeit zu Kohle.
Die Photosynthese der Pflanzen lief, davon unbeeindruckt, munter weiter, der Carbonat-Silikat-Zyklus lieferte CO_2 nach ($\Rightarrow$ 3.4.8), und so schoss der Sauerstoffgehalt der Atmosphäre auf über 30% hoch.
Solche hohen Sauerstoffkonzentrationen begünstigten das Entstehen von Rieseninsekten. Da Insekten keine Lungen besitzen, sondern über die Haut (mit sogenannten *Tracheen*) atmen, ist ihre Größe begrenzt. Je höher aber der Sauerstoffgehalt der Luft, desto größer können sie werden. Damals gab es etwa Libellen mit Flügelspannweiten von bis zu 70 cm. Auch Tausendfüßler[17] von bis zu zwei Metern Länge gab es damals. Als einige Mikroorganismen – der Evolution sei Dank – herausgefunden hatten, wie man Holz verdaut, stabilisierte sich der O_2-Gehalt der Atmosphäre. Durch extreme vulkanische Ereignisse und ihre dramatischen Folgen für die Ökosysteme reduzierte er sich zwischendurch sogar auf 10 bis 15 % ($\Rightarrow$ Box auf S. 18). Wieder einmal starben viele Tier- und Pflanzenarten aus oder mussten sich zumindest an die veränderten Bedingungen anpassen. Die Insekten wurden wieder kleiner.
Wie kurz die Zeit der höheren Lebensformen, der Säugetiere, der Bäume, aber auch der Dinosaurier und Trilobiten eigentlich gegenüber jener ist, in der Mikroorganismen das Gesicht der Erde geformt haben, ist in Abb. 4.10 skizziert.

4.4.4 Die Entstehung der fossilen Energieträger

Biomasse enthält Energie. Lebende Organismen sind darauf angewiesen, verfügbare Energiequellen zu nutzen – und sie werden im Lauf der Zeit (und damit der Evolution) sehr gut darin, das zu tun. Entsprechend wird stets der größte Teil der gebildeten Biomasse auch wieder abgebaut.
Manchmal aber kommt etwas dazwischen. Abgestorbene Algen sinken auf den Meeresgrund und können von Schlamm bedeckt und somit vor dem Abbau geschützt werden. Auch an Land kommt es vor, dass abgestorbene Tiere oder Pflanzen von Schlamm bedeckt werden, der eintrocknet und sich später zu Gestein verfestigt. Felsstürze können ein Stück Land begraben und es so dem Zugriff abbauender Organismen entziehen. Moore wachsen auf einer Basis abgestorbener Biomasse in die Höhe, die immer tiefer von neuer Biomasse begraben wird. Wenn Organismen evolutionäre Sprünge machen und dadurch neuartige Substanzen bilden (z.B. Holz $\Rightarrow$ 4.4.3), dann dauert es eine Weile, bis Mikroorganismen in der Lage sind, diese Stoffe auch abzubauen – bis dahin lagern sie sich ab.

---

[17]keine Insekten, aber auf Familienfeiern geduldete entfernte Verwandtschaft

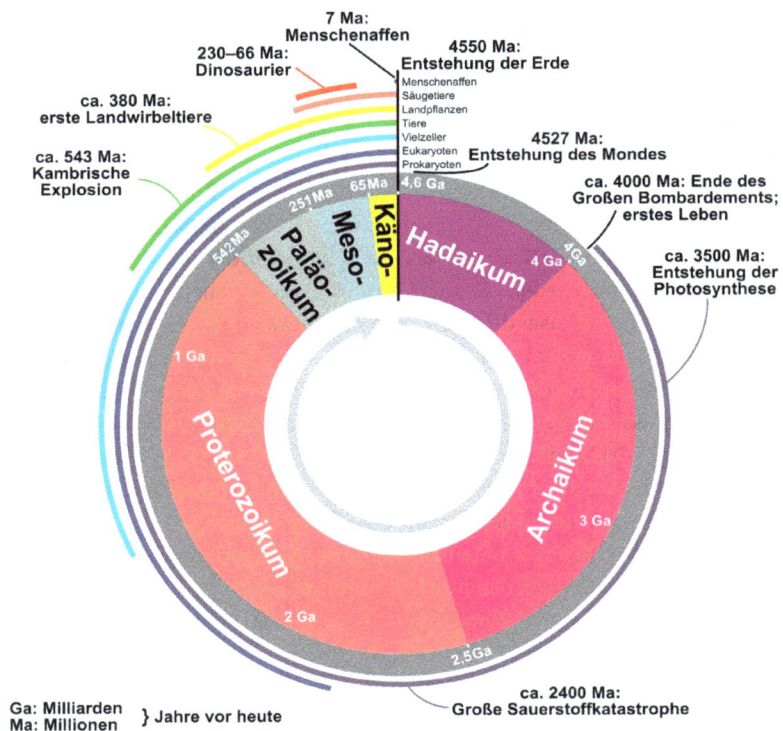

Abb. 4.10: Geologische Uhr mit Evolution des Lebens, mit Angabe in Millionen Jahren (Ma), von https://commons.wikimedia.org/wiki/File:Geologische_Uhr_mit_Klimaereignissen.svg. Man beachte, wie kurz im Vergleich zur gesamten Geschichte des Lebens das Zeitalter der vielzelligen Organismen ist.

Manchmal kommt solche alte Biomasse später wieder ans Licht, manchmal aber wandert sie durch geologische Prozesse auch immer tiefer in die Erdkruste hinein.
Aus solcher (dem Zugriff abbauender Organismen entzogener) Biomasse sind im Laufe der Erdgeschichte durch thermochemische Umwandlungsprozesse ($\Rightarrow$ 3.4.3) die fossilen Energieträger entstanden: Erdöl, Erdgas und Kohle sowie Methan, das in Form von Methanhydrat in den Ozeanen zu finden ist.[18]

---

[18] Gelegentlich wird – meist von Verfechter:innen des fossilen Energiesystems – die „Theorie" einer *abiotischen Entstehung* dieser Energieträger ins Spiel gebracht, also eine Bildung durch geologische Prozesse, ohne dass Lebensformen beteiligt gewesen wären. Diese „Theorie" ist in Wahrheit eine hochspekulative Hypothese, die weder durch naturwissenschaftliche Grundlagen noch durch empirische Evidenz im Geringsten belegt ist. (Das ist die in Wissenschaftskreisen korrekte Art zu sagen, dass es sich um ausgemachten Humbug handelt.)

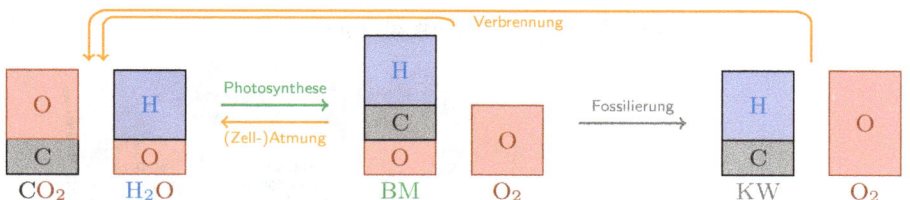

Abb. 4.11: Vereinfachter Elementfluss bei der Bildung von Biomasse (BM) durch Photosynthese ($\Rightarrow$ 3.4.2), jener von Kohlenwasserstoffen (KW) durch Fossilierung ($\Rightarrow$ 3.4.3) und der Herstellung des ursprünglichen Zustands durch Verbrennung ($\Rightarrow$ 3.4.1). (PD$_{KL}$)

Das Argument, alle diese Substanzen seien ja auch nur alte Biomasse, ist also prinzipiell nicht falsch. Es blendet aber einige wesentliche Aspekte aus:

- Die Geschwindigkeit, mit der wir fossilen Kohlenstoff freisetzen, ist unfassbar größer als jene, mit der sie gebildet wurden. Wir verbrennen pro Jahr etwa jene Mengen an fossilen Energieträgern, die sich in einer Million Jahre gebildet hat.[RS19, Kap. 2] Auch wenn es Bedingungen, wie wir sie aktuell erzeugen, in früheren Zeiten durchaus schon gegeben hat, hatten die Ökosysteme doch wesentlich mehr Zeit, sich an die Änderungen anzupassen.
- Wir belasten die Natur zusätzlich noch auf viele andere Arten, u.a. auch mit weiteren klimaaktiven Gasen. Einige davon (Methan, Lachgas, ...), waren auch in früheren Epochen schon präsent, andere hingegen sind neuartig ($\Rightarrow$ 3.3.5).
- Die astronomischen Bedingungen haben sich seit den Zeiten, in denen etwa die Steinkohlelager entstanden sind, geändert. Die Rotation der Erde hat sich zum Beispiel verlangsamt, vor allem aber hat die Aktivität der Sonne zugenommen. Gleich viel CO_2 in der Atmosphäre wie in früheren Epochen würde heute trotzdem höhere Temperaturen mit sich bringen.
- Würden wir es tatsächlich schaffen, alle fossilen Energieträger aufzuspüren, zu fördern und zu verbrennen, würde das den gesamten Sauerstoff der Atmosphäre verbrauchen und wir würden mit einer nicht mehr atembaren Atmosphäre enden (ähnlich der Uratmosphäre, nur mit viel mehr Stickstoff als damals), siehe Abb. 4.11. Tatsächlich wurde Sauerstoff auch bei anderen Prozessen verbraucht ($\Rightarrow$ 4.4.2), d.h. es gäbe auf der Erde nicht einmal genug Sauerstoff, um tatsächlich alle Kohle, alles Öl, alles Erdgas und alles Methan aus ozeanischem Methanhydrat zu verbrennen. Wir würden lange vorher alle ersticken. Auch das wiederum würde allerdings nicht wirklich passieren, denn lange bevor der Sauerstoffgehalt der Atmosphäre einen so niedrigen Stand erreichen würde, wäre die Erde durch den Treibhauseffekt längst für Menschen unbewohnbar geworden.

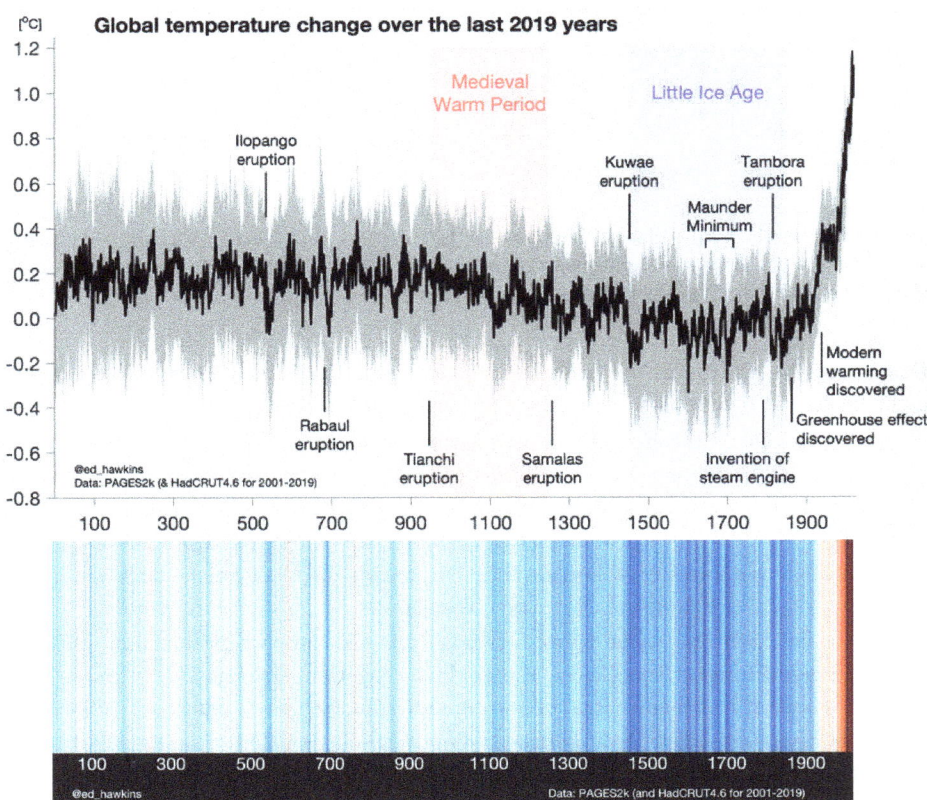

Abb. 4.12: Temperaturverlauf von Beginn unserer Zeitrechnung bis zum Jahr 2019, von https://www.climate-lab-book.ac.uk/2020/2019-years/

4.4.5 Die Atmosphäre im Anthropozän

Im Jahr 2000 wurde von Paul J. Crutzen und Eugene F. Stoermer eine neue Epoche der Geologie vorgeschlagen, das *Anthropozän*, das vom Menschen als dominantem Faktor geprägte Zeitalter.[EFS00] Dieser Vorschlag wurde durchaus kontroversiell diskutiert und vom zuständigen geologischen Gremium ICS 2024 vorerst abgelehnt.

Doch auch wenn zweifelhaft sein mag, wie bedeutsam wir als Menschheit auf geologischen Skalen wirklich sind, wie auch immer man zum Begriff des Anthropozäns stehen mag, auf jeden Fall greift die Menschheit inzwischen massiv in das (Öko-)System Erde ein und hat bereits gravierende Spuren hinterlassen, die noch lange nachwirken werden.

4.4 Eine kurze Geschichte der Atmosphäre

Der globale Temperaturverlauf über die letzten zwei Jahrtausende ist in Abb. 4.12 gezeigt.[19] Der Anstieg der Temperaturen seit etwa der Mitte des 20. Jahrhunderts ist also dramatisch – und zumindest die letzten hunderttausend Jahre hat es etwas Vergleichbares nicht gegeben. Wie ähnlich die globale Temperaturanomalie und der CO_2-Gehalt der Atmosphäre verlaufen, ist in Abb. 4.13.a illustriert.

Natürlich bedeutet, wie Klimawandelleugner:innen (vom Grundprinzip her richtig, hier aber an der Sache vorbei) betonen, Korrelation alleine noch keine Kausalität ($\Rightarrow$ Box auf S. 138). In diesem Fall allerdings ist die Sachlage klar: CO_2 absorbiert und reflektiert infrarote Strahlung ($\Rightarrow$ 4.2.1). Ein höherer Gehalt führt aufgrund fundamentaler physikalisch-chemischer Gesetzmäßigkeiten zu höheren Temperaturen, und dass wir durch die Verbrennung fossiler Energieträger zusätzliches CO_2 produzieren, ist unbestreitbar.

Auch einen Effekt in die umgekehrte Richtung gibt es zwar: Steigen die Temperaturen, so können die Ozeane weniger CO_2 binden. Wenn vorher ein Gleichgewicht geherrscht hat, entweicht also ein Teil des Treibhausgases in die Atmosphäre. Prinzipiell könnten also auch (aus irgendwelchen mysteriösen Gründen) ansteigende Temperaturen auf der Erde zu einem höheren CO_2-Gehalt in der Atmosphäre führen.

Wir wissen allerdings sehr genau, dass das aktuell nicht geschieht. Noch nehmen die Ozeane tatsächlich einen Teil des fossilen CO_2, das wir emittieren, auf. Ihr Wasser wird dadurch saurer (bzw. genaugenommen weniger basisch). Das stellt zahlreiche Mereslebewesen bereits vor Probleme. Es wird für sie etwa schwieriger, Kalkschalen aufzubauen (die wiederum CO_2 binden würden). Sollten die Temperaturen irgendwann soweit steigen, dass die Ozeane CO_2 nicht mehr absorbieren, sondern tatsächlich emittieren, hätten wir wohl einen weiteren Kipp-Punkt überschritten ($\Rightarrow$ 4.2.4).

In Abb. 4.13.b&c sind dazu einige Wege eingezeichnet, die der Planet Erde nehmen kann.[20] Der glaziell-interglazielle Zyklus beschreibt den Wechsel zwischen Eis- und Warmzeiten, der u.a. auch die Geschichte der Menschheit maßgeblich geprägt hat. Innerhalb dieses Zyklus hat sich die menschliche Zivilisation weitgehend in einer Warmzeit entwickelt.

Aktuell bewegen wir uns aber auf einen Zustand zu, wie es ihn seit Jahrmillionen nicht mehr gegeben hat, und wenn es uns nicht gelingt, diese Entwicklung schnell abzubremsen, wird die Erde einen neuen und in der Menschheitsgeschichte ungekannten Zustand erreichen – *Hothouse Earth*.

---

[19] Eine wunderschöne Darstellung des Verlaufs über noch längere Zeit findet man unter https://xkcd.com/1732/.
[20] Diese Trajektorien (Bahnen) haben nichts mit der Bewegung der Erde um die Sonne zu tun, sondern liegen in einem abstrakten Raum von Differenzen der globalen Temperatur und der Höhe des Meeresspiegels.

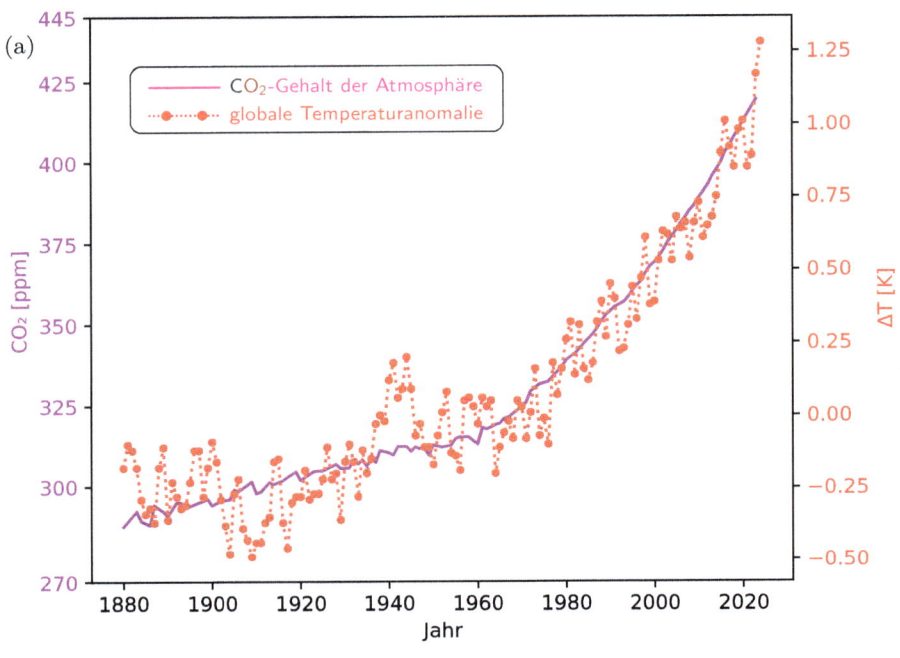
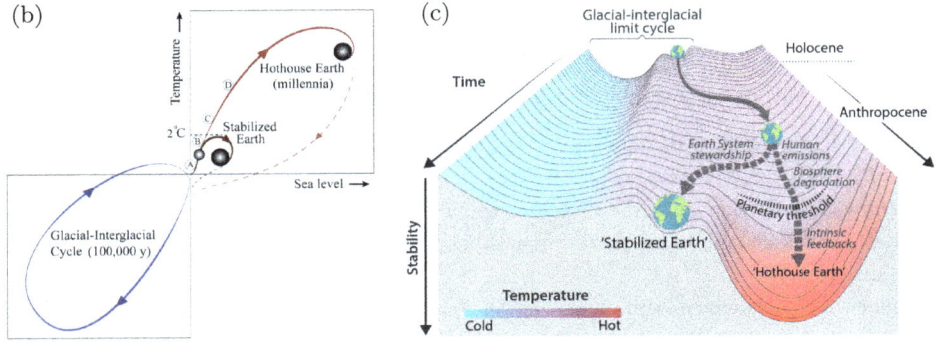

Abb. 4.13: (a) Zeitlicher Verlauf des CO_2-Gehalts der Atmosphäre und der globalen Temperaturanomalie, gemessen als Temperaturdifferenz zum vorindustriellen Zeitalter (PD_{KL});
(b) vereinfachte Darstellung der möglichen Trajektorien (Bahnen) des Erdklimas (bzgl. Temperatur und Meeresspiegel): Der Achsenschnittpunkt Ⓐ stellt die Bedingungen zur vorindustriellen Zeit dar, der kleine graue Ball darüber den aktuellen Zustand der Erde, von [SRR+18],
(c) Darstellung der Stabilitätbereiche als abstrakte Landschaft, in der sich die Erde bewegt: Noch haben wir Einfluss auf den Kurs, ebenfalls von [SRR+18]

4.4 Eine kurze Geschichte der Atmosphäre

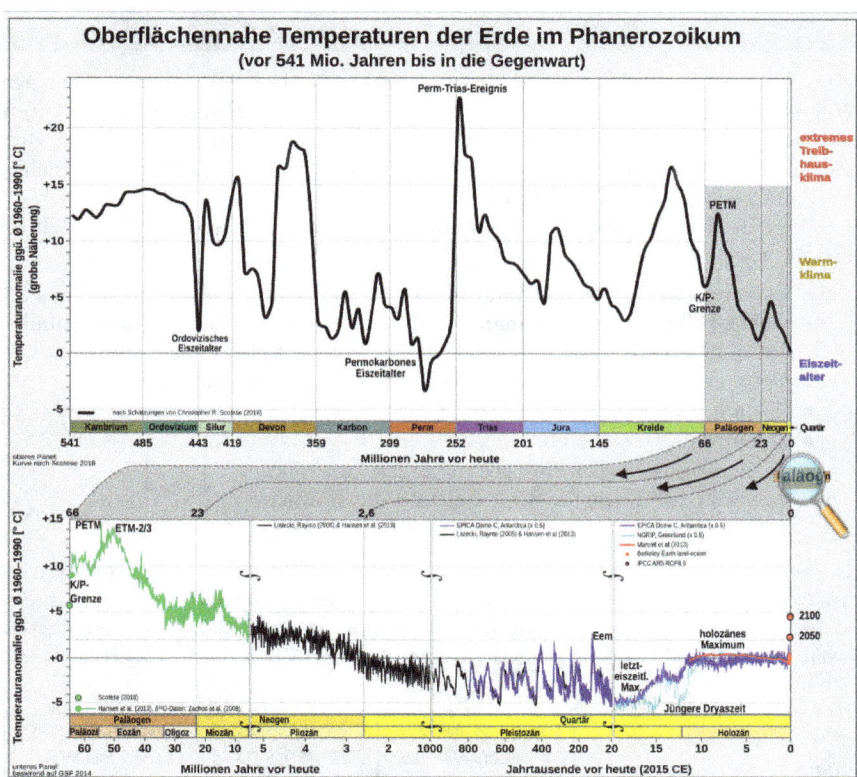

Abb. 4.14: Rekonstruierte Temperaturkurve des Phanerozoikums (zum Teil etwas vereinfacht), erstellt auf der Basis verschiedener Proxy-Daten. Angaben für 2050 und 2100 beruhend auf dem 5. Sachstandsbericht des IPCC nach dem RCP8.5-Szenario. Man beachte die in der unteren Grafik nicht lineare Zeitskala; von https://de.wikipedia.org/wiki/Klimageschichte

Der sehr langfristige Temperaturverlauf Im Verlauf der Erdgeschichte haben schon sehr unterschiedliche Bedingungen geherrscht, und in den letzten paar hundert Millionen Jahren waren die mittleren Temperaturen, wie in Abb. 4.14 gezeigt, meist deutlich höher als heute. Technisch gesehen befinden wir uns gerade in einer Warmzeit innerhalb eines Eizeitalters, d.h. einer Epoche, in der es Eiskappen an zumindest einem Pol gibt. Auch die CO_2-Konzentration war historisch oft schon wesentlich höher, im Bereich mehrerer tausend ppm. Das Problem der gerade laufenden Entwicklung ist also nicht so sehr der Zustand, den wir erreichen könnten, sondern die *Geschwindigkeit*, mit der wir das System der Erde verändern, eine Geschwindigkeit, die die Anpassungsfähigkeit von der Ökosystemen und unserer Zivilisation zunehmend überfordert.

> **Vertiefung: Korrelation und Kausalität**
>
> Treten zwei Phänomene wiederholt gemeinsam auf, dann spricht man von einer *Korrelation*. Beobachtet man etwa zwei Größen A und B über einen längeren Zeitraum, dann kann sich eine Korrelation dadurch äußern, dass beide zu den gleichen Zeiten zu- und wieder abnehmen. Auch ein konsequent gegengleiches Verhalten ist eine Art von Korrelation (eine negative).
>
> Im Wesentlichen gibt es, wenn man eine Korrelation beobachtet, vier Möglichkeiten, wie diese zustande kommt:
>
> - Es kann sich um einen Zufall handeln. Betrachtet man nur ausreichend viele Größen, dann wird man welche finden, die sich eine Zeitlang zufällig auf ähnliche Weise ändern. Auf https://www.tylervigen.com/spurious-correlations findet man davon eine schöne Sammlung.
> - A kann die Ursache von B sein (kurz $A \to B$).
> - B kann die Ursache von A sein (kurz $B \to A$).
> - Es kann eine weitere Größe C geben, die man vielleicht gar nicht im Blick hat und die Einfluss auf beide nimmt ($C \to A$ und $C \to B$).
>
>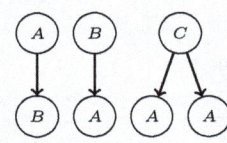
>
> Herauszufinden, ob und wenn ja welche Art von Kausalbeziehung vorliegt, ist im Allgemeinen eine schwierige Aufgabe, die allein aufgrund von Daten nicht lösbar ist. Dennoch neigen wir Menschen mit unserer Liebe zu Geschichten dazu, sehr schnell Kausalitäten anzunehmen, wenn wir irgendwo Korrelationen sehen.
>
> Hierbei sollte man eher vorsichtig sein. Ganz so kritisch wir rechts im Cartoon von https://xkcd.com/552/ braucht man allerdings auch nicht zu sein.
>
>
>
> Wesentlich ist in solchen Situationen aber fundiertes Fachwissen über grundlegende Zusammenhänge. Dass, wie in Abb. 4.13(a) gezeigt, zusätzliches CO_2 in der Atmosphäre und globaler Temperaturanstieg stark korreliert sind, erlaubt allein noch keine Aussage zur Kausalität. Mit dem zusätzlichen Wissen zur Eigenschaft von CO_2, Infrarotstrahlung zu absorbieren und so zu einem Treibhauseffekt zu führen ($\Rightarrow$ 4.2.1), mit den diversen „Fingerabdrücken" ($\Rightarrow$ 4.2.3) ist die Sache aber klar: Die CO_2-Emissionen sind die Ursache, die höhere Temperaturen bewirken.
>
> Bei anderen Korrelationen wie jener zwischen BIP und Gesundheitszustand ($\Rightarrow$ 9.1.5) ist hingegen die Kausalitätsrichtung längst nicht so klar und eindeutig, wie es uns manche Ökonom:innen gerne weismachen würden.

Das CO_2-Budget Nur wenige Zusammenhänge im Klimasystem der Erde sind linear und damit einfach. Einen wichtigen solchen Zusammenhang gibt es aber doch: Die mittlere Temperaturerhöhung seit dem vorindustriellen Zeitalter ist recht genau proportional zum zusätzliche CO_2-Gehalt der Atmosphäre, und dieser wiederum zur Menge an Kohlenstoff, den wir durch die Verbrennung fossiler Energieträger freigesetzt haben.

Letztlich ist die Temperaturerhöhung also direkt proportional zur Menge an verbrannten fossilem Kohlenstoff. Es gibt allerdings keinerlei Garantie, dass dieser Zusammenhang auch in Zukunft gelten wird. Beim Überschreiten eines globalen Kipp-Punktes kann es sein, dass die Temperaturen wesentlich rascher ansteigen, als es dem emittierten fossilen CO_2 entspräche.

Bislang stimmt der lineare Zusammenhang, die direkte Proportionalität, aber noch recht gut. Man kann daraus ermitteln, wie viel fossiles CO_2 wir insgesamt emittieren dürfen, wenn wir einen mittleren Temperaturanstieg von x Grad nicht überschreiten wollen. Das wird als CO_2-Budget (oder auch als *Kohlenstoff-Budget*) bezeichnet.[21] Zieht man von diesem Gesamtbudget das bereits emittierte fossile CO_2 ab, so erhält man das verbleibende CO_2-*Restbudget*. Auch vom verbleibenden atmosphärischen Deponieraum könnte man sprechen.

Aufgrund der statistischen Natur der Klimamodelle gibt es bei der Abschätzung des CO_2-Budgets natürlich gewisse Unsicherheiten. Je nachdem, welche Schranke (z.B. 1.5 Grad oder 2 Grad) man mit welcher Wahrscheinlichkeit einhalten will, ergeben sich unterschiedliche Zahlen. Im Jahr 2017 ergab sich eine Spanne von 150 bis 1050 Milliarden Tonnen (Gigatonnen, Gt), um die zwei Jahre zuvor vereinbarten Klimaziele von Paris noch einzuhalten.[Rah17] Zur Orientierung: Wir emittieren effektiv (also abzüglich dem, was Ozeane und Wälder aufnehmen) ca. 40 Gt CO_2 pro Jahr. Nimmt man 600 Gt als Wert in der Mitte, dann folgen daraus die erforderlichen Emissionspfade, die in Abb. 4.15 dargestellt sind und leider kaum mehr erreichbar wirken.

Inzwischen sind einige Jahre ins Land gezogen, und die globalen Emissionen haben sich seither nicht maßgeblich reduziert. Die mittlere Jahrestemperatur 2023 lag bereits mehr als 1.5 Grad über dem vorindustriellen Durchschnitt; allerdings war es ein El-Niño-Jahr ($\Rightarrow$ 4.2.2), in dem generell mit höheren Temperaturen zu rechnen ist. Neuere Analysen gehen davon aus, dass das Budget für eine 50 %ige Chance, die Erwärmung auf 1.5 Grad zu begrenzen, mit Stand Januar 2023 noch etwa 250 Gt betrug.[LNS+23] Bei den aktuellen Emissionen wäre es somit Ende 2028 aufgebraucht.

---

[21]Ob man mit Kohlenstoff oder CO_2 rechnet, macht im Grunde keinen Unterschied; nur die Zahlen sind um einen konstanten Faktor anders, da C nur ca. $\frac{12}{44} \approx 27.27\,\%$ der Masse von CO_2 ausmacht. Die Angaben, die man meistens findet, beziehen sich auf die CO_2-Masse.

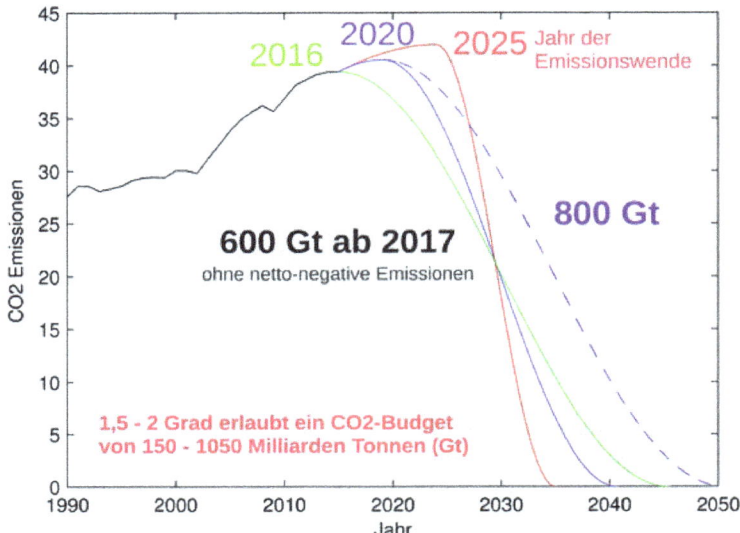

Abb. 4.15: Emissionspfade für die Einhaltung eines CO_2-Budgets von 600 Gt bzw. (strichlierte Kurve) 800 Gt, abhängig vom Jahr der Emissionswende, von [Rah17] (CC-BY SA)

Für eine Begrenzung mit zumindest 50 % Wahrscheinlichkeit auf maximal 2 Grad Temperaturanstieg[22] beträgt das entsprechende Restbudget noch geschätzte 1 200 Gt, also etwa den Gegenwert von 30 Jahren der heutigen Emissionen. Aber natürlich können wir nicht einfach noch drei Jahrzehnte weitermachen wie bisher und dann die Emissionen schlagartig auf null zurückfahren.[23] Realistischer wäre ein Plan, bei dem sich die Emissionen in jeder Dekade (jeder 10-Jahres-Periode) halbieren. Damit hätten wir noch einigermaßen gute Chancen, dem wirklich kritischen Bereich der Klimakrise zu entgehen.

Dieses Restbudget, das bisschen Spielraum, das uns noch bleibt, sollte zielgerichtet darin investiert werden, unserer Wirtschafts- und Energiesystem auf eine nachhaltige Basis zu stellen und es insbesondere den sich entwickelnden Ländern ermöglichen, direkt ein nachhaltiges System zu etablieren, statt dem Globalen Norden auf allen historischen Irrwegen nachhoppeln zu müssen ($\Rightarrow$ 10.4).

---

[22] Jenseits von 2 Grad wird nach heutigem Wissensstand die Gefahr, dass lokale oder sogar globale Kipp-Punkte überschritten werden, massiv größer.
[23] Manche Entscheidungsträger:innen in Politik und Wirtschaft scheinen aber etwa so zu denken – oder die gesamte Klimaproblematik nach wie vor nicht ernst zu nehmen. Nur so ist wohl z.B. der Gasliefervertrag zu erklären, der 2018 zwischen Österreich und Russland abgeschlossen wurde, in dem Erdgaslieferungen bis 2040 vereinbart wurden (die noch dazu zu bezahlen sind, egal ob sie abgerufen werden oder nicht – „take or pay").

4.4 Eine kurze Geschichte der Atmosphäre

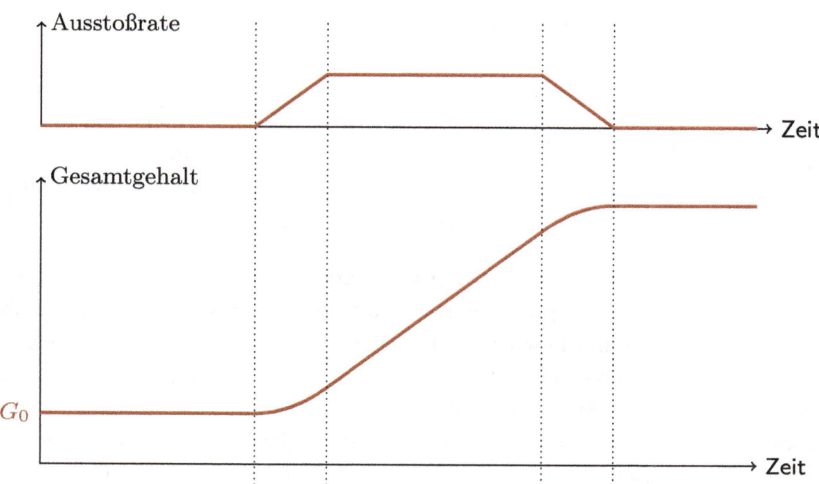

Abb. 4.16: Zusammenhang zwischen Ausstoßrate und Gesamtgehalt von CO_2 (oder einem anderen sehr langlebigen Stoff): Auch wenn der Ausstoß wieder auf null zurückgeht, bleibt der höhere Gehalt doch bestehen. (PD$_{KL}$)

Ein träges System Die Dynamik von atmosphärischer Zusammensetzung und Erderwärmung ist ein träges System, und man sollte nicht den Fehler machen, Veränderungen und Gesamtzustand in einen Topf zu werfen. Selbst wenn es uns gelänge, unsere Emissionen von heute auf morgen auf null zu reduzieren, würde das, wie in Abb. 4.16 skizziert, nur bedeuten, dass der CO_2-Gehalt der Atmosphäre stabil bliebe.[24]
Damit würde der Anstieg der Temperaturen vermutlich zum Stillstand kommen – sofern wir nicht bereits irgendwo einen kritischen Kipp-Punkt überschritten haben, durch den die Erwärmung auch so weitergeht ($\Rightarrow$ 4.2.4).
Die Gletscher und die antarktischen Eismassen würden weiter schmelzen, der Meeresspiegel noch für Jahrhunderte oder gar Jahrtausende weiter langsam ansteigen. Häufigkeit und Schwere der Unwetter würden etwa auf dem heutigen Stand bleiben und nicht auf den Stand von vor einigen Jahrzehnten zurückgehen.
Ein wenig würde sich die Lage im Lauf weniger Jahre dadurch bessern, dass das Methan in der Atmosphäre zu CO_2 und H_2O abgebaut wird, die beide weniger klimawirksam sind. Dennoch ist selbst das bloße Vermeiden aller neuen Emissionen zu wenig, und wir werden Maßnahmen brauchen, um überschüssigen Kohlenstoff wieder aus der Atmosphäre zu holen und sicher zu lagern ($\Rightarrow$ 8.5.6).

---

[24]Für mathematisch Interessierte: In dieser Abbildung ist G das Integral von A und damit umgekehrt A die erste Ableitung von G. Die Integrationskonstante G_0 gibt den Anfangswert an.

4.5 Selbst die Welt wandeln?

> Hat der alte Hexenmeister
> Sich doch einmal wegbegeben!
> Und nun sollen seine Geister
> Auch nach meinem Willen leben.
> Seine Wort und Werke
> Merkt ich, und den Brauch,
> Und mit Geistesstärke
> Tu ich Wunder auch.
>
> J. W. v. Goethe, *Der Zauberlehrling*

Wir – als Menschheit – greifen immer gravierender in die Abläufe des Planeten ein, in die Ökosysteme, in Atmosphäre und Hydrosphäre.[25] Meist geschah das unabsichtlich. Die wenigsten Arten, die wir ausgerottet haben, wollten wir bewusst von diesem Planeten tilgen. Wir haben nicht bewusst darauf hingearbeitet, Böden zu versalzen, Wälder in Steppen und Steppen in Wüsten zu verwandeln, in Trockenregionen die Grundwasserspiegel abzusenken und riesige Müllstrudel in den Ozeanen zu erzeugen ($\Rightarrow$ 1.1.3). Nicht einmal das Klima wollten wir absichtlich in Richtung einer für uns unbewohnbaren Welt verschieben. Es ist uns halt irgendwie passiert.

Da wir aber offensichtlich die Macht haben, die Erde zu verändern, stellt sich die Frage, ob wir diese nicht nutzen sollten, um mit aktiven Maßnahmen ein noch weiteres Abgleiten des Klimas zu verhinden. Wollen wir, wie Goethes Zauberlehrling, mit Geistesstärke Wunder tun? Wollen wir tatsächlich den Teufel mit dem Beelzebub austreiben?[26]

4.5.1 Geo-Engineering: Die Erde formen?

Einer der größten Erfolge der Umweltschutzbewegung war es sicherlich, dass der Ausstoß von Umwelt- und Atemgiften durch Industrie und Verkehr maßgeblich reduziert wurde. Unsere Raffinerien und Fabriken sowie der internationale Schiffsverkehr ($\Rightarrow$ 7.3.2) emittieren nur noch einen kleinen Teil der früheren Werte von SO_2 und SO_3, den Hauptverantwortlichen für den sauren Regen ($\Rightarrow$ 3.3.3). Die Qualität der Atemluft hat sich maßgeblich gebessert, und auch die Gewässer werden weniger belastet.

---

[25] Bei solchen Gelegenheiten kann man vortrefflich einwerfen, dass sich nicht die gesamte Menschheit in einem demokratischen Prozess dazu entschlossen hat, das zu tun, sondern dass es meist eine mächtige Minderheit war, die die Weichen gestellt hat. Solche Einwürfe sind nicht von der Hand zu weisen, sie nutzen nur leider nicht viel. Außerdem – siehe etwa der Protest der „Gelbwesten" 2018/19 in Frankreich gegen höhere Treibstoffpreise oder jene der Bauern 2024 in Deutschland gegen Teile des *Green Deal* – beherrschen die Benachteiligten (bzw. jene, die sich dafür halten) dieses Spiel durchaus ebenso ($\Rightarrow$ 10.1.6).

[26] The neutrality of this article is disputed. Relevant discussion may be found on the talk page. Please do not remove this message until conditions to do so are met. *(April 2024)* *(Learn how and when to remove this message)*

4.5 Selbst die Welt wandeln?

Allerdings hat diese positive Entwicklung auch einen – damals nicht vorhergesehenen – Nachteil: Wie man aufgrund von Vulkanausbrüchen weiß, haben SO_2 und SO_3 in der Atmosphäre eine kühlende Wirkung.[27] Diese kommt zustande, weil die Aerosole, die sich durch Schwefelverbindungen bilden, das Sonnenlicht gut reflektieren.

Angesichts der fortschreitenden Klimakrise gibt es ernsthafte Überlegungen, sich diesen Effekt zunutze zu machen, um den Anstieg der globalen Temperaturen abzubremsen oder gar zum Stillstand zu bringen. Dazu müsste man jedes Jahr mehrere Millionen Tonnen Schwefel in die Atmosphäre bringen,[Sch17] etwa mit speziellen Flugzeugen (deren Emissionen natürlich wiederum zur Erderwärmung beitragen).

Sollte das in Ihren Ohren eher gewagt, vielleicht sogar ein klein wenig wahnsinnig klingen, sind Sie mit dieser Einschätzung nicht allein. In der Wissenschaft herrscht weitgehende Einigkeit, dass solche Methoden des *Geo-Engineerings* allenfalls Notfallsmaßnahmen sein dürfen. Uneinigkeit herrscht allerdings darüber, ob man solche Ansätze überhaupt genauer erforschen und zur Einsatzbereitschaft hin entwickeln soll. Befürworter:innen argumentieren, dass man damit ein Werkzeug in der Hand hätte, mit dem man in kritischen Situationen eingreifen könnte, um etwa das drohende Kippen von Schlüsselementen des Weltklimas zu verhinden ($\Rightarrow$ 4.2.4). Gegner:innen dieses Ansatzes hingegen verweisen darauf, dass die Verfügbarkeit solcher Techniken erst recht ein Anreiz sein könnte, um notwendige Maßnahmen hinauszuzögern. Wozu unser Energie- und Wirtschaftssystem grundlegend verändern, wenn es viel billiger ist, einfach jährlich ein paar Millionen Tonnen Schwefel in die Atmosphäre zu blasen?[28]

Immerhin haben wir Menschen eine lange (aber wenig ruhmreiche) Tradition dabei, lieber Symptome zu bekämpfen als an den Ursachen zu arbeiten. Sollten wir derartige Maßnahmen tatsächlich setzen, wären die Auswirkungen gravierend: Wir haben unsere Emissionen von Schwefelverbindungen ja nicht zum Spaß reduziert, sondern zum Schutz der Wälder, der Meere, diverser Marmorstatuten und unserer eigenen Lungen. Da zudem die kühlende Wirkung solcher Aktionen immer nur kurzfristig ist (im Gegensatz zu möglichen Langzeitfolgen, die wir aktuell noch kaum abschätzen können), wäre die Menschheit in einer fatalen Abhängigkeit gefangen. Wir wären Schwefel-Junkies, die regelmäßig den nächsten Schuss brauchen, um es auf dieser Welt noch auszuhalten. Zudem würde eine solche Maßnahme zwar die Temperaturen senken und damit die direkt davon abhängigen Folgen des Klimawandels mildern, andere Effekte (wie die Versauerung der Meere) gingen aber ungebremst weiter.

---

[27] So ging etwa 1816 nach der Eruption des Tambora in Indonesien als „Jahr ohne Sommer" in die Geschichte ein.[Sch17] Als 1991 der Pinatubo ausbrach, sanken im folgenden Jahr die globalen Durchschnittstemperaturen um 0.5 Grad.[Sch21a]

[28] Andere diskutierte Ansätze des Geo-Engineerings, etwa die Bildung von Wolken zu manipulieren oder die Reflexionswirkung von Meeresgischt zu erhöhen, sind nicht ganz so drastisch, stellen aber immer noch gravierende Eingriffe in ein komplexes System dar, das wir bislang nur zum Teil verstehen.

Andere Ansätze, den Strahlungshaushalt der Erde zu verändern, wären besser reversibel (also rückgängig zu machen) als das Ausbringen von Millionen Tonnen heikler Stoffen in vielen Kilometern Höhe. Hierzu wird etwa die Variante genannt, zwischen Erde und Sonne riesige Spiegel anzubringen, die einen Teil des Sonnenlichts reflektieren. Solche Spiegel würden natürlich die Temperatur auf der Erde senken – aber auf eine andere Weise als eine gleichmäßige Erhöhung des Reflexionsvermögens der Atmosphäre. Es ist kaum absehbar, wie sich hierdurch die Wettermuster der Erde verändern würden. Ein zentrales Problem ist zudem, dass man solche Spiegel erst einmal bauen müsste. Material ins Weltall zu bringen, kostet enorm viel Energie und produziert ebenfalls erhebliche Emissionen ($\Rightarrow$ 7.3.3).

Man sollte derartige Spiegel (und analog weltraumgestützte Systeme zur Energieversorgung, wie sie ebenfalls gelegentlich diskutiert werden), also größtenteils mit Material bauen, das bereits im Weltraum verfügbar ist und mit geringem Energieaufwand zugänglich ist, etwa auf geeigneten Asteroiden. Das wäre wohl ein Mammutprojekt, das sich über Generationen erstreckt – und somit als Akutmaßnahme ungeeignet.

4.5.2 Synthetische Biologie: Das Leben formen?

Gentechnik löst bei vielen Menschen Unbehagen aus. Das ist auch verständlich: Den genetischen Code von Lebewesen zu manipulieren, ist einer der fundamentalsten Eingriffe in die Natur, die man sich vorstellen kann. Es klingt schon sehr nach der Ambition, ein wenig Gott zu spielen. Als die Gentechnik noch eine junge Disziplin war, war eine gehörige Portion Vorsicht sicher angebracht. Doch die vielen Befürchtungen haben sich zum größten Teil nicht bestätigt.

Gentechnisch veränderte Organismen (GVO) verhalten sich nicht grundlegend anders als jene Lebensformen, die im Lauf der Evolution entstanden sind oder die Menschen auf herkömmliche Weise gezüchtet haben.[29] Gentechnisch veränderte Mikroben, die Wirkstoffe wie Insulin produzieren, haben die Lebensumstände von Millionen Menschen verbessert.

Die problematischsten Anwendungen der Gentechnik sind in ihrer Einbettung in die industrialisierte Nahrungsmittelindustrie zu finden, wenn etwa Nutzpflanzen gezielt so manipuliert werden, dass sie gegen ein einzelnes Herbizid (z.B. das berüchtigte Glyphosat) resistent sind. Das Herbizid und das zugehörige Saatgut zusammen zu verkaufen, ist zu einem einträglichen Geschäftsmodell geworden ($\Rightarrow$ 5.5.1).

---

[29] Auch diese Eingriffe können gravierend sein. Im Laufe weniger tausend Jahre haben wir es geschafft, aus dem ursprünglichen Wolf, einem respekteinflößenden Raubtier, vielfältige Hunderassen zu züchten, u.a. den Yorkshire Terrier und den Chihuahua, also Tierchen vom Format einer größeren Ratte, oder den Mops, der schon ohne sich zu bewegen kaum genug Luft bekommt. Auch unsere heutigen Nutzpflanzen haben mit den Wildformen oft nur mehr wenig Ähnlichkeit.

4.5 Selbst die Welt wandeln?

Allgemein aber ist absehbar, dass Gentechnik bei der Anpassung an den Klimawandel eine wesentliche Rolle spielen wird müssen. Da sich die äußeren Bedingungen (Temperaturen, Feuchtigkeit, Länge von Trockenphasen) so rapide ändern, sind unsere Nutzpflanzen (Getreide, Obst, Gemüse, aber z.B. auch Stadtbäume) immer schlechter daran angepasst, und konventionelle Zucht wäre viel zu langsam.

Einen Teil der Probleme kann man wohl abfangen, indem man auf alte Sorten zurückgreift, die etwas weniger ertragreich, aber dafür deutlich robuster sind. Regenerative Landwirtschaft ($\Rightarrow$ 10.4.3), in der verschiedene Pflanzenarten gemeinsam angebaut werden, ist ebenfalls in der Lage, der Klimakrise besser zu widerstehen (und ihr ggf. sogar entgegenzuwirken. Doch sich den Möglichkeiten der Gentechnik völlig zu verschließen, wäre wahrscheinlich ein Fehler.

Natürlich könnte man noch einen oder zwei Schritte weitergehen und versuchen, mittels GVO oder gleich mit synthetischer Biologie ($\Rightarrow$ 1.1.7) dem Klimawandel entgegenzutreten. Das könnte die Form von neuartigen Pflanzen (oder pflanzenartigen Lebewesen) haben, die wesentliche mehr CO_2 binden als die, die wir kennen, oder von Bakterien, die Plastik und Giftstoffe fressen.[Shi23a] Auch Lücken, die wir in Ökosysteme geschlagen haben, könnten wir durch künstlich geschaffene Arten schließen.

Doch die Gefahren, die mit solchem Vorgehen verbunden sind, sind groß. Neue Arten in Ökosysteme einzubringen, ist immer mit einem erheblichen Risiko verbunden. Das haben wir schon vielfach gesehen. Arten, die aus anderen Kontinenten (oder auch nur aus anderen Regionen) eingeschleppt wurden, hatten teilweise verheerende Auswirkungen auf die Ökosystem und manchmal auch unangenehme Konsequenzen für den Menschen. Vom Drüsige Springkraut über die Rote Wegschnecke bis hin zur Wollhandkrabbe spannt sich der Bogen.

Auch Tiere, die bewusst in Ökosysteme eingebracht wurden, etwa zur Schädlingsbekämpfung, entwickelten sich oft schnell selbst zu üblen Schädlingen. Ein besonders prominentes Beispiel dafür ist die südamerikanische Aga-Kröte, die 1935 nach Australien gebracht wurde, um schädliche Käfer in den Zuckerrohr-Plantagen zu bekämpfen. Doch stattdessen entwickelte sie sich zu einer gewaltigen Plage und rottete etliche einheimische Amphibienarten aus.

Natürlich haben wir seit damals dazugelernt. Doch neue Organismen (noch dazu vielleicht solche, die sich schon auf molekularer Ebene grundlegend von allen bisherigen unterscheiden) in Ökosysteme einzubringen, ist immer ein gefährliches Spiel. Dem unerwünschten Nebenwirkungen neuer Arten kann man zwar vielleicht mit nochmals neuen Arten begegnen – doch die Gefahr ist groß, dass es einem dabei geht wie im Märchen von Herrn Hansaemon.[30]

---

[30]Das japanische Märchen *Wie Herr Hansaemon eine Fliege verschluckte* ist z.B. auf https://maerchenbasar.de/wie-herr-hansaemon-eine-fliege-verschluckte/ zu finden.

Teil II

Das System der Energie

5 Das Energiesystem – vernetzt und gespeichert

Wir wenden uns nun dem Energiesystem zu, wobei wir zunächst allgemein jenes der Erde betrachten ($\Rightarrow$ 5.1) – den Energiefluss in Atmosphäre, Hydrosphäre, den natürlichen Ökosystemen und auch in jenem Energiesystem, das durch die menschliche Zivilisation entstanden ist und für ihr Weiterbestehen essenziell geworden ist.

Danach betrachten wir detaillierter einzelne Bereiche des menschlichen Energiesystems, insbesondere die vielfältigen Möglichkeiten, Energie zu „erzeugen" ($\Rightarrow$ 5.2), sie zu transportieren ($\Rightarrow$ 5.3) und zu speichern ($\Rightarrow$ 5.4). Dabei werden vor allem etablierte Technologien betrachtet, allerdings mit dem einen oder anderen Ausblick auf Ansätze und Aspekte, die vor allem im zukünftigen Energiesystem eine Rolle spielen werden ($\Rightarrow$ Kap. 8).

Eng mit dem Energiesystem verbunden sind weitere Felder, die man in eine ganzheitliche Betrachtung der Energieflüsse ebenfalls einbeziehen muss, insbesondere Landwirtschaft ($\Rightarrow$ 5.5.1), produzierende Industrie ($\Rightarrow$ 5.5.2) und Bauwirtschaft ($\Rightarrow$ 5.5.3). Verglichen mit diesen Bereichen noch eher leichtgewichtig, aber schnell wachsend ist der digitale Sektor ($\Rightarrow$ 5.5.4).

Das Energiesystem ist natürlich in unser größtenteils marktbasierte Wirtschaftssystem eingebettet, und so darf eine Betrachtung der Energiepreise und der Mechanismen, wie sie zustande kommen, nicht fehlen ($\Rightarrow$ 5.6). Die Betrachtungen zu Sinn und Unsinn der aktuellen Preise werden wir allerdings später noch deutlich vertiefen ($\Rightarrow$ Kap. 9).

Zwei große Bereiche klammern wir in diesem Kapitel weitgehend aus – weil sie so bedeutsam sind, dass sie jeweils eine eigene Darstellung verdienen: Heizen und Kühlen betrachten wir in Kap. 6, das Thema der Mobilität in Kap. 7.

5.1 Das Energiesystem der Erde

Unsere bei weitem bedeutendste Energiequelle ist die Sonne. Es gibt zwar von ihr unabhängige Energiereservoirs, die ebenfalls genutzt werden können. Dennoch hängen Ökosysteme ebenso wie die Menschheit ganz zentral von der Sonne ab. Daher wollen wir nun nachzeichnen, was mit dem Sonnenlicht geschieht, wenn es die Erde erreicht.

5.1.1 Atmosphäre und Hydrosphäre

Zunächst trifft Sonnenlicht die Atmosphäre, wobei bereits ein gewisser Anteil der Energie in das Weltall zurückgestrahlt wird. Der Rest wird teilweise direkt, teilweise auf Umwegen, in Wärme umgewandelt (die am Ende auch wieder in das Weltall abgestrahlt wird ⇒ 4.2.1). Dass das abhängig von geographischer Breite, Bodenbeschaffenheit und Jahreszeit in sehr unterschiedlichem Ausmaß erfolgt, führt zu Temperaturunterschieden, die die Luft und die Meere in Bewegung setzen (⇒ 4.2.2).[1] Wasser verdunstet außerdem und fällt später, wenn die Temperaturen wieder sinken, als Niederschlag zu Boden. So hält die Sonne auch die *Hydrosphäre* in Bewegung, das Reich des Wassers, das Bäche, Flüsse, Seen und Meere umfasst.

Schon die großen Flüsse transportieren gewaltige Wassermengen (bis hin zum Amazonas mit über 200 000 m^3 Wasser pro Sekunde[Wor18]). Große Meeresströmungen bewegen aber nochmals ein Vielfaches davon, der Golfstrom beispielsweise an manchen Stellen bis zu 150 Millionen m^3 Wasser pro Sekunde – mehr als hundertmal so viel wie alle Flüsse der Welt zusammen.[GMR23]

Meeresströmungen haben dadurch auch erheblichen Einfluss auf die klimatischen Bedingungen. Dass in Rom und New York, die etwa auf der gleichen geographischen Breite liegen, so unterschiedliches Klima herrscht, liegt zu einem erheblichen Teil an den Meeresströmungen, dem warmen Golfstrom, der warmes Wasser aus dem Golf von Mexiko nach Europa bringt, und dem Labradorstrom. Die Meeresströmungen bilden ein komplexes System, die *thermohaline Zirkulation* („globales Förderband" ⇒ Abb. 5.1), das durch Temperatur- und Salzkonzentrationsunterschiede angetrieben wird.

Solche gewaltigen Meeresströmungen beeinflussen aber nicht nur das Klima, sie können umgekehrt auch durch den Klimawandel verändert werden. Das kann prinzipiell die Effekte des Klimawandels in manchen Regionen abschwächen, in anderen aber auch verstärken. Würden, wie es nicht unrealistisch ist, sich beide Ströme abschwächen, würde das den Temperaturanstieg in Europa etwas verzögern, in Nordamerika aber noch beschleunigen.

---

[1] Die Meere bewegen sich zusätzlich natürlich auch aufgrund der Gezeiten, die nicht von der Sonnenstrahlung verursacht werden.

5.1 Das Energiesystem der Erde 151

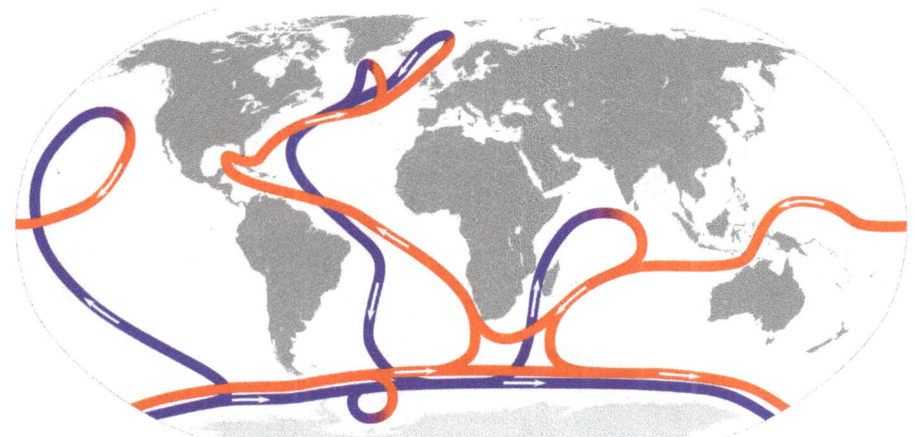

Abb. 5.1: Thermohaline Zirkulation: Warme und kalte Meeresströmungen verbinden die Weltmeere und sorgen für Wasseraustausch, von [SRhh09]

5.1.2 Energieflüsse in der Biosphäre

Als erstes sind es die grünen Pflanzen (inkl. der Algen), die die Energie des Sonnenlichts teilweisen einfangen, indem sie die Photosynthese nutzen ($\Rightarrow$ 3.4.2).[2] Die Verluste dabei sind erheblich, schon durch den per se begrenzten Wirkungsgrad der Photosynthese, vor allem aber deswegen, weil die Pflanzen die meiste gewonnene Energie für ihre eigenen Lebensprozesse brauchen. Die tatsächliche Produktion von pflanzlicher Biomasse, die *Nettoprimärproduktion* ($\Rightarrow$ 2.2.3), liegt ca. bei einem Kilogramm Trockenmasse pro Quadratmeter und Jahr.[3]

Nahezu alle anderen Organismen sind, wie in Abb. 5.2 gezeigt, direkt oder indirekt von der Photosyntheseleistung der Pflanzen abhängig.[4] Konsumenten erster Ordnung fressen direkt pflanzliches Material. Konsumenten höherer Ordnung (Raubtiere) fressen andere Tiere. Destruenten (wie z.B. Motten, Regenwürmer und Pilze) bauen abgestorbenes organisches Material wieder ab.

---

[2] Auch Tiere sind durchaus in der Lage, die Energie des Sonnenlichts direkt zu nutzen, aber nur *thermisch*, in Form von Wärme. Bei den Eisbären hat sich dafür sogar ein sehr raffinierter Mechanismus mit schwarzer Haut und hohlen Haaren entwickelt. Die längerfristige Speicherung der Sonnenenergie in Form chemischer Energieträger gelingt aber nur den grünen Pflanzen.
[3] Der Energieinhalt dieser Biomasse liegt bei etwa 20 MJ, also etwas über 5 kWh ($\Rightarrow$ 5.4.5). Diese Zahlen sind zugleich auch Richtwerte dafür, welche Erträge in Land- und Forstwirtschaft überhaupt erwartet werden können, egal, ob es um Nahrungsmittel oder Brennstoffe geht ($\Rightarrow$ 5.5.1).
[4] Zu den wenigen Ausnahmen zählen spezielle Bakterien und Archaeen, die die Energie heißer Schwefelquellen nutzen ($\Rightarrow$ 3.3.3), und andere Organismen, die wiederum von diesen leben.

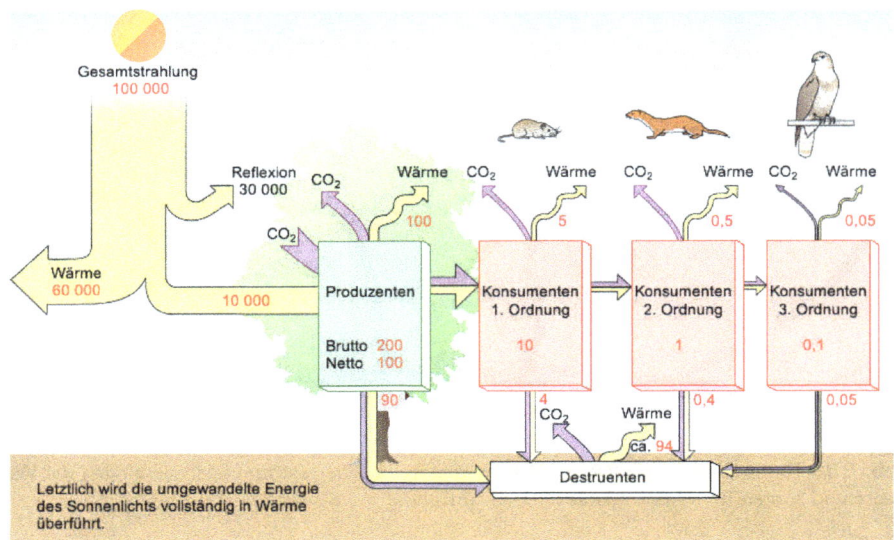

Abb. 5.2: Skizze der Energieflüsse in natürlichen Ökosystemen, minimal ergänzt, zu einem schrittweiser Aufbau siehe https://static.klett.de/software/html5/natura_alt/tb05ov304/tb05ov304.html. Der hier angenommene Faktor 10 zwischen den Ordnungen ist nur ein Richtwert. Statt linearer Nahrungsketten treten zudem in den meisten Ökosystemen *Nahrungsnetze* auf, die wesentlich verzweigter und komplexer sein können.

Auch bei Tieren ist es so, dass sie nur einen kleinen Teil der Biomasse, die sie als Nahrung aufnehmen, selbst in Körpermasse umsetzen. Der größte Teil wird ebenfalls für die eigenen Lebensprozesse verbraucht. Ein typischer Richtwert ist ein Faktor von 10 zwischen den Stufen einer solchen Nahrungskette (oder den Knoten eines Nahrungsnetzes). Je nach Spezies und ökologische Bedingungen kann dieser Faktor aber durchaus etwas kleiner oder deutlich größer sein. Diese Prinzip gilt auch in der Landwirtschaft – ein zentraler Grund dafür, dass die Produktion von Fleisch i.A. wesentlich mehr Ressourcen erfordert als die von pflanzlicher Nahrung ($\Rightarrow$ 5.5.1).

Ökosysteme beruhen generell auf einem komplexen Fluss von Energie und zahlreichen Energieumwandlungen. Lebenwesen werden einerseits vom Drang beherrscht, vorhandene Energiequellen möglichst gut zu nutzen, andererseits vom Zwang, die im eigenen Organismus gespeicherte Energie möglichst gut zu verteidigen. Zu den Strategien sowohl auf Räuber- als auch Beuteseite zählen z.B. Giftstoffe, raffinierte Tarnungen, sensible Sinnesorgane und kräftige Beine. Die natürliche Evolution wird also maßgeblich vom Kampf um Energie angetrieben.

5.1 Das Energiesystem der Erde

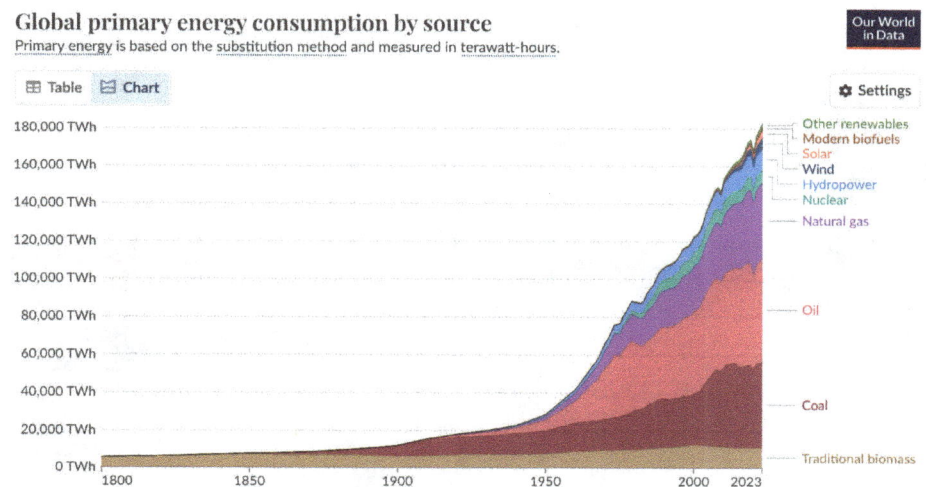

Abb. 5.3: Globaler Primärenergieverbrauch der Menschheit (nach der Substitutionsmethode berechnet), von https://ourworldindata.org/energy-production-consumption, [RRR20], beruhend auf [Ene24b].

5.1.3 Das Energiesystem des Menschen im Überblick

Auch der Mensch nutzt Sonnenlicht. Zu einem kleinen Teil geschieht das direkt, zu einem wesentlich größeren Teil indirekt, über Biomasse (als Nahrung und Brennstoff) sowie Wind- und Wasserkraft. Daneben nutzen wir auch andere Energiequellen, die von der Sonne unabhängig sind, wie Nuklearenergie, Geothermie und Gezeiten ($\Rightarrow$ 5.2). Der bei weitem größte Teil unsere Energiebedarfs wird aber immer noch aus fossilen Quellen gedeckt. Wie groß dieser Anteil genau ist, kann man auf unterschiedliche Weise berechnen, aber auf mindestens 75 % kommt man auf jeden Fall.[5] Der historische Verlauf ist in Abb. 5.3 gezeigt.[6]

Die globale Abhängigkeit von Kohle, Öl und Gas ist eine dramatische Angelegenheit, und dass auch fossile Energie einst Biomasse war ($\Rightarrow$ 4.4.4) und somit ebenfalls gespeicherte Sonnenenergie ist, hilft uns leider gar nichts.

---

[5] Die beiden gebräuchlichsten Ansätze sind die *direkte Methode*, bei der man die Energiemengen einander direkt gegenüberstellt, und die *Substitutionsmethode*, bei der Umwandlungsverluste berücksichtigt werden und nach der Erneuerbare, die bereits als elektrische Energie vorliegen, eine entsprechend größere Menge fossiler Energie ersetzen.

[6] Darin lässt sich z.B. der Rückgang des Verbrauchs von Erdöl (als wichtigster Basis für Treibstoffe) während der ersten Phase der Corona-Pandemie 2020 erkennen – zeigt aber auch, wie klein die Auswirkungen selbst einer solchen Ausnahmesituation auf unseren Gesamtenergieverbrauch sind.

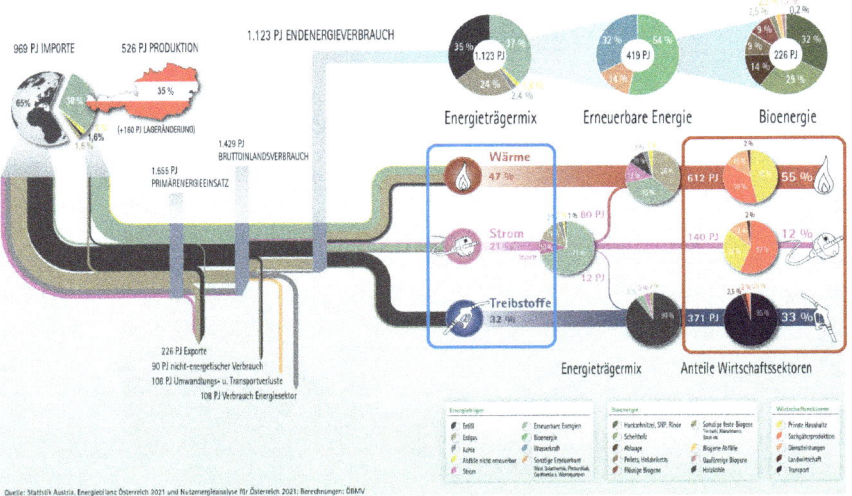

Abb. 5.4: Energiefluss in Österreich im Jahr 2021, aus [BV23], mit freundlicher Genehmigung des Österreichischen Biomasseverbandes. Besonders bemerkenswert sind die beiden umrahmten Bereiche: Nur 21 % der Energie liegt jemals in Form von Strom vor. Mobilität und Wärme machen zusammen 88 % unseres Energieverbrauchs aus.

Allerdings ist nicht nur wichtig, wo die Energie herkommt, sondern auch, wo sie hingeht. Dieser Blick kann, wenn man das erste Mal damit konfrontiert ist, durchaus überraschend sein. Für Österreich ist er in Abb. 5.4 dargestellt, und auch für andere westliche Industriestaaten würde der rechte Teil nicht viel anders aussehen.[7]

Nur etwas mehr als ein Fünftel der genutzten Energie liegt jemals in Form von Strom vor. Davon geht wieder ein Teil in die Bereiche Mobilität (Bahn, Elektroautos, e-Bikes) sowie Heizen/Kühlen (Heizstrahler, Wärmepumpen, Klimaanlagen). Nur 12 % unser Energie landet in Beleuchtung, Computern, Fernsehern, Industrierobotern und anderen klassischen elektrischen Anwendungen. Etwa die Hälfte unseres Endenergieverbrauchs entfällt auf den thermischen Bereich (Heizen, Kühlen, Prozesswärme, ... $\Rightarrow$ Kap. 6), und etwa ein Drittel auf Mobilität ($\Rightarrow$ Kap. 7).

Wie es global aussieht ist in Abb. 5.5 skizziert. Auch hier lässt sich grob das 50-30-20-Verhältnis von Wärme, Treibstoffen und elektrischer Energie erkennen. Der Verbrauch verteilt sich recht gleichmäßig auf Gebäude, Industrie und Verkehr.

---

[7]Der Ursprung der Energie hingegen kann je nach Einstellung zur Nukearenergie und Ausbaugrad der Erneuerbaren deutlich unterschiedlich sein ($\Rightarrow$ 5.2). Österreich hat aufgrund der geographischen Situation relativ gute Werte bei Wasserkraft und Biomasse. Deutschland hat dafür einen größeren Anteil an Windenergie. Insgesamt dominiert aber hier wie dort importierte Fossilenergie.

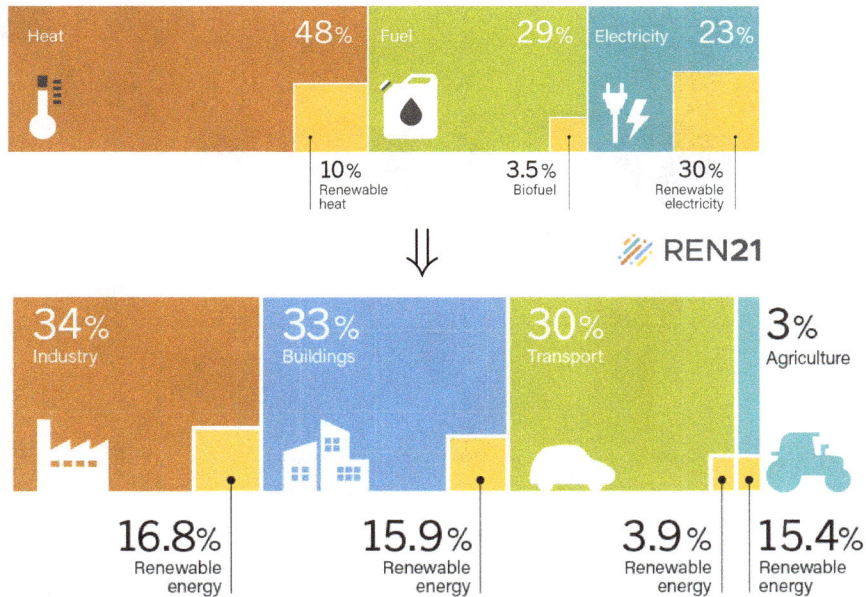

Abb. 5.5: Globale Energieträger (Wärme, Treibstoffe und elektrische Energie) und Bereiche der Endenergienutzung (Industrie, Gebäude, Transport und Landwirtschaft), aus dem *Renewables 2024 Global Status Report*, [REN24], mit freundlicher Genehmigung von REN21

Über die Weltregionen hinweg hingegen ist dieser Energieverbrauch, wie Abb. 5.6.(a) zu entnehmen, sehr ungleichmäßig verteilt. Die Spannweite reicht von wenigen 100 kWh pro Person und Jahr in manchen afrikanischen Staaten (Somalia, Tschad, Niger, ...) bis hin zu fast 150 000 kWh in den Vereinigten Arabischen Emiraten.

Klimatische Bedingungen spielen hierbei natürlich eine Rolle, vor allem aber ist klar erkennbar, dass es tendenziell reichere Staaten sind, die mehr Energie verbrauchen. Doch es lohnt sich einerseits ein genauerer Vergleich: Auch Staaten, die sich bzgl. klimatischen Bedingungen und Lebensstandard nicht sehr unterscheiden, können einen deutlich unterschiedlichen Pro-Kopf-Energieverbrauch haben. In den USA wird pro Person etwa doppelt so viel Energie verbraucht wie in Deutschland oder Frankreich, und es ist doch fraglich, ob die Lebensqualität dort wirklich entsprechend höher ist. Auch die historische Entwicklung, die in Abb. 5.6.(b) gezeigt ist, ist teilweise aufschlussreich. Eine kleine Übersicht, welche Aktivitäten sich in welchen CO_2-Emissionen (oder deren Äquivalent) niederschlagen, findet man in der Box auf S. 157.

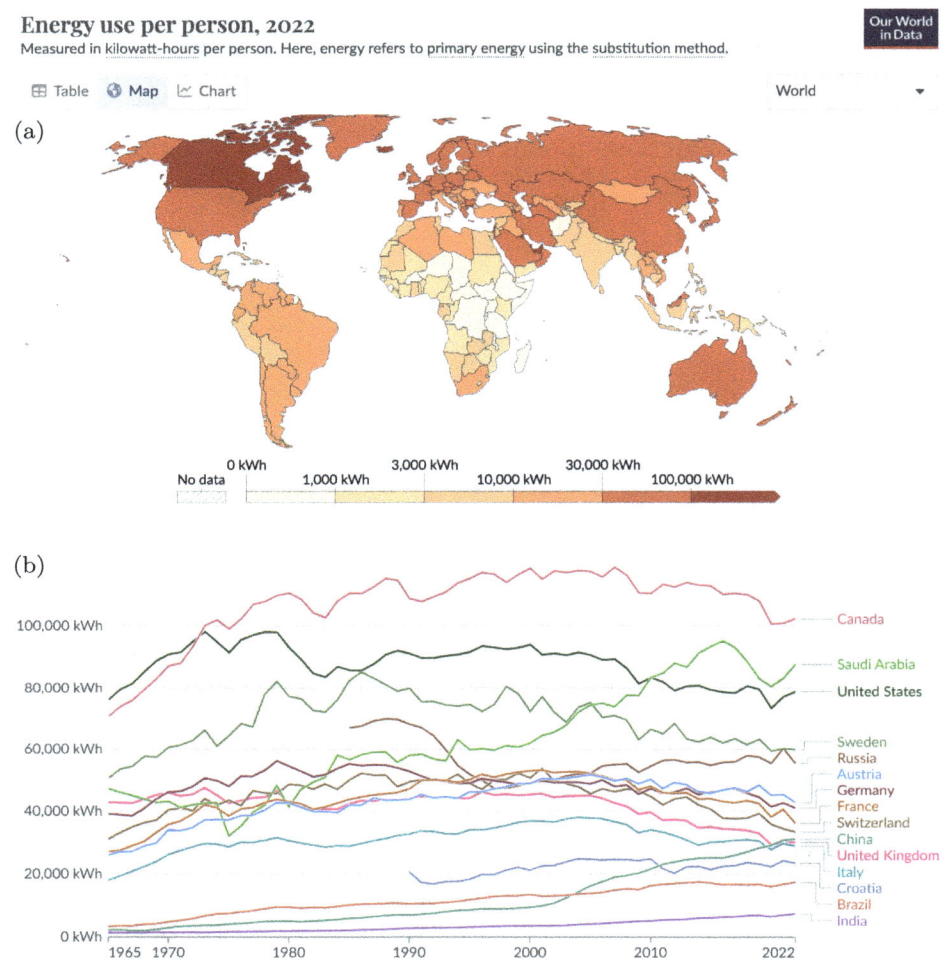

Abb. 5.6: (a) Verteilung des Primärenergieverbrauchs der Menschheit 2022 auf die Länder der Welt, auf pro-Kopf-Basis berechnet. Man beachte die logarithmische Skala, d.h. die Grenzen von Maximal- und Minimalbereich liegen um den Faktor 100 auseinander.
(b) zeitliche Entwicklung des pro-Kopf-Energieverbrauchs (in kWh pro Jahr) einiger Staaten; Quelle: https://ourworldindata.org/energy-production-consumption

5.1 Das Energiesystem der Erde

Vertiefung: Emissionen aus typischen Tätigkeiten

Es gibt inzwischen einfache Möglichkeiten, die Emissionen, die aus dem alltäglichen Verhalten zu resultieren, abzuschätzen. Auf Online-Rechnern wie https://co2.myclimate.org/de/calculate_emissions, der hier zum Einsatz kam, kann man einfach Vergleiche für verschiedene technologische Lösungen und Verhaltensweisen anstellen. (Natürlich gehen in solche Berechnungen immer viele Annahmen und Vereinfachungen ein.)

Betrachten wir die jährlichen Emissionen für eine Person, die in Deutschland in einem Häuschen mit $120\,m^2$ lebt, in einem vier-Personen-Haushalt mit einem Gesamtverbrauch an elektrischer Energie (ohne Heizung und Mobilität) von $2\,900\,kWh$. Sie legt ihren Arbeitsweg von $10\,km$ 200-mal im Jahr in beide Richtungen zurück („Pendeln") und macht einmal im Jahr in Dubai Urlaub. Der Rechner liefert dafür (mit der Ergänzung für Fahrrad / e-Bike von [Arm25; Röb23]):

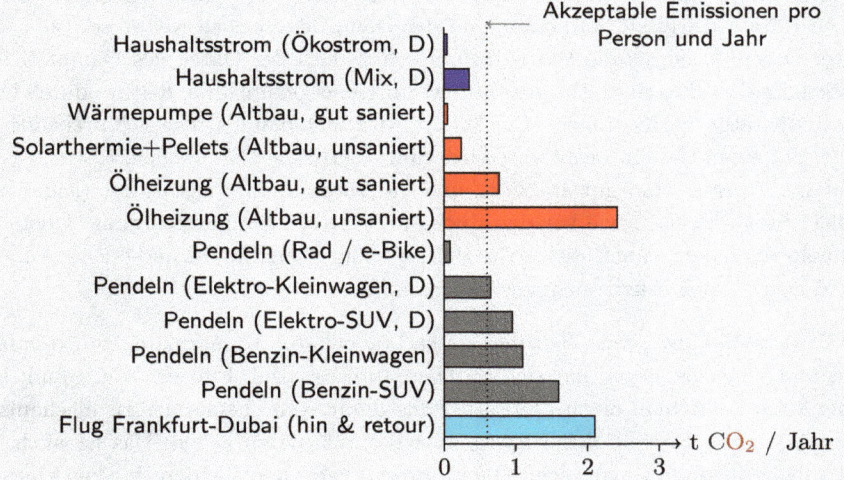

Mit dem Umstieg auf klimaschonende Technologien und Maßnahmen wie eine thermische Sanierung lässt sich also in der Tat einiges erreichen, und durch fundamentale Verhaltensänderungen (wie den Verzicht auf nicht unbedingt notwendige Flüge oder Umstieg auf das Fahrrad, wenn es das Wetter zulässt) ebenso. Allerdings sind hier Emissionen etwa durch Ernährung[a] und durch anderen Konsum noch gar nicht berücksichtigt.

Andererseits aber werden durch eine umfassende Umstellung unseres Energiesystems ($\Rightarrow$ Kap. 8), durch den Übergang zu einem wahrhaft nachhaltigen Wirtschaftssystem ($\Rightarrow$ 10.4) generell die Emissionen sinken. Wenn etwa bei Herstellung und Betrieb von Elektroautos nur noch saubere Energie zum Einsatz kommt und die Materialien konsequent wiederverwertet werden, sinken die entsprechenden Emissionen auf nahezu null.

---
[a] abgesehen vom Mehrverbrauch durch das Radfahren

5.2 Energieerzeugung

Energie lässt sich weder erzeugen noch vernichten. Wenn wir von *Energieerzeugung* sprechen, meinen wir damit die Umwandlung von Energie in eine Form, die wir als Menschen sinnvoll nutzen (oder ggf. speichern) können. Dafür gibt es vielfältige Möglichkeiten, abhängig davon, in welcher Form die Energie ursprünglich vorliegt (Primärenergie $\Rightarrow$ Box auf S. 177) und in welcher Form sie letztlich benötigt wird (End- bzw. Nutzenergie).

5.2.1 Kalorische Kraftwerke

Die heute wohl bedeutendste Art, elektrische Energie zur Verfügung zu stellen („Strom zu erzeugen"), ist mittels Verbrennung ($\Rightarrow$ 3.4.1), meist über einen *Dampfprozess*. Dabei wird Wasser erhitzt, verdampft und der Dampf dann noch weiter erhitzt („überhitzter Dampf"). Durch die Wärmezufuhr erhöht sich der Druck des Dampfes. Diese Druckenergie wird in einer *Turbine* in Bewegungsenergie umgewandelt, wodurch Druck und Temperatur wieder sinken. (Der Dampf wird „entspannt".) Die sich drehende Turbine treibt einen Generator an, der wiederum elektrische Energie liefert.

Derartige Prozesse sind gut etabliert, und die Verbrennung organischer (leider meist fossiler) Stoffe ist nach wie vor das Rückgrat unserer Energieversorgung. Doch diese Technologien haben – auch abseits des Beitrags zum Klimawandel und etwaiger anderer Emissionen – einen ernstzunehmenden Haken.

Der Carnot-Wirkungsgrad Seit den ersten brauchbaren Dampfmaschinen von James Watt und seinen Kollegen hat sich im Dampfprozess bzgl. Effizienz viel getan. Doch immer noch zahlt man einen gewissen Preis dafür, von chemischer zu mechanischer oder elektrischer Energie den Umweg über die Wärme zu gehen. Das ist auch ganz unabhängig davon, ob man einen Dampfprozess verwendet, andere Medien einsetzt,[8] einen Verbrennungsmotor verwendet oder direkt eine Gasturbine mit den Verbrennungsprodukten antreibt.

Wie immer man auch vorgeht, es gibt es eine strikte Grenze, welcher Anteil der Wärme noch in andere Energieformen umgewandelt werden kann. Nach dem französischen Physiker Sadi Carnot (1796–1832), einem frühen Erforscher dieser Phänomene, wird dieser maximale Anteil der *Carnot-Wirkungsgrad* genannt und meistens mit η_C bezeichnet. Dabei hängt η_C einerseits von der Temperatur ab, auf der die Wärme vorliegt, andererseits von der Umgebungstemperatur ($\Rightarrow$ Box auf S. 160).

---

[8] etwa spezielle organische Substanzen im Organic Rankine Cycle, ORC

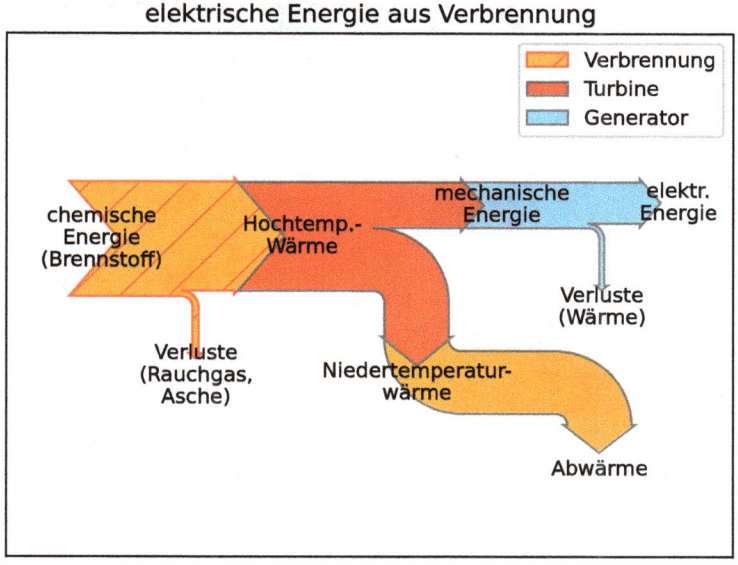

Abb. 5.7: Sankey-Diagramm für die Erzeugung elektrischer Energie durch Verbrennung (PD$_{KL}$)

Wesentlich ist, dass Wärme umso mehr wert ist, je höher ihr Temperaturniveau ist. Bei ausreichend hoher Temperatur lassen sich, wie in Abb. 5.7 gezeigt, durchaus nennenswerte Teile der thermischen Energie wieder in andere Energieformen umwandeln. Hingegen sind auch gewaltige Mengen von Wärmeenergie meistens wertlos, wenn sie nur auf dem Temperaturniveau der Umgebung vorliegen.[9]

Hat die Umgebung eine Temperatur von 20°C, so lassen sich aus Wärme mit 100°C weniger als 22 % als nutzbare Energie extrahieren. Liegt die Wärme hingegen auf 500°C vor, so sind es schon über 62 %, die man theoretisch in mechanische oder elektrische Energie umwandeln könnte. Praktisch ist η_C natürlich nicht erreichbar. Die meisten technischen Prozesse hätten schon unter idealen Bedingungen einen kleinen Wirkungsgrad, und real treten immer zusätzliche Verluste auf.

Mit der Begrenzung durch den Carnot-Wirkungsgrad ist *jede* Maschine konfrontiert, die thermische Energie in andere Energieformen umwandeln soll. Das gilt in kalorischen Kraftwerken, in denen elektrische Energie durch Verbrennung erzeugt wird, ebenso wie beim Verbrennungsmotor im Benzin- oder Dieselauto ($\Rightarrow$ 7.5.3) oder auch für den Stirling-Motor ($\Rightarrow$ Box auf S. 161).

---

[9]Eine Ausnahme ist die Verwendung als Wärmequelle für Wärmepumpen ($\Rightarrow$ 6.3).

> **Vertiefung: Der Carnot-Wirkungsgrad im Detail**
>
> Der Wirkungsgrad η aller thermodynamischen Kreisprozesse (die also immer wieder auf gleichartige Weise ablaufen können), ist durch den Carnot-Wirkungsgrad η_C begrenzt. Ist T_o die höchste Temperatur, die im Prozess auftritt, und T_u die tiefste Temperatur, auf der noch Wärme abgegeben werden kann, dann gilt
>
> $$\eta \leq \eta_C = \frac{T_o - T_u}{T_o} = 1 - \frac{T_u}{T_o}$$
>
> Dabei sind T_o und T_u als absolute Temperaturen anzugeben, also vom absoluten Nullpunkt ($0\,\text{K} = -273.15°\text{C}$) weg gemessen. Für einen Prozess, der zwischen $100°\text{C}$ und $20°\text{C}$ operiert, ist $T_o = 373.15\,\text{K}$ und $T_u = 293.15\,\text{K}$. Damit ergibt sich $\eta_C = \frac{80}{373.15} \approx 0.2144 = 21.44\,\%$.
> Damit η_C erreichbar wäre, müsste aber die gesamte Wärme bei $T = T_o$ zugeführt und bei $T = T_u$ wieder abgeführt werden, was praktisch enorm schwierig ist. Allein deshalb ist i.A. schon $\eta < \eta_C$; hinzu kommen weitere Verluste.

Typische kalorische Kraftwerke haben einen Wirkungsgrad von ca. $40\,\%$. Durch ausgefeilte technische Tricks kann man in sehr großen Anlagen den Wirkungsgrad in die Nähe von $50\,\%$ bringen. Verwendet man (Erd-)Gas als Brennstoff, so kann man den Wirkungsgrad noch weiter erhöhen, indem man zuerst mit Gasturbinen und dann noch einem nachgeschalteten Dampfprozess arbeitet. Solche Gas-und-Dampf-Kraftwerke (GuD) erreichen Wirkungsgrade, die über $60\,\%$ liegen können.[10]

Dabei sprechen wir hier nur vom zentralen Umwandlungsschritt. Auch vorangegangene Schritte, wie z.B. die Förderung von Rohöl, die Aufbereitung in Raffinierien sowie der Transport der Brenn- und Treibstoffe, sind natürlich mit Verlusten verbunden, und ebenso, wenn erforderlich, der spätere Weitertransport der erzeugten elektrischen Energie über das Stromnetz. Die Verluste, die insgesamt auftreten, sind also erheblich. Die wahrscheinlich beste Art, den Brennstoffnutzungsgrad in kalorischen Kraftwerken auf einen Schlag deutlich zu erhöhen, ist es, auch noch die Abwärme sinnvoll zu verwenden. Man spricht dabei von *Kraft-Wärme-Kopplung* (KWK $\Rightarrow$ 6.5).

---

[10] Dieser gute Wirkungsgrad ist einer der Gründe, warum Erdgas von allen fossilen Energieträgern noch als der harmloseste gilt, [Hef09]. Ein anderer ist Grund, dass die Verbrennung sehr sauber erfolgt, also nahezu keine Luftschadstoffe entstehen. Vor allem aber erzeugt es bei der Verbrennung mehr H_2O und weniger CO_2 als Öl oder Kohle, ($\Rightarrow$ Abb. 3.5). Auch wenn beide Stoffe klimaaktiv sind, ist doch zusätzliches Kohlendioxid wesentlich kritischer als zusätzlich erzeugtes Wasser. In der *Taxonomie* der EU wurde Erdgas daher sogar – trotz massivem Protest von Umweltschutzorganisationen – als „nachhaltig" eingestuft, ebenso wie Nuklearenergie, [EU-22]. Diese Einstufung soll allerdings nur für einen Übergangszeitraum gelten.

5.2 Energieerzeugung

Vertiefung: Stirling-Motor und thermoelektrische Generatoren

In den meisten Motoren, die auf thermischen Prinzipien beruhen, wird ein Brennstoff verbrannt. Die heißen Gase, die dabei entstehen, führen zu einer Ausdehnung, die zumeist in eine Drehbewegung umgesetzt wird (⇒ 7.5.3). Doch neben diesen *Verbrennungsmotoren* gibt es zumindest einen Typ von Motor, in dem das *Arbeitsgas* nicht in jedem Schritt neu erzeugt und dann als Abgas ausgepufft wird, sondern in dem immer das gleiche Gas verwendet wird und gar nicht zwingend eine Verbrennung erfolgen muss.

Dabei handelt es sich um den *Stirling-Motor*, dem man Wärme aus beliebigen Quellen zuführen kann. Ein Teelicht oder (wie im Foto rechts*) ein Spiritusbrenner kann einen Stirling-Motor ebenso antreiben wie ein Scheitholzofen, industrielle Abwärme oder, als aktuell wahrscheinlich wichtigste Anwendung, die Solarwärme aus konzentrierenden Kollektoren.

Wie auch bei anderen thermodynamischen Maschinen wird die Wärme auf einem höheren Temperaturniveau aufgenommen und auf einem niedrigeren wieder abgegeben. In die Außenwelt gelangt aus dem Motor aber eben nur die Wärme, kein Trägermedium. Wie jede thermodynamische Maschine ist auch beim Stirling-Motor der Wirkungsgrad durch den Carnot-Wirkungsgrad begrenzt (⇒ Box auf dieser Seite). Dabei kann der Carnot-Wirkungsgrad allerdings (theoretisch) erreicht werden, was bei vielen anderen anderen thermodynamischen Prozessen schon prinzipiell nicht möglich ist.

Die praktische Integration von Stirling-Motoren ist oft nicht ganz einfach, und im 20. Jahrhundert war der Verbrennungsmotor in Kombination mit billigen fossilen Kraftstoffen eine zu harte Konkurrenz, als dass sich dieser Motorentyp ernsthaft hätte durchsetzen können. Im 21. Jahrhundert, in dem wir lernen müssen, ohne fossile Energiequellen auszukommen, kann der Stirling-Motor aber womöglich durchaus helfen, Energie zurückzugewinnen, die sonst ungenutzt bliebe.

Thermoelektrische Generatoren Eine andere Technologie, die ähnlich wie der Stirling-Motor, aus eine Wärmestrom andere Energieformen gewinnen kann, sind *thermoelektrische Generatoren*. Dabei handelt es sich um spezielle elektrische Bauelemente, in denen ausgenutzt wird, dass bei passender Anordnung verschiedener Metallen durch Wärmefluss eine Spannung entsteht (Seebeck-Effekt). Die Umkehrung kann man auch als Wärmepumpe (⇒ 6.3) einsetzen (Peltier-Effekt). In beiden Fällen geht es aber eher um den Bereich kleiner Leistungen von wenigen Watt.

* v. Claudio Minonzio, https://commons.wikimedia.org/wiki/File:Stirlingmotor_3.jpg

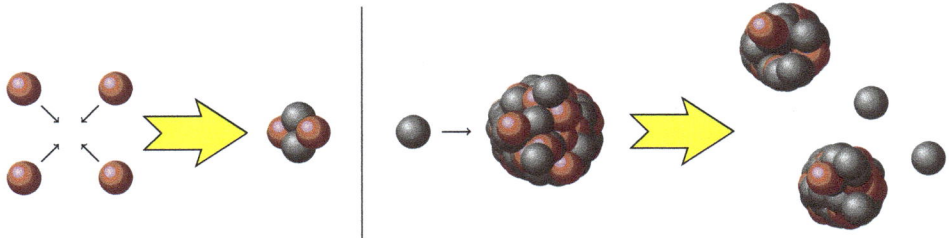

Abb. 5.8: Prinzipien von Kernfusion (links) und Kernspaltung (rechts): Dabei können Teilchenumwandlungen erfolgen und insgesamt wird Bindungsenergie frei. (PD$_{KL}$)

5.2.2 Nuklearenergie

In den Kernen der Atome schlummern gewaltige Energiemengen – etwa eine Million mal größer als die chemische Energie, die sich aus Veränderungen in den Atomhüllen ergibt. Diese Energie kann vor allem auf zwei Arten freigesetzt werden ($\Rightarrow$ Abb. 5.8):

- **Kernfusion** (kurz *Fusion*): Leichte Kerne können zu schwereren verschmelzen, vier Wasserstoff-Kerne zu einem Helium-Kern, wie es im Inneren der Sonne geschieht. Der neue Kern ist leichter als die Teile, aus denen er gebildet wurde.
- **Kernspaltung** (*Fission*): Schwere Kerne wie Uran oder Thorium lassen sich duch Beschuss mit Neutronen spalten. Die Bruchstücke (darunter meist zwei oder drei neue Neutronen) haben weniger Masse als der ursprüngliche Kern.

In beiden Fällen wird die Massendifferenz m gemäß der berühmten Beziehung $E = mc^2$ als Energie E freigesetzt – und auch wenn der Massenunterschied klein ist (weniger als 1 %), ist das immer noch viel, denn die Lichtgeschwindigkeit c, die in dieser Formel quadriert auftaucht, ist wirklich groß.[11]

Bei beiden Vorgängen ist es uns bereits gelungen, sie zur Grundlage schrecklicher Waffen zu machen. Nuklearwaffen (die Atombombe, zu der später noch die Wasserstoffbombe hinzukam) haben die Welt tiefgreifend verändert und Konflikten zwischen Großmächten ein völlig neues Bedrohungspotenzial gegeben, das bis zur Auslöschung der Menschheit gehen kann.[12]

---

[11] Mit $c \approx 3 \cdot 10^8 \, \frac{m}{s}$ ergibt sich, dass ein Kilogramm Masse einer Energie von ca. 90 PJ entspricht, also 25 Milliarden kWh. Das würde in den meisten Staaten genügen, um den Energiebedarf von mehr als einer halben Million Menschen für ein Jahr zu decken.

[12] Im Zuge der Kubakrise 1962 ist die Welt wohl nur knapp an einem Nuklearkrieg vorbeigeschrammt. An Bord eines sowjetischen U-Bootes verweigerte in einer sehr unübersichtlichen Situation ein einzelner Offizier (Wassili Alexandrowitsch Archipow) seine erforderliche Zustimmung zum Abschuss eines Nukleartorpedos. Wäre dieser Abschuss erfolgt, hätte er eine globale Eskalation (und damit den 3. Weltkrieg) auslösen können.

5.2 Energieerzeugung

Doch nur die Kernspaltung kann bislang auch zur zivilen Energieerzeugung eingesetzt werden. Die Fusion ist trotz jahrzehntelanger Forschung und einiger Erfolge noch immer weit davon entfernt ist, hierfür verwendbar zu sein – und das wird wohl noch einige Jahrzehnte lang so bleiben (⇒ 8.2.6).[13] Kernspaltung zur zivilen Energiegewinnung erfolgt in *Kernkraftwerken*, die oft auch als Atomkraftwerke (AKWs) bezeichnet werden. Hierfür gibt es einerseits etablierte Technologien (Siedewasser- und Druckwasserreaktoren), aber auch Ansätze, die noch umfangreiche Weiterentwicklung erfordern würden (Schnelle Brüter, Flüssigkernreaktoren, ...).[14]

Die globale Bedeutung der Nuklearenergie ist nicht so groß, wie man vielleicht glauben würde. AKWs tragen weniger als 10 % zur Stromerzeugung und damit (je nach Berechnungsweise) zwischen 2 % und 4 % zur gesamten Energieversorgung der Menschheit bei. In einzelnen Staaten (Frankreich, USA, China, ...) ist der Anteil allerdings weit höher, während viele andere Staaten ganz auf Nuklearenergie verzichten.

Dieser Verzicht hat (neben Kosten und Komplexität der Nukleartechnologie) im Wesentlichen zwei Beweggründe:

- **Störfälle:** Während die radioaktive Belastung durch Kernkraftwerke im Normalbetrieb gering ist (geringer als jene durch Kohlekraftwerke[15]), sieht die Sache bei Störfällen ganz anders aus. Bei Reaktorkatastrophen wie jener von Tschernobyl (1986) oder Fukushima (2011) können erhebliche Mengen radioaktiven Materials in die Umwelt gelangen, darunter durchaus heikle Isotope. Cäsium-137 etwa verhält sich chemisch ähnlich wie Kalzium und kann daher in die Knochen eingebaut werden. Es hat ein Halbwertszeite von ca. 30 Jahren, d.h. nach dieser Zeitspanne ist immer noch etwa die Hälfte der ursprünglichen Menge vorhanden.

- **Endlagerung:** Auch ganz ohne Störfälle produziert ein AKW immer noch nuklearen Abfall, der viele Jahrtausende lang gefährlich bleibt. Das Plutonium-Isotop Pu-239 etwa, das durch Neutroneneinfach und Betazerfall aus U-238 entsteht, hat eine Halbwertszeit von über 24 000 Jahren. Das Problem der sicheren Endlagerung solcher Abfälle ist bislang nicht gelöst – momentan verwandeln sich nur die Zwischenlager allmählich in Endlager. Auch wie man mit den schwach radioaktiven Ruinen ausrangierter AKWs umgehen soll, ist unklar.

---

[13] In den Fusionsexperimenten arbeitet man nicht mit „normalem" Wasserstoff (H-1), sondern mit dessen Isotopen Deuterium (H-2) und Tritium (H-3), die zusätzlich zum stets vorhandenen Proton noch ein Neutron bzw. sogar zwei davon haben. Man bildet also nicht genau den Prozess nach, der in der Sonne abläuft, denn das wäre unter irdischen Bedingungen nochmals deutlich schwieriger als die bereits extrem herausfordernde Fusion von Deuterium und Tritum.

[14] Auch die Energie, die in den Atomkernen steckt, wird in konventionellen AKWs letztlich einfach dazu verwendet, Wasser zu erhitzen – ganz ähnlich wie in kalorischen Kraftwerken (⇒ 5.2.1), nur unter thermodynamisch deutlich schlechteren Bedingungen.

[15] Kohle enthält oft Spuren radioaktiver Elemente, die bei Verbrennung z.T. mit Abgasen und Feinstaub in die Atmosphäre entweichen, z.T. danach in der Asche enthalten sind.

Beides sind in der Tat gewichtige Gründe gegen den Einsatz von Nuklearenergie zur Energiegewinnung.[16]

Angesichts von gelegentlichem menschlichen oder technischen Versagen,[17] mit der Möglichkeit von Kriegen und terroristischen Akten,[18] Naturkatastrophen wie Erdbeben, Tsunamis und Überschwemmungen, mit möglichen Unfällen wie Flugzeugabstürzen *müssen* wir, wenn wir auf Kernenergie setzen, zwangsläufig mit weiteren Reaktorkatastrophen rechnen. Immerhin gehört es zu den harten Lehren der Statistik, dass auch ein Ereignis, das per se sehr unwahrscheinlich ist, bei ausreichend häufiger Wiederholung bzw. bei ausreichend langem Warten nahezu sicher eintritt.

Man kann angesichts der Klimakrise durchaus der Meinung sein, dass gelegentliche nukleare Unfälle ein geringeres Übel darstellen als der ungebremste Klimawandel. Das ist ein durchaus plausibler Standpunkt – man sollte dann allerdings so ehrlich sein, dazuzusagen, dass solche nuklearen Unfälle tatsächlich passieren werden und nicht vorgeben, die Technologie sei inzwischen absolut sicher.

Womöglich noch gravierender ist allerdings die Endlagerungsproblematik. Beunruhigend ist etwa die Vorstellung, dass Jahrtausende in der Zukunft, wenn unser Zeitalter längst zu einem Mythos verblasst ist, unsere Nachfahren beginnen, nach den legendären „Schätzen" zu graben, die ihre Urahnen da einst tief in der Erde versteckt haben. Man möge die Haltbarkeit und Wirksamkeit von Warnungen, egal wie eindringlich sie formuliert sind, nicht überschätzen. Das kulturelle Gedächtnis der Menschheit reicht bislang nur wenige tausend Jahre zurück, und manche Schriften aus alten Zeiten konnten nur mit Glück (etwa die Hieroglyphen mit dem berühmten Stein von Rosetta) oder gar nicht entziffert werden.

Sprachen verändern sich, Worte ändern ihre Bedeutung, Dateiformate kommen und gehen. Modernes Papier zerfällt durch die enthaltene Säure typischerweise binnen hundert Jahren. Stahl rostet (auch der als rostfreie deklarierte, nur deutlich langsamer), Steingravuren bröckeln weg. Weitgehend inerte Materialien wie Gold sind so selten und wertvoll, dass sie dazu neigen, entwendet und wieder eingeschmolzen zu werden. Angesichts dessen: Wie sicher sind wir uns, dass wir überhaupt in der Lage sind, Warnungen zu hinterlassen, die hunderttausende Jahre überdauern werden?

Zudem werden Warnungen, selbst wenn sie verstanden werden, immer wieder ignoriert. Noch so drastische Flüche und Verwünschungen haben bislang weder Grabräuber noch Archäologinnen davon abgehalten, antike Grabkammern zu öffnen. Warum sollten unsere Nachfahren da so anders sein?

---

[16] Das es Unsinn wäre, auf Nukleartechnologie ganz zu verzichten, ist allerdings auch klar. Allein die radioaktiven Isotope, die zu verschiedenen Zwecken in der Medizin verwendet werden, stiften genug Nutzen, um die entsprechende Technologie zu ihrer Erzeugung zu rechtfertigen.

[17] zwei Bereiche, zwischen denen der Übergang oft fließend ist ...

[18] ebenfalls zwei Bereiche, zwischen denen der Übergang oft fließend ist ...

Natürlich kann man radioaktive Abfälle ohne weitere Sicherheitsvorkehrungen und Warnungen einfach tief in der Erde deponieren und den Zugang versiegeln. Das mag noch am sichersten sein. Doch Bohrungen, die dann zufällig genau an solchen Stellen stattfinden, oder geologische Verwerfungen können sie auch bei diesem Vorgehen wieder ans Licht bringen. Unseren Nachfahren über tausende Generationen hinweg eine solch schwere Hypothek zu hinterlassen, erscheint unverantwortlich, solange es sinnvolle Alternativen gibt. Wäre dieser Weg der einzige, um die Klimakrise zu bewältigen, müssten wir diese Risiken wohl in Kauf nehmen – doch ein fossilfreies globales Energiesystem kann auch ganz ohne Nuklearenergie auskommen ($\Rightarrow$ 8.1).

Probleme und Grenzen von AKWs Dass auch die Kernenergie nicht ganz so stabil und zuverlässig ist, wie es von ihren Befürworter:innen gerne behauptet wird, konnte man etwa im Jahr 2022 in Frankreich beobachten. Der Sommer in diesem Jahr war so trocken, dass Kühlwasser für die AKWs fehlte. Zusätzlich waren in manchen Anlagen dringenden Wartungsarbeiten nötig, und so waren zeitweise mehr als die Hälfte der französischen Kernkraftwerke nicht am Netz. Der Klimawandel kann also auch die Leistungsfähigkeit der Nuklearenergie beeinträchtigen.

Ein weiteres Argument dagegen, dass die Nuklearenergie ein wichtiges Mittel gegen den Klimawandel darstellen wird, betrifft die Zeitskala. Der Bau eines neuen AKW ist eine komplexe, langwierige (und zudem sehr teure) Angelegenheit. Selbst wenn man nun rund um die Welt beginnen würde, neue AKWs zu planen und zu bauen, wäre die Zeit bis zu ihrer Inbetriebnahme recht lang, angesichts der Dringlichkeit der Klimakrise.

Dass AKWs heutiger Bauart auch eine Brücke zur Verfügbarkeit von Nuklearwaffen darstellen, trägt auch nicht dazu bei, den Charme dieser Technologie erhöhen. Nicht jedem Staat, dessen Energieversorgung vor Herausforderungen steht, möchte man gleich den Schlüssel zur Atomwaffentechnik in die Hand geben.[19]

Zudem sind die einfach zugänglichen nuklearen Vorräte der Erde begrenzt. Ohne riskante Technologien wie schnelle Brüter (die aus dem relativ häufigen, aber schlecht spaltbaren Uran-Isotop U-238 Plutonium „erbrüten") oder ohne immensen Aufwand (wie etwa, in großem Umfang Uran aus dem Meerwasser zu filtern) wäre eine größtenteils nukleare Energieversorgung der Menschheit wohl nur für wenige Jahrzehnte möglich. Danach müsste erst recht wieder eine Energieversorgung auf anderer Basis etabliert werden (zum größten Teil erneuerbar, evtl. zum Teil auf Basis von Kernfusion). Die Kernspaltung wäre also auch nur eine Brückentechnologie – und zwar eine riskante Brücke mit Langzeitfolgen.

---

[19] Von der zivilen zur militärischen Nukleartechnologie ist zwar noch immer ein gewisser Weg zu gehen; wesentlich ist dabei (neben speziellen Bauteilen wie Hochpräzisionszündern) vor allem die *Anreicherung* des spaltbaren Materials mittels Zentrifugen.

Neuartige Kernreaktoren Es gibt diverse Ansätze dafür, die vielen Nachteile aktueller Kernreaktoren, von denen zuvor lediglich die gravierendsten diskutiert wurden, abzumildern. Wenn es um Bauzeit und Komplexität geht, ist inzwischen oft von *Small Modular Reactors* (SMRs) die Rede, kleinen Reaktoren, die schnell errichtet und von denen mehrere zu einem größeren Kraftwerk kombiniert werden können. Bislang sind SMRs allerdings eher ein Schlagwort, mit dem der Bau etwas kleinerer Reaktoren besser verkauft werden soll.

Ein zentrales Thema ist zudem jenes der Sicherheit. Offenbar sind unsere AKWs wesentlich unsicherer, als sie sein könnten, weil sie ursprünglich nicht nur konstruiert wurden, um Energie zu liefern, sondern auch, um die Produktion von Nuklearwaffen zu unterstützen. Gibt man dieses zivil-militärische Synergiepotenzial auf, kann man möglicherweise sowohl das Sicherheitsniveau von AKWs als auch ihre Energieausbeute deutlich erhöhen. Ein Ansatz, um das zu tun, ist der Dual-Fluid-Reaktor, siehe `https://dual-fluid.com/`. Dieser verspricht diverse Vorteile durch die Verwendung eines flüssigen Reaktorkerns. Eine ernsthafte Erprobung steht allerdings noch aus, und auch wenn das Konzept auf dem Papier gut aussehen mag, ist doch die Gefahr groß, dass irgendwo kritische Aspekte übersehen wurden. (Immerhin war das bei neuartigen Technologien regelmäßig der Fall.)

Flüssigkern-Reaktoren können so gebaut werden, dass sie statt Uran *Thorium* als spaltbares Material nutzen, und ganz allgemein scheint Thorium gegenüber anderen Kernbrennstoffen einige Vorteile zu haben, von der größeren Verfügbarkeit des Elements bis hin zu weniger heiklen Abfallprodukten, die entstehen. Entsprechend wird aktuell an Thorium-Reaktoren geforscht, u.a. auch im eher nuklearkritischen Österreich.[20]

Ein attraktives Element mancher dieser neuartigen Reaktorkonzepte ist, dass dort automatisch in gewissem Umfang *Transmutation* erfolgt, also die Umwandlung radioaktiver Isoptope in andere (meist durch Neutroneneinfang). Auf diese Weise werden langlebige (und damit meist problematische) Abfallstoffe in solche umgewandelt, die schneller zerfallen.[21] Die Zeit, die der radioaktive Abfall sicher verwahrt werden muss, könnte sich dadurch von vielen Jahrtausenden auf wenige Jahrzehnte reduzieren. Auch radioaktiver Abfall anderer Reaktoren könnte in solchen Transmutationsanlagen behandelt werden, sodass er sogar noch Energie liefert, während sich die Gefährlichkeit reduziert. Bislang sind die Erfolge der Transmutation leider überschaubar. Die entsprechende Forschung sollte aber – egal, in welchem Umfang Kernenergie in Zukunft genutzt wird, – weiterverfolgt werden, allein für die Chance, das Problem des nuklearen Abfalls zu entschärfen ($\Rightarrow$ 8.2.6).

---

[20]siehe `https://www.emerald-horizon.com/`

[21]Natürlich kann es auch in die andere Richtung passieren. Da die kurzlebigen Isoptope aber naturgemäß schneller zerfallen als die langlebigen, treten mehr Umwandlungen in die erwünschte Richtung auf als in die andere.

5.2.3 Wind- und Wasserkraft

Seit Jahrtausenden greift die Menschheit auf die Kräfte von Wind und Wasser zurück, mit Segelschiffen, Wasser- und Windrädern. Vor allem für Mühlen, in denen kreisende Bewegungen ja gut brauchbar sind, wurden diese Antriebe oft verwendet. Mit Ende des Mittelalters kamen wasserbetriebene Hammerwerke auf. Stets wurde dabei die mechanische Energie lokal, also direkt vor Ort genutzt. Mit der Elektrifizierung unseres Energiesystems ab dem späten 19. Jahrhundert wurden erste Wasserkraftwerke gebaut, und auch Windkraftanlagen wurden erprobt. Ab den 1970er Jahren wurden Windräder (auch unter dem Eindruck der damaligen Ölkrise) zu einer ernstzunehmenden Energiequelle weiterentwickelt.

Wasserkraftwerke Es gibt Wasserkraftwerke von ganz unterschiedlicher Art, von Kleinwasserkraft bis hin zu riesigen Projekten, die massive Eingriffe in die landschaftlichen und ökologischen Gegebenheiten mit sich bringen. Abgesehen von der Größe ist eine wesentliche Unterscheidung, ob es sich um *Lauf-* oder *Speicherkraftwerke* handelt. In beiden Fällen wird zwar normalerweise ein Gewässer aufgestaut, aber in welchem Umfang das geschieht, ist sehr unterschiedlich. (*Strömungskraftwerke*, die kein Aufstauen erfordern, gibt es zwar, sie haben aber bislang wenig Bedeutung.) Während Laufkraftwerke, wie man sie vor allem an größeren Flüssen findet, kein oder allenfalls wenig Wasser zurückhalten, kann es in manchen Speicherkraftwerken um erhebliche Wassermengen gehen. Das kann bis zu gewaltigen Dämmen und entsprechend riesigen Stauseen reichen, die erhebliche Veränderungen von Ökologie und Landschaft bedeuten und denen manchmal auch historische Ortschaften geopfert werden. Dazu muss man nicht bis China zur Drei-Schluchten-Talsperre blicken ($\Rightarrow$ Abb. 5.9.(a)). Auch im Reschensee in Südtirol ist – geplanterweise – ein ganzes Dorf versunken; nur der Kirchturm ragt noch über die Wasseroberfläche hinaus ($\Rightarrow$ Abb. 5.9.(b)).
Dafür sind Speicherkraftwerke flexibler einsetzbar; sie liefern die Energie dann, wenn sie gebraucht wird. In der Form von *Pumpspeicherkraftwerken* ($\Rightarrow$ Abb. 2.3) können sie sogar benutzt werden, um überschüssige elektrische Energie zu speichern und diese später, wenn Bedarf ist, wieder zu Verfügung zu stellen ($\Rightarrow$ 5.4.2).
Für viele Jahrzehnte war die Wasserkraft die bedeutsamste Quelle erneuerbarer elektrischer Energie, und in manchen Regionen (etwa dem gebirgigen Tirol) hat sie wesentlich zum wirtschaftlichen Aufschwung beigetragen. Allerdings sind Wasserkraftwerke in mancherlei Hinsicht nicht unproblematisch. Auch abgesehen von den Schäden, die ihre Errichtung verursacht, beeinflussen sie die Gewässer, etwa indem sie den Transport von Sedimenten behindern.[22]

---

[22] Im Fall des ägyptischen Assuan-Staudamms ist es der legendäre fruchtbare Schlamm des Nils, der nun im Staubecken zurückbleibt, statt wie in früher bei Hochwasser auf die Felder zu gelangen.

Abb. 5.9: (a) Drei-Schluchten-Talsperre während der Bauphase (2006), von Christoph Filnkößl, https://commons.wikimedia.org/w/index.php?curid=2626351, (b) Reschensee mit Kirchturm der alten Pfarrkirche St. Katharina, von Wladyslaw Sojka, www.sojka.photo, https://commons.wikimedia.org/w/index.php?curid=38626930

Zudem erhöhen Speicherkraftwerke die Verdunstung. Während das in gemäßigten Breiten und in den Tropen kein besonderes Problem ist, kann es in trockenen subtropischen Gegenden die Wassermengen erheblich reduzieren und den Grundwasserspiegel verändern. Für Wasserlebewesen kann eine Staumauer schnell ein unüberwindliches Hindernis darstellen, weshalb zunehmend „Fischtreppen" als Aufstiegshilfen gebaut werden. Auch bei der Wasserkraft zeigt sich also wieder, dass unser Energiehunger immer ein gewisses Ausmaß an Schaden anrichtet.

Auf jeden Fall ist das Ausbaupotenzial der Wasserkraft so begrenzt, dass es in vielen entwickelten Regionen weitgehend ausgeschöpft ist – zumindest wenn man keine allzu gravierenden Schäden an Ökologie, Biodiversität, Kulturgütern und Landschaftsbild in Kauf nehmen will. Gerade im Bereich der Kleinwasserkraft, die als lokale Energiequelle sehr nützlich sein kann, ist allerdings sicher noch das eine oder andere Projekt möglich, das ohne gröberen Schaden umgesetzt werden kann.

Beträchtliches Potenzial kann noch durch Maßnahmen zur Effizienzsteigerung gehoben werden. Auch die Turbinentechnologie hat sich im Lauf der letzten Jahrzehnte deutlich verbessert, und der Austausch einer Turbine in einem großen Laufkraftwerk kann durchaus so viel zusätzliche Energie liefern wie der Bau eines kleinen solchen Kraftwerks anderswo.

Windkraftanlagen Die Windenergie hat seit den Zeiten der mittelalterlichen und neuzeitlichen Windmühlen[23] und erster Versuche wie der Growian einen weiten Weg hinter sich ($\Rightarrow$ Abb. 5.10). Neben der Solarenergie ($\Rightarrow$ 5.2.5 & 6.4) gilt sie aufgrund des gewaltigen Ausbaupotenzials als zentrales Element der Energiewende.[Hau23].

---

[23] samt der literarischer Kämpfe des Don Quijote, eines frühen Windkraftgegners

5.2 Energieerzeugung

Abb. 5.10: (a) Kriemhildmühle in Xanten, Bild von Avda, https://commons.wikimedia.org/wiki/File:Xanten_-_Kriemhildmühle_-_2015.jpg,
(b) Don Quijote reitet gegen Windmühlen, gezeichnet von Gustave Doré,
(c) Die „Große Windkraftanlage" (Growian) 1984, Bild von Thyge Weller, https://commons.wikimedia.org/wiki/File:Growian001.png,
(d) Windkraftanlage im modernen (dänischen) Design, Bild von Vinaceus, https://commons.wikimedia.org/wiki/File:GE_5.3-158_Beckum.jpg

Das Potenzial ist in der Tat vorhanden, kommt aber zusammen mit einigen Hindernissen und Komplikationen. So sind windreiche Gegenden wie die Nordsee meist nicht jene Orte, an denen auch der Energiebedarf anfällt. Leistungsfähige elektrische Leitungen oder andere Arten des Energietransports sind also erforderlich, um Windenergie in ausreichendem Ausmaß zu nutzen ($\Rightarrow$ 8.3). Dafür ist die Energieproduktion dort zumeist recht stabil.

An Land ist es zwar einfacher, die Energie abzutransportieren, dafür weht der Wind dort wesentlich unzuverlässiger. Auch ganz allgemein muss man die Windenergie nehmen, wie sie kommt. Allenfalls kann man die Rotoren aus dem Wind drehen und die Anlage vom Netz nehmen, wenn der Wind zu stark ist oder das Stromnetz die zusätzliche Einspeisung nicht mehr verkraften würde, aber ansonsten hat man nicht viele Eingriffsmöglichkeiten. Wenn Flaute herrscht, herrscht eben Flaute. Das ist keinesfalls ein Grund, auf Windenergie zu verzichten, erfordert es aber, das Energiesystem der Zukunft auf andere Weise zu gestalten, als es in der Vergangenheit aufgebaut war ($\Rightarrow$ Kap. 8).

Doch auch die Windenergie hat natürlich ihre Schattenseiten. Dabei geht es wohl nur peripher um die „Verschandelung der Landschaft", die gelegentlich ins Treffen geführt wird.[24] Sich an ein paar Windräder zu gewöhnen, die sich im Hintergrund drehen, sollte der Menschheit zumutbar sein – vor allem, wenn man sich die Alternativen zur Nutzung derartiger erneuerbaren Energieformen vor Augen führt.

---

[24] besonders gerne von jenen, die bislang keine Problem damit hatten, die Landschaft mit Autobahnen, Einkaufszentren, Hochhäusern und Chalet-Dörfern zu verschandeln, in ihrem Kreuzzug gegen die Energiewende aber plötzlich ganz neue Seiten an sich entdecken

Schon schwerwiegender sind wahrscheinlich Aspekte der Schallbelästigung und der Gefährdung durch Eis, das sich an den Rotorblättern bilden und sich wieder davon lösen kann. Aus diesen Gründen werden Windkraftanlagen auch nicht direkt neben Siedlungen oder mitten in Gewerbegebiet errichtet. Dafür gibt es jedoch angemessene Regelungen, und für *off-shore*-Anlagen sind diese Probleme ohnehin wenig relevant.

Durchaus gravierend können (vor allem angesichts der ohnehin akuten Biodiversitätskrise $\Rightarrow$ 1.1.2) die möglichen ökologischen Auswirkungen sein. Für Vögel und Fledermäuse sind die schnelldrehenden Rotoren von Windkraftanlagen eine tödliche Gefahr.[Lan24] KI-basierte Ansätze, die Umgebung der Windkraftanlagen zu überwachen und die Rotordrehung so zu beeinflussen, dass fliegende Tiere verschont werden, gibt es aber schon.[25]

Wesentlich wird es – wie letztlich bei den meisten erneuerbaren Energiequellen, bei der Landwirtschaft, beim Fischfang und allen anderen Arten, unseren Planeten zu nutzen, – sein, großzügige Schutzgebiete einzuplanen, in denen ganz bewusst auf den Bau von Windkraftanlagen verzichtet wird. Welche dafür gewählt werden, sollte in erster Linie von Überlegungen des Artenschutzes entschieden werden, in zweiter vom prinzipiell möglichen Ertrag und der Zuverlässigkeit.

Wellenkraftwerke In gewisser Weise eine Kombination von Wasser- und Windkraft stellen *Wellenkraftwerke* dar, die die Auf- und Abbewegung durch Wellen nutzen, um Energie zu gewinnen. Bislang wird diese Form der Energiegewinnung noch wenig genutzt (etwa mit einem prototypischen Kraftwerk in Israel[Lim22]), aber es gibt Pläne, die Energie der Wellen in Zukunft deutlich stärker zu nutzen.

Strömungskraftwerke Die Meeresströmungen bewegen gewaltige Wassermassen ($\Rightarrow$ 5.1.1) und enthalten entsprechend auch viel Energie. Durch *Strömungskraftwerke* gut nutzbar ist diese allerdings nur an besonders günstigen Stellen.[26] Bislang wurden erst wenige solche Strömungskraftwerke errichtet, und entsprechend sind die ökologischen Auswirkungen noch nicht gut untersucht.

Weitere Varianten der Windenergie Segelschiffe sind eine altbewährte Art, Windenergie für Bewegung auf dem Wasser zu nutzen. Eine moderne Variante, mit Hilfe von Windenergie den Treibstoffverbrauch zumindest deutlich zu reduzieren, ist der *Flettner-Rotor*, ein rotierender Zylinder, der bei Anströmung durch Wind eine Antriebskraft erzeugt, ähnlich jener Aufwärtskraft, die bei umströmten Tragflächen entsteht und Flugzeuge in der Luft hält.

---

[25]siehe z.B. https://www.youtube.com/watch?v=nMMbCtcLgW4
[26]Es ist auch möglich, Gezeitenkraftwerke als Strömungskraftwerke auszuführen ($\Rightarrow$ 5.2.7).

5.2.4 Biomasse

Die wohl älteste Energiequelle, die die Menschheit nutzt, ist *Biomasse*, und noch heute trägt diese einen beträchtlichen Teil zur globalen Energieversorgung bei ($\Rightarrow$ 5.1.3 & Abb. 5.3). Verwendet wird hier insbesondere (Brenn-)Holz, aber auch andere biogene (Rest-)Stoffe, vom Stroh bis zum Kamel-Dung, kommen zum Einsatz.
Biomassenutzung ist vor allem in traditionellen, wenig industrialisierten Gesellschaften von Bedeutung, aber auch in manchen (insbesondere waldreichen) Ländern wie Österreich oder Schweden ist Bioenergie bislag die bedeutsamste Form von erneuerbarer Energie. Wie nachhaltig und umweltverträglich Biomassenutzung aber tatsächlich ist, wird kontrovers diskutiert, und das Thema ist durchaus komplex.[27]
Die Kernbotschaft in Kürze: Wenn man alles richtig macht, dann ist Bioenergie in der Tat eine nachhaltige Energieform mit vielfältigen Möglichkeiten, die auch in Zukunft – wenn auch wohl etwas zielgerichteter als heute – eingesetzt werden sollte ($\Rightarrow$ Kap. 8). Allerdings ist es gar nicht so einfach, alles richtig zu machen. Betrachten wir die verschiedenen Aspekte, die bei Biomassenutzung zu bedenken und berücksichtigen sind:

- **CO_2-Neutralität**: Der Kohlenstoff, der bei der Verbrennung von Holz und anderer Biomasse frei wird, wurde zuvor von den Pflanzen aus der Atmosphäre entnommen. In einer nachhaltigen Forstwirtschaft, bei der höchstens so viel Biomasse entnommen wird, wie nachwächst, ist der Brennstoff selbst also CO_2-neutral. Die Arbeits- und Transportfahrzeuge brauchen aber natürlich auch Energie, und solange sie zum größten Teil mit fossilem Treibstoff laufen ($\Rightarrow$ Kap. 7.3.2), produzieren sie echte CO_2-Emissionen. Die CO_2-Intensität von Biomasse ist aber dennoch viel geringer als von fossilen Brennstoffen, und mit nachhaltigen Treibstoffen wäre eine vollständige CO_2-Neutralität durchaus erreichbar.

  Wäre es aber nicht besser, die Biomasse nicht zu verbrennen und so den Kohlenstoff, die die Pflanzen gebunden haben, der Atmosphäre dauerhaft zu entziehen? Das ist in der Tat ein interessanter Ansatz – allerdings reicht es dazu nicht aus, die Biomasse einfach in Wäldern und auf Feldern zu lassen. Im Gegensatz zur romantischen Vorstellung (die selbst in manchen Sachbüchern vermittelt wird) nehmen die Wälder nicht einen CO_2-Strom auf und versorgen uns im Gegenzug mit O_2. Stattdessen sind Kohlenstoff und Sauerstoff in den allermeisten Ökosystemen in einen Kreislauf eingebettet. Verrottendes Holz setzt, wenn auch etwas langsamer, nahezu ebenso viel CO_2 frei, wie wenn es verbrannt würde.[28]

---

[27]siehe dazu etwa die sehr kritische Position des WWF auf https://www.wwf.de/themen-projekte/waelder/wald-und-klima/wie-holzverbrennung-den-klimawandel-befeuert
[28]Daher beruhen auch alle Ansätze, naturbelassene Flächen als Kompensation für unseren CO_2-Ausstoß zu rechnen (im ökologischen Fußabdruck $\Rightarrow$ 2.2.3 ebenso wie in fragwürdigen CO_2-Kompensationsgeschäften $\Rightarrow$ 10.1.2) im Wesentlichen auf einem biologisch-ökologischen Irrtum.

Das CO_2, das wir ausatmen, wird nicht von den Wäldern gebunden, sondern von den Feldern und Äckern, auf denen unsere Nahrung wächst, oder den Wiesen, auf denen unsere Nutztiere weiden – auch hier ein weitgehend geschlossener Kreislauf von Kohlenstoff und Sauerstoff. Will man tatsächlich für längere Zeit verhindern, dass von Pflanzen gebundener Kohlenstoff wieder in die Atmosphäre zurückkehrt, muss man aktiv etwas dafür tun, etwa Holz als Baumaterial verwenden oder Biokohle in die Böden einbringen ($\Rightarrow$ 8.5.6).

- **Ökologische Eingriffe**: Das Entnehmen von Biomasse aus Wäldern stellt natürlich einen gravierenden Eingriff dar. In der Forstwirtschaft werden oft völlig gesunde Bäume gefällt, die noch Jahrhunderte vor sich gehabt hätten, und der Prozess von Fällen und Abtransport zieht auch die Umgebung in Mitleidenschaft. Selbst wenn man sich (wie beim klassischen Sammeln von Brennholz wie im Märchen) auf Totholz beschränkt, ist nicht alles gut, denn auch dieses hat als Lebensraum für viele Organismen eine enorme ökologische Bedeutung.

Für die Biodiversität ($\Rightarrow$ 1.1.2) sollte es ausreichend naturbelassene und naturnahe Wälder geben, in denen keine oder höchstens minimale Forstwirtschaft betrieben wird. Allerdings haben auch stärker forstwirtschaftlich genutzte Wälder vielfältigen Nutzen, sind oft Lebensraum für viele Tier- und Pflanzenarten.[29] Dass man sich (auch wegen des Klimawandels) langsam von den Fichten-Monokulturen verabschiedet und in Richtung robusterer Mischwälder geht, ist dabei eine gute Entwicklung. Noch haben wir aber viele Wälder, die verwundbar sind, und die steigenden Temperaturen setzen die Wälder zusätzlichem Stress aus. Gibt es massive Sturmschäden, dann ist es notwendig, das Holz aufzuarbeiten und aus den Wäldern zu entfernen, um eine explosionsartige Vermehrung von Schädlingen wie dem Borkenkäfer zu verhinden. Nutzungsmöglichkeiten auch für große Holzmengen zu haben, ist da kein Fehler.

- **Lieferketten**: Nur Biomasse aus nachhaltiger Forstwirtschaft ist ökologisch vertretbar, und je kürzer (bzw. je emissionsärmer) die Transportwege sind, desto besser. Werden (wie es in der Vergangenheit leider durchaus geschehen ist) rumänische Urwälder abgeholzt, um Pellets für Österreich und Deutschland zu produzieren, dann ist das ein ökologisches Verbrechen ebenso wie ein Klimavergehen. Auch der Transport kanadischer Pellets quer über den Atlantik zu den europäischen Märkten ist ökologisch eher fragwürdig. Eine regionale nachhaltige Biomasse-Wirtschaft hingegen hat zahlreiche Vorteile, neben dem Nutzen für das Klima auch die lokale Wertschöpfung samt entsprechender Arbeitsplätze.

---

[29]Tatsächlich haben in unserer Zeit die meisten Menschen vermutlich noch nie einen völlig unberührten Urwald gesehen. Den Sonntagsspaziergang macht man normalerweise in einem Wald, der stark vom Menschen geprägt und trotzdem auf viele Arten wertvoll ist.

- **Emissionen**: Holz irgendwie zu verbrennen, ist nicht allzu schwierig – es aber sauber und effizient zu tun, ist herausfordernder, als man glauben würde.[30] Daher haben Holzheizungen den Ruf, viele gesundheitlich problematische Emissionen (insbesondere VOCs und Feinstaub $\Rightarrow$ 3.3.4) zu produzieren. Bei alten, traditionellen Holzheizungen ist dieses Problem auch nicht von der Hand zu weisen.
  Allerdings hat sich die Technologie inzwischen enorm verbessert. Vor allem in Deutschland, Österreich, der Schweiz, Südtirol und den skandinavischen Ländern wurde in den letzten Jahrzehnten viel Forschungs- und Entwicklungsarbeit betrieben, um die Verbrennung von Biomasse sauberer und effizienter zu gestalten. Tatsächlich gehören Biomasse-Öfen, -Kessel und -Kraftwerke zu jenen Feldern, wo eine europäische Technologieführerschaft besteht. Moderne Pelletskessel sind High-Tech-Geräte, die natürlich auch ihren Preis haben. Dass man ein vergleichbar gutes Emissionsverhalten natürlich nicht mit dem billigsten Kessel, den man noch irgendwo auftreiben kann, erhalten wird, sollte einem klar sein.
- **Flexibilität**: Von allen primären (also direkt der Natur entnehmbaren) erneuerbaren Energieträgern ist Biomasse den fossilen Brennstoffen noch am ähnlichsten.[31] Entsprechend können sie auch auf ähnliche Weise eingesetzt werden und somit (neben Power2Gas bzw. Power2Liquid $\Rightarrow$ 8.3.2) fossile Energieträger am besten ersetzen. Das ermöglicht flexible Einsatzmöglichkeiten, die in einem großteils erneuerbaren Energiesystem von großer Bedeutung sind ($\Rightarrow$ 5.2.9).
- **Stoffliche und kaskadische Nutzung**: Ein durchaus berechtigter Einwand ist, dass Biomasse als Rohstoff zu wertvoll ist, um ihn einfach zu verbrennen. Verwendet man im Bauwesen verstärkt Holz statt Beton und Stahl, dann ersetzt man Materialien, deren Produktion viel CO_2 ausstößt, durch eines, das Kohlenstoff bindet. Biobasierte Materialien können Kunststoffe ersetzen, die bislang aus Erdöl erzeugt wurden. Das alles sind ausgesprochen wichtige Einsatzmöglichkeiten von Biomasse, die forciert werden sollten. Doch wahrscheinlich wird nicht die gesamte produzierte Biomasse hierfür benötigt, und manche hat auch keine ausreichende Qualität. Zudem sollte man im Zuge der *kaskadischen Nutzung* viele biobasierte Produkte am Ende ihres Lebenszyklus thermisch verwerten.

Insgesamt kann die Biomasse-Nutzung einen bedeutsamen Beitrag zur Energiewende liefern, braucht aber einen Weitblick, den man wohl nicht nur dem Markt ($\Rightarrow$ 9.1.2) überlassen darf, zudem eine angemessene Kontrolle aller Nachhaltigkeitsaspekte.

---

[30]Im Bauwesen ist Holz immerhin als *brandhemmendes* Material eingestuft. Nochmals viel schwieriger ist eine saubere Verbrennung allerdings bei vielen anderen Arten von Biomasse, vor allem agarischen Reststoffen wie z.B. Stroh.

[31]Das ist auch keine große Überraschung, immerhin sind Kohle, Erdöl und Erdgas einst aus Biomasse entstanden ($\Rightarrow$ 4.4.4). Durch spezielle thermochemische Prozesse ($\Rightarrow$ 3.4.3) lässt sich Biomasse so behandeln, dass sie den fossilen Energieträgern sogar noch ähnlicher wird.

5.2.5 Solarenergie

Die Sonne ist unsere zentrale Energiequelle ($\Rightarrow$ 5.1), und so ist es naheliegend, ihre Energie auch direkt zu nutzen, ohne Zwischen-Energieträger (wie mechanische Energie $\Rightarrow$ 5.2.3 oder chemische Energie $\Rightarrow$ 5.2.4). Über solare Beiträge zum Heizen von Gebäuden, die Sonnentrocknung von Holz, Heu und anderem Pflanzenmaterial geschieht das natürlich schon sehr lange.

Die systematische aktive Nutzung der Sonne als Energiequelle ist hingegen weit jünger. Auch wenn es schon im 18. Jahrhundert erste Ansätze für Solarkollektoren gab, war es doch erst die Ölkrise der 1970er Jahre, die der Technologie den entscheidenden Schub versetzte, durch den praxistaugliche Solarkollektoren entwickelt und eingesetzt wurden. In diesen wird die Energie des Sonnenlichts direkt in Wärme umgewandelt ($\Rightarrow$ 6.4).

Man kann jedoch aus Licht auch Strom erzeugen. Unter dem Eindruck der Energiekrise und durch Fortschritte in der Halbleitertechnologie konnte die Photovoltaik-Zelle (PV-Zelle) zu einer ernstzunehmenden Energiequelle weiterentwickelt werden.[32] Zu ihrer günstigen Massenproduktion hat zunächst die deutsche Industrie wesentliche Schritte gesetzt; später hat China diesen Markt mit noch günstigeren Preisen weitestgehend übernommen. Der Wirkungsgrad von gängigen PV-Zellen liegt, abhängig von Material und Bauart, meist im Bereich von 20 bis 25 %. Das mag bescheiden klingen, liegt aber immerhin etwa beim maximalen Wirkungsgrad der Photosynthese ($\Rightarrow$ 3.4.2).[33]

Allerdings ist PV nicht die einzige Möglichkeit, aus Sonnenlicht elektrische Energie zu gewinnen. Man kann, wie bei anderen Energieträgern auch, den Umweg über Wärme gehen: Dazu wird ein passendes Medium aufgeheizt und dann ähnlich wie in einem kalorischen Kraftwerk ($\Rightarrow$ 5.2.1) z.B. ein Dampfprozess mit Turbine und Generator betrieben. Ein Vorteil dieser Technik ist, dass kurzfristige Schwankungen der Sonneneinstrahlung die Stromproduktion nicht so dramatisch beeinflussen wie bei der PV, in deren Produktionsprofil sich jede Wolke, die sich vor die Sonne schiebt, unmittelbar niederschlägt. Sogar ein Nachtbetrieb mit der tagsüber gespeicherten Wärme ist möglich. Für die (bislang nicht umgesetzten) Projekte zu Wüstenkraftwerken in der Sahara wären solche *solarthermischen Kraftwerke* die bevorzugte Wahl.

---

[32] Auch die moderne Schreibweise *Fotovoltaik* ist verbreitet, wird vom Duden sogar als Hauptvariante empfohlen, passt aber nicht zur – auch international – gängigen Abkürzung PV. Die physikalische Grundlage für diese Stromerzeugung aus Licht ist der *photoelektrische Effekt*, zu dessen Verständnis Albert Einstein einen entscheidenden Beitrag geleistet hat. Dafür (und nicht für die Entwicklung der Relativitätstheorie) hat er übrigens den Nobelpreis erhalten.

[33] Übliche PV-Zellen bestehen aus passend dotiertem Silizium, im Grunde ähnlich wie Computerchips. Den wichtigsten Einfluss auf den Wirkungsgrad hat, ob es sich um das günstigere polykristalline oder das teurere monokristalline Silizium handelt, das als Grundmaterial verwendet wird. Es gibt jedoch auch andere Varianten auf Basis anderer Materialien, die bessere Wirkungsgrade oder flexiblere Einsatzmöglichkeiten versprechen ($\Rightarrow$ 8.2.2).

5.2.6 Geothermie

Zu den wenigen Energieformen, die nicht auf die Sonne zurückgehen, gehört die Erdwärme. Bei der Entstehung der Erde heizte diese sich durch den *gravitativen Kollaps*[34] enorm auf, auf mehrere Tausend Grad Celsius. Das ist zwar schon einige Milliarden Jahre her, und in dieser Zeit wäre auch ein so großes Objekt wie die Erde schon wieder ausgekühlt – doch in unserem Fall erfolgt bis heute eine ständige „Nachheizung" durch den Zerfall radioaktiver Isotope im Erdinneren. Die so freigesetzte Wärme reichte aus, damit der Erdkern wohl nur um wenige hundert Grad abkühlte und immer noch eine Temperatur von ca. 5 000°C hat. Tatsächlich sind wohl 99 % der Erde heißer als 1 000°C – nur wir hier an der Oberfläche haben es etwas kühler.

Aus dem heißen Erdinneren strömt ständig Wärme nach außen – insgesamt gar nicht so wenig, mehr als es dem gesamten Energieverbrauch der Menschheit entspricht. Allerdings ist die Niedertemperaturwärme, die an der Oberfläche ankommt, zumeist nur schlecht nutzbar, außer als Wärmequelle für Wärmepumpen ($\Rightarrow$ 6.3).

In geologisch begünstigten Regionen nimmt die Temperatur in die Tiefe jedoch so stark zu, dass man mit Bohrungen von einigen Kilometern Tiefe bereits ausreichend heiße Schichten erreicht, um mit dieser Wärme deutlich mehr anfangen zu können. Besonders bekannt und verbreitet ist die Nutzung von heißem (oft auch mineralstoffreichem) Wasser aus der Tiefe (Thermalwasser) für Kur- und Thermalzwecke. So hat sich im Osten Österreichs die Thermenregion zu einem wichtigen Element der Tourismuswirtschaft entwickelt.[35]

Doch Thermen sind keineswegs die einzige Art, Geothermie zu nutzen. Sie wird unter anderem auch verwendet, um Gewächshäuser zu heizen, zunehmend auch als Wärmequelle für Fernwärmenetze ($\Rightarrow$ 6.6). In großem Umfang wird die Geothermie etwa gerade in Wien ausgebaut, das eines der weltweit größten Wärmenetze besitzt und recht günstig in einem Thermalgebiet liegt. In geologisch dafür besonders gut geeigneten Gegenden (etwa in Island) kann die Erdwärme auch zur Produktion von elektrischer Energie verwendet werden – man spricht von *geothermischen Kraftwerken*. Wie bei allen Wärmekraftwerken gilt auch hier, dass die Ausbeute umso höher ist, je größer der Temperaturunterschied ist ($\Rightarrow$ Box auf S. 160).

---

[34]Übersetzt bedeutet dieser gelehrt klingende Ausdruck etwa Folgendes: Die Erde ballte sich wohl einst aus einer Scheibe von kosmischem Staub zusammen. Als diese Staubteilchen sich zu einem Planeten zusammenzogen, da wurden sie von der Schwerkraft auf teils hohe Geschwindigkeiten beschleunigt, und beim Aufprall musste diese Energie wieder abgegeben werden – in Form von Wärme.

[35]Diese Entwicklung ist wohl auch notwendig, denn das Skifahren als bisheriges Zugpferd des österreichischen Tourismus wird im Zuge des Klimawandels wohl stark an Bedeutung verlieren, wenn die Zeiten, in denen man auch in den Alpen mit Schnee rechnen darf, immer kürzer werden, und es auch im Winter oft so warm ist, dass auch Schneekanonen nicht mehr funktionieren.

5.2.7 Gezeitenenergie

Auch die Gezeiten können zur Energiegewinnung eingesetzt werden. Im Gegensatz zur „normalen" Wasserkraft ist es dort aber nicht die Energie der Sonne, die genutzt wird. Stattdessen zapft man die Rotationsenergie des Erde-Mond-Systems an.

Die Gezeiten führen dazu, dass sich die Rotation der Erde verlangsamt und zugleich der Mond weiter von uns entfernt. Das passiert allerdings ohnehin, ganz egal, ob man die Energie der Gezeiten nutzt oder nicht.[36]

Auch wenn die ursprüngliche Energiequelle eine andere ist, die Technologien sind ganz ähnlich jenen, die in der konventionellen Wasserkraft zum Einsatz kommen ($\Rightarrow$ 5.2.3). In den meisten bislang gebauten Gezeitenkraftwerken (etwa La Rance in Frankreich, 1966 eröffnet und lange Zeit das weltweit größte Kraftwerk seiner Art) wird ein Staubecken durch die Flut gefüllt; bei Ebbe fließt das Wasser wieder ab. Der Wasserstrom (je nach Bauart in eine Richtung oder sogar in beide) treibt eine Turbine an.

Da die (ökologischen und landschaftlichen) Beeinträchtigung der Küsten durch Kraftwerke in Staudamm-Bauweise beträchtlich sind, neigt man inzwischen eher dazu, Strömungskraftwerke zu bauen, die von den Meeresströmungen im Zuge der Gezeiten angetrieben werden. Der Übergang zu regulären Strömungskraftwerken ist fließend.

5.2.8 Weitere Arten der Energiegewinnung

Neben den hier diskutierten Arten der Energiegewinnung gibt es natürlich noch diverse andere, wie z.B. *Meereswärmekraftwerke*, die den Temperaturunterschied zwischen warmem Oberflächenwasser und kaltem Tiefenwasser nutzen, um Strom zu erzeugen. Unsere Zivilisation produziert zudem so manches, was sich noch energetisch nutzen lässt. Müllverbrennung etwa spielt in der Fernwärmeversorgung durchaus eine Rolle ($\Rightarrow$ 6.6). Auch Methoden zur Energierückgewinnung, etwa durch piezoelektrische Elemente in Fahrbahnen, werden angedacht und teilweise erprobt.

Das Potenzial aller dieser Ansätze ist aber überschaubar, und auf eine neue wundersame Energiequelle, die bislang alle übersehen haben, brauchen wir nicht zu hoffen.

---

[36] Dass sich der Mond langsam entfernt, liegt daran, dass zwar die mechanische Energie des Systems Erde-Mond durch innere Reibungskräfte abnimmt, der Drehimpuls aber konstant bleibt, da keine äußeren Drehmomente angreifen. Demnach muss der Abstand des Mondes zunehmen. Irgendwann wird es also keine vollständige Sonnenfinsternis mehr geben, sondern bestenfalls eine ringförmige. Durch die Verlangsamung der Erdrotation wurden die Tage im Lauf der Jahrmillionen immer länger. Zu Ende käme dieser Vorgang erst, wenn Tag und Monat (im Sinne eines Mondumlaufs) gleich lang wären. Die Erde würde dem Mond dann immer die gleiche Seite zuwenden, die Gezeiten wären durch einen ortsabhängig unterschiedlichen Meeresspiegel abgelöst worden. Allerdings wird wohl die Sonne bei ihrem Übergang zu einem roten Riesenstern die Erde schon früher verschlingen oder zumindest dafür sorgen, dass es kein flüssiges Wasser und damit auch keine Gezeiten mehr gibt.

5.2 Energieerzeugung

> **Vertiefung: Kosmische Herkunft der Energie**
>
> Alle Energie, die uns – und dem Universum – zur Verfügung steht, war wohl bereits im Moment der Entstehung, dem Urknall angelegt. Diesen umgeben noch einige Rätsel, ja regelrecht Mysterien (etwa zur Frage, warum damals mehr Materie als Antimaterie entstand, oder auf welche Weise sich die jetzt beobachteten komischen Strukturen bilden konnten).
>
> In einer recht frühen Phase des Universums bestand dieses (abgesehen von Photonen verschiedenster Wellenlänge, einigen unauffälligen Teilchen wie den geisterhaften Neutrinos und anscheinend „dunkler Materie") nahezu ausschließlich aus Wasserstoff und Helium. Wolken dieser Elemente ballten sich zu den ersten Sternen zusammen, und durch die Gravitationsenergie, die bei ihrer Bildung frei wurde, wurden sie weit genug aufgeheizt, damit die Fusion von Wasserstoff zu Helium (und später die von Helium zu Kohlenstoff) starten konnte.
>
> Die schweren Elemente, auch jene, aus denen die Erde und wir selbst zum größten Teil bestehen, entstanden durch Fusion und Neutroneneinfang (n-Einfang) im Inneren dieser Sterne. Nach deren Ende gelangten schwere Elemente zum Teil ins All, wo sie um neu entstehende Sterne herum Planeten und Monde formen konnten. Auch diese Himmelskörper wurden bei ihrer Bildung durch Gravitationsenergie aufgeheizt. Manche, wie der Mond, sind längst ausgekühlt; bei anderen, wie der Erde, wurde ausreichend Energie durch radioaktiven Zerfall nachgeliefert, um die Temperatur nahezu zu halten. Damit sind es drei kosmische Quellen, aus denen unsere heute verfügbare Energie stammt:
>
> - Kernfusion, bislang zivil nur mittels Sonnenenergie nutzbar – indirekt über Wind-/Wasserkraft ($\Rightarrow$ 5.2.3) und Bioenergie ($\Rightarrow$ 5.2.4) oder direkt ($\Rightarrow$ 5.2.5 & 6.4).
> - Kernspaltung, direkt in Form von Nuklearenergie ($\Rightarrow$ 5.2.2) oder indirekt über tiefe Geothermie ($\Rightarrow$ 5.2.6).
> - Rotationsenergie der Himmelskörper, die wir bislang nur mittels Gezeitenenergie nutzen ($\Rightarrow$ 5.2.7).
>
>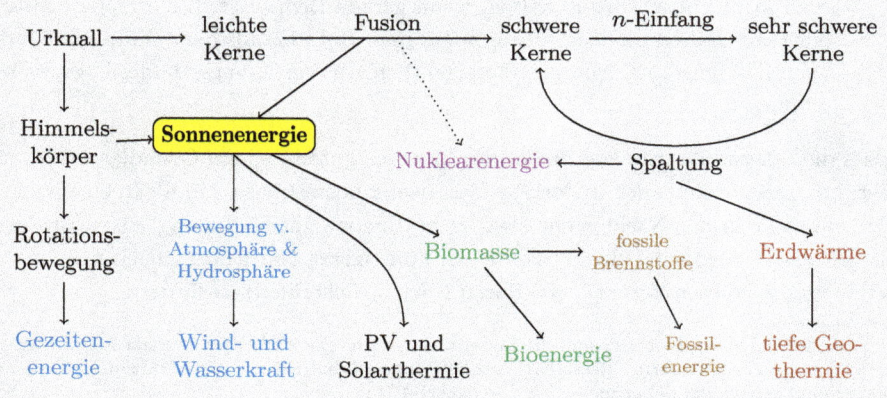

5.2.9 Die Hierarchie der Flexibilität

Kraftwerk ist nicht gleich Kraftwerk. Das gilt einerseits für die Klimawirkung und andere (fix eintretende oder mögliche) Schäden, das gilt andererseits aber auch für die Flexibilität ihres Einsatzes. Grob findet man eine Hierarchie von drei Stufen, wobei vor allem technische Rahmenbedingungen, teilweise aber auch betriebswirtschaftliche Überlegungen eine Rolle spielen:

1. Kraftwerke, deren Leistung je nach Bedarf ganz flexibel gewählt werden kann. Dazu zählen insbesondere kalorische Kraftwerke (mit fossilen Energieträger oder Biomasse als Brennstoff) und Speicherkraftwerke. Die Geschwindigkeit, mit der sich die Leistung anpassen lässt, kann sich je nach Kraftwerkstyp und Brennstoffart deutlich unterscheiden. Während viele Gaskraftwerke sehr schnell reagieren, sind Kraftwerke mit festen Brennstoffen (Holz, Kohle) deutlich träger.
2. Grundlastkraftwerke, die über lange Zeit hinweg einigermaßen gleichmäßig Energie liefern. (Dabei kann es aber natürlich noch eine Abhängigkeit von den Jahreszeiten geben.) Dazu gehören Laufkraftwerke, Geothermie-Kraftwerke, Gezeitenkraftwerke, aber auch AKWs.[37] In manchen Gegenden weht der Wind so zuverlässig, dass sogar Windkraftanlagen nahezu permanent Energie liefern. Allenfalls kann man solche Kraftwerke wegschalten (bei Überlastung des Stromnetzes bzw. zu großer Produktion), z.B., indem man das Wasser fließen lässt, ohne dass es eine Turbine antreibt. Man nutzt dann aber nur Energie nicht, die prinzipiell zur Verfügung stünde.
3. Manche Arten der Energieerzeugung, vor allem Sonnen- und Windenergie, sind vom Wetter abhängig, das in den meisten Weltgegenden stark variabel und nur für wenige Tage einigermaßen zuverlässig prognostizierbar ist. Eine PV-Anlage oder eine Windkraftanlage, die nicht läuft, weil das Wetter nicht passt, kann man nicht einfach dazuschalten, wenn gerade Bedarf ist. Auch hier ist zwar oft ein Wegschalten möglich (etwa indem man Rotoren aus dem Wind dreht), doch auch das bedeutet, Energie, die eigentlich zur Verfügung stünde, bewusst nicht zu nutzen.

Dass die „klassische" Energieversorgung zu einem guten Teil auf Grundlastkraftwerken beruhte, machte sich auch in der Tarifgestaltung bemerkbar ($\Rightarrow$ 5.6): In einem solchen System steht in der Nacht mehr elektrische Energie zur Verfügung, als normalerweise gebraucht wird, und daher wurde ein günstigerer Nachttarif angeboten, um den Verbrauch zu diesen Zeiten (etwa durch Nachtspeicheröfen) zu fördern.

---
[37] Bei nuklearen Kraftwerken sind die Investitionskosten enorm, die Brennstoffkosten hingegen im Vergleich dazu nahezu vernachlässigbar. Aus betriebswirtschaftlicher Sicht sollte ein AKW, wenn es erst einmal gebaut ist, daher möglichst durchgehend laufen.

Jene neuen Erzeuger, die für die Energiewende dringend benötigt werden, fallen oft in die Kategorie **3**. Sie stellen das Stromnetz und dessen Betreiber:innen vor große Herausforderungen: Einerseits sollte das Netz auch die Energie, die bei voller Leistung geliefert werden kann, aufnehmen können, andererseits muss es genug andere Erzeuger oder Speicher geben, um auch ein längeres Ausbleiben dieser Art von Energieeinspeisung zu überbrücken.

Entsprechend sagen bei der Planung neuer Energieerzeuger die Gestehungskosten (der Preis pro kWh) bei Weitem nicht alles aus. Ein Kraftwerk, das ganz nach Bedarf regelbar ist, hat für die Stabilität der Versorgung einen viel größeren Wert als eines, das ganz von den äußeren Bedingungen abhängig ist. Dieser Aspekt wird oft übersehen, etwa wenn bei der Förderung erneuerbarer Energien nur die Gestehungskosten betrachtet werden. Bioenergie etwa ist pro kWh deutlich teurer als Solarenergie – sie kann aber im Energiesystem eine andere Rolle übernehmen, indem sie genau in einer *Dunkelflaute* einspringt, wo es weder Sonnen- noch Windstrom gibt.[38]

Es hat allerdings wenig Sinn (und ist auch logistisch schwierig), reihenweise Kraftwerke in Reserve zu halten, die nur gelegentlich zur Überbrückung aktiviert werden und sonst stillstehen. Ein regulärer Betrieb, bei dem aber noch großzügige Leistungsreserven vorhanden sind, die bei Bedarf aktiviert werden können, ist hingegen ausgesprochen vernünftig. Allerdings ist das Potenzial der erneuerbaren Energieerzeuger, die in die Kategorie **1** fallen, begrenzt und oft bereits nahezu ausgeschöpft.[39]

Zu einem erheblichen Teil werden es also Energiespeicher ($\Rightarrow$ 5.4) sein müssen, die den Ausgleich zwischen Zeiten der Überproduktion und des Mangels schaffen. Dabei werden sowohl Ein- und Ausspeicherleistungen als auch Speicherkapazitäten erforderlich sein, die Größenordnungen über dem liegen, was wir aktuell zur Verfügung haben.

Parallel wird es auch notwendig sein, die Energienetze ($\Rightarrow$ 5.3) so auszubauen, dass sie auch mit den Spitzenleistungen an windigen Sonnentagen zurecht kommen (und den aktuellen Überschuss zu den Speichern bringen können), ohne dass deswegen anderswo Energie verschenkt werden muss.

Sowohl für solche Speicher- als auch für solche Transportkapazitäten wird voraussichtlich in großem Maßstab Power2Gas ($\Rightarrow$ 8.3.2) gebraucht werden, was es zugleich erlaubt, die bestehende Gasinfrastruktur (Leitungen, Kraftwerke, ...) weiter zu nutzen.

---

[38] Im Zuge der Kraft-Wärme-Kopplung ($\Rightarrow$ 6.5) wird zudem elektrische Energie vorzugsweise dann erzeugt, wenn auch der Wärmebedarf groß ist, etwa an kalten Winterabenden. Die entsprechenden Bedarfsprofile passen oft gut zusammen; zudem stellen thermische Speicher ($\Rightarrow$ 6.7) eine relativ günstige Möglichkeit dar, aktuell überschüssige Wärme auch später noch zu nutzen.

[39] Es besteht jedoch noch durchaus Spielraum, Biomasse zielgerichteter genau dann einzusetzen, wenn der Bedarf besonders groß ist. Dazu müssten allerdings die wirtschaftlichen Rahmenbedingungen (Tarife, Förderungen, ...) entsprechend gestaltet werden.

5.3 Einige Energienetze

Das Energiesystem ist auch deswegen so komplex, weil viele Elemente miteinander in Verbindung stehen und Energie in unterschiedlichen Formen untereinander austauschen. Ein wichtiges Werkzeug dafür sind *Energienetze*, von denen wir uns hier das Strom- und das Gasnetz ansehen. Weitere wichtige der Energienetze sind thermische Netze, die wir separat in Abschnitt 6.6 betrachten.

5.3.1 Das Stromnetz

Schon im „alten" Energiesystem war es ein Problem, dass elektrische Energie meistens nicht direkt dort erzeugt wurde, wo sie gebraucht wurde. Weder Kohle- noch Atomkraftwerke will man typischerweise mitten in der Stadt stehen haben, und bei der Wasserkraft ist man ohnehin von geographischen Gegebenheiten abhängig. Das erforderte den Bau von Stromleitungen, die im Lauf der Zeit zu einem komplexen Netz verbunden wurden. Das *Stromnetz* ist inzwischen wahrscheinlich die größte und komplexeste Maschine, die die Menschheit jemals konstruiert hat ($\Rightarrow$ Abb. 5.11) – und eine der empfindlichsten. Womöglich ist es gut, dass wir meistens gar nicht so genau mitbekommen, wie oft es am Rande des Zusammenbruchs entlangschrammt.[40]

Erzeugung und Verbrauch müssen in jeder Millisekunde nahezu perfekt zusammenpassen. Wenn es hier Diskrepanzen gibt, verändert sich die Netzfrequenz, und schon minimale Abweichungen würden den Netzbetrieb kollabieren lassen.[41] Eine zu große Energieeinspeisung würde genauso zum Zusammenbruch des Netzbetriebs führen wie eine zu geringe. Daher wird einerseits mit umfassenden Prognosen des Verbrauch gearbeitet,[42] andererseits sorgt ein komplexes Preissystem (inklusive einer eigenen Strombörse) dafür, dass es ausreichend Anreize gibt, den Strom dann zu produzieren, wenn er gebraucht wird ($\Rightarrow$ 5.6), und das möglichst günstig.

Doch das reicht oft nicht aus. Manchmal ist es physikalisch nicht möglich, die an den Börsen ($\Rightarrow$ 5.6.2) vereinbarten Transaktionen vollständig umzusetzen, und es sind Ausgleichsmaßnahmen (*Redispatch*) erforderlich, um mit diesen Engpässen umzugehen. Zudem gibt es ein komplexes System von Ausgleichs- und Regelenergie, mit dem kurzfristige Diskrepanzen zwischen Erzeugung und Verbrauch ausgeglichen werden.

---

[40] Seit es dieser Umstand irgendwie doch in die öffentliche Wahrnehmung geschafft hat, geistert allerdings in den Medien die Angst vor dem großen *Blackout* herum.

[41] siehe z.B. https://www.netzfrequenzmessung.de/ für Live-Daten zur Frequenz.

[42] Diese sind inzwischen sehr fein – und müssen das auch sein. Dadurch, dass in der Prognose einmal übersehen wurde, dass ein Tag in der Türkei ein Feiertag war und dadurch das traditionelle Teekochen um 9 Uhr entfiel, mussten bereits umfangreiche Notfallmaßnahmen eingeleitet werden, u.a. die Trennung zwischen türkischem und bulgarischem Netz.

5.3 Einige Energienetze

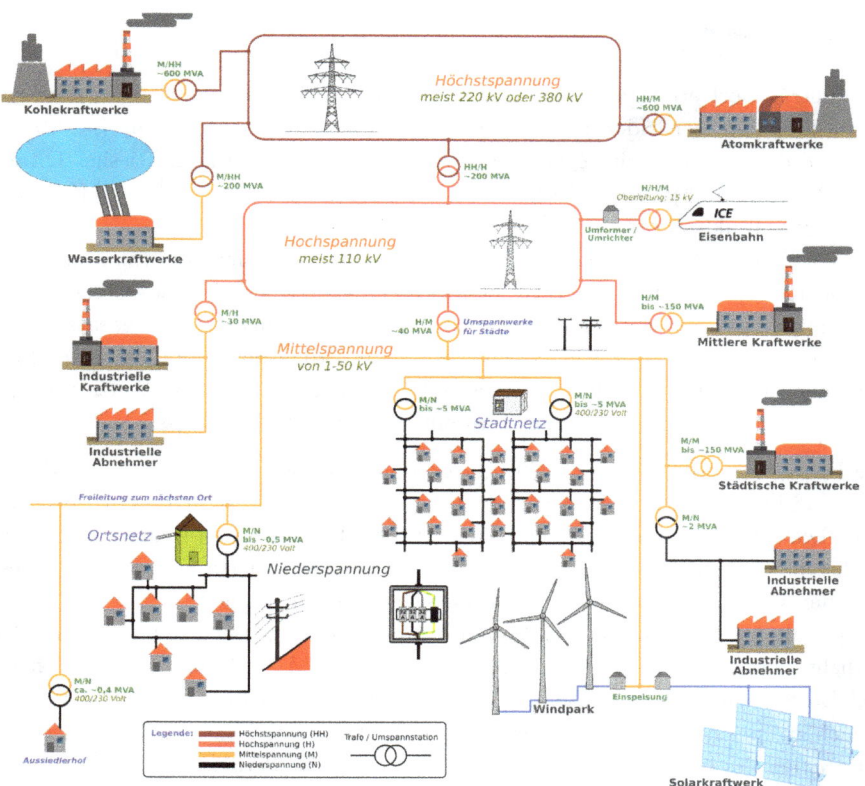

Abb. 5.11: Stromnetz (von https://commons.wikimedia.org/wiki/File:Stromversorgung.svg)

Dafür zu sorgen, dass das Stromnetz stabil funktioniert, war also seit seinem Bestehen eine Herausforderung. Mit den erneuerbaren Energie wurde diese Situation nochmals deutlich heikler. Zwar erlauben es manche Technologien, wie PV-Anlagen am eigenen Dach ($\Rightarrow$ 5.2.5), Energie genau dort zu produzieren, wo sie auch gebraucht wird. Das reduziert zu bestimmten Zeiten natürlich die Beanspruchung des Netzes. Andererseits aber sind wichtige Quellen elektrischer Energie nun fernab von Verbrauchern zu finden, etwa *offshore*-Windparks auf hoher See. Auch PV-Anlagen am Dach können für das Stromnetz zum Problem werden, wenn an sonnigen Tagen um die Mittagszeit die Erzeugung den Verbrauch deutlich übersteigt. Die entsprechende Einspeisung würden die Netze oft nicht verkraften – und daher sind in vielen Gegenden die begrenzten Netzkapazitäten zum limitierenden Faktor für den PV-Ausbau geworden ($\Rightarrow$ 8.3.1).

5.3.2 Pipelines und Gasnetz

Energietransport erfolgt keineswegs nur über elektrische Leitungen. Noch immer sind fossile Energieträger leider enorm wichtig für unsere Energieversorgung ($\Rightarrow$ Abb. 5.3), und für diese haben wir eigene Transportmethoden entwickelt. Riesige Öltanker, LNG[43]-Schiffe und passende Verlade-Terminals gehören ebenso dazu wie Kohletransporter und Tanklaster.

Für den Transport des Erdöls von seinen Quellen zu den Raffinieren (bzw. zu Verladestationen dazwischen) werden oft Pipelines eingesetzt. Über Pipelines lassen sich auch gasförmige Energieträger transportieren, und da sich Erdgas im Gegensatz zu Erdöl direkt verwenden lässt, gibt es in vielen Regionen Erdgasnetze, die bis zu den lokalen Verbrauchern reichen. Auch in Europa und dem angrenzenden asiatischen Raum gibt es ein weitverzweigtes, gut ausgebautes und leistungsfähiges Erdgasnetz.

Die Energiemengen, die über große Öl- oder Gasleitungen transportiert werden können, sind beträchtlich. Um die gleiche Energiemenge, die durch eine typische Fernleitung fließt, über das Stromnetz zu transportieren, bräuchte man acht bis zehn 380 kV-Höchstspannungsleitungen – und man bedenke, mit wie vielen Schwierigkeiten es inzwischen verbunden ist, auch nur eine einzige davon zu bauen.[44]

Die gewaltigen Transportkapazitäten von Pipelines hängen eng mit der hohen Energiedichte der meisten chemischen Energieträger ($\Rightarrow$ 5.4.5), darunter eben auch Erdöl und Erdgas, zusammen. Diese erlaubt es zudem, Energievorräte für Monate relativ einfach zu speichern und damit den Betrieb des Gasnetzes sehr robust zu machen, da kurzfristige Produktions- und Lieferausfälle überbrückt werden können.[45]

Auch nach der (notwendigen und hoffentlich bald erfolgenden) Abkehr von fossilen Energieträgern werden die Transportkapazitäten des Gasnetzes wohl weiterhin eine bedeutsame Rolle spielen, sei es direkt für SNG[46] ($\Rightarrow$ 8.3.2) und aufgereinigtes Biogas, sei es per Umrüstung auf Wasserstoff. Diese neu gewidmeten Gasnetze werden vermutlich noch deutlich enger mit dem Stromnetz verschränkt sein als die heutigen ($\Rightarrow$ 8.3.2).

---

[43] LNG = liquified natural gas, verflüssigtes Erdgas

[44] Ein solcher Vergleich ist, wenn es um verschiedene Energieformen geht, natürlich nicht ganz trivial. Doch selbst, wenn man noch Umwandlungsverluste von ca. 40 % in GuD-Kraftwerken berücksichtigt, ändert sich das Bild nicht gravierend, und mit geeigneter Abwärmenutzung ($\Rightarrow$ 6.5) kann noch mehr der ursprünglichen chemischen Energie sinnvoll verwendet werden.

[45] Die russischen Vorbereitungen auf den Angriffskrieg auf die Ukraine begannen u.a. auch damit, dass im Sommer 2021 aufgrund „technischer Probleme" die Gaslieferungen nach Westeuropa stark gedrosselt wurden und so die Speicher vor dem Winter nicht wie üblich gefüllt werden konnten.

[46] SNG = synthetic natural gas, aus Wasserstoff und Kohlenstoffquellen hergestelltes Methan

5.4 Einige Energiespeicher

Energienetze ($\Rightarrow$ 5.3) gleichen die *räumliche* Diskrepanz zwischen Erzeugung und Verbrauch von Energie aus. Auf ähnliche Weise ist es eine Hauptaufgabe von Energiespeichern, die *zeitliche* Diskrepanz auszugleichen. Dadurch sind sie insbesondere für erneuerbare Energieformen wie Sonne und Wind, auf die man nur begrenzt Einfluss hat, essentiell. Energiespeicherung und -transport treten oft auch gemeinsam auf. Ein Tanklaster, der an einer Stelle mit Benzin gefüllt und an einer anderen wieder entladen wird, ist ja auch nichts anderes als ein mobiler Energiespeicher, der für den Transport eingesetzt wird.[47]

Nahezu jede Energieform kann prinzipiell zur Speicherung verwendet werden ($\Rightarrow$ 2.1.1). Manche eignen sich dafür aber besser, andere schlechter. Wir werden im Folgenden einige der wichtigsten Speichertechnologien betrachten und miteinander vergleichen. Neben diesen gibt es noch viel mehr Ansätze, die meist noch in frühen Phasen der Forschung stecken, von denen manche aber durchaus das Potenzial haben, einen Beitrag zur Lösung des Energiespeicherproblems zu liefern.

Was ich hier – analog zu Abschnitt 5.3 – ausklammere, das ist der bedeutsame thermische Sektor; thermische Speicher besprechen wir später separat ($\Rightarrow$ 6.7). Hier beschränke ich mich auf „Stromspeicher", also solche Speicher, die elektrische Energie aufnehmen und wieder abgeben können. (Allerdings kann man auch dafür mit Wärme arbeiten $\Rightarrow$ 6.7.4.)

5.4.1 Aspekte und Kenngrößen von Energiespeichern

Es gibt diverse Aspekte, nach denen man Energiespeicher einteilen kann. Eine kleine Übersicht zeigen wir in Abb. 5.12. Die wichtigsten Eigenschaften für uns sind einerseits die Leistung (angegeben in W, kW etc.) und andererseits die Speicherkapazität (angegeben in J, MJ, Wh, kWh etc.).

Die Leistung (=umgesetzte Energie pro Zeit) beschreibt, wie schnell der Speicher die Energie aufnehmen und wieder abgeben kann. Bei Speichern, die kurzfristige Ausfälle überbrücken, Energie für den Start anderer Systeme oder für kurze, aber sehr energieintensive Experimente (etwa in der Fusionsforschung) liefern sollen, ist das die wichtigste Kennzahl.

---

[47]So etwas ist natürlich nur bei entsprechend hohen Energiedichten sinnvoll, wie sie chemische Energiespeicher aufweisen, die meisten anderen Energiespeicher aber nicht. Geladene Batterien in LKWs durch die Gegend zu kutschieren ist höchstens eine Notfalloption, aber keine gute Alternative zu Stromleitungen.

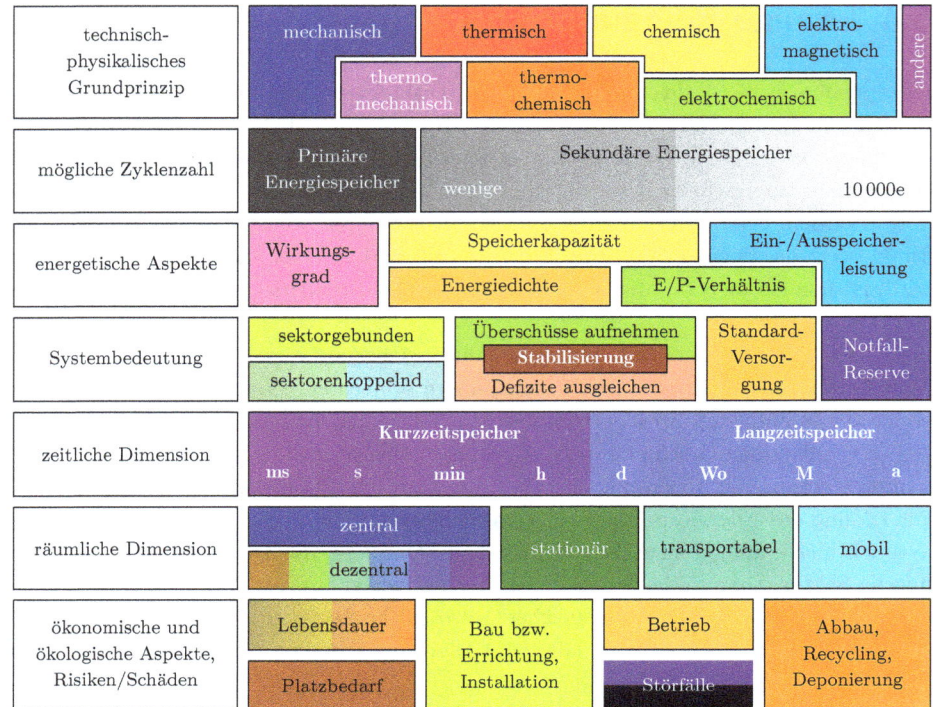

Abb. 5.12: Kriterien für Energiespeicher (KL$_{BY}^{CC}$), vgl. auch [SS17, Abb. 2.7]

Für den Einsatz, um über längere Zeit hinweg Energie zur Verfügung zu stellen, ist allerdings die *Speicherkapazität* (angegeben z.B. in MJ oder kWh) die noch bedeutsamere Größe. Normalerweise kann man die Kapazität vergrößern, indem man den Speicher einfach größer macht – oder notfalls mehrere Speicher gleicher Art miteinander kombiniert. Daher ist es sinnvoll, die Speicherkapazität auf die Größe des Speichers zu beziehen. Hierzu gibt es vor allem zwei Betrachtungen. Einerseits kann man die Speicherkapazität auf die Masse beziehen (gravimetrische Energiedichte w, angegeben z.B. in MJ/kg oder kWh/kg), andererseits auf das Volumen (volumetrische Energiedichte e, angegeben z.B. in MJ/m^3 oder kWh/Liter). Je nach Einsatzzweck kann die eine odere andere Energiedichte die sinnvollere Größe sein, und manchmal können die beiden Größen ganz unterschiedliche Bilder liefern.[48]

---

[48] Paradebeispiel dafür ist Wasserstoff, H_2, der unter allen gängigen chemischen Energieträgern die höchste gravimetrische, aber die geringste volumetrische Energiedichte aufweist ($\Rightarrow$ Abb. 5.14). Gravierende Unterschiede gibt es z.B. auch beim Vergleich von Li-Ionen-Akkus, die mit dem leichtesten existierenden Metall arbeiten, mit der Blei-Säure-Batterie, die ein Schwermetall einsetzt ($\Rightarrow$ 5.4.4).

5.4.2 Mechanische Speicher

Eine naheliegende Art, Energie zu speichern, ist in Form von potenzieller Energie, durch Änderung der Position im Schwerefeld der Erde. Ein Stein- oder Betonblock, den man nach oben zieht, Wasser, das man von unten in ein höher gelegenes Becken pumpt, nimmt dabei Energie auf, die sich auch gut wieder zurückgewinnen lässt.

Wir wissen gut, wie viel Mühe es braucht, einen schweren Gegenstand ein paar Stockwerke nach oben zu tragen – und daher neigen wir dazu, die Energiemengen, die auf diese Weise gespeichert werden, deutlich zu überschätzen. Tatsächlich sind die Energiedichten solcher Lageenergiespeicher (im Vergleich mit den meisten anderen Technologien) erstaunlich gering.

Das Schweizer Unternehmen EnergyVault etwa hat einiges mediales Aufsehen mit einem Konzept erregt, bei dem 35 Tonnen schwere Betonblöcke (mit „Überschuss-Strom") 40 Meter in die Höhe gezogen und später wieder kontrolliert heruntergelassen werden.[49] Doch in einem solchen Block steckt nur etwa so viel Energie wie in einem Kilogramm Brennholz oder einem halben Liter Benzin. Lageenergiespeicher haben zwar einige günstige Eigenschaften (gute Wirkungsgrade, große mögliche Ein- und Ausspeicherleistungen, geringe oder keine Speicherhaltungsverluste), sie sind aber für große Energiemengen nur bedingt geeignet.

In Pumpspeicher-Kraftwerken wird die geringe Energiedichte durch die gewaltige Masse an Wasser kompensiert, mit der gearbeitet wird. (Zudem sind die typischen Höhenunterschiede deutlich größer als die 40 m im EnergyVault-Konzept.) Dadurch sind Pumpspeicher auch für saisonale Energiespeicherung eine ernsthafte Option, und bislang machen sie den bei weitem größten Teil aller Speichermöglichkeiten für elektrische Energie aus. Für den zukünftigen Bedarf werden die bestehenden Speicher aber bei weitem nicht ausreichen.

Es gibt zwar diverse Ansätze, auch auf andere Weise Lageenergie zur Speicherung großer Energiemengen zu nutzen (Ringwallspeicher, Verwendung aufgelassener Bergwerke, Kugelpumpspeicher am Meeresboden, Rock Storage, ...[SS17, 9.2.2]), doch nichts davon wurde bislang in größerem Maßstab umgesetzt.[50]

Auch elastische Speicher, etwa metallische Federn oder Gummibänder gehören zu den Lageenergiespeichern. Diese sind für manche Einsatzzwecke, etwa aufziehbaren Uhren oder mechanischem Spielzeug, zwar nützlich, die Energiemengen, die sich auf diese Weise speichern lassen, sind aber gering.

---

[49] Firmenhomepage: https://www.energyvault.com/
[50] Das bedeutet keineswegs, dass diese Konzepte schlecht sind. Typischerweise wird eine (aktuell massiv verzerrte ⇒ Kap. 9) wirtschaftliche Betrachtung angestellt, nach der solche Ansätze, leider, leider, zu teuer sind.

Andere mechanische Speicher nutzen Bewegungsenergie, vor allem jene, die in der Rotation (Drehung) großer Massen steckt. Das können dezidierte *Schwungradspeicher* sein, wie sie für Spezialanwendungen (etwa in der Fusionsforschung) eingesetzt werden. Doch auch in Kraftwerken und Industrieanlagen steckt einige Energie in rotierenden Massen, die immer wieder zur Stabilisierung des Stromnetzes genutzt wird ($\Rightarrow$ 5.3.1).

Auch *Druck* ist prinzipiell zur Energiespeicherung geeignet, und es gibt einige wenige Luftdruckspeicher. Allerdings ist deren Handhabung nicht ganz einfach. Das liegt daran, dass bei der Kompression von Luft (oder anderen Gasen) Wärme frei wird, die abgeführt werden muss, und umgekehrt bei der späteren Expansion zur Energierückgewinnung wieder Wärme zugeführt werden muss. Es wäre schön, die Wärme einfach zwischenzuspeichern und wiederzuverwenden, aber das ist nicht so einfach, wie es klingt, sondern ist noch ein Thema für Forschung und Entwicklung. Bestehende Druckspeicher (etwa Huntorf in Deutschland oder McIntosh in den USA) lösen das Problem der Wärmezufuhr durch Erdgasfeuerung.[SS17, 9.1.1.1] Es handelt sich also eher um speicherunterstützte Gaskraftwerke als um echte Energiespeicher.

5.4.3 Elektrische und magnetische Speicher

Elektrische Energie lässt sich auch direkt speichern, z.B. in Form elektrischer Ladungen in Kondensatoren. Das ist in der Elektronik enorm wichtig, doch die Energiemengen, die sich in konventionellen Kondensatoren speichern lassen, sind klein. Deutlich größere Kapazitäten weisen sogenannte *Superkondensatoren* auf. Selbst dort sind die Energiedichten, die sich erreichen lassen, aber immer noch deutlich kleiner als bei typischen Batterien ($\Rightarrow$ 5.4.4). Auch magnetische Energiespeicher auf Basis supraleitender Spulen sind prinzipiell möglich, haben bislang aber allenfalls Nischenanwendungen gefunden.[51] In vieler Hinsicht ähneln elektrische und magnetische Speicher den mechanischen: Sie haben gute Wirkungsgrade beim Ein- und Ausspeichern der Energie, erlauben große Leistungen und sind meist recht robust, woraus eine lange Lebensdauer resultiert. Die Energiedichten und damit die Energiemengen, die sich mit vertretbarem Aufwand speichern lassen, sind aber eher gering. Die Speicherprobleme, denen unser Energiesystem aktuell gegenübersteht, werden sie wohl nicht lösen können.

---

[51]Hingegen sind solche Supraleiter, also Materialien, die unterhalb einer bestimmten *Sprungtemperatur* ihren elektrischen Widerstand vollständig verlieren, essenziell für das Erzeugen starker Magnetfelder. Sie kommen daher in der Forschung ebenso zum Einsatz wie in der Medizin. Leider liegen die Sprungtemperaturen aller bekannten Materialien so tief, dass Supraleiter für den verlustfreien Transport elektrischer Energie nicht sinnvoll einsetzbar sind. Schon jene Stoffe, bei denen eine Kühlung mit flüssigem Stickstoff (Siedepunkt $-195.8\,°C$) ausreicht, um die supraleitenden Eigenschaften zu erhalten, werden als *Hochtemperatur-Supraleiter* bezeichnet.

5.4.4 Elektrochemische Speicher: Batterien und Akkus

Bei vielen chemischen Reaktionen werden Elektronen übertragen.[52] Das kann man ausnutzen, um mittels chemischer Reaktionen Strom zu erzeugen – das Prinzip der Batterie. Ist die entsprechende Reaktionen *reversibel* (umkehrbar), dann kann dieses Prinzip auch zur wiederholten Energiespeicherung und späteren Entnahme verwendet werden. Solche wiederaufladbaren Batterien bzw. *Akkumulatoren* (kurz Akkus) gibt es zwar schon lange, z.B. die Blei-Säure-Batterie, die etwa als Autobatterie für Verbrenner-Fahrzeuge eingesetzt wird, aber auch als stationärer Energiespeicher.

In den letzten Jahrzehnten hat die Akku-Technologie beträchtliche Fortschritte gemacht, insbesondere bei den Lithium-Ionen-Akkus. Davon profitieren Geräte wie Mobiltelefone und Notebooks ebenso wie die Elektromobilität. Zu einem guten Teil ist es den Fortschritten in der Akku-Technologie zu verdanken, dass Elektromobilität zu einer ernsthaften Alternative zum Verbrennungsmotor werden konnte ($\Rightarrow$ 7.5.4).

Allerdings sind Batterien nicht unproblematisch: Ihre Herstellung ist relativ energieaufwändig, und der Abbau der benötigten Rohstoffe bringt eine erhebliche Umweltbelastung mit sich ($\Rightarrow$ 3.1.2). Letzteres Problem sollte sich mit guten Recycling-Strategien zwar im Lauf der Zeit erheblich reduzieren lassen ($\Rightarrow$ 10.4.4). Aktuell stellt die falsche Entsorgung von Batterien und Akkus jedoch ein massives Problem dar, denn auch eine anscheinend nicht mehr funktionstüchtige Batterie kann immer noch viel Energie enthalten. Immer wieder entstehen in Recycling- und Entsorgungsanlagen durch achtlos weggeworfene Batterien Großbrände, deren Schäden schnell in Millionenhöhe gehen können. Batterien sind ja auch in so vielen Produkten enthalten, dass man schnell die Übersicht verlieren kann, von der elektrischen Zahnbürste bis zum blinkenden Kinderschuh. Dass da ab und zu etwas im Müll landet, ist nicht allzu überraschend.

Bleiben wir nun aber bei der korrekten Verwendung von Batterien als Energiespeicher. Solange es um relativ kleine Energiemengen und nicht allzu große Leistungen geht (die man zum Glück selten benötigt), sind sie typischerweise die erste Wahl als Speicher für elektrische Energie. Die Energiemengen dafür, ein Smartphone oder einen Laptop einen Tag lang zu betreiben, zwei oder drei Stunden mit einem Elektroauto zu fahren, lassen sich in einem passend dimensionierten Li-Ionen-Akku gut unterbringen. Auch dafür, die zusätzliche Energie, die eine Haus-PV-Anlage an einem sonnigen Tag über den Bedarf hinaus erzeugt, zu speichern und in der Nacht nutzen zu können, sind Batteriespeicher gut geeignet.[53]

---

[52] Man spricht dabei von *Redox-Reaktionen*, bei denen Reduktion (Elektronenaufnahme) und Oxidation (Elektronenabgabe) erfolgen.

[53] Das es sich wirtschaftlich oft noch nicht auszahlt, einen Speicher zu installieren, liegt an der veralteten Tarifgestaltung für Strom ($\Rightarrow$ 5.6), nicht an der Technik.

Doch für jene Energiemengen, die man braucht, um ein Frachtschiff oder ein Passagierflugzeug quer über den Atlantik zu bringen, für jenen Energieüberschuss, der bei angemessenem PV-Ausbau im Sommer verfügbar sein wird und den man für den Winter speichern will, sind Batteriespeicher schwerlich geeignet.

Allen Fortschritten zum Trotz liegen die maximalen Energiedichten von Batteriespeichern noch fast zwei Größenordnungen unter jenen gängiger chemischer Energiespeicher ($\Rightarrow$ 5.4.5).[54] Selbst das theoretische Maximum, das mit der dafür optimalen Technologie, dem Lithium-Luft-Akku, erreichbar wäre, kann mit der Energiedichte chemischer Energieträger nicht mithalten. Zudem steht die Forschung hier – trotz regelmäßiger Jubelmeldungen über spektakuläre Durchbrüche – noch eher am Anfang.[WP23]

Auch an anderen Fronten der Batterietechnologie wird aktuell viel geforscht. Oft geht es darum, seltene oder nur unter problematischen Bedingungen abbaubare Elemente durch häufiger vorkommende zu ersetzen. So wird aktuell viel an Natrium-Ionen-Batterien gearbeitet. Natrium erlaubt zwar keine ganz so großen Energiedichten wie Lithium, ist aber viel, viel häufiger und damit sowohl billiger als auch geostrategisch weniger heikel. Zudem deutet einiges darauf hin, dass Na-Ionen-Batterien robuster sind und sich schneller laden lassen.

Feststoffbatterien Gängige Batterien und Akkus verwenden Flüssigkeiten, in denen sich Ionen bewegen können (flüssige Elektrolyten). Man kann aber auch wiederaufladbaren Batterien bauen, in denen diese Rolle von einer festen Schicht übernommen wird. Der Feststoff-Akku verspricht prinzipiell bessere Miniaturisierbarkeit bei größerer Sicherheit, allerdings ist der Weg zum marktreifen Produkt wohl steiniger als ursprünglich gedacht. Entsprechend gibt es immer wieder neue Roadmaps, in denen der Durchbruch stets zwei bis drei Jahre in der Zukunft liegt.

Redox-Flow-Batterien Ein üblicher Akkumulator umfasst sowohl eine Speicherungs- als auch eine Umwandlungseinheit, und diese beiden sind fest gekoppelt. Man kann diese Einheiten jedoch auch trennen und damit unabhängig voneinander dimensionieren: In einer *Redox-Flow-Batterie* gibt es einerseits eine Umwandlungszelle, die man rein anhand der gewünschten Leistung auslegen kann, andererseits für den flüssigen Elektrolyten separate Tanks, deren Größe man anhand der gewünschten Speicherkapazität wählen kann.

Solche Tanks ließen sich bei Bedarf auch schnell nachfüllen. Das klingt prinzipiell sehr attraktiv für mobile Anwendungen („elektrische Energie nachtanken"), aber leider sind die bislang erreichbaren Energiedichten deutlich geringer als bei Li-Ionen-Akkus.

---

[54]Von einer „Größenordnung Unterschied" spricht man (in unserer vom Dezimalsystem geprägten Welt) dann, wenn zwei Werte grob um einen Faktor 10 auseinander liegen. Ob das Verhältnis nun 8 oder 15 beträgt, ist dabei nicht so wichtig. Bei fast zwei Größenordnungen geht es also um beinahe einen Faktor 100.

5.4.5 Chemische Energieträger

Kohle, Erdöl und Erdgas, die vor allem aus Öl gewonnenen Treib- und Brennstoffe, Holz, Stroh und andere Biomasse inklusive unserer Nahrungsmittel, das alles sind chemische Energieträger – und es ist recht viel Energie, die in ihnen steckt. Das macht sich auf verschiedenste Weisen bemerkbar. Ein Mahlzeit reicht, um dann stundenlang körperlich aktiv sein zu können. Schon ein kleines Lagerfeuer wärmt ganz ordentlich, und mit einem Liter Benzin kommt man (in einem einigermaßen sparsamen Fahrzeug) etliche Kilometer weit.

Dass der Verbrennungsmotor gut hundert Jahre die Fahrzeugtechnik dominierte ($\Rightarrow$ 7.5), liegt nicht am Motor selbst, denn dieser ist, verglichen mit einem Elektromotor, kompliziert und fehleranfällig, sondern an der extrem hohen Energiedichte des Treibstoffs. Selbst vergleichsweise geringe Wirkungsgrade nahm man dafür jahrzehntelang bedenkenlos in Kauf.

Auch sonst sind chemische Energieträger in unserem Energiesystem nach wie vor von enormer Bedeutung. Historisch lässt sich dabei, wie in Abb. 5.13 dargestellt, ein Übergang von festen über flüssige zu gasförmigen Energieträgern erkennen. Waren früher zuerst Holz, dann Kohle die wichtigsten Energieträger, begann Ende des 19. Jahrhunderts der Siegeszug des Erdöls und der daraus produzierten flüssigen Kraftstoffe. Gegen Ende des 20. Jahrhunderts wuchs die Bedeutung von Erdgas immer weiter, und zunehmend wird nun Wasserstoff als Energieträger ein Thema.

Die Energiedichten einiger wichtiger gasförmiger chemischer Energieträger werden einander in Abb. 5.14 gegenüber gestellt. Dabei betrachten wir einerseits die Energie pro Masse (gravimetrische Energiedichte w), andererseits die Energie pro Volumen (volumetrische Energiedichte e) unter Normalbedingungen, also Atmosphärendruck und etwa Zimmertemperatur.

Man erkennt dabei klar ein ganz unterschiedliches Bild, je nachdem, welche Größe man betrachtet. Bezogen auf die gravimetrische Energiedichte ist Wasserstoff im Bereich der chemischen Energieträger unschlagbar.[55] Das liegt allerdings daran, dass H_2 das leichteste Molekül ist, das überhaupt existiert. Bei Gasen kommt es für den Raum, den sie (bei einer bestimmten Temperatur und einem bestimmten Druck) einnehmen, aber im Grunde nur auf die Zahl der Moleküle an, nicht auf deren Größe.

Das CH_4-Molekül enthält über dreimal so viel Energie wie ein H_2-Molekül. Es ist zwar achtmal schwerer, braucht aber kaum mehr Platz. Gasförmiger Wasserstoff hat daher weniger als ein Drittel der *volumetrischen* Energiedichte von Methan, und im Vergleich zu anderen Kohlenwasserstoffen wie Ethan oder Propan, bei denen ein einzelnes Molekül noch mehr Energie trägt, schneidet er noch schlechter ab.

---

[55]Für Wasserstoff ist $w \approx 120$ MJ/kg. Nukleare Energiedichten sind allerdings nochmals viel, viel größer, bei Uran ca. 76 **Millionen** MJ/kg, siehe auch https://xkcd.com/1162/.

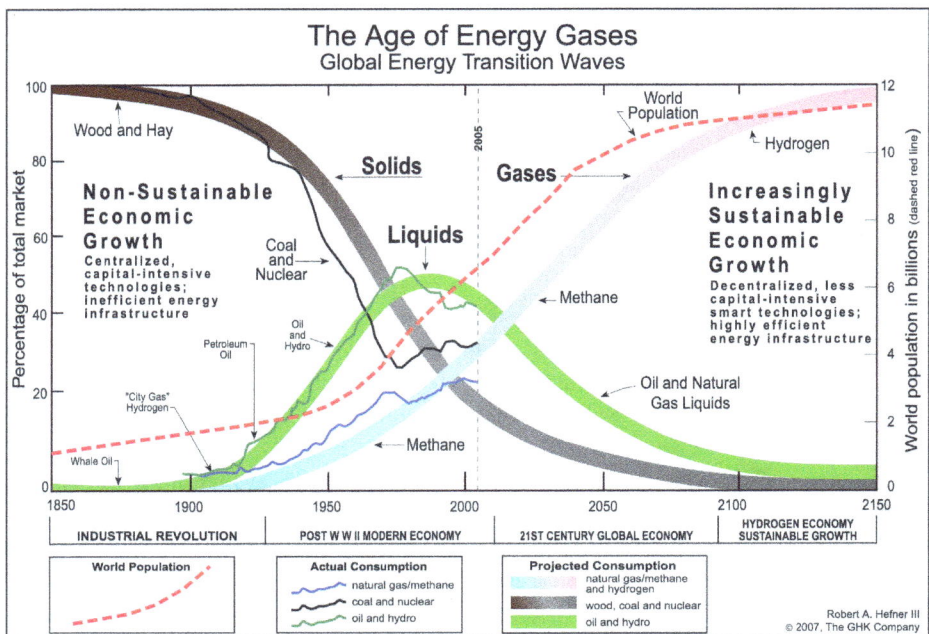

Abb. 5.13: Historische Entwicklung der Bedeutung fester, flüssiger und gasförmiger Energieträger (idealisierte Darstellung und konkrete Zeitreihendaten), © Robert A. Hefner III, mit freundlicher Genehmigung; aus *The Grand Energy Transition*, [Hef09], siehe auch [Hef07].

Selbst die volumetrische Energiedichte von Ammoniak ist geringfügig größer. Diese unterschiedlichen Bilder, je nach Betrachtungsweise, mögen dazu beigetragen haben, dass Wasserstoff als Energieträger lange Zeit kontroversiell diskutiert wurde.[56]

Doch die Frage „Wasserstoff oder nicht?" zu diskutieren, hat wenig Sinn. Der Bedarf aus der Industrie (der aktuell meist noch mittels Erdgas und Dampfreformierung gedeckt wird $\Rightarrow$ 3.4.5) ist auf jeden Fall da. Zudem zeigen schon simple Betrachtungen, einfache Rechnungen, die man auf einem Briefkuvert durchführen kann, dass auch im Energiesystem an der Elektrolyse von Wasser ($\Rightarrow$ 3.4.4) mittels erneuerbarem Strom, wohl kein Weg vorbei führen wird ($\Rightarrow$ 8.3.1 & 8.3.2). Wie groß genau der Umfang dieser Wasserstoff-Produktion sein wird, in welchem Ausmaß H_2 direkt als Energieträger eingesetzt werden soll und wie viel davon stattdessen besser zu Kohlenwasserstoffen oder Ammoniak weiterverarbeitet wird – das sind die Fragen, mit denen wir uns auseinandersetzen werden müssen.

---

[56] Auch die eher schwierige Handhabung von H_2 spielt wohl eine Rolle: Wasserstoff diffundiert durch viele Stoffe und versprödet dadurch gängige metallische Werkstoffe.

5.4 Einige Energiespeicher

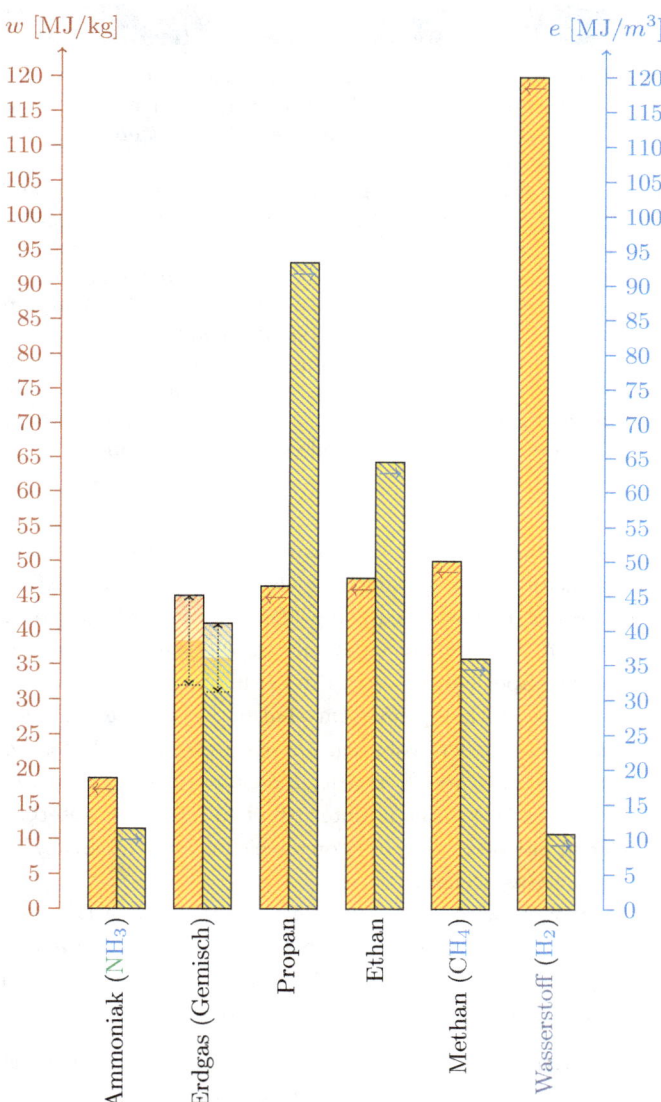

Abb. 5.14: Vergleich der Energiedichten (bzgl. Heizwert ⇒ 2.2.1), einerseits bezogen auf die Masse (gravimetrische Energiedichte w), andererseits bezogen auf den benötigten Raum (volumetrische Energiedichte e bei Normalbedingungen) für verschiedene gasförmige chemische Energieträger, darunter einige Kohlenwasserstoffen (KW). Erdgas ist ein Gemisch verschiedener Kohlenwasserstoffe (mit dem Hauptbestandteil Methan) sowie ggf. anderer Gase wie H_2 und CO_2. Je nach Zusammensetzung kann die Energiedichte variieren. (KL$_{BY}^{CC}$)

> **Vertiefung: Die Energiedichte von Sprengstoffen**
>
> Zu den beeindruckendsten und bedrohlichsten chemischen Reaktionen gehören die Explosionen, die durch Sprengstoffe ermöglicht werden. Intuitiv würde man annehmen, dass in solchen Sprengstoffen (wie z.B. *Trinitrotoluol*, TNT) enorme Energiemengen stecken.
> Tatsächlich ist ihre Energiedichte aber deutlich geringer als die anderer chemischer Energieträger ($\Rightarrow$ Abb. 5.15). Bei diesen geht man allerdings davon aus, dass in der Umgebungsluft immer genug Sauerstoff verfügbar ist, und bei regulären Verbrennungsprozessen ist das i.A. ja auch der Fall.
> Für eine Explosion würde diese Sauerstoff-Zufuhr aber viel zu langsam erfolgen. Ein Sprengstoff muss also sein eigenes Oxidationsmittel quasi „eingebaut" haben. (Daher funktionieren Sprengstoffe auch unter Wasser oder im Weltraum.) Dieser zusätzliche „Ballast" reduziert die Energiedichte. Würde man für reguläre Brennstoffe die benötigte Masse des O_2 aus der Luft mitrechnen, wäre der Energiedichte-Unterschied zu Sprengstoffen wesentlich kleiner.

Lagerung chemischer Energieträger Bei festen Brennstoffen (Kohlekeller) und auch Flüssigkeiten (Öltank) ist die Lagerung vergleichsweise einfach. Gasförmige Energieträger stellen diesbezüglich eine wesentlich größere Herausforderung dar.
Erdgas wurde früher oft in *Gasometern* gespeichert, die sich nach dem Teleskop-Prinzip ausdehnen können. Die Speicherung erfolgt dabei unter Umgebungsdruck. Ein Vorteil von Gasen ist aber, dass sie komprimierbar sind und man unter höherem Druck wesentlich mehr Masse im gleichen Volumen unterbringen kann. Entsprechend wurden die Gasometer von *Druckspeichern* abgelöst, in denen man mit bis zu 100 bar arbeitet. Noch größere Gasmengen lassen sich in unterirdischen Speichern unterbringen, in alten Erdgasfeldern oder in porösem Gestein (Porenspeicher). Auch Salzkavernen wären für diese Speicherung von Gas geeignet.
Speziell für den Transport wird Erdgas auch gerne durch hohen Druck und tiefe Temperaturen verflüssigt. Man spricht dann von LNG (Liquid Natural Gas). Nach dem russischen Überfall auf die Ukraine sind LNG-Tanker und -Terminals zu einem wichtigen Element der europäischen Gasversorgung geworden.

Besonders herausfordernd ist die Speicherung von Wasserstoff, für den viele herkömmliche Werkstoffe, etwa die meisten Stähle nicht geeignet sind. Als extrem kleines Molekül diffundiert H_2 in viele Metalle hinein und kann sie spröde machen. Zugleich ist seine Zündgrenze gering, d.h. Wasserstoffspeicher müssen besonders dicht sein. Druckspeicher, Verflüssigung durch Kühlung, Aufnahme durch organische Trägersubstanzen oder durch geeignete Metalle sind einige der technischen Möglichkeiten, von denen jedoch jede irgendwelche Nachteile aufweist ($\Rightarrow$ 8.3.2).

5.4 Einige Energiespeicher

5.4.6 Ein kleiner Vergleich von Speichern

Wir haben in Abschnitten 5.4.2 bis 5.4.5 verschiedenste Speichermöglichkeiten betrachtet. Dabei haben wir auch schon angesprochen, dass die Energiedichten sehr unterschiedlich sind, was auch großen Einfluss darauf hat, wie viel Energie sich überhaupt sinnvoll speichern lässt.

Um das noch weiter zu verdeutlichen, haben wir in Abb. 5.15 noch einmal einen Vergleich dieser Energiedichten zusammengestellt.[57] Darin bestätigt sich die Faustregel, dass mechanische und elektromagnetische Speicher deutlich geringere Energiedichten aufweisen als elektrochemische (Batterien, Akkus) und diese wiederum deutlich geringere als chemische Speicher: Die gleiche Energiemenge, die in einem 35-Tonnen-Block Beton steckt, der in 40 Meter Höhe hängt, lässt sich in einer Li-Ionen-Batterie von 20 kg speichern; sie ist aber auch in ca. einem halben Liter Benzin enthalten.

Natürlich ist die Energiedichte nicht das einzige relevante Kriterium dafür, welcher Speicher für welche Anwendung gewählt wird. Gerade jene Speicher, die nur geringe Energiedichten aufweisen, haben dafür oft gute Wirkungsgrade und können (natürlich nur für kurze Zeit) große Leistungen liefern.

Ein weiterer Aspekt ist das Ausmaß der Verluste bei der Speicherhaltung. Bei manchen Speichern (z.B. Schwungradspeichern) sind diese so groß, dass nur der Einsatz als Kurzzeit-Speicher sinnvoll ist. Andere, wie moderne Batteriespeicher, haben hier zwar deutlich bessere Eigenschaften, sind aufgrund von Selbstentladungseffekten für sehr lange Speicherdauern aber dennoch nicht besonders günstig. Bei wieder anderen Technologien (z.B. Power2Gas $\Rightarrow$ 8.3.2) gibt es nahezu keine Verluste, egal, wie lange die Energie gespeichert bleibt, dafür ist der Wirkungsgrad beim Ein- und Ausspeichern eher gering.

Auch der Vergleich verschiedener Energieformen ist schwierig. Elektrische Energie, wie sie die meisten mechanischen und alle elektromagnetischen und elektrochemischen Speicher liefern, ist direkt universell einsetzbar, während chemische Energie erst einmal aufwändig (und meist mit spürbaren Verlusten) nutzbar gemacht werden muss. Thermische Energie ist nur schlecht in andere Energieformen umwandelbar ($\Rightarrow$ 2.1.3), doch wenn die Energie letztlich ohnehin als Wärme gebraucht wird, kann die Speicherung in dieser Form durchaus sinnvoll sein ($\Rightarrow$ 6.7).

Letztlich gibt es nicht „die" perfekte Speichertechnologie, sondern viele Aspekte beeinflussen, was in welcher Situation die beste Lösung ist.

---

[57] Eine wesentlich umfassendere Diskussion findet sich z.B. in [SS17]. Speziell die überraschend geringe Energiedichte von TNT diskutieren wir in der Box auf S. 192. Eine Erweiterung um einige thermische Speicher, in der aus Platzgründen dafür einige der hier gezeigten Speicher weggelassen werden mussten, findet sich in Abb. 6.8.

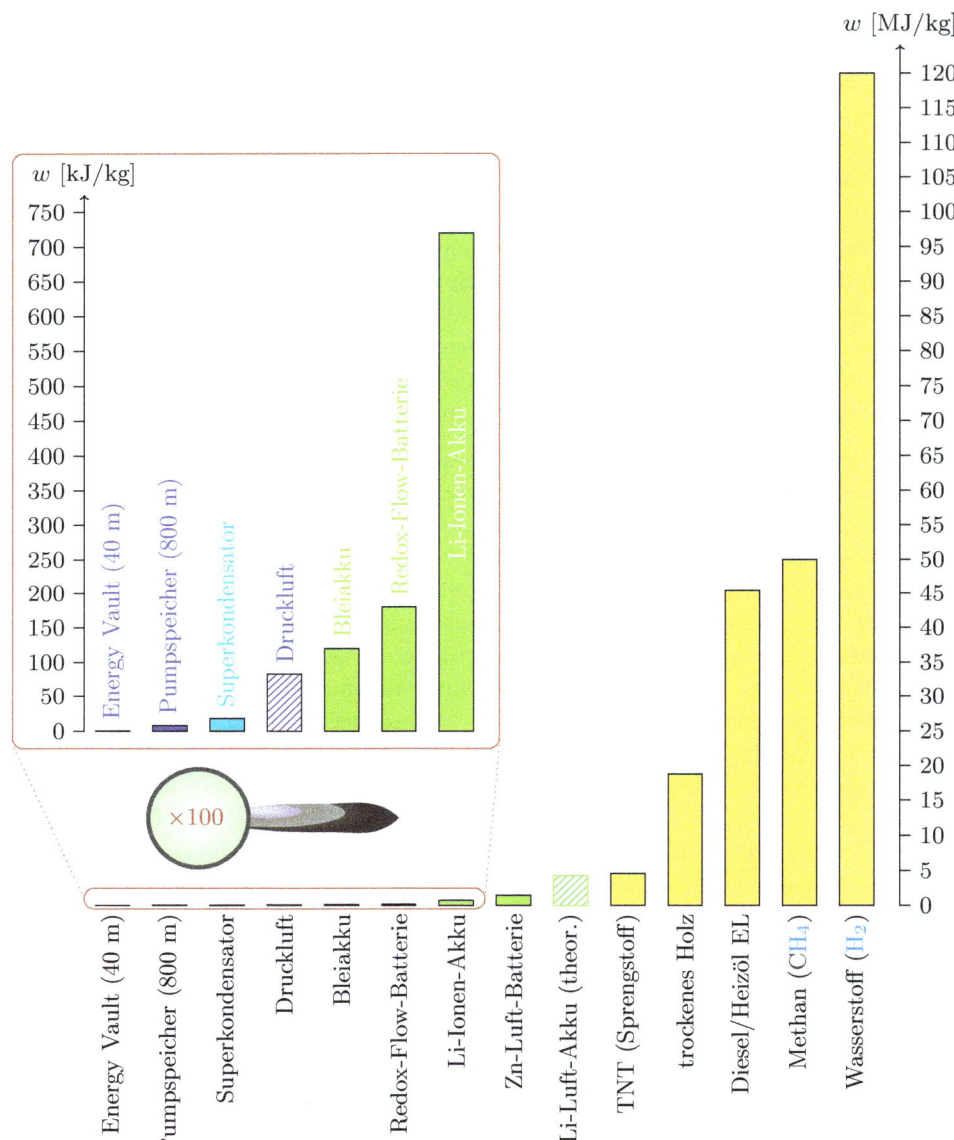

Abb. 5.15: Vergleich der gravimetrischen Energiedichte w für verschiedene Speicher, wobei teilweise nur ein typischer Wert herausgegriffen wurde. Die Farbgebung erfolgt entsprechend dem technisch-physikalischen Grundprinzip in Abb. 5.12, vgl. auch Abb. 6.8. (KL$_{BY}^{CC}$)

5.5 Verbundene Felder

Der Energiesektor steht nicht für sich allein – ganz im Gegenteil. Erst im Zusammenspiel mit Landwirtschaft ($\Rightarrow$ 5.5.1), Industrie ($\Rightarrow$ 5.5.2) und Bauwirtschaft ($\Rightarrow$ 5.5.3) zeigt sich die gesamte Komplexität. Diese Wirtschaftsbereiche tragen aktuell auch über ihren reinen Energieverbrauch hinaus massiv zur Klima- und Biodiversitätskrise bei. Ein spezielles Thema ist zudem die Digitalisierung ($\Rightarrow$ 5.5.4), deren Energieverbrauch zwar momentan noch deutlich geringer ist als der der anderen Bereiche, allerdings rapide wächst.

5.5.1 Landwirtschaft und Nahrungsmittel

Die Problematik von Energie, Klima und Biodiversität lässt sich kaum verstehen, wenn man nicht auch einen Blick auf den Themenkomplex der Landwirtschaft wirft. Einst war die Landwirtschaft die mit Abstand wichtigste Energiequelle der Menschheit, doch diesen Platz haben längst fossile Energieträger eingenommen. Auf jeden Fall aber braucht die Landwirtschaft mehr und mehr Platz, nutzt diesen auf immer brutalere Weise, hinterlässt einen immer größeren Fußabdruck ($\Rightarrow$ 2.2.3). Agrar- und Forstwirtschaft liefern zwar Beiträge zur Energieversorgung (allgemein mittels Biomasse $\Rightarrow$ 5.2.4, speziell für den Mobilitätssektor in Form von Biotreibstoffen $\Rightarrow$ 7.6.1), brauchen aber auf der anderen Seite auch erhebliche Mengen Energie. Allein die Produktion von Stickstoffdünger mit dem Haber-Bosch-Verfahren ($\Rightarrow$ 3.4.7) ist für etwa 1 % des weltweiten Energieverbrauchs und 1.4 % der anthropogenen CO_2-Emissionen verantwortlich. Dazu kommt der Treibstoffverbrauch von Nutzfahrzeugen ($\Rightarrow$ 7.3.2).

Natürlich ist die Landwirtschaft (zusammen mit, in kleinerem Ausmaß, Fischfang, Jagd und Sammeln von Wildpflanzen) absolut notwendig für unser Überleben, ganz egal, ob sie nun in den Berechnungen der Ökonom:innen 20 % oder 2 % des BIP ausmacht ($\Rightarrow$ 9.1.5). Zugleich aber ist die gemeinsame Geschichte von Menschheit und Landwirtschaft eine durchaus komplexe, und längst nicht alle Entwicklungen, die erfolgt sind, sind auch positiv.

Sklaven des Weizens Wie u.a. von Y. N. Harari überzeugend beschrieben, bedeutete der Wandel einer Gesellschaft von Jägern und Sammlerinnen zu einer, in der vor allem Ackerbau getrieben wurde, in vieler Hinsicht eine gravierende Verschlechterung:[Har15, Kap. 5] Die Ernährung wurde extrem einseitig und damit viel ungesünder, die erforderlichen Bewegungsabläufe waren dem menschlichen Körper weniger angemessen als früher, die hygienischen Bedingungen verschlechterten sich, die Verwundbarkeit gegenüber den Launen der Natur wuchs, und ebenso die Risiken gewalttätiger Auseinandersetzungen.

Statt den Weizen zu domestizieren, wurden wir von ihm domestiziert, zum Leben in Häusern (lat. *domus*, das Haus) in der Nähe der Äcker gezwungen – mit allen Nachteilen, die das mit sich brachte. Harari nennt die landwirtschaftliche Revolution beim Übergang von Alt- zur Jungsteinzeit „den größten Betrug der Geschichte". Doch wie bei so viele Maßnahmen zur Effizienzsteigerung gab es kein Zurück mehr ($\Rightarrow$ 9.3.1): Wo Landwirtschaft betrieben wurde, konnte die Bevölkerung auf ein Ausmaß wachsen, das anders nicht mehr ernährt werden konnte. Nahrungsqualität und Lebensbedingungen mochten deutlich schlechter sein, aber nur mehr so war das Überleben möglich.

Manches von dem, was sich damals verschlechtert hat, wurde bis heute nicht vollständig ausgeräumt. Noch immer – bzw. wieder – beruht die globale Ernährung zu einem großen Teil auf wenigen Tier- und Pflanzenarten. Es sind heute nur 12 Pflanzen- und fünf Tierarten, die 75 % der Welternährung ausmachen – ein in vieler Hinsicht bedenklicher Umstand.[58] Manche dieser Pflanzen, insbesondere Weizen und Mais werden in Gegenden angebaut, die dafür gar nicht so gut geeignet sind, insbesondere weil der Wasserverbrauch zu hoch ist. Pflanzen, wo sich der genetische Pool bereits stark verkleinert hat, wo im schlimmsten Fall alle Pflanzen genetisch identisch sind (z.B. bei der Banane[Pfl15]), sind gegen Krankheiten und Parasiten extrem verwundbar. Der Klimawandel bedroht zudem weitere Nutzpflanzen – von der Orange bis zum Kakao.[Kap24]

Die Tierzucht wiederum ist ökologisch aufgrund des größeren Ressourcenbedarfs oft heikel. Analog zu den Verhältnissen in natürlichen Ökosystemen ($\Rightarrow$ 5.1.2) gilt auch in der Landwirtschaft, dass die Produktion eines Kilogramms Fleisch mehrere Kilogramm Futtermittel erfordert. (Je nach Tierart und Qualität des Futters kann der Schlüssel sehr unterschiedlich sein.) Weniger Fleisch zu essen gilt als ein Schlüssel zu einer nachhaltigeren Landwirtschaft ($\Rightarrow$ 10.4.3).[59]

Zudem ist Tierhaltung in weiten Bereichen zu einem ethischen Verbrechen geworden, bei dem intelligente Wesen mit komplexem Sozialverhalten teilweise ihr Leben lang unter völlig unwürdigen Bedingungen gehalten werden. Dabei ist der massive Einsatz von Antibiotika, der zur Entstehung multiresistenter Keime beiträgt, zu einer ernsthaften Gefährdung auch der menschlichen Gesundheit geworden ($\Rightarrow$ 1.1.2). Wie gewaltig die Beanspruchung des Planeten und das Ausmaß der Tierhaltung geworden sind, ist etwa in Abb. 5.16 gezeigt: Wildlebende Säugetiere machen nur noch drei bis vier Prozent der gesamten Säugetiere-Biomasse aus. Jeweils etwa ein Drittel der Gesamtmasse entfällt hingegen auf uns Menschen selbst und auf unsere Rinder.[Sta24b]

---

[58]https://www.arche-noah.at/politik/biodiversitaet/biodiversitaet-und-gesundheit/
[59]Allerdings sollte man auch aus ökologischer Sicht die Viehzucht nicht in Bausch und Bogen verwerfen. Manche Graslandschaften eignen sich gar nicht für den Anbau von Getreide, Obst oder Gemüse. Hier ist Tierhaltung die beste landwirtschaftliche Option. Außerdem sind – trotz aller Probleme – die Methan-Emissionen aus der Landwirtschaft viel weniger kritisch als CO_2-Emissionen aus fossilen Quellen ($\Rightarrow$ Box auf S. 116).

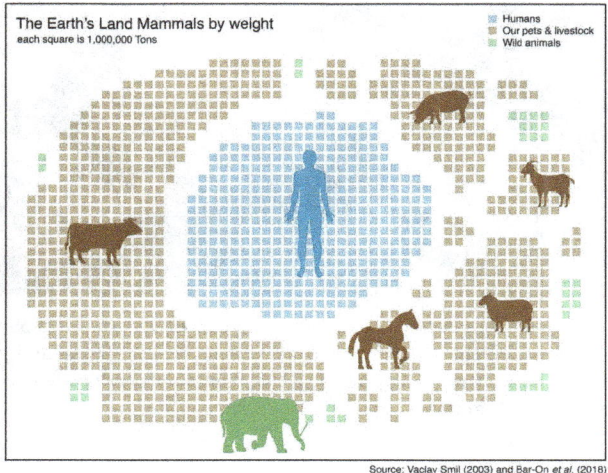

Abb. 5.16: Wir Menschen, unsere Nutz- und Haustiere machen ca. 97 % der Biomasse landlebender Säugetiere aus, beruhend auf https://xkcd.com/1338/, zu finden u.a. zusammen mit diversen anderen interessanten Aufstellungen auf [Lee18].

Struktureller Wandel Natürlich ist es einfach, mit dem Finger auf Landwirt:innen zu zeigen und sie für diverse Probleme (von Monokulturen bis zu tierquälerischen Haltungsbediungungen) verantwortlich zu machen. Doch die kleine Minderheit, die sich die Arbeit in diesem Sektor – zu unserem Glück – noch zumutet, hat meist wenig Spielraum. Ökonomische Zwänge sind meistens so stark, dass man wenig Möglichkeiten dafür hat, diversere Produkte zu erzeugen oder die Bedingungen in der Tierhaltung über das gesetzliche Mindestmaß hinaus zu verbessern.

Dazu trägt bei, dass vielerorts eine kleinstrukturierte, noch eher naturnahe Landwirtschaft durch eine regelrechte Agrarindustrie ersetzt wurde, deren Spielregeln man sich zu unterwerfen hat, wenn man nicht untergehen will. Dass die biologische Landwirtschaft in den letzten Jahren an Boden gewonnen hat, ist zwar erfreulich, aber nur bedingt hilfreich, solange viele Menschen ökonomisch gar nicht die Wahl haben, ob sie sich Bio-Lebensmittel leisten wollen, solange selbst staatliche Einrichtungen bei der Beschaffung den eigenen Richtlinien hinterher hinken ($\Rightarrow$ 10.4.2).

In einem System, das von Großbetrieben und Supermarktketten dominiert wird, ist die Macht der „kleinen" Bauern gering geworden. Gelegentlich entlädt sich der Zorn (zumindest einer lauten Minderheit), wie bei den Bauenprotesten 2024 in Frankreich und Deutschland, manchmal wird noch politischer Einfluss auf (meist konservative) Parteien geltend gemacht – und beides trifft dabei meist die Falschen, wie Maßnahmen aus dem *Green Deal*.

Abb. 5.17: links: Familie aus Ecuador, mit einem Wochenbedarf an Lebensmitteln, rechts: Familie aus den USA mit einem Wochenbedarf an Lebensmitteln. Diese und zahlreiche weitere Fotos der Serie findet man in [MDN05] und [MD08], siehe auch https://www.menzelphoto.com/ zum Portfolio des Fotografen.

Ernährung und ihre Folgen Trotz aller zivilisatorischen Errungenschaften sind wir beim Essen noch immer von den Instinkten der steinzeitlichen Jäger:innen und Sammler:innen geprägt. Ständigen Überfluss gab es nicht, sondern wenn große Mengen an Nahrung vorhanden waren, war es lebensnotwendig, ordentlich zuzulangen. An süßen Lebensmitteln gab es im Grunde nur Früchte, also essenzielle Vitaminlieferanten, und vielleicht gelegentlich den Honig wilder Bienen. Einen Grund, den Konsum fetter oder zuckerhaltiger Lebensmittel zu beschränken, gab es damals nicht.

Heute sieht die Sache hingegen anders aus. Was wir essen, ist lokal sehr unterschiedlich, sowohl von der Menge als auch vom Verarbeitungsgrad der Lebensmittel her. Eine besonders eindrucksvolle Fotoserie, die diese Unterschiede illustriert, findet sich in *Hungry Planet*, [MDN05] (mit Fotografien von Peter Menzel); zwei Beispiele sind in Abb. 5.17 gezeigt.

Noch immer ist Hunger in vielen Weltgegenden eine ernste Bedrohung. Zugleich aber haben wir es im Globalen Norden geschafft, dass ein erheblicher Anteil der Bevölkerung *zugleich* übergewichtig ist und an Mangelernährung leidet. Ein Zuviel an Fett, Zucker und Salz steht einem Zuwenig an Proteinen, Vitaminen, Mineral- und Ballaststoffen gegenüber.[60] Gefördert wird der übermäßige Konsum von Lebensmitteln mit schlechter Nährstoffbilanz durch die zunehmende Verbreitung von hochverarbeiteten Lebensmitteln (HVL), deren problematische Auswirkungen inzwischen gut bekannt sind.[Kes11; Tul23]

---

[60]Bereits im Roman *Good Omens* (T. Pratchett & N. Gaiman) ist Hunger – als einer der vier apokalyptischen Reiter – sehr stolz auf sein Konzept von „Lebensmitteln", die zwar viele leere Kalorien, aber sonst nichts enthalten, mit denen man zugleich immer weiter zunimmt und dabei verhungert.

Herz-Kreislauf-Erkrankungen, für die falsche Ernährung (neben Bewegungsmangel) als wichtigste Ursache gilt, sind im Westen die häufigste Todesursache. Erworbene Diabetes (Zuckerkrankheit) und Adipositas (krankhaftes Übergewicht) haben epidemische Ausmaße angenommen. Auch anderer Leiden wie die Schlafapnoe, das wiederholte kurzzeitige Aussetzen der Atmung während des Schlafes (das bis zur Gefahr des Erstickungstodes gehen kann), die durch Übergewicht begünstigt werden, sind auf dem Vormarsch.

Wir setzen also enorme Ressourcen ein (Fläche, Energie, Rohstoffe), nehmen mannigfaltiges Tierleid in Kauf, um Lebensmittel zu produzieren, deren Art und Übermaß uns letztlich krank macht. Noch vor der – ebenfalls dramatischen – Lebensmittelverschwendung gäbe es hier also prinzipiell einen Hebel, mit dem man den Druck auf den Planeten reduzieren und unser aller Gesundheitszustand verbessern könnte. Doch die strukturellen Trägheiten und Widerstände sind leider groß ($\Rightarrow$ 9.1.4).

Nährstoffe und Dünger Das Wachstum von Pflanzen ist von vielfältigen Substanzen abhängig. Das reicht von Stoffen wie Wasser und CO_2, die in erheblichen Mengen benötigt werden, über Stickstoff, Phosphor und Kalzium bis hin zu Spurenelementen wie Eisen oder Zink ($\Rightarrow$ 3.1.2).[61] Dabei gilt das *Minimumgesetz* (Carl Sprengel; Justus von Liebig), dass das Pflanzenwachstum von jener Substanz bestimmt wird, die (in Relation zum Bedarf) am spärlichsten vorhanden ist. Eine anschauliche Darstellung dieses Gesetzes ist die in Abb. 5.18 gezeigte *Minimumtonne*. Diese Tonne besteht aus Fassdauben unterschiedlicher Länge; das Wasser kann nur so hoch steigen, wie es der kürzesten Daube entspricht.[62]

Als besonders kritische Pflanzennährstoffe haben sich Stickstoff und Phosphor erwiesen, und diese (der Stickstoff in Form von Ammoniak $\Rightarrow$ 3.2.6) sind wesentliche Bestandteile von Kunstdüngern, die die Landwirtschaft zuerst in den Industrieländern geprägt und dann zur „Grüne Revolution" im globalen Süden beigetragen haben.

Doch die Vorkommen von Phosphor sind begrenzt („peak phosphorus"). Stickstoff lässt sich mit entsprechendem Energieeinsatz zwar nahezu unbegrenzt aus der Luft gewinnen, diverse Stickstoffverbindungen, die im Zuge der Stickstoffkaskade ($\Rightarrow$ Abb. 5.19) entstehen, sind aber ökologisch problematisch und teilweise klimaaktiv ($\Rightarrow$ 3.3.2).

---

[61]https://www.bodenwelten.de/content/duengung-des-bodens
[62]Mit entsprechendem Vorbehalt ist daher das Argument zu sehen, dass ein höherer CO_2-Gehalt in der Atmosphäre ja förderlich für das Pflanzenwachstum ist und daher zu einem „grüneren Planeten" führt.[Lom22] Das ist prinzipiell richtig – aber nur, wenn alle anderen erforderlichen Substanzen ebenfalls in ausreichendem Ausmaß vorhanden sind. Gerade beim Wasser, dessen Haushalt durch die Klimakrise massiv verändert wird, ist das aber oft eher fraglich.

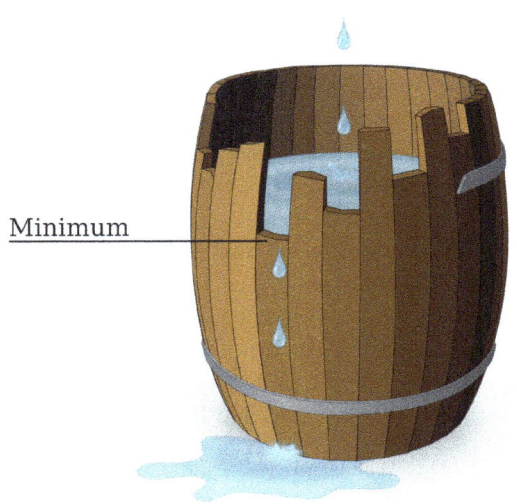

Abb. 5.18: Die Minimumtonne als Veranschaulichung des Minimumgesetzes, von DooFi, https://commons.wikimedia.org/w/index.php?curid=6627159

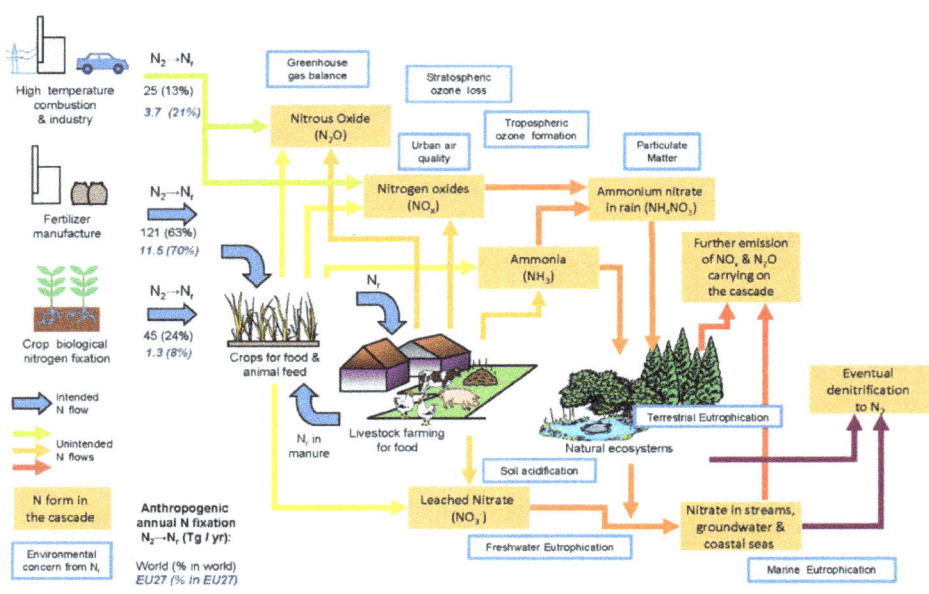

Abb. 5.19: Die Stickstoffkaskade, aus [SHE+11]

5.5.2 Produktion und Industrie

Ein Sektor, der wesentlich zu unserem Energieverbrauch beiträgt, ist die produzierende Industrie. Diese Energie wird zum Teil in elektrischer Form gebraucht, zu einem guten Teil aber auch als Wärme ($\Rightarrow$ 6.1.2), die aktuell noch zum größten Teil aus fossilen Brennstoffen erzeugt wird.

Über die Frage, ob der Energieverbrauch und die Emissionen, die in der Industrie entstehen, den Produzent:innen oder den Konsument:innen zuzurechnen sind, kann man ausgiebig diskutieren. Je nachdem, wie man sich entscheiden, können am Ende sehr unterschiedliche Zahlen herauskommen. Die „Erfolgsgeschichten" mancher europäischen Staaten bei der Reduktion von Energieverbrauch und Emissionen sind oft zu einem guten Teil der Auslagerung der Produktion nach Asien (inbesondere China) zu verdanken. Umgekehrt geht der rapide Anstieg dieser Werte in solchen Weltgegenden zum Teil auf Produkte für den Export zurück.

Eine saubere, aber aufwändige Methode, solche Aspekte zu bewerten, ist die *Lebenszyklusanalyse* (Life Cyle Assessment bzw. Life Cyle Analysis, kurz LCA) die oft auch als *Ökobilanz* bezeichnet wird. Bei vielen Produkten macht die *graue Energie*, die in ihre Herstellung fließt, einen erheblichen Teil des gesamten Energieverbrauchs aus. Beispielsweise ist bei Elektroautos ($\Rightarrow$ 7.5.4 & 7.6.2) eine LCA wichtig, um einen fundierten Vergleich mit einem Auto mit Verbrennungsmotor zu treffen.[63] Auch das Recycling bzw. die Entsorgung müssen bei einer vollständigen Lebenszyklusanalyse natürlich berücksichtigt werden.

Neben ihrem Energieverbrauch hat die produzierende Industrie natürlich einen gewaltigen Verbrauch an Rohstoffen, von denen wir einige besonders bedeutsame herausgreifen wollen:

Eisen und Stahl Die Stahlindustrie ist ein bedeutsamer Emittent von CO_2 und aktuell für zumindest 7 % der weltweiten CO_2-Emissionen verantwortlich. (Die Schätzungen liegen spürbar auseinander, manche sind noch etwas höher.) Das liegt nicht in erster Linie am Energieverbrauch, sondern an der Chemie der relevanten Prozesse:

Eisen kommt in der Natur nicht in Reinform vor, sondern oxidiert als Eisenerz – quasi zu Gestein gewordener Rost. (Die rote Farbe ist sehr charakteristisch.) In diesem Erz ist ein erheblicher Teil jenes Sauerstoffs gebunden, den die ersten photosynthetisierenden Organismen, also Algen bzw. deren Vorfahren, erzeugt haben ($\Rightarrow$ 4.4.2).

---

[63] Typischerweise ist es aktuell so, dass ein Elektroauto den größeren Energie- und Ressourcenverbrauch, den vor allem die Herstellung der Batterie braucht, nach ca. 40 000 bis 60 000 Fahrtkilometern wieder „eingeholt" hat, siehe z.B. https://theicct.org/wp-content/uploads/2022/01/Global-LCA-passenger-cars-FS-DE-jul2021.pdf und https://www.adac.de/verkehr/tanken-kraftstoff-antrieb/alternative-antriebe/klimabilanz/.

Um reines Eisen zu erhalten, muss man dem Eisenerz den Sauerstoff entziehen. Damit sich der Sauerstoff dazu bewegen lässt, sich vom Eisen zu trennen, muss man ihm ein lohnenswertes Ziel bieten – und sehr gut funktioniert es mit Kohlenstoff. So erhält man weitgehend reines Eisen, das man zu Stahl weiterverarbeiten kann – und erhebliche Mengen CO_2. Es laufen allerdings vielversprechende Forschungen, inwiefern sich auch Wasserstoff dazu eignet, diese Rolle zu übernehmen, wobei H_2O in Form von Wasserdampf entstehen würde. Das bedeutet natürlich einen weiteren Anstieg des jetzt schon großen H_2-Bedarfs der Industrie als Ganzes ($\Rightarrow$ 8.3.2).

Geringe Mengen Kohlenstoff werden trotzdem weiterhin benötigt werden, um die Eigenschaften des Stahls zu beeinflussen und um z.B. Gusseisen zu produzieren. Dieser Kohlenstoff kann aber auch aus dem Recycling von Eisen und Stahl oder aus Biokohle stammen. Es ist also nicht unmöglich, die Stahlindustrie unabhängig von fossilen Brennstoffen zu machen – aber auch nicht einfach.

Andere mineralische Stoffe Neben Eisen werden in der Industrie zahlreiche andere Metalle benötigt, von Aluminium über Zink, Chrom und Blei bis hin zu halbedlen und edlen Metallen wie Kupfer, Silber und Gold ($\Rightarrow$ 3.1.2). Daneben sind zahlreiche andere mineralische Stoffe von Bedeutung. Im Gegensatz zum Stahl, der zum größten Teil für sehr langlebige Infrastruktur benötigt wird (etwa Gebäude $\Rightarrow$ 5.5.3, Brücken und Eisenbahnschienen), landen diese Stoffe aber oft in wesentlich kurzlebigeren Produkten – von der Aludose, die nur einmal verwendet und dann weggeworfen wird, bis hin zu elektronischen Geräten, die auch oft nach wenigen Jahren obsolet sind (kaputt oder veraltet). Hier hätten Vermeidung und Recycling gewaltiges Potenzial ($\Rightarrow$ 10.4.4).

Nachwachsende Rohstoffe Im Gegensatz zu mineralischen Stoffen, die prinzipiell im Kreis geführt werden könnten, ist bei biologischen Produkten (Holz, Baumwolle, ...) eine laufende Entnahme unvermeidlich, denn hier ist meist bestenfalls ein *Downcycling* möglich: Aus Altpapier wird Papier schlechterer Qualität (das aber für viele Anwendungen noch ausreicht), aus Altkleidern, die nicht mehr tragbar sind, werden Putzlappen, Teppiche oder Dämmmaterial. Am Ende einer solchen kaskadischen Nutzung steht die thermische Verwertung ($\Rightarrow$ 10.4.4).[Gru21]

Entscheidend ist hier, unseren Verbrauch auf das zu reduzieren, was die biologisch produktive Fläche langfristig und nachhaltig auch liefern kann ($\Rightarrow$ 2.2.3).

Kunststoffe Momentan werden noch die meisten Kunststoffe aus Erdöl hergestellt. Allerdings kann bereits für viele Zwecke Bioplastik ein angemessener Ersatz sein. Zudem lässt sich Erdöl als Ausgangsstoff auch vollständig durch Kohlenwasserstoffe ersetzen, die mittels Fischer-Tropsch-Synthese ($\Rightarrow$ 3.4.6) auch aus Biomasse erzeugt werden können. Der Bedarf an biologisch produktiver Fläche wächst damit aber natürlich, und gerade bei Kunststoffen ist das Vermeidungspotenzial enorm.

5.5.3 Bauen und Wohnen

Auch wenn der Begriff „Höhlenmenschen" für unsere altsteinzeitlichen Vorfahren zu kurz greift und diese durchaus schon lange Zeit in der Lage gewesen sein dürften, auf unterschiedliche Weise Unterkünfte zu fabrizieren, standen Höhlen damals sicher hoch im Kurs.[64]

Das hat sich bis heute im Grunde nicht geändert. Natürliche Höhlen sind jedoch spärlich gesät, und so sind wir sehr gut darin geworden, künstliche Höhlen zu schaffen, früher aus Holz und Naturstein, inzwischen oft aus Stahl und Beton.

Beide Materialien sind jedoch bzgl. ihrer Klimawirkung sehr problematisch: Bei der Reduktion von Eisenerz zu Eisen mittels Kohlenstoff ($\Rightarrow$ 5.5.2) und beim Kalkbrennen ($\Rightarrow$ 3.4.8), um einen Grundstoff für Zement- und Betonherstellung zu erhalten,[65] machen wir im Schnelldurchlauf Prozesse rückgängig, die in der Erdgeschichte über hundert Millionen Jahre hinweg abgelaufen sind.

Die Bauwirtschaft ist dadurch ganz direkt in die Problematik des Klimawandels involviert. Möglichkeiten, diese Auswirkungen zumindest abzumildern, gibt es natürlich, inbesondere den vermehrten Einsatz von Holz, das sogar Kohlenstoff bindet, anderen natürlichen Baustoffen wie Lehm und inzwischen auch Recyclingbeton.[66]

Neben ihrer direkten Wirkung auf das Klima hat die Bauwirtschaft aber auch indirekt enormen Einfluss darauf, wie sehr wir Natur und Klima belasten: Der Wohnbau von heute hat enorme Auswirkungen auf den Energieverbrauch von morgen und übermorgen, durch die Qualität der Bauten (vor allem die thermische Isolierung $\Rightarrow$ 6.1), durch das Heizsystem ($\Rightarrow$ Kap. 6), vor allem aber durch die Lage. Diese kann man nachträglich nicht mehr einfach ändern (während man meist auch nachträglich noch besser dämmen und die Heizung austauschen kann).[67] Ein abgelegenes Haus, das ohne fahrbaren Untersatz nicht erreichbar ist, das Kilometer vom nächsten Lebensmittelgeschäft entfernt ist, produziert fast zwangsläufig Folgeemissionen aus dem Mobilitätssektor ($\Rightarrow$ 7.1.2).

Generell prägt die Infrastruktur, die gebaut wird, erheblich den Lebensstil und damit Energie- und Ressourcenverbrauch, und das oft für viele Jahrzehnte. Entsprechend umsichtige Bau- und Infrastrukturplanung wäre also erforderlich. In der Praxis sieht es leider ganz anders aus: Partikulärinteressen und kurzfristige Vorteile sind oft wichtiger als eine langfristige und nachhaltige Perspektive.[Put24]

---

[64] Einen lebendigen Eindruck von der Vielschichtigkeit des steinzeitlichen Lebens gibt u.a. die (phantastisch-mystisch angehauchte, bzgl. Überleben in der Wildnis aber ausgezeichnet recherchierte und fundierte) *Wolf Brother*-Reihe von Michelle Paver.
[65] siehe z.B. https://www.beton.wiki/index.php?title=Zementherstellung
[66] siehe z.B. https://baustoffbeton.at/betonarten/recyclingbeton/
[67] Das in den USA teilweise praktizierte Verlegen ganzer Häuser ist bei der typischen europäischen Bauweise mit Keller unrealistisch.

5.5.4 Der digitale Sektor

Wie wir bereits gesehen haben, machen klassisch-elektrische Anwendungen einen vergleichsweise kleinen Teil unseres Energieverbrauchs aus ($\Rightarrow$ 5.1.3). Davon wächst allerdings seit Jahren rasant jener Beitrag, der aus der Digitalisierung stammt. Der Übergang von lokalen Lösungen zu Online-Services und Cloud-Lösungen (z.B. Massive Multiplayer Online Games, „Streamen statt Besitzen") befeuert das: Dadurch, dass keine Datenträger (wie früher Disketten oder CDs) mehr produziert werden müssen, werden natürlich zunächst Ressourcen gespart.

Dafür muss aber, sobald man ein Lied anhören, einen Film sehen oder ein Spiel spielen will, nicht nur der eigene Computer laufen, sondern zumindest noch ein passender Server irgendwo auf der Welt. Zusätzlich ist noch einiges an Gerätschaft im Einsatz, damit diese (oft erheblichen) Datenströme auch ankommen, und das möglichst in Echtzeit. Der Energieverbrauch solcher Lösungen ist also deutlich größer als bei Dateien bzw. Programmen, die man lokal am Rechner liegen hat.[68]

Videokonferenzen können lange Anfahrten und Flugreisen ersetzen und sind so (vom Klima-Standpunkt her, wenn auch nicht unbedingt in Bezug auf ihre Effektivität) meist positiv. Einen gewissen (oft schwer zu quantifizierenden) Energieverbrauch bringen sie aber natürlich mit sich.

Ein klarer Vorteil digitaler Lösungen ist, dass sich die Versorgung mit elektrischer Energie wesentlich einfacher auf eine erneuerbare Basis stellen lässt als die produzierende Industrie ($\Rightarrow$ 5.5.2) oder der Flugverkehr ($\Rightarrow$ 7.3.1). Problematisch ist es aber, wenn digitale Lösungen nicht nur materielle Produkte oder Tätigkeiten ersetzen, sondern neue Arten des Verbrauchs generieren. Ein besonders prägnantes Beispiel dafür sind Blockchains auf Proof-of-Work-Basis, wie z.B. Bitcoin, das „Gold der digitalen Welt". Während physisches Gold jedoch nur einmal abgebaut werden muss (was durchaus ernsthafte ökologische Schäden verursachen kann, vor allem, wenn hierbei das giftige Quecksilber eingesetzt wird), muss das Bitcoin-Mining *ständig* laufen. Der Energieverbrauch von Bitcoin übertrifft inzwischen den Bedarf an elektrischer Energie ganzer Länder, daneben ist auch der Wasserverbrauch erheblich ($\Rightarrow$ Abb. 5.20).

Zunehmend Energie frisst auch der Einsatz Künstlicher Intelligenz (KI), wo insbesondere das Training tiefer neuronaler Netze, wie sie auch das zentrale Element von generativen Systemen wie ChatGPT & Co. sind, erhebliche Energiemengen erfordert. Solche KI-Lösungen sind zweifellos oft nützlich, manchmal auch problematisch ($\Rightarrow$ 10.1.5). Sehr oft wäre ihr Einsatz leicht vermeidbar, weil es weniger ressourcenintensive Wege zum gleichen Ziel gibt (z.B. „klassisches" maschinelles Lernen[HTF17; Mur22]).

---

[68] Im Prinzip kann der Computer, der daheim steht, leistungsschwächer ausgelegt sein, wenn ohnehin alle rechenintensiven Operationen anderswo passieren. Die entsprechende Ersparnis an Ressourcen und Energie wird aber zumeist gering sein.

5.5 Verbundene Felder

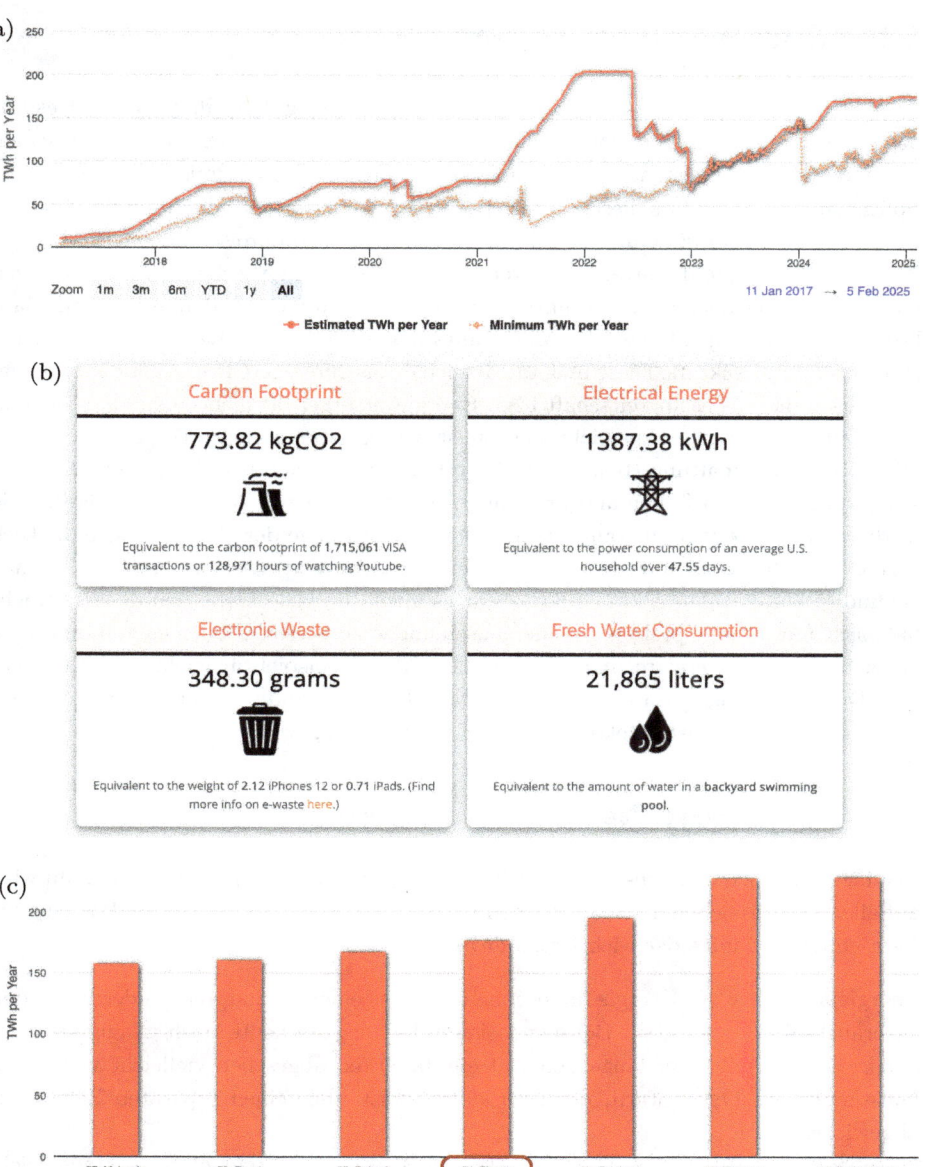

Abb. 5.20: (a) Verlauf des Energieverbrauchs von Bitcoin, (b) Auswirkungen einer einzelnen Bitcoin-Transaktion, (c) Vergleich des Verbrauchs elektrischer Energie von Bitcoin (24., Mitte) mit dem einiger Länder; alle Abbildungen von `https://digiconomist.net/bitcoin-energy-consumption` (Projekt von Alex de Vries; Screenshots vom 6. Februar 2025; mit freundlicher Genehmigung)

5.6 Energiewirtschaft und -preise

Früher einmal, in der (bei weitem nicht in jeder Hinsicht guten) alten Zeit war es mit den Energiepreisen noch einfach, zumindest für die Endkund:innen. Man hatte seinen Energieversorger, meistens in öffentlichem Eigentum, stabile Preise, und schon die Politik sorgte dafür, dass diese auf akzeptablem Niveau blieben, denn bei den Wahlen wollte sich niemand die Ohrfeige für stark gestiegene Strompreise abholen.
Energieerzeugung und -verteilung waren in einer Hand. Entsprechend konnte der Ausbau beider Bereich sinnvoll koordiniert werden. Doch dann kam – dem modernen Glaubensbekenntnis folgend, dass der Markt alles besser kann ($\Rightarrow$ 9.1.2), – die Liberalisierung des Energiesektors. Diese mag tatsächlich etwas günstigere Preise gebracht haben, auch wenn die Wechselbereitschaft bzgl. Energieversorger oft nicht allzu hoch ist, und der Konkurrenzdruck daher nicht so groß ist wie in vielen anderen Branchen.
Die noble Zurückhaltung (bzw. oft einfach Trägheit) hinsichtlich Anbieterwechsel hat sich jedoch in vielen Fällen als gar nicht so schlecht erwiesen, denn wie verlässlich die niedrigeren Preise von Discountern sind, hat sich im Zuge der Ukraine-Krise deutlich gezeigt, als Preise oft auf ein Vielfaches erhöht bzw. Verträge vom Anbieter einfach gekündigt wurden. Die Ukraine-Krise war es auch, die viele Menschen dazu gebracht hat, sich mit Energiepreisen genauer auseinander zu setzen – oder es zumindest zu versuchen, denn Energierechnungen sind kein Musterbeispiel für leichte Verständlichkeit. Doch auch das, was man in einer solchen Rechnung findet, ist nur die Spitze jenes Eisbergs, dem das Zustandekommen der Energiepreise gleicht.

5.6.1 Strompreise, Netzentgelte und mehr

Versucht man, seine Strom-, Gas oder Fernwärmerechnung zu entschlüsseln, dann wird auffallen, dass es neben dem eigentlichen Preis für die Energie noch andere Posten gibt. Betrachten wir einige der wichtigsten davon:

Energiepreis Bei der Energie findet man einerseits einen Grundpreis, andererseits den verbrauchsabhängigen Teil. Bei den meisten Tarifen, die heute noch gängig sind, ist der Preis pro kWh über länge Zeit (oft ein Jahr) fix, abgesehen vielleicht von einem günstigeren Nachtstromtarif, der aber dann meist über einen separaten Zählpunkt abgewickelt wird.
Daneben gibt es aber auch Preismodelle, sich sich deutlich schneller, z.B. monatlich, am durchschnittlichen Börsenpreis ausrichten ($\Rightarrow$ 5.6.2), sogenannte Float-Tarife bzw. kurz „Floater". Mit diesen kann man i.A. ein wenig sparen, bei Preisauschlägen nach oben aber auch böse Überraschungen erleben.

5.6 Energiewirtschaft und -preise

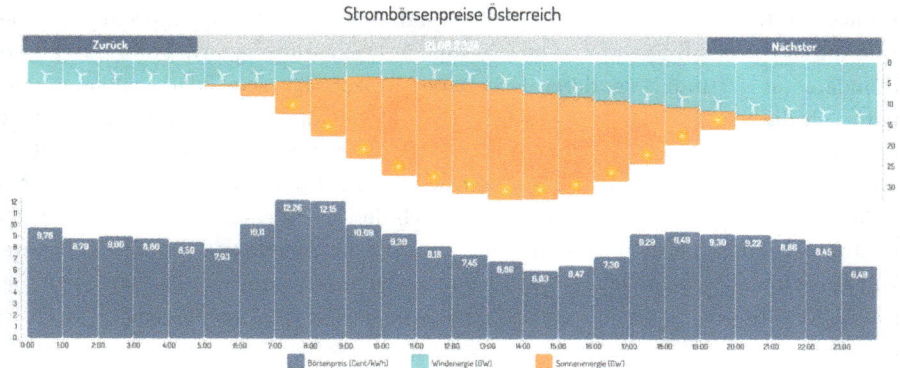

Abb. 5.21: Zeitvariante Strompreise (an der Börse), abhängig von Solar- und Windstrom, von https://www.awattar.at/services/charts/hourly: Man erkennt, dass der Strompreis sinkt, wenn viel Sonnen- oder Windstrom verfügbar ist.

Eine besonders interessante neue Entwicklung mit viel Potenzial sind Preise, die sich sogar stündlich an das Börsengeschehen anpassen. Das kann zwar ebenfalls riskant sein, ist aber auch ein Anreiz, elektrische Energie dann zu verbrauchen, wenn sie in großem Ausmaß zur Verfügung steht und daher billig sein sollte, und sie zu sparen, wenn sie knapp und damit teuer ist ($\Rightarrow$ Abb. 5.21). Praktikabel ist das natürlich nur, wenn man über einen eigenen Stromspeicher verfügt oder andere Möglichkeiten hat, seinen Verbrauch zeitlich zu verschieben (*Demand Side Management* $\Rightarrow$ 8.5.3).

Netznutzung Man zahlt nicht nur für die Energie, die man bezieht. Ein weiterer wichtiger Kostenpunkt sind die Netzgebühren, denn das Übertragungsnetz muss ja erhalten, betrieben, manchmal auch ausgebaut werden. Speziell für das elektrische Netzu gibt es trotz ausgeklügelter Mechanismen, um die Erzeugung an den Verbrauch anzupassen, hierbei immer wieder Abweichungen, die kompensiert werden müssen. Ebenso sind regelmäßig Maßnahmen erforderlich, um das, was an Stromlieferungen vereinbart wurde, mit der physikalisch-technischen Realität des Stromnetzes in Einklang zu bringen (*Redispatch* $\Rightarrow$ 5.3.1).
Über alle technischen Vorteile hinaus rechnen sich die meisten Netzausbauten auch finanziell innerhalb kurzer Zeit, weil sie das Ausmaß, mit dem solche (relative teuren) Notmaßnahmen erforderlich sind, reduzieren.

Weitere Dienstleistungen Manchmal werden für den Bezug von Energie weitere Leistungen verrechnet. In der Fernwärme sind etwa „Messpreise" üblich, also zusätzliche Kosten dafür, dass der Wärmebezug richtig erfasst und verrechnet wird. Im Wesentlichen handelt es sich also um einen Teil der Grundgebühr.

Einfluss der Maximalleistung Für Privatkund:innen sind die Grundpreise typischerweise durch den Tarif fixiert und es gibt keinen Diskussionsbedarf. Für Betriebe, insbesondere aus der Industrie, deren Energiebedarf zeitweise sehr hoch sein kann, spielt aber auch die maximale Leistung (Energie pro Zeit), die geliefert werden *könnte*, eine Rolle. Muss ein Energieversorger stets darauf vorbereitet sein, dass eine deutliche höhere Leistung abgerufen wird, bedeutet das natürlich Aufwand, den er sich im Normalfall abgelten lässt. Allein dadurch, dass sich der Energiebedarf gleichmäßiger über den Tag bzw. über das Jahr verteilt, kann ein Unternehmen also u.U. viel Geld sparen. In Zukunft könnte – angesichts der Grenzen, an die das Stromnetz stößt – dieser Aspekte auch für Privatkund:innen relevanter werden, sowohl was Strombezug als auch was Einspeisung angeht. Eine zeitliche Verteilung der PV-Einspeisung über den ganzen Tag hinweg (i.A. durch Zwischenspeicherung in lokalen Batteriespeichern $\Rightarrow$ 5.4.4) würde es bereits erlauben, insgesamt mehr erneuerbare Energie ins Netz zu bringen. Zeitabhängige Einspeisetarife können hierzu als Anreiz ebenso beitragen wie leistungsabhängige Grundpreise ($\Rightarrow$ 8.5.2).

Steuern und Abgaben Schon Benjamin Franklin stellte fest: „Nur zwei Dinge auf Erden sind uns ganz sicher: der Tod und die Steuer."[69] So gibt es auch für den Bezug von Energie meist diverse Steuern und Abgaben. Speziell über die Ökostromabgabe (in Österreich) bzw. EEG-Umlage (in Deutschland), die den Ausbau erneuerbarer Energie unterstützen und damit die Energie langfristig billiger machen soll, wurden natürlich fleißig die Hände gerungen.

5.6.2 Strombörsen, Merit-Order und Regelenergie

Wie kommen die Großhandelspreise, aus denen sich (kurz- oder langfristig) auch die Endkund:innen-Tarife herleiten, denn nun zustande? Der Prozess ist vielschichtig: Manche Energielieferungen werden Monate oder sogar Jahre im Voraus vereinbart, andere für den nächsten Tag ausgemacht (*Day-ahead Market*) und manche ganz kurzfristig (*Intraday* und *Spot Market*).

Strombörsen Auch wenn der größte Teil des Handels mit elektrischer Energie längerfristig und bilateral erfolgt (*over the counter*, OTC), spielen doch *Strombörsen* für den kurzfristigen Handel eine zentrale Rolle. Die Grundidee ist, dass Anbieter Informationen platzieren, wann sie zu welcher Zeit zu welchem Preis Strom liefern könnten, während auf der anderen Seite kommuniziert wird, wann man wie viel Energie braucht

---

[69] Heute müsste man zu letzterer allerdings wohl ergänzen: „... außer man ist reich genug, um sie weitgehend vermeiden zu können" ($\Rightarrow$ 9.4.5)

5.6 Energiewirtschaft und -preise

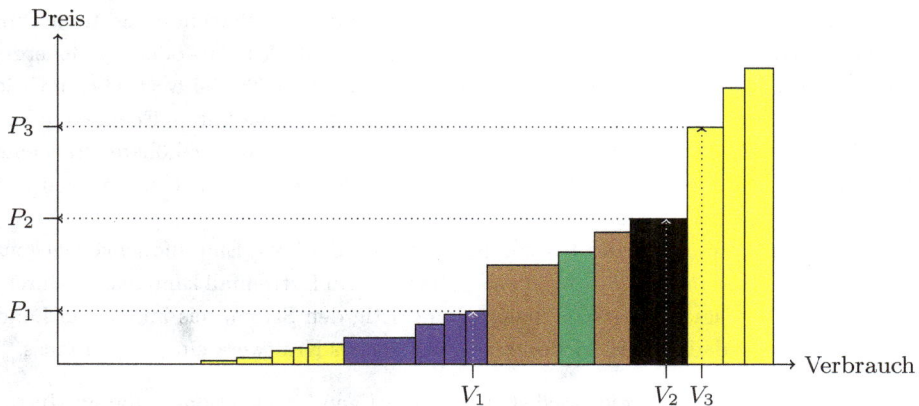

Abb. 5.22: Prinzip der *Merit Order*: Das teuerste Kraftwerk, das noch benötigt wird, bestimmt den gesamten Strompreis. Liegt der Verbrauch bei V_1, dann können im Betrieb billige Kraftwerke (meist auf Basis von Sonnenenergie, Wind- und Wasserkraft, aber auch AKWs) den gesamten Bedarf decken und der Preis liegt bei P_1. Bei einem höheren Verbrauch V_2 müssen auch Kohle-, Öl- und Biomassekraftwerke abgerufen werden, der Preis liegt bei P_2. Steigt der Verbrauch nun noch ein wenig auf V_3, dann müssen teure Gaskraftwerke hinzugeschaltet werden, und der Preis springt auf P_3. (PD$_{KL}$)

und welchen Preis man zu zahlen bereit wäre. Ergeben sich hier Übereinstimmungen, werden aus den jeweils besten Angeboten Transaktionen abgeleitet.

Doch alle im Vorhinein vereinbarten Energielieferungen reichen typischerweise nicht aus, um den Bedarf wirklich zu decken, denn es gibt immer Unwägbarkeiten, sowohl bei Produktion (vor allem aus Sonne und Wind) als auch beim Verbrauch. Entsprechend kommt dem sehr kurzfristig funktionierenden Spot Market eine essenzielle Bedeutung zu. Die Preise auf diesem Markt können extrem schwanken, durch den speziellen Mechanismus, wie sie zustande kommen.

Die Merit Order In Teilen des Strommarkts (vor allem dem Spot Market) kommt die sogenannte *Merit Order* zum Einsatz:[Grü22] Das Prinzip ist schematisch in Abb. 5.22 dargestellt: Die Anbieter werden nach dem Preis sortiert, zu dem sie elektrische Energie anbieten, beginnend mit dem günstigsten. Dabei kann es durchaus sein, dass manche Preise bei null liegen.

Abhängig vom tatsächlichen Verbrauch werden nun so viele Kraftwerke abgerufen, wie benötigt werden, um den tatsächlichen Bedarf zu decken. Der Energiepreis, der allen Produzenten bezahlt wird, ergibt sich aus dem *teuersten* Angebot, das noch in Anspruch genommen wird (dem *Grenzkraftwerk*).

Was zunächst absurd klingen mag, hat durchaus eine gewisse Berechtigung. Immerhin ist eine kWh elektrischer Energie, die nahezu kostenfrei mittels Solar- oder Windenergie erzeugt wurde, für das Energiesystem in diesem Moment gleich viel wert wie eine, die aus einem teuren Gaskraftwerk stammt. Für manche erneuerbaren Energiequellen, die hohe Investitions- und niedrige Betriebskosten haben, ist dieser höhere Preis eine Möglichkeit, im Laufe der Zeit die Investitionen wieder hereinzuspielen. Daher ergibt es auch Sinn, Energie zu sehr geringen Preisen anzubieten.

Der Nebeneffekt dieser Art der Preisfindung ist aber die hohe Empfindlichkeit gegenüber Schwankungen im Verbrauch. Etwas überspitzt: Im Extremfall kann man dadurch, dass man einen Wasserkocher einschaltet, kurzfristig den Strompreis im ganzen Land verdoppeln, wenn dadurch ein viel teureres zusätzliches Kraftwerk einspringen muss.[70]

Regel- und Ausgleichsenergie Selbst die kurzfristigen Transaktionen, die am Intraday und Sport Market erfolgen, reichen jedoch nicht aus, um das Stromnetz stabil zu halten. Um unvorhergesehene Abweichungen auszugleichen, ist meist zusätzliche *Regelenergie* notwendig. Dabei kann es sein, dass zusätzliche Energie produziert werden muss (*positive Regelenergie*), es kann auch auch vorkommen, dass die Produktion größer ist als der Verbrauch und das kompensiert werden muss (*negative Regelenergie*). Das kann erfolgen, indem die Leistung schnell regelbarer Kraftwerke reduziert wird, oder, indem zusätzliche Energie verbraucht wird.

Es kann also durchaus passieren, dass man sehr gut dafür bezahlt wird, Strom *doch nicht* zu produzierten oder überschüssigen Strom irgendwie zu verbrauchen. Der mittlere Preis für diese negative Regelenergie ist im Lauf der Jahre allerdings spürbar gesunken. Wie man sich vorstellen kann, kommen Menschen auf einige Ideen, was sich mit Energie, die man quasi geschenkt bekommt, ja für deren Verbrauch man sogar noch bezahlt wird, so alles anfangen könnte. Mit mehr Angebot für diesen systemdienlichen Energieverbrauch sinken in einem einigermaßen gesunden Markt natürlich die Preise. Wie diese Preise genau zustande kommen, ist allerdings kompliziert. Der Regelenergiemarkt ist nach der Schnelligkeit des möglichen Abrufs in drei Stufen organisiert (Primär-, Sekundär- und Minutenreserve); positive und negative Regelenergie werden natürlich getrennt behandelt. Im Wesentlichen wird auch hier eine Art Merit Order verwendet, wobei es aber zunächst um *Leistungspreise* geht (wie viel Geld will man dafür, um bereit zu stehen, falls es Bedarf gibt), und erst im zweiten Schritt um die *Arbeitspreise* (was verlangt man pro zusätzlich produzierter bzw. verbrauchter kWh).

---

[70]Natürlich gilt das nur für die Preise auf dem kurzfristigen Spot Market, nicht direkt für die viel trägeren Preise für Endkund:innen. Doch wenn solche Ausschläge nach oben öfter vorkommen, gehen auch die Preise auf den anderen Märkten tendenziell nach oben, und aus dem langfristigen Mittelwerten aller dieser Preise ergeben sich (mit entsprechenden Aufschlägen der Anbieter) auch die Preise, die Sie und ich letztlich zahlen.

Im Gegensatz zum Spot Market ist es hier üblicherweise nicht der höchste Preis, der jenen für alle bestimmt, sondern es gilt das *pay-as-bid*-Prinzip, man erhält genau jenen Preis bezahlt, den man auch angeboten hat. Die Kosten für den Abruf von Regelenergie werden mittels *Ausgleichsenergie* schließlich auf die Akteure im Energiesystem verteilt.

Weitere Energiemärkte Natürlich ist der Strommarkt nicht der einzige relevante Energiemarkt. Auch für Erdgas gibt es beispielsweise eine Börse und Termingeschäfte. Allerdings ist bei anderen Energieträgern keine so schnelle Reaktion wie bei der elektrischen Energie erforderlich. Bei der Wärme ($\Rightarrow$ Kap. 6) ist die Situation ohnehin deutlich anders, da diese sich kaum über längere Strecken transportieren lässt; es sind also viel stärker lokale Gegebenheiten, die die Preise bestimmen.

Letztlich sind die verschiedenen Energiemärkte natürlich nicht unabhängig voneinander. Aus chemischen Energieträgern (bislang meist fossilen Ursprungs) wird aktuell noch ein erheblicher Teil der elektrischen Energie und der benötigten Wärme erzeugt, und entsprechend haben die Preisentwicklungen für Öl und vor allem Gas auch Auswirkungen auf Strom- und Wärmepreise. Im Zuge der Ukrainekrise hat sich das besonders deutlich gezeigt, als der Gaspreis in Mitteleuropa plötzlich ein Vielfaches höher war als zuvor und der Merit-Order-Effekt auch den Strompreis entsprechend nach oben trieb. Damals wurde viel über Sinn und Unsinn der Merit Order diskutiert – doch das System hat über viele Jahre passabel funktioniert, und in einem so komplexen und zugleich fragilen System, wie es das Zusammenspiel von Stromnetz und Energiemärkten darstellt, ist es auch nicht leicht, eine bessere Lösung aus dem Hut zu zaubern.

5.6.3 Raubritter, Energiesklaven und Finanzalchemie

Der typische Preis, den man für eine Kilowattstunde (kWh) elektrischer Energie zahlt, lag in Mitteleuropa lange Zeit bei oder nicht weit über 10 Cent, gelegentlich sogar darunter. Im Zuge des Ukraine-Krieges und der Energiekrise stieg dieser Preis zwar deutlich an, lag aber – mit wenigen Ausnahmen – immer noch unter 50 Cent.

Die „Strompreisbremse", die die österreichischen Bundesregierung im Zuge der Energiekrise beschlossen hatte, gewährleistete für einen Verbrauch bis zu 2 900 kWh in den meisten Fällen die gewohnten 10 Cent pro kWh.[71] Aber sind 10 Cent für eine kWh ein angemessener Preis? Sind 50 Cent tatsächlich modernes Raubrittertum?

---

[71] Dass die Differenz den Energieversorgern vom Staat ersetzt wurde, hatte diese natürlich eher wenig motiviert, die Preise allzu deutlich zu senken ...

Energiesklaven Wir haben uns bereits anhand einiger Beispiele angesehen, wie viel bzw. wie wenig die Energiemenge einer Kilowattstunde (kWh) eigentlich ist ($\Rightarrow$ Box auf S. 64). Erweitern wir das nun noch etwas und betrachten einen Schwerarbeiter, der die Aufgabe hat, Zementsäcke von je 25 kg, die am Boden liegen, in 2 m Höhe in ein Regal einzuschlichten. Für den gesamten Ablauf, also einen Sack zu packen, ihn über Kopf hochzuhieven, ins Regal zu legen und weiter zum nächsten Sack zu gehen, geben wir ihm überaus großzügige fünf Sekunden Zeit.

Diese anstrengende und öde Tätigkeit lassen wir ihn einen erweiterten Arbeitstag von zehn Stunden lang ausführen und rechnen dann aus, welche mechanische Arbeit insgesamt verrichtet wurde. Die physikalische Leistung bei dieser Arbeit ist tatsächlich gar nicht so groß; sie beträgt im Mittel ca. 100 Watt. Damit erbringt der Schwerarbeiter an dem gesamten zehnstündigen Arbeitstag eine Arbeit von etwa einer kWh.[72] Für das Ergebnis eines vollen Arbeitstages mit einer durchaus anstrengenden Tätigkeit erscheint auch ein Preis von 50 Cent plötzlich gar nicht mehr so unverschämt hoch.

Das Problem ist, dass wir einen guten Teil unserer Zivilisation auf der Illusion einer nahezu grenzenloser Verfügbarkeit von Energie aufgebaut haben.[73] Mit Unmengen vorerst billiger Energie (für die wir und vor allem unsere Nachkommen den Preis erst später zahlen $\Rightarrow$ 1.1) wurde eine Infrastruktur aufgebaut, die nur funktioniert, wenn auch weiterhin viel Energie verbraucht wird. Besonders dramatisch ist das in der Industrie ($\Rightarrow$ 5.5.2), bei Gebäuden (Errichtung $\Rightarrow$ 5.5.3 ebenso wie Beheizung $\Rightarrow$ 6.1.1) und Mobilität ($\Rightarrow$ Kap. 7).

Um zu veranschaulichen, wie verschwenderisch wir in Wahrheit mit Energie umgehen, wurde der Begriff des *Energiesklaven* geprägt, mittels Umrechung unseres Energieverbrauchs auf eine Zahl von zwangsverpflichteten Menschen, die man bräuchte, um die gleiche physikalische Arbeit zu leisten.[74] Ein Grundverbrauch an elektrischer Energie von 2 900 kWh pro Jahr entspricht nach unserer Rechung etwa acht „Energiesklaven", die 365 Tage im Jahr schuften müssten, um diese Arbeit zu leisten. Das deckt nur den direkten Bedarf an elektrischer Energie ab, also zumeist weder Heizung noch Mobilität und schon gar nicht jene Energie, die für die Herstellung von Lebensmitteln und vielfältigen Konsumgütern (lebenswichtigen ebenso wie vollkommen überflüssigen) gebraucht wird.

---

[72] Der *Energieverbrauch* des Arbeiters in Form von Nahrung ist natürlich größer, da Muskeln einen Wirkungsgrad von maximal 26 % haben und zudem der Grundumsatz gedeckt werden muss.
[73] Hinzu kommen natürlich psychologische Phänomene wie der *Anker-Effekt* ($\Rightarrow$ Box auf S. 39). Ist man erst einmal einen Strompreis von 10 c/kWh gewohnt, werden einem 20 c/kWh unverschämt teuer vorkommen und 50 c/kWh wie krimineller Wucher.
[74] Das Konzept geht auf Richard Buckminster Fuller zurück, der es z.B. in der Weltkarte auf `https://www.fulltable.com/vts/f/fortune/xb/50.jpg` verwendete.

Finanzalchemie? Preise in einer Marktwirtschaft entstehen durch Angebot und Nachfrage ($\Rightarrow$ 9.1.2). Begehrte und seltene Güter sind teuer. Was in Massen verfügbar oder wenig beliebt ist, ist billig. Das gilt auch für Energie. Man kann natürlich versuchen, sie durch politische Maßnahmen „künstlich" billiger zu machen: Spätestens seit 2022 hat man sich dafür diverse Ansätze einfallen lassen. Doch daran, wie viel Energie ingesamt verfügbar ist, wann und in welcher Form, wird sich dadurch nichts ändern. Allein mit Finanzalchemie lassen sich Probleme, die auf physikalisch-technischer Ebene bestehen, nicht lösen. Wenn man Preise an einer Stelle manipuliert, verschieben sich die Probleme bloß an eine andere. Wird die Energie für Verbraucher:innen künstlich billig gemacht, dann reduziert das den Anreiz, sparsam mit ihr umzugehen.

Das grundlegende Problem ist allerdings, dass die Manipulation in Wahrheit nicht erst vor kurzem begonnen hat, dass Energie schon seit vielen Jahrzehnten permanent zu billig ist – gemessen an dem, was unsere Art der Energiegewinnung an langfristigen Schäden anrichtet. Diese Schäden wurden lange nicht in die ökonomischen Betrachtungen einbezogen, und noch heute tut man das bestenfalls zögerlich und in viel zu geringem Ausmaß. Es gibt wohl kein besseres und gravierendes Beispiel für ein umfassendes *Marktversagen* als den Umgang der Menschheit mit dem Ökosystem Erde, den natürlichen Ressourcen und den fossilen Energieträgern ($\Rightarrow$ 9.1.2 & 9.2.4).

Aus dieser Sicht müssten die Energiepreise also in Wahrheit weit höher sein. Doch die Hypothek unserer Infrastruktur, die uns zu einem hohen Energieverbrauch zwingt, wiegt schwer.[75] Auch unsere Gewohnheiten werden wir nur selten radikal ändern. Eine plötzliche Kostenwahrheit würde wohl nicht nur zu wütenden Protesten aus der Industrie führen, sondern zu Massenelend (zumindest gemessen am heutigen Lebensstandard) und zu sozialen Unruhen, gegen die alle bisherigen Proteste von Gelbwesten & Co. wie ein vergnüglicher Kindergarten-Ausflug wirken würden.

Zum Glück muss das nicht so kommen. Die Versorgung der Menschheit mit erneuerbarer Energie ist technisch in Griffweite ($\Rightarrow$ 8.1), und ein Umstieg könnte – noch – auf eine wenig schmerzhafte Weise gelingen. Ob aber unser heutiges System der (Energie-)Wirtschaft, ergänzt durch anlassbezogene politische Interventionen, ausreichend ist, um schnell genug die hierfür notwendigen Fundamente zu schaffen? Bloß ein „im Grunde weiter wie bisher", das die Transformation des Energiesystem weiterhin den Mechanismen das Marktes anvertraut, mit ein paar zusätzlichen Förderungen und einem kaum wahrnehmbaren CO_2-Preis, wird wohl kaum ausreichen – vor allem nicht für jene Teile der Infrastruktur, deren Errichtung oder Ausbau ein durchdachtes und koordiniertes Vorgehen erfordern.

---

[75] Es handelt sich hier bei um einen klaren *lock-in*-Effekt, bei dem einmal getroffene Investitionsentscheidungen über Jahrzehnte hinweg Konsequenzen haben, denen man nur mit viel Aufwand entkommen kann.

6 Oft unterschätzt: Wärme und Kälte

#heatishalf – Wärme macht etwa die Hälfte unseres Endenergieverbrauchs aus (⇒ 5.1.3 & Abb. 5.3). Dennoch wurde viele Jahre lang, wenn über den notwendigen Umbau unseres Energiesystems diskutiert wurde, wie selbstverständlich nahezu nur über den Stromsektor gesprochen. Heiz- und Kühlbedarf wurde nur als ein Teil der Verbrauchsprofile mitbetrachtet. Doch tatsächlich ist der Wärme- und Kältesektor so wichtig und so speziell, dass es für ihn eigene Lösungen braucht.

Dazu betrachten wir zunächst allgemeine Aspekte des Wärme- und Kältebedarfs (⇒ 6.1). Es gibt diverse klassische Methoden, Räume zu heizen und (etwas schwieriger) zu kühlen (⇒ 6.2). Als eine zentrale Technologie im Heiz- und Kühlbereich hat sich inzwischen allerdings die Wärmepumpe etabliert (⇒ 6.3), und diese wird in Zukunft sicherlich eine Schlüsselrolle spielen.

Doch es gibt noch andere Technologien, die hier, allein oder in Kombination mit Wärmepumpen, bedeutsam sind. Dazu zählt etwa die Solarthermie (⇒ 6.4), die neben PV (⇒ 5.2.5) zweite bedeutsame Art, Sonnenenergie zu nutzen.

Auch die gemeinsame Erzeugung von Wärme und Strom in kalorischen Kraftwerken, die *Kraft-Wärme-Kopplung* (KWK ⇒ 6.5) ist eine bedeutsame Wärmequelle, und auf der Grundlage erneuerbarer Brennstoffe kann sie das auch in Zukunft sein.

Wann immer Wärme nicht direkt dort entsteht, wo sie benötigt wird, können Wärmenetze eine sinnvolle Möglichkeit sein, sie dorthin zu bringen (⇒ 6.6.1). Auch für Kühlung sind thermische Netze eine interessante Option (⇒ 6.6.2).

Doch nicht nur räumlich, auch zeitlich gibt es häufig eine Diskrepanz zwischen der Erzeugung von Wärme und dem Bedarf nach ihr. Das ist schon im Laufe eines Tages oft so, und erst über das ganze Jahr hinweg, zumindest in gemäßigten und kühlen Regionen der Erde. Hier sind thermische Speicher essenziell (⇒ 6.7). Diese stellen eine attraktive Variante dar, auch große Energiemengen ressourcenschonend (und kostengünstig) zu speichern, sowohl für Heiz- als auch für Kühlzwecke.

6.1 Wärme- und Kältebedarf

Wärme hat bei der verbrauchten Endenergie einen Anteil von ca. 50 % ($\Rightarrow$ Abb. 5.5). Wir betrachten nun, woher dieser enorme Wärmebedarf stammt und wie es mit dem Thema des Kühlbedarfs aussieht.

6.1.1 Heizbedarf

Wie viel Energie man braucht, um ein Gebäude zu heizen, hängt natürlich von dessen Fläche ab, von der Bauweise, vor allem aber von der Qualität der Isolierung. Das geht hin bis zu vollen Passivhäusern, die gar kein dediziertes Heizsystem haben, sondern (über die Sonneneinstrahlung hinaus) mit jener Wärme auskommen, die von Bewohner:innen und Gebrauchsgeräten erzeugt wird.[1] Auf der anderen Seite des Spektrums gibt es (meist alte) enorm schlecht isolierte Gebäude, die über 200 kWh pro m^2 und Jahr an Heizenergie benötigen.[2] Für diese Bewertung gibt es, analog zur Energieeffizienz von Elektrogeräten, eine (je nach Land leicht unterschiedliche) Einteilung in Klassen von A+ oder sogar A++ bis G oder H, siehe z.B. Abb. 6.1.

Für das in Österreich so beliebte Einfamilienhaus im Grünen sind die Wärmeverluste i.A. natürlich deutlich größer als für eine Wohneinheit im Geschoßwohnbau, wo eine Wohnung oft nur ein oder zwei Außenflächen aufweist und zudem der Boden meist von den darunterliegenden Wohnungen geheizt wird. Neben dem Bodenverbrauch und der Problematik der Infrastrukturanbindung (insbesondere hinsichtlich Mobilität $\Rightarrow$ Kap. 7) bestehen also auch bzgl. Wärmebedarf bei einer kompakteren, flächensparsameren Raumplanung klare Vorteile.[3]

Doch egal, wie ein Haus gebaut ist, mit besserer Isolierung (thermischer Sanierung) lässt sich der Heizbedarf nahezu immer deutlich reduzieren. Entsprechend gehören Initiativen, um die thermische Sanierung voranzutreiben zu den wirksamsten Klimaschutzmaßnahmen.

Doch auch das eigene Verhalten kann man anpassen. Natürlich soll man es nicht in Kauf nehmen, zu frieren, aber andererseits müssen im Winter auch in Innenräumen nicht unbedingt Temperaturen herrschen, bei denen man nur ein T-Shirt braucht. Ein

---

[1] Der menschliche Körper gibt etwa 50 bis 100 Watt Wärmeleistung an die Umgebung ab.
[2] Absurderweise beschränkt sich das Heizen inzwischen keineswegs nur mehr auf Gebäude. Selbst im Winter 2022/23, in dem die Energiekrise in Folge des Kriegs in der Ukraine voll durchschlug, wurde in Österreich noch immer fleißig um die Sinnhaftigkeit von „Heizschwammerln" gestritten, Elektroheizungen, mit denen man auch noch mitten im Winter im Gastgarten sitzen kann ...
[3] Für die dezentrale Energiegewinnung mittels PV ($\Rightarrow$ 5.2.5) hingegen sind Einfamilienhäuser gut geeignet. Auch manche klimaschonenden Heizsysteme wie dezentrale Wärmepumpen ($\Rightarrow$ 6.3) oder Solarthermie ($\Rightarrow$ 6.4) lassen sich im Einfamilienhaus leichter umsetzen als in größeren Gebäuden. Wie so oft ist die Sache also nicht ganz eindeutig.

6.1 Wärme- und Kältebedarf

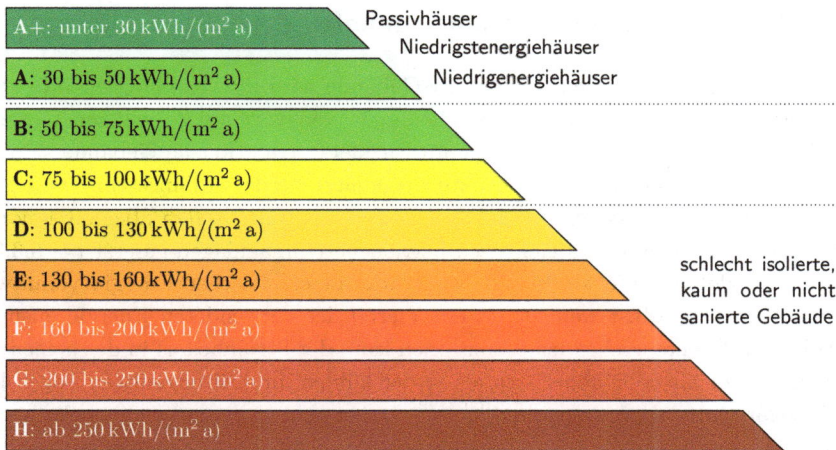

Abb. 6.1: Effizienzklassen für Wohngebäude (nach dem deutschen System seit 2014), siehe z.B. https://www.effizienzhaus-online.de/energieeffizienzklasse/

Vorteil niedriger Raumtemperaturen ist tatsächlich, dass die Luft weniger trocken ist und die Schleimhäute dadurch weniger strapaziert werden ($\Rightarrow$ 4.3.1).
Den Hebel zum Energiesparen, den man hier in der Hand hat, sollte man nicht unterschätzen: Mit noch so konsequentem Lichtabschalten lässt sich in den meisten Gebäuden weit weniger Energie sparen als damit, die Heizung ein Grad kühler zu drehen.

6.1.2 Prozesswärme in der Industrie

Nahezu jedes Industrieprodukt – inklusive der Erzeugnisse der Nahrungsmittelindustrie – erfordert zur Herstellung Wärme. Im Gegensatz zum Heizbedarf lässt sich der Prozesswärmebedarf auch nicht durch bautechnische Maßnahmen wie Isolierung verringern. Optimierungen in den Abläufen sind natürlich möglich, allerdings laufen die meisten Industrieprozesse schon recht effizient – immerhin kann damit viel Geld gespart werden.
Prozesswärme muss oft auf recht hohem Temperaturniveau vorliegen, mehrere hundert bis über tausend °C; sie wird daher bislang meistens mittels Verbrennung erzeugt. Manchmal gibt es dazu auch keine Alternative, dann ist der Ersatz fossiler Brennstoffe durch Biomasse oder erneuerbar erzeugte Gase ($\Rightarrow$ 8.3.2) notwendig. In anderen Fällen, vor allem, wenn die Temperaturen nicht so hoch sein müssen, lassen sich aber auch andere Wärmequellen nutzen, u.a. Hochtemperatur-Wärmepumpen ($\Rightarrow$ 6.3) oder konzentrierende Solarkollektoren ($\Rightarrow$ 6.4).

6.1.3 Kühlen in Gegenwart und Zukunft

Gebäudekühlung Neben dem Heizen der Gebäude wird ihre Kühlung auch in gemäßigten Breiten ein immer wichtigeres Thema. In von vornherein heißeren Gegenden steht das Kühlen natürlich schon lange im Blickfeld, Traditionelle Gebäude sind dort oft so gebaut, dass natürliche Kühleffekte ausgenutzt werden. In unserem Zeitalter des verschwenderischen Umgangs mit Energie wurden solche Ansätze aber oft ignoriert, stattdessen wurde massiv auf elektrisch betriebene Klimaanlagen gesetzt ($\Rightarrow$ 6.3.3). Kühlung ist global für etwa 10 % des Bedarfs an elektrischer Energie verantwortlich (die allerdings selbst weniger als ein Viertel der verwendeten Energie ausmacht ($\Rightarrow$ Abb. 5.5). In entsprechenden Klimazonen kann der Strombedarf in der heißen Jahreszeit um mehr als 50 % höher sein als in der kühlen, in den extremsten Lagen kann er sich sogar mehr als verdoppeln.[HCLM23] Dabei geht es längst nicht mehr nur um Komfort. Es werden zunehmend Temperaturen erreicht, die (abhängig von der Luftfeuchtigkeit $\Rightarrow$ 4.3.2) für den Menschen lebensbedrohlich sind. Weitere Anstiege der Temperaturen können durchaus dazu führen, dass große Teile der Welt ohne technische Kühlmöglichkeiten de facto unbewohnbar werden ($\Rightarrow$ Abb. 4.8).

Konventionelle Kühlmöglichkeiten ($\Rightarrow$ 6.2.3) stoßen unter so extremen Bedingungen an ihre Grenzen. Moderne Klimaanlagen, die im Wesentlichen elektrisch betriebene Kompressionswärmepumpen sind ($\Rightarrow$ 6.3.3), kommen hingegen auch mit solchen Bedingungen zurecht – das hat aber seinen Preis. Einerseits ist der Energieverbrauch groß, und oft bedeutet das erhebliche CO_2-Emissionen.[4] Andererseits transportieren Klimaanlagen die Wärme ja nur aus den Gebäuden nach draußen. (Zusätzlich wird die elektrische Antriebsenergie ebenfalls in Wärme umgewandelt $\Rightarrow$ Abb. 6.3.)

Das ist bei einem einzelnen Häuschen, das irgendwo im Grünen steht, kein Problem. In einer Stadt, in der die Gebäude dicht an dicht stehen, tragen Klimaanlagen aber dazu bei, dass sich die Stadt noch weiter aufheizt. Der so verursachte Temperaturanstieg kann dabei durchaus ein bis zwei Grad betragen.[SGM+14; Kha23] Die Hitzelage verschärft sich also, der Kühlbedarf wird also größer – ein Teufelskreis. Auf der Strecke bleiben jene, die keine Klimaanlage installieren oder sich deren Betrieb nicht leisten können. Das Kühlen erfolgt auf dem Rücken der Ärmeren und Schwächeren.

Auswege aus diesem Dilemma gibt es natürlich, etwa durch Systemlösungen, die die Wärme nicht nur umverteilen, sondern ganz aus dem urbanen Bereich abtransportieren ($\Rightarrow$ 6.6.2). Zugleich werden die Kommunen in die Pflicht kommen, gekühlte Räume jenen anzubieten, die sonst keine Möglichkeit haben, der Hitze zu entkommen.

---

[4] Allerdings spielen Klimaanlagen oft sehr gut mit PV zusammen. Gerade dann, wenn der Ertrag an Solarenergie besonders groß ist, ist es auch der Kühlbedarf. Gegenden mit oft trocken-heißem Wetter wie Kalifornien profitieren erheblich von dieser Synchronizität von Produktion und Verbrauch.

Kühlung von Lebensmitteln und Medizinprodukten Beim Thema der Kühlung geht es natürlich keineswegs nur darum, in Wohnräumen komfortable Temperaturen zu gewährleisten. Auch die Versorgung mit vielen Lebensmitteln ist auf geschlossene Kühlketten angewiesen, von Kühlhallen über gekühlte Transporte, Kühlvitrinen in Supermärkten bis hin zum Kühlschrank daheim.

Diverse Probleme in der Versorgung mit Lebensmitteln, vor allem im Globalen Süden, rühren von Schwierigkeiten mit der Kühlung her. Ebenso trägt mangelnde Kühlung erheblich zum Verderben von Lebensmittel bei – mit allen Folgen einerseits für die Versorgungssicherheit, andererseits den Ressourcen- und Flächenbedarf in der Landwirtschaft ($\Rightarrow$ 5.5.1). Noch höhere Ansprüche als die Kühlung von Lebensmitteln stellt jene von manchen Medizinprodukten, vor allem von Impfstoffen. (Spitzenreiter sind dabei wohl mRNA-Impfstoffe, die bei Lagerung über längere Zeiten Temperaturen von ca. $-70\,°C$ erfordern.[5]

6.2 Klassisches Heizen und Kühlen

Wir betrachten zunächst einige altbewährte Methoden, um Räume zu heizen oder zu kühlen. Auch diese althergebrachten Ansätze offenbaren manchmal noch neue Seiten und verborgene Möglichkeiten.

6.2.1 Öfen, Kessel und Thermen

Seit Urzeiten ist der Mensch in der Lage, Räume durch Verbrennung von Holz (und später Kohle) zu heizen, und die entsprechende Technik hat sich von simplen offenen Feuern über Feuerstellen mit Schornsteinen hin zu modernen Öfen und Kesseln weiterentwickelt. Der Unterschied zwischen letzteren beiden ist, dass ein Ofen den Raum direkt heizt, während in einem Kessel Wasser erwärmt wird, das dann mit Pumpen zu den eigentlichen Heizkörpern gebracht wird.[6] Bei Gas als Brennstoff sind auch sehr kleine Einheiten möglich, die oft an der Wand hängen; man spricht dann statt von einem Kessel von einer *Therme*. Wasserbasierte Heizungssysteme, wie sie inzwischen den Standard darstellen, haben den Vorteil, dass man die Wärmequelle austauschen kann (etwa einen Ölkessel durch einen Biomassekessel oder eine Wärmepumpe ersetzen), ohne dass man am restlichen Heizungssystem viel ändern muss.

---

[5] https://www.liebherr.com/de-at/gefrier-kuehlschraenke/impfstoff-kuehlen-2224809
[6] Je nach Temperatur, die das Wasser haben sollte, spricht man dann von *Radiatoren*, die Wärme vor allem über Strahlung abgeben, und *Konvektoren*, bei denen der Wärmetransport durch sich bewegende Luft wichtiger ist.

Zwar ist es – und zwar in Wahrheit seit langer Zeit – klar, dass Kohle, Heizöl und Erdgas als Brennstoffe für Raumheizung inakzeptabel sind und ein rascher Ausstieg notwendig ist. Das bedeutet aber nicht zwangsweise, dass Öfen, Kessel und Gasthermen obsolete Technologien darstellen. Einerseits bietet sich feste Biomasse als Brennstoff an, als Scheitholz oder in Form von Pellets.[7] Auch Holzheizungen werden oft kritisch gesehen. Das liegt z.T. an historischen Emissionsproblemen, die man technologisch inzwischen jedoch gut im Griff hat.[8] Auch Nachhaltigkeit und ökologische Verträglichkeit sind ein Thema, und diese müssen sicherlich durch strikte Regeln für Forstwirtschaft und Lieferketten gewährleistet werden ($\Rightarrow$ 5.2.4).

Auch wenn es bei den meisten Gasthermen wohl sinnvoll sein wird, sie durch Wärmepumpen ($\Rightarrow$ 6.3) zu ersetzen, so könnten Themen doch dort, wo ein solcher Austausch (bau)technisch zu schwierig ist, durch erneuerbare Gase (aufgereinigtes Biogas oder SNG $\Rightarrow$ 8.3.2) weiter versorgt werden.

6.2.2 Elektroheizungen

Man kann mit Strom direkt heizen. Dazu gibt es diverse Varianten, u.a. Infrarotstrahler, Heizlüfter und Nachtspeicheröfen. Auf den ersten Blick sieht das nach einer durchaus sinnvollen Methode aus. Die Umwandlung von elektrischer Energie in Wärme ist ja, z.B. über Widerstandsdrähte, nahezu vollständig möglich, d.h. der Wirkungsgrad beträgt nahezu 100%.

Dieser Erfolg ist allerdings ein Trugschluss, denn Wärme ist ja die niederwertigste Energieform ($\Rightarrow$ 2.1.3). Hochwertige elektrische Energie weitgehend vollständig in Wärme umzuwandeln ist nichts, worauf man besonders stolz zu sein braucht. Mit einer Wärmepumpe ist es durchaus möglich, mit einer kWh elektrischer Energie letztlich drei, vier oder noch mehr kWh Wärme zur Verfügung zu stellen ($\Rightarrow$ 6.3). Allerdings klappt das nur, wenn auch passende Wärmequellen vorhanden sind. Daher können in speziellen Situationen (etwa für Hochhäuser ohne Fernwärmeanbindung und ohne Kaminsysteme) Elektroheizungen dennoch ein sinnvolles Heizsystem darstellen. Ebenso können sie nützlich sein, wenn es darum geht, einen kleinen Bereich schnell aufzuheizen.

Rechenzentren und Rechenheizkörper Alle elektrische Energie, die wir verbrauchen, wird letztlich in Wärme umgewandelt. Jeder Zusatznutzen, bevor diese Endstation erreicht ist, ist erstrebenswert. Um ein Gefühl dafür zu bekommen, wie viel Wärme inzwischen von manchen PCs (und vor allem von ihren Grafikkarten) produziert wird,

---

[7]Eine dritte gängige Form ist *Hackgut* (auch Hackschnitzel), das aber eher bei größeren Anlagen, vor allem im Fernwärmebereich zum Einsatz kommt.
[8]Natürlich darf man nicht erwarten, dass der billigste Holzofen, den man noch irgendwo im hintersten Winkel eines Baumarkts findet, dann auch ein gutes Emissionverhalten aufweist.

fragen sie einmal den/die Gamer:in Ihres Vertrauens nach Ventilatorleistungen sowie den Vor- und Nachteilen wasserbasierter Kühlsysteme.[9]

Grafikkarten kommen aber nicht nur in Computerspielen zum Einsatz, sondern auch zum Training von KI ($\Rightarrow$ 5.5.4), und zwar inzwischen in beträchtlichem Ausmaß, bis hin zu tausenden Grafikkarten die viele Tage lang laufen, um ein Modell zu trainieren.[10] Auch klassische Rechenzentren produzieren erhebliche Mengen an Abwärme. Oft werden solche Zentren bewusst in kühleren Weltgegenden oder in Meeresnähe gebaut, wo die Kühlung einfacher ist. Die Abwärme aus solchen Zentren in Wärmenetze ($\Rightarrow$ 6.6) zu integrieren, wird aber zunehmend interessant, und manche Unternehmen wie etwa der deutsche Betreiber Cloud&Heat[11] bieten dazu bereits Lösungen an. Auch für einzelne Raumheizkörper gibt es inzwischen Möglichkeiten, die Parallelität von Rechen- und Heizleistung zu nutzen ($\Rightarrow$ 10.4.6).

6.2.3 Einfaches Kühlen

Kühlung ist essenziell, und wird es in Zukunft noch mehr sein ($\Rightarrow$ 6.1.3). Schon ein geringfügiger Anstieg der Körpertemperatur stellt eine Belastung dar, und ein Anstieg um einige Grad ist schnell lebensbedrohlich. Der körpereigene Kühlmechanismus ist das Schwitzen, das allerdings umso schlechter funktioniert, je höher die Luftfeuchtigkeit ist ($\Rightarrow$ 4.3.2). Analoges gilt für alle Arten der Kühlung, die auf der Verdunstung von Wasser beruhen, etwa die in manchen Städten zunehmend beliebten Nebelduschen. Eine sehr effektive Verdunstungskühlung bieten auch Bäume – neben der Beschattung ein weiterer Grund, warum es in Wäldern und auch Parks im Sommer meist deutlich kühler ist als auf Freiflächen.

Von der Vision eines Friedensreich Hundertwasser von „Baummietern", für die ganz selbstverständlich Plätze in den Gebäuden vorgesehen sind und die ihre Miete u.a. in Form von besserer Luft, dem Schlucken von Lärm und eben auch Kühlung bezahlen,[Hun96] sind wir aber trotz stärker werdender Bemühungen zur Begrünung der Städte noch weit entfernt. Für Wohnräume braucht es also andere Lösungen. Verdunstungskühlung (z.B. durch zum Trocknen aufgehängte Wäsche) ist dafür eine Möglichkeit. Als einfachere und vergleichweise billige Kühlgeräte sind auch *Ventilatoren* verbreitet. Diese senken aber keineswegs die Lufttemperatur. Stattdessen bringen sie die Luft in Bewegung und machen so die isolierende Luftschicht um den Körper dünner. Dadurch kann man Wärme leichter an die Umgebung abgeben. Dieser Effekt ist eng verwandt mit dem Fahrtwind, der ja ebenfalls kühlend wirkt (meist eher un-

---

[9]Unter Umständen müssen sie sich dabei allerdings auf einen längeren Vortrag einstellen.
[10]Zum Training von ChatGPT etwa kommen wohl gut 10 000 leistungsfähige Nvidia-Grafikkarten zum Einsatz ($\Rightarrow$ 10.1.5).[Ham23a]
[11]siehe https://thinkgreen.cloudandheat.com/

angenehm im Winter, wesentlich angenehmer im Sommer). Das funktioniert aber nur, solange die Außentemperatur niedriger ist als die Körpertemperatur. Hat die Außenluft eine höhere Temperatur, dann kehrt sich der Effekt um. Spürbar ist das bei heißem Wüstenwind, aber auch in der Sauna, wo sich bewegte Luft wesentlich heißer anfühlt als ruhende.

Ein zweiter Effekt des Ventilators ist, dass das Schwitzen unterstützt wird, weil die feuchtere Luft, in die hinein schon Schweiß verdunstet ist, durch trockenere ersetzt wird. Damit arbeitet die Verdunstungskühlung wieder besser – doch dieser sind eben Grenzen gesetzt. Bei zu hohen Temperaturen bzw. zu feuchter Luft bringen Ventilatoren also keinen Nutzen mehr.

Am besten ist es oft, die Wärme gar nicht erst ins Gebäude zu lassen. Helle Hausfassaden und Dächer helfen dabei, und gute Isolierung schützt (zumindest eine Weile) auch gegen Hitze. Um natürliche Kühlmechanismen zu nutzen, gibt es diverse Konzepte wie Luftbrunnen, die z.B. das Wiener Burgtheater seit den 1880er Jahren energieeffizient kühlen. Auch durch passende Gebäudeanordnung und Bodenbepflanzungen, die kühlende Windströmungen begünstigen, lässt sich einiges erreichen.[Sch16]

Saisonales Kühlen Schon beim Kühlen über das Erdreich werden saisonale Effekte ausgenutzt. Dadurch, dass die Wärmeleitung ein relativ langsamer Prozess ist, stellt sich schon in der Tiefe von wenigen Metern eine Jahresdurchschnittstemperatur ein, die in den gemäßigten Breiten deutlich unter der Komforttemperatur für Wohnräume liegt. Man nutzt also quasi im Sommer den Beitrag, den Frühling, Herbst und Winter zur Durchschnittstemperatur leisten, zum Kühlen.

Man kann diesen saisonalen Kühlungseffekt auch noch aktiver ausnutzen. Einst war es durchaus üblich, im Winter Natureis zu sammeln und in *Eiskellern* zu lagern, die dann ganzjährig zum Kühlen genutzt werden konnten.

Da das Schmelzen von Eis recht viel Energie erfordert ($\Rightarrow$ 6.7.2), erfolgt es in ohnehin kühleren unterirdischen Räumen nur langsam. Daher funktioniert diese Methode recht gut – solange die Winter kalt genug sind, dass sich ausreichend Eis bildet. Während sie in Europa, seit es Kältemaschinen und Kühlschränke gibt, kaum mehr praktiziert wird, werden z.B. in Kanada immer noch große Schneehaufen, die man mit Isoliermaterial bedeckt, als Kältspeicher genutzt.[12]

In Zukunft ist zu erwarten, dass saisonale thermische Speicher, darunter auch Kältespeicher, im Zusammenspiel mit thermischen Netzen wieder größere Bedeutung erlangen werden ($\Rightarrow$ 8.3.3).

---

[12]Wie gut die Kombination aus der großen Schmelzwärme von Eis und Isolierung funktioniert, kann man daran ermessen, dass schon Alexander der Große auf seinen Feldzügen bis Persien seinen Wein mit Eis kühlte, das – dick in Stroh eingepackt – aus den heimatlichen Bergen Makedoniens gebracht wurde, [Heu95, Kap. 10].

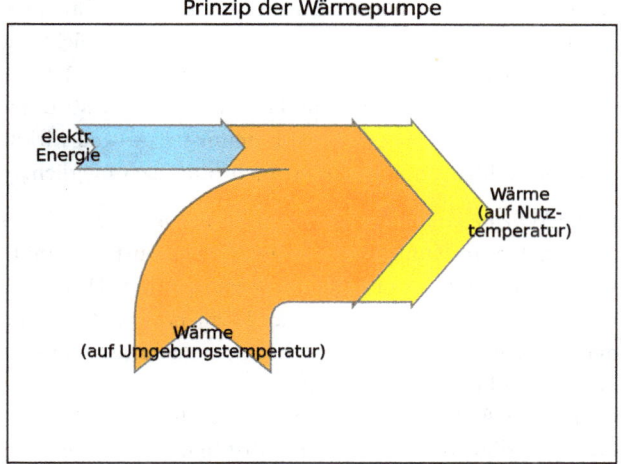

Abb. 6.2: Sankey-Diagramm für die Wirkungsweise einer Wärmepumpe, die zum Heizen eingesetzt wird (PD_{KL})

6.3 Wärmepumpen

Ein zentrales Gerät zum Heizen und Kühlen ist – schon jetzt, noch mehr aber wohl in einem zukünftigen erneuerbaren Energiesystem – die *Wärmepumpe*. Wird sie zum Heizen verwendet, dann kann sie mit einer kWh elektrischer Energie ohne Weiteres drei, vier oder noch mehr kWh Wärme bereitstellen. Das klingt zunächst nach einer Verletzung grundlegender physikalischer Prinzipien, vor allem der Energieerhaltung. Doch tatsächlich ist das völlig fundiert. Die Wärme entsteht ja nicht aus dem Nichts, sie muss schon vorher da sein und wird lediglich auf ein Temperaturniveau angehoben („hochgepumpt"), auf dem sie auch verwendbar ist. Das entsprechende Sankey-Diagramm ist in Abb. 6.2 gezeigt. Im Gegensatz z.B. zu Abb. 5.7 steckt man nun elektrische Energie und Niedertemperaturwärme hinein, um Wärme auf einem höheren Temperaturniveau zu erhalten.[13]

---

[13] Wir diskutieren an dieser Stelle nur elektrisch betriebene Wärmepumpen, die meist mit einem Kältemittel-Kompressor arbeiten und daher *Kompressionswärmepumpen* genannt werden. (Für kleine Wärmeströme kann man stattdessen auch thermoelektrische Elemente verwenden ⇒ Box auf S. 161.) Daneben gibt es aber auch noch Ab- und Adsorptionswärmepumpen, die mit thermischer Energie angetrieben werden (⇒ 6.4).

Im Grunde dreht man damit die Wirkungsweise der Wärmekraftmaschine, wie sie in kalorischen Kraftwerken ($\Rightarrow$ 5.2.1) zum Einsatz kommt, um. Entsprechend ist für die maximale Ausbeute (gemessen als Nutzen durch Aufwand) nicht mehr der Carnot-Wirkungsgrad $\eta_C < 1$ relevant, sondern dessen Kehrwert $\frac{1}{\eta_C} > 1$.

Statt von einem Wirkungsgrad spricht man dabei von einer Leistungszahl ε (ein kleines Epsilon). Natürlich wird das theoretische Maximum $\varepsilon = \frac{1}{\eta_C}$ nie wirklich erreicht, aber dennoch sind Leistungzahlen weit über eins auch praktisch möglich.

Da Wärmepumpen Wärme aus einer *Wärmequelle* entnehmen und diese damit abkühlen, kann man sie auch zum Kühlen verwenden.[14] Die zentrale Funktionseinheit jedes handelsüblichen Kühlschranks ist eine kleine Wärmepumpe. Dass ein Kühlschrank die Wärme nach draußen transportiert, kann man leicht nachprüfen – zumindest an einer Stelle (oft an der Rückseite) des Kühlschranks hat es mehr als Zimmertemperatur, und auch bei Kühlvitrinen gibt es solche warmen Stellen. Das ist auch der Grund, warum es nicht sinnvoll ist, zur Kühlung eines Raumes den Kühlschrank offen zu lassen. Die Wärme fließt dann ja lediglich im Kreis, von selbst in den kühleren Kühlschrank hinein, von wo aus sie von der Wärmepumpe wieder nach draußen transportiert wird. Dazu wird elektrische Energie verbraucht, die im Verlauf dieses Vorgangs zusätzlich noch in Wärme umgewandelt wird. Der offene Kühlschrank kühlt also nicht, sondern heizt.

6.3.1 Heizen mit Wärmepumpen

Mit der Möglichkeit, aus elektrischer Energie ein Mehrfaches an Wärme zu erhalten ($\Rightarrow$ Abb. 6.2), ist die Wärmepumpe natürlich ein sehr attraktives Gerät zum Heizen. Praktisch erreichbare Leistungszahlen liegen meistens über drei ($\epsilon > 3$). Dabei ist die Leistungszahl umso größer (die Wärmepumpe arbeitet also umso besser), je kleiner die Temperaturdifferenz zwischen Wärmequelle und *Wärmesenke* ist.[15]

Zentral für den Einsatz von Wärmepumpen ist eine geeignete Wärmequelle. Bei Einfamilienhäusern sind Luft und Boden die beliebtesten Optionen, für anderen Anwendungen können aber auch andere Wärmequellen genutzt werden, etwa Flüsse, das Grundwasser oder auch das Abwasser der Kanalisation. Oft gut geeignet sind industrielle und gewerbliche Abwärme sowie zunehmend die Abwärme von Rechenzentren ($\Rightarrow$ 5.5.4). In manchen Fällen ist der Kühleffekt, den eine Wärmepumpe hat, ausdrücklich erwünscht, in anderen hingegen muss man darauf achten, dass der Wärmequelle

---

[14] Auch dafür kann man eine Leistungszahl betrachten, die aber anders definiert ist als beim Heizen, weil ja auch der Nutzen ein anderer ist. Es geht ja nur darum, wie viel Wärme aus der Quelle abtransportiert wird, nicht darum, wie viel am Ende ankommt.

[15] In diesem Fall ist die Wärmesenke, also jener Bereich, der die Wärme aufnimmt, das Heizsystem.

nicht mehr Wärme entnommen wird, als sich auf natürliche Weise (durch Erdwärme, sommerliche Erwärmung oder Kühlbetrieb der Wärmepumpe, s.u.) regenerieren kann. Um eine Wärmepumpe also energieeffizient zu betreiben, sind zwei Umstände hilfreich:

1. Möglichst hohe Temperatur der Wärmequelle: Die häufigsten Wärmequellen für Heizungssysteme sind die Außenluft und der Boden. Luftwärmepumpen sind zwar einfacher zu installieren, aber gerade im Winter, wenn der Heizbedarf am größten ist, ist die Temperatur der Luft niedrig, und die Leistungsziffer damit kleiner.[16] Der Boden hingegen hat eine viel konstantere Temperatur und ist damit die prinzipiell bessere Wärmequelle.

2. Möglichst niedrige Temperatur, die im Heizungssystem benötigt wird: Es ist zwar inzwischen auch möglich, Wärmepumpe in Heizungssystem einzusetzen, in denen Temperaturen von 70 °C oder mehr benötigt werden. Wesentlich besser für den Einsatz von Wärmepumpen geeignet sind aber *Niedertemperatur-Heizungen*, die statt regulärer Heizkörper etwa mit Fußbodenheizungen arbeiten.

Ein beachtlicher Vorteil von Heizungssystemen auf Basis von Wärmepumpen ist, dass diese meist nicht nur heizen, sondern auch kühlen können. Dafür ist also keine separate Klimaanlage ($\Rightarrow$ 6.3.3) mehr notwendig. Die Verwendung der Wärmepumpe zum Kühlen im Sommer kann dazu beitragen, das Problem der Regeneration zu lösen: Wird dem Boden im Winter Wärme zum Heizen entnommen und im Sommer im Zuge des Kühlbetriebs ähnlich viel Wärme wieder an den Boden abgegeben, dann vermeidet man langfristige Abkühlung oder Aufheizung des Bodens und hat auf einfache Weise einen saisonalen Wärmespeicher realisiert ($\Rightarrow$ 6.7).

6.3.2 Hochtemperatur-Wärmepumpen

Ursprünglich waren Wärmepumpen meistens dafür konstruiert, Temperaturen bis 70°C, maximal 80°C zu liefern. Für die meisten Heizungssystem in Einzelgebäuden reicht das auch völlig aus. Höhere Temperaturen zu erreichen, ist technisch herausfordernd, inzwischen gibt es aber auch dafür diverse Lösungen, sei es mit neuen Kältemitteln, sei es mit ganz anderen physikalischen Prinzipien (wie Rotationswärmepumpen). Temperaturen jenseits von 100°C sind inzwischen problemlos erreichbar, auch wenn die Leistungszahl zwangsläufig kleiner wird, wenn eine größere Temperaturdifferenz zu überbrücken ist. Damit eignen sich Wärmepumpen auch dafür, Nah- und Fernwärmenetze zu versorgen ($\Rightarrow$ 6.6.1) und für manche (wenn auch nicht alle) Branchen der Industrie Prozesswärme zu liefern ($\Rightarrow$ 6.1.2).

---

[16] Zusätzlich ist auch Energie für gelegentliche Enteisungsvorgänge notwendig.

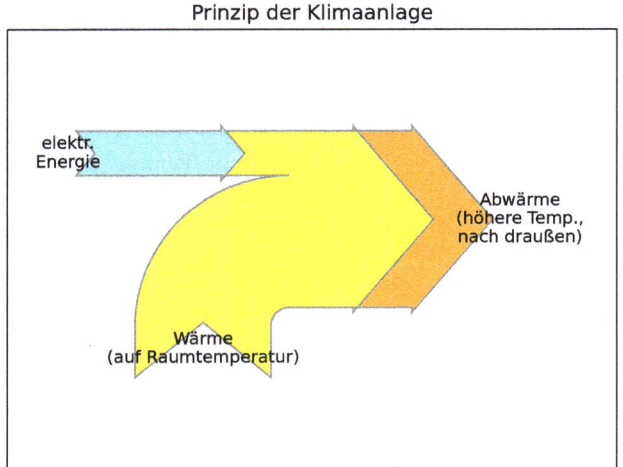

Abb. 6.3: Sankey-Diagramm für die Wirkungsweise einer Klimaanlage (PD_{KL})

6.3.3 Klimaanlagen

Kühlen ist, physikalisch gesehen, eine knifflige Angelegenheit. Wärme als „Endstation" der Energie lässt sich ja nicht einfach eliminieren, sondern nur abtransportieren. Wärmepumpen sind für diese Aufgabe sehr gut geeignet – wenn eine geeignete Wärmesenke zur Verfügung steht. Gängige Klimaanlagen (abgesehen von einfachen Systemen, die nur mit Verdunstungskühlung oder Ventilatoren arbeiten ⇒ 6.2.3) beruhen auf Wärmepumpen, und ebenso Systeme, die sowohl heizen also auch kühlen können, wie z.B. in Zügen. Der Energiefluss ist in Abb. 6.3 skizziert: Elektrische Energie wird benutzt, um die überschüssige Wärme des Raums (auf Zimmertemperatur) abzutransportieren. Da in diesem Prozesse auch die elektrische Energie in Wärme umgewandelt wird, kommt draußen mehr Wärme an, als drinnen abtransportiert wurde – und im Normalfall auf einem höheren Temperaturniveau.

Mit dem Klimawandel und dem Bevölkerungswachstum nimmt der Kühlbedarf zu (⇒ 6.1.3). Viel davon wird über dezentrale Klimaanlagen abgedeckt, die ein einzelnes Wohnhaus, Bürogebäude oder Einkaufszentrum kühlen, indem sie die Wärme einfach nach draußen verfrachten. Doch so komfortabel derartige Klimaanlagen auch sind, stellen sie doch zugleich ein systematisches Problem dar.

Der Energieverbrauch durch das Kühlen verursacht (zumindest momentan noch) CO_2-Emissionen und trägt zum Klimawandel bei, der wiederum höhere Temperaturen und entsprechend wachsenden Kühlbedarf mit sich bringt. Ebenso steigen die Temperaturen und damit der Kühlbedarf ganz unmittelbar durch die Wärme, die von den Klimaanlagen nach draußen gepumpt wird und insbesondere in Städten dazu beiträgt, dass sich Hitzeinseln bilden. Diese Problematik zeigt deutlich, dass die einfachste und billigste Lösung für jede:n Einzelne:n nicht unbedingt die beste Lösung für alle zusammen liefert ($\Rightarrow$ 9.5.2). Andere Ansätze wie Kühlnetze ($\Rightarrow$ 6.6.2), ggf. in Kombination mit saisonalen Kältespeichern ($\Rightarrow$ 6.7.2), sind zwar aufwändiger und erfordern eine zentrale Planung, sind aber im städtischen Bereich langfristig eine bei Weitem bessere Lösung als ein Wildwuchs von lokalen Klimaanlagen.

6.3.4 Ökologische Probleme

Die Wärmepumpe gilt – wohl zu Recht – als ein Schlüssel zur Transformation unseres Energiesystems in Richtung größerer Nachhaltigkeit. Das heißt aber leider nicht, dass es bei dieser Technologie keinerlei Probleme gibt. Die Regeneration der Wärmequellen, die in vielen Fällen eine über das Jahr hinweg geschlossene Wärmebilanz erfordert ($\Rightarrow$ 6.3.1), ist dabei ebenso ein Thema wie die systematische Aufheizung der Städte durch Klimaanlagen ($\Rightarrow$ 6.3.3). Ein weiteres Problem ist die Schallbelastung durch Luftwärmepumpen, die deren Einsatzmöglichkeiten durchaus einschränkt.

Das größte Problem der Wärmepumpen sind aber die benötigten *Kältemittel*. Diese sind es, die (meist durch Verdunsten und nachfolgendes Kondensieren) die Wärme transportieren. Je nach den ungefähren Temperaturen von Wärmequelle und -senke werden hier unterschiedliche Stoffe benötigt. In manchen Bereichen kann man CO_2 einsetzen, und unter allen Kältemitteln ist das noch eines der harmlosesten. Viele andere haben deutlich höhere GWP-Werte,[17] wirken zerstörerisch auf die Ozonschicht (die berüchtigten FCKWs) oder sind extrem langlebig, reichern sich dadurch in der Umwelt und sind in höheren Dosen gesundheitsschädlich (PFAS, flourierte Gase $\Rightarrow$ 3.3.5). Andere, wie Propan, sind diesbezüglich unkritisch, aber dafür brennbar, weshalb bei ihrem Einsatz zusätzliche Sicherheitsverkehrungen getroffen werden müssen.

Darüber, welche Kältemittel längerfristig wofür eingesetzt werden dürfen, wird zwischen der Heiz-Kühl-Lüftungsbranche, den Umweltschutzverbänden und der Gesetzgebung erbittert gerungen.[BER23; HLK23] Ein Entweichen des Kältemittels von Installation über Betrieb bis hin zu Abbau sicher zu gewährleisten, ist auf jeden Fall ein Schlüssel zum umweltverträglichen Einsatz von Wärmepumpen.

---

[17] Global Warming Potential ($\Rightarrow$ 4.2.1), ein Wert der angibt, um wie viel mal ein Stoff stärker klimaaktiv ist als CO_2

6.4 Solares Heizen und Kühlen

Eine altbewährte Weise, Sonnenenergie zu nutzen, ist die *Solarthermie*, bei der die Sonne eine zirkulierende Flüssigkeit erwärmt. Diese Flüssigkeit gibt die Wärme entweder direkt an Brauchwasser ab, das zum Duschen und Baden verwendet wird (in Mitteleuropa ohnehin meist Trinkwasser), oder überträgt sie an das Heizungssystem. Da Solarenergie allein aufgrund der Abhängigkeit vom Wetter nicht zuverlässig genug ist und zudem gerade im Winter, wenn der Wärmebedarf am größten ist, am wenigsten Ertrag liefert, wird Solarthermie fast immer mit einer weiteren Wärmequelle kombiniert. Beliebt ist beispielsweise die Kombination von Solarthermie mit einem Biomasse-Kessel ($\Rightarrow$ 6.2.1).

Ihre Zeit als bedeutendste Technologie zur Nutzung von Sonnenenergie hat die Solarthermie wohl hinter sich. In dieser Rolle wurde sie von der Photovoltaik (PV) abgelöst, die elektrische Energie statt Wärme bereitstellt ($\Rightarrow$ 5.2.5). Für neue Einfamilienhäuser ist vor allem durch die stark gesunkenen Preise für PV und die Flexibilität von Wärmepumpen inzwischen viel gängiger als Solarthermie. Dennoch gibt es eine ganze Reihe von Gründen, warum Solarthermie nach wie vor ein hoch relevantes Thema ist:

- Solare Großanlagen sind eine attraktive Wärmequelle für Fernwärme und lassen sich gut mit saisonalen Speichern kombinieren ($\Rightarrow$ 6.4.1 & Abb. 6.4).
- Konzentrierende Solarkollektoren können Prozesswärme liefern und in solarthermischen Kraftwerken eingesetzt werden ($\Rightarrow$ 6.4.2).
- Man kann, selbst wenn das aufs Erste seltsam klingen mag, Solarthermie durchaus auch zum Kühlen verwenden ($\Rightarrow$ 6.4.3).
- Auf der gleichen Fläche, bei gleicher Sonneneinstrahlung liefert ein thermischer Solarkollektor drei- bis viermal so viel Energie wie ein PV-Modul – allerdings in Form von Wärme, nicht in Form hochwertiger elektrischer Energie. (Geht es einem letztlich um Wärme und wird mit der elektrischen Energie aus der PV eine reguläre Elektroheizung oder ein Heizstab betrieben, so ist der Wärmeertrag entsprechend geringer. Benutzt man hingegen eine Wärmepumpe (WP), dann ist die Wärmeausbeute für Solarthermie und PV+WP ähnlich.)
- Der großflächige Einsatz vom Bodenwärmepumpen ($\Rightarrow$ 6.3) kann zu einer Auskühlung des Untergrundes führen. Solarthermie ist eine gute Möglichkeit, im Sommer den Boden als Wärmequelle wieder zu regenerieren. (Die gleiche Funktion kann allerdings auch Wärme aus Kühlvorgängen übernehmen.)
- Man kann Solarthermie auch mit PV kombinieren. Solche *Hybridkollektoren* (auch *photovoltaische Thermalkollektoren*, PVT) liefern zugleich Wärme und Strom. Was auf den ersten Blick nach einer perfekten Lösung aussieht, hat allerdings seine Tücken und braucht passende Einsatzstrategien ($\Rightarrow$ 8.2.2).

6.4 Solares Heizen und Kühlen

Abb. 6.4: Thermische Solaranalage, die in Graz am Standort der Fernheizwerks in das städtische Wärmenetz einspeist, © picfly.at, mit freundlicher Genehmigung der SOLID Solar Energy Systems, https://www.solid.at/

- Die Kombination aus PV, Batteriespeichern und Wärmepumpen hat bei Betrachtung des gesamten Lebenszyklus und aller ökologischen Auswirkungen noch diverse Probleme: Zur Produktion vor allem der Batterien werden Rohstoffe benötigt, die nur begrenzt verfügbar sind und aktuell unter oft problematischen Bedingungen abgebaut werden ($\Rightarrow$ 3.1.2). Recycling-Strukturen, mit denen sich diese Stoffe zuverlässig und effizient zurückgewinnen lassen, sind noch nicht etabliert. Bei den Wärmepumpen kommt die Problematik der Kältemittel hinzu, bei denen es sich oft um ökologisch heikle Substanzen handelt ($\Rightarrow$ 6.3.4).

  Daher lassen sich technologische Lösungen, die für ein Einfamilienhaus gut funktionieren, nicht ohne Weiteres auf größere Maßstäbe hochskalieren. In der Solarthermie hingegen kommen wesentlich weniger problematische Stoffe zum Einsatz, die Energiespeicherung erfolgt meist einfach mit Wasser ($\Rightarrow$ 6.7.1).

- Wirtschaftsstrategisch relevant ist, dass bei solarthermischen Kollektoren nach wie vor europäische Hersteller führend sind, während die Produktion von PV-Modulen aktuell fast ausschließlich in Asien (vor allem China) erfolgt.

6.4.1 Solare Großanlagen

Insbesondere in Europa haben sich große solarthermische Anlagen bereits als Wärmequellen für Wärmenetze ($\Rightarrow$ 6.6.1) etabliert; es gibt etliche gut funktionierende Anlagen, siehe z.B. Abb. 6.4.[WSD24, Sec. 5.3] Ihr Platzbedarf ist zwar nicht vernachlässigbar; es können schnell etliche Hektar sein, die benötigt werden, um eine ganze Ortschaft zu versorgen. Verglichen mit anderen Elementen unserer Infrastruktur (Flughäfen, Autobahnen, Golfplätzen, ...) ist es aber auch wieder gar nicht so viel. Zudem wird die Fläche nicht versiegelt.[18]

Aufgrund der Abhängigkeit vom Wetter und der Diskrepanz zwischen den Zeiten für Wärmeproduktion und -bedarf sind für den Einsatz von Solarthermie in größerem Ausmaß auf jeden Fall Wärmespeicher erforderlich ($\Rightarrow$ 6.7). Mit saisonalen Wärmespeichern kann auch Solarenergie den größten Teil des Wärmebedarfs über das Jahr hinweg decken. Es ist zwar schwierig, den *gesamten* Wärmebedarf solar abzudecken, aber in Kombinationen mit anderen Technologien, etwa Wärmepumpen oder Biomasse, die für Nachheizung sorgen oder bei Versorgungslücken einspringen, kann man größtenteils solar versorgte Wärmenetze bauen.

6.4.2 Hochtemperatur-Solarthermie

Besonders gut eignet sich Solarthermie, um Wasser (bzw. eine Wasser-Glykol-Mischung) auf Temperaturen von weniger als 100°C zu erwärmen. Doch es gibt auch Technologien, etwa konzentrierende Solarkollektoren, mit denen sich wesentlich höhere Temperaturen erreichen lassen. Zum Heizen sind solche Temperaturen natürlich nicht nötig, aber es gibt andere wichtige Anwendungsbereiche:

- In der Industrie wird *Prozesswärme* ($\Rightarrow$ 6.1.2) oft bei solchen höheren Temperaturen benötigt. Dieser Bedarf lässt sich teilweise auch mittels Solarthermie abdecken (Solar Heat for Industrial Processes, SHIP), und es werden inzwischen gut hundert solche Anlagen pro Jahr installiert.
- Solarthermische Kraftwerke sind eine Alternative zu PV, um aus Sonnenlicht elektrische Energie zu gewinnen ($\Rightarrow$ 5.2.5). Der geringere Wirkungsgrad der Kollektoren bei höheren Temperaturen wird durch den besseren Wirkungsgrad des Wärmekraft-Prozesses wettgemacht. Durch die Möglichkeit der einfachen Zwischenspeicherung von Wärme laufen diese Kraftwerke stabiler als PV-Anlagen.

---

[18] Um das Gras in diesen Anlagen niedrig zu halten, werden vor allem in Dänemark manchmal Schafe gehalten – eine Variante Solarenergie mit Landwirtschaft zu kombinieren ($\Rightarrow$ 8.2.2). Anderswo, etwa in Österreich, werden solche Anlagen gerne in Wasserschutzgebieten errichtet, die sonst nur eingeschränkt nutzbar sind. Schafe kommen dort allerdings nicht in Frage.

> **Vertiefung: Prinzip der Adsorptionswärmepumpe**
>
> Ein Typ von thermisch angetriebenen Wärmepumpen ist die A<u>d</u>sorptionswärmepumpe (deren Prinzip etwas einfacher zu verstehen ist als jenes der prinzipiell eng verwandten A<u>b</u>sorptionswärmepumpe). Zentral für den Betrieb ist poröses Material, an dessen Oberfläche sich Wasser anlagern kann (Adsorption). Zu diesen Materialen gehören z.B. Silica-Gel, wie man es, abgepackt in kleine Säckchen, diversen Produkten beim Versand beigefügt wird, um sie trocken zu halten (häufige Aufschrift: „Do not eat. Throw away.") und Zeolithe.
> Wasser nimmt beim Verdunsten ja Wärme auf und kühlt dadurch ($\Rightarrow$ 4.3). Befindet sich das Wasser in einem weitestgehend evakuierten Gefäß, dann liegt durch den extrem niedrigen Druck der Siedepunkt so tief, dass das Wasser schon bei 10°C oder weniger kocht. Die Wärmeaufnahme ist besonders effektiv. In einem geschlossenen Gefäß ist normalweise aber schnell so viel Wasserdampf vorhanden, dass das Sieden aufhört und auch keine Verdunstung mehr erfolgt. Befindet sich in dem Gefäß jedoch auch ein geeignetes Adsorptionsmaterial, dann wird der Wasserdampf wieder aus der Gasphase entfernt, weil sich die Wassermoleküle an der Oberfläche anlagern.
> Auch das kommt natürlich irgendwann zum Stillstand, weil die Adsorptionskapazität ausgeschöpft ist. Mittels Hochtemperaturwärme kann das Material aber regeneriert werden (indem das Wasser desorbiert wird, also die Oberfläche wieder verlässt). Geht das im Kreis, dann benutzt man Wärme, um zu kühlen.

6.4.3 Solares Kühlen

Man kann *thermische* Solarenergie auch zum Kühlen verwenden. Dabei kommen ebenfalls Wärmepumpen zum Einsatz, allerdings keine Kompressionswärmepumpen ($\Rightarrow$ 6.3). Stattdessen verwendet man Absorptionswärmepumpen oder die damit eng verwandten Adsorptionswärmepumpen ($\Rightarrow$ Box auf dieser Seite). Diese nutzen in erster Linie Wärmeenergie (auf hoher Temperatur, aus den Solarkollektoren) als Antriebsenergie und brauchen nur sehr wenig elektrische Energie. Das macht sie interessant zum Kühlen in tropischen und subtropischen Ländern, wo man sehr gut mit Solarthermie arbeiten kann, das Stromnetz aber manchmal wenig belastbar oder unzuverlässig ist. Das Problem, dass erhebliche Mengen an Wärme an die Umgebung abgegeben werden, nämlich die Antriebswärme ebenso wie die Wärme, die aus den gekühlten Räumen entfernt wird, haben solche solaren Kühlsysteme aber ebenso wie konventionelle Klimaanlagen ($\Rightarrow$ 6.3.3).

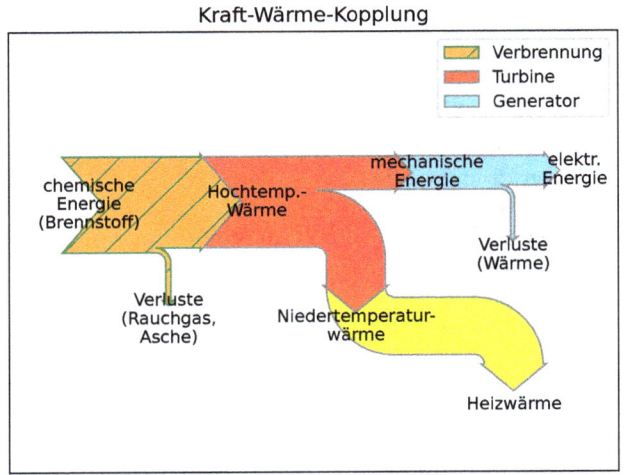

Abb. 6.5: Sankey-Diagramm für die Wirkungsweise der Kraft-Wärme-Kopplung (KWK) (PD$_{KL}$)

6.5 Kraft-Wärme-Kopplung

Bemüht man sich in einem kalorischen Kraftwerk ($\Rightarrow$ 5.2.1), aus einem Wärmestrom auch noch das letzte bisschen nutzbare Energie herauszuquetschen, dann ist die am Ende erhaltene Wärme für nichts mehr verwendbar und muss „entsorgt" werden, etwa indem man sie in einen Fluss oder über Kühltürme an die Atmosphäre abgibt. Akzeptiert man aber einen geringfügig niedrigeren elektrischen Wirkungsgrad, dann fällt die Wärme auf einem Temperaturniveau an, auf dem sie immer noch zum Heizen verwendet werden kann. Das Prinzip dieser *Kraft-Wärme-Kopplung* (KWK) ist in Abb. 6.5 dargestellt. Diese sieht fast gleich aus wie Abb. 5.7, außer dass man am Ende etwas weniger elektrische Energie erhält, aber dafür Nutz- statt Abwärme vorliegt.

Es ist zwar ein wenig schlampig, verschiedene Energieformen in einen Topf zu werfen, vor allem hochwertige wie elektrische Energie und niederwertige wie Heizwärme. Verwenden wir aber dennoch unsere bewährte Formel (2.1)

$$\text{Wirkungsgrad} = \frac{\text{Nutzen}}{\text{Aufwand}},$$

so erhöht sich der Wirkungsgrad durch diese Maßnahme deutlich, z.B. von 40 % auf 90 %.

6.5 Kraft-Wärme-Kopplung

Natürlich kann man einwenden, dass man mit der elektrischen Energie, die nun nicht erzeugt wird, ja Wärmepumpen hätten betreiben können, die mehr Wärme liefern als sie an elektrischer Leistung beziehen ($\Rightarrow$ 6.3). Selbst diese könnten aber i.A. mit dieser Energiemenge nicht so viel Wärme zur Verfügung stellen, wie man durch die KWK gewinnt.

Voraussetzung dafür, dass KWK einsetzbar ist, ist normalerweise, dass elektrische Energie und Wärme in einem ähnlichen Ausmaß benötigt werden.[19] Riesige Kraftwerke, wie sie in den letzten Jahrzehnten gerne gebaut wurden, produzieren bei weitem zu viel Abwärme, als dass diese Menge sinnvoll genutzt werden könnte, denn Wärme lässt sich nicht gut über Strecken von mehr als einigen Kilometern transportieren. Kleinere, dezentrale KWK-Anlagen („Blockheizkraftwerke") können trotz eines etwas schlechteren elektrischen Wirkungsgrades weit sinnvoller sein. Jede dieser Anlagen kann dann ein eigenes Nahwärmenetz versorgen ($\Rightarrow$ 6.6.1).

Die Energieerzeugung wäre damit deutlich näher bei den Menschen, weniger versteckt, weniger unsichtbar. Die Filterung von Luftschadstoffen ist inzwischen allerdings sehr weit fortgeschritten (ein Verdienst von Forschung, Technik und der Umweltschutzbewegungen der 70er und 80er Jahre), d.h. die echten Probleme wären überschaubar – und vielleicht wäre es sogar eine Hilfe, sich bewusst zu machen, dass der Strom eben nicht einfach aus der Steckdose kommt.[20]

Womit betreibt man solche Kraftwerke? Natürlich sind es chemische Brennstoffe, die aber von verschiedener Art sein können. In manchen Regionen kann Biomasse ($\Rightarrow$ 5.2.4) gut geeignet sein. Holz von minderer Qualität (oder auch solches von hoher, wenn zu viel davon anfällt) wird bereits seit Jahrzehnten für solche Zwecke genutzt. Agrarische Reststoffe, bis hin zu Stroh, können ebenfalls so genutzt werden. Deren saubere Verbrennung ist zwar deutlich schwieriger, lässt sich aber mit modernen anlagen- und regelungstechnischen Methoden durchaus in den Griff bekommen.

Ansonsten aber werden bislang Kohle, Erdöl oder Ergas verwendet – also fossile Quellen, was hinsichtlich des Klimawandels natürlich fatal ist. Das muss aber keineswegs so bleiben. Auch Kohlenwasserstoffe können auf nachhaltige Weise erzeugt werden ($\Rightarrow$ 8.3.2), und gasbetriebene Blockheizkraftwerke können auch in einer erneuerbaren Energiezukunft eine bedeutende Rolle spielen.

---

[19] Mit manchen Turbinentypen lässt sich allerdings das Ausmaß, wie sehr man die elektrische Ausbeute zugunsten von Heizwärme reduziert, auch einstellen. Ansonsten muss man sich meistens zwischen stromgeführtem und wärmegeführtem Betrieb entscheiden, wo der Bedarf für eine der beiden Energieformen die Erzeugung der anderen mitbestimmt. Stehen allerdings ausreichend Speicher für elektrische und thermische Energie zur Verfügung ($\Rightarrow$ 5.4 & 6.7), dann wird diese Problematik deutlich entschärft.

[20] Ein analoges Argument könnte man auch bei Windkraftanlagen ($\Rightarrow$ 5.2.3) ins Feld führen, deren Anblick manche Menschen anscheinend nur schwer ertragen, während sie auf billige und jederzeit verfügbare Energie aber eher selten verzichten wollen.

6.6 Wärme- und Kältenetze

Elektrische Energie und Gas werden über Netze verteilt, deren Leitungslängen viele tausend Kilometer umfassen ($\Rightarrow$ 5.3). Doch auch Wärme lässt sich über Netze transportieren, vor allem zum Heizen, zunehmend aber auch zu Kühlzwecken. Da die Transportverluste jedoch groß sind, beschränken sich die entsprechenden Netze auf den lokalen, allenfalls regionalen Maßstab.

6.6.1 Vier Generationen von Wärmenetzen

Ähnlich wie bei elektrischer Energie kann es auch bei Wärme sinnvoll sein, sie in großen Mengen an einer Stelle zu erzeugen und dann über Leitungen dorthin zu transportieren, wo sie gebraucht wird. Das ist schon das Prinzip der Zentralheizung, erst recht aber das von Wärmenetzen. Dabei kann es sich um kleine Nahwärmenetze mit wenigen hundert Metern Leitungslänge und wenigen hundert kW Anschlussleistung handeln, aber auch um riesige Netze, die eine ganze Großstadt mit Wärme versorgen.

Historisch lässt sich eine klare Entwicklung erkennen, die in Abb. 6.6 skizziert ist. Die ersten Wärmenetze waren noch recht einfach aufgebaut, und oft kam in ihnen Dampf zum Einsatz. Solche System sind noch heute in manchen Großstädten (etwa New York oder Paris) im Einsatz. Doch Dampf kann zwar große Wärmemengen transportieren,[21] ist aber heikel in der Handhabung. Durch die hohen Temperaturen sind zudem auch die Wärmeverluste an die Umgebung groß. Daher kamen Netzen auf, die bei niedrigeren Temperaturen und mit flüssigem Wasser arbeiten, zudem etablierte sich vor allem im ländlichen Raum Biomasse als erneuerbare Alternative zu fossilen Brennstoffen, und statt auf reine Heizwerke wurde verstärkt auf Kraft-Wärme-Kopplung gesetzt ($\Rightarrow$ 6.5).

Im Lauf der Zeit wurde die Temperatur, mit der das heiße Wasser zu den Abnehmer:innen fließt (die *Vorlauftemperatur*), tendenziell immer weiter abgesenkt. Dadurch sinken die Transportverluste; zugleich ist es einfacher, alternative Wärmeerzeuger wie Solarthermie ($\Rightarrow$ 6.4.1), Hochtemperatur-Wärmepumpen ($\Rightarrow$ 6.3.2) oder Geothermie ($\Rightarrow$ 5.2.6) in das Netz zu integrieren.

Die Flexibilität, Wärme aus ganz unterschiedlichen Quellen einzubinden, ist eine der großen Stärken von Wärmenetzen. So können die ursprünglich oft fossilen Wärmeerzeuger etappenweise durch erneuerbare Quellen ersetzt werden, ohne dass auf der Seite der Endabnehmer:innen technische Änderungen erforderlich sind.

---

[21]Für das Verdampfen von Wasser werden erhebliche Energiemengen gebraucht ($\Rightarrow$ 4.3.2). Diese Energie kann man beim Auskondensieren des Dampfes zurückgewinnen, und zwar bei der für klassische Heizsysteme gut verwendbaren Temperatur von ca. 100 °C. Im Grunde wirkt der Dampf als Latentwärmespeicher ($\Rightarrow$ 6.7.2).

6.6 Wärme- und Kältenetze

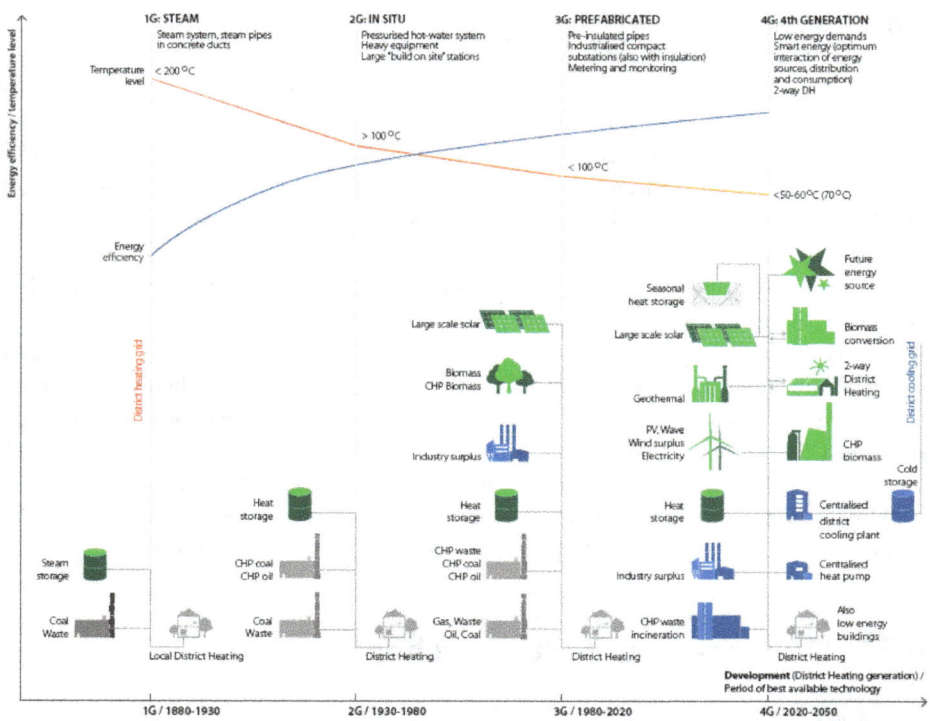

Abb. 6.6: Wärmenetze von der ersten bis zu vierten Generation, aus [LWW$^+$14]

Nutzbare Wärmequellen gibt es gerade im urbanen Umfeld meist viele, von der Müllverbrennung über Industrie bis zu Rechenzentren. Aus industriellen Prozessen ist oft viel Abwärme verfügbar, ihre Einbindung in Wärmenetze aber oft nicht einfach. Dabei scheitert es meist nicht an technischen Aspekten, sondern schlicht daran, dass für Industrieunternehmen natürlich die Produktion Priorität hat, nicht die Wärmeauskopplung, bei der man sich aber zu einer gewissen Zuverlässigkeit verpflichten müsste. Auch solche Probleme lassen sich aber mit gutem Willen auf beiden Seiten sowie mit Hilfe von Speichern ($\Rightarrow$ 6.7) aus dem Weg räumen.

Mit der anstehenden Transformation unseres Energiesystems wird die Menge der nutzbaren Wärmequellen wohl sogar noch zunehmen. Werden statt riesiger zentraler Kraftwerke mehr dezentrale KWK-Anlagen gebaut, dann können diese Wärmenetze speisen, und auch Power2Gas-Prozesse wie Elektrolyse und vor allem Methanisierung produzieren erhebliche Mengen an Abwärme ($\Rightarrow$ 8.3.2).

6.6.2 Kühlnetze

Thermische Netze lassen sich nicht nur zum Heizen, sondern auch zum Kühlen einsetzen. Man spricht von Kühl- oder Kältenetzen. Meist zirkuliert darin kaltes Wasser, das überschüssige Wärme aus den Gebäuden aufnimmt und abtransportiert. Das ist auch der große Vorteil dieser Technologie gegenüber konventionellen Klimaanlagen: Die Wärme wird nicht nur in die unmittelbare Umgebung des gekühlten Gebäudes verschoben, sondern kann ganz aus der Stadt entfernt werden.

Doch wohin fließt die Wärme, und woher stammt das kalte Wasser, das über das Netz verteilt wird? Bei den wenigen Kühlnetzen, die es bislang gibt (u.a. eines in Wien) sind es typischerweise Großwärmepumpen, die das Wasser kühlen und die Wärme an Gewässer abgeben. Diese Wärmeabgabe ist jedoch aktuell der Flaschenhals, denn gerade in den heißesten Tagen des Jahres ist der Wasserstand der Flüsse oft niedrig, die Kapazität für Wärmeaufnahme ist gering. Eine interessante Alternative als Kältequelle sind saisonale Kältespeicher, insbesondere Eisspeicher ($\Rightarrow$ 6.7.2). Solche Speicher lässt man im Winter zufrieren (notfalls mit etwas Wärmepumpenunterstützung). Im Sommer nimmt das schmelzende Eis die Wärme aus dem Kühlnetz auf.

6.7 Wärme- und Kältespeicher

Ein großer Vorteil thermischer Systeme ist, dass sich Wärme recht einfach und (verglichen mit elektrischer Energie) billig speichern lässt. Jeder Körper im Sinne der Physik, also jeder materielle Gegenstand, ist auch ein thermischer Speicher, der Energie aufnehmen und wieder abgeben kann. Die Speicherwirkung von Gebäuden ist ein wesentliches Element für die Raumklimatisierung, und auch die Speicherwirkung von Boden und Gewässern werden direkt und indirekt genutzt. Daneben gibt es auch ganz dezidierte Wärme- oder Kältespeicher, die spezifisch dafür gebaut werden, Wärme aufzunehmen, wenn sie im Überfluss vorhanden ist, und sie abzugeben, wenn sie fehlt.

6.7.1 Sensible Wärmespeicher

Die vertrauteste und verbreitetste Art, Wärme zu speichern, ist mittels Erhöhung der Temperatur von Stoffen. Da diese Temperaturerhöhung fühlbar, also *sensorisch* wahrnehmbar ist, spricht man von *sensiblen* Speichern. Die verwendeten Materialien können Baustoffe wie Stein, Beton, Stahl, Kies und Sand sein, man kann (vor allem für Hochtemperaturspeicher) aber auch andere feste Stoffe benutzen. Auch der Boden kann als Wärmespeicher dienen (oberflächennahe Geothermie).

6.7 Wärme- und Kältespeicher

In Heizungssystemen wird besonders gerne Wasser verwendet, das für diese Zwecke viele günstige Eigenschaften hat:[22]

- Für den Wärmetransport wird in den meisten Heizungssystem ebenfalls Wasser verwendet, es kann also das gleiche Medium zur Speicherung und Verteilung der Energie verwendet werden. Es ist keine zusätzliche (mit technischem Aufwand und Verlusten verbundene) Wärmeübertragung erforderlich.
- Die spezifische Wärmekapazität von flüssigem Wasser ist größer als für alle anderen gängigen Substanzen. Pro kg Masse und pro Grad Temperaturerhöhung kann Wasser daher besonders viel Energie speichern.[23]
- Wasser ist ungiftig und generell ökologisch unbedenklich, in den meisten Gegenden in großen Mengen verfügbar und daher auch extrem billig.

Die Größe von Warmwasserspeichern kann über einen weiten Bereich variieren, von Mischwasserspeichern mit weniger als hundert Liter Fassungsvermögen über Einfamilienhaus-Pufferspeicher mit ein bis zwei Kubikmetern (also 1 000 bis 2 000 Litern), Speicher mit einigen hundert m^3, die typischerweise in Wärmenetzen zum Einsatz kommen, bis hin zu saisonalen Großspeichern, die hunderttausende m^3 fassen können.

Solche saisonalen Speicher haben beträchtliches Potenzial. Vor allem erlauben sie es in Kombination mit Solarthermie ($\Rightarrow$ 6.4.1), die Wärme des Sommers in den Winter zu retten und sie dann über Wärmenetze zu verteilen ($\Rightarrow$ 6.6.1). Daneben sind sie aber auch in der Lage, enorme Wärmemengen aus anderen Prozessen aufzunehmen. KWK-Anlagen ($\Rightarrow$ 6.5) können mit ihnen rein stromgeführt betrieben werden, sich also ganz am Bedarf an elektrischer Energie orientieren, und auch die Einbindung industrieller Abwärme kann besser gepuffert werden.

Wärmespeicher sind meist isoliert, aber dennoch gibt es natürlich Wärmeverluste an die Umgebung. Dadurch geht nicht nur Energie verloren, sondern auch die *Qualität* der Wärme nimmt ab. Sinkt die Temperatur unter die Schwelle, die vom Heizungssystem zumindest benötigt wird, ist eine Nachheizung erforderlich, die natürlich Energie kostet und für die eine steuerbare Wärmequelle vorhanden sein muss.

---

[22] Allerdings ist flüssiges Wasser nur schlecht für Temperaturen über 100°C geeignet. Ein wenig höhere Temperaturen sind bei entsprechend großem Druck noch möglich, aber das Arbeiten mit zu hohen Drücken wird schnell unpraktikabel. Werden für höhere Temperaturen dennoch flüssige Medien benötigt, stehen bestimmte Öle oder geschmolzene Salze zur Verfügung.

[23] Dabei handelt es sich allerdings, wie bei der gravimetrischen Energiedichte w ($\Rightarrow$ 5.4.1) um eine massenbezogene Größe. Bezogen auf das Volumen hat Wasser zwar immer noch gute Werte, aber nicht so viel bessere als manche anderen, dichteren Substanzen wie viele Gesteinsarten.

> **Vertiefung: Dimensionsbetrachtungen – Size does matter**
>
> Sensible thermische Speicher ($\Rightarrow$ 6.7.1) unterscheiden sich von den meisten anderen Speichern durch ein anderes *Skalierungsverhalten*, d.h. der Art, wie sich zentrale Eigenschaften mit der Größe ändern. Das liegt daran, dass die Speicherkapazität proportional zur Masse und damit zum Volumen ist, die Wärmeverluste hingegen proportional zu Oberfläche sind. Kommt ein billiges Speichermaterial wie Wasser zum Einsatz und sind keine Grabungsarbeiten nötig, dann sind auch die Investitionskosten grob proportional zur Oberfläche des Behälters. Daher lassen sich, anders als bei anderen Speichern, keine allgemeingültigen Kosten (in €/MWh etc.) angeben.
>
> Das Verhältnis von Volumen zu Oberfläche wird umso besser, je größer ein Speicher ist. Für einfache geometrische Körper kann man das selbst schnell nachrechnen. Für eine Kugel mit Radius r ist das Volumen $V = \frac{4\pi}{3} r^3$, die Oberfläche ist $O = 4\pi r^2$. Das Verhältnis von Volumen zu Oberfläche und damit von Kapazität zu Verlusten und Kosten ist also $\frac{V}{O} = \frac{1}{3} r$ und wird umso größer, je größer r ist. Ganz ähnlich sieht es auch für einen Würfel oder einen Zylinder (mit festem Verhältnis zwischen Grundflächenradius und Höhe) aus.

Eine Besonderheit sensibler thermischer Speicher ist allerdings, dass die Wärmeverluste in Relation zur gespeicherten Wärmemenge umso geringer werden, je größer der Speicher ist ($\Rightarrow$ Box auf dieser Seite). Ein großer Speicher ist also mehreren kleineren in den meisten Fällen vorzuziehen.

6.7.2 Latentwärmespeicher

Erhebliche Energiemengen können in *Phasenübergängen* gespeichert werden, meist Änderungen des Aggregatzustandes. Das kann man beim Schmelzen von Eis auch gut selbst beobachten: Führt man einem sehr kalten Eisblock Wärme zu, nimmt dessen Temperatur zunächst zu, bis ca. 0°C erreicht sind.[24] Erst dann beginnt das Eis zu schmelzen, und dieser Schmelzvorgang „schluckt" viel Wärme. Solange das Eis schmilzt, nimmt die Temperatur des entstehenden Eis-Wasser-Gemischs nicht weiter zu. Erst wenn alles Eis geschmolzen ist, führt die weitere Wärmezufuhr wieder zu einem Temperaturanstieg ($\Rightarrow$ Abb. 6.7).[25] Das Schmelzen des Eises speichert gleich viel Wärme, wie für das Aufheizen des Wassers von 0°C auf 80°C gebraucht würde.

---

[24] Der Schmelzpunkt hängt vom Druck ab, wenn auch nicht so stark wie der Siedepunkt.

[25] Das ist natürlich eine stark idealisierte Darstellung. Praktisch sind die Wärmeübergänge meist so langsam, dass an manchen Stellen die Temperatur von den idealen 0°C deutlich abweichen. Ein einzelner Eiswürfel kühlt ein Getränk ja auch nicht bis auf den Gefrierpunkt ab.

6.7 Wärme- und Kältespeicher

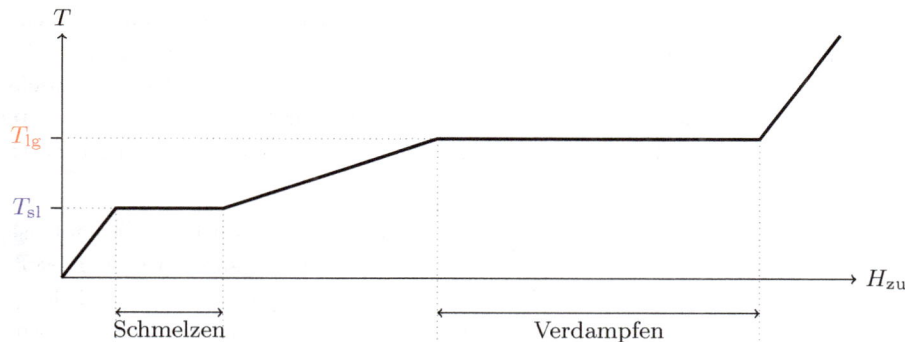

Abb. 6.7: Prinzipieller Temperaturverlauf in einem Phasenwechselmaterial (z.B. Wasser), dem mit konstanter Rate Wärme zugeführt wird. Bis zum Schmelzpunkt (T_{sl}) nimmt die Temperatur zu, dann bleibt sie konstant, bis der Stoff ganz geschmolzen ist. Erst dann folgt ein weiterer Temperaturanstieg bis zum Siedepunkt (T_{lg}). Dort bleibt die Temperatur wieder konstant, bis der Stoff verdampft ist, erst dann erhitzt sich das Gas weiter. Die Rate, mit der die Temperatur im festen, flüssigen und gasförmigen Zustand ansteigt, kann unterschiedlich sein. Wasser kann im flüssigen Zustand mehr als doppelt so viel Wärme pro Grad Temperaturanstieg aufnehmen wie als Eis oder Dampf, entsprechend steigt die Temperatur langsamer. (PD_{KL})

Umgekehrt stoppt das Frieren das Wassers die Abkühlung so lange, bis alles Wasser zu Eis geworden ist – ein Effekt, der z.B. im Obstbau eingesetzt wird, um Blüten vor Frost zu schützen.

Setzt man diesen Effekt zur Speicherung von thermischer Energie ein, spricht man von einem *Latentwärmespeicher* bzw. einem *Phasenwechselmaterial*, engl. *phase-change material* (PCM). Im konkreten Fall des Schmelzens und Gefrierens von Wasser handelt es sich um einen *Eisspeicher*. Während sich in sensiblen Speichern ($\Rightarrow$ 6.7.1) Wärme auf jedem Temperaturniveau speichern lässt, das das verwendete Material zulässt, erhält man die Wärme aus einem Latentwärmespeicher mit einer ganz spezifischen Temperatur.

Beim Eisspeicher sind das 0°C, d.h. wenn man die Wärme zum Heizen verwenden will, muss man sie noch mit einer Wärmepumpe ($\Rightarrow$ 6.3) auf das entsprechende Niveau hochpumpen. Ganz direkt lassen sich Eisspeicher hingegen zum Kühlen einsetzen.[26] Tatsächlich hätte die Kombination von saisonalen Eisspeichern mit Kühlnetzen ($\Rightarrow$ 6.6.2) große Vorteile gegenüber klassischen Klimaanlagen ($\Rightarrow$ 8.4.1).

---

[26] Ein Video der Fa. Viessmann, das die Einbindung eines Eisspeichers in das Heiz- und Kühlsystem eines Einfamilienhauses zeigt, ist auf https://www.youtube.com/watch?v=1wsPTAXm3K0 zu finden.

Das Verdampfen von Wasser braucht sogar noch mehr Wärme als das Schmelzen (⇒ 4.3.2), nämlich fast fünfmal so viel, wie zum Aufheizen. Für Wärme, die auf einem Temperaturniveau von ca. 100°C gebraucht wird, z.b. in manchen industriellen Prozessen, sind also auch *Dampfspeicher* eine Option. Durch den viel größeren Unterschied im Volumen ist das Verdampfen und Kondensieren aber technisch schwieriger zu beherrschen als Schmelzen und Erstarren.

Doch Wasser ist keineswegs der einzige Stoff, den man als Latentwärmespeicher einsetzen kann. Tatsächlich ist es inzwischen möglich, spezielle Substanzen (z.B. Paraffine oder Salzhydrate) so maßzuschneidern, dass der Phasenübergang genau bei der gewünschten Temperatur erfolgt. Eine Anwendung sind *mikroverkapselte* PCM, die schon in manchen Baustoffen enthalten sind. Dabei enthält z.B. der Putz winzige Kunststoffkügelchen, die mit einem passenden PCM gefüllt sind, dessen Schmelzpunkt z.B. bei 24°C liegt.

Erwärmt sich das Gebäude, dann beginnen das PCM zu schmelzen und nimmt damit Wärme auf – die weitere Erwärmung verzögert bzw. verlangsamt sich. Umgekehrt erstarrt beim Abkühlen von höheren Temperaturen das PCM wieder bei 24°C und gibt dabei Wärme ab. Auch die weitere Abkühlung wird also hinausgezögert. Insgesamt stabilisiert das Material die Temperatur um einen gewünschten Komfortpunkt. Natürlich darf man sich hier keine perfekt konstanten Temperaturen erwarten – dazu sind die Wärmeübergänge i.A. zu langsam. Einen kleinen Beitrag zu komfortableren Raumtemperaturen können solche PCMs aber durchaus leisten – ohne Kältemittel, ohne Elektronik, ohne Energieverbrauch.

Der Einsatz von Latentwärmespeichern in größerem Maßstab ist aber nicht trivial. Die relativ langsame Wärmeübertragung behindert oft den Einsatz. Zudem kann es zum Effekten der Unterkühlung kommen. Dabei ist die Temperatur bereits so tief, dass das PCM eigentlich erstarrt sein sollte – der entscheidende Anstoß dazu ist aber nicht erfolgt.[27] In den verbreiteten Handwärmern mit Knickplättchen wird diese Unterkühlung gezielt ausgenutzt, sonst ist sie aber meist eher hinderlich.

Generell haben Latentwärmespeicher ein großes Potenzial, sind aber noch nicht sehr verbreitet, und manche Varianten sind technisch noch nicht so ausgereift, dass sie bereits einfach einsetzbar wären.

---

[27] Dabei geht es um das Vorhandensein von *Kristallisationskeimen*, um die herum der Übergang in den festen Zustand beginnt. Auch beim Verdunsten gibt es einen analogen Effekt, die *Überhitzung*, die durchaus gefährlich sein kann: Dabei ist eine Flüssigkeit, etwa Wasser, so heiß, dass sie eigentlich schon kochen sollte, das aber mangels „Anstoß" noch nicht tut („Siedeverzug"). Setzt das Kochen mit der entsprechen Bildung von Dampf dann doch ein, geschieht das schlagartig, was wie eine kleine Explosion wirkt.

6.7.3 Sorptionsspeicher und thermochemische Speicher

Es gibt neben Temperaturänderungen ($\Rightarrow$ 6.7.1) und Phasenübergängen ($\Rightarrow$ 6.7.2) noch andere Arten, thermische Energie zu speichern, sogar solche, bei denen die Energiedichten nochmals deutlich größer sind. Eine Variante sind *Sorptionsspeicher*, bei denen die Anlagerung eines Kältemittels, oft Wasser, an eine poröse Oberfläche, etwa von Silica-Gel oder Zeolithen, ausgenutzt wird. Das Prinzip ist eng verwandt mit jenem der Adsorptions-Wärmepumpe ($\Rightarrow$ Box auf S. 231): Bei der Anlagerung (Adsorption) wird Wärme frei; umgekehrt kann Wärme verwendet werden, um das Kältemittels wieder von der Oberfläche zu lösen (Desorption).

Auch in reversiblen chemischen Reaktionen lässt sich thermische Energie speichern. Dieser Effekt tritt bei elektrochemischer und chemischer Energiespeicherung sogar stets auf, ist aber eher ein unerwünschter Nebeneffekt, da die Wärme meist nicht sinnvoll genutzt werden kann. In *thermochemischen Speichern* wird dieser Effekt hingegen gezielt ausgenutzt, und es sind beachtliche Energiedichten von einigen MJ/kg möglich. Die Sabatier-Reaktion (Water-Gas-Shift bzw. Dampfreformierung $\Rightarrow$ 3.4.5) kann fast dreimal soviel Energie speichern wie das Verdampfen des Wassers.

Sorptionsspeicher und thermochemische Speicher (wobei letzterer Begriff oft so verstanden wird, dass er auch Sorptionsspeicher mit einschließt) haben neben ihrer Energiedichte auch den Vorteil, dass keine Wärmeverluste auftreten, da die Energie nicht als thermische, sondern als (oberflächen-)chemische Energie vorliegt. Leider ist der technische Entwicklungsgrad dieser Speicher noch nicht besonders hoch, und die meisten Varianten sind für den praktischen Einsatz noch zu teuer.

6.7.4 Spezialfall: Hochtemperatur-Stromspeicher

Meist ist bei thermischen Speichern das Ziel, Wärme zu entnehmen, die auch direkt thermisch genutzt wird. Im Falle von „Kältespeichern" fungieren die Speicher als *Wärmesenken*, in denen man unerwünschte überschüssige Wärme vorübergehend „versenken" kann, sie aber später wieder entnehmen muss (wenn man sie einfacher entsorgen oder sogar nutzen kann). Doch es ist auch möglich, elektrische Energie in Wärme umzusetzen (Power2Heat), diese in Hochtemperatur-Wärmespeichern aufzubewahren und später aus dieser Wärme wieder elektrische Energie zu erzeugen, z.B. über einen Dampfprozess. Allerdings ist bei der Rückverstromung immer der Carnot-Wirkungsgrad ($\Rightarrow$ 5.2.1) als limitierender Faktor relevant. Damit hat eine solche „Carnot-Batterie" meist einen schlechteren Wirkungsgrad als Batteriespeicher, die erforderlichen Materialen sind aber wesentlich kostengünstiger.[28]

---

[28] siehe https://iea-es.org/events/international-workshop-on-carnot-batteries/

6.7.5 Ein weiterer kleiner Vergleich von Speichern

Wir haben bereits Stromspeicher hinsichtlich ihrer Energiedichte verglichen ($\Rightarrow$ 5.4.6 & Abb. 5.15). Nun ordnen wir die thermischen Speicher, die wir in diesem Abschnitt betrachtet haben, in diese Betrachtung ein. Dieser Vergleich der Energiedichten ist in Abb. 6.8 gezeigt.[29]

Die thermischen Speicher weisen ähnliche Energiedichten auf wie die elektrochemischen (Batteriespeicher $\Rightarrow$ 5.4.4), also deutlich größere als mechanische oder elektromagnetische Speicher, deutlich kleinere als chemische Energieträger. Doch obwohl die Energiedichten von sensiblen oder latenten thermischen Speichern und Akkumulatoren ähnlich sind, sind die beiden Speicherarten doch schwer direkt vergleichbar.

Die elektrische Energie, die in einem Akku gespeichert ist, ist wesentlich vielseitiger einsetzbar als die Niedertemperaturwärme in einem Pufferspeicher, mit der man im Grunde nur noch heizen kann. Wenn dieser Heizbedarf aber ohnehin da ist, dann ist die Energie auch in Form von Wärme sehr nützlich.

Während die Produktion einer Li-Ionen-Batterie diverse heikle Rohstoffe erfordert, viel Energie braucht, und die Batterie nach der Nutzung potenziell problematischen Müll darstellt, ist ein Speichertank letztlich nur ein gut isoliertes Fass, und das Material, mit dem Energie gespeichert wird (Wasser), ist ökologisch unkritisch und billig ($\Rightarrow$ 6.7.1).

Zum Speichern (sehr) großer Energiemengen sind Wärmespeicher also gut geeignet, auch angesichts des Umstandes, dass die relativen Verluste umso kleiner sind, je größer der Speicher ist ($\Rightarrow$ Box auf S. 238). Die Speicherkapazität von Latentwärmespeichern ($\Rightarrow$ 6.7.2) ist i.A. zwar größer als von sensiblen Wärmespeichern, und mit Sorptionsspeichers oder thermochemischen Speicher ($\Rightarrow$ 6.7.3) lassen sich nochmals deutlich größere Energiedichten erreichen. Allerdings ist die Technologie noch nicht so weit entwickelt, und teilweise kommen auch teurere, toxikologisch und ökologisch problematischere Stoffe als nur Wasser zum Einsatz. Daher dominieren sensible Wärmespeicher bislang den Bereich der thermischen Speicher.

---

[29] Die Abbildung ist analog zu Abb. 5.15 aufgebaut, wobei einige der dort gezeigten Speicher weggelassen werden mussten, um Platz für die thermischen Speicher zu machen.

6.7 Wärme- und Kältespeicher

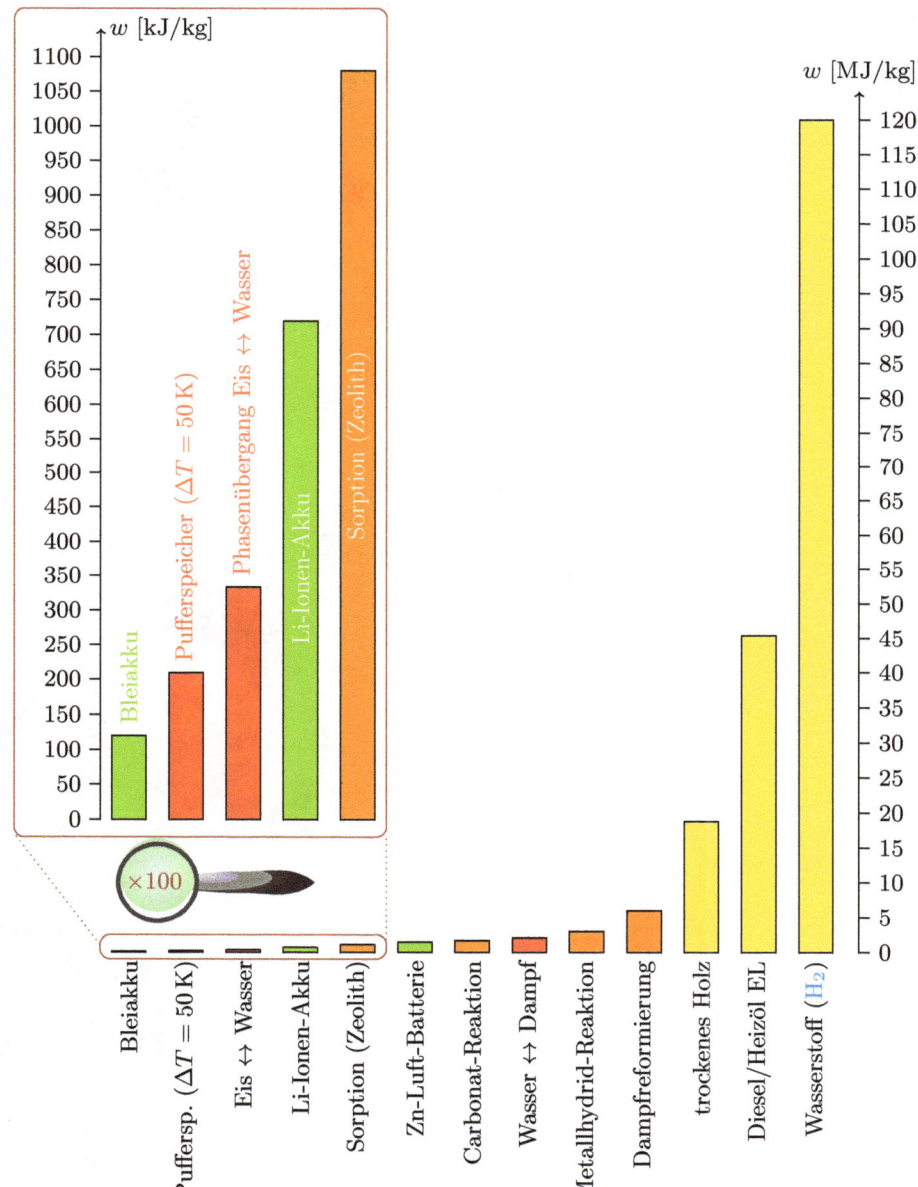

Abb. 6.8: Vergleich der gravimetrischen Energiedichte w für diverse thermische und einige andere Energiespeicher, ergänzend zu Abb. 5.15. Die Farbgebung erfolgt entsprechend dem technisch-physikalischen Grundprinzip in Abb. 5.12, d.h. rein thermische Speicher werden in Rot und thermochemische Speicher (inkl. Sorptionsspeicher) in Orange eingezeichnet. (KL$_{BY}^{CC}$)

7 Mobilität: Elektroauto, e-Fuels oder was?

Ein ganz erheblicher Teil unseres Energieverbrauchs – ein gutes Drittel – entfällt auf den Sektor der Mobilität ($\Rightarrow$ 5.1). Wir betrachten zunächst ganz grundlegend dieses Bedürfnis der Mobilität und was wir alles in Kauf nehmen, um es befriedigen ($\Rightarrow$ 7.1).

Eine ganz spezielle Betrachtung verdient dabei das Automobil ($\Rightarrow$ 7.2), das ja in unseren Köpfen weit mehr als ein bloßes Fortbewegungsmittel ist. Im ganzen Mobilitätssektor liefert der motorisierte Individualverkehr zudem den größten Beitrag zu Energieverbrauch und CO_2-Emissionen. Auch die indirekten Beiträge unseres automobilzentrierten Verkehrssystems zur Zerstörung des Planeten und damit unserer Lebensgrundlage sind nicht zu unterschätzen.

Den oft (und nicht zu Unrecht) gescholtenen Flugverkehr betrachten wir natürlich ebenfalls, und ebenso den Warentransport ($\Rightarrow$ 7.3). Nutzfahrzeuge und Flüge in den Weltraum sind in diesem Abschnitt ebenfalls ein Thema.

Auch der öffentliche Verkehr und andere vergleichsweise sanfte Varianten der Mobilität werden diskutiert ($\Rightarrow$ 7.4). Dabei muss allerdings klar sein, dass auch diese der Umwelt noch immer schaden, nur in einem vertretbarerem Rahmen. Entsprechend wichtig sind auch Strategien, unnötige Wege zu vermeiden.

Doch egal, ob nun individuelles Fahrzeug oder eines des öffentlichen Verkehrs, die Energie für den Antrieb muss irgendwo her kommen, gespeichert und am Ende in Bewegungsenergie umgesetzt werden. Daher betrachten wir zunächst die verschiedenen Technologien, mit denen sich Fahrzeuge antreiben lassen ($\Rightarrow$ 7.5), von der Muskelkraft, Wind und Wasser über Dampfmaschine und Verbrennungsmotor bis hin zu Brennstoffzelle und Elektromotor. Auch Hybridantriebe dürfen in diesen Ausführungen nicht fehlen.

Danach, und das ist das politisch wohl am heißesten diskutierte Thema, widmen wir uns der Frage, welche Treibstoffe wir in Zukunft verwenden sollen, auf welche Antriebstechnologien wir sinnvollerweise setzen sollen ($\Rightarrow$ 7.6). Doch, und das sollte klar sein, der Glaube, dass wir nur die richtige Technologien einsetzen müssen, und alle Probleme, die der Mobilitätssektor verursacht, sind gelöst, ist naiv. Die Herausforderung, vor die uns der Umbau der Mobilität stellt, ist so groß, dass ein umfassenderes Vorgehen notwendig ist.

© Der/die Autor(en), exklusiv lizenziert an
Springer-Verlag GmbH, DE, ein Teil von Springer Nature 2025
K. Lichtenegger, *Klima, Energie und die große Transformation*,
https://doi.org/10.1007/978-3-662-71187-3_8

7.1 Grundbedürfnis Mobilität

Mobilität gilt allgemein als Grundbedürfnis, und sie ist in der Tat ein Grundbaustein des modernen Lebens. Die Zeiten, in denen viele Menschen kaum jemals die nähere Umgebung des eigenen Dorfes verlassen haben, sind zum Glück vorbei. Allerdings handelt es sich bei Mobilität selten um ein *ganz grundlegendes* Bedürfnis, sondern sie ist meist nur Mittel zum Zweck: Man muss oder will eben, um etwas Bestimmtes zu tun, an einem anderen Ort sein.[1] Auf besonders prägnante Weise hat das Douglas Adams in seinem berühmten Buch *The Hitchhiker's Guide to the Galaxy* formuliert:

> Bypasses are devices that allow some people to dash from point A to point B very fast while other people dash from point B to point A very fast. People living at point C, being a point directly in between, are often given to wonder what's so great about point A that so many people from point B are so keen to get there, and what's so great about point B that so many people from point A are so keen to get there. They often wish that people would just once and for all work out where the hell they wanted to be.

Wäre das *Beamen*[2] bereits erfunden, bequem und sicher einsetzbar, dann wären die Autobahnen, Landstraßen, Bahnhöfe und Flughäfen wohl weitgehend leer. So aber ist aus dem Bedürfnis nach Mobilität ein gefräßiger Moloch entstanden, der für mehr als ein Drittel unseres Gesamtenergieverbrauchs verantwortlich ist. Daneben sind zehntausende Todesopfer pro Jahr durch Unfälle allein in Europa zu beklagen (und noch viele mehr weltweit), ein beträchtlicher Flächenverbrauch für Straßen und Parkplätze, Schadstoff- und Lärmbelastung, ... Diesen Preis sind wir aktuell bereit, für ein gewisses Maß an Bequemlichkeit zu zahlen, um von A nach B zu kommen, ohne viel Rücksicht auf alle, die in C leben.

7.1.1 Verkehr frisst Fläche

Die Fläche auf unserem Planeten ist eine Ressource, die offensichtlich begrenzt ist ($\Rightarrow$ 2.2.3). Davon wiederum ist nur ein Teil potenziell biologisch nennenswert produktiv. Doch auch bei derartigen wertvollen Flächen, auf denen u.a. unsere Ernährung beruht, haben wir als Gesellschaft erstaunlich wenig Hemmungen, sie in immer größerem Ausmaß zu asphaltieren, wenn irgendjemand der Meinung ist, dass wir noch eine Straße oder ein paar Parkplätze brauchen.

---

[1] Natürlich gibt es gelegentlich auch das Fahren um des Fahrens willen, von den Bergstraßentour mit dem Motorrad über Oldtimer-Ralleys bis hin zur Formel 1. Verglichen mit dem Fahren aus Notwendigkeit ist das aber eher ein Rand- bzw. Nischenphänomen.

[2] die Variante aus Star Trek, nicht das interessante, aber oft missverstandene Quantenphänomen (auch „Quantenteleportation"), mit dem lediglich *Information* übertragen wird

In Deutschland sind es momentan etwa 5 % des Landes, die von Verkehrsflächen bedeckt sind.[3] In Österreich sieht es auf den ersten Blick etwas harmloser aus: Etwas über 2 000 km^2 werden von Straßen, Parkplätzen, Schienen und Verkehrsrandflächen eingenommen, also ca. 2.5 % der Landesfläche. Doch Österreich ist ein gebirgiges Land, in dem ein guter Teil der Fläche als nicht bewohnbar eingestuft wird. Betrachtet man lediglich den *Dauersiedlungsraum*, dann sind es bereits 6.6 %, die für Verkehrsflächen in Gebrauch sind – Tendenz steigend.[Umw21]

Doch es ist nicht nur diese Fläche, die verloren geht. Straßen verändern die Umwelt und sind eine potenzielle Todeszone für viele Tierarten.[4] Bei vielen Ökosystemen ist es wichtig, dass es größere zusammenhängende Flächen gibt, die nicht durch Straßen zerschnitten werden. Die ökologischen Auswirkungen der Verkehrsflächen gehen also nochmals deutlich über die direkt verbrauchte Fläche hinaus.

7.1.2 Ein formbares Bedürfnis

Kaum ein Bedürfnis wird so stark von den äußeren Umständen, von der gebauten Infrastruktur geprägt wie die Mobilität. Dabei ist es die *Raumplanung* – oder deren Fehlen –, die maßgeblich bestimmt, wie groß das Bedürfnis und wie hoch der Preis ist. Ist alles, was man normalerweise braucht, in einer Viertelstunde zu Fuß erreichbar, am besten auf hübschen Wegen durch Parks und Fußgängerzonen, dann hält sich der Mobilitätsbedarf zumindest im Alltag in Grenzen. Ist schon der nächste Supermarkt mehrere Kilometer entfernt, dann sieht die Sache anders aus. Wenn dann auch noch der öffentliche Verkehr schlecht ausgebaut ist, dann bleibt oft nur die schädlichste Variante übrig, der motorisierte Individualverkehr.

Dabei, wie groß der Mobilitätsbedarf ist, wie groß die Schäden sind, die seine Deckung anrichtet, gibt es oft einen deutlichen Unterschied zwischen Stadt und Land – doch ebenso auch zwischen verschiedenen Städten und verschiedenen ländlichen Regionen. Man findet kompakt gebaute Städte mit gutem öffentlichem Verkehrsnetz (*„walkable cities"*) ebenso wie Städte, in denen man ohne eigenes Auto nahezu verloren ist – berüchtigt etwa Atlanta oder Los Angeles. Zersiedelte Landstrichen, wie es von ihnen in Österreich viele gibt, werden von einem Netz von kleinen Straßen zerschnitten und die Mobilität beruht weitgehend auf dem Automobil. Einen Gegenentwurf bieten kompakt gebaute Dörfer, wo es mitten im Ort noch zumindest ein Gasthaus, ein Café und ein Geschäft für Lebenmittel und Kleinigkeiten des täglichen Bedarfs gibt und nicht jeder Besuch, jeder Einkauf gleich eine kilometerweite Fahrt erfordert.

---

[3]https://www.hvv-schulprojekte.de/unterrichtsmaterialien/flaechenverbrauch/
[4]Für einige, wie etwa Kröten auf ihren Wanderungen, gibt es inzwischen zum Glück mancherorts Schutzmaßnahmen.

7.2 Motorisierter Individualverkehr

> The ordinary "horseless carriage" is at present a luxury for the wealthy; and although its price will probably fall in the future, it will never, of course, come into as common use as the bicycle.
>
> Literary Digest, 1899, laut [2sp06]

Dass Lebensmittelgeschäfte nur zu bestimmten Zeiten offen haben, das sind wir in Mitteleuropa gewohnt, und das ist im Sinne menschenwürdiger Arbeitszeiten ja auch gut so. Braucht man aber am Sonntag-Nachmittag dringend einen Liter Milch, dann ist oft der nächste Ort, wo man ihn bekommen kann, eine Tankstelle. Bei Treibstoff wird schon seit Jahrzehnten erwartet, dass er rund um die Uhr verfügbar sein muss. Ohne Brot kommen wir im Notfall anscheinend leichter aus als ohne Benzin – was schon etwas darüber aussagt, wie unsere Gesellschaft in Bezug auf das Automobil tickt.

Tatsächlich ist kaum ein Thema so emotional aufgeladen wie das Auto.[5] Ganz egal, wie viel Schaden der motorisierten Individualverkehr (MIV) auch anrichten mag, wie viele indirekte Kosten er auch verursacht, der Slogan von den armen Autofahrer:innen als „Melkkühen der Nation" zieht noch immer.

Offenbar sind graue Städte, die von mehrspurigen Straßen durchzogen werden, die ganz auf das Automobil ausgerichtet sind und in denen man damit trotzdem mehrmals am Tag nur im Schritttempo vorankommt, eine so großartige Sache, dass es an Ketzerei grenzt, dieses Konzept in Frage zu stellen.

Well to Wheels Das Automobil ist in vieler Hinsicht eine der ineffizientesten Maschinen, die der Mensch jemals erfunden hat. Ganz besonders gibt das natürlich bei Verwendung eines Verbrennungsmotors mit dessen eher bescheidenen Wirkungsgraden ($\Rightarrow$ 7.5.3). Stellt man für einen Verbrennungs-Kraftfahrzeug eine vollständige *Well-to-Wheels*-Berechnung an, untersucht also, wie viel von der Energie des Erdöls (aus dem Bohrloch, dem *Well*) als Antriebsenergie bei den Rädern (den *Wheels*) ankommt, sind die Ergebnisse, wie etwa in Abb. 7.1 gezeigt, per se schon mager.

Doch selbst mit einem sehr effizienten Motor wird immer noch der Großteil der Energie dafür verwendet, das Automobil (und dessen Treibstoff bzw. Batterie) zu transportieren. Bei einer einzelnen Person von weniger als hundert Kilogramm Körpermasse, die allein in einem Gefährt sitzt, das eine Tonne oder mehr auf die Waage bringt, kann man im Grunde jeden Wirkungsgrad noch einmal durch mindestens 10 dividieren, wenn man den Faktor von Nutz- zu Gesamtmasse ehrlich berücksichtigt.

---

[5] Motorräder, Quads und andere Fahrzeuge, die ebenfalls Beiträge zum motorisierten Individualverkehr leisten, können gerne mitgedacht werden, fallen aber gegenüber den Automobilen wenig ins Gewicht.

7.2 Motorisierter Individualverkehr

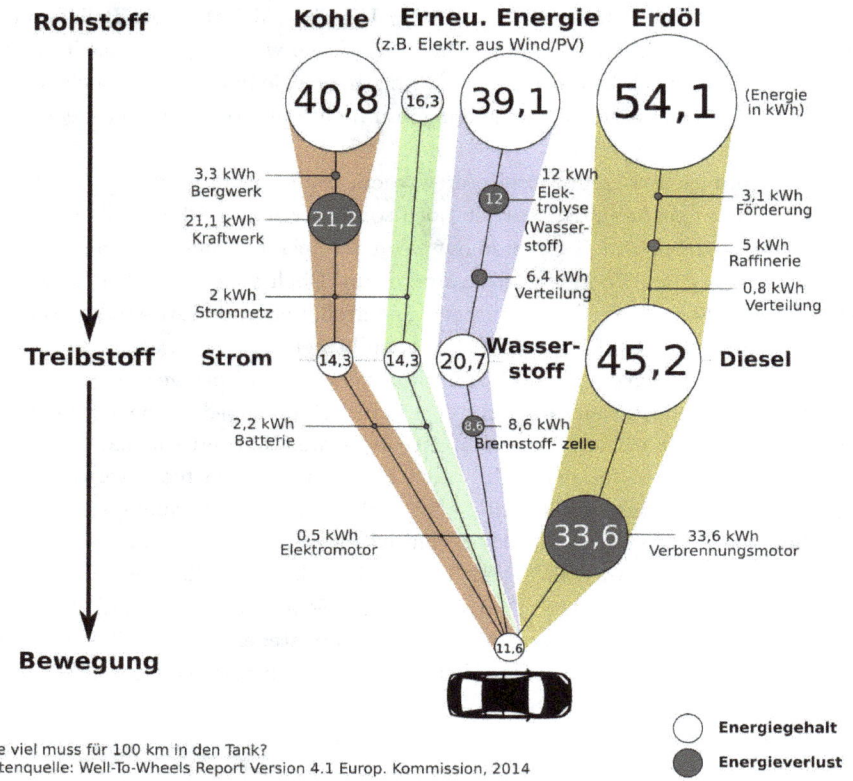

Abb. 7.1: Visualisierung einer Well-to-Wheels-Analyse der Europäischen Komission für verschiedene Antriebe, von Gregor Hagedorn (CC BY 4.0), https://commons.wikimedia.org/wiki/File:Well_to_Wheels_(kWh).svg?lang=de

7.2.1 Wir bauen die falschen Autos (und sehr viele davon)

> That the automobile has practically reached the limit of its development is suggested by the fact that during the past year no improvements of a radical nature have been introduced.
>
> Scientific American, Jan. 2 edition, 1909, [2sp06]

Über die Wahl des Antriebs hinaus kann man Autos sehr unterschiedlich bauen. Für die meisten Zwecke – oft, ein oder zwei Person von A nach B zu bringen, vielleicht noch mit ein bisschen Gepäck oder ein paar Einkäufen – würden kleine, sparsame Fahrzeuge völlig ausreichen. Doch das sind nicht jene Autos, die die Verkaufsstatistiken anführen.

Statt dessen erfreuen sich etwa *Sports Utility Vehicles* (SUVs) großer Beliebtheit, seltsame Kreuzungen aus Sport- und Geländewagen, die weder die eine noch die andere Funktionalität wirklich bieten. Ihren Ursprung haben sie in einem rechtlichen Schlupfloch der US-amerikanischen Gesetzgebung, um Richtlinien zu Verbrauchsbegrenzungen zu umgehen.[Stö24, Kap. 3]

Autos, die immer größer und schwerer werden, brauchen naturgemäß mehr Energie und mehr Platz. Da kann der Antrieb noch so sauber sein (und aktuell sind das auch Elektrofahrzeuge nur zum Teil), man hat es immer noch mit einer enormen Verschwendung von Rohstoffen, Energie und Raum zu tun. Doch viele Hersteller konzentrieren sich auf diesen Sektor, die Gewinnmargen sind groß, und in den Ausstellungshallen der Autoverkäufer sehen die SUVs offenbar oft am besten aus.

Das ist ein Bereich, wo der Markt leider dabei versagt, vernünftige Lösungen zu finden ($\Rightarrow$ 9.1.2) – zumindest, wenn man ihm nicht klare Rahmenbedingungen gibt. Für viele Menschen ist ein fahrbarer Untersatz aktuell notwendig, und solange es keine mindestens ebenbürtige Alternative gibt, darf man ihnen diesen nicht verwehren. Jeder Luxus, der darüber hinausgeht, sollte aber wirklich teuer zu bezahlen sein.

Natürlich macht Autofahren mit kleineren, leistungsschwächeren Autos nicht ganz so viel Spaß. Doch wenn Autofahren ein Hobby sein soll, dann sollte das zumindest einen entsprechenden Preis haben. (Immerhin gibt es viele andere Hobbies, die weit weniger Schaden anrichten.) Hier könnte man speziell mit steuerlichen Maßnahmen einiges bewegen,[6] etwa mit jährlichen Abgaben auf Fahrzeugmasse bzw. Motorleistung, die stärker als nur linear zunehmen.

7.2.2 Fahrstil

Nicht nur von der Bauweise der Autos hängt ihr Verbrauch ab, sondern auch von der Fahrweise – sogar ganz erheblich. Dabei machen sich diverse physikalische Effekte bemerkbar, etwa, dass der Luftwiderstand quadratisch mit der Geschwindigkeit zunimmt. Durch die Reduktion des Tempos von 130 auf 100 km/h kann man, auf die zurückgelegte Strecke bezogen, nicht nur etwa ein Viertel des Treibstoffs einsparen, sondern, wenn man mit einem Verbrennungsmotor unterwegs ist, auch noch toxische Emissionen und auf jeden Fall Lärmbelastung reduzieren.[7] Ein Tempolimit von 100 km/h auf Autobahnen wäre eine der wirksamsten politischen Einzelmaßnahmen zum Klimaschutz – doch mit so etwas gewinnt man (noch) eher keine Wahlen. Zumindest aber ist langsamer zu fahren etwas, was man selbst einfach tun kann.

---

[6]Das wäre auf jeden Fall mehr im Sinne der Umwelt als „Abwrackprämien", die im Endeffekt vorwiegend Wirtschaftsförderungen für die Automobilindustrie waren.
[7]https://www.umweltbundesamt.at/umweltthemen/mobilitaet/mobilitaetsdaten/tempo

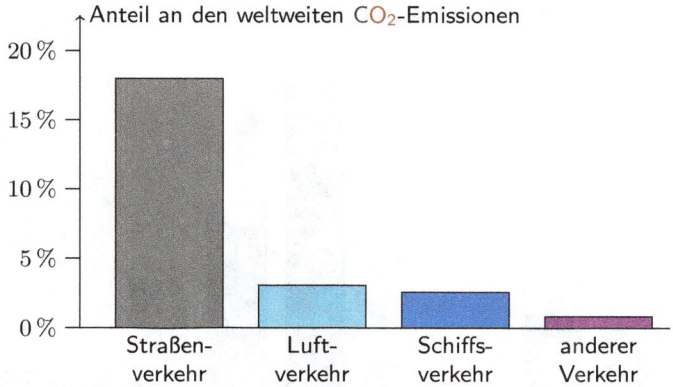

Abb. 7.2: Anteil der verschiedenen Verkehrssektoren an den weltweiten CO_2-Emissionen im Jahr 2019, Zahlen von [Sta24a]

7.3 Jenseits des Individualverkehrs

Der motorisierte Individualverkehr, verkörpert insbesondere durch das Automobil ($\Rightarrow$ 7.2), trägt zum Energieverbrauch und den CO_2-Emissionen des Verkehrssektors am meisten bei ($\Rightarrow$ Abb. 7.2). Doch natürlich gibt es in der Mobilität noch andere Bereiche, die nicht zu unterschätzen sind.

7.3.1 Flugverkehr

Kaum ein Verkehrsmittel hat in Bezug auf seine Klimawirkung einen schlechteren Ruf als das Flugzeug – und nicht ganz zu unrecht. Auf Kurzstreckenflügen produziert ein Kilometer, den man mit dem Flugzeug zurücklegt, mehr als doppelt so hohe CO_2-Emissionen wie einer mit einem durchschnittlichen (und durchschnittlich besetzten) Benzin- oder Diesel-Auto. Für längeren Strecken verbessert sich das Verhältnis zwar zunehmend, bis Auto und Flugzeug durchaus ähnliche Werte aufweisen. Der Vergleich hinkt allerdings ebenfalls zunehmend, da man derart weite Strecken meist auch nicht mit dem Auto fahren würde. Das Flugzeug verführt eben zu weiten Reisen, die man sonst oft gar nicht unternehmen würde. Außerdem sind auch für Langstrecken die Emissionen pro Personenkilometer noch etwa 20-mal so hoch wie jene für die Bahn. Die entsprechenden Emissionsfaktoren sind in Abb. 7.3 illustriert. Global ist der Flugverkehr, wie in Abb. 7.2 illustriert, für ca. 3 % der CO_2-Emissionen verantwortlich, also deutlich weniger als die ca. 18 %, die aus dem Straßenverkehr stammen.

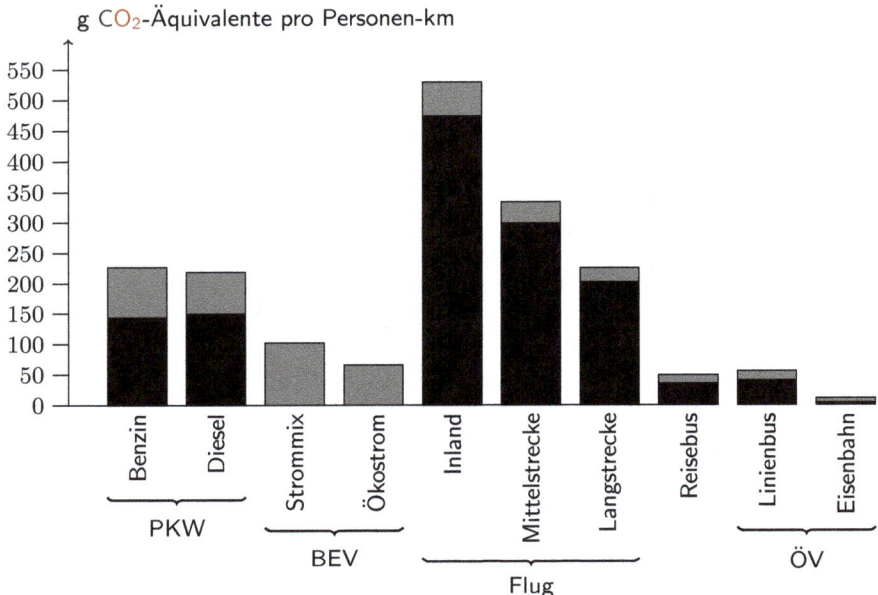

Abb. 7.3: Emissionenfaktoren für verschiedene Verkehrsmittel: Personenkraftwagen (PKW), Batterieelektrische Fahrzeuge (BEV), Flugverkehr, Öffentlicher Verkehr (ÖV); ■ direkte Emissionen, ▨ indirekte Emissionen. Die Zahlen stammen von [Umw24c] und beziehen sich auf Österreich, Stand 2024. Für andere Länder können sie durchaus anders aussehen, speziell hinsichtlich Strommix und Eisenbahn (die in Österreich vor allem von Wasserkraft versorgt wird).

Allerdings geht es nicht nur um die CO_2-Emissionen allein. Dadurch, dass Flüge in Höhen von bis zu 13 km stattfinden, beeinflussen sie die Atmosphäre und damit den Wärmehaushalt der Erde auch noch auf andere Weise, durch Kondensstreifen, Stickoxide und Ruß. Diese Effekte sind zwar nicht ganz einfach zu quantifizieren, doch eine grobe Faustregel ist, dass diese Effekte etwa doppelt so stark wirken wie das CO_2, weshalb insgesamt mit einem Verstärkungsfaktor von drei gerechnet werden kann.[8]

Leider ist das Fliegen ein Bereich, der sich nur sehr schwer elektrifizieren lässt. Die verglichen mit chemischen Energieträgern wesentlich geringere Energiedichte von Batterien ($\Rightarrow$ 5.4.6) macht sich hier besonders deutlich bemerkbar. Ein batteriebetriebenes Flugzeug muss bei gleicher Reichweite und Transportkapazität viel schwerer sein als ein konventionelles. (Zudem wird es von Propellern statt von Turbinen angetrieben und ist entsprechend etwas langsamer, aber das ist das kleinere Problem.)

---

[8]so zumindest auf https://www.atmosfair.de/de/fliegen_und_klima/flugverkehr_und_klima/klimawirkung_flugverkehr/, beruhend auf Abschätzungen des deutschen Umweltbundesamts

Auf Kurzstrecken, auf denen der Nutzen des Flugzeugs aber ohnehin oft zweifelhaft ist, mag es sinnvoll möglich sein, solche Technologien einzusetzen, für Langstrecken ist es aber nahezu unmöglich. Hier ist ein wesentlicher Ansatz die Entwicklung und Produktion von nachhaltigen Flugtreibstoffen (*Sustainable Aviation Fuels*, SAFs) auf Basis von Biomasse ($\Rightarrow$ 5.2.4) oder Power2Gas ($\Rightarrow$ 8.3.2). Durch diese lässt sich die Klimabilanz des Fliegens verbessern, die „Nicht-CO_2-Effekte" eliminieren sie aber auch nicht. Auch SAFs werden es uns also eher nicht ersparen, unseren Flugverkehr zu reduzieren. Dabei wird es nicht darum gehen, Menschen ihren jährlichen Flug in den Urlaub zu verbieten. Für wirklich erforderliche Weitstreckenflüge auf andere Kontinente gibt es auch kaum eine Alternative.[9] Doch speziell für kurze bis mittlere Strecken, deren Klimabilanz besonders schlecht ist, gäbe es durchaus oft andere Möglichkeiten, speziell durch Verbesserung des Angebots der Bahn ($\Rightarrow$ 7.4). Generell ist die Frage, ob jedes Treffen, zu dem Menschen aus diversen Weltgegenden anreisen müssen, ob jede Geschäftsreise tatsächlich nötig ist ($\Rightarrow$ 9.3.3). Wäre ein Flug in unserem Denken nicht oft die erste Option, sondern eine der letzten, für den Fall, dass wirklich nichts anderes funktioniert, wäre die Lage wohl schon etwas besser.

7.3.2 Transport- und Nutzfahrzeuge

Wir nutzen Fahrzeuge, Flugzeuge und andere Verkehrsmittel nicht nur, um Personen von A nach B zu bringen, sondern auch zum Transport von Waren. Eine grobe Faustregel ist, dass der Personenverkehr für knappe zwei Drittel des Energieverbrauchs im Verkehrs verantwortlich ist, der Warentransport für ein gutes Drittel.[10] Dabei kommen natürlich verschiedene Verkehrsmittel zum Einsatz.

LKWs Für viele Warentransporte ist das Mittel der Wahl der Lastkraftwagen (LKW). In vielen Fällen, etwa für die Anlieferung zu Supermärkten, gibt es hierzu auch kaum Alternativen. Für Überlandtransporte ist die Bahn hingegen oft eine Option, und wenn es um die Auslieferung kleiner Warenmengen im innerstädtischen Bereich geht, dann ist das *Lastenrad* dem LKW oft durchaus ebenbürtig – und viel umweltschonender. Doch für jene Bereiche, wo es für den LKW keinen wirklichen Ersatz gibt, werden wir gewisse Anstrengungen brauchen, auch diesen Bereich des Warentransports nachhaltig und klimaneutral hinzubekommen. Batterieelektrisch betriebene LKWs sind prinzipiell durchaus möglich, es gibt sogar schon Modelle – aber auch hier macht sich die geringe

---

[9] Mit einem Segelschiff den Atlantik zu überqueren, wie es Greta Thunberg 2019 getan hat, um am Klimagipfel in New York teilzunehmen, ist zwar symbolträchtig, aber in den meisten Fällen keine ernsthafte Alternative zu einem Flug.

[10] In Deutschland ist das Verhältnis 63 % zu 37 %, siehe https://www.umweltbundesamt.de/daten/verkehr/endenergieverbrauch-energieeffizienz-des-verkehrs.

Energiedichte der Batterien unangenehm bemerkbar. Was für lokale Kleintransporte noch gut funktionieren kann, ist für überregionale Schwertransporte kaum mehr geeignet. Für den LKW-Verkehr, der sich nicht auf andere Verkehrsmittel verlagern lässt, müssen wir davon ausgehen, dass er weiterhin vor allem mit chemischen Kraftstoffen erfolgen wird (Wasserstoff, SNG, e-Fuels, ...), womöglich mit Brennstoffzellen, vielleicht aber sogar weiter mit Verbrennungsmotoren.

Flugzeug und Schiff Auch mit Flugzeugen werden manchmal Güter transportiert, allerdings normalerweise vor allem besonders schnell verderbliche oder andere, deren Zustellung zeitkritisch ist. Den Hauptteil der Last des internationalen Warenverkehrs, vor allem zwischen den Kontinenten, trägt hingegen die Schifffahrt, die global ähnlich hohe CO_2-Emissionen verursacht wie der Flugverkehr ($\Rightarrow$ Abb. 7.2). Die Emissionen von SO_2 und anderen toxischen Stoffen durch den Schiffsverkehr ist in den letzten Jahrzehnten hingegen beträchtlich zurückgegangen – was zwar prinzipiell positiv ist, aber auch die teilweise „Maskierung" der Treibhauseffekts durch Aerosole reduziert hat ($\Rightarrow$ 3.3.3). Die Elektrifizierung des Schifffahrt ist zwar etwas leichter als jene des Flugverkehrs, aber immer noch schwierig genug. Auch hier werden also wohl in Zukunft nachhaltig produzierte Treibstoffe zum Einsatz kommen müssen. Eine gewisse Reduktion des Warentransports durch eine Abkehr von der Philosophie, möglichst viele (qualitativ oft minderwertige) Waren dort zu produzieren, wo es am billigsten ist, und sie dann quer über die Welt zu verschiffen, würde natürlich auch helfen.

Bahntransport Die Eisenbahn, ursprünglich von Kohle und Wasserdampf, später von Dieselmotoren angetrieben, ist inzwischen weitgehend elektrifiziert. (Das gilt auf jeden Fall auf zurückgelegte Kilometer bezogen, wenn auch nicht zwangsläufig auf Streckenkilometer.) Bei den aktuell schon hohen Anteilen erneuerbarer Energie an der Stromerzeugung liegen die CO_2-Emissionen der Bahn pro Tonne und Kilometer bei weniger als einem Zehntel dessen, was der Transport mit Sattelschleppern verursacht, und bei weniger als einem Hundertstel dessen, was Klein-LKWs produzieren.[Umw24c]

Eine Verlagerung des Güterverkehrs soweit wie sinnvoll möglich auf die Bahn wäre also das Gebot der Stunde. Doch stattdessen stagniert der europäische Güterbahnverkehr. Zu einem Teil liegt das – ganz analog zum Personenbahnverkehr ($\Rightarrow$ 7.4.1) – an der technischen Infrastruktur, die ausgebaut werden sollte, zu einem guten Teil aber auch an bürokratischer Kleinkariertheit, durch die es bis heute keine einheitlichen und die Abläufe beschleunigenden Regeln im Bahnverkehr gibt. Ansätze wie das Europäische Eisenbahnverkehrsleitsystem (ERTMS) als einheitliches, länderübergreifendes System, würden hierbei helfen, werden aber aufgrund der hohen Investitionskosten nur zögerlich umgesetzt.[11]

---

[11]siehe etwa https://op.europa.eu/webpub/eca/special-reports/ertms-rail-13-2017/de/

Nutzfahrzeuge Neben Vehikeln für den Transport von Personen und Waren sind natürlich auch noch diverse *Nutzfahrzeuge* im Einsatz, von den Traktoren in der Landwirtschaft über die Bagger der Bauwirtschaft, über Feuerwehrautos und Rettungshubschrauber bis hin zu den Panzern und Abfangjägern des Militärs. Bei den meisten dieser Fahrzeuge (oder gar Flugzeuge) erscheint eine vollständige Elektrifizierung schwierig. Schon Brennstoffzellen stehen hier vor großen Herausforderungen, da sie empfindlich gegenüber ungünstigen Außenbedingungen wie Staub in der Luft sind – und gerade Nutz- und Einsatzfahrzeuge müssen oft unter sehr ungünstigen Bedingungen arbeiten. Hybridantriebe sind zwar eine Option, reduzieren den Bedarf an chemischen Treibstoffen aber meist nur geringfügig.[12]

Egal, wie groß die Veränderungen in Land- und Bauwirtschaft auch sein werden, auf Traktoren und Bagger werden wir wohl nicht verzichten können, und ebensowenig auf Einsatzfahrzeuge. Auch dass man ohne ausreichende militärische Infrastruktur schnell zum Opfer gieriger Autokraten und Eroberer wird, hat sich auch in jüngster Vergangenheit leider wieder gezeigt. Entsprechend wird es auch von dieser Seite her weiterhin einen Bedarf an chemischen Kraftstoffen geben.

7.3.3 Der Weltraum – unendliche Weiten?

Längst schon sind Weltraummissionen keine exklusive Domäne der Wissenschaft mehr. Satelliten spielen eine wichtige Rolle bei der Telekommunikation, bei Wettervorhersagen und auch bei für die Umwelt sehr wertvollen Aufgaben, etwa dem Aufspüren von Quellen hoher Methan-Emissionen.[13]

Doch Satellitenstarts und erst recht Missionen, die Sonden oder andere Raumfahrzeuge ganz aus dem Einflussbereich der Erde schießen, haben einen ökologischen Preis. Um ein Kilogramm Nutzlast ins Orbit zu bringen, ist ein Vielfaches dieser Masse an Treibstoff nötig. Entsprechend sollten wir uns bei Weltraummissionen auf wirklich nutzbringende bzw. wissenschaftlich wertvolle Vorhaben konzentrieren. Weltraumtourismus für Menschen, die anscheinend zu viel Geld haben ($\Rightarrow$ 9.4.5), fällt sicher nicht in diese Kategorie.

Bei Infrastruktur, die wir in Zukunft im Weltraum errichten wollen, ist es sinnvoll, möglichst Material von dort (etwa von Asteroiden) zu verwenden und nur so wenig, wie unbedingt nötig ist, von der Erde ins All zu schießen.

---

[12]So wurde z.B. von Rolls Royce ein hybrider Antrieb für Kampfpanzer vorgestellt, der höhere Spitzenleistungen beim gleichzeitigen Einsatz von Diesel- und Elektromotor und eine leisere Fortbewegung im rein elektrischen Modus erlaubt, siehe [RR24].

[13]siehe zu Methan etwa https://www.esa.int/Applications/Observing_the_Earth/Copernicus/Trio_of_Sentinel_satellites_map_methane_super-emitters für eine europäische und https://www.methanesat.org/ für eine US-amerikanische Mission

7.4 Sanftere Mobilität

Es gibt auch umweltschonende Methoden, um von A nach B zu kommen. Natürlich gibt es keine, die *überhaupt keinen* Schaden anrichtet, aber durchaus solche, deren Verwendung im Einklang mit dem Respektieren der planetaren Grenzen ist.[14]

7.4.1 Öffentlicher Verkehr

Auch öffentlicher Verkehr (ÖV) beruht natürlich auf konventionellen Antriebstechnologien (⇒ 7.5), verbraucht Energie und verursacht Emissionen. Doch durch das meist wesentlich bessere Verhältnis von Passagieren zu Fahrzeugmasse und durch bessere Möglichkeiten, umweltschonende Energiequellen einzusetzen, sind die Emission pro Personenkilometer deutlich geringer als beim motorisierten Individualverkehr oder beim Fliegen (⇒ Abb. 7.3).

Eisenbahn-Personenverkehr Ganz besonders gute Werte hat eine elektrifizierte, mit erneuerbarer Energie betriebene Eisenbahn. Auf manchen Strecken ist die Bahn dem Auto in puncto Reisegeschwindigkeit durchaus überlegen. Das gilt ganz besonderes für deklarierte Hochgeschwindigkeitszüge wie den französischen TGV oder den japanischen Shinkansen. Doch selbst im kleinen Österreich lässt sich der Railjet von Wien nach Linz mit dem Auto nur überholen, wenn man auf der Autobahn sehr günstige Bedingungen vorfindet und Geschwindigkeitsbegrenzungen auf schon kriminelle Art ignoriert. Zugleich kann es sich um ein prinzipiell sehr komfortables Verkehrsmittel handeln: In einem nicht überfüllten Zugwaggon, der mit Tisch und WLAN ausgestattet ist, kann man sehr produktiv arbeiten, ein Buch lesen – oder auch einfach schlafen.

Doch oft sind die Bedingungen nicht so günstig. Manche Regionen sind erschreckend schlecht an das Eisenbahnnetz angebunden. Auch dort, wo es einen Anschluss gibt, ist die Fahrtfrequenz auf vielen Strecken so niedrig, dass eine Zugreise schon genaue Planung erfordert – und, wenn man umsteigen muss, auch immer ein bisschen Glück.[15] Zu volle Züge bzw. Mitreisende, denen auch grundlegende Regeln der Rücksichtnahme fremd zu sein scheinen, können eine Zugfahrt auch sehr anstrengend machen. Auf der anderen Seite kann man auf Zugfahrten auch sehr interessante Menschen kennenlernen und durchaus anregende Konversationen führen.

---

[14] Formulierungen wie „Bahnfahren ist 30-mal umweltfreundlicher als Fliegen." sind daher ziemlicher Unsinn. Richtiger wäre: „Bahnfahren richtet nur ein 30-tel des Schadens von Fliegen an."

[15] Zum Teil ist das auch eine Konsequenz von zu knausrig gebauter Infrastruktur: Eingleisige Strecken, von denen es ja etliche gibt, weisen in beide Richtungen naturgemäß begrenzte Kapazitäten auf, und Verspätungen in die eine Richtung schlagen sich auch auf die andere durch.

Andere Schienenlösungen Eng verwandt mit der klassischen Eisenbahn sind Straßenbahnen und U-Bahnen, die vor allem im innerstädtischen Bereich ihren Platz gefunden haben. Durch Elektrifizierung und meist sehr gute Auslastung ist deren Klimabilanz ebenfalls recht gut, auch wenn solche Bahnen mit regulären Eisenbahnen leider bzgl. Komfort meist nicht mithalten können. Der Bau von U-Bahn-Tunneln ist allerdings eine arbeit- und ressourcenaufwändige Angelegenheit (und damit auch teuer), weshalb dieses Verkehrsmittel nur in größeren Städten eine sinnvolle Option ist.

Busverkehr Busse, speziell, wenn sie noch mit fossilen Kraftstoffen betankt werden, sind klarerweise klimatechnisch viel ungünstiger als die Bahn. Unbequemer sind sie zumeist ebenfalls (auch wenn es hierzu inzwischen durchaus Fortschritte gibt). Doch da wir das Straßennetz viel weiter ausgebaut haben als das Schienennetz, sind sie oft noch das Beste, was zur Verfügung steht. Für einen einigermaßen voll besetzten Bus ist die Klimabilanz immer noch deutlich besser als für das Automobil.

Weitere ÖV-Varianten Neben Schiene und Bus gibt es in Spezialfällen noch andere Möglichkeiten für ÖV, etwa Linienschiffe oder Seilbahnen. Hier hängt es von der geographischen Situation ab, ob solche Verkehrsmittel überhaupt möglich und gar sinnvoll einsetzbar sind. Entlang von Seen und Flüssen oder in den Bergen (meist als Ausgangsbasis für Ski- und Wandertourismus) kann es sich um exzellente Varianten handeln; für den innerstädtischen Verkehr sind es bislang eher exotische Nischenlösungen.

Ausbau und Takt Oft krankt der Ausbau des ÖV, egal ob mit Bahn, Bus oder anderen Verkehrsmitteln, an einem Henne-Ei-Problem: Das ÖV-Angebot ist so schlecht, so lebensfern, dass es kaum genutzt wird.[16] Durch die geringe Nutzung gibt es aber auch keinen Anreiz, das ohnehin schon defizitäre Angebot noch auszubauen.
Dass es durchaus anders geht, dass ein ausreichend gutes Angebot von den Menschen auch angenommen wird, zeigt etwa das Beispiel der Schweiz.[17] Dort gibt es (in vielen Kantonen) eine vorgegebene Mindestzahl an Verbindungen, durchdachte Taktvernetzung mit guten Umsteigemöglichkeiten und ein einfaches System für die Gültigkeit von Fahrkarten. (Die sprichwörtliche Schweizer Pünktlichkeit schadet sicher auch nicht.) Ein solches Angebot wird auch genutzt – es muss aber eben erst einmal zur Verfügung stehen. Hier sind die entsprechenden Planungsstellen anderer Länder gefordert, etwas Vergleichbares auf die Beine zu stellen.[18]

---

[16] Wenn es am Land auf einer Strecke in jede Richtung drei Busse pro Tag gibt (davon ein Schulbus), dann ist das nur in Ausnahmefällen praktikabel und sicher kein Ersatz für ein eigenes Auto.
[17] siehe etwa https://www.voev.ch/de/unsere-themen/erfolgsstory-oev-schweiz und Verweise wie https://vcoe.at/news/details/schweiz-als-vorbild-fuer-mobilitaetsgarantie
[18] Und ja, hier sind tatsächlich übergeordnete Planung und strikte Vorgaben erforderlich. Darauf, dass der Markt im ÖV-Bereich brauchbare Lösungen entwickeln wird, können wir lange warten ($\Rightarrow$ 9.1.2).

7.4.2 Car Sharing, Fahrgemeinschaften, Sammeltaxis, ...

Zur schlechten Klimabilanz des Automobils tragen zwei Faktoren wesentlich bei:

- Schon die Herstellung (und dann wieder die Entsorgung) eines solchen Fahrzeugs verschlingt viel Energie und andere Ressourcen. Ein eigenes Automobil zu besitzen, das den größten Teil des Tages nur herumsteht, ist aus dieser Sicht recht ineffizient – vor allem wenn es insgesamt dazu führt, dass deutlich mehr Fahrzeuge gebaut werden als jemals gleichzeitig im Einsatz sein können.
- Bei vielen Fahrten sitzt nur eine einzelne Person im Auto. Die Emissionsfaktoren in Abb. 7.3 für PKW und BEV wurden mit der durchschnittlichen Besetzung von 1.14 Personen berechnet. Für ein voll besetztes Fahrzeug sind die Werte klarerweise wesentlich besser. (Die zusätzliche Masse ist meist klein gegenüber jener des Fahrzeugs und erhöht den Verbrauch daher nur geringfügig.)

Der erste Punkt lässt sich durch *Car Sharing* entschärfen, der zweite durch Bildung von *Fahrgemeinschaften*. Letztere erfordern allerdings Organisationsaufwand und kompatible Zeitpläne. Verwandt mit Fahrgemeinschaften ist das Konzept der *Sammeltaxis*. Generell sind Taxis, speziell auf kurzen Strecken, eine sehr praktische Option, wenn man nur wenige Male im Jahr ein Auto braucht (und dann dafür vielleicht ein spezielles, etwa eines mit besonders großem Kofferraum).

Schon für die nahe Zukunft sind hier einige Veränderungen zu erwarten: So können autonomes Fahren und andere Lösungen auf Basis von Künstlicher Intelligenz ($\Rightarrow$ 10.1.5) in Zukunft diverse flexiblere Lösungen ermöglichen, z.B. eine Flotte autonom fahrender Kleinbusse, die auf optimierte Weise Personen einsammeln und an ihren Zielort bringen kann, auf Grundlage von Zeitwünschen, die man bequem in einer Smartphone-App eingeben und ggf. auch kurzfristig ändern kann. Der Übergang zwischen klassischem ÖV und individuellen Lösungen kann in Zukunft durchaus stärker verschwimmen.

7.4.3 Gehen und Fahrradfahren

Auch wenn das Gehen als Fortbewegungsmittel oft ausgeblendet wird, ist es auf kürzeren Strecken doch eine durchaus mögliche, umweltschonende und (wenn man dabei nicht zu viele Autoabgase einatmet) gesundheitsfördernde Variante. Das Fahrrad (bzw. eBike) ist im innerstädtischen Bereich ohnehin oft das schnellste Verkehrsmittel. In einer Gesellschaft, in der sich die meisten Menschen ohnehin zu wenig bewegen, ist es entsprechend sinnvoll, Gehen und Fahrradfahren attraktiver zu machen, vor allem durch den Ausbau von angenehmen Geh- und Radwegen.

7.4.4 Eine echte Alternative?

Stellen wir uns folgendes, vielen wahrscheinlich gar nicht so fremdes Szenario vor: Sie wohnen irgendwo in einem Randbezirk, im Gürtel um eine Stadt, arbeiten aber, wie so viele, in einem überfüllten Büro in der Innenstadt (nicht im historischen Kern, sondern dort, wo die Häuser höher und hässlicher sind). Aufgrund der etwas altmodischen Unternehmenskultur, in der Anwesenheit und Arbeitszeitmaximierung mehr zählen als Effektivität beim tatsächlichen Erledigen von Aufgaben, sind Sie gezwungen, fünf Tage die Woche den Weg von A (Ihrem Häuschen mit Garten) nach B (dem Büroturm in der Innenstadt) und retour zurückzulegen.

Die gängiste Art ist immer noch die folgende: Sie gehen am Morgen in die Garage, setzen sich in Ihr Auto, fahren allein in einem Fahrzeug, das bis zu fünf Personen transportieren könnte, zuerst durch das Wohngebiet (mit etwas Lärmbelästigung für die Nachbar – aber die belästigen Sie ja umgekehrt auch, also ist das nur fair), dann vielleicht sogar ein wenig flotter, bis Sie zu einer der großen Einfallstraßen in die Stadt kommen. Ab hier geht es die meiste Zeit dann nur noch im Schritttempo weiter, weil hunderte andere, die meistens auch allein in ihren Fahrzeugen (in denen oft auch fünf Personen Platz hätten) sitzen, genau das Gleiche machen wie Sie. Nach ca. einer halben Stunde Stop-and-Go-Verkehr, in der Sie viel schlechte Luft geatmet habe, weil auch das Auto-Lüftungssystem nicht alles herausfiltern kann, was da um Sie herum und auch von Ihnen selbst an Schadstoffen so produziert wird, sind sie endlich bei Ihrem Büroturm angekommen, wo Sie das Auto auf einem (Tiefgaragen-)Parkplatz stehenlassen und mit der täglichen Arbeit beginnen können.

Am Abend dann genau das Gleiche in umgekehrte Richtung, ein wenig flotter vielleicht, weil viele Leute wegen der ständig wachsenden Bürokratie Überstunden machen müssen, um ihre eigentliche Arbeit auch noch erledigen zu können ($\Rightarrow$ 9.3.3).

Natürlich gäbe es hierzu Alternativen. Das beginnt schon mit der Anwesenheitspflicht. Dass Mitarbeiter:innen ohne Dauerüberwachung nicht produktiv sind, ist ein Mythos, der spätestens durch die Home-Office-Phasen der Jahre 2020/21 eigentlich widerlegt sein sollte, sich aber in vielen Führungsriegen dennoch hartnäckig hält ($\Rightarrow$ 10.5). Allerdings sollte man auch den Ressourcenbedarf, den Home-Office bedeutet, nicht unterschätzen. Ein großes Bürogebäude zu heizen oder zu kühlen ist i.A. effizienter, als das bei vielen kleinen Einfamilienhäusern zu tun, und Videokonferenzen brauchen gar nicht so wenig elektrische Energie ($\Rightarrow$ 5.5.4).

Ein wirklich gut ausgebauter öffentlicher Verkehr (ÖV $\Rightarrow$ 7.4.1) könnte ebenfalls viel ändern: Stellen Sie sich als Alternative zur zuvor geschilderten Variante, um von A (immer noch Ihr hübsches Häuschen mit Garten) nach B (immer noch der hässliche Büroturm) zu kommen, doch Folgendes vor:

Zuerst spazieren Sie durch die hübsche, grüne, nahezu autofreie Gegend, in der Sie wohnen, zehn Minuten bis zur nächsten S-Bahn-Station, wo Sie höchstens fünf Minuten auf die nächste Bahn warten. Durch die hohe Taktfrequenz kommen die Züge nicht nur schnell, sondern sind auch maximal halbvoll, wodurch Sie ein Zweiertischchen für sich alleine haben, noch ein wenig Zeitung lesen können – oder Sie setzen sich zu einer Bekannten, um noch ein wenig zu plaudern.

Von der unterirdischen Station spazieren Sie noch einmal etwa fünf Minuten durch die nahezu autofreie Innenstadt, um sich dann ebenfalls in die Arbeit zu stürzen. (Dieser Teil ändert sich nicht.) Von Energieverbrauch und Luftverschmutzung her die viel günstigere Methoden, wahrscheinlich auch die entspannender – und Sie machen zusätzlich noch etwa eine Viertelstunde Bewegung, mit dem analogen Rückweg immerhin eine halbe Stunde pro Tag, und das ohne größeren Zeitaufwand als zuvor.

Die aktuelle Realität, wenn man wirklich den ÖV verwendet und nicht sehr viel Glück mit Lage der Stationen und dem Fahrplan hat, sieht natürlich ganz anders aus ($\Rightarrow$ 7.4.1). Das automobilzentrierte System mit vielen asphaltierten Straßen und einem außerhalb größerer Städte meist schlecht ausgebauten öffentlichen Verkehr ist selbsterhaltend und selbstverstärkend: Wenn man ohne Auto seine Wege nicht oder nur mit viel Mühe zurücklegen, sich nur schwer um seine Besorgungen kümmern kann, natürlich legt man sich dann ein Auto zu, wenn es irgendwie möglich (also leistbar) ist. Wenn aber ohnehin fast alle ein Auto besitzen, muss die Straßeninfrastruktur auf entsprechendem Niveau erhalten oder sogar ausgebaut werden, und dann hat es auch wenig Sinn („ist nicht wirtschaftlich"), brauchbare Alternativen anzubieten.

Besonders drastisch ist diese Situation in den USA, wo es in vielen Städten sehr schwer ist, ohne Auto zurecht zu kommen. Daher gibt es die Kategorie der *walkable city*, in der es tatsächlich gut möglich ist, sich auch zu Fuß und mittel ÖV fortzubewegen. In den USA fallen etwa New York oder San Francisco in diese Kategorie, in Europa glücklicherweise weitgehend alle Großstädte.

In solchen Städten ist der Anteil jener Menschen, die gar kein eigenes Auto mehr besitzen, oft schon hoch. Mit dem Geld, das man sich durch diesen Verzicht spart, kann man sich meist sowohl eine ÖV-Jahreskarten als auch die gelegentliche Taxifahrten leicht leisten. Die große Herausforderung sind aber die Einpendler:innen, die in „Speckgürteln" um die Städte herum leben, und die ländlichen Regionen. Hier muss es zuerst einmal ein passendes, ausreichend attraktives Angebot geben, bevor man auch nur hoffen kann, dass Menschen es in Erwägung ziehen, gelegentlich auf das Auto zu verzichten. Selbst dann aber sitzen die erlernten Muster und Verhaltensweisen oft sehr tief ...

7.5 Antriebstechnologien

Seit Mobilität endlich als ein zentrales Thema der Energiewende erkannt wurde, wird sehr viel über die „richtige" Antriebstechnologie diskutiert – viel mehr über das „Wie?" als über das „Wie viel?". Diejenigen, die das Elektroauto (ein wenig naiv) für die Lösung aller Probleme halten, stehen jenen gegenüber, die am Verbrennungsmotor hängen, das aber nicht zugeben wollen und deshalb „Technologieoffenheit" propagieren.
Würde die Technologieoffenheit nicht so dermaßen offensichtlich propagandistisch missbraucht, wäre sie ja durchaus ein valider Zugang. Verschiedene Antriebstechnologien haben alle ihre Stärken und Schwächen, und oft geht es darum, herauszufinden, für welchen Zweck welche davon am besten geeignet ist ($\Rightarrow$ 7.6).[19] Um zu sehen, für welche Technologien man hier offen sein könnte, unternehmen wir einen kleinen Streifzug durch das Reich der Möglichkeiten, Fahrzeuge anzutreiben, Personen und Lasten zu transportieren.

7.5.1 Muskelkraft, Wind und Wasser

Vor dem Zeitalter der Dampfmaschine gab es nur wenige Möglichkeiten, Fahrzeuge anzutreiben. Bei Schiffen gab es immerhin die Möglichkeit zu segeln ($\Rightarrow$ 5.2.3), und flussab, etwa um Holz von den Bergwäldern ins Tal zu bringen, konnte man auch die Strömung ausnutzen. An Land hingegen war man im Wesentlichen auf Muskelkraft angewiesen, menschliche oder die von Reit- bzw. Zugtieren (Pferde, Ochsen, Schlittenhunde, ...). Tatsächlich ist menschliche Muskelkraft (Gehen, Fahrradfahren, Rudern $\Rightarrow$ 7.4.3) für kurze Strecken oft noch immer eine exzellente Option, die minimale CO_2-Emissionen mit positiven Auswirkungen auf die Gesundheit verbindet.

Zugtiere sind in manchen (vor allem weniger entwickelten) Weltgegenden durchaus noch gängig; im globalen Norden hingegen beschränkt sich der Einsatz von Tieren größtenteils auf Sport und Tourismus (wie die bekannten, aber auch umstrittenen Fiaker in Wien). Das idyllisch-romantische Bild, das man dadurch heute von Pferdekutschen bekommen kann, täuscht darüber hinweg, dass sie in jener Zeit, in der sie intensiv eingesetzt wurden, erhebliche Probleme verursacht haben.
Pferdemist und -urin waren eine Quelle für Gestank, für Reizgase wie Ammoniak und für Ungeziefer; sie trugen wesentlich zu den katastrophalen Hygienezuständen in den Städten bei. So wurde etwa prognostiziert, dass der Pferdemist in London oder New York Mitte des 20. Jahrhundert meterhoch liegen würde und das Leben in diesen

---

[19]Das in Politik und Ökonomie weit verbreitete Vertrauen, dass der Markt in einem solchen technologieoffenen Zugang schon stets die beste Lösung finden wird ($\Rightarrow$ 9.1.2), ist allerdings noch wesentlich naiver als der bedingungslose Glaube an die Elektromobilität.

Städten nahezu nicht mehr möglich sein würde.[Bec21] Bekanntlich kam es anders, das Automobil löste die Pferdekutsche ab, und natürlich kann man sich heute wunderbar über solche Fehlprognosen amüsieren.[2sp06; Ort07]

Doch auch wenn die gesundheitlichen Auswirkungen des Autoverkehrs geringer sind als jene, die ein äquivalenter Pferdekutschenverkehr mit sich brächte, sind sie doch immer noch beträchtlich – und vor der Einführung von Katalysatoren, zu Zeiten der verbleiten Kraftstoffe, waren sie noch dramatischer. Die eigentliche Lehre aus dieser Episode ist, dass man durch technische Fortschritte den Preis für zunehmende Mobilität zwar reduzieren kann, dass er aber immer noch hoch bleibt.

7.5.2 Dampfmaschinen

> Dear Mr. President: The canal system of this country is being threatened by a new form of transportation known as 'railroads' ... As you may well know, Mr. President, 'railroad' carriages are pulled at the enormous speed of 15 miles per hour [≈ 24.1 km/h] by 'engines' which, in addition to endangering life and limb of passengers, roar and snort their way through the countryside, setting fire to crops, scaring the livestock and frightening women and children. The Almighty certainly never intended that people should travel at such breakneck speed.
>
> Martin Van Buren, Governor of New York, ~1830[2sp06]

Das Aufkommen der Dampfmaschine bedeutete auch für die Mobilität eine Revolution, die in Form der Eisenbahn sowie von *Dampfschiffen* kam. Die Eisenbahn erlaubte es, Personen und Lasten in großem Maßstab schneller und weiter zu transportieren, als es mit Pferden jemals möglich gewesen war. Sie verband im 19. Jahrhundert die europäischen Städte, trug zur Erschließung (bzw. Vereinnahmung) des amerikanischen Westens bei und war auch in der Militärlogistik eine Schlüsseltechnologie.[20]

Verglichen mit dem Verbrennungsmotor ($\Rightarrow$ 7.5.3) ist die Dampfmaschine aber schwer und umständlich. Auch bei der Eisenbahn, die nach wie vor ein Schlüsselelement der Mobilität ist (oder zumindest sein sollte $\Rightarrow$ 7.4.1), erfolgte der Umstieg auf Dieselmotoren und später eine weitgehende Elektrifizierung.

In der Mobilität haben Dampflokomotiven heute einen ähnlichen Status wie Pferdekutschen – eher eine nette Touristenattraktion für Ausflugsfahrten durch landschaftlich reizvolle Gegenden. In der Energieerzeugung hingegen sind Dampfprozesse nach wie vor eine zentrale Technologie ($\Rightarrow$ 5.2.1).

---

[20]Stark vereinfacht: Deutschland mit seinen beträchtlichen Kohlevorkommen gewann den deutsch-französischen Krieg (1870/71) mit Hilfe der Eisenbahn (und verlor die beiden Weltkriege des 20. Jahrhunderts u.a. auch aufgrund des Mangels an flüssigen Kraftstoffen).[Brö10]

7.5.3 Verbrennungsmotoren

Jene Technologie, die den motorisierten Individualverkehr das gesamte 20. Jahrhundert lang völlig dominiert hat und die auch jetzt noch die mit Abstand meisten Autos auf den Straßen antreibt, ist der *Verbrennungsmotor*. Von diesem gibt es viele Spielarten, mit mehr oder weniger Zylindern (oder auch ganz ohne), mit unterschiedlichen Leistungen, mit Benzin, Diesel, verflüssigtem Erdgas oder Pflanzenöl betrieben. Trotz aller groben und feinen Unterschiede ist das Grundprinzip doch stets das Gleiche: Eine Art von Kraftstoff wird verbrannt und die heißen Gase, die bei der Verbrennung entstehen, dehnen sich aus. Diese Ausdehnung wird in eine Drehbewegung übersetzt, und diese in eine Vorwärtsbewegung.

Insgesamt wird also chemische Energie zunächst in thermische Energie umgewandelt und diese weiter in kinetische Energie, also Bewegungsenergie. Bewegung ist ja nötig, um von A nach B zu kommen. Durch den Weg über die Wärme ist jeder Verbrennungsmotor der Einschränkung durch den Carnot-Wirkungsgrad unterworfen ($\Rightarrow$ 5.2.1), und real liegen die erreichbaren Wirkungsgrade nochmals deutlich niedriger: Beim Ottomotor (der in benzinbetriebenen Fahrzeugen zu Einsatz kommt und daher oft schlampig als Benzinmotor bezeichnet wird) liegt man unter sehr guten Bedingungen etwas über 30 %, beim Dieselmotor etwas über 40 %.[21] Unter vielen realistischeren Bedingungen, wenn man z.B. immer wieder bremsen und beschleunigen muss, kann der Wirkungsgrad noch deutlich schlechter sein.

Der Verbrennungsmotor, egal ob in der Otto- oder in der Dieselvariante, ist zudem ein komplexes und recht fehleranfälliges Gebilde. Eine entsprechend riesige Industrie- und Forschungslandschaft ist um ihn herum entstanden, zusätzlich gibt eine Vielzahl von Service- und Reparaturwerkstätten. Dazu kommen Raffinerien und Unmengen an Tankstellen; insgesamt dreht sich also ein beachtlicher Teil unserer Wirtschaft um diese Technologie, mit entsprechenden vielen Arbeitsplätzen, die an ihr hängen. Doch dass es der Verbrennungsmotor war, der gut hundert Jahre die Fahrzeugtechnik völlig dominierte, liegt nicht an der Technik selbst (denn die hat ja zahlreichen Schwächen), sondern an der extrem hohen Energiedichte des Treibstoffs ($\Rightarrow$ 5.4.5). Der große Trumpf des Verbrenner-Autos ist nicht sein Motor, sondern sein Tank.

---

[21] Der Dieselmotor verbrennt den Kraftstoff bei etwas höheren Temperaturen als der Ottomotor. Damit ist der erzielbare Wirkungsgrad etwas höher, der Dieselmotor also effizienter. Zugleich aber bilden sich auch deutlich mehr Stickoxide ($NO_x \Rightarrow$ 3.3.2). Dieselfahrzeuge sind also hinsichtlich CO_2-Emissionen etwas weniger schädlich, belasten aber dafür die unmittelbare Umwelt mehr – und auch manche Stickoxide sind ja klimawirksam. Man kann die Entstehung der Stickoxide durch Zugabe von Harnstoff („AdBlue") zwar weitgehend unterbinden, doch dafür ist ein regelmäßiges Auffüllen des entsprechenden Vorratstanks erforderlich – was als lästig empfunden wird. Der Wunsch, am Teststand die Abgasnormen zu erfüllen und zugleich im Normalbetrieb den Harnstoffverbrauch gering zu halten, war der Ursprung von „Dieselgate", [Hot15].

7.5.4 Elektromotoren in der Mobilität

Elektromotoren (von denen es ebenfalls viele Bauarten gibt) haben meist sehr gute Wirkungsgrade, typischerweise über 90 %.[22] In der Frühzeit der Automobilität (dem späten 19. Jahrhundert) waren Elektro- und Verbrennungsmotoren beide in Gebrauch. Dass sich nicht schon damals der elektrische Antrieb durchgesetzt hat, liegt vor allem an der Schwierigkeit der Energiespeicherung.

Diese sind trotz enormer Fortschritte in der Akku-Technologie ($\Rightarrow$ 5.4.4) bis heute die Achillesferse der Elektromobilität. Um auch nur in die Nähe der Reichweite von Verbrennern zu kommen, muss, trotz des viel besseren Wirkungsgrades des Motors, die Batterie einen erheblichen Teil der Masse (und der Kosten) eines Elektroautos ausmachen. Setzt man sich dann auch noch in Kopf, dass man unbedingt einen Elektro-SUV haben will ($\Rightarrow$ 7.2.1), dann können es schnell einige hundert Kilogramm sein, die allein die Batterie auf die Waage bringt. Von dieser Masse wiederum machen Stoffe, die global knapp sind, die unter sozial und ökologisch problematischen Bedingungen abgebaut werden, einen erheblichen Anteil aus ($\Rightarrow$ 3.1.2).

Ein zusätzliches Problem, das eng mit dem Speicherthema zusammenhängt, ist die Geschwindigkeit des Ladens. Von gängigen Treibstoffen sind wir es gewohnt, dass das Tanken, d.h. das Wiederauffüllen des Energiespeichers, binnen weniger Minuten erledigt ist. Dass dabei beträchtliche Energiemengen verschoben werden, ist uns meist bestenfalls am Rande bewusst.

Das Laden eines Akkus nimmt etwas mehr Zeit in Anspruch. Beim *Schnellladen* sind zwar inzwischen Leistungen von über 100 kW möglich; das geht aber nur bei speziellen Stationen, und das vollständige Laden braucht auch dann ca. eine halbe Stunde statt zwei oder drei Minuten. Zudem wirkt sich das Laden mit sehr hohen Leistungen tendenziell negativ auf die Lebensdauer der Batterie aus.[23] Die längeren Ladezeiten lassen sich zwar oft gut in den zeitlichen Ablauf integrieren; das erfordert aber natürlich etwas Planung und die Komplexität des Autofahrens steigt damit. Man muss also tatsächlich wieder ein bisschen nachdenken, statt sich einfach ins Auto zu setzen und loszufahren.

---

[22] Diese müssen sie auch haben. Während es bei Verbrennungsmotoren, Pumpen oder Turbinen einen beständigen Stoffstrom gibt, der auch Wärme abtransportiert, hat ein Elektromotor nur wenig Möglichkeiten, Wärme abzugeben. Hätte ein solcher Motor keinen exzellenten Wirkungsgrad, würde er bei größeren Leistungen schnell überhitzen.

[23] Ein System, bei dem der Akku an der Ladestation einfach getauscht wird, könnte ähnlich kurze „Tankzeiten" ermöglichen, wie man sie vom Verbrenner gewohnt ist. Das würde aber ein hohes Maß an Vereinheitlichung der Elektroautos erfordern, zudem eine System der routinemäßigen Tests der Batterien. Eine so weitreichende Standardisierung erscheint aktuell eher utopisch; zumindest würde sie eine umfassende Kooperation der Hersteller oder strikte gesetzliche Vorgaben erfordern. Die Redow-Flow-Technologie ($\Rightarrow$ S. 188), die ebenfalls ein schnelles Nachtanken erlauben würde, ist bislang aufgrund der zu geringen Energiedichten für die Elektromobilität nicht gut geeignet.

7.5 Antriebstechnologien

Abgesehen von diesen ernstzunehmenden Schwächen bietet die Elektromobilität gegenüber dem Verbrenner aber etliche Vorteile:

- Der Energieverbrauch ist deutlich geringer als beim Verbrenner. Das liegt natürlich am viel höheren Wirkungsgrad des Motors, aber auch daran, dass sich die Energierückgewinnung (*Rekuperation*) wesentlich einfacher in die Fahrzeugtechnik integrieren lässt.
- Im Prinzip ist ein rein erneuerbarer Betrieb des Elektroautos gut möglich – man muss „nur" dafür sorgen, dass die elektrische Energie vollständig erneuerbar erzeugt wird. (Ein Elektroauto, das rein mit Kohlestrom betrieben wird, kann hingegen durchaus eine schlechtere CO_2-Bilanz als ein Verbrenner haben.)
- Die Emissionen im Betrieb sind wesentlich geringer, da keine Verbrennungsabgase entstehen. Ganz emissionsfrei ist auch ein Elektroauto nicht, insbesondere entsteht weiterhin Feinstaub durch Reifenabrieb ($\Rightarrow$ 3.3.4), aber für die Luftqualität insbesondere in den Städten ist die Elektromobilität ein großer Schritt vorwärts.
- Die Batterien von Elektroautos, die (z.B. tagsüber am Firmenparkplatz oder in der Nacht in der eigenen Garage) an der Steckdose hängen, können als zusätzliche Energiespeicher genutzt werden, um erneuerbare Erzeugung und Verbrauch elektrischer Energie besser in Einklang zu bringen. Ein solcher *bidirektionaler* Betrieb ist zwar noch nicht der Standard, wäre aber mit überschaubarem Aufwand umsetzbar.
- Der Elektromotor ist einfacher gebaut und weniger fehleranfällig als der Verbrennungsmotor, d.h. die Produktion ist einfacher und Reparaturen sind seltener notwendig.[24]

Zumindest für den „Alltagsverkehr" mit kurzen Strecken und langen Stehzeiten (die zugleich auch potenzielle Ladezeiten sind) ist die Elektromobilität sehr gut geeignet.[25] Gelingt es uns zudem noch, das Rohstoffproblem bei den Batterien durch mehr Materialflexibilität und besseres Recycling in den Griff zu bekommen ($\Rightarrow$ 8.3.1), dann ist die weitgehende Elektrifizierung des Verkehrs sicher ein großer Schritt in die richtige Richtung ($\Rightarrow$ 7.6). Ein Ersatz dafür, unseren Zugang zu Raumplanung und damit zu Mobilität grundlegend zu überdenken, ist sie aber trotzdem nicht.

---

[24] Dieser Umstand wird auch manchmal als *Nachteil* der Elektromobilität angeführt. Immerhin wird es in Zukunft weniger Arbeit in der Automobilindustrie und im Servicebereich geben und damit auch weniger Arbeitsplätze. Dieses Argument offenbart allerdings vor allem die prinzipielle Schwäche unserer Gesellschaft, Arbeit sinnvoll zu verteilen ($\Rightarrow$ 10.5).

[25] Das Problem, dass man das gleiche Automobil, mit dem man im Alltag auf kurzen Strecken unterwegs ist, gerne auch für die eine oder andere längere Urlaubsfahrt verwenden würde, bei der dann Reichweite und Lademöglichkeiten wieder kritische Themen sind, besteht allerdings durchaus.

7.5.5 Brennstoffzellen

Chemische Energie lässt sich auch direkt in elektrische Energie umwandeln, ohne den verlustreichen Umweg über die Wärme zu nehmen. Möglich macht das die *Brennstoffzelle*. Natürlich treten auch bei ihr Verluste auf, aber der Wirkungsgrad ist dennoch wesentlich besser als beim Verbrennungsmotor (typischerweise mindestens 60 %).

Vor allem für Wasserstoff als Treibstoff ist die Brennstoffzelle eine interessante Variante, denn H_2-Brennstoffzellen sind technisch bereits sehr weit entwickelt. Die meisten Autos, die mit Wasserstoff betrieben werden, haben einen Elektromotor, sind von der Antriebstechnologie her also ebenfalls Elektroautos. Statt einer Batterie haben sie als zentrale Energiequelle aber einen Wasserstofftank und eine Brennstoffzelle.[26]

Brennstoffzellen auf Basis von Methan ($CH_4 \Rightarrow$ 3.2.3) oder anderen Kohlenwasserstoffen sind möglich, und auch Methanol (CH_3OH) kann man einsetzen.[27] Der große Vorteil gegenüber der Wasserstoff-Variante ist, dass die Kraftstoffe weniger heikel in der Handhabung sind.

Brennstoffzellen sind energetisch ausgesprochen attraktiv, um chemische Energie in elektrische umzuwandeln, nicht nur im Mobilitätsbereich, sondern auch stationär.

Leider gibt es aber auch einige Probleme und Vorbehalte: Bislang werden für Brennstoffzellen seltene und daher teure Katalysator-Materialien (Platin oder Palladium $\Rightarrow$ S. 82) benötigt. Allerdings konnten die erforderlichen Mengen bereits stark reduziert werden; zudem ist hier das Recycling sehr gut möglich. Auch an Katalysatoren auf Basis billigerer Stoffe wird eifrig geforscht.

Die Anforderungen, die Brennstoffzellen an die Reinheit von Brennstoff und zugeführtem Sauerstoff (bzw. der Luft) stellen, sind beträchtlich, da sich diverse Stoffe dort anlagern können, wo die zentrale Umwandlungsreaktion erfolgen sollte, und diese Stellen chemisch blockieren („Vergiftung" des Katalysators). Daher sind Brennstoffzellen wenig robust und für den Einsatz unter widrigen Bedingungen (etwa in staubigen Umgebungen, in denen Nutzfahrzeuge oft zum Einsatz kommen), nur schlecht geeignet.

---

[26] Eine kleine Antriebsbatterie für Energierückgewinnung ist bei solchen Fahrzeugen trotzdem sinnvoll. (Ein Niederspannungssystem für den Betrieb von Scheinwerfern, Scheibenwischern etc. sowie der Elektronik ist natürlich ohnehin stets vorhanden, so wie ja selbst Verbrenner eine Autobatterie haben.) Es ist natürlich möglich, auch Verbrennungsmotoren zu bauen, die Wasserstoff als Kraftstoff verwenden, siehe z.B. https://www.avl.com/de/presse/press-release/avl-racetech-baut-wasserstoff-verbrennungsmotor-motorsport. Der Wirkungsgrad ist dann aber wieder Carnot-limitiert und damit i.A. deutlich geringer als bei der Verwendung von Brennstoffzellen. Die möglichen Leistungen sind allerdings größer und die Anforderungen an Luft- und Brennstoffqualität sind geringer, weshalb der Einsatz in speziellen Bereichen (Rennsport, manche Nutzfahrzeuge) sinnvoll sein kann.

[27] siehe https://www.rolandgumpert.com/gumpert/alle-news/methanol-fuel-cell/

7.5.6 Hybride Antriebe

Man kann auch zwei (oder mehr) Antriebstechnologien kombinieren. Besonders beliebt ist aktuell die Kombination von Benziner mit Elektroantrieb. Idealerweise können bei Hybridfahrzeigen beide Antriebe ihre jeweiligen Stärken ausspielen: Bei weiteren Überlandfahrten kommt z.b. der Verbrenner zum Einsatz, effizientes Manövrieren im Stadtverkehr samt Energierückgewinnung beim Bremsen erfolgt mit Elektroantrieb. Entsprechend sind recht gute praktische Wirkungsgrade möglich, die jene eines reinen Verbrenners spürbar übertreffen.

Der Preis dafür ist allerdings eine größere Komplexität, die sich in aufwändigerer Produktion, entsprechendem Gewicht (durch zwei separate Motoren, die allerdings jeweils etwas kleiner dimensioniert werden können) und prinzipiell größerer Fehleranfälligkeit niederschlägt, denn es gibt ja mehr Einzelteile, die kaputt gehen können. Auch wenn im Betrieb der Hybridantrieb dem reinen Verbrenner i.A. überlegen ist, lässt sich einen fundierter Vergleich erst im Rahmen einer Lebenszyklusanalyse anstellen.

Von Verbrenner-Elektro-Hybriden gibt es ein ganzes Spektrum:[28]

- In Mild-Hybriden unterstützt der Elektromotor den Verbrennungsmotor nur, etwa mit zusätzlicher Leistung beim Überholen. Vor allem dient das elektrische Antriebssystem der Energierückgewinnung (beim Bremsen oder Bergabfahren).
- In Voll-Hybriden ist der Elektromotor leistungsfähig genug, um das Fahrzeug auch alleine anzutreiben, zumindest mit Geschwindigkeiten, wie sie im Ortsgebiet ausreichend sind. Je nach Situation kommen er, der Verbrennungsmotor oder auch beide gemeinsam zum Einsatz. Allerdings wird, wie auch beim Mild-Hybriden, die Batterie ausschließlich über den Elektromotor (der dabei im Generatorbetrieb läuft) aufgeladen. Die gesamte Energie stammt letztlich aus dem Treibstoff; man kann weder die eigene PV-Anlage noch sonst eine Quelle erneuerbarer elektrischer Energie nutzen (außer, ineffizent, mittels e-Fuels ⇒ 7.6.3).
- Beim Plug-in-Hybriden ist die Auflading der Batterie auch an Steckdose bzw. Ladesäule möglich. Erst diese Variante erlaubt es, erneuerbare elektrische Energie direkt zu nutzen. Das Möglichkeit einer schnellen Abkehr von fossilen Energiequellen, sobald ausreichend erneuerbarer Strom zur Verfügung steht, also der große Vorteile des Elektroantriebs für die Energiewende (⇒ 7.5.4), ist erst auf dieser Stufe vorhanden. Idealerweise wird im Alltag der Elektroantrieb benutzt; der Verbrenner kommt nur bei Langstreckenfahren zum Einsatz.
- Einige Elektroautos haben einen *Range-Extender*, d.h. sie bieten die Möglichkeit, die Batterie auch über die Verbrennung eines Kraftsoffs aufzuladen.

---

[28]Eine schöne Übersicht ist z.B. auf https://www.adac.de/verkehr/tanken-kraftstoff-antrieb/alternative-antriebe/hybridantrieb/ zu finden.

7.6 Die Schlacht um Antrieb und Treibstoff

Seit langer Zeit ist in Wahrheit klar, dass unsere Abhängigkeit von fossilen Treibstoffen, von Benzin, Diesel, LNG, Kerosin und Schweröl bald enden muss. Doch Menschen sind gut darin, unangenehme Notwendigkeiten so lange zu verdrängen, bis wirklich Feuer am Dach ist. Inzwischen sind die lodernden Flammen aber nicht zu leugnen ($\Rightarrow$ 1.1.1), und so hat sich die Menschheit zähneknirschend zur Erkenntnis durchgerungen, dass etwas geändert werden muss. Aber was?

7.6.1 Biotreibstoffe

Der erste Hoffnungsträger für klimaneutrales Fahren waren *Biotreibstoffe*, also benzin- oder dieselartige Kraftstoffe, die aus biogenem Material (meist pflanzlichen Ursprungs) erzeugt werden.[29] Wir brauchen, so die naive Hoffnung, nur alle erdölbasierten Kraftstoffe durch biobasierte zu ersetzen, und alles wird gut. Doch natürlich ist es nicht so einfach, den Moloch der Mobilität zu bändigen.
Die ersten Biotreibstoffe wurden vorwiegend aus Getreide oder Zuckerrohr erzeugt, die ja auch als Nahrungs- oder Futtermittel dienen könnten. Mit der anlaufenden Biotreibstoff-Produktion geschah, was auf Märkten eben geschieht, wenn die Nachfrage steigt, das Angebot aber gleich bleibt ($\Rightarrow$ 9.1.2): Die Preise stiegen.
Bei manchen Produkten sind steigende Preise lediglich unerfreulich. Wenn es aber Grundnahrungsmittel betrifft, in einer Welt, in der ohnehin hunderte Millionen ständig vom Hunger bedroht sind, dann ist das eine Katastrophe. Der Gedanke, dass Menschen hungern (und vielleicht gar verhungern), damit Treibstoff produziert werden kann, ist in der Tat zutiefst verstörend. Die „Teller-vs.-Tank"-Diskussion brach los, die dann etwas akkurater zu „Teller vs. Trog vs. Tank" erweitert wurde, um auch Futtermittel in die Betrachtungen einzuschließen.

Von einem Tag auf den anderen waren in den Augen vieler Menschen allein die Biotreibstoffe schuld am Hunger in der Welt – nicht die oft fragwürdige Art, wie wir Landwirtschaft betreiben, nicht die noch immer kolonial geprägten Strukturen im Welthandel, nicht ein Wirtschaftssystem, in dem auch Lebensnotwendiges eine Ware wie alles andere ist, nicht der übermäßige Fleischkonsum im globalen Norden und schon gar nicht die Lebensmittelindustrie, die mit hochverarbeiteten Lebensmitteln wohl wesentlich zu Überkonsum und grassierender Adipositas beigetragen hat ($\Rightarrow$ 5.5.1 & 9.1.4).

---

[29] Da die Pflanzen, aus denen solche Biotreibstoffe hergestellt werden, nur selten unter Bio-Bedingungen wachsen, ist das „Bio" nur im Sinne von Biomasse ($\Rightarrow$ 5.2.4) zu verstehen, nicht im Sinne von biologischer Landwirtschaft.

7.6 Die Schlacht um Antrieb und Treibstoff

Inzwischen haben sich die Wogen geglättet, und Benzin mit einem Anteil von bis zu zehn Prozent Bioethanol (E10) ist an den meisten Tankstellen erhältlich.[30] Befürchtungen, dass solche Treibstoffe Zuleitungen und Motoren schädigen, braucht man nur bei recht alten Fahrzeugen zu haben. Die meisten ab dem Jahr 2000 und alle ab dem Jahr 2011 gebauten Benziner vertragen E10 ohne Probleme.[Pöh23] Die Produktion von *Biodiesel* aus Altöl (z.B. Frittierfett) ist ohnehin eine der besten Arten, diese Art von Abfall noch zu verwerten.

Zudem verdienen selbst konventionelle Biotreibstoffe eine etwas differenziertere Betrachtung: So wird der Treibstoff im Wesentlichen aus dem Stärkeanteil der Pflanzen gewonnen, also aus Kohlenhydraten, oder aus den Pflanzenölen, also Fetten. Die Proteine, die meist der knappste und kritischste Makronährstoff sind, bleiben übrig und sind immer noch gut als Futtermittel verwendbar. Solange also ohnehin große Mengen Futtermittel benötigt werden, ist auch ein gewisses Ausmaß an Biotreibstoff-Produktion durchaus zulässig, und die Nebenprodukte können teilweise (oft ökologisch heikle) Soja-Importe ersetzen.

Der Fokus der Forschung in diesem Gebiet liegt inzwischen auf Biotreibstoffen der zweiten Generation, die (meist mittels Fischer-Tropsch-Synthese $\Rightarrow$ 3.4.6) aus holzartiger Biomasse und agrarischen Reststoffen erzeugt werden, und auf solchen der dritten, die man aus Algen herzustellen versucht.[31] Solche Treibstoffe haben durchaus das Potenzial, den Anteil erneuerbarer Energie im Transportbereich zu erhöhen und einen gewissen Beitrag zur Mobilitätswende zu leisten. Speziell für Flug- und Schwerverkehr sowie Nutzfahrzeuge ($\Rightarrow$ 7.3) werden sie wahrscheinlich gemeinsam mit e-Fuels ($\Rightarrow$ 7.6.3) in Zukunft wichtig sein.

Doch aus Biomasse werden wir in Zukunft noch viele andere Stoffe herstellen müssen, um die erdölbasierten Kunststoffe und andere Produkte zu ersetzen. Schon aufgrund der begrenzten Fläche, die biologisch produktiv ist, und des vergleichsweise geringen Nettowirkungsgrades der Photosynthese ($\Rightarrow$ 3.4.2) können Biotreibstoffe kaum die alleinige Lösung des Mobilitätsproblems sein.

Eine wichtige Lektion Man kann über die Turbulenzen, die die ersten Biotreibstoffe verursacht haben, darüber, was alles falsch gemacht wurde, natürlich nachträglich den Kopf schütteln. Man kann aber auch eine wichtige Lektion lernen:

---

[30]Die Variante E5 mit bis zu fünf Prozent Ethanol ist ohnehin weitgehend zum Standard geworden.
[31]Die Einteilung in Generationen ist allerdings keineswegs einheitlich. Manchmal werden Biotreibstoff aus Altöl bereits der zweiten Generation zugerechnet, weil sie nicht in Konkurrenz zur Erzeugung von Nahrungsmitteln stehen. Manchmal wird die Unterscheidung zwischen erster und zweiter Generation auch danach getroffen, ob man nur besonders hochwertige, energiereiche Teile (vor allem die Samen) verwertet oder die gesamte Pflanze.

Bei der Einführung der Biotreibstoffe wurde endlich einmal offensichtlich, wie hoch der Preis ist, den der motorisierte Individualverkehr fordert. Bei der Verwendung fossiler Treibstoffen bezahlen wir ihn einerseits mit der Vergangenheit (also mit Energie, die im Verlauf von Jahrmillionen gespeichert wurde), andererseits mit der Zukunft (der schwindenden Möglichkeit zukünftiger Generationen, ein menschenwürdiges Leben auf einem intakten Planeten zu führen). Erst wenn sich, wie bei den Biotreibstoffen, die Bezahlung dieses Preises zumindest zum Teil in die Gegenwart verschiebt, kann man ermessen, wie hoch er wirklich ist.[32]

Es ist nicht zu erwarten, dass dieser Preis wesentlich sinken wird, ganz egal, welche Technologie man auch einsetzt. Wenn die Menschheit bereit ist, ihn für diese Art von Mobilität zu bezahlen, und das auf nachhaltige Weise hinbekommt, dann ist es ihre Entscheidung, einen beträchtlichen Teil der planetaren Ressourcen dafür einzusetzen. Man sollte aber nicht der Illusion nachhängen, dass ein solcher Preis nicht bezahlt werden muss, dass man sich darum herumschummeln kann.

7.6.2 Elektrische Energie als „Treibstoff"

Elektroautos (bzw. genauer gesagt batterieelektrische Fahrzeuge, *battery electric vehicles*, BEVs) bieten gegenüber dem Verbrennungsmotor diverse Vorteile (⇒ 7.5.4). Die im Vergleich zu Kohlenwasserstoffen geringe Energiedichte von Batterien wiegt allerdings schwer – im wahrsten Sinne des Wortes. Typischerweise sind es mehrere hundert Kilogramm an Batteriemasse, die ein Elektroauto mit sich herumschleppen muss.[33] Selbst damit, und obwohl der Elektromotor einen Wirkungsgrad hat, der leicht doppelt oder dreimal so hoch wie der eines Verbrennungsmotors sein kann, so ist doch, selbst mit hunderten kg Batterien an Bord, nach wie vor recht eindeutig, wer hinsichtlich Reichweite die Nase vorn hat.

Dazu kommen das Problem der langen Ladezeiten und Sorgen, wie haltbar die Batterien über Jahre hinweg wirklich sind und welche Auswirkungen das auf den Wiederverkaufswert des Fahrzeugs hat. Trotz Förderungen und steuerlicher Vorteile machen reine Elektroautos selbst in Europa bislang nur eine Minderheit der Neuzulassungen aus; in China oder gar den USA dominieren nach wie vor die Verbrenner.

Allerdings war, wie in Abb. 7.4 illustriert, die Steigerung des Anteils der Elektroautos binnen weniger Jahre in allen drei Weltgegenden durchaus beachtlich.

---

[32] Dabei geht es hier nur um den Treibstoff, also den Energieverbrauch im Betrieb, noch gar nicht um Herstellung der Fahrzeuge, Flächenverbrauch, Unfälle, Schadstoffemissionen etc.

[33] Die Energiedichte von Diesel oder Benzin ist mehrere hundert Mal größer als von konventionellen Akkus (z.B. der Blei-Säure-Batterie), weswegen sich die Elektromobilität auf Basis dieser Batterietypen nie durchgesetzt hat. Selbst im Vergleich mit modernen Li-Ionen-Akkus ist die Energiedichte noch immer gut fünfzig Mal größer (⇒ Abb. 5.15).

7.6 Die Schlacht um Antrieb und Treibstoff

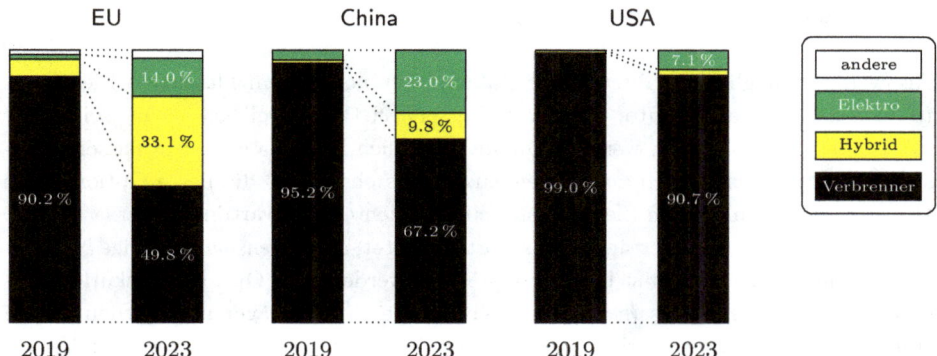

Abb. 7.4: Anteile der Antriebe an den Neuzulassungen 2019 und 2023 in der EU (nur Jan.-Okt.), in China (nur Jan.-Aug.) und den USA, beruhend auf [Enn23]

Doch zu glauben, das Elektroauto sei „umweltfreundlich" ist eine gefährliche Illusion. Es hat das Potenzial, weniger schädlich als der Verbrenner zu sein – wenn von der Herstellung der Fahrzeugs über die Produktion der Energie für dessen Betrieb bis hin zum Recycling weitgehend alles richtig gemacht wird. Schaden auf vielfältigen Ebenen wird der motorisierte Individualverkehr aber auch dann weiterhin anrichten, wenn er völlig elektrifziert ist.

Die (möglichst erneuerbare) elektrische Energie, um eine immer größer werdende Flotte von Elektrofahrzeugen zu versorgen, muss zudem erst einmal erzeugt und an die Orte des Bedarfs gebracht werden. Immerhin fließt momentan ca. ein Drittel unserer Energie in die Mobilität ($\Rightarrow$ Abb. 5.4). Selbst mit dem viel besseren Wirkungsgrad des Elektroautos bedeutet eine weitgehend vollständige Elektrizifierung des Mobilitätssektors etwa eine Verdopplung des Verbrauchs an elektrischer Energie. Das zu stemmen, ist zwar bewältigbar, stellt aber einen erheblichen Kraftakt dar.

Kommt dann noch die Elektrifizierung des Wärmebereichs mit Wärmepumpen ($\Rightarrow$ 6.3) hinzu, dann wird es wohl zumindest eine Verdreifachung des Bedarfs an elektrischer Energie sein, mit der wir in Zukunft rechnen müssen. Diesen Bedarf zu decken, noch dazu auf erneuerbarer Basis, ist zwar durchaus möglich, erfordert aber einen Ausbau von Erzeugungskapazitäten, Energienetzen und vor allem Speichern ($\Rightarrow$ Kap. 8).

7.6.3 Wasserstoff, SNG und e-Fuels & Co.

Als weiteres mögliches Fahrzeug der Zukunft gilt neben dem klassischen Elektroauto auch das Wasserstoffauto, wobei der Wasserstoff (H_2) möglichst „grün" sein sollte ($\Rightarrow$ Box auf S. 294). Auch wenn es durchaus möglich ist, Wasserstoff in passend konstruierten Motoren einfach zu verbrennen, ist das eher nicht die beste Option, denn Brennstoffzellen mit einem Elektromotor sind effizienter und wartungsärmer ($\Rightarrow$ 7.5.5). Da Wasserstoff als Energieträger große Vorteile bietet, aber ebenso auch einige Nachteile und Schwierigkeiten mit sich bringt ($\Rightarrow$ 5.4.5), werden auch Optionen diskutiert, aus dem ursprünglichen Wasserstoff andere chemische Energieträger herzustellen. Dabei treten zusätzlich zu den Verlusten, die schon die Elektrolyse aufweist, weitere Verluste auf. Das ist unerfreulich; durch Systemkonzepte mit integrierter Abwärmenutzung lässt sich das Ausmaß der tatsächlich verlorenen Energie allerdings in Grenzen halten ($\Rightarrow$ 8.5). Als Energieträger ist Methan aus der Sabatier-Reaktion ($\Rightarrow$ 3.4.5), also synthetisches Erdgas (*synthetic natural gas*, SNG) ebenso verwendbar wie Methanol oder wie Ammoniak aus dem Haber-Bosch-Verfahren ($\Rightarrow$ 3.4.7).

Alle diese Stoffe sind prinzipiell als Treibstoffe einsetzbar und wesentlich leichter zu speichern als Wasserstoff. Manche Technologien sind bereits bewährt, etwa Verbrennungsmotoren für verflüssigtes Erdgas (*liquified natural gas*, LNG), die sich genauso auch mit synthetischem Methan betreiben lassen, andere sind gerade in Entwicklung. Dabei können Verbrennungsmotoren ebenso zum Einsatz kommen wie angepasste Brennstoffzellen. Die Gesamtverluste sind allerdings, ähnlich wie bei den im Folgenden diskutierten e-Fuels, schon recht hoch.

E-Fuels Aus Wasserstoff und CO_2 lassen sich durch Verfahren wie etwa die Fischer-Tropsch-Synthese ($\Rightarrow$ 3.4.6) auch Kohlenwasserstoffgemische herstellen, die exakt gleich wie Benzin oder Diesel einsetzbar sind. Man kann sich vorstellen, dass das die Phantasie von Industrie und Politik angeregt hat, allerdings vor allem die Phantasie zur Bewahrung des Status quo: Einfach nur die Treibstoffe in Zukunft auf diese Weise statt aus Erdöl produzieren, und alles andere kann im Grunde bleiben, wie es ist.

Der große Haken an diesen *e-Fuels*, also aus ursprünglich elektrischer Energie hergestellter synthetischer Kraftstoffe, ist der extrem geringe Wirkungsgrad des Gesamtprozesses. Zunächst die Elektrolyse, dann die Synthese eines Kraftstoffs, von dessen Energie im Verbrennungsmotor wiederum oft nicht einmal 30 % genutzt werden. Selbst die deutsche Automobilindustrie, die jahrzehntelang stark von ihrem Verbrenner-Knowhow profitiert hat, hat sich inzwischen weitgehend von der Vorstellung verabschiedet, einfach mit e-Fuels weitermachen zu können wie bisher. In jenen Kreisen der Politik, die es sich auf die Fahnen schreiben, „die Wirtschaft" zu vertreten, dauert dieser Prozess leider wohl ein wenig länger.

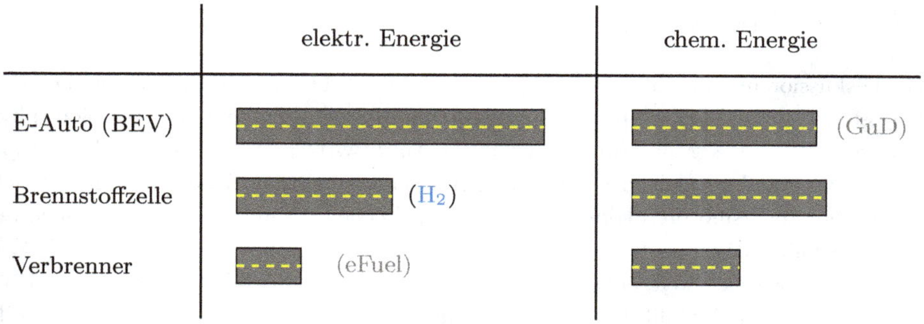

7.6 Die Schlacht um Antrieb und Treibstoff

	elektr. Energie	chem. Energie
E-Auto (BEV)	▬▬▬▬▬▬▬▬▬▬	▬▬▬▬▬▬ (GuD)
Brennstoffzelle	▬▬▬▬▬ (H_2)	▬▬▬▬▬▬▬
Verbrenner	▬▬ (eFuel)	▬▬▬

Abb. 7.5: Grober Vergleich der Reichweiten von batteriebetriebenen Elektroauto (BEV), Methan-Brennstoffzelle und Verbrennungsmotor für die gleiche Energiemenge, einmal ursprünglich als elektrische Energie, einmal ursprünglich als chemische Energie vorliegend. Dabei nehmen wir an, dass die Brennstoffzelle mit H_2 und der Verbrennungsmotor mit e-Fuels betrieben, die elektrische Energie aus Methan mit einem Gas-und-Dampf-Kraftwerk (GuD, $\Rightarrow$ 5.2.1) gewonnen wird. Die durch die Batterie größere Masse des BEV, die den Verbrauch etwas erhöht, wird ebenfalls berücksichtigt. (KL$_{BY}^{CC}$)

Von vielen, gerade umweltpolitisch sehr engagierten Menschen werden e-Fuels und überhaupt alle chemischen Energieträger (außer Wasserstoff für Spezialanwendungen) pauschal als „energetischer Unsinn" verworfen. Doch ganz so einfach ist die Sache nicht. Dazu zahlt sich ein Blick auf Abb. 7.5 aus. Darin werden einander grob die Reichweiten für verschiedene Antriebe gegenüber gestellt. Die linke Seite, jene für den Fall, dass die Energie in elektrischer Form vorliegt, wird man in ähnlicher Form öfter in energiebezogenen Darstellungen finden, und offensichtlich schlägt der Elektromotor hier jede andere Form des Antriebs deutlich.

In einem nachhaltigen und robusten Energiesystem, das nicht nur dann funktioniert, wenn das Wetter gerade mitspielt, werden wir jedoch ohnehin große Mengen Energie in chemischer Form speichern und verteilen müssen ($\Rightarrow$ 8.3.2). Wenn die Energie bereits in dieser Form vorliegt, dann ist auch die Rückverstromung mit erheblichen Verlusten verbunden, und ein BEV schneidet damit nicht mehr besser ab ein Brennstoffzellenfahrzeug, das den entsprechenden chemische Energieträger direkt als Treibstoff nutzen kann, sondern durch die deutlich größere Masse sogar ein wenig schlechter. Beide sind allerdings immer noch etwa doppelt so gut wie ein Verbrenner.[34]

---

[34] Ein umfassender Vergleich ist allerdings schwer anzustellen, da er von vielen Faktoren abhängt, speziell die Wärme betreffend: Wird die Abwärme des Kraftwerks genutzt? Herrschen Temperaturen, bei denen die Abwärme von Motor oder Brennstoffzelle nützlich zur Heizung des Fahrzeugs ist, oder ist sie nur lästiger Abfall?

7.6.4 Welcher Antrieb denn jetzt?

Die Diskussion um die Zukunft der Antriebe im Mobilitätsbereich wird oft sehr emotional geführt, wobei zugleich beide Seiten behaupten, sich auf objektive Prinzipien (physikalische Wirkungsgrade, Stärken der freien Marktwirtschaft) zu berufen. In Europa und noch einmal speziell in Deutschland mit seinem enormen Know-how im Bereich der Verbrennungsmotoren kommt zum Teil erhebliche geo- und industriepolitische Interessenspolitik dazu.

Dabei ist inzwischen weitgehend unbestritten, dass Elektromobilität eine zentrale Rolle im zukünftigen Mobilitätssystem einnehmen wird. Selbst die deutsche Automobilindustrie, die den Umstieg auf die Elektromobilität zunächst ignoriert, dann lange eher zögerlich betrieben hat, hat das inzwischen weitgehend akzeptiert. Bis auch ein funktionierender Gebrauchtwagenmarkt für Elektroautos entsteht, wird es allerdings wohl noch eine Weile dauern, und wieder einmal ist die Batterie (diesmal konkret die Abnahme ihrer Speicherkapazität mit Alter und Zyklenzahl) das Hauptproblem.

Der Plan der EU im Rahmen des *Green Deal*, dass ab 2035 nur noch Neuwagen zugelassen werden, die CO_2-frei unterwegs sind, wurde in Politik und Medien oft zu einem „Verbrennerverbot" verkürzt.[35] Dem gegenüber wird dann „Technologieneutralität" ins Feld geführt: Man solle alle Technologien, vom BEV über Wasserstoffautos bis hin zu mit e-Fuels betriebenen Verbrennern, gleichberechtigt nebeneinanderstellen, alle weiterentwickeln und die Kund:innen entscheiden lassen.

Prinzipiell ist Technologieneutralität ja ein guter Ansatz: Statt alles auf eine Karte zu setzen, verfolgt man mehrere Zugänge, bietet statt einer technologischen Monokultur Wahlmöglichkeiten. Wenn sich bei einem Zugang dann unerwartete (bzw. auch erwartbare, aber verdrängte) Probleme auftun, kann man wesentlich leichter auf einen anderen ausweichen.

Speziell im Automobilbereich wird das Konzept der Technologieneutralität aber leider momentan eher missbraucht, muss als billige Ausrede dafür dienen, eh so weitermachen zu können wie bisher: „Wir können unsere Verbrennerflotte problemlos behalten und sogar noch ausbauen, denn die Verbrennungsmotoren lassen sich ja ohnehin klimaneutral mit e-Fuels betreiben. – Was, es gibt leider nicht genug dieser e-Fuels, weil wir es die letzten Jahrzehnte leider irgendwie versäumt haben, ein entsprechend leistungsfähiges erneuerbares Energiesystem aufzubauen? Oje, wer hätte das ahnen können! Da müssen wir wohl doch noch eine Weile weiter mit fossilen Kraftstoffen fahren. Na ja, unsere alten Geschäftspartner aus Russland, Abu Dhabi, Saudi-Arabien & Co. wird's freuen."

---

[35] siehe dazu z.B. https://www.consilium.europa.eu/en/5-facts-eu-climate-neutrality/ und https://www.bundesregierung.de/breg-de/schwerpunkte/europa/verbrennermotoren-2058450

7.6 Die Schlacht um Antrieb und Treibstoff

Würden die mächtigen e-Fuel-Befürworter in Politik und Industrie das, was sie sagen, ernst meinen, dann müssten längst viele Milliarden in die Hand genommen werden, um im großen Stil Windkraftanlagen, PV-Anlagen, stärkere Stromnetze, Elektrolyseure und Fischer-Tropsch-Syntheseanlagen zu errichten. Stattdessen werden bestenfalls einige Millionen in Forschungs- und Pilotprojekte gesteckt ($\Rightarrow$ 10.2), einige Tropfen auf dem heißen Stein.

Dabei werden wir e-Fuels (gemeinsam mit Biotreibstoffen) definitiv brauchen, für den Flug- und Schwerverkehr, für diverse Nutzfahrzeuge, bei denen eine Elektrifizierung nicht sinnvoll möglich ist ($\Rightarrow$ 7.3). Auch die Millionen an Verbrennern und Hybridfahrzeugen, die in Verwendung sind, jetzt und in den nächsten Jahren noch neu zugelassen werden, dürfen wir im Sinne des Klimas und der Zukunft der Menschheit keinesfalls bis zum Ende ihrer Lebensdauer mit Kraftstoffen fossilen Ursprungs betreiben.

Darüber hinaus sind es eng verwandte Technologien, die wir für saisonale chemische Energiespeicherung brauchen, um überhaupt das elektrische Energienetz stabil zu halten ($\Rightarrow$ 8.3). In großen Massen weitere Automobile zu bauen, die zusätzlich noch auf chemische Energieträger angewiesen sind und diese auch noch ziemlich ineffizient in Verbrennungsmotoren verheizen, ist also wohl keine gute Idee.

Doch ist die vollständige Elektrifizierung des motorisierten Individualverkehrs die Lösung? Oft wird es so dargestellt, als müsse man einfach alle Autos auf Elektroantrieb umstellen, und alle Probleme, die aus dem Mobilitätssektor stammen, würden sich in Luft auflösen. Doch auch die Elektromobilität, bei allen Vorteilen, die sie gegenüber jener mit Verbrennern hat ($\Rightarrow$ 7.5.4), bringt schwere Probleme mit sich, von der zusätzlichen Belastung des Stromnetzes bis hin zum Rohstoffhunger vor allem für die Batterien.

Es ist noch keineswegs klar ist, wie hoch der politische, soziale und ökologische Preis wäre, den wir für genug Lithium, Nickel, Kobalt, Phosphor etc. zahlen müssten, um unser jetziges Mobilitätssystem einfach 1:1 auf ein batterie-elektrisches umzustellen.

Es besteht durchaus die Gefahr, dass (absichtlich oder nicht) mit der Elektromobilität die Grundlage für eine Strohmann-Debatte gelegt wurde: „Wir müssten unsere Mobilität vollständig elektrifizieren, um das Klima zu retten. – Das haben wir versucht und es hat (wegen Überlastung des Stromnetzes, wegen nicht verfügbarer Rohstoffe, wegen der Abhängigkeit von China, in die wir uns begeben müssten, ...) nicht funktioniert, also können wir ohnehin nichts mehr tun, es ist alles zu spät." ($\Rightarrow$ 1.2.3).

Allein solche Überlegungen sind wohl ein ausreichender Grund, z.B. auch das Konzept von Brennstoffzellen-Fahrzeugen weiterzuverfolgen, bei denen der Energietransport nicht über das Stromnetz erfolgt, die Energiespeicherung ohne heikle Substanzen auskommt. Zusätzlich sollten wir uns aber auch Gedanken über ganz andere Lösungen machen.

Auch Befürworter:innen der Elektromobilität vertreten ja letztlich oft eine Philosophie des „weiter wie bisher". Viele der Probleme des motorisierten Individualverkehrs, vom Flächenverbrauch und die ökologischen Schäden über die Verkehrstoten bis hin zur Lebenszeit, die man mit Lenken von (oder Sitzen in) engen Fahrzeugen verbringt, statt etwas Schöneres oder Nützlicheres zu tun, verschwinden ja durch eine bloße Elektrifizierung nicht.[36]

Diskussionen über den „besten" Antrieb für das Auto können wunderbar von der viel größeren Frage ablenken, wie unsere Mobilität in Zukunft überhaupt aussehen soll: Ist die Menschheit weiterhin bereit, so viel Fläche, Energie und Rohstoffe, so viel von ihrer Arbeits- bzw. Lebenszeit in ein Verkehrssystem zu stecken, das unter völlig anderen Bedingungen historisch gewachsen ist, das inzwischen enorme Schäden anrichtet, gesundheitliche (durch Unfälle, Emissionen, Lärmbelastung) ebenso wie ökologische, auch abseits von CO_2-Emissionen? Will sie unhinterfragt Mobilitätskonzepte fortführen, die maßgeblich von einem Wirtschaftssystem geprägt wurden, in dem „mehr" (mehr gebaute Straßen, mehr verkaufte Autos, mehr verbrauchter Treibstoff, ...) immer auch besser ist ($\Rightarrow$ 9.1.4)?

Meiner bescheidenen Meinung nach sollte sie das nicht tun, sondern schleunigst beginnen, den Umbau unserer Mobilität in Richtung eines sanfteren, ressourcen- und umweltschonenderen Systems, das letztlich auch für die Menschen besser ist, in Angriff zu nehmen ($\Rightarrow$ 7.4). Natürlich geht so etwas nicht von heute auf morgen – aber man kann beginnen, erste Schritte zu setzen. Manchmal geht es auch darum, was man *nicht* tut.

Sehr lange war ja die einzige Antwort auf verstopfte Straßen, noch mehr Straßen zu bauen (die bald wieder ebenso verstopft waren). Doch inzwischen sollten neue Straßen nur mehr die allerletzte Option sein, wenn alle anderen Möglichkeiten ausgeschöpft sind, nicht mehr jene, die man als erstes, ohne viel nachzudenken wählt. Unsere Bautätigkeit ist ohnehin ein massives Problem ($\Rightarrow$ 5.5.3), und bei jedem Bauprojekt, für das weitere Flächen asphaltiert werden müssen, sollte man sehr ernsthaft darüber nachdenken, es sein zu lassen – oder es zumindest nicht auch noch mit öffentlichem Geld zu fördern. Straßen sind zudem ja nichts, was, einmal gebaut, ewig hält.[37]

Sie brauchen regelmäßige Sanierung, speziell wenn sie von LWKs befahren werden, die den Asphalt weit mehr belasten und beschädigen als PKWs. Allein die Aufrechterhaltung eines bereits überdimensionierten Straßennetzes verschlingt erhebliche Ressourcen (und damit auch öffentliche Gelder, mit denen sich Sinnvolleres tun ließe). Statt dieses Netz weiter auszubauen, sollte man über sinnvolle Rückbaumöglichkeiten nachdenken und Schritt für Schritt Alternativen etablieren.

---

[36] Bei Letzterem kann das autonome Fahren, egal mit welchem Antrieb, allerdings helfen.
[37] Allerdings gibt es tatsächlich Römerstraßen, die noch immer in Verwendung sind.

8 Ein Energiesystem der Zukunft

Wie könnte die Zukunft unseres Energiesystems aussehen? Welche Technologien sind einerseits nachhaltig, andererseits leistungsfähig und zuverlässig genug?
Dieser Frage gehen wir hier nach, wobei die Darstellung wesentlich auf Kap. 5 aufbaut – denn die allermeisten Technologien der Zukunft sind auch schon Technologien der Gegenwart. Das ist auch gut so, denn auf ganz neue Wunderlösungen können wir nicht mehr warten. Wir müssen vor allem mit dem arbeiten, was es gibt, mit einigen vorsichtigen Annahmen, welche Entwicklungen in den kommenden paar Jahren sehr wahrscheinlich erfolgen werden. Dabei handelt es sich nun um eine integrierte Betrachtung, in die auch Heizen und Kühlen ($\Rightarrow$ Kap. 6) sowie Mobilität ($\Rightarrow$ Kap. 7) als zentrale Elemente des Energiesystems eingeschlossen sind.

Zunächst gehen wir kurz der Frage nach, ob eine erneuerbare Energieversorgung überhaupt prinzipiell möglich ist ($\Rightarrow$ 8.1). Es wird keine Überraschung sein, dass die Antwort hierbei positiv ausfällt (denn sonst hätten alle unsere Bemühungen wenig Sinn). Im Anschluss sehen wir uns kurz an, wie in Zukunft die Energieerzeugung erfolgen wird ($\Rightarrow$ 8.2). Dabei sind es eben zumeist keine grundlegend neuen Technologien, die zum Einsatz kommen, sondern das meiste beherrschen wir schon recht gut. Sollten zusätzliche Energiequellen wie die Kernfusion hinzukommen, ist das zwar erfreulich – zwingend notwendig ist es aber nicht.

Als oft noch kritischer als die Erzeugung der Energie erweisen sich zunehmend ihre Speicherung und Verteilung ($\Rightarrow$ 8.3). Hier werden der Ausbau der Stromnetze und die Installation zusätzlicher Batteriespeicher sicherlich notwendig sein, doch werden wir darüber hinaus Möglichkeiten brauchen, sehr große Energiemengen zu speichern und zu transportieren, chemisch ebenso wie thermisch.

Auch im Bereich der Energienutzung wird es in Zukunft Änderungen geben müssen ($\Rightarrow$ 8.4). Manche davon werden für die Nutzer:innen (uns alle) kaum spürbar sein, andere werden es vielleicht erfordern, die eine oder andere Gewohnheit zu überdenken. (Ein guter Teil dieser Diskussion wird allerdings nicht hier, sondern erst etwas später geführt $\Rightarrow$ 10.4.)

Zuletzt sehen wir uns an, wie die verschiedenen einzelnen Elemente zusammenpassen ($\Rightarrow$ 8.5), welchen Aufwand ein rascher Umstieg bedeutet und welche Freiheiten, welchen Gestaltungsspielraum wir hierbei haben.

8.1 Erneuerbar möglich? (Spoiler: ja)

Immer wieder werden laute Zweifel geäußert, ob eine Versorgung der Menschheit mit erneuerbarer Energie überhaupt möglich sei. Regelmäßig werden in Diskussionen Zahlen eingeworfen, dass das Potenzial viel zu gering sei (und unzuverlässig seien diese Energien sowieso). Doch alle diese Sorgen sind unbegründet, alle Studien, nach denen eine erneuerbare Energieversorgung prinzipiell nicht möglich ist, beruhen auf Fehlannahmen. Zum Glück ist das so, denn was wären denn die Alternativen?

Die Energie, die die Sonne binnen einer *Stunde* auf die Erde strahlt, würde fast ausreichen, den Energiebedarf der Menschheit für ein ganzes *Jahr* zu decken – wenn wir sie vollständig und optimal nutzen könnten ($\Rightarrow$ Box auf S. 280). Das können wir natürlich nicht; es gibt Verluste von vielerlei Art, von der Streuung des Lichts durch die Atmosphäre wieder ins Weltall bis zu den begrenzten Wirkungsgraden der Energieumwandlung und -nutzung. Zudem steht die Energie der Sonne nicht exklusiv uns zur Verfügung. Sie dient als Antrieb für das Wetter, für Bewegungen in Atmosphäre und Meer, als Versorgung für fast alle Ökosysteme, ... ($\Rightarrow$ 5.1).

Doch schon ein Zehntelprozent der Energie, die wir von der Sonne erhalten, würde prinzipiell mehr als ausreichen, um unseren – energetisch durchaus verschwenderischen – Lebensstil aufrechtzuerhalten. Mit diversen Umwandlungs-, Transport- und Speicherverlusten mag es noch einmal etwas mehr sein, aber immer noch eine vertretbare Menge – auch angesichts dessen, welchen Anteil der Ressourcen der Erde wir sonst ohne große Bedenken für uns beanspruchen ($\Rightarrow$ 5.5.1). Dazu kommen noch die Geothermie, die immer noch mehr Energie liefern könnte, als die Menschheit verbraucht (wenn auch in schlechter nutzbarer Form $\Rightarrow$ 5.2.6), und die Gezeiten ($\Rightarrow$ 5.2.7).

Das bedeutet auch, dass verschwenderisch wirkende Ansätze nicht von vornherein verworfen werden sollten – insbesondere, wenn die Alternativen fehlen. So wenig Sinn chemische Energiespeicherung hat, wenn es nur darum geht, mittels e-Fuels den Status quo möglichst ungestört fortzuschreiben ($\Rightarrow$ 7.6.3), so wichtig ist sie, trotz vergleichsweise geringer Wirkungsgrade, beim Aufbau eines robusten Energiesystems ($\Rightarrow$ 8.3.2). Stellen wir dazu eine stark vereinfachte Modellrechnung an:

- Nehmen wir an, dass etwa ein Drittel des Energiebedarfs B direkt gedeckt werden kann, also keine Speicherung notwendig ist. Für diesen Verbrauch $\frac{B}{3}$ ist also auch nur eine Erzeugung $\frac{B}{3}$ erforderlich. (Die Übertragungsverluste sind meist gering und werden hier vorerst vernachlässigt.)

- Bei einem Drittel des Bedarfs ist eine kurzfristige Speicherung erforderlich, vor allem für den Tag-Nacht-Ausgleich. Erfolgt das in wiederaufladbaren Batterien ($\Rightarrow$ 5.4.4), kann man mindestens mit einem Wirkungsgrad $\eta_B \approx \frac{2}{3}$ rechnen. Erzeugt werden muss also $\frac{B/3}{\eta_B} = \frac{B}{\not{3}} \cdot \frac{\not{3}}{2} = \frac{B}{2}$.

8.1 Erneuerbar möglich? (Spoiler: ja)

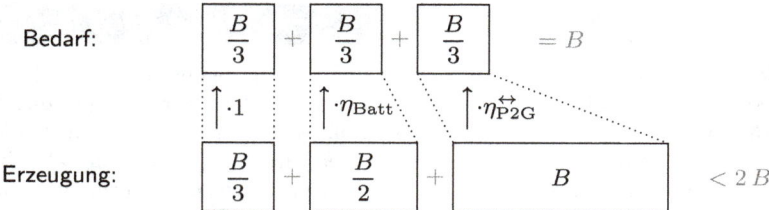

Abb. 8.1: Stark vereinfachte Modellrechnung für die notwendige Energieerzeugung, um einen Bedarf B zu decken, wenn die Nutzung zu einem Drittel direkt erfolgt, ein Drittel mit guten und ein Drittel mit schlechtem Wirkungsgrad zwischengespeichert wird. (PD$_{\text{KL}}$)

- Für ein Drittel des Bedarfs ist eine langfristige Speicherung erforderlich, die wohl zum größten Teil über Power2Gas ($\Rightarrow$ 8.3.2) mit $\eta_{\text{P2G}}^{\leftrightarrow} \approx 0.6 \cdot 0.6 \gtrsim \frac{1}{3}$ erfolgen wird.[1] Für diesen Teil des Bedarfs muss also $\frac{B/3}{\eta_{\text{P2G}}^{\leftrightarrow}} = \frac{B}{3} \cdot \frac{3}{1} = B$ erzeugt werden, d.h. nochmals Energie im Ausmaß des Gesamtbedarfs.

Die Teile der Rechnung werden in Abb. 8.1 zusammengefasst. Man braucht etwas weniger als die doppelten Kapazität zur Erzeugung erneuerbarer Energie, als dem letztlichen Verbrauch entspricht. Mitsamt Übertragungsverlusten mag es wirklich das Doppelte sein. Diesen Faktor Zwei muss man natürlich ernst nehmen, aber man sollte sich davon weder einschüchtern noch abschrecken lassen ($\Rightarrow$ 10.3.2).

Das Potenzial für eine Versorgung der Welt mit erneuerbarer Energie ist definitiv vorhanden. Natürlich sollte uns dieses gewaltige Energieangebot, das prinzipiell verfügbar ist, nicht dazu verleiten, erst recht wieder unnötig verschwenderisch zu sein. Jeder Energieverbrauch, der sich durch Erhöhung der Energieeffizienz, durch Reduktion von letztlich nutzlosem Konsum überhaupt einsparen lässt, ist gut.
Immerhin richtet jede Energiegewinnung auch in irgendeiner Form Schaden an. Bei den meisten erneuerbaren Energieformen ist dieser Schaden aber vergleichsweise gering. In der aktuellen Lage ist es daher die beste Strategie, jene Erneuerbaren massiv auszubauen, bei denen das ohne ernsthafte ökologische und soziale Schäden möglich ist (insbesondere Solarenergie $\Rightarrow$ 5.2.5 & 6.4) . Keinesfalls ernst nehmen sollte man Einwände, dass jetzt es jetzt schon zu viel erneuerbaren Strom gäbe. Zwar ist das Stromnetz aktuell gefordert, manchmal überfordert ($\Rightarrow$ 5.3.1). Doch das ist kein Problem der Erzeugung. Solange wir nicht unseren Energiebedarf vollständig erneuerbar abdecken können, ist es schlichtweg Unsinn, von „Überkapazitäten" zu sprechen ($\Rightarrow$ 10.3.3). Es fehlen lediglich sinnvolle Arten, die Energie zu verteilen und vor allem zu speichern ($\Rightarrow$ 8.3).

---

[1]Die Umwandlung von elektrischer Energie in langfristig speicherbare chemische Energieträger (z.B. CH$_4$ $\Rightarrow$ 8.3.2) und zurück (daher „$\leftrightarrow$") ist jeweils mit $\eta \approx 60\,\%$ möglich.

Vertiefung: Energie von der Sonne

Welche Leistung erhält die Erde von der Sonne? Auf den ersten Blick scheint es sich dabei um ein schwieriges Problem zu handeln, denn wir haben es mit einer gekrümmten Fläche zu tun, auf die die Sonnenstrahlen in ganz unterschiedlichen Winkeln einfallen. Wesentlich einfacher wird die Betrachtung allerdings, wenn man bedenkt, dass die *optische Querschnittsfläche* einfach (in guter Näherung) ein Kreis mit Radius gleich dem Erdradius ist. Die energieabsorbierende Querschnittsfläche ergibt sich damit zu

$$\begin{aligned} A_{Q\oplus} &= \pi\, R_\oplus^2 \\ &\approx \pi\, \left(6.378 \cdot 10^6 \,\text{m}\right)^2 \\ &\approx 1.278 \cdot 10^{14}\,\text{m}^2. \end{aligned}$$

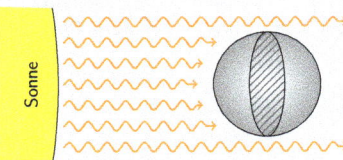

Multiplizieren wir das mit der *Solarkonstante* $E_0 = 1361\,\frac{\text{W}}{\text{m}^2}$, so erhalten wir die Leistung $P_{\odot \to \oplus} = E_0\, A_{Q\oplus} \approx 1.739 \cdot 10^{17}\,\text{W}$. Multiplizieren wir diese weiter mit einem Zeitraum von einer Stunde, so ergibt sich für die in einer Stunde auf die Erde einfallende Energiemenge

$$W_{\odot \to \oplus}^{(1\,\text{h})} = P_{\odot \to \oplus} \cdot 60^2 \approx 6.261 \cdot 10^{20}\,\text{J},$$

also cs. 626 EJ. Das ist fast gleich viel wie der gesamte Primärenergieverbrauch der Menschheit *pro Jahr*, der ca. 660 EJ beträgt (berechnet nach Substitionsmethode, Stand 2023: 183 230 TWh = 659 628 EJ $\Rightarrow$ Abb. 5.3).

Trotz aller Einschränkungen hinsichtlich Umwandlungs-, Übertragungs- und Speicherverlusten ist es also enorm viel Energie, die hier verfügbar wäre. (Zudem wird ja auch fossile Energie oft nur mit schlechtem Wirkungsgrad genutzt.) Eine Versorgung der Menschheit allein auf Basis erneuerbarer Energie ist also durchaus realistisch.

So stößt man auf Veranschaulichungen, nach denen z.B. ein kleiner Teil der Sahara ausreichen würde, um die ganze Welt mit Solarenergie zu versorgen. Das sieht dann etwa so aus wie rechts (erstellt in Google Earth). Speicher- und Übertragungsverluste sind dabei noch nicht berücksichtigt, wären bei manchen Ansätzen aber vergleichsweise gering.

Auch wenn es wesentliche bessere Alternativen zu einer solchen zentralen globale Energieversorgung gibt, sind solche Darstellungen doch durchaus illustrativ, um das prinzipielle Potenzial erneuerbarer Energie aufzuzeigen.

8.1.1 Arten von Potenzialen

Bei der Analyse des Potenzials erneuerbarer Energie stößt man manchmal auf Zahlen, die extrem weit auseinanderliegen. Eine Quelle für Diskrepanzen ist, dass man bei solchen Untersuchungen mehrere Ebene betrachten kann: Das beim aktuellen Stand der Wissenschafft vorhandene *theoretische Potenzial* wird durch bestehende technische Rahmenbedingungen auf das *technische Potenzial* eingeschränkt, das typischerweise etwas kleiner ist. Nochmals deutlich kleiner ist zumeist das *wirtschaftliche Potenzial*, also jener Anteil, der sich ökonomisch unter den aktuellen Rahmenbedingen rechnet. Wenn es etwa heißt, dass das „Photovoltaik-Potenzial deutlich höher als angenommen" sei,[Str24] dann ist damit gemeint, dass durch sinkende Preise der PV-Module das wirtschaftliche Potenzial gewachsen ist, weil ein größerer Teil des technischen Potenzial auch auf wirtschaftlich tragfähige Weise genutzt werden kann. Speziell das wirtschaftliche Potenzial kann sich rasch verändern, durch sinkende Preise für Komponenten ebenso wie durch Änderungen bei den Energiepreisen. Zudem enthält unser Wirtschaftssystem nach wie vor massive Verzerrungen, die erneuerbare Energielösungen gegenüber fossilen benachteiligen (⇒ 9.1).

Letztlich werden sich die wirtschaftlichen Rahmenbedingen so verändern müssen, dass nahezu das gesamte technische Potenzial auch vom wirtschaftlichen erfasst wird. Noch haben wir die Entscheidung, ob diese Veränderung auf von uns kontrollierte Weise erfolgt oder uns von der Dynamik des Klimawandels aufgezwungen wird. Auch das technische Potenzial ist natürlich nicht vollkommen fixiert. Durch technische Fortschritte kann es sich dem theoretischen weiter annähern, und dieses wiederum kann durch wissenschaftliche Fortschritte noch wachsen.

8.1.2 Graue Energie und energetische Amortisation

Immer wieder wird in Diskussionen zur erneuerbaren Energieversorgung auch das Argument eingeworfen, die Herstellung der Anlagen sie so energieintensiv, dass es sich letztlich um ein Nullsummenspiel handle. Natürlich muss man die Energie, die Herstellung und Entsorgung fließt (die „graue Energie") berücksichtigen. Doch diese ist mit modernen Produktionsmethoden weit geringer als die Energie, die Anlagen während des Betriebs liefern. Man betrachtet hierzu die *energetischen Amortisationszeit*, also jener Zeit, die eine Erzeugungsanlage laufen muss, um so viel Energie zu liefern, wie zu ihrer Herstellung gebraucht wurde. Im Falle von PV-Zellen liegt diese abhängig vom Ort der Installation im Bereich von weniger als einem halben Jahr (z.B. in Indien) bis knapp eineinhalb Jahren (z.B. in Kanada).[Enk21; PW24]

8.2 Zukünftige Energieerzeugung

Das Potenzial, die Menschheit mit erneuerbarer Energie zu versorgen, ist vorhanden ($\Rightarrow$ 8.1). Doch wie wollen wir es am besten nutzen? Dazu betrachten wir noch einmal die Optionen, die wir haben.

8.2.1 Was wir schon können (viel)

Die gute Nachricht ist, dass wir viele Technologien, die in Zukunft unsere Energieversorgung sichern werden, bereits gut beherrschen ($\Rightarrow$ 5.2). Wasserkraft und Biomasse leisten bereits seit Jahrzehnten einen erheblichen Beitrag zur Versorgung mit erneuerbarer Energie, allerdings ist ihr weiteres Ausbaupotenzial in Europa nicht mehr allzu groß. Bei anderen Erneuerbaren, bei Geothermie, Wind und vor allem Solarenergie sieht es da zum Glück anders aus.

Dabei ist die Technik prinzipiell zumeist etabliert und bewährt. Natürlich ist es immer noch irgendwo möglich, etwas besser zu machen, irgendwo noch ein halbes Prozent Wirkungsgrad herauszuholen. Tatsächlich würde bei vielen bestehenden Anlagen ein kritisches Durchleuchten schon viel bringen. Manchmal reicht es, einen einzelnen Sensor zu tauschen oder seine Signale passend zu korrigieren, damit ein Kessel oder gar Kraftwerk besser läuft.

Generell können die bislang betrachteten Technologien zur Energieerzeugung nahezu alle auch in einem Energiesystem der Zukunft Platz finden. Das Problem ist kaum irgendwo die Umwandlungstechnologie selbst, sondern es sind die fossilen Brennstoffe. Von diesen müssen wir uns so rasch wie möglich verabschieden. Das heißt nicht, dass es in Zukunft keine Gaskraftwerke mehr geben kann (günstigerweise mit KWK $\Rightarrow$ 6.5), sehr wohl aber, dass das Gas, das dort verbrannt wird, nachhaltig erzeugt werden muss. Zudem wird die Hauptrolle von kalorischen Kraftwerken sein, als sehr flexible Erzeuger Lücken zu füllen und Bedarfsspitzen abzudecken ($\Rightarrow$ 5.2.9), nicht, unter normalen Umständen die Grundlast abzudecken.

8.2.2 Solarenergie der Zukunft

Unter allen erneuerbaren Energiequellen gehört die Solarenergie wohl zu jenen, die am wenigsten die Umwelt beeinträchtigen, zumindest solange ohnehin bereits verbaute Flächen wie Hausdächer oder Parkplätze verwendet werden. Photovoltaik (PV) ist bereits eine recht ausgereifte Technologie ($\Rightarrow$ 5.2.5), deren Energiegestehungskosten (*Levelized Cost of Energy*, LCE) längst unter jenen von Fossil- oder Nuklearenergie liegen.

Doch angesichts des enormen Potenzials der Solarenergie beleuchten wir dennoch kurz einige relevante Entwicklungen und Herausforderungen:

PV mit höheren Wirkungsgraden Der Wirkungsgrad von PV-Zellen liegt bei 15 bis 20 %, wenn sie aus polykristallinem Silizium hergestellt werden (blaue Zellen), bei 20 bis 23 % (bei Hochleistungszellen bis zu 26 %), wenn man das teurere monokristalline Silizium verwendet (schwarze Zellen).[Jan24; Küm24]
Natürlich stellt sich die Frage, ob man diese Wirkungsgrade nicht verbessern könnte. Mit der Verwendung neuer Materialien (etwa Perowskiten), die meist auf raffinierte Art mit den bewährten Halbleitern kombiniert werden, lassen sich unter Laborbedingungen Wirkungsgrade von über 33 % erreichen.[Mer24]
Von Wirkungsgraden, die sich über kurze Zeiten unter Laborbedingungen erhalten lassen, hin zu Produkten mit einer Lebensdauer von vielen Jahren, die robust genug für den Einsatz in der Praxis sind, kann es aber ein langer Weg sein, und eine Erfolgsgarantie gibt es nicht ($\Rightarrow$ 10.2.2). Doch auch wenn höherer Wirkungsgrad (unter sonst weitgehend gleichen Bedingungen) natürlich immer gut ist, ist die Erhöhung des Wirkungsgrades nicht das zentrale Thema für die PV.

Integrierte PV Ich persönlich freue mich, wenn ich Solarpaneele sehe, weil ich weiß, dass sie ein Beitrag zur dringend erforderlichen Energiewende sind, aber, rein ästhetisch betrachtet, sind sie wohl kein allzu schöner Anblick. Somit kann ihre Installation z.B. in Konflikt mit Ortsbild- und Denkmalschutz stehen (wobei die Prioritäten hier eigentlich klar sein sollten). Zusätzlich sind die Paneele mit allen Trägerkonstruktionen eine statische Belastung für die Dächer, die mit den Normen hinsichtlich Zusatzlasten, etwa möglicher Schneelast, in Einklang gebracht werden müssen.
Beide Probleme lassen sich lösen oder zumindest stark abmildern, indem PV-Module nicht in externe Paneele gepackt, sondern direkt in die Bauelemente des Dachs integriert werden, etwa in Form von PV-Dachziegeln.[Hei23; Ing23] Diese können auch hinsichtlich Farbgebung angepasst werden, wodurch zwar der Wirkungsgrad geringfügig leidet, dafür aber die Einsatzmöglichkeiten wesentlich flexibler werden. Solche PV-Dachziegel können in Zukunft die Nutzung von Solarenergie auch dort ermöglichen, wo konventionelle Paneele nicht zum Einsatz kommen können oder dürfen.[Sch23a; Sie23]

Hybridkollektoren Man kann aus Sonnenstrahlung elektrische Energie gewinnen – oder aber Wärme ($\Rightarrow$ 6.4). Bislang stehen die beiden Nutzungsarten zueinander eher in Konkurrenz. Es gibt aber auch *Hybridkollektoren* (Photovoltaisch-Thermische Kollektoren, PVT), die beides zugleich liefern.
Was zunächst nach der perfekten Lösung für optimale Nutzung des Sonnenlichts klingt, hat praktisch aber seine Tücken: Der Wirkungsgrad von PV-Modulen ist nämlich umso besser, je *niedriger* die Temperaturen sind, während man mit der Solarthermie meist

hohe Temperaturen erreichen will.[2] Typischerweise kann man die Wärme aus Hybridkollektoren also nicht direkt zum Heizen nutzen bzw. muss sich im Betrieb entscheiden, ob man höheren Temperaturen oder einer besseren Ausbeute an elektrischer Energie den Vorzug gibt. Im Zusammenspiel mit Wärmepumpen ($\Rightarrow$ 6.3) und Anergienetzen ($\Rightarrow$ 8.3.3) kann PVT aber eine äußerst sinnvolle Technologie sein.

Organische PV-Zellen Die meisten PV-Zellen, die aktuell verbaut werden, wurden aus dem Halbleiter Silizium produziert, einem sehr häufigen Mineral, das u.a. auch die Basis von Computerchips ist ($\Rightarrow$ 3.1.2). Doch es gibt noch andere Materialien, aus denen sich PV-Zellen herstellen lassen, insbesondere auch Produkte der organischen Chemie, also Kunststoffe.
Solche PV-Zellen erreichen bislang nicht die Wirkungsgrade ihrer mineralischen Gegenstücke, meist bewegt man sich im Bereich von 8 % bis 10 %.[Emm23] Dafür bieten sie diverse andere Vorteile: Sie sind leichter und flexibler; im Grunde handelt es sich Kunststoff-Folien, die man auch auf Oberflächen anbringen kann, die keine herkömmlichen PV-Module tragen könnten, etwa großen Flachdächern ohne entsprechende statische Auslegung. Auch die Entsorgung ist wesentlich einfacher: Letztlich sind es Kohlenwasserstoff-basierte Kunststoffe, die man am Ende ihrer Lebensdauer einfach verbrennen kann. Dabei liefern sie sogar noch ein bisschen Energie, und in modernen Verbrennungsanlagen sollte auch die Filtertechnik gut genug sein, dass die Luftschadstoffe kein Problem darstellen.
Ein Forschungsthema ist allerdings noch, die Robustheit der organischen PV-Zellen so zu erhöhen, dass sie auch tatsächlich für einen dauerhaften Einsatz über viele Jahre hinweg geeignet sind.

PV auf Verkehrsflächen Ein häufiger Kritikpunkt an der Solarenergie ist ihr Flächenbedarf. Doch irgendein Preis wird für Energieversorgung immer zu zahlen sein, und der Flächenbedarf für Solarenergie ist hier noch ein vergleichsweise niedriger. Dennoch sollten wir mit der begrenzten Fläche, die wir haben, nicht verschwenderisch umgehen, sondern so gut wie möglich Doppelnutzungen anstreben.
Mit PV-Paneelen auf Hausdächern praktizieren wir bereits eine solche Doppelnutzung. Aktuell werden noch bei weitem nicht alle Dachflächen verwendet, und auch viele Hauswände stünden (wenn auch mit einem etwas ungünstigeren Einfallswinkel) noch zur Verfügung. Daneben gäbe es aber auch tausende Quadratkilometer Verkehrsflächen ($\Rightarrow$ 7.1.1), bei denen sich meist ohne Schaden eine zusätzliche PV-Nutzung installieren ließe.

---

[2] Allerdings ist auch bei solarthermischen Kollektoren der Wirkungsgrad besser, wenn die Temperatur des zirkulierenden Fluids niedriger ist, weil weniger Wärme wieder an die Umgebung abgestrahlt wird. Auch die Solarthermie allein hat also schon einen gewissen (meist wenig dramatischen) Zielkonflikt zwischen höheren Temperaturen und größerer Wärmeausbeute.

Das kann eine Überdachung sein, die im Sommer auch noch Schatten spendet, das kann auch – technisch wesentlich herausfordernder – eine in die Fahrbahn integrierte Lösung sein, siehe z.B. https://solarroadways.com/ und Abb. 8.2a. Speziell für die Elektromobilität wäre es sogar ausgesprochen vorteilhaft, wenn die elektrische Energie direkt dort erzeugt wird, wo die Fahrzeuge auch laden, also eben auf Parkplätzen.

Agrisolar Eine weitere Möglichkeit der Doppelnutzung von Solarenergie (PV, aber auch Solarthermie) ist eine Kombination mit der Landwirtschaft. Man spricht dabei von *Agrisolar* bzw., wenn es explizit um PV geht, *Agrivoltaik*.[3] Die Haltung von Schafen ist schon durchaus üblich (⇒ Abb. 8.2.b), aber man kann auch den Anbau von Nutzpflanzen mit solarer Energieproduktion kombinieren.
Natürlich brauchen Pflanzen Sonnenlicht, um zu wachsen – aber nicht alle brauchen gleich viel. Während der Ertrag von Weizen wohl unter einer Beschattung durch PV-Paneele leidet, kann der von Kartoffeln sogar steigen.[Fra24] Bei manchen Pflanzenarten (z.B. Beerensträuchern ⇒ Abb. 8.2.c) ist auch möglich, durch Beschattung den Reifungsprozess zu verzögern. Tut man das nur mit einem Teil der Pflanzen, dann kann man die Erntezeit über einen längeren Zeitraum hinweg strecken und dadurch die Arbeitsbelastung zu den Spitzenzeiten senken.
Zudem können schräg stehende Solarmodule auch einen Schutz vor Starkregen und Hagel bieten, was angesichts von Extremwetter-Ereignissen im Zuge des Klimawandels zunehmend bedeutsam wird (⇒ 1.1.1). Das Agrosolar-Feld ist noch jung, vieles wird gerade erst erprobt, manches wird sich bewähren, anderes nicht. Die Chancen sind aber gut, dass eine solche Doppelnutzung ein wichtiger Teil der zukünftigen Energieversorgung und der zukünftigen Landwirtschaft sein wird (⇒ 10.4.3).

Installation und Integration Der Flaschenhals beim Einsatz von PV ist nicht mehr die Verfügbarkeit der Module, und auch auf höhere Wirkungsgrade braucht man nicht zu warten. Wo es hakt, das sind einerseits die personellen Kapazitäten, die Anlagen auch zu installieren, also die technischen Fachkräfte, andererseits die Kapazitäten des elektrischen Netzes, den zeitweiligen Überschuss aufzunehmen und irgendwo hin zu bringen, wo er sich speichern lässt. Hier besteht der zentrale Handlungsbedarf (⇒ 8.3).

Recycling Auch ein PV-Modul geht irgendwann kaputt, und die Stoffe, aus denen es besteht, sollten möglichst vollständig rezykliert werden (⇒ 10.4.4). Das ist nicht einfach, einfache Handhabbarkeit, geringes Gewicht und Robustheit auf der einen Seite, gute Zerlegbarkeit in die einzelnen Bestandteile auf der anderen oft im Widerspruch stehen. Recycling und Konstruktion von Modulen, die später gut recyclebar sind, sind Forschungsbereiche, in denen noch Anstrengungen notwendig sind.

---

[3] In beiden Fällen findet man auch die Schreibweise mit einem „o", also Agrosolar bzw. Agrovoltaik.

Abb. 8.2: (a) mit PV-Modulen ausgelegte Straße, von Wattway, (b) Kombination Solarenergie und Schafhaltung (iStock, Foto von Karl-Friedrich Hohl), (c) Beerenanbau unter PV-Dächern, von BayWa r.e.

8.2.3 Windenergie der Zukunft

Windenergie ist, zumindest am Festland, wesentlich stärker umstritten als Solarenergie ($\Rightarrow$ 5.2.3).[4] Dabei hat die Windkraft Charakteristika, die sie zu einem ausgezeichneten Gegenstück zur Solarenergie machen. Gerade zu den Zeiten, wenn der Solarertrag gering ist oder ganz ausfällt, liefert der Wind oft (aber natürlich nicht immer) besonders viel Energie. Ein Energiesystem mit einer ausgewogenen Kombination von unterschiedlich ausgerichteten Solarmodulen sowie mit Windkraftwerken an Standorten mit unterschiedlicher Wettercharakteristik hätte deutlich weniger Bedarf für Speicher, insbesondere für Langzeitspeicher, als eines, das vor allem auf eine einzelne Art der Energieerzeugung setzt.

Die Technik der Windenergie hat in den letzten Jahren enorme Fortschritte gemacht, und man baut heute durchaus Windkraftanlagen mit Nabenhöhen von über 100 m (also Türmen, die höher sind als die Freiheitsstatue) und Rotordurchmessern von über 200 m, wobei sich die Spitzen der Rotoren mit mehr als 300 km/h drehen. Dieser Trend ist nicht so sehr dem menschlichen Drang geschuldet, Dinge prinzipiell immer größer machen zu wollen, sondern hat handfeste physikalische und mathematische Gründe: Die Energie, die sich „ernten" lässt, ist direkt proportional zur Fläche, die die Rotoren überstreichen. An einem doppelt so hohen Turm kann man, wenn man alles ingenieurtechnisch im Griff hat, auch doppelt so lange Rotoren anbringen, und da der Flächeninhalt eines Kreises proportional zum *quadrierten* Radius ist ($A_\circ = r^2\,\pi$), vervierfacht sich so die Kreisfläche und damit die Energieausbeute:

Die Energie, die eine einzelne Umdrehung des gigantischen Rotorblatts einer der großen Anlagen liefert, reicht aus, um einen durchschnittlichen Haushalt für drei Tage mit Strom zu versorgen oder die Batterie eines kleineren Elektroautos vollständig zu laden. Würde man in Deutschland alle bestehenden Windkraftanlagen durch große und leistungsfähige neue Anlagen ersetzen, würde das den Ertrag der Windenergie vervierfachen. Natürlich ist es noch besser, neue Anlagen zu bauen, als alte, noch funktionstüchtige, zu ersetzen. Doch wenn es sich als allzu schwierig erweist, neue Flächen für Windenergie zu finden, ist allein das Potenzial eines solchen *Repowering* schon durchaus beruhigend.

---

[4]Dass Anfang 2025 der designierte US-Präsident Donald Trump forderte, die Windräder in der Nordsee zu entfernen, damit sie dort nicht die Öl- und Gasindustrie behindern, wird hoffentlich eher die Ausnahme bleiben.

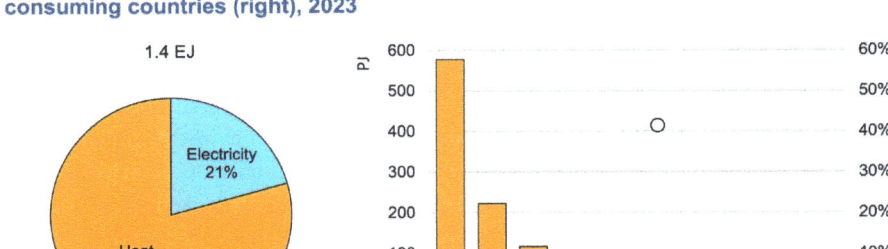

Abb. 8.3: Energie (ohne oberflächennahe Erdwärme) aus Geothermie, jeweils aufgeschlüsselt in Wärme und elektrische Energie. links: global, rechts: in den zehn (nach absoluten Zahlen) führenden Ländern, von [IEA24]

8.2.4 Geothermie der Zukunft

Eine weitere Technologie zur Energiegewinnung, die noch erhebliches Potenzial zum Ausbau aufweist, ist die Geothermie ($\Rightarrow$ 5.2.6), die aktuell ca. 0.8 % zur globalen Energieversorgung beiträgt. In einzelnen Ländern, etwa Schweden, Neuseeland und insbesondere Island ist dieser Beitrag aber, wie in Abb. 8.3 gezeigt, bereits deutlich größer. Zwar sind die Möglichkeiten, die die Geothermie insgesamt bietet, wesentlich stärker beschränkt als jene von Wind- und vor allem Sonnenenergie, doch sie kann dennoch als eine vom Wetter unabhängige Energiequelle bedeutsame Beiträge zur Energieversorgung. Das betrifft insbesondere die Wärme, wo Geothermie in geologisch günstigen Gebieten einen guten Teil der Grundlast von Wärmenetzen abdecken kann. Doch auch bei der elektrischen Energie schätzt die Internationale Energieagentur, dass Geothermie bis zu 15 % zur globalen Stromversorgung beitragen könnte.[IEA24]

Speziell interessant ist an der Geothermie, dass sie die umfangreiche Expertise der Öl- und Gasindustrie in Bezug auf Geologie und Tiefenbohrungen nutzen kann. Expertise und technische Ausrüstung, die nicht länger für die Exploration von fossilen Energieträgern genutzt werden dürfen, können so immer noch zum Einsatz kommen und nun zum Aufbau einer nachhaltigen Energieversorgung beitragen.

8.2.5 Verbrennung: Carbon Capture

Eine Technologiefamilie, die zwar nicht direkt der Energieerzeugung dient, aber damit in engem Zusammenhang steht, ist der Einfang von Kohlenstoff. Dabei unterscheidet man zwei Spielarten, *Carbon Capture and Storage* (CCS, Kohlenstoffeinfang und Speicherung) und *Carbon Capture and Utilization* (CCU, Kohlenstoffeinfang und Nutzung).

In beiden Varianten soll das CO_2, das etwa bei der Verbrennung von Kohle, Kohlenwasserstoffen oder Biomasse entsteht, eingefangen werden und nie in die Atmosphäre entweichen. Ein solcher Einfang des CO_2 aus dem Verbrennungsabgas ist wesentlich einfacher und effizienter als aus der Atmosphäre (*Direct Air Capture*, DAC). Immerhin enthält das Abgas, je nach Brennstoff und Luftverhältnis,[5] etwa fünf bis 20 % CO_2, im Gegensatz zu weniger als 0.05 % (Tendenz allerdings steigend) in der Luft.

Wird die Verbrennung mit reinem O_2 durchgeführt (was vorteilhaft ist, wenn man besonders hohe Temperaturen erreichen will oder minderwertige Brennstoffe verfeuert), fällt die CO_2-Abscheidung besonders leicht. Werden Kohlenwasserstoffe in reinem Sauerstoff verbrannt, dann besteht das Abgas bei perfekter Verbrennung nur aus CO_2 und H_2O, die sich leicht voneinander trennen lassen.

Doch was tut man mit dem abgeschiedenen CO_2? Bei CCS wird versucht, es zu deponieren, etwa indem man es tief in den Boden presst und hofft, dass es sich an das dortige Gestein bindet. Es gibt auch Vorschläge, das CO_2 so tief in die Ozeane zu verfrachten, dass es unter dem dort herrschenden Druck flüssig wird und dort quasi Seen unter Wasser bildet.[6] Einen schlechten Ruf hat CCS durch die Praxis, das CO_2 in Erdöl- oder Erdgaslagerstätten zu pumpen und damit noch mehr Kohlenwasserstoffe zu fördern. Vom klimaschonenden Effekt bleibt so natürlich nichts übrig.

Bei manchen politischen Akteuren steht CCS hoch im Kurs. Insbesondere manche Öl- und Gasproduzenten verstehen unter einer nachhaltigen, mit Klimaschutz verträglichen Energieversorgung, weiterhin fossile Energieträger zu fördern und das bei der Verbrennung entstandene CO_2 wieder zu deponieren. Doch solch ein Vorgehen entspricht keineswegs dem Gedanken einer Kreislaufwirtschaft. Es bedeutet, dass wir prinzipiell wertvolle Rohstoffe (Kohlenwasserstoffe) verbrauchen und späteren Generationen Depots einer energetisch wertlosen, auch stofflich nur begrenzt nutzbaren Substanz (CO_2) hinterlassen. Zudem kann für manche geologische Lagerstätten eine Konkurrenz zwischen Speicherung (von Wasserstoff oder synthetischem Erdgas $\Rightarrow$ 8.3.2) und Entsorgung entstehen.

---

[5] Eine Größe, die mit λ (lambda) symbolisiert wird und die es vor allem im Kontext von Verbrennungsmotoren zu einer gewissen Bekanntheit gebracht hat (λ-Sonde).

[6] Falls Ihnen diese Vorstellung nicht besonders behagt – mir auch nicht, und von vielen Expert:innen wird sie ebenfalls sehr kritisch gesehen.[DC11]

Wesentlich näher am Kreislaufgedanken ist da schon CCU, bei dem das abgeschiedene CO_2 verwendet wird, insbesondere, um aus „grünem" Wasserstoff Methan oder andere Kohlenwasserstoffe ($\Rightarrow$ 8.3.2) zu erzeugen. Ähnlich wie jetzt schon mit Photosynthese und Biomassenutzung könnte man so einen weitgehend geschlossenen Kohlenstoff-Kreislauf etablieren – oder synthetische Kohlenwasserstoffe sogar wieder in geologischen Depots einlagern ($\Rightarrow$ 8.5.6).

Da sich jetzt schon zu viel CO_2 in der Atmosphäre befindet, haben CCS bzw. CCU das Potenzial, zu bedeutsamen Technologien werden. In diverse Roadmaps zur Erreichung der Klimaziele wurde der Einfang großer Mengen Kohlenstoff bereits fix eingerechnet. Leider ist der technische Prozess aktuell noch keineswegs ausgereift. Die eingefangenen Mengen sind klein, der Energieverbrauch bislang relativ groß, der Einsatz also auch teuer.[Rei16; Tit16] Alternativen zur Speicherung von Kohlenstoff auf Basis von Biomasse ($\Rightarrow$ 5.2.4) sollten daher weiter verfolgt werden.

8.2.6 Nukleare Lösungen der Zukunft?

Kernenergie ($\Rightarrow$ 5.2.2) lockt nach wie vor durch verführerisch hohe Energiedichten und die prinzipielle Möglichkeit einer CO_2-armen, wetterunabhängigen Energieerzeugung.

Kernspaltung Angesichts der vielen Nachteile der Kernspaltung, nicht zuletzt der langen Bauzeiten und hohen Kosten, erscheint es wenig sinnvoll, nun noch auf den Neubau konventioneller AKWs zu setzen. An Konzepten zur *Transmutation* sollte auf jeden Fall weiter geforscht werden, damit wir zumindest eine Chance haben, die Halbwertszeit der schon bestehenden radioaktiven Abfälle maßgeblich zu reduzieren. Auch bei Reaktoren auf Thorium-Basis ist es wohl sinnvoll, hierzu weiter zu forschen – doch allzu sehr sollte man auch auf diese nicht setzen.

Kernfusion Die Kernfusion verspricht saubere Energie im Überfluss – doch sie tut das schon recht lange. Auch wenn es immer wieder Erfolge und manchmal regelrechte Durchbrüche gibt, ist ein Fusionsreaktor, der langfristig und zuverlässig mehr Energie liefert, als er verbraucht, doch noch in weiter Ferne. Selbst wenn morgen in einer Versuchsanlage die erste Fusion gelänge, die tatsächlich einen Energieüberschuss produziert (und nicht nur bei Betrachtung des innersten Bereichs, wie im Dezember 2022 erstmals im Lawrence Livermore-Labor gelungen), wäre der Weg bis zu Reaktoren, die tatsächlich einen Beitrag zu unserer Energieversorgung liefern, wohl noch lang und steinig ($\Rightarrow$ 10.2.2). Entsprechend sollte an der Technologie auf jeden Fall weiter geforscht werden; sie bereits irgendwo fix einzuplanen, wäre aber recht unvernünftig. Eher sollte man sie als einen netten Bonusproduzenten sehen, über den man sich freuen darf, wenn er irgendwann doch hinzukommt.

8.3 Speicherung/Verteilung: Stimmt die Chemie?

Es ist gut, zu überblicken, woher die Energie in Zukunft kommen wird ($\Rightarrow$ 8.2). Doch was schon heute gilt, wird auch in absehbarer Zukunft so sein: Erzeugung allein reicht nicht aus, sondern die Energie muss auch dorthin transportiert werden, wo sie gebraucht wird ($\Rightarrow$ 5.3 & 6.6). Auch die Speicherung von Energie ($\Rightarrow$ 5.4 & 6.7) wird noch an Bedeutung gewinnen, je größer der Anteil jahreszeiten- und wetterabhängiger erneuerbarer Energieformen wird. Speziell bei den Batteriespeichern ($\Rightarrow$ 5.4.4) ist Forschung zu ökologisch, sozial und geopolitisch weniger heiklen Materialien und zu besserem Recycling essenziell.

100 % erneuerbare Energie (und die zugehörige Nettonull bei den Emissionen) sind, wenn sie nur bilanziell über das Jahr hinweg erreicht werden, zwar ein ehrenwertes Zwischenziel, aber auf längere Sicht klar zu wenig. Wenn alle Länder an windigen Sonnentagen doppelt so viel Energie erzeugen, wie benötigt wird, in windstillen Nächten aber nur sehr wenig, dann muss es Speichermöglichkeiten geben, um diese Diskrepanz zu überbrücken und das Stromnetz sowohl vor Überlastung als auch vor Unterversorgung zu bewahren.

Trotz gelegentlicher Klagen über „bereits zu viel erneuerbare Energie im Netz" haben wir keine Wind- oder Solarüberkapazitäten – bei weitem nicht! Wir haben an manchen Orten einen Mangel an Übertragungskapazitäten und insgesamt sicher einen Mangel an Speichern. Speziell was chemische Energieträger angeht, die als Langzeitspeicher wohl unabdingbar sind ($\Rightarrow$ 8.3.2), werden Speicherung und Verteilung in Zukunft noch weniger zu trennen sein als jetzt.

Letztlich sollte es für eine große Staatengemeinschaft wie die EU (mit vielleicht noch einigen eng verbundenen Staaten wie Großbritannien, Norwegen und der Schweiz) das Ziel sein, selbst so viel erneuerbare Energie zu produzieren, dass mit allen Speicher- und Transportverlusten über das Jahr hinweg zumindest der eigene Minimalbedarf zuverlässig gedeckt werden kann. Idealerweise sollte noch Energie übrig bleiben, die anderen Weltgegenden zur Verfügung gestellt oder sehr langfristig gespeichert werden kann ($\Rightarrow$ 8.5.6).

Dieses große Ziel muss nicht unbedingt für jedes einzelne Land gelten, denn wenn an manchen Orten die Voraussetzungen für Energiegewinnung viel besser sind als anderswo, dann wird man dort Schwerpunkte legen. Solarenergie hat in Spanien nun einmal bessere Voraussetzungen als auf den britischen Inseln, und lokale Überschüsse, die sich speichern lassen, wird man entsprechend eher dort produzieren. Ein $(n-1)$-Prinzip, so dass der Ausfall eines beliebigen Akteurs stets noch kompensiert werden kann, wäre allerdings sicherlich sinnvoll.

8.3.1 Stromnetze der Zukunft

Strom, oder genauer elektrische Energie, deckt zwar bei Weitem nicht unseren gesamten Energiebedarf ($\Rightarrow$ Abb. 5.4), aber ist dennoch von fundamentaler Bedeutung – und diese Bedeutung wird noch zunehmen, durch zusätzlichen Strombedarf im Zuge der Digitalisierung ($\Rightarrow$ 5.5.4), durch zunehmende Elektrifizierungen der Heizsysteme durch Wärmepumpen ($\Rightarrow$ 6.3) und durch die Elektromobilität ($\Rightarrow$ 7.6.2).
Leider ist das Stromnetz ($\Rightarrow$ 5.3.1) als zentrales Element unseres Energiesystems den zunehmenden Anforderungen durch fluktuierende Einspeisung und zunehmenden Verbrauch kaum mehr gewachsen. Die Männer und Frauen in jenen Institutionen, die für die Stabilität des Netzes sorgen, vollbringen tagtäglich kleine Wunder, damit alles weiterhin so funktioniert, wie wir es gewohnt sind. Immer wieder kann saubere Energie gar nicht mehr genutzt werden, weil das Netz sie nicht mehr aufzunehmen vermag. Doch „einfach das Netz auszubauen" ist leider gar nicht so einfach.

Unterste Netzebenen Seit inzwischen Jahrzehnten ist bekannt, dass wir einen weitgehenden Übergang von großen, zentral gesteuerten Energiequellen (kalorischen Kraftwerken, AKWs) zu dezentral vorliegender erneuerbarer Energie hinbekommen müssen, die über weite Flächen verstreut vorliegt und „eingesammelt" werden muss. Die untersten Ebenen des Stromnetzes sollten also schon lange darauf ausgelegt sein, nicht nur lokale Verbraucher zu versorgen, sondern auch so viel Solarstrom aufzunehmen, wie auf der entsprechenden Fläche realistischerweise erzeugt werden kann.
Hätte man einfach nur die letzten Jahrzehnte bei jedem Neu-, Zu- und Ausbau von Leitungen dickere Kabel verlegt und die Transformatoren etwas großzügiger dimensioniert, hätten wir jetzt ein drängendes Problem weniger. Doch kurzsichtiges, knausriges Kostendenken hat uns so erfolgreich Angst vor „Überdimensionierung" eingeredet, dass hier nicht vorausschauend gehandelt wurde. Nun nachzurüsten ist zwar schwieriger, aufwändiger und auch teurer – es wird uns an vielen Orten aber nicht erspart bleiben.

Microgrids Ein Ausbau des elektrotechnisch-physikalischen Netzes ist zum Glück nicht die einzige Möglichkeit, um manche Probleme auf den unteren Netzebenen in den Griff zu bekommen oder zumindest abzumildern. Ein Zugang sind *Microgrids* (Mikronetze) – autonome Teilnetze, die zumindest temporär ohne Anbindung an ein überregionales Netz funktionieren und sogar noch einen Beitrag zur Netzstabilisierung leisten können. Speziell für kritische Infrastruktur (Krankenhäuser, Militärstützpunkte) sind solche Microgrids eine attraktive Option. Damit ein Microgrid gut funktionieren kann, ist aber meist eine fortgeschrittene übergeordnete Regelung erforderlich ($\Rightarrow$ 8.5.2). Dabei werden Stromspeicher und Lastverschiebungen genutzt, um sowohl innerhalb des Microgrids als auch bei der Anbindung an das übergeordnete Netz die Übertragungskapazitäten nicht zu überschreiten.

8.3 Speicherung/Verteilung: Stimmt die Chemie?

Speicher begünstigen Neben zeitabhängigen Tarifen, die Flexibilität belohnen ($\Rightarrow$ 5.6.1), wäre ein wesentliche Maßnahme, den Einsatz von Speicher zu begünstigen, inbesondere indem die in vielen Ländern (u.a. auch Deutschland und Österreich) noch anfallenden Netzgebühren für Zwischenspeicherung gestrichen werden. Aktuell wird man für mit den Netzgebühren noch doppelt für Speichereinsatz *bestraft*, der das Netz *unterstützt*.

Überregionaler Netzausbau Energieversorger und Netzbetreiber hätten die überregionalen elektrischen Übertragungsnetze schon längst gerne weiter ausgebaut. Nahezu jede neue Hochspannungsleitung erhöht die Flexibilität im Netz, verringert den Bedarf von Ausgleichsmaßnahmen und rentiert sich daher binnen weniger Jahre. Doch die Möglichkeiten, angesicht von überhaupt verfügbaren Trassen, Anrainer- und Umweltschutzbedenken sowie jahrelangen Genehmigungsverfahren neue Hochspannungsleitungen zu bauen, sind sehr begrenzt. Für den weiten Transport großer Energiemengen werden wir also wahrscheinlich (trotz erheblicher Umwandlungsverluste) auf chemische Energieträger kaum verzichten können ($\Rightarrow$ 8.3.2).

Transkontinentale Netze Schon oft in der einen oder anderen Form angedacht, bislang aber nicht umgesetzt wurden transkontinentale Stromleitungen, die bei sehr hohen Spannung (ca. 1 MV, also 1 Million Volt) Energie von einem Kontinent zum anderen bringen. Besonders attraktiv ist die Variante, an geeigneten Orten (speziell großen Wüsten) riesige Solarenergieanlagen zu errichten und den Strom dann dorthin zu bringen, wo er in großen Mengen gebraucht wird – sei es von der Sahara nach Europa (Desertec[Ham23b]) oder von Australien nach Südostasien (Sun Cable[Grö24]).

Ein solches weltumfassendes Höchstspannungsnetz hätte in der Tat zahlreiche Vorteile: Die Energiegewinnung könnte dort erfolgen, wo die Ausbeute am größten wäre, während die ökologischen Schäden überschaubar blieben. Mehrere Großanlagen in verschiedenen Teilen der Welt könnten eine durchgehende Versorgung gewährleisten. Der Bedarf an Stromspeichern in einem solchen System wäre vergleichsweise gering.

Doch die Hürden sind beträchtlich, vom gewaltigen Investitionsbedarf (der allerdings kein *grundlegendes* Problem ist $\Rightarrow$ 10.3) über technische Herausforderungen bis hin zur politischen Dimension. Auf der einen Seite wären die Energieempfänger von den Produzenten (oft autokratisch regierten, politisch eher instabilen) Staaten sehr abhängig. Das ist unter den aktuellen politischen Bedingungen speziell für etwaige europäisch-nordafrikanische Projekte oder Kooperationen mit dem nahen Osten heikel.

Auf der anderen Seite besteht eine erhebliche Gefahr, dass bei solchen Vorgaben mit neo-kolonialistischer Mentalität vorgegangen wird, statt eine Partnerschaft auf Augenhöhe zu etablieren.[Pei21] („Afrika darf die Energieversorgung für Europa übernehmen und wird mit einem Butterbrot abgespeist.")

> **Vertiefung: Eine kleine Wasserstoff-Farbenlehre**
>
> Wasserstoff ist ein farbloses Gas. Je nach Herkunft spricht man in der Energiewirtschaft aber dennoch von verschiedenen „Farben", die er haben kann. (Wie auch dem elektrischen Strom sieht man dem Wasserstoff seine Herkunft aber später nicht mehr an.) Solche „Farben" sind:
>
> - Grün: aus erneuerbarem Strom per Elektrolyse gewonnen
> - Grau: aus fossilem Erdgas gewonnen
> - Blau: ebenfalls aus fossilem Erdgas gewonnen, aber das entstandene CO_2 mit CCS abgeschieden ($\Rightarrow$ 8.2.5)
> - Türkis: wie Blau aus Erdgas mit Abscheidung von Kohlenstoff, aber in fester Form statt als CO_2
> - Braun: aus Braunkohle durch Kohleentgasung erzeugt (oder per Elektrolyse mit Strom, der mit Braunkohle erzeugt wurde)
> - Schwarz: Aus Steinkohle durch Kohleentgasung erzeugt (oder per Elektrolyse mit Strom, der mit Steinkohle erzeugt wurde)
> - Pink (auch Rosa, Violett): durch Elektrolyse mittels nuklear erzeugtem Strom produziert,
> - Gelb: mit Netzstrom erzeugt, aktuell also aus einer Mischung aus erneuerbarer, nuklearer und fossiler Energie
> - : Nebenprodukt anderer chemischer bzw. physikalischer Prozesse, z.B. der Radiolyse von Tiefenwasser in der Erdkruste
> - Orange wird in zwei Bedeutungen verwendet:
>   – aus Biomasse oder Abfall erzeugt,
>   – aus geologischen Prozessen unter zusätzlicher CO_2-Aufnahme im Gestein entstanden
>
> Während die häufigen „Farben" (insbesondere Grün und Grau, die beiden mit Abstand wichtigsten Varianten) einheitlich gebraucht werden, gibt es bei den exotischeren manchmal feine Unterschiede in der Verwendung.

8.3.2 Power2Gas

Wasserstoff ist nicht nur ein Energieträger, sondern wird auch als Rohstoff in der Industrie in großem Umfang benötigt ($\Rightarrow$ 5.5.2). Aktuell ist das zumeist noch „grauer" Wasserstoff, der mittels Dampfreformierung aus Erdgas und Wasser erzeugt wird, wobei CO_2 entsteht. Dieser soll in Zukunft durch „grünen" Wasserstoff ersetzt werden, der mittels Elektrolyse aus erneuerbarer Energie produziert wird ($\Rightarrow$ Box auf dieser Seite).

8.3 Speicherung/Verteilung: Stimmt die Chemie?

Es ist weitgehend unstrittig, dass wir in Zukunft einen Teil der erneuerbar gewonnenen elektrischen Energie nutzen müssen, um zumindest so viel „grünen" Wasserstoff zu erzeugen, wie die Industrie und schwer elektrifizierbare Teile des Mobilitätsbereichs brauchen (letztere direkt oder mittels SNG bzw. e-Fuels $\Rightarrow$ 7.6.3).

Wesentlich kontroverser wird hingegen diskutiert, in welchem Ausmaß wir darüber hinaus auf chemische Energieträger setzen sollen. Viele engagierte Verfechter:innen einer erneuerbaren Energieversorgung haben ein System vor Augen, das im Wesentlichen vollständig elektrifiziert ist, in dem Wind und Sonne nahezu immer für genug Energie sorgen und sich die wenigen Dunkelflauten mit Stromimporten und Batteriespeichern überbrücken lassen. Dummerweise haben sich die wenigsten jemals durchgerechnet, ob und wie so etwas tatsächlich funktionieren kann – und noch so viel Idealismus kann (ebensowenig wie noch so viel Geld) die Gesetze der Physik außer Kraft setzen ($\Rightarrow$ 10.1.4).

Natürlich ist ein solches System nicht prinzipiell unmöglich – speziell Wüstenkraftwerke und transkontinentale Stromnetze ($\Rightarrow$ 8.3.1) würden das Potenzial bieten, so etwas tatsächlich umzusetzen. Doch die Hürden hierfür sind hoch, und die (technischen und politischen) Risiken groß. Selbst wenn man sich auf Erzeugung auf dem eigenen Kontinent beschränkt, ist immer noch vieles möglich. Doch die räumlichen und zeitlichen Diskrepanzen zwischen Erzeugung und Verbrauch sind beachtlich. Die Stromnetze, die den räumlichen Ausgleich bewerkstelligen sollen, stoßen jetzt schon immer wieder an ihre Grenzen ($\Rightarrow$ 5.3.1 & 8.3.1).

Zwischenspeicherung mittels Batterien ist zwar kurzfristig eine gute Option, schwerlich aber zum Schließen der „Winterlücke".[Spa23, Kap. 5] Als kleines Beispiel: Betrachten wir einen Haushalt, der einen Verbrauch von 3000 kWh im Jahr hat, was angesichts zunehmender Elektrifizierung gar nicht besonders viel ist. (Bei Heizen mit einer Wärmepumpe ohne hervorragende Isolierung des Gebäudes oder bei regelmäßiger Nutzung eines Elektroautos wird diese Energiemenge kaum ausreichen.)

Nehmen wir nun grob an, dass etwa ein Drittel der Energie den Weg über Langzeitspeicherung gehen muss. Dann wäre für diesen einen Haushalt eine Li-Ionen-Batterien erforderlich, die etwa fünf Tonnen (5000 kg) auf die Waage bringt – wovon etwa eine Tonne heikle Rohstoffe ausmachen, deren Gewinnung jetzt schon soziale und ökologische Verwerfungen produziert ($\Rightarrow$ 3.1.2).

Um das Speicherproblem einigermaßen zu umgehen, müsste man sicherstellen, dass selbst zu ungünstigen Zeiten (vor allem Herbst und Winter) immer noch genug erneuerbare Energie produziert wird. Leider ist angesichts des Klimawandels gar nicht klar, ob das überhaupt möglich ist, da der Klimawandel anscheinend dazu führt, dass Wetterlagen stabiler werden, also länger andauern ($\Rightarrow$ 4.2.2) – auch jene, die ungünstig für die Energieerzeugung sind. Analysen auf Basis historischer Daten wie [MGH14] sind also mit Vorbehalt zu betrachten.

Selbst wenn so etwas funktioniert, nimmt man in Kauf, dass zu anderen Zeiten gigantische Überschüsse entstehen, für die man erst recht wieder Energiesenken benötigt. Die entsprechenden Erzeugungskapazitäten, die man installieren müsste, würden mehr ökologischer Schaden anrichten (denn ein Preis ist, wie schon mehrfach betont, immer zu zahlen), würden mehr Flächen verbrauchen als wirklich notwendig wäre.

Eine Abhilfe kann hier *Power2Gas* (gesprochen „Power to Gas") bieten, die Erzeugung chemischer (zumeist gasförmiger) Energieträger aus elektrischer Energie, typischerweise mittels Elektrolyse von Wasser ($\Rightarrow$ 3.4.4), eventuell gefolgt von Methanisierung ($\Rightarrow$ 3.4.5), anderen Umwandlungsprozessen zu Kohlenwasserstoffen ($\Rightarrow$ 3.4.6) oder anderen Energieträgern wie Methanol (CH_3OH) oder Ammoniak ($\Rightarrow$ 3.4.7).

Chemische Energieträger haben (abgesehen von nuklearen Brennstoffen) die bei weitem höchsten Energiedichten ($\Rightarrow$ Abb. 5.15). Dadurch bieten sie attraktive Möglichkeiten sowohl für Verteilung als auch für Speicherung von Energie. Eine Gaspipeline kann etwa zehnmal so viel Energie transportieren wie eine Hochspannungsleitung ($\Rightarrow$ 5.3.2), und jene Energiemenge, für die man elektrochemisch eine 5-Tonnen-Batterie bräuchte, passt mit Kohlenwasserstoffen als Energieträger in einen 120-Liter-Tank, der i.A. aus keinem heiklen Material besteht.

Der große Nachteil dieses Zugangs sind die erheblichen Verluste und damit geringen Wirkungsgrade der Prozesse. Im Fall der Elektrolyse liegen die Wirkungsgrade bislang bei maximal 85 %, und das für einen Energieträger, der sich wieder nur mit weiteren Verlusten nutzen lässt. Bei weiterführenden Umwandlungsschritten wie Methan(ol)isierung gibt es zusätzliche Verluste. Doch egal, wie wir genau vorgehen, werden wir in Zukunft so viele Anlagen für erneuerbare Energieerzeugung brauchen, dass es zu manchen Zeiten beträchtliche Überschüsse geben wird – und auch schlechte Wirkungsgrade schmerzen nicht besonders, wenn man froh ist, die Energie überhaupt irgendwo verwenden zu können. Zudem lassen sich viele Verluste durch kluge Abwärmenutzung ($\Rightarrow$ 8.3.3) deutlich reduzieren.

Es erscheint nicht abwegig, dass in Zukunft nicht mehr Russland oder Kasachstan, sondern vielleicht Spanien und Italien den Rest Europas mit Erdgas versorgen – synthetischem, aus Sonnenenergie erzeugtem Erdgas. Die Leitungen dazu gäbe es zu einem guten Teil bereits. Entsprechend vorsichtig sollte man damit sein, bestehende Erdgasinfrastruktur einfach abzubauen oder blind auf Wasserstoff umzurüsten.

Wir werden sicherlich auch Wasserstoff-Netze brauchen, aber die wesentlich geringere volumetrische Energiedichte ($\Rightarrow$ Abb. 5.14) und die schwierige Lagerung machen H_2 zu einer schlechteren Option für Transport und Speicherung wirklich großer Energiemengen als etwa synthetische Kohlenwasserstoffe. Zudem sind bei Weitem nicht alle Leitungen und Speicher für H_2 geeignet ($\Rightarrow$ 3.1.1).

8.3 Speicherung/Verteilung: Stimmt die Chemie?

Diverse Pläne für die vollständige Umrüstung der Kohlenwasserstoff-Infrastruktur auf Wasserstoff, statt dass man beide Arten von Netzen parallel verwendet, erscheinen daher eher kurzsichtig. Solche Pläne mögen eine Manifestation von eindimensionalem Denken sein („genau eine Lösung für alles" $\Rightarrow$ 10.3.4), oder schlichtweg von Knausrigkeit, der zwanghaften Fixierung darauf, bloß keinen Cent zu viel auszugeben, ganz egal, wie groß die Bedrohung ist, der wir uns gegenübersehen ($\Rightarrow$ 10.3.3).

Der Wasserstoff-Hype Aktuell herrscht vielerorts, speziell in Deutschland, ein regelrechter „Wasserstoff-Hype". Das hat durchaus plausible Gründe, denn die Elektrolyse von Wasser wird wohl ein Schlüsselprozess in jedem erneuerbaren Energiesystem sein, das weitgehend mit schon bestehenden Technologien arbeitet.
Doch teilweise scheint der Hype so weit zu gehen, dass der Eindruck entsteht, jede Lösung, die auf H_2 beruht, sei automatisch gut und klimafreundlich. Doch das ist nur bei Wasserstoff der Fall, der nachhaltig erzeugt wurde, der also „grün" (bzw. eventuell noch „weiß" oder „orange") ist. Irgendwo einen Prozess von Erdgas auf Wasserstoff umzustellen und dann H_2 aus Abu Dhabi zu kaufen, der dort aus Erdgas produziert wurde, bringt dem Klima nichts (bzw., wenn es „blauer" bzw. „türkiser" Wasserstoff ist, nur so weit, wie CCS tatsächlich einen Sinn hat $\Rightarrow$ 8.2.5).
Es muss einem bewusst sein, dass H_2 einfach nur ein *Energieträger* ist – entscheidend ist, wo die Energie ursprünglich herkommt. Für manche Einsatzzwecke hat Wasserstoff hervorragende Eigenschaften, für andere wiegen seine Nachteile aber schwer, und andere Energieträger können vorteilhaft sein.

Synthetisches Erdgas Mittels Sabatier-Reaktion ($\Rightarrow$ 3.4.5), die in chemischen Reaktoren, aber auch mit Hilfe von Mikroben durchführbar ist, kann man aus H_2 und CO_2 synthetisches Methan erzeugen, das sich in jeder Hinsicht wie Erdgas einsetzen lässt. Damit könnte man die gesamte Erdgas-Infrastruktur, von Leitungen und Speichern über GuD-Kraftwerke bis hin zu Gasthermen ohne Umbauten direkt weiterwenden. Wenn der Wasserstoff nachhaltig erzeugt wurde, ist das Vorgehen klimaneutral und ein Musterbeispiel für CCU ($\Rightarrow$ 8.2.5).
Doch dass man die gesamte Infrastruktur weiterverwenden könnte, heißt nicht, dass man das auch tun sollte. Speziell Gasthermen sind energetisch sehr fragwürdig, und sie zu behalten hat nur dort Sinn, wo Alternativen wie Wärmepumpen beim besten Willen nicht einsetzbar sind ($\Rightarrow$ 8.4.1). Die Speicher, Leitungen und Gaskraftwerke aber sind durchaus wertvolle Infrastruktur, die man nicht voreilig aufgeben sollte.
Allerdings ist auch mit erneuerbarem Strom erzeugtes „grünes" Methan ein ebenso wirksames Treibhausgas wie jenes, das aus fossilen Quellen (oder Rindermägen und Reisfeldern) stammt. Wo man auf diesen Energieträger setzt, muss man also besonders akribisch auf Dichtheit aller Anlagenteile achten.

8.3.3 Thermische Netze und saisonale Speicher

Auch in Zukunft ist zu erwarten, dass thermische Netze ($\Rightarrow$ 6.6) in unserem Energiesystem eine wichtige Rolle spielen werden. Wärmenetze sind eine etablierte, gut beherrschte Technologie, die es erlaubt, vielfältige Wärmequellen einzubinden – bereits bestehende ebenso wie neuartige, die etwa durch Power2Gas ($\Rightarrow$ 8.3.2) hinzukommen. Die Einbindung der Abwärme aus Elektrolyse- oder Methanisierungsanlagen kann deren Gesamtwirkungsgrad deutlich heben. Während der Betrieb der Elektrolyse vor allem dem Angebot der erneuerbaren elektrischen Energie folgen wird, ist die Methanisierung, solange die Gasspeicher gut gefüllt sind, zeitlich flexibler und kann gezielt dann laufen, wenn Wärmebedarf besteht.

Thermische Netze profitieren nahezu immer erheblich von thermischen Speichern ($\Rightarrow$ 6.7). Hier sollten insbesondere saisonale Wärme- und Kältespeicher in Zukunft eine größere Rolle spielen, als eine der wenige Möglichkeiten, sehr große Energiemengen von jener Jahreszeit, in der sie im Überfluss zur Verfügung steht, in jene zu transferieren, in der sie gebraucht werden.

Verbesserungen sind gerade für so komplexe Systeme wie Wärmenetze natürlich immer möglich. Zusätzliche Sensorik, Digitalisierung und fortgeschrittene Regelungsstrategien ($\Rightarrow$ 8.5.2) weisen hier einiges an Potenzial auf.[Die23] Die Senkung der Temperaturniveaus ist immer ein Thema, hat bei konventionellen Netzen aber natürlich Grenzen. Es gibt jedoch auch neue Entwicklungen wie *Anergienetze*, in denen kühles Wasser (oft mit Temperaturen unter 20°C) zirkuliert.[Pas23] Ein solches Netz kann Wärmepumpen ($\Rightarrow$ 6.3) als Wärmequelle, im Kühlungsmodus auch als Wärmesenke dienen. Durch die niedrigen Temperaturen können für solche Netze auch Wärmequellen genutzt werden, die sonst nicht sinnvoll (oder nur über den Umweg einer Wärmepumpe) eingebunden werden könnten.

Auch in Netzen, die auf höheren Temperaturniveaus laufen, gibt es Möglichkeiten zur Flexibilisierung, wie etwa Mehrleitersysteme, in denen die Wärme kaskadisch genutzt werden kann. Je nach Temperaturanforderung des Heizungssystems kann Wasser von der heißen Leitung in die warme fließen (etwa für Radiatoren) oder von der warmen in die kühle (für Fußbodenheizungen).

Auch reine Kühlnetze werden sich wohl weiter verbreiten und speziell in Kombination mit Eisspeichern ($\Rightarrow$ 6.7.2) eine Möglichkeit bieten, in der Stadt für Kühlung zu sorgen, die wesentlich effektiver und sozial besser verträglich ist als viele individuelle Klimaanlagen. Solange die Temperaturen im Winter niedrig genug sind, kann man einen solchen Eisspeicher durch natürlichen Wärmeaustausch einfrieren lassen. Durch den Klimawandel wird es zwar immer unsicherer, dass lange genug ausreichend niedrige Temperaturen vorliegen, doch man kann den Eisspeicher im Winter mittels Wärmepumpe ohnehin auch als Wärmequelle für Heizzwecke verwenden.

8.4 Zukünftige Energienutzung

Nicht nur Erzeugung ($\Rightarrow$ 8.2), Verteilung und Speicherung ($\Rightarrow$ 8.3) von Energie, sondern auch ihre *Nutzung* wird in Zukunft wohl teilweise anders aussehen als heute. Vieles wird allerdings sehr ähnlich sein, wenn auch hoffentlich etwas effizienter und mit natürlicher ebenso wie sozialer Umwelt besser verträglich.

8.4.1 Zukünftiges Heizen und Kühlen

Zum zukünftigen Heizen und Kühlen haben sich klar zwei zentrale Technologien herauskristallisiert:
- Auf der anderen Seite ist da die Wärmepumpe ($\Rightarrow$ 6.3), die im Einzelgebäude ebenso nutzbringend eingesetzt werden kann wie in größerem Maßstab, um etwa industrielle Abwärme auf ein verwendbares Niveau anzuheben.
- Auf der anderen Seite, vor allem für dichter besiedelte Gebiete, sind da thermische Netze ($\Rightarrow$ 6.6 & 8.3.3), speziell in Kombination mit saisonalen Speichern. Wärmenetze erlauben es, Wärme aus zahlreichen Quellen einzusammeln und zu verteilen, darunter jene aus Biomasse-KWK-Anlagen ($\Rightarrow$ 6.5), GuD-Kraftwerken, die wir in Zukunft natürlich mit erneuerbaren Gasen betreiben müssen, Solarthermie ($\Rightarrow$ 6.4), Geothermie ($\Rightarrow$ 5.2.6) und Power2Gas-Anlagen ($\Rightarrow$ 8.3.2).

Diese beiden Technologien lassen sich oft auch gut miteinander kombinieren.
Eine weitere Art zu heizen, die speziell für Einfamilienhäuser im ländlichen Raum weiterhin interessant sein kann, ist jene mit eigenem Biomasse-Kessel, ggf. in Kombination mit Solarthermie am eigenen Dach.

Andere Technologien werden wohl bestenfalls ein Nischendasein führen. Elektroheizungen (inklusive Infrarotstrahlern) werden wohl nicht ganz verschwinden, aber eher nur noch in speziellen Situationen zum Einsatz kommen. (Eine etwas längere Karriere wird ihnen wohl noch im Globalen Süden beschieden sein, wo die Investitionskosten für eine Wärmepumpe oft prohibitiv hoch sind, während Strom aus PV sehr günstig ist.) Ebenso werden Gasthermen vermutlich nicht vollkommen verschwinden, und sie müssen das auch nicht, doch sie sollten nur noch dort zum Einsatz kommen, wo keine andere Lösung sinnvoll umsetzbar ist. (Der Vorstoß, konventionelle Gasthermen durch Wasserstoff-Heizungen zu ersetzen, wird schwerlich der richtige Weg sein.)

Generell sollten wir danach trachten, schon den Bedarf an Heizung und Kühlung durch thermische Sanierung, also gute Isolierung, zu reduzieren. Wie Passivhäuser überzeugend gezeigt haben, kann dieser Bedarf so gering sein, dass gar kein dezidiertes Heizungssystem erforderlich ist ($\Rightarrow$ 6.1).

8.4.2 Zukünftige Mobilität

Eine der größten „Baustellen", mit denen wir uns bei der Transformation unseres Energie- und Wirtschaftssystems auseinander setzen müssen, ist der Bereich der Mobilität. Viele Aspekte haben wir uns bereits in Kap. 7 angesehen. Hier möchte ich nur noch einmal die wesentlichsten Aspekte kurz zusammenfassen und zum Teil in einen größeren Kontext einbetten:

Antriebswechsel Die Elektromobilität ($\Rightarrow$ 7.5.4 & 7.6.2) gilt als Hoffnungsträger der Verkehrswende – nicht zu unrecht. Beim motorisierten Individualverkehr (MIV) ist die weitgehende Elektrifizierung eine der sinnvollsten Maßnahmen, die man setzen kann. Das kann auch noch Plug-in Hybride ($\Rightarrow$ 7.5.6) umfassen, speziell für Personen, die häufig auch sehr weite Strecken zu fahren haben. Mild- und Vollhybride hingegen, die ja alle Energie aus chemischen Treibstoffen beziehen, sollte man, auch wenn sie aktuell sehr beliebt sind, im MIV eher als technologische Sackgasse betrachten.

Je nachdem, wie schnell der Ausbau eines Power2Gas-Systems ($\Rightarrow$ 8.3.2) und von Wasserstoffnetzen erfolgt, können auch Brennstoffzellen-Fahrzeuge eine gewisse Rolle spielen. Es spricht, sofern die entsprechende Versorgung nachhaltig gewährleistet ist, nichts gegen Tankstellen, die elektrische Energie aus der Steckdose, Wechselakkus (falls die Automobilindustrie es irgendwann hinbekommt, hier einen sinnvollen Standard zu definieren), H_2, LNG und benzin- bzw. dieselartige Treibstoffe (e-Fuels, Biotreibstoffe, ggf. auch photokatalytisch erzeugte Kraftstoffe[7]) anbieten.

Reine Verbrennungsmotoren, Mild- und Vollhybrid-Antriebe werden ja nicht verschwinden, aber, abgesehen vom Altbestand (bis hin zu Oldtimern, die wohl weiterhin ihre Fans haben werden) im Wesentlichen nur noch in Nutz- und Schwerfahrzeugen zum Einsatz kommen ($\Rightarrow$ 7.3.2).

Anders fahren Eine weitere Maßnahme, um die gravierenden Auswirkungen des MIV abzumildern, wäre ein Schwenk der Autoindustrie weg von SUVs wieder zu kleineren und leichteren Fahrzeugen ($\Rightarrow$ 7.2.1). Vielleicht gelingt der Industrie diese Trendwende ja aus Eigeninitiative. Doch wenn die höheren Gewinnmargen der SUVs allzu verlockend sind, braucht es wohl staatliche Regelung, die den Kauf und den Betrieb von schweren und verbrauchsintensiven Fahrzeugen unattraktiver machen. Auch beim Fahrstil gibt es Potenzial, die Schäden abzumildern, vor allem durch Reduktion der erlaubten Höchstgeschwindigkeiten ($\Rightarrow$ 7.2.2). Solche Maßnahmen sind nicht sehr beliebt, machen das Autofahren auf weiten Strecken weniger attraktiv – aber das ist, sofern es gute Alternativen gibt, ja oft gar nicht so schlecht.

---

[7] siehe z.B. https://desired-project.eu/

8.4 Zukünftige Energienutzung

Reduktion des MIV durch Stärkung des ÖV Noch besser als alle oben diskutierten Maßnahmen wirkt natürlich eine Reduktion des MIV zugunsten des öffentlichen Verkehrs (ÖV) und zugunsten von Lösungen, die gar keine Mobilität mehr erfordern (wie Telearbeit). Natürlich darf man das Pferd hier nicht von hinten aufzäumen: Zuerst muss es ein gutes und leistbares ÖV-Angebot geben, mit ausreichend hohen Taktfrequenzen und Angeboten, auch die berüchtigte „letzte Meile" zu bewältigen, bevor man ernsthaft erwarten kann, dass Menschen hier umsteigen, das Auto öfter stehen lassen – oder sich gar ganz gegen ein eigenes Auto entscheiden.

Offensichtlich liegt der Ball hier vor allem bei der Politik. Manche Maßnahmen, um eine stärkere ÖV-Nutzung zu unterstützen, kann man jedoch auch selbst setzen, sobald man etwa in der Position ist, Veranstaltungen (wie Konferenzen, Feiern oder geschäftliche Treffen) zu organisieren. Mit der Wahl von Orten, die gut mit ÖV erreichbar sind, mit Beginn- und Endzeiten, die gut mit öffentlicher Anreise kompatibel sind, kann man hier unterstützen.

Wichtig ist dann auch das Einhalten der Zeitdisziplin (eine Tugend, die ohnehin oft stiefmütterlich behandelt wird): Dass man seinen Zug versäumt und zwei Stunden auf den nächsten warten muss, nur weil (um ein Bonmot von Karl Valentin aufzugreifen) zwar schon alles gesagt wurde, aber noch nicht von allen, sollte nicht passieren.

Dass der öffentliche Verkehr durchaus attraktiv sein kann, wenn die Rahmenbedingungen passen, hat man deutlich gesehen, etwa durch das 9-€-Ticket im Sommer 2022 in Deutschland[8] oder durch das Klimaticket, das im Herbst 2021 in Österreich eingeführt wurde. Tatsächlich konnte das ÖV-Angebot mit der Nachfrage oft nicht mithalten, was aber nur noch deutlicher zeigt, dass ein Ausbau dieses Angebots dringend erforderlich ist. Speziell für länderübergreifende Reisen sind auch Fortschritte in Richtung eines einheitlichen Bahnsystems und komfortablerer Reisebedingungen (etwa Nachtzügen, wo man nicht wiederholt wegen irgendwelcher Kontrollen geweckt wird) wesentlich.

Städte für Menschen, nicht für Autos Speziell in den Städten wird ein Schwenk weg vom bisherigen Fokus auf das Auto hin zu einer Stadt für Fußgänger:innen und Radfahrer:innen erfolgen müssen – und die Städte werden dann lebenswerter sein als zuvor. Auch hier gilt natürlich, dass es ein entsprechendes Alternativangebot geben muss, bevor Menschen auf das Auto verzichten – doch gerade in Städten ist das viel einfacher zu bewerkstelligen als im ländlichen Raum. In vielen Städten sind ÖV- und Radweg-Angebot jetzt schon sehr gut, und neue Stadtviertel kann man von vornherein weniger autozentriert anlegen.

---

[8]siehe https://www.bundesregierung.de/breg-de/themen/tipps-fuer-verbraucher/faq-9-euro-ticket-2028756

Reduktion des Flugverkehrs Der Flugverkehr, auch wenn er entgegen weitverbreiteten Annahmen nicht der „Klimakiller Nr. 1" ist ($\Rightarrow$ Abb. 7.2), gehört sicher zu jenen Bereichen, die deutlich eingeschränkt werden sollten. Nachhaltige Flugtreibstoffe werden zwar helfen, die Klimawirkung des Fliegens zu reduzieren, aber die diversen indirekten Auswirkungen werden auch damit nicht verschwinden.
Das Mindeste, was getan werden sollte, ist, möglichst schnell das (historisch bedingte) Steuerprivileg für Flugzeugkerosin zu streichen. Unsere Bürokratien, die ja oft sehr gut darin sind, jene zu drangsalieren, die etwas von ihnen brauchen ($\Rightarrow$ 9.3.3), dürfen ruhig einmal ihre Phantasie spielen lassen, wie man Kurzstreckenflüge, für die es gute Bahn-Alternativen gäbe, so unattraktiv wie nur möglich machen kann.
Vermutlich wird der Bedarf an Flugreisen etwas sinken, wenn wir es schaffen, dass ein globaler Ausgleich in Richtung größerer Gerechtigkeit erfolgt ($\Rightarrow$ 10.3). Wenn eine Woche all-inclusive-Urlaub in Marokko oder der Türkei samt Flug weniger kostet als drei Tage Urlaub in den österreichischen Alpen, dann ist vielen klar, wofür sie sich entscheiden. Wenn die Einkommens- und Preisniveaus sich weltweit aber angleichen, dann werden auch diese Unterschiede schwinden. Nach Thailand zu fliegen, wird dann eine bewusste Entscheidung sein, weil man tatsächlich dieses spezielle Land besuchen will – keine Schnäppchenjagd mehr.
Privatjets und ähnliche absurde Verschwendungen sollten ohnehin so schnell wie möglich verschwinden. Auch den Superreichen sollte langsam bewusst werden, dass ein solcher Luxus, der offentlichlich uns allen schadet, in einer Welt, in der es so viel Leid gibt, in der so viel dringender Handlungsbedarf besteht, ihre Position auf bedenkliche Weise untergräbt – bis hin zur durchaus nachvollziehbaren Forderung, dass einfach niemand mehr reich genug sein darf, um sich solchen Unsinn leisten zu können ($\Rightarrow$ 9.4.5).

8.4.3 Verbundene Felder

Die Transformation den Energiesystems inklusive Mobilität und Heizen/Kühlen ist bereits eine gewaltige Herausforderung. Das Energiesystem steht aber nicht isoliert, sondern es gibt vielfältige Beziehungen zu anderen Bereichen der Wirtschaft, vor allem zu Landwirtschaft, Industrie, Bauwirtschaft und Digitalisierung ($\Rightarrow$ 5.5).
Auch dort sind diverse Transformationen notwendig. Meine Darstellung, wie und wohin sich diese Bereiche entwickeln könnten bzw. sollten, beruht allerdings wesentlich auf Betrachtungen aus Kap. 9 und wird daher erst in Abschnitt 10.4 nachgereicht.

8.5 Das Puzzle zusammensetzen

Eine Eigenschaft, die unser Energiesystem in Zukunft auf jeden Fall haben wird, ist eine erhebliche Komplexität. Vielfältige Arten der Erzeugung ($\Rightarrow$ 8.2) werden mit verschiedenen Arten der Speicherung und Verteilung von Energie ($\Rightarrow$ 8.3) interagieren müssen, um den zukünftigen Bedarf zu decken ($\Rightarrow$ 8.4): Elektrische Energie aus Quellen, die teilweise vom Wetter abhängen, chemische Energieträger, die mittels zeitweiliger lokaler Überschüsse erzeugt werden, um Energie zu verteilen oder zu speichern, Wärme auf verschiedenen Temperaturniveaus werden zusammenspielen müssen.
Speziell sollte man nicht jenem Trugschluss aufsitzen, für den Vertreter:innen der Elektrizitätswirtschaft oft anfällig sind, nämlich Wärme und Kälte als bloßes Anhängsel zu sehen, einen weiteren Beitrag zur (letztlich elektrischen) Last. Dazu ist der Bereich des Heizens und Kühlens zu bedeutsam. Hier wird es Kombinationen von Technologien brauchen, zwar sicherlich an vielen Stellen Wärmepumpen, an anderen aber auch thermische Netze und saisonale thermische Speicher ($\Rightarrow$ 8.4.1).

Ich habe versucht, einige der wichtigsten Technologien samt Querverbindungen und Energieströmen in Abb. 8.4 zu skizzieren. Das Bild ist bereits recht komplex, und dennoch ist die Darstellung stark vereinfacht und es sind bei weitem nicht alle Möglichkeiten eingezeichnet, Technologien und Energieträger miteinander zu kombinieren.
In vielen Fällen gilt es, Abwägungen zu treffen, etwa ob Sonnenenergie mittels PV genutzt werden soll, mittels solarthermischen Kraftwerken ($\Rightarrow$ 5.2.5), über Niedertemperatur-Solarthermie für Heizzwecke oder Hochtemperatur-Solarthermie für Prozesswärme ($\Rightarrow$ 6.4). Es gilt abzuwägen, in welchem Ausmaß man Wasserstoff direkt als Energieträger einsetzen will, und in welchem Ausmaß man weitere Verluste in Kauf nimmt, um dafür Energieträger zu erhalten, die sich besser transportieren und speichern lassen ($\Rightarrow$ 8.3.2).
Manche Elemente, mit denen man vielleicht nicht gerechnet hätte, sind immer noch vorhanden, etwa ein Gasnetz für Kohlenwasserstoffe. Doch es ergibt durchaus Sinn, speziell kleinere („dezentrale") Gas-KWK-Anlagen einzusetzen, wo die Wärme mittels thermischer Netze sinnvoll genutzt, vielleicht auch saisonal gespeichert werden kann. An Orten, die nicht günstig für die Anbindung an das Gasnetz liegen, etwa in vielen Gebirgsregionen, können Biomasse-KWKs diese Rolle übernehmen.
Verglichen mit der Utopie eines rein elektrischen Energiesystems wäre ein solches System etwas weniger „sauber", mit lokalen Emissionen aus Biomasse- und Gaskraftwerken, Verbrennungsmotoren, ab und zu wohl auch einer Gastherme. Immer noch wären Tanker- und Pipelineunfälle möglich und würden sich wohl auch ereignen. Immer noch hätte die „alte" Kohlenwasserstoffindustrie Macht und Einfluss.

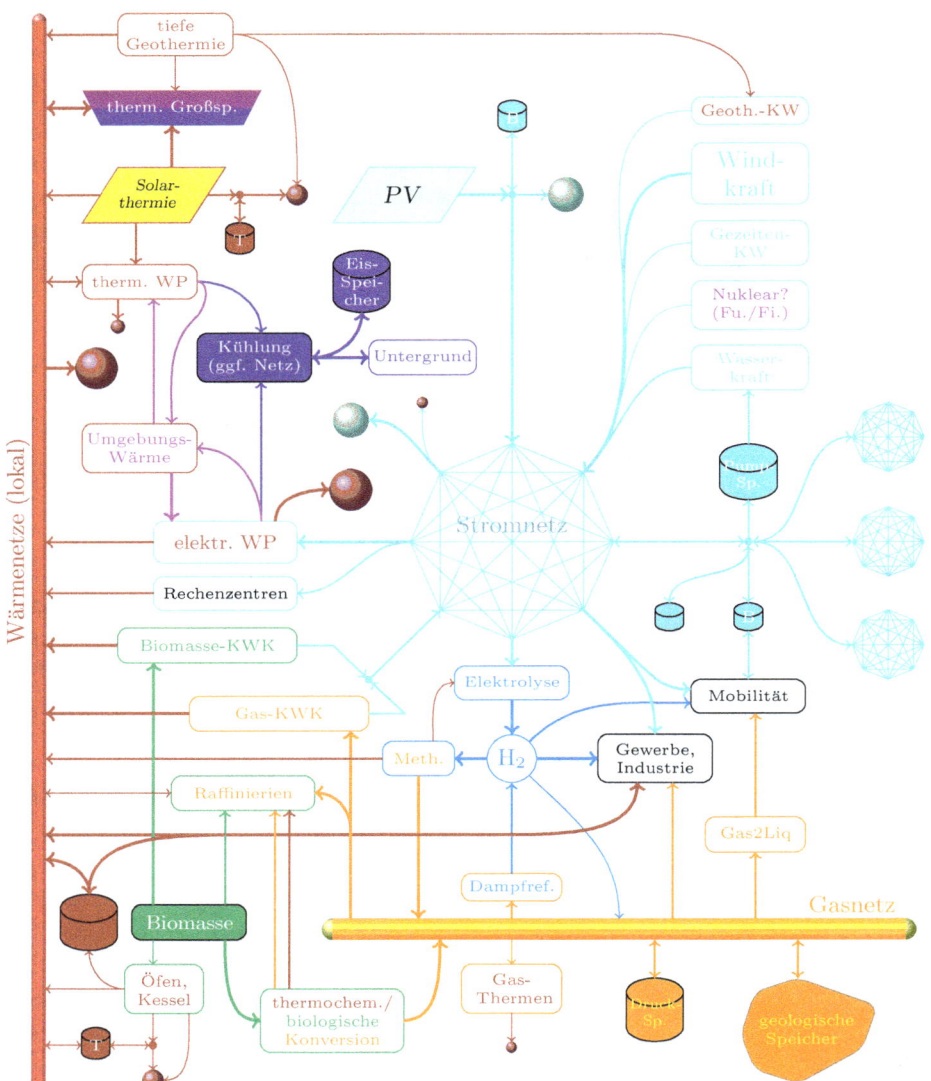

Abb. 8.4: Skizze eines möglichen Energiesystems der Zukunft: Im Zentrum steht das Stromnetz (das auch schon beim Verteilnetz innerhalb eines Gebäudes beginnt), welches auf vielfache Weise an Wärmesektor und Gassektor gekoppelt ist. Der private Verbrauch an elektrischer Energie ist durch das Symbol ⬤, jener an Wärme durch ⬤ gekennzeichnet, wobei die Größe der Kugeln eine grobe Schätzung der zukünftigen Bedeutung symbolisiert. Batteriespeicher sind als ⬤ symbolisiert, kleinere thermische Speicher als ⬤. Natürlich gibt es viele weitere Aspekte, Querverbindungen und Kombinationsmöglichkeiten, die in dieser Skizze nicht eingezeichnet sind. (KL$_{\text{BY}}^{\text{CC}}$)

8.5 Das Puzzle zusammensetzen

Zugleich stellt der rasche Übergang auf ein solches hybrides System – mit der vollständig nachhaltigen Erzeugung aller Energieträger als unverhandelbare Voraussetzung – vielleicht die letzte Chance für diese Branche dar, die Sünden und Verbrechen der Vergangenheit endlich hinter sich zu lassen und zu einer konstruktiven Kraft für die Zukunft zu werden.

Dazu wird es aber erforderlich sein, dass sie selbstzerstörerische Vorhaben wie die Exploration weiterer fossiler Lagerstätten unverzüglich einstellt, ihre Macht, ihre Ressourcen und speziell ihr Geld in den ernsthaften und raschen Umstieg steckt, statt nur alibihalber ein paar kleine Pilotprojekte zu betreiben.[9]

8.5.1 Ein großer Plan?

In jenen Kreisen, in denen Verschwörungstheorien hoch im Kurs stehen, wird immer wieder über raffinierte Pläne der "globalen Eliten" gesprochen über Bevölkerungsaustausch, geplanten Pandemien und Ähnliches. Natürlich ist es bei manchen Entwicklungen verführerisch, das Wirken finsterer Mächte zu sehen.[10]

Oft gilt aber ein Prinzip, das als *Hanlons Rasiermesser* bezeichnet wird: „Schreibe nicht der Böswilligkeit zu, was durch Dummheit hinreichend zu erklären ist"

Die traurige Wahrheit ist: Nicht einmal dort, wo es wirklich darauf ankommt, wo es um das Überleben der gesamten Menschheit geht, gibt es auch nur ansatzweise einen tragfähigen globalen Masterplan.

Es gibt zwar von internationalen Organisationen wie der IEA Zielvorgaben und sehr grobe Roadmaps, wann die Emissionen wie sehr sinken müssen, wie stark erneuerbare Energien ausgebaut werden müssen,[11] es gibt diverse nationale Klima- und Energiepläne – doch das tatsächliche Vorgehen liegt weitgehend im Dunkeln ($\Rightarrow$ 10.1.3). Es werden auf gut Glück irgendwo Anlagen gebaut (bzw. Anreize gesetzt, dass sie gebaut werden), ohne dass aber das Gesamtsystem ausreichend betrachtet wird.

So kommt es dann zustande, dass erneuerbare Energie zu manchen Zeiten und an manchen Orten gar nicht mehr ins Netz eingespeist werden kann, während sie bei anderer Gelegenheit schmerzlich fehlt. So kommt es zustande, dass Menschen, die gerne eine PV-Anlage installieren würden, oft gar kein Genehmigung mehr erhalten, sie ans Netz anzuschließen.

---

[9]Mit fossiler Energie wurde viel Geld verdient, über Jahrzehnte hinweg etwa eine Billion Dollar (1 000 000 000 000 US$) pro Jahr, [Stö24, Kap. 1]

[10]In manchen Fällen, etwa beim Säen von Zweifel hinsichtlich wissenschaftlicher Erkenntnisse zu akuten Bedrohungen[OC10] oder der Durchsetzung einer neoliberalen Agenda zugunsten weniger Multimillionäre und Milliardäre[Rob24] wäre das ja sogar gerechtfertigt – doch das sind gerade *nicht* jene Themen, auf die sich jene, die sich benachteiligt fühlen, eingeschossen haben ($\Rightarrow$ 10.1.6).

[11]siehe z.B. https://www.iea.org/reports/net-zero-roadmap-a-global-pathway-to-keep-the-15-0c-goal-in-reach/progress-in-the-clean-energy-transition

Idealerweise sollten wir ja eine Strategie haben, die gut durchdacht ist, auf räumliche und zeitliche Strukturen angemessen Rücksicht nimmt. Leider wird die Menschheit so etwas, wenn sie nicht bzw. Intelligenz (oder zumindest organisatorisch ⇒ 9.3.4) unerwartet erhebliche Fortschritte macht, nicht hinbekommen.

Was uns hier aber retten kann, das ist, dass noch kein detaillierter Plan erforderlich ist, wo genau was gebaut wird. Wichtig ist vor allem das Grundverständnis, wie ein tragfähiges Energiesystem prinzipiell aussehen muss, welche Komponenten es beinhaltet, wie bedeutsam die Fähigkeit zu Speicherung und Übertragung auch sehr großer Energiemengen ist.

Wovon wir uns, angesichts unserer begrenzten Fähigkeiten gut zu planen, dringend verabschieden müssen, das ist unsere absurde Furcht vor Überkapazitäten und vor Überdimensionierung (⇒ 10.3.3). Erst jene Elemente des Energiesystems, die in konventioneller Betrachtung überdimensioniert erscheinen, bieten letztlich genug Flexibilität, damit ein Konzept, wie es in Abb. 8.4 dargestellt ist, tatsächlich praktikabel ist. Als erste Regel, um das Fehlen eines Plans zu kompensieren, ergibt sich also:

1. Lege jede Anlage, jeden Speicher und jede Leitung, über die Energie in irgendeiner Form übertragen wird, sofern irgendwie möglich, dreimal so leistungsfähig aus, wie es aus jetziger Sicht sinnvoll erscheint. Die zusätzlichen Kapazitäten werden schon noch gebraucht werden, womöglich auf Weisen, die wir noch gar nicht im Blickfeld haben.

Besonders wirksam sind jene Elemente, die eine Brücke zwischen verschiedenen Sektoren des Energiesystems darstellen, seien es Wärmepumpen, KWK-Anlagen oder Power2Gas-Installationen. Idealerweise beginnen wir sogar so schnell wie möglich mit dem Aufbau von gut positionierten Knotenpunkten zwischen den Energienetzen, mit der Kapazität, verschiedene Energieformen aus den Netzen zu entnehmen, sie zu speichern, sie ineinander umzuwandeln und sie wieder einzuspeisen.

2. Sorge dafür, dass es leistungsfähige Schnittstellen zwischen den Energiesektoren gibt, damit die Stärken aller Energieträger passend genutzt werden können.

Damit solche Systeme ihre Stärken ausspielen können, muss es natürlich entsprechende Interoperabilität geben. Es braucht transparente, sauber dokumentierte Schnittstellen und Protokolle, mit einer Dokumentation, die frei zugänglich ist, statt in irgendwelchen kostenpflichtigen Normen zu stecken:

3. Sorge dafür, dass jede neue Anlage, jedes Systemelement, das hinzukommt, digital auslesbar und steuerbar ist, nach einem offenen, transparenten Standard.

Wenn ein solcher Zugang existiert, dann können moderne Regelung und Optimierung, die vorhandene Infrastruktur so nutzen, wie es für das Gesamtsystem am besten ist (⇒ 8.5.2).

> **Vertiefung: Steuerung und Regelung**
>
> Technische Einrichtungen brauchen ebenso wie soziale Systeme Regeln, nach denen sie ablaufen, bestimmte Vorgaben (Soll-Werte), die zu erfüllen sind, Maßnahmen, die getroffen werden, wenn Abweichungen auftreten. Dazu wird im technischen Bereich zwischen zwei grundlegenden Ansätzen unterschieden:
>
> **Steuerung** bedeutet, dass dem System von außen Anweisungen gegeben werden, ohne dass man den tatsächlichen Zustand des Systems misst und somit berücksichtigen kann.
>
>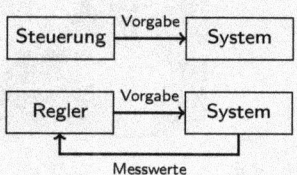
>
> **Regelung** bedeutet, dass der Zustand des Systems erfasst wird und versucht wird, ihn so zu korrigieren, dass die Ist-Werte den Soll-Werten möglichst nahe sind (*Regelkreis*).
>
> Als Beispiel betrachten wir das Heizen eines Hauses: Eine Steuerung würde die Heizungsleistung abhängig von der Tages- und Jahreszeit, vielleicht auch auf Basis von Wetterprognosen vorgeben, ohne aber die Temperatur im Haus zu kennen. Bei einer Regelung würde stattdessen die Temperatur im Haus gemessen. Die Heizung würde z.B. anspringen, wenn die Temperatur unter einen gewissen Schwellenwert fällt, und wieder ausgeschaltet werden, wenn sie über einen anderen (höheren) Schwellenwert ansteigt.
>
> Meist erzielen Regler bessere Ergebnisse als Steuerungen, da sie auch unvorhersehene oder ganz unbekannte Einflüsse korrigieren können. Ein Vorteil von Steuerungen ist allerdings, dass sie schneller agieren können. Wird in unserem Heizungsbeispiel ein plötzlicher Kälteeinbruch vorhergesagt, dann kann die Steuerung die Heizung bereits vorab anwerfen, während ein Regler das erst tut, wenn die Raumtemperatur schon weit genug gefallen ist. Am besten funktionieren in der Technik oft Ansätze, die Steuerung und Regelung kombinieren.
>
> Diese unterschiedlichen Zugänge kann man auch in Ökonomie wiederfinden: Ein klassisch planwirtschaftlicher Ansatz hat vorwiegend Charakteristika der Steuerung. Eine Marktwirtschaft hingegen etabliert durch das Beachten von Preissignalen einen Regelkreis ($\Rightarrow$ 9.1.2).

8.5.2 Regelung, Optimierung und Datenanalyse

Sehr oft konzentriert man sich bei der Betrachtung von Energiesystemen vor allem auf die Anlagentechnik, auf elektro- und wärmetechnische Maschinen und Installationen. Doch eine zentrale Komponente, damit ein System zur Energieversorgung tatsächlich wunschgemäß funktioniert, ist auch die Steuerung bzw. Regelung der Anlage, siehe Box auf dieser Seite.

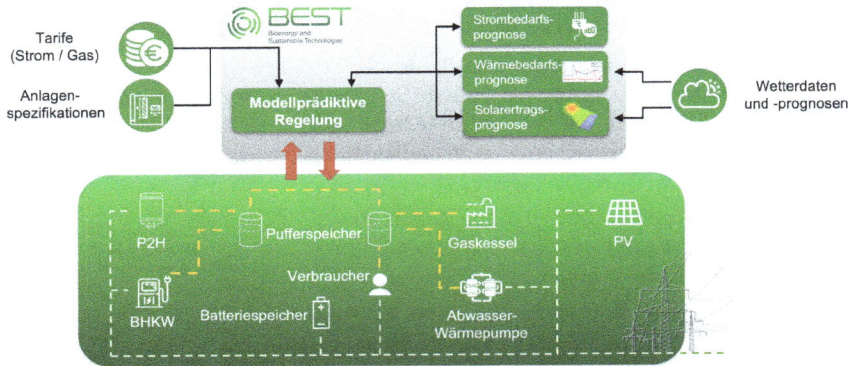

Abb. 8.5: Beispiel für eine modellprädiktive Regelung, im praktischen Einsatz u.a. in Clee, https://www.kwb.net/de-at/energiemanagement/; © BEST – Bioenergy and Sustainable Technologies, mit freundlicher Genehmigung

Für die relativ einfach gestrickten Energiesysteme der Vergangenheit waren auch einfache Regelungsstrategien meist ausreichend. Doch je komplexer das Energiesystem wird, desto wichtiger sind auch fortgeschrittene Regelungskonzepte.

Optimierungsbasierte prädiktive Regelung Besonders ausgefeilte Regelungen benutzen mathematische Modelle der Energieanlagen und kombinieren sie mit Prognosen zu Verbrauch, eigenem Energieertrag sowie ggf. Strompreisen ($\Rightarrow$ 8.5.3). Will man den Nutzen maximieren, erhält man eine komplexe Rechenaufgabe, konkret ein Problem der mathematischen Optimierung ($\Rightarrow$ 9.5). Die Lösung dieses Problems liefert einen Fahrplan, der aber anhand von Messwerten und eventuellen Korrekturen der Prognosen regelmäßig aktualisiert wird. Man spricht hierbei von *(modell)prädiktiver Regelung* (*model predictive control*, MPC), siehe Abb. 8.5. Natürlich ist klar, dass auch eine noch so gute Regelung nur auf jene technischen Einrichtungen zugreifen kann, die verfügbar und passend eingebunden sind. Sie ist also kein Ersatz für Anlagentechnik, sondern erlaubt es nur, die vorhandenen Anlagen möglichst gut zu betreiben.

Optimierungsbasierte Planung Mathematische Optimierung kann nicht nur benutzt werden, Energiesysteme besser zu regeln, sondern auch, um sie überhaupt erst zu planen. Auslegungsfragen wie etwa, ob eine Dachfläche besser für PV oder für Solarthermie genutzt wird, oder wie groß ein bestimmter Speicher gewählt werden soll, werden von solchen Systemen beantwortet. Dabei sucht ein technologieneutraler Ansatz für die gewählten Vorgaben und Möglichkeiten (Verbrauchsprofile, Fläche, Strompreise) nach der besten Konfiguration. Die beste ist dabei jene mit minimalen Gesamtkosten bzw. minimalen CO_2-Emissionen (oder einem Kompromiss aus beiden $\Rightarrow$ 9.5.3).

8.5 Das Puzzle zusammensetzen

An ihren Daten sollt ihr sie erkennen Regelung und Planung, speziell wenn sie auf Grundlage mathematischer Optimierung erfolgen, erfordern umfassende *Daten*:

- **Regelung**: technische Parameter aller vorhandenen Geräte und Anlagen; möglichst umfassende, zeitlich gut aufgelöste Messwerte zu Temperaturen, Wärmeströmen, elektrischer Leistung, Speicherständen, Verbrauch, ...
- **Planung**: technische und ökonomische Parameter aller Geräte und Anlagen, Verbrauchsprofile, klimatische Situation, Kapazitäten der Leitungen nach außen, Landnutzungsmöglichkeiten, ...

Leider ist die Datenlage oft schlecht, etwa durch fehlende oder beschädigte Sensoren. In früheren Zeiten, als einmal im Jahr ein Zähler abgelesen wurde, um eine Rechnung zu stellen, war natürlich auch keine so genaue Erfassung der Daten nötig wie heute und erst recht wie in einem zukünftigen Energiesystem, in dem alle Elemente koordiniert zusammenspielen müssen, damit alles weiterhin zuverlässig funktioniert.

Ein wesentliches Hindernis sind oft Bedenken hinsichtlich *Datenschutz*, der sich in Europa speziell in der Datenschutzgrundverordnung (DSGVO) manifestiert. Diese erlaubt bei Verstößen gegen den Datenschutz drakonische Strafen für Unternehmen – und entsprechend haben diese zumeist erheblichen Respekt vor der DSGVO.

Datenschutz ist in der Tat eine wichtige Angelegenheit[O'N17] – doch Maßnahmen, die einen Missbrauch persönlicher Daten, eine Verwendung für unautorisierte kommerzielle Interessen und gezielte Manipulation verhinden sollen, stehen momentan auch wichtigen Vorhaben im Weg, von der Entwicklung leistungsfähiger europäischer KI-Lösungen ($\Rightarrow$ 10.1.5) über medizinische Forschung bis eben hin zum Übergang zu einem zukunftsfähigen Energiesystem. Hinzu kommt die Zurückhaltung von öffentlichen Institutionen und vor allem Unternehmen, Daten zugänglich zu machen – sei es aus Bedenken hinsichtlich Betriebsgeheimnissen oder auch nur, weil es eben einen gewissen Aufwand bedeuten würde.[12]

Doch es gibt Abhilfen, vom Konzept der *Data Spaces*, in denen zumindest ein Marktplatz für nützliche Daten entstehen kann,[13] bis hin zu fortgeschrittenen Methoden des maschinellen Lernens. Speziell *föderiertes Lernen* erlaubt es Algorithmen, aus verschiedenen Datenquellen die essenziellen Zusammenhänge zu destillieren, ohne dass die Daten selbst jemals den Hoheitsbereich der Institutionen oder Unternehmen verlassen müssen. Zudem gibt es zum Glück einige Fortschritte im Bereich *Open Data*, offen zugänglicher Daten, auch wenn hier der Weg sicherlich noch weit ist.

---

[12] Selbst in Forschungsprojekten, in denen man mit öffentlichen Institutionen oder Unternehmen zusammenarbeitet, an Zielen forscht, die für genau diese Partner wichtig und interessant sind, ist es oft immer noch ein langwieriger, zermürbender Prozess, die benötigten Daten tatsächlich zu erhalten.

[13] siehe z.B. https://dataintelligence.at/dataspaces/

8.5.3 Die Energiewirtschaft der Zukunft

In vieler Hinsicht wird sich die Energiewirtschaft der Zukunft wohl von jener der Gegenwart ($\Rightarrow$ 5.6) gar nicht so sehr unterscheiden. So hart Systeme wie die *Merit Order* zwischendurch auch kritisiert wurden, so haben wir doch bislang nichts Besseres gefunden. Allerdings sollten ein System, wie es in diesem Kapitel beschrieben und in Abb. 8.4 skizziert wurde, robuster und flexibler sein als jetzt, womit dramatische Preisspitzen wesentlich unwahrscheinlicher werden.

Zeitabhängige Tarife Was in Zukunft wohl ein wesentliches Element vor allem des Strommarkts sein wird, das sind stark zeitabhängige Tarife für Verbrauch und Einspeisung elektrischer Energie. Auf Wunsch gibt es zeitabhängige Verbrauchstarife zwar auch heute schon, aber in Zukunft ist zu erwarten, dass solche Tarife der Normalfall und konstante Preise eher ungewöhnlich (und vergleichsweise hoch) sein werden.
Der Grund dafür ist recht einfach: Da das Angebot an erneuerbarer Energie zeitlich stark variiert, soll es Anreize geben, die Energie dann zu verbrauchen, wenn sie im Überfluss vorhanden ist. Man spricht hierbei von *Demand Side Management* bzw. Lastverschiebung. Die Waschmaschine gezielt dann einzuschalten, wenn der Strom besonders billig ist, wird zwar nur eine Minderheit der Menschen gut in ihren Tagesplan integrieren können. Für manche Arten des Verbrauchs kann eine fortgeschrittene Regelung ($\Rightarrow$ 8.5.2) aber durchaus flexibel agieren, etwa die Wärmepumpe für die Heizung schon ein wenig früher in Betrieb nehmen.
Insbesondere machen zeitabhängige Tarife die Investition in Speicher attraktiv. Wenn die Einspeisetarife zu nahe an den Strompreisen liegen und beide konstant sind, zahlen sich für Besitzer:innen von PV-Anlagen Investitionen in Speicher meist wirtschaftlich nicht aus – ganz egal, wie sinnvoll sie aus technischer Sicht wären. Einspeisetarife und Strompreise, die zu jenen Zeiten sinken, wo viele einspeisen (also etwa zu Mittag an sonnigen Tagen), könnten das schnell ändern. Dabei müssen es nicht unbedingt Batteriespeicher sein, die zum Einsatz kommen, auch wenn diese natürlich die meisten Optionen bieten. Doch auch Wärmespeicher können helfen, indem sie bevorzugt dann aufgeheizt werden, wenn die Energie billig ist.

Flexibilität belohnen Bei den Energieerzeugern wird es wesentlich sein, Flexibilität stärker zu belohnen als jetzt. Während im „alten" Energiesystem gut steuerbare Erzeuger und Grundlastkraftwerke dominiert haben, werden es im „neuen" die jahreszeiten- und wetterabhängigen Produzenten sein ($\Rightarrow$ 5.2.9). Das wird es nötig machen, jenen Einspeisern, die flexibel sind (also vor allem Biomasse- und Gaskraftwerke sowie Pumpspeicherkraftwerke), diese Flexibilität auch zu vergüten, selbst wenn gar keine Energie abgerufen wird. Allein schon dass sie bereit stehen, für den Fall, dass Not am Mann (oder an der Frau) ist, wird uns etwas wert sein müssen.

Zentrale und dezentrale Lösungen Anders als im „alten", weitgehend zentral organisierten Energiesystem, werden im „neuen" dezentrale Konzepte eine wesentliche Rolle spielen. Auf jeden Fall wird man Energie, speziell Sonnenenergie, über weite Flächen verteilt ernten müssen. Auch bei Speichern können in vielen Fällen dezentrale Lösungen sinnvoll sein, um den Bedarf an Energietransport und damit die erforderlichen Netzkapazitäten zu reduzieren.

Der technische Aspekt der Dezentralität spiegelt sich zunehmend auch in wirtschaftlichen Konzepten wider. Insbesondere gibt es im Bereich der elektrischen Energie inzwischen die Möglichkeit, *Energiegemeinschaften* zu gründen, um für mehrere Akteure eine gemeinsame Energieversorgung organisieren.[14] Ursprünglich war der Gedanke vor allem, für Microgrids ($\Rightarrow$ 8.3.1) auch eine geeignete Verwaltungs- und Abrechnungsstruktur zu bieten. Dabei handelt es sich um *lokale* Energiegemeinschaften. Inzwischen ist es aber auch möglich, dass sich räumlich weit verteilte Erzeuger:innen und Verbraucher:innen zu einer Energiegemeinschaft zusammenschließen. Der Vorteil einer weitgehend lokalen Versorgung, die die Netze nicht beansprucht, geht bei dieser Variante allerdings verloren.

Die teilweise Entkopplung derartiger Energiegemeinschaften vom regulären Energiemarkt bringt Vor- und Nachteile mit sich. Prinzipiell ermöglichen Energiegemeinschaften den Verbraucher:innen eine stabile Versorgung, die weniger stark vom kurzfristigen Auf und Ab der Märkte beeinflusst wird. Ebenso bietet sie Erzeuger:innen eine verlässliche, gut planbare Abnahme.

Allerdings gibt es für beides natürlich Grenzen: Wenn die Erzeugungskapazitäten nicht ausreichen und die Speicher der Gemeinschaft nicht ausreichend gefüllt sind, dann muss Energie erst recht wieder am Markt zugekauft werden. Umgekehrt müssen Überschüsse, die weder verbraucht noch gespeichert werden können, dort angebracht werden – im Extremfall zu negativen Preisen.

Die Unwägbarkeiten des Marktes können natürlich auf der einen Seite ein Problem darstellen. Auf der anderen sind es aber eben gerade die variablen Preise, die sich aus der jahreszeiten- und wetterabhängigen Erzeugung ergeben, die dafür sorgen sollten, dass der Verbrauch (und ggf. die Zwischenspeicherung) von Energie sich an die Verfügbarkeit anpassen.

Auch bei Energiegemeinschaften wird es also wesentlich sein, dass sie sich in gewissem Ausmaß in dieses System integrieren und dazu beitragen, es zu stabilisieren, statt als weitgehend unberechenbare Akteure kurzfristig Bedarf anzumelden oder Überschüsse einzuspeisen.

---

[14]siehe z.B. https://energiegemeinschaften.gv.at/

8.5.4 Und das geht sich aus?

Ich habe bislang qualitativ ein System beschrieben, das uns in Zukunft nachhaltig und zuverlässig mit Energie versorgen könnte. Doch wie sieht es mit den Zahlen aus? Funktioniert ein solches System, wenn man es auch quantitativ analysiert? Das prinzipielle Potenzial ist auf jeden Fall vorhanden ($\Rightarrow$ 8.1). Doch was würde es bedeuten, ein solches System vor Ort, ohne Höchstspannungsleitungen, Wasserstoff- oder SNG-Pipelines aus der Sahara umzusetzen?

Als konkretes Beispiel betrachten wir Österreich, mit den Zahlen aus Abb. 5.4. Immerhin ein gutes Drittel der Energie ist hier bereits erneuerbar, allerdings vorwiegend auf Grundlage von Biomasse und Wasserkraft, deren weiteres Ausbaupotenzial nur noch vergleichsweise gering ist.

Ziehen wir die schon erneuerbare Energie passend vom Endenergiebedarf ab und berücksichtigen, wie viel elektrische Energie in Wärme- und Mobilitätbereich fließt, so erhalten wir grob 313 PJ an Wärme, 52 PJ an elektrischer Energie und 339 PJ an Kraftstoffen, die zusätzlich durch erneuerbare Quellen abgedeckt werden müssen.

Im Bereich der Wärme gehen wir davon aus, das sich etwa ein Drittel dieses Bedarfs (vor allem über thermische Netze) durch Abwärme aus anderen Prozessen (KWK, Power2Gas, ...) decken lässt, ein Drittel effizient über Wärmepumpen mit $\varepsilon_{WP} \geq 3$ bereitgestellt werden kann und ein Drittel, speziell für industrielle Prozesse, weiterhin aus der Verbrennung chemischer Energieträger stammt, die natürlich nachhaltig erzeugt werden müssen.

Bei der Mobilität nehmen wir an, dass sich etwa ein Drittel des Bedarfs durch koordinierten ÖV-Ausbau und andere Arten sanfterer Mobilität einsparen lässt, ein Drittel sich mittels BEVs elektrifizieren lässt, wodurch der Energiebedarf etwa auf ein Drittel des früheren Wertes sinkt, und ein Drittel der Mobilität weiterhin auf chemischen Kraftstoffen beruht.

Insgesamt werden dann 125 PJ elektrische und 217 PJ chemische Energie benötigt. Bei ersterer rechnen wir mit einem Faktor 2, um Übertragungs- und vor allem Speicherungseffekte zu berücksichtigen ($\Rightarrow$ 8.1), bei zweiterer mit einem Faktor $1/\eta_{P2G}^{\rightarrow} \approx \frac{1}{0.6} = \frac{5}{3}$.[15] Insgesamt landen wir damit in einem Jahr (*annus*) bei $W_{AUT}^{(a)} = 612$ PJ an elektrischer Energie, die ursprünglich aus erneuerbaren Quellen erzeugt werden muss.

Nehmen wir nun der Einfachheit halber zunächst an, dass diese gesamte zusätzliche Energie direkt in Österreich mittels PV-Modulen erzeugt wird. Es rein so zu machen ist weder technisch noch geographisch die beste Lösung, aber es wäre ein prinzipiell möglicher Weg und stellt damit einmal eine *Baseline*, eine Referenz dar.

---

[15] Die Umwandlung erfolgt hierbei, im Gegensatz zu $\eta_{P2G}^{\leftrightarrow}$ in Abschnitt 8.1 nur in eine Richtung; die meist schlechten Wirkungsgrade bei der Nutzung, etwa in Verbrennungsmotoren, sind ja schon in der aktuellen Energiebilanz enthalten.

8.5 Das Puzzle zusammensetzen

Ein PV-Modul von $1\,\text{kW}_\text{p}$, also einer Spitzenleistung (*peak*) von $1\,\text{kW}$ nimmt ca. $5\,\text{m}^2$ ein und liefert in einem Jahr in gemäßigten Breiten ca. $1\,000\,\text{kWh} = 3.6 \cdot 10^9\,\text{J}$. Ein Quadratmeter P-Modul liefert pro Jahr also eine Energie von ca. $W^{(a)}_{\text{m}^2\,\text{PV}} = 7.2 \cdot 10^8\,\text{J}$. Die zusätzliche PV-Fläche, die benötigt würde, ergibt sich damit zu:

$$A = \frac{W^{(a)}_{\text{AUT}}}{W^{(a)}_{\text{m}^2\,\text{PV}}} \approx \frac{612 \cdot 10^{15}\,\text{J}}{7.2 \cdot 10^8\,\frac{\text{J}}{\text{m}^2}} = 8.5 \cdot 10^8\,\text{m}^2 = 850\,\text{km}^2$$

Dabei ist zu berücksichtigen, dass man PV-Module, um möglichst großen Ertrag zu erhalten, schräg aufstellen muss (nach Möglichkeit in einem Winkel von ca. 30 bis 45°, abhängig von der geographischen Breite). Die benötigte Bodenfläche ist also etwas kleiner, der beschattete Bereich hingegen größer.

Wie viel sind denn nun $850\,\text{km}^2$ für ein Land wie Österreich? Es handelt sich um etwa $1\,\%$ der gesamten Landesfläche, allerdings immerhin $2.7\,\%$ des *Dauersiedlungsraums*. Es ist etwas mehr Fläche, als sämtliche Dächer in Anspruch nehmen,[Fec20] aber weniger als die Hälfte von dem, was Verkehrsflächen mittlerweile beanspruchen ($\Rightarrow$ 7.1.1).

Ein Spaziergang wäre es nicht, diese Fläche für Energieproduktion zugänglich zu machen, ein Ding der Unmöglichkeit aber auch nicht. Die konsequente Nutzung aller einigermaßen geeigneten Dächer und passend gelegenen Hauswände, zusätzliche Überdachungen für Parkplätze und Stadtautobahnen, Solarstraßen, dazu noch Agrisolar- ($\Rightarrow$ 8.2.2) und Freiflächen-Anlagen würden es durchaus erlauben, diesen Wert zu erreichen. Die entsprechende wirtschaftliche Kraftanstrengung wäre erheblich, aber nicht völlig utopisch ($\Rightarrow$ Box auf S. 314).

Nötig wäre allerdings ein Schwenk hin zur Grundeinstellung, dass *jede* verbaute Fläche, sofern irgendwie möglich, langfristig auch zur Energieerzeugung herangezogen werden muss, dass generell Doppelnutzung von Flächen anzustreben ist. Die Frage darf nicht mehr sein, wo man denn PV installieren könnte, sondern die Sicht muss sich umdrehen: Welche verbauten Flächen gibt es überhaupt, bei denen wir *nicht* darauf hinarbeiten sollen, sie für Solarenergie zu nutzen? Das sollten nur wenige sein – und immer weniger, je mehr Fortschritte die Solarindustrie macht ($\Rightarrow$ 8.2.2), um flexible, statisch weniger heikle bzw. mit Denkmal- und Ortsbildschutz kompatible Lösungen anzubieten.

Natürlich sind die benötigten Flächen bei einem durchdachteren Vorgehen wesentlich geringer. Auch wenn das Ausbaupotenzial von Wasserkraft und Biomasse viel kleiner ist, es besteht immerhin, und Geothermie ist jenseits von Thermalbädern ohnehin noch wenig erschlossen. Für Heizzwecke kann Solarthermie die effektivere Nutzung der Sonne darstellen. Windenergie gilt neben Solarenergie als der zweite große Hoffnungsträger der Energiewende, und auch wenn der Windausbau langsamer vorangeht als erhofft, kann Wind doch ganz erheblich zur Energieversorgung beitragen.[AJR24]

Zudem ist es nur bedingt sinnvoll, ein Land wie Österreich energieautark machen zu wollen. Speziell die Herstellung der chemischen Energieträger könnte durchaus etwa

> **Vertiefung: Erneuerbare Energieversorgung – bezahlbar?**
>
> In Abschnitt 8.5.4 wird grob überschlagen, welchen Aufwand es bedeuten würde, die Energieversorgung für ein Land wie Österreich völlig auf erneuerbare Basis zu stellen. Doch wie steht es um die wirtschaftliche Seite? Wäre ein solches Vorhaben bezahlbar? Diese Frage ist heikel, weil wirtschaftliche Analysen oft auf recht naiven Annahmen beruhen ($\Rightarrow$ 9.1.6). Agiert man in großem Maßstab auf einem Markt – etwa, indem man versucht, hunderte Quadratkilometer an PV-Modulen zu kaufen, – kann das zu Verknappung und damit Preisanstiegen führen, andererseits aber (längerfristig) zu zusätzlicher Massenfertigung, durch die die Preise sinken ($\Rightarrow$ 9.1.2). Letzteres ist natürlich nur möglich, solange alle benötigten Rohstoffe und anderen Ressourcen verfügbar sind ($\Rightarrow$ 9.2.3).
>
> Doch gehen wir für den Moment einfach so naiv vor, wie es bei ökonomischen Kosten-Nutzen-Betrachtungen gerne gemacht wird. Die Grundlage sind vorerst die $850\,\text{km}^2$ an PV-Modulen, was $170 \cdot 10^6\,\text{kW}_\text{p}$ entspricht. Pro kW_p zahlt man momentan ca. 2 000 €. Damit landen wir bei Kosten von 340 Milliarden Euro für die Module. Mindestens noch einmal so viel, wahrscheinlich sogar mehr muss man für die Verteilungs- und Speicherinfrastruktur veranschlagen, um die Energie auch wirklich nutzen und zuverlässig einsetzen zu können ($\Rightarrow$ 8.3). Wir sprechen also von Gesamtkosten nahe bei einer Billion Euro. Zum Vergleich: Das österreichische BIP ($\Rightarrow$ 9.1.5) lag 2023 bei 478 Milliarden Euro,[Sta24c] also etwa der Hälfte dieser Summe.
>
> Ein „nur-PV-Zugang" ist jedoch suboptimal. Mit einer intelligenten Kombination von Technologien lägen die Kosten deutlich niedriger, bei der Hälfte, also dem Niveau des BIP. Die gesamte Wirtschaftsleistung des Landes für ein Jahr müsste also *ein einziges Mal* investiert werden, um die Energieversorgung für alle Zukunft auf eine solide, nachhaltige Basis zu stellen. Auf zehn Jahre aufgeteilt wären es 10 % der Wirtschaftsleistung, die in das Vorhaben fließen müssten – sicherlich viel, aber nichts, was völlig unmöglich wäre.
>
> Zudem ist das Geld, das man hier in die Hand nimmt, ja nicht einfach „weg", sondern fließt in wirtschaftliche Aktivitäten, die Arbeitsplätze schaffen, die zu Umsätzen, zu Unternehmensgewinnen und zu Steuereinnahmen führen – speziell, wenn man nicht einfach nur PV-Module aus China kauft, sondern in den Aufbau einer eigenen Technologiebranche investiert.

in Italien erfolgen, wo die Voraussetzungen für Solarenergie besser sind. So heikel eine transkontinentale Energieversorgung geopolitisch auch sein mag, innerhalb der EU kann man durchaus die Stärken aller Länder nutzen.

Auch beim Verbrauch gibt es wohl Einsparpotenzial, das über jenes in dieser Rechnung hinausgeht, durch bessere Isolierung von Gebäuden, mehr sanfte Mobilität und Abkehr von unserem verhängnisvollen Überkonsum ($\Rightarrow$ 10.1.1).

8.5.5 Die Schäden und Probleme in Relation setzen

Immer wieder wird der Ansatz, fossile Energiequellen durch erneuerbare Energien zu ersetzen, so dargestellt, als würde man nur den Teufel mit dem Beelzebub austreiben: „Für Windräder, Solarzellen und Batterien werden doch auch Rohstoffe benötigt, deren Abbau Menschen und Umwelt schädigt" heißt es, oder „Statt von Öl und Gas aus Russland und dem nahen Osten sind wir dann eben von seltenen Erden aus China abhängig".

Es ist natürlich wahr, dass auch für erneuerbare Energietechnologien Stoffe benötigt werden, deren Abbau Schaden anrichtet ($\Rightarrow$ 3.1.2) – ebenso, wie es auch auch bei Laptops, Mobiltelefonen, Fernsehern oder Waschmaschinen der Fall ist. Es ist ein seltsames psychologisches Phänomen (das etwa in [Heg22] angemessen sarkastisch diskutiert wird), dass wir an Lösungen, die eine bessere Welt bringen können, viel strengere Maßstäbe anlegen als für das, was für uns gewohnter Alltag ist. Doch zu extremer Perfektionismus – etwas erst als „grün" zu betrachten, wenn es gar keinen Schaden mehr anrichtet – ist kontraproduktiv. Es genügt vorerst völlig, wenn eine neue Lösung deutlich weniger Schaden anrichtet als die alte; sie muss nicht gleich perfekt sein.

Natürlich sollen wir darauf achten, dass der Abbau heikler Rohstoffe nicht mehr schadet als notwendig, und ebenso sollten wir versuchen, unseren Bedarf an ihnen durch kluge Kombination von Technologien zu minimieren ($\Rightarrow$ Abb. 8.4). Doch es ist ja nicht so, als würde unser jetziges System keine Rohstoffe brauchen und keine Schäden verursachen. Es gilt also, die angerichteten Schäden in Relation zu den vermiedenen zu setzen, und dieser Vergleich fällt nahezu immer zugunsten erneuerbarer Lösungen aus.

Gerade beim Rohstoffbedarf und resultierenden Abhängigkeiten werden auch zwei Aspekte vermischt, die tatsächlich sehr unterschiedlicher Natur sind. Aktuell sind wir vom Import fossiler Brennstoffe abhängig. Wenn diese aus politischen oder anderen Gründen nicht mehr verfügbar sind, dann kommt unsere Energieversorgung zum Erliegen, sobald unser Vorräte aufgebraucht sind, also binnen weniger Monate.

Wir mögen auch bei Batteriemetallen, seltenen Erden & Co. vom Import abhängig sein. Doch wenn deren Lieferung gestoppt wird, dann hören unsere bestehenden Solarmodule, Windkraftanlagen und Batterien nicht auf einen Schlag auf zu funktionieren. Sie werden in den meisten Fällen noch viele Jahre weiterlaufen. Auch bei einem totalen Importstopp verlieren wir nur die Fähigkeit, *zusätzliche* Anlagen zu errichten. Solche, die das Ende ihrer Lebensdauer erreicht haben, können wir dann nur soweit ersetzen, wie es Reparatur, Refurbishment, Recycling und andere Elemente der Kreislaufwirtschaft erlauben ($\Rightarrow$ 10.4.4). Ja, wir mögen auch dann noch geopolitisch erpressbar sein, aber der Zeithorizont, innerhalb dessen wir reagieren müssen, sind dann Jahrzehnte statt Monaten.

8.5.6 Zurück in die Erde!

Es ist jetzt schon zu viel CO_2 in der Atmosphäre – das ist inzwischen deutlich sichtbar (⇒ 1.1.1). Langfristiges Ziel muss es sein, den Kohlenstoff aus der Luft zu entfernen und irgendwo anders zu lagern. Das kann direkt in Form von CO_2 geschehen, und genau so ist *Carbon Capture and Storage* (CCS) meistens auch gedacht (⇒ 8.2.5). Wesentlich weitsichtiger als eine solche Deponierung von energetischem Müll wäre es aber, aus erneuerbarer Energie und CO_2 erzeugte chemische Energieträger (⇒ 8.3.2) in geologischen Depots einzulagern. Wir würden damit der Erde sozusagen einen Teil der einst gefundenen Schätze in einer Form zurückgeben, mit der wir oder unsere Nachfahren im Notfall auch etwas anfangen können (⇒ 8.5.7).

Ein solcher Vorschlag mag absurd klingen, angesichts dessen, dass wir aktuell noch immer fossile Brennstoffe in großen Mengen aus dem Boden holen. Doch von dieser Praxis müssen wir uns ohnehin schleunigst verabschieden. Das erste Ziel sollte sein, mit allen Technologien, so wie sie jetzt schon verfügbar sind, ein System aufbauen, das über das ganze Jahr hinweg eine nachhaltige Versorgung mit Energie ermöglicht. Das ist schon für sich eine gewaltige Herausforderung.

Doch es mag uns irgendwann gelingen, unseren Energieverbrauch zu stabilisieren. Angesichts eines absehbaren Endes des Bevölkerungswachstums, steigender Energieeffizienz (die allerdings oft durch *Rebound*-Effekte abgeschwächt wird ⇒ 9.3.1) und der Aussicht, dass weniger Konsum durchaus manchmal mehr Lebensqualität bringen kann (⇒ Abb. 10.6), ist das nicht völlig utopisch.

Wissenschaft und Forschung werden jedoch auch denn eher nicht stehenbleiben (⇒ 10.2). Es werden weiterhin effizientere PV-Zellen, Windturbinen, Elektrolyseure und Motoren entwickelt werden. Wenn diese dann die älteren Modelle ersetzen, wird sich ein Energieüberschuss ergeben, der für ein solches Vorhaben verwendet werden kann. Auch energiestrategische Zusammenarbeit mit anderen Kontentinenten könnte dazu führen, dass wir letztlich über das ganze Jahr hinweg gerechnet Energieüberschüsse haben, die in solche Arten der Speicherung fließen können.

Die jetzige Fossilindustrie könnte dabei ein Teil des Wandels sein. Ihre Expertise im Umgang mit Kohlenwasserstoffen und mit ausgeförderten geologischen Stätten (von denen manche jetzt schon als saisonale Erdgasspeicher dienen) wäre von großem Wert. Dazu müsste sie sich aber aktiv an diesem Wandel beteiligen statt ihn zu bekämpfen, ihn zu verschleppen und ihre staatlich subventionierten Milliardengewinne in immer neue fossile Explorationsprojekte zu stecken.

Mit der Einlagerung von CO_2 oder noch besser hochwertigen Energieträgern würden wir zumindest einen Teil dessen, was wir angerichtet haben, rückgängig machen. Wir sind den Fehlern der Vergangenheit also nicht auf Gedeih und Verderben ausgeliefert.

8.5 Das Puzzle zusammensetzen

Diese Aussicht sollte aber keineswegs dazu verführen, nun erst recht so weiterzumachen wie bisher, weil ja ohnehin später alles wieder repariert werden kann. Was etwa an Ökosystemen zerstört wird, bleibt auch für Jahrtausende zerstört, ausgestorbene Tier- und Pflanzenarten bleiben ausgestorben. Beim Überschreiten von Kipp-Punkten werden zudem Prozesse in Gang gesetzt ($\Rightarrow$ 4.2.4), die sich durch moderate Reduktion des CO_2-Gehalts nicht mehr umkehren lassen. Auch sonst wäre der Preis in Form von Hitzetoten, Dürren, Überschwemmungen und anderen Wetterkatastrophen zu hoch. Je später wir handeln, desto höher wird dieser Preis sein.

Geoengineering? Mit der kommenden Fähigkeit, den CO_2-Gehalt der Atmosphäre tatsächlich bewusst zu regulieren (statt seinen Anstieg als Kollateralschaden unserer Tätigkeiten in Kauf zu nehmen), werden wir natürlich ein Zeitalter des *Geoengineering* betreten, wenn auch kein so verzweifeltes wie in der Vision von Millionen Tonnen SO_2, die wir in der Luft verteilen ($\Rightarrow$ 4.5.1).

Doch auch über die Balance zwischen Einlagerung und Entnahme von geologischem Kohlenstoff kann das Klima der Erde gezielt beeinflusst werden, und es wird dazu wahrscheinlich Konflikte geben. Manche Länder und Wirtschaftszweige würden von höheren Temperaturen profitieren, andere von niedrigeren. Allerdings kann man davon ausgehen, dass von zu hohen und zu niedrigen Temperaturen jeweils nur eine kleine Minderheit profitieren wird, und sich daher jene globale Mitteltemperatur, auf die man sich einigen wird, innerhalb eines Bandes von einem Grad um jene des vorindustriellen Zeitalters liegen wird.

Ein alternativer Weg: Biomasse CCS und CCU sind bislang weit hinter ihren Erwartungen zurückgeblieben. Von allen Technologien, die wir hier betrachtet haben, sind sie jene, die von der Praxistauglichkeit noch am weitesten entfernt sind. Vermutlich wird es hierzu in den nächsten Jahren erhebliche Fortschritte geben – doch was, wenn nicht? Müssen wir dann den Traum, den CO_2-Gehalt der Atmosphäre jemals wieder zu senken, begraben?

Zum Glück nicht, denn es gibt einen alternativen Weg über *Biomasse* ($\Rightarrow$ 5.2.4). Grüne Pflanzen beherrschen im Zuge der Photosynthese ($\Rightarrow$ 3.4.2) den Kohlenstoff-Einfang schon lange (und sogar in der besonders schwierigen Variante des *Direct Air Capture*, DAC).

Um allerdings den CO_2-Gehalt der Atmosphäre zu senken, darf es nicht wie jetzt einen (lediglich CO_2-neutralen) Kreislauf der Biomasse geben, sondern Kohlenstoff muss dem Kreis bewusst entzogen werden – etwa, indem man in großem Ausmaß Holz zum Bauen verwendet oder indem man durch Pyrolyse Biokohle herstellt ($\Rightarrow$ 3.4.3), die z.B. in den Boden eingebracht werden kann.[SW14; VVA+22] Auch die Einbringung von gereinigtem Biogas (statt SNG) in geologische Lagerstätten ist natürlich möglich.

8.5.7 Wenn der Komet kommt ...

Auch wenn Kometen („Schweifsterne") zumindest seit der Antike als schicksalshaft galten und im Mittelalter als Vorboten von Katastrophen angesehen wurden, sind sie doch recht harmlose Himmelskörper. Ganz anders ist es mit großen Asteroiden, deren Einschlag verheerende Verwüstungen anrichten kann. Für das Aussterben der Dinosaurier wird etwa der Einschlag eines solchen Himmelskörpers verantwortlich gemacht ($\Rightarrow$ 1.1.2). Ebenso fatal können extreme vulkanische Aktivitäten sein. Generell gibt es Katastrophen, die über die Erde hereinbrechen können und gegen die uns unsere gesamte Technik wenig helfen würde ($\Rightarrow$ 1.1.5).

Wer weiß, was auf unsere Nachkommen noch zukommen wird, mit welchen Herausforderungen sie zu kämpfen haben werden. Vielleicht werden astronomische oder geologische Katastrophen, vielleicht gar nukleare Kriege zu Jahren führen, in denen nahezu kein Sonnenlicht nutzbar ist, in denen die Windverhältnisse ganz anders sind als jene, anhand derer wir unsere jetzigen Windkraftanlagen planen.[16]

Für solche Fälle wäre es sinnvoll, wenn es (neben ausreichenden Nahrungsvorräten) leicht zugängliche Lager chemischer Energie gäbe, auf die in solchen Notfällen zurückgegriffen werden kann, ebenso schnell einsetzbare Technologie, um sie auch zu nutzen. Das sollte möglich sein, ohne das CO_2-Niveau in inakzeptable Höhen zu treiben. Zumindest sollte es eine Möglichkeit geben, das zusätzliche CO_2 binnen weniger Jahre wieder aus der Atmosphäre zu entfernen.

Ein solches Notsystem kann vermutlich nicht einfach als Backup existieren, das alle paar tausend Jahre einmal im Katastrophenfall in Betrieb genommen wird. Dazu ist es wohl zu groß, zu teuer in der Errichtung, zu komplex in der Bedienung. Sinnvoller und realistischer ist es, wenn es zumindest zum Teil in das reguläre Energiesystem eingebunden ist, wo es auch unter normalen Umständen hilft, Mangelphasen zu überbrücken und Überschüsse zu speichern.

Natürlich sollten wir uns aktuell weniger mit Katastrophen beschäftigen, deren baldiges Eintreten sehr unwahrscheinlich ist, und stattdessen mehr mit jenen, die sicher eintreten werden, wenn wir nicht schleunigst entschlossen gegensteuern. Ganz aus den Augen verlieren sollten wir die langfristige Perspektive aber auch nicht.

---

[16] Wenn die Menschheit nicht aussterben und auch in Zukunft den Planeten Erde besiedeln will, dann muss sie sich allein aufgrund der Gesetze von Wahrscheinlichkeit und Statistik darauf einstellen, dass irgendeine Katastrophe dieser Art in den kommenden Jahrmillionen *nahezu sicher* passieren wird. Natürlich können wir hoffen, dass unsere Technik bis dahin so fortschrittlich ist, dass sie auch so etwas abwenden kann – doch solche Hoffnungen können trügerisch sein. Es mag gut sein, dass wir bis dahin das Weltall in unserer näheren Umgebung besiedelt haben werden. Doch ob im Fall einer Katastrophe vom Mars oder sonst woher rechtzeitig und ausreichend Hilfe eintrifft? Wir sind aktuell recht gut darin, selbst die Not auf anderen Kontinenten zu ignorieren, und wenn es gar um andere Planeten geht ...

8.5.8 So und nicht anders?

Absichtlich heißt dieses Kapitel „*Ein* Energiesystem der Zukunft" und nicht „*Das* Energiesystem der Zukunft". Was ich beschrieben habe, ist nur ein Entwurf, eine Sammlung von Vorschlägen. Es mag andere, bessere Varianten geben, die schneller, kostengünstiger, mit weniger umfassenden Umstellungen umsetzbar sind.
Geringfügung andere, wenn auch nicht völlig anders geartete Darstellungen findet man u.a. in Kap. 30 von *Sustainable Energy – Without the Hot Air*, [Mac09] (wobei die Zahlen dort schon etwas veraltet sind, denn die Windenergie hat seit damals große Fortschritte gemacht, und PV ist wesentlich billiger geworden), in *Weltuntergang fällt aus!*, [Heg22], oder in *Die Energielüge*, [Spa23].
Auf jeden Fall stellt der geschilderte Plan etwas dar, das als „Baseline", als Messlatte dienen kann. Zumindest so gut geht es – mit schon bestehenden Technologien, unter jetzigen geopolitischen Rahmenbedingungen – schon jetzt. Jeder Alternative, die stattdessen umgesetzt wird, müsste mindestens ebenso gut sein.

In meinen Darstellungen habe ich nicht auf besonders spekulative Technologien gesetzt. Sicherlich müssen wir noch deutlich mehr Erfahrungen sammeln, wie sich Solarenergie am besten für die Zusatznutzung von Landwirtschafts- und Verkehrsflächen einsetzen lässt (⇒ 8.2.2), sicherlich ist im Bereich des Kohlenstoffeinfangs (⇒ 8.2.5) und der chemischen Energiespeicherung (⇒ 8.3.2) noch Forschungs- und Entwicklungsarbeit nötig, aber das alles ist machbar – speziell, wenn es uns gelingt, das volle Potenzial, das in der Forschung steckt, zu aktivieren (⇒ 10.2).

Manches muss man sicherlich differenziert betrachten: Städte und ländlicher Raum stehen vor teilweise unterschiedlichen Herausforderungen, und oft werden die Lösungen anders aussehen. Hier wird die mentale Flexibilität, je nach konkreter Situation andere Wege zu beschreiten, Dinge unterschiedlich zu gestalten, entscheidend sein (⇒ 10.3.4) – statt alles mit noch mehr Asphalt und Beton lösen zu wollen.
Manchmal wird es mehrere Wege geben, das gleiche Ziel zu erreichen. So zeigte eine interessante Analyse für eine kleine deutsche Siedlung, dass umfassende thermische Sanierung und Ausstattung mit Wärmepumpen einerseits, der Bau eines Wärmnetzes, einer großen solarthermischen Anlage und eines saisonalen Speichers prinzipiell beide gute Maßnahmen sind, um im Heizungsbereich weitgehend Klimaneutralität zu erreichen. Allerdings ist der zweite Weg wesentlich schneller umsetzbar.[KKZ+24]

Natürlich mögen sich noch ganz andere Wege eröffnen. Vielleicht gibt es schon morgen einen spektakulären Durchbruch in der Batterieforschung, durch den das Power2Gas-Thema weitgehend obsolet wird. Vielleicht erfolgen der Umstieg auf Wasserstoff und die

Elektrifizierung des Verkehrs tatsächlich so rasch und umfassend, dass Methanisierung und e-Fuels nie mehr große Bedeutung erlangen werden.[17]
Vielleicht löst die Fusionsforschung ihr jahrzehntealtes Versprechen von nahezu unerschöpflicher Energie schneller und unkomplizierter ein, als es irgendjemand erwarten würde ($\Rightarrow$ 8.2.6). Vielleicht gelingt es schon bald, die aktuell gewaltigen geopolitischen Differenzen zu überwinden und weltumspannende Energienetze zu errichten, die uns alle mit Sonnenenergie aus den großen Wüsten der Welt versorgen.

Alles das mag passieren – aber wir können uns nicht darauf verlassen. Das Prinzip Hoffnung wurde schon zu lange beschworen, die Hoffnung, dass wir ohnehin nichts tun müssen, weil sich die Lösung all unserer Probleme von selbst auf dem Silbertablett servieren wird. Doch diese Hoffnung war schon immer bestenfalls vage, und die Zeit, um uns an sie zu klammern, ist vorbei.

Wir dürfen und sollen durchaus technologieoffen sein, mehrere Wege verfolgen (schon für den Fall, dass auf einem davon unerwartete Hindernisse auftauchen $\Rightarrow$ 10.3.4). Doch das muss im ursprünglichen, innovativen Sinne erfolgen, darf keine faule Ausrede sein, um überholte und umfassend schädliche Technologien künstlich am Leben zu erhalten.

Fazit Die Lösungen liegen auf dem Tisch, und die Notwendigkeit, sie auch einzusetzen, ist offensichtlich. Eine entsprechende Wende tatsächlich in großem Maßstab, nicht nur in einigen Demo-Anlagen und Modellregionen umzusetzen ($\Rightarrow$ 10.6.3), bedeutet natürlich einen Kraftakt. Es erfordert den Willen, sich auf Dinge einzulassen, die noch nicht hocheffizient, die vielleicht noch nicht vollkommen ausgereift sind. Es erfordert, vorausschauend Infrastruktur jetzt zu bauen, die erst in einigen Jahren – im Konzert mit anderen energietechnischen Anlagen – wirklich Nutzen bringen wird. Es erfordert wohl auch, manches ganz neu zu denken.

Ein Spaziergang wird das nicht werden. Doch dass wir uns so dermaßen schwer damit tun, hat viele Gründe, von denen ich im folgenden Teil III einige genauer beleuchten möchte.

---

[17]Das Ziel, größere Mengen Kohlenwasserstoffe in dichten geologischen Formationen einzulagern, sollte allerdings selbst dann nicht aus den Augen verloren werden ($\Rightarrow$ 8.5.6 & 8.5.7).

Teil III

Über Hindernisse hinweg

9 Wer soll das bezahlen?

Immer wieder gerne wird – mit der gepflegten Lust am Gruseln und besonders gerne aus dem Dunstkreis neokonservativer Thinktanks – ein Schreckensszenario beschworen:

> „Um die Maßnahmen gegen den Klimawandel zu bezahlen, werden wir uns in Schulden stürzen, die noch die kommenden Generationen erdrücken werden. Wir riskieren, Schuldenberge zu produzieren, die kein Mensch mehr schultern kann. Dürfen wir denn so verantwortungslos sein, das unseren Nachkommen anzutun?"

Praktischerweise ist die Antwort auf diese Suggestivfrage darin bereits enthalten: „Nein, das dürfen wir nicht, müssen daher mit unseren Maßnahmen zurückhaltend sein – und so die bestehenden Wirtschaftsabläufe möglichst wenig stören." Doch natürlich sind Frage und suggerierte Antwort ausgemachter Humbug. Es ist ja nicht so, dass die Menschheit Schulden bei einer außerirdischen Zivilisation machen würde, die diese irgendwann erbarmungslos eintreiben wird. Schulden machen wir nur untereinander.

Viele der härtesten Gegner von entschlossenem Handeln gegen den Klimawandel kommen aus den Wirtschaftswissenschaften, haben einen ökonomisch geprägten Blick auf nahezu beliebige Themen – eben auch den Themenkomplex von Klima und Energie. Daran ist prinzipiell nichts Schlechtes, denn in der Tat sollten wir nur Dinge tun, die wir uns leisten können. Zu beurteilen, was das ist, und auf dieser Grundlage zu entscheiden, wie unsere Mittel bestmöglich eingesetzt werden, wäre die Aufgabe der Ökonomie. Leider ist sie, wie in Abschnitten 9.1 & 9.2 von verschiedenen Seiten betrachtet, aktuell nicht gut darin, diese Aufgabe wirklich zu erfüllen.

Gerne beruft man sich bei ökomischen Entscheidungen auf Effizienz, und auch an dieser ist prinzipiell nichts auszusetzen. Problematisch wird es, wie in Abschnitt 9.3 betrachtet, nur, wenn diese Effizienz zu eng gedacht wird, oder ihr bedenkenlos andere, ebenso wichtige Werte geopfert werden.

So problematisch und oft irreführend eine Sicht auch ist, die sich weitgehend auf Geldflüsse konzentriert, wir werden dennoch einen Weg finden müssen, die Maßnahmen, die notwendig sind, in unser bestehendes Wirtschaftssystem einzubetten – und das bedeutet, dass sie jemand bezahlen muss. Welche Optionen es dazu gibt, sehen wir uns in Abschnitt 9.4 an. Das Kapitel schließt – als kleine Abrundung – mit Abschnitt 9.5, in dem wir uns ganz allgemein Aufgaben, Prinzipien, Methoden und Grenzen der *Optimierung* ansehen.

9.1 Die Wirtschaft und das liebe Geld

> Practical men, who believe themselves to be quite exempt from any intellectual influence, are usually the slaves of some defunct economist. Madmen in authority, who hear voices in the air, are distilling their frenzy from some academic scribbler a few years back.
>
> John Maynard Keynes

Wir lernen von klein auf, wie wichtig Geld ist – und das aus gutem Grund. Finanzkompetenz, also einen Überblick über Einnahmen und Ausgaben zu behalten, sich nicht unkontrolliert in Schulden zu stürzen, ist eine wesentliche Fähigkeit für ein selbstbestimmtes Leben. Auch für Firmen, für Unternehmen ist das wesentlich. Ein Unternehmen, das dauerhaft mehr ausgibt, als es einnimmt, wird irgendwann Probleme bekommen.

Diese *mikroökonomische* Sicht, die Betrachtung von Geld *im Kleinen*, ist wichtig. Sie steht im Zentrum der Betriebswirtschaftslehre (BWL) – einer bedeutsamen und im Grunde ehrenwerten Disziplin, die aber inzwischen viel zu viel Macht, viel zu viel Deutungshoheit erhalten hat, auch in Bereichen, für die sie letztlich nicht zuständig ist, wo ihre Ansätze auf geradezu dramatische Weise versagen ($\Rightarrow$ 9.3.4).

Dass ein Staat nicht wie ein Betrieb geführt werden soll und kann, wird immer wieder gerne ignoriert. Entsprechend hält sich – trotz sattsam bekannter Gegenbeispiele – hartnäckig der Mythos, dass aus erfolgreichen Unternehmern quasi automatisch auch erfolgreiche Politiker werden, wenn sie beschließen, diesen Weg einzuschlagen.[1] Ein Staat hat jedoch andere Aufgaben und Verantwortungen als ein Unternehmen, das Mitarbeiter:innen auch vor die Tür setzen kann. Staaten sind für ihre Bürger:innen und meist noch anderen Menschen in großem Ausmaß verantwortlich und haben – diversen „Remigrations"-Phantasien aus dem rechtsextremen Eck zum Trotz – nicht das (auch juristische, vor allem aber moralische) Recht, einfach jenen die Staatsbürgerschaft bzw. Aufenthaltsbewilligung entziehen, die als unproduktiv oder störend betrachtet werden.

Auch die Rahmenbedingungen, unter denen Unternehmen und Staaten agieren, sind unterschiedlich. Es gibt ja durchaus Gründe, dass Betriebs- und Volkswirtschaftslehre (VWL), auch Mikro- und Makroökonomie genannt, an den Universitäten zumeist als getrennte Disziplinen gelehrt werden. Die gerne zitierte schwäbische Hausfrau, die nicht mehr ausgibt, als sie einnimmt, mag eine passable Betriebswirtin sein (wobei es auch für einen Betrieb durchaus sinnvoll sein kann, Kredite für Investitionen aufzunehmen), aber sie wäre vermutlich keine allzu gute Volkswirtin.

---

[1] Bei manchen Unternehmern, die diesen Weg einschlagen, ist allerdings schon unklar, wie erfolgreich sie in ihrer ursprünglichen Aktivität wirklich waren, speziell Menschen, die schon mit ererbten Milliarden begonnnen haben und deren Unternehmen ggf. sogar mehrfach in den Konkurs geschlittert sind.

Die mikroökonomische Sicht verschleiert letztlich, was Geld *im Großen*, in *makroökonomischer* (volkswirtschaftlicher) Sicht ist, was es leisten soll und kann und was nicht. Wirtschaftliches Handeln bedeutet ja, knappe Güter – und dazu zählen insbesondere alle natürlichen Ressourcen – möglichst sinnvoll einzusetzen.
Dadurch, dass diese Güter alle einen Preis erhalten, durch Angebot und Nachfrage sowie durch gesetzliche Regeln, ist es möglich, ihren Einsatz einheitlich und koordiniert zu planen und zu überblicken.
Insgesamt soll das Wirtschaftssystem den Einsatz von Rohstoffen, Energie und Arbeitskraft koordinieren, soll verhinden, dass diese für Unnötiges verschwendet werden und deswegen essenzielle Dinge zu kurz kommen. Leider versagt das Wirtschaftssystem in überlebenswichtigen Bereichen, wie etwa der Energieversorgung, mehr und mehr darin, diese Aufgabe zu erfüllen. Geld ist dafür letztlich nur ein Hilfsmittel, eine nützliche soziale Konstruktion ($\Rightarrow$ 9.2). Entsprechend kann einen der Tunnelblick einer (insbesondere kurzfristigen) rein monetären Bewertung schnell in die Irre führen.

9.1.1 Die Wirtschaftswissenschaften

Die Fundamente vieler Wissenschaftsdisziplinen liegen im Dunkel. Das gilt beispielsweise für die Physik („Was ist Zeit?"), für die Biologie („Was ist Leben?"), die Psychologie („Was ist Bewusstsein?") und die Ethik („Was ist das Gute/Böse?").
Auch in den Wirtschaftswissenschaften sind grundlegende Fragen, etwa zur Bedeutung von Geld und dem Zusammenhang zwischen Arbeit und Wert, keineswegs abschließend geklärt und vielleicht auch niemals objektiv klärbar. Doch während in naturwissenschaftlichen Disziplinen diese unklaren Grundlagen normalerweise keine Schwierigkeiten machen,[2] ist die Situation in den Wirtschaftswissenschaften wesentlich unerfreulicher: Die Antworten auf ganz grundlegenden Fragen lägen hier den praktisch relevanten Problemen der Makroökonomie viel näher. Da diese Antworten aber zu einem guten Teil fehlen, wird auf verschiedene Arten versucht, diesen Mangel zu kompensieren. Welchen Zugang man verwendet, das hängt vor allem von der jeweiligen ideologischen Prägung ab (links, rechts, liberal, konservativ, ...), nicht davon, dass sich irgendeiner viel besser bewährt hätte als die anderen – sie haben alle gravierende Schwächen.
Natürlich haben die Wirtschaftswissenschaften einige nützliche Instrumente in ihrem Arsenal, Prinzipien, die sehr oft Gültigkeit haben. Wenn autoritäre Staatschefs Entscheidungen treffen, bei denen sich die Wirtschaftswissenschaftler:innen einig sind, dass das schief gehen wird, dann ist das Desaster nahezu vorprogrammiert.

---

[2] Man kann physikalische Hochpräzisionsmessungen auf Nano- oder gar Femtosekunden genau durchführen, ohne die geringste Ahnung zu haben, was Zeit eigentlich ist.

Doch darüber hinaus sind die Wirtschaftswissenschaften ein höchst schwieriges Terrain, um allgemeingültige Gesetze zu finden. Die Schwierigkeiten liegen dabei nicht, wie gerne behauptet wird, daran, dass die notwendige Mathematik so kompliziert wäre.[3] Eher schon liegt das daran, dass Menschen (die nun einmal den Verlauf der Wirtschaft bestimmen), sich zwar teilweise rational verhalten, teilweise aber auch nicht. Speziell wirtschaftswissenschaftliche Ansätze, die auf einem völlig rational agierenden (und sehr eindimensional denkenden) *homo oeconomicus* beruhen, funktionieren typischerweise nur mäßig gut. Durch die Komplexität ihres Zusammenwirkens zeigen sich in der Wirtschaft *emergente Phänomene*, in denen ein System Eigenschaften zeigt, die keiner seiner Bestandteile allein hat. Weitere Schwierigkeiten stammen daher, dass schon gemachte Vorhersagen die weitere Verläufe beeinflussen und es dadurch zu *selbsterfüllenden* ebenso wie *selbstverhindernden Prophezeiungen* kommen kann.

Die experimentelle Überprüfung von Vorhersagen, die in den Naturwissenschaften einen hohen Stellenwert hat und es dort ermöglich, funktionierende Konzepte von nicht funktionierenden zu unterscheiden, hilft daher kaum weiter.[4] Wenn es um zukünftige wirtschaftliche Entwicklungen jenseits der nächsten paar Monate geht, dann ist eine simple Fortschreibung langfristiger Trends jenen Prognosen, die auf Basis komplexer wirtschaftswissenschaftlicher Theorien und umfassender Analysen erarbeitet werden, im Mittel durchaus ebenbürtig.[RS02] Natürlich wird fast immer irgendein Institut auf Basis komplex wirkender Analysen und mehr oder weniger willkürlicher Annahmen besonders gut prognostiziert haben und kann sich dafür selbst auf die Schulter klopfen – aber es ist eben nicht immer das gleiche, und keines scheint dauerhaft deutlich besser als der Durchschnitt zu sein. Vielfach ist es also wohl treffender, von Wirtschafts*lehre* statt von Wirtschafts*wissenschaft* zu sprechen.

---

[3]Schon die Betriebswirtschaftslehre ist natürlich eine mathematisierte Disziplin. Von allen mathematisierten Fächern ist die BWL allerdings wohl eines jener mit dem diesbezüglich niedrigsten Niveau. Das bedeutet natürlich keineswegs, das alles, mit dem man sich in diesem Fach beschäftigt, einfach ist, denn über komplexe Organisations- und Verrechnungsstrukturen den Überblick zu behalten, ist keine leichte Aufgabe. (Inwiefern diese komplexen Strukturen immer notwendig und sinnvoll sind, steht allerdings auf einem anderen Blatt $\Rightarrow$ 9.3.3.) In der VWL ist der mathematische Anspruch etwas höher, doch selbst die komplexesten Bereiche der Wirtschaftswissenschaften (mit denen sich nur eine kleine Minderheit beschäftigt) liegen mathematisch höchstens auf dem gleichen Niveau wie diverse naturwissenschaftliche Disziplinen, etwa die Quantenphysik, in denen es durchaus gelingt, allgemeine Gesetze aufzustellen und Vorhersagen rigoros zu überprüfen. Manche mathematischen Werkzeuge lassen sich sogar in beiden Bereichen einsetzen, [Kle09].

[4]Wir sprechen hierbei von *funktionierenden*, nicht von *richtigen* Konzepten. Bei vielen sehr nützlichen Modellen, Ansätzen und Theorien ist bekannt, dass sie nur einen beschränkten Gültigkeitsbereich haben, und bei anderen wird es stark vermutet. Insbesondere in der Physik ist dieser Umstand wohlbekannt und gut dokumentiert. Dennoch kann man auch mit diesen unvollkommenen Werkzeugen Mikrochips bauen, Magnetresonanzaufnahmen machen und Satelliten ins All schießen, mit denen sich dann Nachrichten rund um die Welt übertragen lassen.

9.1.2 Was Märkte können – und was nicht

F: Wie viele neoliberale Ökonomen braucht man, um eine kaputte Glühbirne zu wechseln?

A: Gar keinen. Sobald die Märkte wieder ausreichend Vertrauen in die Glühbirne gefasst haben, wird sie – trotz einiger unbedeutender technischer Probleme – ganz von selbst erneut zu leuchten beginnen.

(klassischer Glühbirnenwitz, vgl. z.B. [KW08])

Die immanenten Schwierigkeiten, Verhalten und Entwicklung der Wirtschaft einzuschätzen und vorherzusagen, haben moderne Mythen, ja geradezu neuartige Gottheiten geschaffen. „Die Märkte werden nervös" heißt es dann, dass „die Marktkräfte gegen uns wirken" und dass man „den Markt respektieren" müsse. Ein Klassiker aus der libertären Ecke[5] ist die Sicht, dass die *unsichtbare Hand des Marktes* schon dafür sorgen wird, dass es der Gesamtheit besser geht, wenn jeder egoistisch agiert. In einer nahezu schon religiösen Scheu wird alles vermieden, was „die Märkte beunruhigen" könnte. Doch sich darauf zu verlassen, dass der gütige Markt, wenn man ihn nur hinreichend ehrt und nicht verärgert, für uns alle sorgen wird, ist ausgesprochen naiv.

Die Marktwirtschaft ist ein sehr wirksames und mächtiges Prinzip. Manche komplexen Aufgaben, mit denen eine zentrale Planung überfordert wäre, lösen sich in einem marktbasierten System quasi von selbst. Zu Zeiten des kalten Krieges hat die Versorgung mit Lebensmitteln in den westlichen Marktwirtschaften meist weit besser funktioniert als in den östlichen Planwirtschaften.[6] In ihren Grundzügen ist die Marktwirtschaft Problemlösung mittels *Schwarmintelligenz* ($\Rightarrow$ 9.5.2) – eine für sich bereits starke Methode. Zudem schafft es das marktwirtschaftlich organisierte System oft recht gut, menschlichen Ehrgeiz und Erfindungsgeist zu aktivieren und zu nutzen.

Märkte beruhen auf *Angebot* und *Nachfrage*: Güter, von denen weniger angeboten als nachgefragt wird, steigen im Preis – und damit steigt die Motivation, diese Güter herzustellen und anzubieten. Kund:innen, die mit einem Produkt nicht zufrieden sind, suchen nach alternativen Anbieter:innen mit besserem Preis-Leistungs-Verhältnis.

---

[5] Diese Geisteshaltung sollten nicht mit einer bloß *liberalen* verwechselt werden. Die libertäre Denkschule fordert, den Einfluss des Staates auf das absolute Minium zu beschränken – im Wesentlichen dafür zu sorgen, dass die Gesetze und Verträge eingehalten werden – und sonst alles privaten Unternehmen zu überlassen („Nachtwächterstaat").

[6] Eine schöne (wenn auch wahrscheinlich erfundene) Anekdote dazu findet sich in [Har23, Kap. 11]: Der sowjetische Attaché war angeblich völlig verblüfft davon, dass man in London Brot einfach kaufen konnte, ohne dazu, wie in Moskau, lange in einer Schlange stehen zu müssen – und das, obwohl in der Sowjetunion die klügsten Köpfe an der Brotversorgung arbeiteten. Er wollte unbedingt wissen, wer in London für die Brotversorgung verantwortlich war und musste zu seiner Verblüffung hören, dass es dafür keinen Zuständigen gab.

Es ist – vom Prinzip her – ein sehr wirksamer *Regelkreis* (⇒ Box auf S. 307), der letztlich auf Gewinnstreben beruht. Doch dieses System braucht, wie man weiß, bestimmte Rahmenbedingung, um zu funktionieren, und hat zudem, wie wir inzwischen nur allzu gut sehen, diverse Probleme und Grenzen:

- **Marktbeherrschung und Kartellbildung** Ein freier Markt beruht darauf, dass man unter mehreren Anbieter:innen wählen kann, die untereinander in Konkurrenz stehen. Gibt es ein *Monopol*, also eine Lage, in der es nur einen einzigen Anbieter für ein Gut gibt, besteht offensichtlich keine Wahlfreiheit. In einigen Bereichen haben die Verfechter des freien Markts Monopole (der Post, der Bahn, der Energieversorger, ...) aufgebrochen, in anderen (z.B. Office-Software) hingegen achselzuckend hingenommen, dass sich de facto neue bilden. Zumindest wird das Handeln von Unternehmen, die in einem Bereich eine *marktbeherrschende* Stellung haben, besonders genau beobachtet; ab und zu gibt es entsprechende Klagen.

  Doch nicht nur ein einzelner Monopolist ist ein Problem. Es genügt ja völlig, wenn alle Anbieter:innen sich absprechen, z.B. zugleich die Preise anzuheben oder die Qualität ihrer Produkte zu reduzieren. Die entsprechende Struktur nennt sich ein *Kartell*.[7] Eigene staatliche Kartellbehörden sollen darüber wachen, dass sich solche nicht bilden, dass es keine Preisabsprachen gibt. In einem völlig freien Markt ohne jede staatliche Regulierung, dem Paradies der libertären Weltsicht, gäbe es hierfür keine Mechanismen.

- **Abhängigkeit von Information** Ein funktionierender Markt, in dem man fundierte Entscheidungen treffen kann, beruht auf der Verfügbarkeit aller relevanten Informationen. Hält man als Hersteller Informationen (z.B. zu den Gefahren eines Produkts) zurück, dann ist diese Situation nicht gegeben. Generell kann man als Kunde kaum die Zeit investieren, sich über alle Angebote mit allen Vor- und Nachteilen zu informieren (und selbst wenn, wäre dieser Tausch von Lebenszeit gegen erspartes Geld meist ein schlechtes Geschäft).

- **Spekulation** Märkte funktionieren meist dann gut, wenn man darauf kauft, was man braucht. Der Ursprung vieler Probleme ist hingegen, wenn man Dinge kauft, für die man selbst überhaupt keine Verwendung hat, in der Hoffnung, sie später teurer weiterverkaufen zu können. Das ist eine einfache Form der *Spekulation*, von der es natürlich (vor allem auf den Finanzmärkten ⇒ 9.1.3) auch weit komplexere Spielarten gibt.

---

[7]Besondere Berühmtheit erlangte das *Phoebuskartell* der Glühlampenhersteller, das sich u.a. auf ein Design von Glühbirnen festlegte, das eine gesamte Leuchtdauer von ca. 1000 Stunden zu Ziel hatte – zwar nicht nur, aber wohl auch, um die Verkaufszahlen zu steigern. Zudem wurde der Weltmarkt in einzelne Heimmärkte aufgeteilt.

Es geht dann oft nicht mehr um dem *immanenten* Wert einer Sache, sondern um *Erwartungen*. Es zählt das, wovon man glaubt, dass jemand anders zu zahlen bereit wäre. Natürlich kann eine solche Erwartung manchmal nützliche Einschätzungen für zukünftige Entwicklungen liefern. Oft jedoch wirkt eher das *greater fool principle*. Es macht gar nichts, ein Narr zu sein, der tausende Euro für eine Designer-Handtasche, ein Stück bunten Karton oder einen NFT[8] bezahlt, solange man später einen noch größeren Narren findet, der bereit ist, einem dieses nutzlose Ding für noch mehr Geld wieder abzukaufen. Man sollte nur nicht der letzte in dieser Reihe von Narren sein.

Diese Art von Spekulation erzeugt eine künstliche Nachfrage, die zu einer Erhöhung des Preises führt. Bei vielen Dingen, mit denen spekuliert werden kann, ist das weitgehend harmlos. Kunstobjekte oder Sammelkarten sind weder lebensnotwendig, noch ist ihre Herstellung allzu aufwändig. Selbst Aktienkurse können durch Spekulationsmanöver mitunter eine Berg- und Talfahrt machen, ohne dass das auf die eigentliche Tätigkeit der Unternehmen viel Einfluss hätte.

Anders sieht es aber aus, wenn mit lebensnotwendigen Produkten wie Getreide spekuliert wird. Hier kann ein künstlich hochgetriebener Preis durchaus humanitäre Katastrophen auslösen. Auch im Kontext der Energiewende sind Spekulationen mit Rohstoffen problematisch, weil die Rohstoffpreise wesentlich für die Bewertung sind, welche Technologien als wirtschaftlich gelten.

Ein weiteres gravierendes Problem kann es werden, wenn ernstzunehmende Mengen Ressourcen in solche *greater-fool*-Objekte fließen, etwa Anlegerwohnungen, in denen überhaupt niemand wohnen will. Auch Bitcoin mit seinem enormen Energiehunger ($\Rightarrow$ 5.5.4) ist meist eher Spekulationsobjekt als Zahlungsmittel.

■ **Überkonsum und Sucht** Der Markt belohnt jene, die Dinge günstig produzieren und teuer verkaufen – und zwar möglichst viel davon. Entsprechend bestehen starke Anreize, Dinge zu produzieren, die in Wahrheit gar nicht gebraucht werden, und den Menschen dann viel Werbung, mit allen möglichen Marketingmaßnahmen einzureden, dass sie sie haben wollen ($\Rightarrow$ 10.1.1).

Noch perfider und wirksamer ist allerdings ein anderes Geschäftsmodell. Kaum ein Produkt ist profitabler als eines, das abhängig macht, und das man entsprechend immer wieder und oft sogar in zunehmenden Mengen konsumiert. Rein betriebswirtschaftlich betrachtet gibt es kaum ein besseres Geschäftsmodell als den Drogenhandel. Da Heroin, Kokain & Co. aber illegal sind, muss man in der regulären Wirtschaft allerdings auf andere Suchtmittel zurückgreifen:

---

[8]non-fungible token, eine Art Besitzurkunde für ein digitales Kunstwerk

Die unrühmliche Geschichte der Tabakindustrie mit ihren jahrzehntelanger Bemühungen, Erkenntnisse zur Schädlichkeit des Rauchens zu leugnen und herunterzuspielen, ist inzwischen wohlbekannt.[OC10] Wesentlich ambivalenter sind da schon alkoholische Getränke, bei denen es den meisten Menschen gelingt, sie als bloße Genussmittel zu konsumieren. Andere (und zwar gar nicht so wenige) rutschen irgendwann in eine Abhängigkeit; noch wesentlich mehr Menschen nehmen gesundheitlich bedenkliche Mengen zu sich.[9] Doch es sind bei weitem nicht nur Nikotin und Alkohol: Von hochverarbeiteten Lebensmitteln[Kes11; Tul23] bis zu speziellen Schmerzmitteln,[Kee21] von Social-Media-Plattformen bis zu vielen Online-Computerspielen reicht das Spektrum ($\Rightarrow$ 10.1.1).

- **Qualitätsmängel**: Eine weitere Strategie, um die Verkaufszahlen zu steigern, ist die *geplante Obsoleszenz*, d.h. die Herstellung von Produkten, die bewusst so gebaut sind, dass sie nicht allzu lange halten. Im „Optimalfall" gehen sie knapp nach Ende der Garantie- oder Gewährleistungsfrist kaputt. Selbst wenn man danach enttäuscht den Anbieter wechselt: Ingesamt setzt die Branche mehr um.

- **Andere, die den Preis zahlen**: Ein offensichtlicher Vorteil in einer Marktwirtschaft ist, dass man den billigsten Anbieter wählen kann. Doch niedrige Preise gehen oft mit schlechten Arbeitsbedingungen Hand in Hand, sei es bei uns (wie bei manchen Lieferdiensten), sei es in den Ländern, in denen produziert wird.

  Das Thema ist zwar durchaus vielschichtig, denn auch Billigproduktion kann langfristig die Grundlage für wirtschaftlichen Aufschwung sein. Dieser Weg ist jedoch hart, und die Logik des Arbeitsmarkts, dass bei steigendem Bedarf an Arbeitskraft auch die Löhne steigen, ist nur bedingt gültig, solange man als Konzern mit der Produktion in eine neue, noch billige Region weiterziehen kann. Es dem Markt allein zuzutrauen, für menschenwürdige Arbeitsbedingungen zu sorgen, erfordert wohl ein erheblichem Ausmaß an blindem Glauben.

- **Tragik der Allmende und Marktversagen** Die wohl berühmteste Schwäche der freien Marktwirtschaft wird als *Tragik der Allmende* (*tragedy of the commons*), als die Tragödie der Allgemeingüter bezeichnet. Was für alle frei zugänglich ist – die gemeinsam nutzbare Weide bei einem mittelalterlichen Dorf (die besagte *Allmende*) ebenso wie die Atmosphäre oder die Ozeane –, das wird übernutzt, wenn jede:r versucht, möglichst viel für sich herauszuholen. Das führt zu *Marktversagen*:[10] Was keinen expliziten Preis hat, wird in den Wirtschaftlichkeitsberechnungen nicht berücksichtigt – bis es im schlimmsten Fall zusammenbricht und gar nicht mehr vorhanden ist.

---

[9]Laut dem auf Suchterkrankungen spezialisierten Anton Proksch Institut sind es rund 10 % der österreichischen Bevölkerung, die irgendwann im Lauf ihres Lebens an einer Alkoholsucht erkranken, https://www.api.or.at/sucht-abhaengigkeit/alkoholsucht/.

[10]In der Fachsprache ist hierbei von *negativen Externalitäten* die Rede.

- **Reaktionsgeschwindigkeit** Märkte sind von ihrer Natur her Regelkreise ($\Rightarrow$ Box auf S. 307): Wenn Preise extrem steigen, so die reine Lehre, werden Akteure den so angezeigten Mangel durch Innovationen beheben. Doch Regelungen haben den Nachteil, dass sie nicht vorausschauend arbeiten, sondern lediglich auf den jetzigen Zustand reagieren. Dadurch sind sie meist deutlich langsamer als Steuerungen, bei denen eine Strategie vorgegeben werden kann, um mit erwarteten zukünftigen Entwicklungen umzugehen.[11]

  Wenn es um schnelles Reagieren geht, sollte man besser nicht auf den Markt warten. Wenn ein Schiff bereits untergeht, dann sollte man die Plätze in den Rettungsbooten nicht mittels Verhandlungen vergeben, wer wie viel zu zahlen bereit wäre – und auch ein noch so hoher Preis wird nicht dazu führen, dass sich spontan jemand daran macht, noch ein weiteres Rettungsboot zu bauen. Bei unmittelbaren Bedrohungen, bei einer Überschwemmung, dem Ausbrechen einer Epidemie oder einem militärischen Angriff wird kaum jemand erwarten, dass sich das beste Handeln aus dem Wechselspiel von Angebot und Nachfrage ergibt.

- **Skalierbarkeit** Zu den wichtigsten Aspekten der Marktwirtschaft gehört die Möglichkeit für jede:n Einzelne:n, unternehmerisch tätig werden zu können. Man kann ein Startup oder einen Betrieb gründen, mit einer neuen Geschäftsidee kommen oder einfach eine bestehende Lücke nützen.

  Ist man der Meinung, dass in einer Ecke der Stadt ein Café ein gutes Geschäft machen würde, kann man selbst eines eröffnen. Manche solche Gründungen sind erfolgreich, schaffen weitere Arbeitsplätze. Manchmal ist der Bedarf doch nicht so groß wie erhofft, und der Betrieb wird wieder eingestellt. Die Dynamik von vielen Menschen, die (geschäftlich) etwas *unternehmen* wollen, sorgt dafür, dass die Marktwirtschaft funktioniert und viele Aufgaben erfüllt. Doch während man durchaus im Alleingang ein Café eröffnen kann, ist das mit einer U-Bahn oder einem Fernwärmenetz nicht mehr möglich. Verkehrs- oder Energieinfrastruktur ist zumeist ohnehin kein allzu gutes Geschäft, und selbst wenn, sind gewaltige Investitionen erforderlich, um sie aufzubauen.

  Märkte sind gut darin, kleine Probleme zu lösen. Manchmal können sie für große Probleme Lösungen entwickeln, die aus vielen kleinen unabhängigen Teilen bestehen. Doch wenn eine große Lösung aus einem Guss benötigt wird, sind Marktmechanismen selten der richtige Weg, um diese zu erhalten.

---

[11] Natürlich wird auch in Märkten versucht, zukünftige Entwicklungen einzupreisen, aber die Erfolge sind im Mittel bescheiden. Vorhersagen von hochbezahlten Expert:innen, Prognosen, die in Thinktanks auf Basis umfassender Analysen erarbeitet werden, haben im Durchschnitt und auf lange Zeit die Treffsicherheit eines (wie es Daniel Kahnemann in [Kah16] mit spitzer Feder schreibt) „Dartpfeile werfenden Affen". Zudem sind die typischen Prognosehorizonte für wirklich langfristige Strategien üblicherweise viel zu kurz.

Neue Ressourcen erschließen? Wenn eine Ressource durch zu großen Verbrauch knapp und damit teuer wird, wird nach Ersatz gesucht, und oft wird er auch gefunden. Ein gerne zitiertes Beispiel ist der *Tran*, das aus dem Fettgewebe von Meeressäugern gewonnene Öl. Vor allem dieser Tran, war es, um den es beim Walfang der Neuzeit ging. Aus Tran wurde Lampenöl hergestellt; auch für andere Produkte wie Seife oder Kerzen war er ein Ausgangsstoff. Durch die massive Überjagung der Wale ging deren Population dramatisch zurück. Der gestiegene Preis machte es interessant, nach Alternativen zu untersuchen – und gab einen wesentlichen Anstoß zur Entwicklung der Fossilindustrie. Aus Erdöl produziertes Lampenöl (Petroleum) löste den Tran als Lichtquelle ab; das bewahrte womöglich die Wale vor dem Aussterben.[12]

Ein Glaubensgrundsatz der Marktwirtschaft ist, dass – durch den menschlichen Entdeckerdrang und Erfindungsgeist – ein solcher Wechsel von Ressourcen immer wieder gelingen wird. Wenn eine Fischart als Grundlage für Fischstäbchen selten wird, wechseln wir auf eine andere. Wenn es nicht genug Erdbeeren für die steigende Nachfrage nach Erbeerjoghurt gibt, ersetzen wir die Fruchtstücke durch Kürbis- oder Pilzstückcken und geben Aroma zu, das aus Sägespänen produziert wird. Problem gelöst, Preis gesenkt (zumindest in der Produktion).

Alles in allem waren wir über lange Zeit hinweg immer wieder sehr gut darin, neue Völker, Länder und Ressourcen zu entdecken, für uns zu beanspruchen und auszubeuten. Mit ausreichender Fortschrittsgläubigkeit kann man sicher hoffen, dass das ewig so weitergehen wird. Doch einerseits ist das eine unzulässige Extrapolation vergangener Entwicklungen in die Zukunft (⇒ 9.1.6). Andererseits hat dieses Vorgehen schon bislang enorm viel Schaden angerichtet, vom Leid, das Sklaverei und Kolonialismus gebracht haben, bis zu den ökologischen Schäden und Bedrohungen durch fossile und nukleare Energieträger.

Wenn unsere Ansprüche wachsen und wir sie auf die gleiche Weise wie früher befriedigen, wachsen auch die Schäden, die wir anrichten. Letztlich leben wir auf einem begrenzten Planeten mit insgesamt begrenzter Fläche und begrenzten Ressourcen. Nicht die verfügbaren Rohstoffe erweisen sich dabei momentan als der am stärksten limitierende Faktor, sondern die Aufnahmekapazitäten der Erde für unseren Abfall – insbesondere Treibhausgase (⇒ 4.2.1). Es gibt Ansätze, um die Mechanismen des Markts zu nutzen, solche Emission zu reduzieren, etwa den CO_2-Preis (⇒ 9.4.2). Doch *allein* darauf zu setzen, dass es der Markt dann schon hinbekommen wird, erfordert schon einen sehr festen (und nicht durch Evidenz belegten) Glauben an dessen Prinzipien.

---

[12] Diese Argumentation findet man z.B. in [Lom22] oder auf `https://www.novo-argumente.com/artikel/wie_die_oelindustrie_die_wale_gerettet_hat`. Eine auf Erhaltung des Bestands abzielende Fangbeschränkung, eingebettet in ein tragfähiges internationales Regelwerk, hätte es allerdings vermutlich auch geschafft, die Wale zu retten (aber nicht, den gesamten Bedarf an Lampenöl zu decken – der durch die Elektrifizierung der Beleuchtung allerdings ohnehin bald stark sank).

> Ich kann Ihnen nicht sagen, wie man schnell reich wird; ich
> kann Ihnen aber sagen, wie man schnell arm wird: indem
> man nämlich versucht, schnell reich zu werden.
>
> André Kostolany, siehe auch [Tho16]

Von der Karawane zum Aktien-Trading Ein zentrales Element in marktbasierten Systemen ist der Handel, egal ob er nun am Samstagvormittag auf einem Bauernmarkt stattfindet, oder an der Börse. Neben Produzent:innen und Konsument:innen, die eine klare Beziehung zu den gehandelten Gütern haben, gibt es aber auf manchen Märkten auch jene Akteur:innen, die nur kaufen, um wieder zu verkaufen.

Früher einmal war die Leistung der Kaufleute beachtlich. Eine Karawane quer durch die Wüste zu führen, dafür zu sorgen, dass ein Schiff mit Seide und Gewürzen von China nach Europa fuhr, war eine Leistung und machte exotische Güter zugänglich, die es sonst auf diesem Markt nicht gegeben hätte. Doch heute leistet man nur noch sehr wenig, wenn man an Börsen Rohstoffe, Aktien oder anderes kauft und verkauft. Ein wenig trägt man dazu bei, den entsprechenden Markt am Laufen zu halten, indem jene, die verkaufen wollen, schnell jemanden finden, der kaufen will, und umgekehrt. Erwartungen zu Bedarf und damit Preisentwicklung können bei manchen Gütern helfen, das Angebot der kommenden Nachfrage anzupassen.

Sonst aber führt reines *Trading* ohne Eigenbedarf und ohne sich selbst um Lagerung oder Transport zu kümmern, dazu, dass letztlich jene, die mit echter Arbeit etwas produziert haben, weniger Geld dafür erhalten und jene, die etwas wirklich brauchen, mehr dafür bezahlen. Für den bloßen Akt des Tradens, für das Kaufen und Verkaufen, sind nur geringe Fähigkeiten notwendig, deutlich weniger als für andere einigermaßen gut entlohnte Tätigkeiten.

Entsprechend attraktiv scheint Trader vielen als Beruf zu sein – man muss fachlich wenig können, kann also schnell und ohne viel zu lernen einsteigen. Lediglich den Instinkt, die richtigen Entscheidungen zu treffen, zu den richtigen Zeiten die richtigen Aktien, Anleihen, Rohstoffe, ... zu kaufen und wieder zu verkaufen, ist wichtig – und mit ein bisschen Narzissmus kann man sehr schnell glauben, dass man selbst den besten Instinkt von allen hat. Damit, Jugendlichen einzureden, dass ein paar hundert Euro, die man in die richtigen Kurse an speziellen „Akademien" investiert, die Grundlage für ein Leben im Luxus sind, kann man – wenn man skrupellos genug ist – selbst viel Geld verdienen.[KW23]

Doch selbst, wenn man wirklich vom Trading leben kann, selbst von echten Profis in diesem Bereich werden (außer Einschätzungen zur Preisentwicklung) kaum Werte geschaffen. In erster Linie werden Besitzverhältnisse verschoben – und nur selten im Geiste eines Robin Hood von den Reichen zu den Armen. Aus globaler Sicht ist die Zeit, die in solche Tätigkeiten fließt, bestensfalls nutzlos vergeudet, meist schadet sie.

9.1.3 Die Finanzwirtschaft – auf der Jagd nach Rendite

Auch wenn es in der Wirtschaftlich letztlich um das Koordinieren von Ressourcen geht, so steht doch meistens das *Geld* im Zentrum der Aufmerksamkeit. Mit dessen Verwaltung ist ein eigener Zweig, die *Finanzwirtschaft* betraut, die das Gegenstück zur *Realwirtschaft* bildet.[13] Die Finanzwirtschaft hat die wichtige Funktion, die Realwirtschaft, von der produzierenden Industrie bis hin zur Gastronomie, zu steuern bzw. zu regeln. Sie soll, ganz grundlegend betrachtet, dafür sorgen, dass Ressourcen („Mittel") in Vorhaben und Unternehmen fließen, die tatsächlich aussichtsreich und sinnvoll sind. Von daher ist ihr einziger Daseinszweck, das Funktionieren der anderen Wirtschaftszweige und des wirtschaftlichen Privatlebens der Menschen zu unterstützen. Das darf man sich durchaus gelegentlich bewusst machen, wenn man wieder einmal vor einem der modernen Marmortempel des Geldes steht, oder von den Milliardengewinnen liest, die eine Bank gerade wieder gemacht hat.

Immer wieder liest man allerdings auch von Milliarden, die kurzfristig mobilisiert werden müssen, um wieder einmal eine systemrelevante Bank zu retten. In der Tat, wie bedrohlich die Dynamik sein kann, die aus dem Finanzsektor kommen kann, wurde bei diversen Gelegenheiten deutlich, vom Börsencrash von 1929 bis zur Wirtschaftskrise ab 2008, und auch 2023 wankten schon wieder einige große Banken, bin hin zur traditionsreichen Credit Suisse, die in einer Eilaktion vom Konkurrenten UBS übernommen werden musste. Verfehlte Risikoeinschätzung für einige Finanzprodukte führten letztlich zu echten Turbulenzen in der Realwirtschaft, zu jahrelangen Phasen von Unsicherheit, zu hoher Arbeitslosigkeit, Armut und persönlichen Tragödien.

Doch statt nun die Realwirtschaft in den Vordergrund zu stellen und darauf hinzuarbeiten, dass diese wieder reibungslos funktioniert, wurde vor allem auf der Ebene der Finanzwirtschaft gearbeitet. Auch diese wurde nicht etwa einer gründlichen strukturellen Analyse unterzogen, keineswegs wurden ihre Grundprinzipien hinterfragt, stattdessen gab es Anpassungen einiger Richtwerte und Kriterien (etwa für Kreditvergaben). Zwar ist zu hoffen, dass mit diesen regulatorischen Maßnahmen die Stabilität des Finanzsystems verbessert wurde – ein Ersatz für eine Grundsatzdiskussion zur Finanzwirtschaft können diese aber nicht sein ($\Rightarrow$ 10.4.7).

---

[13] Allein diese Dualität könnte einen bereits nachdenklich stimmen. Jenen Wirtschaftszweigen, in denen tatsächlich Dinge produziert und allgemein Leistungen erbracht werden, steht quasi als schattenhafter Zwilling ein zweites System gegenüber, das nichts davon tut, aber als ebenso wichtig empfunden wird.

Rendite und Zeithorizont Ein wesentliches Problem liegt darin, dass sich Finanzprodukte sehr schnell konzipieren lassen, dass sich ihr „Wert" rapide ändern kann. Vor allem die Anstiege können weit schneller erfolgen, als es bei realen Werten je möglich ist. Echtes Wachstum, das reale Werte schafft, nimmt Zeit in Anspruch. Bewertungsgewinne hingegen können sehr schnell kommen.

Somit kann man in der Finanzwirtschaft *schneller* Geld verdienen als durch realwirtschaftliche Aktivitäten. Dabei hilft das *greater fool principle* ($\Rightarrow$ S. 329). Solange alle glauben, dass es mit den Kursen bergauf geht und man das, was man heute kauft, morgen teurer wieder verkaufen kann, geht es mit den Kursen auch wirklich bergauf. Irgendwann platzt eine solche *Blase* natürlich, wenn die Diskrepanz zwischen Kurs und realen Wert allzu groß geworden ist. Irgendwann brechen Kartenhäuser wie der Immobilienkonzern Signa, der mit raffinierten Strategien die Bewertung seiner eigenen Immobilien in die Höhe trieb, zusammen. Doch davor werden den Investoren eben unanständig hohe Renditen versprochen, und es finden sich immer genug, die aufspringen.

Nun ist Geld keine natürliche Ressource, sondern eine soziale Konvention ($\Rightarrow$ 9.2), und im Prinzip sollte es egal sein, wie oft es nutzlos im Kreis fließt ($\Rightarrow$ Abb. 9.1), um wie viel größer die Geldströme innerhalb der Finanzwirtschaft als jene zur und von der Realwirtschaft sind. Doch einerseits spürt die Realwirtschaft die Erschütterungen, die von der Finanzwirtschaft ausgehen, eben sehr wohl, und andererseits verzerren die anscheinend in der Finanzwirtschaft erzielbaren kurzfristigen Renditen auch Entscheidungen, die innerhalb der Realwirtschaft getroffen werden.

Aus solchen Renditen werden kalkularische Zinssätze abgeleitet, die als Grundlage für echte Investitionsentscheidungen dienen. Investitionen, die zu wenig Ertrag versprechen, werden als nicht rentabel eingestuft, egal wie wichtig sie wären. Wäre unser markt- und renditebasiertes Wirtschaftssystem tatsächlich das Wunderwerk, als das es uns oft verkauft wird, wäre es natürlich immer am besten, sein Geld dort zu investieren, wo es die meiste Rendite bringt.[14]

Aktuell fließen Investitionen in einen ökologischen Wahnsinn wie Bitcoin ($\Rightarrow$ 5.5.4) statt in stärkere Stomnetze, Elektrolyseure und thermische Saisonspeicher ($\Rightarrow$ 8.3), weil sich auf die eine Art kurzfristig hohe Gewinne erzielen lassen, auf die andere nicht. Doch selbst bei Investitionen in die Realwirtschaft kann noch viel schief gehen:

---

[14]Genaugenommen ist es eine Abwägung zwischen Rendite und Risiko, die hier getroffen werden sollte, d.h. es wird eine *risikogewichtete Rendite* maximiert. Mit quantifizierbaren *Risiken* kann unser Finanzsystem recht gut umgehen – mit allgemeinen *Unsicherheiten*, für die sich keine Wahrscheinlichkeiten angeben lassen, hingegen eher schlecht. Die US-amerikanische Finanzbranche hatte für seine auf Subprime-Immobilenkrediten beruhenden Finanzprodukte umfangreiche Risikoanalysen in der Schublade liegen. Die mit diesem Geschäftsmodell verbundene prinzipielle Unsicherheit wurde hingegen ignoriert. Auch der Klimawandel bringt neben quantifizierbaren Risiken, mit denen man noch rechnen kann, zusätzlich massive Unsicherheiten mit sich.

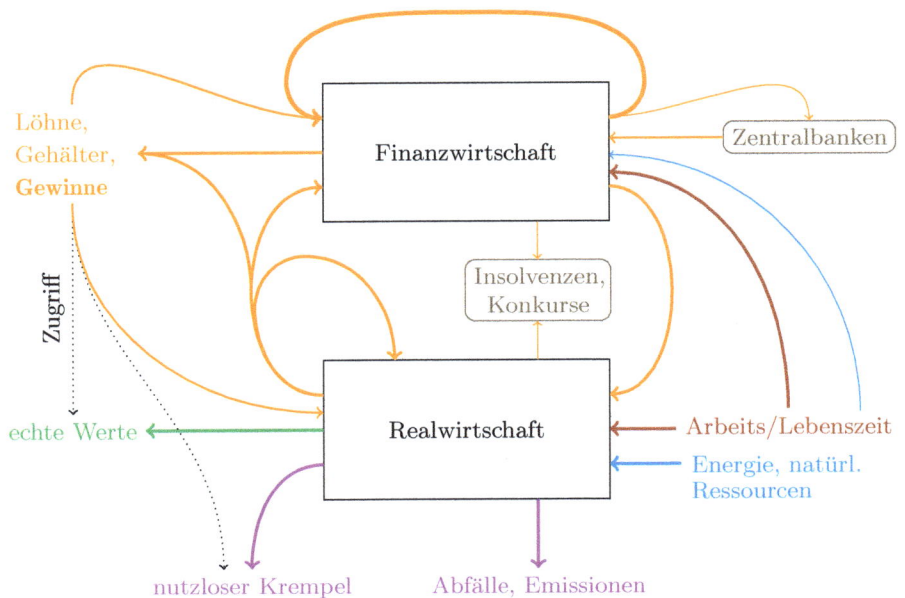

Abb. 9.1: Vereinfachte Darstellung eines Teils unseres Wirtschaftssystems: Arbeits- und damit Lebenszeit fließt in Real- und Finanzwirtschaft, ebenso Energie und andere natürliche Ressourcen. Dafür erhält man Löhne/Gehälter; beide Bereiche können Gewinne liefern. Nur die Realwirtschaft produziert echte Werte, allerdings auch viel nutzlosen Krempel, Abfälle und Emissionen. Innerhalb von Real- und Finanzwirtschaft sowie zwischen diesen Bereichen gibt es diverse Geldströme, die aber letztlich weitgehend im Kreis fließen. (KL$_{BY}^{CC}$)

Steht der klassische *homo oeconomicus* vor der Wahl, mit seinem Geld entweder unsere Energie- und Rohstoffversorgung auf eine nachhaltige Basis zu stellen, um damit den Erhalt des planetaren Ökosystems und den Fortbestand der Menschheit abzusichern, oder Gartenzwerge zu produzieren, weil diese Art von Gartenschmuck gerade in Mode ist, dann wird er sich immer für die Gartenzwerge entscheiden, wenn die erwartete Rendite höher ist.

Je mehr sich die Realwirtschaft gezwungen sieht, mit den kurzfristigen Renditen der Finanzwirtschaft mitzuhalten, damit sie über Kredite oder Anleihen weiterhin Geld für Investitionen erhält, desto mehr muss sie kurzfristige Gewinnmaximierung über sinnstiftende und nachhaltige Tätigkeiten stellen, desto eher wird sie nutzlosen Krempel produzieren und ethisch fragwürdige Geschäftsmodelle verfolgen. Zugleich muss den produktiv arbeitenden Menschen immer mehr abverlangt werden, sie müssen noch effizienter eingesetzt werden, um diese Renditeversprechen zu erfüllen (⇒ 9.3.5).

9.1.4 Zum Wachstum verdammt

In Antike und Mittelalter war, wie in [Har15, Kap. 10] schön dargestellt, das Weltbild ein weitgehend statisches: Die Welt war so, wie sie eben war, einst von Gott (oder den Göttern) geschaffen. Könige mochten kommen und gehen, ganze Reiche aufsteigen und fallen, doch daran, wie die Welt prinzipiell aussah, änderte sich kaum etwas. Den Glauben an eine Weiterentwicklung, ein Vertrauen in eine bessere Zukunft gab es im Grunde nicht.

Der „Kuchen" hatte eine feste Größe, und die einzige Möglichkeit, selbst mehr zu haben, war, dass jemand anders weniger hatte. Von der römisch-katholischen Kirche wurde die Gier folgerichtig zu einer der sieben Todsünden erklärt.[15]

Entsprechend war auch die Wirtschaft eine statische Angelegenheit, in der alles in ruhigen und vorhersehbaren Bahnen verlief. Die heutige Vorstellung, in neue Geschäftsfelder zu investieren, in der Hoffnung auf reichen Gewinn, wäre abwegig erschienen. Geldverleiher gab es zwar, aber diese wurden von den Verzweifelten aufgesucht, nicht von Menschen, die eine brillante Idee für ein neues Business hatten.

Das änderte sich in größerem Umfang erst mit dem Anbrechen der Neuzeit, als es gängig wurde, Kredite auch für riskante, aber zugleich aussichtsreiche Vorhaben zu vergeben, etwa Handelsexpeditionen nach Indien oder China. Schon das Wort *Kredit* leitet sich vom lateinischen *credere*, glauben, ab. Wer einen Kredit gibt, der glaubt an die Zukunftsträchtigkeit eines Vorhabens, glaubt an den Erfolg einer Sache.

Die Dynamik, die sich daraus – und parallel dazu aus gesellschaftlichen und naturwissenschaftlich-technischen Fortschritten – ergab, war die Befreiung aus einem starren System. Plötzlich konnte man mit genug Ambitionen und Risikobereitschaft einen sozialen Aufstieg schaffen. Doch mit Krediten ist eng das System der *Zinsen* verknüpft ($\Rightarrow$ 9.2.1), in denen das Wachstum ewig weitergehen muss, damit nicht alles zusammenbricht. Statt als Todsünde wurde die Gier zunehmen als Tugend betrachtet. Nur wenn möglichst viele Menschen immer mehr wollen, läuft die Wirtschaft und kann wachsen; *Stagnation* wird gefürchtet.

Die alten Gesellschaften blieben an einem Fleck stehen. Die moderne Gesellschaft muss ständig weiterlaufen, weil unter ihr permanent der Boden wegbricht – oder sie das zumindest glaubt. Ein solches ewiges Wachstum mag vertretbar sein, wenn es vom Ressourcenverbrauch entkoppelt ist, keine Menschen und keine anderen Lebewesen zu Schaden kommen. Ansonsten aber ist es langfristig der Weg in den Untergang.

---

[15] An den Taten und dem Gebahren diverser christlicher Herrscher und selbst mancher Kirchenfürsten änderte das allerdings wohl nur wenig. Für Herrscher, die tendenziell meistens *mehr* (mehr Land, mehr Geld, mehr Einfluss) wollten, war Krieg ein logisches und trotz seiner Schrecken allgemein akzeptiertes Instrument. Er wurde sogar als zwingend nötig betrachtet, denn wenn man selbst dazugewinnen wollte, dann musste jemand anders etwas verlieren.

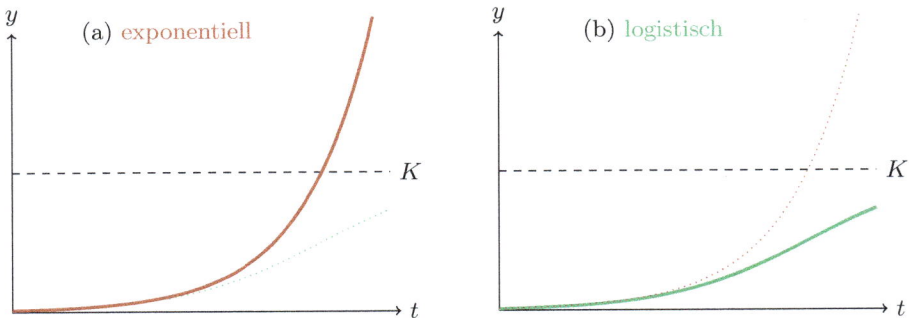

Abb. 9.2: Exponentielles und logistisches Wachstum: Am Anfang verlaufen die Kurven sehr ähnlich, doch für spätere Zeiten t, wenn man sich die Werte von y der Kapazitätgrenze K nähern, unterscheidet sich das Verhalten dramatisch. (PD_{KL})

Wachstumsphantasien Ansätze und Vorgehensweisen, die eine Zeitlang sehr gut funktioniert haben, müssen das nicht zwangsläufig auch in Zukunft tun. Vor allem die Methoden, die zur Kultur des unbegrenzten Wachstums gehören, stoßen nahezu zwangsläufig irgendwann an ihre Grenzen – und richten in der letzten Phase davor unter Umständen viel Schaden an.

Betrachten wir dazu die beiden Teile von Abb. 9.2. In der linken (a) ist ein exponentielles Wachstum einer Größe y mit der Zeit t eingezeichnet. Ein solches würde sich (in vielen Situationen) bei unbegrenzten Ressourcen einstellen. In der rechten (b) findet man den Verlauf des logistischen Wachstums, wenn es eine natürliche Kapazitätsgrenze K gibt. Solange y viel kleiner als K ist (symbolisch $y \ll K$), also im linken Bereich der Graphen, sehen die beiden Kurven sehr ähnlich aus.

Auch im logistischen Fall erfolgt das Wachstum dann nahezu exponentiell. Später aber verlangsamt sich das Wachstum, und y nähert sich K von unten her an, ohne diesen Wert jemals zu erreichen oder gar zu überschreiten. Eine solche Entwicklung stellt sich oft auf natürliche Weise ein, wenn etwa die Begrenzungen eines Lebensraums spürbar werden. Die Alternative, nämlich rücksichtsloses Wachstum ohne Berücksichtigung der Grenzen, führt nahezu zwangsläufig zum späteren völligen Zusammenbruch.

Als Menschheit verwenden wir zum größten Teil noch immer Werkzeuge und Methoden, die für den Fall von Abb. 9.2.a entwickelt wurden, die von der Möglichkeit eines grenzenlosen Wachstums ausgehen. Mehr noch, das Ziel ist ein möglichst schnelles Wachstum, und es wird stets in jene Option investiert, die die (ggf. mit dem Risiko gewichtet) höchste Rendite bzw. die höchste Verzinsung verspricht ($\Rightarrow$ 9.2.1).

9.1.5 Sinn und Unsinn des BIP

Um den ökonomischen Status von Ländern zu beschreiben, wird oft das *Bruttoinlandsprodukt* (BIP, engl. *gross domestic product* GDP) verwendet, die Summe der monetären Bewertungen aller hergestellten Güter und erbrachten Dienstleistungen (abzüglich Vorleistungen). Selbst für die ganze Welt kann man ein *Bruttoweltprodukt* (BWP) betrachten. Das BIP steht im Zentrum vieler volkswirtschaftlicher Betrachtungen, und das BIP pro Kopf wird gerne dazu verwendet, den Wohlstand verschiedener Länder zu vergleichen. Allerdings hat das BIP als Kenngröße auch diverse Schwächen, von denen wir hier nur allerwichtigsten anführen können:

- Das BIP enthält keine Informationen darüber, *was* produziert bzw. *wofür* Geld ausgegeben wird. Ein Autounfall führt zu einer Erhöhung des BIP. Schafft man es hingegen, eine (legale[16]) Sucht zu überwinden und dadurch kein Geld mehr für etwas auszugeben, das einem schadet, dann reduziert man dadurch das BIP.
- Selbstversorgung wird nicht berücksichtigt: Beginnt man, Gemüse selbst im Garten anzubauen, statt es im Supermarkt zu kaufen, reduziert man damit das BIP.
- Das BIP/Kopf für ein Land enthält keine Information dazu, wie sich Wohlstand und Wirtschaftskraft über die Bevölkerung verteilen.[17]
- Das BIP gibt eine rein monetäre Bewertung und berücksicht damit keine Schäden, die sich nicht als Geldbeträge beziffern lassen. Mit dem BIP muss auch keineswegs die Zufriedenheit wachsen (das *Easterlin-Paradoxon*).

So unzureichend das BIP in vieler Hinsicht auch ist, hat sich das BIP/Kopf doch als eine bedeutsame Kenngröße erwiesen. Die positive Korrelation ($\Rightarrow$ Box auf S. 138) zwischen BIP/Kopf und Gesundheitszustand und Lebenserwartung, die negative mit Säuglingssterblichkeit ist gut untersucht und dokumentiert.[Swi11; OMCNZ13]

Wo die Bedingungen für die Menschen gut sind, wo sie Ausbildungen absolvieren können, wo es ihnen freisteht, Unternehmen zu gründen, Geschäfte zu eröffnen, ihren Weg zu gehen, da wird die Wirtschaft tendenziell wachsen. Das heißt aber nicht, dass auch der Umkehrschluss gilt und dass den Menschen dadurch besser geht, dass man auf Biegen und Brechen Wirtschaftswachstum erzwingt.

Mit dem Wirtschaftswachstum, das sich über die Zunahme des BIP messen lässt, hat sich der Lebensstandard von hunderten Millionen Menschen stark verbessert. Daher werden dem Wirtschaftswachstum nahezu Wunderkräfte zugeschrieben, und es wird oft als Lösung aller Probleme propagiert. In teils beinahe rührender Naivität, teils irritierender Ignoranz werden ihm dabei Verdienste zugeschrieben, die ihren Ursprung eher in zwei anderen Effekten haben:

---

[16] Das BIP erfasst kein Schwarzmärkte und auch nicht die Schattenwirtschaft.
[17] Zu diesem Zweck gibt es allerdings andere Kenngrößen wie den *Gini-Koeffizienten*.

1. **Technischer Fortschritt:** Auf Grundlage wissenschaftlicher Erkenntnisse, die wir vor allem seit Beginn der Neuzeit gewonnen haben, vollbringt unsere Technik inzwischen Dinge, die früheren Generationen als Magie erschienen wären: Rauchloses Licht, das sich auf Knopfdruck an- und ausschalten lässt und bei dem man nie Brennstoff nachzufüllen braucht, Fahrzeuge, die sich ohne Zugtiere mit beeindruckender Geschwindigkeit bewegen, Flugmaschinen, mit denen man auch Reisen zwischen entfernten Kontinenten binnen Stunden oder allenfalls wenigen Tagen absolvieren kann, die Möglichkeit, sich mit Menschen auf der anderen Seite der Welt in Echtzeit zu unterhalten, Maschinen, die Berechnungen durchführen, Texte übersetzen, Bilder malen und noch ganz andere Dinge tun können, ...

    Über lange Zeiten gingen wissenschaftlicher Fortschritt und wirtschaftliche Expansion Hand in Hand. Neue technische Geräte müssen erst einmal mit vertretbarem Aufwand („ausreichend billig") in großen Stückzahlen hergestellt werden können, damit die Allgemeinheit von ihnen profitiert. Damit ist das Wirtschaftswachstum aber mindestens so sehr eine *Folge* des Fortschritts wie seine Triebfeder. Forcierung des Wirtschaftswachstums, ohne darauf zu achten, dass auch wirklich neue und wertvolle Erkenntnisse genutzt werden, ist ein weitgehend sinnloses Wachstum. Es ist ein Wachstum, das auf der Produktion von letztlich sinnlosem Krempel beruht, von dem den Menschen mit viel Marketing-Aufwand eingeredet werden muss, ihn zu kaufen.

2. **Ungleichgewicht:** Oft – zumindest, wenn einmal ein gewisses Niveau, ein gewisser Standard erreicht ist – geht es gar nicht darum, *wie viel* man hat, sondern ob man *mehr* hat als jemand anders. Das wird wohl selbst noch manche Milliardäre betreffen, denen ihr Platz auf der Forbes-Liste der Allerreichsten wichtig ist, und vielleicht schlafen manche von ihnen schlecht, aus Sorge, jemand könnte sie überholen, sie könnten im Ranking absteigen.[18]

    Vor allem aber prägt ein solches Ungleichgewicht unsere Gesellschaftsstruktur, denn jene, die wenig haben, sind viel eher dazu gezwungen, für jene zu arbeiten, die viel haben, als umgekehrt. Das gilt schon innerhalb eines einzelnen Landes, aber erst recht auch zwischen Ländern.

    Ein wesentliches Element des Reichtums wohlhabender Menschen bzw. wohlhabender Nationen ist der Umstand, dass es ärmere Menschen bzw. ärmere Nationen gibt, deren Arbeitsleistung man billig zukaufen kann bzw. an die man unangenehme Aufgaben (wie etwa das Deponieren von Giftmüll) abschieben kann.

---

[18] Man kann das Ranking jederzeit unter https://www.forbes.com/real-time-billionaires/ einsehen, wobei zu beachten ist, dass die deutsche Milliarde (10^9) im Englischen *billion* heißt, und unsere Billion (10^{12}) dort *trillion*.

Entsprechend heikel ist es, das BIP zum Maß aller Dinge zu machen. Was würde es denn bedeuten, wenn das BIP pro Kopf auf einen Schlag auf das Zehnfache stiege? Nun, Löhne und Gehälter würden dabei ebenfalls auf das Zehnfache steigen, d.h die Menge an verfügbarer fremder Arbeitskraft würde sich nicht ändern. Bei Berücksichtigung von Inflationseffekten ($\Rightarrow$ Box auf S. 383) hätte sich gar nichts geändert (und in ernsthaften Kaufkraftanalysen wird auch versucht, die Inflation „herauszurechnen"). Ohne technischen Fortschritt als Grundlage eines echten Wachstums, ohne Veränderungen im Ungleichgewicht zwischen Ländern und Gesellschaftsschichten (zum Guten oder zum Schlechten), hat ein bloßes nominelles Anwachsen des BIP wenig Konsequenzen.

Wo das BIP versagt Man kann mit dem BIP jedoch noch viel gravierenderen Unfug treiben: Die Landwirtschaft macht in hochentwickelten Gesellschaften nur noch wenige Prozent der gesamten Wirtschaftsleistung aus. Doch wenn die Landwirtschaft nur für 3 % des BIP verantwortlich ist und sie – etwa durch klimabedingte Katastrophen – zusammenbricht, wären wir dann nur um 3 % ärmer? In klassischen ökonomischen Modellen wird genau so gerechnet.

Wenn das in einer Region oder einem kleinen Land passiert, dann mag eine solche Betrachtungsweise ja sogar zutreffen. denn die fehlenden Lebensmittel können ja am Weltmarkt zugekauft werden. Wer reich genug ist, bekommt schon, was er braucht. (Wen kümmert schon, dass es dann anderswo fehlt?)

Doch wenn es auf der ganzen Welt passiert, dann gibt es keinen äußeren Markt mehr, der irgendetwas kompensieren könnte. Dann würden Hungersnöte und Verteilungskämpfe unsere Zivilisation bis zum Zusammenbruch erschüttern. Dann wären diese paar Prozent des BIP plötzlich kein moderater Wohlstandsverlust mehr, sondern eine Katastrophe, gegen die alles, was die Menschheit in den letzten Jahrhunderten erlebt hat, verblassen würde. Doch in den etablierten Modellen der Klimaökonomie werden solche – intellektuell wahrlich nicht allzu herausfordernden – Zusammenhänge ausgeblendet, so wie manch anderes auch ($\Rightarrow$ 9.2.4).

9.1.6 Extrapolation und „Hausverstand"

Ein Problem in der Ökonomie – als praktische ebenso wie als wissenschaftliche Disziplin – ist die Neigung, sehr kurzfristig und kleinräumig zu denken, den aktuellen Status recht unreflektiert zu extrapolieren. Dieser Zugang ist in Abb. 9.3 illustriert: Aus einem kleinen bekannten Bereich heraus wird der Verlauf von Erträgen, Kosten oder Schäden auf simple (lineare) Weise in ganz andere Bereiche, auf ganz andere Zustände des Systems extrapoliert. Dabei können Kosten ebenso über- wie unterschätzt werden.

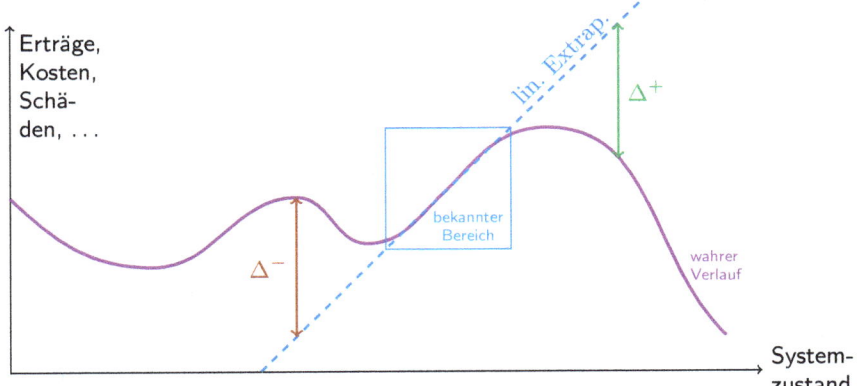

Abb. 9.3: Die lineare Extrapolation (lin. Extrap.) aus dem bekannten Bereich heraus kann Erträge, Kosten oder Schäden dramatisch unterschätzen (Δ^-) oder überschätzen (Δ^+). Solche naiven Vereinfachungen stecken oft hinter gängigen Wirtschaftlichkeitsbetrachtungen. ($\text{KL}_{\text{BY}}^{\text{CC}}$)

Lineare Extrapolation ebenso wie das in unserem Wirtschaftssystem tief verankerte exponentielle Wachstum sind recht einfache Ansätze. Sie funktionieren in manchen Situationen recht gut, vor allem, wenn die Systeme, die man betrachtet, so groß sind, dass man sie mit seinem eigenen Handeln nahezu nicht beeinflusst. Solche Systeme kann man als „offen" betrachten, im Sinne, dass man weit weg davon ist, an die Grenzen des Systems zu stoßen. Wenn nur einige wenige Menschen mit einfachem Werkzeug fischen, dann werden doppelt so viele Boote auch einen doppelt so großen Fang bringen. Bei den gigantischen Fangflotten, die heute mit ihren Schleppnetzen in den Weltmeeren unterwegs sind, würde eine Verdopplung der Kapazitäten hingegen nur einen noch schnelleren Zusammenbruch der Fisch-Populationen verursachen, und die Fänge wurden für alle rapide dahinschwinden.

Wenn vom „Hausverstand" oder vom „gesunden Menschenverstand" die Rede ist, vor allem in politischen Debatten, dann steckt häufig ein Denken wie in Abb. 9.3 dahinter: Von einem eng begrenzten Erfahrungshorizont, dem, was man kennt, wird naiv extrapoliert.

Doch die Welt ist zumeist viel größer und komplexer, als wir mit unseren begrenzten Erfahrungen und unseren emotional geprägten Einschätzungen erfassen können. Die Wissenschaft arbeitet hart daran, diese Komplexität zu entschlüsseln; zumeist ist das ein aufwändiger und mühsamer Prozess – und dennoch werden ihre Erkenntnisse oft leichtfertig beiseite geschoben, wenn sie unbequem sind.

9.1.7 Was wirklich Werte schafft

Auch Ökonom:innen und Wirtschaftsjournalist:innen sind nur Menschen und können manchmal der Versuchung nicht widerstehen, etwas Drama zu produzieren, wenn sich die Gelegenheit dazu bietet: Dann heißt es wieder einmal, dass durch einen Kurssturz an der Börse „binnen Minuten Milliarden an Werten vernichtet wurden".
Aber lassen wir das Drama einmal beiseite und sehen nach, was wirklich passiert ist: Einschätzungen darüber, wie viel etwas, in diesem Fall Anteile an Unternehmen, wert sind, wurden innerhalb weniger Minuten revidiert, und zwar – bedauerlich für die betroffenen Anleger:innen – nach unten. Hierbei von der Vernichtung von irgendetwas zu sprechen, erscheint aber weit hergeholt.[19]
Wenn hingegen extreme Unwetter, wie sie durch den Klimawandel häufiger werden, ganze Landstriche verwüsten, dann kann man mit viel mehr Berechtigung von der „Vernichtung von Werten" sprechen – und zugleich noch froh sein, wenn nur Sachwerte zerstört und nicht auch Menschenleben gefordert wurden.

Generell werden bei oberflächlichen Betrachtungen oft intrinsische Werte und Bewertungen vermischt. Idealerweise wären diese natürlich identisch – doch wir leben in keiner idealen Welt, sondern in einer solchen, in der Bewertungen von bizarren Annahmen nach oben oder nach unten getrieben werden können, wo eine hohe Bewertung durchaus daher rühren kann, dass gerade wieder einmal die Suche nach dem größten Narren läuft ($\Rightarrow$ S. 329).

Echter *Wert* steht vor allem auf zwei Fundamenten: Einerseits ist das *Zeit*, meist menschliche Lebenszeit, die in ein Vorhaben, oder eine Tätigkeit fließt, manchmal auch einfach die Zeit, die etwas eben braucht, um zu wachsen und sich zu entwickeln. Andererseits ist es physikalische Energie, die in unsere Tätigkeiten und Produkte fließt. Energieversorgung ist wiederum eng mit *Raum* verknüpft: Bislang war es vor allem die Kontrolle einiger spezieller Orte, an denen sich fossile Energieträger abbauen lassen. In Zukunft wird es wohl allgemein um Platz gehen, den man für die erneuerbare Energiegewinnung braucht. Eine weitere Schlüsselrolle spielen Rohstoffe, zu deren Gewinnung aber ebenfalls geeigneter Raum sowie Energie- und Zeiteinsatz erforderlich sind.

Arbeit spielt beim Schaffen von Werten natürlich eine zentrale Rolle. In sie fließt Zeit und Energie; zudem ist Arbeitsleistung meistens auf geeignete Infrastruktur und Rohstoffe angewiesen, Für die meisten Tätigkeiten ist auch eine entsprechende Ausbildung erforderlich. Eine stark vereinfachte Skizze der Abhängigkeiten und Wechselwirkungen ist in Abb. 9.4 gezeigt.

---

[19] Dadurch, dass in vielen Ländern die Pensionen über Fonds organisiert sind, die Aktien und Anleihen halten, kann ein massiver Kurssturz natürlich durchaus gravierende soziale Folgen haben. Doch das Problem sollte man eher darin sehen, die Absicherung von etwas so Grundlegendem wie Pensionen ganz dem Kapitalmarkt anzuvertrauen.

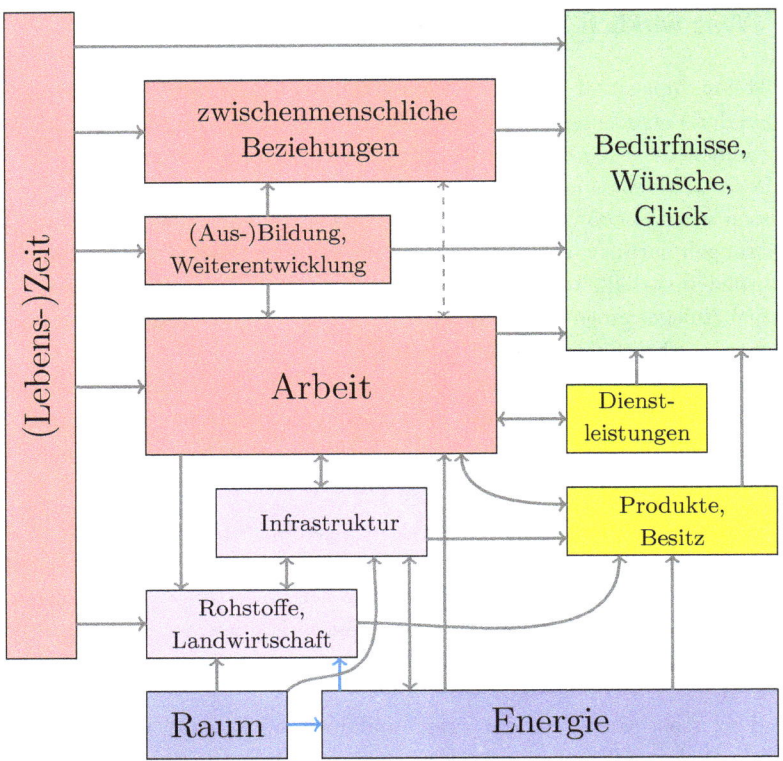

Abb. 9.4: Zeit und Energie als Fundamente von Wert – eine stark vereinfachte Skizze. (KL$_{BY}^{CC}$)

Die konkreten menschlichen Bedürfnisse, insbesondere die grundlegenden, werden stark mit Produkten der Arbeit gedeckt.[20] Für „höhere" Bedürfnisse aber spielen die Arbeit und ihre Produkte, oft nur eine geringe Rolle. Insbesondere zwischenmenschliche Beziehungen sind hingegen enorm wichtig. In einer berühmten Langzeitstudie dazu, was uns glücklich macht, haben sich positive Beziehungen zu anderen Menschen (nicht nur im Sinne von Paarbeziehungen, sondern ebenso auch gute Beziehungen zur Familie und zu Kolleg:innen, Freundschaften, sogar Zufallsbekanntschaften) als zentral erwiesen.[Tra23b; WS23] Diese sind wesentlich wichtiger als Wohlstand, beruflicher Erfolg, protzige Autos, oder Luxusurlaube an exotischen Orten. Doch Zeit dafür zu haben, dass man positive Beziehungen aufbauen und halten kann, steht genau im Widerspruch zum Dogma, so viel wie möglich zu arbeiten ($\Rightarrow$ 9.3.5), um sich damit dann allen möglichen unnötigen Luxus leisten zu können ($\Rightarrow$ 10.1.1).

---

[20]Von Abraham Maslow stammt dazu das Konzept der *Bedürfnispyramide*, [Mas43].

9.2 Wer hat so viel Geld?

Über lange Jahre hinweg hieß es – und heißt es manchmal noch heute –, der Umstieg auf ein erneuerbares Energiesystem sei viel zu teuer. Das Konzept von „zu teuer" ist uns natürlich gut vertraut. Wenn ein Urlaub, ein Auto oder ein Haus zu teuer ist, dann haben wir nicht genug Geld dafür. Für einzelne Personen ergibt dieses Konzept vollkommen Sinn, und so nehmen wir es ernst. Doch was bedeutet es, wenn man behauptet, etwas sei für die ganze Menschheit zu teuer? Hängt das davon ab, wie viel Geld die Menschheit hat? Wie viel ist denn das überhaupt?

9.2.1 Nicht für alles Geld der Welt ...

> Our big challenge isn't cost. It's making sure that our economy is producing the right output mix over the coming decades. The problem isn't a lack of bits and bytes on some electronic spreadsheet. The problem is a lack of vision.
>
> Stephanie Kelton in [Kel21, Ch. 6]

Die Erfindung des Geldes, die eine zunehmend komplexer und unübersichtlich werdende Tauschwirtschaft ablöste, war zweifellos brillant. Der Wert vieler ganz unterschiedlicher Dinge konnte auf der gleichen Skala abgebildet werden. Eine extreme Vereinfachung – die aber, wie jede grobe Vereinfachung, natürlich auch ihren Preis hat. Insbesondere besteht die Gefahr, sich bei wirtschaftlichen Betrachtungen nur noch auf Geld und Geldflüsse zu konzentrieren und alles andere auszublenden.

Doch Geld ist keine natürliche Ressource. Es ist, wie es so schön heißt, ein *intersubjektives* Phänomen – es existiert nur, weil die Menschen daran glauben. Würden von heute auf morgen sich alle weigern, für diese lustigen bunten Zettelchen und Metallscheibchen (oder gar für bits und Bytes irgendwo im IT-System einer Bank) Dinge von Wert herzugeben oder dafür Lebenszeit zu opfern, dann würde das Geldsystem sofort kollabieren, egal ob das Geld auf dem Bankkonto oder unter der Matraze liegt.

Ursprünglich war Geld noch an materielle Dinge gekoppelt, an Kauri-Muscheln, Silber, Gold oder Stockfisch. Auch damals waren es vor allem soziale Vereinbarungen, menschlicher Glaube, die diesen Dingen Wert gaben (außer, in gewissem Ausmaß, beim Fisch, der wirklich essbar und damit praktisch verwendbar ist).

Doch über die Zeiten des materiellen Geldes sind wir lange hinaus. Das moderne Geldsystem beruht im Wesentlichen auf *Schulden*. Zentralbanken verleihen Geld an Geschäftsbanken, und diese wiederum geben Unternehmen und Privatpersonen Kredite. Dabei dürfen die Geschäftsbanken Geld *schöpfen*, also (in gewissen Grenzen) mehr Geld verleihen, als sie selbst von den Zentralbanken geliehen haben.

Was auf den ersten Blick nach einem höchst fragwürdigen Zaubertrick aussieht, hat tatsächlich durchaus Berechtigung: Nur ein Bruchteil des Geldes, das „auf der Bank liegt", wird tatsächlich gebraucht – und meist nur dafür, um auf eine andere Bank verschoben zu werden. Eine Bank kann also ohne Weiteres zehnmal soviel Geld zur Verfügung stellen, wie sie selbst erhalten hat, solange nie mehr als 10 % dieser Geldmenge gleichzeitig verwendet wird.[Chi11]

Sorgen um die Sicherheit des so erzeugten Geldes braucht man im Normalfall nicht zu haben. Es hat wenig Sinn, größere Mengen Bargeld abzuheben und unter der Matraze zu verstecken. Solange nahezu alle daran glauben, dass ihr Geld auf der Bank gut aufgehoben ist, ist es das auch wirklich – außer in einzelnen Fällen von krassem Missmanagement oder kriminellem Handeln.[21] Erst wenn eine Vielzahl von Menschen beginnt, an einer Bank zu zweifeln und sich daran macht, das Geld abzuheben oder auf ein anderes Institut zu transferieren, beginnt das System zu wanken und bricht vielleicht zusammen. Deshalb sind *Bank runs* auch so gefürchtet.

Schulden und Zinsen Dass unser Geldsystem auf Schulden beruht, klingt unsympathisch (insbesondere im Deutschen, wo die *Schuld*, die man auf sich lädt, ja schon im Begriff enthalten ist). Der Grundgedanke ergibt aber durchaus Sinn: Stellen wir uns vor, dass wir beide auf einer einsamen Insel stranden und Sie mir helfen, eine Hütte zu bauen. Dann habe ich eine Art von (sozialen) Schulden bei Ihnen und werde mich verpflichtet fühlen, Ihnen bei einer anderen Tätigkeit zu helfen. Menschen sind nahezu immer voneinander abhängig, und Geld ist eine Möglichkeit, dieses Wechselspiel von Leistungen und Verpflichtungen auf eine solide Basis zu stellen.[22]

Problematisch ist allerdings oft die konkrete Umsetzung – insbesondere der Umstand, dass Geld nicht einfach so verliehen wird, sondern gegen *Zinsen* (engl. *interest rate*). Betriebswirtschaftlich lässt sich das gut argumentieren, mit sogenannten *Opportunitätskosten*, da man ja das verliehene Geld vorübergehend selbst nicht zur Verfügung hat, um es auf andere Art zu verwenden. Zusätzlich wird mit einem entsprechenden Aufschlag das Risiko berücksichtigt, dass man das verliehene Geld nicht mehr zurückerhält. Doch in Betrachtung des Gesamtsystems offenbart sich ein massives Problem. Nicht umsonst wird in vielen religiösen Schriften das Verleihen von Geld gegen Zinsen missbilligt. Die ungebändigte Dynamik der Zinsen kann viel Unheil anrichten.

---

[21] Selbst dann greift bis zu für Normalsterbliche relativ hohen Beträgen immer noch die staatliche Einlagensicherung. Diverse Initiativen für *Vollgeld*, in dem nur die Zentral- oder Nationalbanken neues Geld erschaffen, blenden gerne aus, dass auch diese Art von Geld immer noch eine soziale Konvention ist, keine reale Sache.

[22] Vermutlich gibt es nur wenige Fundamente, auf denen ein Geldsystem stehen kann: gegenseitige Leistungen und Verpflichtungen, wie es heute zumeist umgesetzt ist, oder (wie bei Gold, Silber und Edelsteinen) die *Gier* nach etwas, was alle besitzen wollen. Eventuell wären verfügbare Energie oder Emissionsrechte ebenfalls geeignet, [Dou06].

9.2 Wer hat so viel Geld?

Nehmen wir an, es gäbe auf der ganzen Welt nur 100 Euro, die zufällig mir gehören. Nehmen wir zudem an, ich borge sie Ihnen für ein Jahr zum unglaublich günstigen Zinssatz von nur 1 % p.a. (*per annum*, also pro Jahr), d.h. nach einem Jahr möchte ich von Ihnen 101 Euro zurück. Doch da es ja auf der ganzen Welt nur 100 Euro gibt, haben Sie überhaupt keine Chance, mir diese Menge an Geld zu geben. Der fehlende Euro kann ja nicht aus dem Nichts entstehen.

Gäbe es hingegen 500 Euro, und ich borge fünf Personen jeweils 100 davon zu 1 % p.a., dann können bis zu vier davon diesen Kredit durchaus wieder tilgen. Wenn die fünf untereinander handeln, dann werden manche bessere Geschäfte machen, andere schlechtere, und manche werden am Ende des Jahres mehr als 100 Euro haben. Mindestens eine Person gibt es aber zwangsläufig, die ihren Kredit nicht vollständig zurückzahlen kann.

Natürlich ist das immer noch eine stark vereinfachte Darstellung, und in einem dynamischen System wird laufend neues Geld in den Markt gepumpt – doch immer zu Zinsen, die nur höchst selten negativ sind. Insgesamt werden die Schulden also stetig anwachsen, und alte Löcher können nur gestopft werden, indem man neue gräbt. Gelegentliche Insolvenzen und Konkurse sind demnach keine Anomalien, nicht notwendigerweise wirtschaftliches Versagen, sondern ein Reinigungsprozess, durch den angehäufte Schulden auch wieder verschwinden können. Doch das exponentielle Wachstum von Geldmengen und damit zugleich von Schulden wird dadurch allenfalls leicht gedämpft.[23] Die meisten Schulden landen früher oder später bei den Staaten der Welt – schon im Zuge des normalen Wirtschaftens, gelegentlich auch im Zuge von Rettungsaktionen für Wirtschaftssektoren, in denen in guten Zeiten die Nase über alle staatliche Eingriffe gerümpft werden.

Dass nahezu alle Staaten der Welt Schulden haben, ist kein Zeichen dafür, dass Politiker:innen prinzipiell nicht mit Geld umgehen können. Jene Schulden, die in unserem Geldsystem entstehen *müssen*, sammeln sich dort, wo sie im Normalfall am wenigsten Schaden anrichten. Auch denjenigen, die die hohen Staatsschulden lautstark beklagen, ist es vermutlich in der Mehrheit lieber, die Staaten haben größtenteils Schulden, Unternehmen und Privatpersonen hingegen vorwiegend Guthaben als umgekehrt. Natürlich macht es einen großen Unterschied, *wofür* Staaten das Geld ausgeben, ob es sich um echte Investitionen oder um Klientelpolitik handelt. Problematisch werden Staatsschulden dann, wenn sie als Begründung für harte, sozial sehr bedenkliche Sparpolitik herhalten müssen – oder als Vorwand, um nicht in die Transformation unseres Energie- und Wirtschaftssystems zu investieren.

---

[23] Ein plakatives Bild für die absurden Auswüchse des exponentiellen Wachstums von Guthaben bietet der *Josephspfennig*: Selbst eine sehr kleine Geldmenge, die der biblische Josef (alt: Joseph) vor gut zweitausend Jahren mit wenigen Prozent Zinsen angelegt hätte, würde mit Zinsen und Zinseszinsen heute den Wert übertreffen, den eine Goldkugel von der Größe der Erde hätte.

9.2.2 „Lassen Sie Ihr Geld arbeiten!"

„Lassen Sie Ihr Geld arbeiten." Solche und ähnliche Slogans werden von der Finanzbranche immer wieder aus der Schublade gekramt. Das Problem ist: Geld kann nicht arbeiten. Es ist ein soziales Konstrukt, eine Konvention, kein Objekt der physikalisch-materiellen Welt ($\Rightarrow$ 9.2.1). Arbeiten tun nur Menschen – bzw. lassen sie sehr oft die Natur für sich arbeiten, beuten sie und ihre Geschöpfe sogar recht rücksichtslos aus. Entsprechend kritisch sollte man jede Ankündigung sehen, dass Geld sich quasi von selbst vermehrt. Das naive Wunschdenken vom ewigen Wachstum, das von selbst erfolgt, ohne dass man etwas dafür tun müsste, ist zwar in unser Finanzsystem über Zinsen quasi fix eingebaut. Doch es ist eben – wenn es um echte Werte geht – nicht mehr als naives Wunschdenken.

Stellen wir uns vor, Sie haben eine gewisse Summe in eine Anlageform investiert, die verspricht, dass Sie hinterher mehr Geld erhalten werden, als Sie hineingesteckt haben. Überlegen wir, was dahinterstecken kann:

1. Das Geld wird in stabile Realwerte investiert. Der entsprechende „Wertzuwachs" gleicht in Wahrheit nur die Inflation aus ($\Rightarrow$ Box auf S. 383).
2. Es handelt sich um riskantes Investment, eine Art faires Glücksspiel. Das kann ja durchaus eine Weile gut gehen. Denken Sie etwa an ein Würfelspiel. Ihr Einsatz sind 100 €. Wenn eine Zahl von ⚁ bis ⚅ fällt, erhalten Sie 120 € zurück; bei ⚀ ist Ihr Einsatz verloren. Ein solches Spiel kann ohne Weiteres einige Male gut für Sie ausgehen – aber irgendwann verlieren Sie eben auch.
3. Es handelt sich um handfesten Betrug. Dieser kann sehr extrem sein, wie beim klassischen *Pyramidenspiel*, oder etwas raffinierter wie beim sogenannten *Ponzi-Schema*, bei dem tatsächlich auf Anfrage Auszahlungen erfolgen – die aber aus Neueinlagen bestritten werden. Ein solches Schema, wie es etwa Bernie Madoff betrieben hat, kann durchaus einige Jahre gutgehen; irgendwann kollabiert es aber.
4. Andere Menschen erhalten für ihre Arbeit weniger als ihnen eigentlich zustehen würde. Dann arbeitet nicht Ihr Geld, sondern es arbeiten Menschen, die Sie, ohne dass es Ihnen bewusst ist, ausbeuten.
5. Ihr Geld fließt in einen Kredit, der einer Person neue Handlungsoptionen ermöglicht, etwa ein Unternehmen zu gründen oder ein Haus zu bauen. Das ist wohl noch die sinnvollste aller Varianten. Sie kettet unsere Wirtschaft aber an das ewige Wachstum ($\Rightarrow$ 9.1.4), denn es muss ja mehr Geld zurückgezahlt werden, als verborgt wurde – und zwar so viel, dass auch das Risiko eines Fehlschlags mit abgegolten ist. Damit wird das ewige Wachstum der Schulden fortgeschrieben ($\Rightarrow$ 9.2.1), mit allen unangenehmen Folgen, die das hat.

9.2.3 Was man mit Geld tun kann – und was nicht

Ein Bündel von Argumenten dafür, *nicht* entschlossen gegen den Klimawandel vorzugehen, lautet z.B. nach [Lom22]: „Es ist viel besser, unser Geld in Maßnahmen für größeres Wirtschaftswachstum zu investieren. Wenn wir nur reich genug sind, dann können wir auch die Auswirkungen des Klimawandels abfedern." Es ist sicherlich wahr, dass reichere Länder meist besser mit Schwierigkeiten – auch mit jenen, die der Klimawandel noch verursachen wird, – zurechtkommen als ärmere. Natürlich können sich die reichen Niederlande gegen den steigenden Meeresspiegel und etwaige Überflutungen besser schützen, als es das deutlich ärmere Bangladesh tun kann.

Aber was bedeutet „reich"? Reichtum (oder Wohlstand) bedeutet letztlich Zugriff auf Energie, auf natürliche Ressourcen, auf die Arbeitskraft anderer und auf die Produkte, die daraus entstanden sind. Das Argument, dass nur einfach genug Wohlstand geschaffen werden muss, um dann alle (auch vom Klimawandel verursachten) Problemen lösen zu können, steht auf tönernen Füßen, und das gleich aus mehreren Gründen.

Die zentrale Illusion, auf der solche Argumente beruhen, ist, dass es einen *Markt* gibt, auf dem, wenn man nur genug Geld hat, stets alles verfügbar ist, was man braucht. Solange man in einem kleinen, überschaubaren Rahmen handelt ($\Rightarrow$ 9.1.6), ist das eine sinnvolle Art zu denken. Doch wenn man an die Grenzen von Systemen stößt, insbesondere an die Grenzen dessen, was der ganze Planet Erde leisten und geben kann, dann wird aus dieser Denkweise blanker Unsinn.

Wir verlangen der Erde jetzt schon weit mehr ab als verträglich ist. Der *Earth Overshoot Day* rückt immer weiter nach vorn.[24] Das CO_2-Budget, das uns noch bleibt, wenn wir die Ökosysteme unseres Planeten und menschenwürdige Lebensbedingungen erhalten wollen, schwindet rapide ($\Rightarrow$ 4.4.5). Mit noch so viel Geld kann man nicht kaufen, was nicht mehr da ist.

Auf abstrakter Geldebene ergeben viele Argumente, die von (angeblich neutralen) Einrichtungen wie dem *Copenhagen Consensus*[25] gebracht werden, natürlich Sinn: Man kann einen Euro oder Dollar nur *entweder* für ein erneuerbares Energieprojekt, eine Schule *oder* ein Impfprogramm ausgeben. Zwischen ökologischen, sozialen und medizinischen Vorhaben wird so eine Konkurrenzsituation konstruiert. Umweltschützer:innen und Klimaaktivist:innen sind in dieser Sicht abgrundtief schlechte Menschen, die Geld beanspruchen, das man in Ernährungs- oder Impfprogramme stecken könnte.

---

[24]Das ist jener Tag des Jahres, an dem das, was die Erde an nachwachsenden Ressourcen innerhalb eines Jahres liefert, erschöpft ist und ab wann wir von Reserven leben. 2024 war dieser Tag bereits am 1. August. Aktuelle Zahlen und zeitliche Entwicklung findet man auf https://www.footprintnetwork.org/our-work/earth-overshoot-day/.

[25]ein Thinktank, der Klimaschäden besonders naiv bewertet ($\Rightarrow$ 9.2.4) und komplexe Zusammenhänge besonders konsequent ignoriert, https://copenhagenconsensus.com/

Doch wenn man das Geld, diese soziale Konvention, einmal ausblendet, und stattdessen reale Ressourcen betrachten, gibt es hier wirklich eine ernsthafte Konkurrenz? Würde z.B. es tatsächlich etwas bringen, Elektrotechniker, Verfahrenstechnikerinnen, Physiker, Installateurinnen, Elektriker etc. *nicht* für den Aufbau eines erneuerbaren Energiesystems einzusetzen? Würde sich dadurch tatsächlich die medizinische Versorgung verbessern? Wohl eher nicht.

Der Flaschenhals bei der medizinischen Versorgung sind zunehmend Personen, die qualifiziert, fähig und willig sind, im medizinischen System zu arbeiten. Es geht also zunächst um Ausbildungsplätze in der Pflege und für allgemeines medizinisches Personal, um Studienplätze für Medizin – die wir aus kurzsichtigen ökonomischen Gründen knapp halten ($\Rightarrow$ 9.3.4). In weiterer Folge geht es um die Arbeitsbedingungen im aktuellen medizinischen System, um Überlastung, Bürokratisierung und Anfeindungen (wie etwa während der Corona-Pandemie). Dass auch Menschen, die Ausbildung und soziales Engagement haben, unter solchen Bedingungen oft nicht auf Dauer arbeiten wollen, ist verständlich – und für die anderen wird die Lage dadurch noch schwieriger. Zugleich herrscht auch im (energie-)technischen Bereich ein zunehmender Mangel an Fachkräften. Technisch-naturwissenschaftliche Studien[26] werden als „schwer" empfunden, und die Anfänger:innenzahlen gehen – in Europa zusätzlich bedingt durch den demographischen Wandel – tendenziell zurück. Der Marktglaube, dass die vergleichsweise hohen Gehälter in diesen Bereichen dazu führen werden, dass mehr Menschen Ausbildungen in diesem Bereich absolvieren, hat sich bislang nicht bestätigt.

Gute Ausbildung braucht Zeit, und auch noch so viel Geld kann gut ausgebildete Personen nicht aus dem Hut zaubern. Die Ausbildung einer Fachkraft in einem einigermaßen anspruchsvollen Bereich dauert typischerweise mindestens drei Jahre, und selbst nach dieser Zeit hat die Person zwar eine grundlegende Ausbildung (z.B. Lehrabschluss oder Bachelor-Level), aber noch weder eine echte Vertiefung in einem Spezialgebiet noch besonders viel praktische Erfahrung.[27]

Vielleicht kann man dringend benötigtes Personal mit hohen Gehältern anlocken bzw. anderswo abwerben, aber damit verschiebt man das Problem nur. Lokal ist das vielleicht eine Lösung, aber nicht global. Helfen würde es natürlich, ließe man die für die Arbeit in kritischen Bereichen qualifizierten Personen tatsächlich fokussiert und zielgerichtet arbeiten, statt sie mit immer mehr nutzloser Administration zu quälen, die nur so aussieht, als hätte sie einen Sinn ($\Rightarrow$ 9.3.3).

---

[26]oft kurz MINT (Mathematik, Informatik, Naturwissenschaften, Technik)

[27]Dadurch sind anspruchsvolle Ausbildungen besonders anfällig für den sogenannten *Schweinezyklus*: Wenn an etwas ein Mangel herrscht (sei es an Schweinefleisch oder an Fachpersonal), werden zu starke Gegenmaßnahmen in die Wege geleitet (Ferkelaufzucht, Ausbildungsoffensiven), die aber nur zeitverzögert wirken. Erst wenn es zu spät ist, merkt man, dass nun ein Überschuss vorliegt. Die neuen Gegenmaßnahmen führen (wiederum zeitverzögert) zu einem Mangel, und der Zyklus beginnt von vorn.

9.2 Wer hat so viel Geld?

Auch im Bereich der natürlichen Ressourcen lässt sich bei dem, was wir für die Energie- und Wirtschaftswende brauchen ($\Rightarrow$ Kap. 8), und dem, was für Ausbildung und medizinische Versorgung nötig ist, keine allzu harte Konkurrenz erkennen. Aus Kupfer, das man *nicht* in ein leistungsfähigeres Stromnetz verbaut, wird trotzdem kein Brot, kein Schulbuch und kein Malaria-Impfstoff werden.

Wenn es generell um Entwicklung geht, dann hat es schlicht keinen Sinn mehr, neu aufzubauende Infrastruktur nicht von vornherein nachhaltig zu gestalten. Wir tragen ohnehin schwer am Erbe der bestehenden Infrastruktur, die vom verschwenderischen Umgang mit Energie und anderen Ressourcen geprägt ist ($\Rightarrow$ 10.4.5). Noch mehr derartige Infrastruktur aufzubauen, würde letztlich nur *stranded assets* produzieren. Sicherlich haben Automobil- und Ölindustrie noch Interesse am Bau möglichst vieler neuer Straßen – im Interesse der Menschen, um die es wirklich gehen sollte, ist ein solches Vorgehen nicht. Der angebliche Widerspruch zwischen Nachhaltigkeit und Entwicklung ist zumeist künstlich konstruiert.

Ein besonders heikles Thema ist jenes der Ernährung. Ein beträchtlicher Teil der Biokapazität unseres Planeten wird inzwischen für die Ernährung der Menschheit verbraucht ($\Rightarrow$ 5.5.1), und dennoch gibt es noch immer hunderte Millionen Menschen, die an Mangelernährung leiden. Doch es ist ein naiver Glaube, man müsse einfach nur mehr Geld für Lebensmittel ausgeben, um den Hunger in der Welt zu beseitigen.

Die Menge an produktiver landwirtschaftlicher Fläche lässt sich nur noch schwer ausweiten, ohne entweder schwere Schäden im Bereich Ökologie und Biodiversität in Kauf zu nehmen (die sich mittel- und langfristig wiederum katastrophal auf die Lebensmittelproduktion auswirken würden) oder aktiven Rückbau zu betreiben, also z.B. Verkehrsflächen wieder zu Grünland zu machen.

Ansetzen könnte man im Bereich der Nahrungsmittel natürlich strukturell, insbesondere durch das Eindämmen von Verschwendung, einer Reduktion der Produktion ressourcenintensiver Lebensmitteln (vor allem von Fleisch) und einem Aktionsplan gegen systemische Probleme im Lebensmittelbereich ($\Rightarrow$ 10.4.3). Doch das wären strukturelle Änderungen, bei denen von Staat über Landwirte und Unternehmen bis hin zu den Konsumentinnen viele Akteure zusammenarbeiten müssten und die ihre Zeit brauchen. Einfach nur mehr Geld in die Hand zu nehmen, nützt nicht viel.[28]

Generell gilt: Geld kann Weichen stellen, aber keine Züge aus dem Nichts herbeizaubern. Alles Geld dieser Welt kann kein Gesetz der Physik auch nur für eine Zehntelsekunde außer Kraft setzen.

---

[28]Natürlich werden manche der Umstellungen am Anfang Geld kosten – aber vermutlich ist das nicht wirklich das Nadelöhr. Gerade in Europa wird die Landwirtschaft ohnehin stark subventioniert. Man müsste das Geld, das ohnehin ausgegeben wird, nur für die *richtigen* Dinge verwenden.

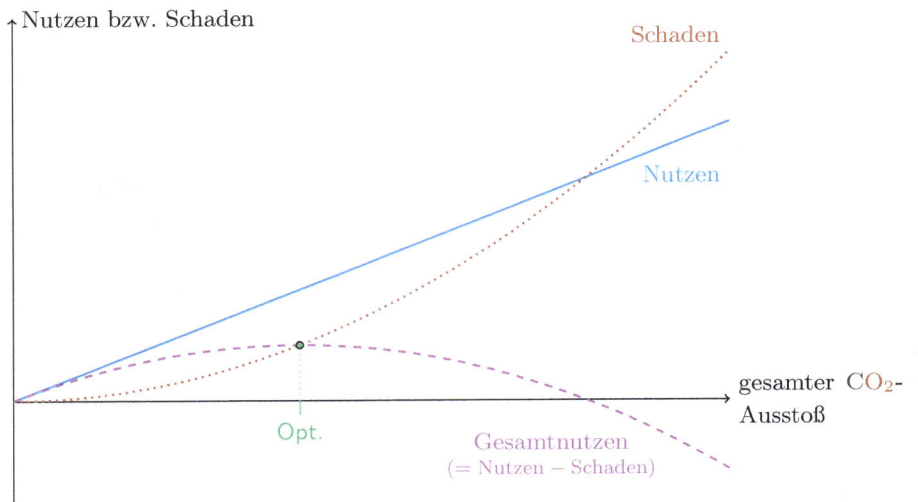

Abb. 9.5: Grobes Schema des Nutzens, der durch den Ausstoß von CO_2 (für zivilisatorisch sinnvolle Aktivitäten) entsteht, und des resultierenden Schadens. Der Gesamtnutzen ergibt sich als Differenz von Nutzen und Schaden. Das Optimum läge in diesem Fall beim mit Opt. gekennzeichneten gesamten CO_2-Ausstoß. Der Verlauf der Schadensfunktion ist aber unklar, und es gäbe, wie in Abb. 9.6 gezeigt, auch andere plausible Formen. (PD_{KL})

9.2.4 Klimaökonomie und der Preis der Schäden

Durch die industrielle Revolution, die nur durch die Nutzung fossiler Energieträger möglich war, ist, neben vielen Umweltschäden und sozialen Problemen, auch viel Gutes entstanden.[29] Nun haben wir aber den Punkt erreicht, an dem sich dieser Effekt umkehrt, an dem die entstehenden Schäden immer schneller zunehmen und alle Vorteile rapide aufwiegen ($\Rightarrow$ 1.1.1).

Selbst einigen Ökonom:innen ist nicht entgangen, dass unser Umgang mit Umwelt und Klima in der Tat Schäden anrichtet. Der in der Wirtschaftslehre naheliegende Zugang ist es, diese Schäden zu quantifizieren, also monetär zu bewerten. Mit den einfachen mathematischen Modellen, die man so erhält, lassen sich dann (angeblich) diverse Dinge berechnen – z.B. jener Punkt, wo sich ein Minimum der Gesamtkosten ergibt, wenn man die Kosten des aktiven Vorgehens gegen den Klimawandel, die Kosten von Anpassungsmaßnahmen und die Schäden berücksichtigt. Das ist in Abb. 9.5 skizziert.

---

[29] Das gilt insbesondere für jene Phase, in denen die ursprüngliche Ausbeutung der Arbeiter:innen durch gesellschaftliche Fortschritte und soziale Maßnahmen gemildert wurde.

9.2 Wer hat so viel Geld?

Die Ergebnisse dieses Zugangs zur *Klimaökonomie* werden an vielen Stellen sehr ernst genommen, und mit William Nordhaus hat einer der Begründer dieser Disziplin sogar den Nobelpreis für Wirtschaft erhalten.[30] Banken und Versicherungen verwenden die Berechnungen, und selbst in die IPCC-Berichte zur Anpassung an den Klimawandel haben sie Eingang gefunden.[CHD+14] Nun, was ein Nobelpreisträger berechnet, das wird doch Hand und Fuß haben, oder?

Leider nein. Der Zugang ist zwar gut mit altehrwürdigen ökonomischen Ansätzen kompatibel, aber simplifiziert so extrem, dass die Ergebnisse mehr irreführend als nützlich sind. Das Optimum des globalen Temperaturanstiegs liegt nach diesen Analysen bei etwa 3.5 Grad – einem Wert, der von ernsthaften Klimawissenschaftler:innen als katastrophal eingestuft wird.

Gut lesbare Diskussionen der gravierenden Schwachpunkte des Zugangs (und weiterführende Referenzen) findet man z.B. in [Kee20] und [Ket23]. Besonders wesentlich sind dabei zwei Punkte:

Das goldene ~~Kalb~~ BIP Die Bewertungen von Nutzen und Schäden erfolgen alleine anhand des BIP, einer Größe von begrenzter Aussagekraft ($\Rightarrow$ 9.1.5). Es mag ja sein, dass nur kleiner Teil (z.B. 12 %) unserer Wirtschaft direkt vom Klimawandel betroffen sind. Doch dazu gehört etwa die Nahrungsmittelerzeugung, und wenn diese zusammenbricht, werden Automobilindustrie, Banken oder IT-Unternehmen nicht einfach weiter funktionieren, als ob nichts wäre.

Auch beim globalen Gleichgewicht genügt es nicht, nur das Bruttoweltprodukt (BWP) zu betrachten. Wenn die Wirtschaft in Europa und den USA moderat wächst, während sie in Afrika völlig kollabiert, dann sind die Auswirkungen auf das BWP überschaubar – jene auf das Leben von hunderten Millionen Menschen aber nicht.

Der Verlauf der Schäden Für den Verlauf der Schäden in Abhängigkeit von den Emissionen (einem ohnehin schon extrem simplen, eindimensionalen Ansatz) wird eine quadratische Funktion verwendet – also eine der einfachsten Funktionen, die es gibt. Diese lässt sich gut an Daten anpassen, und mit ihr kann man leicht rechnen. Zudem kann man plausible Argumente dafür finden, dass sie für kleine Argumente (hier geringe CO_2-Emissionen) gut passen sollte.[31]

Das bedeutet aber nicht, dass sie den Verlauf des Schadens auch für höhere Emissionen gut wiedergibt. Es sind auch andere Verläufe plausibel, etwa exponentielle und invershyperbolische, die zusätzlich zum quadratischen in Abb. 9.6 dargestellt sind.

---

[30]siehe https://www.nobelprize.org/uploads/2018/10/nordhaus-lecture.pdf
[31]Wenn unsere Wirtschaft an die (einstmals) herrschenden Bedingungen optimal angepasst war, liegt dort mit null das Minimum des zusätzlichen Schadens f, d.h. es ist $f(x) = 0$ und $f'(x) = 0$. Nach dem Satz von Taylor[AHK+22, 10.4] ist dann i.A. der führende Term, der das Verhalten für kleine x-Werte bestimmt, der quadratische.

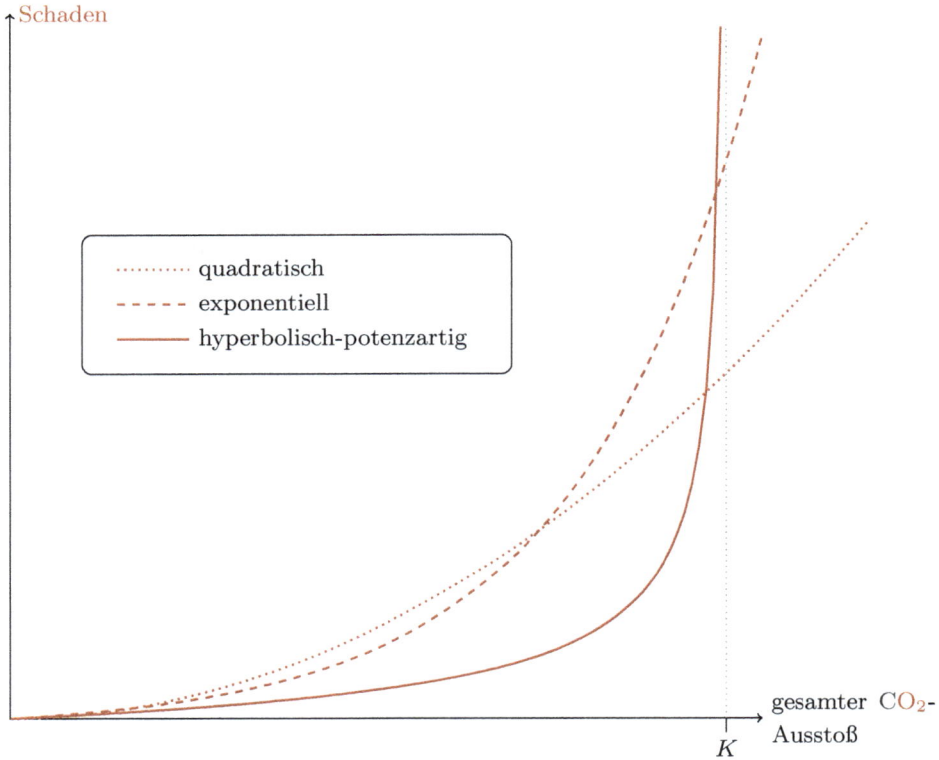

Abb. 9.6: Drei mögliche Verläufe der Schadensfunktion durch CO_2-Ausstoß:

- ······ quadratisch, wie in Abb. 9.5 benutzt, in der Klimaökonomie gängig (und dort sogar einen Nobelpreis wert),
- – – – exponentiell, wie es in selbstverstärkenden Situationen leicht auftreten kann (wo die Zunahme eines Effekts proportional zur aktuellen Größe des Effekts ist),
- ——— hyperbolisch-potenzartig, wie es sein kann, wenn es eine Obergrenze K der Emission gibt, bei der sich die Schäden (etwa durch das Kippen des globalen Klima-Ökosystems ⇒ 4.2.4) ins Unermessliche steigern – wodurch im Extremfall für uns Menschen ein Leben auf der Erde, wie wir es kennen, nicht mehr möglich ist

Wie man sieht, überholt die exponentielle Funktion die quadratische rasch. Die hyperbolisch-potenzartige Funktion wächst zwar zunächst langsamer, überholt aber später in rascher Folge beide. Der aktuell in der Klimaökonomie verbreitetste Ansatz ist demnach zugleich (unter allen plausiblen) auch der optimistischste, also jener, der von den geringsten Schäden bei größerem CO_2-Ausstoß und damit höheren Temperaturen ausgeht. (KL_{BY}^{CC})

9.2.5 Das geplünderte Grab

Es ist wahrlich Ironie, dass erheblicher Widerstand gegen die große Transformation oft von jenen kommt, die besonders oft und gerne das Prinzip der Leistung betonen. Dabei stellt das Verheizen von fossilen Energieträgern fürwahr keine große Leistung der Menschheit dar. Dazu eine kleine Geschichte, oder besser ein Gleichnis:

Das Gleichnis vom geplünderten Grab Einst stießen die armen Bewohner eines abgelegenen Dorfes zufällig auf ein uraltes Höhlengrab. In dessen Tiefen, so zeigte sich, waren mit etwas Mut wertvolle Grabbeigaben zu finden: kunstvoll geschmiedete Schwerter, bronzene Harnische, silberne Münzen, goldene Ringe und seltene Edelsteine.
Berauscht von der Gier nach diesen Schätze begannen die Dörfler, das Grab zu plündern. Zunächst nahmen sie nur das, was nahe dem Eingang zu finden war, doch nachdem sie diesen Bereich abgegrast hatten, wagten sie sich immer weiter in die Tiefe, immer in der Hoffung, noch ein wertvolles Stück zu finden. Dabei ließen sie alle anderen Tätigkeiten ruhen, ließen ihre Felder und Äcker verkommen, denn schon ein Dolch oder Ring aus dem Grab konnte ja mehr wert sein als die Früchte eines Jahres ehrlicher Arbeit.
Da das Grab für alle offen stand, waren es jene, die am schnellsten und rücksichtslosesten waren, die auch am meisten für sich herausholen konnten. Machten sich mehrere zugleich auf die Suche, dann entbrannte auch des Öfteren Streit um ein besonders wertvolles Stück, und gelegentlich gab es tätliche Auseinandersetzungen.
Nahezu alle leben nur noch von Grabräuberei. Doch das Geld aus dem Verkauf der Fundstücke wurde nicht klug für das Wohl des Dorfes genutzt, wurde nicht in gute Ausbildungen, in den Bau von Mühlen oder Bewässerungskanälen gesteckt. Mit einem Teil wurde Ausrüstung für die weitere Suche nach Schätzen angeschafft, Seile, Kletterhaken und Grubenlampen. Das meiste jedoch wurde einfach nur aufgezehrt.
Die Kinder wurden nicht mehr in die Schule geschickt, erlernten kein Handwerk mehr, sondern wurden nur noch darin unterrichtet, in den dunklen Höhlen nach Schätzen zu suchen und mit Antiquitätenhändlern oder Sammlern zu feilschen.

Unter den Bewohnern gab es jene, die mit der Plünderung des Grabes besonders reich geworden waren, die an den richtigen Stellen im Grab gesucht oder sonstwie besonderes Glück gehabt hatten. Diese gewöhnten sich an einen Luxus, den es im Dorf bislang nicht gegeben hatte. Sie trugen teure Stoffe aus fernen Ländern und verwendeten exotische Gewürze. Wenn etwas beschädigt war, warfen sie es weg und kauften etwas Neues, statt etwa Zeit und Mühe in eine Reparatur zu stecken. Diese waren es auch, die am meisten Macht und Einfluss im Dorf hatten, die auf den Dorfvorsteher und den Ältestenrat am besten einwirken konnten.

Vielen hingegen war weniger Glück beschieden. Sie fanden nur ab und zu eine Silbermünze, kamen gerade eben durch. Diese wären nicht wirklich ärmer gewesen, wenn sie wie früher auf den Feldern gearbeitet hätten. Doch auch für sie war die Verlockung des schnellen Reichtums zu groß, und immer wieder wagten auch sie sich aufs Neue in die Tiefe.

Wenn jemand auf dieses Missverhältnis hinwies, dann wurden die Reichsten des Dorfes, die erfolgreichsten Grabräuber, nicht müde zu betonen, dass sie sich ihr Vermögen durch Leistung erworben hätten, und dass es doch jedem freistünde, das Gleiche zu tun. Dabei waren sie es längst nicht mehr selbst, die in immer bedrohlichere Tiefen stiegen, sondern sie warben dafür arme Durchreisende an (die beim Verlassen des Grabes streng durchsucht wurden). Die Suche war inzwischen wirklich gefährlich geworden, doch wen kümmerte es, wenn manche der Fremden unter brüchigem Gestein verschüttet wurden, nie mehr aus der Finsternis zurückkehrten?

Manchen war allerdings durchaus klar, dass, wenn das Grab irgendwann völlig leer wäre, die Dorfbewohner schlechter dran sein würden als zuvor. Das alleine wäre schlimm genug gewesen. Tatsächlich aber zeigt sich im Lauf der Jahre, dass, wie es bei uralten Gräbern ja Tradition ist, die Grabbeigaben verflucht waren: Je mehr von ihnen man aus der Tiefe holte, desto mehr Unglücke geschahen, desto mehr Katastrophen brachen über das Dorf herein. Dürren und Überschwemmungen wechselten sich ab, Stechmücken verbreiteten üble Krankheiten. Schon lange bevor der Schatz erschöpft wäre, so wurde es einigen bewusst, würde das Leben im Dorf nicht mehr möglich sein. Schon jetzt waren die Zustände für manche schwer zu ertragen.

So formte sich eine Bewegung, die forderte, die Grabräuberei zu beenden, wieder zur alterhergebrachten ehrlichen Arbeit zurückzukehren. Vielleicht konnte man mit der Arbeit auf den Feldern ja sogar genug verdienen, um einige der Stücke zurückzukaufen und wieder in das Grab zu werfen, in der Hoffnung, den Fluch durch solche Wiedergutmachung zumindest zu mildern. Einige begannen tatsächlich wieder, die Felder zu bestellen, Gemüse anzubauen und Obst zu ernten.

Jene, die am meisten aus dem Grab geholt hatten, die im Dorf den größten Einfluss hatten, waren allerdings vehement dagegen, wetterten gegen solche „unsinnigen Ideen". Ja, die bloße Vorstellung, dass ihre vergangenen Plünderungen etwas mit dem jetzigen Zustand zu tun haben könnten, wiesen sie entrüstet von sich. Stattdessen betonten sie, dass Leistung (auch vergangene) sich weiter lohnen müsse. Doch je weiter die Dinge voranschritten, je offensichtlicher wurde, was in der Vergangenheit schiefgelaufen war, desto mehr bröckelte diese Erzählung und desto näher kam der Punkt, an dem man ihnen – endlich – ihren Einfluss entziehen und den Kurs ändern würde.

9.3 Der Kult der Effizienz

Der Wirkungsgrad ($\Rightarrow$ 2.2) heißt auf Englisch *efficiency* und ist das Maß für die *Effizienz* von Energieumwandlungen. Doch wenn es eine Disziplin gibt, in der die Effizienz noch höher im Kurs steht als in der Energietechnik, dann ist es das moderne Management. Hat man mit diesem öfter zu tun, kann man durchaus ein gesundes Misstrauen entwickeln, sobald wortreich die Effizienz beschworen wird.

9.3.1 In der Effizienzfalle

Effizienz beschreibt das Verhältnis von Nutzen zu Aufwand, und so ist höhere Effizienz prinzipiell positiv zu sehen: Wenn technische oder organisatorische Fortschritte irgendwo sinnlosen Verbrauch reduzieren, dann ist daran wohl schwerlich etwas auszusetzen. Doch allzu leicht werden beim Streben nach höherer Effizienz Dinge „wegoptimiert", deren Nutzen zwar nicht völlig offensichtlich ist, die aber dennoch wertvoll sind.

Wie Wachstum scheint auch Effizienz eine Droge zu sein, von der wir eine immer höhere Dosis brauchen. Die Menschheit war im Lauf der Geschichte gut darin, bei vielen Tätigkeiten die Effizienz zu steigern, in der Landwirtschaft ($\Rightarrow$ 5.5.1) ebenso wie bei der Herstellung von Gütern und bei alltäglichen Aufgaben. Doch jede Effizienzsteigerung wird schnell „eingepreist", von nun an ständig vorausgesetzt – und zumeist durch höhere Ansprüche und neue Aufgaben aufgezehrt.

Wäsche zu waschen geht heute viel einfacher und zeiteffizienter als früher. Doch zugleich wachsen die Ansprüche an den Zustand der Kleidung, und der winzigste Fleck macht ein Kleidungsstück im wahrsten Sinne des Wortes „untragbar". Die etwas moderateren Standards von früher anzulegen, erscheint plötzlich unzivilisiert, ja barbarisch. Die Buchführung sollte mit SAP, Excel & Co., um ein Vielfaches einfacher und effizienter gehen als in den Zeiten von Abakus, Rechenschieber, Schreibmaschine und Kohledurchschlägen. Aber werden deshalb jetzt (in absoluten und relativen Zahlen) weniger Personen gebraucht als damals, fließt weniger Zeit in Buchhaltungstätigkeiten? Wohl kaum. Dadurch, dass mehr möglich ist, wird auch mehr gefordert, und alle Effizienzgewinne lösen sich in Luft auf.

Durch die Orientierung an maximaler Effizienz wird der Ausnahmezustand schnell zum Normalzustand: Alles wird so knapp kalkuliert, dass es sich nur mit ständigem Hetzen (und oft zusätzlichem Engagement) noch ausgeht – während zugleich immer mehr Zeit in administrative Prozesse fließt, in denen das möglichst effiziente Arbeiten geplant, dokumentiert und kontrolliert werden soll.

Rebound- und Backfire-Effekte Ein Phänomen, das Effizienzgewinne oft zunichte macht, wird als *Rebound-Effekt* bezeichnet (auch Bumerang-Effekt oder Jevons-Paradoxon): Das Wissen, dass eine Technologie effizienter ist, verleitet dazu, sie mehr bzw. öfter einzusetzen, wodurch ein Teil der Einsparungen wieder kompensiert wird. „Wir können Bildschirme bauen, die pro Quadratzentimeter nur mehr ein Drittel der Energie brauchen wie früher? Wunderbar, machen wir die Bildschirme doch doppelt so groß! Ach was, wieso nur doppelt? Bei einer so effizienten Technologie können wir sie doch gleich viermal so groß machen." Einen Rebound-Effekt, der so stark ist, dass er ins Gegenteil umschlägt und der Verbrauch hinterher sogar größer ist als vorher, nennt man einen *Backfire-Effekt*. Der Rebound-Effekt scheint tief in uns Menschen verwurzelt zu sein, und man muss wohl aktiv daran arbeiten, jene Gewinne, die eine höhere Effizienz bringt, nicht sofort wieder zu verschleudern.

9.3.2 Effizienz, ihre Gefährten und Gegenspieler

Das Streben nach Effizienz hat in unserer Gesellschaft ein sehr gutes Image. Ging es dabei stets nur das Vermeiden von unnötiger Arbeit und Ressourcenverschwendung, hätte sie ihn auch zu Recht. Doch unter der blanken Oberfläche verstecken sich oft zwei Geisteshaltungen mit – zumindest traditionell – deutlich schlechterem Ruf:

- **Geiz**: Man will für das, was man bekommt, so wenig wie möglich hergeben.
- **Gier**: Für das, was man hergibt, will man möglichst viel bekommen.

Beim Verhältnis von Nutzen zu Aufwand will der Geiz den Aufwand minimieren, die Gier den Nutzen (für sich selbst) maximieren. Für sich ist Effizienz so neutral wie ein Messer, mit dem man ebenso gut Gemüse schneiden wie jemanden niederstechen kann. Sie kann es ermöglichen, Ziele mit so wenig Aufwand und so wenig Schaden wie möglich zu erreichen. Effizienzmaximierung kann aber auch helfen, aus Menschen möglichst viel herauszuquetschen. Eine hocheffiziente Landwirtschaft pfercht intelligente Tiere mit komplexem Sozialverhalten in Kojen, die kaum größer sind als sie selbst, sie kümmert sich auch nicht im Geringsten um die Erhaltung der Biodiversität. Tatsächlich kommen ethische Aspekte beim Streben nach Effizienz besonders schnell unter die Räder, und ebenso tut das die Nachhaltigkeit, wenn der Nutzen, den man maximieren will, nur kurzfristig betrachtet wird.

Kreativität ist mit Effizienz nur schlecht vereinbar, und ebenso ist es echte Weiterentwicklung. Wenn man – sicherlich sehr effizient – immer nur das tut, was man schon gut kann, wird man nie mehr etwas dazulernen. Junge Menschen in möglichst kurzer Zeit durch das Studium zu schleifen, das mag zwar effizient sein (maximale Akademiker:innen-Produktion in minimaler Zeit), aber es ist zu bezweifeln, dass es eine tiefe, reflektierte Auseinandersetzung mit einem Fachgebiet erlaubt.

9.3 Der Kult der Effizienz

Echte Innovation, echte Weiterentwicklung ist in einem Umfeld, das zu sehr vom Streben nach Effizienz dominiert wird, kaum mehr möglich. Feinjustierungen, mit denen aus einer bewährten Technologie noch irgendwo ein halbes Prozent mehr herausgeholt werden kann, und immer wieder neue Verpackungen für die gleichen alten Ideen entstehen so natürlich noch. Die Muße aber, um auf wirklich neuartige Lösungen zu kommen, wurde längst „wegoptimiert".

Robustheit Ein Wert, der einer höheren Effizienz besonders gerne geopfert wird, ist die *Robustheit* bzw. *Resilienz* (Widerstandkraft): Wie gut verkraftet es ein System, wenn eines seiner Element ausfällt, wenn sich die äußeren Umstände auf ungünstige Weise ändern, wenn es Versorgungsengpässe gibt oder ein Unfall passiert?
Im Energiebereich gibt es ein Abwägen zwischen Effizienz und Robustheit: Wo es sinnvoll möglich ist, wird oft mit der $(n-1)$-Regel gearbeitet: Von den n Komponenten des Systems muss eine beliebige (z.B. ein einzelnes Kraftwerk oder eine Stromleitung) ausfallen dürfen, ohne dass deswegen die Versorgung zusammenbricht.
Während wir gerne akribisch auf *Sicherheit* achten, auf das Abwenden unmittelbarer Gefahren, wird der Robustheit jedoch meist zu wenig Aufmerksamkeit geschenkt. Aus Gründen der Kosteneffizienz wurden etwa pharmazeutische Produktionsprozesse so organisiert, dass manche lebensnotwendigen Medikamente nur mehr in zwei oder drei Produktionsstätten hergestellt und dann in die ganze Welt verschickt werden. Generell sind die globalen Lieferketten zwar effizient, aber nicht robust, wie sich immer wieder deutlich zeigt. Da genügt ein Schiff, das an unglücklicher Position feststeckt, um die weltweite Versorgungslage zu erschüttern.
Redundanz, deren natürlicher Feind die Effizienz ist, begünstigt oft die Robustheit. Wenn ein Team von fünf Personen Tätigkeiten erledigt, die (mit ständiger Arbeit am Limit) auch drei schon schaffen würden, dann ist das nicht besonders effizient. Eine solche Konstellation verkraftet es aber ohne größere Probleme, wenn eine Person krank wird, und selbst wenn noch zweite wegen eines familiären Zwischenfalls kurzfristig nach Hause sollte, ist das machbar. Für ein hocheffizientes und damit nur minimal besetztes Team hingegen ist jeder Ausfall ein massives Problem.

Effektivität Zwei Konzepte, die oft vermischt oder durcheinander gebracht werden, sind Effizienz und Effektivität. Um es mit dem Worten von Peter F. Drucker, dem „Vater des modernen Managements" zu sagen: *Effizienz ist es, die Dinge richtig zu machen, Effektivität ist es, die richtigen Dinge zu tun.* Man kann noch so effizient arbeiten – wenn man insgesamt auf dem Holzweg ist, bringt das wenig. Wieder mit Druckers Worten: „Es gibt wohl nichts so Nutzloses, als mit hoher Effizienz etwas zu tun, was überhaupt nicht getan werden sollte."

Natürlich hängen die „richtigen Dinge" von den eigenen Zielen und Werten ab. Wie die Effizienz ist auch die Effektivität ein für sich neutrales Werkzeug. Wenn das zentrale Ziel der Profit des eigenen Unternehmens ist, und dieser zufällig ein Ölkonzern sein sollte, dann ist es durchaus ein effektives Handeln, in Politik und Öffentlichkeit Zweifel am Klimawandel zu säen, während man zugleich Vorbereitungen dafür trifft, arktische Öl- und Gasfelder auszubeuten, die erst durch den Klimawandel erschließbar werden.

Effizienz ist relativ leicht zu quantifizieren und zu kontrollieren; man kann sich auch einfach für einzelne Teile eines Systems ermitteln. Die Effektivität zu bewerten ist viel schwieriger; das erfordert Wissen, Weitblick und ein Verständnis für das Gesamtsystem. Beispielsweise sind PV-Module ($\Rightarrow$ 5.2.5) in unseren Breiten am effizientesten, wenn sie in einem Winkel von ca. 45° aufgestellt und nach Süden ausgerichtet werden. Der Gesamtertrag über den Tag ist dann im Mittel am höchsten. Für die Effektivität im Sinne einer möglichst vollständigen Versorgung mit erneuerbarer Energie kann es aber sinnvoll sein, PV-Module auch nach Osten und Westen auszurichten. Das einzelne Modul liefert dann zwar insgesamt weniger Energie (und wird damit weniger effizient eingesetzt), dafür verteilt sich die Energieerzeugung besser über den Tag, passt besser zum Verbrauch und erspart den Stromnetzen die Leistungsspitzen, wenn zu Mittag alle mit maximaler Leistung einspeisen. Auch die Nutzung horizontaler oder vertikaler Flächen (etwa der Boden in Fußgängerzonen oder Hauswände) kann Sinn ergeben. Die Effizienz mag geringer sein, aber die Flächen sind vorhanden und sollten im Sinne eines effektiven, wirksamen Umstiegs auf erneuerbare Energie auch genutzt werden.

Verschiedene Effizienzen Auch wenn die Effizienz prinzipiell relativ einfach zu ermitteln ist (was sie als Kenngröße auch so beliebt macht), gibt es doch auch zu ihr oft verschiedene Zugänge. Systeme laufen oft am effizientesten, wenn sie weit weg von ihrer Belastungsgrenze betrieben werden ($\Rightarrow$ Box auf S. 70). Das gilt für viele technische Geräte, aber auch für Organisationen und allgemein soziale Systeme.
Dennoch werden Systeme oft so geplant, dass sie nahe dem Maximum, hart an der Belastungsgrenze laufen, kein Spielraum nach oben und damit auch keine Flexibilität bleibt ($\Rightarrow$ 9.3.5). In Organisationen entstehen dann „quick&dirty"-Teufelskreise, wo immer wieder hastig improvisiert wird, anstatt dass man einmal eine saubere und durchdachte Lösung erarbeitet. Nach bestimmten betriebswirtschaftliche Kriterien mag so etwas (kurzfristig) durchaus effizient sein. In größerem Maßstab, bei umfassenderer und langfristigerer Betrachtung ist es das aber meistens nicht.
Bei technischen Anlagen ist die Effizienz im Betrieb oft weniger wichtig als Kosteneffizienz bei der Errichtung. Selbst wenn für einen langen Betrachtungszeitraum (der allerdings immer schwierig zu bewerten ist $\Rightarrow$ 9.5.4) eine etwas großzügigere Auslegung vorteilhaft wäre, macht man lieber das, was hier und jetzt kostengünstiger ist.

Gerade im Energiebereich hat sich eine problematische Allianz aus technischem und betriebswirtschaftlichem Effizienzdenken entwickelt, die den nun dringend notwendigen Transformationen oft auf nahezu absurde Weise im Weg steht. Wesentliche Elemente eines Energiesystems der Zukunft werden nicht oder nur zögerlich errichtet, weil sie – in Einzelsicht – „zu teuer" bzw. „zu ineffizient" sind. Insbesondere betrifft das den Bereich der Energiespeicherung und -verteilung ($\Rightarrow$ 8.3).

Schein-Effizienz Prozesse können effizient aussehen, ohne dass sie das wirklich sind. Eine zentrale Triebkraft hinter diesem Phänomen ist, dass oft das, was in Listen, Formularen und Berichten steht, einen höheren Wert hat als das, was tatsächlich geschieht ($\Rightarrow$ 9.3.3). Selbst im idealen (und oft eher utopischen Fall), dass die Dokumentation die realen Abläufe realistisch wiedergibt, fällt doch immer noch ein beträchtlicher Aufwand für den Papierkram an, und dass Papier inzwischen sehr oft durch elektronische Formate ersetzt wurde, macht es nicht maßgeblich besser.
Die Effizienz (und Effektivität) der tatsächlich relevanten Tätigkeiten *sinkt* also durch oft gut gemeinte administrative Maßnahmen, um die Effizienz zu bewerten und, wenn möglich zu verbessern.[32]
Auch sonst sabotieren Organisationen oft unbeabsichtigt echte Effizienz. In vielen von ihnen haben sich – angeblich im Dienste des effizienteren Arbeiten – sehr komplexe Prozesse entwickelt, wie innerhalb einer Organisation Geld von einer Tasche in eine andere und dann wieder in eine andere gesteckt wird – und jedesmal gibt es natürlich kleine Verluste, schon durch den Aufwand, diese Schritte auch wirklich durchzuführen.

Effizienz als Feigenblatt In vielen Fällen dient die Steigerung der Effizienz quasi als „Feigenblatt", um ein prinzipiell problematisches Verhalten ohne allzu schlechtes Gewissen fortsetzen zu können. Macht man einen fossil betriebenen Verbrennungsmotor oder ein Kohlekraftwerk effizienter, tut man natürlich etwas Gutes, denn es wird für den gleichen Nutzen weniger CO_2 emittiert als zuvor. Zugleich aber zementiert man eine prinzipiell schädliche Energieform weiter ein und verschafft ihr in einer reinen Kostenbetrachtung Vorteile gegenüber erneuerbaren Lösungen. Mit entsprechendem Vorbehalt sind alle (technisch wohl durchaus korrekten) Jubelmeldungen der Fossilindustrie zu sehen, wie viele Mega- oder Gigatonnen CO_2 sie durch höhere Effizienz eingespart hat.

Bei der Bewältigung der Klimakrise wird höhere Effizienz als wichtiges Werkzeug gesehen – zugleich ist die Gier, die als eine Triebkraft hinter dem Effizienzstreben steckt, auch ein wesentlicher Grund dafür, dass Krisen wie diese überhaupt bestehen.

---

[32] Wenn das Sinken der Effektivität irgendwann allzu deutlich wird, werden als Reaktion dann gerne *noch mehr* Maßnahmen zur Qualitätkontrolle und Effizienzsteigerung eingeführt, für deren Umsetzung noch mehr Listen und Formulare ausgefüllt und Berichte geschrieben werden müssen.

9.3.3 Der große Drache der Finsternis

Menschen sind religiöse Wesen. Über Jahrtausende waren Geister, Göttern oder Heilige ein wichtiger Teil unseres Lebens, und religiöse Prinzipien haben unser Handeln mitbestimmt. Die Priesterschaft war einflussreich, hütete auch wichtige Kulturtechniken, die sehr oft mit Verwaltung zu tun hatten, dem Führen von Listen und Bewahren der Bücher.

Aufklärung und Säkularisierung haben die alten religiösen Strukturen zumindest in unserem Teil der Welt spürbar erschüttert. Daran, wie Menschen nun einmal ticken, haben sie aber auch nichts geändert, und vielfach wurden die alten Kulte und Religionen nur durch neue, weniger offensichtliche ersetzt, die vorgeben, pragmatisch und nach objektiven Kriterien zu arbeiten.

Gewinnstreben, Märkte, Wirtschaftlichkeit und Effizienz waren sehr erfolgreich, sich ins Zentrum unserer Glaubensvorstellungen zu setzen – und wie nahezu jede Religion hatte auch dieser Kult bald seine Hohepriester (Manager:innen) und Akolyten (Buchhalter:innen) sowie ein komplexes Regelwerk im Schlepptau.[33] Wie die Priesterkasten früherer Zeiten hat es auch die aktuelle geschafft, die Menschen von etwas zu überzeugen, was nun als unumstößliche Wahrheit betrachtet wird:

Wenn man ihnen nicht ihren angemessenen Platz und am besten gleich das Kommando gibt, penibel ihre Rituale, vor allem das Ausfüllen von Excel-Sheets und Eingaben in SAP und verwandete Systeme befolgt, ihnen nicht regelmäßig immer detaillierte Planungen und Abrechnungen präsentiert, ist effizientes zielgerichtetes Arbeiten vollkommen unmöglich.

Ohne diese Gantt-Charts, Auslastungsplanungen, Monatsberichte, Stundenlisten, KPIs (→ 9.5.5) und Team-Meetings würde Schlendrian einziehen, Planlosigkeit würde herrschen, Gehälter ließen sich nicht mehr auszahlen, die Welt würde in Chaos versinken und am Ende würde sich der große Drache der Finsternis erheben, um die Sonne zu verschlingen – das Übliche eben.[34]

Sollten Sie nach dem Lesen der letzten paar Abschnitte einen diffusen Schmerz spüren, vielleicht sogar Anflüge einer gewissen Empörung („Aber natürlich brauchen wir ..., um arbeiten zu können!"), dann ist das nicht überraschend. Glaubensvorstellungen sitzen tief.

---

[33] Diese Regeln sind zwar meist sehr bürokratisch und keineswg besonders effizient. Doch wenn kümmern schon derartige logische Widersprüche, wenn es um den wahren Glauben geht? Im Englischen ist die Verwandtschaft zwischen *clerc* (Buchhalter) und *cleric* (Kleriker/Priester) übrigens besonders offensichtlich, und das Adjektiv *clerical* kann sich auf beide Bereiche beziehen.

[34] Man sollte allerdings anerkennen, dass die Menschheit, ganz im Sinne von [Pin14], zivilisatorisch große Fortschritte gemacht hat. Während es früher als notwendig erschien, Menschen das Herz aus der Brust zu schneiden oder sie am Scheiterhaufen zu verbrennen, um die Mächte der Finsternis im Zaum zu halten, reichen dazu heute bereits die umfassende Selbstfolterung mit umständlicher Bürosoftware und die Teilnahme an genug langweiligen Meetings aus.

9.3 Der Kult der Effizienz

Zudem ist es ja richtig, dass Struktur und Organisation oft notwendig sind. Allein kann man eine Hütte bauen, vielleicht noch ein kleines Häuschen, aber keinen Tempel und keine Pyramide. Ein kontinentales Eisenbahn- oder Stromnetz, einen Airbus A380, eine Mondrakete oder ein iPhone wird man allein erst recht nicht hinbekommen. Um große Ziele zu erreichen, müssen in der Regel mehr Menschen zusammenzuarbeiten, müssen zunehmend komplexe Abläufe und Organisationen etabliert werden.
Organisation, die fundiertes fachliches Wissen mit Erfahrung und weitsichtiger Planung kombiniert und dabei noch gut auf die Bedürfnisse, Stärken und Schwächen der Beteiligten eingeht, ist etwas sehr Wertvolles. Leider ist sie auch selten, denn eine solche Art der Organisation erfordert von den Menschen, die sie aufrecht erhalten, neben einer gewissen Grundbegabung (sowohl fachlich als auch zwischenmenschlich) viel Zeit – Zeit, um überhaupt dorthin zu kommen, dass man so agieren kann, und wieder Zeit, um es auch tatsächlich zu tun. Doch Zeit ist Geld, und Geld ist, wie man uns eingebläut hat, immer knapp.

Daher wird die echte, wertvolle Organisation (als Struktur ebenso wie als Tätigkeit gemeint) gerne durch etwas ersetzt, was viel billiger zu haben ist und was oberflächlich betrachtet ganz ähnlich aussieht, nämlich durch inhaltsleere Administration, bloße Verwaltung.[35] So werden echte Organisationsstrukturen, die in der Lage sind, Probleme wirklich zu lösen, durch bestenfalls zweitklassige Kopien ersetzt, wo man Probleme meistens nur noch hin- und herschiebt. (Dabei werden sie gelegentlich mit einer neuen Verpackung versehen, damit das Ganze nicht zu offensichtlich wird.)
Gut ist die Administration allerdings darin, immer wieder neue Listen und Formulare zu erfinden, mit denen das, was da verwaltet wird, genauer und genauer dokumentiert werden soll ($\Rightarrow$ 9.3.2). So kann man, auch wenn man fachlich keinerlei Ahnung hat, recht lange eine Illusion von Planbarkeit und Kontrolle aufrecht erhalten. Sich in den Details der internen Verwaltung zu vergraben, ist auch wesentlich einfacher, als sich echten Herausforderungen von außen zu stellen.
Der natürliche Endzustand eines solchen von Administration geprägten Systems ist jener, wo eine Behörde, ein Unternehmen, eine Hochschule oder eine beliebige andere Institution nahezu nur noch mit Selbstverwaltung beschäftigt ist – um meist irgendwann unterzugehen. Besonders schön hat es Wolf Lotter in [Lot22] auf den Punkt gebracht: *Faul ist die Bürokratie nicht, sie ist sogar fleißig darin, das Immergleiche zu tun. Aber sie löst dabei keine Probleme, sie verwaltet sie lieber.* Mit der Detailplanung interner Abläufe und viel inhaltsleerem Bla-bla kann bestenfalls der Status quo aufrecht erhalten werden; echte Weiterentwicklungen und Bewältigen von neuen Herausforderungen sind kaum mehr möglich.

---

[35] Jener Abschluss, mit dem man sich im Unternehmensbereich meist für die höheren Weihen qualifiziert, heißt passenderweise *Master of Business Administration* (MBA).

Pyramiden bauen Um eine Pyramide zu bauen (oder, wenn das sinnvoller erscheint, ein Eisenbahnnetz oder ein iPhone), braucht man zumeist eine andere Art von Pyramide, eine hierarchische Struktur. Die Grundidee ist, dass es einige wenige Menschen gibt, die weit oben stehen und den Gesamtüberblick haben. Deren Befehle werden von jenen, die in der Mitte stehen, konkretisiert, spezifiziert und weitergegeben, zu den vielen unten, die dann jeweils ihre Detailaufgaben erfüllen. Damit das wirklich funktionieren kann, muss es natürlich auch einen Informationsfluss in die andere Richtung geben, damit die Spitze auch über akkurate Informationen verfügt, um sinnvolle Anweisungen geben zu können.

Solche hierarchischen Strukturen, auch wenn sie immer wieder kritisiert werden, haben sich für viele Zwecke bewährt.[36] Auch Demokratien haben für die Staatsverwaltung solche hierarchische Strukturen keineswegs abgeschafft, sie geben nur regelmäßig die Möglichkeit, die Personen an der Spitze auszutauschen, wenn man mit ihnen nicht zufrieden ist.

Unternehmen sind, auch wenn es modern geworden ist, von „flachen Hierarchien" zu schwärmen, typischerweise klar hierarchisch strukturiert. Solche Strukturen haben natürlich ihre spezifischen Probleme, vor allem die Gefahr von Machtmissbrauch in den oberen Rängen. Doch in vielen Fällen ist nicht die Hierarchie an sich das Problem, sondern der Umstand, dass es in diesem System besonders leicht passiert, dass fundierte Organisation schleichend durch leere Administration ersetzt wird.

Oberflächlich betrachtet sieht eine solche Administrationspyramide einer funktionierenden Organisationspyramide täuschend ähnlich. Doch statt eine tiefes Verständnis und einen Gesamtüberblick zu haben, schwebt die Spitze in einer Wolke von inhaltsleerem Bla-bla.[37]

In den Ebenen darunter passieren dann wiederholt ähnliche Dinge. Man erhält die Befehle von oben, verdreht die Augen, denkt sich „Diese Deppen haben ja keine Ahnung! So machen wir das sicher nicht." und versucht, die Anweisungen so anzupassen, wie man glaubt, dass die Sache vielleicht noch funktionieren kann. Das wiederholt sich u.U. mehrfach. Bis die Anweisungen unten, bei denen, die die konkrete fachliche Arbeit machen, angekommen sind, haben sie mit den ursprünglichen oft nur mehr eine vage Ähnlichkeit. Auch die unterste Ebene tickt natürlich nicht anders als alle darüber: Wieder werden Augen verdreht und dann die Dinge eher so gemacht, wie man aus Erfahrung weiß (oder zu wissen glaubt), dass sie funktionieren, und nicht so, wie sie eigentlich angeordnet wurden.

---

[36]Wenn man jemals versucht hat, mittels basisdemokratischer Prozesse und Konsensentscheidungen irgendein noch so kleines Ziel zu erreichen, weiß man auch, warum.

[37]Eine durchaus spannende Analyse der Frage, was dahinter stecken kann, wenn Worte mehr verwirren als erhellen, findet man in [Roa12].

9.3 Der Kult der Effizienz

Auch in Administrationspyramiden gibt es aber natürlich einen Informationsfluss von unten nach oben. Meist handelt es sich um sehr stark formalisierte Prozesse, in die nur das eingeht, was gut quantifizierbar ist. *Was nicht in Listen und Formularen aufscheint, sich nicht in Kennzahlen quetschen lässt, existiert nicht, und wo sich Dokumente und Realität widersprechen, da haben die Dokumente Recht.* In jeder Ebene der Pyramide wird nun einige Mühe investiert, um die Dokumentation so aussehen zu lassen, als wären die Anweisungen von oben wortgetreu erfüllt worden. An der Spitze kommen einige wenige KPI-Werte ($\Rightarrow$ 9.5.5) an – und der Eindruck, es habe ohnehin alles funktioniert wie geplant, womit es keinen Grund gibt, irgendetwas zu überdenken oder gar zu ändern.

Tatsächlich aber wird in einer solchen Administrationspyramide gleich doppelt Zeit und Energie verschwendet, einmal, um wirklichkeitsfremde Vorgaben von oben so zurechtzubiegen, dass man einigermaßen damit arbeiten kann, und dann noch einmal, um vorzutäuschen, dass man sich tatsächlich an die Vorgaben gehalten hätte. Je mehr sich eine Organisation im Gewirr der inhaltsleeren Administration verstrickt, desto mehr und detailliertere Listen, Formulare und Berichte werden meist eingefordert – und umso mehr Zeit fließt in das Vortäuschen der Erfüllung unrealistischer Vorgaben. Diese Zeit fehlt natürlich dabei, die tatsächlichen Aufgaben zu erfüllen.[38]

Klarerweise gibt es auch Profiteure, wenn leere Administration echte Organisation ablöst: Ein solcher Wandel begünstigt Hochstapler, die durch persönliche Beziehungen, Showtalent, manchmal auch einfach durch Zufall (weil niemand sonst niemand zu finden war) in eine Position gekommen sind, für die ihre Fähigkeiten nicht ausreichen – und die sich auch keine Mühe geben, sich fehlende Qualifikationen nachträglich noch anzueignen.[39]

Wenn sie ihre Arbeitstage erst erfolgreich mit Meetings, oberflächlichem Geschwafel, E-Mail-Korrespondenz, dem Ausfüllen oder Aktualisieren von Excel-Listen und dem Klicken durch unübersichtliche SAP-Formulare gefüllt haben, fällt es gar nicht mehr auf (und macht in einer sehr weit gediehenen Administrationsstruktur vielleicht tatsächlich nicht einmal mehr einen Unterschied), dass sich ihre „Fachkompetenz" auf die Fähigkeit beschränkt, einige Schlagworte nachzuplappern.

---

[38] Abgesehen von der Ineffizienz dieses Vorgehens, vom Frust, den er bei Menschen verursacht, die lieber ihre eigentliche Arbeit gut machen würden, statt nur das Notwendigste tun zu können und das dann auf beschönigende Weise zu dokumentieren, hat der blinde Glaube an die Macht schriftliche Aufstellungen zusammen mit dem sozialen Druck, diese gut aussehen zu lassen, schon so manche Katastrophe verursacht – bis hin zur großen Hungersnot in China im Zuge von Maos *großem Sprung nach vorn*, wo jede Verwaltungsebene die Zahlen der Reisernte nach oben hin beschönigt hatte, um den Anschein zu erwecken, die utopischen Vorgaben der Führung zu erfüllen, [Dik14; Har23].

[39] Dabei sollte man echte Hochstapler bzw. Bewohner:innen von Mt. Stupid ($\Rightarrow$ Abb. 9.7) von tatsächlich kompetenten Menschen unterscheiden, die unter dem *Imposter-Syndrom* leiden, also in tragischer Weise an ihren eigenen Fähigkeiten zweifeln.

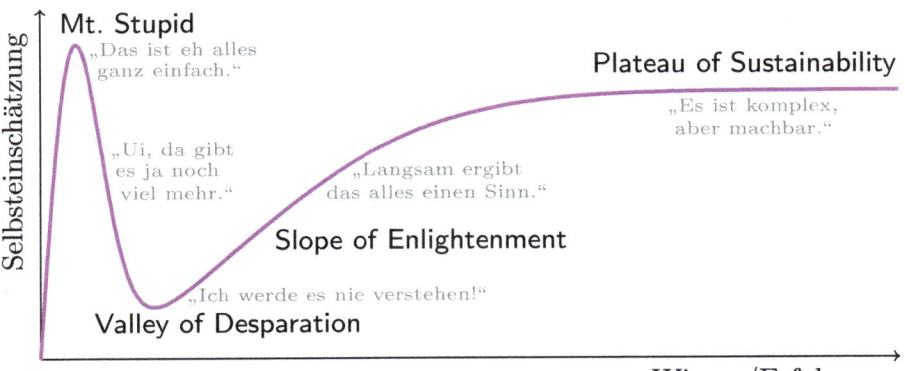

Abb. 9.7: Illustration des Dunning-Kruger-Effekts, nach [KD99] (PD$_{KL}$)

Der wohl seit Jahrtausenden bekannte Umstand, dass Personen mit geringem Wissen und Verständnis ihre eigenen Fähigkeiten oft viel höher einschätzen als solche, die über wesentlich größere Kenntnisse verfügen, wird seit [KD99] gerne als *Dunning-Kruger-Effekt* bezeichnet und ist in Abb. 9.7 illustriert.

Die Bewohner:innen von Mt. Stupid, des Gipfels der Dummheit können durchaus recht überzeugend sein – vor allem, weil sie ja tatsächlich von sich sehr überzeugt sind. Sie wissen ja gar nicht, was sie für ihre Aufgaben tatsächlich wissen und können sollten. Entsprechend finden sie dort, wo sich leere Administration durchgesetzt hat, leicht einen Platz.

Den Priestern ihr Orakel Ein Kult, der etwas auf sich hält, braucht natürlich auch eine Art der Weissagung – und für den Kult von Wirtschaftlichkeit und Effizienz müssen diese Weissagungen einen Anschein von Objektivität erwecken.

Entsprechend hat sich eine Kultur der Auswahlverfahren und Aufnahmetests entwickelt, speziell dann, wenn man sich für höhere Ausbildungen (und damit potenziell Positionen nahe der Spitze der Pyramide) qualifiziert. Doch tatsächlich ist das Vorgehen, mit dem zunehmend auch die Tore zu den heiligen Hallen der Wissenschaft gehütet werden, recht unwissenschaftlich, da es niemals eine Kontrollgruppe gibt. Wollte man wirklich wissen, wie effektiv solche Test dafür sind, die richtigen Menschen für eine Stelle, einen Ausbildungsplatz etc. zu finden, dann müsste man auch eine zufällige Auswahl jener zulassen, die in diesem Test schlecht abschneiden und dann vergleichen, wie es beiden Gruppen wirklich geht, wie sie sich wirklich bewähren.

Ansonsten beruhen alle Einschätzungen, wie gut solche Tests ihren Zweck erfüllen, auf einer kognitiv-statistischen Verzerrung, dem *Survivorship Bias* ($\Rightarrow$ Box auf S. 39).

9.3 Der Kult der Effizienz

Zu Tode administriert Während des zweiten Weltkriegs wurden vom *Strategic Services* der USA mehrere Handbücher geschrieben, darunter auch eines, wie Geheimagenten und Sympathisanten hinter der Front auf einfache, unauffällige und dennoch effektive Weise die dortigen Abläufe sabotieren können.

Viele der in diesem *Simple Sabotage Field Manual* beschriebenen Methoden beziehen sich auf Technologien, die längst nicht mehr im Einsatz sind (z.B. Telegraphen). Doch jene dazu, wie allgemein Abläufe in Organisationen behindert werden können, sind wohl zeitlos.[US 22, Ch. 11] Viele der damaligen Tipps zur Sabotage werden, vermutlich meist ohne den bewussten Vorsatz, die Organisation zu sabotieren, in Behörden, Unternehmen und anderen Institutionen nach wie vor tagtäglich praktiziert. Hier ein kleines und höchst subjektives *Best-of:*

(11.a.1) Insist on doing everything through "channels". **Never permit short-cuts to be taken in order to expedite decisions.**

(11.a.2) Make "speeches". **Talk as frequently as possible and at great length.** Illustrate your "points" by long anecdotes and accounts of personal experiences. Never hesitate to make a few appropriate "patriotic" comments.

(11.a.3) **When possible, refer all matters to committees**, for "further study and consideration". Attempt to make the committees as large as possible – never less than five.

(11.a.4) Bring up irrelevant issues as frequently as possible.

(11.a.5) Haggle over precise wordings of communications, minutes, resolutions.

(11.a.6) Refer back to matters decided upon at the last meeting and attempt to re-open the question of the advisability of that decision,

(11.a.7) Advocate "caution". Be "reasonable" and urge your fellow-conferees to be "reasonable" and avoid haste which might result in embarrassments or difficulties later on.

(11.b.3) Do everything possible to delay the delivery of orders. Even though parts of an order may be ready beforehand, don't deliver it until it is completely ready.

(11.b.11) **Hold conferences when there is more critical work to be done.**

(11.b.12) **Multiply paper work in plausible ways.** Start duplicate files.

(11.b.13) Multiply the procedures and clearances involved in issuing instructions, pay checks, and so on. **See that three people have to approve everything where one would do.**

(11.b.14) Apply all regulations to the last letter.

9.3.4 Die BWLisierung der Welt

> Wir übten mit aller Macht, aber immer wenn wir begannen, eine Einheit zu werden, wurden wir umorganisiert. Ich habe später gelernt, dass wir oft versuchten, neuen Verhältnissen durch Umorganisation zu begegnen. Es ist eine phantastische Methode. Sie erzeugt eine Illusion des Fortschritts, wobei sie gleichzeitig Verwirrung schafft, die Effektivität mindert und demoralisierend wirkt.
>
> Titus Petronius (14-66), römischer Senator

Die Betriebswirtschaftslehre (BWL ⇒ 9.1) ist eine sinnvolle und ehrenwerte Disziplin – wenn sie auf die richtige Weise angewandt wird, auf die Themen, für die sie wirklich zuständig ist. Doch leider hat das betriebswirtschaftliche Denken auch Bereiche erobert, in denen es eigentlich wenig zu suchen hat.

Die Grundaufgabe der Wirtschaft – den möglichst sinnvollen Einsatz der vorhandenen Ressourcen zu gewährleisten – ist natürlich nahezu überall ein Thema. Wenn man nicht darauf achtet, wie man mit den vorhandenen Mitteln auskommt, wird man keine Einrichtung gut führen können. Doch der *BWLismus*, um der entsprechenden Geisteshaltung einen Namen zu geben, ist mehr – und zugleich weniger – als nur eine Hilfe, um mit Zeit, Energie und anderen Ressourcen gut umzugehen.

Geprägt haben den BWLismus die Fabrik und der Supermarkt: Standardisierte Produkte mit vorgegebener Mindestqualität sollen möglichst effizient und kostengünstig hergestellt und verteilt werden – und je größer die Mengen, desto besser. Ebenfalls geprägt hat ihn die Finanzwirtschaft, wo es zu oft nur mehr um Geldströme statt um echte Werte geht. Vor allem aber begünstigen sich die Ausbreitung des BWLismus und das schleichende Ersetzen von wertvoller Organisation durch leere Administration gegenseitig (⇒ 9.3.3). Dabei sind vor allem zwei Spielarten zu beobachten:

- **Klassisch**: Es gibt komplizierte Abläufe, die präzise eingehalten werden müssen, und jeder Vorschlag für eine Verbesserung zerschellt an Killer-Argumenten („Das haben wir noch nie so gemacht", „Da könnte ja jeder kommen").

- **Modern**: Immer wieder werden Strukturen über den Haufen geworfen, und völlig unrealistische Vorgaben gemacht, vor allem wenn eine neue Führungskraft binnen kurzer Zeit zeigen will, was sie kann (und dass sie ihr Geld auch wert ist). Es werden bei jeder Gelegenheit haufenweise gut klingende *Buzz Words* willkürlich (und ohne tieferes Verständnis, was sie eigentlich bedeuten) aneinandergereiht, die Ergebnisse manchmal sogar zu „Strategiepapieren" gebündelt.[40]

---

[40] Diese Aufgabe kann inzwischen auch hervorragend von generativen Sprach-KI-Modellen wie ChatGPT übernommen werden (⇒ 10.1.5).

9.3 Der Kult der Effizienz

Letztlich sind das aber zwei Seiten der gleichen Medaille. So oder so dominiert die Administration. Wie schon C. N. Parkinson in seinem (leider etwas in Vergessenheit geratenen) Klassiker [PL58] auf humoristische, aber treffende Weise beschrieben hat, neigt diese dazu, immer weiter zu wachsen, egal ob eine faktische Sinnhaftigkeit dafür ersichtlich ist oder nicht.[41] Typisch sind langwierige Diskussionen über Belanglosigkeiten, während Entscheidungen mit gravierenden Auswirkungen oft vorschnell und auf Basis unzulänglicher Information getroffen werden.

Wettrüsten Administration steht auf zwei Säulen: Neben dem betriebswirtschaftlichen ist auch der juristische Aspekt zentral. In mancher Hinsicht sind diese beiden einander diametral entgegengesetzt. In der BWL steht die Optimierung (also Gewinnmaximierung bei gleichzeitiger Kostenminimierung) im Vordergrund, während dem juristischen Bereich das Optimierungs- und Effizienzdenken wesentlich fremder ist. Zentral ist dort, dass alles den Buchstaben des Gesetzes getreu abläuft – oder es zumindest so aussieht.
Doch so unterschiedlich die beiden Bereich in mancher Hinsicht auch sind, sie arbeiten doch gut zusammen und fördern gegenseitig ihr Wachstum: Die betriebswirtschaftliche Optimierung wird versuchen, aus jeder Abmachung den maximalen eigenen Vorteil herausholen, während zugleich auf juristischer Seite versucht wird, möglichst wenig eigene Zugeständnisse zu machen. Da dieses Spiel von beiden Seiten gespielt wird, entwickelt sich schnell ein Wettrüsten.[42]
Letztlich ist es der Mangel an Handschlagqualität, die Grundhaltung, sich nicht um den Geist einer Abmachung zu kümmern, sondern für sich das Maximum herauszuholen, das die Buchstaben der Formulierung hergeben, der das stetig wachsende Heer von Jurist:innen erforderlich macht.
Auch die staatliche Gesetzgebung (in die der BWLismus bereits tief eingedrungen ist) ist da natürlich nicht unschuldig: Jedes noch so unwichtige Detail muss reglementiert und kontrolliert werden. Immer komplexere Regelwerke und höhere Auflagen sind dabei durchaus im Interesse multinationaler Konzerne. Sie kommen damit besser zurecht, finden leichter Schlupflöcher, können notwendige Investitionen und stemmen und sich administratives Personal (oder Jurist:innen) leisten. Notfalls verschieben sie Aktivitäten in andere Länder. Kleine und mittelständische Unternehmen, die das nicht so einfach können, haben ihnen gegenüber das Nachsehen.

---

[41]Eines von Parkinsons Beispielen war die britische Kolonialbehörde, die während jenes Zeitraums, in dem Großbritannien etwa 90 % seiner Kolonien in die Unabhängigkeit entlassen hat, um über tausend Mitarbeiter gewachsen ist.
[42]Allein die gegenseitige Prüfung der jeweiligen Allgemeinen Geschäftsbedingungen (AGBs) zweier Unternehmen kann Jurist:innen vor einem Vertragsabschluss wunderbar viele Stunden lang beschäftigen.

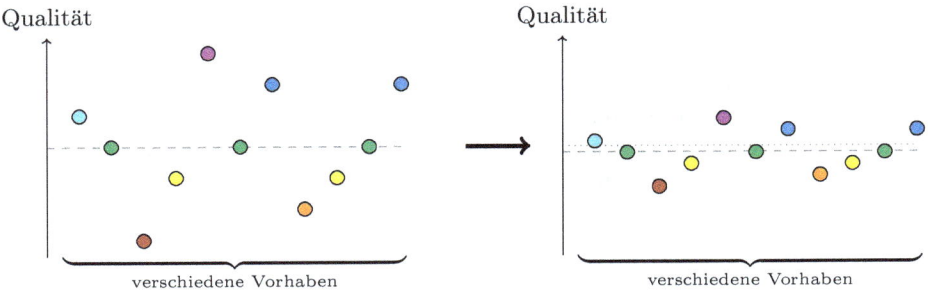

Abb. 9.8: Häufige Auswirkung von Qualitätskontrolle für nicht gut standardisierbare Vorhaben: Abweichungen nach unten werden zwar reduziert, solche nach oben aber ebenso. Zudem sinkt die durchschnittliche Qualität leicht, weil die Qualitätskontrolle ja Zeit und andere Ressourcen verbraucht, die anderswo fehlen. (PD_{KL})

Qualitätskontrolle Wenn das einzige, was man kennt und versteht, eine Büroklammernfabrik ist, dann wird man jede Institution wie eine solche behandeln, egal ob es sich um eine Oper, ein Krankenhaus oder eine Hochschule handelt. Auch eine Universität wird dann zu einer Fabrik für Akademiker:innen, die ihr Studium in minimaler Zeit absolvieren sollen, in gerade ausreichender Qualität, dass sie für den Arbeitsmarkt brauchbar sind, und für wissenschaftliche Fachartikel, mit vorgegebenen Zielen, wie viele große Entdeckungen in welcher Zeit zu machen sind.[43]

Die Grundhaltung, mit der die Administration an vieles herangeht, ist, dass Menschen ohne genaue Vorgaben gar nicht wissen, was sie eigentlich zu tun haben, und ohne strikte Kontrollen ihre Aufgaben nicht erfüllen. Je mehr detailliertere Vorschriften und Listen, so die Einstellung, desto besser und zuverlässiger läuft alles.

Ohne enge Planung und Überwachung können natürlich mehr Dinge schiefgehen. Das enge Korsett verhindert wahrscheinlich extreme Ausschläge nach unten. Zugleich aber verhindert es aber auch, dass Dinge ganz unerwartete Wendungen nehmen, überraschend neue Entdeckungen gemacht werden, Ergebnisse viel besser sind als erwartet.

Von Oscar Wilde gibt es dazu einen schönen Ausspruch: *Das Durchschnittliche gibt der Welt ihren Bestand, das Außergewöhnliche ihren Wert.* In Abb. 9.8 ist skizzenhaft angedeutet, wie Qualitätskontrolle, auch wenn sie sich noch so oft Exzellenz und andere Schlagworte auf die Fahnen schreibt, letztlich alles auf den Pfad Richtung Durchschnitt zwingt. Der Bestand mag gesichert sein, aber der Wert geht verloren.

---

[43] Hierbei hilft sicher, dass die akademische Welt schon lange einen heimlichen Hang zur Kleinlichkeit hat. Dabei reden wir nicht von der Forderung, genau, ehrlich und nachvollziehbar zu arbeiten – das ist in der Tat eine Grundvoraussetzung für Wissenschaft. Wenn aber kleinste Abweichungen von einem vorgegebenen Zitierstil oder von einer vorgegebenen Struktur bereits als gravierende Fehler gesehen werden, sind wir beim akademischen Gegenstück zur Pfennigfuchserei angekommen.

9.3 Der Kult der Effizienz

Die Macht der Meetings Es gibt Fachgebiete, in denen das Reden und das Tun sehr eng beieinander liegen, ja oft sogar zusammenfallen. Bei Verhandlungen in Management und Politik ist, wenn nach stundenlangen Verhandlungen eine gemeinsame Position erreicht wurde, die Arbeit getan.[Aye23] In anderen Disziplinen aber ist der Punkt, wo man sich nach stundenlangen Diskussionen einig ist, was man gemeinsam tun will, erst jener, wo die eigentliche Arbeit beginnt.

Je nach eigener Persönlichkeit und je nach der (fachlichen) Welt, aus der man stammt, kann man nach einem Tag voller Meetings zufrieden auf die getane Arbeit zurückblicken oder leise seufzend bedauern, dass man heute wieder nichts weitergebracht hat, zur eigentlichen Arbeit schon wieder nicht gekommen ist.

Der Klimawandel und andere Krisen, die wir mit unserem unachtsamen (und allzusehr vom BWLismus geprägten) Umgang mit der Natur heraufbeschworen haben ($\Rightarrow$ 1.1), werden sich von noch so langen Meetings und Konferenzen, von noch so schönen Abschlusserklärungen nicht beeindrucken lassen. Welche Schlagworte wir gerade modern finden, ist den Abläufen in der Natur völlig egal Die beliebtesten menschlichen Strategien, um mit Schwierigkeiten umzugehen, insbesondere Überreden, Einschüchtern oder Ignorieren, funktionieren hier nicht. Nur Taten werden letztlich etwas bewirken – und es sollten die richtigen sein.

Shareholder Value Im Zentrum der Führung von heutigen Unternehmen steht zumeist der *Shareholder Value*: In dieser Sicht ist es nicht das Ziel von Unternehmen, gute oder innovative Produkte herzustellen, zufriedene Kund:innen und Mitarbeiter:innen zu haben, Arbeitsplätze zu schaffen oder auf andere Weise zum Wohlergehen der Gesellschaft beizutragen. Das sind bestenfalls Mittel zum Zweck. Das eigentliche Ziel, dem alles andere untergeordnet ist, ist es, den Wert des Unternehmens möglichst groß zu machen.

Diese Sicht ist jünger, als man vielleicht denken könnte. Sie kam in den frühen 1960er Jahren erstmals auf, und bis in die 1990er Jahre hatte sie sich zumindest bei börsennotierten Unternehmen weitgehend durchgesetzt.[KS17, Ch. 1] Die moralische Verpflichtung, für die Eigentümer (die *Shareholder*) das Gewinn- bzw. Bewertungsmaximum herauszuholen, entbindet dabei von allen anderen Verpflichtungen, außer jener, die geltenden Gesetze zumindest dem Wortlaut nach einzuhalten.

Dabei ist die Betrachtung oft sehr kurzfristig; die nächsten Quartalszahlen sind wichtiger als das langfristige Wohlergehen des Unternehmens. Eine solche Sicht ist intellektuell unglaublich bequem ($\Rightarrow$ 9.5.6): Statt dass man über viele Aspekte, über komplexe Wechselwirkungen Gedanken machen müsste, genügt es, eine einzige Zahl, nämlich den zu erwartenden Profit, im Blick zu behalten und alles daran zu messen, wie es sich auf diese Zahl auswirkt.

Die BWLisierung des öffentlichen Sektors Auch im öffentlichen Sektor, in staatlichen Einrichtungen und jenen der Bundesländer, hat der BWLimus Einzug gehalten. Dabei gilt vordergründig zwar keine Shareholder-Value-Prinzip – aber dennoch gibt es die Vorgabe, jene wirtschaftlich nicht profitablen Aufgaben, die ein funktionierender Staat zu erfüllen hat, mit minimalen Kosten zu erledigen.

Das ist etwa im Gesundheitsbereich so, wo man sich hinsichtlich der Kapazitäten knausrig am Normalfall orientiert, statt die Möglichkeit außergewöhnlicher Ereignisse angemessen zu berücksichtigen. Der Zugang zum Medizinstudium wird restriktiver gehandhabt als zu nahezu jedem anderen Studium: In Deutschland ist es ein strikter *numerus clausus*, als ob Schulnoten alles darüber aussagen würden, ob jemand ein guter Arzt oder eine gute Ärztin sein kann. In Österreich setzt man hingegen auf das Orakel des Testens, wo mit einem einzelnen schriftlichen Test binnen weniger Stunden die am besten geeigneten Kandidat:innen identifizieren will. Die Plätze sind dabei extrem begrenzt.[44] Auch bei anderen Gesundheitsberufen gibt es meist viel mehr Bewerbungen als Plätze. Während das Gesundheitssystem immer wieder an den Rand des überlastungsbedingten Zusammenbruchs kommt, halten wir also viele (meist junge) Menschen, die gerne in diesem Bereich arbeiten würden, davon ab, diesen Weg einzuschlagen. Zugleich versichern uns Ökonom:innen,[45] dass mehr Studienplätze an dem Problem gar nichts ändern würden – wobei, es gibt doch eigentlich gar kein Problem, das bilden wir uns doch nur ein. Doch Ökonom:innen werden bei solchen Beurteilungen normalerweise nicht von Fakten, sondern von ihrer persönlichen Ideologie geleitet (⇒ 9.1.1). Die zuständigen Politiker:innen, die das nicht wissen (oder nicht wissen wollen), beten solche Einschätzungen dann nach, mit dem beruhigenden Gefühl, nicht handeln zu müssen.

Auch vor der Bildung macht die BWLisierung natürlich nicht halt. Fragen Sie doch bei Gelegenheit den Lehrer oder die Lehrerin Ihres Vertrauens, was im Laufe eines Schuljahres so alles zu planen und zu dokumentieren ist – und wie viel das für den tatsächlichen Unterricht bringt.

An den Hochschulen enthalten Studienpläne inzwischen komplizierte Voraussetzungssysteme, die für den Studienfortgang meist nur hinderlich sind. In der Leistungsbewertung findet man hocheffiziente Multiple-Choice-Prüfungen – von denen jede einzelne in Wahrheit eine Schande für die akademische Welt ist. Fundiertes, tiefes Verständnis lässt sich nicht mit ein paar Kreuzen überprüfen. Doch vermutlich genügt dieser Zugang, um planbar und kosteneffiziente jene Absolvent:innen hervorzubringen, „die die Wirtschaft braucht" und die nicht zu viele kritischen Fragen stellen.

---

[44] Im Jahr 2024 hatten sich in Österreich über 15 000 Personen für 1 900 Studienplätze beworben.
[45] gelegentlich gemeinsam mit „Interessensvertreter:innen", die vor allem ihre eigenen Interessen vertreten und die mit dem Status quo ganz zufrieden sind

9.3.5 Walk the extra mile?

> Manager sollten aufpassen: Ein Hamsterrad sieht von innen genau so aus wie eine Karriereleiter.
>
> Frank Dommenz, [Dom17]

Arbeit und Klima Die zentralen Thema dieses Buches sind natürlich die Klimakrise und die notwendige Transformation unseres Energiesystems. Doch je länger ich mich mit diesen beschäftige, desto stärker wird mein Eindruck, dass sich die Herausforderungen, denen wir uns dort gegenüber sehen, nur bewältigen lassen, wenn wir auch in anderen Bereichen Änderungen erreichen – speziell hinsichtlich Erwerbsarbeit.
Immerhin hängen unsere Arbeitswelt und die Klimakrise eng zusammen. Es sind die gleichen Denkmuster und (oft nur eingebildeten) ökonomischen Zwänge, die hinter der Ausbeutung von Menschen und jener der Natur stehen. Oft genug bewirken wir, wenn wir bis zur Erschöpfung arbeiten, damit ganz direkt zusätzlichen Schaden. Zumindest aber ist es außerordentlich schwierig, sein Tun zu reflektieren und vielleicht zu ändern, neue Wege einzuschlagen, wenn man mit den alltäglichen Aufgaben bereits so eingedeckt ist, dass man kaum zum Durchschnaufen kommt. Nicht zufällig propagieren Vertreter:innen der *Degrowth*-Bewegung meist u.a. auch eine Reduktion der Erwerbsarbeit.[Mau24]

Effizienter arbeiten? Die Arbeitswelt ist aktuell besonders stark vom Kult der Effizienz geprägt. Das ist natürlich keineswegs ein neues Phänomen, sondern es hat Tradition, dass die Reichen und Mächtigen oft versuchen, aus ihren Untergebenen so viel wie möglich herauszuquetschen. Sicherlich taten und tun das nicht alle, und es gibt leuchtende Beispiele von gütigen Herrscher:innen und verantwortungsbewussten Unternehmer:innen. Doch im Großen und Ganzen zeichnet sich ein recht klares Bild ab, von den Sklaven, die auf den Feldern und in den Bergwerken des römischen Imperiums schuften mussten, über die Fronarbeiter und Leibeigenen des Mittelalters und die Arbeiter:innen des Manchester-Kapitalismus bis hin zu den unmenschlichen Arbeitsbedingungen in manchen modernen Unternehmen, speziell bei Arbeitplätzen, die nach Fernost oder Afrika „ausgelagert" wurden.
Ein ungezügelter Kapitalismus der Ausbeutung musste fast zwangsläufig dazu führen, dass sich Gegenbewegungen herausbilden, bis hin zum Kommunismus (unter dessen Flagge dann z.B. in Stalins Sowjetunion, in Maos China oder im Nordkorea der Kim-Dynastie nicht nur schreckliche Verbrechen begangen wurden, sondern auch weiterhin die arbeitende Bevölkerung von einer kleinen Elite ausgebeutet wurde).
Es ist wohl eine der größten kulturell-zivilisatorischen Errungenschaften der Menschheit, dass letztlich (etwa in Europa in der zweiten Hälfte des 20. Jahrhunderts) die Arbeiter:innen und Angestellten auf der einen Seite, die Besitzenden, die Unterneh-

mer:innen auf der anderen weit genug zusammenfanden, um ein System der Arbeit auf die Beine zu stellen, von dem letztlich alle profitieren – die einen von humanen Arbeitsbedingungen und einem bescheidenen eigenen Wohlstand, die anderen von sozialem Frieden und Stabilität.

Leider gibt es hierzu in letzter Zeit mehr Rück- als Fortschritte. Wir sind dabei, die Errungenschaften dieser Kooperation von Sozialdemokratie und einer christlich-sozialen Bewegung, die diesen Namen noch verdiente, zu verspielen – und die Hohepriester des BWLismus tragen wesentlich dazu bei: Wir sind wieder bei einer Grundhaltung angekommen, die Ausbeutung oft gutheißt und Selbstausbeutung geradezu glorifiziert. Inzwischen hält zwar nahezu überall, wo jemand über Überlastung klagt, der Vorgesetzte entgegen, dass er selbst noch viel mehr arbeitet. In den meisten Fällen stimmt das ja auch – oft bis ganz nach oben, bis an die Spitze der Pyramide, wo Unternehmer gerne mit Stolz von ihren 7-Tage-Wochen und 12-Stunden-Tagen berichten, ohne einen Tag Urlaub in den letzten 20 Jahren.

Damit haben wir womöglich eine wahrhaft kuriose Situation geschaffen: Ein Mechanismus, der einst dazu konzipiert wurde, viele auszubeuten, damit wenige profitieren, kann anscheinend wunderbar weiterlaufen, selbst wenn irgendwann *gar niemand* mehr wirklich profitiert und *alle* nur noch ausgebeutet werden. Die effizientesten Sklaven sind immerhin jene, die ihre Peitschen gleich selbst schwingen.

Für wen arbeiten wir eigentlich? Womöglich schuften aber doch nicht alle Millionärinnen und Milliardäre so viel, wie sie uns in diversen Interviews erzählen, oder sie haben zumindest eine sehr großzügige Definition davon, was für sie alles Arbeit ist. (Zählt man z.B. Jagdausflüge mit politischen Entscheidungsträger:innen als Arbeitszeit?) Natürlich sollen gute Geschäftsideen, unternehmerisches Risiko und Verantwortung für viele Mitarbeiter:innen angemessen abgegolten werden.[46] Wenn man im Jahr etliche Millionen an Ausgaben und ebenso etliche Millionen an Einnahmen hat, dann können schnell einmal ein, zwei Millionen übrigbleiben – womit man aus Sicht der meisten Menschen durchaus reich ist.

Es können aber, wenn die Dinge nicht gut laufen, auch schnell einmal ein paar Millionen fehlen, und wenn das öfter passiert, hat man ein Problem. Das gilt umso mehr, wenn man sich an einen entsprechend kostspieligen Lebensstil gewöhnt hat. Wer von so hoch fällt, fällt tief. Doch dass das geschieht, ist eher die Ausnahme. Das Ausmaß, mit dem sich Vermögen in unserer Welt konzentriert, ist inzwischen erschreckend – und was mit diesem Vermögen dann getan wird, erst recht ($\Rightarrow$ 9.4.5).

---

[46]eine interessante Entwicklung, nebenbei bemerkt, die die Sprache da durchgemacht hat: Mitarbeiter:innen sind eigentlich Untergebene. Menschen, mit denen wirklich auf Augenhöhe zusammenarbeitet, sind Kolleg:innen.

9.3 Der Kult der Effizienz

Bei klassischen Unternehmen ist allerdings zumindest klar, bei wem die Profite landen, die unter oft harten Arbeitsbedingungen erwirtschaftet werden. Doch auch im öffentlichen Sektor, wo niemand Gewinne einstreift, sind die Bedingungen oft nicht besser. Dort ist es jener Sparzwang, dem sich die Staaten (oft aus fragwürdigen Gründen ⇒ 9.4) unterworfen haben, der die Ausbeutung befeuert. Das Gefühl des Mangels, des „mit immer weniger und weniger auskommen müssen" ist dort oft so verbreitet, dass es als nahezu selbstverständlich hingenommen wird.

Speziell im Sozialbereich, im Gesundheitswesen, in der Bildung ist das Vorgehen oft besonders perfide. Man startet bereits mit einem System, dass so konzipiert ist, dass sich im Idealfall gerade alles noch knapp ausgeht. Natürlich ist dieser Idealfall eher Ausnahme, nicht die Regel. Meist ist noch zusätzlich etwas zu tun (oft ein weiteres Ritual, das sich jemand hat einfallen lassen, um auch ganz sicher den großen Drachen der Finsternis zu besänftigen ⇒ 9.3.3), es fällt jemand aus gesundheitlichen Gründen aus, völlig überraschend erfordert die Erledigung einer bestimmten Aufgabe doch mehr Zeit, als es in der Planung vorgesehen war, ...

Auf jeden Fall geht sich das, was zu tun ist, in der regulären Arbeitszeit beim besten Willen nicht mehr aus – aber natürlich kann man sozial engagierte Menschen genau an diesem sozialen Engagement packen. Sicher, es ist gerade ein bisschen schwierig, aber man hat doch schließlich eine Verantwortung für seine Pfleglinge, Patient:innen, Schüler:innen. Ist es nicht eine Gnade, dass man einen so schönen Beruf ausüben darf, in dem man so viel Gutes tun kann? Da wird man ja wohl bereit sein, noch ein paar Stunden Freizeit hineinzustecken!

Ja, natürlich ist man das dann, rackert sich bis an die Grenze des Zusammenbruchs ab, akzeptiert, dass der Ausnahmezustand zum Normalzustand wird. So hilft man mit, dass ein unterdotiertes, knausrig kalkuliertes System nicht zusammenbricht. Leider zementiert man damit die Unterdotierung, die systematisch knausrige Kalkulation auch ein, denn, wie man oben dann zufrieden feststellt, „es geht sich so ja eh aus".

Wie arbeiten wir? Für die meisten Menschen ist Arbeit ein enorm wichtiger Teil ihres Lebens, der ihre Identität prägt, sehr sinnstiftend sein kann und an dem auch viele soziale Kontakte hängen.[47] Doch diese Quelle des Sinns kann schnell vertrocknen. Erwerbsarbeit kann das Führen eines guten Lebens durchaus verhindern, statt es zu ermöglichen. Wenn einen schon am Morgen der Gedanke, heute ins Büro zu müssen, verdrießt, wenn die Urlaube und Wochenenden immer viel zu schnell vergehen und jeder Montag grau ist, dann läuft etwas falsch.

Der BWLismus hat hierzu natürlich einiges beigetragen (⇒ 9.3.4): Je mehr man in den Details steckt, Planzahlen hinterherhetzt, desto mehr neigt man dazu, den Blick für

---

[47]Speziell Menschen, die extrem viel Zeit in der Arbeit verbringen, stellen allerdings manchmal irgendwann fest, dass sie keine Freund:innen mehr haben, sondern nur noch Kolleg:innen.

das große Ganze zu verlieren. Ist es überhaupt sinnvoll, was man da tut? Was bewirkt es letztendlich? Kann man es moralisch und ethisch überhaupt vertreten?
All das rückt in den Hintergrund, wenn man im Hamsterrad festhängt, irgendwelchen kaum zu erfüllenden Vorgaben hinterherhetzt. Man ist (vielleicht) effizient in der Abarbeitung einer Flut von Aufgaben, aber deutlich weniger effektiv darin, tatsächlich etwas zu bewirken.

Generell haben sich in unserer Arbeitswelt einige sehr interessante Phänomene etabliert: Wenn man nach einem *solchen* Meeting jetzt *wirklich* einen Kaffee braucht, aber die Maschine gerade entkalkt wird (oder einfach streikt, weil sie zu lange nicht entkalkt wurde), dann ist das schnell ein kleines Alltagsdrama. Zwar ist von allen Substanzen, von denen Menschen abhängig sein können, Koffein vermutlich eine der harmlosesten. Dennoch kann es einem zu denken geben, wie stark institutionalisiert in unserer Arbeitswelt ein Aufputsch- und Schmerzmittel eigentlich ist.

Go with the Flow? In einem sehr nützlichen Bild kann man den Zustand, in dem man sich während der Arbeit (und auch anderen Tätigkeiten) befinden kann, in vier Bereiche unterteilen:

- Unterforderung: Sinnvolle Tätigkeiten und Aufgaben fehlen, manchmal sogar überhaupt irgendeine Art von Beschäftigung. Das kann im Arbeitsleben durchaus bis zum *Bore-out* führen, und auch anderswo massive Probleme machen (etwa bei Asylbewerber:innen, die zum Nichtstun verdammt sind ⇒ 10.1.6).
- Flow: In diesem Zustand kann man sich in Ruhe, ganz konzentriert einer Tätigkeit widmen, ohne dabei ständig unterbrochen zu werden und ohne dringende ToDos, die einem bereits im Nacken sitzen. Dabei kann man, wenn dieser Flow-Zustand lange genug andauert, extrem produktiv sein.
- Forderung: Hier ist man mit Aufgaben konfrontiert, die neuartig und herausfordernd sind, einen zwingen, die eigene Komfortzone zu verlassen. Oft muss man mehrere Dinge zugleich im Auge behalten und klar priorisieren, was man in welcher Reihenfolge macht.
- Überforderung: Hier wird ständig mehr verlangt, als nachhaltig möglich ist, eine Deadline jagt die andere, statt Dinge ordentlich erledigen zu können, kann man sich nur mehr mit „quick&dirty"-Lösungen über Wasser halten, ja, nur mit akkurater Planung übersteht man gerade eben einen Tag nach dem anderen, während im Hintergrund die ToDo-Liste ständig länger statt kürzer wird und das Burn-out näherrückt[48].

---

[48]bzw., tatsächlich häufiger, eine arbeitsbedingte Überlastungsdepression ...

9.3 Der Kult der Effizienz

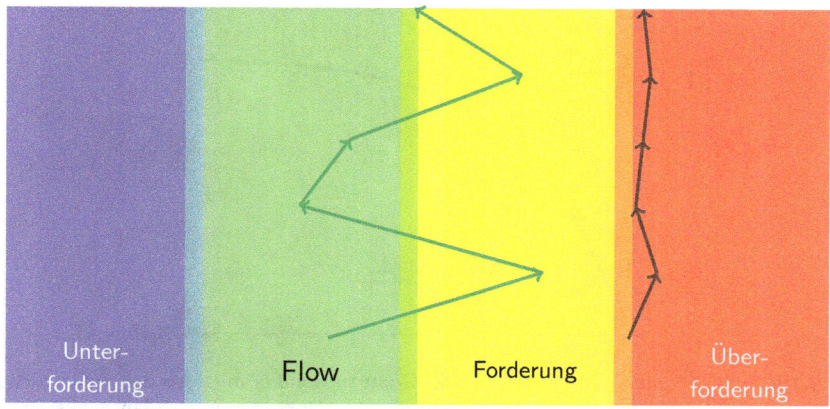

Abb. 9.9: Die vier Phasen der Arbeit; links ein dem menschlichen Wohlbefinden zuträglicher Arbeitsverlauf, rechts jener, mit dem sich aus „Mitarbeiter:innen" langfristig das meiste herausquetschen lässt und der daher im Management sehr beliebt ist (PD$_{KL}$)

Das ist in Abb. 9.9 dargestellt, zusammen mit zwei möglichen Arbeitsverläufen: Ein wiederholter Wechsel zwischen Flow- und Forderungsphasen ist wohl das, was der persönlichen Weiterentwicklung und der langfristigen Zufriedenheit mit der eigenen Arbeit am zuträglichsten ist. Für den *Return on Investment* ist es hingegen am besten, Menschen möglichst an der Grenze zwischen Forderung und Überforderung zu halten. So leisten sie (zumindest nach simplen betriebswirtschaflichen Kriterien und dem, was sich in Listen und Tabellen gut abbilden lässt) am meisten, während sie nicht allzu bald zusammenbrechen und ersetzt werden müssen.

Unter solchen Umständen darf es einen nicht wundern, wenn Menschen sich nach der Pension bzw. Rente, nach einem Ende der Arbeit sehnen. „Wie lange hast du noch?", „Wann kannst Du gehen?" sind hier typische Frage, und je länger die Zeitspanne, die man nennt, desto größer das Mitleid des Gegenübers.

Mit kaum etwas kann man sich als Politiker:in im Normalfall unbeliebter machen als mit einem Vorstoß, das Antrittsalter für die Pension zu erhöhen. Gerne wird überlegt, wie man durch Gesetzgebung und ökonomische Zwänge die Menschen länger in der Arbeit halten kann. Doch wenn die Arbeit generell erfüllender und besser mit einem guten Leben verträglich wäre, dann müsste hierfür wohl weit weniger Aufwand getrieben werden, wäre vielleicht gar kein Zwang notwendig.

Stattdessen aber haben wir einen Teufelskreis vorliegen: Je unangenehmer die Arbeitsbedingungen sind, desto eher wollen die Menschen ihnen entfliehen – und umso schlechter werden die Bedingungen für den Rest. Doch nicht nur was das ersehnte Ende der Arbeit angeht, gibt es diesen Effekt, sondern auch in Bezug auf das Ausmaß.

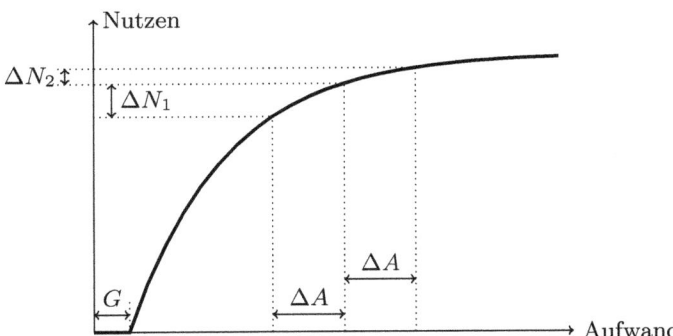

Abb. 9.10: Aufwand und Nutzen: Ein gewisser Grundaufwand G muss bei den meisten Beschäftigungen investiert werden, ohne dass er einen direkten Nutzen bringt. (Man denke an diverse betriebsinterne E-Mails, bei denen man erst nach dem Lesen weiß, dass sie für einen selbst gar nicht relevant sind.) Danach steigt der Nutzen zunächst fast proportional zum Aufwand. Später flacht die Kurve dann aber ab. Wenn ein Zusatzaufwand ΔA das erste mal einen Zusatznutzen ΔN_1 erzielt, ist der Zusatznutzen ΔN_2 bei nochmaligem Investieren eines solchen Aufwands deutlich kleiner. Berechnet man hierfür ein Art Wirkungsgrad, dann findet man den typischen Abfall der Effizienz bei zu großen Leistungen ($\Rightarrow$ Box auf S. 70) (PD$_{KL}$)

Wie viel sollen (oder wollen) wir arbeiten? Um bis zum Bereich der Überforderung zu gelangen, ist die Maximierung der eigenen Arbeitszeit oft hilfreich. Natürlich ist das meist nicht die ursprüngliche Intention der Arbeitenden (während das Management oft ausgesprochen gerne mit *all-in*-Verträgen bei der Hand ist). Doch wenn man Ende des Arbeitstages noch so viel liegen geblieben ist, könnte man doch noch ein oder zwei Stunden weitermachen, um ein bisschen Rückstau aufzuarbeiten, oder nicht?

Doch zumeist wird der Vorsprung, den man dadurch erlangt, schnell „eingepreist" ($\Rightarrow$ 9.3.1), und was als Befreiungsschlag begonnen hat, wird bald zur Notwendigkeit. Hinzu kommt, dass die wenigsten Menschen tatsächlich acht, neun oder zehn Stunden konzentriert und leistungsfähig bleiben. Der zusätzliche Nutzen, den man durch Erhöhung des eigenen Aufwands erhält, wird, wie in Abb. 9.10 skizziert, immer geringer.

Wenn die eigene Leistungsfähigkeit sinkt, man Fehler macht, die einen später erst recht wieder Zeit kosten (oder bei denen vielleicht andere Menschen damit beschäftigt sind, sie auszubügeln), schafft man in neun oder zehn Stunden vielleicht in Wirklichkeit bald auch nicht mehr, als gut ausgeruht in sechs oder sieben möglich wäre. Doch ist dieser Zustand erst einmal erreicht, kann man auch nicht mehr so einfach zurück.

Zum Glück hat sich inzwischen zur Kultur der (Selbst-)Ausbeutung eine Gegenbewegung formiert, die breit genug ist, dass selbst die *Human-Resources*-Abteilungen (ehemals Personalabteilungen) vieler Unternehmen lernen mussten, sich mit ihr zu

9.3 Der Kult der Effizienz

arrangieren. Als „Teilzeit-Boom" oder „Revolte der Generation Z" wird sie gerne bezeichnet, manchmal auch als *Great Resignation*, und natürlich fürchten manche wieder einmal den Untergang des Abendlandes.[49]

Doch mit Resignation bzw. innerem Rückzug haben der Wunsch nach Arbeitszeitverkürzung und der Teilzeitboom meist wenig zu tun. Manchmal ist es natürlich der Zwang der Umstände, vor allem durch Betreuungspflichten (Care-Arbeit) – was, der gängigen Rollenverteilung folgend, insbesondere Frauen betrifft. Manche Arten von Arbeit sind so mühsam und frustrierend, dass man sie sich keine 40 Stunden pro Woche antun will. Dabei hat speziell der BWLismus ($\Rightarrow$ 9.3.4) eine perfide Doppelmühle geschaffen: Mehr und mehr nutzlose, unproduktive, frustrierende Arbeit muss geleistet werden, um die Bedürfnisse einer nutzlosen, unproduktiven und frustrierenden Administrationsmaschinerie zu befriedigen. Die Arbeitgeber:innen fordern, dass mehr gearbeitet werden muss, weil die Produktivität nicht ausreicht. Die Arbeitnehmer:innen sind von der administrativen Quälerei, die sie neben und statt ihrer eigentlichen Arbeit erledigen müssen, frustriert und ausgelaugt. Von der bloßen, Vorstellung, noch mehr davon machen zu müssen, wird ihnen zu Recht schlecht.

Für manche Menschen ist die 40-Stunden-Arbeitswoche wohl prinzipiell nicht geeignet.[50] Somit findet (so zumindest meine persönliche Interpretation) endlich ein Zurechtrücken der Prioritäten statt. Sich dafür kaputt zu schuften, um sich mehr *Dinge* leisten zu können (deren Herstellung weiteren Schaden an der Erde anrichtet), ist für immer weniger Menschen attraktiv. Zeit, die man in zwischenmenschliche Beziehungen und in eigene Vorhaben investieren kann, statt in das, was andere gerade fordern, erhält endlich wieder einen angemessenen Stellenwert.

Die berühmte Extra-Meile Viele Menschen, die mit sich im Reinen sind, geben gerne ihr Bestes für Aufgaben, die ihnen selbst wichtig sind, ihnen selbst sinnvoll erscheinen. Ohne solchen engagierten, selbstlosen Einsatz, der sich jenseits von Geld und Märkten abspielt, würde unsere Gesellschaft weit schlechter funktionieren, wäre viel ärmer. Teils enorm wichtige Arbeiten, vom Einsatz bei Sanitätsdiensten und Feuerwehr bis hin zur Mitarbeit in Tierheimen werden ehrenamtlich geleistet. Viele großartige Veran-

---

[49] wie u.a. auch schon bei der Abschaffung der Sklaverei, dem Ende der Leibeigenschaft und dem Abschied von der 60-Stunden-Arbeitswoche ...

[50] Im Grunde ist es erstaunlich, wie wenig der „one-size-fits-all"-Zugang zu „normaler" Arbeitszeit hinterfragt wird, wenn man bedenkt, wie unterschiedlich Menschen allgemein sind: Manche können Stunden in der prallen Sonne liegen, andere haben sich nach zehn Minuten schon einen üblen Sonnenbrand eingefangen. Bei Temperaturen, bei denen die einen sich in einem dünnen T-Shirt noch wohl fühlen, haben sich andere schon längst in Pullover und Mantel gewickelt. Speisen, die manche heiß lieben, lösen bei anderen Ekel und bei einigen sogar schwere allergische Reaktionen aus. Es wäre auch keine allzu gute Idee, nur noch Kleidung und Schuhe in Einheitsgröße herzustellen. Nur bei dem, was Arbeitszeit betrifft, sind wir angeblich alle gleich, und die einzige allgemein akzeptierte Entschuldigung dafür, weniger als 40 Stunden der Erwerbsarbeit zu widmen, ist andere Arbeit, die man (unbezahlt) zu leisten hat.

staltungen würde es ohne Heerscharen freiwilliger Helfer:innen, die ehrenamtlich oder für eine minimale Aufwandsentschädigung tätig sind, schlichtweg nicht geben. Viele Vorhaben hätten ohne den engagierten Einsatz von Menschen, die für etwas Sinnvolles mehr als nur „Dienst nach Vorschrift" machen, niemals erfolgreich sein können.

Doch natürlich hat das moderne Management dieses Konzept gekapert und missbraucht es für seine eigenen Zwecke. Dann wird wie selbstverständlich verlangt, auch noch die ominöse Extra-Meile zu gehen, bzw. es wird die Nase über jene gerümpft, die das nicht tun. Dabei versucht man uns einzureden, dass wir uns für Ziele schinden sollen, die keineswegs unsere eigenen sind. Es sind fremdbestimmte Ziele, die oft nur dem Dogma des ewigen Wachstums dienen ($\Rightarrow$ 9.1.4). Besonders perfide wird es, wenn für fragwürdige Prestige-Projekte und diverse Rituale, um den großen Drachen der Finsternis zu besänftigen ($\Rightarrow$ 9.3.3), irgendwann nahezu die gesamte reguläre Arbeitszeit draufgeht. Will man die Dinge, wegen derer man seinen Beruf (außer für die monatlichen Gehaltszahlungen) wirklich ausübt, dann auch nur einigermaßen gut machen, bleibt einem gar nichts anderes mehr übrig, als diverse Extra-Meilen zu gehen.

Bezahlte und unbezahlte Arbeit Viel wichtige Arbeit wird unbezahlt geleistet, speziell Care-Arbeit (Kinderbetreuung, Altenpflege). Solche Tätigkeiten fließen nicht in das BIP ein ($\Rightarrow$ 9.1.5), bringen bestenfalls unzureichende Pensionsansprüche und sind auch gesellschaftlich wenig angesehen. Speziell von Frauen wird oft geradezu selbstverständlich erwartet, sie halt nebenbei auch noch zu erledigen.

Ehrenamtliche Tätigkeiten (s.o.) fallen ebenfalls in die Kategorie der unbezahlten Arbeit – auch in der Wissenschaft. Die Expert:innen des IPCC etwa tragen Forschungsergebnisse aus unterschiedlichsten Quellen zusammen, um damit ein möglichst gutes Bild des Klimawandels zeichnen zu können. Das ist aktuell wohl eine der wichtigsten Aufgaben, die es auf der Welt gibt, denn nur auf Basis umfassender Analysen besteht zumindest eine Chance, Entscheidungsträger:innen zu überzeugen.

Die IPCC-Expert:innen tun das ehrenamtlich, quasi in ihrer Freizeit – und die meisten dieser Menschen haben in ihrer regulären Arbeit auch nicht gerade wenig zu tun. Für eine der wichtigsten Aufgaben der Menschheit geben wir aktuell also kein zusätzliches Geld aus, erwarten, dass sie von denen, die ohnehin in der Klimaforschung und verwandten Bereichen tätig sind, quasi nebenbei miterledigt wird.

Auf der anderen Seite erhalten manche Personen viel Geld für sehr zweifelhafte Tätigkeiten – zweifelhaft sowohl hinsichtlich des prinzipiellen Ziels als auch der Qualität der Umsetzung, etwa bei Fondsmanager:innen und Trader:innen ($\Rightarrow$ 9.1.2). So würde es wohl nicht schaden, und unvoreingenommen zu überlegen, welche Arbeit uns als Gesellschaft wie viel wirklich wert ist.

9.4 Und wer soll das nun wirklich bezahlen?

„Wer soll das bezahlen?", heißt es in dem berühmten Karnevalslied von Jupp Schmitz und Kurt Feltz, „Wer hat das bestellt? // Wer hat so viel Pinkepinke? // Wer hat so viel Geld?". Dazu vermeint man bei Diskussionen zur Energiewende oft zu hören: „So viel Pinkepinke // gibt's nicht auf der Welt!" Doch wie viel Geld ist überhaupt nötig? Prinzipiell gibt es ja zwei Arten, schädliches Verhalten zu unterbinden: es einfach zu verbieten (der klassische gesetzgeberische Weg) oder es ausreichend teuer zu machen (der wirtschaftlich-regulatorische Weg). Bei den toxischen Emissionen, die eher vor Ort wirken, wurde vor allem der erste Weg beschritten, bei klimarelevanten Emissionen – bislang zaghaft und nicht allzu erfolgreich – der zweite.

Als weitere Variante kann der Staat erwünschte Alternativen großzügig fördern oder gleich selbst umsetzen. Damit tut man vorerst niemandem weh – aber natürlich schlägt sich das in den Staatsschulden nieder ($\Rightarrow$ 9.2.1). Die Staaten der Welt werden aus ihren Budgets heraus manches unterstützen und bestimmte Maßnahmen setzen können, aber kaum in der Lage sein, die Energie- und Wirtschaftswende finanziell allein zu stemmen. Es wird also weitere Arten der Finanzierung brauchen.[51]

Hätten wir ein gut funktionierendes Wirtschaftssystem, dann wären ja keine speziellen Maßnahmen erforderlich, dann würden unsere Ressourcen „automatisch" dorthin fließen, wo sie am dringendsten gebraucht werden, um unseren Lebensstandard auch für künftige Generationen abzusichern. Doch stattdessen fließen die Mittel aktuell dorthin, wo kurzfristig die höchste Rendite winkt ($\Rightarrow$ 9.1.3), ganz egal, wie groß der langfristige Schaden ist. Leider ist es utopisch, dass wir schnell genug ein systematisch besseres Wirtschaftssystem auf die Beine stellen können – wir wissen ja trotz diverser Grundsatzüberlegungen ($\Rightarrow$ 10.3.1) noch nicht einmal genau, wie ein solches aussehen würde. Zudem sind die Trägheiten und Widerstände wahrscheinlich zu groß. Die beste Chance, die wir kurzfristig haben, ist, die Rahmenbedingungen so zu verändern, dass die sinnvollen Investitionen auch jene mit der besten Rendite sind.

Generell wird eine kollektive Anstrengung wird notwendig sein, um unser Energiesystem, unsere Infrastruktur und unsere Industrie auf einen nachhaltige Basis zu stellen, die mit dem Fortbestand der menschlichen Zivilisation verträglich ist. Dabei werden wir in vielen Bereichen Wege finden müssen, ein *Gefangenendilemma* ($\Rightarrow$ Box auf S. 400) aufzubrechen, also eine Situation, in der man selbst stets besser aussteigt, wenn

---

[51] Es ist in der Volkswirtschaftslehre allerdings umstritten, wie frei Staaten prinzipiell handeln können, [WM19]. Vertreter:innen der *Modern Monetary Theory* (MMT) argumentieren durchaus schlüssig, dass für einen Staat Verschuldung in der eigenen Währung kein echtes Problem darstellen, solangte die Wirtschaft gut läuft und man die Inflation unter Kontrolle hält ($\Rightarrow$ Box auf S. 383), [Cho20; Kel21]. Entscheidend ist nicht, *wie viel* ein Staat ausgibt, sondern *wofür* er das tut, speziell, ob die Realwirtschaft damit zurecht kommt.

man *nicht* zum gemeinsamen Wohl zusammenarbeitet. Insbesondere für die Kooperation zwischen Staaten, die ganz unterschiedliches Entwicklungsniveau, unterschiedliche Probleme und ganz unterschiedliche verfügbare Ressourcen haben, ist das eine knifflige Sache. Doch auch innerhalb eines Staates oder einer Staatengemeinschaft gibt es noch immer genug Herausforderungen.

9.4.1 Einen klaren Rahmen setzen – und akzeptieren

Wenn es darum geht, passende Rahmenbedingungen zu schaffen – jetzt schon, nicht erst dann, wenn die Katastrophe mit voller Wucht über uns hereinbricht –, dann haben die Regierungen der Welt eine Schlüsselrolle inne. Natürlich kann jedes Land (sofern nicht ohnehin gerade Klimawandel-Leugner am Ruder sind) argumentieren, dass es ja nur einen kleinen Teil zu den CO_2-Emissionen beiträgt.[52] Auch eine dramatische Reduktion des Einsatzes fossiler Energieträger würde an der globalen Situation kaum etwas ändern, den Lebensstandard der eigenen Bevölkerung aber dramatisch senken und die eigene Wettbewerbsfähigkeit schwächen. Das ist ja nicht falsch, stellt aber ein Gefangenendilemma in Reinkultur dar.

Gerade für Europa, das nur über sehr begrenzte eigene fossile Vorräte und andere Rohstoffe verfügt, wäre ein schneller Ausstieg jedoch zugleich auch eine Befreiung aus unliebsamen Abhängigkeiten. Ist ein erneuerbares Energiesystem erst einmal etabliert (⇒ Kap. 8), dann bedeutet es auch ökonomisch eine enorme Ersparnis, wenn die Fossilimporte unnötig werden. Analoges gilt für eine echte Kreislaufwirtschaft und den Import diverser mineralischer Rohstoffe. Der Aufbau eines solchen Systems bedeutet einen gewaltigen Kraftakt – aber eben nur einen einmaligen, auf dessen Errungenschaften man in den kommenden Jahrhunderten und Jahrtausenden bauen kann.

Zumindest vorübergehend wird, so unpopulär das auch ist, an höheren Energiepreisen wohl kaum ein Weg vorbei führen. (Hierbei geht es ja nicht nur um die Gestehungskosten, sondern auch wesentlich um Ausbau und Betrieb von Netzen und Speichern ⇒ 5.6.) Dabei ist Energiepolitik zugleich immer auch Sozial- und Industriepolitik. Doch Energie einfach für manche Personen oder Branchen künstlich billiger zu machen, ist gleich in mehrerer Hinsicht problematisch (⇒ 10.1.4). Wesentlich besser ist da schon ein Ansatz, bei dem es Unterstützung in Form eines gewissen Sockelbetrags gibt. Für Einzelpersonen kann das etwa die Form eines bedingungslosen Grundeinkommens (BGE ⇒ Box auf S. 395) annehmen, oder bei globaler Umsetzung einer *Grunddividende* der Erde, die jedem Menschen zusteht.[DDGG+22]

---

[52] Im Fall von China, den USA oder zunehmend auch Indien ist er gar nicht so klein. Historisch ist allerdings auch der Beitrag von Europa zu den gesamten Emissionen der Menschheit beachtlich.

> **Vertiefung: Inflation und Deflation**
>
> Ein zentrales Element unseres Geldsystems ist die Dynamik der *Inflation* (oder gelegentlich auch *Deflation*), der Umstand, dass Geld an Kaufkraft und damit an Wert verliert. In der *quantitiven Geldtheorie* wird der Kaufkraftverlust in direkte Beziehung zur Geldmenge in gesetzt: Wenn die Geldmenge schneller wächst als die Wirtschaftskraft, wird das Geld in Relation weniger wert. Das Aufblähen (die Inflation) der Geldmenge führt zur Entwertung (Devaluation) des Geldes. Doch es gibt – wie so oft in den Wirtschaftswissenschaften ($\Rightarrow$ 9.1.1) – auch subtil andere Sichtweisen. Auf jeden Fall ist die Rate der Geldentwertung, die typischerweise anhand von speziellen „Warenkörben" berechnet wird, im Alltag und allgemein in der Realwirtschaft bedeutsam, während die Geldmenge eine eher technische Angelegenheit ist.
>
> Ein wenig Inflation ist meist durchaus erwünscht. Die Europäische Zentralbank etwa hat den Auftrag, die Inflationsrate knapp unter 2 % pro Jahr zu halten. Durch etwas Geldentwertung erhält unser Geld den Charakter eines (sehr moderaten) *Schwundgeldes*, welches tendenziell Investitionen fördert. Dass Schwundgeld die wirtschaftliche Dynamik antreibt, ist durch historische Beispiele belegt, von der Silberwährung des mittelalterlichen Frankreich bis zum sogenannten „Wunder von Wörgl".[Bru06; Sch21b] Daneben macht es die Inflation leichter, Preiserhöhungen und reale Gehaltskürzungen zu verstecken – für Unternehmen durchaus ein Vorteil. Zudem wird der Effekt des natürlichen Verfalls imitiert, dem nahezu alle realen Ressourcen unterliegen: Lebensmittel verderben, Holz vermorscht, Stein bröckelt weg, Eisen verrostet.
>
> Deflation, d.h. ein Steigen des Geldwerts fürchten die meisten Ökonom:innen wie der sprichwörtliche Teufel das Weihwasser. Das mag paradox klingen. Ist es denn nicht gut, wenn das Geld an Wert gewinnt? Nun, höchstens für jene, die es haben. Schulden hingegen werden durch Deflation noch drückender, weil die gleiche Geldmenge immer größeren Sachwerten entspricht. Zudem schafft Deflation ein investitionsfeindliches Klima. Man weiß in einer deflationären Situation ja: Wartet man mit einer Anschaffung noch etwas zu, dann erhält man sie billiger bzw. kann für den gleichen Geldbetrag etwas Höherwertiges kaufen. Eine Inflationsrate knapp unter 2 % anzustreben, kann man also auch als Strategie verstehen, einen Sicherheitsabstand zum deflationären Bereich zu halten.
>
> Es gibt Phasen, in denen die Inflation zu gering ist und sich die Nationalbanken bemühen, sie durch „billiges Geld" (also niedrige Zinsen) zu erhöhen. Von 2022 bis 2024, ausgelöst von Ukraine-Krieg und Energiekrise, war das Hauptproblem in Europa aber eine zu hohe Inflation (die manche Staaten besser, andere schlechter bekämpft haben). Selbst die gut 10 % Inflationsrate, die es dabei kurzzeitig gab, sind aber harmlos gegen andere Zeiten und Länder, etwa das Deutschland 1922/23-Jahre, oder Simbabwe von 2006-2009. Tendenziell ist eine hohe Inflation ein Zeichen zu hoher Staatsausgaben – die oft wiederum eine Reaktion auf allgemeine wirtschaftliche Probleme sind.

Eine solcher Sockel federt soziale Härten ab, dennoch gibt es nach wie vor einen starken Anreiz, mit Energie sparsam umzugehen. Auch für energieintensive Unternehmen wäre es mit einer staatlichen Unterstützung, die sich nach Produktion bzw. Zahl der Mitarbeiter:innen richtet, aber nicht nach dem eigentlichen Energieverbrauch, ein gutes Geschäft, in Energiesparmaßnahmen bzw. in eine erneuerbare Energieversorgung zu investieren. Zugleich könnte man weiterhin die Wettbewerbsfähigkeit gewährleisten. Dabei wird allerdings weitergehender politischer Konsens nötig sein, dass die Rahmenbedingungen so bleiben, wie es für die Transformation notwendig ist. Auch für die Industrie ist ein klarer Fahrplan wohl letztlich besser als ein ständiges Herumlavieren und Nachkorrigieren. Wenn weder das hartnäckige Lobbyieren von Wirtschaftsvertretern noch ein Richtungswechsel bei der nächsten Wahl diesen Fahrplan spürbar ändern wird, kann sich die Industrie auf Umsetzungen statt auf Verzögerungsmaßnahmen konzentrieren.

Die Klimakrise wird ja nicht verschwinden, und jede Abschwächung der Maßnahmen heute oder morgen wird übermorgen eine noch dramatischere Verschärfung erforderlich machen. Unternehmen sollten in ihren Kalkulationen nicht mehr von den niedrigen Energiepreisen ausgehen, wie wir sie in den letzten Jahrzehnten hatten, die wir mit gewaltigen Schäden an unserer Welt erkauft haben. Wenn global glaubwürdig im Raum steht, dass die Politik keine Garantie für solch niedrigen Preise bietet, sondern dass es im Gegenteil einen verlässlichen Pfad gibt, wie Emissionen und Energieverschwendung sukzessive teurer werden, dann kann auch das betriebswirtschaftliche Denken wieder zu einer konstruktiven Kraft werden, statt wie jetzt eher einem ökologischen Amokläufer zu gleichen.

9.4.2 CO_2-Preise und -Zölle

Der Hauptgrund, warum die normalen Abläufe der Marktwirtschaft bislang wenig dazu beigetragen haben, CO_2-Emissionen zu reduzieren, ist, dass Kosten darin oft nicht ehrlich betrachtet werden, dass die Schädigung und Zerstörung von Schätzen die allen (oder niemandem) gehören, oft mit keinem Preis versehen ist, dass zukünftige Katastrophen im Hier und Jetzt keinen Preis haben („Marktversagen" $\Rightarrow$ 9.1.2).

CO_2-Preise Eine Möglichkeit, dieses Manko zu beheben, ist es, CO_2-Emissionen mit einem „künstlichen" Preis zu versehen, der idealerweise die angerichteten Schäden widerspiegelt („die negativen Externalitäten internalisiert"). Zumindest aber sollte der Preis so hoch sein, dass er einen spürbaren Anreiz für den Einsatz klimaschonender Technologien bietet. Man kann solche Preise fix vorgeben (CO_2-Abgabe bzw. -Preis) oder mittels begrenzter *Emissionsrechte* die Preisfindung dem Markt überlassen ($\Rightarrow$ Box auf S. 385).

9.4 Und wer soll das nun wirklich bezahlen?

> **Vertiefung: Emissionshandel, Cap-and-Trade**
>
> Als wesentliches Werkzeug für die Begrenzung von CO_2-Emissionen wird der *Emissionshandel* (Emission Trading System, ETS) gesehen. Auch in Europa ist dieses Instrument seit 2005 in Kraft.
>
> Der übliche Zugang für diesen Emissionshandel ist ein *Cap-and-Trade-System*. Dabei wird die Menge der zulässigen Emissionen begrenzt („Cap") und nach einem Schlüssel, über den man natürlich ausgiebig diskutieren und verhandeln kann, den betroffenen Unternehmen zugeteilt. Diese können, um die Obergrenze einzuhalten, ihre eigenen Emissionen reduzieren. In manchen Branchen bzw. Betrieben ist das einfacher möglich, in anderen schwieriger.
>
> Dort, wo Unternehmen über das Notwendige hinaus Emissionen reduzieren, können sie die selbst nicht benötigten Rechte verkaufen („Trade", Zertifikatshandel). Dadurch bildet sich am entsprechenden Markt ein Preis. Auf diese Weise werden Emissionen typischerweise dort eingespart, wo es am kostengünstigsten möglich ist.
>
> Ein großer Vorteil an diesem Zugang im Vergleich zu einem festen Preis ist, dass die Gesamtmenge der zulässigen Emissionen begrenzt werden kann. Problematisch sind momentan allerdings noch Zertifikate für Emissionen, die zur Kompensation eingesetzt werden und die oft aus sehr fragwürdigen Projekten stammen ($\Rightarrow$ 10.1.2).
>
>
>
> Lange waren in Europa die Emissionskontingente so großzügig bemessen, dass der Preis pro Tonne CO_2 unwirksam niedrig war. Allerdings werden die Anwendungsbereiche ausgeweitet und die Kontingente sukzessive reduziert, so dass, seit 2021 die Preise spürbar angestiegen sind, [Umw24b]:
>
>

Für manche Sektoren ist ein internationales System für den Handel mit CO_2-Emissionsrechten bereits in Kraft. Manche Länder (darunter Deutschland und Österreich) haben bereits eine noch umfassendere CO_2-Bepreisung eingeführt (gegen die manche Parteien und Teile „der Wirtschaft" bei jedem Anlass Sturm laufen), in Österreich ursprünglich mit dem „Klimabonus" als sozialem Ausgleich. Allerdings sind die dortigen Preise, die bei 45 € pro Tonne CO_2 liegen (mit einem geplanten weiteren Anstieg), wohl noch zu niedrig, um einen deutlichen Lenkungseffekt zu haben. Der Versuch einer einigermaßen faire Bewertung der Schäden liefert Preise von zumindest einigen hundert Euro.[53] Hoch genug ist der CO_2-Preis sicher, wenn Kohlenwasserstoffe, die aus grünem Wasserstoff erzeugt werden ($\Rightarrow$ 8.3.2), billiger sind als ihre fossilen Gegenstücke.

CO_2-Zölle Ein Problem der CO_2-Preise kann die Schädigung der eigenen Industrie sein, ein Verlust der Wettbewerbsfähigkeit – zumindest, wenn ein entsprechender Kompensationssockel nicht wirklich sinnvoll aufgesetzt ist bzw. ihn sich der Staat nicht über einen längeren Zeitraum hinweg leisten kann.[54] Nun bringt es aber dem Weltklima nichts, wenn z.B. ein Stahlwerk oder eine Kunststoff-Fabrik aufgrund zu hoher Energie- und CO_2-Preise in Europa geschlossen und in China wieder eröffnet wird. Zusätzlich zum CO_2-Preis kann also schnell Bedarf an weiteren Instrumenten bestehen, insbesondere *CO_2-Zöllen*.

Nun gelten Zölle als das Schreckgespenst des freien Handels schlechthin. Tatsächlich stellen sie ein lästiges Handelshemmnis dar und wirken in ihrer unfundierten Form auch eher unsympathisch: „Wir erheben auf dieses Produkt eine Abgabe, weil es nicht in unserer ruhmreichen Heimat, sondern im Ausland (einem dubiosen, mehrheitlich von Ausländern bewohnten Ort) hergestellt wurde." Klingt dumpf, nationalistisch, sehr nach frühem 20. Jahrhundert (oder nach Donald Trump)? Aber wie wäre es mit: „Wir erheben auf dieses Produkt eine Abgabe, weil es unter Bedingungen hergestellt wurde, die lokal die Umwelt verpesten, global das Klima und damit uns alle gefährden, unter menschenunwürdigen Arbeitsbedingungen hergestellt wurde (und nur daher so billig sein kann), und das vielleicht noch in einem Staat, der die internationale Steuersolidarität unterläuft"?

Das wäre doch schon etwas schlüssiger und sinnvoller. Tatsächlich werden auch jetzt schon immer wieder Zölle erhoben, allerdings zumeist mit der Begründung unzulässiger Subventionen (etwa gegen chinesische Elektroautos, deren Hersteller großzügige staatliche Unterstützungen erhalten haben sollen). Umwelt und Menschenrechte haben als Grund für Zölle hingegen bislang noch selten eine Rolle gespielt.

---

[53] Vom deutschen Umweltbundesamt wird ein Preis von 860 € pro Tonne geschätzt (auf die Kaufkraft von 2023 bezogen), siehe https://www.umweltbundesamt.de/daten/umwelt-wirtschaft/gesellschaftliche-kosten-von-umweltbelastungen#klimakosten-von-treibhausgas-emissionen

[54] Auch hinsichtlich Beihilfenrecht sind Komplikationen absehbar – aber Recht ist veränderbar, und staatliche Subventionen sind anderswo auch ein fixes Element der Wirtschaftspolitik.

9.4 Und wer soll das nun wirklich bezahlen?

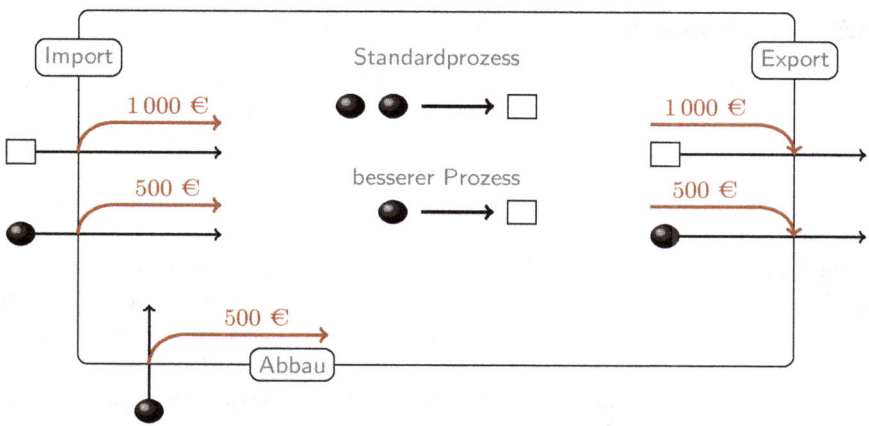

Abb. 9.11: Grobes Konzept von reversiblen CO_2-Zöllen in der Stahlherstellung: Angenommen, ein sinnvoller CO_2-Preis beträgt 500 € pro Einheit Kohle. Dieser Preis muss bei Einfuhr oder Abbau eingehoben und bei Ausfuhr erstattet werden. Werden im globalen Durchschnitt (neben Eisenerz etc.) zwei Einheiten Kohle zur Herstellung einer Einheit Stahl benötigt, dann beträgt die entsprechende Abgabe 1 000 € pro Einheit Stahl. Auch diese ist bei Einfuhr zu entrichten und wird bei Ausfuhr erstattet. Produziert man eine Einheit Stahl selbst mit zwei Einheiten Kohle, dann ist man importierter Ware (auf höherem Preisniveau) ebenbürtig und hat auch im Export keine Nachteile. Schafft man es aber, die eigenen Prozesse so weit zu verbessern, dass man mit einer Einheit Kohle auskommt, ist man sowohl im System als auch außerhalb davon der Konkurrenz um 500 € pro Einheit Stahl voraus. (KL_{BY}^{CC})

Das allerdings soll sich ändern. In der EU hat die Einführung des CO_2-Grenzausgleichsmechanismus CBAM (*Carbon Border Adjustment Mechanism*) bereits begonnen. Darin müssen ab 2026 beim Import von Waren aus Staaten, die keine ähnlich ambitionierten Klimaziele wie die EU verfolgen, CBAM-Zertifikate gekauft werden, die quasi als CO_2-Preis für die Treibhausgase dienen, die in den Herstellungsländern ausgestoßen wurden. Damit haben europäische Produzent:innen zumindest auf dem Heimmarkt keinen Nachteil gegenüber der internationalen Konkurrenz.[55]

Noch weiter ginge ein System, das, wie in Abb. 9.11 skizziert, mit einem *reversiblen* CO_2-Zoll arbeitet. Dabei würde die entsprechende CO_2-Abgabe bei der (Wieder-)Ausfuhr (zurück-)erstattet, was auf allen Märkten, nicht nur dem Heimmarkt, für faire Bedingungen sorgen würde, die klimaschonende Verfahren begünstigen. Dabei müsste man allerdings auch den *Abbau* von klimaschädlichen Substanzen, der diese ja auch erst in das Wirtschaftssystem hineinbringt, ebenso mit einer CO_2-Abgabe versehen.

---

[55]siehe z.B. Überblick auf https://www.bmf.gv.at/themen/klimapolitik/carbon-markets/Carbon-Border-Adjustment-Mechanism-(CBAM)-/ueberblick.html

9.4.3 Green Investments – moderner Ablasshandel?

> Und, da das Ganze ein Symbol,
> So kann's nicht schaden, wenn es hohl.
>
> Wilhelm Busch, *Der Geburtstag*

Keineswegs allen, die ihr Geld investieren wollen, geht es nur rein um die Rendite. Die Abwägung zwischen sicheren, aber weniger lukrativen Investitionen und risikoreicheren, die höhere Gewinne versprechen, gibt es seit jeher. Inzwischen ist aber auch die Frage hinzugekommen, wie „grün", wie nachhaltig ein Investment sein soll. Nachhaltige Geldanlagen, die bestimmten Kriterien bzgl. ESG (Environmental, Social, Governance) entsprechen, sind im Finanzsektor ein bedeutsames Feld geworden, das rasch wächst. Manche begegnen dem Wunsch, Geld nachhaltig zu investieren, eher verächtlich. Reine Gewissensberuhigung sei das, quasi eine moderne Form des mittelalterlichen Ablasshandels. Doch spielt es wirklich eine Rolle, ob diese kritisch-zynische Sicht zutreffend ist? Wir neigen bei Handlungen (begreiflicherweise) dazu, deren Absicht ein enormes Gewicht zu geben. Doch tut man aus niederen Beweggründen etwas Sinnvolles, dann ist es immer noch sinnvoll. Setzt man hingegen in bester Absicht eine nutzlose symbolische Geste, ist sie bedauerlicherweise immer noch nutzlos.[56]

Die zentrale Frage ist demnach zunächst, ob die ESG-zertifizierten Geldanlagen auch *wirksam* sind – und hier sieht es zumindest bei der „Stangenware", die Banken und andere Finanzdienstleister im Angebot haben, leider nicht allzu gut aus.

Kaum irgendwo ist das *Greenwashing* so einfach wie im Bereich des Investments ($\Rightarrow$ 10.1.2). Es genügt z.B. völlig, ein Unternehmen in zwei miteinander verbundene aufzuspalten – in der modernen Wirtschaft ein ganz alltäglicher Vorgang (mit dem allerdings manchmal durchaus abenteuerliche Dinge getrieben werden[57]). Nehmen wir etwa ein Energieversorgungsunternehmen EVU, das wir in EVU_A und EVU_B aufspalten. In EVU_A bündeln wir alles, was auf erneuerbare Weise Energie erzeugt, Wind, Sonne, Wasserkraft, Biomasse. In EVU_B verbleiben die fossilen und ggf. nuklearen Kraftwerke. Damit erfüllt EVU_A die höchsten Nachhaltigkeitskriterien und kann in jedem ESG-9-Fonds aufgenommen werden. Solange es noch Investor:innen gibt, denen solche Kriterien egal sind, wird aber auch EVU_B Geldgeber finden, und in Summe ist nichts anders als zuvor.

---

[56]Ein Problem mit Taten zur bloßen Gewissensberuhigung ist allerdings, wenn sie dann wieder als Rechtfertigung für neue problematische Handlungen herhalten müssen. „Ich trenne so brav meinen Müll, da darf ich ja wohl einen SUV fahren und ab und zu nach Bali fliegen."

[57]Besonders raffinierte Tricks hatte hierbei die inzwischen insolvente Signa Holdiung auf Lager: Spalte eine Kaufhauskette in zwei Unternehmen, von denen einer die Immobilien gehören, während sich die andere um den eigentlichen Verkauf kümmert. Wenn das erste Unternehmen nun die Mieten verdoppelt, die ihr das zweite zahlen muss, dann verdoppelt sich auf dem Papier auch der Wert der Immobilien – und man kann z.B. höhere Kredite damit besichern.

9.4 Und wer soll das nun wirklich bezahlen?

Zudem sind die Anforderungen, die mit einer ESG-Zertifizierung verbunden sind, aktuell noch nicht allzu hoch. Wirft man einen Blick in einige typische Fonds, die den hohen Standards (ESG, Artikel 8) entsprechen, dann findet man dort diverse Unternehmen, die man nicht unbedingt mit Nachhaltigkeit verbindet, deren Beitrag zu einer lebenswerten Zukunft oft sogar eher überschaubar ist.[58]
Digital- und Technologiekonzerne (z.B. Alphabet, Amazon, Apple, IBM, Microsoft, Nvidia, SAP oder Siemens) kann man in solchen Fonds genauso finden wie Finanzdienstleister, Pharmaunternehmen und allgemeine produzierende Industrie. Es mag wohl sein, dass die dort gelisteten Unternehmen etwas weniger problematische Geschäftspraktiken haben als andere, und sicherlich setzen manche von ihnen Iniativen in Richtung Nachhaltigkeit bzw. produzieren *auch* Komponenten und Systeme, die für erneuerbare Energielösungen gebraucht werden. Die übelsten Fossilkonzerne wird man in solchen Fonds auch nicht finden. Doch ist es, wenn man sein Geld wirklich im Sinne der Nachhaltigkeit investieren will, wirklich sinnvoll, letztlich erst recht wieder Aktien der „üblichen Verdächtigen" zu kaufen?

In Fonds, die den höchsten Standards (ESG, Artikel 9) entsprechen, findet man vor allem Staatsanleihen. Zwar sind (was immer Populist:innen von allen Seiten behaupten mögen) die meisten Staatsausgaben durchaus sinnvoll und durch die Art, wie ihre Finanzierung aktuell erfolgt, sind Staatsanleihen hierfür ein notwendiges Instrument.[59] Doch Staaten finanzieren mit dem Geld, das sie sich leihen, vieles – neben Forschung und Förderungen erneuerbarer Energie u.a. auch neue Straßen, und oft gibt es noch immer milliardenschwere Subventionen für fossile Energieträger.

Auch diverse Initiativen wie die „Klima-Selbstverpflichtung" von Banken oder die „Net-Zero Banking Alliance" sind löchrig wie ein Nudelsieb. Geld hat, wie es in Österreich so schön heißt, kein „Mascherl": Ein spezieller Euro oder Dollar am Konto lässt sich nicht von einem anderen unterscheiden. Extrem klimaschädliche Vorhaben werden zwar nicht mehr direkt finanziert – sehr wohl aber nach wie vor jene Unternehmen, die diese durchführen.[PHKJ23]

Doch so wenig wirksam Initiativen wie die Net-Zero Banking Alliance letztlich auch sein mögen, von manchen Seiten, etwa vielen Republikanern in den USA, werden sie immer als voreingenommen und wirtschaftsschädlich betrachtet. Folgerichtig haben in

---

[58]Ein breites Spektrum solcher Fonds (in Form von ETFs, *Exchange-Traded Funds*, die nicht aktiv verwaltet werden, sondern spezielle Indizes nachbilden und so wesentliche geringere Verwaltungskosten aufweise als konventionelle Fonds) findet man auf https://www.amundietf.de/de/privatanleger/etf-produkte/search?top-level=esg_climate.
[59]Es gäbe natürlich durchaus andere Wege, die Finanzierung staatlicher Ausgaben zu organisieren. Monetär souveräne Staaten müssen ja nicht zuerst irgendwo Geld auftreiben, bevor sie Ausgaben tätigen können, sondern sie müssen Strategien haben, um genug vom ausgegebenen Geld dem Wirtschaftskreislauf wieder zu entziehen, [Kel21]. Dafür gibt es verschiedene Möglichkeiten, von denen das Auflegen von Staatsanleihen nur eine ist.

vorauseilendem Gehorsam die US-amerikanischen Großbanken diese Allianz Anfang 2025 (noch vor der Inauguration von Donald Trump) verlassen und damit aufgehört, zumindest vozugeben, dass ihnen Klimaschutz ein Anliegen wäre.[60]

Ein zentraler Unterschied, der einem klar sein sollte, wenn man nachhaltig investieren will, ist jener zwischen „normalen" grünen Investements (z.B. nach ESG) und *Impact Investments*, die konkret darauf abzielen, neue nachhaltige Lösungen umzusetzen. Wenn man mit seinen Investitionen tatsächlich etwas bewirken und nicht nur eine hohle symbolische Geste setzen will, dann kommen dafür aktuell wohl nur Impact Investments in Frage. Der Nutzen bloßer ESG-Investements ist hingegen überschaubar.

Auch die Investition in Unternehmen, die voraussichtlich von der nachhaltigen Transformation profitieren werden, ist nicht das Gleiche wie eine Investition direkt in diese Transformation. Ebenso sind Investitionen in Unternehmen, die von den erforderlichen Anpassungen an den Klimawandel profitieren werden, keine Maßnahmen gegen diesen Wandel selbst – auch wenn es in Börsenprospekten so klingen mag.

Das ist vielen Menschen, denen die Nachhaltigkeit ihrer Geldanlage prinzipiell wichtig ist, nicht klar – und entsprechend werden Geldströme in Kanäle umgeleitet, in denen sie sehr wenig bewirken. Würde einfach nur gewährleistet, dass das Geld aller Menschen, die es in eine bessere Zukunft investieren wollen, tatsächlich in ihrem Sinne verwendet wird (statt dass einfach nur Marketing-Profis weitgehend konventionellen Investments einen grünen Anstrich verpassen), wäre zwar sicher noch nicht alles gewonnen – aber schon viel ($\Rightarrow$ 10.4.7).

Eine Wette auf die Zukunft Vom Mathematiker, Physiker und Philosophen Blaise Pascal (1623-1662) stammt ein theologisches Argument, das als *Pascal'sche Wette* bekannt ist: Es sei besser an Gott zu glauben, denn wann man es tut und Gott nicht existieren sollte, dann verliert man nichts. Glaube man hingegen nicht an ihn und existiert er doch, dann riskiert man ewige Verdammnis. Ob solchen opportunistischen Gedanken allerdings ein wahrhafter Glaube entspringen kann, sei dahingestellt.[61]

Wenn es aber um wesentlich irdischere Dinge geht, dann erscheint ein ähnlicher Gedankengang durchaus gerechtfertigt: Wenn wir Geld investieren, dann sollten wir das in einem erheblichen Ausmaß in eine nachhaltige Zukunft tun – denn wenn wir das nicht tun, dann werden wir irgendwann in einer Welt leben, in der auch noch so viel Geld nichts mehr wert ist, weil es das, was wir brauchen, einfach nicht mehr gibt und es sich daher auch nicht mehr kaufen lässt ($\Rightarrow$ 9.2.3). Dann werden auch noch so kluge Strategien zum Vermögensaufbau nichts gebracht haben.

---

[60] siehe z.B. https://www.theguardian.com/business/2025/jan/08/us-banks-quit-net-zero-alliance-before-trump-inauguration
[61] siehe z.B. https://www.kreudenstein-online.de/Religionskritik/pascals_wette.html

9.4.4 Finanztransaktionssteuer

Eine mögliche Quelle für die Finanzierung eines Umbaus unserer Wirtschaft in Richtung eines nachhaltigen Systems könnte eine *Finanztransaktionssteuer* (FTS) sein. Konzepte und Argumente dafür gibt es zumindest seit den 1930er Jahren, und in der Variante der *Tobin Tax* wurde eine FTS als Mittel vor allem gegen Währungsspekulationen diskutiert. Immer wieder gab es politische Vorstöße in diese Richtung – die durch intensives Lobbying der Finanzbranche größtenteils abgewürgt wurden.[Sch14]
Dabei ist die Idee, jegliche Finanztransaktion zu besteuern, diese Steuer aber minimal anzusetzen, z.B. bei 0.1 %. Für jene Transaktionen, die realwirtschaftlich wirklich notwendig sind, wäre der Effekt entsprechend winzig. Für 1 000 € Miete, die man pro Monat überweist, fiele ein Euro Steuern an. Auch bei Bezahlung von Gehältern, dem Einkauf von Waren, dem Verkauf von Produkten, dem Bezug von Dienstleistungen und allgemein Transaktionen, die direkten Bezug zur realwirtschaftlicher Produktivität haben, wäre eine solche *Mikrosteuer* kaum spürbar.
Ganz anders sieht es hingegen bei reinen Handelsgeschäften mit meist spekulativem Charakter, dem modernen *Trading* aus ($\Rightarrow$ S. 333). Von den gut 13 000 Milliarden US-Dollar, die pro Tag in Finanztransaktionen fließen, entfällt nur ein kleiner Teil auf realwirtschaftliche Geschäfte. Das Volumen von Devisengeschäften, mit denen Abweichungen in Wechselkursen ausgenutzt werden, ist fast 70 Mal größer als das weltweite Handelsvolumen mit Gütern und Dienstleistungen.[62]
Hier wäre eine solche Mikrosteuer durchaus relevant. Natürlich darf man nicht (wie es naiv manchmal gemacht wird) einfach davon ausgehen, dass eine solche Steuer 0.1 % dessen einbringen würde, was aktuell an Geld fließt. Viele Transaktionen, mit denen winzige Unterschiede in Bewertungen ausgenutzt werden, wären mit einer FTS schlichtweg nicht mehr rentabel und würden nicht durchgeführt. Das Volumen der Geldflüsse würde also etwas schrumpfen. Doch es gäbe immer noch genug spekulative Geschäfte mit ausreichend hohen Gewinnerwartungen, dass sie auch bei Erhebung einer FTS noch immer getätigt würden.
Sicherlich würde eine FTS nicht alle Probleme lösen, würde alleine keineswegs ausreichen, um das globale Finanzierungsproblem von Energiewende und nachhaltiger Transformation zu lösen. Sie könnte aber durchaus einen sinnvollen Lenkungseffekt haben, Geld und Arbeitszeit von spekulativen Finanzgeschäften hin zu realwirtschaftlich sinnvollen Tätigkeiten umleiten – und zugleich zumindest einen Beitrag zur Finanzierung notwendiger Maßnahmen liefern.

---

[62]siehe https://www.bmz.de/de/themen/finanztransaktionssteuer

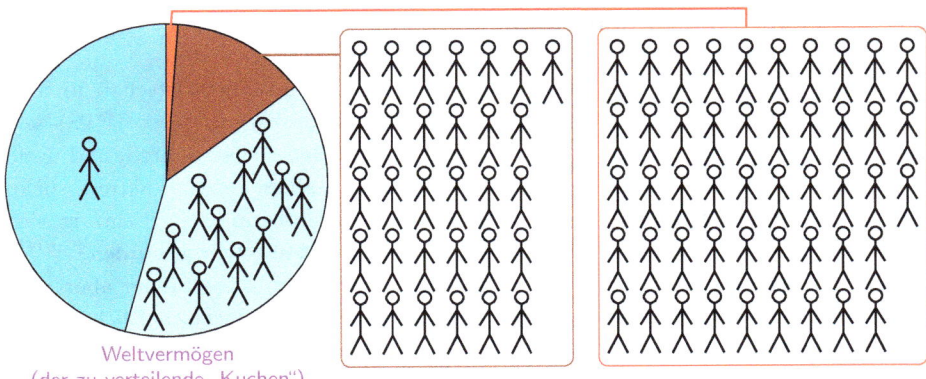

Abb. 9.12: Verteilung des Vermögens unter der (erwachsenen) Weltbevölkerung, Stand 2022. Ein Strichfigur steht dabei für ca. 1.1 % der Weltbevölkerung. Die Grafik beruht auf https://de.statista.com/statistik/daten/studie/384680/umfrage/verteilung-des-reichtums-auf-der-welt/; die Ungleichheit wird wohl eher unterschätzt. (KL$^{CC}_{BY}$)

9.4.5 Den Reichtum begrenzen?

Das Vermögen auf der Welt ist sehr ungleich verteilt. Das zu quantifizieren, ist aus verschiedensten Gründen nicht leicht.[63] Grob sind die Verhältnisse jedoch in Abb. 9.12 dargestellt – und zeigen enorme Ungleichheit. Gibt es eine Rechtfertigung dafür, dass manche Menschen vergleichen mit anderen, nicht nur ein Mehrfaches, sondern ein Vieltausendfaches an Einkommen oder Vermögen haben? Kann man tatsächlich so unfassbar viel „verdienen" im Sinne einer persönlichen Leistung? Ist das Anhäufen von Reichtümern in einer Welt, in der es so viel Not gibt, moralisch vertretbar?

Die Antwort auf solche Fragen hängt stark von der eigenen Weltanschauung ab. Ist man eher „links" eingestellt, wird man dies eher verneinen und solche Zustände höchst bedenklich finden. Hat man eine eher „rechte" Weltsicht (im Sinne von konservativ bzw. liberal), dann wird man eher zustimmen und eine sehr ungleiche Verteilung von Besitz nicht kritisch sehen, denn jeder ist doch seines Glückes Schmied, oder nicht?

Auf jeden Fall aber bedeutet Vermögen im Normalfall auch Macht oder zumindest Einfluss. Das Problem ist weniger die Schieflage von Besitz per se, sondern, dass die Besitzenden, also die Mächtigen, bislang ihrer Verantwortung meist nur schlecht nachgekommen sind. Natürlich gibt es bekannte Philanthropen, die mit ihrem Geld medizinische Forschung, Bildung, Sozialprojekte und andere ehrenwerte Vorhaben unterstützen.

---

[63] Schwierig zu bewerten ist etwa, wie man viel Besitz bei zugleich hohen Schulden rechnet, oder inwiefern der Anspruch auf staatliche Leistungen als eine Art von Vermögen gewertet werden sollte.

9.4 Und wer soll das nun wirklich bezahlen?

Doch solches „wohltätige Wirken" hat zahlreiche Schwächen: Letztlich ist es willkürlich, keinen demokratischen Kontrollen unterworfen, bildet neue Machtstrukturen, verfolgt oft nicht jene Zugänge, die wirksam sind, sondern die, die zur Weltanschauung der Stifter:innen passen.[Sch23b] Was von den Besitzenden getan wird, kann zudem nur ein schwacher Ersatz für das sein, was eigentlich funktionierende Staaten und die internationale Gemeinschaft leisten müssten. Gelegentlich wurde gewaltiges Vermögen auch für wahrhaft üble Zwecke eingesetzt. wie etwa von den Ölmilliardären Koch, um u.a. durch Finanzierung von Thinktanks, „Forschungseinrichtungen" und „Bürgerinitiativen" den Kampf gegen den Klimawandel zu verzögern und zugleich das politische Klima zu vergiften – tatkräftig unterstützt von Medienmogulen wie Rupert Murdoch.[Stö24] Jene, die viel besitzen, sind auch für weit überdurchschnittliche CO_2-Emissionen verantwortlich. Das reichste Prozent der Weltbevölkerung emittiert etwa gleich viel wie die ärmsten zwei Drittel.[Oxf23] Dabei geht es nicht nur um Villen, Sportwagen, Privatjets, Yachten oder Wochenend-Trips nach Dubai (die alle das Klima natürlich belasten), sondern ebenso auch um Geldanlagen, die neuen Schaden anrichten.

Zudem darf man davon ausgehen, dass nahezu jedes wirklich riesige Vermögen auf dieser Welt einen problematischen Ursprung hat. Es kann aus kolonialistischen Plünderungen und Sklavenarbeit stammen oder auf moderner Ausbeutung beruhen. Es kann direkt mit Umwelt- und Klimaverbrechen angehäuft worden sein, oder mit dem Anfachen von Überkonsum, der ebenfall Umwelt, Klima und letztlich Menschen schädigt ($\Rightarrow$ 10.1.1). Es kann seinen Ursprung im Verkauf von Produkten oder Dienstleistungen zu überhöhten Preisen haben, dem Ausnutzen von Marktmacht oder neuerdings im Ausschlachten und Verkaufen persönlicher Daten. Steuervermeidung oder gar Steuerhinterziehung sowie die Beeinflussung politischer Entscheidungsträger:innen in Richtung günstiger Gesetzgebung sind natürlich oft ebenfalls im Spiel. Gelegentlich wurden, etwa durch Währungsspekulationen, Staaten geschröpft – die dann, der Logik der Finanzmärkte folgend, wieder irgendwo (meistens bei Sozialleistungen und Zukunftsinvestitionen) sparen mussten. Vielleicht stammt das Vermögen auch nur indirekt aus solchen Quellen, wurde mit Finanztransaktionen erspielt, wurde durch Investitionen in Branchen, die ihrerseits schmutzige Geschäfte machen, vermehrt.

Kaum ein Milliardenvermögen auf dieser Welt ist also „sauber".[Rob24, Kap. 3] Einzelne Ausnahmen mag es geben, doch angesichts eines Wirtschaftssystems, das so dermaßen auf der Ausbeutung von Menschen und Natur beruht, werden es nicht allzu viele sein. Dennoch haben es die Besitzenden (vermutlich mit genug Geld) geschafft, die öffentliche Meinung so zu prägen, dass sofort von „Neiddebatte" die Rede ist, wenn die Verteilungsverhältnisse von Vermögen in Frage gestellt werden ($\Rightarrow$ 10.1.6).

Sollten die Vermögenden dieser Welt es weiterhin nicht schaffen, der Verantwortung, die sie tragen, gerecht zu werden, sollten viele von ihnen sogar weiterhin ihr Geld und ihren Einfluss einsetzen, um *gegen* das Wohl der Menschheit zu arbeiten, dann werden zu Recht zunehmend Ansätze wie der *Limitarismus* erstarken, das Konzept, das Vermögen, das eine Person überhaupt besitzen darf, strikt zu begrenzen.[Rob24] Solche Vorschläge mögen radikal klingen (und sollten gut durchdacht sein, da nicht alle Arten von Vermögen gleich liquide und gleich gewinnbringend sind), doch irgendeinen Weg sollten wir finden, damit jene, die über Jahrzehnte, manchmal Jahrhunderte von Ausbeutung und Zerstörung profitiert haben, einen angemessenen Beitrag leisten.

Tax the Rich Eine Vermögensbegrenzung erscheint unter den aktuellen politischen Rahmenbedingungen (die sich aber natürlich ändern können) eher utopisch. Eine „Light-Variante" wären ernsthafte Vermögens- und Erbschaftssteuern, die sich nicht mehr aus der Portokasse zahlen lassen.[64] Speziell bei Erbschaftssteuern gilt dabei das Argument, dem selbst viele Liberale etwas abgewinnen können, dass man hierbei Vermögen ohne eigene Leistung erhält und entsprechend ruhig einen Beitrag leisten kann. So kritisch eine *Substanzbesteuerung* im Einzelfall auch sein mag (bei kleinen bis mittelgroßen Unternehmen in Familienbesitz, bei Wertzuwächsen bloß „auf dem Papier"), sind doch im Allgemeinen die typischen Renditen auf Kapital höher als jene Steuersätze auf Vermögen, die international üblich sind bzw. ernsthaft diskutiert werden. Eine moderate Vermögenssteuer würde in den meisten Fällen die Anhäufung von Reichtum also nur etwas verlangsamen. Selbst viele Vermögende unterstützen solchen Vorschläge, etwa in der Iniative taxmenow (https://www.taxmenow.eu/).

Natürlich sind Steuern nicht allzu beliebt, und schon mehr als eine Wahl wurde mit dem Versprechen gewonnen, Steuern zu senken oder zumindest keine neuen einzuführen.[65] Auch bei Vermögenssteuern kann man wunderbar den Teufel an die Wand malen. Doch um den Zweck zu erreichen, die Akkumulation von absurd großen Vermögen zu erschweren, kann die Grenze, ab der solche Steuern greifen, ruhig so hoch sein, dass 99 % der Bevölkerung gar nicht betroffen wären. Dafür sollte eine solche Steuer möglichst gut global koordiniert sein. Es sollte möglichst wenig Möglichkeiten geben, Vermögen formal einfach irgendwohin zu verschieben, wo es eine solche Steuer nicht gibt. Globaler Gleichschritt ist zwar schwer zu erreichen – eine Art Vermögensausfuhrsteuer könnte aber auch von einzelnen Staaten oder Staatengemeinschaften eingeführt werden, um solche Manöver weniger attraktiv zu machen.

---

[64]Je nach Land ist der Umgang mit solchen Steuern sehr unterschiedlich. In Österreich gibt es bis auf die Grundsteuer keine Vermögenssteuern, und auch die Erbschaftssteuer (mit Ausnahme der Grunderwerbsteuer) wurde 2008 abgeschafft. In Deutschland ist die Vermögenssteuer aktuell ausgesetzt; eine Erbschaftssteuer besteht aber nach wie vor.

[65]Des Öfteren wurden solche Versprechen dann auch wieder gebrochen – besonders berühmt George H. W. Bush mit „Read my lips: no new taxes" (1988).

9.4 Und wer soll das nun wirklich bezahlen?

> **Vertiefung: Bedingungsloses Grundeinkommen**
>
> Die Lösung unserer drängenden ökologischen Probleme kann und soll nicht unabhängig von gesellschaftlich-sozialen Aspekten gesehen werden. Je mehr die Menschen materiell unter Druck stehen, desto leichter lassen sie sich dazu bewegen, Dinge zu tun, die sie eigentlich selbst als ethisch fragwürdig ansehen (und die, wie in der Klimakrise, sogar in den Untergang führen können). Ein Weg, um solchen Druck zumindest zu mildern, wäre das Bedingungslose Grundeinkommen (BGE) bzw., konzeptionell verwandt eine *Grunddividende*[DDGG+22] bzw. *Grundversorgung*.[Mau24]
>
> Beim BGE ist, wie bei so vielen Dinge, die entscheidende Frage nicht „Ist es bezahlbar?" – denn diese Frage wird innerhalb des Geldsystems, eines rein sozialen Konstrukts, gestellt ($\Rightarrow$ 9.2). Die wesentliche Frage ist: „Ist es möglich, allen Menschen Zugriff auf ausreichende Ressourcen für ein menschenwürdiges Leben zu geben, so dass sie trotzdem noch motiviert sind, gemeinsam alle notwendigen Arbeiten (auch die unangenehmen) zu erledigen?"
>
> Manche Länder, darunter Deutschland und Österreich, haben ein hochkomplexes System aus Steuerklassen, Sozialversicherungsbeiträgen, Mindest- und Höchstbemessungsgrundlagen, Absetzbeträgen und Transferleistungen, das am Ende dazu führt, dass sich – mit viel Aufwand für alle Seiten – für alle Einkünfte über einer Mindestgrenze beinahe eine *Flat Tax* ergibt, also ein weitgehend einheitlicher effektiver Steuersatz. (Geringere Steuern zahlt man nur, indem man gezielt Steuerschlupflöcher nutzt und mit Stiftungen etc. hantiert. Das muss man sich aber erst einmal leisten können $\Rightarrow$ 9.4.5.)
>
> Das würde es im Grunde recht einfach machen, ein BGE einzuführen, indem man einfach konsequent die ohnehin effektiv bestehende Flat Tax auf alle Einkünfte, egal welcher Art, aufschlägt und zum Ausgleich für den Wegfall der Mindestgrenze ein BGE auszahlt. Betrachten wir in beiden Ansätzen das verfügbare Einkommen abhängig vom (Super)bruttoeinkommen (KL_{BY}^{CC}):
>
>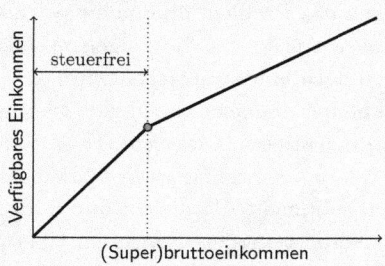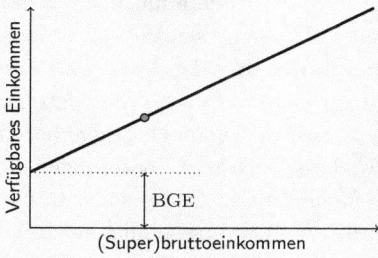
>
> Rechts eines Schwellenwerts (in den Kurven durch den grauen Punkt dargestellt), sind die Verläufe identisch, nur darunter gibt es Unterschiede. Nur dort kann also ein zusätzlicher Finanzierungsbedarf entstehen.
>
> Zwar ist ein solches Flat-Tax-Modell wohl nicht der Weisheit letzter Schluss, aber es zeigt, wie einfach ein BGE bei gleichzeitiger radikaler Vereinfachung des Steuersystems prinzipiell umsetzbar wäre.

9.4.6 Auch die Peitsche spüren

Es wird diverse Anreize brauchen, damit ausreichende Investitionen in die nachhaltige Transformation unseres Energie- und Wirtschaftssystems erfolgen. Doch wahrscheinlich wird das sprichwörtliche „Zuckerbrot" (in Form von Förderungen und anderen Anreizen) nicht ausreichen, sondern es wird auch die „Peitsche" brauchen.

Die Notwendigkeit, die Klima- und Biodiversitätskrise in den Griff zu bekommen, ist inzwischen offensichtlich geworden ($\Rightarrow$ 1.1). Im Grunde ist das zwar schon seit Jahrzehnten klar, doch es hat einige Zeit gedauert, bis in der breiten Masse das Bewusstsein angekommen ist, *wie dringend* die Sache ist. Spätestens seit 2019, seit den weltweiten Aktionen von *Fridays for Future*, seit diversen Rekord- und Katastrophensommer, kann sich aber wirklich niemand mit Unwissenheit herausreden.

Das gilt insbesondere für Menschen in Führungspositionen, die immer wieder betonen, dass sie ihr Gehalt (meist ein Vielfaches von dem, was ihre Untergebenen verdienen[AB22; BK22]) einerseits für ihre Leistungen beziehen, andererseits für die Last der Verantwortung, die sie zu tragen haben.

Es wird Zeit, dass sie diese Leistung auch wirklich erbringen, dieser Verantwortung auch wirklich nachkommen – jenseits einer reinen Maximierung des *Shareholder Value*. Noch mehr in der Verantwortung stehen allerdings jene Menschen, denen im Hintergrund jene Unternehmen *gehören*, welche hochbezahlte CEOs für sie leiten. An ihnen läge es, eine neue Strategie und neue Prioritäten vorzugeben.

Dem Verlust ins Auge sehen Mit der Schädigung unserer Umwelt, mit einem riskantem Roulette mit der Zukunft der Menschheit wurden in der Vergangenheit bereits gewaltige Vermögen angehäuft.[Stö24] Nicht alles davon wurde in vollem Bewusstsein getan, was man damit anrichtet. Manchen der Beteiligten war das zwar schon lange bekannt.[BCHS15] Andere hingegen, wenn ihnen das Problem überhaupt bewusst war, glaubten wohl, dass es noch viel länger dauern würde, bis die Folgen unseres Tuns spürbar würden, dass der Nutzen die Schäden noch lange aufwiegen würden.

Je mehr wir uns von fossilen Energieträger abhängig gemacht haben, desto leichter war es zudem, sich und anderen gegenüber zu argumentieren, wie wichtig es sei, mit weiteren Explorationen und Förderungen eine sichere Versorgung zu gewährleisten. Noch werden fossile Energieträger leider tatsächlich gebraucht. Was leicht und billig förderbar ist, das wird wahrscheinlich auch noch gefördert werden – doch ein Überangebot trägt dazu bei, dass die Preise niedrig bleiben und die wirtschaftlichen Anreize für einen Umstieg gering sind. Alles, was über das absolut Notwendige hinaus verbraucht wird, richtet unnötigen Schaden an. Was demnach schleunigst beendet werden muss, dass ist die *Exploration*, die Suche nach neuen Öl- und Gasfeldern.

9.4 Und wer soll das nun wirklich bezahlen?

Während es schwierig, ja realpolitisch meist aussichtslos ist, auf Vermögen zuzugreifen, das aus lange zurückliegenden historischen Vergehen stammt,[66] darf das für die jüngere Vergangenheit oder gar die Zukunft nicht mehr gelten: Vermögen, das durch Verbrechen gegen die Zukunft der Menschheit angesammelt wurde, darf nicht mehr sicher sein. Die Zeiten, in denen es noch begründete Zweifel gab, sind vorbei. Es braucht Maßnahmen, um Geschäfte, die sich klar gegen das Überleben von Milliarden richten, zu unterbinden – und zwar ohne jede Entschädigung. Es muss Investor:innen klar sein, dass es bei jedem Euro, Dollar oder Yen, der in solche Vorhaben gesteckt wird, das Risiko eines Totalausfalls gibt.

Tatsächlich kann es notwendig werden, noch ein oder zwei Schritte weiter zu gehen. Das Recht auf die Wahrung von Besitzverhältnissen kann auf Dauer nicht absolut über jenem auf eine lebenswerte Zukunft für kommende Generationen stehen. Zumindest jene paar Konzerne, die sich als die hartnäckigsten Klimasünder erweisen und weiterhin Projekte initiieren, die in offensichtlichem Widerspruch zur Zukunft der Menschheit stehen, sollten zerschlagen und (so gut wie noch nachhaltig möglich) verwertet werden. Dabei steht natürlich die Fossilindustrie besonders im Fokus, doch auch in anderen Bereichen (etwa Lebensmittelindustrie oder Finanzbranche) werden Verbrechen gegen Nachhaltigkeit und die Zukunft der Menschheit begangen.

Hierbei ist es wesentlich, dass den Eigentümer:innen (Shareholdern) kein Cent Entschädigung gezahlt wird. Wer heute in solche Unternehmen investiert, der soll außer mit schlechtem Gewissen[67] auch mit dem Risiko eines finanziellen Totalverlusts leben. (Das gilt auch für jene, die sich einfach nicht darum kümmern, wo ihr investiertes Geld eigentlich landet – Unwissenheit schützt vor Strafe nicht.)

Die entsprechenden Erlöse können dabei einerseits für die Finanzierung großer Energie-Infrastrukturprojekte verwendet werden, andererseits für Maßnahmen zur sozialen Abfederung von Härtefällen.[68] Zudem muss man solche Liquidierungen von besonders zukunftsgefährdenden Unternehmen natürlich mit einem großzügigen Sozial- und Umschulungsprogramm verbinden ($\Rightarrow$ 10.5), zumindest für all jene dort Beschäftigten, die nicht für die strategischen Entscheidungen des Unternehmens verantwortlich waren. Für die Verantwortlichen hingegen erscheint eine Strafverfolgung wegen Verbrechen gegen die Menschheit als das angemessenere Mittel.

---

[66]Davon können die Länder des Globalen Südens in Bezug auf die Ausbeutung während der Kolonialzeit ein Liedchen singen. Lediglich dort, wo die Ausbeuter und Verbrecher historisch die Verlierer waren, etwa die deutschen Nationalsozialisten, gibt es gelegentlich eine Chance auf *Restitution*, auf Rückgabe oder Rückerstattung von geraubtem Vermögen

[67]Dieses meldet sich leider meist bei jenen am wenigsten, den denen es am nötigsten wäre.

[68]Ein Problem bei diesem Vorgehen sind sicherlich soziale Absicherungen, die auf Produkten des Kapitalmarktes beruhen, etwa die berühmt-berüchtigten Pensionsfonds ($\Rightarrow$ 9.1.7). Eine Liquidation von Unternehmen, die nennenswert in solchen Fonds vertreten sind, sollte also mit dem (Wieder-)Aufbau staatlich oder überhaupt global organisierter Pensionssysteme verbunden werden.

Ein Weltklimatribunal? Leider sind Strafen für manche Menschen die einzige Botschaft, die sie verstehen. Diejenigen, die durch ihre Entscheidungen bewusst Umweltverbrechen und damit Verbrechen an zukünftigen Generationen begehen, sollen damit rechnen müssen, dass sie dafür auch ganz persönlich zur Verantwortung gezogen werden. Solche Verbrechen sollten in Zukunft geahndet werden – selbst wenn sie, juristisch gesehen, lediglich im Rahmen geltender Gesetze begangen wurden.[69]

Jene Generation, die *Fridays for Futures* getragen hat, die während der Corona-Pandemie beträchtliche Opfer gebracht hat, um ihre älteren Mitmenschen zu schützen, wird, wenn die Klimakatastrophe erst in vollem Ausmaß losgebrochen ist, wenig Grund zur Milde mit denen haben, die für dieses Desaster hauptverantwortlich sind. Vielleicht wird es ja gar nicht mehr so lange dauern, bis ein internationaler Strafgerichtshof für Klimaverbrechen eingesetzt wird.

Wie so oft besteht zwar die Gefahr, dass nur einige kleinere Sündenböcke bestraft werden, während die Hauptschuldigen wieder ungeschoren davon kommen. Doch in unserer vernetzten Welt, in der mehr und mehr Daten gesammelt werden und in der es immer bessere Möglichkeiten gibt, diese auch zu analysieren (⇒ 10.1.5), werden vielleicht doch ausreichend viele von jenen zur Verantwortung gezogen, die es wirklich verdient haben. Diejenigen, die lange die physikalische Dynamik des Klimawandels nicht ernst genommen haben (und das womöglich noch immer nicht in vollem Umfang tun), sollten nicht auch noch den Fehler begehen, die soziale Dynamik zu unterschätzen, die sich entwickeln wird, wenn die wahrhaft dramatischen Konsequenzen der Klimakrise über uns hereinbrechen. Wenn Katastrophen passieren, machen sich Menschen nun einmal auf die Suche nach Schuldigen.

Natürlich machen nachträgliche Bestrafungen keine Verbrechen mehr ungeschehen; hauptsächlich befriedigen sie das Bedürfnis nach Gerechtigkeit (oder Rache). Dennoch hat die bloße Perspektive, dass es zu Strafverfolgungen für Klimaverbrechen kommen wird, auch einen praktischen Wert:

Wenn allen Führungskräften, allen CEOs, CFOs, CTOs und anderen Mitgliedern des „C-Levels" bewusst ist, dass sie für Schaden, den sie vorsätzlich und wieder besseres Wissen anrichten, persönlich verantwortlich gemacht werden können, dass das nicht nur eine zivilrechtliche Seite haben kann (mit mehr oder weniger hohen Schadenersatzforderungen), sondern auch eine strafrechtliche, werden sie vielleicht schon jetzt bessere, nachhaltigere Entscheidungen treffen.

---

[69] Etwas Analoges gilt bereits (im Wesentlichen seit den Nürnberger Prozessen) für Völkermord, Kriegsverbrechen und allgemein Verbrechen gegen die Menschlichkeit. Auch hier wird davon ausgegangen, dass geltendes nationales Recht die Taten hochrangiger Entscheidungsträger:innen oft deckt oder sie zumindest nicht ausreichend ahndet. Diese Parallele mag extrem wirken – doch angesichts dessen, wie vor allem der Globale Süden jetzt schon leidet und welche Last wir erst recht zukünftigen Generationen aufbürden, haben wir es letztlich auch hier mit schweren Verbrechen gegen die Menschheit zu tun.

9.4.7 Schnelles Handeln erforderlich!

Es geht nicht nur um die bloße Frage, wer die Transformation insgesamt bezahlen *wird*, sondern auch darum, wer das *schnell genug* tun *kann*. Umfassende Änderungen des Steuersystems, gar ernsthafte Schritte in Richtung eines Limitarimus ($\Rightarrow$ 9.4.5) brauchen ihre Zeit. Auch jahrelange Prozesse vor Gericht, um Finanzmittel aufzubringen, können wir uns zeitlich nicht leisten. Das heißt nicht, dass solche Prozesse nicht geführt werden sollten – viele Menschen haben mit der Ausplünderung unseres Planeten, mit gewissenloser Ausbeutung, mit der bewussten Inkaufnahme von Schäden gewaltige Vermögen angehäuft ($\Rightarrow$ 9.4.6), und eine florierende *wealth defense industry* hat ihnen geholfen, diese so verwalten und zu organisieren, dass möglichst keine Steuern (als Beiträge zu Projekten der Gemeinschaft) abzuliefern waren. Mittels *Greenwashing* wurden gewaltige Geldmengen, die für ökologisch sinnvolle Projekte, für Energiewende und Schritte in Richtung größerer Nachhaltigkeit gedacht waren, in weitgehend wirklungslose Aktivitäten umgelenkt ($\Rightarrow$ 10.1.2), und natürlich gibt es auch hierbei (kurzfristig) Profiteure.

Doch um kurzfristig in die Bresche zu springen, wird es andere Akteure brauchen. Auf die, die sich schon bislang vor ihrer Verantwortung gedrückt haben, dürfen wir nicht setzen. Die Antwort auf die Frage, wer die große Transformation bezahlen soll, lautet wohl ohnehin „wir alle" – wobei wir auch alle von ihr profitieren werden, ja es dazu einfach keine Alternative gibt. Damit liegt der Ball in einem erheblichen Ausmaß bei den Staaten, die ja hauptsächlich für gemeinschaftliche Investitionen in Infrastruktur zuständig sind.

Dass solche Investitionen mittels Schulden erfolgen, klingt viel schlimmer, als es ist. Monetär autonome und wirtschaftlich starke Staaten oder Staatenbünde (wie die USA, Japan, China oder auch die Eurozone) brauchen nicht erst irgendwo Geld aufzutreiben, bevor sie es ausgeben können. Tatsächlich stellt diese veraltete Sicht auf den Kopf, wie das heutige Geldsystem funktioniert.[Kel21]

Es gibt im Finanzministerium oder in der Zentralbank keine Schatztruhen mehr, die man zuerst mit Gold- und Silbermünzen füllen muss, bevor man Ausgaben tätigen kann. Staaten können Geld einfach *erschaffen*, indem sie es ausgeben. Zwar wird das üblicherweise über Staatsanleihen organisiert, aber es ist keinesfalls zwingend, es auf diesem Weg zu tun. (Im Wesentlichen erschaffen die Staaten damit nur ein zusätzliches Produkt zur Geldanlage.) Die wahre fiskalische Herausforderung liegt darin, parallel zu den Investitionen mit frischem Geld mittels Steuern und Abgaben auch wieder ausreichend viel Geld aus dem Wirtschaftskreislauf zu entnehmen, und das, ohne dass die Bevölkerung zu sehr darunter leidet. Hier bietet es sich eben an, das Geld von denjenigen einzufordern, die die Verantwortung für die Klimakrise tragen, die kurzfristig davon profitiert haben, sie zu verursachen.

> **Vertiefung: Das Gefangenendilemma**
>
> Jene Disziplin, die sich mathematisch mit dem optimalen Handeln beschäftigt, wenn verschiedene Akteure unterschiedliche Interessen verfolgen, ist die *Spieltheorie*.[Bin07] Ein Musterbeispiel für die Szenarien der Spieltheorie ist das Gefangenendilemma.[a] Das Schema eines solchen Gefangenendilemmas ist im Folgenden gezeigt, wobei man in den vier Feldern die „Auszahlungen" für alle Kombinationen von Kooperation und Weigerung findet:
>
> | | A verweigert | A kooperiert |
> |---|---|---|
> | B verweigert | A verliert viel (-8), B verliert viel (-8) | A verliert sehr viel (-10), B gewinnt sehr viel ($+10$) |
> | B kooperiert | A gewinnt sehr viel ($+10$), B verliert sehr viel (-10) | A gewinnt viel ($+8$), B gewinnt viel ($+8$) |
>
> Im klassischen Gefangenendilemma ist es stets von Nachteil zu kooperieren. Ganz egal, was das Gegenüber macht, man maximiert den eigenen Vorteil dadurch, dass man die Kooperation verweigert.[b] Doch meistens handelt es sich nicht um ein *Nullsummenspiel*, in dem Gewinne nur durch Verluste anderer möglich sind. Der *gemeinsame* Gewinn ist in unserem Beispiel am größten, wenn beide kooperieren.
>
> Wie schafft man es nun, vom *Nash-Gleichgewicht* im linken oberen Feld, also einem Zustand, in dem niemand das Ergebnis durch eigenes Handeln noch verbessern kann, das rechte untere Feld zu kommen und dort zu bleiben?
> Eine Möglichkeit ist ein Kompensations- bzw. Ausgleichsmechanismus. Legt man zusätzlich zu den normalen Auszahlungen fest, dass, wenn es Gewinner und Verlierer gibt, der Gewinner die Hälfte des Gewinns an den Verlierer abgibt, wird das Gefangenendilemma aufgebrochen, denn nun ist es immer vorteilhaft, von Verweigerung zu Kooperation zu wechseln:
>
> | | A verweigert | A kooperiert |
> |---|---|---|
> | B verweigert | A verliert viel (-8), B verliert viel (-8) | A verliert einiges (-5), B gewinnt einiges ($+5$) |
> | B kooperiert | A gewinnt einiges ($+5$), B verliert einiges (-5) | A gewinnt viel ($+8$), B gewinnt viel ($+8$) |
>
> ---
>
> [a]Der Name stammt von der klassischen Einbettung in eine kleine Geschichte, in der zwei eines Verbrechens Verdächtige getrennt voneinander inhaftiert sind und sich entscheiden können, zu leugnen oder zu gestehen. Leugnen beide, kann man ihnen nicht viel nachweisen und sie kommen mit wenigen Monaten Haft davon. Gestehen beide, dann erhalten beide eine lange Haftstrafe, etwas gemildert aufgrund der Geständnisse. Leugnet allerdings einer, während der andere gesteht, erhält ersterer die Höchststrafe, während der andere als Kronzeuge freigeht.
>
> [b]Zumindest ist das der Fall, wenn das „Spiel" nur einmal gespielt wird. Bei Wiederholungen, im *itierteren Gefangenendilemma* sieht die Sache allerdings anders aus, und dort macht sich langfristige Kooperation meist bezahlt.

9.5 Hintergrund: Optimierung

Der Drang, Dinge zu optimieren, sie besser zu machen (oder mit weniger Aufwand zu erledigen) ist in uns Menschen tief verwurzelt, und das ist prinzipiell auch gut so. Schon bei unseren Alltagstätigkeiten suchen wir Möglichkeiten, sie zu optimieren: Im Lauf der Zeit finden wir Abkürzungen, wissen, wo es welche Produkte besonders günstig oder in besonders hoher Qualität gibt.[70] Wir finden Möglichkeiten, auf einem Weg gleich zwei oder drei Dinge zu erledigen, die sich gut kombinieren lassen. Im Lauf der Zeit haben wir so meistens ein Optimum unseres Tagesablaufs gefunden.

Manchmal zeigt sich aber auch hier schon der Preis, der für durchoptimierte Abläufe zu zahlen ist: Die kurzen, aber wichtigen Phasen der Ruhe- und der Muße verschwinden, wenn der Plan allzu straff ist, wenn man irgendwann nur noch im „Überlebensmodus" versucht, alles abzuarbeiten, was man sich vorgenommen hat ($\Rightarrow$ 9.3.5).

Ganz ähnlich ist es auch in größerem Maßstab in der Wirtschaft. Optimierung – egal, ob auf intuitive Weise (nach Bauchgefühl) oder mittels hochentwickelten mathematischen Methoden, – ist auch die Grundlage wirtschaftlichen Handelns, oder sollte das zumindest theoretisch sein.

9.5.1 Das Konzept der Optimierung

Optimierung ist ein universelles Konzept, das für ganz unterschiedliche Zwecke eingesetzt werden, im technischen Bereich ebensowie im wirtschaftlichen. Auch viele Naturvorgänge und sogar Naturgesetze kann man als Optimierungen auffassen.

In klassischen Optimierungsaufgaben gibt es eine einzelne Zielgröße, die man möglichst groß oder klein machen will. Hierfür hat es sich eingebürgert, *Minimierungsaufgaben* zu formulieren: Es gibt eine *Kostenfunktion*, und man will jene Stelle(n) finden, wo diese einen minimalen Wert annimmt. Die „Kosten" sind dabei ganz allgemein zu verstehen; es kann sich tatsächlich um monetäre Bewertungen handeln, aber z.B. auch um Schäden, Ärger oder Energieaufwand. Gewinne bzw. allgemein Vorteile lassen sich mit negativem Vorzeichen ebenfalls einbauen. Zumeist sind auch noch diverse *Nebenbedingungen* zu beachten, quasi Regeln, die eingehalten werden müssen. Manche Optimierungsproblem haben auch die Gestalt einer Abfolge von Entscheidungen.

Hat man ein Optimierungsproblem formuliert, kann man sich daran machen, es zu lösen, wofür verschiedenste Methoden zu Verfügung stehen ($\Rightarrow$ 9.5.2).[71]

---

[70] Beides zugleich findet man selten, außer bei Lebensmitteln, wenn Sie das Glück haben, dass es in Ihrer Nähe einen Bauernmarkt oder Hofladen gibt.

[71] Die Optimierung ist ein weites Feld. Eine knappe Übersicht bietet z.B. [AHK+22, Kap.35], aber es gibt auch zur Optimierung allein bzw. zu einzelnen ihrer Teilgebiete dicke Bücher, wie z.B. [PLB15].

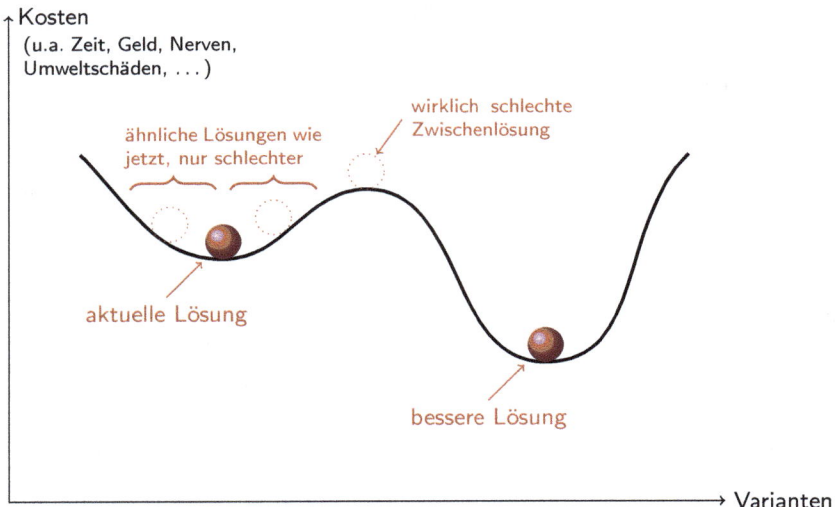

Abb. 9.13: Aktuelle Lösungen (links) sind oft lokale Optima (Minima der Kosten). In unmittelbarer Nähe (und damit durch kleine Veränderungen erreichbar) finden sich also keine besseren Varianten – was noch lange nicht heißt, dass es diese nicht gibt. (KL$_{BY}^{CC}$)

Aktuelle Lösungen stellen, wie in Abb. 9.13 gezeigt, oft *lokale Optima* dar, d.h. durch kleine Veränderungen sind keine Verbesserungen mehr erzielbar. Das bedeutet aber noch lange nicht, dass es überhaupt keine besseren Lösungen gäbe. Um diese zu finden, müssen aber Barrieren überwunden werden, Phasen von vorübergehend höheren Kosten – und das bringt im Normalfall Widerstände mit sich. Sehr oft, wenn es heißt, dass etwas nicht gemacht werden *kann*, dass etwas nicht geht, bezieht sich die Aussage darauf, dass zwar kleine Veränderungen betrachtet wurden, aber keine großen.
Natürlich sollte man sich vor dem Trugschluss hüten, dass *jede* große Veränderung eine Verbesserung bedeuten muss – ganz im Gegenteil. Gute Optima sind selten und nicht leicht zu finden. Auf gut Glück funktionierende Strukturen zu zerstören, in der Hoffnung, dass ihnen etwas Besseres folgen wird, geht meistens schief.
Allerdings lässt sich aktuell eine schon besondere Vorliebe dafür erkennen, lieber hingebungsvoll an Schräubchen zu drehen, um vielleicht irgendwo noch einen Viertel Prozentpunkt herauszuholen (oder noch eine Person einsparen zu können), statt einmal zurückzutreten und sich Gedanken zu machen, ob es vielleicht eine *grundsätzlich bessere* Herangehensweise gäbe (⇒ 9.3.4).
Rigide Kontrollen, die verhindern, dass vom aktuellen Optimum abgewichen wird, verhindern zugleich, dass jemals ein systematisch anderes, grundlegend besseres Optimum gefunden wird.

9.5 Hintergrund: Optimierung

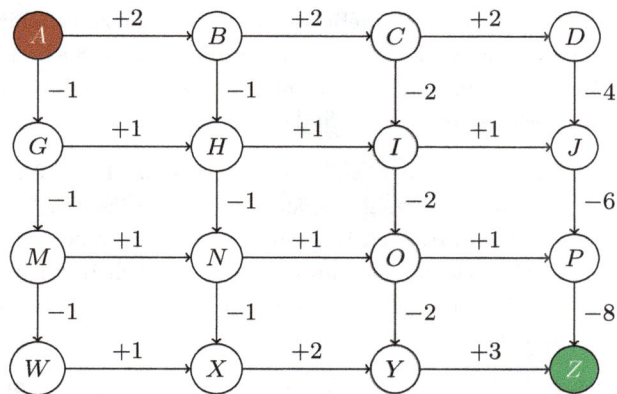

Abb. 9.14: Beispiel für ein Optimierungsproblem: Die Aufgabe ist es, den besten Weg vom Anfangspunkt A (links oben) zum Zielpunkt Z (rechts unten) zu finden, wobei man jeweils nur entweder nach rechts oder nach unten gehen darf. Dabei ist der Gewinn für die jeweilige Bewegung neben dem Pfeil eingezeichnet. Versuchen Sie, den besten Weg zu finden, also jenen, wo die Summe der Gewinne entlang des Weges maximal ist. Vergleichen Sie den Gewinn mit jenem für den Weg, den ein gieriges Vorgehen liefert (mit Auflösung auf der Website).

9.5.2 Lösungsstrategien

Optimierungsaufgaben sind offenbar allgegenwärtig. Doch wie findet man zu diesen nun Lösungen? Dafür gibt es verschiedene Strategien, die sich in Aufwand und Qualität deutlich unterscheiden, und von denen wir einige wenige kurz vorstellen wollen:

Brute-Force – selten praktikabel Eine vom Grundgedanken her einfache Methode ist, alle möglichen Lösungen auszuprobieren (real oder zumindest mit einem mathematischen Modell bzw. einer Simulation ⇒ Box auf S. 109) und dann die beste zu übernehmen. Leider ist das nahezu nie praktikabel: Meisten gibt es unzählige Kombinationsmöglichkeiten; manche Einstellungen sind kontinuierlich (quasi stufenlos) möglich, und oft hat man ohnehin nur einen Versuch. Solange Brücken zu bauen, bis eine nicht einstürzt, ist nicht zu empfehlen.

Gierige Suche Eine einfache Methode, wenn eine Optimierungsaufgabe als Abfolge von Entscheidungen formuliert werden kann, ist die *gierige Suche*: Man wählt immer jene Maßnahme, die den unmittelbar größten Nutzen bringt, ohne sich um den weiteren Verlauf (und damit die langfristigen Konsequenzen) zu kümmern. Aus Mathematik und Informatik weiß man, dass eine solche gierige Suche oft brauchbare Ergebnisse liefern kann. Für manche Problemstellungen sind die gierig gefundenen Lösungen sogar wirklich optimal.

In anderen Situationen können die Ergebnisse aber auch nahezu beliebig schlecht sein. Ein Beispiel für eine Optimierungsaufgabe, in der eine gierige Suche keine guten Ergebnisse bringt, ist in Abb. 9.14 gezeigt. Wenn Sie Lust zum Knobeln haben, können Sie gerne versuchen, den besten Weg zu finden.

Die Weisheit der vielen Vom amerikanischen Schriftsteller E. B. White stammt der Ausspruch *Democracy is the recurrent suspicion that more than half of the people are right more than half of the time*. Man kann nachrechnen, dass bei ausreichend vielen Personen, die unabhängig voneinander entscheiden, die Mehrheitsentscheidung mit extrem hoher Wahrscheinlichkeit richtig ist, sofern jede einzelne Person mit zumindest mehr als 50 % Wahrscheinlichkeit richtig liegt.[72]

Verwandt mit diesem Prinzip ist jenes der *Schwarmintelligenz*, wie man es etwa bei Insektenvölkern, Vogel- oder Fischschwärmen beobachten kann: Viele Akteure, die einfachen Regeln folgen, können gemeinsam ein sehr komplexes Verhalten hervorbringen und damit auch schwierige Probleme lösen. Auch das Prinzip der Marktwirtschaft kann als eine Art von Schwarmintelligenz begriffen werden ($\Rightarrow$ 9.1.2).[73]

Teilprobleme lösen Manchmal lässt sich die Lösung eines schwierigen Problems auf die Lösung einfacherer Teilprobleme reduzieren. Diverse Strategien in der Informatik beruhen auf derartigen Ansätzen. Allerdings sind diverse komplexe Aufgaben, in denen es vielfältige Abhängigkeiten und Wechselwirkungen gibt, auf diese Weise nicht gut behandelbar: Zusammensetzen von optimalen Lösungen für Teilprobleme liefert i.A. nicht die optimale Lösung des Gesamtproblems.

Den Zufall nutzen Manche der besten Lösungsmethoden machen ausgiebig vom Zufall Gebrauch. Dabei werden zufällige Veränderungen gemeinsam mit einer Auswahlsystematik benutzt, um insgesamt bessere Lösungen zu finden. Dabei können auch Verschlechterungen mit einer gewissen Wahrscheinlichkeit eine Zeitlang beibehalten werden – wodurch es möglich ist, aus lokalen Optima zu entkommen. Zu den erfolgreichsten Methoden, die so arbeiten, gehören die natürliche Evolution und daran angelehnte evolutionäre Algorithmen.[Wei15]

---

[72]Das ist tröstlich: Viele Personen, die unabhängig voneinander entscheiden, werden als Kollektiv zumeist auch eine sehr gut informierte Entscheidungsinstanz übertreffen. Das mag sehr wohl einer der Gründe sein, warum Demokratien langfristig doch meist erfolgreicher sind als Diktaturen. Allerdings beruht dieses Argument auf zwei wesentlichen Voraussetzungen. Einerseits sind das die mehr als 50 % Wahrscheinlichkeit für eine richtige Entscheidung, was z.B. ein Mindestmaß an Bildung und Intelligenz voraussetzt. Andererseits sind das *unabhängige* Entscheidungen, von der man in Zeiten von Social-Media-Bubbles und Echokammern weniger und weniger ausgehen darf.

[73]Leider gibt es auch das Gegenstück dazu, eine „Schwarmdummheit": viele intelligente Menschen, die ein Regelwerk gepresst werden, unerfüllbaren Vorgaben hinterherhetzen, ihr Tun nicht mehr in Gesamtsicht reflektieren können. Eine solche Organisation trifft dann wesentlich dümmere (oder zumindest kurzsichtigere) Entscheidung als es jede einzelne Person für sich täte ($\Rightarrow$ 9.3.4).

9.5.3 Mehrere Zielgrößen

Mehr als eindimensional zu denken, überfordert in der Regel den menschlichen Verstand. (Daher ist Geld auch ein so erfolgreiches Konzept: Alles wird auf eine eindimensionale Skala reduziert.) Auch die mathematischen Konzepte zur Optimierung, die wir bislang entwickelt haben, sind vor allem darauf ausgelegt, *genau eine* Zielgröße möglichst groß oder möglichst klein zu machen.

Sobald es zwei oder mehr Ziele zugleich sind, die verfolgt werden sollen, ist unsere Theorie der Optimierung in Wirklichkeit bereits überfordert. Natürlich kann man mehrere Zielgrößen zu einer kombinieren, indem man sie mit entsprechenden Gewichtsfaktoren versieht und einfach zusammenzählt. Die Festlegung eines CO_2-Preises kann man etwa als ein solches Vorgehen ansehen: Zwei Größen von ganz unterschiedlicher Art, nämlich einerseits monetäre Gewinne bzw. Verluste, andererseits Emissionen klimaaktiver Gase, werden damit auf eine gemeinsame Skala (€) gebracht.

Man kann auch sogenannten *Pareto-Kurven* analysieren, die aus Lösungen bestehen, wo sich die Lage nicht mehr in Bezug auf beide Ziele verbessern lässt. Man kann nun berechnen, wie groß die Verschlechterung beim einen Ziel ist, die man für eine weitere Verbesserung beim anderen in Kauf nehmen muss. Doch was man letztlich wirklich tut, ist eine politische Entscheidung – die Mathematik kann diese nicht liefern.

9.5.4 In ferner Zukunft: Abzinsung

Eine Schlüsselfrage in der Wirtschaftslehre ist, wie man zukünftige Kosten und Gewinne in Beziehung zu den heutigen setzt. Dabei wird zumeist die Philosophie vertreten, dass zukünftige Werte unsicher und deshalb aus heutiger Sicht abzuwerten sind. Etwas, das über Jahrzehnte hinweg seinen Nutzen entfaltet, ist in dieser Sicht weniger wert als etwas, das das sofort tut. Entsprechend muss eine Investition, die jetzt in der Gegenwart getätigt wird, in der Zukunft höhere Renditen abwerfen – eine Rechtfertigung für das System der Zinsen, das uns wiederum an das ewige Wachstum kettet ($\Rightarrow$ 9.1.4). Investitionen in die fernere Zukunft müssten also gigantische Renditen abwerfen – denn wenn sie das nicht tun, sollte man sein Geld besser irgendwo entsprechend verzinst anlegen. So zumindest lautet die gängige Sicht in der Wirtschaftslehre.

Wie groß der Faktor angesetzt wird, der in diese *Abzinsung* (auch *Diskontierung*, vom engl. *discounting*) eingeht, ist im Grunde willkürlich – hat aber enorme Auswirkung auf die Ergebnisse, die man aus wirtschaftlicher Optimierung erhält. Gibt man der Zukunft zu wenig Gewicht (was hohen Zinsen entspricht), dann werden enorme Schäden in der Zukunft für kurzfristige Gewinne in der Gegenwart in Kauf genommen – und genau das beobachten wir momentan.

9.5.5 Kenngrößen – und ihr Missbrauch

In den Betriebswirtschaften betrachtet man ausgesprochen gerne sogenannte *Key Performance Indicators* (KPIs). Auch für technische Anlagen definiert man oft derartige Schlüsselgrößen, die Aufschluss über die Leistungsfähigkeit von Systemen geben sollen. Ein Problem bei der Verwendung solcher KPIs ist ein Umstand, den u.a. Charles Goodhart im Kontext staatlicher Regulatorien für Märkte und Donald T. Campbell für Prüfungen im Bildungsbereich festgestellt haben: Wenn bestimmte Kenngrößen als Indikator für Erfolg benutzt werden, werden sie meist schnell zu Zielgrößen, auf die hin das gesamte System optimiert wird. So werden jene Aspekte, die nicht in den KPIs abgebildet werden, vernachlässigt, egal wie wichtig sie einer umfassenden und langfristigen Betrachtung auch sein mögen.

Das kann so weit gehen, dass KPIs völlig ihre Aussagekraft verlieren, wenn sie nur durch „Tricksereien" so gut aussehen. Ein klassischer KPI ist etwa der Umsatz pro Beschäftigtem. Betrachtet man diese Zahl – innerhalb einer Branche – rein als Indikator, dann ist sie natürlich ein gewisses Maß dafür, wie gut ein Unternehmen funktioniert. Betrachtete man sie allerdings als Zielgröße, die es zu maximieren gilt, dann werden u.U. fragwürdige Maßnahmen gesetzt, etwa Stammpersonal durch Leiharbeiter:innen zu ersetzen, die nicht im Unternehmen selbst angestellt sind und so nicht zum *Head count* beitragen. Im Bruch $\frac{\text{Umsatz}}{\text{Beschäftigte}}$ wird der Nenner kleiner und damit der KPI größer, ohne dass sich aber die Lage des Unternehmens wirklich verbessert hätte.

9.5.6 Die Grenzen der Optimierung

So wichtig Optimierung in vielen Bereichen auch ist, stößt man doch auch immer wieder an die Grenzen dessen, wo sie wirklich helfen kann. Die Schönheit einer vielfältigen, bunt blühenden Blumenwiese lässt sich nicht mit einer eindimensionalen Kostenfunktion einfangen, und auch in mehrere Zielgrößen oder KPIs lässt sie sich nur schlecht packen.

Ein Denken, das nur auf der Optimierung von Kosten beruht, wird schnell blind gegenüber allem, was sich nicht in dieses Schema pressen lässt. Dabei hat die Blumenwiese durch das, was sie zur Erhaltung der Biodiversität ($\Rightarrow$ 1.1.2), zum menschlichen Wohlbefinden und zum Mikroklima beiträgt, ja durchaus auch einen ökonomischen Wert – aber eben auf so subtile und vielschichtige Weise, dass konventionelle ökonomische Modelle niemals in der Lage sind, das zu erfassen.

10 Schöne neue Welt?

> Die Welt hat genug für jedermanns Bedürfnisse,
> aber nicht für jedermanns Gier
>
> Mahatma Gandhi

Wir sind als Menschheit einen langen Weg gegangen, vom Leben als Jäger und Sammlerinnen in der afrikanischen Steppe hin zu einem Leben, in dem Technologie nahezu omnipräsent ist und vielfältige Möglichkeiten eröffnet. Doch leider sind wir gerade dabei, alle Erfolge zu verspielen, die wir seit Beginn der industriellen Revolution unzweifelhaft erzielt haben – weil wir es weder hinbekommen, unsere Erfolge wirklich zu unseren Gunsten zu nutzen, noch, sie nachhaltig abzusichern.

Ergänzend zu den bisherigen Betrachtungen in diesem Buch beleuchten wir zunächst noch einige weitere Aspekte des Status quo, des aktuellen Stands der Dinge und laufender Entwicklungen ($\Rightarrow$ 10.1). Als großer Hoffnungsträger für eine bessere Zukunft gilt vielen die Forschung – prinzipiell nicht zu unrecht, doch wir werden auch betrachten, wo die Grenzen dessen liegen, was Forschung leisten kann, und was die Wirksamkeit der Forschung, so wie sie aktuell organisiert wird, behindert ($\Rightarrow$ 10.2).

In der Forschung und anderswo braucht es eine neue Grundhaltung, damit wir uns nicht weiterhin bei dem, was notwendig ist, selbst im Weg stehen ($\Rightarrow$ 10.3). Diese Grundhaltung wird einerseits notwendig sein, um auch über das Energiesystem hinaus unsere Wirtschaft auf ein neues, wirklich tragfähiges Fundament zu stellen ($\Rightarrow$ 10.4). Andererseits kann sie es uns erlauben, auch die Art, wie wir Arbeit organisieren, neu zu denken ($\Rightarrow$ 10.5) – was angesichts der massiven Veränderungen, etwa durch Künstliche Intelligenz, ohnehin notwendig sein wird.

Die Herausforderungen mögen einschüchternd wirken. Doch weder in gelähmter Schockstarre zu verharren noch die Augen zu verschließen bringt uns weiter, und bei allen Schwächen, die wir als Menschheit zweifellos haben, haben wir doch auch erstaunliche Fähigkeiten. Wenn wir erst einmal eingesehen haben, dass wir diese wirklich einsetzen müssen, dann tun wir das meistens auch, und manchmal retten wir noch Dinge, wo die Lage schon recht aussichtslos gewirkt hat. Auch beim Klimawandel und Biodiversitätskrisen als den größten Herausforderungen, denen die Menschheit jemals gegenüber gestanden ist, bei der Transformation, die uns nun bevorsteht, kann uns das noch gelingen ($\Rightarrow$ 10.6).

© Der/die Autor(en), exklusiv lizenziert an
Springer-Verlag GmbH, DE, ein Teil von Springer Nature 2025
K. Lichtenegger, *Klima, Energie und die große Transformation*,
https://doi.org/10.1007/978-3-662-71187-3_11

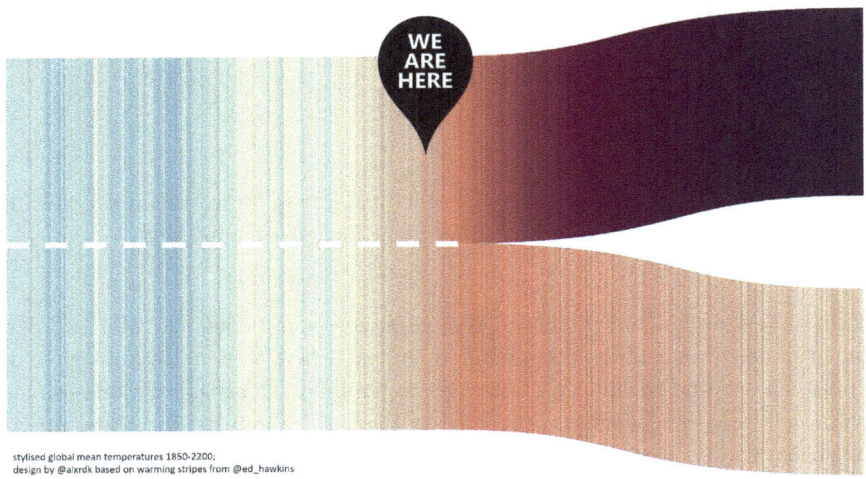

Abb. 10.1: Wir stehen an der Weggabelung, von https://commons.wikimedia.org/wiki/File:20190321_Warming_Stripes_fork_Alexander_Radtke.jpg

10.1 Wo wir stehen

Wir stehen, wie in Abb. 10.1 symbolisiert, an einer Weggabelung. Noch haben wir es in der Hand, die dramatischen Folgen des Klimawandels zu begrenzen. Die Zeit der Unsicherheiten, der fehlenden Informationen ist vorbei – wir wissen sowohl, wie dringend die Lage ist, als auch, was notwendig ist, um die drohende Klimakatastrophe zu verhindern. Bei einigen Details mögen wir uns uneinig sein. Manche technischen Ansätze mögen überschätzt werden, andere werden wohl zu wenig wahrgenommen. Man kann mehr oder weniger stark auf marktbasierte Lösungen setzen ($\Rightarrow$ 9.1.2). Doch im Prinzip ist klar, was zu tun ist und wie das Ziel aussehen sollte ($\Rightarrow$ Kap. 8). Wirklich gehandelt wird bislang allerdings zu wenig, und das meistens zu spät. Momentan verhält sich die Menschheit wie ein schwer übergewichtiger, schon etwas älterer Mann, dem sein Arzt bei jedem Besuch klarzumachen versucht, dass er auf Herzinfarkt oder Schlaganfall zusteuert, wenn er nicht schleunigst Gegenmaßnahmen ergreift. Doch ab und zu einmal nur einen Salat statt eines Schnitzels zu essen, einmal im Monat eine Runde um den Block zu joggen und sich sonst *Ja, ich müsste eigentlich etwas tun* zu denken, reicht eben nicht.

Natürlich ist das Problem vielschichtig, und in Kap. 1 sowie Teil II wurden schon viele seiner Facetten beleuchtet. Dieses Bild runden wir nun noch mit einer weiteren Betrachtung des Ist-Zustands und aktueller Entwicklungen ab, denn, so meine Überzeugung, eine gute Diagnose ist die beste Grundlage einer erfolgreichen Behandlung.

10.1 Wo wir stehen

Abb. 10.2: Konsum als angebliche Lösung, von Max Gustafson (http://www.maxgustafson.com), mit freundlicher Genehmigung des Künstlers

10.1.1 Dem Konsumismus huldigen

Wenn neue Religionen aufsteigen, übernehmen sie gerne die Feste der älteren, und versehen sie mit neuen Inhalten und Botschaften. Das bekannteste Beispiel dafür ist wohl Weihnachten: In vielen heidnischen Religionen waren Feste zur oder nahe bei der Wintersonnenwende bedeutsam. Das aufstrebende Christentum übernahm diese Gepflogenheit und legte (ohne biblische oder historische Belege, dafür im Gleichklang mit dem römischen *sol invictus*, dem Fest der unbesiegbaren Sonne) das Geburtsfest Jesu auf den 25. Dezember. Inzwischen wurde hier aber auch das Christentum zur Seite gedrängt, und längst ist Weihnachten zum Hochfest einer neuen Religion geworden, des *Konsumismus*. Zu keiner anderen Zeit laufen die Geschäfte des Handels so gut wie in der Vorweihnachtszeit (mit „Nebenfeiertagen" wie dem *Black Friday*, um die Geschäfte weiter anzukurbeln).

Mit dem BWLimus, dem Kult der angeblichen Effizienz (⇒ 9.3), teilt der Konsumismus so viele Ziele, dass er mit ihm friedlich koexistieren kann, zumindest solange den Menschen noch ein bisschen Zeit bleibt, ihr im Hamsterrad mühsam verdientes Geld auch auszugeben. Auch mit dem Dogma des ewigen Wachstum ist er sehr gut verträglich (⇒ 9.1.4). Mehr Konsum gilt dann als Lösung aller Probleme (⇒ Abb. 10.2), und wie gut es uns geht, lässt sich direkt an der Entwicklung des BIP ablesen (⇒ 9.1.5).

Doch letztlich ist es, wenn erst einmal unsere materiellen Grundbedürfnisse gestillt sind, nicht zunehmender Konsum, der uns glücklich macht (⇒ 9.1.7). Allenfalls kann er eine Kompensation für das darstellen, was uns wirklich fehlt. Doch das ist bestenfalls eine kurzfristige Linderung – mit oft langfristig schädlichen Folgen. Wir essen, um uns zu trösten, und sind unglücklich über das resultierende Übergewicht (speziell natürlich beim Konsum hochverarbeiteter Lebensmittel ⇒ 5.5.1). Wir verbringen Stunden mit einer Flut von Serien, die man angeblich gesehen haben *muss*, mit Online-Computerspiele, bei denen ausgefeilte psychologische Tricks eingesetzt werden, damit man sich möglichst lange in einer virtuellen statt in der realen Welt aufhält.

Natürlich ist die reale Welt an vielen Orten nicht mehr besonders einladend. Nicht nur, dass unsere Städte oft laut und autozentriert sind, man hat auch schnell das Gefühl, als sei Grau die einzige Farbe, in der noch gebaut wird. Um den Besuch wahrhaft schöner, einstmals erholsamer Orte herum ist eine gewaltige Tourismusindustrie entstanden, gegen deren Auswüchse die Bewohner:innen zunehmend auf die Barrikaden gehen, von Mallorca über Venedig bis Hallstadt.

Die ökologischen Schäden durch übermäßige Produktion, durch digitale Angebote, durch Mobilität haben inzwischen ein Ausmaß erreicht, das besorgniserregend ist – und das für Dinge, von denen oft niemand etwas hat, für Gegenstände, die in der Ecke verstauben, für Nahrungsmittel, die uns süchtig und krank machen, für Reisen, mit denen wir uns von Überarbeitung erholen wollen (und mit den Fotos auf Facebook oder Instagram angeben). Doch viele Dinge, die Quelle wahrer Zufriedenheit, echten Glücks sind, kann man sich mit Geld nicht kaufen. Speziell Aufbau und Pflege von positiven Beziehungen zu anderen Menschen erfordert vor allem Zeit (von beiden Seiten) – Zeit, von der wir weniger und weniger haben, weil wir zu beschäftigt damit sind, Geld zu verdienen, es wieder auszugeben oder auf andere Weise zu konsumieren.

Grundproblem Werbung Werbung ist unserer Welt allgegenwärtig, von Plakaten und Anzeigen in Zeitungen oder Magazinen über die klassischen Spots im Fernsehen und personalisierte Werbung im Internet bis hin zu Marketing-Mails. Riesige Konzerne (etwa die Google-Mutter Alphabet) verdienen viel von ihrem Geld mit Werbung. Dieses System ist uns so vertraut, dass uns meist gar nicht mehr auffällt, wie absurd es im Grunde ist. Fast rund um die Uhr werden wir mit Information zu Dingen belästigt, von denen man uns einreden will, dass wir sie unbedingt brauchen und haben wollen. Doch wenn ein erwachsener Mensch wirklich ein Bedürfnis spürt, wenn er tatsächlich etwas benötigt, dann darf man ihm durchaus zutrauen, sich zu informieren, welche Möglichkeiten es gibt, dieses Bedürfnis zu stillen. Das war schon früher möglich, und Online-Vergleichsplattformen, wie es sie für viele Produkte (etwa Reisen oder Elek-

trogeräte) inzwischen gibt, helfen zusätzlich. Natürlich kann es sein, dass man durch Werbung wirklich ein nützliches Produkt entdeckt, von dem man vorher nichts wusste – aber das sind seltene Goldnuggets in einem ganzen Berg von Geröll.
Werbung, die ungefragt auf uns einprasselt, will uns normalerweise nicht informieren – sie will Bedürfnisse wecken, die vorher nicht da war und die sehr wahrscheinlich nicht echt sind, nicht von innen heraus kommen. Entsprechend kurzlebig ist die Zufriedenheit mit dem Kauf zumeist, und entsprechend viel Gerümpel verstaubt am Dachboden oder verschimmelt im Keller.
Dass Werbung jedoch viel Schaden anrichten kann, ist offensichtlich. Ein besonders prägnantes Beispiel ist das Nespresso-Kapselsystem. Dieses ist es zwar schon seit 1986 auf dem Markt, doch lange führte es ein Nischendasein. Erst eine massive Werbekampagne mit George Clooney (ab 2006) hat ihm zum Erfolg verholfen.[Nes15]
Die Kapselmaschinen mögen ja durchaus bequem sein, produzieren aber Berge von Müll. Selbst wenn das umfassende Sammeln der Kapseln wirklich gelänge, ist das Aluminium, aus dem sie bestehen, doch in der Herstellung und Recycling energieintensiv. Auf die Menge umgerechnet ist der Kaffee auch recht teuer, mit einem Preis von gut 80 €pro Kilogramm.[Gre21]
Profitiert hat in erster Linie Nestlé, ein Konzern mit manchmal bedenklicher Grundhaltung (thematisiert etwa im Film *Bottled Life*, https://www.bottledlifefilm.com) und einer langen Liste von fragwürdigen Produkten (wie einer ganzen Palette hochverarbeiteter Lebensmittel, die schon Kinder in die Zuckersucht treiben[Tul23]). Profitiert hat in zweiter Linie ein alternder US-Schauspieler, der auch ohne zusätzliche Werbemillionen wohl nicht akut armutsgefährdet gewesen wäre.

Doch Werbung ist, werden Sie vielleicht (durchaus mit gewissem Recht) einwenden, in unserer Welt ganz wesentlich. Werbungen machen für Zeitungen und andere Medien einen wesentlichen Teil ihrer Einnahmen aus. Viele Sportler:innen sind auf Sponsoren angewiesen, und ebenso andere Menschen, die außergewöhnliche Leistungen vollbringen, für die es keine unmittelbare Art der Entlohnung gibt. Bei vielen Veranstaltungen (vom Freiluftfest bis zur Fachkonferenzen) ist nur deswegen eine kostengünstige Teilnahme möglich, weil es zusätzliches Sponsoring von Firmen gibt, die als Entschädigung natürlich eine entsprechende Möglichkeit zur Selbstdarstellung wünschen.
Es gibt hier sicherlich nicht nur Schwarz und Weiß, und ein paar Firmenlogos auf Sporttrikots oder Bannern sind natürlich bei Weitem nicht so aufdringlich und belästigend wie andere Arten der Werbung. Doch wäre etwa der internationale Fußball wirklich so viel schlechter, würden nicht Firmen hunderte Millionen in Werbung und Sponsoring pumpen, während seine Stars in einem Monat mehr verdienen als die meisten Menschen in ihrem ganzen Leben?

10.1.2 Bewusstsein und Greenwashing

Als Reaktion auf die Erkenntnis, wie schädlich das Fliegen (neben vielen anderen Aktivitäten) für das Klima ist ($\Rightarrow$ 7.3.1), hat sich das Phänomen der *Flugscham* entwickelt. Doch sich während eines Transatlantik-Fluges zu schämen, dass man fliegt, reduziert den CO_2-Ausstoß des Fliegers leider um kein einziges Gramm.[1] Sich bewusst zu machen, dass ein Problem existiert, ist ein fundamental wichtiger erster Schritt, aber eben nur ein erster, der alleine noch gar nichts bewirkt.
Wie wir uns fühlen, steht im Zentrum unserer Welt. Entsprechend schwer mag es sein, zu akzeptieren, dass unsere Gefühle allein noch nichts am Zustand der Welt ändern, und über sie zu reden alleine auch nicht (weder über die Gefühle, noch über die Welt). Erst Entscheidungen und Taten machen einen Unterschied.

Doch wie einfach ist es, tatsächlich etwas zu bewirken? Sieht man sich einen Abend lang die diversen Fernsehwerbespots an, dann entsteht der Eindruck, die ganze Welt wäre ohnehin bereits nachhaltig und klimaneutral, jedes Unternehmen würde sich mit Hingabe für die entsprechenden Ziele einsetzen. Das einzige, was man vielleicht selbst noch tun muss, ist, ein paar Cent oder Euro mehr auszugeben.
Doch Marketing und Beschönigung sind leider bei Weitem einfacher und billiger als wirkliches Handeln. Zwar ist ein gewisser Wertewandel durchaus erkennbar, doch die konkreten Umsetzungen erfolgen leider schleppend. Vieles ist bislang vor allem *Greenwashing*. Das beginnt bei ESG-zertifizierten Geldanlagen, die nur sehr „weichen" Kriterien genügen müssen ($\Rightarrow$ 9.4.3).[2]
Weiter geht es mit CO_2-Kompensationen: Letzte sind aus dem Flugverkehr besonders bekannt, wo man auch als Privatperson zu einem kleinen Aufpreis das Gefühl erhält, eigentlich gar keinen Schaden angerichtet zu haben. In viel größerem Umfang werden Kompensationen aber von Unternehmen eingesetzt: Um die eigenen Emissionen im zunehmend strengeren Rahmen des Handels mit Emissionszertifikaten unterzubringen, um Produkte gar als „klimafreundlich" oder „CO_2-neutral" bewerben zu können, können Firmen Ausgleichszahlungen tätigen, mit denen anderswo auf der Welt – angeblich – die entsprechende Menge CO_2 eingespart oder gebunden wird. Doch das System ist ausgesprochen löchrig und fragwürdig. Manche der Projekte zur Einsparung existieren ohnehin nur auf dem Papier.[KON24]

---

[1] Mehr Grund zum (wenngleich ebenso wirkungslosen) Schämen hätte man außerdem ohnehin bei einem Kurzstreckenflug, der sich durch eine Bahnfahrt hätte ersetzen lassen.
[2] Von manchen Seiten schlug dem ESG-Prinzip dennoch bereits erbitterter Widerstand entgegen, speziell in republikanisch regierten Bundesstaaten der USA, [Stö24, Kap. 5], und es gibt eigene Fonds einer Anti-ESG-Bewegung, die gezielt in Unternehmen investieren, die sich um ökologische oder gesellschaftliche Verantwortung nicht kümmern, sondern reine Shareholder-Value-Maximierung betreiben, [Mon23].

10.1 Wo wir stehen

Bei anderen wird sehr gewagt argumentiert, etwa wenn es bereits als CO_2-Kompensation gilt, ein Stück Wald stehen zu lassen. Natürlich ist es großartig, wenn der Wald vor der Rodung bewahrt wird – doch man verhindert damit nur die Emission von *noch mehr* CO_2, man bindet keines, das bereits ausgestoßen wurde.[Are23] Eine solche Rechnung geht sich nicht aus – und der CO_2-Gehalt der Atmosphäre steigt weiter an, mit allen negativen Folgen.

Auch beim Handel mit klimaneutralem Strom kamen (und kommen wahrscheinlich noch immer) diverse Tricks zum Einsatz. Vom Prinzip ist die Sache ja sinnvoll: Auch wenn der Strom, den man über das physikalische Netz bezieht, „schmutzig" sein mag, weil um die Ecke ein Braunkohlekraftwerk steht, kann man dennoch dafür aufzahlen, dass anderswo eine entsprechende Menge an Ökostrom erzeugt und ins Netz eingespeist wird. Damit steigt der Anteil der erneuerbaren Energie, und insgesamt stimmt die Bilanz. Doch manchmal treibt dieses System seltsame Blüten, etwa im Fall von Island, von dem man Ökostrom kaufen konnte – obwohl das Stromnetz der Insel gar nicht mit dem von Kontinentaleuropa verbunden ist. Dieses Praxis wurde zwar kurzzeitig ausgesetzt, ist nun (Stand 2024) aber offenbar wieder möglich.[Böc24]

Speziell wenn man sich nicht genau informiert, nicht selbst eine Plausibilitätsprüfung durchführt (und wer von uns hat die Zeit und das Wissen dafür, den Zugriff auf die erforderlichen Informationen?), ist das Risiko beträchtlich, dass auch gut gemeinte Entscheidungen wenig Wirkung zeigen. Das heißt natürlich keineswegs, dass man es nicht trotzdem versuchen soll. Doch damit solche bewussten Entscheidungen Wirkung entfalten, braucht es transparente Abläufe und wirksame Kontrollen. Zugleich können Kompensationen und die Möglichkeit, etwas teurere, ökologisch und sozial verträglichere Produkte kaufen zu können, kein Ersatz für eine grundlegende Umstellung unseres Energie- und Wirtschaftssystems sein.

Wie wirksam ist Aktionismus? Während auf wissenschaftlicher Seite seit Jahrzehnten (allerspätestens seit dem Erscheinen des ersten IPCC-Reports 1990) klar ist, wie dringend bezüglich der Klimakrise gehandelt werden muss, hat das öffentliche Bewusstsein dafür ein mehrfaches Auf und Ab erlebt. Der Film *An Inconvenient Truth* (2006) hat es ebenso wieder geweckt wie die *Fridays-for-Future*-Bewegung (ab 2018). Doch erstens ist das öffentliche Bewusstsein leicht durch andere Krisen und Ereignissen abzulenken ($\Rightarrow$ 1.1), und zweitens bringt Bewusstsein alleine eben noch nichts – es muss auch den passenden Rahmen geben, um handeln zu können, und den Willen einer Mehrheit, das auch zu tun. Entsprechend ist die Verzweiflung mancher Menschen (wie etwa der Aktivist:innen von Bewegungen wie *Extinction Rebellion* oder *Last Generation*), verständlich, ihr Drang, auch mit drastischeren Mitteln auf das Thema aufmerksam zu machen und politische Änderungen zu fordern. Doch die nachhaltige Wirkung solcher Aktionen ist bislang leider gering geblieben.

10.1.3 Die fehlende Mitte ...

Wenn man den Status quo betrachtet, analysiert, woran es aktuell scheitert, dass wir die Klimakrise endlich wirksam und ambitioniert bekämpfen, dann findet man viel, was zusammenspielt. Manches, wie der naive Glaube an die Wunderkraft der Märkte ($\Rightarrow$ 9.1.2) und das ewige Wachstum ($\Rightarrow$ 9.1.4) wurde schon vielfach diskutiert. Doch sehr oft sind es auch strukturelle Probleme, die genau dort liegen, worum sich (angeblich) alles dreht, in der Mitte ...

... in der Planung Im Kampf gegen die Klimakrise sind wir in einer kuriosen, aber zugleich sehr menschlichen Situation: Das ganz große Bild, wie das Ziel aussieht, ist durchaus vorhanden. Auch im Kleinen können wir durchaus vieles optimieren und besser machen, hier eine PV-Anlage installieren und dort beim Verbrauch ein paar Prozent einsparen. Aber dazwischen, bei der Konkretisierung, dabei, aus großen Visionen voll gut klingender Schlagworte einen durchgehenden Plan von ineinander greifenden Maßnahmen zu machen, um die Ziele zu erreichen, daran scheitern wir allzu oft.

Beim Klimawandel ist das besonders deutlich. Doch auch die Corona-Epidemie hat hierzu anschauliche Beispiele geliefert: Als nach knapp einem Jahr der Epidemie, Ende 2020, die ersten Impfstoffe verfügbar waren, reichte die Produktion natürlich noch bei weitem nicht für die ganze Welt aus. Mit viel Geld und diversen juristischen Tricks wurden zunächst Verteilungskämpfe geführt.

Afrika hatte, wie bei vielen anderen Dingen, das Nachsehen. Die Impfstoffe von Biontech-Pfizer, Moderna etc. wurde zunächst im Globalen Norden verimpft (der allerdings diese Impfstoffe auch entwickelt hatte). Natürlich wurde die Ungerechtigkeit der Welt beklagt, aber die Produktionskapazitäten reichten nun einmal nicht aus, Impfstoffherstellung ist eine aufwändige und komplexe Angelegenheit, und der Umgang mit Patenten und Know-how war bedenklich strikt. Natürlich waren es jene Staaten mit Macht und Geld, die zuerst zum Zug kamen.

Doch als nach vielen Monaten endlich ausreichend Impfstoff für Afrika zur Verfügung stand, da stellte sich heraus, dass gar nicht genug Einwegspritzen gab, um ihn auch zu verabreichen. Einwegspritzen sind aber, auch wenn natürlich Grundregeln zu Sicherheit und Hygiene beachtet werden müssen, keine solchen High-Tech-Produkte, dass es ebenfalls Monate gedauert hätte, sie in ausreichender Menge herzustellen. Es hatte nur einfach niemand daran gedacht, sich rechtzeitig darum zu kümmern.[Die21]

Dabei ist das Verabreichen von Impfstoff insgesamt ein relativ einfacher Prozess. Unser Energiesystem auf eine nachhaltige Basis zu stellen, ist unfassbar komplexer. Immer wieder stoßen wir „völlig überraschend" auf neue Probleme – die mit ein bisschen Nachdenken schon lange absehbar gewesen wären bzw. vor denen oft auch schon lange gewarnt wurde.

10.1 Wo wir stehen

Die fehlenden Leitungskapazitäten, um den dezentral erzeugten Solarstrom auch einzusammeln und zu nutzen, sind hierfür ein besonders prägnantes Beispiel ($\Rightarrow$ 8.3.1). Hätten wir das Bekenntnis zur dezentralen Energieerzeugung wirklich ernst gemeint, hätten wir gründlich durchgedacht, was dafür nötig ist, hätten wir bereits seit Jahrzehnten das Stromnetz sukzessive ausbauen müssen.

Schon aus den ersten Anläufen zur deutschen Energiewende ab den 1990er Jahren hätte man so viel lernen können ($\Rightarrow$ S. 3), etwa darüber, wie wichtig räumlicher und zeitlicher Ausgleich sind ($\Rightarrow$ 8.3). Zusätzlich wurde deutlich, dass die Forcierung des Ausbaus erneuerbarer Energieerzeugung zwar essenziell ist, aber auch entsprechende Begleitmaßnahmen braucht. Im Deutschland der 1990er Jahre etwa sank der Strompreis durch die Einspeisung der Erneuerbaren so weit, dass auch effiziente Gas-KWK-Anlagen als noch am wenigsten schädliche Variante, aus fossilen Brennstoffen Energie zu gewinnen, unwirtschaftlich wurden. Übrig blieb vor allem die billige und extrem schmutzige Braunkohle.

Die günstigen Strompreise, die sich in weiten Teilen Europas einstellten, machten Investitionen in Energieinfrastruktur, etwa Pumpspeicher-Kraftwerke unrentabel. Auch die Anreize zum Energiesparen waren gering. Stark stieg das Interesse an erneuerbarer Energieversorgung 2022 in Folge des Ukraine-Krieges an – bzw. aufgrund des Gas- und Strompreisschocks, den er ausgelöst hatte. Doch egal, ob Photovoltaik, Wärmepumpen, Biomasse-Kessel oder Speicher, in fast allen Branchen herrschte das gleiche Bild: zu wenig Produktionskapazitäten, zu wenig Fachpersonal, das diese Anlagen installieren und in Betrieb nehmen konnte.

Das kann man kaum den Unternehmen aus der erneuerbaren Energiebranche ankreiden, oft Klein- oder Mittelbetriebe, von denen einige jedesmal, wenn der Öl- oder Gaspreis wieder verführerisch niedrig für die Konsument:innen ist, am finanziellen Zusammenbruch vorbeischrammen. Doch auf übergeordneter Ebene, national und europäisch, müsste seit langem klar sein, was für die vielbeschworene Transformation notwendig ist. Einschlägige Ausbildungsprogramme hätten schon vor Jahren gestartet werden müssen, Anreize, diese auch tatsächlich zu absolvieren, vor Jahren gesetzt werden müssen.

Natürlich ist man hinterher immer klüger. Leider zeichnet sich aber allzu deutlich das Bild einer Politik ab, die viel von Nachhaltigkeit spricht (Worte sind billig), aber in Wahrheit darauf gesetzt hat, noch für Jahrzehnte hauptsächlich „klimaschonendes" russisches Erdgas einzusetzen. Obwohl wir extrem viel Zeit in immer aufgeblähtere, immer kleinlicher agierende Verwaltungsstrukturen stecken ($\Rightarrow$ 9.3.3), in Prozesse, die angeblich alles effizienter und besser machen sollen, bringen wir es nicht zustande, in fundamental wichtigen Bereichen tragfähige Pläne für unbedingt notwendige Veränderungen aufzustellen und umzusetzen.

... in der Gesellschaft Die Energie- und Wirtschaftswende kann wohl nur gelingen, wenn sie von weiten Teilen der Gesellschaft getragen wird, vor allem der vielbeschworenen Mitte, der (fast) alle angehören wollen – von jenen, die es mit Ach und Krach schaffen, ein bescheidenes Leben ohne akute Not zu führen, bis hin zu sehr erfolgreichen Unternehmer:innen.

Doch die echte Mitte leidet inzwischen selbst unter zunehmender Ungleichheit ($\Rightarrow$ Abb. 9.12), unter immer größer werdendem Druck ($\Rightarrow$ 9.3.5), unter der Angst vor Abstieg und Verlust. Solange sich diese Sorge nur jedoch vorwiegend zu Maßnahmen gegen Schein- und Folgeprobleme führt, statt die wahren ökologischen, wirtschaftlichen und sozialen Ursachen zu addressieren, wird sich die Lage nicht bessern ($\Rightarrow$ 10.1.6).

... in der technischen Infrastruktur Auch in der Technik haben wir ein Problem mit der Mitte, konkret mit dem Fehlen jener mittelgroßen Anlagen, die für das Energiesystem der Zukunft benötigt werden. Das alte Energiesystem hat lange auf große Kraftwerke gesetzt, die man zwar auf vielfältige Arten optimieren kann, um sie effizienter zu machen, die aber zugleich strukturelle Probleme verursachen. So ist etwa deren Menge an Abwärme so groß, dass eine sinnvolle Nutzung mittels Kraft-Wärme-Kopplung kaum mehr möglich ist ($\Rightarrow$ 6.5). Zudem leiden Großprojekte unter ihrer extremen Komplexität, die immer wieder zu jahrelangen Verzögerungen und explodierenden Kosten führen (auch, aber keineswegs nur im Energiebereich).

Im Zuge der Energiewende wurde betont, wie wichtig auch kleine Beiträge sind, ein paar Quadratmeter PV hier, ein bisschen Energiesparen dort. Natürlich ist jeder Beitrag hilfreich, doch wie in [Mac09, Ch. 19] richtig festgestellt: *If everyone does a little, we'll achieve only a little*. Auch die kleinen Projekte sollten etwas größer gedacht werden – statt nur ein paar m^2 PV so viel, wie sich am Dach sinnvoll unterbringen lässt –, samt Möglichkeiten, diese Energie auch zu nutzen. Dazu werden jedoch (meist mittelgroße) lokale Strukturen zur Energiespeicherung und Weiterverteilung gebraucht, *Energieknoten*, die Schnittstellen zwischen der Energiesektoren bilden ($\Rightarrow$ 8.5.1).

... bei gesetzlichen Regelungen Bei nahezu allem, was in unserer Welt getan wird, sind vielfältige Regeln und Vorschriften zu beachten. Auch Projekte für erneuerbare Energie sind hierbei keine Ausnahme. Von Umweltverträglichkeitsprüfungen über Ortsbildschutz bis zur DSGVO reichen die Aspekte, die zu bedenken sind. Diese sind zweifellos oft wichtig, denn weder sollen Energieprojekten unnötigen Schaden an der Natur anrichten, noch sollen sie den Schutz persönlicher Daten beeinträchtigen.

Doch die Balance zwischen dem, was hierbei gerechtfertigt ist, und übertriebener, langatmiger Bürokratie ist nicht leicht zu finden. Zu oft führte bislang die mangelnde Priorisierung von Maßnahmen gegen den Klimawandel zu jahrelangen Verzögerungen, oft durch Gesetze, die ursprünglich auf etwas ganz anderes abzielten.

10.1.4 Die Grenzen der Physik sind die Grenzen meiner Welt

Von Motivations-Coaches wird gerne die Geschichte von der Hummel erzählt – leider normalerweise mit der falschen Botschaft. „Nach den Gesetzen der Physik, der Aerodynamik", heißt es da, „dürfte die Hummel nicht fliegen können; sie ist für die Größe ihrer Flügel einfach zu schwer. Doch die Hummel, die weiß das nicht, schert sich nicht darum (und um die Wissenschaft). Sie fliegt trotzdem." Botschaft der Motivationstrainer:innen: „Glaub an dich, und du kannst Unmögliches möglich machen."
Leider ist das nicht wahr. Manchmal kann man zwar in der Tat etwas tun, was andere Menschen für unmöglich gehalten haben – aber dann war diese Einschätzung falsch.[3] Die Geschichte von der Hummel sollte anders lauten, und sie hat viel mit *Modellen* zu tun ($\Rightarrow$ Box auf S. 109): „Wenn man aus einem Modell ein Ergebnis erhält, das in offensichtlichem Widerspruch zu den Beobachtungen steht, dann muss das Modell zu grob sein, passt vielleicht für den Zweck, für den man es verwenden wollte, gar nicht. Daher sollte man es weiterentwickeln oder durch ein besseres ersetzen."

Auch unsere aktuellen Wirtschaftstheorien beruhen auf solchen vereinfachten Modellen, und sie liefern immer wieder Ergebnisse, die problematisch, oft sogar offensichtlich falsch sind. Wo das passiert, sollte man sich nicht krampfhaft an die bisherigen Ansätze, Modelle und Rechenzugänge klammern, sondern etwas Besseres entwickeln. Ganz besonders deutlich wird das Versagen aktueller wirtschaftstheoretischer Zugänge beim Umgang mit den begrenzten Aufnahmekapazitäten der Welt für unseren Abfall – von Plastikmüll bis zu CO_2 und anderen Treibhausgasen.

Manche Aufgaben, etwa angemessene Preise für leicht handelbare Güter zu finden, erledigen Märkte sehr gut ($\Rightarrow$ 9.1.2). Mit anderen aber, etwa soziale Gerechtigkeit zu etablieren oder nachhaltige Strukturen für die Zukunft zu schaffen, sind sie offensichtlich überfordert. Im Bereich der Energie, bei Nachhaltigkeit und Zukunftsfähigkeit, hat sich die Marktwirtschaft eher als *Marktversagenswirtschaft* erwiesen. Gerade die vehementesten Kämpfer für völlig unregulierte Märkte riskieren, dass in Zukunft in extremem Ausmaß in Marktmechanismen eingegriffen werden muss, um zu retten, was noch zu retten ist.[4] Ein Grundproblem unseres Wirtschaftssystems ist es, dass physikalische und ökologische Grenzen systematisch ignoriert werden, dass der künstlichen Größe *Geld*, einem reinen sozialen Konstrukt, mehr Bedeutung zugemessen wird als realen Gegebenheiten. Wie viel *Rendite* etwas bringt, ist darin wichtiger als die Frage, ob es *tatsächlich sinnvoll* ist ($\Rightarrow$ 9.2.3).

---

[3]Dabei geht es selten um Naturgesetze, sondern um Schranken des eigenen Geistes. Es ist ganz offensichtlich keineswegs unmöglich, eine Rede vor tausenden Personen zu halten, es kostet nur viele Menschen viel Überwindung. Sich dazu durchzuringen, es trotzdem zu tun, ist bewundernswert – aber weit weg davon, etwas Unmögliches vollbracht zu haben.
[4]Eine sehr überzeugende Ausführung dazu findet man in den *Conclusions* von [OC10]

Inzwischen zeigen sich die grundlegenden Widersprüche, die Absurditäten bereits recht deutlich:[5] Die Abläufe in diesem Wirtschaftssystem führen dazu, dass Investitionen in eine nachhaltige Zukunft nicht erfolgen, bloß, weil es aus betriebswirtschaftlicher Sicht nicht jene sind, die am meisten Rendite bringen. Dass auf einem zu großen Teilen für Menschen unbewohnbaren Planeten auch sehr hohe Gewinne wenig Wert haben werden, spielt dabei keine Rolle.

Die Grundannahme unseres Zugangs zu Wirtschaft ist ja, dass sich letztlich *alles* auf eine einzelne Größe, die ökonomische Kosten, abbilden lässt. Es erscheint fraglich, dass eine solche Reduktion überhaupt möglich ist. Doch selbst, wenn das der Fall sein sollte, haben wir den Zustand einer korrekten Zuschreibung sicherlich noch nicht erreicht. Das sollte uns misstrauisch machen, wann immer es heißt, etwas sei „nicht wirtschaftlich". Wenn etwas aktuell in diese Kategorie fällt, ist es dann tatsächlich mit den Ressourcen und Fähigkeiten, die der Menschheit zur Verfügung stehen, nicht umsetzbar? Ist es bloß schlechter als eine andere Variante, das gleiche Ziel zu erreichen? Ist es vielleicht nur in einer kurzsichtigen Betrachtung, einer naiven Extrapolation ($\Rightarrow$ Abb. 9.3) weniger profitabel als andere, in völlig anderen Wirtschaftsbereichen angesiedelte Investitionen? Mehr auf das zu achten, was physikalisch möglich und in Sicht auf das Gesamtsystem sinnvoll ist, als bloß mit kurzsichtigem ökonomischen Tunnelblick zu arbeiten, würde dringend Not tun ($\Rightarrow$ 10.3).

Deskriptiv vs. normativ Es gibt diverse Gegensatzpaare von Sichten auf die Welt. Politisch rechts vs. links ist ein solches Paar, mit viel Spielraum, was die jeweilige Einstellung bedeuten soll, aber auch einigen klaren moralischen Eckpfeilern.[6]

Ein weiteres Gegensatzpaar, das Beachtung verdient, ist jenes zwischen einem *deskriptiven* und einem *normativen* Zugang. Eine deskriptive Grundhaltung haben viele Wissenschaftsdisziplinen, speziell die Naturwissenschaften: Man beschreibt die Dinge möglichst akkurat, wie sie *sind* – und versucht, auf Basis von Beobachtungen und Beschreibungen allgemeingültige Prinzipien zu gewinnen, die es dann erlauben, Vorhersagen zu treffen und Erklärungen zu liefern.

---

[5]In Mathematik und Logik gibt es eine ausgesprochen interessante und vielseitige Methode, eine Behauptung zu widerlegen, die *reductio ad absurdum*. Dazu nimmt man an, diese Behauptung *sei wahr* und zieht dann so lange logische Schlüsse daraus, kombiniert diese mit neuen Fakten – so lange, bis sich ein offensichtlicher Widerspruch zu bereits bekannten Tatsachen zeigt. Dann weiß man, dass die Annahme falsch war – die Behauptung ist widerlegt.
Im Grunde sind wir alle seit vielen Jahren Teilnehmer:innen in einem gigantischen Reductio-ad-absurdum-Experiment. Wir nehmen an, dass das, was die Wirtschaftswissenschaften predigen und was ihre Handlanger ausführen, dass die Gesetze von freiem Markt, Gewinnstreben und grenzenlosem Wachstum tatsächlich dazu führen, dass natürliche Ressourcen und menschliche Arbeitskraft (bzw. Lebenszeit) auf die bestmögliche, sinnvollste Weise eingesetzt werden, und zunehmend sehen wir die Widersprüche, die sich aus dieser Annahme ergeben.

[6]Allerdings gibt es die „Hufeisen-Hypthese", nach der sich die Positionen der extremen Rechten und der extremen Linken (zumindest zu einzelnen Themen) einander wieder annähern, [Jes15].

Die normative Haltung ist ebenfalls in manchen Wissenschaftsdisziplinen relevant (etwa in Teilen der Philosophie, der Sozial-, Bildungs- und Rechtswissenschaften), vor allem aber in Gesetzgebung und Verwaltung: Man legt – natürlich auf Basis bestimmter Prinzipien, nicht willkürlich – fest, wie die Dinge sein *sollen*. Beide Zugänge haben offensichtlich ihre Berechtigung. Man sollte nur vorsichtig sein, wo welcher der beiden angebracht ist. Wir formulieren Normen in sprachlicher Form, und entsprechend neigen Menschen, die stark vom normativen Zugang geprägt sind, dazu, Sprache als etwas sehr Mächtiges anzusehen, bis hin zu dem Punkt, an dem der Sprache nahezu Wunderkräfte zugeschrieben werden und um jeden Begriff erbittert gerungen wird. Beschreibt man die Dinge (so dieser fast magische Glaube) auf die Weise, wie sie sein sollten, und das stets mit den richtigen Worten, dann werden sie bald auch wirklich so sein. Diskriminierung etwa verschwinde ganz von selbst, wenn man nur alle diskriminierenden Bezeichnungen ausreichend ächte und ihre Verwendung unterbinde, alles inklusiv formuliere – leider eine eher naive Hoffnung.[7]

Dieser Glaube an die Macht der Sprache – und damit an jene von Gesetzen und Verträgen – kann extrem irreführend sein. Immer wieder hört man Aussagen wie „Weil wir uns mit Kyoto/Paris/... verpflichtet haben, unsere Treibhausgasemissionen zu reduzieren, müssen wir nun ..." oder „Wenn wir unsere Emissionen nicht ausreichend reduzieren, drohen uns Strafzahlungen in Milliardenhöhe".

Doch so zu argumentieren, bedeutet, das Pferd von hinten aufzuzäumen. Eigentlich müsste es heißen: „Weil es für das Fortbestehen der menschliche Zivilisation, vielleicht sogar für das Überleben der menschlichen Spezies, unbedingt notwendig ist, müssen wir ... Einige dafür sinnvolle Maßnahmen und Ziele wurden in den Protokollen von Kyoto/Paris/... bzw. in internationalen Verpflichtungen zur Emissionsreduktion niedergeschrieben; schon aus eigenem Interesse sollten wir uns daran halten."

Setzt man die Verträge – also soziale Vereinbarungen – in den Mittelpunkt, dann landet man schnell bei der Hybris, dass menschliche Vereinbarungen bedeutsamer seien als Naturgesetze. Doch soziale Konventionen lassen sich bei Bedarf neu verhandeln. Anderes ist jedoch nicht verhandelbar: Wie viel Kohle, Öl und Gas der Erdkruste entnommen wurde, um wie viel höher der CO_2-Gehalt der Atmosphäre nun gegenüber dem vorindustriellen Zeitalter ist, wie viel Fläche versiegelt wurde, wie viele Arten ausgestorben sind, das sind harte naturwissenschaftliche Fakten, denen Verhandlungen, Meinungen und Beschlüsse herzlich egal sind. Die Natur ist gegen unsere gängige Arten, unseren Willen durchzusetzen, gegen Überredung mit gut klingendem Blabla, gegen Einschüchterung und Erpressung völlig immun.

---

[7]Andere wieder sehen den Untergang des Abendlandes aufgrund von gendergerechter Sprache und ein paar Sternchen oder Doppelpunkten kommen (⇒ 10.1.6).

Subsistenz vs. Füllhorn Selbst wenn wir versuchen, uns auf das zu beschränken und auf das zu achten, was im Rahmen der physikalischen, chemischen und biologischen Grenzen möglich ist, gibt es immer noch einen Widerstreit zwischen zwei Denkschulen:

- Bereit 1798 prognostizierte der englische Priester und Ökonom Thomas Robert Malthus in seinem Werk *An Essay on the Principle of Population* ein düsteres Szenario: Zwar hebt die wachsende landwirtschaftliche und industrielle Produktion den Lebensstandard, doch das Bevölkerungswachstum gleicht das mehr als aus, so dass der Wohlstand pro Kopf zurückgeht, bis in der „Malthusianischen Welt" die Bevölkerung in einer Subsistenzwirtschaft mit knapper Not ums Überleben kämpft. Diese Sicht, die die Begrenztheit der Ressourcen in den Vordergrund stellt, hat unter anderem den Nationalsozialismus mitgeprägt und wirkt noch heute in Programmen gegen Überbevölkerung nach.[8]

- Auf der anderen Seite steht der *Cornucopianismus*, der „Füllhorn-Zugang", in dem man davon ausgeht, dass neue Entdeckungen und Erfindungen immer dafür sorgen werden, dass genug Ressourcen zur Verfügung stehen. Diese Sicht ist eng verwandt mit der unrealistischen Optimismus, der annimmt, dass es für jedes ernsthafte Problem auch eine technische Lösung gibt, die man ggf. nur entwickeln und umsetzen muss.

  Ein solcher Zugang begünstigt den Glauben an die weitreichenden Fähigkeiten der Märkte ($\Rightarrow$ 9.1.2), da durch steigende Preise Anreize für Innovationen entstehen. So zu agieren hat in den letzten Jahrhunderten beeindruckende Erfolge gebracht, aber auch viel Schaden angerichtet – und stößt nun recht deutlich an die planetaren Grenzen.

Beide Sichtweisen alleine greifen wohl zu kurz. Technische Lösungen werden wohl erheblich dazu beitragen können, unsere aktuellen Probleme im Wechselspiel von Klima und Energie zu lösen ($\Rightarrow$ Kap. 8). Zugleich müssen sie aber auf die Begrenztheit unseres Planeten viel mehr Rücksicht nehmen als jetzt. Der Glaube, dass mit genug Geld, das man in Forschung und Entwicklung steckt ($\Rightarrow$ 10.2), eine Wundertechnologie kommen wird, mit der gar keine Änderungen unseres Lebensstils nötig sind, war immer schon naiv – inzwischen ist es aber völlig unverantwortlich, nur mit künftigen Innovationen zu argumentieren.

Letztlich werden technischen Maßnahmen mit gesellschaftlichen Veränderungen zusammenwirken müssen, damit die Wende gelingen kann – innerhalb der Grenzen, die die Physik uns nun einmal vorgibt.

---

[8] Diese werden oftmals auch ökologisch motiviert und begründet – ungeachtet dessen, dass die Bewohner:innen jener Länder, in denen solche Programme laufen, pro Kopf nur einen winzigen Bruchteil des ökologischen Schadens anrichten, den wir im Globalen Norden verursachen.

10.1.5 Rise of the Machines

Immer wieder haben technische Entwicklung die Welt verändert und gesellschaftliche Umbrüche ausgelöst, vom Schießpulver über den Buchdruck bis hin zur Dampfmaschine, die wesentlich die industrielle Revolution angetrieben hat. Die neueste technische Entwicklung mit ähnlichem Potenzial ist die Künstliche Intelligenz (KI). Während die mögliche Bedrohung durch eine dem Menschen ebenbürtige oder gar überlegene „starke" KI nicht aus dem Augen verloren werden sollte ($\Rightarrow$ 1.1.7), gibt es andere Veränderungen, die schon jetzt erfolgen oder für die kommenden Jahre absehbar sind. Zur Analyse großer Datenmengen, zur Erkennung von Mustern wird KI schon seit vielen Jahren eingesetzt, wenn auch oft so im Hintergrund, dass es häufig kaum auffällt. Probleme können sich aus dem Einsatz solcher Algorithmen aber durchaus ergeben, etwa durch Blasenbildung in den sozialen Medien oder durch Algorithmen, die aus den historischen Daten die jetzt herrschenden Vorurteile lernen und somit einzementieren.[O'N17] Dass ganze Berufssparten durch KI bedroht sein könnten ($\Rightarrow$ 10.5.2), wird insbesondere im Bereich des autonomen Fahrens oft diskutiert. Auch wenn die Entwicklung dieser Technologie langsamer erfolgt als ursprünglich erwartet, sind die Fortschritte deutlich erkennbar, und die Möglichkeit besteht durchaus, dass Millionen Arbeitsplätze in den kommenden Jahren verschwinden werden. Zugleich bietet das autonome Fahren, wenn es sinnvoll eingesetzt wird, auch durchaus Chancen im Bereich der sanfteren Mobilität ($\Rightarrow$ 7.4.2).

Einer breiten Öffentlichkeit wurden die gewaltigen Fortschritte, die die KI im Lauf der letzten Jahre gemacht hat, erst Ende 2022 bewusst, mit dem Erscheinen von Chat-GPT. Derartige Large Language Models (LLMs) mit Dialogfähigkeit und (begrenztem) Gedächtnis besitzen in der Tat inzwischen beeindruckende Fähigkeiten. Die produzierten Texte klingen schlüssig und, speziell, wenn man von einem Thema wenig versteht, meist überzeugend.

Bezüglich fachlicher Richtigkeit können die Inhalte allerdings durchaus verfälscht oder gar frei erfunden („halluziniert") oder sein. Da es bei dieser Technologie im Kern um die Erzeugung von Texten mit korrekten sprachstatistischen Eigenschaften geht, ist das nicht allzu verwunderlich – auch wenn aktuell hart daran gearbeitet wird, die Zuverlässigkeit zu verbessern. Der Nutzen von Chat-GPT & Co., um an valide Informationen zu kommen, ist also noch begrenzt; dennoch sind die Fähigkeiten solcher Systeme sehr nützlich, um sprachliche Routinetätigkeiten auszuführen. Man kann sogar einen Schritt weitergehen: Wenn in einem Bereich Strategiepapiere, Business-Pläne oder Berichte, die Chat-GPT erstellt, genauso gut sind wie die, die früher von Menschen geschrieben wurden, dann sollte man ruhig einmal überlegen, wie viel echte wertvolle Information in solchen Dokumenten steckt und ob man nicht auf das eine oder andere davon ruhig verzichten könnte.

10.1.6 Sich selbst ins Knie schießen

Wir stehen einer gigantischen Herausforderung gegenüber, einer Bedrohung, die wahrscheinlich gravierender ist als jede zuvor in der Geschichte der Menschheit. Erstmals haben wir eine Dynamik entfesselt, die wir nur noch kurze Zeit bändigen können. Wenn sie sich erst voll entfaltet, hat sie durchaus das Potenzial, der menschlichen Zivilisation unermesslichen Schaden zuzufügen. Wenig von dem, was wir bislang erreicht haben, von allen unseren kulturellen Errungenschaften, hätten noch Bedeutung, wenn es dermaßen schlimm kommt.

Zugleich liegen die Lösung auf dem Tisch, sind umsetzbar ($\Rightarrow$ Kap. 8). Es auch zu tun wird ein Umdenken und einen kurzfristigen Kraftakt erfordern, aber ist zweifellos möglich. Doch stattdessen beschäftigen wir uns mit zahllosen anderen Dingen, wenn immer etwas uns gerade ablenkt, arbeiten immer wieder gegeneinander statt miteinander. Offenbar wird die Menschheit nicht müde, ihren Status als dümmstmögliche intelligente Spezies zu demonstrieren ($\Rightarrow$ Box auf S. 38). Hoffen wir, dass wir nicht zu dumm zum Überleben sind.

Interne und externe Probleme der Menschheit Eine Unterscheidung, die helfen kann, die Dinge etwas klarer zu sehen, ist jene zwischen *internen* und *externen* Problemen und Herausforderungen ($\Rightarrow$ 1.1): Bei den internen geht es um den Umgang der Menschen miteinander, um Diskriminierung vs. Chancengleichheit, um Krieg und Terrorismus vs. friedlichem Zusammenleben, um die Verteilung von Besitz ($\Rightarrow$ 1.1.4).

Externe Herausforderungen hingegen sind an der Schnittstelle zwischen Menschheit und der Natur – in allen ihren Facetten – zu finden ($\Rightarrow$ 1.1.1-1.1.3). Früher waren es sehr oft externe Bedrohungen, mit denen die Menschen in erster Linie zu kämpfen hatten, Raubtiere, Naturgewalten, Hungersnöte und Krankheiten. Natürlich gibt es auch interne Bedrohungen schon sehr lange, Verbrechen ebenso wie Kriege.[9]

Doch technische und medizinische Fortschritte haben dazu geführt, dass zumindest im Globalen Norden die externen Probleme in den Hintergrund gerückt sind – wodurch wir mehr von unserer Aufmerksamkeit auf interne Probleme lenken konnten. Das Risiko, Opfer eines Terroranschlags zu werden, ist, verglichen etwa mit der Wahrscheinlichkeit, an einem Verkehrsunfall zu sterben, extrem gering, und dennoch betrachten wir Terrorismus zumeist als eine enorme Bedrohung. Da es hierbei andere Menschen sind, die gegen uns arbeiten – und da Menschen, wie wir wissen, zu enormer Bösartigkeit und Grausamkeit fähig sein können –, ist das Gefühl der Bedrohung, das entsteht, viel größer als jenes bei Unfällen oder Naturkatastrophen.

---

[9]Manchmal wurden externe Bedrohungen als solche interpretiert, die in Wahrheit von innen kamen, wenn etwa Hexen für den Ausbruch einer Krankheit oder eine Missernte verantwortlich gemacht wurden. Der Drang, nach Sündenböcken zu suchen, scheint eine sehr menschliche Eigenschaft zu sein.

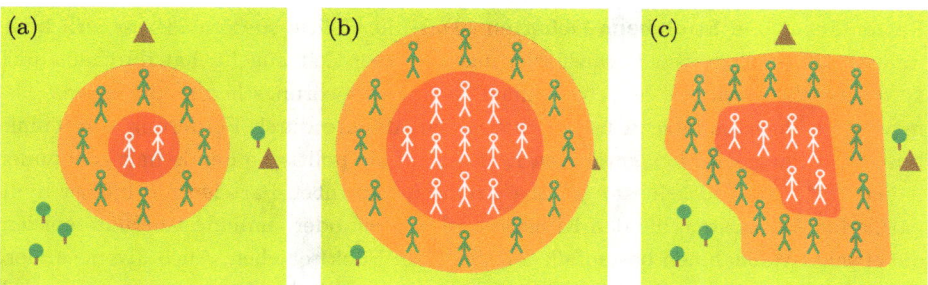

Abb. 10.3: (a) In einem kleinen sozialen System ist noch die Mehrzahl der Menschen (im Kreisring) mit äußeren Problemen beschäftigt. (b) Wächst das System auf einfache Weise, die keine Rücksicht auf äußere Gegebenheiten nimmt, dann wächst der Anteil derer, die mit inneren Angelegenheiten beschäftigt sind (im inneren Kreis), überproportional an. (c) Wächst das System hingegen so, dass es sich an seine Umwelt anpasst, dann ist das Verhältnis von jenen, die echte Probleme lösen, zu jenen, die nur verwalten, besser. (KL$_{BY}^{CC}$)

Natürlich können interne Konflikte eine Quelle von enormem Leid sein und auch externe Katastrophen auslösen. Zugleich gehören sie aber alle zur Klasse jener Probleme, die sich, wenn wir zu einer Grundhaltung des Miteinanders statt des Gegeneinanders gelangen, rein innerhalb der Menschheit lösen lassen. Vergleicht man jedoch die typischen Wahlergebnisse jener Parteien, die Migration (eine interne Angelegenheit der Menschheit) als die größte Bedrohung darstellen, mit denen jener Parteien, die den Klimawandel (eine zwar menschengemachte, aber dennoch externe Bedrohung) als zentrale Herausforderung ansprechen, ist klar, womit man aktuell erfolgreicher ist.

Doch es ist keineswegs nur die Politik, wo man diesen Effekt sieht. Auch in der Ausbildung beschränken wir oft hart den Zugang zu Gesundheitsberufen, also zu Tätigkeiten, die zur Lösung von *externen* Problemen beitragen (⇒ 9.3.4). Keine Beschränkungen gibt es hingegen zumeist in jenen Sparten, in denen es um das Behandeln interner Probleme geht wie Rechtswissenschaften oder Betriebswirtschaftslehre. Doch wer nur mit Abläufen vertraut ist, um interne Angelegenheiten der Menschheit zu behandeln, wird nicht allzu erfolgreich dabei sein, mit handfesten externen Bedrohungen zurande zu kommen – und genau das beobachten wir gerade bei den Versuchen der Politik, mit der Klimakrise fertig zu werden.

Diese Entwicklung läuft parallel zu jener, die man in Institutionen und Unternehmen oft beobachten kann: Die interne (Selbst-)Verwaltung wächst, während die Ressourcen, die für die eigentlichen Kerntätigkeiten zur Verfügung gestellt werden, stagnieren oder sogar reduziert werden. Oft ist das eine Folge davon, dass man der Administration das Kommando überlässt (⇒ 9.3.3). Eine Sicht darauf ist in Abb. 10.3 skizziert.

Rattenfänger und Strohmann-Debatten Dass die Politik so dermaßen zögerlich ist, was die wahrhaft großen Herausforderungen unserer Zeit angeht, hat durchaus auch systematische Ursachen. So sehr es auch nach Verschwörungstheorie klingen mag, ist inzwischen doch umfassend belegt, wie einige Akteure durch Förderung von Thinktanks und Parteispenden gewaltigen Einfluss auf die politische Landschaft genommen haben.[Stö24] Es sind keineswegs nur extreme Rechtsaußen-Parteien mit offener Sympathie für Autokraten, die den Klimawandel leugnen oder zumindest herunterspielen, die etwaige Maßnahmen bestenfalls auf die lange Bank schieben. Auch diverse andere Parteien, die oft eine respektable Geschichte haben, einst durchaus verantwortungsvoll und staatstragend agiert haben, klammern sich nun an einen fragwürdigen Status quo oder wollen überhaupt den Rückwärtsgang einlegen, statt sich an den Herausforderungen der Zukunft zu orientieren. Auch ohne direkte Einflussnahme sind die „Eliten" zaghaft geworden und lassen sich von einigen Populist:innen die Themen diktieren.
Als hilfreiches Mittel, um die Debatte von den wahren Probleme abzulenken, wurden zudem zahlreiche kulturelle Scheingefechte etabliert. Besonders häufig fällt in diesem Kulturk(r)ampf neuerdings der Vorwurf der *Wokeness*. Natürlich kann man sehr lange über Identitätsaspekte und die Sinnhaftigkeit von Gendern diskutieren, mit Hingabe Detail- und Nischenprobleme breittreten. Doch wenn die großen Fragen zum Überleben der Menschheit dabei in den Hintergrund treten, dann läuft etwas verkehrt.
Dass solche Saat auf so fruchtbaren Boden fällt, hat natürlich seine Gründe. Das Gefühl, betrogen und abgehängt zu werden, kommt ja nicht ganz aus dem Nichts. Zum Teil mögen es überzogene Erwartungen sein, der Anspruch, für wenig persönlichen Einsatz viel zu erhalten. Zum Teil ist es aber eine ganz reale Schieflage, mit der wir es zu tun haben. Wer allerdings dafür verantwortlich *ist* und wer dafür verantwortlich *gemacht wird*, das sind zwei Paar Schuhe.
Erstaunlicherweise ist Neid etwas, das viel stärker horizontal als vertikal wirkt. Milliardäre, die jedes Wochenende mit dem Privatjet zu ihrer Villa an der Cote d'Azur fliegen, sind deutlich seltener das Ziel von Neid als der Nachbar, der das etwas größere Auto hat, oder die Bürokollegin, die schon zu Mittag heimgehen kann, während man selbst in Arbeit zu ertrinken scheint. Dennoch ist bei jedem Vorstoß in Richtung irgendeiner Umverteilung von oben nach unten schnell die Rede von einer „Neiddebatte".
Doch wesentlich verbreiteter als der verpönte Neid ist aktuell die *Missgunst*, das Gefühl, dass jemand auf keinen Fall zu viel bekommen soll. Niemand von uns wird ernsthaft auf Asylbewerber:innen *neidisch* sein, die in Massenquartieren wohnen, zur Untätigkeit verdammt sind, nur ein kleines Taschengeld erhalten (zunehmend in Form von Bezahlkarten mit beschränktem Einsatzbereich) und einem ungewissen Schicksal entgegen sehen. Doch man kann ihnen immer noch das wenige, das sie erhalten, missgönnen.

10.2 Patentrezept Forschung?

Forschung und Wissenschaft gehören zu den erfolgreichsten und wirksamsten Konzepten, die die Menschheit jemals hervorgebracht hat. Unter anderem unsere gesamte moderne Technik, auf die wohl die wenigsten verzichten möchten, beruht auf wissenschaftlichen Erkenntnissen. Für viele Probleme hat die wissenschaftliche Forschung schon Lösungen gefunden, und so ist es naheliegend, auch bei der Bekämpfung des Klimawandels auf sie zu setzen. In der Tat gibt es im Energiebereich genug Themen, wo Forschung noch viel bringen kann, von effizienteren und flexibleren Solarmodulen ($\Rightarrow$ 8.2.2) über leistungsfähigere Energiespeicher ($\Rightarrow$ 8.3) bis hin zur Regelung sektorenübergreifender Energiesysteme ($\Rightarrow$ 8.5.2).
Doch zugleich ist die Gefahr groß, dass man sich zurücklehnt und hofft, dass die Wissenschaft die Lösung aller unserer Probleme auf dem Silbertablett servieren wird. Gerade von „klimaskeptischer" Seite, etwa in [Lom22, Kap. 12] kommt die Empfehlung, lieber noch nicht zu handeln, sondern auf die wundersamen Werkzeuge zu warten, die uns die Wissenschaft bald in die Hand geben wird.

Die BWLisierung von Wissenschaft und Forschung Abgesehen davon, dass laufende Forschung kein Ersatz dafür ist, mit dem zu arbeiten, was wir jetzt schon wissen und können, sorgen wir als Gesellschaft auch noch dafür, dass die Wissenschaft bei Weitem nicht so schnell und effektiv Lösungen liefern kann, wie es prinzipiell möglich wäre. Planungsillusion, Kontrollwahn und hemmungslos wachsende, letztlich weitgehend nutzlose administrative Abläufe strangulieren zunehmend auch die Wissenschaft ($\Rightarrow$ 9.3.3). Generell hat in der Forschung, vor allem der angewandteren, die BWLisierung weit um sich gegriffen ($\Rightarrow$ 9.3.4). Abläufe und Vorgaben, die bestenfalls vielleicht noch für eine Büroklammernfabrik geeignet wären, werden weitgehend unhinterfragt Lehr- und Forschungseinrichtungen aufgezwungen.

Beispiele wie die Entwicklung der Corona-Impfstoffe, wo bis zu deren erstem Einsatz nur etwa ein Jahr verging, zeigen deutlich, um welchen Faktor Forschung und Entwicklung beschleunigt werden können, wenn man sie zur Top-Priorität erklärt und von den meisten bürokratischen Zwängen und Komplikationen befreit. (Zur Einordnung: Üblicherweise dauert die Entwicklung eines neuen Impfstoffs zumindest fünf Jahre.)
Im Bereich der erneuerbaren Energie fehlt bislang die Bereitschaft, eine derartige Priorisierung und Entfesselung durchzuführen. Natürlich ist die Herausforderung der Umstellung unseres Energiesystems nochmals um ein Vielfaches größer – aber das würde es erst recht notwendig machen, bald damit zu beginnen, wenn man von der Wissenschaft tatsächlich Lösungen will und die Forschung nicht nur als Feigenblatt ansieht, um zu legitimieren, dass man im Großen und Ganzen weitermacht wie bisher.

Es wirkt absurd: Wir nehmen als Gesellschaft durchaus viel Geld in die Hand, um Wissenschaft, Forschung und Entwicklung zu fördern – und dennoch gibt es Erfolge oft nicht *wegen*, sondern *trotz* der Rahmenbedingungen. Speziell von erfahreneren (und entsprechend in Administration verstrickte) Forscher:innen hört man regelmäßig Dinge wie: „Das ist echt spannend. Jetzt habe ich eh bald ein paar Tage Urlaub; da kann ich mir das mal genauer anschauen." Die Extra-Meilen, die man geht, sind manchmal die einzigen, die einen überhaupt noch voranbringen (⇒ 9.3.5), während sich die reguläre Arbeit nur noch um Administratives und Formales dreht. Administratives Drumherum und diverse Zusatzverpflichtungen fressen dann wesentlich mehr Zeit (und mentale Energie) als die echte Forschung, bei der alles, was über das notwendige Minimum hinausgeht, notgedrungen in die „Freizeit" der Forscher:innen rutscht.

Zunehmend dominieren (zumindest, wenn man die Budgets der einzelnen Partner betrachtet) kleine, unterdotierte Projekte, von denen es dafür viele gibt. Doch in einem kleinen Projekt ist die Zahl der Besprechungen, der zu schreibenden Berichte, der auszufüllenden Listen auch nicht viel geringer ist als in einem großen, und je mehr Partner (mit entsprechendem Abstimmungsbedarf) es gibt, desto weniger Zeit bleibt für echte F&E-Arbeit. Jedes noch so unterfinanzierte Projekt hat *Highlights* und *Success Stories* zu liefern, es gibt verpflichtende Teilnahmen an Vernetzungsveranstaltungen; noch Jahre nach Ende eines Projekts kann man zur Teilnahme an Evaluierungsprogrammen verdonnert werden, ... – kurz, ein guter Teil des Bullshit-Bingo-Arsenals des BWLismus kommt auch in der Forschungsförderung bereits zum Einsatz.

Zudem gehen die Förderstellen oft einen stark normativen Weg (⇒ 10.1.4): Es werden einfach Budgetanteile für Allgemeines und Verwaltung (Overhead-Zuschlag, Anteil für Projektmanagement) begrenzt, statt dass die tatsächlichen administrativen Anforderungen reduziert würden. Für Forschungseinrichtungen und Forscher:innen gleichermaßen macht ein solches Vorgehen, das ja Effizienz gewährleisten soll, die Sache erst recht mühsam.

Beispielsweise muss über mehrere Projekte genutzte Infrastruktur mühsam mittels Maschinenstundensätzen anteilig auf Projekte umgelegt werden, statt dass sie einfach als Gemeinkosten abgerechnet werden könnte. Insgesamt *steigt* also der Verwaltungsaufwand. Auch sonst werden, wie in jedem System, in dem Administration statt Organisation herrscht (⇒ 9.3.3), Darstellungen mit erheblichem Zusatzaufwand so zurechtgebogen, dass die obere Ebene zufrieden ist.

Dennoch sind die Gemeinkosten (durch Miete, Verwaltungspersonal, IT, ...) meist noch viel höher als das, was sich abrechnen lässt, wodurch viele Forschungseinrichtungen auf zusätzliche Finanzierung aus der Wirtschaft angewiesen sind. Dadurch können ihnen, was die Ausrichtung ihrer Forschung angeht, entsprechend leicht strikte Vorgaben gemacht werden (⇒ 10.2.3).

10.2.1 Der Krampf mit den Anträgen

Ein zentraler Baustein in der modernen Forschungs- und Entwicklungsarbeit ist der Projektantrag (oder Förderantrag, kurz Antrag). Die Grundidee ist ja großartig: Wenn man eine brillante Idee hat, stellt man diese schlüssig dar, reicht sie bei einer öffentlichen Förderungsgesellschaft (oder auch bei einer privaten Stiftung) ein, und wenn eine fachkundige Jury der Meinung ist, dass die Idee wirklich gut ist, erhält man Geld, um das Thema tatsächlich zu erforschen.

Dieses System ist wesentlich offener und flexibler als der klassische Weg, an den Universitäten einige wenige Professor:innen samt wissenschaftlichen Mitarbeiter:innen zu bezahlen, die neben ihrer Lehre an allem forschen können, was ihnen gerade sinnvoll erscheint. Wer eine spannende Idee hat, braucht nur ein Konzept (und, wenn es um angewandte Forschung geht, Partner aus der Wirtschaft) und kann der Sache nachgehen, auch wenn er oder sie noch nicht so renommiert ist.

Doch leider ist auch das Konzept der projekt- und antragsbasierten Forschung dem BWLismus in die Hände gefallen und wurde auf grauenhafte Weise verzerrt: Eine Idee, die man auf wenigen Seiten darstellen könnte, muss auf einen Antrag aufgeblasen werden, der – je nach Art der Ausschreibung – 50, 60 oder noch mehr Seiten haben kann. Man muss *Gantt-Charts* (also quasi Ablaufpläne) erstellen, in denen man auf drei Jahre hinaus plant, wann man welche Entdeckung machen wird, samt schlüssiger Darstellung, wie man diese dann wirtschaftlich nutzen kann.

Es gibt in den Ausschreibungen für geförderte Forschungsprojekte immer wieder neue Buzzwords, die man auf jeden Fall einbauen muss, egal, ob sie wirklich zum Thema passen oder nicht. Professionell designte bunte Grafiken heben natürlich die Genehmigungsquoten, weil die Evaluator:innen die 50 oder 60 Seiten meist auch nicht genau lesen, sondern eher nur überfliegen – entsprechend fehlerhaft sind die Bewertungen dann auch (was für inhaltlich gute Anträge tendenziell ein Nachteil, für inhaltliche schlechte ein Vorteil ist).

Es haben sich eigene Agenturen etabliert, die das Ausformulieren von Projektanträgen übernehmen. Zudem werden teure Kurse und ganze Lehrgänge dazu angeboten, wie man erfolgreiche Anträge schreibt. Doch natürlich ist alle Zeit (und alles Geld), das in dieses „Antrags-Wettrüsten" fließt, für die eigentliche Forschung verloren.

Dass inzwischen manche renommierten Wissenschaftler:innen ernsthaft vorschlagen, Fördergelder zu verlosen, statt sie weiterhin mit Hilfe eines komplexen Antrags- und Bewertungssystems zu vergeben, zeigt schon deutlich, *wie unglücklich* viele mit dem gegenwärtigen System sind.[Ioa11; SBB+24]

Um zu illustrieren, welche Verrenkungen das gegenwärtige System der Anträge produzieren kann, möchte ich eine kleine Geschichte erzählen (die Sie aber natürlich auch überspringen können; weiter geht es dann auf S. 432).

Eine kleine Geschichte von Forschungsanträgen Es waren einmal sechs Forscher:innen, von denen A, B, C in Zentrum I arbeiteten, X, Y und Z in Zentrum II. Jede:r von ihnen hatte ein Lieblingsthema, das er oder sie besonders gerne untersucht hätte; nennen wir sie a_1, b_1, c_1, x_1, y_1 und z_1 ($\Rightarrow$ Abb. 10.4.(a)).
Die Vorhaben reichten sie als Anträge für Forschungsprojekte ein. Weil jedoch hinlänglich bekannt war, wie gering die Genehmigungsquoten waren, ließen sie sich aber noch jeweils zwei weitere Projekte einfallen, die sie zwar nicht so spannend oder sinnvoll fanden, wo sie sich teilweise sogar ziemlich abmühen mussten, einen Antrag zustandezubringen, es ihnen am Ende aber gelang.[10] Nennen wir diese Projektvorhaben, die jeweils nur zweite oder dritte Wahl waren, a_2, a_3, b_2 usw. ($\Rightarrow$ Abb. 10.4.(b)).
Dann begann die Phase der Evaluierung, die etliche Monate dauerte und an deren Ende tatsächlich sechs Projekte genehmigt wurden – aber nicht ganz den Vorstellungen unserer Forscher:innen entsprechend: Für Zentrum I war es relativ gut gelaufen: A konnte sich freuen, dass sein bevorzugter Antrag a_1 tatsächlich genehmigt wurde, zudem aber auch noch a_2, den er nun gar nicht brauchte. B hatte weniger Glück und ging leer aus. C hingegen hatte zwar auch zwei Anträge genehmigt bekommen, aber ihr Lieblingsthema c_1 war nicht dabei.
Für Zentrum II hingegen war der Ausgang weniger erfreulich. Nur X hatte zwei Erfolge erzielt, und auch das nur mit seiner zweiten und seiner dritten Wahl. Die Anträge von Y und Z waren hingegen alle abgelehnt worden ($\Rightarrow$ Abb. 10.4.(c)).
Nun standen alle sechs Forscher:innen vor Problemen: Einige hatten jeweils zwei genehmigte Projekte, aber gar nicht die Zeit und die Arbeitskraft, beide parallel zu bearbeiten. Ablehnen konnten sie auch keines, denn einerseits würde die Geschäftsführung niemals einsehen, wie man ein genehmigtes Projekt, das immerhin Fördergelder („Drittmittel!") bringt, nicht annehmen kann, und andererseits konnte man die Projektpartner nicht vor den Kopf stoßen. Andere hatten kein genehmigtes Projekt und mussten um ihre weitere Anstellung zittern.
Doch es ließ sich alles lösen. B war dankbar, dass sie von A zumindest das Projekt a_2 übernehmen durfte. (C kam mit der Anfrage, ob B Interesse an c_3 hätte, etwas zu spät, und zudem war c_3 wirklich ein seltsames Projekt mit schwierigen Partnern.) Ebenso gab X das Projekt x_3, also seine dritte Wahl, an Y ab. Für Z war in II leider kein Projekt mehr übrig, und da seine Stelle rein projektfinanziert ist, lief sein Vertrag aus. Zum Glück gab es in I aufgrund der Akquisitionserfolge gerade dringenden Bedarf an noch einer zusätzlichen Person. So wechselte Z von II nach I und übernahm das ungeliebte Projekt c_3 (samt wöchentlichen Meetings mit den schwierigen Partnern) – froh, überhaupt wieder eine Stelle in der Forschung gefunden zu haben ($\Rightarrow$ Abb. 10.4.(d)).

---

[10]Natürlich wurden großzügig die gerade aktuellen Buzzwords eingebaut, es wurden viele bunte Bilder gezeichnet und professionell aussehende, für echte Forschung weitgehend nutzlose Gantt-Charts erstellt, um im Rennen um die Fördergelder möglichst gute Chancen zu haben.

10.2 Patentrezept Forschung?

(a) Wunschvorstellung der Forscher:innen:

I			II		
A	B	C	X	Y	Z
a_1	b_1	c_1	x_1	y_1	z_1

(b) Eingereichte Projektanträge:

I			II		
A	B	C	X	Y	Z
a_1	b_1	c_1	x_1	y_1	z_1
a_2	b_2	c_2	x_2	y_2	z_2
a_3	b_3	c_3	x_3	y_3	z_3

(c) Genehmigte ~~(und abgelehnte)~~ Projektanträge:

I			II		
A	B	C	X	Y	Z
a_1	~~b_1~~	~~c_1~~	~~x_1~~	~~y_1~~	~~z_1~~
a_2	~~b_2~~	c_2	x_2	~~y_2~~	~~z_2~~
~~a_3~~	~~b_3~~	c_3	x_3	~~y_3~~	~~z_3~~

(d) Finale Umsetzung der Projekte:

I				II	
A	B	C	Z	X	Y
a_1	a_2	c_2	c_3	x_2	x_3

Abb. 10.4: Phasen in der kleinen Geschichte von Forschungsanträgen

Durch einen monatelangen, aufwändigen Prozess wurde letztlich Folgendes erreicht:

- Nur eine Person (A) konnte wirklich an dem Vorhaben arbeiten, das ihr selbst am interessantesten und sinnvollsten erschien.
- Zwei weitere Personen (C und X) arbeiteten an Projekten, die sie selbst nur als zweite Wahl ansahen.
- Drei Personen (B, Y und Z) arbeiteten an Projekten, sie sich überhaupt jemand anders ausgedacht hatte, und von denen sie nie so ganz überzeugt waren. Eine davon (Z) hatte dafür zudem ihre Stelle wechseln müssen.

Wo lagen nun die Vorteile dieses Vorgehens? Wurde Geld gespart? Vermutlich nicht, denn die Kosten für Förderung der sechs Projekte a_1, a_2, c_2, c_3, x_2 und x_3 waren gleich hoch, wie sie es für a_1, b_1, c_1, x_1, y_1 und z_1 gewesen wären. Zudem ist aber auch noch ein erheblicher Aufwand angefallen, um die zusätzlichen Anträge a_2 bis z_3 zu schreiben. Dieser musste letztlich von den Zentren I und II getragen oder von den Forscher:innen in ihrer „Freizeit" erledigt werden. Der Wechsel von Z von Institution II zu I war noch einmal mit einigem bürokratischen Aufwand verbunden, und ebenso die Evaluierung der Anträge.

Wurde Zeit gespart? Das sicher nicht, denn durch den Evaluierungsprozess mussten die Projekte um Monate später starten, als es sonst möglich gewesen wäre. Das mag in manchen Gebieten keine so große Rolle spielen – in den Bereichen Klima und Energie ist die Zeit aber so knapp, dass auch einige Monate Verzögerung schmerzhaft sind. Zudem fehlte die Zeit, die notwendig war, um die Anträge zu schreiben, natürlich schon früher für die konkrete Forschungsarbeit.[11]

Wird die Forschung effektiver betrieben? Wohl auch nicht, denn der Glaube an die wundersame Orakelkraft von Jury-Entscheidungen ($\Rightarrow$ 9.3.3) ist zwar weit verbreitet, aber durch erstaunlich wenig Evidenz belegt.[AN10] Entsprechend gibt es keinen Grund zu glauben, dass a_1, a_2, c_2, c_3, x_2 und x_3 tatsächlich bessere, interessantere oder nutzbringendere Projekte sind als a_1, b_1, c_1, x_1, y_1 und z_1. Sehr wohl allerdings gibt es die persönliche Komponente: Die meisten der sechs Forscher:innen arbeiten nun an Projekten, die nicht ihre erste Wahl waren oder die sie gar nicht selbst konzipiert haben und mit denen sie sich nicht so stark identifizieren wie mit ihren eigenen.

Einige Lehren aus dieser Geschichte Natürlich ist der reale Ablauf von Anträgen und Forschungsprojekten wesentlich komplexer. Man hat als Forscher:in meist nicht nur ein Projekt, auf das man sich konzentrieren kann, sondern mehrere parallel, in die man involviert ist und in die auch wieder mehrere Personen involviert sind. Neben den laufenden Projekten ist man meistens noch mit dem Abschluss der vorherigen beschäftigt und muss zugleich schon die nächsten vorbereiten ...

Dennoch enthält unsere kleine Geschichte viel von dem, wie Forschung aktuell oft betrieben wird. In einem komplizierte Geflecht von Institutionen (Universitäten, Fachhochschulen, außeruniversitäre Forschungseinrichtungen, Forschungsabteilungen privater Unternehmen, Startups, ...), von diversen Fördergebern und Förderschienen, von Rahmen- und Randbedingungen gelingt es – zumindest in technisch-naturwissenschaftlichen Fächern – doch vielen, die ausreichend Leidenschaft und Leidensfähigkeit besitzen, lange Zeit im Forschungsbereich aktiv zu sein.

---

[11] Bei den genehmigten Anträg ist das nicht dramatisch. Ein solcher Antrag enthält – neben Buzz-Words, bunten Bildern und nutzlosen Gantt-Charts – meist auch brauchbare Konzepte. Die Zeit für die nicht genehmigten ist aber oft wirklich verloren.

10.2 Patentrezept Forschung?

Der Preis dafür ist aber oft hoch: typischerweise viel Zeit und Herzblut, die in letztlich abgelehnte Anträge fließt, auch sonst viel Zeit für Administration und Controlling statt Forschungsarbeit, die wiederholte (Mit-)Arbeit an Projekten, die gar nicht so sehr den eigenen Interessen entsprechen, sondern gerade aktuelle Hype-Themen bedienen, und gelegentliche Stellenwechsel. Was ein solches System fördert, das ist das Konkurrenzdenken zwischen Institutionen. Zudem erzeugt es ein ständiges Gefühl des Mangels, den Eindruck, dass man sich nie auf ein laufendes Projekt konzentrieren kann, weil man immer schon die Akquisition des nächsten im Hinterkopf haben muss.

Natürlich sind die Mittel, die eine Gesellschaft in die Forschung stecken kann, begrenzt. Entsprechend braucht es ein System, diese so zu verteilen, dass der zu erwartende Nutzen (in Form von Erkenntnisgewinn bzw. umsetzbaren Lösungen) möglichst groß ist. Doch dass ein Vorgehen, das zum Teil in der Verwaltung einer Büroklammerfabrik und zum Teil im Malen bunter, realitätsferner Werbeplakate seinen Ursprung hat, dafür ein guter Weg ist, darf bezweifelt werden.

Echte Forschung hat nie eine Erfolgsgarantie. Allerdings lässt sich ehrliches, engagiertes Bemühen, das letztlich erfolglos geblieben ist, nur schwer vom bloßen Vortäuschen eines Bemühens unterscheiden. Unser aktuelles Konzept der Forschungsförderung belohnt jene, die viel Zeit und Energie in wunderschöne, bunte Anträge stecken, in denen viel versprochen wird, und die dann bei der tatsächlichen Projektbearbeitung nur das absolute Minimum liefern (ruhig mit hohem „Recyclinganteil"). Sehr beliebt ist es auch, Arbeit an Projektpartner abzuwälzen und das, was im Antrag zugesagt wurde, nur nach hartnäckigem Nachbohren wirklich zu liefern.

Größere bzw. stärker umsetzungsorientierte Projekte erfordern zumeist verschiedene Kooperationen, einerseits zwischen Forschungseinrichtungen, andererseits mit Unternehmen (⇒ 10.2.3) und bei diversen Föderschienen (etwa Horizon-Europe-Projekten) über Ländergrenzen hinweg. Diese weitreichende Kooperationserfordernis ist allerdings ein zweischneidiges Schwert: Der klassische Klischee-Wissenschaftler, der in seinem stillen Kämmerlein jahrelang allein an etwas tüftelt, ist eher nicht prädestiniert dafür, praxisorientiert dringende Probleme zu lösen. Umfassende Kooperationen erlauben zudem das Einbringen verschiedener Perspektiven, beruhend auf verschiedenen Situationen in verschiedenen Staaten, aus Sicht sowohl des akademischen Bereichs als auch von Unternehmen. Doch man verbringt auch schnell sehr viele Stunden in Online-Meetings, in denen versucht wird, mit Diskussionen in schlechtem Englisch und mit wiederkehrenden Verbindungsabbrüchen (denn Europa hinkt bzgl. digitaler Infrastruktur leider hinterher) versucht wird, herauszufinden, wie um alles in der Welt man aus dem Buzzword-durchsetzten Text, der vor vielen Monaten in diversen Nachtschichten knapp vor der Deadline geschrieben wurde, ein sinnvolles Projekt machen soll.

10.2.2 Einige Illusionen

Speziell Menschen, die von echter Forschung und Entwicklung relativ wenig Ahnung haben (darunter sicherlich einige Betriebswirt:innen, die unser System der Forschungsförderung mitgeprägt haben), hängen diversen Illusionen nach, wie die Dinge in diesem Bereich funktionieren – bzw. gefälligst zu funktionieren haben.
Am offensichtlichsten ist dabei sicher der naive Glaube an die Planbarkeit von Forschung, der sich auch darin manifestiert, wie Projektanträge auszusehen haben ($\Rightarrow$ 10.2.1). Doch auch einige andere, weniger offensichtliche Illusionen tragen dazu bei, dass die Forschung, wie sie aktuell gefördert wird, eher nicht im erhofften Ausmaß zur Lösung der Energie- und Klimakrise beitragen wird:

Illusion der einfachen Umsetzbarkeit Regelmäßig erreichen uns Jubelmeldungen der Presseabteilungen von Universitäten und Forschungzentren zu technologischen Durchbrüchen – auch was Technologien angeht, die für ein erneuerbares Energiesystem relevant sind. Natürlich darf jeder solcher Erfolg gefeiert werden. Das Problem ist, dass solche Darstellungen oft ein zu optimistisches Bild von dem zeichnen, was bei diversen Technologien bald möglich sein wird.[WP23]
Der Weg vom Labor bis in die Praxis ist jedoch weit und steinig. Wenn etwas in kleinem Maßstab für kurze Zeit funktioniert, dann heißt das noch lange nicht, dass es auch schon praxistauglich ist.[12] Selbst Wissenschaftler:innen, die vor allem in der Grundlagenforschung tätig sind, unterschätzen oft, was es erfordert, um vom prinzipiellen Nachweis im Labor, vom grundlegenden Konzept zu einer real einsetzbaren Lösung zu kommen. Oft sind es viele Jahre, die ein solcher Prozess dauert. Zudem nehmen die Kosten in den späteren Phasen oft massiv zu, während zugleich die Förderbedingungen sukzessive schlechter werden ($\Rightarrow$ 10.2.3).

Illusion der einfachen Reproduzierbarkeit Oft herrscht in der Forschung der Gedanke, dass ein Problem nur einmal gelöst werden muss, worauf man die Lösung dann ganz einfach auf beliebige Fälle übertragen kann. Doch dieses Denken, das sich an der industriellen Massenproduktion orientiert und sich in der Energieforschung in Pilotprojekten und Modellregionen manifestiert, ist naiv. Gerade im Energiebereich sind die Umstände oft sehr unterschiedlich; manchmal reichen schon geringfügig andere Gegebenheiten, damit eine anderswo bewährte Lösung nicht mehr funktioniert. Natürlich ist ein *Proof of Concept*, ein Nachweis, dass etwas prinzipiell funktioniert, wichtig. Der Aufwand für das Umlegen auf andere Fälle oder gar für ein Hochskalieren sollte aber nie unterschätzt werden.

---

[12] Aus diesem Grund habe ich bei der Diskussion von Technologien in Teil II vorwiegend Daten (etwa zu Wirkungsgraden) angegeben, die von praktisch einsetzbaren Produkten stammen, auch wenn es im Labormaßstab schon leistungsfähigere Varianten oder Alternativen gäbe.

10.2.3 Ziel: Marktfähigkeit?

Die vielleicht größte Schwäche im Bereich der angewandten Forschung ist der extreme Schwerpunkt auf *Marktfähigkeit*. Dass Unternehmen in jene Richtungen forschen, wo gute Aussichten bestehen, Produkte zu entwickeln, die sich am Markt verkaufen lassen, ist logisch und legitim. Doch auch staatliche Förderungen haben stark diese Marktfähigkeit im Blick. Nahezu jeder Antrag braucht einen Abschnitt zu *Nutzen und Verwertung*, in dem das Marktpotenzial jener Produkte zu diskutieren ist, die letztlich aus dieser Forschung entstehen sollen.

Märkte können zwar viel, aber bei Weitem nicht alles ($\Rightarrow$ 9.1.2). Lösungen, die ebenfalls gebraucht werden, die aber nicht auf Basis eines Marktes funktionieren oder für die sich ein Markt erst entwickeln muss, fallen schnell durch den Rost.

Der Fokus auf marktfähige Lösungen, mit denen sich Gewinne erwirtschaften lassen, schlägt sich auch in den Förderquoten nieder, also jenem Anteil der Kosten, die von regionalen, staatlichen oder überstaatlichen Einrichtungen übernommen werden. Je näher am einsatzfähigen Produkt, so die Philosophie, desto geringer die Förderquote, denn desto eher wird ja wieder Geld damit verdient. („Forschung kostet Geld, Entwicklung bringt Geld.") Doch damit bleiben Ansätze, bei denen Unternehmen keinen kurzfristigen Verdienstmöglichkeiten sehen, oft auf halber Strecke stecken – ganz egal, wie wichtig sie aus Systemsicht auch wären.

Was nicht ins Konzept des Kapitalismus und der Marktwirtschaft passt, hat wenig Chancen. Nun kann die kapitalistisch geprägte Marktwirtschaft durchaus viele Probleme lösen (ebenso, wie sie viele verursacht), aber es ist gewagt, zu denken, sie hätte die Lösung für *alle* parat – speziell, wenn es um solche geht, die am Fundament unserer jetzigem Wirtschaft, ihrem Flächen- und Energieverbrauch, ihrer Fixierung auf ständiges Wachstum rütteln.

Zudem ist die Herausforderung gerade im Bereich der erneuerbaren Energien gewaltig. Marktfähigkeit bedeutet hier ja übersetzt: Die erneuerbaren Technologien sollen mindestens so billig sein wie die fossilen Energiequellen, die einerseits noch immer massiv subventioniert werden und bei denen die massiven Schäden, die ihre Nutzung anrichtet, nicht (oder zumindest nicht angemessen) berücksichtigt werden.[Tim21]

Auch wohltätige Stiftungen, die ja mehr Freiheiten hätten als staatliche Einrichtungen, bieten hier bislang kaum eine Alternative. Speziell im Bereich von Medizin und Nahrungsmittelversorgung hat beispielsweise die größte und einflussreichste Stiftung, die Bill and Melinda Gates Foundation, bislang vor allem auf Zugänge gesetzt, die mit Big Business, dem Gewinnstreben großer Konzerne, kompatibel sind und es sogar noch fördern.[Sch23b] Auch das Geld philanthropischer Milliardäre fließt bislang also eher nicht in echte Alternativen ($\Rightarrow$ 9.4.5).

Public-Private-Partnership In Forschung und Entwicklung spannt sich der Bogen von Grundlagenforschung, in der es um grundlegende Erkenntnisse geht, über zunehmend angewandte Forschung, experimentelle Entwicklung, erste Prototypen und Demonstrationen bis hin zu gut funktionierenden Lösungen – was im herrschenden Dogma zugleich Marktfähigkeit bedeutet. Gemessen wird der Grad des Fortschritts gerne mit dem *Technology Readiness Level* (TRL), der ursprünglich von der NASA entwickelt wurde und dessen Skala von 1 (Grundprinzip nachgewiesen) bis zu 9 (voll funktionierendes, marktfähiges Produkt) reicht.[13]
Grundlagenforschung (TRL 1), die vor allem an den Universitäten erfolgt, wird von der öffentlichen Hand oft noch voll gefördert. Je höher der TRL, desto stärker wird die Förderquote reduziert. Auch schon für Forschung, die grundlagennah ist und und sich in Richtung einer Anwendung bewegt (TRL 2-4), erhält man von öffentlichen Einrichtungen meist keine volle Finanzierung mehr; für Forschungseinrichtungen in Österreich sind es z.B. maximal 85 %.[14] Es ist also meistens erforderlich, eine Partnerschaft mit Unternehmen einzugehen, die den Rest der Finanzierung übernehmen (und sich zugleich ihre eigenen Kosten teilweise fördern lassen können).
Da die Forschungseinrichtungen auf diese Ausfinanzierung angewiesen sind, sind sie meist in einer schlechten Verhandlungsposition. Schon auf diesen Stufen können Unternehmen also für einen vergleichsweise kleinen finanziellen Beitrag sehr stark die Ausrichtung der Forschung vorgeben. Das gilt für viele der hochgelobten *Public-Private-Partnerships* (PPP): Für einen überschaubaren eigenen finanziellen Beitrag können Unternehmen maßgeblich bestimmen, in welche Vorhaben große Mengen öffentlicher Gelder fließen.
Das muss natürlich per se nichts Schlechtes sein. Unternehmen wissen oft sehr gut, wo in der Praxis der Schuh drückt, was gebraucht wird. Eine PPP kann verhindern, dass akademische „Luftschlösser" gebaut werden, die dann am Weg in die Praxis scheitern. Zugleich aber lenkt eine PPP den Fokus auf Vorhaben, die kurzfristige Rendite versprechen. Zudem wollen die beteiligten Unternehmen für ihren Beitrag verständlicherweise auch einen konkreten (finanziellen) Vorteil.
Um ein einzelnes Produkt zu entwickeln oder zu verbessern, das sich dann vieltausendfach verkaufen lässt, ist dieser Zugang gut geeignet, und auch Lizenzmodelle lassen sich umsetzen, bei denen andere Unternehmen und Einrichtungen Gebühren zahlen müssen, um eine Lösung (z.B. spezielle Software) verwenden zu können. Etwas zu entwickeln, was *allen* Beteiligten gleichermaßen nutzt, was niederschwellig und ohne Zusatzkosten eingesetzt werden kann, ist in einem solchen Zugang aber nur schwer möglich.

---

[13] Gelegentlich wird die Skala noch um 0 (Prinzip vermutet) und 10 (am Markt stark etabliertes, womöglich sogar dominantes Produkt) erweitert.

[14] Zusätzlich gibt es einen Beitrag zu den Gemeinkosten ($\Rightarrow$ S. 426), der aber zumeist nicht ausreicht, diese wirklich abzudecken.

Ein Hindernis-Parcours Dass die öffentliche Finanzierung hin zur konkreten Anwendung sukzessive sinkt, ist wohl ein wesentlicher Grund dafür, dass – abgesehen von konkreter Produktentwicklung für den Massenmarkt – so wenige innovative Konzepte tatsächlich den Weg bis zur praktischen Umsetzung schaffen.
Den Forschungseinrichtungen gelingt es mit knapper Not, grundlagennahe Projekte durchzuführen. Selbst das ist oft schon schwierig, angesichts der fragwürdigen Strategie der Förderstellen: Man gibt den Forschungseinrichtungen – nach dem Krampf mit den Anträgen ($\Rightarrow$ 10.2.1) – *fast* genug Geld, um Projekte selbst durchführen zu können (z.B. eben mit einer Förderquote von 85 %). Es fließen dann viel Zeit, viel mentale Energie, viele Nerven, die anderswo nutzbringender eingesetzt werden könnten, in die Bemühungen, irgendwie die fehlende Finanzierung aufzutreiben. Das *wirkt* zwar effizient, denn es wird etwas weniger öffentliches Geld eingesetzt, als das Projekt kostet. Zugleich ist es aber oft grauenhaft ineffektiv. Gelegentlich ergeben sich zwar gute, tragfähige, respektvolle Partnerschaften auf Augenhöhe zwischen einem Unternehmen und einer Forschungseinrichtung. Doch um Projekte durchführen zu können, nimmt man es als Forscher:in auch in Kauf, Unternehmen an Bord zu haben, die inhaltlich sehr wenig beitragen, und eben solche, die inhaltlich interessiert sind, aber dafür harte Vorgaben machen, wohin die Reise gehen soll.
Doch selbst so lassen sich eben oft nur Projekte auf niedrigem TRL durchführen. Notgedrungen sucht man sich nach Abschluss eines solchen grundlagennahen Projekts lieber die nächste grundlagennahe Frage, die man behandeln kann, statt den weiteren Weg in die Umsetzung zu gehen – nicht aus inhaltlichen Gründen, nicht, weil die Umsetzung nicht spannend und herausfordernd wäre, sondern weil einfach die finanziellen Ressourcen nicht verfügbar sind.
Die Forschungsförderungsgesellschaften haben das natürlich irgendwann bemerkt, doch statt das Übel an der Wurzel zu packen und die Bedingungen für Entwicklung und Umsetzung zu verbessern, wurden einfach die Mittel, die für grundlagennahe Forschung verwendet werden können, reduziert.[15] Das ist irgendwie schlüssig: Das neoliberale Ziel der Marktfähigkeit wird ergänzt durch das verwandte Denken, dass nur Druck und Zwang Menschen dazu bewegen, das zu tun, was man von ihnen erwartet.

Natürlich verwalten Gesellschaften zur Forschungsförderung nur jene Gelder, die ihnen die Politik zugesteht, und sie bemühen sich sicherlich ernsthaft, das meiste damit zu erreichen. Doch die Strategien, die sie zum Einsatz bringen, sind durch ideologische Scheuklappen (bzw. das Beihilfenrecht, das seinen Ursprung wiederum in einer solchen Ideologie hat) eben stark eingeengt.

---

[15]In Österreich wurde beispielsweise das Budget der jährlichen Ausschreibung *Energieforschung*, in der auch grundlagennahe Projekte eingereicht werden können, auf einen Schlag halbiert, zugunsten von schlechter geförderten Programmen wie *Vorzeigeregionen Energie*.

10.2.4 Forschung neu erfinden

Aktuell sehen wir im Bereich der Energieforschung viel Heuchelei: Wir stehen der wohl größten Bedrohung in der Geschichte der Menschheit gegenüber und es herrscht weitgehend Einigkeit, dass Forschung wesentlich dazu beitragen kann, hier Lösungen zu liefern.[16] Dennoch ist es, verglichen mit dem, was zur Bekämpfung anderer Krisen aufgewendet wurde, traurig wenig Geld, das wirklich in diesen Bereich fließt.[17]

Zugleich sind, wie geschildert, die Rahmenbedingungen für die Forschung schwierig, von der allgemeinen Strangulierung durch Administration und Bürokratie (⇒ 9.3.3) über den Krampf mit den Anträgen (⇒ 10.2.1) und illusorische Vorstellung maßgeblicher Stellen (⇒ 10.2.2) bis hin zu schwierigen Förderbedingungen, durch die man als Forscher:in nahezu ständig nur Bittsteller:in ist und sich in Diskussionen um Ausfinanzierung aufreibt, während der Weg bis zur wirksamen Umsetzung zumeist trotzdem nicht gegangen werden kann (⇒ 10.2.3).

Natürlich hat das bestehende System auch seine Stärken und Vorzüge, speziell, um innovative Unternehmen dabei zu unterstützen, neue Produkte zu entwickeln. Doch das alleine wird nicht ausreichen, ist nur eine Säule, auf der das Energiesystem der Zukunft stehen wird. Ergänzend braucht es daher andere Arten der Forschungsförderung.

Ein mutiger Akt der Verzweiflung Ein langfristig gutes System der Forschungsförderung zu entwickeln und zu etablieren, ist ein enorm schwieriges Unterfangen.[Sch23c] Viele bestehende Systeme, so unterschiedlich sie auch sind, scheinen letztliche ähnliche Ergebnisse zu bringen. In kaum einem Bereich ist Qualitätsmanagement schwieriger als in der Forschung, wo ein echter Durchbruch hundert Misserfolge leicht aufwiegt (⇒ Abb. 9.8).[18] Selbst Nobelpreisträger beklagen, dass der Fokus auf Nutzen und Anwendungen echte Forschung zunehmend unmöglich macht.[ZT22]

In [Ioa11] ist die Rede vom „Skandal, dass Milliarden Dollar für Forschung ausgegeben werden ohne die beste Art zu kennen, dieses Geld zu verteilen". Doch als noch größerer Skandal erscheinen mir systemimmanente Verzögerungen und Ineffektivität. Diese können wir uns in manchen Gebieten vielleicht leisten, aber nicht in einem so zeitkritischen und fundamentalen Feld wie der Energieforschung.

---

[16] Wie groß der Beitrag der Forschung wirklich sein wird, ist allerdings keineswegs klar. Zu Recht wird darauf hingewiesen, dass die größten Herausforderungen nicht mehr technisch-wissenschaftlicher Natur sind, sondern gesellschaftliche Widerstände. Eine besonders nachdrückliche Empfehlung, in Forschung und Innovation zu investieren, kommt folgerichtig von jenen, die am bestehenden Wirtschaftssystem möglichst wenig ändern wollen.

[17] Wenn man die Forschungsbudgets betrachtet, sollte man auch bedenken, dass mit einem Großteil davon Personalkosten bestritten werden, womit ein guter Teil des Geldes in Form von Steuern sofort wieder an den Staat zurück geht, ein weiterer guter Teil in die Sozialversicherungen fließt.

[18] Auf jeden Fall lassen sich echte Durchbrüche nicht drei Jahre im Voraus mittels Gantt-Charts planen. Wenn man zu strikt an einen starren Plan gebunden ist, fehlt der Freiraum, jenen Fragen nachzugehen, mit denen man ursprünglich nicht gerechnet hatte.

10.2 Patentrezept Forschung?

So schwierig es auch ist, langfristig ein sinnvolles System zu etablieren, so einfach wäre es, in der aktuellen Situation dafür zu sorgen, dass es rasche Fortschritte gibt – quasi einen kurzfristigen „Turbo" zu zünden, der Forschung und Entwicklung im Bereich der erneuerbaren Energien für einige Jahre einen gewaltigen Schub geben würde, der die Transformation ein paar entscheidende Schritte voranbringen könnte:
Dazu müsste man zunächst jene Personen identifizieren, denen man es prinzipiell zutrauen kann, hier in überschaubarer Zeit echte Fortschritte zu erzielen. Kriterien wären wohl ein geeignetes Studium, einige Jahre Arbeit im Bereich der Energieforschung, Erfahrung mit der Leitung von Forschungsprojekten, und zumindest einige thematisch passende Publikationen in peer-reviewten Zeitschriften.
Unter allen Personen, die die Kriterien erfüllen, würde man nun voll finanzierte Förderungen (Grants) verlosen, z.B. in der Höhe von jeweils 10 Mio. Euro. Die Summe sollte auf jeden Fall hoch genug sein, um auch Unternehmen für eine Kooperation zu interessieren – aber diesmal zu den Bedingungen der betreffenden Forscher:innen.

Dabei sollte es möglichst wenig formalen Bedingungen geben – dafür die klare Vorgabe, die Energiewende auf möglichst wirksame Weise voranzubringen. Die Gewinner:innen könnten dann selbst die Dinge in die Wege leiten, die ihnen am sinnvollsten erscheinen, ohne sich um Förderquoten, Ausfinanzierungen, Overhead-Zuschläge und Ähnliches Gedanken machen zu müssen. Sie könnten ihr eigenes Gehalt aus dieser Quelle finanzieren (mit angemessenem Beitrag an ihre Institution), andere Forscher:innen anstellen, Versuchsanlagen errichten, Investitionen für konkrete Umsetzungen tätigen und bei Bedarf auch Erlösentgänge bei technischen Umstellungen ausgleichen.
Wenn es aus ihrer Sicht drängende Forschungsthemen gibt, dann können sie daran forschen, wenn es stärker um die Umsetzung konkreter Maßnahmen geht, dann können sie diese in die Wege leiten, ohne sich ständig Gedanken um Ausfinanzierung, Förderwürdigkeit, Abschreibungen und ähnliche Ärgernisse machen zu müssen. Wenn man ein Kontrollinstrument installieren will, könnte man das halbe Budget sofort vergeben, die zweite Hälfte erst nach einer (möglichst unkomplizierten) Zwischenevaluierung.
Nehmen wir an, man würde in Europa insgesamt 6 000 solcher Grants vergeben. Das wären schon recht viele Forscher:innen, die plötzlich die Freiheit und die Möglichkeit hätten, das zu tun, was ihnen selbst am sinnvollsten erscheint.
Kostenpunkt wären 60 Milliarden Euro, was nach einer gewaltigen, völlig utopischen Summe klingt – vor allem, um sie in Vorhaben mit ungewissem Ausgang und ohne Versprechen eines *Return on Investment* (ROI) zu stecken. Doch um sie in Relation zu setzen: Das ist jene Summe, die die EZB für Anleihenkäufe ausgegeben hat, um in den Nachwehen der Bankenkrise unser Finanzsystem zu stabilisieren – und zwar pro Monat, über Jahre hinweg![Bun17]

Mit einem Zugang zu Staatsfinanzen, der nicht an veralteten Vorstellungen festhängt (⇒ 9.4), ist auch klar, dass für monetär autonome Akteure (wie es die EU prinzipiell wäre) das Problem nie darin besteht, Geld aufzutreiben, sondern nur darin, es auf sinnvolle Weise einzusetzen. Und was wäre sinnvoller, als wenn Wissenschaftler:innen und Techniker:innen sich tatsächlich mit dem beschäftigen können, was sie gut beherrschen, statt ihre Zeit damit verbringen zu müssen, irgendwo Geld dafür aufzutreiben? Wunder darf man sich damit natürlich nicht erwarten. Nicht alle Personen, die auf dem Papier die Qualifikation aufweisen, hier sinnvolle Beiträge zu leisten, besitzen diese wirklich. (Allerdings werden diese Menschen hoffentlich gut genug im Nutzen ihrer Netzwerke sein, um sich fachkundige Unterstützung zu holen.)

Nicht alle Ansätze werden wirklich Ergebnisse bringen, denn in der Forschung gibt es immer ein Risiko des Scheiterns. Was man überhaupt mit mehr Geld erreichen kann, ist begrenzt (⇒ 9.2.3), und in manchen Fällen werden die Vorhaben nur den Finger auf bestehende Wunden legen können, auf das Fehlen jener Kapazitäten, die wir brauchen werden, aufmerksam machen. Selbst das sind aber wichtige Erkenntnisse, und je früher wir sie haben, desto eher können wir (etwa mit Ausbildungsprogrammen oder mit dem Ausbau von Produktionskapazitäten) gegensteuern.

Weitere Maßnahmen Auch weniger radikale Maßnahmen könnte man natürlich setzen, um die Bedingungen in der Forschung zu verbessern. Schon allein großzügigere Förderquoten würden helfen, insbesondere für den Weg hin zur praktischen Umsetzung. Dass Forschungseinrichtungen, die ja keine Gewinne mit Produkten machen (sondern höchstens über Lizenzen und Patente laufende Einkünfte erzielen können), ihre Kosten für Forschungsprojekte nur teilweise ersetzt bekommen, ist im Grunde absurd und macht die Forschung oft deutlicher ineffektiver.

Öffentliche Stellen sollten mehr Anreize setzen, um Ergebnisse offenzulegen, damit nicht immer wieder das Rad neu erfunden wird. Aktuell zielen Förderprogramme auf klassisches geistiges Eigentum ab, verlangen eine klare Regelung der *Intellectual Property Rights* (IPRs). Doch Patente lähmen Innovation oft mehr, als dass sie sie vorantreiben – ein Phänomen, das vor allem in Medizin und Softwareentwicklung beklagt wird, aber auch in anderen Bereichen relevant ist.[Eis12] Öffentliche Gelder sollten vor allem dazu dienen, Lösungen hervorzubringen, die offen zugänglich und ohne Hürden allgemein einsetzbar sind.

Generell würde etwas Großzügigkeit guttun, z.B. indem mit jedem genehmigten Projekt auch ein Pool an zusätzlicher Arbeitszeit finanziert wird, um sich frei mit gerade drängenden Fragen beschäftigen zu können, ohne jedesmal die langwierige Prozedur einer Antragsstellung durchlaufen zu müssen. Denn nüchtern betrachtet: Was haben wir denn angesichts dessen, was uns bei einem Scheitern droht, mit ein bisschen Zurückschrauben von Knausrigkeit und Kontrollwahn noch zu verlieren?

10.3 Eine neue Grundhaltung

> Cynic, -n: A blackguard whose faulty vision sees things as they are, not as they ought to be. [...]
>
> Ambrose Bierce, *The Devil's Dictionary*

Angesichts der drohenden Klimakrise: Warum haben wir nicht die Kraft und den Mut, das zu tun, von dem wir im Grunde wissen, dass es getan werden muss?

Arroganz Es gibt genug Menschen, gerade in Entscheidungspositionen, die noch immer mit sehr viel Arroganz und Selbstgefälligkeit agieren.[19] Es sind Menschen, die sich selbst für immens klug, oft anscheinend sogar für unverwundbar halten – als ob das viele Geld, das sie mit ihrem rücksichtslosem Agieren verdienen, ihnen, wenn es wirklich schlimm kommt, noch viel nützen würde. Ihnen fehlt offenbar das Bewusstsein, Teil von etwas Größerem zu sein, dessen Schicksal aber dennoch (zum Teil) in unseren Händen liegt. Doch es sind nicht nur Entscheidungsträger:innen, die die Schwere der Bedrohung immer noch ignorieren: Bei vielen in der Gesellschaft gilt man ja schon als „Öko-Freak", wenn man versucht, durch sein Handeln etwas weniger Schaden anzurichten als der Durchschnitt.

Angst Andere wieder sind so eingeschüchtert, dass sie nicht mehr glauben, dass sich überhaupt noch etwas bewegen, überhaupt noch etwas retten lässt. Angesichts der Schwere der Bedrohungen, denen wir uns gegenüber sehen, ist dieses Gefühl durchaus nachvollziehbar ($\Rightarrow$ 1.1). Doch noch haben wir es in der Hand, das Ruder herumzureißen. Die Klimaforscherin Helga Kromp-Kolb hat ihrem Buch zu diesem Thema, [KK23], einen durchaus passenden Titel gegeben: *Für Pessimismus ist es zu spät*.

Verzettelung Selbst dort, wo das Bewusstsein vorhanden ist, dass etwas getan werden muss, und es den Willen gibt, ist die Gefahr immer noch groß, dass sich konkretes Vorgehen in Bürokratie und Kontrollwahn verstrickt ($\Rightarrow$ 9.3), dass lediglich versucht wird, Lösungen im Rahmen jenes Systems zu finden, das die Probleme verursacht hat. Doch das wird nicht ausreichen. Solange in der öffentlichen Forschung ein betriebswirtschaftlich-bürokratisches Effizienzdenken vorherrscht ($\Rightarrow$ 10.2.1), solange nur Ergebnisse eine Chance haben, die binnen weniger Jahre wieder Profit abwerfen ($\Rightarrow$ 10.2.3), wird alles, was wir tun, zu kurz greifen. Wenn behördliche Umständlichkeiten Energieinfrastrukturprojekte für Jahre blockieren, werden wir zu langsam sein.

---

[19]Vom Investor Warren Buffet stammt ein ABC gängiger Sünden des Managements: *Arrogance* (Arroganz), *Bureaucracy* (Bürokratie) und *Complacency* (Selbstgefälligkeit).[Sch23b, Kap. 11] Alle drei praktizieren wir – als Menschheit – leider ausgiebig, wenn es eigentlich darum ginge, wirklich große Herausforderungen zu bewältigen.

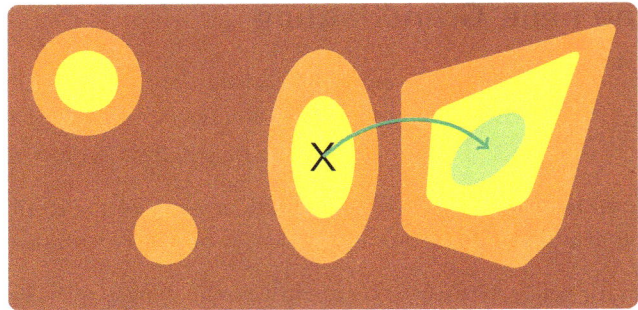

Abb. 10.5: In einem weiten Raum von völlig unakzeptablen und extrem schlechten Lösungen gibt es einzelne Inseln von lediglich schlechten Lösungen, wie jene, wo wir uns gerade befinden (X). Doch auch wirklich gute Lösungen sind möglich. Nur mit minimalen Abweichungen vom aktuellen Status quo lassen sie sich allerdings nicht erreichen. (PD$_{KL}$)

10.3.1 Der Weg und das Ziel

Auch der Umbau unseres Energie- und Wirtschaftssystems, ja der Gesellschaft selbst, ist eine Art von Optimierungsaufgabe ($\Rightarrow$ 9.5). Nur weil es in der unmittelbaren Nähe, also mit lediglich kleinen Veränderungen erreichbar, keine besseren Lösungen gibt, heißt das nicht, dass gar keine existieren ($\Rightarrow$ Abb. 9.13). Was das für uns bedeuten kann, ist in Abb. 10.5 skizziert: Es gibt Möglichkeiten für andere, bessere Gesellschafts- und Wirtschaftssysteme – wir müssen sie nur finden. Diese Suche ist nicht leicht, aber einige Anhaltspunkte, wie sie aussehen können, gibt es schon. So könnten wir beginnen, von der Philosophie und Ökonomie des ewigen Wachstums zu einer der wiederholten Verbesserung überzugehen.[20]

Statt immer wieder Neues auf den Markt zu werfen, sollten mehr Anstrengungen darin fließen, Bestehendes länger im Einsatz zu halten, es womöglich im Betrieb zu verbessern ($\Rightarrow$ Box auf S. 466). Statt immer wieder neue Flächen zuzubauen, sollten wir trachten, die schon verbauten auf möglichst gute und vielfältige Weise zu nutzen. Dazu müssen sich allerdings die Anreize im Wirtschaftssystem selbst verändern; das Verkaufen von viel kurzlebigem Krempel, von Dingen, die in Wahrheit schaden, darf nicht länger als Geschäftsmodell funktionieren ($\Rightarrow$ 10.1.1).

---

[20] Ein sehr schönes Beispiel für diese Philosophie in der Softwareentwicklung bietet das mathematische Textsatzprogramm TeX von Donald Knuth. Dieses liegt aktuell in der Version 3.141592653 vor, und es soll nie eine Version 3.2 oder gar 4 geben wird. Stattdessen wird bei jeder Überarbeitung eine weitere Stelle der Dezimaldarstellung von π angehängt, siehe https://cs.stanford.edu/%7Eknuth/abcde.html, Abschnitt *Errata*.

10.3 Eine neue Grundhaltung

Einige Wegweiser Es gibt eine Argumentationslinie, die als Orientierung dienen kann, wie ein zukünftiges Energie- und Wirtschaftssystem aussehen kann:
- Wir **müssen** unser Energie- und Wirtschaftssystem auf eine nachhaltige Basis stellen.
- Wir **wollen** dabei unsere Lebensstandard weitgehend halten, unsere Lebensqualität nach Möglichkeit erhöhen.[21]
- Es **werden** also eher früher als später Maßnahmen gesetzt werden müssen, die Umweltzerstörung und verschwenderischen Umgang mit Ressourcen bestrafen, den Einsatz erneuerbarer Energie und notwendige Energiedienstleistungen ebenso wie Kreislaufwirtschaft belohnen ($\Rightarrow$ 10.4.4).
- Wir **sollten** alle Infrastruktur- und Investitionsentscheidungen daher so treffen, als sei das bereits jetzt der Fall.

Inzwischen dürfen wir beim Umstieg auf ein nachhaltiges System wirklich nicht mehr trödeln. In den meisten Bereichen ist es ein Zeithorizont von wenigen Jahren, bestenfalls noch ein bis zwei Jahrzehnten, in denen die meisten Umstellungen erfolgen müssen. Ein Abklopfen bei jeder Investitionsentscheidung, ob das, was da gebaut werden soll, auch in ein nachhaltiges Energie- und Wirtschaftssystem der Zukunft passt, tut dringend Not.

Die Ziele kennen Es hilft für alle solchen Überlegungen natürlich sehr, einige schlüssige, auf allen Ebenen durchgeplante Konzepte zu haben, wie eine auf vollständig erneuerbarer Energie beruhende nachhaltige Wirtschaft aussehen kann. Einerseits kann man damit schnell prüfen, ob eine geplante Anlage überhaupt zukunftsfähig ist. Wenn sie in keinem Konzept für eine solche nachhaltige Wirtschaft als schlüssiges Element auftaucht, dann brauchen wir sie auch jetzt wohl schon nicht mehr – dann muss es schon jetzt eine bessere (wenn auch kurzfristig vielleicht teurere) Variante geben.[22] Andererseits kann man dem Vergleich von solchen Konzepten mit dem jetzigen Stand der Dinge gezielt Lücken identifizieren und schließen. Dabei wird sicher eine große Herausforderung darstellen, diverse Henne-Ei-Probleme aufzubrechen, mit Infrastruktur, die erst im Zusammenspiel Sinn ergibt, während jedes Teilsystem für sich wenig Nutzen bringt (etwa zusätzliche PV-Module und leistungsfähigere Stromleitungen).

---

[21] Was den Lebensstandard angeht, gilt das zumindest für die große Mehrheit. Dass Privatjets und ähnlicher Unfug eher der Vergangenheit angehören sollten, ist allerdings absehbar ($\Rightarrow$ 9.4.5).
[22] Dabei ist *schlüssig* ein wesentliches Kriterium. In einem sonst völlig nachhaltigen System wäre auch ein einzelnes Feld, aus dem noch Erdgas gefördert wird, verkraftbar – aber es wäre kein schlüssiger Bestandteil. Es gäbe keinen Grund, es zu errichten, oder, wenn es ausgefördert ist, durch ein anderes zu ersetzen. Eine Erdgaspipeline hingegen, speziell, wenn sie auch Wasserstoff-fähig ist, kann sehr wohl auch in einem nachhaltigen Energiesystem der Zukunft noch sinnvoll einsetzbar sein, um erneuerbar erzeugtes Gas zu transportieren ($\Rightarrow$ 8.3.2).

Aktuelle energietechnische und betriebswirtschaftliche Kriterien können durchaus helfen, bei dem, was benötigt wird, zu priorisieren, indem bevorzugt das gebaut, was auch im jetzigen System schon Sinn ergibt. Doch nur damit allein werden wir nicht auskommen – wir müssen wissen, wo wir hinwollen, und auch akzeptieren, dass nicht alles, was wir umsetzen müssen, einen unmittelbaren Profit bringt ($\Rightarrow$ 10.3.3).

Stellen Sie sich, wenn es Ihnen gelingt, also ein zukünftiges Energie- und Wirtschaftssystem vor, das vollständig nachhaltig ist, keine fossilen Energieträger verbraucht, keine für sehr lange Zeit gefährlichen Abfällen produziert, keine Probleme schafft, zu denen man noch keine Lösung kennt. Stellen Sie sich ein solches System vor, das auf bereits verfügbaren Technologien beruht, das der Biosphäre ausreichend Raum gibt, so dass die Biodiversität nicht mehr weiter sinkt und die Ökosysteme in gutem Zustand sind. Stellen Sie sich ein System vor, das allen Menschen der Erde ein gutes Leben ermöglicht und dabei auch noch so robust ist, dass es mit ungünstigen Situationen, Naturkatastrophen ($\Rightarrow$ 8.5.7), dem Ausscheren eines Landes aus der internationalen Gemeinschaft etc. zurecht kommt.

Schwierig? Vielleicht, aber nicht unmöglich. Die Umsetzung eines solches System scheitert nicht an den technischen Möglichkeiten ($\Rightarrow$ Kap. 8), sondern nur an unserer (sozialen) Dummheit, an unserer Unfähigkeit, für ein großes Ziel zu kooperieren, an unserem Unwillen, selbst irgendwo Abstriche in Kauf zu nehmen.

Die Menschen überfordern? Gerne wird bei der Diskussion über Maßnahmen zur Eindämmung des Klimawandels, zur Transformation unseres Energie- und Wirtschaftssystems beschworen, dass man „behutsam vorgehen" müsse, „die Menschen nicht überfordern" dürfe. Doch für allzu große Behutsamkeit fehlt uns inzwischen die Zeit – und so manchem geht es bei der ach so großen Besorgnis hinsichtlich Überforderung auch nicht wirklich um die Menschen.

Immerhin überfordert das gegenwärtige Wirtschaftssystem die Menschen auf ganz viele Arten, betreibt ein perfides Spiel von Ausbeutung und Selbstausbeutung ($\Rightarrow$ 9.3.5). Was wir aktuell haben, ist sicherlich besser als überholte und gescheiterte Zugänge wie die alte Feudalgesellschaft, der Manchester-Kapitalismus oder der Sowjetkommunismus. Doch verglichen mit dem, was möglich wäre, hat es noch immer gravierende Schwächen. Noch immer haben wir Abläufe, die wenigen (wenn überhaupt) wirklich nützen und vielen schaden.

Zugleich überfordert uns die immer deutlicher losbrechende Klimakatastrophe jetzt schon immer öfter, mit Hitzewellen, Dürren und Überschwemmungen ($\Rightarrow$ 1.1.1). Zwar trifft sie jene im Globalen Süden, die schon bislang unter dem unfairen Wirtschaftssystem gelitten haben und sich weniger gut schützen können, am härtesten. Doch auch im Globalen Norden werden die Auswirkungen immer deutlicher spürbar. Je länger wir zögern, desto schlimmer wird es werden.

10.3.2 Keine Macht den Scheinargumenten

Schon in der Einleitung ($\Rightarrow$ S. 6) habe ich einige der gängigsten Scheinargumente angeführt: „geht nicht", „zu ineffizient", „zu teuer". Nun sind wir in der Position, sie etwas genauer betrachten und entkräften zu können:

Die Technologien sind vorhanden. Dass der Umstieg technisch (noch) nicht möglich sei, ist schlichtweg falsch. Alle Elemente einer erneuerbaren Energieversorgung existieren, und wir wissen durchaus, wie man sie zu kombinieren hat ($\Rightarrow$ Kap. 8).

Die Technologien sind effizient genug. Manche Elemente eines praktikablen Energiesystems der Zukunft haben vergleichsweise geringe Wirkungsgrade, insbesondere der Einsatz von Power2Gas ($\Rightarrow$ 8.3.2).[23] Doch das ist kein K.O.-Kriterium, außer bei einem zu eng gesteckten Effizienzbegriff, bei dem nicht die Gesamtheit betrachtet wird ($\Rightarrow$ 9.3.2). Wenn es für eine Technologie eine effizientere, ansonsten gleichwertige Alternative gibt, sollte man natürliche diese verwenden. Wenn es diese nicht gibt, müssen wir nutzen, was wir haben. Weiter daran und an Alternativen zu forschen, ist ja nicht verboten, und eine kluge Abwärmenutzung hilft in vielen Fällen auch.

Auch im Energiebereich gibt es zwar – zum Glück – immer wieder technische Fortschritte. In technologisch schnell voranschreitenden Bereichen befindet man sich also gewissermaßen immer in einer Art deflationärer Situation ($\Rightarrow$ Box auf S. 383), in der man durch Zuwarten etwas Besseres bekommen kann.

Doch inzwischen sind wir an einem Punkt, an dem Zuwarten keinen Sinn mehr hat, da die Schäden, die es anrichtet, weit größer sind als die kleine Ersparnis, die es vielleicht bringt. Das System muss möglichst schnell zum Laufen kommen. Weiterentwicklungen können dann immer noch dazu dienen, Überschüsse zu produzieren, die zunächst exportiert werden können, um Emissionen an anderen Stellen der Welt zu reduzieren. Später sollten sie eingelagert werden ($\Rightarrow$ 8.5.6).

Die Wende ist leistbar. Die Sicht, dass der Umstieg zu teuer sei, ist zu einem guten Teil ein Produkt eines Wirtschaftssystems, das die Bodenhaftung verloren hat, in dem die Dynamik des Geldes sich von jener der realen Gegebenheiten weitgehend entkoppelt hat ($\Rightarrow$ 9.1). Wenn „zu teuer" nur bedeutet „bringt weniger Rendite als etwas anderes", dann ist ein hoher Preis kein reales Hindernis, sondern nur ein Ausdruck falscher Prioritätensetzung ($\Rightarrow$ 10.3.3).

---

[23]Dabei kommt es allerdings sehr darauf an, *womit* man vergleicht. Verbrennungsmotoren haben Wirkungsgrade, die meist nicht besser sind ($\Rightarrow$ 7.5.3), und dennoch ist um sie herum eine gigantische Industrie entstanden. Wir sollten für das, was für die Energiewende nötig ist, zumindest nicht strengere Maßstäbe anlegen als für die bisherigen fossilen Technologien.

Auch sonst gibt es diverse Scheinargumente, die manchmal ins Feld geführt werden, etwa, wir hätten dringendere Probleme, um die wir uns zuerst kümmern sollten: Kriege, Krankheiten, Mangelernährung und anderes. Doch so bitter diese auch sind, nichts davon bedroht das Überleben der Menschheit als Ganzes. Zudem werden viele dieser Probleme durch die Klima- und Biodiversitätskrise ja noch verstärkt. Umgekehrt, so meine feste Überzeugung, ist es der beste Weg, Probleme nicht isoliert zu betrachten oder sie gar noch gegeneinander auszuspielen, sondern auf eine ganzheitliche Gesamtlösung hinzuarbeiten. Letztlich sind es meist die gleichen Mechanismen, die menschliche Not und ökologische Katastrophen auslösen, und sehr oft sind es die gleichen Personen und Institutionen, die (kurzfristig) davon profitieren.

Daher geht es darum, die oberflächlich oft vernünftig klingenden Argumente, dass dringend notwendige Maßnahmen nicht möglich, nicht effizient, nicht leistbar sind, als das zu brandmarken, was sie meistens sind, nämlich egoistisch, kurzsichtig, engstirnig oder denkfaul.

10.3.3 Abschied von Knausrigkeit und Kontrollwahn

> Das ist der Fluch von unserm edeln Haus:
> Auf halben Wegen und zu halber Tat
> Mit halben Mitteln zauderhaft zu streben.
> Ja oder nein, hier ist kein Mittelweg.
>
> Franz Grillparzer, *Ein Bruderzwist in Habsburg*

Von allen Scheinargumente gegen zügiges und entschlossenes Handeln ($\Rightarrow$ 10.3.2) ist „zu teuer" bzw. „nicht wirtschaftlich [sinnvoll]" wohl das häufigste und mächtigste. Doch eine solche Einschätzung ist kein göttliches Verdikt, keine unausweichliche Verdammung. Es ist eine Aussage unter Rahmenbedingen, die sich durchaus ändern können – manchmal recht schnell, so wie Gas- und Strompreise 2022 nach dem Angriff auf die Ukraine. Es ist eine Aussage, die oft auf groben Vereinfachungen beruht ($\Rightarrow$ 9.1.6). Generell ist „zu teuer" als Argument inzwischen viel zu eindimensional, viel zu *billig*. Für uns als Menschheit, für jene Dinge, die technisch machbar sind, für die alle Ressourcen, alle Rohstoffe und das Know-how vorhanden sind, ist die Phrase „Wir können uns das nicht leisten" nur eine BWLisierte Formulierung von „Es ist uns nicht wichtig genug".

Wenn das Sicherstellen einer lebenswerten Zukunft für die Menschheit zu teuer ist, was würde denn gebraucht, was nicht in ausreichendem Ausmaß verfügbar ist? Sind es Fläche, Energie oder spezielle Rohstoffe? Ist es ausreichend Zeit von Menschen mit speziellen, langwierigen Ausbildungen, oder einfach sehr viel Arbeitszeit von Menschen, die das, was sie brauchen, schnell lernen könnten?

10.3 Eine neue Grundhaltung

Sind die limitierenden Faktoren wirklich nicht verfügbar oder werden sie für anderes verwendet (Produzieren von Gartenzwergen, Bau von noch mehr Straßen, die zu noch mehr Autoverkehr führen, Rituale zur Besänftigung des großen Drachen der Finsternis ⇒ 9.3.3)? Sind diese anderen Dinge, in die unsere Zeit, unsere Energie und unsere Rohstoffe fließen, bei sorgfältiger Abwägung wirklich wichtiger als das Überleben der Ökosysteme, unserer Spezies oder zumindest unserer Zivilisation?

Investitionen vs. Kosten Wenn es um die Energiewende geht, ist sehr schnell von den exorbitanten *Kosten* die Rede. Doch die Frage ist letztlich nicht, wie viel Geld die Menschheit bereit ist, für den Umstieg auf ein erneuerbares Energiesystem *auszugeben*, sondern wie viele Ressourcen (Energie, Rohstoffe, Bodenfläche, Arbeitskraft, ...) sie bereit ist zu *investieren*. Generell würde es helfen, statt über Kosten zu klagen, besser in der Kategorie von Investitionen zu denken.

Natürlich muss diese Zuteilung von Ressourcen in unser bestehende Wirtschafts- und Finanzsystem eingebettet werden, also von irgendjemandem bezahlt werden (⇒ 9.4). Würden die Mechanismen des Marktes wirklich halten, was ihre Apologeten versprechen, müsste man sich solche Fragen natürlich nicht stellen, dann würden unsere Mittel dorthin fließen, wo sie am sinnvollsten eingesetzt werden.

Ein teurer Kredit Viele Verwirrung hinsichtlich des Umstiegs auf erneuerbare Energie und Nachhaltigkeit beruht auf dem Irrglauben, wir hätten ein bereits gut funktionierendes Energiesystem. Doch so, wie wir kein echtes Fundament für ein Wirtschaftssystem haben (⇒ 10.4.1), haben wir in Wahrheit auch kein in sich schlüssiges Energiesystem. Wir leben aktuell von Grabräuberei (⇒ 9.2.5), oder, wenn man es nicht so dramatisch formulieren will, von einem teuren Kredit. Fossile Lagerstätten stellen uns Energie (als wesentliche Basis für die gesamte Wirtschaft ⇒ 9.1.7) zur Verfügung, mit der wir sinnvolle Dinge tun könnten, wie ein nachhaltiges System aufzubauen. Zugleich zahlen wir jetzt schon zunehmend Zinsen in Form immer gravierenderer Klimaschäden.

Zu behaupten, der Aufbau eines erneuerbaren Energiesystems sei zu teuer, ist das Analogon dazu, dafür zu plädieren, einen Kredit zu verprassen, statt das Geld in etwas zu investieren, mit dessen Erträgen er sich vielleicht eines Tages zurückzahlen lässt. Wenn wir nicht rasch und entschlossen handeln, werden wir in einigen Jahren mit weitgehend leeren Händen und einem Berg energetisch-ökologischer Schulden dastehen. Argumente, weiterhin mit fossiler Energie zu arbeiten, weitere Öl- und Gasfelder zu erschließen, wären analog dazu, noch weitere Kredite aufzunehmen, obwohl man bereits drückende Schulden und kein ausreichendes Einkommen hat. Doch im Gegensatz zu finanziellen Schulden, die letztlich soziale Vereinbarungen sind, die sich (gemeinsam mit den Guthaben) mit einem Federstrich oder Tastendruck beseitigen ließen (⇒ 9.1.3), sind diese Schulden auf ganz physikalisch-ökologische Weise real (⇒ 10.1.4).

Den BWLismus eindämmen Mit der BWLisierung der Welt (⇒ 9.3.4), die fast ausschließliche Orientierung an dem, was kurzfristig betriebswirtschaftlich sinnvoll erscheint, kombiniert mit bürokratischer Kleinlichkeit, handeln wir uns zunehmend massive Schäden ein, bis zum Risiko des Untergangs der Menschheit. Genau jene Disziplin, die mit dem Versprechen angetreten ist, die knappen Ressourcen dieser Welt auf die bestmögliche Weise einzusetzen, hat uns letztlich nach Strich und Faden betrogen. Einige wenige profitieren – kurzfristig. Die meisten leiden unter dem Diktat des „immer mehr, immer schneller, immer effizienter".

Wir sollten uns gut überlegen, ob wir weitreichende Entscheidungen über unsere Zukunft einer von der physikalisch-ökologischen Realität abgekoppelten „Ökonomidiotie" überlassen wollen. Nein, eigentlich gibt es da nicht viel zu überlegen: Wenn wir das tun, wird es der menschliche Zivilisation ebenso wie dem Ökosystem Erde unermesslichen Schaden zufügen.

Die Knausrigkeit, die wir gerade praktizieren, das Orientieren am kurzfristigen Gewinn – nicht nur bei Unternehmen, für die das noch ehesten zu akzeptieren wäre, sondern als ganze Gesellschaft – dient sicher nicht einer nachhaltigen Entwicklung (⇒ Box auf S. 56). Ebensowenig tut das der Kontrollwahn, der an so viele Stellen Einzug gehalten hat. Ein ewiges Gefühl des Mangels, das bewusst produziert oder zumindest billigend in Kauf genommen wird, erzeugt ein Gehetze, einen quick&dirty-Kreis oder gar eine Abwärtsspirale statt tragfähiger, durchdachter, nachhaltiger Lösungen (⇒ 9.3.5). Doch nachhaltiges Wirtschaften ist das einzige, das letztlich Sinn ergibt.

Speziell rächt sich nun die über Jahre und Jahrzehnte hinweg praktizierte Knausrigkeit und Kleinlichkeit in der Forschung (⇒ 10.2), und ganz besonders im Energiebereich. Da die Forschung nicht effektiv arbeiten konnte, wissen wir vieles noch nicht, was wir eigentlich wissen sollten. Doch die Zeit läuft uns davon, und nun werden wir in der Tat viele Anlagen errichten müssen, bei deren Betrieb sich Probleme zeigen werden. Damit werden wir *wirklich* viel Geld in den Sand setzen.

Natürlich werden dann einige Ökonom:innen (besonders gerne solche mit Verbindungen zum *Copenhagen Consensus*) über „stranded investments" wehklagen. Sie werden uns vorrechnen, wie viele Impfungen in Afrika oder Schlafsäcke für Obdachlose man mit dem Geld, das hier in den Sand gesetzt wurde, stattdessen bezahlen hätte können. Wohlgemerkt es ist ein sehr hypothetisches „hätte können", denn natürlich hätte niemand das Geld *wirklich* dafür verwendet (⇒ 9.2.3).

Keine Angst vor Überkapazitäten Was wir vor allem ablegen sollten, das ist die kleinliche Furcht vor „Überkapazitäten". Solange noch irgendein Teil (und momentan ist es der Großteil) unseres Energiebedarfs aus fossilen (und zu einem kleineren Teil nuklearen) Quellen abgedeckt werden muss (⇒ Abb. 5.3), gibt es bei erneuerbarer Energieerzeugung keine Überkapazitäten.

Es gibt momentan allerdings durchaus noch einen Mangel an Transport- und Speicherkapazitäten ($\Rightarrow$ 8.3), um schon bestehende Infrastruktur sinnvoll nutzen zu können. Dieser Mangel sollte so schnell wie möglich behoben werden. Wenn tatsächlich einmal über die ganze Welt hinweg und für ein volles Jahr mehr Kohlenstoff in Form von (in Bedarfsfall gut nutzbaren) chemischen Energieträgern eingelagert wird, als zugleich aus der Erde geholt wird, *dann* darf langsam die Diskussion über Überkapazitäten beginnen.

Jede Anlage nur so klein zu dimensionieren, wie es aus jetziger Sicht, für den unmittelbaren Einsatz sinnvoll ist, wird fast immer zu kurz greifen. Gerade größer dimensionierte Anlagen bieten jene Flexibilität, die das sinnvolle Zusammenspiel mehrerer Energiesektoren möglich macht ($\Rightarrow$ 8.5). Zudem ist der Wirkungsgrad ja oft am besten, wenn man das System nicht knapp am Anschlag fährt ($\Rightarrow$ Box auf S. 70).

10.3.4 Weiter denken und Unsicherheiten akzeptieren

Unsere bisherige Art zu denken, an Probleme heranzugehen, hat einerseits viel erreicht, andererseits aber auch viele Probleme verursacht, die wir nicht lösen werden, indem wir uns gedanklich nur in eingefahrenen Gleisen bewegen. Neben dem Abschied von Knausrigkeit und Kontrollwahn ($\Rightarrow$ 10.3.3) gibt es noch viele andere Aspekte, von denen ich ohne besondere Systematik und ohne jeden Anspruch auf Vollständigkeit einige ansprechen möchte.

Querdenken – jetzt erst recht Leider wurde in jüngerer Vergangenheit der Begriff des „Querdenkers" von Verschwörungstheoretiker:innen gekapert (besonders deutlich sichtbar im Zuge der Corona-Proteste), und ist entsprechend etwas in Verruf geraten.[24] Das nutzen manche, um auch gerechtfertigte Kritik an sozialen und ökologischen Missständen, an der Konzentration von Macht und Vermögen, an brutalem Vorgehen gegenüber anderen Menschen und der Natur zu verunglimpfen, indem sie jede Kritik am Status quo mit extrem fragwürdigen, oft menschenverachtenden und wissenschaftsfernen Thesen in einen Topf werfen.

Dessen ungeachtet sollten wir alle die Zeit und die Freiheit haben, über neue und unkonventionelle Lösungen nachzudenken, die weder althergebrachten noch irgendwelchen neuen Dogmen entsprechen müssen. Natürlich muss nicht jede neue (oder alte, wieder ausgegrabene) Idee auch gut sein – ganz im Gegenteil, die meisten werden sich letztlich als schlecht erweisen. Doch wenn man nicht viel Geröll durchsucht, wird man die paar Goldnuggets auch nicht finden.

---

[24]Traurig ist das vor allem angesichts dessen, dass es sich bei den selbsternannten „kritischen Denkern" ja meist um Menschen handelt, die sehr unreflektiert einem einzelnen Dogma folgen, das nur eben nicht mit der Mehrheitsmeinung konform ist.

Mit der Dummheit leben Es gibt ganz grundlegende Überlegungen, warum wir Menschen für eine intelligente Spezies vergleichweise dumm sind (⇒ Box auf S. 38), und wir haben im Lauf unserer Geschichte so einiges getan, um diese These zu bestätigen. Das ist noch keine Katastrophe, denn immerhin sind wir doch gerade intelligent genug, um manchmal erstaunliche Leistungen zu vollbringen (allerdings oft, ohne uns ihrer möglichen Folgen bewusst zu sein).

Doch wir sollten unsere eigene Dummheit stets mitdenken. Jedes ambitionierte Vorhaben, das diese Dummheit gar nicht berücksichtigt, wird eher scheitern. Ein Vorhaben, bei dem sie mitgedacht wird, kann natürlich immer noch mit einem Fehlschlag enden, aber die Chancen auf Erfolg sollten doch deutlich größer sein.

Zwar können wir uns für so schlau halten, dass wir uns nur einfach gut überlegen müssen, wie wir die große Transformation durchführen wollen, und diesem Plan dann effizient und effektiv durchziehen können. Doch ein „Bislang haben wir zwar nichts getan – aber vom Tag X weg werden wir alles perfekt machen und alles wird auf Anhieb funktionieren." ist zwar durchaus beliebt und kommt in vielen Plänen zum Ausdruck (auch jenen, die inzwischen zum Einhalten von Klimazielen nötig wären ⇒ Abb. 4.15), ist aber wenig vertrauenswürdig.

Klüger wäre es, anzuerkennen, dass wir im Großen und Ganzen nicht gut dabei sind, uns irgendetwas wirklich gut zu überlegen, irgendetwas Neues gleich gut umzusetzen. Auch die schnelle und einfache Übertragbarkeit einer Lösung, die schon einmal irgendwo funktioniert hat, auf viele andere Probleme ist eher eine Illusion (⇒ 10.2.2).

Die Monomanie überwinden Die begrenzten intellektuellen Kapazitäten der Menschen manifestiert sich in einer gewissen *Monomanie*, der Konzentration auf jeweils ein einzelnes Problem bzw. eine einzelne Lösung. Das führt zu Denkmustern der Art „Welche Technologie macht das Rennen?", wo man so lange zuwartet, bis sich unter den technischen Lösungen ein klarer Sieger gezeigt hat.

Doch ganzheitliche Lösungen wird man schwer finden, solange man nicht dieses Entweder-Oder überwindet. Ein Energiesystem der Zukunft ist wesentlich einfacher umzusetzen, wenn man das Zusammenspiel verschiedener Technologien mit unterschiedlichen Stärken und Schwächen nutzt (⇒ Kap. 8).

Doch selbst wenn es anders wäre, sollten wir in diesem Rennen noch immer auf mehrere Pferde zugleich setzen. Angesichts unserer Dummheit (s.o.) sollten wir ohnehin ganz viele Dinge versuchen, verschiedene Ansätze zugleich verfolgen – nicht nur im Spielzeug-Labormaßstab, sondern ernsthaft. Viele davon werden nicht so gut funktionieren wie gedacht. Manche werden so gravierende Nebenwirkungen haben, dass man sie wieder einstellen muss. Aber wir können hoffen, dass, wenn wir nur genug Wege gehen, zumindest einer darunter ist, bei dem wir keine fundamentalen Probleme übersehen haben, der sich auch auf wirklich großer Skala umsetzen lässt.

10.3 Eine neue Grundhaltung

Sich nicht ablenken oder einschüchtern lassen Gegen das entschlossene Handeln laufen immer wieder Ablenkungsmanöver ($\Rightarrow$ 10.1.6 & 10.3.2), und nur zu gerne haben wir uns auf diese eingelassen. Wie es in einem weisen Sprichwort heißt: „Wer will, findet Wege; wer nicht will, findet Gründe." Wir waren in der Vergangenheit sehr gut darin, Gründe zu finden, warum wir gerade jetzt (noch) nichts tun sollten, und immer wieder sind einzelne Expert:innen in Erscheinung getreten – oft aus der Ökonomie, machmal auch aus anderen Disziplinen, von der Philosophie bis zur Physik –, die uns darin bestärkt haben. Probleme erscheinen, wenn man ihnen mit ängstlicher Grundhaltung gegenübertritt, schnell groß, nahezu unüberwindlich. Doch wo liegen wirklich die Schwierigkeiten?

Die Produktionskapazitäten reichen nicht? Bisher war es selten ein Problem, bei entsprechender Nachfrage (und diese wird es geben müssen) noch ein paar Fabriken zu errichten, diesmal vielleicht sogar wieder in Europa, um das Risiko versagender Lieferketten zu reduzieren. Das würde sogar auf gute Weise zum Wirtschaftswachstum beitragen und ein paar Arbeitsplätze schaffen.

Es gibt zu wenig Facharbeiter:innen, die erneuerbare Energieanlagen installieren können? Vielleicht ein guter Anstoß, um neue Ausbildungsprogramme zu initiieren und zu unterstützen, welche tatsächlich benötigte Kompetenzen vermitteln ($\Rightarrow$ 10.5.3). Man muss nur wollen.

Langfristiges Denken und Konsequenz Gerade im Umgang mit einer so langwierigen Krise, wie sie der Klimawandel darstellt, ist auch langfristiges Denken und Handeln notwendig, eine Konsequenz, die nicht regelmäßig gegenüber Quartalsberichten und Wahlversprechen in die Knie geht. Wenn ein Industriezweig Dinge herstellt, die für die Energiewende notwendig sind, dann darf man solche Unternehmen nicht fallen lassen wie eine heiße Kartoffel, nur weil die Geschäfte ein oder zwei Jahre schlecht laufen. Dass die Politik in solchen Fällen in die Wirtschaft und den Markt nicht eingreifen darf, ist erstens ein reiner Glaubenssatz, und zweitens einer, dem mit sehr unterschiedlicher Konsequenz gefolgt wird.

Während in Deutschland in den 2010er Jahren der Niedergang der Solarbranche samt Verlust von gut hunderttausend Arbeitsplätzen achselzuckend hingenommen wurde, wurde zugleich mit viel Geld die Braunkohleindustrie mit einigen zehntausenden Arbeitsplätzen am Leben erhalten.[Wir24] Doch wenn sich Privatkund:innen mit dem Kauf gerade zurückhalten, könnten Staaten, Bundesländer, Gemeinden und Energieversorger noch immer PV-Module und Kollektoren in großem Maßstab aufkaufen, selbst installieren oder die Installation ggf. über Contracting-Modelle anbieten – und schnell dafür sorgen, dass es genug Elektrolyseure gibt, damit die Energie auch gespeichert werden kann. Das wird – abgesehen vom ökologischen Nutzen, von der Notwendigkeit angesichts der Klimakrise – auch ökonomisch langfristig ein gutes Geschäft sein.

10.3.5 (Not) in my Backyard

Ob die große Wende am Ende funktionieren wird, wird auch in vielen (metaphorischen) Hinterhöfen entschieden werden. Als NIMBY – Not In My BackYard – ist die Einstellung berühmt geworden, dass ja gerne alles Mögliche gebaut werden darf, von der Müllverbrennungsanlage bis zum Windkraftwerk, aber bitte nicht im eigenen Hinterhof, nicht dort, wo man es sehen und vielleicht etwaige Auswirkungen spüren kann.

Als Selbstschutz ist NIMBY verständlich, und sicher wurde so manches problematische Projekt verhindert, weil es einfach *niemand* in seinem Hinterhof haben wollte. Für den Ausbau der erneuerbaren Energie kann diese Haltung aber ein massives Problem sein. Wenn sich alle Menschen stets gegen Projekte in ihrer Nähe wehren, wo sollen diese denn entstehen? Speziell gegen Windkraftanlagen, die anscheinend für manche einen unzumutbaren Anblick darstellen (und gegen die noch manche absonderlichen Argumente, von der Veränderung des Wetters bis hin zu Infraschallbelastung ins Feld geführt werden), gibt es öfter Widerstand.[25] Beim unauffälligeren Solarenergie-Ausbau ist dieses Phänomen zum Glück weniger ausgeprägt, dafür ist der Bau neuer Stromleitungen oft extrem schwierig – doch auch diese werden dringend gebraucht.

Besonders bedeutsam ist der Bereich der Rohstoffgewinnung, wo es an vielen Orten Widerstand der lokalen, oft indigenen Bevölkerung gegen neue Minen und Ausweitung des Bergbaus gibt – und das oft aus gutem Grund. Hier geht es ja nicht nur um Beeinträchtigungen des Landschaftsbildes, sondern um die handfeste Gefährdung von Umwelt und Gesundheit durch die Chemikalien, die dabei zum Einsatz kommen. Ein aktuelles Beispiel ist das Projekt, in Serbien Lithium für die deutsche Automobilindustrie abzubauen. Bürger:innen befürchten bei diesem Deal (bei dem wieder einmal ein nationalistischer Autokrat ohne große Bedenken von der EU hofiert wird) angesichts fehlender Rechtsstaatlichkeit massive Verstöße gegen Umwelt- und Menschenrechtsstandards.[Wöl24; Ene24a]

Nicht von oben herab Eine NIMBY-Haltung kommt ja meistens nicht aus dem Nichts, ist meist kein bloßer Ausdruck von Fortschrittsfeindlichkeit, sondern ganz im Gegenteil oft gut begründet. Immerhin gibt es genug Beispiele, in denen die lokale Bevölkerung und die Umwelt unter solchen Projekten erheblich gelitten haben. Wer gar selbst mit gierigen Geschäftsleuten und bornierten Bürokraten schon mehrfach schlechte Erfahrungen gemacht hat, hat alles Recht zu befürchten, wieder über den Tisch gezogen zu werden.

---

[25] Das wird noch befeuert durch Meldungen wie jene, dass etwa in Schottland viele Millionen Bäume für Windkraftanlagen gefällt worden seien. Die Wahrheit ist jedoch wesentlich differenzierter, da es sich einerseits um Fällungen handelt, die im Rahmen der forstwirtschaftlichen Nutzung ohnehin erfolgt wären, andererseits im gleichen Zeitraum wesentlich mehr Bäume – auch als Ausgleichsmaßnahme – nachgepflanzt wurden, [Kut22].

10.3 Eine neue Grundhaltung

Zum Erstaunen vieler wirkt selbst das alte Argument „Arbeitsplätze!" oft nicht mehr so gut wie früher. Inzwischen ist wohl zu offensichtlich geworden, dass dieses Argument, etwas umfassender formuliert, in etwa lautet: „Ihr dürft Euch zu Mindestlöhnen, unter Inkaufnahme schwerer Gesundheitsschäden, dafür abrackern, dass wir mit der Ausbeutung Eures Landes gewaltige Gewinne machen und Euch am Ende eine zerstörte Umwelt hinterlassen." Die Verwunderung, dass das nicht allzu attraktiv ist, sollte sich eigentlich in Grenzen halten.

Was also tun, wenn für die Energiewende manche Infrastruktur dringend benötigt wird, wenn wir in Zukunft Lithium, Kupfer und andere Rohstoffe notwendig brauchen? Statt den NIMBYismus als lästiges Hindernis zu betrachten, das auf eine der üblichen Arten (Behördenwillkür, Drohungen, Erpressung, Gewalt, ...) überwunden werden muss, sollte man zunächst einmal die Bedenken ernst nehmen.

Statt den Menschen irgendwelche Projekte in neokolonialistischer Arroganz überzustülpen, wäre eine Diskussion auf Augenhöhe ein guter Anfang, ein ehrliches Eingehen auf Sorgen und Probleme – und die Bereitschaft, Gewinne wirklich fair zu teilen, statt nur der Leitlinie der maximal effizienten Ausbeutung zu folgen. Autokratische Herrscher sind für ein solches Vorgehen allerdings meist keine guten Partner, und auch viele international agierende Unternehmen haben hier noch einen weiten Weg vor sich.

Generell sollte man nicht nur Big Business & Tech-will-save-us anstreben und als einzig mögliche Lösungen darstellen. Manchmal kann weniger Technologie, weniger Wachstum besser sein, ein ursprünglicherer Zugang – oder es kann innovative, schonendere Arten geben, Rohstoffe abzubauen, etwa die Extraktion von Lithium aus Tiefenwasser parallel zur geothermischen Energiegewinnung ($\Rightarrow$ 5.2.6).[Wor21]

Auf des anderen Seite wird es manchmal auch Bereitschaft brauchen, ein bisschen NIMBYismus aufzugeben, etwas, von dem man nicht begeistert ist, aber mit dem man leben kann, zugunsten der Allgemeinheit zu akzeptieren. Einige Menschen mit sehr starken Meinungen, die sich schon aus Prinzip gegen Veränderungen wehren, wird es immer geben; die Mehrheit aber wird vernünftigen Argumenten gegenüber zugänglich sein. Dieses Nachgeben soll allerdings nicht dazu führen, dass manche Länder oder Bevölkerungsgruppen (speziell jene, die schon bislang benachteiligt waren) überproportional viel hinnehmen müssen.

Potenzial im Hinterhof Noch eine andere Sicht auf die Hinterhöfe gibt es, und zwar als jene Orte, wo man es selbst in der Hand hat, die Welt ein wenig besser zu machen. Ob man im eigenen Garten flächendeckend einen so kurzen Rasen haben will, dass jeder Golfplatzbesitzer neidisch wird (um damit letztlich frühneuzeitlichen Adeligen nachzueifern[Har23, Kap. 1]) oder ob man in manchen Bereichen eine Blumenwiese stehen lässt, hat man durchaus selbst in der Hand – und für die lokale Biodiversität macht es einen spürbaren Unterschied.

10.3.6 Anreize setzen

Entscheidend für unser Handeln sind, wie vor allem Ökonom:innen immer wieder betonen, die richtigen *Anreize*. Sehr oft sind diese Anreize eben wirtschaftlicher Art, positive mittels Förderungen, negative mittels Abgaben, Steuern und Zöllen (oder überhaupt Geldstrafen). Speziell für CO_2-Emissionen werden hier, zaghaft, aber doch, allmählich Instrumente in Kraft gesetzt, die durch steigende Kosten dazu motivieren, möglichst wenig zu emittieren ($\Rightarrow$ 9.4.2).

Als Argument gegen Einführung und Ansteigen von CO_2-Preisen wird gerne die Belastung der ärmeren Bevölkerungsschichten angeführt. Ohne Ausgleich wäre das tatsächlich ein Problem. Durch Ausgleichszahlungen (wie beim österreichischen Klimabonus) oder andere Maßnahmen, etwa die Senkung der Mehrwertsteuer auf Lebensmittel, wäre das aber einfach zu kompensieren.[26]

Allerdings muss man bei Anreizen extrem aufpassen. Schlecht konzipierte Anreize, egal ob positive oder negative, können durchaus ein unerwünschtes Verhalten hervorrufen. Einige exzellente Beispiele für schlechte Anreize hat das britische Empire geliefert, etwa in der Archäologie durch eine fixe Prämie pro antikem Fundstück – was natürlich dazu motiviert, wenn man eine antike Vase findet, nicht die ganze Vase abzuliefern und die Prämie einmal zu kassieren, sondern im Lauf der Zeit immer wieder eine weitere alte Vasenscherbe zu bringen ... Eine Kopfprämie für Kobras in Indien führte dazu, dass Kobras eigens gezüchtet wurden, um sie bei den Briten abzuliefern.

Anreize verführen auch leicht zum „KPI-Hacking", dem gezielten Verschönern jener Kenngrößen, an denen diese Anreize festgemacht sind ($\Rightarrow$ 9.5.5). Ähnliches gilt für schlecht durchdachte Regeln. Verlangt man in einem Bereich (konkreter Anlassfall in Österreich die Abfallwirtschaft[27]), dass Transporte ab zehn Tonnen mit der Bahn durchzuführen sind, dann kann es schnell passieren, dass viele mit 9.9 Tonnen (und somit nur teilweise) beladene LKWs unterwegs sind, wenn die Bahn keine ausreichend attraktive Alternative darstellt.

Anreize müssen aber keineswegs nur finanzieller Art sein. Soziale Anreize können sehr stark wirken. Ein echter Wertewandel hin zum Klimaschutz könnte wohl so manches Verhalten ein wenig verändern. Solange man die Vielfliegerei oder den SUV höchstens mit einem augenzwinkernden „für's Klima ist es ja nicht so gut, aber ..." kommentiert, wird nicht allzu viel Gruppendruck entstehen.

---

[26] Die Senkung von Steuern auf Grundnahrungsmittel und andere Dinge des täglichen Bedarfs oder von kommunalen Abgaben wäre etwas, von dem ärmere Schichten im Verhältnis mehr profitieren, da sie mehr von ihrem Einkommen dafür ausgeben. Das funktioniert aber nur, wenn nicht, wie oft beobachtet, beim Sinken der Steuer der Preis trotzdem gleich bleibt und nur die Gewinnspanne des Produktes steigt.

[27] siehe https://www.wko.at/ktn/umwelt/abfalltransporte-auf-der-schiene-ab-1.1.2024

10.4 Eine Wirtschaft der Zukunft

Nicht nur das Energiesystem wird in Zukunft anders aussehen müssen (⇒ Kap. 8), sondern letztlich ein guter Teil unseres Wirtschaftssystems. Dabei, wie es manchmal getan wird, von einer „kohlenstoff-freien" (dekarbonisierten) Wirtschaft zu sprechen, ist eher irreführend. Es geht nicht darum, keinen Kohlenstoff mehr zu verwenden – dafür ist er viel zu nützlich, für vieles sogar unersetzlich –, sondern ihn möglichst in Kreisläufen zu halten, statt ihn in Form von Kohlendioxid unkontrolliert in die Atmosphäre zu entlassen. Doch nicht nur um Kohlenstoff geht es, sondern um diverse Rohstoffe – und auch um unseren grundlegenden Zugang zum „Wirtschaften" an sich. Lange Zeit hat uns unsere alte Herangehensweise – trotz vieler Schattenseiten, die zu Recht kritisiert werden, – einigermaßen gute Dienste geleistet. Den Herausforderungen des 21. Jahrhunderts ist sie aber nicht gewachsen.

10.4.1 Das fehlende Fundament

Lange wurde gerne die Geschichte erzählt, dass einige „grüne" Wirrköpfe und Phantasten unser bestehendes, trotz kleiner Schwächen sehr gut funktionierendes Wirtschaftssystem aus ideologischer Verblendung heraus durch unausgegorene neue Ansätze ersetzen wollen. (Am liebsten, so gerne noch die Unterstellung, würden sie dabei wieder den Kommunismus durch die Hintertür einführen.) Nun, unausgegorene neue Ansätze gibt es sicher, aber auch durchaus fundierte Überlegungen, wie Wirtschaft anders funktionieren könnte, von der Gemeinwohlökonomie[Fel18] über MMT-Ansätze[Kel21] und die *Degrowth*-Bewegung[SV21; Mau24] bis zum Limitarismus.[Rob24]

Der größte Fehler in dieser Geschichte ist jedoch die Grundannahme, wir hätten aktuell ein gut funktionierendes Wirtschaftssystem. Das ist jedoch nicht der Fall. Das bestehende System, das der Doktrin des ewigen Wachstums folgt (⇒ 9.1.4), droht uns in den Abgrund zu reißen, und *more-of-the-same* mit ein paar Nachhaltigkeitsberichten, mit ein paar ESG-Siegeln, mit ein bisschen grünem Lack auf der Oberfläche wird uns nicht retten.

Wirtschaftstheoretische Ansätze und praktisches Management beruhen immer auf weitreichenden Vereinfachungen, sind letztlich eine Konzession an die Begrenztheit des menschlichen Verstandes (⇒ Box auf S. 38). Sich auf eine Zielgröße zu konzentrieren, Gewinne zu maximieren (und daneben vielleicht, als Fortgeschrittenenübung, noch einige KPIs im Blick zu behalten ⇒ 9.5.5), ist dem menschlichen Geist gerade noch zumutbar. Die Aufgabe hingegen, in komplexen Systemen und Prozessen alle Aspekte zu überblicken, gegeneinander abzuwägen und basierend darauf Entscheidungen zu treffen, überfordert ihn zumeist hoffnungslos.

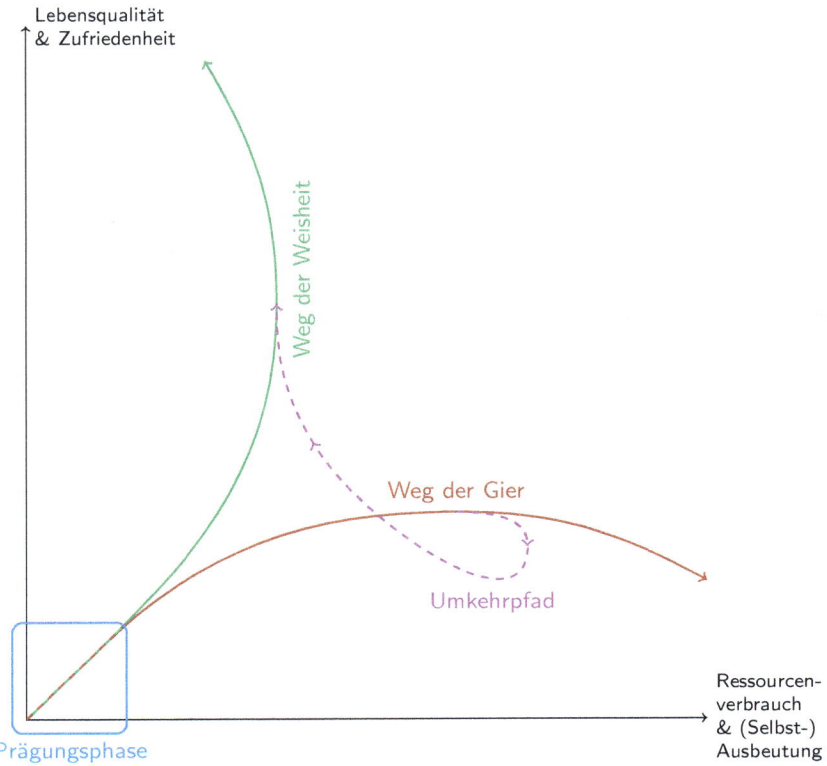

Abb. 10.6: Zwei Wege: Auf dem Weg der Gier verbraucht man immer mehr Ressourcen, beutet sich und andere immer mehr aus, ohne jemals ein gewisses Niveau an Zufriedenheit zu überschreiten. Ganz im Gegenteil, irgendwann beginnt dieses sogar wieder zu sinken. Auf dem Weg der Weisheit wächst die Zufriedenheit, während sich der Ressourcenverbrauch zuerst stabilisiert und dann sogar wieder zurückgeht. Die Prägungsphase unserer wirtschaftlichen Denkens war eine Zeit, in der wachsender Ressourcenverbrauch und zunehmender Wohlstand (als wesentliche Grundlage für Zufriedenheit) noch Hand in Hand gingen. (KL_{BY}^{CC})

Geprägt wurde der Glaube, dass Wirtschaftswachstum der Garant für zunehmenden Wohlstand, für steigende Lebensqualität ist, in einer Welt, die grenzenlos schien – mit immer neuen Ressourcen, neuen Ländern und Menschen, die ausgebeutet werden konnten. Die *Quantität* zu erhöhen ist meist einfacher, als die *Qualität* zu verbessern – und es lässt sich mit viel einfacheren Mitteln planen und kontrollieren. Das hat uns, wie in Abb. 10.6 dargestellt, auf den Weg der Gier gelenkt. Doch auf diesem haben längst wir den Bereich der *diminishing returns* erreicht. Noch mehr Konsum, noch

10.4 Eine Wirtschaft der Zukunft

mehr Selbstausbeutung, um uns dann angeblich tolle Dinge leisten zu können, die sich dann sehr oft schnell als nutzloser Krempel erweisen oder sonst nicht halten, was sie versprechen, – das trägt immer weniger zu Zufriedenheit oder gar Glück bei.
Ein Weg der Weisheit würde stattdessen diese Werte in den Vordergrund stellen. Der Verbrauch an natürlichen ebenso wie menschlichen Ressourcen würde viel langsamer anwachsen, könnte ab einem gewissen Punkt sogar wieder zurückgehen, während die Lebensqualität weiter anstiege. Doch den Umkehrpfad einzuschlagen, kostet natürlich Überwindung und kann mit kurzfristigen Verschlechterungen einher gehen.

Wie soll ein Wirtschaftssystem aussehen, das eine solche Umkehr unterstützt? Auch wenn das finale System zur globale Ressourcen- und Arbeitskraft-Allokierung sicherlich noch nicht voll ausgearbeitet vorliegt, wirken einige seiner Eckpfeiler (zusätzlich zu Fragen der Grundhaltung ⇒ 10.3) doch recht klar:

- **Wachstum hinterfragen**: Wachstum, speziell jenes der Wirtschaft, kann nützlich oder schädlich sein, je nach Situation, je nachdem, was das wächst, und auf welche Weise. Vom Dogma eines Wachstums um jeden Preis, in dem Stagnation beunruhigend und ein Schrumpfen der Wirtschaft eine Katastrophe ist, sollten wir uns schleunigst verabschieden. Wahrscheinlich ist dazu auch das Konzept der Zinsen, in das ein (mit Zinseszinsen exponentielles) Wachstum fix eingebaut ist, in Frage zu stellen und nach Möglichkeit durch einen besseren Ansatz zu ersetzen (evtl. eine Art Schwundgeld, bei dem die Erhaltung von Wert schon eine völlig ausreichende Leistung ist).

- **Langfristige Perspektive**: Verwandt mit dem Problemkomplexe von Wachstum und Zinsen ist jenes, wie man langfristige Werte in eine bessere Relation zu den gegenwärten und kurzfristigen setzt. Letztlich ist das die Frage der Abzinsung (⇒ 9.5.4), die wohl anders als bisher betrachtet werden sollte. Auf jeden Fall gilt es zu verhindern, dass individuelle kurzfristige Gewinne durch die Inkaufnahme von allgemeinen langfristigen Schäden gemacht werden.

- **Den Markt nutzen**: Bei allen ihren Schwächen ist die Marktwirtschaft doch ein enorm mächtiges System, und sie wird wesentliche Beiträge zur Entschärfung der Klimakrise leisten müssen. Unternehmen, die hochwertige, nachhaltige, den Wandel fördernde Produkte entwickeln und auf den Markt bringen, Privatpersonen, die diese nach einer Kosten-Nutzen-Abwägung auch kaufen, werden manche Probleme lösen. Natürlich müssen dazu auch die Rahmenbedingungen stimmen, insbesondere durch eine (soweit überhaupt möglich) ehrliche Bepreisung der Schäden durch fossile Energieträger. In der Sprache der Wirtschaftslehre: Negative Externalitäten müssen internalisiert werden, um das gerade laufende Marktversagen zu beenden.

- **Sinnvoll planen**: Über das hinaus, was der Markt sinnvoll erreichen kann, wird es auch übergeordnete Planung geben müssen, speziell was die Infrastruktur zur Verteilung und Speicherung von Energie angeht, aber wohl auch für das Rohstoffmanagement, für eine echte Kreislaufwirtschaft ($\Rightarrow$ 10.4.4).

  Das soll natürlich keine Renaissance der Fünf-Jahres-Pläne der sowjetischen Planwirtschaft sein, aber mit dem Glauben, man solle möglichst alles dem Markt und der Privatwirtschaft überlassen, werden wir weder schnell genug sein noch weit genug kommen ($\Rightarrow$ 9.1.2). Die Staaten der Welt werden zentrale Akteure sein müssen, und um wahrhaft große Vorhaben zu finanzieren, benötigen sie natürlich entsprechende Mittel. Vielleicht wird es eine Veränderung dessen brauchen, wie unser Geldsystem überhaupt funktioniert, vielleicht reicht auch ein global koordiniertes Vorgehen aus, bei dem Steuerschlupflöcher geschlossen und extrem Vermögende nach Jahrzehnten, in denen sie sich vor ihrer Verantwortung weitgehend gedrückt haben, endlich in angemessenem Ausmaß zur Kasse gebeten werden. Speziell die unmittelbare Profiteure jener Wirtschaftsbereiche, die zum Klimawandel beigetragen haben, sollte man hier im Auge haben ($\Rightarrow$ 9.4.6).
- **Soziale Absicherung**: Bei den diversen Veränderungen, die auf uns zukommen, ist es besonders wichtig, dass es wirksame Systeme der sozialen Abfederung und Absicherung gibt, die nicht (wie heute oft) nur auf dem Kapitalmarkt und dessen Wachstumsversprechen beruhen. Diese Absicherung ist einerseits für uns als Konsument:innen relevant, wo die Kostenwahrheit bei fossilen Energieträgern nicht zu Armut und Elend führen soll. Sie betrifft uns aber auch als Arbeitnehmer:innen und Unternehmer:innen: Manche Geschäftsmodelle und Branchen werden zurechtgestutzt werden müssen, manche werden vielleicht auch ganz verschwinden ($\Rightarrow$ 10.5).

Die klügsten Köpfe – durchaus auch, aber keinesfalls nur aus den Wirtschaftswissenschaften – wären gefordert, hinsichtlich unserer ökonomischen Konzepte tatsächlich einmal *out-of-the-box* zu denken ($\Rightarrow$ 10.3.4), statt nur das Innere der Box von verschiedenen Ecken her zu beschreiben oder die Abläufe darin noch ein wenig effizienter zu machen.

Dabei werden manche Werkzeuge, wie etwa mathematische Optimierung ($\Rightarrow$ 9.5), vermutlich weiterhin zum Einsatz kommen. Vielleicht (auch wenn es nicht sehr wahrscheinlich wirkt) müssen wir lediglich im bestehenden System unseren Suchbereich vergrößern. Vielleicht genügt es, einige zusätzliche Nebenbedingungen zu berücksichtigen. Vielleicht wird aber auch eine deutlich andere Zielfunktion gebraucht – und vielleicht liegt viel von dem, was wir brauchen, jenseits der Grenzen dessen, was unsere Art der Optimierung überhaupt erreichen kann ($\Rightarrow$ 9.5.6).

10.4.2 Die Macht der Konsument:innen?

Hinsichtlich Nachhaltigkeit, Umwelt- und Klimafreundlichkeit wurde uns vieles als „Der Konsument entscheidet", als „Abstimmung mit Euros an der Kasse" verkauft. In manchen Fällen ist das wohl auch so: Man kann sich für die Eier aus Bodenhaltung entscheiden und damit Tierquälerei unterstützen oder für die ein wenig teureren aus Bio-Freilandhaltung. Man kann im Restaurant ein Steak bestellen oder einen Linseneintopf. Man kann im Urlaub nach Thailand fliegen oder mit dem Zug an einen See in der Nähe fahren. Viel Konsum ist, wenn man sich an dem orientiert, was wir wirklich brauchen, ohnehin unnötig ($\Rightarrow$ 10.1.1).

Diese Argumentationslinie wurde umfassend ausgebaut: Die Fossilindustrie darf ruhig ihre Produktionskapazitäten ausweiten – denn sie kann ja ohnehin nur verkaufen, was auch nachgefragt wird. Jede:r soll gefälligst auf den eigenen CO_2-Fußabdruck achten, um den Planeten zu retten ($\Rightarrow$ 2.2.3).

Doch dieser Zugang hakt gleich an mehreren Stellen: Zunächst einmal muss man sich die nachhaltige Variante, die oft teurer ist, erst einmal leisten können. Das ist für die wohlhabende Minderheit sicherlich kein Problem ($\Rightarrow$ Abb. 9.12), aber jene Mehrheit, die sorgfältig auf ihre Ausgaben achten muss, die oft ohnehin nur schwer über die Runden kommt, kann sich den „Luxus" nachhaltiger Produkte oft schlichtweg nicht leisten.[28]

Zudem regiert in einer Marktwirtschaft das Wechselspiel von Angebot und Nachfrage ($\Rightarrow$ 9.1.2). Dort, wo der Markt gar keine Wahlmöglichkeiten anbietet, hat man als Konsument:in nichts zu melden. Wo keine vegetarischen Gerichte passabler Qualität angeboten werden ($\Rightarrow$ 10.4.3), wo es keine ansatzweise akzeptablen öffentlichen Verkehrsmittel gibt, da ist es mit der Wahlmöglichkeit nicht weit her.

Daneben wird es wohl immer eine Gruppe Menschen geben, denen (auch ohne Not) der kurzfristige eigene Vorteil wichtiger ist als jeder andere Aspekt, die sich prinzipiell nur nach dem geringsten Preis oder der größten Bequemlichkeit richten. Die Batterie- bzw. Käfighaltung von Hühnern (eine noch schlimmere Tierquälerei als die Bodenhaltung) ist nicht verschwunden, weil niemand mehr die noch billigeren Eier gekauft hätte, sondern erst durch das Verbot dieser Haltungsart. Ähnlich wird es bei manchen Dingen Verbote brauchen. Bei anderen hingegen, insbesondere überall dort, wo fossile Energie eingeht, wird eine angemessenere Bepreisung der Schäden vermutlich ausreichen, damit die nachhaltige Variante zugleich auch die kostengünstigere ist. Einen sozialen Ausgleich für die höheren Kosten sollte es dabei allerdings geben ($\Rightarrow$ 9.4.1).

---

[28]Zumindest zum Teil sind die nicht nachhaltigen Produkte aktuell allerdings nur deswegen günstiger, weil die Schäden nicht eingepreist sind. In manchen Fällen, speziell bei der Tierhaltung, ist ein höherer Standard aber auch unter Berücksichtigung aller Aspekte mit mehr Aufwand und damit höheren Kosten verbunden.

Verzicht als Lösung? Sehr oft wird bei der erforderlichen Energie- und Wirtschaftswende der *Verzicht* betont – interessanterweise sowohl von jenen, die ihre rasche Umsetzung anstreben, als auch von jenen, die sie verhindern oder zumindest deutlich verlangsamen wollen. Tatsächlich gibt es manches in unserer jetzigen Art zu leben, das viel Schaden anrichtet.

Doch den Verzicht in den Mittelpunkt zu stellen, ist oft eher kontraproduktiv, vor allem, wenn es darum geht, die Mehrheit ins Boot zu holen. Sowohl während der Corona-Krise als auch im Europa im Winter 2022/23 (dem ersten nach dem Angriff auf die Ukraine) haben wir deutlich gesehen, wie gering die Möglichkeiten sind, durch bloßen Verzicht maßgeblich den Schaden zu reduzieren, den wir anrichten. Selbst das Jahr 2020, in dem gefühlt das gewohnte Leben nahezu zum Stillstand gekommen war, macht sich in der Entwicklung des Energieverbrauchs nur als kleine Delle bemerkbar (⇒ Abb. 5.3). Besser wäre es also wohl, hier in mehreren Stufen zu denken:

1. Was kann man etwas *weglassen*, was in Wahrheit mehr belastend als hilfreich ist? Wo sind wir in die Falle von Überkonsum und Kompensation getappt (⇒ 10.1.1), verschwenden Ressourcen und Zeit (und geben dazu meist noch Geld aus) für etwas, das wir nicht brauchen und uns in Wirklichkeit nicht glücklicher macht? Was bringt uns die Unkultur des systematischen Überfressens (⇒ 10.4.3), die enorme Ressourcen verschlingt und uns zugleich krank macht? Was bringt es, jedes elektronische Gerät alle ein, zwei Jahre durch ein neues zu ersetzen, das zusätzliche Funktionen hat, die man nicht braucht, und dafür eine neue Bedienung, an die man sich erst wieder umständlich gewöhnen muss?

2. Wo kann man eine der jetzt bestehenden Lösungen durch eine ersetzen, die weitgehend gleichwertig, vielleicht sogar besser ist. In einem gut isolierten, sparsam geheizten Haus ist es gleich warm wie in einem schlecht isolierten, in dem die Heizung ständig mit hoher Leistung läuft (und oft behaglicher). Elektrische Energie aus PV und Wind ist um nichts schlecht als solche aus Kohle oder Gas; wir müssen nur dafür sorgen, dass sie zuverlässig verfügbar ist. In vielen Fällen wird die neue Variante sowohl Vorteile als auch Nachteile haben, wie etwa Elektromobilität (⇒ 7.2), und wir sollten uns nicht nur auf die Nachteile konzentrieren.

3. An einigen wenigen Stellen werden wir wohl tatsächlich etwas zurückstecken müssen. Für ein Wochenende am Strand oder für ein einzelnes Konzert hunderte oder gar tausende Kilometer zu fliegen, wird in Zukunft wohl ein seltener Luxus sein müssen, kein Standardprogramm mehr. Dafür werden wir hoffentlich wieder mehr Zeit haben (⇒ 10.5.5), so dass man einen der dann selteneren Flüge wirklich ausnutzen kann, um gleich einen langen Urlaub zu machen bzw. eine Stadt oder ein Land wirklich kennenzulernen.

So oder so stehen uns also Veränderungen bevor. Wir können sie bewusst steuern oder sie unkontrolliert über uns hereinbrechen lassen. Dass die Mehrzahl der Menschen in nennenswertem Ausmaß bereit ist, zu verzichten, wird höchstens im Angesicht einer unmittelbaren Katastrophe der Fall sein – und wenn der Klimawandel dieses Stadium erreicht hat, dann ist es längst viel zu spät, um mit Verzicht allein viel zu erreichen. Vor allem geht es also darum, bestehende Systeme durch solche zu ersetzen, mit denen es uns in Wahrheit besser geht.

Manche Veränderungen werden sich dennoch schmerzhaft anfühlen – vor allem, wenn wir uns ausgiebig auf diesen gefühlten Schmerz konzentrieren. Es wäre sehr menschlich, alle Vorteile wie selbstverständlich anzunehmen, über jeden Nachteil hingegen ausgiebig zu klagen. Doch wir sollten diese Betrachtung zumindest um das erweitern, worauf wir auch jetzt schon verzichten. Das ist im Hamsterrad von Erwerbsarbeit ($\Rightarrow$ 9.3.5) und Konsumismus insbesondere Zeit: Zeit, die wir mit lieben Menschen verbringen können, Zeit, die wir uns selbst widmen können (oder zumindest dem, was immer liegenbleibt, während man von einer dringenden Sache zur nächsten hetzt).

Dieser Zeitmangel macht sich auch gesundheitlich bemerkbar, wenn man, statt in Ruhe gesundes Essen zu sich nehmen zu können, an vielen Tagen froh ist, wenn sich ein Hamburger oder Döner zwischendurch ausgeht ($\Rightarrow$ 10.4.3). Schlafen gehört zu den gesündesten und umweltschonendsten Tätigkeiten, die ein Mensch ausüben kann. Dennoch verzichten wir im Mittel auf ein bis zwei Stunden Schlaf pro Nacht, mit gravierenden Folgen für unser Wohlbefinden,[29] lassen uns von einer angeblichen Leistungsgesellschaft (die oft vor allem eine Vergleichmäßigungsgesellschaft ist) Rhythmen aufzwingen, die mit der eigenen inneren Uhr nicht zusammenpassen.[Köp15]

Daneben verzichten wir oft noch auf viele andere Dinge, ohne uns dessen überhaupt bewusst zu sein. In vielen amerikanischen Städten ebenso wie in vielen ländlichen Gebieten Europas verzichten wir aktuell auf die Möglichkeit, ein funktionierendes öffentliches Verkehrssystem als Alternative zum allgegenwärtigen Auto zu wählen ($\Rightarrow$ 7.4). Wir verzichten auf blühende Blumenwiesen, weil gegenwärtig oft nur eine hocheffiziente, industrialisierte Landwirtschaft ($\Rightarrow$ 5.5.1) noch lebensfähig ist. Wir verzichten auf schön gestaltete, grüne Städte, wir verzichten auf Ruhe, weil offenbar immer etwas in Bewegung sein und Lärm produzieren muss.

Den Verzicht, den der Übergang zu einer nachhaltigen Gesellschaft erfordert, sollten wir fairerweise jenem gegenüberstellen, den wir jetzt schon – unbewusst und unfreiwillig – praktizieren. Nur weil uns meist gar nicht die Wahl gelassen wird, zumindest nicht als einzelne Konsument:innen, weil es ein gemeinsames Handeln erfordern würde, diesen Verzicht zu beenden, ist er nicht weniger real.

---

[29]siehe z.B. https://www.ottonova.de/gesund-leben/schlafen-und-entspannung/schlafentzug

10.4.3 Neue Wege in Landwirtschaft und Ernährung

Schlüsselbereiche für die Transformation hin zu einem zukunftsfähigen System sind Landwirtschaft und allgemein Nahrungsmittelproduktion ($\Rightarrow$ 5.5.1). Das liegt am aktuellen Energie-, Platz- und Rohstoffhunger dieses Sektors, aber auch an den vielfältigen Möglichkeiten, hier etwas besser zu machen. Wie es von Vandana Shiva, einer der prominentesten Vertreterinnen der Agrarökologie schön formuliert wurde: *The era of oil has fossilized our minds and hearts. We need the era of soil!* Unsere Lebensgrundlage langfristig zu erhalten erfordert wieder einen achtsameren Umgang mit Lebenwesen und dem Boden selbst.

Zugänge zur Landwirtschaft Die *Agrarökologie* bietet vielfältige Möglichkeiten, durch klugen Anbau mehrerer zusammenpassender Pflanzen die Resilienz zu erhöhen, den Bedarf an Dünger und Pestiziden zu verringern, und natürlich auch das Spektrum der erzeugten Pflanzenprodukte zu vergrößern.[Shi23b] Typischerweise erhöht sich gegenüber der konventionellen Landwirtschaft auch die Biodiversität deutlich.
Der Preis gegenüber dem simplen Anbau von Weizen, Mais oder Reis in Monokulturen ist dabei natürlich eine höhere Komplexität, denn man muss schon genau wissen, was man tut, welche Pflanzen sinnvoll miteinander kombinierbar sind. Riesige landwirtschaftliche Maschinen sind weniger gut einsetzbar; es muss wieder mehr manuelle Arbeit verrichtet werden. Das ist im heutigen Globalen Norden, wo Arbeitskraft tendenziell sehr teuer ist, natürlich ein Problem. Allerdings werden wir in Zukunft womöglich eher vor der Herausforderung stehen, genug sinnstiftende Arbeit für alle zu finden ($\Rightarrow$ 10.5). Der größere Arbeitskraftbedarf solcher Zugänge könnte sich also durchaus noch als Vorteil erweisen. Speziell Ansätze aus der *regenerativen Landwirtschaft*, die z.T. auf der Agrarökologie aufbaut, erlauben es, ausgelaugte Böden wieder mit Nährstoffen anzureichern und durch den Aufbau von Humus Kohlenstoff zu speichern.
In den vergangenen Jahrzehnten hat die Landwirtschaft massiv auf Produktivität und Effizienz gesetzt; „in der Zwischenzeit hat das ein Maß an Perfektion erreicht, die praktisch keinem anderen Lebewesen noch irgendwas gönnt".[BGP24] Das betrifft den Ackerbau mit seinen Monokulturen, das betrifft auch die konventionelle Nutztierhaltung mit ihren massiven ethischen Problemen. Zugleich sind die Preise, die Produzent:innen erhalten, so stark gesunken, dass Förderungen meist überlebensnowendig sind; die damit verbundene Bürokratie nimmt aber naturgemäß viel Zeit in Anspruch.
Hier wäre geboten, wieder einen Schritt zurück zu treten, eine etwas menschlichere und ethischere Landwirtschaft anzustreben, die auch gesellschaftlich wieder eine höhere Wertschätzung erhält – auch durch angemessene Produzentenpreise, welche aktuell ja nur einen kleinen Teil dessen ausmachen, was Lebensmittel für Konsument:innen kosten.[Wil23]

Verlust und Verschwendung reduzieren Die (verglichen mit früheren Zeiten) geringen Kosten für Lebensmittel, die Forderung einer ständigen Verfügbarkeit auch leicht verderblicher Ware sowie Veränderungen bei Portions- bzw. Packungsgrößen haben dazu geführt, dass im Globalen Norden erhebliche Mengen an Lebensmitteln niemals verzehrt werden. Ein gerne genanntes Beispiel: Die Menge an Brot, die in Wien, der größten Stadt Österreichs weggeworfen wird, würde ausreichen, um Graz, die zweitgrößte Stadt, vollständig zu versorgen. Etwa 17 % Prozent aller Lebensmittel landen letztlich im Müll – über 900 Millionen Tonnen Lebensmittel pro Jahr.[30]

Viel davon wäre durch einige einfache Maßnahmen leicht vermeidbar, etwa richtige Lagerung oder das Bewusstsein, dass Lebensmittel auch nach Überschreitung des Mindesthaltbarkeitsdatums durchaus in Ordnung sein können (und dass umgekehrt eine Sicht- und Geruchsprobe auch davor schon sinnvoll ist).[31] Generell gibt es entlang der gesamten Verarbeitungs- und Nutzungskette der Lebensmittel Potenzial, die Verschwendung zu reduzieren.[32] Erhebliche Mengen an nicht mehr verkäuflichen Lebensmitteln können an soziale Einrichtungen wie die Tafeln gespendet werden, es gibt Foodsharing-Intitiativen („Fairteiler") und Plattformen wie https://www.toogoodtogo.com.

Während es im Globalen Norden oft Unachtsamkeit und Überfluss sind, die zu Lebensmittelverschwendung führen, sind die Ursachen im Globalen Süden meist andere. Ein wesentliches Element, um das Verderben von Lebensmitteln zu verhindern, ist das Kühlen ($\Rightarrow$ 6.1.3). Was sich in industrialisierten Ländern meist einfach bewerkstelligen lässt, kann dort, wo die Infrastruktur oft weniger ausgebaut und die Energieversorgung weniger zuverlässig ist, eine echte Herausforderung darstellen.

Hier kann die Energiewende durchaus helfen, indem sie die Abhängigkeit von einer zentralen Energieversorgung reduziert. Dezentrale Konzepte ermöglichen weitgehend autonom funktionierende Lösungen, etwa auf Basis des solaren Kühlens ($\Rightarrow$ 6.4.3).

Doppelnutzung Die Landwirtschaft beansprucht gewaltige Flächen, von denen sich durchaus einige auf mehrfache Weise nutzen lassen. Ein besonders großes Potenzial für die Energiewende haben dabei Agrosolar-Lösungen ($\Rightarrow$ 8.2.2). Diese können sogar einige Vorteile bieten, etwa Schutz vor Starkregen und Hagel.

Nicht alle Nutzpflanzen eignen sich gleich gut für solche Vorhaben – doch eine gewisse Flexibilität haben wir hier ja. Gegebenenfalls müssen wir eben etwas mehr Kartoffeln und etwas weniger Weizen oder Mais anbauen – was kein Drama wäre. Die effektiven Erträge bezogen auf Makronährstoffe sind durchaus ähnlich.[Gou16]

---

[30]siehe https://www.welthungerhilfe.de/lebensmittelverschwendung
[31]Tipps z.B. auf https://www.wwf.at/artikel/tipps-gegen-lebensmittelverschwendung/.
[32]siehe dazu die acht „Mythen" auf https://info.bml.gv.at/themen/lebensmittel/lebensmittelverschwendung/Lebensmittel-Mythen-Fakten.html

Ernährungsformen Die Form unserer Ernährung hat enormen Einfluss auf Flächenverbrauch und CO_2-(Äquivalent-)Emissionen. Über kaum etwas kann man so lange, so kontrovers und so emotional diskutieren wie über die „richtige" Ernährung, und speziell in Wahlkampfzeiten entbrennen regelrechte Kulturkämpfe um das Schnitzel. Einige Eckpunkte aber sind allerdings zumindest von ökologischer Seite her klar, etwa dass pflanzliche Nahrungsmittel zumeist schonender für den Planeten sind als tierische Produkte. Natürlich gibt es einerseits bestimmte pflanzliche Nahrungsmittel, die ebenfalls die problematische Aspekte aufweisen, vom Reis (wegen des Methans, das im Nassanbau entsteht) bis zur Avocado (wegen des großen Wasserverbrauchs), andererseits lassen sich manche Flächen landwirtschaftlich nur mittels Viehhaltung überhaupt nutzen. Dennoch, der zusätzliche Nahrungskettenfaktor bei der Umwandlung von planzlicher in tierische Biomasse ($\Rightarrow$ 5.1.2) wiegt so schwer, dass eine stark auf Fleisch und Milchprodukten beruhende Ernährung für Milliarden von Menschen kaum zu bewerkstelligen ist. Die *Planetary Health Diet* etwa reduziert den Fleischanteil gegenüber dem Herkömmlichen stark, was sowohl aus ökologischen als auch aus gesundheitlichen Gründen sinnvoll ist.[33]

Die Art des Tiers, das gegessen wird, kann natürlich ebenfalls einen erheblichen Unterschied machen. Rinder, speziell, wenn sie keine artgerechte Ernährung erhalten, sind aufgrund ihrer Methanproduktion besonders problematisch.[34] Auch das Verhältnis zwischen der Menge von Futtermitteln und letztlich erzeugtem Fleisch ist schlechter als bei den meisten anderen Nutztieren. Insekten auf der anderen Seite erhalten keine einigermaßen konstante Körpertemperatur aufrecht und verbrauchen daher deutlich weniger Energie als Säugetiere oder Vögel. Während es in manchen Ländern gängig ist, Insekten zu essen, gibt es in Europa bislang erst einige Start-ups, die entsprechende Produkte auf den Markt gebracht haben.

In kaum einem Bereich wird der Verzicht intensiver thematisiert als beim Essen ($\Rightarrow$ 10.4.2). In vielen Fällen stellt sich jedoch auch hier die Frage, ob und zu welchen Bedingungen eine Wahlmöglichkeit besteht. Wenn vegetarische Gerichte nach dem Schema „carbs on top of carbs" gekocht sind, zu wenig oder zumindest keine ausgewogenen Proteine enthalten, dann sind sie keine echte Alternative. Fachwissen, wie ausgewogen vegetarisch gekocht wird, ist also wesentlich – eine Erkenntnis, die in Österreich nach zähem Ringen dazu geführt hat, dass die Lehre zur *Fachkraft für vegetarische Kulinarik* ab 2025 zumindest als Ausbildungsversuch eingerichtet wird.

---

[33] siehe https://eatforum.org/eat-lancet-commission/
[34] Da CH_4 binnen ein bis zwei Jahrzehnten zu CO_2 und H_2O abgebaut wird, stellt sich bei global gleichbleibender Herdengröße irgendwann ein Gleichgewicht zwischen Erzeugung und Abbau ein ($\Rightarrow$ Box auf S. 116). Doch Rinderhaltung deswegen, wie etwa in https://www.fokus-fleisch.de/methan-mythos-warum-rinder-keine-klimakiller-sind, als unkritisch zu sehen, greift zu kurz, denn immer noch ist sie für eine erhebliche Menge Methan in der Atmosphäre verantwortlich.

Nahrungsmittelindustrie Ein zentraler Ansatzpunkt, um Ernährung wieder besser mit unserem Wohlbefinden und dem Wohl des Planeten in Einklang zu bringen, ist die Nahrungsmittelindustrie. Hochverarbeitete Lebensmittel (HVL), die uns – gemeinsam mit Stress und Schlafmangel – dazu bringen, mehr zu essen, als uns gut tut, führen zu gesundheitlichen Problemen ebensowie zu einem erhöhten Flächen- und Energiebedarf in der Landwirtschaft.

Industrien, deren Geschäfte auf Produkten mit Suchtpotenzial beruhen, gibt es ja einige. Im Bereich der Nahrungsmittel jedoch ist die Lage besonders schwierig, da Essen schlichtweg lebensnotwendig ist. Auf Lebensmittel auszuweichen, die weniger problematisch sind, erfordert Zeit und Aufwand. Kennzeichnungen bzgl. Inhaltsstoffen (speziell Fett, Zucker und Salz) sind natürlich hilfreich. Wenn man sie aufmerksam betrachtet und von weitgehend willkürlichen Portionsgrößen auf ganze Packungen umrechnet (denn wer kauft sich eine Halbliterflasche eines Softdrinks und trinkt davon nur die Hälfte?), dann kann man so manche Überraschung erleben.

Ansätze wie der *NutriScore* haben zwar noch diverse Schwächen,[Bäu24] sind aber zumindest ein Zeichen, dass die Industrie zaghaft anzuerkennen beginnt, dass in der Tat Probleme bestehen. Doch freiwillige Kennzeichnungen werden wohl am Ende kaum ausreichen; ein regulierter freier Markt wird tendenziell immer jene Produkte bevorzugen, die sich am besten verkaufen, auch wenn der Kauf durch Suchtverhalten zustande kommt.

Haustierhaltung Abgesehen von unserer eigenen Ernährung belastet natürlich auch jene unserer Haustiere den Planeten. Das gilt speziell bei Fleischfressern, zu denen gerade die beliebtesten Haustierarten zählen. Das soll keineswegs ein Appell sein, auf Haustiere, die das Leben so viel schöner machen können, zu verzichten.[35] Es darf einem aber durchaus bewusst sein, dass Haustierhaltung ein ökologischer Luxus ist, den man in seine persönliche Bilanz einrechnen sollte, wenn man eine solche aufstellt.[Oel22] Wirklich achten kann man darauf, dass die Tiere nicht überernährt sind, – was ja auch ihrer Gesundheit guttut. Auch beim Hunde- und Katzenfutter gibt es ja so manche, die längst in die Kategorie HVL fallen und entsprechend wirken.

Für den Notfall gerüstet Aktuell scheitern wir noch daran, überhaupt alle Menschen angemessen mit Nahrung zu versorgen. Zunächst einmal muss uns das gelingen – doch langfristig sollten wir darüber hinausdenken. Nahrungsmittelvorräte für die ganze Menschheit, für zumindest ein Jahr (besser zwei oder drei) parat zu haben, würde unsere Resilienz gegen astronomische und geologische Katastrophen ($\Rightarrow$ 8.5.7) deutlich erhöhen. Auch geopolitische Verwerfungen könnten so wesentlich einfach abgefangen werden; das Risiko von Hungersnöten wäre stark reduziert.

---

[35] Würde ich auf meine beiden Katzen auch nicht!

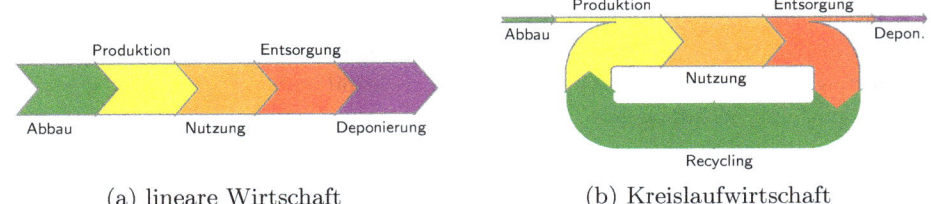

(a) lineare Wirtschaft (b) Kreislaufwirtschaft

Abb. 10.7: Sankey-Diagramme, diesmal für (allgemein gehaltene) Rohstoffe statt für Energie: (a) klassische (lineare) Produktionswirtschaft, (b) weitgehende Kreislaufwirtschaft (PD$_{KL}$)

10.4.4 Produktion: Mehr R's als nur Recycling

Eine Veränderung, die für die produzierende Industrie wesentlich ist (und auch schon begonnen hat), ist der Übergang von einer linearen Wirtschaft zu einer *Kreislaufwirtschaft*. Oft denkt man bei diesem Begriff vor allem an *Recycling*, die Wiederverwertung von Abfall als Sekundärrohstoff. Speziell die begrenzten, nicht erneuerbaren mineralischen Rohstoffe sollten dazu, wie in Abb. 10.7 gezeigt, möglichst gut im Kreis geführt werden, damit der erforderliche Abbau auf ein Minimum begrenzt werden kann.

Letztlich besteht ja, abgesehen von Verschmutzungen und Korrosion, am Ende der Nutzungsdauer ein Gegenstand noch immer aus den gleichen chemischen Elementen, die bei seiner Produktion verwendet wurden. Der Energie- und Arbeitsaufwand, diese wieder zurückzugewinnen, kann allerdings erheblich sein, und manchmal kommen ausgesprochen unangenehme Chemikalien zum Einsatz. Doch im Grunde ist Müll nur eine Ansammlung von Rohstoffen in schlecht zugänglicher Form.[36]

Besser als bloße Wiederverwertung ist jedoch *Wiederverwendung* (*reuse*), und noch besser ist, überhaupt die *Vermeidung* (*refuse*). Tatsächlich spricht man im Kontext der Kreislaufwirtschaft bereits häufig von zehn R's (⇒ Box auf S. 466).

Speziell die mittleren R's wie *Repair* und *Refurbish* sind aktuell wesentlich, um mit einer perfiden Strategie wie der geplanten (bzw. billigend in Kauf genommenen) Obsoleszenz umzugehen (S. 330). Diese sollte langfristig ohnehin der Vergangenheit angehören – was sich zum Teil mit strengeren gesetzlichen Regeln erreichen lässt, zum Teil aber auch einen Wertewandel in der Wirtschaft erfordern wird. Insgesamt werden wir auf energie- und rohstoffsparendere Weise Produkte herstellen müssen, die selbst sparsam, langlebig, leicht zu reparieren und leicht zu recyceln sind.

---

[36] Die große Ausnahme ist radioaktiver Müll, bei dem sich wirklich die Struktur der Atomkerne verändert hat. Dieser ist bislang kaum sinnvoll behandelbar, wobei es allerdings zumindest prinzipiell auch Konzepte zur *Transmutation* gäbe (⇒ 8.2.6).

Beim großen Thema der Verpackungen können selbst mitgebrachte Behältnisse, wie sie inzwischen auch von vielen Supermärkten an den Frischtheken akzeptiert werden, sowie ein möglichst umfassendes Mehrweg- und Pfandsystem helfen. Bei Glasflaschen etwa ist eine nur einmalige Verwendung energetisch extrem verschwenderisch. Die Produktion solcher Flaschen braucht viel Energie, das Recycling ebenso – allein schon wegen der hohen Temperaturen, die zum Schmelzen von Glas erforderlich sind. Zugleich sind Glasflaschen so robust, dass man sie viele Male verwenden kann. Bei manchen Arten von Flaschen (Bier, Milch) funktioniert das Rücknahmesystem gut, aber für viele Getränke gibt es immer noch viele Einwegflaschen. In manchen Bereichen besteht hier ein Konflikt zwischen ökologisch sinnvollem Vorgehen (möglichst einheitliche Flaschentypen) und Marketing (spezielle Verpackung, um aufzufallen).

Auch für jene Geräte und Anlagen, die im erneuerbaren Energiebereich gebraucht werden, gelten prinzipiell die gleichen Überlegungen. Vermeiden dürfen wir sie natürlich nicht, aber wir können vorab überlegen (bzw. nachrechnen), welche Technologie für welche Anwendung am besten geeignet ist (*rethink*), die Produktion möglichst ressourcenschonend gestalten, auf Reparierbarkeit, Modularität und Recyclebarkeit der einzelnen Komponenten achten. Aktuell besteht die Besorgnis, dass erneuerbare Energietechnologien am Ende viel Sondermüll produzieren werden. Doch einerseits kann hier mit passendem Design vorgebeugt werden, andererseits ist auch dieser Müll prinzipiell wiederaufbereitbar. Wenn eine neue Technologie auf den Markt kommt oder sonstwie installiert wird, dann hat man ja noch etwa 20 Jahre Zeit, auch eine passende Recycling-Technologie zu entwickeln und einsatzbereit zu machen. Man muss es aber auch wirklich tun.

10.4.5 Bauwirtschaft, Stadt- und Raumplanung

Rückgrat unserer menschlichen Zivilsation ist die komplexe Infrastruktur, die wir im Lauf der letzten Jahrhunderte aufgebaut haben (und viel davon in den letzten Jahrzehnten): Straßen, Eisenbahngleise, Flughäfen, Wasserleitungen, Kanalisation, Schulen, Krankenhäuser, Strom- und Gasleitungen, Wärmenetze, Telefonkabel, Sendemasten, ... und natürlich Wohngebäude ebenso wie Gewerbe- und Industriebauten.

In die Errichtung dieser Infrastruktur sind enorme Ressourcen geflossen: Energie, Rohstoffe, Arbeitskraft (und damit Lebenszeit), und sie leistet uns zumeist auch gute Dienste. Problematisch sind allerdings jene Teile der Infrastruktur, für deren Erhaltung, Betrieb und Nutzung weiterhin erhebliche Ressourcen gebraucht werden. Schlecht isolierte Gebäude, die viel Energie zum Heizen brauchen ($\Rightarrow$ 6.1) oder Einkaufszentren, die nur mit dem Auto sinnvoll erreichbar sind ($\Rightarrow$ 7.1.2), sorgen dafür, dass unser Energieverbrauch auch die kommenden Jahre und Jahrzehnte hoch bleiben wird.

> **Vertiefung: Die zehn R's der Kreislaufwirtschaft**
>
> Oft werden zehn Prinzipien für die Kreislaufwirtschaft diskutiert, von denen *Recycling* nur eines (und in einer logischen Reihenfolge erst das vorletzte) ist. Wir wollen uns nun, lose den Darstellungen auf [Teruf] und [Lom23] folgend, diese zehn R's etwas genauer ansehen:
>
> 1. **Refuse**: Vollständige Vermeidung von Produkten, indem diese überflüssig gemacht werden (oder als überflüssig erkannt werden). Für Einzelpersonen bedeutet das, den Kauf problematischer oder unnützer Produkte zu vermeiden. Für Unternehmen kann das speziell bedeuten, Leistung statt Produkten zu verkaufen.
> 2. **Rethink**: Produkte grundlegend überdenken und von Beginn an für die Anforderungen einer Kreislaufwirtschaft designen (z.B. durch leichte Zerlegbarkeit und gut wiederverwertbare Materialien).
> 3. **Reduce**: Reduktion der Menge der gekauften Produkte und Reduzieren des Ressourceneinsatzes für deren Herstellung.
> 4. **Reuse**: Wiederverwendung von Produkten, etwa Mehrwegflaschen und -bechern. Weiterverwenden von Gegenständen auch dann, wenn es schon ein neueres Modell gäbe oder sie nicht mehr ganz der Mode entsprechen.
> 5. **Repair**: Reparieren ist typischerweise wesentlich ressourcenschonender und umweltfreundlicher als Ersetzen (durch die hohen Kosten für Arbeitszeit bislang aber leider oft nicht kostengünstiger ⇒ 10.5).
> 6. **Refurbish**: Auffrischen und verbessern, technisch auf den neuesten Stand bringen, speziell für elektronische Geräte wie Laptops eine zunehmend beliebte Variante.
> 7. **Remanufacture**: Noch intakte Teile aus defekten Produkten wiederverwenden.
> 8. **Repurpose**: Gegenstände, auch solche, die traditionell als Abfall angesehen würden, anders weiterverwenden, in einem neuen Produkt mit anderer Wirkung, eventuell sogar einer höherwertigen (*Upcycling*).
> 9. **Recycle**: Klassisches Recycling, d.h. Verwendung als Sekundärrohstoff, aus dem Materialien für erneute Produktion gewonnen werden, was den Bedarf am Abbau weiterer Primärrohstoffe reduziert.
> 10. **Recover**: Rückgewinnung von Energie (üblicherweise durch Verbrennung oder biologische Konversion) als letzte Möglichkeit, wenn alle zuvor genannten Varianten nicht anwendbar sind, speziell für organische Materialien relevant.
>
> Manchmal werden einige Schlüsselworte zusammengefasst und dafür noch weitere „R-Wörter" genannt, die eher grundlegende Einstellungen und Zugänge wiedergeben, wie in [TW21] **Respect**, **Responsibility** oder **Restore**.

10.4 Eine Wirtschaft der Zukunft

Zu dicht gebaute graue Städte mit vielen versiegelten Flächen und wenig Grün werden in Zukunft im Sommer zunehmend unwirtlichere Lebensbedingungen bieten, oft an der Grenze des noch Erträglichen, und Klimaanlagen, die lokale Entlastung bieten, verschärfen die Brisanz insgesamt noch weiter ($\Rightarrow$ 6.3.3).
Die bereits bestehende Infrastruktur ist also in vielen Fällen eine beträchtliche Hypothek. Zugleich gibt es Bereiche der Infrastruktur – vom Schienennetz über das Stromnetz bis hin zu leistungsfähigen Datenverbindungen –, wo massiver Sanierungs- und Ausbaubedarf besteht. Entsprechend gibt es in Bauwirtschaft, Stadt- und Raumplanung fünf wesentliche Aufgabengebiete:

- Essenziell ist es, Infrastruktur *auszubauen*, die dem Klimaschutz dient, indem sie hilft, unsere Emissionen zu reduzieren: Stromnetze, Eisenbahnschienen, thermische Saisonspeicher. Hier wird sogar eine gewisse Redundanz sinnvoll sein, um die Ausfallsicherheit zu erhöhen.

- Wo Infrastruktur systematisch zu große Probleme verursacht oder wo sie durch den Klimawandel nicht mehr sinnvoll zu halten ist (wie einzelne Gebäude in sehr exponierten Lagen), da muss auch ein *Rückbau* zulässig sein, speziell die Entsiegelung von Flächen. Das kann ein großes Vorhaben. Rückgewinnung von Material (etwa mit *urban mining*) und Renaturierung bedeuten ebenfalls Arbeit. Zudem verschwinden diese Infrastruktur-Elemente ja oft nicht, sondern werden durch andere, sparsamere und klimaschonendere ersetzt.

- Ebenfalls wichtig ist die *Sanierung* jener Infrastruktur, die wir auch in Zukunft behalten und nutzen wollen, idealerweise verbunden mit einer *Aufwertung*. Ein Gebäude, das mit einer besseren thermischen Isolierung und mit PV-Modulen versehen wird, kann von einem Teil des Problems zu einem Teil der Lösung werden.

- Wesentlich ist zudem die bessere *Sicherung* gegen die Folgen des Klimawandels, die Anpassung, etwa dadurch, dass man Gewässern wieder mehr Platz gibt und Rückhaltebecken errichtet.

- Nicht zuletzt muss die Bauwirtschaft ihre Fähigkeiten verbessern, sich um die schnelle *Reparatur* kritischer Infrastruktur zu kümmern. Im Zuge des Klimawandels werden Extremwetter-Ereignissen wohl gehäuft auftreten, und es wäre fatal, wenn Strom- und Wasserversorgung oder Bahnverkehr dadurch jedesmal für Monate beeinträchtigt wären.

Mit allen diesen Aufgaben wird es sicherlich genug zu tun geben. Allerdings sollten wir es vermeiden, die Probleme, die wir durch die bestehenden umfangreichen Altlasten ohnehin bereits haben, durch weitere schlecht durchdachte, mit dem Schutz unseres Planeten nicht vereinbare Bauprojekten noch zu vergrößern.

Auch ein Rückbau braucht oft kein wirklicher Verzicht zu sein: Wieder Lebensmittelgeschäfte im Ortszentrum zu haben, anstelle eines Supermarkts mit riesigem Parkplatz in einigen Kilometern Entfernung, macht das Leben oft sogar einfacher und reduziert zugleich Flächenbedarf und Emissionen.

Gerade die Bauwirtschaft muss stärker eine Branche der Sanierungen und Verbesserung werden, an manchen Stellen auch des überlegten Rückbaus, als der ständigen Neubauten. Konzepte, die man umsetzen kann, gibt es genug, etwa jenes der *Schwammstadt*, https://www.schwammstadt.at/, bei dem der Boden unter der Stadt wieder konsequent zur Wasserspeicherung eingesetzt wird. Das dient der Versorgung der Stadtbäume in Trockenperioden und beugt bei Starkregen einer Überlastungen des Kanalsystems vor. Städte können so gebaut werden, dass im Winter die passive Solarenergienutzung maximiert wird, während zugleich im Sommer durch passende Wege für die Luft eine gewisse natürliche Kühlung erreicht wird. Für alles das gibt es sowohl historische Vorbilder (die manchmal tausende Jahre alt sind) als auch neue Entwicklungen.[OMCV17]

Natürlich ist nicht alles so unmittelbar klar; oftmals gibt es Zielkonflikte. So kann man eine Fläche begrünen, mit Solarthermie oder mit Photovoltaik ausstatten oder so hell gestalten, dass sie möglichst viel Licht reflektiert und damit die Aufheizung der Stadt möglichst verlangsamt. Alles zugleich geht leider nicht, manchmal wird man Entscheidungen treffen müssen, die nicht leichtfallen werden.

Doch jede Option, für die man sich entscheidet, wird eine Verbesserung gegenüber dem Status quo darstellen, und zudem gibt es vielfältige Kombinationsmöglichkeiten, manchmal sogar noch Synergien oder zumindest einen Teilnutzen: PV und Solarthermie lassen sich mittels Hybridkollektoren kombinieren ($\Rightarrow$ 8.2.2), und auch die Kombination von Dachbegrünung mit PV bietet überraschend viele Vorteile – vom Schutz der Pflanzen durch die Module bis zur Kühlung der Module (was den Wirkungsgrad erhöht) durch die Pflanzen.[37] Maximale Rückstrahlung und Solarenergienutzung lassen sich zwar schlecht ganz in Einklang bringen, aber PV-Anlagen wandeln doch etwa 20 bis 25 % der einfallenden Strahlung in elektrische Energie um und reduzieren so, verglichen mit einer konventionellen dunklen Fläche, die Erwärmung.[38]

---

[37] siehe z.B. https://www.energieinstitut.at/gruendach-pv

[38] Solarthermie kann noch effektiver eingesetzt werden, um überschüssige Wärme abzutransportieren, allerdings erfordert das einen Anschluss an ein thermisches Netz ($\Rightarrow$ 8.3.3) und die Existenz einer Wärmesenke, also eine recht hohe Komplexität des Gesamtsystems.

10.4.6 Die Zukunft des Digitalsektors

Verglichen mit Transport oder Güterproduktion sind die ökologischen Auswirkungen des digitalen Sektors aktuell noch überschaubar ($\Rightarrow$ 5.5.4) – aber keineswegs mehr vernachlässigbar. Vor allem aber sind dort die Wachstumstendenzen enorm.
Das kann eine durchaus gute Entwicklung sein, wenn etwa physische Produkte durch sparsamere elektronische ersetzt werden,[39] oder wenn eine Videokonferenz einen Transatlantikflug unnötig macht. Vieles von dem, was unsere Rechner leisten, ist außerordentlich nützlich – man denke nur an immer präzisere Wettervorhersagen, die in Zeiten der Klimakrise helfen können, sich auf kommende Extremereignisse angemessen vorzubereiten. Elektrische Energie, wie sie für digitale Lösungen vor allem benötigt wird, lässt sich wesentlich leichter erneuerbar bereitstellen als etwa Hochtemperaturwärme für Produktionsprozesse oder chemische Energie für Treibstoffe.
Allerdings wird auch viel Rechenleistung für Dinge verheizt (im wahrsten Sinne des Wortes), die eher dem Überkonsum zuzurechnen sind, wenn etwa Online-Spiele schon mit entsprechendem Immersionsfaktor entworfen sind, so dass sie zugleich zu Schlafmangel und erhöhtem Energieverbrauch führen. Wenn man in manchen Spielen dann noch dafür belohnt wird, sich stundenlange Streams der entsprechenden eSports-Meisterschaften anzusehen (bzw. diese im Hintergrund laufen zu lassen, während man andere Dinge tut), dann lässt sich durchaus ein Potenzial für Einsparungen erkennen. Der Grat zwischen harmlosem, das Leben bereicherndem Hobby und Suchtverhalten kann schmal sein, und allein gewinnorientierten Unternehmen alle Rahmenbedingungen zum Design von Spielen zu überlassen, wird wohl nicht gut gehen. Doch es sind nicht nur Spiele. Auch in vielen anderen Bereichen sind inzwischen Abo- und Cloud-Lösungen gängig, die den Unternehmen zuverlässige laufende Einkünfte bescheren, aber auch zu erhöhtem Energieverbrauch (und geringerer Robustheit der Systeme) führen. Diesen Trend wieder umzudrehen wird nicht leicht sein, hätte aber ebenfalls Potenzial, den Schaden durch den Digitalsektor zu begrenzen.
Einen wesentlichen Beitrag könnte dazu eine größere Unterstützung für die *Open Source Community* sein, jener Menschen, die meist unbezahlt und in ihrer Freizeit Bibliotheken und Programme schreiben, die der ganzen Welt frei zur Verfügung stehen.[40] Einzelne Stiftungen unterstützen zwar bereits Open-Source-Projekte, aber speziell Staaten und Behörden könnten durch Förderungen solche Iniativen stärken, statt durch ihre eigene Praxis kommerzielle de-facto-Monopole einzuzementieren.

---

[39]auch wenn mir selbst ein gedrucktes Buch meist immer noch lieber ist als ein eBook

[40]Selbst viele kommerzielle Programme und allgemein unsere IT-Infrastruktur würden ohne Rückgriff auf Open-Source-Bibliotheken nicht funktionieren (schön illustriert in https://xkcd.com/2347/). Besonders beachtet wird dieser Umstand bestenfalls dann, wenn sich in diesem Netzwerk von Bibliotheken eine besonders gravierende Sicherheitslücke offenbart, [Sch24].

Hardware Natürlich lässt sich auch bei der Hardware vieles bewegen, indem man zu sparsameren, effizienteren Ansätzen übergeht. So hat etwa Apple mit der Neuorientierung auf einen effizienten *System-on-a-Chip*-Ansatz (Apple Silicon mit den ARM-basierten Chips M1, M2, ...) den Energieverbrauch dramatisch reduziert – soweit, dass z.B. das MacBook Air gar keine aktive Kühlung mehr benötigt. Das steht im Gegensatz zu den langjährigen Entwicklungen in der Branche, bei der die Prozessoren zwar immer mehr Rechenleistung erhielten, zugleich aber auch die elektrische Leistungsaufnahme permanent anstieg.

Dass bei der Benutzung von Rechnern Wärme entsteht, ist allerdings auch mit noch so effizienter Architektur unvermeidlich. Zumindest kann man diese Wärme aber nach Möglichkeit nutzen, sei es dadurch, dass die Abwärme aus Rechenzentren in thermische Netze eingespeist wird, sei es durch Ansätze wie die „Heizrechner" des französischen Unternehmens Qarnot, https://qarnot.com/en/qalway, bei denen Heizkörper oder Warmwasserboiler ihre Wärme erzeugen, indem im Hintergrund nützliche Berechnungen durchgeführt werden. In allen Fällen geht es darum, Rechner (ob nun einzelne Geräte oder ganze Rechenzentren) so zu positionieren, dass einerseits die unkomplizierte Versorgung mit erneuerbarer Energie möglich ist, andererseits die Kühlung einfach ist und die Abwärme noch möglichst gut genutzt werden kann.

Künstliche Intelligenz Neben ihren gewaltigen direkten Implikationen für die Zukunft der Menschheit ($\Rightarrow$ 1.1.7 & 10.1.5) verursacht KI inzwischen auch einen erheblichen Energieverbrauch. Manches davon wird sicher bleiben.

Momentan wird KI jedoch an verschiedensten Stellen und für verschiedenste Zwecke eingesetzt, auch dort, wo sie wenig Sinn ergibt, wo sie mehr Schaden als Nutzen anrichtet (etwa in Bewerbungsprozessen). Solche Anwendungen werden wohl zu einem guten Teil wieder verschwinden, wenn der Hype erst einmal abgeklungen ist, wenn die Erkenntnis, welche Schwächen diese Ansätze haben, wenn man sie nicht überlegt einsetzt, bis in die Ebene des leitenden Managements vorgedrungen ist.

Ein weiterer Hoffnungsschimmer kommt aus dem Bereich der Bildung: Wenn die Methodenkompetenz zu KI wächst, werden hoffentlich nicht mehr aufwändige Deep-Learning-Modelle, gar generative Transformer-Modelle als „Holzhammer" für fast alle Aufgaben eingesetzt werden. Dort wo einfachere, daten- und energiesparsamere und noch dazu transparentere Modelle ausreichen oder sogar besser geeignet sind, sollte man bevorzugt diese einsetzen.[Mur22; Mur23]

Verzichtbares Auf manche digitalen Lösungen, die aktuell zum Einsatz kommen, sollten wir besser überhaupt verzichten. Das gilt speziell für Blockchain-Lösungen auf *Proof-of-Work*-Basis (wie aktuell Bitcoin). Eine Alternative, die aber auch Schwächen aufweist, wäre *Proof-of-Stake*, ein wohl besserer Ansatz *Proof-of-Useful-Work*.[BRSV17]

10.4.7 Eine neue Finanzwirtschaft

> Und mit ernsten Worten sag' ich meinem Erstgeborenen:
> „Banken waren cool, aber dann sind sie Kommerz geworden"
>
> Alligatoah, *Hab ich recht*

Zu einem zentralen Element der heutigen Wirtschaft ist die Finanzwirtschaft geworden (⇒ 9.1.3). Das ist prinzipiell schon in Ordnung – aber nicht auf jene Art, die wir aktuell miterleben, wo Finanztransaktionen zum Selbstzweck geworden sind, wo Spekulationen und Transaktionen, die winzige Bewertungsdifferenzen um Millisekunden schneller als die Konkurrenz ausnutzen, weit mehr Geld bewegen als realwirtschaftliche Aktivitäten. Alles, was in der Finanzwirtschaft geschieht, sollte ja nur dazu dienen, dass die Realwirtschaft besser funktioniert. Entsprechend sollten Banken bescheidene Dienstleister sein, und sich nicht zu den Herren der gesamten Wirtschaft aufschwingen (zumindest bis zum nächsten Crash, der dann wieder mit staatlichem Geld aufgefangen werden muss). Doch da bei Finanzgeschäften schnellere Gewinne locken als mit dem harten Brot der Finanzierung realwirtschaftlicher Vorhaben, haben sich auch die Prioritäten entsprechend verschoben.

Wir haben ein System geschaffen, das per se fragwürdig ist, wo notwendige Investitionen in eine lebenswerte Zukunft in direkter Konkurrenz zu Geschäftsmodellen stehen, die nichts Produktives leisten, die nutzlosen Konsum befeuern oder Menschen gar in Abhängigkeiten treiben. Zudem hängen aktuell Investitions- und Richtungsentscheidungen für Jahrzehnte von kurzfristigen Kapriolen der Märkte ab.

Gemeinnützige Banken Ein Grundproblem ist wohl, dass in der Finanzwirtschaft *überhaupt* Gewinne gemacht werden können. Sobald das möglich ist, setzt sich schnell jene unheilvolle Spirale in Gang, deren Auswirkungen wir nun erleben. Der historische Trend, dass gemeinnützige Sparkassen in gewinnorientierte Banken umgewandelt wurden, dass genossenschaftliche Geldinstitute, die ursprünglich als Alternative zum konventionellen Bankwesen gegründet wurden, inzwischen nicht mehr anders agieren als reguläre Banken, hat wohl in die falsche Richtung geführt.

Ein Ausweg könnte sein, diese Entwicklung umzudrehen, bis zu dem Punkt, dass Banken und andere Finanzdienstleister nur noch gemeinnützig arbeiten und keine Gewinne mehr machen dürfen. Natürlich sollen sie ihre Mitarbeiter:innen ordentlich bezahlen können, natürlich sollen sie sich Risiken angemessen abgelten lassen können. Doch sobald man zulässt, dass Geschäfte, in denen es nur um Geld geht, Gewinne abwerfen, öffnet man die Büchse der Pandora (oder die Tore zur Hölle, je nachdem, wie dramatisch man es sehen will). Zumindest verhindert man, indem man Banken zur Gemeinnützigkeit verpflichtet, dass Gewinne privatisiert, Verluste aber sozialisiert werden, wie es ja bei diversen Bankenrettungen immer wieder geschieht.

Die Umsetzung eines solchen Vorhabens wäre sicher nicht einfach, denn es standen bislang viele kluge Menschen bereit, Schlupflöcher in Regelwerken zu finden, Geld an diversen Herkunftskontrollen, an der Steuer und an Sanktionshürden vorbei zu schleusen. Sie wären wohl auch kreativ bei Wegen, das Milliardengeschäft der Finanzwirtschaft am Leben zu erhalten. Doch je schwieriger und riskanter es wird, weiterhin mit Geldgeschäften Gewinn zu machen, desto besser.

Kampf dem Greenwashing Der Finanzsektor betreibt aktuell in großem Stil Greenwashing ($\Rightarrow$ 9.4.3 & 10.1.2). Doch angesichts der Schwere der Bedrohung, der wir gegenüberstehen, ist das ein Betrug, der mindestens ebenso schwer ist wie einer, bei dem Milliarden Euro oder Dollar verschwinden. Hoffentlich wird er auch irgendwann entsprechend geahndet ($\Rightarrow$ 9.4.6).

Doch es ging anders: Banken und andere Finanzdienstleister können Produkte anbieten und aktiv bewerben, die *wirklich* zur Energiewende und zu größerer Nachhaltigkeit beitragen – statt nur so zu tun als ob. Doch das braucht eine neue Grundhaltung ebenso wie fachliche Unterstützung einerseits, scharfe Kontrollen andererseits, denn man muss leider davon ausgehen, dass diejenigen Personen, die bislang für Green Investments zuständig waren, mehrheitlich weder die Fachkenntnis noch die moralische Integrität besitzen, so etwas wirklich hinzubekommen.

Ein neuer Zugang? Auch wenn man es Geldscheinen und Münzen nicht ansieht, hat sich das System, das hinter ihrem Wert steckt, doch im Lauf der Zeit mehrfach verändert, sei es durch die Aufkündigung des Systems von Bretton-Wood (das u.a. feste Bandbreiten bei Wechselkursen und die Golddeckung von Währungen gewährleistete) 1973 durch Richard Nixon,[Bul19] sei es durch die Entscheidung der EZB 2010, Staatsanleihen hochverschuldeter Euroländer zu kaufen.

Wir können das System auch erneuert ändern. Ideen dazu gäbe es genug, etwa jene in [Dou06, Ch. 4], ein System von vier Währungen einzuführen, die alle unterschiedlichen Zwecken dienen. Darunter wäre eine wahrhaft internationale Währung, die also nicht von einem einzelnen Staat oder Staatenbund kontrolliert wird, deren Wert an Emissionsrechte gekoppelt ist.

Vielleicht gelingt es uns ja irgendwann, ein neues Geldsystem zu etablieren, in dem es keine unheilvolle Dynamik der Zinsen mehr gibt, in dem langfristiges Denken von vornherein eingebaut ist. Doch selbst wenn das nicht so bald geschieht, gibt es genug Möglichkeiten, das Finanzsystem zu zähmen, von Finanztransaktionssteuern ($\Rightarrow$ 9.4.4) über die Verpflichtung zur Gemeinnützigkeit bis hin zu limitaristischen Ansätzen ($\Rightarrow$ 9.4.5), die eine wesentliche Triebkraft des aktuellen Finanzsystems eliminieren würden, nämlich den Drang, die Reichen immer noch reicher zu machen.

10.4.8 Wirklich kein Wachstum mehr?

Da uns das Konzept des ewigen Wachstums in immer größere Probleme stürzt (⇒ 9.1.4), da unbegrenztes Wachstum auf einem begrenzten Planeten ein prinzipiell problematisches Konzept ist, ist es kein Wunder, dass Konzepte wie *Degrowth* und *Postwachstum* zunehmend ernsthaft diskutiert werden.[SV21] Mehrheitsmeinung ist die Ansicht, dass Wachstum Grenzen haben sollte, zwar noch lange nicht, aber dennoch wird in Politik und Medien schon fleißig dagegen Stellung bezogen.

Speziell in Zeiten, wo die Wirtschaft schwächelt, ja sogar schrumpft, und zugleich die Sorgen der Menschen wachsen, wird süffisant gefragt, ob das denn nicht die Traumvorstellung der *Degrowth*-Befürworter:innen sei. Doch das ist sie keineswegs. Ganz im Gegenteil: Einfach unkontrolliert, nicht durchdacht, das Wirtschaftswachstum einzustellen, wobei die Art weitgehend den Zufälligkeiten der Märkte bzw. der menschlicher Psychologie überlassen bleibt, ist eine ausgesprochen schlechte Methode, um irgendetwas Positives zu erreichen.

Gute Lösungen sind durch zufälliges Vorgehen kaum zu finden (⇒ Abb. 10.5). Da ist die Suche nach anderen, besseren Wirtschaftssystemen keine Ausnahme. Aktuell bedeutet ein Schrumpfen der Wirtschaft ja meistens, dass einige Menschen ihre Arbeit verlieren bzw. junge Menschen schwerer einen Job finden, weil viele Stellen nicht nachbesetzt werden. Das führt dazu, dass diejenigen, die arbeiten, noch mehr Stress, noch mehr Druck spüren, während zugleich das Heer der Arbeitslosen wächst. Solange es uns nicht gelingt, Arbeit sinnvoll und sinnstiftend zu verteilen, sind wir in Bezug auf die Richtungen, in die sich die Wirtschaft entwickeln kann, in einer *lose-lose*-Situation.

Natürlich ist keineswegs ausgeschlossen, dass die Wirtschaft tatsächlich ewig weiterwachsen kann – in einem gewissen Sinne. Die monetären Bewertungen, die wir vornehmen, sind ja subjektiv, und wenn wir alle der Meinung sind, dass die Dinge, die wir herstellen und leisten, beständig wertvoller werden, dann nimmt die Wirtschaftsleistung tatsächlich immer weiter zu. Ob es da um eine echte Wertsteigerung geht oder doch eher ein *greater fool principle* wirkt (⇒ S. 329), sei dahingestellt.

Was wir aber auf jeden Fall begrenzen müssen, das sind die Ressourcen, die in diese womöglich wachsende Wirtschaft fließen. Dabei sind es speziell jene natürlichen, biologischen Ressourcen, die *Fläche* brauchen, um nachzuwachsen, die eine harte Grenze darstellen. Auch die nachhaltig erzeugte Energie, die wir in das Wirtschaftssystem stecken können, ist begrenzt, aber das prinzipielle Potenzial wäre sehr groß (⇒ 8.1). Bei mineralischen Rohstoffen ist die entscheidende Frage, ob es uns gelingt, eine tragfähige Kreislaufwirtschaft zu etablieren (⇒ 10.4.4). Bei unserer Zeit schließlich ist die Frage, wie viel davon wir wirklich in den Wirtschaftsprozess stecken wollen, und wie viel davon wir für andere Dinge nutzen wollen – denn für jeden Menschen ist auch die eigene Lebenszeit eine begrenzte Ressource, mit der man achtsam umgehen sollte.

10.5 Eine neue Welt der Arbeit

Der Arbeitswelt stehen massive Umbrüche bevor, vor allem durch den zwingend notwendigen Umbau unseres Wirtschaftssystems (⇒ 10.4), der vielleicht den Übergang in eine Post-Wachstums-Gesellschaft einleitet, auch durch andere Entwicklungen, von Demographie bis KI. Die Überlegungen zu einer neuen Grundhaltung haben auch in Bezug auf die Arbeit Gültigkeit (⇒ 10.3), ganz besonders angesichts der vielen systematischen Probleme, die es hier aktuell gibt, angesichts der vielen Arten, wie wir uns selbst ohne jeden Nutzen das Leben schwer machen, nur um mitzuhelfen, irgendwo die Illusion von Planbarkeit und Kontrolle aufrecht zu erhalten (⇒ 9.3).

10.5.1 Potenziale nutzen

Auch bei „Humanressourcen" kann es natürlich zu Versorgungsengpässen kommen.[41] Mit dem demographischen Wandel, der Alterung der Gesellschaft in den westlichen Industriestaaten, werden zunehmend „händeringend Fachkräfte gesucht", weil es anscheinend nicht genügend ausreichend qualifizierte Menschen gibt, die die notwendigen Arbeiten erledigen können. Zugleich sind die Arbeitslosenzahlen weiterhin hoch, und wir geben uns viel Mühe, uns abzuschotten und, wo sich die Gelegenheit bietet, auch gut integrierte Familien wieder in ihre Herkunftsländer abzuschieben.[KTR22]

Humanpotenzial – ohne Scheuklappen Nahezu jeder Mensch, so meine Überzeugung, kann etwas Nützliches für die Gemeinschaft leisten – aber manche muss man auf einer viel grundlegenderen Stufe abholen als es unser jetziges System tut. Doch wir setzen Kinder, die im Extremfall noch nie eine Schule von innen gesehen haben, die nicht wissen, wie man einen Stift hält, die die Landessprache kaum verstehen, einfach in jene Klasse, in die sie ihrem Alter nach passen würden, hätten sie eine reguläre Schullaufbahn hinter sich – und sind völlig verblüfft, dass da irgendetwas nicht funktioniert.

Während der Jahre, die teilweise vergehen, bis die Asylverfahren entschieden sind, erhalten diese Asylwerber:innen zwar das notwendige Minimum, um zu überleben – aber wenig mehr. Vor allem aber haben sie wenig Möglichkeit, sinnvollen Tätigkeiten nachzugehen – und dann wundern wir uns, dass es Probleme gibt.

Würden wir von Anfang Ausbildungsprogramme anbieten, von Landessprache und anderen Grundkenntnissen beginnend bis hin zu jenen Aufgaben ausbilden, mit denen wir in Zukunft konfrontiert sein werden, könnten wir so manche Krise im Migrationsbereich entschärfen.

---

[41]Schon der Begriff „Humanressourcen" ist ja ein neoliberaler, BWLisierter Ausdruck, der dabei hilft, Menschen als bloße Produktionsfaktoren zu sehen, die es möglichst vollständig und effizient auszubeuten gilt (⇒ 9.3.5).

10.5 Eine neue Welt der Arbeit

Doch natürlich bedeutet das Aufwand, kostet Geld. Wir müssten tatsächlich wieder mehr Menschen im Ausbildungsbereich beschäftigen, und es blieben weniger, um den großen Drachen der Finsternis zu besänftigen (⇒ 9.3.3). Also tun wir so etwas nicht. Stattdessen fürchten wir uns anscheinend so sehr davor, womöglich Geld für die Ausbildung von Menschen auszugeben, die vielleicht doch nicht bei uns bleiben dürfen oder wollen, dass wir lieber das Kind mit dem Bade ausschütten.[42]

Less Useless Work Bei allen Diskussionen über Arbeitszeit, über die Vor- und Nachteile von Teilzeit, darüber, ob eine Arbeitswoche nun 40, 38.5, 35, 32, 30 oder vielleicht doch 41 Stunden haben soll,[43] wird oft zu wenig die *Qualität*, die *Sinnhaftigkeit* der Arbeit betrachtet. Die positiven Erfahrungen, die in verschiedenen Versuchen mit Arbeitszeitverkürzung gemacht wurden, beruhen zu einem guten Teil darauf, dass Arbeitsabläufe gezielt entrümpelt wurden, dass dem Erzielen von Ergebnissen Priorität gegenüber dem Absitzen von Zeit gegeben wurde.
Administrative Abläufe können schnell ein Fass ohne Boden werden – nicht nur für jene, deren Hauptaufgabe ohnehin die Administration ist, sondern auch für jene, die eigentlich Besseres und Wichtigeres zu tun hätten, aber der Administration ständig Daten liefern müssen. Diejenigen, die solche Planungen und Dokumentationen ernst nehmen, stecken viel Zeit hinein, die ihnen anderswo fehlt, nur damit irgendwo die Illusion einer Kontrolle aufrecht erhalten werden kann. Diejenigen, die sie nicht ernst nehmen, erstellen mit minimalen Aufwand (*copy-paste*, inzwischen vielleicht auch Sprach-KIs) Dokumente ohne jeden echten Wert.
Jedes Formular von mehr als einer Seite, jedes offizielle Dokument mit mehr als zwei Seiten (beides bezogen auf gut lesbare Schriftgrößen) sollte unter den Generalverdacht gestellt werden, zu viel (meist ohnehin schon irgendwo vorhandene) Information abzufragen bzw. eine erhebliche Menge an nutzlosem Geschwafel zu enthalten.
Von Hetzerei erzwungene „quick&dirty"-Lösungen können langfristig viel mehr Arbeit machen, als sie kurzfristig ersparen (⇒ 9.3.2). Auch viel nutzlose Kommunikation ließe sich sicherlich eliminieren. Wenn auf den Reminder ein „final Reminder" und dann ein „really final Reminder" folgt, dann hilft das ja meistens auch nicht. Wenn ein Angebot nicht gut genug ist, dann wird es durch noch so viele Erinnerungsmails nicht besser, und wenn die Personen, für die eine Veranstaltung interessant wäre, schlichtweg keine Zeit haben, bringt es nichts, sie immer wieder darauf aufmerksam zu machen.

---

[42] Ein solcher „Brauchbarkeitsgedanke" sollte natürlich nicht die humanitären Grundprinzipien unterminieren, die dem Asylrecht zugrundeliegen.
[43] Der besonders kreative letzte Vorschlag (41-Stunden-Woche) wurde 2024 von der Industriellenvereinigung Österreich gebracht, als Reaktion auf diverse Vorstöße zur Arbeitszeitverkürzung.

10.5.2 Arbeit in Zeiten der KI

Es zeichnet sich ab, dass die beruflichen Fähigkeiten, die wir aktuell haben, nicht allzu gut zu jenen passen, die wir für eine nachhaltige Zukunft brauchen, in der wir alle ein gutes Leben führen können.[KADB+23, Sec. 9] Zusätzlich steht im Raum, dass die „KI-Revolution" diverse Berufe obsolet machen oder zumindest grundlegend verändern könnte (⇒ 10.1.5). Über regelmäßig diskutierte Themen wie das autonome Fahren hinaus sehen wir uns der durchaus realistischen Perspektive gegenüber, dass KI auch im Bereich der (Büro-)Angestellten jene Aufgaben übernehmen wird, für die man letztlich nur bescheidene Qualifikationen braucht.

An sich sollte es uns ja freuen, wenn stupide Arbeiten obsolet werden, wenn wir für das gleiche Ergebnis insgesamt weniger arbeiten müssen und uns dafür auf die interessanteren Aufgaben konzentrieren können. Doch man kann aus solchen Aussichten schnell Katastrophenszenarien konstruieren, in denen Massenarbeitslosigkeit und Elend drohen. Allerdings waren wir in der Vergangenheit stets gut dabei, das, was an bisheriger Arbeit verschwand, durch zusätzliche Verwaltungstätigkeiten zu ersetzen und die frei gewordene Zeit so wieder zu füllen. Das würde uns wohl auch beim Wandel durch die KI gelingen – aber vielleicht sind wir inzwischen ja doch ein wenig klüger geworden.

Schließlich liegt es an uns, ob wir es anstreben wollen, Arbeit intelligenter zu verteilen als bislang, ob wir weniger, dafür sinnvoller arbeiten wollen – oder ob wir einfach noch mehr Zeit dafür ver(sch)wenden, Buzzwords zu jonglieren, in Meetings zu sitzen und KPIs zu diskutieren oder Geld zwischen verschiedenen Konten der gleichen Organisation hin- und herzuschieben und das penibel zu dokumentieren? Kurz: Wie viel von der neu gewonnenen Zeit wollen wir Ritualen opfern, um den großen Drachen der Finsternis zu besänftigen (⇒ 9.3.3), – und wie viel wollen wir für sinnstiftende Tätigkeiten nutzen, sei es in oder außerhalb der Erwerbsarbeit?

Bedarf für solche Tätigkeiten wird es auch in Zukunft genug geben:

- Mit dem Übergang zu einer nachhaltigen Wirtschaft werden wieder mehr manuelle Tätigkeiten zu verrichten sein. Dazu zählen Arbeiten in einer kleiner strukturierten Landwirtschaft, die mit Biodiversität und Doppelnutzung besser verträglich ist (⇒ 10.4.3), dazu zählen Tätigkeiten von Reparatur, Refabrikation und anderen Aufgaben der Kreislaufwirtschaft (⇒ 10.4.4), dazu zählen Sanierung von Infrastruktur ebenso wie deren Rückbau und Renaturierung (⇒ 10.4.5).

- Auch Tätigkeiten im medizinischen Bereich und insbesondere in der Pflege werden in den alternden Gesellschaften des Globalen Nordens zunehmen müssen (und in denen des Globalen Südens mit einigen Jahrzehnten Verzögerung wohl ebenso), wenn wir älteren Menschen auch in Zukunft einigermaßen den heutigen (oder einen besseren) Betreuungsstandard bieten wollen.

- Generell wird KI keineswegs alle geistigen Tätigkeiten übernehmen können. Themen wirklich tief zu durchdringen, Konzepte fundiert zu analysieren, Ansätze in einen größeren Kontext einzubetten, das alles wird wohl noch einige Zeit außerhalb der Reichweite der KI liegen – und wenn nicht, dann haben wir ganz andere Dinge, über die wir uns Sorgen machen sollten, als den Arbeitsmarkt ($\Rightarrow$ 1.1.7).

- Auch wenn KI im Bereich des Unterrichtens sicherlich auf manche Arten unterstützen kann,[44] wird die menschliche Komponente weiterhin wichtig bleiben. Menschen, die Themenbereiche wirklich durchdrungen haben und dieses Verständnis auch noch vermitteln wollen und können, werden in Zukunft wohl noch nötiger gebraucht werden als heute schon. Für eine wirklich fundierte Ausbildungen, die sich nicht im Reproduzieren hinlänglich bekannter Information erschöpft, braucht man auch entsprechende kompetente Lehrer:innen.

Dass die KI zunehmend geistige Routinetätigkeiten und „kreative Fließbandarbeit" übernehmen wird, bedeutet letztlich, dass wir es uns nicht mehr leisten werden können, Menschen im Eiltempo durch oberflächliche Ausbildungsprogramme zu schleusen, in denen sie im Geiste von Effizienz und „Accelerated Learning" von einem nur halb verstandenen Thema zum nächsten hetzen.

10.5.3 Die Kompetenz erhöhen

Angesichts des gesellschaftlichen Wandels, den die KI noch bringen wird, noch mehr angesichts der massiven Herausforderungen, vor die uns die Klimakrise stellen wird, sollten wir danach trachten, das Kompetenzniveau der Menschheit zu heben – und zwar mit sinnvollen Fähigkeiten. Das gilt ganz besonders bei jenen, die Entscheidungen treffen und somit an Schlüsselpositionen sitzen.
Wie etwa in [Dör03] umfassend diskutiert, tun wir bei Überforderung bevorzugt das, was wir am besten können, nicht das, was notwendig wäre ($\Rightarrow$ Box auf S. 39). Daher ist es beispielsweise meist keine gute Idee, in geopolitisch heiklen Situationen Militärs an politische Machtpositionen zu bringen, denn wer in erster Linie gelernt hat, Krieg zu führen, wird das zu leicht als einfache Lösung komplexer Probleme in Betracht ziehen. Ebenso wenig ist es eine gute Idee, Menschen wichtige Entscheidungen über unsere Zukunft zu überlassen, die vor allem dazu ausgebildet wurden, Dinge besser aussehen zu lassen, als sie wirklich sind, und kurzfristig Gewinne zu maximieren. Wer weder jemals gelernt hat, konkrete fachliche Einzelprobleme zu lösen, noch, komplexe Zusammenhänge zu durchschauen, wird schlichtweg meist damit überfordert sein, für echte Probleme gute Lösungen zu finden.

---

[44]innerhalb enger Grenzen; sie kann dabei durchaus auch schaden, siehe etwa [BBS+24]

Schaffen wir es tatsächlich, uns wieder mehr auf die Lösung echter Probleme zu konzentrieren, statt uns in internen Auseinandersetzungen zu verzetteln und immer aufwändigere Selbstverwaltungsstrukturen aufzubauen (⇒ 10.3), wird der Bedarf an Absolvent:innen von Wirtschafts- und Managementstudien wohl deutlich sinken.

Aus Techniker:innen können zudem, wenn die Notwendigkeit besteht, in relativ kurzer Zeit brauchbare Manager:innen werden. Der umgekehrte Weg hingegen ist nahezu aussichtslos. Das spricht sehr dafür, dass wir uns bei Ausbildungen wieder stärker auf echte fachliche Kompetenzen in verschiedensten Bereichen konzentrieren, statt administrativen Gebieten so breiten Raum zu geben. Es wird wohl ohnehin immer genug Menschen geben, die den Verlockungen von BWLismus und Administration erliegen, die lieber Verwaltungsprozesse entwickeln und durchexerzieren, anstatt echte Probleme zu lösen. Man muss diesen Trend nicht dadurch verstärken, dass man Menschen ausbildet, die von vornherein nichts anderes können.

Generell wird etwa ein Studium der Betriebswirtschaftslehre allein nur noch selten eine gute Grundlage dafür darstellen, die Probleme der Zukunft zu lösen. Eher wird man sie noch verschlimmern, wenn man nur in Kategorien der BWL denkt, ohne ein grundlegenderes Verständnis für die Zusammenhänge in dieser Welt zu haben. Zudem können die intellektuellen Routinetätigkeiten, die man dort bislang erlernt hat, besser und besser von KI übernommen werden (⇒ 10.5.2). Sich von solchen Ausbildungen (zumindest in eigenständiger Form) zu verabschieden, bedeutet zugleich aber auch ein beträchtliches Humanpotenzial, das frei wird, um sinnvollere Dinge zu erlernen und zu tun als bislang.

Änderungen akzeptieren Aus verschiedensten Gründen kommen auf uns wohl gewaltige Veränderungen zu. Ganze Berufsbilder können verschwinden; ebenso manche Branchen wie die Fossilindustrie. Andere Branchen wie die Automobilindustrie werden zwar weiterbestehen, aber wohl nicht in der Größe, die sie heute haben – und entsprechend werden dort auch Arbeitsplätze verloren gehen.

Stellt sich heraus, dass eine bestimmte Tätigkeit in einer nachhaltigen Gesellschaft nicht mehr notwendig, nicht mehr sinnvoll ist, sollte das weder im krampfhaften Erhaltung der Arbeitsplätze noch in persönliche Katastrophen münden. Die Gesellschaft sollte in solchen Fällen bereit sein, eine Phase der Neuorientierung zu bieten, in der man sich mit neuen Bereichen beschäftigen, neue Dinge lernen kann. Dabei sollte die Menschheit nicht den Fehler begehen, hier wieder knausrig zu sein.

Statt Personen in fragwürdige Kurse von zweifelhaftem Wert zu stecken (und das oft nur, um die Statistik besser aussehen zu lassen), sollten Arbeitsagenturen bereit und in der Lage sein, auch Ausbildungen (wie z.B. eine Lehre oder ein Studium) zu ermöglichen, die vielleicht einige Jahre dauern, die dann aber einen echten Mehrwert für diese Person und für die Gesellschaft bringen.

10.5.4 Manchmal einfach tun lassen ...

Zu den zentralen Glaubensbekenntnissen von BWLismus und Neoliberalismus gehört anscheinend, dass Menschen nur mit ständiger Überwachung und Kontrolle produktiv arbeiten. Dass Menschen auf freiwilliger Basis für das, was ihnen selbst sinnvoll erscheint, Enormes leisten ($\Rightarrow$ 9.3.5), wird ausgeblendet. Entsprechend komplexe Kontrollstrukturen wurden aufgebaut – bis hin zur Situation, dass insgesamt mehr Zeit und Energie in diese Strukturen fließt als in die Kerntätigkeiten ($\Rightarrow$ Abb. 10.3). Das passiert speziell dann sehr leicht, wenn sich die fachliche Arbeit ständig an die Anforderungen der Administration anpassen muss statt umgekehrt.

Ein gewisses Ausmaß an Kontrolle und Rückmeldungen ist in den meisten Fällen sicherlich notwendig, allein schon durch die fehlende Erfahrung, die man am Anfang in einem Gebiet und beim Bewältigen von Aufgaben natürlich hat. Dabei geht es aber vor allem um die fachliche Dimension, also um echte Organisation. Wer nur die rein administrative Dimension sieht, kann zwar noch Alarm schlagen, wenn z.B. Aufgaben länger dauern als geplant. Doch allem, wo es um echte Inhalte geht, steht die reine Administration hilf- und verständnislos gegenüber; ein wahrhaft wertvolles Ergebnis kann sie vom bloßen „Recycling" bestehenden Materials nicht unterscheiden.

Wir werden unser bestehendes, oft sehr administrationslastiges System nicht von heute auf morgen ändern können. Wie es in einem Nash-Gleichgewicht eben der Fall ist, kann man nichts tun als „mitzuspielen", wenn man nicht Nachteile in Kauf nehmen will ($\Rightarrow$ Box auf S. 400). Das gilt darin für jede einzelne Person, selbst wenn *alle* unter den aktuellen Zuständen leiden und es alternative Arbeitsweisen gäbe, mit denen es allen besser ginge.

Zumindest in manchen Bereich könnte man aber durchaus langsam die Spielregeln ändern ($\Rightarrow$ 10.3.3). Ein Schritt wäre es, für Mitarbeiter:innen nicht mehr jede Stunde zu verplanen (und meist noch oft zu optimistisch bezüglich des tatsächlichen Zeitaufwands), sondern Freiräume vorzusehen, in denen sich die Menschen mit dem beschäftigen können, was ihnen selbst gerade am sinnvollsten erscheint – ohne langwierige Planungen und Genehmigungen. Ein Konzept dafür ist die „20 %-Zeit", für die Google (in einer der erfolgreichsten Phasen des IT-Konzerns) berühmt war: Die Angestellten konnten 20 % ihrer Arbeitszeit für eigene Projekte verwenden. Zu den Produkten, die daraus entstanden, zählen u.a. Gmail und AdSense.[Mer22]

Speziell im Bereich von Forschung und Entwicklung wäre es hoch an der Zeit, über Gantt-Charts und Stundenlisten hinaus wieder Freiräume zu schaffen ($\Rightarrow$ 10.2). Natürlich eignet sich nicht jede Art von Tätigkeit für ein solches Vorgehen – aber andererseits soll man auch nicht unterschätzen, wie viel konstruktive Kreativität Menschen auch dort entwickeln, wo man es vielleicht nicht erwartet, wenn man ihnen bloß die Möglichkeit dazu gibt.

Wann und wo arbeiten Bei kaum einem Aspekt der Arbeit zeigt sich unser von Überwachung und Kontrolle geprägter Zugang so deutlich wie bei der Frage, wo und wann man arbeiten darf bzw. muss. Natürlich gibt es viele Tätigkeiten, die man nur an bestimmten Orten oder zu bestimmten Zeiten ausüben kann. Ebenso gibt es aber auch viele berufliche Aufgaben, bei denen der Ort, wo sie erledigt werden, und die Tageszeit, wann genau man sie erledigt, vollkommen irrelevant sind.

Bis 2019 waren Telearbeit und Home Office eher Ausnahmen für wenige spezielle Berufsgruppen (etwa der IT), die zudem von Vorgesetzten oft ausgesprochen misstrauisch beäugt wurden. Mit der Corona-Pandemie ab 2020, mit wiederholten Lockdowns wurden solche Arbeitsformen aber oft zur einzigen sinnvollen Möglichkeit, die Arbeit fortzuführen – und zur Überraschung vieler funktionierte das Arbeiten auch ohne Präsenz und Anwesenheitskontrolle.

Natürlich gibt es Aspekte, die in Präsenz besser funktionieren, von kreativen Workshops bis hin zum informellen Austausch, aber genauso gibt es auch Aufgaben, die man in Ruhe daheim oder auch im Café um die Ecke besser erledigen kann als in einem Großraumbüro, in dem ständig irgendwo ein Telefon läutet und oft zwei oder drei Gespräche gleichzeitig geführt werden. Sich strenge Anwesenheitspflichten und Methoden, ihre Einhaltung zu überwachen, zu überlegen und umzusetzen, statt Freiheiten zu geben; sich auf Anwesenheitsstunden statt auf Ergebnisse zu konzentrieren, ist eine zutiefst typische Ausprägung des BWLismus, des Vorrangs von Administration gegenüber echter Organisation (⇒ 9.3.3).

Was für den Ort gilt, gilt ähnlich auch für die Zeit. Es ist biologisch-medizinisch inzwischen gut untersucht, dass Menschen zu unterschiedlichen *Chronotypen* gehören können, ganz unterschiedliche Leistungsprofile hinsichtlich Tageszeit haben. Manche Menschen sind flexibler dabei, sich Rhythmen anzupassen, die für sie nicht optimal sind, andere hingegen leiden dauerhaft darunter und schaffen es nie, ihre volle Leistungsfähigkeit auszuschöpfen. Das hat i.A. nichts mit Disziplin zu tun, und entgegen manchen Sprichwörtern und politischen Slogans sind Frühaufsteher:innen nicht per se fleißiger als jene Menschen, die lieber länger schlafen. Sie haben nur das Glück, einen Chronotyp zu besitzen, der mit unserer Arbeitswelt besser kompatibel ist.

Eine Arbeitswelt, die ohne Not allen einen weitgehend ähnlichen Rhythmus aufzwingt, führt letztlich dazu, dass Menschen unglücklicher sind und weniger effektiv arbeiten, als wenn sie, dort wo es eben möglich ist, autonom über das Wann ebenso wie über das Wo entscheiden können.

Die „one-size-fits-all"-Strategie hinsichtlich Arbeitszeit zusammen mit örtlichen Zwängen schlägt sich dann auch in vorprogrammierten Staus zu Beginn und Ende jedes Arbeitstages (samt höheren Emissionen durch die ungünstige Betriebsweise der Fahrzeuge) und vollgestopften Öffis zu den Stoßzeiten nieder, was zusätzlich Zeit kostet und Wohlbefinden reduziert.

10.5.5 Dem Hamsterrad entkommen

Eine der häufigsten Klagen ist jene über zu wenig Zeit. Natürlich stehen jedem und jeder von uns immer 168 Stunden pro Woche zur Verfügung. Doch diese Zeit fließt oft nicht dorthin, wo sie uns selbst und auch der Gemeinschaft am meisten nutzt. Vielleicht gelingt es uns ja noch, die Zeit, die wir in weitgehend sinnfreien Ritualen stecken (⇒ 9.3.3), maßgeblich zu reduzieren. Das kann mit Hilfe Künstlicher Intelligenz gelingen, vielleicht aber auch einfach, indem wir unsere natürliche Intelligenz etwas besser nutzen. Zwar wird Zeit, die sich gewinnen lässt, ohne dass die effektive Produktivität darunter leidet, nicht zwangsläufig für sinnstiftende Tätigkeiten verwendet. Wenn man einfach nur länger vor dem Bildschirm sitzt, sich in sozialen Medien verliert oder am Smartphone durch Newsfeeds scrollt, wird diese zusätzliche Zeit einem womöglich sogar schaden.[Des24] Doch sie stünde zumindest zur Verfügung, und es läge in unserer Verantwortung, sie gut zu nutzen.

Speziell würde sie ein größeres Maß an Selbstfürsorge ermöglichen: Eine Stunde sanfte Bewegung, bewusstes Atmen, vielleicht Meditation am Morgen hätte vermutlich auf die allermeisten Menschen einen enorm positiven Effekt. In einer Welt der Fixierung auf eine 40-Stunden-Arbeitswoche und fixe Rhythmen ist diese Stunde schwer zu finden. In einer 30-Stunden-Arbeitswoche mit flexiblerer Zeit- und Ortseinteilung wäre das wesentlich einfacher. Mehr Zeit gäbe es auch für Aktivitäten, die Ressourcen sparen und Verschwendung reduzieren. Dazu gehören etwa Reparaturen, zu denen man einfach nicht kommt und dann letztlich doch etwas neu kauft, oder einfach Gartenarbeit.

Daneben können sich andere Effekte zeigen, die in einer althergebracht gedachten Wirtschaft eher nachteilig wirken mögen, in Wahrheit aber für uns alle äußerst positiv sind. Gar nicht so wenig von unserem Konsum, der sich wiederum direkt in einer Belastung des Planeten niederschlägt, ist ja letztlich Kompensation. Wenn Menschen tendenziell zufriedener sind, werden sie weniger anfällig für nutzlosen Konsum, für Geschäftsmodelle, die auf Suchtverhalten setzen (⇒ 10.1.1). Weniger zu arbeiten kann durchaus dazu führen, dass auch weniger Arbeit notwendig ist – und weniger Ressourceneinsatz.

Um das zu erreichen, sollten wir uns möglichst bald von der Grundeinstellung der Ausbeutung, die uns so lange begleitet hat, verabschieden. Es besteht ja durchaus eine enge Verbindung zwischen der Ausbeutung der Natur, der Tierwelt und anderer Menschen, auf der einen, der Selbstausbeutung auf der anderen Seite (⇒ 9.3.5).

Zu glauben, sich selbst aufzuopfern, um damit anderen etwas Gutes zu tun, erweist sich meistens als gefährlicher Irrweg. Schon sich selbst ein Stück weit aus dem Hamsterrad des ewigen Hinterherhetzens zurückzuziehen, nicht mehr jede Absurdität der modernen Arbeitswelt schweigend und leidend hinzunehmen, kann ein Anfang der Wende sein, ein Beitrag, den jede:r von uns leisten kann – sich selbst und der Welt zuliebe.

10.6 Wir schaffen das!

„Wir schaffen das." Angela Merkels berühmter Ausspruch von 2015 mag etwas in Ungnade gefallen sein. Sicherlich ist in der damaligen Flüchtlingskrise nicht alles optimal gelaufen. Andererseits ist es auch recht vermessen, zu erwarten, dass in einer akuten Krise auf Anhieb alles perfekt funktioniert.

Hätten wir uns damals zurücklehnen sollen, Menschen sterben lassen, sie Verfolgung, Krieg und Folter überlassen sollen, bis wir in Ruhe die optimale Strategie entwickelt haben, um mit dieser Situation umzugehen?[45] Natürlich nicht. Es war besser, zu handeln und dabei auch ein paar Fehler zu machen, als nicht zu handeln.

Der größte Fehler, den Europa damals begangen hat, war, das Ausmaß der Herausforderung völlig zu unterschätzen, zu erwarten, dass es genügt, das absolute Minimum zu tun, in der Hoffnung, dass die vielen Probleme auf wundersame Weise von selbst verschwinden werden, wenn wir sie einfach nicht beachten, sie totschweigen. Diesen Fehler dürfen wir in der Klimakrise keinesfalls wiederholen.

10.6.1 An der Herausforderung wachsen

> The magic happens outside the comfort zone.
>
> *sprichwörtlich*

Vieles von dem, was nötig ist und nicht getan wird, wird nicht getan, weil es ungewohnt und der Umstieg unbequem ist. Aber es sich nur innerhalb der eigenen Komfortzone einzurichten, bringt einen auch im besten Fall nicht weiter. In unserer Lage aber befindet sich die Komfortzone auf der Rutschbahn in die Katastrophe. Entsprechend werden wir sie verlassen müssen.

Menschen wachsen an Herausforderungen, solange diese bewältigbar bleiben und vorübergehen. Beides ist für die Energie- und Wirtschaftswende der Fall. Es handelt sich um einen Kraftakt, aber wir können ihn stemmen ($\Rightarrow$ 8.5), und wenn wir das getan haben, ist die Sache für die nächsten Jahrtausende erledigt ($\Rightarrow$ 9.4.1). Natürlich sollten wir darauf achten, soziale Härten zu vermeiden, keine Wirtschaftszweige abzuwürgen, die in Zukunft noch gebraucht werden – aber abgesehen davon darf sich die Menschheit durchaus einer Herausforderung stellen, statt immer wieder zu betonen, dass die Abkehr von fossilen Energieträgern auf keinen Fall zu schnell erfolgen darf.

---

[45] Diese Millionen waren, nebenbei bemerkt, auch nur ein Vorgeschmack auf das, was an Klimaflüchtlingen noch auf uns zukommen wird, wenn es uns nicht gelingt, den Klimawandel aufzuhalten oder zumindest deutlich zu verlangsamen ($\Rightarrow$ 1.1.1). Angesichts der politischen Konsequenzen, zu denen die Probleme aus Migration führen, ist der Kampf gegen die Klimakrise nicht nur einer um das Überleben von Milliarden, sondern auch dagegen, dass große Teile der Welt wieder in autokratisch-faschistische Systeme abgleiten.

Ein wenig erinnern die fossilen Energieträger an die Süßigkeiten und Knabbereien, die man daheim im Kasten liegen hat. Auch wenn man weiß, dass sie nicht allzu gesund sind: Wenn sie da sind, werden sie auch gegessen – manchmal sogar anstelle einer vollwertigen Mahlzeit, deren Zubereitung eben länger dauern würde.

Alles Lamentieren, wie teuer und aufwändige die Umstellung auf erneuerbare Energie sei, würde wohl schnell aufhören, wenn das Angebot dieser Energie auf vorhersehbare und unabwendbare Weise binnen weniger Jahre auf null zurückginge. Wenn es vollkommen offensichtlich wäre, dass wir den Umstieg rasch schaffen müssen, dann würden wir ihn auch hinbekommen. Doch oft hemmt wohl die trügerische Hoffnung, wir könnten uns irgendwie drücken, unsere Bereitschaft zu handeln. Oft ist da auch einfach die Erwartung, dass schon ein anderer anfangen wird.

Den „peak oil", der nicht durch eine Erschöpfung der natürlichen Lagerstätten eintreten wird, müssen wir selbst erzeugen, und ebenso bei Erdgas und Kohle. Enorm hilfreich dafür wäre es, unverzüglich *alle* Explorationsprojekte für fossile Energieträger einzustellen. Schon alles zu verbrauchen, was in bekannten Lagerstätten liegt, wäre für das Klima katastrophal genug. Darüber hinaus neue Lager zu suchen, produziert im besten Fall „stranded assets",[LRW+13] im schlechtesten ist es der Weg in den Untergang.

Doch vielleicht werden einige Konzerne der „alten" Energiewirtschaft die Gelegenheit ergreifen, statt eines „more of the same" bei immer härterem Gegenwind einen neuen Platz für sich zu finden und mitzugestalten. Immerhin bieten die Umstellungen im Energiesystem, die bevorstehen, die verstärkte Nutzung der Geothermie ($\Rightarrow$ 8.2.4) und der Einsatz erneuerbar erzeugter chemischer Energieträger ($\Rightarrow$ 8.3.2) genug Bedarf für entsprechende Expertise . Auch das erforderliche Kapital sollte für die Fossilbranche angesichts ihrer immer noch sprudelnden Gewinne leichter aufzubringen sein als für viele andere Akteure.

10.6.2 Positive Zeichen

Es ist nur allzu verständlich, wenn man angesichts der Herausforderungen, denen wir gegenüber stehen, eingeschüchtert ist. Oft ist es zum Verzweifeln, wie sehr wir uns als Menschheit auf ein *Gegeneinander* einschießen, statt endlich koordiniert zusammenzuarbeiten. Es ist deprimierend zu sehen, wie wir uns in zweit- und drittrangigen Problemen verzetteln, statt die entscheidenden Herausforderungen in Angriff zu nehmen. Doch es ist auch keineswegs so, dass wir gar nichts zustande bringen. Vieles geht (noch) zu langsam, immer wieder gibt es Rückschritte und Rückschläge, doch insgesamt geht es vorwärts. Das passiert auf verschiedenen Ebenen:

Politik Der Green Deal der EU mag zahlreiche Schwächen haben, vor allem das Weiterschreiben von Wachstum als Lösung ($\Rightarrow$ 9.1.4), aber er ist dennoch ein weit ambitionierteres Programm, als man es noch ein Jahrzehnt zuvor von der EU hätte erwarten dürfen. Das Renaturierungsgesetz, das 2024 (knapp, aber doch) beschlossen wurde, kann ein wichtiges Werkzeug zur Erhalt der Biodiversität und zur Wiederherstellung von wichtigen Ökosystemen sein.

Die Pflicht zum Erstellen von Nachhaltigkeitsberichten (Corporate Sustainability Reporting, CSR) bringt sicherlich erheblichen bürokratischen Aufwand mit sich, und auch das viel kritisierte Lieferkettengesetz, das große Unternehmen dazu verpflichtet, bei ihren Zulieferern auf die Einhaltung von sozialen und ökologischen Mindeststandards zu achten, mag nicht der Weisheit letzter Schluss sein – doch insgesamt weisen diese Maßnahmen in eine sinnvolle Richtung.

CO_2-Zertifikate und Preise erfassen zunehmend weitere Bereiche der Wirtschaft ($\Rightarrow$ 9.4.2), und durch den Grenzausgleichsmechanismus CBAM wirken die Maßnahmen der EU auch über Europa hinaus.[46]

Ohnehin sind andere Weltgegenden keineswegs untätig. Der wegweisende *Inflation Reduction Act* (IRA) in den USA trug seinen Namen eigentlich zu Unrecht, denn sein Ziel war es nicht, die Inflation zu reduzieren, sondern Investitionen in nachhaltige Technologien und Infrastruktur zu ermöglichen. Auch wenn unter der zweiten Präsidentschaft von Donald Trump von den USA auf nationalstaatlicher Ebene im Klima- und Umweltbereich eher Rückschritte zu erwarten sind, so haben sind doch viele Bundesstaaten sehr aktiv, siehe `https://usclimatealliance.org/`.

In China werden zwar weiterhin noch Kohlekraftwerke gebaut, doch das ist wohl mehr den Wünschen lokaler Provinzverwaltungen geschuldet als dem tatsächlichen Bedarf, denn der *Gesamtverbrauch* an Kohle in China hat sich zumindest stabilisiert. Daneben erfolgen massive Investitionen in erneuerbarer Energie, und diese tragen tatsächlich zunehmend mehr zur Versorgung bei.

Dass bei der Weltklimakonferenz 2023 (COP28 in Abu Dhabi) endlich der Ausstieg aus fossilen Energieträgern als Ziel genannt wurde, kam zwar um Jahrzehnte zu spät, aber zumindest ist es nun einmal festgehalten. Noch immer gibt es zahlreiche Abschwächungen und Schlupflöcher, noch immer sind die geplanten Zeithorizonte viel zu lang – doch zumindest haben sich die Staaten der Erde in einem Konsensbeschluss darauf geeinigt, was wir letztlich erreichen müssen.

---

[46]Ergänzen sollte man steigende Kosten für fossile Emissionen dabei mit einem sozialen Ausgleich, so dass jene, die weniger als der Durchschnitt emittieren, profitieren, jene mit überdurchschnittlichen Emissionen hingegen draufzahlen. Mit dem Klimabonus, der in Österreich 2022 eingeführt wurde (und 2025 einem Sparprogramm zum Opfer gefallen ist) gab es dazu bereits einen ersten Modellversuch, der speziell zur Armutsbekämpfung einen kleinen, aber doch spürbaren Beitrag geleistet hat.

10.6 Wir schaffen das!

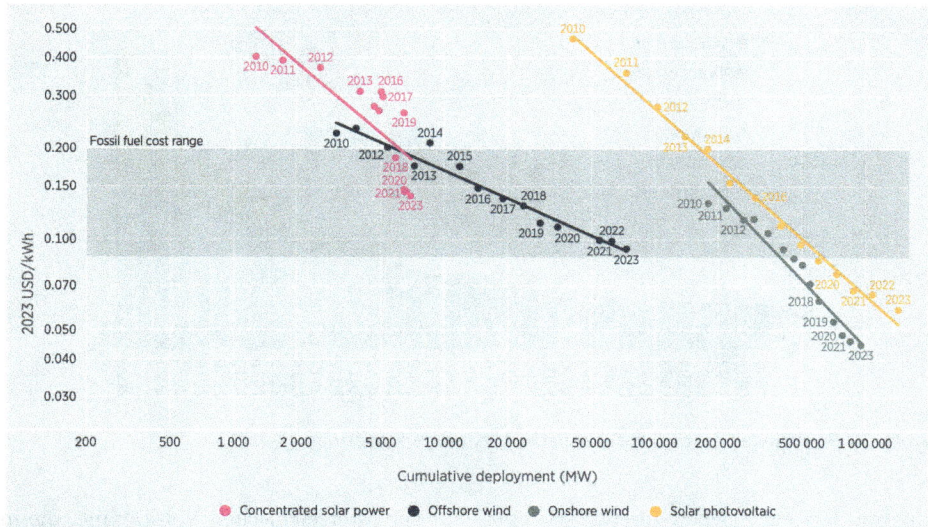

Abb. 10.8: Entwicklung der Kosten für einige Formen erneuerbarer Energie abhängig von der gesamt installierter Leistung (*Lernkurve*), auch im Vergleich mit dem Band typischer Kosten für fossile Energie (Angabe inflationsbereinigt in US$ von 2023), Grafik geringfügig adaptiert von [IRE24].

(Energie-)Wirtschaft So sehr wir auch in vielen Bereichen noch immer von fossilen Energieträgern abhängig sind, hat die Energiewende doch beträchtlich an Schwung gewonnen. Die Preise für PV-Module fallen, wie in Abb. 10.8 gezeigt, stark. Dadurch ist Solarenergie in den meisten Weltgegenden rein nach den Gestehungskosten inzwischen bereits die *billigste* Energiequelle.

Die globalen Solarkapazitäten wachsen, wie in Abb. 10.9 gezeigt, nahezu exponentiell. Regelmäßig musste die Internationale Energieagentur (IEA) ihrer Prognosen dazu schon nach oben korrigieren. Der Windausbau läuft nicht ganz so schnell, aber dennoch ist auch hier ein deutlicher Anstieg zu verzeichnen.

Die Elektrifizierung des Verkehrs schreitet voran ($\Rightarrow$ Abb. 7.4), mal schneller, mal etwas langsamer, doch auf jeden Fall ist die Elektromobilität bereits eine ernsthafte Konkurrenz zur Verbrennertechnologie, und die Zeichen deuten zumindest längerfristig in Richtung eines weitgehenden Umstiegs.

Auch in die Industrie ist Bewegung gekommen, und viele Unternehmen haben inzwischen einen Fahrplan für den Umstieg auf einen nachhaltigen Betrieb, der ambitionierter und geradliniger ist als der Schlingerkurs, den die Politik oft nimmt. Selbst in Branchen, in denen der Umstieg wahrlich nicht leicht ist, wie etwa in der Stahlin-

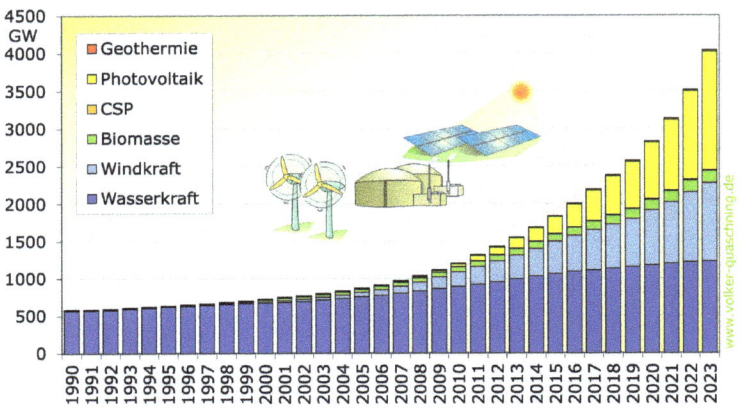

Abb. 10.9: Weltweit installierte erneuerbare Kraftwerksleistung, [Qua24]

dustrie, werden Zeichen gesetzt, wie etwa von der österreichischen Voestalpine, die in den Bau zweier elektrisch betriebener Lichbögenöfen über eine Milliarde Euro investiert und zudem auch an der Nutzung von Wasserstoff und Biokohle sowie an Carbon Capture forscht.

Generell können wir bei allen Technologien, die wir für die Energiewende benötigen, mit gutem Gewissen *Skaleneffekte* erwarten: Technische Geräte, die heute noch exotisch und teuer sind, können durch Massenfertigung meist bald wesentlich kostengünstiger produziert werden. Entsprechend sollten wir uns von diversen Kosten, die gelegentlich kommuniziert werden und die die Energiewende unbezahlbar erscheinen lassen, nicht ins Bockshorn jagen lassen.

Rechtssprechung Von einer Situation, in der die Verantwortlichen für die Klimakrise wirklich zur Verantwortung gezogen werden ($\Rightarrow$ 9.4.6), sind wir leider noch weit weg. Doch zumindest werden Anliegen zum Klimaschutz von Gerichten inzwischen gelegentlich als ernstzunehmend anerkannt. Besonders viel Aufsehen hat die erfolgreiche Klage der Schweizer KlimaSeniorinnen beim Europäischen Gerichtshof für Menschenrechte (EGMR) erregt,[47] nach der Klimaschutz ein Menschenrecht ist und die Schweiz dem Klimawandel aktiver entgegentreten muss als bisher.

Die Mühlen der Justiz mögen langsam mahlen, aber wenn Klimaschutz sich dort erst einmal als ausreichend wichtiges Ziel etabliert hat, dann werden in Zukunft manche Urteile anders fallen als in der Vergangenheit.[48]

---

[47]siehe https://www.klimaseniorinnen.ch/unsere-klage-am-egmr/

[48]Eine Übersicht über mehrere hundert Prozesse, die zu Klimathemen bereits geführt werden, findet man auf https://climatecasechart.com/.

Forschung Auch wenn uns Forschung allein nicht retten wird ($\Rightarrow$ 10.2), liefert sie doch regelmäßig wertvolle Beiträge, die die große Transformation wieder ein bisschen einfacher machen können. Dass die EU nun begonnen hat, ihr System der Forschungsförderung von einem, das vor allem mit Stundenaufzeichnungen und Kostennachweisen arbeitet, auf eines umzustellen, das sich an Ergebnissen orientiert („lump sum"), macht zumindest ein bisschen Hoffnung, dass der jahrzehntelange Kurs in Richtung von immer mehr administrativer Umständlichkeit, immer mehr kleinlichem Buchhaltungsdenken eingeschlagen wurde, doch umkehrbar sein könnte.

10.6.3 Einfach anfangen – aber ernsthaft

Meiner Erfahrung nach gibt es – für sehr viele Dinge – zwei Fallen, in man in seinem Denken und Fühlen leicht tappt, jene der Mutlosigkeit, der Einschüchterung und Überforderung, und jene der Selbstgefälligkeit und Überheblichkeit. Beide hemmen einen, und so sollte man weder jemals glauben, man könne nichts tun und sich nicht mehr weiterentwickeln, noch denken, dass das, was man schon weiß, kann und tut, bereits ausreichend sei.

Handeln! Wir stehen an dem Punkt, an dem keine Zeit mehr ist, Dinge noch zu „proben". Es genügt nicht mehr, sich auf Demonstrationen, Modellregionen, Pilotprojekte und Reallabore zu beschränken. Wir haben auf verschiedenste Arten zu viel Zeit verschwendet, um uns weiterhin nur mit halber Kraft zu engagieren. Stattdessen müssen wir das, von dem wir erwarten, dass es funktioniert, flächendeckend umsetzen, auch wenn wir dabei sicher einige teure Überraschungen erleben werden ($\Rightarrow$ 10.3.3). Infrastruktur, die erst einmal gebaut ist, wird erfahrungsgemäß auch genutzt.[49] Das ist manchmal schlecht, etwa bei Straßen, die zur Entlastung gebaut werden und dann nur noch mehr Verkehr produzieren ($\Rightarrow$ 7.1.2), im Falle der neuen energietechnischen Infrastruktur ist das aber eine gute Sache. Wenn es stärkere Leitungen, mehr thermische Netze, saisonale thermische Speicher, Elektrolyseure, Anlagen zur Methanisierung etc. erst einmal gibt, werden wir sie auch sinnvoll einsetzen. Neue energietechnische Anlagen lassen sich in eine leistungsfähige Infrastruktur technisch einfacher und ökonomisch sinnvoller integrieren. Das könnte beim Überschreiten einer kritischen Schwelle zu einem positiven Lawineneffekt führen.

Dabei sollte man natürlich nicht blind drauflos irgendetwas bauen, aber noch weniger darauf warten, dass man irgendwann einen bis ins Detail ausgeklügelten Masterplan hat. Es um einen guten Mittelweg ($\Rightarrow$ 10.1.3) – und die Menschen, die diesen finden

---

[49]Das gilt zumindest, sofern ein einigermaßen durchdachtes Konzept dahinter steht und es sich nicht um reine *greater-fool*-Anlageobjekte handelt ($\Rightarrow$ 9.1.2).

könnten, haben wir. Aktuell sind sie oft mit zu vielen anderen Dingen beschäftigt, vor allem damit, Geld für ihre eigentliche Arbeit aufzutreiben (⇒ 10.2.1). Sie könnten jedoch rasch etwas bewegen, wenn man sie bloß ließe (⇒ 10.2.4 & 10.5.4).

Kein Warten auf ein Wunder Gerne wurde in der Vergangenheit das „Abwarten" beschworen. Doch was in gewisser Weise positiv und optimistisch klingt – man vertraut darauf, dass Wissenschaft und Technik in einigen Jahren bessere Lösungen parat haben werden als jetzt –, ist in Wahrheit lediglich knausrig. Man setzt darauf, dass es irgendwann Technologien geben wird, die noch etwas effizienter sind als die heutigen, wodurch es ein bisschen billiger wird, die unbedingt notwendigen Maßnahmen zu setzen. Größter Vorteil für die eigene Bequemlichkeit: Jetzt einmal braucht man gar nichts zu tun, sondern kann das Handeln seinen Nachfolger:innen überlassen.
Inzwischen haben wir zu lange gewartet. Mit der Philosophie des „Entweder-oder", des Zuwartens, welche Lösung sich letztendlich als die beste erweisen wird, kommen wir nicht weiter. Wir brauchen alle Zugänge – allein schon, weil es immer Unsicherheiten gibt, immer unerwartete Probleme auftauchen können (⇒ 10.3.4).
Auch wenn jedes zusätzliche Ergebnis der Forschung willkommen ist und bei der großen Transformation helfen kann (⇒ 10.2), ist doch alles, was benötigt wird, schon vorhanden und braucht nur noch eingesetzt zu werden (⇒ 8.5). Auf neue wissenschaftliche oder technologische Durchbrüche zu warten, ist grob fahrlässig. Auch auf eine baldige Änderung des weltpolitischen Klimas so, dass z.B. transkontinentale Energieinfrastrukturprojekte auf einfache und sichere Weise durchführbar werden, brauchen wir nicht zu hoffen. Stattdessen müssen wir mit dem arbeiten, was wir haben.

Nicht Geld über das Reale stellen Es geht, aller gegenteiligen Panikmache und allen Schlagzeilen zum Trotz, für die Staaten Europas aktuell nicht darum, zu sparen. Es geht darum, sinnvoll zu investieren, die Ressourcen, die wir haben, auf möglichst sinnvolle Weise zu nutzen. Die – letztlich unnötige – Angst vor Schulden darf uns nicht davon abhalten, das zu tun, was notwendig ist (⇒ 9.4).

Klarer Kurs! Wichtig ist, dass man sich im Handeln nicht kurzfristig (etwa von steigenden bzw. sinkenden Strom- oder Gaspreisen) aus dem Konzept bringen lassen darf. Die Klippen, die vor uns liegen, zu umschiffen, erfordert es, das Schiff mit ruhiger Hand zu steuern, statt bei jedem Windstoß und jeder größeren Welle panisch den Kurs zu ändern (⇒ 10.3.4). Das wird nicht einfach werden, da unser Denken von kleinräumigen und kurzfristigen Horizonten geprägt ist. Wir werden über unseren Schatten springen müssen – doch wenn wir wollen, dann schaffen wir das.

Ausklang: Eine Zeit für Held:innen

Wir stehen multiplen Krisen gegenüber, doch bei kritischer Betrachtung von Ursachen und Wirkungen ist die Klima- und Energiekrise dabei zentral. Gelingt es uns nicht, diese in den Griff zu bekommen, dann werden wir auch bei den anderen scheitern. Doch es scheint, dass wir – als Gesellschaft, als Menschheit –, was diese zentrale Herausforderung unserer Zeit angeht, zögerlich und mutlos geworden sind oder uns bequemem Wunschdenken hingeben.

Statt auf einem leckgeschlagenen Schiff schleunigst die Pumpen in Betrieb zu nehmen und alles zu tun, um das Leck zu stopfen, rätseln wir, ob die Pumpen, die wir haben, wohl effizient genug sind oder ob wir lieber noch schnell neue bestellen sollen. Wir fragen uns, ob wir uns beim Versuch, unser Leben zu retten, auch ja nicht überanstrengen und vielleicht sogar eine Muskelzerrung zuziehen werden.

Manche leugnen ohnehin hartnäckig, sich überhaupt auf einem Schiff zu befinden, geschweige denn auf einem sinkenden. Andere wieder gestehen zwar ein, dass es ein Leck geben mag, sehen darin aber ein Problem von untergeordneter Bedeutung und diskutieren lieber, ob man das Schiff nicht einmal in schönen neuen Farben streichen sollte, um die Stimmung zu heben. Wieder andere halten es für viel wichtiger, auf keinen Fall gegenüber denen aus der dritten Klasse oder aus der linken Schiffshälfte benachteiligt zu werden – und überhaupt, wenn es tatsächlich Schwierigkeiten gibt, dann sind wahrscheinlich ohnehin *die* schuld.

Auch jene, die das Leck tatsächlich für ein Problem halten, diskutieren, ob sichergestellt sei, dass die Reparaturen auf die sparsamste und wirtschaftlichste Weise erfolgen, und wer denn für die Maßnahmen bezahlen soll: die Passagiere, die Besatzung, der Schiffseigentümer, die Versicherung oder der Staat. Das müsse doch juristisch sauber geklärt sein, bevor man solche Arbeiten in Angriff nehmen könne. Vielleicht würde es ja helfen, vorab Spenden zu sammeln, damit das Geld auch sicher vorhanden ist.

Wieder andere inspizieren inzwischen die Rettungsboote und meinen, auch wenn diese ein wenig klapprig wirken, könnte man sie mit ein paar Ersatzteilen schon so auf Vordermann bringen, dass es damit zumindest einige bis zum Mars schaffen könnten, oder wenigstens nach Panama.

Doch es gibt die realistische Perspektive, dass wir die Wende hinbekommen. Wir wissen, wie ein zukünftiges nachhaltiges Energiesystem aussehen könnte, auf welche Weise man unser Wirtschaftssystem umbauen sollte. Es gibt bereits vielfältige positive Entwicklungen. Dazu kommen gewaltige Potenziale, die wir nützen könnten, würden wir

© Der/die Herausgeber bzw. der/die Autor(en), exklusiv lizenziert an Springer-Verlag GmbH, DE, ein Teil von Springer Nature 2025
K. Lichtenegger, *Klima, Energie und die große Transformation*,
https://doi.org/10.1007/978-3-662-71187-3

uns von Kontroll- und Planungswahn verabschieden, würden wir nicht eingebildete Sparzwänge über reale Notwendigkeiten stellen, würden wir uns an den Fähigkeiten und Aufgaben orientieren, die für die Herausforderungen von Gegenwart und Zukunft gebraucht werden, statt an dem, was gerade opportun und bequem ist.

Bei allen Bedrohungen leben wir in einer Zeit, die auch gewaltige Chancen bietet. Wissenschaftliche, technische und organisatorische Fortschritte brachten es mit sich, dass wir den natürlichen, von außen kommenden Gefahren zunehmend besser begegnen konnten. Daher ging für Jahrhundert für viele Menschen die größte Bedrohung von anderen Menschen aus. Raubzüge und Kriege, heimtückischer Verrat, brutale Unterdrückung, blutige Revolutionen und manchmal auch einfach bloße Inkompetenz waren viel gefährlicher als Unwetter oder Wölfe. Oft wurde (und wird) daher mehr in Kategorien des *Gegeneinander* als des *Miteinander* gedacht und agiert, engstirniger Chauvinismus zelebriert.

Doch nun stehen wir vor einer gewaltigen Herausforderung, die keine Person, kein Staat, kein Volk, für sich allein lösen kann. Die zentrale Auseinandersetzung unserer Zeit ist keine mehr zwischen Nationen oder Machthaber:innen. Es ist nicht, wie früher, vor allem dem Zufall der Geburt geschuldet, auf welcher Seite man sich selbst wiederfindet. ob man für den deutschen Kaiser oder den König von Schweden in die Schlacht zieht. Stattdessen ist die Frage, ob man sich auf die Seite jener stellt, die an einer lebenswerten Zukunft für uns alle kämpfen, oder ob man jene unterstützt, die an unserem Untergang arbeiten, ihn für kurzfristige Profite in Kauf nehmen.

Manches kann man mit eigenem Verhalten, mit eigener Kommunikation beeinflussen. Speziell kann es beim Wertewandel, den wir brauchen, helfen, zu überlegen, welche Möglichkeiten man selbst hat, den Kreislauf von Ausbeutung und Selbstausbeutung zu durchbrechen. Dazu kommt die Politik: Eine erfolgreiche Wende wird es nur geben, wenn jene Parteien und Institutionen, die bereit sind, sie durchzuführen, ausreichenden Rückhalt haben. Sie wird nicht gelingen, wenn zu viele Wähler:innen auf jene Parteien hereinfallen, die angesichts notwendiger Maßnahmen von „Klimakommunismus" und ähnlichem phantasieren.

Wollen wir wirklich jene sein, die noch in Jahrtausenden von kommenden Generationen, die auf einem verwüsteten, unwirtlichen Planeten in den Trümmern der einstigen Zivilisation irgendwie zurecht kommen müssen, verflucht werden für das, was wir wider besseres Wissen und in völliger Leugnung unserer Verantwortung getan bzw. nicht getan haben? Oder wollen wir eine Generation der Held:innen sein, diejenigen, die das Ruder herumgerissen haben, die den Grundstein für Jahrtausende einer guten Zukunft der Menschheit gelegt haben? Die Entscheidung liegt bei uns.

Literaturverzeichnis

[2sp06] 2SPARE.COM: *Top 87 Bad Predictions about the Future.* https://www.2spare.com/item_50221.html, März 2006

[AB22] ANDERSON, Sarah ; BARBER, Alan: *The CEO Pay Problem and What We Can Do About It.* https://www.progressivecaucuscenter.org/the-ceo-pay-problem-and-what-we-can-do-about-it, 2022

[AHK+22] ARENS, Tilo ; HETTLICH, Frank ; KARPFINGER, Christian ; KOCKELKORN, Ulrich ; LICHTENEGGER, Klaus ; STACHEL, Hellmuth: *Mathematik.* 5. Auflage. Springer Spektrum, 2022 https://link.springer.com/book/10.1007/978-3-662-64389-1. – ISBN 978–3–662–64388–4 (print)

[AJR24] ALTIERI, Katye ; JONES, Dave ; RANGELOVA, Kostantsa: *Wind targets are achievable but fall short of a tripling.* https://ember-climate.org/insights/research/wind-targets-are-achievable-but-fall-short-of-a-tripling/#supporting-material. Version: August 2024

[AN10] AURANEN, Otto ; NIEMINEN, Mika: University research funding and publication performance – international comparison. In: *Research Policy* 39 (2010), Nr. 6, 822–834. https://www.sciencedirect.com/science/article/pii/S0048733310000764. – ISSN 0048–7333

[Are23] AREGGER, Alexandra: *Die CO_2-Kompensation hat ein Glaubwürdigkeitsproblem.* https://www.tagesanzeiger.ch/die-co2-kompensation-hat-ein-glaubwuerdigkeitsproblem-480384082893, Februar 2023

[Arm25] ARMSTRONG, Rebecca: *How much carbon can you save by cycling to work?* https://www.cyclinguk.org/article/how-much-carbon-can-you-save-cycling-work, 2025

[Arr96] ARRHENIUS, Svante: On the Influence of Carbonic Acid in the Air upon the Temperature of the Ground. In: *Philosophical Magazine and Journal of Science* 41 (1896)

[ASF+18] ALLEN, Myles R. ; SHINE, Keith P. ; FUGLESTVEDT, Jan S. ; MILLAR, Richard J. ; CAIN, Michelle ; FRAME, David J. ; MACEY, Adrian H.: A solution to the misrepresentations of CO_2-equivalent emissions of short-lived climate pollutants under ambitious mitigation. In: *Clim Atmos Sci* 1 (2018). http://dx.doi.org/10.1038/s41612-018-0026-8. – DOI 10.1038/s41612–018–0026–8

[Aye23] AYER, Elizabeth: *Meetings *are* the work.* https://medium.com/@ElizAyer/meetings-are-the-work-9e429dde6aa3, Februar 2023

[Bar22] BARDAN, Roxana: *NASA Confirms DART Mission Impact Changed Asteroid's Motion in Space.* https://www.nasa.gov/news-release/nasa-confirms-dart-mission-impact-changed-asteroids-motion-in-space/, 2022

[Bäu24] BÄUML, Kilian: Kritik am Nutri-Score: Wie Hersteller bei der Bewertung tricksen können. In: *Kreiszeitung* (2024), September. https://www.kreiszeitung.de/verbraucher/hersteller-gesunde-lebensmittel-einkaufen-kritik-nutri-score-tricks-92535122.html

[BBS+24] BASTANI, Hamsa ; BASTANI, Osbert ; SUNGU, Alp ; GE, Haosen ; KABAKCi, Özge ; MARIMAN, Rei: *Generative AI Can Harm Learning*. In: *The Wharton School Research Paper* (2024), Juli. http://dx.doi.org/10.2139/ssrn.4895486. – DOI 10.2139/ssrn.4895486

[BC07] BECK, Don E. ; COWAN, Christopher C.: *Spiral Dynamics – Leadership, Werte und Wandel: Eine Landkarte für Business und Gesellschaft im 21. Jahrhundert*. 11. Kamphausen Media GmbH, 2007. – ISBN 978–3899011074

[BCHS15] BANERJEE, Neela ; CUSHMAN, John H. J. ; HASEMYER, David ; SONG, Lisa: *Exxon: The Road Not Taken*. CreateSpace Independent Publishing Platform, 2015

[Bec21] BECKER, Helmut: *Gesünder leben – mit dem Auto*. https://www.n-tv.de/wirtschaft/Gesuender-leben-mit-dem-Auto-article22981600.html, Dezember 2021

[BER23] BEWARDER, Manuel ; EDELHOFF, Johannes ; RICHTER, Lennart: *Gift in Wärmepumpen: Unnötige Gefährdung*. https://daserste.ndr.de/panorama/archiv/2023/Gift-in-Waermepumpen-Unnoetige-Gefaehrdung,waermepumpen116.html, Februar 2023

[BGP24] BÖHNING-GAESE, Katrin ; PALLINGER, Jakob: Biologin: "Wir haben ein Maß an Perfektion erreicht, die keinem Lebewesen noch etwas gönnt". In: *Der Standard* (2024), März. https://www.derstandard.at/story/3000000212745/biologin-wir-haben-ein-mass-an-perfektion-erreicht-die-keinem-lebewesen-noch-etwas-goennt. – (Interview)

[Bin07] BINMORE, Ken: *Playing for Real: A Text on Game Theory*. 1. Oxford University Press, 2007. – ISBN 978–0195300574

[BK22] BIVENS, Josh ; KANDRA, Jori: *CEO pay has skyrocketed 1,460% since 1978*. https://www.epi.org/publication/ceo-pay-in-2021/, Oktober 2022

[BM23] BRÄSE, Veronika ; MAIER, Yvonne: *Mehr Extremwetter durch schwächere Winde*. https://www.ardalpha.de/wissen/umwelt/klima/jetstream-wind-extremwetter-wetter-klimawandel-ozon-100.html, März 2023

[BML24] BML: *Das Hochwasserereignis im September 2024 in Österreich*. https://info.bml.gv.at/themen/wasser/wasser-oesterreich/hydrographie/chronik-besonderer-ereignisse/hochwasser-september-2024.html, 2024

[BMUuf] BMUV: *Per- und polyfluorierte Chemikalien (PFAS)*. https://www.bmuv.de/faqs/per-und-polyfluorierte-chemikalien-pfas, 2025 (Abruf)

[Böc24] BÖCK, Hanno: *Ökostrom darf wieder zweimal verkauft werden*. https://www.klimareporter.de/strom/oekostrom-darf-wieder-zweimal-verkauft-werden, Januar 2024

[Bos16] BOSTROM, Nick: *Superintelligence: Paths, Dangers, Strategies*. Reprint Edition. Oxford University Press, 2016. – ISBN 978–0198739838

[Bra11] BRAGANZA, Karl: *The greenhouse effect is real: here's why*. https://theconversation.com/the-greenhouse-effect-is-real-heres-why-1515, 2011

[Brö10] BRÖKELMANN, Bertram: *Die Spur des Öls: Sein Aufstieg zur Weltmacht*. Osburg, 2010. – ISBN 978–3940731548

Literaturverzeichnis

[BRSV17] BALL, Marshall ; ROSEN, Alon ; SABIN, Manuel ; VASUDEVAN, Prashant N.: *Proofs of Useful Work*. Cryptology ePrint Archive, Paper 2017/203. https://eprint.iacr.org/2017/203. Version: 2017

[Bru87] BRUNDTLAND, Gro H. (Hrsg.): *World Commission on Environment and Development: Our Common Future*. Oxford University Press, 1987 https://sustainabledevelopment.un.org/content/documents/5987our-common-future.pdf

[Bru06] BRUGES, James: *Das kleine Buch der Erde: Wohin gehen wir?* Riemann Verlag, 2006. – ISBN 978–3570500729

[BTB15] BAUER, Peter ; THORPE, Alan ; BRUNET, Gilbert: The quiet revolution of numerical weather prediction. In: *Nature* 525 (2015), Nr. 7567, 47–55. http://dx.doi.org/10.1038/nature14956. – DOI 10.1038/nature14956. ISBN 1476–4687

[Bui22] BUIS, Alan: *Too Hot to Handle: How Climate Change May Make Some Places Too Hot to Live*. https://climate.nasa.gov/explore/ask-nasa-climate/3151/too-hot-to-handle-how-climate-change-may-make-some-places-too-hot-to-live/, 2022

[Bul19] BULLOUGH, Oliver: *Moneyland: Why Thieves And Crooks Now Rule The World And How To Take It Back*. Profile Books, 2019. – 336 S. – ISBN 978–1781257937

[Bun17] BUNDESBANK, Deutsche: *EZB-Rat beschließt Reduzierung der monatlichen Anleihenkäufe*. https://www.bundesbank.de/de/aufgaben/themen/ezb-rat-beschliesst-reduzierung-der-monatlichen-anleihenkaeufe-665522, Oktober 2017

[BV23] BIOMASSE-VERBAND, Österreichischer: *Basisdaten Bioenergie*. https://www.biomasseverband.at/wp-content/uploads/Basisdaten-Bioenergie-2023_online.pdf. Version: 2023

[CD24] COOK, John ; DASH, Jan: *Global Warming & Climate Change Myths*. https://skepticalscience.com/argument.php, 2024

[CHD+14] CHAMBWERA, M. ; HEAL, G. ; DUBEUX, C. ; HALLEGATTE, S. ; LECLERC, L. ; MARKANDYA, A. ; MCCARL, B.A. ; MECHLER, R. ; NEUMANN, J.E.: *Economics of adaptation*. https://www.ipcc.ch/site/assets/uploads/2018/02/WGIIAR5-Chap17_FINAL.pdf. Version: 2014

[Chi11] CHICAGO, Federal Reserve B.: *Modern Money Mechanics*. 4. Lulu.com, 2011. – ISBN 978–1105038310

[Cho20] CHOHAN, Usman W.: Modern Monetary Theory (MMT): A General Introduction. In: *CASS Working Papers on Economics & National Affairs* (2020), April. http://dx.doi.org/10.2139/ssrn.3569416. – DOI 10.2139/ssrn.3569416. – Working Paper ID: EC017UC (2020)

[DA14] DIEKMANN, Florian ; AP: Greenpeace entschuldigt sich für Kulturverschmutzung. In: *Der Spiegel* (2014). https://www.spiegel.de/wissenschaft/natur/greenpeace-entschuldigt-sich-fuer-aktion-an-nazca-linien-a-1007812.html

[DC11] Kapitel 5.6. In: DAMIAN, Hans P. ; CLAUSSEN, Ulrich: *Warnsignal Klima: Die Meere*. Warnsignal Klima / GEO, 2011, 342-347. – Abschnitt CO_2-Speicherung unter dem Meer (Hrsg: José L. Lozán, Hartmut Graßl, Ludwig Karbe & Karsten Reise)

[DDGG+22] DIXSON-DECLÈVE, Sandrine ; GAFFNEY, Owen ; GOSH, Jayati ; RANDERS, Jœrgen ; ROCKSTRÖM, Johan ; SOKNES, Per E.: *Earth for All – Ein Survivalguide für unseren Planeten*. oekom, 2022. – Der neue Bericht an den Club of Rome, 50 Jahre nach „Die Grenzen des Wachstums"

[Des24] DESCOUROUEZ, Mary G.: *What Excessive Screen Time Does to the Adult Brain.* https://longevity.stanford.edu/lifestyle/2024/05/30/what-excessive-screen-time-does-to-the-adult-brain/, Mai 2024

[Die21] DIETERICH, Johannes: Viel zu wenige Einwegspritzen für Covid-Impfung in Afrika. In: *Der Standard* (2021), Oktober. https://www.derstandard.at/story/2000130802145/viel-zu-wenige-einwegspritzen-fuer-covid-impfung-in-afrika

[Die23] DIETRICH SCHMIDT (HRSG.) ET AL.: *Guidebook for the Digitalisation of District Heating: Transforming Heat Networks for a Sustainable Future, Final Report of DHC Annex TS4*. https://www.iea-dhc.org/fileadmin/documents/Annex_TS4/IEA_DHC_Annex_TS4_Guidebook_2023.pdf. Version: 2023

[Dik14] DIKÖTTER, Frank: *Maos Großer Hunger: Massenmord und Menschenexperiment in China*. Klett-Cotta, 2014. – ISBN 978–3608948448

[Dom17] DOMMENZ, Frank: *Aphorismus zum Thema Führungskraft, Manager.* https://www.aphorismen.de/zitat/220109, März 2017

[Dör03] DÖRNER, Dietrich: *Die Logik des Misslingens: Strategisches Denken in komplexen Situationen*. 18. Rowohlt, 2003. – ISBN 978–3499615788

[Dou06] DOUTHWAITE, Richard: *The Ecology of Money*. Green Books, 2006 https://www.feasta.org/2006/05/18/the-ecology-of-money/

[Dre92] DREXLER, K. E.: *Nanosystems: Molecular Machinery, Manufacturing, and Computation*. John Wiley & Sons, 1992. – ISBN 978–0471575184

[EEA22] EEA, (European Environment A.: *Economic damage caused by weather- and climate-related extreme events in EEA member countries (1980-2020) - per hazard type based on CATDAT.* https://www.eea.europa.eu/en/analysis/maps-and-charts/economic-damage-caused-by-weather-3, Februar 2022. – modified 11 Sep 2024

[EFS00] EUGENE F. STOERMER, Paul J. C.: The "Anthropocene". In: *IGBP Global Change Newsletter* 41 (2000), Mai, 17-18. http://www.igbp.net/download/18.316f18321323470177580001401/1376383088452/NL41.pdf

[Eis12] EISENRING, Christoph: Patente lähmen Amerikas Erfindergeist. In: *NZZ* (2012), Dezember. https://www.nzz.ch/patente-laehmen-amerikas-erfindergeist-ld.615388

[Emm23] EMMERICH, Nicolette: *Photovoltaik: Mit innovativer Folie auf Dächern Strom erzeugen*. https://www.agrarheute.com/energie/strom/photovoltaik-innovativer-folie-daechern-strom-erzeugen-611862, Oktober 2023

[Ene24a] ENERGIEZUKUNFT: *Umstrittene Lithium-Mine in Serbien*. https://www.energiezukunft.eu/umweltschutz/umstrittene-lithium-mine-in-serbien, August 2024

Literaturverzeichnis 495

[Ene24b] ENERGY INSTITUTE: *Statistical Review of World Energy.* https://www.energyinst.org/statistical-review. Version: 2024

[Enk21] ENKHARDT, Sandra: *Fraunhofer ISE: Energetische Amortisationszeit für Photovoltaik-Dachanlagen liegt weltweit zwischen 0,44 und 1,42 Jahren.* https://www.pv-magazine.de/2021/07/28/fraunhofer-ise-energetische-amortisationszeit-fuer-photovoltaik-dachanlagen-liegt-weltweit-zwischen-044-und-142-jahren/, Juli 2021

[Enn23] ENNOSON, Dói: *EU: Auto-Verbrenneranteil fällt unter 50%.* https://finanzmarktwelt.de/eu-auto-verbrenneranteil-faellt-unter-50-294675/, Dezember 2023

[Ens08] ENSERINK, Martin: Tough Lessons From Golden Rice. In: *Science* 320 (2008), Nr. 5875, 468-71. http://dx.doi.org/10.1126/science.320.5875.468. – DOI 10.1126/science.320.5875.468

[Ent11] ENTING, Ian: *Rogues or respectable? How climate change sceptics spread doubt and denial.* https://theconversation.com/rogues-or-respectable-how-climate-change-sceptics-spread-doubt-and-denial-1557, 2011

[EU-22] EU-PARLAMENT: *Taxonomie: Keine Einwände gegen Einstufung von Gas und Atomkraft als nachhaltig.* https://www.europarl.europa.eu/news/de/press-room/20220701IPR34365/taxonomie-keine-einwande-gegen-einstufung-von-gas-und-atomkraft-als-nachhaltig, Juli 2022. – Pressemitteilung

[Eur19] EUROPÄISCHE KOMMISSION: *Der europäische Grüne Deal – Erster klimaneutraler Kontinent werden.* https://commission.europa.eu/strategy-and-policy/priorities-2019-2024/european-green-deal_de, 2019+

[Fec20] FECHNER, Hubert: *Ermittlung des Flächenpotentials für den Photovoltaik-Ausbau in Österreich.* https://oesterreichsenergie.at/fileadmin/user_upload/Oesterreichs_Energie/Publikationsdatenbank/Studien/2020/PV-Studie_2020.pdf. Version: Februar 2020

[Fel18] FELBER, Christian: *Gemeinwohl-Ökonomie: Das alternative Wirtschaftsmodell für Nachhaltigkeit.* Piper, 2018. – ISBN 978-3492312363

[Fra24] FRAUNHOFER, ISE: *Agri-Photovoltaik: Chance für Landwirtschaft und Energiewende.* https://www.ise.fraunhofer.de/content/dam/ise/de/documents/publications/studies/APV-Leitfaden.pdf. Version: Februar 2024

[FT22] FRANKE, Martin ; THIELEN, Johannes: Die dunkle Seite der Verkehrswende. In: *FAZ* (2022), Jan. https://www.faz.net/aktuell/wirtschaft/schneller-schlau/kobalt-aus-kongo-der-dunkle-preis-der-verkehrswende-17731386.html

[GMR23] GYORY, Joanna ; MARIANO, Arthur J. ; RYAN, Edward H.: *The Gulf Stream.* https://oceancurrents.rsmas.miami.edu/atlantic/gulf-stream.html, 2023. – Ocean Surface Currents

[Gou16] GOURMETBAUER: *Anbaufläche, Erntemenge und Kalorien – Wieviel Fläche braucht man zur Selbstversorgung aus dem eigenen Garten?* http://gourmetbauer.de/anbauflaeche-erntemenge-und-kalorien-wieviel-flaeche-braucht-man-zur-selbstversorgung-aus-dem-eigenen-garten/, November 2016

[Gra13] GRAY, Theodore: *Die Elemente: Bausteine unserer Welt.* Komet Verlag, 2013. – ISBN 978-3869410036

[Gre19]   GREBENJAK, Manuel: *European Green Deal: Ein Plan mit Blindstelle*. In: *Der Standard* (2019), Dezember. https://www.derstandard.at/story/2000112392573/european-green-deal-ein-plan-mit-blindstelle

[Gre21]   GREENPEACE: *Greenpeace-Marktcheck "Kaffee"*. https://greenpeace.at/uploads/2022/07/greenpeacemarktcheck_factsheet_kaffee_feb2021.pdf, Februar 2021

[Grö24]   GRÖSCHEL, Gero: *Australien wollte Singapur mit Solarstrom versorgen: Warum das Projekt platzte*. https://efahrer.chip.de/news/australien-wollte-singapur-mit-solarstrom-versorgen-warum-das-projekt-platzte_1021733, August 2024

[Gru21]   GRUJIĆ, Ana: *Wie Sie Ihre Altkleider nicht entsorgen sollten*. In: *Der Standard* (2021), September. https://www.derstandard.at/story/2000129604577/wie-sie-ihre-altkleider-nicht-entsorgen-sollten

[Grü22]   GRÜTER, Thomas: *Warum teures Gas auch den Strompreis mit nach oben reißt*. In: *Spektrum.de* (2022), August. https://www.spektrum.de/news/merit-order-prinzip-warum-der-strompreis-nach-oben-schnellt/2051949

[Ham23a] HAMBLEN, Matt: *Update: ChatGPT runs 10K Nvidia training GPUs with potential for thousands more*. https://www.fierceelectronics.com/sensors/chatgpt-runs-10k-nvidia-training-gpus-potential-thousands-more, Februar 2023

[Ham23b] HAMOUCHENE, Hamza: *Desertec: What Went Wrong?* https://www.ecomena.org/desertec/, Juli 2023

[Har15]   HARARI, Yuval N.: *Eine kurze Geschichte der Menschheit*. 40. Pantheon Verlag, 2015. – ISBN 978–3570552698

[Har23]   HARARI, Yuval N.: *Homo Deus: Eine Geschichte von Morgen*. 17. C.H.Beck, 2023. – ISBN 978–3406801181

[Hau23]   HAUTMANN, Daniel: *Geschichte der Windenergie: Zurück in die Zukunft*. https://www.golem.de/news/geschichte-der-windenergie-zurueck-in-die-zukunft-2301-170194.html, Januar 2023

[HCLM23] HOWARTH, Nicholas ; CAMARASA, Clara ; LANE, Kevin ; MARTIN, Arnau R.: *Keeping cool in a hotter world is using more energy, making efficiency more important than ever*. https://www.iea.org/commentaries/keeping-cool-in-a-hotter-world-is-using-more-energy-making-efficiency-more-important-than-ever, 2023

[Hef07]   HEFNER, Robert A. (.: *The Age of Energy Gases – China's Opportunity for Global Energy Leadership*. https://enerpedia.net/images/2/21/Marketshare1850.pdf. Version: 2007

[Hef09]   HEFNER, Robert A. (.: *The Grand Energy Transition: The Rise of Energy Gases, Sustainable Life and Growth, and the Next Great Economic Expansion*. John Wiley & Sons, 2009. – ISBN 978–0470527566

[Heg22]   HEGENBERG, Jan: *Weltuntergang fällt aus!* Komplett Media, 2022. – ISBN 978–3831206049

Literaturverzeichnis

[Hei17] HEIN, Matthias von: *Klimawandel als Konfliktkatalysator.* https://www.dw.com/de/klimawandel-als-konfliktkatalysator/a-41230824, 2017

[Hei21] HEIDT, Amanda: Longer Days Led to Oxygen Buildup on Early Earth: Study. In: *The Scientist* (2021). https://www.the-scientist.com/news-opinion/longer-days-led-to-oxygen-buildup-on-early-earth-study-69055

[Hei23] HEINEMANN, Martina: *Photovoltaik-Dachziegel: Die Vor- und Nachteile im Überblick.* https://efahrer.chip.de/solaranlagen/photovoltaik-dachziegel-die-vor-und-nachteile-im-ueberblick_105544, Januar 2023

[Heu95] HEUSER, Harro: *Gewöhnliche Differentialgleichungen.* 3. Teubner Verlag, 1995. – ISBN 978–3519222279

[HLK23] HLK: *Was Verbände vom geplanten PFAS-Verbot der EU halten.* https://hlk.co.at/heizung/statement-zum-geplanten-pfas-verbot-in-der-eu/, August 2023

[Hol21] HOLLEIS, Jennifer: *Der Klimawandel und der Krieg.* https://www.dw.com/de/wie-der-klimawandel-zum-syrien-konflikt-beitrug/a-56729725, 2021

[Hot15] HOTTEN, Russell: *What is Volkswagen accused of?* https://www.bbc.com/news/business-34324772, 2015

[HS20] HERBERT, Ulrich ; SCHÖNHAGEN, Jakob: *Vor dem 5. September: Die „Flüchtlingskrise" 2015 im historischen Kontext.* https://www.bpb.de/shop/zeitschriften/apuz/312832/vor-dem-5-september/, 2020

[HTF17] HASTIE, Trevor ; TIBSHIRANI, Robert ; FRIEDMAN, Jerome: *The Elements of Statistical Learning: Data Mining, Inference, and Prediction.* 2nd. Springer, 2017. – corr. 9th printing

[Hud19] HUDDLESTON, Amara: *Happy 200th birthday to Eunice Foote, hidden climate science pioneer.* https://www.climate.gov/news-features/features/happy-200th-birthday-eunice-foote-hidden-climate-science-pioneer, 2019

[Hun96] HUNDERTWASSER, Friedensreich: *Baumieter sind Botschafter des freien Wales in der Stadt.* https://hundertwasser.com/texte/tree_tenants_are_the_ambassadors_of_the_free_forests_in_the_city, 1980/1991/1996

[IEA24] IEA: *The Future of Geothermal Energy.* https://www.iea.org/reports/the-future-of-geothermal-energy. Version: Dezember 2024

[Ing23] INGENIEUR, DE: *Solardachziegel – eine echte Alternative zu Photovoltaik-Modulen?* https://www.ingenieur.de/technik/fachbereiche/energie/solardachziegel-eine-echte-alternative-zu-photovoltaik-modulen/, Januar 2023

[Ioa11] IOANNIDIS, John P. A.: Fund people not projects. In: *Nature* 477 (2011), September, Nr. 7366, 529–531. http://dx.doi.org/10.1038/477529a. – DOI 10.1038/477529a. ISBN 1476–4687

[IRE24] IRENA: *Renewable power generation costs in 2023.* https://www.irena.org/-/media/Files/IRENA/Agency/Publication/2024/Sep/IRENA_Renewable_power_generation_costs_in_2023.pdf, 2024

[Jan24] JANSSEN, Kai: *Solarmodule: schwarz oder blau?* https://gruenes.haus/solarmodule-schwarz-blau/, Juni 2024

[Jes15] JESSE, Eckhard: *Der Begriff "Extremismus" – Worin besteht der Erkenntnisgewinn?* https://www.bpb.de/themen/rechtsextremismus/dossier-rechtsextremismus/200098/der-begriff-extremismus-worin-besteht-der-erkenntnisgewinn/, Januar 2015

[Juh16] JUHRICH, Kristina: *CO_2-Emissionsfaktoren für fossile Brennstoffe*. https://www.umweltbundesamt.de/sites/default/files/medien/1968/publikationen/co2-emissionsfaktoren_fur_fossile_brennstoffe_korrektur.pdf. Version: 2016

[KADB+23] KOUNDOURI, P. ; ANQUETIL-DECK, C. ; BECCHETTI, L. ; BERTHET, E. ; BORGHESI, S. ; CAVALLI, L. et a.: *Transforming Our World: Interdisciplinary Insights on the Sustainable Development Goals*. https://hdl.handle.net/11365/1249174. Version: 2023

[Kah16] KAHNEMAN, Daniel: *Schnelles Denken, langsames Denken*. Penguin Verlag, 2016. – ISBN 978–3328100348

[Kap24] KAPELLER, Lukas: Diese Lebensmittel werden durch den Klimawandel massiv teurer. In: *Der Standard* (2024), Juni. https://www.derstandard.at/story/3000000223110/diese-lebensmittel-werden-durch-den-klimawandel-massiv-teurer

[KCYK23] KANG, Sarah M. ; CEPPI, Paulo ; YU, Yue ; KANG, In-Sik: Recent global climate feedback controlled by Southern Ocean cooling. In: *Nature Geoscience* 16 (2023), Nr. 9, 775–780. http://dx.doi.org/10.1038/s41561-023-01256-6. – DOI 10.1038/s41561–023–01256–6. ISBN 1752–0908

[KD99] KRUGER, Justin ; DUNNING, David: Unskilled and unaware of it: How difficulties in recognizing one's own incompetence lead to inflated self-assessments. In: *Journal of Personality and Social Psychology* (1999), S. 1121–1134. http://dx.doi.org/10.1037/0022-3514.77.6.1121. – DOI 10.1037/0022–3514.77.6.1121

[Kee20] KEEN, Steve: *Nobel prize-winning economics of climate change is misleading and dangerous – here's why*. https://theconversation.com/nobel-prize-winning-economics-of-climate-change-is-misleading-and-dangerous-heres-why-145567, September 2020

[Kee21] KEEFE, Patrick R.: *Empire of Pain: The Secret History of the Sackler Dynasty*. Doubleday, 2021. – ISBN 978–0385545686

[Kel21] KELTON, Stephanie: *The Deficit Myth: How to Build a Better Economy*. John Murray, 2021. – ISBN 978–1–529–35256–6

[Kes11] KESSLER, David: *Das Ende des großen Fressens*. Mosaik, 2011. – ISBN 978–3442392056

[Ket23] KETCHAM, Christopher: *When Idiot Savants Do Climate Economics*. https://theintercept.com/2023/10/29/william-nordhaus-climate-economics/, Oktober 2023

[Kha23] KHATSENKOVA, Sophia: *Fact-check: Is air conditioning making cities hotter?* https://www.euronews.com/green/2023/08/30/fact-check-is-air-conditioning-making-cities-hotter, August 2023

[Kim20] KIMMERER, Robin W.: *Braiding Sweetgrass – Indigenous Wisdom, Scientific Knowledge and the Teachings of Plants*. Penguin Books UK, 2020. – ISBN 978–0141991955

[KK23] KROMP-KOLB, Helga: *Für Pessimismus ist es zu spät: Wir sind Teil der Lösung.* Molden Verlag in Verlagsgruppe Styria GmbH & Co. KG, 2023. – ISBN 978–3222151118

[KKP+13] KÖHLER, Inga ; KONHAUSER, Kurt O. ; PAPINEAU, Dominic ; BEKKER, Andrey ; KAPPLER, Andreas: Biological carbon precursor to diagenetic siderite with spherical structures in iron formations. In: *Nature Communications* 4 (2013), Nr. 1, 1741. http://dx.doi.org/10.1038/ncomms2770. – DOI 10.1038/ncomms2770. ISBN 2041–1723

[KKZ+24] KELCH, Jan ; KUSYY, Oleg ; ZIPPLIES, Johannes ; OROZALIEV, Janybek ; VAJEN, Klaus: Comparison of solar district heating and renovation of buildings as measures for decarbonization of heat supply in rural areas. In: *Solar Energy Advances* 4 (2024), 100060. http://dx.doi.org/https://doi.org/10.1016/j.seja.2024.100060. – DOI https://doi.org/10.1016/j.seja.2024.100060. – ISSN 2667–1131

[Kle09] KLEINERT, Hagen: *Path Integrals In Quantum Mechanics, Statistics, Polymer Physics, And Financial Markets.* 5. World Scientific, 2009

[KON24] KOBERSTEIN, Hans ; OROSZ, Marta ; NIEDERMEIER, Nathan: *CO2-Projekte in China: Betrugsverdacht bei Klimaschutzprojekten.* https://www.zdf.de/nachrichten/wirtschaft/unternehmen/shell-rosneft-omv-betrug-verdacht-klimaschutz-100.html, Mai 2024

[Köp15] KÖPPCHEN, Ulrike: *Die schlaflose Gesellschaft – Warum wir keine Ruhe mehr finden.* https://www.deutschlandfunkkultur.de/die-schlaflose-gesellschaft-warum-wir-keine-ruhe-mehr-finden-100.html, Februar 2015

[KS17] KILROY, Denis ; SCHNEIDER, Marvin: *Customer Value, Shareholder Wealth, Community Wellbeing: A Roadmap for Companies and Investors.* Springer, 2017. – ISBN 978–3319547749

[KTR22] KROISLEITNER, Oona ; TOMASELLI, Elisa ; RACHBAUER, Stefanie: Der Fall Tina und seine Folgen. In: *Der Standard* (2022), August. https://www.derstandard.at/story/2000138337554/der-fall-tina-und-seine-folgen

[Küm24] KÜMPEL, Nadine: *Polykristalline und monokristalline Solarmodule im Vergleich.* https://www.wegatech.de/ratgeber/photovoltaik/grundlagen/poly-oder-monokristalline-module/, Juni 2024

[Kut22] KUTZNER, Steffen: *Schottland: Nein, es wurden nicht kürzlich 14 Millionen Bäume für Windkraftanlagen gefällt.* https://correctiv.org/faktencheck/2022/09/09/schottland-nein-es-wurden-nicht-kuerzlich-14-millionen-baeume-fuer-windkraftanlagen-gefaellt/, September 2022

[KVCW22] KENNEY, W. L. ; VECELLIO, Daniel ; COTTLE, Rachel ; WOLF, S. T.: How hot is too hot for the human body? Our lab found heat + humidity gets dangerous faster than many people realize. In: *The Conversation* (2022). https://theconversation.com/how-hot-is-too-hot-for-the-human-body-our-lab-found-heat-humidity-gets-dangerous-faster-than-many-people-realize-185593

[KW08] KOPP-WICHMANN, Roland: *Wie viele xxx braucht es, um eine Glühbirne zu wechseln?* https://www.persoenlichkeits-blog.de/article/304/wie-viele-xxx-braucht-es-um-eine-gluehbirne-zu-wechseln. Version: August 2008

[KW23]   KIRNER, Viktoria ; WINDISCH, Michael: Teenager träumen vom Luxus – und eine dubiose Finanzakademie macht damit Geschäfte. In: *Der Standard* (2023). https://www.derstandard.at/story/3000000175758/der-traum-vom-luxus-wie-eine-dubiose-fina-mit-teenagern-geld-verdient

[Lan24]   LANGER, Sarah: Windenergie: Können Vögel und Windräder koexistieren? In: *National Geographic* (2024), März. https://www.nationalgeographic.de/umwelt/2024/03/windenergie-koennen-voegel-und-windraeder-koexistieren

[Lee18]   LEE, Eric: *Earth's Biomass*. https://www.sustainable.soltechdesigns.com/biomass.html, Mai 2018

[Len23]   LENGER, Friedrich: *Der Preis der Welt: Eine Globalgeschichte des Kapitalismus*. C.H.Beck, 2023. – ISBN 978–3406808340

[Lex01]   LEXIKON DER GEOGRAPHIE: *Nettoprimärproduktion*. https://www.spektrum.de/lexikon/geographie/nettoprimaerproduktion/5459, 2001

[Lim22]   LIMPERT, Christian: *Wellenkraftwerk in Jaffa – Die Energie von der Hafenmauer*. https://www.tagesschau.de/wirtschaft/energie/israel-wellenkraftwerk-101.html, September 2022

[Lin23]   LINGENHÖHL, Daniel: *Juli brachte heißeste Tage seit Aufzeichnungsbeginn*. https://www.spektrum.de/news/wetter-juli-brachte-heisseste-tage-seit-aufzeichnungsbeginn/2157492, 2023

[LNS+23] LAMBOLL, Robin D. ; NICHOLLS, Zebedee R. J. ; SMITH, Christopher J. ; KIKSTRA, Jarmo S. ; BYERS, Edward ; ROGELJ, Joeri: Assessing the size and uncertainty of remaining carbon budgets. In: *Nature Climate Change* 13 (2023), Nr. 12, 1360–1367. http://dx.doi.org/10.1038/s41558-023-01848-5. – DOI 10.1038/s41558–023–01848–5

[Lom02]   LOMBORG, Bjørn: *Apocalypse No!: Wie sich die menschlichen Lebensgrundlagen wirklich entwickeln*. Klampen Verlag, 2002. – ISBN 978–3934920187

[Lom22]   LOMBORG, Bjørn: *Klimapanik: Warum uns eine falsche Klimapolitik Billionen kostet und den Planeten nicht retten wird*. 1. Auflage. FinanzBuch Verlag, 2022. – ISBN 978–3–95972–521–7

[Lom23]   LOMBARD, Odier: *The 10 principles of a circular economy*. https://www.lombardodier.com/contents/corporate-news/responsible-capital/2020/september/the-10-steps-to-a-circular-econo.html, August 2023

[Lot22]   LOTTER, Wolf: Die Diktatur des Bürokratiats. In: *Der Standard* (2022), April. https://www.derstandard.de/story/2000134789392/die-diktatur-des-buerokratiats

[LRW+13] LEATON, James ; RANGER, Nicola ; WARD, Bob ; SUSSAMS, Luke ; BROWN, Meg: *Unburnable Carbon 2013: Wasted capital and stranded assets*. 2013

[LWW+14] LUND, Henrik ; WERNER, Sven ; WILTSHIRE, Robin ; SVENDSEN, Svend ; ERICTHORSEN, Jan ; HVELPLUND, Frede ; VADMATHIESEN, Brian: 4th Generation District Heating (4GDH) – Integrating smart thermal grids into future sustainable energy systems. In: *Energy* 68 (2014), S. 1–11. http://dx.doi.org/10.1016/j.energy.2014.02.089. – DOI 10.1016/j.energy.2014.02.089

[Mac09] MACKAY, David J.: *Sustainable Energy – Without the Hot Air*. UIT Cambridge LTD, 2009 https://www.withouthotair.com. – ISBN 978–0954452933

[Mar14] MARIBUS: *World Ocean Review 3 – Rohstoffe aus dem Meer – Chancen und Risiken*. maribus gGmbH, 2014 https://worldoceanreview.com/de/wor-3/. – ISBN 978–3–86648–220–3

[Mas43] MASLOW, Abraham: A Theory of Human Motivation. In: *Psychological Review* 50 (1943), S. 370–396

[Mau24] MAU, Katharina: *Das Ende der Erschöpfung: Wie wir eine Welt ohne Wachstum schaffen*. 1. Auflage. Löwenzahn Verlag, 2024. – ISBN 978–3706629898

[MD08] MENZEL, Peter ; D'ALUISIO, Faith: *What the World Eats*. 1. Auflage. Tricycle Press, 2008. – ISBN 978–1582462462

[MDC+17] MORA, Camilo ; DOUSSET, Bénédicte ; CALDWELL, Iain R. ; POWELL, Farrah E. ; GERONIMO, Rollan C. ; BIELECKI, Coral R. ; COUNSELL, Chelsie W. W. ; DIETRICH, Bonnie S. ; JOHNSTON, Emily T. ; LOUIS, Leo V. ; LUCAS, Matthew P. ; MCKENZIE, Marie M. ; SHEA, Alessandra G. ; TSENG, Han ; GIAMBELLUCA, Thomas W. ; LEON, Lisa R. ; HAWKINS, Ed ; TRAUERNICHT, Clay: Global risk of deadly heat. In: *Nature Climate Change* 7 (2017), 501–506. http://dx.doi.org/10.1038/nclimate3322. – DOI 10.1038/nclimate3322. ISBN 1758–6798

[MDN05] MENZEL, Peter ; D'ALUISIO, Faith ; NESTLE, Marion: *Hungry Planet: What the World Eats*. Material World, 2005. – ISBN 978–0984074433

[Mer22] MERZ, Ted: *20 Percent Time*. https://ted-merz.com/2022/09/14/20-percent-time/, September 2022

[Mer24] MERCHANT, Emma F.: Super-efficient solar cells: 10 Breakthrough Technologies 2024. In: *MIT Technology Review* (2024), Januar. https://www.technologyreview.com/2024/01/08/1085124/super-efficient-solar-cells-breakthrough-technologies/

[MGH14] MONO, René ; GLASSTETTER, Peter ; HORN, Friedrich: *Ungleichzeitigkeit und Effekte räumlicher Verteilung von Wind- und Solarenergie in Deutschland*. https://100-prozent-erneuerbar.de/wp-content/uploads/2014_Langfassung_Ungleichzeitigkeit_und_Effekte_raeumlicher_Verteilung.pdf. Version: April 2014

[MJ19] MÜLLER-JUNG, Joachim: *Maßlos überhitzt!* https://www.faz.net/aktuell/wissen/ed-hawkins-veranschaulicht-klimawandel-in-simpler-grafik-16252529/die-streifengrafik-des-16255137.html, 2019

[MMRI72] MEADOWS, Donella H. ; MEADOWS, Dennis L. ; RANDERS, Jørgen ; III, William W. B.: *The Limits to Growth*. Universe Books, 1972

[Mon73] MONOD, Jacques: *Zufall und Notwendigkeit – Philosophische Fragen der modernen Biologie*. 5. R. Piper Verlag, 1973. – XVI + 238 S.

[Mon23] MONEY, Institutional: *Erfolg für die US-Anti-ESG-Bewegung: Strive sammelt eine Milliarde ein*. https://www.institutional-money.com/news/vermischtes/headline/erfolg-fuer-die-us-anti-esg-bewegung-strive-sammelt-eine-milliarde-ein-227076, September 2023

[MSB+13] MYHRE, G. ; SHINDELL, D. ; BRÉON, F.-M. ; COLLINS, W. ; FUGLESTVEDT, J. ; HUANG, J. ; KOCH, D. ; LAMARQUE, J.-F. ; LEE, D. ; MENDOZA, B. ; NALAJIMA, T. ; ROBOCK, A. ; STEPHENS, G. ; TAKEMURA, T. ; ZHANG, H.: *Climate Change 2013: The Physical Science Basis*. Intergovernmental Panel on Climate Change, 2013

[Mur22] MURPHY, Kevin P.: *Probabilistic Machine Learning: An introduction*. MIT Press, 2022 http://probml.github.io/book1. – ISBN 978–0262046824

[Mur23] MURPHY, Kevin P.: *Probabilistic Machine Learning: Advanced Topics*. MIT Press, 2023 http://probml.github.io/book2. – ISBN 978–0262048439

[Nes15] NESTLÉ NESPRESSO, SA: *Die Geschichte von Nespresso: von einer einfachen Idee hin zu einem einmaligen Markenerlebnis*. https://nestle-nespresso.com/sites/site.prod.nestle-nespresso.com/files/Nespresso%20-%20Von%20einer%20einfachen%20Idee%20hin%20zu%20einem%20einmaligen%20Markenerlebnis.pdf, April 2015

[Nik20] NIKEL, David: *SF6: The Truths and Myths of this Greenhouse Gas*. https://norwegianscitechnews.com/2020/01/sf6-the-truths-and-myths-of-this-greenhouse-gas/. Version: 2020

[OC10] ORESKES, Naomi ; CONWAY, Erik M.: *Merchants of Doubt: How a Handful of Scientists Obscured the Truth on Issues from Tobacco Smoke to Global Warming*. Bloomsbury Press, 2010. – ISBN 978–1596916104

[Oel22] OELRICH, Christiane: *Klimabilanz von Haustieren: Eine Tonne CO2 pro Jahr und Hund*. https://www.geo.de/natur/nachhaltigkeit/klimabilanz-von-haustieren--eine-tonne-co2-pro-jahr-und-hund-31568480.html, Januar 2022

[OMCNZ13] O'HARE, B. ; MAKUTA, I. ; CHIWAULA, L. ; N.BAR-ZEEV: Income and child mortality in developing countries: a systematic review and meta-analysis. In: *J. R. Soc. Med.* 106 (2013), Oktober, S. 408–14. http://dx.doi.org/10.1177/0141076813489680. – DOI 10.1177/0141076813489680

[OMCV17] OKE, T. R. ; MILLS, G. ; CHRISTEN, A. ; VOOGT, J. A.: *Urban Climates*. Cambridge University Press, 2017. – ISBN 978–1107429536

[O'N17] O'NEIL, Cathy: *Weapons of Math Destruction: How Big Data Increases Inequality and Threatens Democracy*. paperback (reprint). Crown, 2017. – ISBN 978–0141985411

[Ort07] ORTH, Stephan: *Sag niemals nie*. https://www.spiegel.de/geschichte/peinliche-prognosen-a-950117.html. Version: November 2007

[Oxf23] OXFAM: *Richest 1% emit as much planet-heating pollution as two-thirds of humanity*. https://www.oxfamamerica.org/press/press-releases/richest-1-emit-as-much-planet-heating-pollution-as-two-thirds-of-humanity/. Version: November 2023

[Pas23] PASCHOTTA, Rüdiger: *Artikel 'Anergienetz' im RP-Energie-Lexikon*. https://www.energie-lexikon.info/anergienetz.html, August 2023. – aufgerufen am 9.02.2025

[Pei21] PEIL, Karl-Heinz: *Deutsche Energiewendungen: Vom EEG über Desertec zur Wasserstoffstrategie*. https://www.telepolis.de/features/Deutsche-Energiewendungen-Vom-EEG-ueber-Desertec-zur-Wasserstoffstrategie-6149528.html, Juli 2021

Literaturverzeichnis 503

[Pfl15] PFLANZENFORSCHUNG.DE, Redaktion: *Banane in Not! – Ein winziger Pilz als Bananenkiller.* https://www.pflanzenforschung.de/de/pflanzenwissen/journal/banane-not-ein-winziger-pilz-als-bananenkiller-10548, Dezember 2015

[Pfl22] PFLANZENFORSCHUNG.DE, Redaktion: *Regulierung neuer Züchtungstechniken in der EU.* https://www.pflanzenforschung.de/de/pflanzenwissen/journal/regulierung-neuer-zuechtungstechniken-der-eu, 2022

[PHKJ23] PRAGER, Alicia ; HEUGTEN, Yara van ; KOENS, Remy ; JOOSTEN, Ties: Banken ermöglichen Finanzierung von Kohle- und Mineralölkonzernen – trotz Klimaversprechens. In: *Der Standard* (2023), September. https://www.derstandard.at/story/3000000188237/fossile-finanzen

[PIK23] PIK: *Kippelemente – Großrisiken im Erdsystem.* https://www.pik-potsdam.de/de/produkte/infothek/kippelemente, 2023

[Pin14] PINKER, Steven: *Gewalt: Eine neue Geschichte der Menschheit.* 4. Auflage. S. FISCHER, 2014. – ISBN ?978–3596192298

[PL58] PARKINSON, C. N. ; LANCASTER, O.: *Parkinson's Law or the Pursuit of Progress.* 1. John Murray Publishers Ltd, 1958. – ISBN 978–0719510489

[PLB15] PAPAGEORGIOU, Markos ; LEIBOLD, Marion ; BUSS, Martin: *Optimierung: Statische, dynamische, stochastische Verfahren für die Anwendung.* 4. Auflage. Springer Vieweg, 2015. – ISBN 978–3662469354

[Pod19] PODBREGAR, Nadja: Fatale Kaskade: Wenn Kippelemente sich gegenseitig „umreißen". In: *Scinexx* (2019), Oktober. https://www.scinexx.de/dossierartikel/fatale-kaskade-2/

[Pöh23] PÖHLER, Daniel: *Super E10 tanken: Warum der Biosprit besser ist als sein Ruf.* https://www.forbes.com/advisor/de/energie/oel/super-e10-tanken/, August 2023

[Pra22] PRAMER, Philip: Der CO2-Fußabdruck wurde von Ölkonzernen großgemacht – ist er deshalb schlecht? In: *Der Standard* (2022), Januar. https://www.derstandard.de/story/2000132608301/der-co2-fussabdruck-wurde-von-oelkonzernen-grossgemacht-ist-er-deshalb

[Put24] PUTSCHÖGL, Martin: Die Zersiedelung schreitet in Österreich munter voran. In: *Der Standard* (2024), Juni. https://www.derstandard.at/story/3000000224186/die-zersiedelung-schreitet-in-oesterreich-munter-voran

[PW24] PHILIPPS, Simon ; WARMUTH, Werner: *Photovoltaics Report.* https://www.ise.fraunhofer.de/en/publications/studies/photovoltaics-report.html, Juli 2024

[Qua24] QUASCHNING, Volker: *Weltweit installierte regenerative Kraftwerksleistung.* https://www.volker-quaschning.de/datserv/ren-Leistung/index.php, Juni 2024

[Rah17] RAHMSTORF, Stefan: *Können wir die globale Erwärmung rechtzeitig stoppen?* https://scilogs.spektrum.de/klimalounge/koennen-wir-die-globale-erwaermung-rechtzeitig-stoppen/, April 2017

[Raw17] RAWORTH, Kate: *Doughnut Economics: Seven Ways to Think Like a 21st Century Economist*. Penguin Random House, 2017. – ISBN 978–1847941381

[Rei16] REINER, David M.: Learning through a portfolio of carbon capture and storage demonstration projects. In: *Nature Energy* 1 (2016), Januar, Nr. 15011. https://www.nature.com/articles/nenergy201511

[Rei21] REINERS, Peter W.: *Wet bulb temperature: The crucial weather concept that actually tells us when heat becomes lethal*. https://www.salon.com/2021/07/18/wet-bulb-temperature-climate-change/, 2021

[REN24] REN21: *Renewables 2024 Global Status Report Collection*. https://www.ren21.net/gsr-2024/. Version: 2024

[RMH20] RAYMOND, Colin ; MATTHEWS, Tom ; HORTON, Radley M.: The emergence of heat and humidity too severe for human tolerance. In: *Science Advances* 6 (2020), Nr. 19. http://dx.doi.org/10.1126/sciadv.aaw1838. – DOI 10.1126/sciadv.aaw1838

[RND23] RND: *Drastischer Rückgang von Toten bei Wetterkatastrophen durch Warnsysteme*. https://www.rnd.de/wissen/drastischer-rueckgang-von-toten-bei-wetterkatastrophen-durch-warnsysteme-RN37LAASA5LZBCSF27UGCPDJSM.html, 2023

[Roa12] ROAM, Dan: *Blah Blah Blah: What To Do When Words Don't Work*. Marshall Cavendish International, 2012. – ISBN 978–9814382052

[Röb23] RÖBER, Tim: *Wie grün ist ein Fahrrad denn jetzt wirklich?* https://liny-bikes.de/wie-gruen-ist-ein-fahrrad-denn-jetzt-wirklich/, August 2023

[Rob24] ROBEYNS, Ingrid: *Limitarismus – Warum Reichtum begrenzt werden muss*. 2. S. Fischer, 2024. – ISBN 978–3–10–397162–0

[Roh25] ROHDE, Robert: *Global Temperature Report for 2024*. https://berkeleyearth.org/global-temperature-report-for-2024/. Version: Januar 2025

[RR24] ROLLS-ROYCE: *Hybrid and over 1.100 kW strong: Rolls-Royce presents new mtu propulsion concepts for military vehicles of the future*. https://www.rolls-royce.com/media/press-releases/2024/17-06-2024-rr-presents-new-mtu-propulsion-concepts-for-military-vehicles-of-the-future.aspx, Juni 2024

[RRR20] RITCHIE, Hannah ; ROSADO, Pablo ; ROSER, Max: Energy Production and Consumption. In: *Our World in Data* (2020). https://ourworldindata.org/energy-production-consumption

[RS02] RUOSS, Eveline ; SAVIOZ, Marcel: *How accurate are GDP forecasts? An empirical study for Switzerland*. https://www.snb.ch/en/mmr/reference/quartbul_2002_3_b/source/quartbul_2002_3_b.en.pdf. Version: 2002

[RS19] RAHMSTORF, S. ; SCHELLNHUBER, H.J.: *Der Klimawandel*. 9. Auflage. Beck Verlag, 2019. – ISBN 978–3406743764

[RSNe09] ROCKSTRÖM, Johan ; STEFFEN, Will ; NOONE, Kevin ; ET AL.: A safe operating space for humanity. In: *Nature* 461 (2009), September, Nr. 7263, 472-5. http://dx.doi.org/10.1038/461472a. – DOI 10.1038/461472a. – ISSN 1476–4687

Literaturverzeichnis

[SBB+24]   SCHWEIGER, Gerald ; BARNETT, Adrian ; BESSELAAR, Peter van d. ; BORNMANN, Lutz ; BLOCK, Andreas D. ; IOANNIDIS, John P. A. ; SANDSTROM, Ulf ; CONIX, Stijn: The Costs of Competition in Distributing Scarce Research Funds. (2024), März, Nr. 2403.16934. http://dx.doi.org/10.48550/arXiv.2403.16934. – DOI 10.48550/arXiv.2403.16934

[Sch14]   SCHULMEISTER, Stephan: Die vernünftigste Steuer in diesen Zeiten. In: *Le Monde diplomatique (Deutsche Ausgabe)* (2014), Dezember. https://web.archive.org/web/20160401110041/http://stephan.schulmeister.wifo.ac.at/fileadmin/homepage_schulmeister/files/FTT_Diplo_12_14.pdf

[Sch16]   SCHRADER, Christopher: *Klimatipps – nicht nur für Los Angeles*. https://cschrader.eu/klimatipps-fuer-los-angeles/, September 2016

[Sch17]   SCHRADER, Christopher: *Plan B für eine zu heiße Erde*. https://www.spiegel.de/wissenschaft/natur/klimawandel-geoengineering-als-plan-b-fuer-eine-zu-heisse-erde-a-1159027.html, Juli 2017

[Sch21a]   SCHRÖDER, Tim: *Riskante Kühlung*. https://www.mpg.de/16569676/geoengineering. Version: März 2021

[Sch21b]   SCHWARZ, Fritz: *Das Experiment von Wörgl – Ein Weg aus der Wirtschaftskrise*. Synergia Verlag, 2021 http://userpage.fu-berlin.de/~roehrigw/woergl/alles.htm. – ISBN 978–3981089455

[Sch23a]   SCHESSWENDTER, Raimund: *Solarenergie aus Dachziegeln: Diese Photovoltaik-Panels sind so gut wie unsichtbar*. https://t3n.de/news/solarenergie-solarzellen-photovoltaik-unsichtbar-terrakotta-ziegel-1524824/, Januar 2023

[Sch23b]   SCHWAB, Tim: *Das Bill Gates Problem: Der Mythos vom wohltätigen Milliardär*. 1. S. Fischer, 2023. – ISBN 978–3103971651

[Sch23c]   SCHWEIGER, Gerald: On Money & Science. In: *Medium* (2023), März. https://medium.com/predict/on-money-science-907b47aa6abd

[Sch24]   SCHMIDT, Jürgen: *Die xz-Hintertür: Das verborgene Oster-Drama? der IT*. https://www.heise.de/hintergrund/Die-xz-Hintertuer-das-verborgene-Oster-Drama-der-IT-9673038.html, April 2024

[SGM+14]   SALAMANCA, F. ; GEORGESCU, M. ; MAHALOV, A. ; MOUSTAOUI, M. ; WANG, M.: Anthropogenic heating of the urban environment due to air conditioning. In: *Journal of Geophysical Research: Atmospheres* (2014), Mai. http://dx.doi.org/10.1002/2013JD021225. – DOI 10.1002/2013JD021225

[SHE+11]   SUTTON, Mark A. ; HOWARD, Clare M. ; ERISMAN, Jan W. ; BILLEN, Gilles ; BLEEKER, Albert ; GRENNFELT, Peringe ; GRINSVEN, Hans van ; GRIZZETTI, Bruna: *The European Nitrogen Assessment: Sources, Effects and Policy Perspectives*. Cambridge University Press, 2011 https://www.cambridge.org/core/books/european-nitrogen-assessment/7156D2A2F03CD36FFA0B6EC60BF9A497

[Shi23a]   SHIRVANI, Tara: *Plastikfresser und Turbobäume: Wie wir das Klima retten, den Müll aus dem Meer holen und den ganzen Rest auch noch glänzend hinbekommen*. edition a, 2023. – ISBN 978–3990016558

[Shi23b]   SHIVA, Vandana: *Agrarökologie und (echte) regenerative Landwirtschaft*. Neue Erde, 2023. – ISBN 978–3890608426

[Sie23] SIEKMANN, Amelie: *Unsichtbare Solarzellen auf denkmalgeschütztem Altbau oder Bauernhaus.* https://www.agrarheute.com/energie/strom/unsichtbare-sol arzellen-denkmalgeschuetztem-altbau-bauernhaus-602148, Januar 2023

[Sil12] SILVER, N.: *The Signal and the Noise: Why So Many Predictions Fail – but Some Don't.* Penguin Publishing Group, 2012 https://books.google.at/book s?id=SI-VqAT4_hYC. – ISBN 9781101595954

[Spa23] SPATZENEGGER, Bernd: *Die Energielüge: Warum das Klimaziel eine Illusion ist und wie wir die Wende trotzdem meistern.* ecoWing, 2023. – ISBN 978-3711003256

[SPB+13] SANTER, Benjamin D. ; PAINTER, Jeffrey F. ; BONFILS, Céline ; MEARS, Carl A. ; SOLOMON, Susan ; WIGLEY, Tom M. L. ; GLECKLER, Peter J. ; SCHMIDT, Gavin A. ; DOUTRIAUX, Charles ; GILLETT, Nathan P. ; TAYLORA, Karl E. ; THORNEH, Peter W. ; WENTZ, Frank J.: Human and natural influences on the changing thermal structure of the atmosphere. In: *PNAS* 110 (2013), Oktober, Nr. 43. ht tp://dx.doi.org/10.1073/pnas.1305332110. – DOI 10.1073/pnas.1305332110

[SRhh09] SIMMON, Robert ; ROHDE, Robert A. ; CANUCKGUY ; MIRACETI: *File:Thermohaline Circulation.svg.* https://commons.wikimedia.org/wiki /File:Thermohaline_Circulation.svg, Oktober 2009

[SRO23] SUPRAN, G. ; RAHMSTORF, S. ; ORESKES, N.: Assessing ExxonMobil's global warming projections. In: *Science* 379 (2023), Nr. 6628, eabk0063. http://dx.d oi.org/10.1126/science.abk0063. – DOI 10.1126/science.abk0063

[SRR+18] STEFFEN, Will ; ROCKSTRÖM, Johan ; RICHARDSON, Katherine ; LENTON, Timothy M. ; FOLKE, Carl ; LIVERMAN, Diana ; SUMMERHAYES, Colin P. ; BARNOSKY, Anthony D. ; CORNELL, Sarah E. ; CRUCIFIX, Michel ; DONGES, Jonathan F. ; FETZER, Ingo ; LADE, Steven J. ; SCHEFFER, Marten ; WINKELMANN, Ricarda ; SCHELLNHUBER, Hans J.: Trajectories of the Earth System in the Anthropocene. In: *Proceedings of the National Academy of Sciences* 115 (2018), Nr. 33, 8252-8259. http://dx.doi.org/10.1073/pnas.1810141115. – DOI 10.1073/pnas.1810141115

[SS17] STERNER, Michael (Hrsg.) ; STADLER, Ingo (Hrsg.): *Energiespeicher – Bedarf, Technologien, Integration.* 2. (korr. & erg.). Springer-Vieweg, 2017 https: //www.springer.com/de/book/9783662488928

[Sta24a] STATISTA, Research D.: *Anteil der Verkehrsträger an den weltweiten CO_2-Emissionen aus der Verbrennung fossiler Brennstoffe in den Jahren 2018 und 2019.* https://de.statista.com/statistik/daten/studie/317683/umfrage/ve rkehrsttraeger-anteil-co2-emissionen-fossile-brennstoffe/, Juli 2024

[Sta24b] STATISTA, Research D.: *Verteilung der Biomasse aller Säugetiere weltweit nach Art im Jahr 2015.* https://de.statista.com/statistik/daten/studie/13154 10/umfrage/verteilung-der-saeugetiere-nach-art-weltweit/, Januar 2024

[Sta24c] STATISTIK AUSTRIA: *Bruttoinlandsprodukt und Hauptaggregate.* https://www. statistik.at/statistiken/volkswirtschaft-und-oeffentliche-finanzen/vo lkswirtschaftliche-gesamtrechnungen/bruttoinlandsprodukt-und-hauptag gregate, Juli 2024

[Ste06] STEIN, Ben: In Class Warfare, Guess Which Class Is Winning. In: *The New York Times* (2006), November. https://www.nytimes.com/2006/11/26/busin ess/yourmoney/26every.html

[Stö23] STÖCKER, Christian: Warum RWE jeden Argwohn verdient hat. In: *Spiegel* (2023). https://www.spiegel.de/wissenschaft/mensch/luetzerath-warum-r we-nicht-zu-trauen-ist-kolumne-a-5e8e3254-1665-4bc3-8d84-d402901d89e e

[Stö24] STÖCKER, Christian: *Männer, die die Welt verbrennen.* 4. Ullstein, 2024. – ISBN 978–3550202827

[Str13] STROBEL, Beate: *„Arm sein ist Mist".* https://www.focus.de/kultur/kino _tv/focus-fernsehclub/tv-kolumne-37-grad-kinder-im-sozialen-absei ts-tv-kolumne-37-grad-kinder-im-sozialen-abseits_id_3488802.html. Version: Dezember 2013

[Str24] STROBL, Günther: Photovoltaik-Potenzial deutlich höher als angenommen. In: *Der Standard* (2024), September. https://www.derstandard.at/story/30000 00236044/photovoltaik-potenzial-deutlich-hoeher-als-angenommen

[STW+95] SANTER, B. D. ; TAYLOR, K. E. ; WIGLEY, T. M. L. ; PENNER, J. E. ; JONES, P. D. ; CUBASCH, U.: Towards the detection and attribution of an anthropogenic effect on climate. In: *Climate Dyn.* 12 (1995), S. 77–100

[SV21] SCHMELZER, Matthias ; VETTER, Andrea: *Degrowth / Postwachstum zur Einführung.* 3. Junius Verlag, 2021. – ISBN 978–3960603078

[Sve07] SVEN: *Großtechnische Synthese von Ammoniak nach Haber und Bosch.* https://commons.wikimedia.org/wiki/File:Haber-Bosch.svg, 2007

[SW14] SCHMIDT, Hans-Peter ; WILSON, Kelpie: The 55 uses of biochar. In: *The Biochar Journal* (2014), Mai. https://www.biochar-journal.org/en/ct/2

[Swi11] SWIFT, R.: The relationship between health and GDP in OECD countries in the very long run. In: *Health Econ.* 20 (2011), März, S. 306–22. http://dx.doi.org /10.1002/hec.1590. – DOI 10.1002/hec.1590

[SZA+21] SENEVIRATNE, S.I. ; ZHANG, X. ; ADNAN, M. ; BADI, W. ; DERECZYNSKI, C. ; LUCA, A. D. ; GHOSH, S. ; ISKANDAR, I. ; KOSSIN, J. ; LEWIS, S. ; OTTO, F. ; PINTO, I. ; SATOH, M. ; VICENTE-SERRANO, S.M. ; WEHNER, M. ; ZHOU, B.: *Weather and Climate Extreme Events in a Changing Climate.* – In Climate Change 2021: The Physical Science Basis. Contribution of Working Group I to the Sixth Assessment Report of the Intergovernmental Panel on Climate Change [V. Masson-Delmotte, P. Zhai, A. Pirani et al.]

[Teruf] TERRA, Institute: *Die 10 R's der Kreislaufwirtschaft als Leitmodell für die zirkuläre Transformation.* https://terra-institute.eu/en/circular-economy /. Version: 2025 (Aufruf)

[Tho16] THOMAS, Nick: *Zitate und Personen: Der Große Kostolany.* https://mobile .aktien-mag.de/blog/zitate-und-personen/der-grose-kostolany/id-1535. Version: November 2016

[Tim21] TIMPERLEY, Jocelyn: Warum immer noch Milliarden in die Fossilen fließen. In: *Spektrum.de* (2021). https://www.spektrum.de/news/fossile-subventione n-hartnaeckige-foerderung-gegen-den-klimaschutz/1945057

[Tit16] TITZ, Sven: Der Klima-Notnagel steht schief. In: *NZZ* (2016), Januar. https: //www.nzz.ch/wissenschaft/klima/der-klima-notnagel-steht-schief-ld. 18808

[Tra23a] TRANSPARENZ GENTECHNIK: *Neue genomische Techniken: Zähes Ringen um eine Reform der Gentechnik-Gesetzte.* https://www.transgen.de/aktuell/28 80.ngt-regulierung-eu-kommission-crispr-gentechnik.html, 2023

[Tra23b] TRAXLER, Tanja: Jahrzehntelange Studie enthüllt, was uns wirklich glücklich macht. In: *Der Standard* (2023), Januar. https://www.derstandard.at/story /2000142991328/jahrzehntelange-studie-enthuellt-was-uns-wirklich-glu ecklich-macht

[Tul23] TULLEKEN, Chris van: *Gefährlich lecker: Wie uns die Lebensmittelindustrie manipuliert, damit wir all die ungesunden Dinge essen – und nicht mehr damit aufhören können.* Heyne Verlag, 2023. – ISBN 978–3453218475

[TÜV19] TÜV, Nord: *Eine kurze Geschichte der Dampfmaschine.* https://www.tuev-n ord.de/explore/de/erinnert/eine-kurze-geschichte-der-dampfmaschine/, 2019

[TW21] TELFORD & WREKIN, Council: *The 10 R's of Sustainable Living.* http://www.sustainabletelfordandwrekin.com/get-involved/did-you-know/10-rs-of-s ustainable-living, Januar 2021

[Umw21] UMWELTBUNDESAMT, Österreich: *Flächeninanspruchnahme in Österreich 2020.* https://www.umweltbundesamt.at/fileadmin/site/themen/boden/flaecheni nanspruchnahme_2020.pdf, 2021

[Umw24a] UMWELTBUNDEAMT, Österreich: *Per- und polyfluorierte Alkylsubstanzen – PFAS.* https://www.umweltbundesamt.at/umweltthemen/stoffradar/pfas, Januar 2024. – letztes Update 31.1. 2024

[Umw24b] UMWELTBUNDESAMT, Deutschland: *Der Europäische Emissionshandel.* https://www.umweltbundesamt.de/daten/klima/der-europaeische-emissionshandel, August 2024

[Umw24c] UMWELTBUNDESAMT, Österreich: *Emissionsfaktoren der Verkehrsträger.* https://www.umweltbundesamt.at/fileadmin/site/themen/mobilitaet/daten/ekz_pkm_tkm_verkehrsmittel.pdf, Juni 2024

[US 22] US OFFICE OF STRATEGIC SERVICES: *Simple Sabotage Field Manual Taschenbuch.* Independently published, 2022. – ISBN 979–8405796871

[Vat15] VATTENFALL: *Wie funktioniert ein Pumpspeicherwerk?* https://group.vatten fall.com/de/newsroom/blog/2015/januar/wie-funktioniert-ein-pumpspeic herwerk, Januar 2015

[Vos21] VOSS, Jens: *Klimaschutz: Wie steht es um das Ozonloch?* https://www.nation algeographic.de/umwelt/2021/09/klimaschutz-wie-steht-es-um-das-ozonl och, 2021

[VVA+22] VUPPALADADIYAM, Arun K. ; VUPPALADADIYAM, Sai Sree V. ; AWASTHI, Abhishek ; SAHOO, Abhisek ; REHMAN, Shazia ; PANT, Kamal K. ; MURUGAVELH, S. ; HUANG, Qing ; ANTHONY, Edward ; FENNEL, Paul ; BHATTACHARYA, Sankar ; LEU, Shao-Yuan: Biomass pyrolysis: A review on recent advancements and green hydrogen production. In: *Bioresource Technology* 364 (2022), 128087. http://dx.doi.org/https://doi.org/10.1016/j.biortech.2022.128087. – DOI https://doi.org/10.1016/j.biortech.2022.128087. – ISSN 0960–8524

[WB16] WACKERNAGEL, Mathis ; BEYERS, Bert: *Footprint: Die Welt neu vermessen (Neuausgabe 2016 mit aktuellen Zahlen)*. CEP Europäische Verlagsanstalt, 2016. – ISBN 978–3863930745

[Wei15] WEICKER, Karsten: *Evolutionäre Algorithmen*. 3. Springer Vieweg, 2015. – ISBN 978–3658099572

[Wes22] WESTHOFF, Andrea: *„Die Grenzen des Wachstums" markiert Startpunkt der modernen Ökobewegung*. https://www.deutschlandfunk.de/50-jahre-bericht-des-club-of-rome-100.html, 2022

[Wil23] WILHELM, Rosemarie: *Lebensmittelpreise: Landwirtschaft bekommt nur minimalen Teil*. https://stmk.lko.at/lebensmittelpreise-landwirtschaft-bekommt-nur-minimalen-teil+2400+3831173, Mai 2023

[Wir24] WIRTH, Harry: *Aktuelle Fakten zur Photovoltaik in Deutschland*. www.pv-fakten.de. Version: September 2024

[WM19] WILLIAM MITCHELL, Martin W. L. Randall Wray W. L. Randall Wray: *Macroeconomics*. 1. Bloomsbury Academic, 2019. – ISBN 978–1137610669

[Wöl24] WÖLFL, Adelheid: Deutschland hofft für E-Autos auf Lithium aus Serbien, dort sorgt eine Mine für heftige Kritik. In: *Der Standard* (2024), Juli. https://www.derstandard.at/story/3000000228143/deutschland-hofft-fuer-e-autos-auf-lithium-aus-serbien-dort-sorgt-eine-mine-fuer-heftige-kritik

[Wor18] WORLDATLAS: *Die zehn wasserreichsten Flüsse der Erde*. https://de.statista.com/statistik/daten/studie/1176427/umfrage/die-zehn-wasserreichsten-fluesse-der-erde/, Juni 2018

[Wor21] WORZEWSKI, Tamara: Lithium: Weißes Gold aus Deutschlands Geothermieanlagen. In: *Spektrum.de* (2021), Oktober. https://www.spektrum.de/news/lithium-weisses-gold-aus-deutschlands-geothermieanlagen/1934710

[WP23] WUNDERLICH-PFEIFFER, Frank: *Wissenschaft: Wer soll an den Lithium-Luft-Akku glauben?* https://www.golem.de/news/wissenschaft-wer-soll-an-den-lithium-luft-akku-glauben-2303-173023.html, März 2023

[WR97] WACKERNAGEL, Mathis ; REES, William: *Unser ökologischer Fußabdruck: Wie der Mensch Einfluß auf die Umwelt nimmt*. Birkhäuser Verlag, 1997. – ISBN 978–3764356606

[WS23] WALDINGER, Robert ; SCHULZ, Marc: *The Good Life: Lessons from the World's Longest Study on Happiness*. Rider, 2023. – ISBN 978–1846046766

[WSD24] WEISS, Werner ; SPÖRK-DÜR, Monika: *Solar Hear World Wide*. http://dx.doi.org/10.18777/ieashc-shww-2024-0001. Version: 2024

[WWPE23] WOOD, Chelsea L. ; WELICKY, Rachel L. ; PREISSER, Whitney C. ; ESSINGTON, Timothy E.: A reconstruction of parasite burden reveals one century of climate-associated parasite decline. In: *PNAS* 120 (2023). http://dx.doi.org/10.1073/pnas.2211903120. – DOI 10.1073/pnas.2211903120

[Yud04] YUDKOWSKY, Eliezer: *Coherent Extrapolated Volition*. https://intelligence.org/files/CEV.pdf, 2004

[ZPP+23] ZACHARIAH, Mariam ; PHILIP, Sjoukje ; PINTO, Izidine ; VAHLBERG, Maja ; SINGH, Roop ; OTTO, Friederike E L.: *Extreme heat in North America, Europe and China in July 2023 made much more likely by climate change*. http://dx.doi.org/10.25561/105549. Version: 2023

[ZT22] ZEILINGER, Anton ; TRAXLER, Tanja: Nobelpreisträger Anton Zeilinger: „Pfeif drauf, was andere sagen". In: *Der Standard* (2022), Oktober. https://www.derstandard.at/story/2000139790280/nobelpreistraeger-anton-zeilinger-pfeif-drauf-was-andere-sagen. – (Interview)

Index

ABC-Waffen, 33
abiotische Entstehung, 132
Absorptionswärmepumpe, 231
Abwarten, 488
Abzinsung, 405, 455
Adsorption, 231
Adsorptionswärmepumpe, 231
Aga-Kröte, 145
Aggregatzustand, 84, 238
Agrarökologie, 460
Agrisolar, 285
Agrivoltaik, 285
Akkumulator, 187
AKW, 163
Albedo, 122
Algen, 96
Alkohol, 86
all-in-Vertrag, 378
Allmende
 Tragik der, 330
Aluminimum, 82
Ammoniak, 88
Ammonium, 88
Amortisationszeit
 energetische, 281
Anergie, 60
Anergienetz, 298
Anker-Effekt, 212
Anomalie
 des Wassers, 84
Anreicherung, 165
Anreiz, 452
Anthropozän, 134
Antrag, 427
Apparat
 Hoffmann'scher, 98
Aralsee, 22
Arbeit
 Care-, 379
Arbeitspreis, 210
Asteroid, 318
Atmosphäre
 Erste, 127
Atom, 76
Atomkraftwerk, 163
atomos, 76
Ausgleichsenergie, 211
Autobatterie, 187
autonomes Fahren, 258, 421

Backfire-Effekt, 358

Bank run, 346
Baseline, 319
Batterie, 187
 Redox-Flow-, 188
Baummieter, 221
Beamen, 246
bedingungsloses Grundeinkommen, 382
Bedürfnispyramide, 344
Benzin, 263
Benzol, 92
Beton, 103
Betrieb
 bidirektionaler, 265
Betriebswirtschaftslehre, 324
BEV, 270
Bewertung, 343
BGE, 382, 395
bias, 39
bidirektionaler Betrieb, 265
Big Five (Aussterben), 18
Biodiesel, 269
Biomasse, 171
Biotreibstoffe, 268
BIP, 339
Black Friday, 409
Blackout, 31, 180
Blase, 27, 335
Blockchain, 204
Bodenhaltung, 457
Bore-out, 376
Brennstoffzelle, 94, 98, 266
Bruttoinlandsprodukt, 339
Bruttoweltprodukt, 339
bubble (social media), 27
Bumerang-Effekt, 358
Buzzword, 427
BWL, 324
BWLismus, 368
BWP, 339

C, 77
Calcium, 82
Cap-and-Trade-System, 385
Car Sharing, 258
Care-Arbeit, 379
Carnot-Wirkungsgrad, 158
CBAM, 387
CCS, 289, 316
CCU, 289
Chat-GPT, 421
Chronotyp, 480

© Der/die Herausgeber bzw. der/die Autor(en), exklusiv lizenziert an
Springer-Verlag GmbH, DE, ein Teil von Springer Nature 2025
K. Lichtenegger, *Klima, Energie und die große Transformation*,
https://doi.org/10.1007/978-3-662-71187-3

CO_2-Budget, 139
CO_2-Preis, 332, 384
CO_2-Zoll, 386
Confirmation Bias, 39
copy-paste, 475
Cornucopianismus, 420
Cyanobakterien, 96, 128

DAC, 289, 317
Dampfprozess, 158
Dampfreformierung, 99, 101
Dampfschiff, 262
Dampfspeicher, 240
Darstellung
    logarithmische, 62
Data Space, 309
Daten, 309
Datenschutz, 309
Datenschutzgrundverordnung, 309
Dauersiedlungsraum, 23, 247, 313
Day-ahead Market, 208
deep fakes, 36
Deflation, 383
Demand Side Management, 207, 310
Desertec, 293
deskriptiv, 418
Diagramm
    Doughnut-, 43
    Sankey-, 68
Diesel, 263
Dieselgate, 263
Dieselmotor, 263
Direct Air Capture, 317
direkte Methode, 153
discounting, 405
Diskontierung, 405
Diskriminierung, 25
Doughnut-Diagramm, 43
Downcycling, 202
Druck, 186
DSGVO, 309
Dunkelflaute, 179, 295
Dunning-Kruger-Effekt, 366

e-Fuels, 272
Earth Overshoot Day, 349
Easterlin-Paradoxon, 339
Echokammer, 27
Effekt
    Backfire-, 358
    Bumerang-, 358
    Peltier-, 161
    photoelektrischer, 174
    Rebound-, 358
    Seebeck-, 161
Effektivität, 359
Eisenbahn, 256, 262
Eiskeller, 222
Eisspeicher, 239
Eiweiß, 80
El Niño, 115
Elektrolyse, 98
Elektron, 76
Element, 76
Emission Trading System, 385
Emissionshandel, 385
Emissionsrechte, 384
energetische Amortisationszeit, 281
Energie, 58
    graue, 201
Energieerhaltungssatz, 60
Energieerzeugung, 158
Energiegemeinschaft, 311
Energiegestehungskosten, 282
Energienetze, 180
Energierückgewinnung, 265
Energiesklave, 212
Entwicklungshilfe, 25
Entwicklungszusammenarbeit, 25
Erbschaftssteuer, 394
Erden
    seltene, 31, 82
Erster Hauptsatz der Thermodynamik, 60
ERTMS, 254
ESG, 388
ETF, 389
ETS, 385
Exergie, 60
Exploration, 396
Externalitäten
    negative, 330
Extinction Rebellion, 413
Extra-Meile, 380

F-Gase, 93
Fahrgemeinschaft, 258
FCKW, 93
Feinstaub, 92
Finanzalchemie, 213
Finanztransaktionssteuer, 391
Finanzwirtschaft, 334
Fingerabdrücke, 117
fingerprints, 117
Fischer-Tropsch-Synthese, 100
Fission, 162
Flat Tax, 395
Flettner-Rotor, 170

Float-Tarif, 206
Floater, 206
Fluorchlorkohlenwasserstoffe, 93
föderiertes Lernen, 309
Förderantrag, 427
Förderband
    globales, 150
Fotovoltaik, 174
Fracking, 30, 85
Fridays for Future, 1, 396
FTS, 391
Füllhorn-Zugang, 420
Fullerene, 79
Fusion, 162
Fußabdruck
    okologischer, 71

Gantt-Chart, 427
Gas-und-Dampf-Kraftwerk, 160
Gasometer, 192
GDP, 339
Gefangenendilemma, 381
    itierteres, 400
Geiz, 358
Geldtheorie
    quantitive, 383
Gemeinkosten, 426
Generator
    thermoelektrischer, 161
Geo-Engineering, 143
Geothermie
    oberflächennahe, 236
geothermisches Kraftwerk, 175
geplante Obsoleszenz, 330, 464
Gezeitenkraftwerk, 176
Gier, 346, 358
gierige Suche, 403
Gini-Koeffizient, 339
Gips, 103
Gleichgewicht
    Nash-, 400
Global Warming Potential, 116
globales Förderband, 150
Goldener Reis, 33
graue Energie, 201, 281
gravitativer Kollaps, 175
greater fool principle, 329, 335, 473
Green Deal, 2
Greenwashing, 388, 399, 412
Grenzen des Wachstums, 2
Grenzkraftwerk, 209
Grunddividende, 382, 395
Grundeinkommen
    bedingungsloses, 382

Grundversorgung, 395
GuD, 160
GVO, 34, 144
GWP, 116

H, 77
H_2, 77
Hackgut, 220
Hackschnitzel, 220
Hanlons Rasiermesser, 305
Hausfrau
    schwabische, 324
Heizkörper, 219
Heizrechner, 470
Heizwert, 191
Hochtemperatur-Supraleiter, 186
Hoffmann'scher Apparat, 98
homo oeconomicus, 336
HVL, 463
Hybridkollektor, 228, 283
Hydrathulle, 76
Hysterese, 119

Immunisierungsstrategien, 111
Impact Investment, 390
Impfstoff, 219
Imposter-Syndrom, 365
Individualverkehr
    motorisierter, 248, 300
Inflation, 28, 383
Inflation Reduction Act, 484
Infrarotstrahlung, 114, 116
Infrastruktur, 465
intersubjektiv, 345
Intraday Market, 208
Ion, 76
IPR, 438
IR, 114, 116
IRA, 484
itierteres Gefangenendilemma, 400

Jetstream, 115
Jevons-Paradoxon, 358
Josephspfennig, 347

Kältemittel, 93, 227
Kältenetz, 236
Kalkstein, 88
Kalkzyklus, 102
Kalzium, 82
Kalziumcarbonat, 88
Karriereleiter, 373

Kartell, 328
Katalysator, 82, 100
Kernfusion, 162
Kernkraftwerk, 163
Kernspaltung, 162
Key Performance Indicator, 406
KI, 36, 421
Kipp-Element, 120
Kippen
   eines Gewassers, 21
Klima, 106
Klima-Selbstverpflichtung, 389
Klimabonus, 386, 484
Klimakleber, 48
Klimakommunismus, 490
Klimaökonomie, 353
Knöllchenbakterien, 80
Kohler, 97
Kohlendioxid, 83
Kohlenhydrate, 87
Kohlenmonoxid, 89
Kohlenstoff, 77
Kohlenstoff-Budget, 139
Kohlenwasserstoff, 85, 86
Kollaps
   gravitativer, 175
Komet, 318
Kondensator, 186
Konsumismus, 409
Konvektor, 219
Korrelation, 138
KPI, 406, 453
Kraft-Wärme-Kopplung, 160, 232
Kraftwerk
   Gas-und-Dampf-, 160
   geothermisch, 175
Kraftwerke
   solarthermische, 174
Kreislaufwirtschaft, 464
Kristallisationskeim, 240
Kühlgrenztemperatur, 123
Kühlnetz, 236
Künstliche Intelligenz, 421
Kunstliche Intelligenz, 36
Kurve
   Pareto-, 405
KWK, 160, 232

La Niña, 115
Lachgas, 90
Lampenöl, 332
Landwirtschaft
   regenerative, 460
Large Language Model, 421

Last Generation, 413
Lastenrad, 253
Lastkraftwagen, 253
Lastverschiebung, 310
Latentwärmespeicher, 239
LCA, 201
LCE, 282
Lebenszyklusanalyse, 201
Leistungspreis, 210
Leistungszahl, 66
Lernen
   föderiertes, 309
Lernkurve, 485
Levelized Cost of Energy, 282
liberal, 327
libertär, 327, 328
Lieferkettengesetz, 484
Life Cyle Assessment, 201
Limitarismus, 394, 453
Lithium-Ionen-Akku, 187
Lithium-Luft-Akku, 188
LKW, 253
LLM, 421
LNG, 272
lock-in-Effekt, 213
logarithmische Darstellung, 62
Luftschlösser, 434

magmatische Provinzen, 30
Makroökonomie, 324
Malthus
   Thomas Robert, 420
Malthusianisch, 420
Marktfähigkeit, 433
Marktversagen, 213, 330
Marktversagenswirtschaft, 417
Marmor, 88
Massenaussterben, 18
Master of Business Administration, 363
Maximalleistung, 208
MBA, 363
Medien
   soziale, 27
Meereswärmekraftwerk, 176
Merit Order, 209
Messpreis, 207
Methan, 85, 272
Methanol, 272, 296
Methanschlupf, 85
Microgrid, 292
Mikronetz, 292
Mikroökonomie, 324
Mikrosteuer, 391
Minimierungsaufgabe, 401

Minimumgesetz, 199, 200
Minimumtonne, 199, 200
MINT, 350
MIV, 248, 300
MMT, 381
Mobilität, 246
Modell, 109
Modellierung, 109
Modern Monetary Theory, 381
Molekul, 76
Monomanie, 448
Monopol, 328
Motor
    Diesel-, 263
    Elektro-, 264
    Otto-, 263
    Stirling-, 161
    Verbrennungs-, 263
MPC, 308

n-minus-1-Regel, 359
N_2, 80
Nachhaltigkeit, 56
Nachhaltigkeitsbericht, 484
Nachheizung, 71
Nachtspeicherofen, 178
Nachtstromtarif, 206
Nachttarif, 178
Nahrungskette, 21, 152
Nahrungsnetz, 21, 152
Nanoröhrchen, 79
Nanotechnologie, 34
Nash-Gleichgewicht, 400
Nebeldusche, 221
negativen Externalititäten, 330
Neiddebatte, 393
Neobiota, 19
Net-Zero Banking Alliance, 389
Nettonull, 291
Nettoprimärproduktion, 72, 151
Netzgebühr, 207
Netznutzung, 207
Neusiedler See, 22
Neutron, 76
NFT, 329
Niedertemperatur-Heizungen, 225
NIMBY, 450
normativ, 418
NO_x, 80
Nullsummenspiel, 400
NutriScore, 463
Nutzenergie, 60, 65
Nutzfahrzeug, 255

O, 77
O_2, 78
O_3, 78
Obsoleszenz
    geplante, 330, 464
Öko-Freak, 439
Ökobilanz, 201
ökologischer Fußabdruck, 71
Öläquivalent, 61
ÖV, 256
ÖV, 301
off-shore-Anlage, 170
Open Data, 309
Open Source Community, 469
Opportunitätskosten, 346
Optimierung, 323, 401
ORC, 158
Ordnungszahl, 76
Organic Rankine Cycle, 158
Ottomotor, 263
Ozon, 78
Ozonloch, 78, 93

Paradoxon
    Easterlin-, 339
    Jevons-, 358
Pareto-Kurve, 405
PCM, 239
peak, 313
peak oil, 2, 20, 81, 111, 483
peak phosphorus, 81, 199
Pellets, 220
Peltier-Effekt, 161
PEM, 98
Periodensystem, 76
Permafrostboden, 16
Permafrostboden, 121
Perowskiten, 283
Petroleum, 332
PFAS, 93
phase-change material, 239
Phasenübergängen, 238
Phasenwechselmaterial, 239
Phoebuskartell, 328
Phosphat, 21
photoelektrischer Effekt, 174
Photosynthese, 96
Planetary Health Diet, 462
PM10, 92
PM2.5, 92
polare, 76
Ponzi-Schema, 348
Porenspeicher, 192
Potenzial, 281

Power2Gas, 296
Power2Heat, 241
PPP, 434
Primärenergie, 60
Primarenergie, 158
Primärenergiefaktor, 71
Projektantrag, 427
Proof of Concept, 432
Proof-of-Work, 204
Prophezeiung
  selbsterfüllende, 326
  selbstverhindernde, 326
Protein, 80
Proton, 76
Proton Exchange Membrane, 98
Provinzen
  magmatische, 30
Prozesswärme, 230
Public Domain, xii
Public-Private-Partnership, 434
Pumpspeicherkraftwerk, 167
PVT, 228, 283
Pyramidenspiel, 348
Pyrolyse, 97

Qarnot, 470
quantitive Geldtheorie, 383
quick&dirty, 475
quick&dirty, 360

Radiator, 219
Radikale, 93
Range-Extender, 267
Rasiermesser
  Hanlons, 305
Raumplanung, 247
RCP, 126
Reaktion
  Redox-, 187
Realwirtschaft, 334
Rebound-Effekt, 358
Recycling, 202, 464
Redispatch, 180, 207
Redox-Flow-Batterie, 188
Redox-Reaktion, 187
Redundanz, 359
Regelenergie, 210
Regelkreis, 307, 328
regenerative Landwirtschaft, 460
Reis
  Goldener, 33
Rekuperation, 265
Renaturierungsgesetz, 484

Rendite, 417
Repowering, 287
Reptilienmenschen, 111
Resilienz, 359
Restitution, 397
Risiko, 335
Robustheit, 359
ROI, 437
Rotor
  Flettner-, 170

Sabatier-Reaktion, 99
SAF, 253
Sammeltaxi, 258
Sanierung, 467
Sankey-Diagramm, 68
sapiens, 38
Sauerstoff, 77, 78
Sauerstoffsenke, 128
Scheitholz, 220
Schnellladen, 264
Schuld, 346
Schulden, 345, 346
schwabische Hausfrau, 324
Schwarmdummheit, 404
Schwarmintelligenz, 327, 404
Schwefelwasserstoff, 91
Schweinezyklus, 350
Schwundgeld, 383, 455
Schwungradspeicher, 186
Seebeck-Effekt, 161
selbsterfüllende Prophezeiung, 326
selbstverhindernde Prophezeiung, 326
seltene Erden, 31, 82
sensible Speicher, 236
Shareholder, 371
Shareholder Value, 371
Shinkansen, 256
Sicherheit, 359
Siedeverzug, 240
Silikat-Carbonat-Zyklus, 103
Skaleneffekt, 486
Skalierungsverhalten, 238
Small Modular Reactor, 166
SMR, 166
SNG, 99, 182, 272
sol invictus, 409
Solarkonstante, 280
Solarthermie, 228
solarthermische Kraftwerke, 174
Sorptionsspeicher, 241
soziale Medien, 27
Speicher
  sensible, 236

thermochemische, 241
Spekulation, 328
Spieltheorie, 400
Sports Utility Vehicles, 250
Spot Market, 208, 209
Sprungtemperatur, 186
Stadtgas, 89
Status quo, 46
Stickoxid, 90
Stickoxide, 80
Stickstoff, 80
Stirling-Motor, 161
stranded asset, 351
Straßenbahn, 257
Streifengrafik, 13
Strömungskraftwerk, 167
Strömungskraftwerke, 170
Strombörsen, 208
Stromnetz, 180
Stromspeicher, 183
Substanzbesteuerung, 394
Substitutionsmethode, 153
Suche
   gierige, 403
Sun Cable, 293
Superintelligenz, 36
Superkondensator, 186
Supervulkan, 42
Supraleiter, 186
Survivorship Bias, 366
SUV, 250, 264
Syndrom
   Imposter-, 365
Syngas, 100
Synthese
   Fischer-Tropsch-, 100
Synthesegas, 89, 97, 100
synthetic natural gas, 99

Tax
   Tobin, 391
technisches Potenzial, 281
Technologieneutralität, viii, 274
Technologieoffenheit, viii
Teer, 92
Teller-vs.-Tank, 268
Temperatur, 63
Temperaturanomalie, 11
Temperaturniveau, 63
TGV, 256
theoretisches Potenzial, 281
Therme, 219
thermochemische Speicher, 241
thermoelektrischer Generator, 161

thermohaline Zirkulation, 150
Thermolyse, 98
Thunberg, Greta, 1
Titan, 82
TNT, 192
Tobin Tax, 391
Tracheen, 131
Trading, 391
Tragik der Allmende, 330
Trajektorie, 135
Tran, 332
Transmutation, 166, 290, 464
Treibhauseffekt, 2
Trinitrotoluol, 192
TRL, 434
Troposphäre, 112
Turbine, 158
Turbo, 437

U-Bahn, 257
Überbevölkerung, 420
Überdimensionierung, 306
Überdimensionierung, 292
Überhitzung, 240
Überkapazitäten, 306
unpolar, 76
Unsicherheit, 335
Unterkühlung, 240
Upcycling, 466
Uratmosphäre, 127
UV, 114

Ventilator, 221
Verbindung, 76, 83
Verbrennerverbot, 274
Verbrennungsmotor, 161, 263
Verdunstungskühlgrenztemperatur, 123
Verdunstungskühlung, 123
Verfahrenstechnik, 77
Vergiftung
   des Katalysators, 266
Vermeidung, 202, 464
Vermögenssteuer, 394
Vertrag
   all-in-, 378
Verzicht, 458
VOC, 92
Volkswirtschaftslehre, 324
Vollgeld, 346
Vorlauftemperatur, 234
VWL, 324

Wärmekraftmaschine, 224

Wärmepumpe, 223
Wärmequelle, 224
Wärmesenke, 224
Wärmesenken, 241
walkable city, 260
Warenkorb, 383
warming stripes, 13
Wasserstoff, 77, 266
Wasserstoffperoxid, 78
Water-Gas-Shift, 99
wealth defense industry, 399
Well-to-Wheels, 248
Wellenkraftwerk, 170
Wert, 343
Wetter, 106
Wiederverwendung, 464
Wiederverwertung, 464
Wirkungsgrad, 65
    Carnot-, 158
wirtschaftliches Potenzial, 281
Wirtschaftsflüchtling, 25
Wokeness, 424

Zeit, 343
Zellatmung, 78
Zement, 103
Zentrifuge, 165
Zerfall, 76
Zertifikatshandel, 385
Zinsen, 337, 346
Zirkulation
    thermohaline, 150
Zucker, 87
Zyklus
    Silikat-Carbonat-, 103

GPSR Compliance

The European Union's (EU) General Product Safety Regulation (GPSR) is a set of rules that requires consumer products to be safe and our obligations to ensure this.

If you have any concerns about our products, you can contact us on

ProductSafety@springernature.com

In case Publisher is established outside the EU, the EU authorized representative is:

Springer Nature Customer Service Center GmbH
Europaplatz 3
69115 Heidelberg, Germany

www.ingramcontent.com/pod-product-compliance
Lightning Source LLC
LaVergne TN
LVHW020326260326
834688LV00037B/884